QUÍMICA GERAL

e

REAÇÕES QUÍMICAS

Dados Internacionais de Catalogação na Publicação (CIP)
(Câmara Brasileira do Livro, SP, Brasil)

Química geral e reações químicas, volume 2 /
John C. Kotz...[et al.]; tradução Noveritis do
Brasil; revisor técnico Danilo Flumignan. –
São Paulo: Cengage Learning, 2022.
   Outros autores: Paul M. Treichel, John R.
Townsend, David A. Treichel

   2. reimpr. da 3. ed. brasileira de 2015.
   Título original: Chemistry & chemical reactivity.
"9. ed. norte-americana".
ISBN 978-85-221-1829-8

1. Química 2. Química – Estudo e ensino
3. Química – Problemas, exercícios etc. 4. Reações
químicas 5. Reações químicas – Problemas,exercícios, etc.
I. Kotz, John C.. II. Treichel, Paul M.. III. John R.
Townsend. IV. Treichel, David A..

15-05502   CDD-540

Índice para catálogo sistemático:
1. Química   540

QUÍMICA GERAL

e

REAÇÕES QUÍMICAS

Tradução da 9ª edição norte-americana

Volume 2

John C. Kotz
State University of New York
College at Oneonta

Paul M. Treichel
University of Wisconsin-Madison

John R. Townsend
West Chester University of Pennsylvania

David A. Treichel
Nebraska Wesleyan University

Tradução:
Noveritis do Brasil

Revisor técnico:
Danilo Luiz Flumignan

CENGAGE
Learning·

Austrália • Brasil • Japão • Coreia • México • Cingapura • Espanha • Reino Unido • Estados Unidos

Química Geral e Reações Químicas – Volume 2
Tradução da 9ª edição norte-americana

John C. Kotz; Paul M. Treichel, Jr.; John R. Townsend; David A. Treichel

3ª edição brasileira

Gerente editorial: Noelma Brocanelli

Editora de desenvolvimento: Gisela Carnicelli

Supervisora de produção gráfica: Fabiana Alencar Albuquerque

Editora de aquisições: Guacira Simonelli

Título original: Chemistry & Chemical Reactivity, Ninth Edition
(ISBN-13: 978-1-133-94964-0; ISBN-10: 1-133-94964-9)

Tradução: Noveritis do Brasil

Revisão técnica: Danilo Luiz Flumignan

Tradução técnica da edição anterior: Flávio Maron Vichi

Tradução da edição anterior: Solange Aparecida Visconte
   (Caps. 13 e 14 e entrecapítulo 3)

Copidesque: Tatiana Tanaka

Revisão: Cristiane Mayumi Moringa e Fábio Gonçalves

Diagramação: Triall

Indexação: Casa Editorial Maluhy

Capa: Manu Santos | MSDE

Imagem da capa: John C Kotz

Especialista em direitos autorais: Jenis Oh

© 2015, 2012 Cengage Learning

© 2016 Cengage Learning Edições Ltda.

Esta editora empenhou-se em contatar os responsáveis pelos direitos autorais de todas as imagens e de outros materiais utilizados neste livro. Se porventura for constatada a omissão involuntária na identificação de algum deles, dispomo-nos a efetuar, futuramente, os possíveis acertos.

A Editora não se responsabiliza pelo funcionamento dos links contidos neste livro que possam estar suspensos.

Para informações sobre nossos produtos, entre em contato pelo telefone **0800 11 19 39**

Para permissão de uso de material desta obra, envie seu pedido para
direitosautorais@cengage.com

ISBN 13: 978-85-221-1829-8

ISBN 10: 85-221-1829-9

Cengage Learning

Condomínio E-Business Park

Rua Werner Siemens, 111 – Prédio 11 – Torre A – Conjunto 12

Lapa de Baixo – CEP 05069-900 – São Paulo – SP

Tel.: (11) 3665-9900 Fax: 3665-9901

SAC: 0800 11 19 39

Para suas soluções de curso e aprendizado, visite

www.cengage.com.br

Impresso no Brasil
Printed in Brazil
2. reimpr. de 2022

Resumo da Obra

Sumário

Apêndices   A-1

Índice remissivo/Glossário   I-1

Prefácio

A primeira edição desse livro foi concebida há mais de trinta anos. Desde essa época foram oito edições e mais de 1 milhão de estudantes no mundo todo usando o livro para iniciar o estudo de química. Com o passar dos anos, e muitas edições, nossos objetivos permanecem os mesmos: fornecer uma visão geral ampla dos princípios da química, da reatividade dos elementos químicos e de seus compostos e das aplicações da química. Para atingir esses objetivos, tentamos mostrar a íntima relação entre as observações que os químicos fazem das mudanças químicas e físicas em laboratório e na natureza, e a maneira como essas mudanças são vistas nos níveis atômico e molecular.

Também tentamos trazer o sentido de que a química não é somente uma história vívida, mas também dinâmica, com importantes desenvolvimentos novos que ocorrem a cada ano. Além do mais, fornecemos algumas percepções sobre os aspectos químicos do mundo ao nosso redor. De fato, o principal objetivo deste livro sempre foi o de fornecer as ferramentas necessárias para nossos estudantes se transformarem em cidadãos quimicamente alfabetizados. O aprendizado do mundo da química é tão importante quando entender alguns fundamentos matemáticos e de biologia, e tão importante quanto ter uma apreciação por história, música e literatura. Por exemplo, os estudantes devem conhecer sobre muitos materiais importantes em nossa economia e em nossa vida cotidiana. Também devem saber como a química é importante para entender nosso meio ambiente. Nesse sentido, uma área da química que está em crescimento, destacada na edição anterior e nesta também, é a química "verde" ou "sustentável".

Recordando as edições passadas, podemos ver como o livro mudou. Houve muita novidade e adições estimulantes no conteúdo. Também houve significativos avanços na tecnologia da informação literária e tiramos vantagem desses novos desenvolvimentos. O desejo de tornar esse livro melhor para nossos estudantes tem sido o ímpeto dedicado na preparação de cada nova edição. Nas últimas duas edições, introduzimos novas abordagens para soluções de problemas, novas maneiras de descrever usos contemporâneos da química, novas tecnologias e melhor integração com as tecnologias existentes.

© Cengage Learning/Charles D. Winters

Enxofre queima em oxigênio puro produzindo uma chama azul brilhante.

O Público para *Química Geral e Reações Químicas*

Este livro é destinado a estudantes interessados em estudos adicionais de ciência, independente se essa ciência é a química, a biologia, a engenharia, a geologia, a física ou assuntos correlacionados. Presumimos que os estudantes em um curso que utiliza este livro tenham certo conhecimento de álgebra e ciência em geral. Apesar de ser inegável sua contribuição, um maior conhecimento em química não é esperado nem exigido.

Fisiologia e Abordagem em *Química e Reação Química*

Temos diversos objetivos importantes, mas não independentes, desde a primeira edição deste livro. O primeiro era escrever um livro que os estudantes pudessem ter prazer em ler e que oferecesse, a um determinado nível de rigor, química e os princípios da química de forma e em uma organização comuns aos colégios e cursos universitários de hoje. Em segundo lugar, pretendemos trazer a utilidade e a importância da química introduzindo as propriedades dos elementos, seus compostos e suas reações.

A Sociedade Química Americana tem se esforçado para convencer os educadores a colocar a "química" de volta nos cursos de química iniciais. Concordamos totalmente. Portanto, tentamos descrever os elementos, seus compostos e suas reações desde o princípio e com a maior frequência possível, trazendo:

Novidades desta Edição

Comentários Gerais

Como temos feito em todas as edições anteriores, examinamos cada parágrafo quanto à exatidão, à clareza e à objetividade. Onde pudemos incluir melhorias, parágrafos ou seções inteiras foram reescritas. Também escrevemos ou reescrevemos muitas histórias das aberturas de capítulos, boxes de "Um Olhar mais Atento" e "Estudo de Caso".

Algumas das contribuições importantes da 8ª edição foram mantidas. Em particular, mantivemos e expandimos:

- As questões de Exercícios para a Seção.
- A organização dos problemas de Exemplo.
- Os Mapas Estratégicos.
- A ênfase na química verde.
- Os problemas de "Aplicando Princípios Químicos".

Novidades desta Edição

Diversas alterações foram feitas da 8ª para a 9ª edição. Esta página lista *brevemente* as mais importantes; uma lista mais detalhada é fornecida mais adiante.

- Muitas ilustrações foram redesenhadas, enfatizando informações na legenda da própria ilustração.
- Eliminamos a cobertura do tópico especial fornecida na 8ª edição dos

Cristais de fluorita (CaF$_2$).

capítulos interligados e integramos o material em capítulos regulares.

- Os desenvolvimentos históricos foram incorporados no Capítulo 2, e em outros.
- O material sobre Química em estado sólido foi adicionado ao capítulo sobre sólidos (12).
- Os capítulos interligados sobre combustíveis e energia, além da Química Ambiental, foram incorporados em um novo capítulo, *Química Ambiental: Meio Ambiente, Energia e Sustentabilidade*.
- O tópico de bioquímica foi expandido em um capítulo integral. Os objetivos e metas de cada capítulo foram repaginados em três categorias que expressam, em suma, o que os estudantes precisam obter com esse curso. Esses objetivos são:

- ○ **ENTENDER** os conceitos do capítulo.
- ○ **FAZER** Ser capaz de realizar cálculos, desenhar estruturas moleculares e tomar decisões sobre produtos químicos.
- ○ **LEMBRAR** fatos importantes e conceitos dos produtos químicos.

Os objetivos são repetidos e amplificados no final de cada capítulo, na seção "Revisão dos Objetivos do Capítulo".

- Respostas às seções – "Questões para Estudo" mais "Exercícios para a Seção", "Estudo de Caso" e "Aplicando Princípios Químicos" – estão reunidas no Apêndice N (em vez de ficarem espalhadas em diversos apêndices como nas edições anteriores). Isso permitirá que os alunos verifiquem seu trabalho de forma mais eficiente.
- Mais de 100 novas Questões para Estudo foram acrescentadas e algumas, revisadas.
- Todas as questões foram reexaminadas quanto à clareza e importância.
- As questões de "Aplicando Princípios Químicos", antes no final de capítulo (após as "Questões para Estudo"), estão agora após o último texto do capítulo.

- Material sobre as propriedades dos elementos e **compostos** tão cedo quanto possível nos "Exemplos" e nas "Questões para Estudo" (e especialmente questões na seção "Aplicando Princípios Químicos") e introduzindo novos princípios por meio de situações realistas de química.

- Usando várias **fotografias** dos elementos e compostos comuns, de reações químicas, de operações laboratoriais comuns e processos industriais.

- Introduzindo cada capítulo com uma **discussão da Química contemporânea**, como a utilização do cobre em superfícies hospitalares, a energia em alimentos comuns e o lítio nas baterias de carros.

- Usando várias questões em **"Estudo de Caso"** e estudos em **"Aplicando Princípios Químicos"** que se aprofundam na Química prática.

Organização Geral

Com suas diversas edições, a obra *Química Geral e Reações Químicas* abordou dois temas: *Reatividade Química* e *Ligações e Estrutura Molecular*. Os capítulos sobre *Princípios da Reatividade* introduzem os fatores que levam as reações químicas a apresentarem sucesso ao converter reagentes em produtos. Sob esse tópico há uma discussão de tipos comuns de reações, a energia envolvida nas reações e os fatores que afetam a velocidade de uma reação. Um motivo que justifica as enormes vantagens em Química e Biologia molecular nas últimas décadas tem sido a compreensão da estrutura molecular. As seções do livro sobre *Princípios das Ligações e Estrutura Molecular* se detêm ao fundamento para chegar à compreensão desses desenvolvimentos. Atenção especial deve ser dada ao entendimento dos aspectos estruturais das moléculas biologicamente importantes, como o DNA.

Flexibilidade de Organização do Capítulo

Um olhar sobre os textos introdutórios de química mostra que existe uma ordem, geralmente aceitável, nos tópicos usados por muitos educadores. Com apenas mínimas variações, seguimos essa ordem. O que não significa que os capítulos em nosso livro não possam ser usados em outra ordem. Elaboramos este livro para ser o mais flexível possível. Um exemplo é a flexibilidade da abordagem sobre o comportamento dos gases (Capítulo 10). Ele foi colocado com os capítulos sobre líquidos, sólidos e soluções (Capítulos 10-13), pois, logicamente, encaixa-se com esses tópicos. Entretanto, pode ser facilmente lido e compreendido após a leitura apenas dos primeiros quatro capítulos.

Da mesma forma, os capítulos sobre estrutura molecular e atômica (Capítulos 6-9) puderam ser usados em uma abordagem dos primeiros átomos, à frente dos capítulos sobre estequiometria e reações comuns (Capítulos 3 e 4).

Para facilitar isso, há uma introdução à energia e suas unidades no Capítulo 1.

Também, os capítulos sobre equilíbrio dos produtos químicos (Capítulos 15-17) puderam ser incluídos antes daqueles sobre soluções e cinética (Capítulos 13 e 14).

Química orgânica (Capítulo 23) é um dos capítulos finais no livro. Entretanto, os tópicos desse capítulo também podem ser apresentados aos estudantes após os capítulos sobre estruturas e ligações.

A ordem dos tópicos no texto também foi alterada para introduzir logo no início os fundamentos necessários aos experimentos laboratoriais, geralmente executados nos cursos introdutórios de química. Por esse motivo, os capítulos sobre produtos químicos e propriedades físicas, tipos de reação comum e estequiometria deram início a este livro. Além disso, como o entendimento da energia é tão importante no estudo da química, a energia e suas unidades são introduzidas no Capítulo 1, e a termoquímica é introduzida no Capítulo 5.

Organização e Objetivos das Seções do Livro

V O L U M E 1

PARTE UM: As Ferramentas Básicas da Química

As ideias básicas e os métodos da química são introduzidos na Parte 1. O Capítulo 1 define termos importantes, bem como as unidades de revisão e os métodos matemáticos que as acompanham na seção *Vamos Revisar*. O Capítulo 2 introduz átomos, moléculas e íons e o dispositivo organizacional mais importante na Química, a tabela periódica. No Capítulo 3, começamos a discutir

Faíscas

os princípios da atividade química. As equações químicas escritas são abordadas aqui, e há uma breve introdução sobre o equilíbrio. Depois, no Capítulo 4, descrevemos os métodos numéricos usados pelos químicos para extrair informações quantitativas das reações químicas. O Capítulo 5 é uma introdução à energia envolvida nos processos químicos.

PARTE DOIS: Átomos e Moléculas

As teorias atuais da disposição dos elétrons em átomos são apresentadas nos Capítulos 6 e 7. Essa discussão está intimamente vinculada à disposição dos elementos na tabela periódica e às propriedades periódicas. No Capítulo 8 discutimos os detalhes das ligações químicas e das propriedades dessas ligações. Também mostramos como derivar a estrutura tridimensional de moléculas simples. Finalmente, no Capítulo 9, consideramos as principais teorias das ligações químicas em mais detalhes.

PARTE TRÊS: Estados da matéria

O comportamento dos três estados da matéria - gasoso, líquido e sólido - está descrito nos Capítulos 10-12. A discussão de líquidos e sólidos está vinculada aos gases por meio da descrição de forças intermoleculares no Capítulo 11, com especial atenção à água em estado líquido e sólido. No Capítulo 13, descrevemos as propriedades das soluções, misturas íntimas de gases, líquidos e sólidos.

V O L U M E 2

PARTE QUATRO: O Controle das Reações Químicas

Esta seção está inteiramente preocupada com os *Princípios da Reatividade*. O Capítulo 14 examina as taxas dos processos químicos e os fatores que controlam essas taxas. Em seguida, passamos aos Capítulos 15-17, que descrevem o equilíbrio químico. Após uma introdução ao equilíbrio no Capítulo 15, destacamos as reações que envolvem ácidos e bases na água (Capítulos 16 e 17) e as reações que conduzem ligeiramente aos sais solúveis (Capítulo 17). Para vincular a discussão dos equilíbrios químicos e termodinâmicos, exploramos a entropia e a energia livre no Capítulo 18. Como um tópico final nesta seção, descrevemos no Capítulo 19 as reações químicas que envolvem a transferência de elétrons e o uso dessas reações nas células eletroquímicas.

PARTE CINCO: A Química dos Elementos

Embora a química de diversos elementos esteja descrita neste livro todo, a Parte 5 aborda esse tópico de maneira mais sistemática. O Capítulo 20 reúne muitos dos conceitos dos capítulos anteriores em uma discussão sobre a *Química ambiental — Ambiente da Terra, Energia e Sustentabilidade*. O Capítulo 21 é dedicado à química dos elementos do grupo principal, ao passo que o Capítulo 22 é uma discussão dos elementos de transição e seus compostos. O Capítulo 23 é uma breve discussão da química orgânica com ênfase na estrutura molecular, no tipos de reações básicas e polímeros. O Capítulo 24 é uma introdução à bioquímica, e o Capítulo 25 é uma visão geral da química nuclear.

Recursos do Livro

Alguns anos atrás, um aluno de um dos autores, agora um contador, compartilhou conosco uma perspectiva interessante. Ele disse que, enquanto a química geral era um dos assuntos mais difíceis, era também o curso mais útil que ele tinha, porque ensinava como resolver problemas. Ficamos agradecidos por essa perspectiva. Sempre pensamos que, para muitos estudantes, um objetivo importante na química geral não era somente ensinar química, mas também ajudá-los a desenvolver o pensamento crítico e habilidades para resolver problemas. Muitos dos recursos do livro estão destinados a oferecer suporte para esses objetivos.

Abordagem de Solução de Problemas: Mapas de Organização e Estratégia

Os exemplos resolvidos representam uma parte essencial de cada capítulo. Para ajudar ainda mais os estudantes a seguirem a lógica de uma resolução, esses problemas são organizados em torno do seguinte objetivo:

Problema
Esta é a informação do problema
O que você sabe?
A informação fornecida é destacada.
Estratégia
A informação disponível é combinada com o objetivo e começamos a indicar um caminho para uma solução.
Solução
Trabalhamos nas etapas, lógicas e matemáticas, para chegar à resposta.
Pense bem antes de responder
Perguntamos se a resposta é razoável ou o que ela significa.
Verifique seu entendimento
Esse é um problema parecido para o aluno tentar resolver. Uma solução para o problema está no Apêndice N.

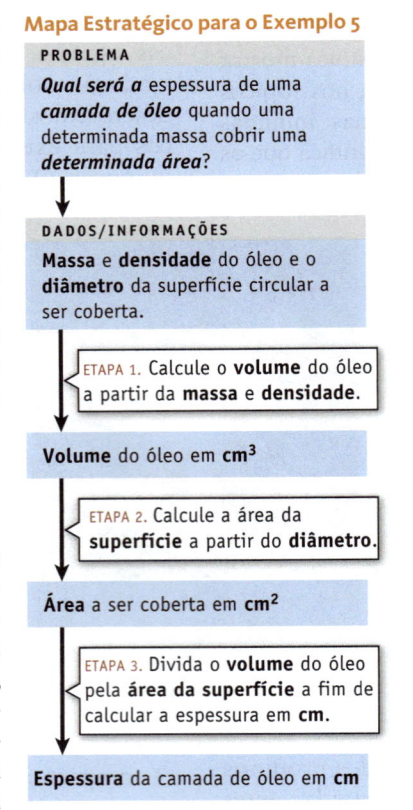

Mapa Estratégico para o Exemplo 5

PROBLEMA
Qual será a espessura de uma *camada de óleo* quando uma determinada massa cobrir uma *determinada área*?

DADOS/INFORMAÇÕES
Massa e **densidade** do óleo e o **diâmetro** da superfície circular a ser coberta.

ETAPA 1. Calcule o **volume** do óleo a partir da **massa** e **densidade**.

Volume do óleo em **cm³**

ETAPA 2. Calcule a área da **superfície** a partir do **diâmetro**.

Área a ser coberta em **cm²**

ETAPA 3. Divida o **volume** do óleo pela **área da superfície** a fim de calcular a espessura em **cm**.

Espessura da camada de óleo em **cm**

Para muitos estudantes, um mapa estratégico visual pode ser uma ferramenta útil na resolução do problema. Por exemplo, perguntamos o quão espessa poderia ser a camada de óleo se espalhássemos uma massa deste na superfície da água em um prato. A densidade do óleo é dada abaixo. Para ajudar a ver a lógica desse problema, o Exemplo é acompanhado pelo Mapa Estratégico fornecido aqui. Há aproximadamente 60 desses Mapas Estratégicos no livro que acompanham os problemas do Exemplo.

Revisão e Verificação: Exercícios para a Seção

Na 8ª edição, adicionamos questões de "revisão e verificação", com múltiplas alternativas, no final de quase todas as seções, e isso obteve grande aprovação. Os alunos podem verificar seu conhecimento na seção e tentar resolvê-las. As respostas a essas questões estão no Apêndice N.

Objetivos do Capítulo/Revisão

Os objetivos de aprendizado estão listados na primeira página de cada capítulo. Para esta edição, organizamos esses objetivos em torno das principais tarefas voltadas para os alunos:

- O que você precisa **ENTENDER** no capítulo.
- O que você precisa para ser capaz de **FAZER**.
- O que você precisa **LEMBRAR** sobre as matérias do capítulo.

Os objetivos estão revisados ao final do capítulo. Cada objetivo é fornecido em mais detalhes, e algumas questões específicas do final do capítulo são descritas para ajudar os alunos a determinar se conseguiram atingir esses objetivos.

"Questões para Estudo" do Final do Capítulo

Há de 50 a mais de 150 Questões para Estudo para cada capítulo (e as respostas às questões de número ímpar são fornecidas no Apêndice N). Elas estão agrupadas da seguinte forma:

Praticando Habilidades: Essas questões estão agrupadas por tópicos abordados pelas questões.
Questões Gerais: Não há indicação a respeito do tipo de pergunta.

No Laboratório: Esses são problemas que podem ser encontrados em um experimento de laboratório no material do capítulo.

Resumo e Questões Conceituais: Essas questões usam conceitos do capítulo atual, bem como dos anteriores.

Finalmente, observe que algumas questões estão marcadas com um pequeno triângulo verde (▲). Isso significa que elas são mais desafiadoras que as outras.

Ensaios em Boxes

Como na 8ª edição, há ensaios em boxes intitulados "Um Olhar Mais Atento" (para um exame mais aprofundado de matéria relevante) e "Dica para Solução de Problemas". Acrescentamos e revisamos diversos "Estudos de Caso", alguns dos quais descrevem a química "verde" ou sustentável.

Mudanças na 9ª Edição

Mudanças significativas da 8ª edição para esta foram destacadas em "O Que Há de Novo". Além disso, produzimos novas fotos e novas ilustrações e procuramos continuamente melhorar a composição do livro todo. A listagem a seguir de capítulo por capítulo indica mudanças específicas da edição anterior para esta.

Capítulo 14 Cinética Química: As Velocidades das Reações Químicas

- Foi acrescentado um box de "Um Olhar Mais Atento" para *Leis de Velocidades, Constantes de Velocidade e Estequiometria da Reação*.

- Também foi acrescentado um box de "*Um Olhar Mais Atento*", Pensando sobre Energias de Ligação, que refere-se às energias de ligação dos parâmetros cinéticos.

- Diversas mudanças foram feitas na Seção 14-6, "Mecanismos de Reação". Muitos estudantes passam pela química orgânica, portanto, um novo box de "Um Olhar Mais Atento" abrange as *Reações de Substituição Biomolecular Orgânica*. Uma nova subseção sobre reações em cadeia foi acrescentada.

- Nova "*Dica para Solução de Problemas 14.1: Determinando uma Equação de Velocidade*".

Capítulo 15 Princípios da Reatividade Química: Equilíbrios

- A história introdutória sobre equilíbrio em uma solução aquosa de íons cobalto(II) foi reescrita.

Cristal corindo (Al₂O₃).

Capítulo 16 Princípios da Reatividade Química: A Química dos Ácidos e Bases

- Nova história introdutória sobre *alcaloides e toxinas*.

Capítulo 17 Princípios da Reatividade Química: Outros Aspectos do Equilíbrio Aquoso

- A história introdutória sobre *Ácidos da Natureza* foi reescrita.

- Foi dada ênfase sobre o uso da equação de Henderson-Hasselbalch nos cálculos de tampão.

Capítulo 18 Princípios da Reatividade Química: Entropia e Energia Livre

- O artigo na introdução sobre hidrogênio foi reescrito.

- A importante seção sobre energia livre de Gibbs (18.6) foi cuidadosamente examinada para refletir a exposição da energia livre por J. Quílez no *Journal of Chemical Education* (First-Year University Chemistry Textbooks Misrepresentation of Gibbs Energy. *Journal of Chemical Education*, v. 89, p. 87-93, 2012).

- Há um novo *Exemplo* (18.9) sobre como calcular a mudança de energia livre de Gibbs para um processo que ocorre sob condições não padrão. Isso esclarece a diferença entre $\Delta_r G$ e $\Delta_r G°$.

Capítulo 19 Princípios da Reatividade Química: Reações de Transferência de Elétrons

- Há uma nova introdução sobre baterias de lítio.

Capítulo 20 Química Ambiental — Meio Ambiente, Energia e Sustentabilidade

- Esse novo capítulo usa conceitos desenvolvidos em capítulos anteriores para abordar o meio ambiente. O material foi tirado de vários capítulos da 8ª edição sobre energia e o meio ambiente. Entretanto, tudo foi reescrito e muito material novo foi acrescentado.

Capítulo 21 A Química dos Elementos do Grupo Principal

- O box de "Um Olhar Mais Atento" sobre a habilidade do agente redutor de metais alcalinos foi reescrito.

- Um novo box de "Um Olhar Mais Atento" sobre cimento verde foi acrescentado.

- O box de "Um Olhar Mais Atento" sobre iodo e sua glândula tireoide passou para esse capítulo, movido do capítulo de química nuclear na 8ª edição.

- Uma nova seção (21.11) sobre gases nobres foi acrescentada, bem como o box de "Um Olhar Mais Atento", *Prevendo a existência de fluoretos de xenônio*.

Minerais contendo enxofre.

© Cengage Learning/Charles D. Winters

Capítulo 22: A química dos elementos de transição

- Uma nova história introdutória sobre *Cobre que salva vidas* foi escrita para esse capítulo.

- O "Estudo de Caso" sobre *Aço de Alta Resistência* passou para este capítulo, vindo do capítulo de sólidos na 8ª edição.

- Novo "Estudo de Caso" foi acrescentado sobre *Terras Raras*.

- A seção da 8ª edição sobre química organometálica foi eliminada.

- O conceito de quiralidade é introduzido neste capítulo (e não no capítulo de química orgânica como na 8ª edição).

Capítulo 23 Carbonos: Mais Que um Elemento

- Essa introdução à química orgânica era do Capítulo 10 na 8ª edição.

- Um novo box de "Um Olhar Mais Atento" foi acrescentado sobre *Ômega 3 – Ácidos Graxos*.

- A informação no box de "Um Olhar Mais Atento" sobre glicose, que estava no capítulo 10 na 8ª edição, agora está incluído no novo capítulo de bioquímica (Capítulo 24).

- Um novo box de "Um Olhar Mais Atento" sobre *Química Verde: Reciclando PET* foi acrescentado.

- Há um novo ensaio, "Aplicando Princípios Químicos: BPA (Bisfenol A)".

Capítulo 24 Bioquímica

- Esse pertencia a vários capítulos na 8ª edição. O material agora está expandido para incluir uma nova seção sobre carboidratos.

- Muitas Questões de Estudo foram acrescentadas.

- Há uma história introdutória sobre *Clonagem Animal*.

- Um novo "Estudo de Caso", *Terapia Antissense*, foi acrescentado.

- O problema do "Aplicando Princípios da Química" é sobre a *Reação em Cadeia da Polimerase*.

- Há três novos problemas de *Exemplo* sobre desenho de estruturas peptídicas, determinação de uma sequência complementar de DNA e da sequência de aminoácido selecionada por uma sequência de DNA.

- Há novas questões de *Revisão e Verificação*.

Capítulo 25 Química Nuclear

- Ao revisar esse capítulo, incorporamos as últimas descobertas em química nuclear e introduzimos os recentes elementos.

Conceitos de Ancoragem em Química

O American Chemical Society Examinations Institute (Instituto de Exames da Sociedade Americana de Química) tem elaborado exames e avaliação para Química voltada a faculdades há mais de 75 anos. Em 2012, o Instituto publicou trabalhos no *Journal of Chemical Education* sobre "conceitos de ancoragem" ou "grandes ideias" em Química. O objetivo era fornecer aos professores de faculdades um conteúdo refinado da Química, de forma que a introdução pudesse ser mais bem alinhada ao conteúdo dos exames da American Chemical Society (ACS). O mapa da ACS começa com "conceitos de ancoragem", subdivididos em "entendimentos duradouros" e ainda divididos em mais áreas detalhadas.

Acreditamos que essas ideias são úteis tanto aos professores quanto aos estudantes de Química e são importantes o bastante para incluí-las nesse Prefácio.

O Conselho da faculdade, o editor dos exames Advanced Placement (AP) recentemente reformulou o currículo de química de AP juntamente com muitas dessas mesmas ideias. Esse currículo também é baseado em "grandes ideias" e depois em "entendimentos duradouros". Este último foi dividido em "conhecimento essencial" e "práticas da ciência" e, finalmente, em "objetivos do aprendizado". Temos certeza de que a atual edição de *Química Geral e Reações Químicas* incluiu material que satisfaz muitos dos critérios do currículo do Corpo Diretor do College Board, enquanto baseia-se amplamente o texto nos "conceitos de ancoragem" do Examination Institute.

Conceitos de Ancoragem do American Chemical Society Examinations Institute

1. Átomos (Capítulos 1, 2, 6, 7)
Átomos são blocos de construção da Química. Os capítulos 1 e 2 descrevem a composição básica dos átomos e os experimentos clássicos que têm definido a estrutura atômica. A estrutura eletrônica dos átomos é descrita em detalhes no Capítulo 6, no qual os números quânticos e orbitais são introduzidos. No Capítulo 7 segue-se a análise das configurações de eletrônicas, diagramas de níveis de energia dos orbitais e tendências periódicas em química e propriedades físicas dos elementos. Observamos que a lei de Coulomb é o princípio subjacente implícito e explícito em muitas dessas discussões.

2. Ligações (Capítulos 8, 9, 12, 23)
Dois capítulos sobre ligações covalentes seguem a discussão da estrutura atômica. A estrutura molecular é abordada no Capítulo 8, que começa com estruturas de Lewis e então passa para a determinação de estruturas eletrônicas e moleculares usando instruções de RPENV. Uma discussão detalhada da teoria de Ligação de Valência e uma introdução de hibridização vêm logo após o Capítulo 9, e são seguidas pela teoria do orbital molecular em um nível qualitativo. A ligação em compostos iônicos e semicondutores é abordada no capítulo sobre sólidos (Capítulo 12). A ligação em compostos orgânicos é novamente enfatizada no Capítulo 23.

3. Estrutura e Função (Capítulos 11, 12, 16, 24)
A relação mais notável da estrutura com a função está no Capítulo 24 (bioquímica), que inclui problemas interessantes como hemoglobina e anemia falciforme, e a função dos ácidos nucleicos na síntese de proteína. Entretanto, as relações de estrutura-função estão em todo o livro. Considere, por exemplo, as propriedades do gelo e da água no Capítulo 11, a energia reticular e as propriedades físicas dos compostos iônicos no Capítulo 12, e os princípios da reatividade na química de ácidos e bases (Capítulo 16).

4. Interações Intermoleculares (Capítulos 10, 11, 24)
O Capítulo 11 está especificamente dedicado a este tópico; estão aqui introduzidas as forças íon–dipolo, dipolo–dipolo e as forças de London, cada uma com base nas forças de atração coulombianas (eletrostáticas). Ligações de hidrogênio recebem atenção especial. Também observamos a importância das atrações intermoleculares em gases reais (Capítulo 10) e moléculas bioquímicas (Capítulo 24).

5. Reações (Capítulos 3, 4, 16, 17, 19-24)
Reatividade química é um tema majoritário neste livro. A química é composta por uma ampla coleção de reações químicas. Tipos de reações e princípios de equilíbrio químico são introduzidos no Capítulo 3, e os aspectos quantitativos das reações (estequiometria de produtos químicos) são abordados no Capítulo 4. Análises em profundidade das reações de ácido-base de Brønsted-Lowry e das reações de precipitação são apresentadas nos capítulos 16 e 17 e as reações redox são analisadas em profundidade no capítulo sobre eletroquímica (19). Reações importantes em nosso meio ambiente estão abordadas no Capítulo 20, e a química dos elementos do grupo principal e dos elementos de transição está descrita nos capítulos 21 e 22, respectivamente. Finalmente, os capítulos de Química Orgânica e Bioquímica (23 e 24) estão organizados em torno de estruturas e reações.

6. Energia e Termodinâmica (Capítulos 1, 5-8, 12-13, 18, 20)

Energia é um tema difuso da Química, portanto, algumas informações de fundamentação estão incorporadas no Capítulo 1. Termoquímica e a primeira lei da termodinâmica (calor e trabalho) estão apresentadas no Capítulo 5. Introduzidos neste capítulo estão tópicos importantes, incluindo calor específico, energia interna, entalpia e experimentos que envolvem calorimetria. A energia é revista na discussão sobre estrutura atômica no Capítulo 6, de energia de ionização e entalpia de adição eletrônica no Capítulo 7, e de energia de ligação no Capítulo 8. Mais uma vez a energia é importante na discussão de sólidos no Capítulo 12 e soluções no Capítulo 13.

A segunda e a terceira leis da termodinâmica são desenvolvidas no Capítulo 18, no qual encontramos entropia (mencionada rapidamente no capítulo anterior, no Capítulo 13 sobre soluções) e energia livre, que está vinculada ao equilíbrio.

Finalmente, os recursos de energia e o uso estão nos tópicos-chave no capítulo sobre meio ambiente (20).

7. Cinética (Capítulo 14, 24)

O Capítulo 14 é dedicado à química cinética. Aqui definimos o que se entende por relação e leis de velocidades, e ilustramos exemplos em que as leis de velocidades são determinadas a partir de dados experimentais. Energia de ativação também é abordada neste capítulo. Cinética de enzimas é apresentada no Capítulo 24.

8. Equilíbrio (Capítulos 3, 15-19)

Primeiro mencionamos o equilíbrio no Capítulo 3, destacando que todas as reações tendem espontaneamente ao equilíbrio e identificando os termos produto-favorecido e reagente-favorecido. Esse assunto é então abordado em profundidade em uma série de três capítulos. O Capítulo 15 é uma introdução aos princípios de equilíbrio. Descrevemos equilíbrios envolvendo espécies em solução e na fase gasosa em termos de constantes de equilíbrio. O princípio de Le Chatelier, que oferece um senso intuitivo de como uma perturbação afeta um sistema em equilíbrio, é introduzido aqui. Nos Capítulos 16 e 17, descrevemos os tipos específicos de equilíbrio em soluções aquosas, com equilíbrios ácido-base e solubilidade. E,

finalmente, no Capítulo 18, vinculamos equilíbrio à energia livre de Gibbs da função termodinâmica. No Capítulo 19, introduzimos medidas potenciométricas como um meio de estudar o equilíbrio dos produtos químicos.

9. Experimentos, Medições e Dados (na maioria dos capítulos deste livro)

A química é construída em resultados experimentais, portanto é importante perceber que as informações neste tópico ocorrem por todo o livro. Para mencionar apenas alguns aqui:

- os experimentos clássicos que determinam a estrutura atômica no Capítulo 2.
- calorimetria no Capítulo 5.
- o desenvolvimento da lei dos gases no Capítulo 10.
- as medições das velocidades das reações no Capítulo 14.
- e a medição de potenciais eletroquímicos em células voltaicas no Capítulo 19.

Nas "Questões para Estudo" há o item "No Laboratório", que apresenta questões que podem ocorrer em um experimento de laboratório e que usam o material deste capítulo. E não ignorem as questões de "Aplicando Princípios Químicos", dispostas nos finais de capítulos, que são construídas em torno de experimentos interessantes e muito importantes.

10. Visualizações (elas aparecem por todo o livro)

Os alunos visuais acharão este livro muito estimulante. As figuras ilustram os conceitos e exemplos abundantes em cada capítulo; reformulamos muitas figuras para torná-las mais interpretativas e informativas. Exemplos representativos incluem visualizações de radiação eletromagnética, propriedades coligativas, precipitações dissolventes, mecanismos de reação, equilíbrios químicos, orbitais atômicos e muitos, muitos mesmo, modelos moleculares.

Mais Informações:

MURPHY, K. et al. *Journal of Chemical Education*, v. 89, p. 715-720, 2012.
HOLME, T.; MURPHY, K. *Ibid*., v. 89, p. 721-723, 2012.

Agradecimentos

Preparar esta nova edição de *Química Geral e Reações Químicas* consumiu mais de dois anos de esforço contínuo. Como em nosso trabalho nas primeiras oito edições, tivemos o apoio e o encorajamento de nossos colegas na Cengage Learning e de nossos familiares e amigos maravilhosos, colegas de faculdade e estudantes.

Cengage Learning

A oitava edição deste livro foi publicada pela Cengage Learning, e continuamos com a mesma equipe de excelência que tivemos por muitos anos.

A oitava edição do livro foi muito bem-sucedida, em grande parte graças ao trabalho de Lisa Lockwood como gerente de produto. Ela conta com um excelente conhecimento de mercado e trabalhou conosco no planejamento desta nova edição. Maureen Rosener assumiu essa função quando esta edição entrou em produção.

Peter McGahey é nosso desenvolvedor de conteúdo desde que integrou nossa equipe na 5ª edição. Peter é abençoado em energia, criatividade, entusiasmo, inteligência e bom humor. É amigo e confidente, e responde com entusiasmo e alegria nossas muitas perguntas durante as chamadas telefônicas quase que diárias.

Nenhum livro pode ser bem-sucedido sem marketing apropriado. Nicole Hamm (diretora de Marketing) e Janet del Munro (gerente de desenvolvimento de mercado) foram de grande ajuda no marketing da edição anterior, e estão de volta nessa função para esta edição. São conhecedoras do mercado e trabalharam incansavelmente para trazer este livro ao conhecimento de todos.

Nossa equipe na Cengage Learning está completa com Teresa Trego, gerente de projeto de conteúdo; Lisa Weber, desenvolvedora de mídia; e Elizabeth Woods, desenvolvedora associada. Os planejamentos exigem muito na publicação de um livro-texto e Teresa nos ajudou nisso. Certamente apreciamos suas habilidades organizacionais.

Dan Fitzgerald da Graphic World Inc. orientou o livro nos meses de produção e Andy Vosburgh, dessa empresa, foi de grande valia para nos introduzir no uso do novo software.

Jill Reichenbach da QBS Learning dirigiu as pesquisas de fotos para o livro e foi bem-sucedido em atender-nos nas vezes em que trazíamos solicitações fora do comum para determinadas fotos.

Arte, Design e Fotografia

Muitas das fotografias coloridas em nosso livro foram lindamente criadas por Charles D. Winters, que produziu quase cinquenta novas imagens para esta edição. O trabalho de Charlie fica melhor a cada edição. Trabalhamos com ele há mais de trinta anos e ele tornou-se nosso amigo. Suas piadas sempre nos divertiram, tanto as novas quanto as velhas – são inesquecíveis.

Quando a 5ª edição estava sendo planejada, há alguns anos, recebemos Patrick Harman como membro da equipe. Pat projetou a primeira edição de nosso CD-ROM de *Interactive General Chemistry* (publicado nos anos 1990), e acreditamos que seu sucesso está muito vinculado à sua habilidade de projetar. Da 5ª à 8ª edições do livro, Pat debruçou-se sobre cada figura e também sobre quase toda palavra, para dar uma perspectiva renovada à maneira de transmitir a Química. Mais uma vez ele trabalhou no projeto e na produção de novas ilustrações para esta edição, e sua criatividade é evidente. Pat tornou-se também um bom amigo, e compartilhamos interesse não somente nos livros mas também na música.

Finalmente, outro fotógrafo refinado, Steven Hyatt, trouxe à produção diversas fotos novas para esta edição.

Outros Colaboradores

Fomos agraciados por termos muitos outros colegas que contribuíram muito para este projeto.

- Alton Banks (North Carolina State University) também esteve envolvido em várias edições preparando o *Manual de Soluções do Estudante*. Alton ajudou muito ao assegurar precisão nas respostas das "Questões para Estudo" do livro, bem como em seus respectivos manuais.

- John Vincent (University of Alabama-Tuscaloosa) mais uma vez escreveu o *Manual de Recursos do Instrutor* e fez uma revisão rigorosa.

- Greg Gellene (Texas Tech University) atualizou e revisou o *Guia de Estudo* para este texto. Nosso livro contou com uma história de excelentes guias de estudo, e este manual segue a tradição.

- Jay Freedman foi o editor de desenvolvimento da primeira edição do livro e seu trabalho estabeleceu o sucesso contínuo do mesmo. Por diversas edições, Jay também fez uma compilação de trabalho primoroso para o Índice/Glossário.

- Nathanael Fackler (Nebraska Wesleyan University) produziu o *Banco de Testes* para esta edição.

- Daniel Huchital (Florida Atlantic University) foi um revisor acurado para esta edição, e David Shinn da Academia da Marinha Mercante do Estados Unidos foi um revisor rigoroso do *Manual de Soluções do Aluno* e do *Manual de Recursos do Instrutor*.

- Nathan Tice (Butler University) preparou uma revisão da química verde para nós.

- Professor J. Quilez (Departamento de Física e Química, IES Benicalap, Valência, Espanha) revisou a discussão sobre energia livre, no Capítulo 18.

Participantes em Pesquisas de Desenvolvimento

O desenvolvimento de livros bem-sucedidos depende da ajuda de muitas pessoas dentro da editora, bem como de colegas educadores da área de Química. As pessoas citadas a seguir participaram das pesquisas que orientaram a produção do livro.

Dmitri Babikov, Marquette University
Yiyan Bai, Houston Community College – Central College
Dean Campbell, Bradley University
Susan Collins, California State University – Northridge
Christopher Collison, Rochester Institute of Technology
David Dearden, Brigham Young University
Emmanuel Ewane, Houston Community College – Northwest College
Mark Fritz, University of Cincinnati
Ron Garber, California State University – Long Beach
Luther Giddings, Salt Lake Community College
Brian Glute, University of Minnesota – Duluth
Donna Iannotti, Brevard Community College – Palm Bay Campus
Jason Jones, Francis Marion University
David Katz, Pima Community College – West Campus
David Katz, Pima Community College – West Campus
Kristine Miller, Anne Arundel Community College
Patricia Muisener, University of South Florida
Stacy O'Reilly, Butler University
Andrew Price, Temple University
Mark Scharf, West Virginia University

Sobre os autores

John C. Kotz, Professor da State University of New York no College of Oneonta, graduou-se em Washington, na Lee University e na Cornell University. Fez pós-doutorado no National Institutes of Health na Inglaterra e na Indiana University.

É coautor de três livros em diversas edições (*Inorganic Chemistry; Chemistry & Chemical Reactivity* e *The Chemical World* [*Química Inorgânica, Química e Reatividade dos Produtos Químicos* e o *Mundo da Química*), bem como do *General Chemistry Interactive CD-ROM CD-ROM de Interatividade de Química Geral*. Sua pesquisa em Química Organometálica e Eletroquímica foi publicada em revistas científicas.

Foi conferencista e pesquisador em Portugal, bem como professor convidado da University of Wisconsin, da Auckland University na Nova Zelândia e da Potchefstroom University na África do Sul. Também participou como convidado em apresentações sobre Química e Educação em conferências nos Estados Unidos, na Inglaterra, no Brasil, na África do Sul, Nova Zelândia e Argentina.

Recebeu o National Catalyst Award for Excellence in Teaching, o Visiting Scientist Award do Western Connecticut Section da American Chemistry Society, e o Distinguished Education Award do Binghamton (NY) Section da American Chemistry Society. Em 1998, foi Estee conferencista sobre Ensino de Química na University of South e em 2007 foi conferencista na University of North Carolina-Asheville. Finalmente, foi mentor da equipe da Olimpíada Nacional de Química nos Estados Unidos. Seu endereço de e-mail é: johnkotz@mac.com.

Paul M. Treichel recebeu grau de Bacharelado na Wisconsin University, em 1958, e o título de Ph.D. da Harvard University, em 1962. Depois de um ano de estudo de pós-doutorado em Londres, assumiu posição de professor universitário na University of Wisconsin-Madison. Trabalhou como chefe de departamento de 1986 a 1995 e foi condecorado como Helfaer Professorship

(Da esquerda para a direita) **John Kotz, John Townsend, David Treichel, Paul Treichel**

Courtesy Katherine Kotz

em 1996. Exerceu muitos cargos de professor convidado na África do Sul (1975) e no Japão (1995).

Aposentou-se após 44 anos como docente, em 2007, e atualmente é Professo Emérito de Química. Durante sua docência lecionou em cursos de Química Geral, Química Inorgânica, Química Organometálica e Ética Científica. Professor Treichel faz pesquisa em Química Organometálica e Aglomerado de Células e em Espectometria de Massa, auxiliado por 75 alunos graduandos e graduados, resultando em mais de 170 trabalhos em revistas científicas. Pode ser contatado pelo e-mail: treichelpaul@me.com.

John R. Townsend, professor doutor de Química na West Chester University of Pennsylvania, bacharelou-se em Química, assim como teve seu Programa Aprovado para Certificação em Química na University of Delaware. Após uma carreira lecionando Ciência e Matemática, obteve seu mestrado e Ph.D. em Química Biofísica na Cornell University, onde também recebeu o DuPont Teaching Award por seu trabalho como professor assistente. Após lecionar na Bloomsburg University, passou a lecionar na West Chester University, onde coordena o programa de licenciatura em Química para a escola secundária e o programa de Química Geral para o curso de Ciências. Seu interesse em pesquisa está nas áreas de Educação em Química e Bioquímica. Pode ser contatado pelo e-mail: treichelpaul@me.com.

David A. Treichel, professor de Química na Nebraska Wesleyan University, recebeu seu bacharelado no Carleton College. Concluiu mestrado e Ph.D. em Química Analítica na Northwestern University. Após a pesquisa de pós-doutorado na University of Texas em Austin, iniciou docência na Nebraska Wesleyan University. Seu interesse em pesquisa está nas áreas de Eletroquímica e Espectroscopia de Laser de Superfície. Pode ser contatado pelo e-mail: dat@nebrwesleyan.edu.

Sobre o revisor técnico

Danilo Luiz Flumignan

Danilo Luiz Flumignan possui graduação em Química Bacharelado pela Universidade Federal de Mato Grosso - UFMT (2003), mestrado em Química (2006) e doutorado em Química (2010) pela Universidade Estadual Paulista Júlio de Mesquita Filho (UNESP). É Professor e Coordenador de Curso de Tecnologia em Biocombustíveis do Instituto Federal de Educação, Ciência e Tecnologia de São Paulo (IFSP) Campus Matão.

Atua como Pesquisador Colaborador do Centro de Monitoramento e Pesquisa da Qualidade de Combustíveis, Biocombustíveis, Petróleo e Derivados (CEMPEQC-IQ-UNESP).

Possui habilidade em desenvolver projetos de pesquisa na área da Química Analítica e Orgânica com ênfase Caracterização e Controle de Qualidade de Combustíveis e Biocombustíveis (biodiesel e etanol).

Sobre a capa

Steven Hyatt

A bela pedra verde na capa deste livro é uma peça de jade esculpida na Nova Zelândia. O jade é encontrado em muitas partes do mundo e, por sua beleza, tem sido usado por séculos em itens decorativos e religiosos. Além disso, por sua resistência e por suportar altas temperaturas, foi usado para ferramentas como lâmina de machado. Na China, no período de 200 a.C. a 200 d.C., membros da realeza eram enterrados com roupas feitas com placas de jade costuradas com fios de ouro. Na Nova Zelândia a pedra é chamada "pounamu", nome dado pelos índios daquele país, os Maori. Para os Maori o *pounamu* tem imenso valor espiritual e material; objetos feitos de jade estão entre suas posses de maior valor.

O nome "jade" é originário de *piedra de ijada*, em espanhol, que significa "pedra do lombo", pois acreditava-se que ela curava doenças renais.

Na verdade, há dois minerais diferentes chamados jade: jadeíta e nefrita. A jadeíta é muito rara e um pouco mais dura do que a nefrita. As duas são difíceis de diferenciar visualmente, mas a nefrita possui um toque mais "sedoso" do que a jadeíta, um recurso que surge das diferenças em sua estrutura subjacente de silicato.

O jade na capa do livro e mostrado aqui é a nefrita com a fórmula $Ca_2(Mg, Fe)_5(Si_4O_{11})_2(OH)_2$. A cor verde da nefrita vem dos íons ferro(II). Como a quantidade de íons ferro(II) pode variar de pedra para pedra, a cor pode mudar de branca (baixo conteúdo de ferro) a verde-escura (alto conteúdo de ferro).

A natureza do jade e a origem da cor são discutidas em mais detalhes nos Capítulos 12 e 22.

© Cengage Learning/Charles D. Winters

Desbotamento da cor da fenolftaleína com o tempo

(tempo decorrido de aproximadamente três minutos)

A reação do indicador ácido-base fenolftaleína com o hidróxido de sódio.

14 Cinética química: as velocidades das reações químicas

Sumário do capítulo

PARA ONDE FOI O INDICADOR? A titulação de um ácido com uma base é uma técnica comum de laboratório (◄ Seção 4.7), e você deve usar a fenolftaleína como um indicador para saber quando a quantidade de base adicionada corresponde exatamente à quantidade de ácido que estava na solução. Os alunos são informados de que o ponto de equivalência é indicado quando a cor da fenolftaleína muda de incolor ao rosa mais claro e que essa cor deve persistir por trinta segundos ou mais. Descobrimos, porém, que alguns alunos exageram e adicionam a base muito rapidamente. Eles excedem o ponto de equivalência, e a cor da solução torna-se um magenta lindo. Entretanto, a cor desbota-se rapidamente ao agitar a solução. Os alunos, assim, acreditam que o ponto de equivalência não foi alcançado e erroneamente adicionam mais base. A solução fica, novamente, magenta brilhante, mas mais uma vez, a cor desbota-se com rapidez. O que está ocorrendo na solução?

A forma predominante da fenolftaleína em uma solução básica é seu ânion. Entretanto, se uma solução contendo fenolftleína tem um pH maior que aproximadamente 12, a cor vermelha se desbota e a solução torna-se incolor.

Objetivos do Capítulo

Consulte a Revisão dos Objetivos do Capítulo para ver as Questões para Estudo relacionadas a estes objetivos.

ENTENDER

- As velocidades de reação e as condições que afetam essas velocidades.
- A teoria de colisão das velocidades de reação e o papel da energia de ativação.

FAZER

- Derivar uma equação de velocidade, a constante de velocidade e a ordem da reação a partir de dados experimentais.
- Utilizar as leis de velocidade integradas.
- Determinar a ordem de uma reação representando por meio de gráficos as funções apropriadas de concentração em função do tempo.
- Relacionar mecanismos de reação e leis de velocidade.

LEMBRAR

- A definição da velocidade de reação.
- A meia-vida de uma reação é o tempo necessário para que a concentração de um reagente diminua para a metade de seu valor inicial.
- Uma reação não pode prosseguir mais rapidamente que a etapa mais lenta no mecanismo da reação.

Isso ocorre devido à reação química do íon hidróxido com o ânion da fenolftaleína como mostrado na equação. A velocidade dessa reação pode ser medida por monitoramento da mudança na intensidade da cor da solução através do uso das técnicas espectroscópicas descritas na Seção 4.8.

Este capítulo trata sobre uma área fundamental da Química: *cinética química*. Esta engloba o estudo das velocidades de reação e suas respectivas interpretações com base nos mecanismos de reação.

Uma Questão para Estudo relacionada a esta história é: 14.81.

A o realizar uma reação química, os químicos muitas vezes preocupam-se com dois fatores: a *extensão* em que o produto da reação é favorecido no equilíbrio e a *velocidade* em que a reação ocorre. No Capítulo 5, começamos a abordar a primeira questão, e nos Capítulos 15 e 18 desenvolveremos esse tópico detalhadamente. Este capítulo refere-se ao segundo fator: as velocidades das reações químicas.

A **cinética química** é o estudo das velocidades das reações químicas. No *nível macroscópico*, o campo da cinética química aborda o que significa a velocidade de reação, como determiná-la experimentalmente e como fatores como a temperatura e as concentrações dos reagentes influenciam a velocidade. No *nível microscópico*, o interesse reside no **mecanismo da reação**, o caminho detalhado percorrido por átomos e moléculas enquanto uma reação acontece. O objetivo é utilizar os dados do mundo macroscópico da Química para compreender como as reações químicas ocorrem no nível microscópico e, então, aplicar essa informação no controle das reações importantes.

14-1 Velocidades das Reações Químicas

Neste item você encontra o conceito de velocidade presente no seu dia a dia. A velocidade de um automóvel, por exemplo, é a distância percorrida por unidade de tempo (por exemplo, quilômetros por hora), e a velocidade do escoamento da água de uma torneira é o volume entregue por unidade de tempo (litros por minuto). Em cada caso, uma variação é medida em um intervalo de tempo. De modo similar, a velocidade de uma reação química refere-se à variação na concentração de um reagente ou produto por unidade de tempo.

$$\text{Velocidade da reação} = \frac{\text{variação na concentração}}{\text{variação no tempo}}$$

Cálculo de Velocidade

A velocidade média de um automóvel é a distância percorrida dividida pelo tempo decorrido, ou $\Delta(\text{distância})/\Delta(\text{tempo})$. Se um automóvel percorre 3,9 km em 4,5 minutos (0,075 h), sua velocidade média é (3,9 km/0,075 h), ou 52 km/h. As velocidades médias das reações químicas podem ser determinadas de modo similar. É preciso medir duas variáveis, concentração e tempo. As concentrações podem ser determinadas de diversas maneiras; por exemplo, por meio da medição da absorção de luz de uma solução, uma propriedade relacionada à concentração de uma espécie em solução (Figura 14.1). A velocidade média da reação é a variação na concentração por unidade de tempo.

Consideremos a decomposição de N_2O_5 em um solvente. Essa reação ocorre de acordo com a seguinte equação:

$$N_2O_5 \longrightarrow 2\ NO_2 + \tfrac{1}{2}\ O_2$$

As concentrações e o tempo decorrido para um típico experimento feito a 30,0 °C são ilustrados pelo gráfico na Figura 14.2.

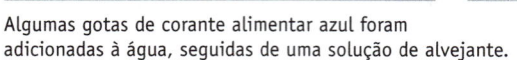
Algumas gotas de corante alimentar azul foram adicionadas à água, seguidas de uma solução de alvejante.

A cor desbota quando o corante reage com o alvejante.

Fotos: © Cengage Learning/Charles D. Winters

FIGURA 14.1 Um experimento para medir a velocidade da reação. A absorbância da solução pode ser medida em vários momentos usando-se um espectrofotômetro (veja a Seção 4.8), e esses valores podem ser usados para determinar a concentração do corante.

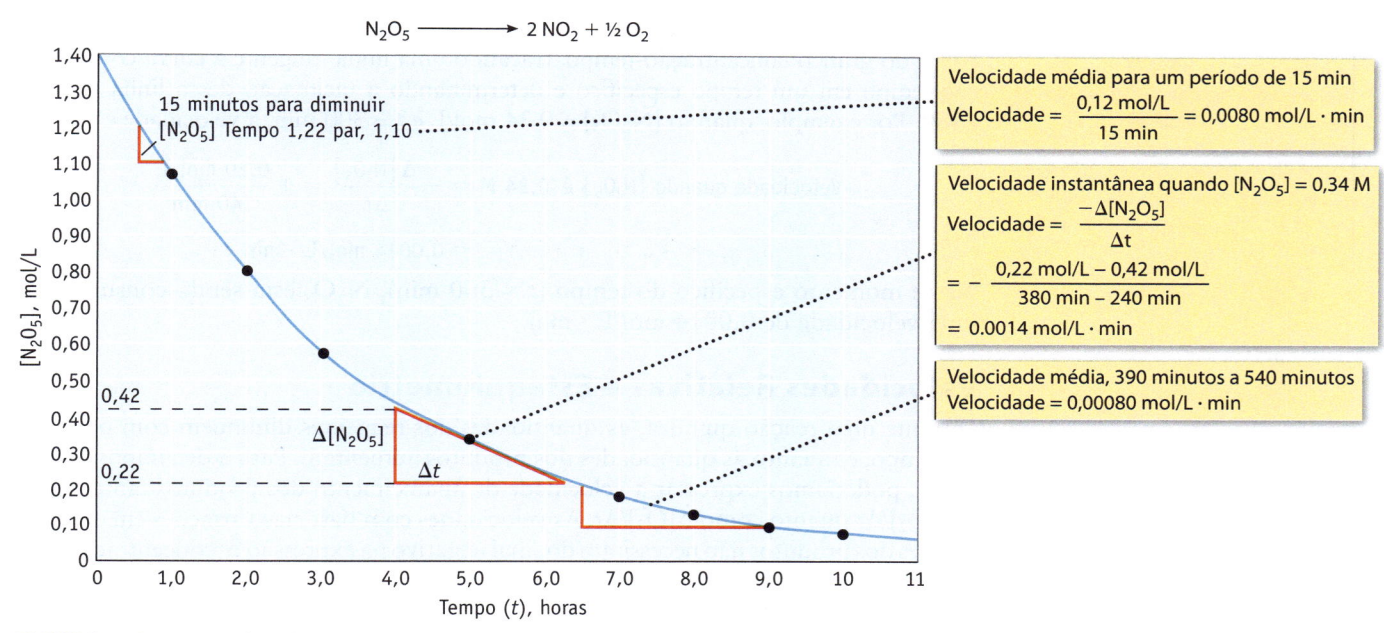

FIGURA 14.2 Um gráfico de concentração de reagente em função do tempo para a decomposição do N_2O_5.

A velocidade *média* dessa reação em qualquer intervalo de tempo pode ser expressa como a negativa da variação na concentração de N_2O_5 dividida pela variação no tempo:

$$\text{Velocidade de decomposição do } N_2O_5 = -\frac{\text{variação em } [N_2O_5]}{\text{mudança no tempo}} = -\frac{\Delta [N_2O_5]}{\Delta t}$$

O sinal negativo é necessário devido ao fato de N_2O_5 ser um reagente e sua concentração diminuir com o tempo (isto é, $\Delta[N_2O_5] = [N_2O_5]$(final) $-$ $[N_2O_5]$(inicial) é negativo), mas a velocidade é sempre expressa como uma quantidade positiva. Por exemplo, utilizando os dados da Figura 14.2, a velocidade média de desaparecimento de N_2O_5 entre 40 e 55 minutos é determinada por

$$\text{Velocidade} = -\frac{\Delta [N_2O_5]}{\Delta t} = -\frac{(1,10 \text{ mol/L}) - (1,22 \text{ mol/L})}{55 \text{ min} - 40 \text{ min}} = +\frac{0,12 \text{ mol/L}}{15 \text{ min}}$$

$$\text{Velocidade} = 0,0080 \text{ mol } N_2O_5 \text{ consumido/ L} \cdot \text{min}$$

Observe as unidades das velocidades da reação: se a concentração for expressa em mol/L, as unidades da velocidade serão mol/(L · tempo). Além disso, note que a velocidade média para a decomposição de N_2O_5 é a negativa da inclinação de uma linha que liga os dois pontos de interesse no gráfico concentração-tempo.

A velocidade da reação muda durante o curso da reação. A concentração de N_2O_5 diminui rapidamente no início da reação, porém mais lentamente perto do final. Podemos verificar isso comparando a velocidade média de desaparecimento de N_2O_5 calculada anteriormente (quando a concentração diminuiu 0,12 mol/L em 15 min) com a velocidade média da reação calculada para o intervalo de tempo de 390 min a 540 min (quando a concentração cai em 0,12 mol/L em 150 min). A velocidade média nesse estágio mais avançado da reação é apenas um décimo do valor anterior.

$$-\frac{\Delta [N_2O_5]}{\Delta t} = -\frac{(0,10 \text{ mol/L}) - (0,22 \text{ mol/L})}{540 \text{ min} - 390 \text{ min}} = +\frac{0,12 \text{ mol/L}}{150 \text{ min}}$$

$$= 0,00080 \text{ mol/L} \cdot \text{min}$$

Também poderíamos perguntar qual é a velocidade *instantânea* em um único ponto no tempo. Em um automóvel, a velocidade instantânea pode ser lida a partir do

Variações de Cálculo Quando calculamos uma variação em uma quantidade, sempre subtraímos a quantidade inicial da quantidade final: $\Delta c = c_{final} - c_{inicial}$.

A Inclinação de uma Linha usada na determinação da velocidade instantânea (Figura 14.2) pode ser determinada a partir da inclinação da linha tangente. Veja "Revisão: As Ferramentas da Química Quantitativa" para saber mais sobre como encontrar a inclinação de uma linha.

velocímetro. Para uma reação química, podemos extrair a velocidade instantânea a partir do gráfico concentração-tempo, traçando uma linha tangente à curva concentração-tempo em um tempo específico e determinando a inclinação dessa linha (Figura 14.2). Por exemplo, quando $[N_2O_5] = 0,34$ mol/L e $t = 300$ min, a velocidade é

$$\text{Velocidade quando } [N_2O_5] \text{ é } 0,34 \text{ M} = -\frac{\Delta[N_2O_5]}{\Delta t} = +\frac{0,20 \text{ mol/L}}{140 \text{ min}}$$

$$= 0,0014 \text{ mol/L} \cdot \text{min}$$

Nesse momento específico do tempo ($t = 300$ min), N_2O_5 está sendo consumido a uma velocidade de 0,0014 mol/L · min.

Velocidades Relativas e Estequiometria

Durante uma reação química, as quantidades dos reagentes diminuem com o passar do tempo, enquanto as quantidades dos produtos aumentam. Para a decomposição de N_2O_5, poderíamos expressar a velocidade de aparecimento dos produtos tanto como $\Delta[NO_2]/\Delta t$ quanto como $\Delta[O_2]/\Delta t$. As velocidades com base nas variações em concentrações dos produtos não necessitam do sinal negativo na expressão $\Delta(\text{concentração})/\Delta t$, porque a concentração de um produto aumenta, e a expressão já terá um valor positivo. Além disso, os valores numéricos das velocidades definidas com relação ao NO_2 ou O_2 serão diferentes do valor de consumo do $\Delta[N_2O_5]/\Delta t$, devido aos diferentes coeficientes estequiométricos para as substâncias químicas contidas na equação química. Por exemplo, a velocidade de aparecimento de NO_2 será *duas vezes* a velocidade de desaparecimento do N_2O_5, porque a estequiometria necessita de *duas* moléculas de NO_2 formadas para cada molécula de N_2O_5 consumida. Para levar em conta a estequiometria ao definir a velocidade de uma reação, incluímos um fator para cada reagente e produto de $1/x$, em que x é o coeficiente estequiométrico da substância. Isso nos dará um valor único da velocidade da reação, independentemente de qual reagente ou produto está sendo monitorado. Para a reação global

$$a A + b B \rightarrow c C + d D$$

a velocidade de reação é definida como

$$\text{Velocidade de reação} = -\frac{1}{a}\frac{\Delta[A]}{\Delta t} = -\frac{1}{b}\frac{\Delta[B]}{\Delta t} = +\frac{1}{c}\frac{\Delta[C]}{\Delta t} = +\frac{1}{d}\frac{\Delta[D]}{\Delta t}$$

Observe que isso nos dá a velocidade da reação em uma base "por mol de reação". No exemplo acima usando a decomposição de reação N_2O_5, a expressão da velocidade de todos os reagentes e produtos é

$$\text{Velocidade de reação} = -\frac{\Delta[N_2O_5]}{\Delta t} = +\frac{1}{2}\frac{\Delta[NO_2]}{\Delta t} = +2\frac{\Delta[O_2]}{\Delta t}$$

EXEMPLO 14.1

Velocidade da Reação

Problema Dados coletados sobre a concentração de um corante em função do tempo (Figura 14.1) são mostrados no gráfico a seguir. Usando esses dados, estimamos o valor da (a) velocidade média da variação da concentração de corante ao longo dos primeiros dois minutos, (b) velocidade média da variação durante o quinto minuto (a partir de $t = 4,0$ min a $t = 5,0$ min) e (c) velocidade instantânea em 4,0 minutos.

O que você sabe? A concentração de corante em função do tempo é apresentada como um gráfico. A partir dessa curva, você pode identificar a concentração de corante em um tempo específico.

Estratégia Para encontrar a velocidade média, calcule a diferença de concentração no início e no final de um período de tempo ($\Delta c = c_{final} - c_{inicial}$) e divida-a pelo tempo decorrido. Para encontrar a velocidade instantânea em 4 minutos, desenhe uma reta tangente ao gráfico no tempo especificado. O negativo da inclinação da linha é a velocidade instantânea.

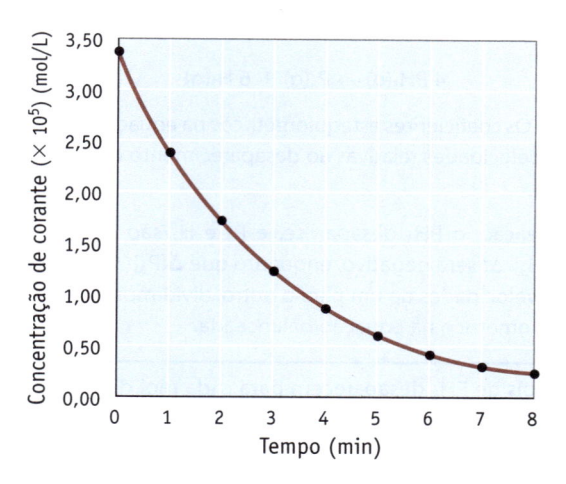

Solução

(a) Velocidade média ao longo dos 2 primeiros minutos: a concentração do corante diminui de $3,4 \times 10^{-5}$ mol/L em $t = 0$ minuto para $1,7 \times 10^{-5}$ mol/L em $t = 2,0$ minutos. A velocidade média da reação nesse intervalo de tempo é

$$\text{Velocidade média} = -\frac{\Delta[\text{Corante}]}{\Delta t} = -\frac{(1,7 \times 10^{-5} \text{ mol/L}) - (3,4 \times 10^{-5} \text{ mol/L})}{2,0 \text{ min}}$$

$$\text{Velocidade média} = 8,5 \times 10^{-6} \text{ mol/L} \cdot \text{min}$$

(b) Velocidade média durante o quinto minuto: a concentração do corante diminui de $0,90 \times 10^{-5}$ mol/L em $t = 4,0$ minutos para $0,60 \times 10^{-5}$ mol/L em $t = 5,0$ minutos. A velocidade média da reação nesse intervalo de tempo é

$$\text{Velocidade média} = -\frac{\Delta[\text{Corante}]}{\Delta t} = -\frac{(0,60 \times 10^{-5} \text{ mol/L}) - (0,90 \times 10^{-5} \text{ mol/L})}{1,0 \text{ min}}$$

$$\text{Velocidade média} = 3,0 \times 10^{-6} \text{ mol/L} \cdot \text{min}$$

(c) Velocidade instantânea em 4,0 minutos: uma linha tangente à curva é traçada no tempo = 4,0 min. Dois pontos na linha são escolhidos e a inclinação da linha é calculada. A velocidade instantânea em 4,0 min é a negativa dessa inclinação e tem um valor de $3,5 \times 10^{-6}$ mol/L · min.

Pense bem antes de responder Observe que a velocidade de reação diminui conforme a concentração de corante diminui. Isso nos diz que a velocidade da reação está relacionada à concentração de corante.

Verifique seu entendimento

A sacarose decompõe-se em frutose e glicose em solução ácida. Uma curva da concentração de sacarose em função do tempo é fornecida ao lado. Qual é a velocidade da mudança da concentração de sacarose nas primeiras 2 horas? Qual é a velocidade da mudança nas últimas 2 horas? Estime a velocidade instantânea em 4 horas.

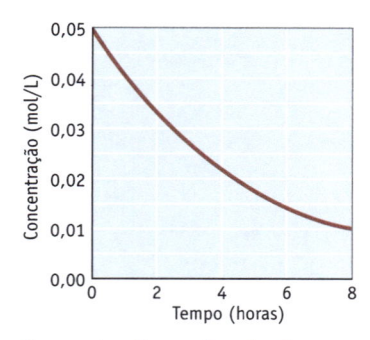

Concentração em função do tempo para a decomposição da sacarose. ("Verifique seu Entendimento" no Exemplo 14.1)

EXEMPLO 14.2

Velocidades Relativas e Estequiometria

Problema Dê as velocidades relativas ao desaparecimento dos reagentes e à formação dos produtos para a seguinte reação:

$$4\,PH_3(g) \rightarrow P_4(g) + 6\,H_2(g)$$

O que você sabe? Os coeficientes estequiométricos na equação balanceada podem ser usados para avaliar as velocidades relativas ao desaparecimento do material de partida e a formação dos produtos.

Estratégia Nessa reação, o PH_3 desaparece, e P_4 e H_2 são formados. Consequentemente, o valor de $\Delta[PH_3]/\Delta t$ será negativo, enquanto que $\Delta[P_4]/\Delta t$ e $\Delta[H_2]/\Delta t$ serão positivos. Para relacionar as velocidades de um para o outro, dividimos cada $\Delta[reagente]/\Delta t$ por seu coeficiente estequiométrico na equação balanceada.

Solução Como 4 mols de PH_3 desaparecem para cada mol de P_4 formado, o valor numérico da velocidade da formação de P_4 pode somente ser um quarto da velocidade de desaparecimento do PH_3. De modo semelhante, P_4 é formado a somente um sexto da velocidade com que H_2 é formado.

$$\text{Velocidade da reação} = -\frac{1}{4}\left(\frac{\Delta[PH_3]}{\Delta t}\right) = +\frac{\Delta[P_4]}{\Delta t} = +\frac{1}{6}\left(\frac{\Delta[H_2]}{\Delta t}\right)$$

Pense bem antes de responder Ao determinar a velocidade de uma reação química, você deverá levar em conta (1) se uma substância é um reagente ou produto e (2) o coeficiente estequiométrico da substância na equação química balanceada da reação.

Verifique seu entendimento

Quais são as velocidades relativas do aparecimento ou desaparecimento de cada produto e reagente na decomposição do cloreto de nitrosila, NOCl?

$$2\,NOCl(g) \rightarrow 2\,NO(g) + Cl_2(g)$$

EXERCÍCIOS PARA A SEÇÃO 14.1

1. Compare as velocidades de desaparecimento do NO(g) e $O_2(g)$ para a reação $2\,NO(g) + O_2(g) \rightarrow 2\,NO_2(g)$.

   (a) As velocidades são iguais.

   (b) A velocidade de desaparecimento do NO(g) é duas vezes a velocidade de desaparecimento do $O_2(g)$.

   (c) A velocidade de desaparecimento do NO(g) é a metade da velocidade de desaparecimento do $O_2(g)$.

   (d) As velocidades não estão relacionadas.

2. Use o gráfico fornecido no Exemplo 14.1 para estimar a velocidade média do desaparecimento do corante pelo período de 1 a 3 minutos.

   (a) 0,6 mol/L · min

   (b) $1,2 \times 10^{-5}$ mol/L · min

   (c) $0,6 \times 10^{-5}$ mol/L · min

   (d) 1,2 mol/L · min

14-2 Condições de Reação e Velocidade

Diversos fatores – concentrações de reagentes, temperatura e presença de catalisadores – afetam a velocidade de uma reação. Se um reagente for um sólido, a área de superfície disponível para a reação também será um fator.

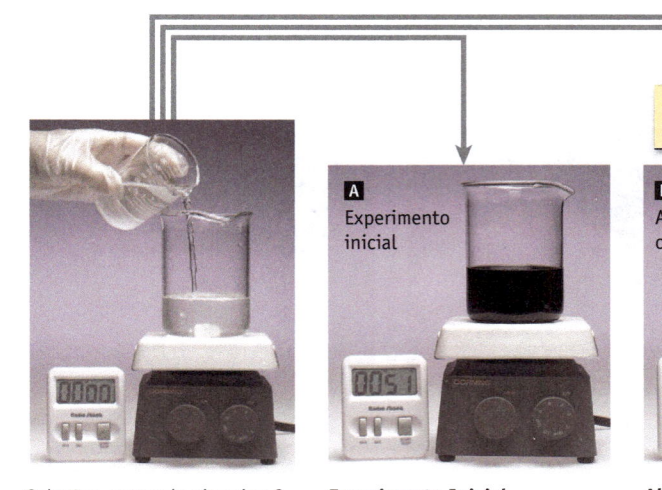

Concentração menor de I⁻ que no Experimento A.

Mesma concentração no Experimento B, porém sob uma temperatura mais elevada.

A Experimento inicial

B Alterações na concentração

C Mudanças de temperatura

Banho quente

Fotos: © Cengage Learning/Charles D. Winters

Soluções contendo vitamina C, H_2O_2, I⁻ e amido são misturadas.

Experimento Inicial
A cor azul do complexo de iodeto de amido surge em 51 segundos.

Alterações na Concentração
A cor azul do complexo do iodeto de amido surge em 1 minuto e 33 segundos quando a solução está menos concentrada do que em A.

Mudanças de Temperatura
A cor azul do complexo de iodeto de amido surge em 56 segundos quando a solução tem a mesma concentração que em B, porém sob uma temperatura mais elevada.

FIGURA 14.3 A reação relógio de iodo. Essa reação ilustra os efeitos de concentração e temperatura na velocidade da reação. (Você mesmo pode fazer esses experimentos com reagentes disponíveis no supermercado). Para detalhes, veja WRIGHT, S. W. The vitamin C clock reaction. *Journal of Chemical Education*, v. 79, p. 41, 2002.)

A "reação relógio de iodo" (Figura 14.3), ilustra os **efeitos da concentração e da temperatura**. A mistura da reação contém peróxido de hidrogênio (H_2O_2), íon iodeto (I⁻), ácido ascórbico (vitamina C) e amido (que é um indicador da presença de iodo, I_2). Uma sequência de reações inicia-se com a lenta oxidação do íon iodeto para I_2 por H_2O_2.

$$H_2O_2(aq) + 2\ I^-(aq) + 2\ H_3O^+(aq) \rightarrow 4\ H_2O(\ell) + I_2(aq)$$

Assim que I_2 é formado na solução, a vitamina C rapidamente o reduz de volta a I⁻.

$$2\ H_2O(\ell) + I_2(aq) + C_6H_8O_6(aq) \rightarrow C_6H_6O_6(aq) + 2\ H_3O^+(aq) + 2\ I^-(aq)$$

Quando toda a vitamina C tiver sido consumida, o I_2 permanecerá em solução e formará um complexo azul-escuro com o amido. O tempo medido representa quanto tempo leva para que a quantia dada de vitamina C reaja. Para a primeira experiência (A, na Figura 14.3), o tempo necessário é de 51 segundos. Quando a concentração do íon iodeto é menor (B), o tempo requerido para a vitamina C ser consumida é maior, 1 minuto e 33 segundos. Por fim, quando as concentrações novamente são as mesmas que as do experimento B, mas a mistura da reação é aquecida, a reação ocorre mais rapidamente (56 segundos). Esse experimento ilustra duas características que são verdadeiras na maioria das reações:

- Se a concentração de um reagente for aumentada, a velocidade da reação aumentará também.

- As reações químicas ocorrem mais rapidamente sob temperaturas mais elevadas.

Os **catalisadores** são substâncias que aceleram as reações químicas, mas que não são consumidos. Considere o efeito de um catalisador na decomposição de peróxido de hidrogênio, H_2O_2, para formar água e oxigênio.

$$2\ H_2O_2(aq) \rightarrow O_2(g) + 2\ H_2O(\ell)$$

Essa decomposição é muito lenta; uma solução de H_2O_2 pode ser armazenada por muitos meses com somente um mínimo de mudança na concentração. A adição de um óxido de manganês (IV), de um sal que contenha iodeto ou de um composto chamado catalase – um catalisador biológico ou *enzima* – faz com que essa reação ocorra rapidamente, conforme mostrado pelo borbulhar vigoroso, à medida que o oxigênio gasoso escapa da solução (Figura 14.4).

O vapor é formado devido ao calor elevado da reação.

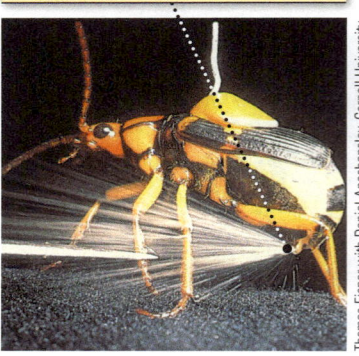

A energia envolvida na reação permite ao inseto ejetar água quente e outros químicos irritantes com força explosiva.

Bolhas do gás O_2 são vistas ascendendo da batata na solução.

A velocidade de decomposição do peróxido de hidrogênio é aumentada pelo catalisador MnO_2. Aqui, o H_2O_2 (como uma solução aquosa de 30%) é despejado sobre o sólido negro MnO_2 e rapidamente decompõe-se em O_2 e H_2O.

Um besouro-bombardeiro usa a decomposição catalisada de H_2O_2 como um mecanismo de defesa.

A enzima catalase, encontrada em batatas, é usada para catalisar a decomposição de H_2O_2.

FIGURA 14.4 Decomposição catalisada de H_2O_2.

A *área superficial* de um reagente sólido também pode afetar a velocidade da reação. Somente as moléculas da superfície de um sólido podem entrar em contato com outros reagentes. Quanto menores as partículas de um sólido, mais moléculas são encontradas na superfície dele. Com partículas muito pequenas, o efeito da área superficial na velocidade pode ser completamente desastroso (Figura 14.5). Os fazendeiros sabem que as partículas de pó (suspensas no ar em um recinto fechado para armazenagem de grãos, como um silo fechado ou um moinho) representam grande perigo de explosão.

EXERCÍCIO PARA A SEÇÃO 14.2

1. Qual das seguintes alternativas não costuma aumentar a velocidade de uma reação química?

   (a) esmagamento de um reagente sólido

   (b) diminuição da concentração de um dos reagentes

   (c) aumento de temperatura

FIGURA 14.5 As velocidades distintas na combustão do pó de *lycopodium* compactado e em forma de pó fino.

Os esporos das plantas comuns do gênero *lycopodium* são difíceis de queimar apenas quando empilhados em um prato.

Se os esporos forem reduzidos a um pó fino e pulverizados em chama, a combustão será rápida.

14-3 Efeito da Concentração na Velocidade de Reação

Um objetivo importante no estudo da cinética de uma reação é determinar o seu mecanismo, isto é, como a reação ocorre no nível molecular. A maneira de começar é aprender, por exemplo, como as concentrações de reagentes afetam a velocidade da reação. A relação resultante entre as concentrações do reagente e a velocidade da reação é expressa por uma equação chamada **equação de velocidade**, ou **lei da velocidade**.

Equações de Velocidade

O efeito da concentração pode ser determinado ao avaliarmos como a velocidade é afetada quando as concentrações dos reagentes variam (mantendo-se a temperatura constante). Considere, por exemplo, a decomposição de N_2O_5 em NO_2 e O_2. A Figura 14.2 apresenta dados da concentração de N_2O_5 em função do tempo. Calculamos anteriormente que, quando $[N_2O_5] = 0,34$ mol/L, a velocidade instantânea de desaparecimento de N_2O_5 é 0,0014 mol/L · min. Uma avaliação da velocidade instantânea da reação quando $[N_2O_5] = 0,68$ mol/L revela uma velocidade de 0,0028 mol/L · min. Isto é, dobrando a concentração de N_2O_5, dobra-se a velocidade da reação. Um exercício semelhante mostra que, se $[N_2O_5]$ for 0,17 mol/L (metade de 0,34 mol/L), a velocidade da reação também é reduzida para metade. A partir desses resultados, sabemos que a velocidade para essa reação deve ser diretamente proporcional à concentração de N_2O_5.

$$N_2O_5 \rightarrow 2\ NO_2 + \tfrac{1}{2}\ O_2$$

$$\text{Velocidade da reação} \propto [N_2O_5]$$

em que o símbolo $\propto$ significa "proporcional a". Essa proporcionalidade é expressa pela equação de velocidade

$$\text{Velocidade da reação} = -\Delta[N_2O_5]/\Delta t = k[N_2O_5]$$

em que a constante de proporcionalidade, k, é chamada de **constante de velocidade**. Essa equação de velocidade mostra que a velocidade da reação é proporcional à concentração do reagente. Com base nessa equação, podemos determinar que, quando $[N_2O_5]$ é dobrado, a velocidade da reação dobra.

Em geral, para uma reação do tipo:

$$a\ A + b\ B \rightarrow x\ X$$

a equação de velocidade possui a forma

$$\text{Velocidade de reação} = k[A]^m[B]^n$$

A equação de velocidade expressa o fato de que a velocidade da reação é proporcional às concentrações do reagente, sendo cada concentração elevada a alguma potência. Trata-se muitas vezes de números inteiros positivos, mas podem ser números negativos, frações ou zero. Eles devem ser determinados experimentalmente.

Se um catalisador homogêneo estiver presente, sua concentração pode também ser incluída na equação de velocidade, mesmo que a espécie catalisadora não seja um produto ou reagente na equação para a reação. Considere, por exemplo, a decomposição do peróxido de hidrogênio na presença de um catalisador como o íon iodeto:

$$H_2O_2(aq) \xrightarrow{\quad I^-(aq)\quad} H_2O(\ell) + \tfrac{1}{2}\ O_2(g)$$

Experimentos mostram que a reação tem a seguinte equação de velocidade:

$$\text{Velocidade da reação} = -\Delta[H_2O_2]/\Delta t = k[H_2O_2][I^-]$$

Aqui, a concentração do catalisador, I^-, aparece na lei de velocidade, mesmo que não seja parte da equação balanceada.

A Ordem de uma Reação

A **ordem** de uma reação com relação a um determinado reagente é o expoente de seu termo de concentração na expressão da lei de velocidade, e a **ordem total da**

Expoentes em Concentrações de Reagente e em Estequiometria da Reação É importante reconhecer que os expoentes m e n não são necessariamente os coeficientes estequiométricos (a e b) da equação química balanceada.

A Natureza dos Catalisadores Um catalisador não aparece como um reagente na equação balanceada da reação, mas pode aparecer na expressão de velocidade. Uma prática comum é identificar os catalisadores pelo nome ou símbolo acima da seta de reação, conforme mostrado no exemplo. Um catalisador *homogêneo* é o que está na mesma fase que os reagentes. Por exemplo, tanto H_2O_2 quanto I^- são dissolvidos em água.

reação é a soma dos expoentes de todos os termos de concentração. Por exemplo, a reação entre NO e Cl_2:

$$NO(g) + \tfrac{1}{2} Cl_2(g) \rightarrow NOCl(g)$$

tem a seguinte lei de velocidade experimentalmente determinada:

$$\text{Velocidade de reação} = -\Delta[NO]/\Delta t = k[NO]^2[Cl_2]$$

Essa reação é de segunda ordem em NO, de primeira ordem em Cl_2 e de terceira ordem no total.

Enquanto as reações de primeira e segunda ordens são comuns, outras ordens de reação também são observadas, incluindo reações de ordem zero. Um exemplo de uma reação de ordem zero é a decomposição da amônia em uma superfície de platina a 856 °C.

$$NH_3(g) \rightarrow \tfrac{1}{2} N_2(g) + \tfrac{3}{2} H_2(g)$$

Quando a concentração da amônia for alta, a velocidade da reação será independente da concentração de NH_3. A lei de velocidade para essa reação é

$$\text{Velocidade de reação} = k[NH_3]^0 = k$$

A ordem da reação é importante porque nos dá uma ideia sobre a pergunta mais interessante de todas – como a reação ocorre. Isso é descrito detalhadamente na Seção 14.6.

Constante de Velocidade, *k*

A constante de velocidade, k, é uma constante de proporcionalidade que relaciona a velocidade e a concentração *a uma determinada temperatura*. É uma quantidade importante porque nos permite encontrar a velocidade da reação para um novo conjunto de concentrações. Para verificar como utilizar k, considere a substituição do íon Cl^- pela água no agente quimoterápico cisplatina, $Pt(NH_3)_2Cl_2$.

$$Pt(NH_3)_2Cl_2(aq) + H_2O(\ell) \longrightarrow [Pt(NH_3)_2(H_2O)Cl]^+(aq) + Cl^-(aq)$$

A lei de velocidade para esta reação é

$$\text{Velocidade da reação} = -\Delta[Pt(NH_3)_2Cl_2]/\Delta t = k[Pt(NH_3)_2Cl_2]$$

e a constante de velocidade, k, é 0,27/h a 25 °C. Sabendo que k permite-lhe calcular a velocidade em uma concentração específica de reagente – por exemplo, quando $[Pt(NH_3)_2Cl_2] = 0,018$ mol/L:

$$\text{Velocidade da reação} = (0,27/h)(0,018 \text{ mol/L}) = 0,0049 \text{ mol/L} \cdot h$$

Conforme notado anteriormente, as velocidades da reação têm unidades de mol/L · tempo quando as concentrações são dadas em mols por litro. As constantes de velocidade devem ter unidades consistentes com as unidades dos outros termos na equação de velocidade.

- Reações de primeira ordem: as unidades de k são 1/tempo.
- Reações de segunda ordem: as unidades de k são mol/L · tempo.
- Reações de ordem zero: as unidades de k são mol/L · tempo.

Por fim, você deve reconhecer que as reações podem variar de extremamente lenta a rápida como um relâmpago, e isso é refletido na ampla variação de valores de k. A reação de platina acima tem um valor de k de 0,27/h a 25 °C. Em contraste, a sacarose

Reação de Pseudoprimeira Ordem Na verdade, a reação entre a cisplatina e água é uma reação de segunda ordem em que Velocidade = $k[Pt(NH_3)_2Cl_2][H_2O]$. Se a reação for feita em um grande excesso de água, entretanto, a concentração de água não muda por uma quantidade significativa ao longo do curso da reação, ou seja, $[H_2O]$ = constante. Sob essas circunstâncias, diz-se que a reação é realizada sob *condições de pseudoprimeira ordem*, e a lei de velocidade é dada pela velocidade da equação $=k'[Pt(NH_3)_2Cl_2]$ em que $k' = k[H_2O]$.

Tempo e Constantes de Velocidade O tempo em uma constante de velocidade pode ser segundos, minutos, horas, dias, anos, ou em qualquer unidade de tempo que seja apropriada. A fração 1/tempo pode também ser escrita como tempo^{-1}. Por exemplo, 1/y é equivalente a y^{-1}, e 1/s é equivalente a s^{-1}.

decompõe-se em uma reação de primeira ordem à frutose e glucose com uma constante de velocidade de 0,0036/h a 25 °C. E a combinação muito rápida de átomos I para formar moléculas de I_2 na fase gasosa tem $k = 4 \times 10^{11}$ mol/L a 23 °C.

Determinando uma Equação de Velocidade

Uma maneira de determinar a equação de velocidade é utilizando o "método de velocidades iniciais". *A velocidade inicial é a velocidade instantânea no início da reação* (a velocidade em $t = 0$). Um valor aproximado da velocidade inicial pode ser obtido por meio da mistura dos reagentes e da determinação da velocidade da reação após 1% a 2% do reagente limitante ter sido consumido. A medição da velocidade durante o estágio inicial de uma reação é conveniente porque as concentrações iniciais são conhecidas.

Como exemplo da determinação da velocidade de reação pelo método das velocidades iniciais, consideremos a seguinte reação de monóxido de nitrogênio com cloro.

$$NO(g) + \tfrac{1}{2} Cl_2(g) \rightarrow NOCl(g)$$

As concentrações do reagente e as velocidades iniciais dessa reação no caso de diversos experimentos a 50 °C estão reunidas na tabela abaixo.

	CONCENTRAÇÃO INICIAIS (mol/L)		VELOCIDADE INICIAL,
EXPERIMENTO	[NO]	[Cl₂]	$-\Delta[NO]/\Delta t$ (mol/L · s)
1	0,250	0,250	$1,43 \times 10^{-6}$
	↓ × 2	↓ Sem mudança	↓ × 4
2	0,500	0,250	$5,72 \times 10^{-6}$
3	0,250	0,500	$2,86 \times 10^{-6}$
4	0,500	0,500	$11,4 \times 10^{-6}$

- *Compare os Experimentos 1 e 2*: Aqui, $[Cl_2]$ é mantido constante e [NO] é dobrado. Essa mudança de [NO] pelo fator de 2 leva a um aumento da velocidade da reação por um fator de 4, isto é, a velocidade é proporcional ao *quadrado* da concentração de NO.

- *Compare os Experimentos 1 e 3*: Nos experimentos 1 e 3, [NO] é mantido constante e $[Cl_2]$ é dobrado, fazendo com que a velocidade dobre. Isto é, a velocidade é proporcional a $[Cl_2]$.

A lei da velocidade que reflete essas observações experimentais é

$$\text{Velocidade de reação} = -\Delta[NO]/\Delta t = k[NO]^2[Cl_2]$$

Utilizando essa equação, podemos predizer que dobrar ambas as concentrações ao mesmo tempo poderia fazer com que a velocidade elevasse por um fator de 8, como é determinado se os experimentos 1 e 4 forem comparados [$(1,43 \times 10^{-6}$ mol/L · s$) \times 8 = 11,4 \times 10^{-6}$ mol/L · s].

Se a equação de velocidade for conhecida, o valor de k, a constante de velocidade, pode ser encontrada por meio da substituição de valores da velocidade e concentrações na equação de velocidade. Utilizando os dados para a reação NO/Cl_2 a partir do primeiro experimento, temos

$$\text{Velocidade de reação} = 1,43 \times 10^{-6} \text{ mol/L} \cdot s = k(0,250 \text{ mol/L})^2(0,250 \text{ mol/L})$$

$$k = \frac{1,43 \times 10^{-6} \text{ mol/L} \cdot s}{(0,250 \text{ mol/L})^2(0,250 \text{ mol/L})} = 9,15 \times 10^{-5} \text{ L}^2/\text{mol}^2 \cdot s$$

EXEMPLO 14.3

Determinando uma Equação de Velocidade

Problema A velocidade da reação entre CO e NO_2 a 540 K

$$CO(g) + NO_2(g) \rightarrow CO_2(g) + NO(g)$$

foi medida começando com várias concentrações de CO e NO_2. Determine a equação de velocidade e o valor da constante de velocidade.

	CONCENTRAÇÕES INICIAIS (mol/L)		VELOCIDADE
EXPERIMENTO	[CO]	[NO$_2$]	INICIAL (mol/L · h)
1	$5,10 \times 10^{-4}$	$0,350 \times 10^{-4}$	$3,4 \times 10^{-8}$
2	$5,10 \times 10^{-4}$	$0,700 \times 10^{-4}$	$6,8 \times 10^{-8}$
3	$5,10 \times 10^{-4}$	$0,175 \times 10^{-4}$	$1,7 \times 10^{-8}$
4	$1,02 \times 10^{-3}$	$0,350 \times 10^{-4}$	$6,8 \times 10^{-8}$
5	$1,53 \times 10^{-3}$	$0,350 \times 10^{-4}$	$10,2 \times 10^{-8}$

O que você sabe? A tabela contém concentrações dos dois reagentes e velocidades iniciais para cinco experimentos.

Estratégia Para uma reação que envolve diversos reagentes, a aproximação geral é manter a concentração de um reagente constante e, então, verificar como a velocidade da reação varia enquanto a concentração do outro reagente é variada. A velocidade é proporcional à concentração de um reagente, R, elevada a alguma potência n (a ordem da reação)

$$\text{Velocidade} \propto [R]^n$$

Se [R] dobra e a velocidade dobra do experimento 1 ao 2, então $n = 1$. Se [R] dobra e a velocidade aumenta por um fator 4, então $n = 2$. Se a velocidade é inalterada, então $n = 0$.

Solução Nos três primeiros experimentos, a concentração de CO é mantida constante. No segundo experimento, a concentração de NO_2 foi duplicada em relação ao experimento 1, levando a um aumento da velocidade para o dobro. Como a velocidade foi dobrada, a reação é de primeira ordem em NO_2.

Isso é confirmado pelo experimento 3. Diminuir [NO_2] no experimento 3 para a metade do seu valor original faz com que a velocidade diminua pela metade.

Os dados nos experimentos 1 e 4 (com [NO_2] constante) mostram que a duplicação da [CO] dobra a velocidade, e os dados dos experimentos 1 e 5 mostram que, ao triplicar a concentração de CO, a velocidade é triplicada. Esses resultados indicam que a reação é de primeira ordem em [CO]. Desse modo, sabemos agora que a equação de velocidade é

> Velocidade de reação = k[CO][NO$_2$]

A constante de velocidade, k, pode ser encontrada pela inserção de dados para um dos experimentos na equação de velocidade. Utilizando dados do experimento 1, por exemplo,

$$\text{Velocidade} = 3,4 \times 10^{-8} \text{ mol/L} \cdot \text{h} = k(5,10 \times 10^{-4} \text{ mol/L})(0,350 \times 10^{-4} \text{ mol/L})$$

> $k = 1,9$ L/mol · h

Pense bem antes de responder Para verificar sua resposta, calcule k para dois ou mais dos experimentos. Se os valores determinados para k diferem significativamente, então, saberá que você cometeu um erro no cálculo das ordens de reação. A mesma lei de velocidade seria aplicada se as reações fossem realizadas sob uma temperatura diferente, porém, a constante de velocidade k teria um valor diferente.

Mapa Estratégico 14.3

PROBLEMA

Derivar a **equação de velocidade** e o **valor de k** para uma determinada reação.

↓

DADOS/INFORMAÇÕES

● **5 experimentos** que medem a **velocidade inicial** em função da **concentração do reagente**

ETAPA 1. **Compare as velocidades** para dois experimentos, onde a concentração do reagente **A** é *constante* e a do reagente **B** é *variada*

Forneça a **dependência da velocidade** em um reagente **(B)**

ETAPA 2. **Compare as velocidades** para dois experimentos em que a concentração do reagente **B** é *constante* e a do reagente **A** é *variada*.

Forneça a **dependência de velocidade** no outro reagente **(A)**

ETAPA 3. Utilize a *dependência de velocidade* em **A** e **B** para escrever a **equação de velocidade.**

Velocidade = k [A]^n[B]^m

ETAPA 4. Substitua os **dados de velocidade** para um experimento na **equação de velocidade** para calcular k.

Valor da constante de velocidade k

Verifique seu entendimento

A velocidade inicial ($-\Delta[NO]/\Delta t$) da reação de monóxido de nitrogênio e oxigênio

$$NO(g) + \tfrac{1}{2}O_2(g) \rightarrow NO_2(g)$$

foi medida para diversas concentrações iniciais de NO e O_2 a 25 °C. Determine a equação de velocidade a partir desses dados. Qual é o valor da constante de velocidade, k, e quais são suas unidades?

	CONCENTRAÇÕES INICIAIS (mol/L)		VELOCIDADE INICIAL
EXPERIMENTO	[NO]	[O_2]	(mol NO/L · s)
1	0,020	0,010	0,028
2	0,020	0,020	0,057
3	0,020	0,040	0,114
4	0,040	0,020	0,227
5	0,010	0,020	0,014

EXEMPLO 14.4

Usando uma Equação de Velocidade para Determinar Velocidades

Problema Usando a equação de velocidade e a constante de velocidade determinadas para a reação do CO e do NO_2 a 540 K no Exemplo 14.3, determine a velocidade inicial da reação quando [CO] = $3,8 \times 10^{-4}$ mol/L e [NO_2] = $0,650 \times 10^{-4}$ mol/L.

O que você sabe? A lei de velocidade e o valor para a constante de velocidade (1,9 L/mol · h) são ambos conhecidos. As concentrações dos dois reagentes são fornecidas.

Estratégia Uma equação de velocidade consiste em três partes: uma velocidade, uma constante de velocidade (k) e os termos da concentração. Se duas dessas partes forem conhecidas (nesse caso, k e as concentrações), a terceira pode ser calculada.

Solução Substitua k (= 1,9 L/mol · h) e a concentração de cada reagente na lei de velocidade determinada no Exemplo 14.3.

Velocidade de reação = k[CO][NO_2] = (1,9 L/mol · h)($3,8 \times 10^{-4}$ mol/L)($0,650 \times 10^{-4}$ mol/L)

Velocidade de reação = $4,7 \times 10^{-8}$ mol/L · h

Pense bem antes de responder Como verificação do resultado calculado, às vezes é útil fazer uma suposição da resposta antes de realizar uma solução matemática. Sabemos que a reação, aqui, é de primeira ordem para ambos os reagentes. Comparando os valores de concentração neste problema com os valores de concentração no experimento 1 do Exemplo 14.3, observamos que [CO] corresponde a aproximadamente três quartos do valor da concentração, enquanto [NO_2] corresponde a quase o dobro do valor. Os efeitos não se anulam precisamente, mas pode-se prever que a diferença entre a velocidade deste experimento e a do experimento 1 será razoavelmente pequena, sendo a primeira um pouco maior. O valor calculado confirma isso.

Verifique seu entendimento

A constante de velocidade, k, a 25 °C é de 0,27/h para a reação

$$Pt(NH_3)_2Cl_2(aq) + H_2O(l) \rightarrow [Pt(NH_3)_2(H_2O)Cl]^+(aq) + Cl^-(aq)$$

e a equação de velocidade é

$$\text{Velocidade da reação} = k[Pt(NH_3)_2Cl_2]$$

Calcule a velocidade da reação quando a concentração de $Pt(NH_3)_2Cl_2$ é 0,020 M.

DICA PARA SOLUÇÃO DE PROBLEMAS 14.1
Determinando uma Equação de Velocidade

Para determinar a equação de velocidade para uma reação que envolve diversos reagentes, a abordagem geral é manter a concentração de um reagente constante e, então, decidir como a velocidade da reação varia à medida que a concentração do outro reagente também varia. Uma vez que a velocidade de qualquer reação é proporcional à concentração de um reagente, R, elevada a alguma potência n (a ordem da reação)

$$\text{Velocidade} \propto [R]^n$$

podemos escrever a seguinte equação geral para a relação de velocidades em dois experimentos:

$$\frac{\text{Velocidade no experimento 2}}{\text{Velocidade no experimento 1}} = \frac{[R_2]^n}{[R_1]^n} = \left(\frac{[R_2]}{[R_1]}\right)^n$$

Considere o experimento no Exemplo 14.3. No segundo experimento, a concentração de NO_2 foi duplicada em relação ao experimento 1, levando a um aumento da velocidade para o dobro. Colocando os dados na equação geral, confirma-se o resultado de que $n = 1$.

$$\frac{\text{Velocidade no experimento 2}}{\text{Velocidade no experimento 1}} = \frac{6,8 \times 10^{-8}\ mol/L \cdot h}{3,4 \times 10^{-8}\ mol/L \cdot h} = \left(\frac{0,700 \times 10^{-4}}{0,350 \times 10^{-4}}\right)^n$$

$$2 = (2)^n$$

$$n = 1 \quad \text{porque } 2 = (2)^1$$

EXERCÍCIO PARA A SEÇÃO 14.3

1. A reação $NO(g) + 1/2\ Cl_2(g) \rightarrow NOCl(g)$ é de primeira ordem em $[Cl_2]$ e de segunda ordem com relação a $[NO]$. Sob um conjunto de condições, a velocidade inicial dessa reação é $6,20 \times 10^{-6}\ mol/L \cdot s$. Qual é a velocidade dessa reação se a concentração de NO for dobrada e a concentração de Cl_2 for reduzida pela metade do valor original?

   (a) $6,20 \times 10^{-6}\ mol/L \cdot s$ (c) $2,48 \times 10^{-5}\ mol/L \cdot s$

   (b) $1,24 \times 10^{-5}\ mol/L \cdot s$ (d) $4,96 \times 10^{-5}\ mol/L \cdot s$

14-4 Relações Concentração-Tempo: Leis de Velocidade Integradas

É muitas vezes importante para um químico saber por quanto tempo uma reação deve prosseguir até atingir uma concentração predeterminada de um reagente ou de um produto, ou quais serão as concentrações do reagente e do produto, transcorrido um certo período de tempo. Por essa razão, seria útil ter uma equação matemática que relacionasse tempo e concentração – uma equação que descreva as curvas-concentração em função do tempo como a mostrada na Figura 14.2. Com essa equação, poderíamos calcular uma concentração em qualquer tempo determinado ou o período de tempo necessário para que determinada quantidade de reagente reaja.

Reações de Primeira Ordem

Suponha que a reação "R → produtos" seja de primeira ordem. Isso significa que a velocidade da reação é diretamente proporcional à concentração de R elevada à primeira potência. Ou, matematicamente,

$$-\frac{\Delta[R]}{\Delta t} = k[R]$$

Essa relação pode ser transformada em uma equação muito útil chamada **equação de velocidade integrada** (pois o cálculo integral é usado em sua derivação).

$$\ln \frac{[R]_t}{[R]_0} = -kt \qquad \text{(14.1)}$$

Neste caso, $[R]_0$ e $[R]_t$ são concentrações do reagente no tempo $t = 0$ e, em um tempo posterior, t, respectivamente. A razão das concentrações, $[R]_t/[R]_0$, *é a fração do reagente que permanece após um determinado tempo transcorrido.*

A Equação 14.1 pode ser utilizada para realizar muitos cálculos úteis. Por exemplo,

- Se $[R]_t/[R]_0$ é medido no laboratório depois de transcorrido certa quantidade de tempo, então k pode ser calculado.

- Se $[R]_0$ e k forem conhecidos, então a concentração do material que resta após determinado período de tempo ($[R]_t$) pode ser calculada.

- Se k for conhecido, então, poderá ser calculado o tempo decorrido até que reste uma fração específica ($[R]_t/[R]_0$).

Por fim, observe que k *para uma reação de primeira ordem é independente da concentração*; k tem unidades de tempo^{-1} (ano^{-1} ou s^{-1}, por exemplo). Isso significa que podemos escolher qualquer unidade conveniente para $[R]_t$ e $[R]_0$: mols por litro, mols, gramas, número de átomos, número de moléculas ou pressão gasosa.

EXEMPLO 14.5

A Equação de Velocidade de Primeira Ordem

Problema No passado, o ciclopropano, C_3H_6, era utilizado em uma mistura com oxigênio como anestésico. (Atualmente, essa prática quase não existe mais, porque o composto é muito inflamável.) Quando aquecido, o ciclopropano rearranja-se a propeno em um processo de primeira ordem.

ciclopropano → propeno

$$\text{Velocidade} = k[\text{ciclopropano}] \qquad k = 2{,}42 \text{ h}^{-1} \text{ a } 500\,°C$$

Se a concentração inicial do ciclopropano for 0,050 mol/L, quanto tempo (em horas) deverá decorrer para que essa concentração diminua para 0,010 mol/L?

O que você sabe? A reação é de primeira ordem no ciclopropano. A constante de velocidade, k, e as concentrações inicial e final desse reagente são conhecidas, $[R]$ e $[R]_0$.

Estratégia Use a Equação 14.1 para calcular o tempo (t) decorrido para atingir uma concentração de 0,010 mol/L.

Solução Os valores para $[\text{ciclopropano}]_t$, $[\text{ciclopropano}]_0$, e k são substituídos na Equação 14.1; t (tempo) não é conhecido:

$$\ln \frac{[0{,}010]}{[0{,}050]} = -(2{,}42 \text{ h}^{-1})t$$

$$t = \frac{-\ln(0{,}20)}{2{,}42 \text{ h}^{-1}} = \frac{-(-1{,}61)}{2{,}42 \text{ h}^{-1}} = 0{,}665 \text{ h}$$

Pense bem antes de responder Um anel de carbono com somente três ou quatro grupos CH_2 (um cicloalcano) é tensionado porque os ângulos de ligação C—C—C não podem ser arranjados no ângulo preferencial de 109,5°. Desse modo, o anel de ciclopropano abre-se prontamente quando a energia é adicionada.

Verifique seu entendimento

A sacarose, um açúcar, decompõe-se, em solução ácida, em glicose e frutose. A reação é de primeira ordem em relação à sacarose, e a constante de velocidade a 25 °C é $k = 0,21$ h^{-1}. Se a concentração inicial de sacarose for 0,010 mol/L, qual será sua concentração após 5,0 h?

EXEMPLO 14.6

Usando a Equação de Velocidade de Primeira Ordem

Problema O peróxido de hidrogênio decompõe-se em uma solução de hidróxido de sódio diluída, a 20 °C, em uma reação de primeira ordem:

$$H_2O_2(aq) \rightarrow H_2O(\ell) + \tfrac{1}{2} O_2(g)$$

$$\text{Velocidade} = k[H_2O_2] \text{ com } k = 1,06 \times 10^{-3} \text{ min}^{-1}$$

Qual é a fração restante após 100, min? Qual é a concentração de H_2O_2 após esse mesmo tempo se a concentração inicial de H_2O_2 for 0,020 mol/L?

O que você sabe? Esta é uma reação de primeira ordem. A constante de velocidade k, a concentração inicial de H_2O_2 e o tempo decorrido são fornecidos.

Estratégia Como a reação é de primeira ordem em H_2O_2, usamos a Equação 14.1. Neste caso, $[H_2O_2]_0$, k e t são conhecidos, e você deve encontrar o valor da fração restante, $[H_2O_2]_t/[H_2O_2]_0$. Uma vez que este valor é determinado e conhecendo $[H_2O_2]_0$, você consegue calcular $[H_2O_2]_t$.

Solução Substitua a constante de velocidade e o tempo na Equação 14.1.

$$\ln \frac{[H_2O_2]_t}{[H_2O_2]_0} = -kt = -(1,06 \times 10^{-3} \text{ min}^{-1})(100, \text{min})$$

$$\ln \frac{[H_2O_2]_t}{[H_2O_2]_0} = -0,106$$

Considerando o antilogaritmo de −0,106 [isto é, o inverso do logaritmo natural de −0,106 ou $e^{-0,106}$], descobrimos que a fração restante será 0,90.

$$\text{Fração restante} = \frac{[H_2O_2]_t}{[H_2O_2]_0} = \boxed{0,90}$$

A fração calculada restante é 0,90; desse modo, a concentração de H_2O_2 restante é 90% da concentração inicial.

$$[H_2O_2]_t = 0,90 \, [H_2O_2]_0 = 0,90 \, (0,020 \text{ mol/L}) = \boxed{0,018 \text{ mol/L}}$$

Pense bem antes de responder Embora H_2O_2 seja instável, sua velocidade de decomposição é muito lenta, especialmente em uma solução diluída. Entretanto, o hidróxido de sódio catalisa a decomposição. A velocidade da reação pode ser estudada por medição do volume de gás O_2 desprendido em função do tempo.

Verifique seu entendimento

O azometano gasoso ($CH_3N_2CH_3$) decompõe-se em etano e nitrogênio quando aquecido:

$$CH_3N_2CH_3(g) \rightarrow CH_3CH_3(g) + N_2(g)$$

A decomposição de azometano é uma reação de primeira ordem com $k = 3,6 \times 10^{-4}$ s^{-1} a 600 K.

(a) Uma amostra de ($CH_3N_2CH_3$) gasoso é colocada em um frasco e aquecida a 600 K por 150 segundos. Qual fração da amostra inicial permanece após este tempo?

(b) Por quanto tempo deve-se aquecer uma amostra para que 99% dela se decomponha?

Reações de Segunda Ordem

Suponha que a reação "produtos → R" seja de segunda ordem. A equação de velocidade é:

$$-\frac{\Delta[R]}{\Delta t} = k[R]^2$$

Usando os métodos de cálculo, essa relação pode ser transformada na seguinte equação que relaciona a concentração de reagente e o tempo:

$$\frac{1}{[R]_t} - \frac{1}{[R]_0} = kt \tag{14.2}$$

Os mesmos símbolos usados nas reações de primeira ordem são aplicados: $[R]_0$ é a concentração de reagente no tempo $t = 0$; $[R]_t$ é a concentração em um tempo posterior; e k é a constante de velocidade de segunda ordem, a qual tem as unidades de L/mol · tempo.

EXEMPLO 14.7

Usando a Equação de Velocidade Integrada de Segunda Ordem

Problema A decomposição de HI em fase gasosa

$$HI(g) \rightarrow \tfrac{1}{2}\,H_2(g) + \tfrac{1}{2}\,I_2(g)$$

tem a equação de velocidade

$$-\frac{\Delta[HI]}{\Delta t} = k[HI]^2$$

em que k = 30, L/mol · minuto a 443 °C. Quanto tempo é necessário para que a concentração de HI diminua de 0,010 mol/L a 0,0050 mol/L a 443 °C?

O que você sabe? A Equação 14.2 é usada para uma reação de segunda ordem. A constante de velocidade, k, e as concentrações iniciais e finais de HI são fornecidas; o tempo decorrido é desconhecido.

Estratégia Substitua os valores de $[HI]_0$, $[HI]_t$ e k na Equação 14.2, e solucione para obter o desconhecido, t.

Solução Nesse caso, $[HI]_0$ = 0,010 mol/L e $[HI]_t$ = 0,0050 mol/L. Usando a Equação 14.2, temos:

$$\frac{1}{0,0050 \text{ mol/L}} - \frac{1}{0,010 \text{ mol/L}} = (30, \text{L/mol} \cdot \text{min})t$$

$$(2,0 \times 10^2 \text{ L/mol}) - (1,0 \times 10^2 \text{ L/mol}) = (30, \text{L/mol} \cdot \text{min})t$$

$$t = 3,3 \text{ minutos}$$

Pense bem antes de responder Na solução deste problema, mantivemos o controle das unidades para cada quantidade. Isso leva a uma resposta para o tempo decorrido com a unidade minutos.

Verifique seu entendimento

Usando a constante de velocidade para a decomposição do HI fornecida neste exemplo, calcule a concentração de HI após 12 minutos se $[HI]_0$ = 0,010 mol/L.

Reações de Ordem Zero

Se uma reação do tipo (R → produtos) for de ordem zero, a equação de velocidade é

$$- \frac{\Delta[R]}{\Delta t} = k[R]^0$$

Essa equação leva à equação integrada de velocidade:

$$[R]_0 - [R]_t = kt \tag{14.3}$$

em que as unidades de k são mol/L · s.

Métodos Gráficos para Determinar a Ordem da Reação e a Constante de Velocidade

Químicos acreditam que o uso de métodos gráficos é conveniente para determinar a ordem de uma reação e sua constante de velocidade. Se ligeiramente rearranjadas, as Equações 14.1, 14.2, e 14.3 têm a forma $y = mx + b$. Esta é a equação para uma linha reta, quando m é a inclinação da reta e b é a interceptação y. Em cada uma dessas equações, $x = t$.

Encontrando a Inclinação de uma Reta Veja "Revisão": Ferramentas da Química Quantitativa" para a descrição dos métodos de como encontrar a inclinação de uma reta.

Ordem zero	Primeira ordem	Segunda ordem
$[R]_t = - kt + [R]_0$	$\ln [R]_t = - kt + \ln [R]_0$	$\frac{1}{[R]_t} = + kt + \frac{1}{[R]_0}$
$y \quad mx \quad b$	$y \quad mx \quad b$	$y \quad mx \quad b$

Como exemplo do método gráfico para determinar a ordem de reação, considere a decomposição do azometano.

$$CH_3N_2CH_3(g) \rightarrow CH_3CH_3(g) + N_2(g)$$

A decomposição do azometano foi seguida de 600 K por meio da observação da diminuição em sua pressão parcial ($P(CH_3N_2CH_3)$) com tempo. (No Capítulo 10, vimos que pressão é proporcional à concentração em uma determinada temperatura e volume.) Conforme mostrado na Figura 14.6a, um gráfico de $\ln P(CH_3N_2CH_3)$ em função do tempo produz uma reta, a qual mostra que a reação é de primeira ordem em $CH_3N_2CH_3$. A inclinação da reta pode ser determinada, e a negativa da inclinação iguala-se à constante de velocidade para a reação, $3,6 \times 10^{-4}$ s^{-1}.

A decomposição de NO_2 é um processo de segunda ordem.

$$NO_2(g) \rightarrow NO(g) + \frac{1}{2} O_2(g)$$

$$\text{Velocidade} = k[NO_2]^2$$

Esse fato pode ser verificado mostrando-se que um gráfico de $1/[NO_2]$ em função do tempo é uma linha reta (Figura 14.6b). Nesse caso, a inclinação da reta é igual a k.

Para uma reação de ordem zero (Figura 14.6c), um gráfico de concentração em função do tempo fornece uma reta com uma inclinação igual à negativa da constante de velocidade.

A Tabela 14.1 abrange as relações entre concentração e tempo para os processos de primeira e segunda ordens e ordem zero.

Tabela 14.1 Propriedades Características das Reações do Tipo "R →Produtos"

Ordem	Equação de Velocidade	Equação de Velocidade Integrada	Gráfico da Reta	Inclinação	Unidades de k
0	$-\Delta[R]/\Delta t = k[R]^0$	$[R]_0 - [R]_t = kt$	$[R]_t$ em função de t	$-k$	mol/L · tempo
1	$-\Delta[R]/\Delta t = k[R]^1$	$\ln ([R]_t/[R]_0) = -kt$	$\ln [R]_t$ em função de t	$-k$	1/tempo
2	$-\Delta[R]/\Delta t = k[R]^2$	$(1/[R]_t) - (1/[R]_0) = kt$	$1/[R]_t$ em função de t	k	L/mol · tempo

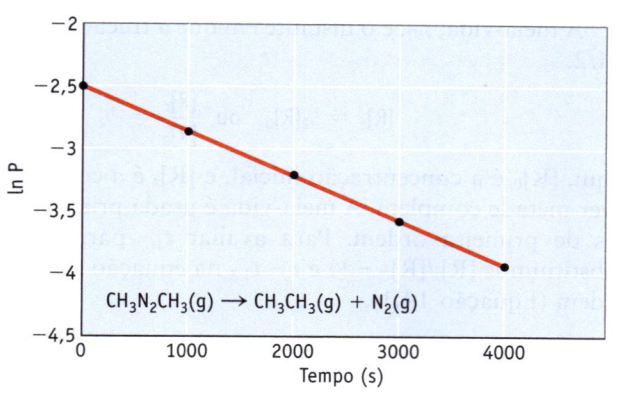

Tempo (s)	$P \times 10^2$ atm	$\ln P$
0	8,20	−2,50
1000	5,72	−2,86
2000	3,99	−3,22
3000	2,78	−3,58
4000	1,94	−3,94

Velocidade $= k[CH_3N_2CH_3]$

Inclinação $= -k$

$$= \frac{[(-3,76) - (-3,04)]}{(3500 - 1500)\ s}$$

$$k = 3,6 \times 10^{-4}\ s^{-1}$$

(a) Reação de primeira ordem. Um gráfico do logaritmo natural da pressão de $CH_3N_2CH_3$ em função do tempo para a decomposição de azometano resulta em uma reta com uma inclinação negativa. A constante de velocidade $k = -$inclinação.

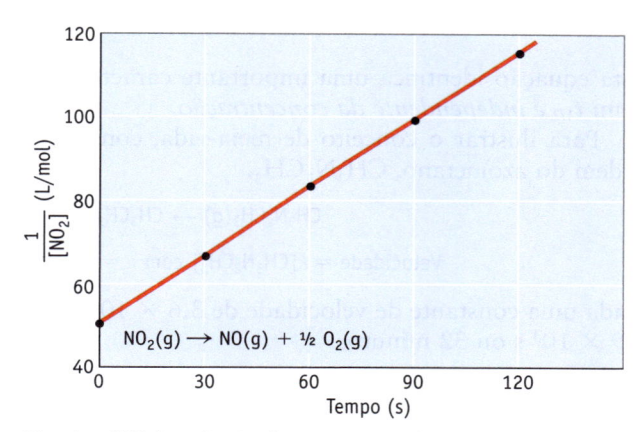

Tempo (s)	$[NO_2]$ (mol/L)	$1/[NO_2]$ (L/mol)
0	0,020	50
30	0,015	67
60	0,012	83
90	0,010	100
120	0,0087	115

Velocidade $= k[NO_2]^2$

Inclinação $= k$

$$= \frac{(105 - 61)\ mol/L}{(100 - 20)\ s}$$

$$k = 0,55\ L/mol \cdot s$$

(b) Reação de segunda ordem. Um gráfico de $1/[NO_2]$ em função do tempo para a decomposição de NO_2 resulta em uma reta. A constante de velocidade $k = $ inclinação.

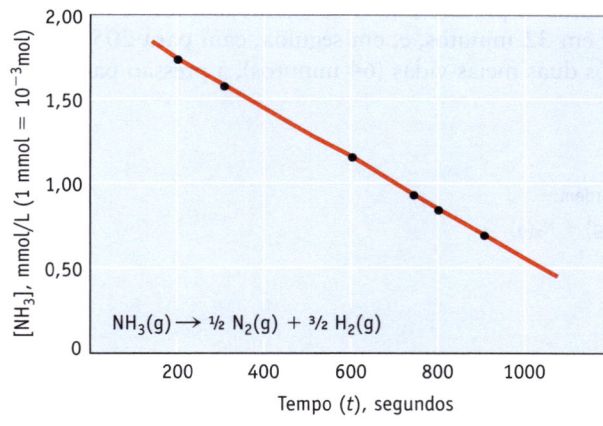

Tempo (s)	$[NO_3]$ (mmol/L)
200	1,75
280	1,65
600	1,15
750	0,94
800	0,85
900	0,70

Velocidade $= k[NH_3]^0$

Inclinação $= -k$

$$= \frac{(0,540 - 1,29)\ mmol/L}{(1000 - 500)\ s}$$

$$= -1,5 \times 10^{-3}\ mmol/L \cdot s$$

$$k = 1,5 \times 10^{-3}\ mmol/L \cdot s$$

(c) Reação de ordem zero. Um gráfico da concentração de amônia, $[NH_3]_t$, em função do tempo para a decomposição de NH_3 em uma superfície de metal a 856 °C é uma reta, indicando que esta é uma reação de ordem zero. A constante de velocidade $k = -$inclinação.

FIGURA 14.6 **Métodos gráficos para a determinação da ordem de reação.**

Meia-Vida e Reações de Primeira Ordem

A **meia-vida**, $t_{1/2}$, de uma reação é o tempo necessário para que a concentração de um reagente atinja a metade de seu valor inicial. É uma maneira conveniente de descrever a velocidade em que um reagente é consumido em uma reação química: *quanto maior a meia-vida, mais lenta é a reação.*

A meia-vida, $t_{1/2}$, é o instante em que a fração remanescente do reagente R é igual a 1/2.

$$[R]_t = \tfrac{1}{2}[R]_0 \quad ou \quad \frac{[R]_t}{[R]_0} = \tfrac{1}{2}$$

Aqui, $[R]_0$ é a concentração inicial, e $[R]_t$ é a concentração depois que a reação estiver metade completa. A meia-vida é usada principalmente ao tratarmos de processos de primeira ordem. Para avaliar $t_{1/2}$ para uma reação de primeira ordem, substituímos $[R]_t/[R]_0 = \tfrac{1}{2}$ e $t = t_{1/2}$ na equação integrada de velocidade de primeira ordem (Equação 14.1),

$$\ln(\tfrac{1}{2}) = -kt_{1/2} \quad ou \quad \ln 2 = kt_{1/2}$$

Rearranjar essa equação (e substituindo $\ln 2 = 0{,}693$) resulta em uma equação muito útil, que relaciona a meia-vida e a constante de velocidade de primeira ordem:

$$t_{1/2} = \frac{0{,}693}{k} \qquad\qquad (14.4)$$

Esta equação identifica uma importante característica das reações de primeira ordem: $t_{1/2}$ *é independente da concentração.*

Para ilustrar o conceito de meia-vida, considere a decomposição de primeira ordem do azometano, $CH_3N_2CH_3$.

$$CH_3N_2CH_3(g) \longrightarrow CH_3CH_3(g) + N_2(g)$$

$$Velocidade = k[CH_3N_2CH_3] \text{ com } k = 3{,}6 \times 10^{-4}\ s^{-1} \text{ a } 600\ K$$

Dada uma constante de velocidade de $3{,}6 \times 10^{-4}\ s^{-1}$, calculamos uma meia-vida de $1{,}9 \times 10^3\ s$ ou 32 minutos.

$$t_{1/2} = \frac{0{,}693}{3{,}6 \times 10^{-4}\ s^{-1}} = 1{,}9 \times 10^3\ s \text{ (ou 32 min)}$$

A pressão parcial do azometano foi representada graficamente em função do tempo na Figura 14.7, e esse gráfico mostra que P(azometano) diminui pela metade a cada 32 minutos. A pressão inicial do azometano foi de 820 mm Hg, porém, caiu para 410 mm Hg em 32 minutos, e, em seguida, caiu para 205 mm Hg em mais 32 minutos. Isto é, após duas meias-vidas (64 minutos), a pressão parcial é $(\tfrac{1}{2}) \times (\tfrac{1}{2}) = (\tfrac{1}{2})^2 = \tfrac{1}{4}$ ou 25%

Meia-vida e Radioatividade

Meia-vida é um termo encontrado com frequência ao tratarmos de elementos radioativos. O decaimento radioativo é um processo de primeira ordem, e a meia-vida é comumente usada para descrever quão rapidamente um elemento radioativo decai. Veja o Capítulo 25 e o Exemplo 14.9.

Equações de Meia-vida para Outras Ordens de Reação

Para uma reação de ordem zero, R → produtos

$$t_{1/2} = \frac{[R]_0}{2k}$$

Para uma reação de segunda ordem, R → produtos

$$t_{1/2} = \frac{1}{k[R]_0}$$

Note que em ambos os casos a meia-vida depende da concentração inicial.

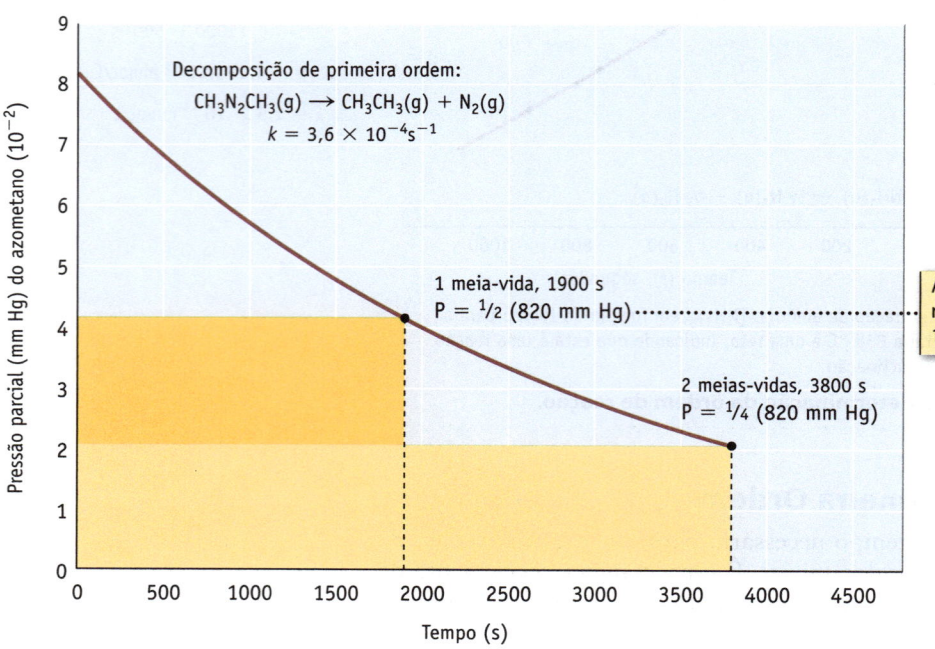

FIGURA 14.7 Meia-vida de uma reação de primeira ordem. Este gráfico de pressão em função do tempo é semelhante aos gráficos de concentração em função do tempo para todas as outras reações de primeira ordem.

A pressão de $CH_3N_2CH_3$ é reduzida pela metade a cada 1900 segundos (32 minutos).

da pressão inicial. Após três meias-vidas, a pressão parcial caiu ainda mais, para 102 mm Hg ou 12,5% do valor inicial e é igual a $(½) \times (½) \times (½) = (½)^3 = ⅛$ do valor inicial.

É difícil visualizar se uma reação é rápida ou lenta a partir do valor da constante de velocidade. Você pode dizer a partir da constante de velocidade, $k = 3,6 \times 10^{-4}$ s^{-1}, se a decomposição do azometano levará segundos, horas, ou dias para atingir a totalidade? Provavelmente não, mas poderá ter uma noção melhor da velocidade da reação a partir do valor da meia-vida para a reação (32 minutos). Agora você sabe que terá de aguardar somente algumas horas até que o reagente seja essencialmente consumido.

EXEMPLO 14.8

Meia-vida e um Processo de Primeira Ordem

Problema A sacarose, $C_{12}H_{22}O_{11}$, decompõe-se em frutose e glicose em solução ácida com a lei de velocidade

$$\text{Velocidade} = k[C_{12}H_{22}O_{11}] \qquad k = 0,216 \text{ h}^{-1} \text{ a 25 °C}$$

(a) Qual é a meia-vida de $C_{12}H_{22}O_{11}$ a essa temperatura?

(b) Qual é o período de tempo necessário para que 87,5% da concentração inicial de $C_{12}H_{22}O_{11}$ se decomponha?

O que você sabe? A decomposição da sacarose é uma reação de primeira ordem. A constante de velocidade para a reação (a 25 °C) é fornecida.

Estratégia (a) Use a Equação 14.4 para calcular a meia-vida a partir da constante de velocidade. (b) Após 87,5% do $C_{12}H_{22}O_{11}$ ser decomposto, 12,5% (ou um oitavo da amostra) permanece. Para atingir esse ponto, são necessárias três meias-vidas.

MEIA-VIDA	FRAÇÃO RESTANTE
1	0,5
2	0,25
3	0,125

Portanto, multiplicamos a meia-vida calculada na parte (a) por 3.

Solução

(a) A meia-vida para a reação é

$$t_{1/2} = 0,693/k = 0,693/(0,216 \text{ h}^{-1}) = \boxed{3,21 \text{ horas}}$$

(b) Três meias-vidas devem decorrer antes de a fração restante ser 0,125, sendo assim

$$\text{Tempo decorrido} = 3 \times 3,21 \text{ h} = \boxed{9,63 \text{ horas}}$$

Pense bem antes de responder Meia-vida é uma maneira conveniente de descrever a velocidade de uma reação de primeira ordem. Neste exemplo, você pode rapidamente ver que a decomposição completa de uma amostra de sacarose necessita de muitas horas.

Verifique seu entendimento

A decomposição catalisada de peróxido de hidrogênio é de primeira ordem em $[H_2O_2]$. Descobriu-se que a concentração de H_2O_2 diminuiu de 0,24 M a 0,060 M ao longo do período de 282 minutos. Qual é a meia-vida de H_2O_2? Qual é a constante de velocidade para esta reação? Qual é a velocidade inicial de decomposição no início desse experimento (quando $[H_2O_2] = 0,24$ M)?

Mapa Estratégico 14.9

PROBLEMA

Encontre o **número final de átomos** de um isótopo radioativo após um determinado **período de tempo.**

↓

DADOS/INFORMAÇÕES

- Meia-veia para o decaimento
- Número inicial de átomos
- Tempo decorrido

ETAPA 1. Use a Equação 14.4 para calcular **k** a partir de **$t_{1/2}$**.

↓

Valor de **k**

ETAPA 2. Use a Equação 14.1, em que **k**, **[R]$_0$**, e **t** são conhecidos, para calcular **[R]$_t$**

↓

Valor de **[R]$_t$**, o **número final de átomos** do isótopo radioativo após o tempo **t**.

EXEMPLO 14.9

Meia-vida e Processos de Primeira Ordem

Problema O decaimento radioativo é um processo de primeira ordem. O gás radioativo radônio-222 (^{222}Rn) ocorre naturalmente como produto de decaimento do urânio. A meia-vida de ^{222}Rn é 3,8 dias. Suponha que um frasco originalmente contém $4,0 \times 10^{13}$ átomos de ^{222}Rn. Quantos átomos de ^{222}Rn permanecerão após um mês (30, dias)?

O que você acha? Este processo segue a cinética de primeira ordem. A meia-vida de ^{222}Rn e o número de átomos inicialmente presentes são conhecidos.

Estratégia Primeiro, a constante de velocidade, **k**, deve ser descoberta a partir da meia-vida usando a Equação 14.4. Em seguida, usando a Equação 14.1, e sabendo o número de átomos no início ([R]$_0$), o tempo decorrido (30, dias) e a constante de velocidade, podemos calcular o número de átomos restantes ([R]$_t$).

Solução A constante de velocidade, **k**, é

$$k = \frac{0,693}{t_{1/2}} = \frac{0,693}{3,8 \text{ d}} = 0,18 \text{ d}^{-1}$$

Agora use a Equação 14.1 para calcular o número de átomos restantes após 30 dias.

$$\ln \frac{[Rn]_t}{4,0 \times 10^{13} \text{ átomos}} = -(0,18 \text{ d}^{-1})(30, \text{d}) = -5,5$$

$$\frac{[Rn]_t}{4,0 \times 10^{13} \text{ átomos}} = e^{-5,5} = 0\ 0042$$

$$[Rn]_t = 2 \times 10^{11} \text{ átomos}$$

Pense bem antes de responder Trinta dias são aproximadamente 8 meias-vidas para esse elemento. Isso significa que o número de átomos presente no final do mês será de aproximadamente $(1/2)^8$ ou $1/256$ do número original.

Verifique seu entendimento

O amerício é usado em detectores de fumaça e na medicina para o tratamento de determinadas doenças. Um isótopo do amerício, ^{241}Am, apresenta constante de velocidade, **k**, para o decaimento radioativo de 0,0016 ano^{-1}. Em comparação, o iodo-125 radioativo, ^{125}I, que é usado em estudos do funcionamento da tireoide, apresenta constante de velocidade para o decaimento de 0,011 dia^{-1}.

(a) Quais são as meias-vidas desses isótopos?

(b) Qual isótopo decai mais rapidamente?

(c) Se você iniciar um tratamento com o iodo-125, contendo $1,6 \times 10^{15}$ átomos, quantos átomos restarão depois de 2 dias?

EXERCÍCIOS PARA A SEÇÃO 14.4

1. A decomposição de N_2O_5 é um processo de primeira ordem. Quantas meias-vidas seriam necessárias para decompor 99% da amostra?

   (a) 7   (b) entre 6 e 7   (c) 5   (d) entre 5 e 6

2. Qual das seguintes alternativas confirma que a decomposição de SO_2Cl_2 (para formar SO_2 e Cl_2) é um processo de primeira ordem?

   (a) Um gráfico de [SO_2Cl_2] em função do tempo fornece uma linha curva.

   (b) Um gráfico de ln [SO_2Cl_2] em função do tempo fornece uma linha curva.

Leis de Velocidade, Constantes de Velocidade e Estequiometria da Reação

UM OLHAR MAIS ATENTO

Qualitativamente, a velocidade de uma reação é fácil de entender: ela representa a mudança na concentração dos reagentes e produtos. Quando lidamos quantitativamente com velocidades de reação, entretanto, necessitamos ser específicos sobre a estequiometria da reação.

Considere a decomposição de primeira ordem de N_2O_5, uma reação anteriormente mencionada.

$$N_2O_5(g) \rightarrow 2\ NO_2(g) + \tfrac{1}{2}\ O_2(g)$$

A velocidade da reação pode ser expressa (e medida no laboratório) como

$$\text{Velocidade} = -\left(\frac{\Delta[N_2O_5]}{\Delta t}\right) = +\frac{1}{2}\left(\frac{\Delta[NO_2]}{\Delta t}\right) = +2\left(\frac{\Delta[O_2]}{\Delta t}\right)$$

Se fôssemos seguir o desaparecimento de N_2O_5 como uma medida de velocidade de reação e basear nossa definição de velocidade na estequiometria acima, deveríamos escrever a seguinte forma diferencial da lei de velocidade.

$$\text{Velocidade} = -\left(\frac{\Delta[N_2O_5]}{\Delta t}\right) = k[N_2O_5]$$

A partir dessa definição, segue-se também que a equação de velocidade integrada é

$$\ln\frac{[N_2O_5]_t}{[N_2O_5]_0} = -kt$$

e a equação da meia-vida é

$$t_{1/2} = 0{,}693/k$$

Podemos também, entretanto, escrever a equação para a decomposição de N_2O_5 conforme a seguir:

$$2\ N_2O_5(g) \rightarrow 4\ NO_2(g) + O_2(g)$$

Seguindo o raciocínio acima, a velocidade de reação seria escrita conforme segue:

$$\text{Velocidade} = -\frac{1}{2}\left(\frac{\Delta[N_2O_5]}{\Delta t}\right) = +\frac{1}{4}\left(\frac{\Delta[NO_2]}{\Delta t}\right) = +\left(\frac{\Delta[O_2]}{\Delta t}\right)$$

Isso leva à seguinte lei de velocidade diferencial:

$$\text{Velocidade} = -\frac{1}{2}\left(\frac{\Delta[N_2O_5]}{\Delta t}\right) = k'[N_2O_5]$$

Rearranjando isso para resolver a velocidade de desaparecimento de N_2O_5, produz-se a seguinte equação:

$$-\left(\frac{\Delta[N_2O_5]}{\Delta t}\right) = 2k'[N_2O_5]$$

com a seguinte equação de velocidade integrada e a equação de meia-vida.

Equação de velocidade integrada:

$$\ln\frac{[N_2O_5]_t}{[N_2O_5]_0} = -2k't$$

Equação de meia-vida:

$$t_{1/2} = 0{,}693/2k'$$

Observe que as leis de velocidade diferencial e integrada derivam com base nas duas diferentes equações químicas tendo a mesma forma, mas k e k' não possuem os mesmos valores; em vez disso, $k = 2k'$. Observe, entretanto, que ambos os cálculos fornecem o mesmo valor para a meia-vida, como deveriam; a meia-vida não depende de como a equação é escrita.

Para mais detalhes sobre essas questões, veja QUISENBERRY, K. T.; TELLINGHUISEN, J. *Journal of Chemical Education,* v. 83, p. 510-512, 2006.

(c) Um gráfico de $1/[SO_2Cl_2]$ em função do tempo fornece uma linha reta.

(d) Um gráfico de $\ln[SO_2Cl_2]$ em função do tempo fornece uma linha reta.

3. A equação para a decomposição de $NO_2(g)$ a 573 K é $2\ NO_2(g) \rightarrow 2\ NO(g) + O_2(g)$. Usando os dados de concentração-tempo abaixo, determine a ordem da reação com relação ao $[NO_2]$.

$[NO_2]$, M	TEMPO, MINUTO
0,20	0
0,095	5
0,063	10
0,047	15

(a) primeira ordem   (b) segunda ordem   (c) ordem zero

14-5 Uma Visão Microscópica das Velocidades das Reações

Os químicos frequentemente voltam ao nível particulado da Química para explicar os fenômenos químicos, e as velocidades das reações não são exceções. A observação de como as reações ocorrem nos níveis atômico e molecular fornece uma visão dos diversos fatores que influenciam as velocidades das reações.

Recordemos as observações macroscópicas que fizemos até aqui a respeito das velocidades das reações. Há grandes diferenças nas velocidades das reações – reações muito rápidas, como uma explosão que ocorre quando o hidrogênio e o oxigênio são expostos a uma faísca ou a uma chama (◄ Figura 1.15), até reações lentas, como a formação da ferrugem que ocorre ao longo de dias, semanas ou anos. A concentração dos reagentes, a temperatura do sistema reacional e a presença de catalisadores são alguns fatores que influenciam a velocidade de uma reação específica. Cada um desses fatores pode ser explicado usando a **teoria das colisões de velocidades da reação**, a qual afirma que três condições devem ser satisfeitas para que uma reação ocorra:

1. As moléculas que reagem devem colidir umas com as outras.
2. As moléculas reagentes devem colidir com energia suficiente para iniciar o processo de rompimento e formação de ligações.
3. As moléculas devem colidir com uma orientação que possa levar ao rearranjo dos átomos e à formação de produtos.

Teoria das Colisões: Concentração e Velocidade da Reação

Considere a reação em fase gasosa entre o óxido nítrico e o ozônio, uma reação ambientalmente importante que contribui para a decomposição tanto do ozônio natural quanto do produzido pelos humanos:

$$NO(g) + O_3(g) \rightarrow NO_2(g) + O_2(g)$$

A lei de velocidade para essa reação produto-favorecida é de primeira ordem em cada reagente: Velocidade = $k[NO][O_3]$. Como essa reação pode ter essa lei da velocidade?

Imagine um frasco contendo uma mistura de moléculas de NO e O_3 na fase gasosa. Ambos os tipos de moléculas apresentam movimento rápido e aleatório dentro do frasco. Elas atingem as paredes do frasco e também colidem com outras moléculas. Sendo assim, é possível propor que a velocidade de sua reação está relacionada principalmente ao número de colisões, que, por sua vez, está relacionado às suas concentrações (Figura 14.8). A duplicação da concentração de um dos reagentes na reação de NO + O_3, digamos, o NO, levará ao dobro do número de colisões moleculares. A Figura 14.8a mostra uma única molécula de um dos reagentes (NO) que se move aleatoriamente entre 16 moléculas de O_3. Em determinado período de tempo, ela poderia colidir com duas moléculas de O_3. Entretanto, o número de colisões de NO com O_3 se duplicará, se a concentração de moléculas de NO for duplicada (para 2, como na Figura 14.8b) ou se o número de moléculas de O_3 for duplicado (para 32, como na Figura 14.8c). Sendo assim, a dependência da velocidade da reação na concentração pode ser explicada: o número de colisões entre as duas moléculas reagentes é diretamente proporcional às concentrações de cada reagente, e a velocidade da reação mostra uma dependência de primeira ordem para cada reagente.

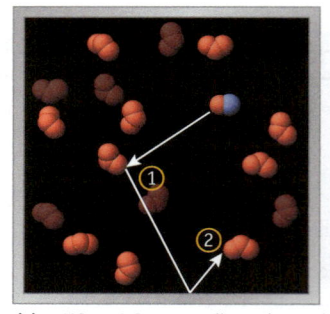 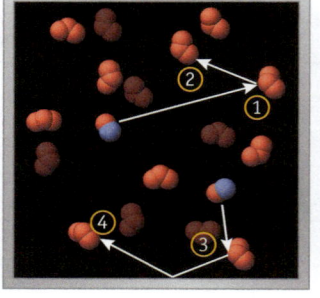 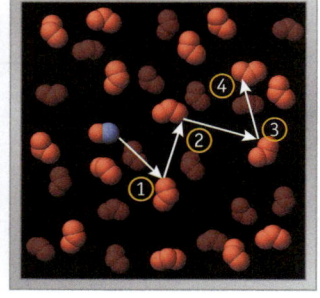

(a) **1 NO : 16 O_3** — *2 colisões /segundo.*   (b) **2 NO : 16 O_3** — *4 colisões /segundo.*   (c) **1 NO : 32 O_3** — *4 colisões/segundo.*

Uma única molécula de NO, que se move entre as 16 moléculas de O_3, é mostrada colidindo com duas delas por segundo.

Se duas moléculas de NO movem-se entre 16 moléculas de O_3, prevemos que quatro colisões NO—O_3 ocorram por segundo.

Se o número de moléculas de O_3 for dobrado (para 32), a frequência das colisões NO—O_3 também será dobrada, para quatro por segundo.

FIGURA 14.8 O efeito da concentração na frequência das colisões moleculares.

Teoria da Colisão: Energia de Ativação

As moléculas necessitam de uma energia mínima para que possam reagir. Os químicos veem isso como uma barreira de energia que deve ser superada pelos reagentes para que uma reação ocorra (Figura 14.9). A energia requerida para atravessar a barreira é chamada de **energia de ativação**, E_a. Se a barreira for baixa, a energia necessária será baixa, e uma grande proporção das moléculas de uma amostra apresentará energia suficiente para reagir. A reação será rápida. Se a barreira for elevada, a energia de ativação será elevada, e somente algumas moléculas de reagente em uma amostra terão energia suficiente. A reação será lenta.

Para ilustrar ainda mais uma barreira de energia de ativação, considere a conversão a alta temperatura do NO_2 e CO em NO e CO_2. Em nível molecular, imaginemos que a reação envolva a transferência de um átomo O de uma molécula de NO_2 a uma molécula de CO.

$$NO_2(g) + CO(g) \rightleftharpoons NO(g) + CO_2(g)$$

Podemos descrever esse processo utilizando um diagrama de energia ou diagrama de **coordenadas da reação** (Figura 14.10). O eixo horizontal representa o progresso da reação à medida que ela procede, e o eixo vertical representa a energia potencial do sistema durante a reação. Quando o NO_2 e o CO aproximam-se e a transferência do átomo de O se inicia, uma ligação N—O está sendo rompida e a ligação C=O está se formando. A entrada de energia (a energia de ativação) é requerida para que isso ocorra. A energia do sistema atinge o máximo no **estado de transição**. No estado de transição, energia suficiente foi concentrada nas ligações apropriadas; as ligações nos reagentes podem agora se romper, e as novas ligações podem ser formadas para gerar os produtos. O sistema está pronto para prosseguir aos produtos, mas pode retornar aos reagentes. Como o estado de transição está em um máximo de energia potencial, as espécies moleculares, com essa estrutura, não podem ser isoladas. Usando técnicas de modelagem molecular por computador, entretanto, químicos podem descrever como deve ser o estado de transição.

Na reação NO_2 + CO, 132 kJ/mol são necessários para se atingir o estado de transição, isto é, o topo da barreira de energia. Conforme a reação continua na direção dos produtos – à medida que a ligação do N—O rompe-se e uma ligação de C=O se forma – a reação envolve energia, 358 kJ/mol. A mudança de energia líquida envolvida nessa reação *exo*térmica é –226 kJ/mol.

$$\Delta H = +132 \text{ kJ/mol} + (-358 \text{ kJ/mol}) = -226 \text{ kJ/mol}$$

O que acontece se a reação inversa for realizada? Aquela reação requer 358 kJ/mol para atingir o estado de transição, e 132 kJ/mol são envolvidos no processo para o

FIGURA 14.9 Uma analogia à energia de ativação química. No vôlei, para passar a bola por cima da rede, o jogador deve fornecer-lhe energia suficiente.

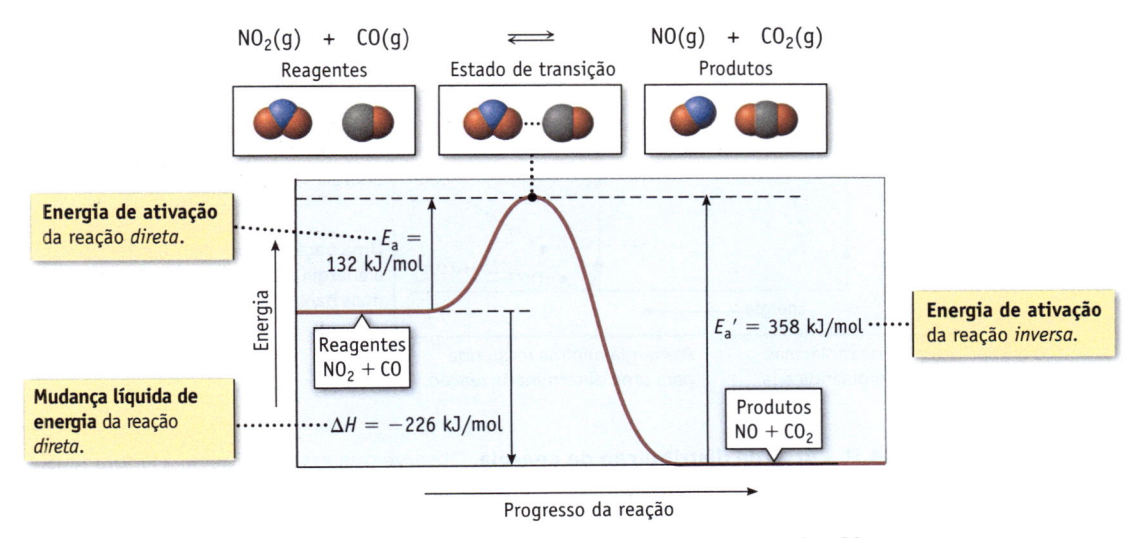

FIGURA 14.10 A energia de ativação da reação de NO_2 e CO para gerar NO e CO_2.

produto, NO_2 e CO. A reação nessa direção é *endo*térmica, exigindo uma entrada líquida de +226 kJ/mol.

Teoria da Colisão: Energia de Ativação e Temperatura

Em um laboratório ou na indústria química, as reações químicas são frequentemente realizadas a temperaturas elevadas, porque isso permite que a reação ocorra mais rapidamente. De maneira inversa, certas vezes é desejável baixar a temperatura para diminuir a velocidade de uma reação química (para evitar uma reação incontrolável ou uma explosão potencialmente perigosa).

Uma discussão sobre o efeito da temperatura na velocidade da reação retoma a questão da distribuição das energias entre as moléculas em amostra de um líquido ou gás. As moléculas de uma amostra possuem uma ampla variedade de energias, descritas anteriormente como distribuição de energias de Boltzmann (◄ Figura 10.13). Isto é, em toda a amostra de um gás ou de um líquido, algumas moléculas apresentam energias muito baixas, outras, muito elevadas, mas a maioria apresenta energia intermediária. À medida que a temperatura aumenta, a energia média das moléculas na amostra também aumenta, assim como a fração que possui energias mais elevadas. Por exemplo, na reação discutida anteriormente, a conversão de NO_2 e CO para produtos em temperatura ambiente é baixa porque somente uma pequena fração das moléculas tem energia suficiente para atingir o estado de transição. A velocidade pode ser aumentada através do aquecimento da amostra. A elevação da temperatura aumenta a velocidade da reação, aumentando a fração das moléculas com energia suficiente para superar a barreira de energia de ativação (Figura 14.11).

Teoria da Colisão: Efeito da Orientação Molecular na Velocidade da Reação

Não somente as moléculas reagentes precisam de energia suficiente para reagir, mas as moléculas reagentes também devem ser reunidas na orientação apropriada. No caso da reação entre NO_2 e CO, supomos que a estrutura do estado de transição possua um dos átomos de O do NO_2 iniciando a ligação ao átomo C de CO na preparação para a

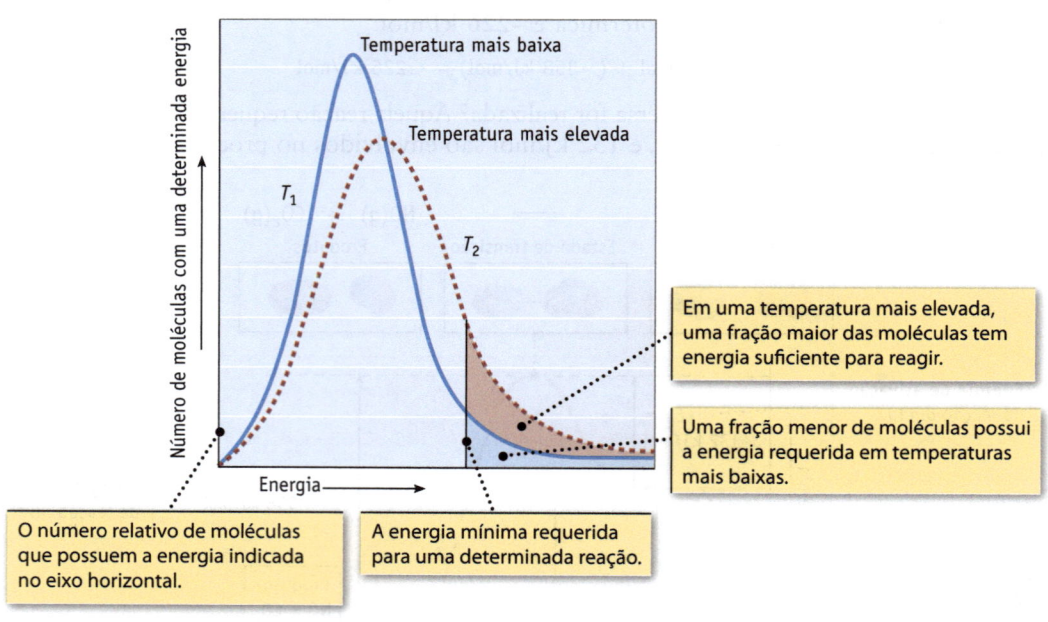

FIGURA 14.11 Curva de distribuição de energia. Observe que essa assemelha à Figura 10.13, a função de distribuição de Boltzmann, para uma porção de moléculas gasosas.

transferência do átomo de O (veja a Figura 14.10). Quanto menor a probabilidade de alcançar o alinhamento adequado, menor será o valor de k e mais lenta será a reação.

Imagine o que acontece quando duas ou mais moléculas complexas colidem. Somente em uma pequena fração das colisões as moléculas se reunirão precisamente na orientação correta. Sendo assim, somente uma pequena fração das colisões pode ser efetiva. Não é de admirar que algumas reações sejam lentas. Por outro lado, é surpreendente que tantas outras sejam tão rápidas!

A Equação de Arrhenius

A observação de que as velocidades das reações dependem da energia e da frequência das colisões entre as moléculas reagentes, da temperatura e da geometria correta das colisões é resumida pela **equação de Arrhenius**:

$$k = \text{constante de velocidade} = A e^{-E_a/RT}$$

Fator de frequência ↗   ↖ Fração das moléculas com uma energia mínima para a reação

(14.5)

Nesta equação, k é a constante de velocidade, R é a constante de gás com um valor de $8{,}314462 \times 10^{-3} \cdot KJ/K$ mol, e T é a temperatura em kelvin. O parâmetro A é chamado **fator de frequência**. É relacionado ao número de colisões e à fração de colisões que possuem a geometria correta; A é específico para cada reação e é dependente da temperatura. O fator $e^{-E_a/RT}$, o qual sempre tem um valor menor que 1, representa *a fração das moléculas tendo a energia mínima exigida para a reação*. Como mostra a seguinte tabela, essa fração se modifica significativamente com a temperatura.

TEMPERATURA (K)	VALOR DE $e^{-E_a/RT}$ PARA $E_a = 40$ kJ/mol -rea[1]
298	$9{,}7 \times 10^{-8}$
400	$5{,}9 \times 10^{-6}$
600	$3{,}3 \times 10^{-4}$

A equação de Arrhenius é significativa porque

- pode ser usada para calcular E_a a partir da dependência de temperatura da constante de velocidade.

- pode ser usada para calcular a constante de velocidade, se E_a, T e A forem conhecidos.

Se as constantes de velocidade de uma determinada reação forem medidas sob diversas temperaturas, então pode-se usar as técnicas gráficas para determinar a energia de ativação de uma reação. Se aplicarmos o logaritmo natural a ambos os lados da Equação 14.5, obteremos:

$$\ln k = \ln A + \left(-\frac{E_a}{RT} \right)$$

O rearranjo dessa expressão mostra que $\ln k$ e $1/T$ estão relacionados de forma linear.

$$\ln k = -\frac{E_a}{R}\left(\frac{1}{T}\right) + \ln A \quad \leftarrow \text{Equação de Arrhenius} \quad (14.6)$$

$$y \quad = \quad mx \quad + b \quad \leftarrow \text{Equação de uma reta}$$

Isso significa que, se o logaritmo natural de k ($\ln k$) é representado por meio do gráfico em função de $1/T$, o resultado é uma reta descendente com uma inclinação de $(-E_a/R)$. A energia de ativação, E_a, pode ser obtida a partir da inclinação dessa reta ($E_a = -R \times$ inclinação).

Interpretando a Equação de Arrhenius

(a) O termo exponencial fornece a fração de moléculas tendo energia suficiente para a reação e é uma função de T.

(b) Embora um completo entendimento do fator de frequência vá além do nível deste texto, observe que A se torna menor à medida que os reagentes se tornam maiores. Isso reflete o fato de que moléculas maiores têm uma probabilidade menor de se reunirem na geometria adequada.

E_a, Velocidades de Reação e Temperatura Uma regra geral usada com frequência é a de que as velocidades de reação dobram a cada aumento de 10 °C na temperatura nas proximidades da temperatura ambiente.

---

1.   Nota da editora: Nesta edição, optou-se por adotar a tradução *mol-rea* para *mol-rxn*.

EXEMPLO 14.10

Determinação de E_a a partir da Equação de Arrhenius

Problema Usando os dados experimentais mostrados na tabela, calcule a energia de ativação E_a para a reação

$$2\,N_2O(g) \rightarrow 2\,N_2(g) + O_2(g)$$

Experimento	Temperatura (K)	k (L/mol · s)
1	1125	11,59
2	1053	1,67
3	1001	0,380
4	838	0,0011

O que você sabe? As constantes de velocidade são dadas em diversas temperaturas.

Estratégia Para resolver esse problema de maneira gráfica, primeiramente é preciso calcular ln k e 1/T para cada ponto dos dados. Esses dados são, então, marcados no gráfico e E_a é calculado a partir da reta resultante (inclinação $= -E_a/R$).

Solução Primeiro, calcule 1/T e ln k.

Experimento	$1/T$ (K^{-1})	ln k
1	$8,889 \times 10^{-4}$	2,4501
2	$9,497 \times 10^{-4}$	0,513
3	$9,990 \times 10^{-4}$	$-0,968$
4	$11,9 \times 10^{-4}$	$-6,81$

Traçando esses dados, forma-se o gráfico mostrado na Figura 14.12. Ao selecionar os grandes pontos azuis no gráfico, a inclinação é encontrada como sendo

$$\text{Inclinação} = \frac{\Delta \ln k}{\Delta(1/T)} = \frac{2,0 - (-5,6)}{(9,0 - 11,5)(10^{-4})\,K^{-1}} = -3,0 \times 10^4 \text{ K}$$

A energia de ativação é avaliada a partir da inclinação.

$$\text{Inclinação} = -\frac{E_a}{R} = -\frac{E_a}{8,31 \times 10^{-3}\,\text{kJ/K} \cdot \text{mol}} = -3,0 \times 10^4 \text{ K}$$

$$\boxed{E_a = 250 \text{ kJ/mol}}$$

Pense bem antes de responder Observe as unidades da resposta. Usando o valor de $R = 8,31 \times 10^{-3}$ kJ/K · mol, gera-se uma resposta com as unidades kJ/mol.

Verifique seu entendimento

As constantes de velocidade foram determinadas para a decomposição de acetaldeído (CH_3COOH) no intervalo de temperaturas de 700 a 1000 K. Use esses dados para determinar E_a para a reação usando um método gráfico.

T (K)	700	760	840	1000
k (L/mol · s)	0,011	0,105	2,17	145

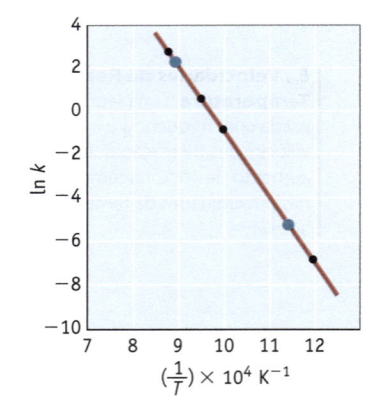

FIGURA 14.12 Gráfico de Arrhenius. Um gráfico de ln k em função de 1/T para a reação $2\,N_2O(g) \rightarrow 2\,N_2(g) + O_2(g)$. A inclinação da reta pode ser usada para calcular E_a. Veja o Exemplo 14.10.

A energia de ativação, E_a, para uma reação pode ser obtida algebricamente se k for conhecido sob duas diferentes temperaturas. Você pode escrever uma equação para cada conjunto dessas condições:

$$\ln k_1 = -\left(\frac{E_a}{RT_1}\right) + \ln A \quad \text{e} \quad \ln k_2 = -\left(\frac{E_a}{RT_2}\right) + \ln A$$

O Exemplo 14.11 demonstra o uso dessa equação.

$$\ln k_2 - \ln k_1 = \ln \frac{k_2}{k_1} = -\frac{E_a}{R}\left[\frac{1}{T_2} - \frac{1}{T_1}\right] \tag{14.7}$$

O exemplo 14.11 demonstra o uso desta equação.

EXEMPLO 14.11

Calculando E_a Numericamente

Problema Use os valores de k determinados a duas diferentes temperaturas para calcular o valor de E_a dadecomposição de HI:

$$2\,HI(g) \rightarrow H_2(g) + I_2(g)$$

$$k_1 = 2,15 \times 10^{-8}\ L/(mol \cdot s) \text{ a } 6,50 \times 10^2\ K\ (T_1)$$

$$k_2 = 2,39 \times 10^{-7}\ L/(mol \cdot s) \text{ a } 7,00 \times 10^2\ K\ (T_2)$$

O que você sabe? Os valores para a constante de velocidades a duas temperaturas são fornecidos.

Estratégia Substitua os valores de k_1, k_2, T_1 e T_2 na Equação 14.7 e solucione para obter E_a.

Solução

$$\ln \frac{2,39 \times 10^{-7}\ L/(mol \cdot s)}{2,15 \times 10^{-8}\ L/(mol \cdot s)} = -\frac{E_a}{8,315 \times 10^{-3}\ kJ/K \cdot mol} \times \left[\frac{1}{7,00 \times 10^2\ K} - \frac{1}{6,50 \times 10^2\ K}\right]$$

Solucionando essa equação, obtém-se $E_a = 180\ kJ/mol$.

Pense bem antes de responder Um outro modo de escrever a diferença entre as frações de dentro dos colchetes é

$$\left[\frac{1}{T_2} - \frac{1}{T_1}\right] = \frac{T_1 - T_2}{T_1 T_2}$$

Essa expressão é, algumas vezes, mais fácil de utilizar.

Verifique seu entendimento

O gás incolor N_2O_4 decompõe-se no gás marrom NO_2 em uma reação de primeira ordem.

$$N_2O_4(g) \rightarrow 2\,NO_2(g)$$

A constante de velocidade $k = 4,5 \times 10^3\ s^{-1}$ a 274 K e $k = 1,00 \times 10^4\ s^{-1}$ a 283 K. Qual é a energia de ativação, E_a?

Efeito dos Catalisadores na Velocidade da Reação

Um catalisador é uma substância que acelera a velocidade de uma reação química, e foram vistos diversos exemplos de catalisadores em discussões anteriores neste capítulo: MnO_2, íon iodeto, a enzima catalase em uma batata e o íon hidróxido catalisam a decomposição de peróxido de hidrogênio (veja a Figura 14.4).

Pensando Sobre Cinética e Energias de Ligação

Como será visto na Seção 14.6, um dos mais importantes usos da cinética química é nos propiciar uma ideia do mecanismo de reação, o processo passo a passo pelo qual uma reação química ocorre. Esses passos individuais envolvem o rompimento e a formação de ligação e orientam para a reação química de reagentes a produtos. O rompimento da ligação exige energia, enquanto a formação da ligação libera energia.

Considere a conversão não catalisada entre *cis* e *trans*-2-buteno. O mecanismo proposto para essa reação envolve rotação em torno da ligação dupla, o que ocorreria se as duas extremidades da molécula curvassem para fora do alinhamento em 90°, resultando no rompimento da ligação π. Podemos estimar a energia da ligação π dessa espécie usando dados a partir da tabela de entalpias de dissociação da ligação (veja a Tabela 8.9). As entalpias médias de dissociação da ligação dupla C=C e da ligação simples C—C são 610 kJ/mol e 346 kJ/mol, respectivamente; a diferença entre esses dois valores é de 264 kJ/mol-rea.

Observe a correspondência entre esse valor e o valor medido para a energia de ativação dessa reação, 264 kJ/mol-rea. A combinação entre a energia de ligação estimada e a energia de ativação é tomada como evidência na sustentação a esse mecanismo.

Enzimas: Catalisadores Biológicos Muitos sistemas naturais são controlados pelos catalisadores chamados enzimas. Um exemplo é a catalase, cuja função é acelerar a decomposição do peróxido de hidrogênio. Essa enzima garante que o peróxido de hidrogênio, o qual é altamente tóxico, não se acumule no corpo. Veja o "Estudo de Caso: Enzimas – Catalisadores da Natureza".

Os catalisadores não são consumidos em uma reação química. Eles estão, entretanto, intimamente envolvidos nos detalhes da reação em nível microscópico. Sua função é fornecer *um caminho diferente com energia de ativação mais baixa para a reação*. Para ilustrar como um catalisador participa de uma reação, vamos considerar a isomerização do *cis*-2-buteno para um isômero um pouco mais estável, o isômero *trans*-2-buteno.

cis-2-buteno   Estado de transição   *trans*-2-buteno

Ligação π se rompe   *Extremidade rotaciona*

A energia de ativação para a reação não catalisada é relativamente grande – 264 kJ/mol – porque a ligação π deve ser rompida a fim de permitir que uma extremidade da molécula gire para uma nova posição. Por causa da energia de ativação elevada, essa é uma reação lenta, e temperaturas relativamente altas são necessárias para que ela ocorra com velocidade razoável.

A reação de *cis* para *trans*-2-buteno é bastante acelerada por um catalisador, o iodo, e pode ser realizada na presença de iodo sob uma temperatura centenas de graus mais baixo, que para a reação não catalisada. O iodo não é consumido (nem é um produto) e não aparece na equação total balanceada. No entanto, ele aparece na lei de velocidade da reação; a velocidade da reação depende da raiz quadrada da concentração de iodo:

Catalisadores e a Economia "Um terço do material do produto nacional bruto nos Estados Unidos envolve um processo catalítico em algum lugar na cadeia de produção." (Citação em BELL, A. *Science*, v. 299, p. 1688, 2003.)

$$\text{Velocidade} = k[\text{cis-2-buteno}][I_2]^{1/2}$$

A presença de I_2 modifica a maneira com que a reação de isomerização do buteno ocorre; isto é, modifica o mecanismo da reação (Figura 14.13). A melhor hipótese é a de que as moléculas de iodo primeiro se dissociam, formando átomos de iodo (Etapa 1). Isso requer muito menos entrada de energia que a rotação da ligação dupla C=C. Um átomo de iodo, em seguida, é adicionado a um dos átomos de C da ligação dupla C=C (Etapa 2). Isso converte a ligação dupla entre os átomos de carbono em uma ligação simples (a ligação π é rompida) e permite que uma das extremidades da molécula sofra torção de forma livre em relação à outra (Etapa 3). Se o átomo de iodo dissocia-se então do intermediário, a ligação dupla pode se formar novamente com a configuração *trans* (Etapa 4). O átomo do iodo está agora livre para se adicionar a outra molécula de *cis*-2-buteno. O resultado é um tipo de reação em cadeia, porque uma molécula de *cis*-2-buteno após outra é convertida no

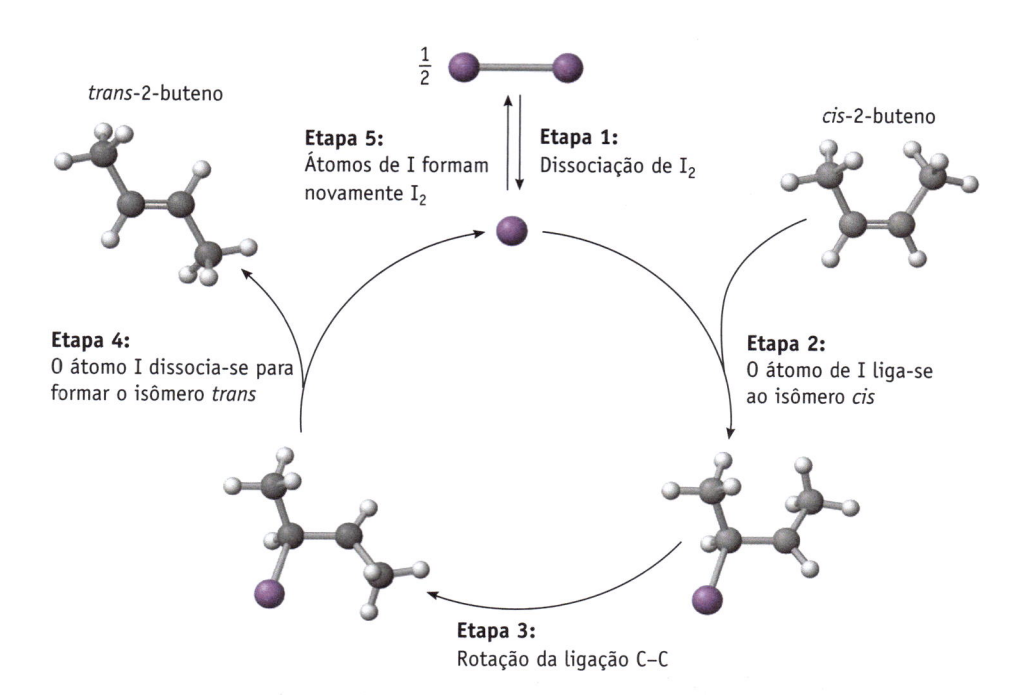

FIGURA 14.13 O mecanismo da isomerização catalisada por iodo de *cis*-2-buteno para *trans*-2-buteno

trans-2-buteno

Etapa 5: Átomos de I formam novamente I_2

Etapa 1: Dissociação de I_2

cis-2-buteno

Etapa 4: O átomo I dissocia-se para formar o isômero *trans*

Etapa 2: O átomo de I liga-se ao isômero *cis*

Etapa 3: Rotação da ligação C–C

isômero *trans*. A cadeia é rompida se o átomo do iodo se recombinar com um outro átomo de iodo para formar novamente o iodo molecular.

Um perfil de energia para a reação catalisada (Figura 14.14) mostra que a barreira total de energia é muito menor em relação à situação na reação não catalisada. Cinco etapas são identificadas para o mecanismo no perfil de energia. Esse mecanismo proposto inclui uma série de espécies químicas chamadas **intermediárias de reação**, espécies formadas em uma etapa da reação e consumidas em uma etapa posterior. Os átomos de iodo são intermediários, assim como as espécies radicais livres, formadas quando um átomo de iodo adiciona-se ao *cis*-2-buteno.

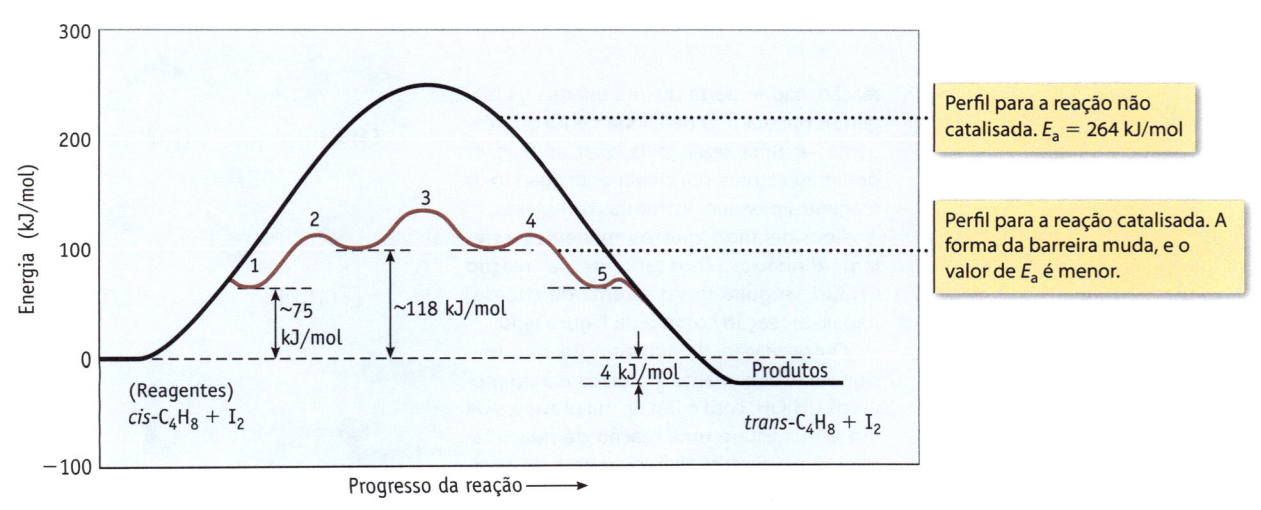

Perfil para a reação não catalisada. $E_a = 264$ kJ/mol

Perfil para a reação catalisada. A forma da barreira muda, e o valor de E_a é menor.

~75 kJ/mol

~118 kJ/mol

4 kJ/mol

Produtos

(Reagentes) *cis*-C_4H_8 + I_2

trans-C_4H_8 + I_2

Progresso da reação

Energia (kJ/mol)

FIGURA 14.14 Perfil da energia para a reação catalisada por iodo de *cis*-2-buteno para formar *trans*-2-buteno. Um catalisador acelera uma reação por alteração do mecanismo, de modo que a energia de ativação é diminuída. Com uma barreira menor a superar, mais moléculas reagentes possuem energia suficiente para transpor a barreira, e a reação ocorre mais rapidamente.

Cinco pontos importantes são associados a esse mecanismo:

- Moléculas de iodo, I_2, dissociam-se em átomos e depois são novamente formadas. Em nível macroscópico, a concentração de I_2 permanece inalterada. O iodo não aparece na equação estequiométrica balanceada, mesmo que apareça na equação da velocidade. Isso é verdadeiro para catalisadores em geral.

- Tanto o catalisador I_2 como o reagente *cis*-2-buteno encontram-se em fase gasosa. Se um catalisador estiver presente na mesma fase que a substância reagente, ele é chamado *catalisador homogêneo*.

- Os átomos de iodo e as espécies radicais formadas pela adição de um átomo de I a uma molécula de 2-buteno são intermediários.

- A barreira de energia de ativação para a reação é significativamente menor porque o mecanismo mudou. A diminuição da energia de ativação de 264 kJ/mol na reação não catalisada para 150 kJ/mol no processo catalisado torna a reação catalisada cerca de 10^{15} vezes mais rápida!

- O diagrama da energia em função do progresso da reação apresenta cinco barreiras de energia (cinco saliências aparecem na curva). Essa característica do diagrama significa que a reação ocorre em uma série de cinco etapas.

UM OLHAR MAIS ATENTO

A equação de Arrhenius nos informa, entre outras coisas, que a constante de velocidade depende do alinhamento apropriado dos reagentes. Uma reação ocorrerá somente se os reagentes estiverem na orientação apropriada. Um exemplo bem estudado disso é a substituição de um átomo de halogênio de CH_3Cl por um íon como o F^-. Nesse caso, o íon F^- ataca a molécula a partir do lado oposto ao Cl a ser substituído. Conforme o F^- começa a formar uma ligação com o carbono, a ligação C—Cl enfraquece, e a porção CH_3 da molécula muda a forma. À medida que o tempo avança, os produtos CH_3F e Cl^- são formados.

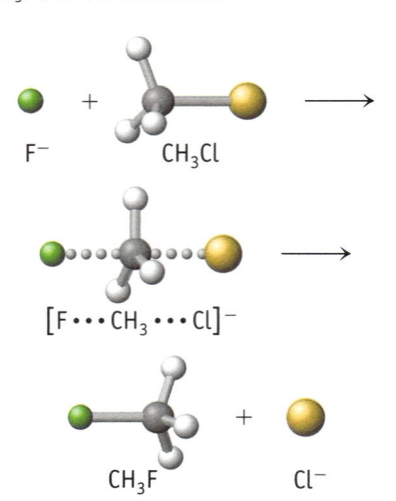

Mas o que acontece se F^- aproximar-se *do lado da molécula com o átomo de Cl ou ao longo das ligações C—H?* Não haverá

Mais Sobre Orientação Molecular e Diagramas de Coordenadas da Reação

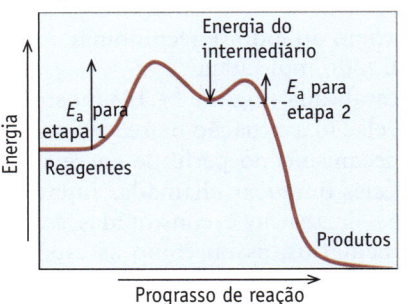

FIGURA A Um diagrama de coordenação de reação para uma reação de duas etapas, um processo que envolve um intermediário.

reação, não importa quanta energia os reagentes possuam! O desalinhamento dos reagentes é uma razão pela qual as reações podem ser lentas, principalmente quando os reagentes possuem estruturas complexas.

Considerando que os reagentes estejam alinhados corretamente, a reação CH_3Cl/F^- seguirá um diagrama de coordenadas de reação como o da Figura 14.10.

Outra reação de substituição que tem sido minuciosamente estudada é a do metanol, CH_3OH, com o íon Br^- na presença de um ácido. Esta é uma reação de duas etapas, que é descrita pelo diagrama de coordenadas de reação na Figura A.

Na primeira etapa, um íon H^+ liga-se ao O do grupo C—O—H em uma reação rápida, reversível. A energia dessa espécie protonada, $CH_3OH_2^+$, um *intermediário de reação*, é mais elevada que as energias dos

reagentes. O intermediário de reação é representado pela depressão na curva mostrada na Figura A. Na segunda etapa, um íon haleto, digamos Br^-, ataca o intermediário para produzir brometo de metila, CH_3Br, e água. Há uma barreira de energia de ativação tanto na primeira etapa como na segunda.

Observe, na Figura A, assim como na Figura 14.10, que a energia dos produtos é mais baixa que a dos reagentes. A reação é exotérmica.

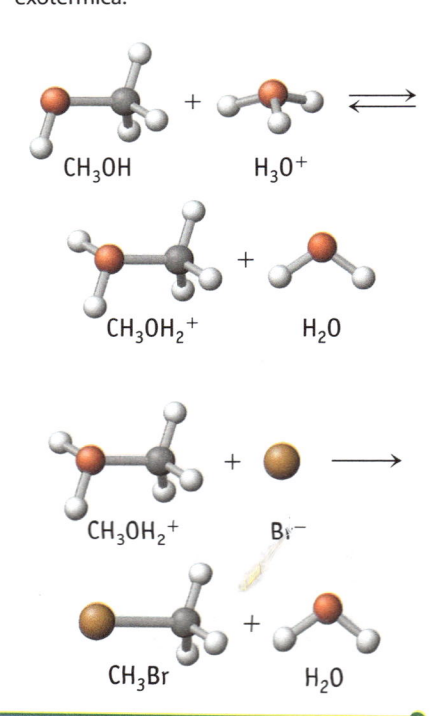

1. Qual dos seguintes gráficos produzirá uma reta?

   (a) k em função de T

   (b) $\ln E_a$ em função de T

   (c) $\ln k$ em função de $1/T$

   (d) E_a em função de $1/T$

2. Qual é a principal razão que explica por que a elevação da temperatura causa um aumento na velocidade de reação?

   (a) Um aumento em T reduz a energia de ativação.

   (b) A maior proporção de moléculas do reagente excede a energia de ativação.

   (c) Em um frasco fechado, o aumento da temperatura resulta em uma pressão mais alta.

   (d) O aumento da temperatura fornece outros caminhos de reação.

14-6 Mecanismos de Reação

Por que estudamos cinética química? Além de simplesmente informar-nos quais fatores influenciam a velocidade de uma reação química e como podemos ser capazes de acelerar ou retardar uma reação particular, a cinética química também nos dá uma visão sobre como uma reação química realmente ocorre. O **mecanismo de reação** para uma reação química é a sequência de etapas de formação e de rompimento de ligações que ocorrem durante a conversão de reagentes em produtos. Com base na equação de velocidade para uma reação, e aplicando intuição química, um químico geralmente pode dar um bom palpite sobre o mecanismo para uma reação.

Em algumas reações, a conversão de reagentes em produtos, em uma única etapa, é vista como um mecanismo lógico. Por exemplo, a isomerização não catalisada de *cis*-2-buteno a *trans*-2-buteno é mais bem descrita como uma reação de única etapa (veja Figura a 14.14).

No entanto, a maioria das reações químicas ocorre em uma sequência de etapas. Um mecanismo de múltiplas etapas foi proposto para a reação de isomerização do 2-buteno catalisado pelo iodo. Outro exemplo de reação que ocorre em várias etapas é a reação entre bromo e NO:

$$Br_2(g) + 2\,NO(g) \rightarrow 2\,BrNO(g)$$

Uma reação de etapa única exigiria que três moléculas reagentes colidissem simultaneamente apenas na orientação correta. A probabilidade de que isso ocorra é pequena; portanto, para essa reação, é razoável que procuremos um mecanismo que ocorra em uma série de etapas, com cada uma envolvendo apenas uma ou duas moléculas. Por exemplo, em um mecanismo possível, o Br_2 e o NO podem combinar-se em uma etapa inicial, formando uma espécie intermediária, Br_2NO.

Etapa 1

Br_2 + NO ⇌ Br_2NO

Esse intermediário poderá reagir então com outra molécula de NO, formando os produtos da reação.

Etapa 2

NO + Br_2NO → $BrNO$ + $BrNO$

A equação para a reação global é obtida somando-se as equações das duas etapas:

Etapa 1:	$Br_2(g) + NO(g) \rightleftharpoons Br_2NO(g)$
Etapa 2:	$NO(g) + Br_2NO(g) \rightarrow 2\,BrNO(g)$
Reação Global:	$Br_2(g) + 2\,NO(g) \rightarrow 2\,BrNO(g)$

Enzimas – Catalisadores da Natureza

ESTUDO DE CASO

Dentro de qualquer organismo vivo, ocorrem inúmeras reações químicas, muitas delas extremamente rápidas. Em muitos casos, enzimas, catalisadores biológicos, aceleram as reações que normalmente se movem muito lentamente dos reagentes aos produtos. Normalmente, as reações catalisadas por enzimas são de 10^7 a 10^{14} vezes mais rápidas que as não catalisadas.

As enzimas são, normalmente, proteínas grandes, frequentemente contendo íons metálicos como Zn^{2+}. Elas têm como função reunir os reagentes na orientação correta em um sítio onde as ligações específicas possam ser rompidas e/ou formadas.

A anidrase carbônica é uma das muitas enzimas importantes nos processos biológicos (Figura A). O dióxido de carbono dissolve-se em água, em uma proporção pequena, para produzir ácido carbônico, que se ioniza para fornecer íons H_3O^+ e HCO_3^-.

$$CO_2(g) \rightleftharpoons CO_2(aq) \qquad (1)$$

$$CO_2(aq) + H_2O(\ell) \rightleftharpoons H_2CO_3(aq) \qquad (2)$$

$$H_2CO_3(aq) + H_2O(\ell) \rightleftharpoons H_3O^+(aq) + HCO_3^-(aq) \qquad (3)$$

A anidrase carbônica acelera as reações 2 e 3. Muitos dos íons H_3O^+ produzidos pela ionização do H_2CO_3 (reação 3) são capturados pela hemoglobina no sangue, à medida que a hemoglobina perde O_2. Os íons HCO_3^- resultantes são transportados de volta aos pulmões. Quando a hemoglobina novamente capta O_2, ela libera íons H_3O^+. Os íons H_3O^+ e HCO_3^- formam novamente H_2CO_3, do qual o CO_2 é liberado e exalado.

Pode-se fazer um experimento que ilustre o efeito da anidrase carbônica. Primeiro, adicione uma pequena quantidade de NaOH à uma solução aquosa e gelada de CO_2. Imediatamente, a solução se torna básica, porque não existe H_2CO_3 suficiente na solução para eliminar o NaOH. Entretanto, depois de alguns segundos, o CO_2 dissolvido lentamente produz mais H_2CO_3, que consome o NaOH, e a solução novamente se torna ácida.

Agora, faça o experimento novamente, mas, desta vez, acrescentando algumas gotas de sangue na solução (Figura B). A solução torna-se ácida muito rapidamente. A anidrase carbônica no sangue acelera a reação de $CO_2(aq)$ para $HCO_3^-(aq)$ por um fator de cerca de 10^7, como evidenciado pela reação mais rápida que ocorre nessas condições.

Em 1913, Leonor Michaelis e Maud L. Menten propuseram uma teoria geral da ação das enzimas com base em observações cinéticas. Eles consideraram que o substrato, S (o reagente), e a enzima, E, formam um complexo, ES. Esse complexo, em seguida, rompe-se, liberando a enzima e o produto, P.

$$E + S \rightleftharpoons ES$$

$$ES \rightarrow P + E$$

Quando a concentração de substrato é baixa, a velocidade da reação é de primeira ordem em S (Figura B). À medida que [S] aumenta, no entanto, os sítios ativos na enzima tornam-se saturados com o substrato, e a velocidade atinge seu valor máximo. Agora a cinética é de ordem zero no substrato.

Questões:

1. A catalase pode decompor H_2O_2 em O_2 e H_2O cerca de 10^7 vezes mais rápido que a reação não catalisada. Se esta

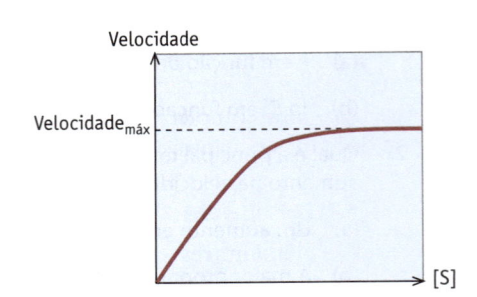

FIGURA B Velocidade da reação catalisada por enzima. Este gráfico de velocidade de reação *versus* concentração de substrato [S] é típico de reações catalisadas por enzimas que seguem o modelo de Michaelis-Menten.

última requer um ano, quanto tempo é necessário para a reação catalisada por enzima?

2. Segundo o modelo de Michaelis-Menten, se 1/Velocidade é representada no gráfico em função de 1/[S], o intercepto do gráfico (quando, 1/[S] = 0) é 1/Velocidade$_{máx}$. Encontre a Velocidade$_{máx}$ para uma reação que envolve anidrase carbônica.

[S], mol/L	VELOCIDADE, mmol/min
2,500	0,588
1,00	0,500
0,714	0,417
0,526	0,370
0,250	0,256

As respostas a essas questões estão disponíveis no Apêndice N.

(a) $t = 0$

Algumas gotas de sangue são adicionadas a uma solução gelada de CO_2 em água.

FIGURA A CO_2 em água.

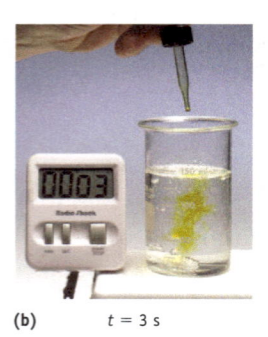

(b) $t = 3$ s

Algumas gotas de um corante (azul de bromotimol) são adicionadas à solução, sendo que a cor amarela indica uma solução ácida.

(c) $t = 15$ s

Uma quantidade menor que a estequiométrica de hidróxido de sódio é adicionada, convertendo o H_2CO_3 a HCO_3^- (e CO_3^{2-}). A cor azul do corante indica uma solução básica.

(d) $t = 17$ s

(e) $t = 21$ s

A cor azul começa a desbotar após alguns segundos conforme o CO_2 forma mais H_2CO_3. A quantidade de H_2CO_3 formada é finalmente suficiente para consumir o NaOH adicionado, e a solução fica, novamente, ácida.

Fotos: © Cengage Learning/Charles D. Winters

Cada etapa em uma reação multietapas é uma **etapa elementar**, definida como uma equação química que descreve um único evento molecular, como a formação ou a ruptura de uma ligação química, resultado de uma colisão molecular. Cada etapa possui sua própria energia de ativação, E_a, e a constante de velocidade, k. Adicionando as equações para cada etapa, a equação balanceada para a reação total deve ser fornecida, e o tempo requerido para completar todas as etapas determina a velocidade da reação global. A série de etapas constitui um possível mecanismo de reação.

Molecularidade de Etapas Elementares

As etapas elementares são classificadas em função do número de moléculas reagentes (ou íons, átomos ou radicais livres) que se juntam. Esse número inteiro, positivo, é chamado **molecularidade** da etapa elementar. Quando uma molécula é o único reagente em uma etapa elementar, a reação é um processo **unimolecular**. Um processo elementar **bimolecular** envolve duas moléculas, que podem ser idênticas (A + A → produtos) ou diferentes (A + B → produtos). O mecanismo proposto para a decomposição do ozônio na estratosfera é um exemplo do uso desses termos.

Etapa 1:	Unimolecular	$O_3(g) \rightarrow O_2(g) + O(g)$
Etapa 2:	Bimolecular	$O_3(g) + O(g) \rightarrow 2\,O_2(g)$
Reação global:		$2\,O_3(g) \rightarrow 3\,O_2(g)$

Uma etapa elementar **trimolecular** envolve três moléculas, que poderiam ser idênticas ou diferentes (3 A → produtos; 2 A + B → produtos; ou A + B + C → produtos). Observe, no entanto, que a colisão simultânea de três moléculas tem uma baixa probabilidade, a menos que uma das moléculas envolvidas esteja em alta concentração, como a molécula do solvente. De fato, a maioria dos processos trimoleculares envolve a colisão de duas moléculas reagentes e de uma terceira molécula, inerte. A função da molécula inerte é absorver a energia excedente produzida quando uma nova ligação química é formada pelas duas primeiras moléculas. Por exemplo, o N_2 não é alterado na reação trimolecular entre moléculas de oxigênio e átomos de oxigênio para formar ozônio na alta atmosfera:

$$O(g) + O_2(g) + N_2(g) \rightarrow O_3(g) + N_2(g) \text{ energético}$$

A probabilidade de que quatro ou mais moléculas colidam simultaneamente com energia cinética suficiente e orientação adequada para reagir é tão baixa que as molecularidades de reação superiores a três jamais são propostas.

Antes de encerrarmos a discussão sobre molecularidade, retornemos à discussão anterior sobre a teoria da colisão. Podemos ver como as reações bimoleculares ou trimoleculares podem ocorrer por colisões de moléculas reagentes e na orientação correta da reação. Mas e quanto a uma reação unimolecular? Como as colisões podem estar envolvidas? Em uma reação unimolecular, as espécies reagentes devem adquirir energia suficiente para serem quebradas. Essa energia pode vir de colisões da molécula reagente com outras moléculas, tais como com as moléculas do mesmo tipo, com moléculas de solvente, ou com alguma outra molécula presente de alta energia. O ozônio atmosférico, por exemplo, desintegra-se em moléculas de O_2 e átomos de O por colisão com moléculas de nitrogênio de alta energia.

Equações de Velocidade para Etapas Elementares

A equação de velocidade para uma reação deve ser determinada por experimento; ela não pode ser prevista a partir da estequiometria total. Por outro lado, *a equação de velocidade de qualquer etapa elementar é definida pela estequiometria da reação.* A equação de velocidade de uma etapa elementar é dada pelo produto de sua constante de velocidade e pelas concentrações dos reagentes daquela etapa. Desse modo,

UM OLHAR MAIS ATENTO

As leis de velocidade determinadas experimentalmente podem ser usadas para propor mecanismos e para eliminar outros mecanismos. Para decidir entre os possíveis mecanismos, entretanto, as informações experimentais adicionais e a intuição química também são necessárias.

Considere a reação entre 2-bromo-octano e íon iodeto (Figura A) (uma reação semelhante à reação de íon fluoreto e clorometano. Essa reação segue a cinética de segunda ordem; é de primeira ordem em relação a cada um dos reagentes, e a partir disso sabemos que um mecanismo de única etapa é uma possibilidade. Um possível mecanismo de única etapa é mostrado na Figura B. Isso envolve o ataque do íon iodeto no lado do átomo de carbono oposto ao Br, o qual leva ao rompimento da ligação carbono-bromo concorrente com a formação de uma ligação carbono-iodo.

Reações Orgânicas Bimoleculares de Substituição

FIGURA A Reação de 2-bromo-octano com íon iodeto.

Note que a geometria em torno do átomo de carbono no 2-bromo-octano inverte-se no curso desse mecanismo. (A geometria em torno do carbono foi invertida como um guarda-chuva inverte sob um vento forte.) Se este for o mecanismo correto, e se iniciarmos com um composto tendo a geometria mostrada, então, o produto da reação deve ter a geometria invertida. Isso é exatamente o que é encontrado no laboratório e fornece fortes evidências que sustentam esse mecanismo.

FIGURA B Mecanismo proposto para a reação de 2-bromo-octano com íon iodeto.

podemos escrever uma equação de velocidade para qualquer etapa elementar, conforme mostrado pelos exemplos na tabela a seguir:

ETAPA ELEMENTAR	MOLECULARIDADE	VELOCIDADE DE EQUAÇÃO
A → produto	Unimolecular	Velocidade = $k[A]$
A + B → produto	Bimolecular	Velocidade = $k[A][B]$
A + A → produto	Bimolecular	Velocidade = $k[A]^2$
2 A + B → produto	Trimolecular	Velocidade = $k[A]^2[B]$

Por exemplo, as leis de velocidade para cada uma das duas etapas elementares na decomposição do ozônio são:

$$\text{Velocidade para Etapa 1 (unimolecular)} = k[O_3]$$

$$\text{Velocidade para Etapa 2 (bimolecular)} = k'[O_3][O]$$

Não se espera que as duas constantes de velocidade (k e k', neste exemplo) tenham o mesmo valor (nem as mesmas unidades, uma vez que as duas etapas apresentam molecularidades diferentes).

EXEMPLO 14.12

Etapas Elementares

Problema O íon hipoclorito, ClO^-, sofre auto-oxidorredução e auto-oxidação, formando íons clorato, ClO_3^-, e íons cloreto, Cl^-:

$$3 \, ClO^-(aq) \rightarrow ClO_3^-(aq) + 2 \, Cl^-(aq)$$

Espera-se que essa reação ocorra em duas etapas:

Etapa 1: $ClO^-(aq) + ClO^-(aq) \rightarrow ClO_2^-(aq) + Cl^-(aq)$

Etapa 2: $ClO_2^-(aq) + ClO^-(aq) \rightarrow ClO_3^-(aq) + Cl^-(aq)$

Qual é a molecularidade de cada etapa? Escreva a equação de velocidade para cada etapa elementar. Mostre que a soma dessas reações forma a equação para a reação líquida.

O que você sabe? Um mecanismo de duas etapas para a reação de ClO^- para formar Cl^- e ClO_3^- é proposto.

Estratégia A molecularidade é o número de íons ou de moléculas envolvidos em uma etapa da reação. A equação de velocidade para cada etapa elementar envolve a concentração de cada íon ou molécula em uma etapa elementar, elevada à potência de seu coeficiente estequiométrico.

Solução Como dois íons estão envolvidos em cada etapa elementar, cada etapa é bimolecular. A equação de velocidade para qualquer etapa elementar envolve o produto das concentrações dos reagentes. Assim, nesse caso, as equações de velocidade são:

Etapa 1: $Velocidade = k_1[ClO^-]^2$

Etapa 2: $Velocidade = k_2[ClO_2^-][ClO^-]$

A partir das equações das duas etapas elementares, vemos que o íon ClO_2^- é um intermediário, um produto da primeira etapa e um reagente na segunda etapa. Portanto, ele é cancelado, e ficamos com a equação estequiométrica para a reação global:

Etapa 1: $ClO^-(aq) + ClO^-(aq) \rightarrow ClO_2^-(aq) + Cl^-(aq)$

Etapa 2: $ClO_2^-(aq) + ClO^-(aq) \rightarrow ClO_3^-(aq) + Cl^-(aq)$

Reação global: $3\ ClO^-(aq) \rightarrow ClO_3^-(aq) + 2\ Cl^-(aq)$

Pense bem antes de responder Outros mecanismos são possíveis. A próxima questão a se fazer é: "Qual é a evidência que permitirá que você decida entre os vários mecanismos diferentes?".

Verifique seu entendimento

O monóxido de nitrogênio é reduzido pelo hidrogênio para formar nitrogênio e água:

$$2\ NO(g) + 2\ H_2(g) \rightarrow N_2(g) + 2\ H_2O(g)$$

Um possível mecanismo para essa reação envolve as seguintes reações:

$$2\ NO(g) \rightarrow N_2O_2(g)$$

$$N_2O_2(g) + H_2(g) \rightarrow N_2O(g) + H_2O(g)$$

$$N_2O(g) + H_2(g) \rightarrow N_2(g) + H_2O(g)$$

Qual é a molecularidade de cada uma dessas três etapas? Qual é a equação de velocidade para a terceira etapa? Identifique os intermediários dessa reação; quantos intermediários diferentes existem? Mostre que a soma dessas reações elementares leva à equação da reação global.

Mecanismos de Reação e Equações de Velocidade

A dependência da velocidade em relação à concentração é um fato experimental. Os mecanismos, em comparação, são fruto de nossa imaginação, intuição e "bom senso químico". Para descrever um mecanismo precisamos prever (uma boa previsão, esperamos) como a reação ocorre no nível microscópico. Com frequência, vários mecanismos que correspondam à equação de velocidade observada podem ser propostos. Um bom mecanismo é um grande objetivo, pois permite entender melhor a química e, talvez, prever como controlar melhor a reação e como desenvolver novos experimentos.

Uma das importantes diretrizes da cinética é que *os produtos de uma reação nunca podem ser produzidos com uma velocidade maior que a velocidade da etapa mais lenta*. Se uma etapa, em uma reação que apresenta múltiplas etapas, é mais lenta do que as demais, então *a velocidade da reação global é limitada pela combinação de todas as etapas até que se chegue à etapa mais lenta do mecanismo*.

Frequentemente, a velocidade da reação global e a velocidade da etapa lenta são quase iguais. Se a etapa lenta determina a velocidade da reação, ela é chamada **etapa determinante da velocidade**, ou etapa limitante da velocidade.

Imagine que uma reação ocorra com um mecanismo que envolva duas etapas em sequência, e suponha que as velocidades de ambas sejam conhecidas. A primeira etapa é lenta e a segunda é rápida:

Etapa Elementar 1: $\qquad A + B \xrightarrow[\text{Lenta, } E_a \text{ grande}]{k_1} X + M$

Etapa Elementar 2: $\qquad M + A \xrightarrow[\text{Rápida , } E_a \text{ pequena}]{k_2} Y$

Reação Global: $\qquad\qquad 2A + B \xrightarrow{\qquad\qquad} X + Y$

Na primeira etapa, A e B aproximam-se e reagem lentamente, formando um dos produtos (X) e outra espécie reativa, M. No entanto, quase no instante em que M é formado, ele é consumido na reação com uma molécula adicional de A, formando o segundo produto, Y. A etapa elementar de determinação de velocidade nesse exemplo é a primeira etapa. Isto é, a velocidade da primeira etapa é igual à velocidade da reação global. Essa etapa é bimolecular e, portanto, possui a equação de velocidade:

$$\text{Velocidade} = k_1[A][B]$$

em que k_1 é a constante de velocidade desta etapa. A reação global deve seguir essa mesma equação de velocidade de segunda ordem.

Vamos aplicar essas ideias ao mecanismo de uma reação real: a reação de segunda ordem de dióxido de nitrogênio com flúor.

$$2\ NO_2(g) + F_2(g) \rightarrow 2\ FNO_2(g)$$
$$\text{Velocidade} = k[NO_2][F_2]$$

A equação de velocidade elimina imediatamente a possibilidade de que a reação ocorra em uma única etapa. Se houvesse uma reação de única etapa, a lei de velocidade teria uma dependência de segunda ordem em relação a $[NO_2]$. Como uma reação em uma única etapa não é possível, o mecanismo deve incluir ao menos duas etapas. Também podemos concluir que a etapa elementar determinante da velocidade deve envolver NO_2 e F_2 em uma proporção 1:1.

Um possível mecanismo para a reação de NO_2/F_2 propõe que NO_2 e F_2 primeiro reajam para produzir uma molécula do produto (FNO_2) mais um átomo de F. Em uma segunda etapa, o átomo de flúor produzido na primeira reage com um NO_2 adicional, formando uma segunda molécula do produto. Se considerarmos a primeira etapa como a determinante da velocidade, a equação de velocidade seria "Velocidade = $k_1[NO_2][F_2]$", igual à equação de velocidade observada experimentalmente. A constante de velocidade experimental é, portanto, igual a k_1.

Etapa Elementar 1: Lenta $\qquad NO_2(g) + F_2(g) \xrightarrow{k_1} FNO_2(g) + F(g)$

Etapa Elementar 2: Rápida $\qquad NO_2(g) + F(g) \xrightarrow{k_2} FNO_2(g)$

Reação Global: $\qquad\qquad\quad 2\ NO_2(g) + F_2(g) \xrightarrow{\qquad} 2\ FNO_2(g)$

O átomo de flúor formado na primeira etapa da reação de NO_2/F_2 é um intermediário de reação. Ele não aparece na equação que descreve a reação global. Intermediários de reação, em geral, têm apenas uma existência efêmera, mas ocasionalmente eles têm períodos de duração suficientemente longos para que possam ser observados. Quando possível, a detecção e identificação de um intermediário fornecem fortes evidências que sustentam o mecanismo proposto.

Você Consegue Propor um Mecanismo? Neste nível introdutório, é provável que você não consiga propor mecanismos de reação. Dado um mecanismo, entretanto, você pode decidir se concorda com as leis de velocidade experimentais.

EXEMPLO 14.13

Etapas Elementares e Mecanismos das Reações

Problema A transferência do átomo do oxigênio de NO_2 ao CO produz NO e CO_2.

$$NO_2(g) + CO(g) \rightarrow NO(g) + CO_2(g)$$

O mecanismo para essa reação depende da temperatura, com um mecanismo que se desenvolve a baixas temperaturas (menos que 500 K) e um outro mecanismo que se desenvolve a altas temperaturas. A equação de velocidade para essa reação a temperaturas menores que 500 K é Velocidade = $k[NO_2]^2$. A reação a baixa temperatura pode ocorrer em uma etapa bimolecular?

O que você sabe? A equação da reação e a lei da velocidade para a reação são fornecidas.

Estratégia Escreva a lei de velocidade com base na equação da reação NO_2 + CO como se ocorresse em uma etapa elementar única. Se essa lei de velocidade corresponde à lei de velocidade observada, então, um mecanismo de única etapa é possível.

Solução Se a reação ocorrer por meio da colisão de uma molécula de NO_2 com uma molécula de CO, a equação de velocidade será:

$$Velocidade = k[NO_2][CO]$$

Isso *não* está de acordo com o experimento, portanto, o mecanismo deve envolver mais de uma etapa. Em um mecanismo possível, a reação ocorre em duas etapas bimoleculares, sendo a primeira lenta, e a segunda, rápida.

Etapa Elementar 1: Lenta, determinante da velocidade $2 NO_2(g) \longrightarrow \cancel{NO_3(g)} + NO(g)$

Etapa Elementar 2: Rápida $\cancel{NO_3(g)} + CO(g) \longrightarrow NO_2(g) + CO_2(g)$

Reação Global: $NO_2(g) + CO(g) \longrightarrow NO(g) + CO_2(g)$

A primeira etapa (determinante da velocidade) apresenta uma equação de velocidade que está de acordo com o experimento, portanto, trata-se de um possível mecanismo.

Pense bem antes de responder Como a equação da reação é de segunda ordem em relação a $[NO_2]$, a etapa determinante da velocidade nessa reação de várias etapas deve envolver a colisão de duas moléculas de NO_2.

Verifique seu entendimento

A reação de Raschig produz a hidrazina, N_2H_4, agente redutor industrialmente importante, a partir de NH_3 e OCl^- em solução aquosa alcalina. Um mecanismo proposto é

Etapa 1: Rápida $NH_3(aq) + OCl^-(aq) \rightarrow NH_2Cl(aq) + OH^-(aq)$

Etapa 2: Lenta $NH_2Cl(aq) + NH_3(aq) \rightarrow N_2H_5^+(aq) + Cl^-(aq)$

Etapa 3: Rápida $N_2H_5^+(aq) + OH^-(aq) \rightarrow N_2H_4(aq) + H_2O(\ell)$

(a) Qual é a equação global?

(b) Qual das três etapas é a determinante da velocidade?

(c) Escreva a equação de velocidade para a etapa determinante da velocidade.

(d) Que intermediários de reação estão envolvidos?

Mecanismos de Reação Que Envolvem uma Etapa Inicial de Equilíbrio

Outro mecanismo comum de reação em duas etapas envolve uma reação inicial rápida que produz um intermediário, seguida de uma segunda etapa mais lenta, na qual o intermediário é convertido no produto final. A velocidade da reação é determinada pela segunda etapa, para a qual pode-se escrever a equação de velocidade. A velocidade dessa etapa, entretanto, depende da concentração do intermediário. Um intermediário não deve aparecer como um termo na equação global de velocidade porque sua concentração provavelmente não será mensurável e porque a referida lei de velocidade não pode ser comparada diretamente com a lei de velocidade determinada por experimento. Portanto, devemos descobrir uma maneira de substituir a expressão do intermediário por outra expressão em termos de quantidades mensuráveis no laboratório.

A reação entre monóxido de nitrogênio e oxigênio é um exemplo de reação em duas etapas, em que a primeira etapa é rápida e a segunda é determinante da velocidade:

$$2 \text{ NO(g)} + \text{O}_2\text{(g)} \rightarrow 2 \text{ NO}_2\text{(g)}$$

$$\text{Velocidade} = k[\text{NO}]^2[\text{O}_2]$$

A lei da velocidade determinada experimentalmente revela dependência de segunda ordem com relação ao NO e de primeira ordem em relação ao O_2. Embora essa lei de velocidade esteja correta para uma reação trimolecular, há evidências experimentais de que existe um intermediário nessa reação. Um possível mecanismo de duas etapas, que procede por meio de um intermediário, é

Etapa Elementar 1: Rápida, equilíbrio
$$\text{NO(g)} + \text{O}_2\text{(g)} \underset{k_{-1}}{\overset{k_1}{\rightleftharpoons}} \underset{\text{intermediário}}{\text{OONO(g)}}$$

Etapa Elementar 2: Lenta, determinante da velocidade
$$\text{NO(g)} + \text{OONO(g)} \overset{k_2}{\rightarrow} 2 \text{ NO}_2\text{(g)}$$

Reação Global:
$$2 \text{ NO(g)} + \text{O}_2\text{(g)} \rightarrow 2 \text{ NO}_2\text{(g)}$$

A segunda etapa dessa reação é uma etapa lenta, e determina a velocidade total. Podemos escrever uma lei de velocidade para a segunda etapa, porém essa lei de velocidade não pode ser comparada diretamente com a lei de velocidade experimental porque contém a concentração de um intermediário, OONO:

$$\text{Velocidade} = k_2[\text{NO}][\text{OONO}]$$

Para eliminar a concentração do intermediário dessa expressão de velocidade, olhamos a primeira etapa rápida, a qual envolve um equilíbrio entre as espécies intermediárias e os reagentes.

No início da reação, NO e O_2 reagem rapidamente e produzem o intermediário OONO. A velocidade de formação pode ser definida por uma lei de velocidade com uma constante de velocidade k_1:

$$\text{Velocidade de produção de OONO (NO + O}_2 \rightarrow \text{OONO)} = k_1[\text{NO}][\text{O}_2]$$

Como o intermediário é consumido apenas de maneira muito lenta na segunda etapa, é possível para o OONO reverter-se a NO e O_2 antes mesmo que ele reaja.

$$\text{Velocidade de reação inversa (OONO} \rightarrow \text{NO} + \text{O}_2) = k_{-1}[\text{OONO}]$$

Conforme NO e O_2 formam OONO, suas concentrações caem, de modo que a velocidade da reação direta diminui. Ao mesmo tempo, a concentração de OONO também aumenta, de modo que a velocidade da reação inversa aumenta. Em equilíbrio, as velocidades das reações direta e inversa tornam-se as mesmas.

$$\text{Velocidade da reação direta} = \text{velocidade da reação inversa}$$

$$k_1[\text{NO}][\text{O}_2] = k_{-1}[\text{OONO}]$$

Mecanismos com um Equilíbrio Inicial Nesse mecanismo, as reações direta e inversa na primeira etapa elementar são muito mais rápidas do que na segunda etapa elementar, de modo que o equilíbrio se estabelece antes que uma quantidade significativa de OONO seja consumida pelo NO para formar NO_2. O estado de equilíbrio da primeira etapa permanece durante todo o tempo de vida da reação global.

Rearranjando essa equação, encontramos

$$\frac{k_1}{k_{-1}} = \frac{[OONO]}{[NO][O_2]} = K$$

Tanto k_1 como k_{-1} são constantes (mudarão apenas se a temperatura mudar). Podemos definir uma nova constante K igual à razão dessas duas constantes e chamá-la **constante de equilíbrio,** que é igual ao quociente $[OONO]/[NO][O_2]$. A partir daí, podemos derivar uma expressão para a concentração de OONO:

$$[OONO] = K[NO][O_2]$$

Se $K[NO][O_2]$ for substituído por [OONO] na lei de velocidade para a etapa elementar determinante da velocidade, teremos:

$$Velocidade = k_2[NO][OONO] = k_2[NO]\{K[NO][O_2]\}$$

$$= k_2 K[NO]^2[O_2]$$

Como k_2 e K são constantes, seu produto é outra constante de k', e temos

$$Velocidade = k'[NO]^2[O_2]$$

Essa é exatamente a lei de velocidade derivada do experimento. Isto significa que a sequência das reações em que a equação de velocidade se baseia pode ser um mecanismo razoável para a reação. No entanto, não é o único mecanismo possível. Essa equação de velocidade também é consistente com uma reação que ocorre em uma única etapa trimolecular, e outro possível mecanismo é ilustrado no Exemplo 14.14.

Constante de Equilíbrio O importante conceito de equilíbrio químico foi apresentando no Capítulo 3 e será descrito com mais detalhes nos Capítulos 15 ao 18.

EXEMPLO 14.14

Mecanismo de Reação Que Envolve uma Etapa de Equilíbrio

Problema A reação de $NO + O_2$ descrita no texto pode também ocorrer pelo seguinte mecanismo:

Etapa Elementar 1: Rápida, equilíbrio

$$NO(g) + NO(g) \underset{k_{-1}}{\overset{k_1}{\rightleftharpoons}} N_2O_2(g) \text{ intermediário}$$

Etapa Elementar 2: Lenta, determinante da velocidade

$$N_2O_2(g) + O_2(g) \overset{k_2}{\rightarrow} 2\ NO_2(g)$$

Reação Global: $2\,NO(g) + O_2(g) \rightarrow 2\,NO_2(g)$

Mostre que esse mecanismo leva à seguinte lei de velocidade experimental: Velocidade = $k[NO]^2[O_2]$.

O que você sabe? Um possível mecanismo para a reação de NO e O_2 é fornecido.

Estratégia A lei de velocidade para a reação é obtida usando a estequiometria da etapa de determinação de velocidade. Se essa etapa envolver um intermediário, uma expressão para a concentração desse intermediário terá de ser encontrada, a qual tenha somente as concentrações de espécies na equação total balanceada.

Solução A equação de velocidade para a etapa determinante da velocidade é

$$Velocidade = k_2[N_2O_2][O_2]$$

O intermediário N_2O_2 não pode aparecer na lei de velocidade derivada final. Entretanto, podemos encontrar uma expressão relacionando a concentração do intermediário às concentrações dos reagentes, usando a expressão de constante de equilíbrio para a primeira etapa. As $[N_2O_2]$ e $[NO]$ são relacionadas pela constante de equilíbrio.

$$\frac{k_1}{k_{-1}} = \frac{[N_2O_2]}{[NO]^2} = K$$

Resolvendo a equação para $[N_2O_2]$, temos $[N_2O_2] = K[NO]^2$. Quando esta é substituída pela lei de velocidade derivada

$$\text{Velocidade} = k_2\{K[NO]^2\}[O_2]$$

a equação resultante é idêntica à lei de velocidade experimental, em que $k_2K = k$.

Pense bem antes de responder
Três mecanismos são propostos para a reação $NO + O_2$. O desafio para os químicos é decidir qual deles é o correto. Nesse caso, novas experiências detectaram as espécies OONO como um intermediário de curta duração, fornecendo, assim, evidência para o mecanismo que envolve esse intermediário.

Verifique seu entendimento

Um possível mecanismo para a decomposição de cloreto de nitrila, NO_2Cl, é

Etapa Elementar 1:   Rápida, equilibrio $NO_2Cl(g) \underset{k_{-1}}{\overset{k_1}{\rightleftharpoons}} NO_2(g) + Cl(g)$

Etapa Elementar 2: Lenta $NO_2Cl(g) + Cl(g) \overset{k_2}{\rightarrow} NO_2(g) + Cl_2(g)$

Qual é a reação global? Qual lei de velocidade seria derivada desse mecanismo? Qual efeito o aumento de concentração do produto NO_2 tem na velocidade da reação?

Os Mecanismos de Reação Que Envolvem uma Reação em Cadeia de Radicais Livres

Uma reação em cadeia de radicais livres possui outro tipo de mecanismo de reação que comumente ocorre. Um exemplo desse tipo de processo é a reação entre metano e cloro, que resulta na formação de cloroalcanos. Essa reação exotérmica requer tanto luz ultravioleta como temperaturas na faixa de 300 °C para que ocorra; a reação não ocorre quando esses reagentes são misturados sob temperatura ambiente e no escuro. Se os reagentes estiverem presentes em uma proporção de 1:1, os

---

DICA PARA SOLUÇÃO DE PROBLEMAS 14.2
Relacionando Equações de Velocidade e Mecanismos de Reação

A conexão entre uma equação de velocidade experimental e o mecanismo de reação proposto é importante na Química.

1. Experimentos são realizados para determinar a equação de velocidade experimental.

2. Um mecanismo para a reação é proposto com base na equação de velocidade experimental, nos princípios de estequiometria e da estrutura molecular e das ligações, na experiência química em geral e na intuição.

3. O mecanismo de reação proposto é usado para derivar uma equação de velocidade. Essa equação de velocidade pode conter somente aquelas espécies envolvidas na reação química global. Se as equações de velocidade experimental e derivada são as mesmas, o mecanismo postulado *pode* ser uma hipótese razoável.

4. Se mais de um mecanismo pode ser proposto, e todos fornecem equações de velocidade derivadas que estão de acordo com os dados experimentais, então mais experimentos devem ser feitos.

produtos serão principalmente CH_3Cl e HCl, juntamente a pequenas quantidades de CH_2Cl_2 e outros metanos clorados.

$$CH_4(g) + Cl_2(g) \rightarrow HCl(g) + CH_3Cl(g)$$

(mais quantidades pequenas de CH_2Cl_2, $CHCl_3$ e CCl_4)

Acredita-se que o mecanismo envolva uma série de etapas:

1. *Etapa de iniciação*. O calor ou raio UV faz com que a molécula de cloro dissocie-se em dois átomos de cloro. Apenas alguns poucos átomos são necessários para iniciar a reação em cadeia.

$$Cl_2 \rightarrow 2 \cdot Cl \qquad \Delta H = 242 \text{ kJ/mol-rea}$$

2. *Etapas de propagação*. O átomo do cloro altamente energético é um radical livre (veja a Seção 8.5). À medida que o átomo de $\cdot Cl$ move-se aleatoriamente no sistema, espera-se que ocorram várias colisões moleculares com outras espécies (CH_4, Cl_2 e Cl). A colisão com uma molécula de Cl_2 não é produtiva, porém a colisão com uma molécula de metano resultará na formação de um concorrente de ligação de Cl—H com o rompimento de ligação de C—H. Uma estimativa da entalpia desse processo usando os valores de entalpia de dissociação de ligação (veja a Tabela 8.8) indica que essa reação deve ser levemente exotérmica.

$$CH_3—H + \cdot Cl \rightarrow \cdot CH_3 + HCl \qquad \Delta H = D(C—H) - D(H—Cl)$$

$$\Delta H = 413 \text{ kJ/mol-rea} - 432 \text{ kJ/mol-rea} = -19 \text{ kJ/mol-rea}$$

O radical metil, $\cdot CH_3$, gerado na etapa anterior, também é altamente reativo. Uma colisão com uma molécula de Cl_2 resulta na formação de uma ligação de C—Cl e de um átomo de cloro. Essa é, também, uma reação exotérmica.

$$\cdot CH_3 + Cl—Cl \rightarrow CH_3Cl + \cdot Cl \qquad \Delta H = D(Cl—Cl) - D(C—Cl)$$

$$\Delta H = 242 \text{ kJ/mol-rea} - 339 \text{ kJ/mol-rea} = -97 \text{ kJ/mol-rea}$$

O átomo de cloro formado nessa etapa está, agora, disponível para reagir com outra molécula de CH_4. As etapas de propagação podem ser repetidas mais e mais vezes, uma característica fundamental de uma reação em cadeia.

À medida que a reação progride, a concentração de CH_4 diminui e a concentração do produto, CH_3Cl, aumenta. Com essas mudanças, a probabilidade de colisões entre CH_3Cl e átomos de $\cdot Cl$ aumentam. Essas colisões levam à formação de pequenas quantidades de CH_2Cl_2 e outras espécies altamente cloradas.

3. *Fase de conclusão*. A reação em cadeia continuará enquanto os radicais livres ($\cdot Cl$ ou $\cdot CH_3$) estiverem presentes. Ela terminará quando os radicais não estiverem mais presentes. Isso ocorrerá se dois radicais de Cl (ou quaisquer outros dois radicais) colidirem e reagirem.

$$2 \cdot Cl \rightarrow Cl_2 \qquad \Delta H = -242 \text{ kJ/mol-rea}$$

A concentração das várias espécies de radicais nessas reações é muito pequena. Sendo assim, a probabilidade de tal reação é relativamente baixa, e a reação em cadeia do radical terá um tempo de vida longo antes de parar.

Somando-se as equações das etapas individuais que fornecem CH_3Cl, obtém-se a equação da reação global. A mudança de entalpia para essa reação, $\Delta H = -116$ kJ/mol-rea, é a soma das entalpias das etapas individuais.

EXERCÍCIOS PARA A SEÇÃO 14.6

1. A equação de velocidade para uma reação $A + B \rightarrow C$ foi determinada por experimento como Velocidade $= k[A][B]$. A partir disso podemos concluir:

    (a) a reação ocorre em uma etapa elementar única

    (b) essa reação pode ocorrer em uma etapa elementar única

    (c) essa reação deve envolver várias etapas elementares

2. Acredita-se que uma reação ocorra pelo seguinte mecanismo:

Etapa 1: $2\,A \rightleftharpoons I$ (Rápida, equilíbrio)

Etapa 2: $I + B \rightarrow C$ (Lenta)

Global: $2\,A + B \rightarrow C$

Qual lei de velocidade experimentalmente determinada levaria a esse mecanismo?

(a) Velocidade $= k[A][B]$

(b) Velocidade $= k[A]^2$

(c) Velocidade $= k[A]^2[B]$

(d) Velocidade $= k[I][B]$

APLICANDO PRINCÍPIOS QUÍMICOS

Cinética e Mecanismos: Um Mistério de Setenta Anos Resolvido

No final do século XIX, a reação de fase gasosa de $H_2(g)$ com $I_2(s)$ foi apresentada como de primeira ordem para cada reagente.

$$H_2(g) + I_2(g) \rightleftharpoons 2\,HI(g)$$

Por aproximadamente setenta anos, o mecanismo aceito era o de uma colisão elementar bimolecular que resultava em uma troca de átomos.

Entretanto, em 1967, John H. Sullivan determinou que esse mecanismo de única etapa é incorreto. Sullivan apresentou evidências de que a reação, na verdade, ocorre em duas etapas. A primeira etapa do mecanismo é a dissociação de iodo elementar em átomos de iodo. A dissociação de I_2 é um processo de equilíbrio rápido que produz uma concentração relativamente constante de átomos de iodo.

Equilíbrio rápido $I_2(g) \rightleftharpoons 2\,I(g)$

A segunda etapa do mecanismo é uma reação trimolecular lenta entre dois átomos de iodo e hidrogênio elementar.

Lenta $H_2(g) + 2\,I(g) \rightarrow 2\,HI$

Qual era a evidência de Sullivan para o mecanismo revisto? Primeiro, ele trabalhou a temperaturas muito baixas para permitir a decomposição térmica do I_2. Sob essas temperaturas, pouco ou nenhum iodeto de hidrogênio é formado. Segundo, ele usou uma técnica chamada *fotólise* para criar átomos de iodo a partir de I_2. Nessa técnica, uma mistura de hidrogênio e iodo foi irradiada com um forte pulso de luz. Sullivan descobriu que a velocidade da reação era dependente do quadrado da concentração dos átomos de iodo criado pela fotólise, que é consistente com a segunda etapa elementar no mecanismo de reação.

A história do mecanismo da reação hidrogênio-iodo é uma boa lição: químicos não deveriam confiar em um mecanismo proposto apenas porque ele se ajusta a uma ordem de reação experimentalmente determinada. Geralmente, a verificação de mecanismos requer a identificação de intermediários durante o curso de uma reação. Sullivan não só foi capaz de identificar um intermediário, como também de controlar sua produção.

Colin Cuthbert/Science Source

Um aparelho para a realização de experimentos de fotólise no estudo da cinética.

QUESTÕES:

1. Sullivan utilizou luz a 578 nm para dissociar moléculas de I_2 em átomos.
   a. Qual é a energia (em kJ/mol) da luz a 578nm?
   b. O rompimento da ligação de I_2 requer 151 kJ/mol de energia. Qual é o comprimento de luz mais longo que possui energia suficiente para dissociar I_2?
2. Mostre que o mecanismo de duas etapas proposto por Sullivan produz a correta lei de velocidade (de segunda ordem).
3. Por que é provável que uma etapa elementar trimolecular seja a mais lenta em um mecanismo?
4. Determine a energia de ativação da reação de H_2 e I_2 para produzir HI, considerando os dados fornecidos na tabela.

TEMPERATURA (°C)	CONSTANTE DE VELOCIDADE $(M^{-1}\,s^{-1})$
144,7	$1,40 \times 10^{-12}$
207,5	$1,52 \times 10^{-9}$
246,9	$5,15 \times 10^{-8}$

REFERÊNCIA:

SULLIVAN, J. H. *Journal of Chemical Physics*, v. 46, p. 73–77, 1967.

REVISÃO DOS OBJETIVOS DO CAPÍTULO

Agora que você já estudou este capítulo, deve perguntar a si mesmo se atingiu os objetivos propostos. Especificamente, você deverá ser capaz de:

ENTENDER

- As velocidades de reação e as condições que afetam essas velocidades.

  a. Explicar o conceito de velocidade de reação (Seção 14.1).

  b. Derivar a velocidade média e a velocidade instantânea de uma reação a partir de dados de concentração em função do tempo (Seção 14.1). Questões para Estudo: 5, 6.

  c. Descrever os fatores que afetam a velocidade de reação (isto é, concentrações dos reagentes, temperatura, presença de catalisador e estado físico dos reagentes) (Seção 14.2). Questões para Estudo: 8–10, 68, 88, 89, 93.

- A teoria de colisão das velocidades de reação e o papel da energia de ativação.

  a. Descrever a teoria de colisão para as velocidades de reação (Seção 14.5).

  b. Relacionar a energia de ativação (E_a) à velocidade de uma reação (Seção 14.5). Questões para Estudo: 37, 38, 40.

  c. Usar a teoria de colisão para descrever o efeito da concentração de reagente sobre a velocidade da reação (Seção 14.5). Questão para Estudo: 92.

  d. Compreender o efeito da orientação molecular na velocidade da reação (Seção 14.5).

  e. Descrever o efeito da temperatura sobre a velocidade da reação usando a teoria de colisão das velocidades de reação e a equação de Arrhenius (Equação 14.5-14.7 e Seção 14.5). Questão para Estudo: 92.

  f. Usar as Equações 14.5, 14.6 e 14.7 para calcular a energia de ativação a partir das constantes de velocidade a diferentes temperaturas (Seção 14.5). Questões para Estudo: 37, 39, 40, 62, 69, 70.

  g. Compreender os diagramas de coordenadas de reação (Seção 14.5). Questões para Estudo: 41, 42, 47, 95.

FAZER

- Derivar uma equação de velocidade, a constante de velocidade e a ordem da reação, a partir de dados experimentais.

  a. Definir as várias partes de uma equação de velocidade (a constante de velocidade e a ordem de reação) e compreender seu significado (Seção 14.3). Questões para Estudo:12–14.

  b. Obter uma equação de velocidade usando o método de velocidades iniciais (Seção 14.3). Questões para Estudo: 11–14, 52, 60.

- Utilizar as leis de velocidade integradas.

  a. Descrever e utilizar as relações entre concentração de reagente e tempo para reações de ordem zero, de primeira e de segunda ordem (Seção14.4 e Tabela 14.1). Questões para Estudo: 15-24.

  b. Utilizar o conceito de meia-vida ($t_{1/2}$), especialmente para reações de primeira ordem (Seção 14.4). Questões para Estudo: 25–30, 64, 81.

- Determinar a ordem de uma reação representando por meio de gráficos as funções apropriadas de concentração em função do tempo.

  a. Aplicar métodos gráficos para determinar a ordem da reação e a constante de velocidade a partir de dados experimentais (Seção 14.4 e Tabela 14.1). Questões para Estudo: 31–36, 54, 55, 57.

- Relacionar mecanismos de reação e leis de velocidade.

  a. Descrever o funcionamento de um catalisador e seu efeito sobre a energia de ativação e sobre o mecanismo de uma reação (Seção 14.5). Questões para Estudo: 90, 96.

b. Compreender o conceito de mecanismo de reação (uma sequência proposta de etapas de rompimento e formação de ligações que ocorre durante a conversão de reagentes a produtos) e a relação entre o mecanismo e a equação global estequiométrica de uma reação (Seção 14.6).

c. Descrever as etapas elementares de um mecanismo e determinar suas molecularidades (Seção 14.6). Questões para Estudo: 43–48, 84.

d. Definir a etapa de determinante da velocidade em um mecanismo e identificar qualquer intermediário da reação (Seção 14-6). Questões para Estudo: 45, 48, 59, 67, 80, 90, 91.

LEMBRAR

- A definição da velocidade de reação.

- A meia-vida de uma reação é o tempo necessário para que a concentração de um reagente diminua para a metade de seu valor inicial.

- Uma reação não pode prosseguir mais rapidamente que a etapa mais lenta no mecanismo de reação.

EQUAÇÕES-CHAVE

Equação 14.1 Equação de velocidade integrada para uma reação de primeira ordem (em que $-\Delta[R]/\Delta t = k[R]$).

$$\ln \frac{[R]_t}{[R]_0} = -kt$$

Neste caso, $[R]_0$ e $[R]_t$ são concentrações do reagente no tempo $t = 0$ e em um tempo posterior, t. A razão das concentrações, $[R]_t/[R]_0$, é a fração do reagente que permanece após um determinado tempo transcorrido.

Equação 14.2 Equação de velocidade integrada para uma reação de segunda ordem (em que $-\Delta[R]/\Delta t = k[R]^2$).

$$\frac{1}{[R]_t} - \frac{1}{[R]_0} = kt$$

Equação 14.3 Equação de velocidade integrada para uma reação de ordem zero (na qual $-\Delta[R]/\Delta t = k[R]^0$).

$$[R]_0 - [R]_t = kt$$

Equação 14.4 A relação entre a meia-vida ($t_{1/2}$) e a constante de velocidade (k) para uma reação de primeira ordem.

$$t_{1/2} = \frac{0,693}{k}$$

Equação 14.5 Equação de Arrhenius na forma exponencial.

$$k = \text{constante de velocidade} = A e^{-E_a/RT}$$

Fator de frequência   Fração de moléculas com uma energia mínima para a reação

A é o fator de frequência; E_a é a energia de ativação; T é a temperatura (em kelvin); e R é a constante dos gases (= $8,314462 \times 10^{-3}$ kJ/K · mol).

Equação 14.6 Equação de Arrhenius expandida na forma logarítmica.

$$\ln k = -\frac{E_a}{R}\left(\frac{1}{T}\right) + \ln A \longleftarrow \text{Equação de Arrhenius}$$

$$\downarrow \qquad \downarrow \qquad \downarrow$$

$$y \quad = \quad mx \quad + b \longleftarrow \text{Equação para uma reta}$$

Equação 14.7 Uma versão da equação de Arrhenius usada para calcular a energia de ativação para uma reação quando os valores da constante de velocidade sob duas temperaturas (em kelvin) são conhecidos.

$$\ln k_2 - \ln k_1 = \ln \frac{k_2}{k_1} = -\frac{E_a}{R}\left[\frac{1}{T_2} - \frac{1}{T_1}\right]$$

Desbotamento da cor da fenolftaleína com o tempo
(tempo decorrido de aproximadamente três minutos)

© Cengage Learning/Charles D. Winters

QUESTÕES PARA ESTUDO

▲ denota questões desafiadoras.

Questões numeradas em verde tem respostas no Apêndice N.

Praticando Habilidades

Velocidades das Reações
(Veja Seção a 14.1 e os Exemplos 14.1–14.2.)

1. Forneça as velocidades relativas de desaparecimento dos reagentes e de formação de produtos para cada uma das seguintes reações:
   (a) $2\,O_3(g) \rightarrow 3\,O_2(g)$
   (b) $2\,HOF(g) \rightarrow 2\,HF(g) + O_2(g)$

2. Forneça as velocidades relativas de desaparecimento dos reagentes e de formação de produtos para cada uma das seguintes reações.
   (a) $2\,NO(g) + Br_2(g) \rightarrow 2\,NOBr(g)$
   (b) $N_2(g) + 3\,H_2(g) \rightarrow 2\,NH_3(g)$

3. Na reação $2\,O_3(g) \rightarrow 3\,O_2(g)$, a velocidade de formação do O_2 é $1,5 \times 10^{-3}$ mol/L · s. Qual é a velocidade de decomposição do O_3?

4. Na síntese de amônia, se $-\Delta[H_2]/\Delta t = 4,5 \times 10^{-4}$ mol/L · min, qual é $\Delta[NH_3]/\Delta t$?

$$N_2(g) + 3\,H_2(g) \rightarrow 2\,NH_3(g)$$

5. Dados experimentais são listados aqui para a reação $A \rightarrow 2\,B$.

Tempo (s)	[B] (mol/L)
0,00	0,000
10,0	0,326
20,0	0,572
30,0	0,750
40,0	0,890

   (a) Prepare um gráfico a partir desses dados; conecte os pontos com uma linha suave; e calcule a velocidade da variação de [B] para cada intervalo de 10 segundos de 0,0 a 40,0 segundos. A velocidade da variação diminuiu de um intervalo de tempo a outro? Sugira uma razão para esse resultado.
   (b) Como a velocidade da variação de [A] está relacionada à velocidade da variação de [B] em cada intervalo de tempo? Calcule a velocidade da variação de [A] para o intervalo de tempo de 10,0 a 20,0 segundos.
   (c) Qual é a velocidade instantânea, $\Delta[B]/\Delta t$, quando [B] = 0,750 mol/L?

6. O acetato de fenila, um éster, reage com água de acordo com a equação

$$CH_3COC_6H_5 + H_2O \longrightarrow CH_3COH + C_6H_5OH$$

acetato de fenila   ácido acético   fenol

Os dados da tabela foram coletados para essa reação a 5 °C:

Tempo (s)	[Acetato de fenila] (mol/L)
0	0,55
15,0	0,42
30,0	0,31
45,0	0,23
60,0	0,17
75,0	0,12
90,0	0,085

(a) Represente em um gráfico a concentração do acetato de fenila em função do tempo e descreva a forma da curva observada.

(b) Calcule a velocidade da variação da concentração de acetato de fenila durante o período de 15,0 segundos a 30,0 segundos e também durante o período de 75,0 segundos a 90,0 segundos. Por que um valor é menor que o outro?

(c) Qual é a velocidade da variação da concentração de acetato de fenila durante o período de tempo de 60,0 segundos a 75,0 segundos?

(d) Qual é a velocidade instantânea em 15,0 segundos?

Concentração e Equações de Velocidade
(Veja a Seção 14-3 e os Exemplos 14.3-14.4.)

7. Usando a equação Velocidade = $k[A]^2[B]$, defina a ordem da reação com relação a A e B. Qual é a ordem total da reação?

8. Uma reação possui a equação de velocidade experimental Velocidade = $k[A]^2$. Como a velocidade mudará se a concentração de A for triplicada? E se a concentração de A for reduzida pela metade?

9. A reação entre ozônio e dióxido de nitrogênio a 231 K é de primeira ordem tanto em relação a $[NO_2]$ como em relação a $[O_3]$.

$$2 NO_2(g) + O_3(g) \rightarrow N_2O_5(g) + O_2(g)$$

(a) Escreva a equação de velocidade para a reação.

(b) Se a concentração de NO_2 for triplicada (e $[O_3]$ não sofrer alteração), qual é a mudança na velocidade de reação?

(c) Qual é o efeito na velocidade da reação se a concentração de O_3 for reduzida para metade (com nenhuma mudança em $[NO_2]$)?

10. O brometo de nitrosila, NOBr, é formado a partir de NO e Br_2:

$$2 NO(g) + Br_2(g) \rightarrow 2 NOBr(g)$$

Experimentos mostram que essa reação é de segunda ordem em relação ao NO e de primeira ordem em relação Br_2.

(a) Escreva a equação de velocidade para a reação.

(b) Como a velocidade de reação inicial muda se a concentração de Br_2 for alterada de 0,0022 mol/L para 0,006 mol/L?

(c) Qual é a mudança na velocidade inicial se a concentração de NO for mudada de 0,0024 mol/L a 0,0012 mol/L?

11. Os dados na tabela são para a reação de NO e O_2 a 660 K.

$$NO(g) + \tfrac{1}{2} O_2(g) \rightarrow NO_2(g)$$

Concentração de Reagente (mol/L)		Velocidade de Desaparecimento do NO (mol/L · s)
[NO]	[O₂]	
0,010	0,010	$2,5 \times 10^{-5}$
0,020	0,010	$1,0 \times 10^{-4}$
0,010	0,020	$5,0 \times 10^{-5}$

(a) Determine a ordem da reação para cada reagente.

(b) Escreva a equação de velocidade para a reação.

(c) Calcule a constante de velocidade.

(d) Calcule a velocidade (em mol/L · s) no instante quando [NO] = 0,015 mol/L e O_2 = 0,0050 mol/L.

(e) No instante quando NO está reagindo a uma velocidade de $1,0 \times 10^{-4}$ mol/L · s, qual é a velocidade em que O_2 está reagindo e NO_2 está se formando?

12. A reação

$$2 NO(g) + 2 H_2(g) \rightarrow N_2(g) + 2 H_2O(g)$$

foi estudada a 904 °C, e os dados na tabela foram coletados.

Concentração de Reagente (mol/L)		Velocidade de Aparecimento do N₂ (mol/L · s)
[NO]	[H₂]	
0,420	0,122	0,136
0,210	0,122	0,0339
0,210	0,244	0,0678
0,105	0,488	0,0339

(a) Determine a ordem da reação para cada reagente.

(b) Escreva a equação de velocidade para a reação.

(c) Calcule a constante de velocidade para a reação.

(d) Encontre o valor de aparecimento de N_2 no instante em que [NO] = 0,350 mol/L e $[H_2]$ = 0,205 mol/L.

13. Dados para a reação $NO(g) + 1/2\, O_2(g) \rightarrow NO_2(g)$ são fornecidos (para uma temperatura específica) na tabela.

Experimento	Concentração (mol/L)		Velocidade Inicial (mol NO/L · h)
	[NO]	[O₂]	
1	$3,6 \times 10^{-4}$	$5,2 \times 10^{-3}$	$3,4 \times 10^{-8}$
2	$3,6 \times 10^{-4}$	$1,04 \times 10^{-2}$	$6,8 \times 10^{-8}$
3	$1,8 \times 10^{-4}$	$1,04 \times 10^{-2}$	$1,7 \times 10^{-8}$
4	$1,8 \times 10^{-4}$	$5,2 \times 10^{-3}$	?

(a) Qual é a lei de velocidade para essa reação?

(b) Qual é a constante de velocidade para a reação?

(c) Qual é a velocidade inicial da reação no experimento 4?

14. Dados para a seguinte reação são fornecidos na tabela abaixo.

$$CO(g) + NO_2(g) \rightarrow CO_2(g) + NO(g)$$

	Concentração (mol/L)		Velocidade Inicial
Experimento	[CO]	[NO$_2$]	(mol/L · h)
1	$5,0 \times 10^{-4}$	$0,36 \times 10^{-4}$	$3,4 \times 10^{-8}$
2	$5,0 \times 10^{-4}$	$0,18 \times 10^{-4}$	$1,7 \times 10^{-8}$
3	$1,0 \times 10^{-3}$	$0,36 \times 10^{-4}$	$6,8 \times 10^{-8}$
4	$1,5 \times 10^{-3}$	$0,72 \times 10^{-4}$	?

(a) Qual é a lei da velocidade para essa reação?
(b) Qual é a constante de velocidade para a reação?
(c) Qual é a velocidade inicial da reação no experimento 4?

Relações Concentração-Tempo

(Veja a Seção 14.4 e os Exemplos 14.5-14.7.)

15. A equação de velocidade da hidrólise de sacarose para frutose e glicose

$$C_{12}H_{22}O_{11}(aq) + H_2O(\ell) \rightarrow 2\ C_6H_{12}O_6(aq)$$

é $-\Delta[\text{sacarose}]/\Delta t = k[C_{12}H_{22}O_{11}]$. Após 27 minutos a 27 °C, a concentração de sacarose diminuiu de 0,0146 M a 0,0132 M. Encontre a constante de velocidade, k.

16. A decomposição de N_2O_5 em CCl_4 é uma reação de primeira ordem. Se 2,56 mg de N_2O_5 estiverem presentes inicialmente e 2,50 mg estiverem presentes após 4,26 minutos a 55 °C, qual é o valor da constante de velocidade, k?

17. A decomposição do SO_2Cl_2 é uma reação de primeira ordem:

$$SO_2Cl_2(g) \rightarrow SO_2(g) + Cl_2(g)$$

A constante de velocidade para a reação é $2,8 \times 10^{-3}$ min^{-1} a 600 K. Se a concentração inicial de SO_2Cl_2 for $1,24 \times 10^{-3}$ mol/L, quanto tempo levará para a concentração cair para $0,31 \times 10^{-3}$ mol/L?

18. A conversão de ciclopropano a propeno (veja o Exemplo 14.5) ocorre com uma constante de velocidade de primeira ordem de $2,42 \times 10^{-2}$ h^{-1}. Quanto tempo levará para a concentração de ciclopropano diminuir de uma concentração inicial de 0,080 mol/L a 0,020 mol/L?

19. Peróxido de hidrogênio, $H_2O_2(aq)$, decompõe-se em $H_2O(\ell)$ e $O_2(g)$ em uma reação que é de primeira ordem em H_2O_2 e possui uma constante de velocidade $k = 1,06 \times 10^{-3}$ min^{-1} a uma determinada temperatura.

(a) Quanto tempo levará para que 15% de uma amostra de H_2O_2 se decomponha?
(b) Quanto tempo levará para que 85% da amostra se decomponha?

20. A decomposição de dióxido de nitrogênio em alta temperatura

$$NO_2(g) \rightarrow NO(g) + \tfrac{1}{2}\ O_2(g)$$

é de segunda ordem nesse reagente. A constante de velocidade para essa reação é 3,40 L/mol·min. Determine o tempo necessário para a concentração de NO_2 diminuir de 2,00 mol/L para 1,50 mol/L.

21. A 573 K, $NO_2(g)$ gasoso decompõe-se, formando $NO(g)$ e $O_2(g)$. Se um frasco contendo $NO_2(g)$ tem uma concentração inicial de $1,9 \times 10^{-2}$ mol/L, quanto tempo levará para 75% do $NO_2(g)$ se decompor? A decomposição de $NO_2(g)$ é de segunda ordem no reagente e a constante de velocidade para essa reação, a 573 K, é de 1,1 L/mol·s.

22. A dimerização do butadieno, C_4H_6, para formar 1,5-ciclo-octadieno é um processo de segunda ordem que ocorre quando o dieno é aquecido. Em um experimento, uma amostra de 0,0087 mol de C_4H_6 foi aquecida em um frasco de 1,0 L. Após 600, segundos, 21% do butadieno foi dimerizado. Calcule a constante de velocidade para essa reação.

23. A decomposição de amônia em uma superfície de metal para formar N_2 e H_2 é uma reação de ordem zero (Figura 14.6c). A 873 °C, o valor da constante de velocidade é $1,5 \times 10^{-3}$ mol/L·s. Quanto tempo levará para decompor completamente 0,16g de NH_3 em um frasco de 1,0 L?

24. O iodeto de hidrogênio decompõe-se quando aquecido, formando $H_2(g)$ e $I_2(g)$. A lei de velocidade para essa reação é $-\Delta[HI]/\Delta t = k[HI]^2$. A 443 °C, $k = 30$ L/mol · min. Se a concentração inicial de $HI(g)$ é $1,5 \times 10^{-2}$ mol/L, qual concentração de $HI(g)$ permanecerá após 10, minutos?

Meia-Vida

(Veja a Seção 14-4 e os Exemplos 14.8 e 14.9.)

25. A equação de velocidade para a decomposição de N_2O_5 (fornecendo NO_2 e O_2) é Velocidade = $k[N_2O_5]$. O valor de k é $6,7 \times 10^{-5}$ s^{-1} para a reação em uma temperatura específica.

(a) Calcule a meia-vida de N_2O_5.
(b) Quanto tempo leva para a concentração de N_2O_5 cair para um décimo de seu valor original?

26. O azometano gasoso, $CH_3N{=}NCH_3$, decompõe-se em uma reação de primeira ordem quando aquecido:

$$CH_3N{=}NCH_3(g) \rightarrow N_2(g) + C_2H_6(g)$$

A constante de velocidade para essa reação a 600 K é 0,0216 min^{-1}. Se a quantidade inicial de azometano no frasco é 2,00 g, quanto permanecerá após 0,0500 hora? Qual massa de N_2 é formada nesse tempo?

27. A decomposição de SO_2Cl_2

$$SO_2Cl_2(g) \rightarrow SO_2(g) + Cl_2(g)$$

é de primeira ordem em SO_2Cl_2, e a reação tem uma meia-vida de 245 minutos a 600 K. Se você iniciar com $3,6 \times 10^{-3}$ mol de SO_2Cl_2 em um frasco de 1,0 L, quanto tempo levará para a quantidade de SO_2Cl_2 diminuir a $2,00 \times 10^{-4}$ mol?

28. O composto $Xe(CF_3)_2$ decompõe-se em uma reação de primeira ordem em Xe elementar com uma meia-vida de 30, minutos. Se você colocar 7,50 mg de $Xe(CF_3)_2$ em um frasco, quanto tempo você deverá aguardar até que somente 0,25 mg de $Xe(CF_3)_2$ permaneça?

29. O isótopo radioativo ^{64}Cu é usado na forma de acetato de cobre(II) para estudar a doença de Wilson. O isótopo tem uma meia-vida de 12,70 horas. Qual fração de acetato de cobre(II) radioativo permanece após 64 horas?

30. O ouro-198 radioativo (^{198}Au) é usado no diagnóstico de problemas no fígado. A meia-vida desse isótopo é de 2,7 dias. Se você iniciar com uma amostra de 5,6 mg do isótopo, quanto dessa amostra permanece após 1,0 dia?

Análise Gráfica: Equações de Velocidade e k
(Veja a Seção 14.4.)

31. Dados para a decomposição de monóxido de nitrogênio

$$N_2O(g) \rightarrow N_2(g) + \tfrac{1}{2} O_2(g)$$

sobre uma superfície de ouro a 900 °C são fornecidos abaixo. Verifique que a reação é de primeira ordem ao elaborar um gráfico de $\ln[N_2O]$ em função do tempo. Derive a constante de velocidade a partir da inclinação da reta nesse gráfico. Usando a lei de velocidade e o valor de k, determine a velocidade de decomposição a 900 °C quando $[N_2O] = 0,035$ mol/L.

Tempo (min)	$[N_2O]$ (mol/L)
15,0	0,0835
30,0	0,0680
80,0	0,0350
120,0	0,0220

32. A amônia decompõe-se quando aquecida de acordo com a equação abaixo.

$$NH_3(g) \rightarrow NH_2(g) + H(g)$$

Os dados na tabela para essa reação foram coletados sob alta temperatura.

Tempo (h)	$[NH_3]$ (mol/L)
0	$8,00 \times 10^{-7}$
25	$6,75 \times 10^{-7}$
50	$5,84 \times 10^{-7}$
75	$5,15 \times 10^{-7}$

Faça um gráfico de $\ln[NH_3]$ em função do tempo e $1/[NH_3]$ em função do tempo. Qual é a ordem dessa reação com relação a NH_3? Encontre a constante de velocidade para a reação a partir da inclinação.

33. O NO_2 gasoso decompõe-se quando aquecido a 573 K.

$$NO_2(g) \rightarrow NO(g) + \tfrac{1}{2} O_2(g)$$

A concentração de NO_2 foi medida em função do tempo. Um gráfico de $1/[NO_2]$ em função do tempo fornece uma reta com uma inclinação de 1,1 L/mol·s. Qual é a lei de velocidade para essa reação? Qual é a constante de velocidade?

34. A decomposição de HOF ocorre a 25 °C.

$$HOF(g) \rightarrow HF(g) + \tfrac{1}{2} O_2(g)$$

Usando os dados da tabela abaixo, determine a lei de velocidade, e então calcule a constante de velocidade.

[HOF] (mol/L)	Tempo (min)
0,850	0
0,810	2,00
0,754	5,00
0,526	20,0
0,243	50,0

35. Para a reação $C_2F_4 \rightarrow \tfrac{1}{2} C_4F_8$, um gráfico de $1/[C_2F_4]$ em função do tempo fornece uma reta com uma inclinação de +0,04 L/mol·s. Qual é a lei de velocidade para essa reação?

36. O butadieno, $C_4H_6(g)$, dimeriza quando aquecido, formando 1,5-ciclo-octadieno, C_8H_{12}. Os dados na tabela foram coletados.

1,3-butadieno → ½ 1,5-ciclo-octadieno

$[C_4H_6]$ (mol/L)	Tempo (s)
$1,0 \times 10^{-2}$	0
$8,7 \times 10^{-3}$	200,
$7,7 \times 10^{-3}$	500,
$6,9 \times 10^{-3}$	800,
$5,8 \times 10^{-3}$	1200,

(a) Use um método gráfico para verificar que se trata de uma reação de segunda ordem.
(b) Calcule a constante de velocidade para a reação.

Cinética e Energia
(Veja a Seção 14.5 e os Exemplos 14.10 e 14.11.)

37. Calcule a energia de ativação, E_a, para a reação

$$2 N_2O_5(g) \rightarrow 4 NO_2(g) + O_2(g)$$

a partir das constantes de velocidade observadas: k (a 25 °C) = $3,46 \times 10^{-5}$ s^{-1} e k (a 55 °C) = $1,5 \times 10^{-3}$ s^{-1}.

38. Se a constante de velocidade para uma reação triplica quando a temperatura sobe de $3,00 \times 10^2$ K para $3,10 \times 10^2$ K, qual é a energia de ativação da reação?

39. Quando aquecido a uma alta temperatura, o ciclobutano, C_4H_8, decompõe-se em etileno:

$$C_4H_8(g) \rightarrow 2 C_2H_4(g)$$

A energia de ativação, E_a, para essa reação é 260 kJ/mol. A 800 K, a constante de velocidade $k = 0,0315$ s^{-1}. Determine o valor de k a 850 K.

40. Quando aquecido, o ciclopropano é convertido em propeno (veja o Exemplo 14.5). As constantes de velocidade para essa reação a 470 °C e a 510 °C são $k = 1,10 \times 10^{-4}$ s^{-1} e $k = 1,02 \times 10^{-3}$ s^{-1}, respectivamente. Determine a energia de ativação, E_a, a partir desses dados.

41. A reação das moléculas de H_2 com átomos de F

$$H_2(g) + F(g) \rightarrow HF(g) + H(g)$$

tem uma energia de ativação de 8 kJ/mol e uma mudança de entalpia de −133 kJ/mol. Desenhe um diagrama semelhante à Figura 14.10 para esse processo. Indique a energia de ativação e a variação de entalpia nesse diagrama.

42. Responda às seguintes questões com base no diagrama abaixo.

(a) A reação é exotérmica ou endotérmica?

(b) A reação ocorre em mais de uma etapa? Em caso positivo, quantas?

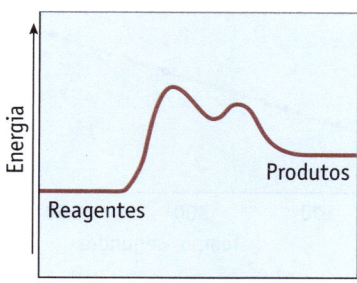

Mecanismos de Reação

(Veja a Seção 14.6 eos Exemplos 14.12–14.14.)

43. Qual é a lei de velocidade para cada uma das seguintes reações elementares?

(a) $NO(g) + NO_3(g) \rightarrow 2 NO_2(g)$

(b) $Cl(g) + H_2(g) \rightarrow HCl(g) + H(g)$

(c) $(CH_3)_3CBr(aq) \rightarrow (CH_3)_3C^+(aq) + Br^-(aq)$

44. Qual é a lei de velocidade para cada uma das seguintes reações elementares?

(a) $Cl(g) + ICl(g) \rightarrow I(g) + Cl_2(g)$

(b) $O(g) + O_3(g) \rightarrow 2 O_2(g)$

(c) $2 NO_2(g) \rightarrow N_2O_4(g)$

45. O ozônio, O_3, na atmosfera superior da Terra, decompõe-se de acordo com a equação.

$$2 O_3(g) \rightarrow 3 O_2(g)$$

Espera-se que o mecanismo da reação proceda através de uma etapa inicial rápida e reversível seguida por uma segunda etapa lenta.

Etapa 1: Rápida, reversível $\quad O_3(g) \rightleftharpoons O_2(g) + O(g)$

Etapa 2: Lenta $\quad O_3(g) + O(g) \rightarrow 2 O_2(g)$

(a) Qual das etapas é determinante da velocidade?

(b) Escreva a equação de velocidade para a etapa determinante da velocidade.

46. Espera-se que a reação de $NO_2(g)$ e $CO(g)$ ocorra em duas etapas para gerar NO e CO_2:

Etapa 1: Lenta $\quad NO_2(g) + NO_2(g) \rightarrow NO(g) + NO_3(g)$

Etapa 2: Rápida $\quad NO_3(g) + CO(g) \rightarrow NO_2(g) + CO_2(g)$

(a) Mostre que as etapas elementares somam-se para gerar a equação estequiométrica global.

(b) Qual é a molecularidade de cada etapa?

(c) Para que esse mecanismo seja consistente com dados cinéticos, qual deve ser a equação de velocidade experimental?

(d) Identifique quaisquer intermediários nessa reação.

47. Um mecanismo proposto para a reação de NO_2 e CO é

Etapa 1: Lenta, endotérmica

$$2 NO_2(g) \rightarrow NO(g) + NO_3(g)$$

Etapa 2: Rápida, exotérmica

$$NO_3(g) + CO(g) \rightarrow NO_2(g) + CO_2(g)$$

Reação Global: Exotérmica

$$NO_2(g) + CO(g) \rightarrow NO(g) + CO_2(g)$$

(a) Identifique cada um dos seguintes componentes como um reagente, produto ou intermediário: $NO_2(g)$, $CO(g)$, $NO_3(g)$, $CO_2(g)$, $NO(g)$.

(b) Desenhe um diagrama de coordenadas de reação para essa reação. Indique nesse desenho a energia de ativação para cada etapa e a variação total de entalpia.

48. Acredita-se que o mecanismo para a reação de CH_3OH e HBr envolva duas etapas. A reação total é exotérmica.

Etapa 1: Rápida, endotérmica

$$CH_3OH + H^+ \rightleftharpoons CH_3OH_2^+$$

Etapa 2: Lenta

$$CH_3OH_2^+ + Br^- \rightarrow CH_3Br + H_2O$$

(a) Escreva uma equação para a reação global.

(b) Desenhe um diagrama de coordenadas de reação para essa reação.

(c) Mostre que a lei de velocidade para essa reação é Velocidade = $k[CH_3OH][H^+][Br^-]$.

Questões Gerais

Estas questões não estão definidas quanto ao tipo ou à localização no capítulo. Elas podem combinar vários conceitos.

49. Uma reação tem a seguinte equação de velocidade experimental: Velocidade = $k[A]^2[B]$. Se a concentração de A for dobrada e a concentração de B for reduzida para metade, o que acontece na velocidade da reação?

50. Para uma reação de primeira ordem, qual fração de reagente permanece após cinco meias-vidas decorridas?

51. Para determinar como a velocidade da reação depende da concentração

$$H_2PO_3^-(aq) + OH^-(aq) \rightarrow HPO_3^{2-}(aq) + H_2O(\ell)$$

você pode medir $[OH^-]$ como uma função do tempo usando um medidor de pH. (Para fazer isso, você deve definir condições sob as quais $[H_2PO_3^-]$ permanece constante por meio do uso de um grande excesso desse reagente.) Como você provaria uma dependência da velocidade de segunda ordem em relação à $[OH^-]$?

52. Dados para a seguinte reação são fornecidos na tabela.

$$2 NO(g) + Br_2(g) \rightarrow 2 NOBr(g)$$

Experimento	[NO] (M)	[Br$_2$] (M)	Velocidade Inicial (mol/L · s)
1	$1,0 \times 10^{-2}$	$2,0 \times 10^{-2}$	$2,4 \times 10^{-2}$
2	$4,0 \times 10^{-2}$	$2,0 \times 10^{-2}$	0,384
3	$1,0 \times 10^{-2}$	$5,0 \times 10^{-2}$	$6,0 \times 10^{-2}$

Qual é a ordem da reação com relação a [NO] e [Br$_2$], e qual é a ordem total da reação?

53. O ácido fórmico decompõe-se a 550 °C de acordo com a equação.

$$HCO_2H(g) \rightarrow CO_2(g) + H_2(g)$$

A reação segue a cinética de primeira ordem. Em um experimento, determina-se que 75% de uma amostra de HCO$_2$H é decomposta em 72 segundos. Determine $t_{1/2}$ para essa reação.

54. A isomerização de CH$_3$NC ocorre lentamente quando CH$_3$NC é aquecido.

$$CH_3NC(g) \rightarrow CH_3CN(g)$$

Para estudar a velocidade dessa reação a 488 K, dados sobre [CH$_3$NC] foram coletados em vários períodos de tempo. A análise levou ao gráfico abaixo.

(a) Qual é a lei da velocidade para essa reação?
(b) Qual é a equação para a reta nesse gráfico?
(c) Calcule a constante de velocidade para essa reação.
(d) Quanto tempo leva para que metade da amostra isomerize?
(e) Qual é a concentração de CH$_3$NC após $1,0 \times 10^4$ s?

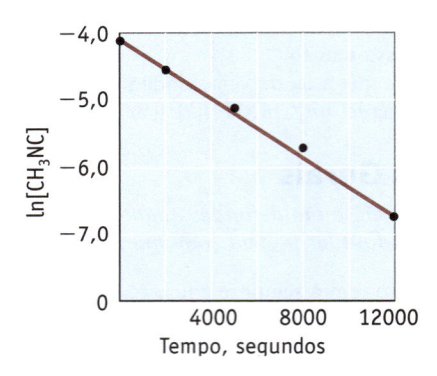

55. Quando aquecido, o tetrafluoroetileno dimeriza para formar octafluorciclobutano.

$$C_2F_4(g) \rightarrow \tfrac{1}{2}\, C_4F_8(g)$$

Para determinar a velocidade dessa reação a 488 K, os dados na tabela foram coletados. A análise foi feita de modo gráfico, conforme mostrado a seguir:

[C$_2$F$_4$] (M)	Tempo (s)
0,100	0
0,080	56
0,060	150
0,040	335
0,030	520

(a) Qual é a lei da velocidade para essa reação?
(b) Qual é o valor da constante de velocidade?
(c) Qual é a concentração de C$_2$F$_4$ após 600 segundos?

(d) Quanto tempo levará até que a reação fique 90% completa?

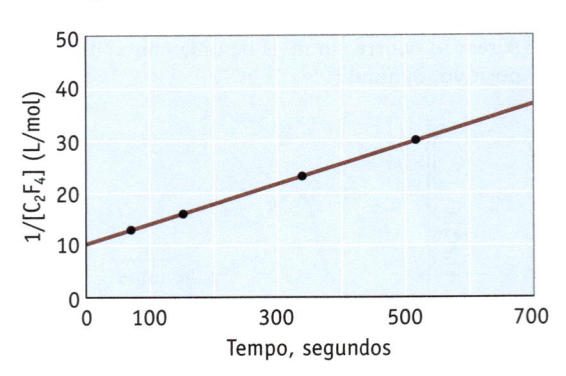

56. Os dados da tabela foram coletados a 540 K para a seguinte reação:

$$CO(g) + NO_2(g) \rightarrow CO_2(g) + NO(g)$$

Concentração Inicial (mol/L)		Velocidade Inicial (mol/L · h)
[CO]	[NO$_2$]	
$5,1 \times 10^{-4}$	$0,35 \times 10^{-4}$	$3,4 \times 10^{-8}$
$5,1 \times 10^{-4}$	$0,70 \times 10^{-4}$	$6,8 \times 10^{-8}$
$5,1 \times 10^{-4}$	$0,18 \times 10^{-4}$	$1,7 \times 10^{-8}$
$1,0 \times 10^{-3}$	$0,35 \times 10^{-4}$	$6,8 \times 10^{-8}$
$1,5 \times 10^{-3}$	$0,35 \times 10^{-4}$	$10,2 \times 10^{-8}$

Usando os dados da tabela:

(a) Determine a ordem de reação com relação a cada reagente.
(b) Obtenha a equação de velocidade.
(c) Calcule a constante de velocidade, fornecendo a unidade correta para k.

57. O cianato de amônio, NH$_4$NCO, rearranja-se em água para gerar a ureia, (NH$_2$)$_2$CO.

$$NH_4NCO(aq) \rightarrow (NH_2)_2CO(aq)$$

Tempo (min)	[NH$_4$NCO] (mol/L)
0	0,458
$4,50 \times 10^1$	0,370
$1,07 \times 10^2$	0,292
$2,30 \times 10^2$	0,212
$6,00 \times 10^2$	0,114

Usando os dados da tabela:

(a) Decida se a reação é de primeira ordem ou de segunda ordem.
(b) Calcule k para essa reação.
(c) Calcule a meia-vida do cianato de amônio sob essas condições.
(d) Calcule a concentração de NH$_4$NCO após 12,0 horas.

58. NO_x, uma mistura de NO e NO_2, desempenha um papel fundamental na produção dos poluentes encontrados no smog fotoquímico. O NO_x na atmosfera é lentamente decomposto em N_2 e O_2 em uma reação de primeira ordem. A meia-vida média de NO_x nas emissões de chaminé em uma cidade grande durante o dia é de 3,9 horas.

(a) Iniciando com 1,50 mg em um experimento, qual quantidade de NO_x permanece após 5,25 horas?

(b) Quantas horas do dia devem ser decorridas para reduzir 1,50 mg de NO_x a $2,50 \times 10^{-6}$ mg?

59. Sob temperaturas abaixo de 500 K, a reação entre monóxido de carbono e dióxido de nitrogênio

$$CO(g) + NO_2(g) \rightarrow CO_2(g) + NO(g)$$

tem a seguinte equação de velocidade: Velocidade = $k[NO_2]^2$. Qual dos três mecanismos sugeridos aqui corresponde melhor à equação de velocidade observada experimentalmente?

Mecanismo 1	Etapa única, elementar
	$NO_2 + CO \rightarrow CO_2 + NO$
Mecanismo 2	Duas etapas
Lenta	$NO_2 + NO_2 \rightarrow NO_3 + NO$
Rápida	$NO_3 + CO \rightarrow NO_2 + CO_2$
Mecanismo 3	Duas etapas
Lenta	$NO_2 \rightarrow NO + O$
Rápida	$CO + O \rightarrow CO_2$

60. ▲ O flureto de nitrila pode ser obtido por meio de tratamento de dióxido de nitrogênio com flúor:

$$2 NO_2(g) + F_2(g) \rightarrow 2 NO_2F(g)$$

Use os dados de velocidade da tabela para fazer o seguinte:

(a) Escreva a equação de velocidade para a reação.

(b) Indique a ordem da reação com relação a cada um de seus componentes.

(c) Encontre o valor numérico da constante de velocidade, k.

| | Concentrações Iniciais (mol/L) | | | Velocidade Inicial |
Experimento	[NO₂]	[F₂]	[NO₂F]	(mol F₂/L · s)
1	0,001	0,005	0,001	$2,0 \times 10^{-4}$
2	0,002	0,005	0,001	$4,0 \times 10^{-4}$
3	0,006	0,002	0,001	$4,8 \times 10^{-4}$
4	0,006	0,004	0,001	$9,6 \times 10^{-4}$
5	0,001	0,001	0,001	$4,0 \times 10^{-5}$
6	0,001	0,001	0,002	$4,0 \times 10^{-5}$

61. A decomposição de pentóxido de dinitrogênio N_2O_5

$$N_2O_5(g) \rightarrow 2 NO_2(g) + \tfrac{1}{2} O_2(g)$$

tem a seguinte equação de velocidade: Velocidade = $k[N_2O_5]$. Descobriu-se experimentalmente que a decomposição fica 20,5% completa em 13,0 horas a 298 K. Calcule a constante de velocidade e a meia-vida a 298 K.

62. Os dados da tabela fornecem a dependência da temperatura da constante de velocidade para a reação $N_2O_5(g) \rightarrow 2 NO_2(g) + \tfrac{1}{2} O_2(g)$. Coloque esses dados em um gráfico da maneira apropriada para obter a energia de ativação para a reação.

T (K)	k (s⁻¹)
338	$4,87 \times 10^{-3}$
328	$1,50 \times 10^{-3}$
318	$4,98 \times 10^{-4}$
308	$1,35 \times 10^{-4}$
298	$3,46 \times 10^{-5}$
273	$7,87 \times 10^{-7}$

63. A decomposição de éter dimetílico gasoso em pressões comuns é de primeira ordem. Sua meia-vida é de 25,0 minutos a 500 °C:

$$CH_3OCH_3(g) \rightarrow CH_4(g) + CO(g) + H_2(g)$$

(a) Iniciando com 8,00 g de éter dimetílico, qual quantidade de massa permanece (em gramas) após 125 minutos e após 145 minutos?

(b) Calcule o tempo necessário em minutos para reduzir 7,60 ng (nanogramas) a 2,25 ng.

(c) Qual fração do éter dimetílico original permanece após 150 minutos?

64. A decomposição de fosfina, PH_3, procede de acordo com a equação:

$$PH_3(g) \rightarrow \tfrac{1}{4} P_4(g) + \tfrac{3}{2} H_2(g)$$

Descobriu-se que a reação tem a seguinte equação de velocidade: Velocidade = $k[PH_3]$. A meia-vida de PH_3 é de 37,9 segundos a 120 °C.

(a) Quanto tempo é necessário para que três quartos do PH_3 sejam decompostos?

(b) Qual fração da amostra original de PH_3 permanece após 1,00 minuto?

65. A decomposição termal do diacetileno, C_4H_2, foi estudada a 950 °C. Use os seguintes dados (HOU K. C.; H. PALMER, B. *Journal of Physical Chemistry*, v. 69, p. 858, 1965) para determinar a ordem da reação.

Tempo (ms)	Concentração de C₄H₂ (mol/L)
0	$1,02 \times 10^{-4}$
50,	$5,05 \times 10^{-5}$
100,	$2,59 \times 10^{-5}$
150,	$2,01 \times 10^{-5}$
200,	$1,44 \times 10^{-5}$
250,	$1,30 \times 10^{-5}$

Experimentos cinéticos foram conduzidos para determinar o valor da constante de velocidade, k, para a decomposição termal de diacetileno, C_4H_2, em temperaturas abaixo de 1100 K (HOU K. C.; PALMER, H. B. *Journal of Physical Chemistry*, v. 69, p. 858, 1965). Calcule E_a para essa reação a partir de um gráfico de ln k em função de 1/T.

T (K)	k (L mol⁻¹ min⁻¹)
973	10,6
1023	29,8
1073	71,1

67. O ozônio na camada de ozônio da Terra decompõe-se de acordo com a equação:

$$2\ O_3(g) \rightarrow 3\ O_2(g)$$

Espera-se que o mecanismo da reação proceda através de um equilíbrio inicial rápido e uma etapa lenta.

Etapa 1: Rápida, reversível $O_3(g) \rightleftharpoons O_2(g) + O(g)$

Etapa 2: Lenta $O_3(g) + O(g) \rightarrow 2\ O_2(g)$

Mostre que o mecanismo está de acordo com essa lei de velocidade experimental:

$$\text{Velocidade} = -(1/2)\Delta[O_3]/\Delta t = k\,[O_3]^2/[O_2].$$

68. Centenas de reações diferentes ocorrem na estratosfera, entre elas as que destroem a camada de ozônio da Terra. A tabela abaixo lista algumas reações (de segunda ordem) de átomos de Cl com os compostos orgânicos e de ozônio; cada um é fornecido com sua constante de velocidade.

Reação	Constante de Velocidade (298 K, cm³/molécula · s)
(a) $Cl + O_3 \rightarrow ClO + O_2$	$1,2 \times 10^{-11}$
(b) $Cl + CH_4 \rightarrow HCl + CH_3$	$1,0 \times 10^{-13}$
(c) $Cl + C_3H_8 \rightarrow HCl + C_3H_7$	$1,4 \times 10^{-10}$
(d) $Cl + CH_2FCl \rightarrow HCl + CHFCl$	$3,0 \times 10^{-18}$

Para concentrações iguais de Cl e do outro reagente, qual é reação mais lenta? Qual é a reação mais rápida?

69. Dados para a reação

$$[Mn(CO)_5(CH_3CN)]^+ + NC_5H_5 \longrightarrow [Mn(CO)_5(NC_5H_5)]^+ + CH_3CN$$

abaixo são fornecidos na tabela. Calcule E_a a partir de um gráfico de ln k em função 1/T.

T (K)	k (min⁻¹)
298	0,0409
308	0,0818
318	0,157

70. A reação em fase gasosa

$$2\ N_2O_5(g) \rightarrow 4\ NO_2(g) + O_2(g)$$

tem uma energia de ativação de 103 kJ/mol, e a constante de velocidade é 0,0900 min⁻¹ a 328,0 K. Encontre a constante de velocidade em 318,0 K.

71. Uma reação que ocorre em nossa atmosfera é a oxidação de NO ao gás marrom NO_2.

$$2\ NO(g) + O_2(g) \rightarrow 2\ NO_2(g)$$

Espera-se que o mecanismo da reação seja

Etapa 1: $2\ NO(g) \rightleftharpoons N_2O_2(g)$ equilíbrio rapidamente estabelecido

Etapa 2: $N_2O_2(g) + O_2(g) \rightarrow 2\ NO_2(g)$ lenta

Qual é a etapa determinante de velocidade? Existe um intermediário na reação? Se esse é o mecanismo correto para essa reação, qual é a lei de velocidade experimentalmente determinante?

72. A decomposição de SO_2Cl_2 para SO_2 e Cl_2 é de primeira ordem em relação a SO_2Cl_2.

$$SO_2Cl_2(g) \rightarrow SO_2(g) + Cl_2(g)$$

$$\text{Velocidade} = k[SO_2Cl_2] \text{ onde } k = 0,17/h$$

(a) Qual é a velocidade de decomposição quando $[SO_2Cl_2] = 0,010$ M?
(b) Qual é a meia-vida da reação?
(c) Se a pressão inicial de SO_2Cl_2 em um frasco é 0,050 atm, qual é a pressão de todos os gases (isto é, a pressão total) no frasco após a reação ter prosseguido por uma meia-vida?

73. A decomposição de dióxido de nitrogênio em alta temperatura

$$NO_2(g) \rightarrow NO(g) + \tfrac{1}{2}\ O_2(g)$$

é de segunda ordem em relação a esse reagente.

(a) Determine a constante de velocidade para essa reação, se leva 1,76 min para a concentração de NO_2 cair de 0,250 mol/L a 0,100 mol/L.
(b) Se a equação química é escrita como

$$2\ NO_2(g) \rightarrow 2\ NO(g) + O_2(g)$$

qual é o valor da constante de velocidade?

74. O peróxido de hidrogênio, $H_2O_2(aq)$, decompõe-se em $H_2O(\ell)$ e $O_2(g)$:

$$2\ H_2O_2(aq) \rightarrow 2\ H_2O(\ell) + O_2(g)$$

Em uma determinada temperatura, os dados seguintes foram coletados para a velocidade inicial de aparecimento do O_2.

$[H_2O_2]$ (mol/L)	Velocidade Inicial de Reação (mol O_2/L · min)
0,0500	$5,30 \times 10^{-5}$
0,100	$1,06 \times 10^{-4}$
0,200	$2,,2 \times 10^{-4}$

(a) Qual é a lei de velocidade para essa reação?
(b) Calcule o valor da constante de velocidade para essa reação.
(c) Se a equação química para essa reação for escrita como

$$H_2O_2(aq) \rightarrow H_2O(\ell) + \tfrac{1}{2}\ O_2(g)$$

qual é o valor da constante de velocidade?

75. ▲ A albumina, proteína do ovo, é precipitada quando um ovo é cozido em vapor (100 °C). O valor de E_a para a reação de primeira ordem é de 52,0 kJ/mol. Faça uma estimativa de tempo do preparo de um ovo de 3 minutos em uma altitude na qual a água ferve a 90 °C.

76. ▲ O composto 1,3-butadieno (C_4H_6) forma 1,5-ciclo-octadieno, C_8H_{12}, em temperaturas mais elevadas.

$$C_4H_6(g) \rightarrow \tfrac{1}{2}\ C_8H_{12}(g)$$

Use os seguintes dados para determinar a ordem da reação e a constante de velocidade, k. (Observe que a pressão total é a pressão de C_4H_6 que não reagiu em qualquer momento, mais a pressão do C_8H_{12}.)

Tempo (min)	Pressão Total (mm Hg)
0	436
3,5	428
11,5	413
18,3	401
25,0	391
32,0	382
41,2	371

77. ▲ O ácido hipofluoroso, HOF, é muito instável, decompõe-se em uma reação de primeira ordem para gerar HF e O_2, com uma meia-vida de 30 minutos em temperatura ambiente:

$$HOF(g) \rightarrow HF(g) + \tfrac{1}{2}\ O_2(g)$$

Se a pressão parcial de HOF em um frasco de 1,00 L for inicialmente de $1,00 \times 10^2$ mm Hg a 25 °C, qual é a pressão total no frasco e a pressão parcial de HOF após exatos 30 minutos? E após 45 minutos?

78. ▲ Sabemos que a decomposição de SO_2Cl_2 é de primeira ordem em relação ao SO_2Cl_2,

$$SO_2Cl_2(g) \rightarrow SO_2(g) + Cl_2(g)$$

com uma meia-vida de 245 minutos a 600 K. Se você iniciar com uma pressão parcial de SO_2Cl_2 de 25 mm Hg em um frasco de 1,0 L, qual será a pressão parcial de cada reagente e produto após 245 minutos? Qual é a pressão parcial de cada reagente após 12 horas?

79. ▲ A nitramida, NO_2NH_2, decompõe-se lentamente em solução aquosa de acordo com a seguinte reação:

$$NO_2NH_2(aq) \rightarrow N_2O(g) + H_2O(\ell)$$

A reação segue a lei de velocidade experimental

$$\text{Velocidade} = \frac{k[NO_2NH_2]}{[H_3O^+]}$$

(a) Qual é a ordem aparente da reação em uma solução tampão de pH? (Em uma solução tampão de pH, a concentração de H_3O^+ é uma constante.)

(b) Qual dos seguintes mecanismos é o mais apropriado para a interpretação dessa lei de velocidade? Explique. (Observe que, ao escrever a expressão para K, a constante de equilíbrio, $[H_2O]$ não está envolvida. ▶ Capítulo 15.)

Mecanismo 1

$$NO_2NH_2 \xrightarrow{k_1} N_2O + H_2O$$

Mecanismo 2

$$NO_2NH_2 + H_3O^+ \underset{k_2'}{\overset{k_2}{\rightleftharpoons}} NO_2NH_3^+ + H_2O \quad \text{(equilíbrio rápido)}$$

$$NO_2NH_3^+ \xrightarrow{k_3} N_2O + H_3O^+ \quad \text{(etapa limitante da velocidade)}$$

Mecanismo 3

$$NO_2NH_2 + H_2O \underset{k_4'}{\overset{k_4}{\rightleftharpoons}} NO_2NH^- + H_3O^+ \quad \text{(equilíbrio rápido)}$$

$$NO_2NH^- \xrightarrow{k_5} N_2O + OH^- \quad \text{(etapa limitante de velocidade)}$$

$$H_3O^+ + OH^- \xrightarrow{k_6} 2\ H_2O \quad \text{(reação muito rápida)}$$

(c) Mostre a relação entre a constante de velocidade experimentalmente observada, k, e as constantes de velocidade no mecanismo selecionado.

(d) Com base na lei da velocidade experimental, se o pH da solução for aumentado, a velocidade de reação aumentará ou diminuirá?

80. Muitas reações bioquímicas são catalisadas por ácidos. Um típico mecanismo consistente com os resultados experimentais (em que HA é o ácido e X é o reagente) é

Etapa 1: Rápida, reversível: $HA \rightleftharpoons H^+ + A^-$

Etapa 2: Rápida, reversível: $X + H^+ \rightleftharpoons XH^+$

Etapa 3: Lenta $\quad XH^+ \rightarrow$ produtos

Qual lei da velocidade é obtida a partir desse mecanismo? Qual é a ordem da reação com relação a HA? Como a duplicação da concentração de HA afetaria a reação?

No Laboratório

81. A mudança de cor que acompanha a reação de fenolftaleína com base forte é ilustrada na abertura do capítulo (veja a página 616). A mudança na concentração do corante pode ser acompanhada por espectrofotometria (veja a Seção 4.8), e alguns dados coletados por esse método são apresentados abaixo. As concentrações iniciais eram [fenolftaleína] = 0,0050 mol/L e [OH⁻] = 0,61 mol/L. (Os dados são extraídos dos materiais de revisão para cinética em chemed.chem.purdue.edu.) (Para mais detalhes dessa reação, veja NICHOLSON, L. *Journal of Chemical Education*, v. 66, p. 725, 1989.)

Concentração de fenolftaleína (mol/L)	Tempo (s)
0,0050	0,00
0,0045	10,5
0,0040	22,3
0,0035	35,7
0,0030	51,1
0,0025	69,3
0,0020	91,6
0,0015	120,4
0,0010	160,9
0,00050	230,3
0,00025	299,6

(a) Represente por meio de gráfico os dados acima como [fenolftaleína] em função do tempo, e determine a velocidade média de $t = 0$ a $t = 15$ segundos e de $t = 100$ segundos a $t = 125$ segundos. A velocidade muda? Em caso afirmativo, por quê?

(b) Qual é a velocidade instantânea em 50 segundos?

(c) Use um método gráfico para determinar a ordem da reação com relação à fenolftaleína. Escreva a lei da velocidade e determine a constante de velocidade.

(d) Qual é a meia-vida para a reação?

82. ▲ Você quer estudar a hidrólise do belo complexo verde de cobalto, chamado íon *trans*-diclorobis-(etilenodiamina) cobalto(III).

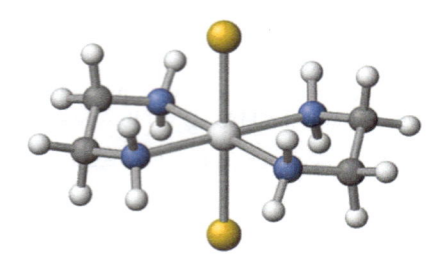

Nessa reação de hidrólise, o íon complexo verde *trans*–[Co(en)₂Cl₂]⁺ forma o íon complexo vermelho [Co(en)₂(H₂O)Cl]²⁺ enquanto um íon Cl⁻ é substituído por uma molécula de água no íon Co³⁺ (en = H₂NCH₂CH₂NH₂).

trans–[Co(en)₂Cl₂]⁺(aq) + H₂O(ℓ) →
   verde

       [Co(en)₂(H₂O)Cl]²⁺(aq) + Cl⁻(aq)
       vermelho

O progresso da reação é acompanhado pela observação da cor da solução. A solução original é verde, e a solução fica vermelha, mas em algum estágio intermediário, quando o reagente e o produto estão presentes, a solução fica cinza.

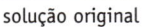
solução original

solução intermediária

solução final

Fotos: © Cengage Learning/Charles D. Winters

Mudanças na cor com o tempo enquanto um íon Cl⁻ é substituído por H₂O em um complexo de cobalto(III). O formato no meio do béquer é um vórtice que surge porque as soluções estão sendo agitadas usando uma barra de agitação magnética no fundo do béquer.

Reações como essa têm sido estudadas extensivamente, e os experimentos sugerem que a etapa inicial lenta na reação seja o rompimento da ligação do Co—Cl para gerar um intermediário pentacoordenado. O intermediário é, então, atacado rapidamente pela água.

Lenta: *trans*–[Co(en)₂Cl₂]⁺(aq) →
       [Co(en)₂Cl]²⁺(aq) + Cl⁻(aq)

Rápida: [Co(en)₂Cl]²⁺(aq) + H₂O(aq) →
       [Co(en)₂(H₂O)Cl]²⁺(aq)

(a) Com base no mecanismo de reação, qual é a lei de velocidade prevista?

(b) À medida que a reação prossegue, a cor muda de verde para vermelho com um estágio intermediário, em que a cor fica cinza. A cor cinza é atingida ao mesmo tempo, não importando qual é a concentração do material verde de partida (na mesma temperatura). Como isso mostra que a reação é de primeira ordem em relação a forma verde? Explique.

(c) A energia de ativação para uma reação pode ser encontrada por meio de representação em gráfico ln k em função de $1/T$. Entretanto, nesse caso não é necessário medir o k diretamente. Em vez disso, como $k = -(1/t)\ln([R]/[R]_0)$, o tempo necessário para que se atinja a cor cinza é uma medida de k. Use os dados abaixo para encontrar a energia de ativação.

Temperatura (° C)	Tempo Necessário para Atingir Cores Cinza (para a Mesma Concentração Inicial)
56	156 s
60	114 s
65	88 s
75	47 s

83. ▲ A enzima quimotripsina catalisa a hidrólise de um peptídeo que contenha fenilalanina. Usando os dados abaixo em uma determinada temperatura, calcule a velocidade máxima da reação, Velocidade$_{máx}$. (Para mais informações sobre a catálise de enzima e sobre o modelo de Michaelis-Menten, veja a página 650.)

Concentração de peptídeo (mol/L)	Velocidade da Reação (mol/L · min)
$2,5 \times 10^{-4}$	$2,2 \times 10^{-6}$
$5,0 \times 10^{-4}$	$3,8 \times 10^{-6}$
$10,0 \times 10^{-4}$	$5,9 \times 10^{-6}$
$15,0 \times 10^{-4}$	$7,1 \times 10^{-6}$

84. A substituição do CO no $Ni(CO)_4$ por outra molécula L [em que L é um doador de par de elétrons, tal como $P(CH_3)_3$] foi estudada há alguns anos e levou à compreensão de alguns dos princípios gerais que regem a química de compostos tendo ligações metal–CO. (Veja J. P., DAY, Basolo, F.; PEARSON; R. G. *Journal of the American Chemical Society*, v. 90, p. 6927, 1968.) Um estudo detalhado da cinética da reação levou ao seguinte mecanismo:

Lenta $Ni(CO)_4 \rightarrow Ni(CO)_3 + CO$

Rápida $Ni(CO)_3 + L \rightarrow Ni(CO)_3L$

(a) Qual é a molecularidade de cada uma das reações elementares?
(b) A duplicação da concentração de $Ni(CO)_4$ aumentou a velocidade de reação por um fator de 2. A duplicação da concentração de L não teve qualquer efeito na velocidade da reação. Com base nessas informações, escreva a equação de velocidade para a reação. Isso está de acordo com o mecanismo descrito?
(c) A constante de velocidade experimental para a reação, quando L = $P(C_6H_5)_3$, é $9,3 \times 10^{-3}$ s^{-1} a 20 °C. Se a concentração inicial de $Ni(CO)_4$ é 0,025 M, qual será a concentração do produto após 5,0 minutos?

85. ▲ A oxidação do íon iodeto pelo íon hipoclorito na presença de íons hidróxido

$$I^-(aq) + ClO^-(aq) \rightarrow IO^-(aq) + Cl^-(aq)$$

foi estudada a 25 °C, e os seguintes dados de velocidades iniciais (CHIA, Y.; Connick, R. E. *Journal of Physical Chemistry*, v. 63, p. 1518, 1959) foram coletados:

Experimento	Concentrações Iniciais (mol/L)			Velocidade Inicial (mol IO$^-$/L · s)
	[ClO$^-$]	[I$^-$]	[OH$^-$]	
1	$4,0 \times 10^{-3}$	$2,0 \times 10^{-3}$	1,0	$4,8 \times 10^{-4}$
2	$2,0 \times 10^{-3}$	$4,0 \times 10^{-3}$	1,0	$5,0 \times 10^{-4}$
3	$2,0 \times 10^{-3}$	$2,0 \times 10^{-3}$	1,0	$2,4 \times 10^{-4}$
4	$2,0 \times 10^{-3}$	$2,0 \times 10^{-3}$	0,50	$4,6 \times 10^{-4}$

(a) Determine a lei da velocidade para essa reação.
(b) Um mecanismo que foi proposto para essa reação é o seguinte:

Etapa 1 $ClO^- + H_2O \rightleftharpoons HOCl + OH^-$ rápida, reversível

Etapa 2 $I^- + HOCl \rightarrow HOI + Cl^-$ lenta

Etapa 3 $HOI + OH^- \rightarrow IO^- + H_2O$ rápida

Mostre que a lei da velocidade prevista por esse mecanismo corresponde à lei da velocidade determinada experimentalmente na parte a. (Note que ao escrever a expressão para K, a constante de equilíbrio, [H_2O] não está envolvida. ▶ Capítulo 15.)

86. A iodação catalisada por ácido acetona

$$CH_3COCH_3(aq) + I_2(aq) \rightarrow CH_3COCH_2I(aq) + HI(aq)$$

é um experimento comum de laboratório usado em Química Geral para ensinar o método das velocidades iniciais. A reação é acompanhada por meio de espectrofotometria por meio do desaparecimento da cor de iodo na solução. Os seguintes dados (BIRK, J. P.; WALTERS, D. L. *Journal of Chemical Education*, v. 69, p. 585, 1992) foram coletados a 23 °C para essa reação.

Experimento	Concentrações Iniciais (mol/L)			Velocidade Inicial (mol I$_2$/L · s)
	[CH$_3$COCH$_3$]	[H$^+$]	[I$_2$]	
1	1,33	0,162	0,00665	$8,1 \times 10^{-6}$
2	1,33	0,323	0,00665	$1,7 \times 10^{-5}$
3	0,667	0,323	0,00665	$7,6 \times 10^{-6}$
4	0,333	0,323	0,00665	$3,8 \times 10^{-6}$
5	0,333	0,323	0,00332	$3,6 \times 10^{-6}$

Determine a lei da velocidade para essa reação.

Resumo e Questões Conceituais

As seguintes questões podem usar os conceitos deste capítulo e dos capítulos anteriores.

87. As reações de hidrogenação, processos nos quais H_2 é adicionado a uma molécula, são geralmente catalisadas. Um excelente catalisador é um metal dividido muito finamente, suspenso no solvente da reação. Explique por que o ródio finamente dividido, por exemplo, é um catalisador muito mais eficaz do que um pequeno bloco do metal.

88. ▲ Suponha que você tenha 1000 blocos, cada um dos quais com 1,0 cm em um lado. Se todos os 1000 blocos forem empilhados para formar um cubo que tem 10 cm de um lado, qual fração dos 1000 blocos tem ao menos uma superfície sobre a superfície externa do cubo? Em seguida, divida os 1000 blocos em 8 pilhas iguais de blocos e forme-as em 8 cubos, 5,0 cm em um lado. Qual fração dos blocos tem ao menos uma superfície do lado externo dos cubos? Como esse modelo matemático se relaciona com a Questão para Estudo 87?

89. As seguintes afirmações são referentes à reação para a formação de HI:

$$H_2(g) + I_2(g) \rightarrow 2\ HI(g) \qquad \text{Velocidade} = k[H_2][I_2]$$

Determine quais das seguintes afirmações são verdadeiras. Se uma afirmação estiver incorreta, explique o porquê.

(a) A reação deve ocorrer em uma única etapa.
(b) Essa é uma reação de segunda ordem.
(c) O aumento da temperatura fará com que o valor de k diminua.
(d) O aumento da temperatura reduz a energia de ativação para essa reação.
(e) Se as concentrações de ambos os reagentes são duplicadas, a velocidade dobrará.
(f) A adição de um catalisador na reação fará com que a velocidade inicial aumente.

90. Os átomos de cloro contribuem para a destruição da camada de ozônio da Terra por meio da seguinte sequência de reações:

$$Cl + O_3 \rightarrow ClO + O_2$$

$$ClO + O \rightarrow Cl + O_2$$

Os átomos de O na segunda etapa provêm da decomposição de ozônio pela luz do sol:

$$O_3(g) \rightarrow O(g) + O_2(g)$$

Qual é a equação global na soma dessas três equações? Por que isso leva à perda de ozônio na estratosfera? Qual é o papel desempenhado pelo Cl nessa sequência de reações? Qual nome é dado a uma espécie como ClO?

91. Identifique cada uma das afirmações a seguir como verdadeira ou falsa. Caso seja falsa, reescreva a sentença de modo a torná-la correta.

(a) A etapa elementar determinante de velocidade em uma reação é a etapa mais lenta em um mecanismo.
(b) É possível mudar a constante de velocidade por meio da mudança de temperatura.
(c) À medida que uma reação prossegue sob temperatura constante, a velocidade permanece constante.
(d) Uma reação que é de terceira ordem deve envolver mais de uma etapa.

92. Identifique quais das seguintes afirmações estão incorretas. Se uma afirmação estiver incorreta, explique o porquê.

(a) As reações são mais rápidas em uma temperatura mais elevada porque as energias de ativação são menores.
(b) As velocidades aumentam com o aumento da concentração do reagente porque há mais colisões entre as moléculas reagentes.
(c) Em temperaturas mais elevadas, uma grande fração de moléculas tem energia suficiente para superar a barreira de energia de ativação.
(d) As reações catalisadas e não catalisadas têm mecanismos idênticos.

93. A reação ciclopropano $\rightarrow$ propeno ocorre em uma superfície de platina metálica a 200 °C. (A platina é um catalisador.) A reação é de primeira ordem em relação ao ciclopropano. Indique como as seguintes quantidades mudam (aumentam, diminuem ou não mudam) à medida que essa reação prossegue, considerando a temperatura constante.

(a) [ciclopropano]
(b) [propeno]
(c) [catalisador]
(d) constante de velocidade, k
(e) a ordem da reação
(f) a meia-vida do ciclopropano

94. Os isótopos são frequentemente usados como "traçadores" para acompanhar um átomo durante uma reação química, e a seguir temos um exemplo disso. O ácido acético reage com metanol.

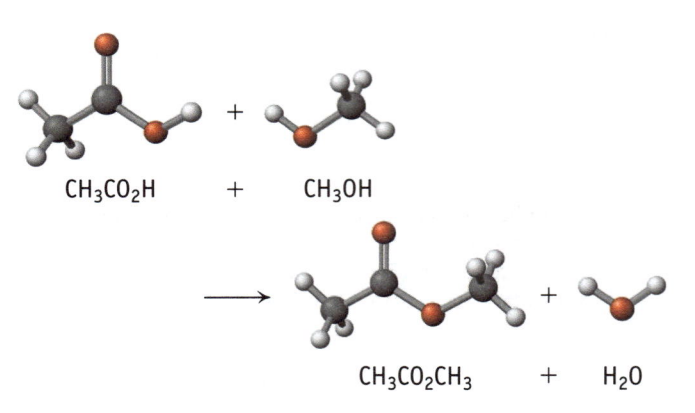

$$CH_3CO_2H \quad + \quad CH_3OH$$

$$\rightarrow$$

$$CH_3CO_2CH_3 \quad + \quad H_2O$$

Explique como você usaria o isótopo ^{18}O para mostrar se o átomo de oxigênio na água vem do —OH do CH_3CO_2H ou do —OH de CH_3OH.

95. Examine o diagrama de coordenadas de reação fornecido aqui.

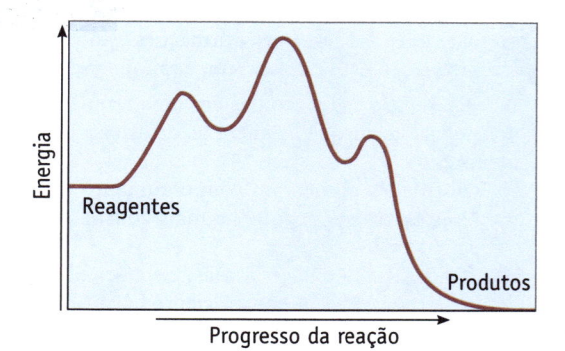

(a) Quantas etapas existem no mecanismo para a reação descrita nesse diagrama?

(b) A reação global é exotérmica ou endotérmica?

96. Desenhe um diagrama de coordenadas de reação para uma reação exotérmica que ocorre em uma única etapa. Identifique a energia de ativação e a variação de energia líquida nesse diagrama. Desenhe um segundo diagrama que represente a mesma reação na presença de um catalisador, considerando que uma reação de única etapa está envolvida nesse caso também. Identifique a energia de ativação dessa reação e a variação de energia. A energia de ativação é diferente nos dois desenhos? A energia liberada difere nas duas reações?

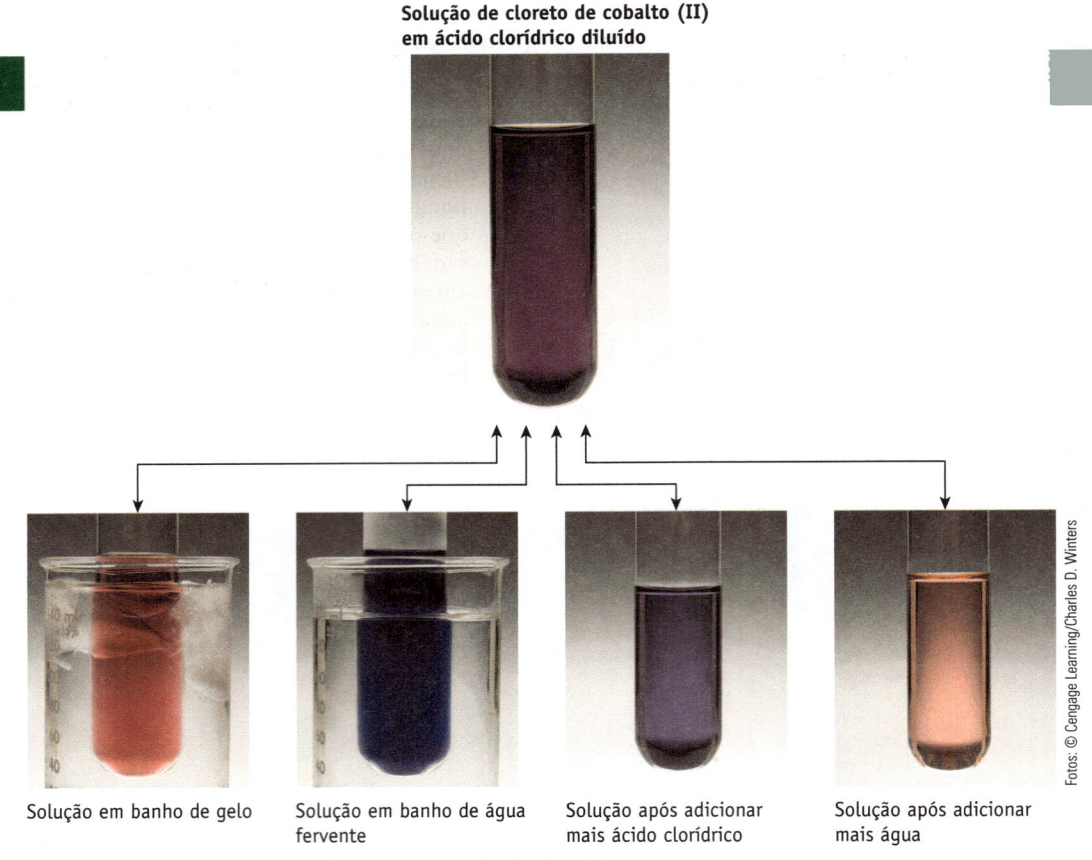

Solução de cloreto de cobalto (II) em ácido clorídrico diluído

Solução em banho de gelo

Solução em banho de água fervente

Solução após adicionar mais ácido clorídrico

Solução após adicionar mais água

Equilíbrio em uma solução contendo cloreto de cobalto(II) e ácido clorídrico.

15 Princípios da reatividade química: equilíbrios

Sumário do capítulo

DINÂMICA E REVERSÍVEL! As reações químicas são dinâmicas, como comprovam os experimentos em que reagentes e produtos podem ser interconvertidos, alterando-se as condições da reação. Um experimento que utiliza uma solução de cloreto de cobalto(II) em ácido clorídrico diluído demonstra esse aspecto do equilíbrio químico.

A foto no alto mostra uma solução preparada ao dissolver o cloreto de cobalto(II), um sólido cristalino vermelho, em ácido clorídrico diluído. A solução é azul-avermelhada, devido à presença de uma mistura em equilíbrio do cátion octaédrico vermelho $[Co(H_2O)_6]^{2+}$ e do ânion tetraédrico azul $[CoCl_4]^{2-}$.

CAPÍTULO 15

Objetivos do Capítulo

Consulte a Revisão dos Objetivos do Capítulo para ver as Questões para Estudo relacionadas a estes objetivos.

ENTENDER

- A natureza e as características dos equilíbrios químicos.
- O significado da constante de equilíbrio, K, e do quociente de reação, Q.
- Como um equilíbrio irá responder se as condições de reação forem alteradas (Princípio de Le Chatelier).

FAZER

- Escrever as expressões da constante de equilíbrio e do quociente de reação para uma reação.
- Calcular uma constante de equilíbrio a partir de concentrações de reagentes e de produtos.
- Usar Q e K em estudos quantitativos de equilíbrio químico.
- Obter um valor de K se diferentes quocientes estequiométricos forem usados, se a equação química for revertida ou se várias equações forem somadas.
- Usar o princípio de Le Chatelier.

LEMBRAR

- As características dos equilíbrios químicos.
- A importância do estado de equilíbrio em sistemas químicos.
- A formulação matemática de uma constante de equilíbrio.
- O princípio de Le Chatelier e como isso se aplica aos equilíbrios químicos.

$$[Co(H_2O)_6]^{2+}(aq) + 4\ Cl^-(aq) \rightleftharpoons [CoCl_4]^{2-}(aq) + H_2O(\ell)$$
vermelho   azul

Vermelho, $[Co(H_2O)_6]^{2+}$ Azul, $[CoCl_4]^{2-}$

O equilíbrio é afetado tanto pela alteração de temperatura quanto pela adição de um dos reagentes. Quando a solução é colocada no gelo, a cor muda para vermelho, indicando uma alteração no equilíbrio em favor do cátion vermelho. No entanto, quando a solução é colocada em água fervente, a cor muda para azul; o equilíbrio se alterou em favor do ânion azul.

O ânion azul também é favorecido se mais íon cloreto (do ácido clorídrico) for adicionado à solução. Finalmente, a adição de água desloca o equilíbrio novamente ao cátion vermelho.

Para saber como podemos definir essas observações interessantes, consulte a Seção 13.3, na qual apresentamos o princípio de Le Chatelier, e a Seção 15.6, "Perturbando um Equilíbrio Químico".

As Questões para Estudo relacionadas a esta história são: 15.66, 15.67 e 15.74.

O conceito de um equilíbrio, que é tão fundamental na Química, foi apresentado no Capítulo 3, e você já entendeu sua importância na explicação de fenômenos como solubilidade, comportamento ácido-base e mudanças de estado. Essas discussões anteriores enfatizaram os seguintes conceitos:

- as reações químicas são reversíveis,

- as reações químicas prosseguem espontaneamente na direção que leva ao equilíbrio,

- em um sistema fechado, um estado de equilíbrio entre reagentes e produtos acaba sendo atingido, e

- forças externas podem perturbar o equilíbrio.

Uma das principais metas de nossa exploração mais aprofundada sobre equilíbrio químico neste e nos próximos dois capítulos será a de descrever o equilíbrio químico em termos quantitativos.

15-1 Equilíbrio Químico: Uma Revisão

Se você misturar soluções de $CaCl_2$ e $NaHCO_3$, uma reação química é imediatamente detectada: um gás (CO_2) borbulha na mistura, e um sólido branco insolúvel, $CaCO_3$, é formado (Figura 15.1a). A reação que está ocorrendo é

$$Ca^{2+}(aq) + 2\ HCO_3^-(aq) \rightarrow CaCO_3(s) + CO_2(g) + H_2O(\ell)$$

Se você então adicionar pedaços de gelo-seco (CO_2 sólido) à suspensão de $CaCO_3$ (ou se borbulhar CO_2 gasoso na mistura), o $CaCO_3$ sólido se dissolve (Figuras 15.1b e 15.1c). Isto acontece pois ocorre uma reação que é o reverso daquela que iniciou a precipitação de $CaCO_3$; isto é:

$$CaCO_3(s) + CO_2(g) + H_2O(\ell) \rightarrow Ca^{2+}(aq) + 2\ HCO_3^-(aq)$$

Fotos: © Cengage Learning/Charles D. Winters

(a) Combinar as soluções de $NaHCO_3$ e $CaCl_2$ produz $CaCO_3$ sólido e CO_2 gasoso

(b) Gelo-seco (o sólido branco) é adicionado à solução $CaCO_3$ precipitada em (a).

(c) O carbonato de cálcio dissolve-se com a adição de gelo-seco (CO_2) suficiente para formar $Ca^{2+}(aq)$ e $HCO_3^-(aq)$.

FIGURA 15.1 O sistema $CO_2/Ca^{2+}/H_2O$. Veja a Figura 3.5 que mostra a mesma reação e ilustra a química do sistema.

Agora imagine o que acontecerá se a solução de íons Ca^{2+} e HCO_3^- estiver em um recipiente *fechado* (diferente da reação na Figura 15.1). Conforme a reação se inicia, Ca^{2+} e HCO_3^- reagem para fornecer produtos a uma certa velocidade. À medida que os reagentes são consumidos, a velocidade dessa reação diminui. Ao mesmo tempo, entretanto, os produtos da reação ($CaCO_3$, CO_2 e H_2O) começam a se combinar para formar Ca^{2+} e HCO_3^- novamente. Em certo momento, a velocidade da reação direta, a formação de $CaCO_3$, e a velocidade da reação inversa, a redissolução de $CaCO_3$, tornam-se iguais. Tanto a reação direta quanto a reversa continuam a ocorrer, mas nenhuma outra alteração macroscópica é observada. O equilíbrio foi atingido.

Descrevemos um sistema em equilíbrio com uma equação química que conecta os reagentes e produtos com setas duplas. O símbolo de seta dupla, $\rightleftharpoons$, indica que a reação é reversível e é um sinal de que a reação será estudada usando os conceitos de equilíbrio químico.

$$Ca^{2+}(aq) + 2\ HCO_3^-(aq) \rightleftharpoons CaCO_3(s) + CO_2(g) + H_2O(\ell)$$

O equilíbrio do carbonato de cálcio ilustra uma função importante das reações químicas: *Todas as reações químicas são reversíveis, pelo menos em princípio*. Esse foi o ponto principal de nossa discussão anterior sobre equilíbrio (◄ Capítulo 3).

A Química das Cavernas Essa mesma química é responsável pelas estalactites e estalagmites em cavernas (veja a Seção 3.3).

EXERCÍCIOS PARA A SEÇÃO 15.1

1. Uma vez que um equilíbrio químico é estabelecido,

   (a) somente a reação direta ocorre.

   (b) somente a reação reversa ocorre.

   (c) as reações direta e reversa ocorrem em velocidades iguais.

   (d) as reações direta e reversa param.

15-2 A Constante de Equilíbrio e o Quociente de Reação

As concentrações de reagentes e produtos para uma reação em equilíbrio estão relacionadas por uma equação matemática. Por exemplo, no caso da reação de hidrogênio com iodo para produzir iodeto de hidrogênio, um grande número de experimentos mostrou que, no equilíbrio, a proporção entre o quadrado da concentração de HI e o produto das concentrações de H_2 e I_2 é uma constante.

$$H_2(g) + I_2(g) \rightleftharpoons 2\ HI(g)$$

$$\frac{[HI]^2}{[H_2][I_2]} = \text{constante } (K) \text{ no equilíbrio}$$

A constante K, a **constante de equilíbrio,** é sempre a mesma no erro experimental para todos os experimentos feitos *sob dada temperatura*. Suponha, por exemplo, que as concentrações de H_2 e I_2 no frasco sejam ambas inicialmente de 0,0175 mol/L a 425 °C e que não haja HI presente. Com o passar do tempo, as concentrações de H_2 e I_2 irão diminuir e a de HI irá aumentar, até atingir o estado de equilíbrio (Figura 15.2). Se os gases no frasco forem analisados, as concentrações observadas serão de $[H_2] = [I_2] = 0,0037$ mol/L e $[HI] = 0,0276$ mol/L. A tabela a seguir – que chamamos de **tabela IVE**, para as **concentrações iniciais**, as variações das **concentrações no equilíbrio** – resume esses resultados:

Tabela IVE: Inicial, Variação e Equilíbrio Em nossas discussões sobre equilíbrio químico, vamos expressar as informações quantitativas para as reações em uma tabela de quantidades ou tabela IVE (◄ Seção 4.1). Essas tabelas mostram quais são as concentrações iniciais (*I*), como essas concentrações variam (*V*) ao prosseguir ao equilíbrio e quais são as concentrações no equilíbrio (*E*).

Equação	$H_2(g)$	+	$I_2(g)$	$\rightleftharpoons$	$2\ HI(g)$
I = Concentração *inicial* (M)	0,0175		0,0175		0
V = *Variação* na concentração conforme a reação segue até o equilíbrio (M)	−0,0138		−0,0138		+0,0276
E = Concentração *no equilíbrio* (M)	0,0037		0,0037		0,0276

FIGURA 15.2 A reação de H_2 e I_2 atinge o equilíbrio. As concentrações finais de H_2, I_2 e HI dependem das concentrações iniciais de H_2 e I_2. Se começarmos com um conjunto diferente de concentrações iniciais, as concentrações no equilíbrio serão diferentes, mas o quociente $[HI]_2/[H_2][I_2]$ sempre será o mesmo sob uma mesma temperatura.

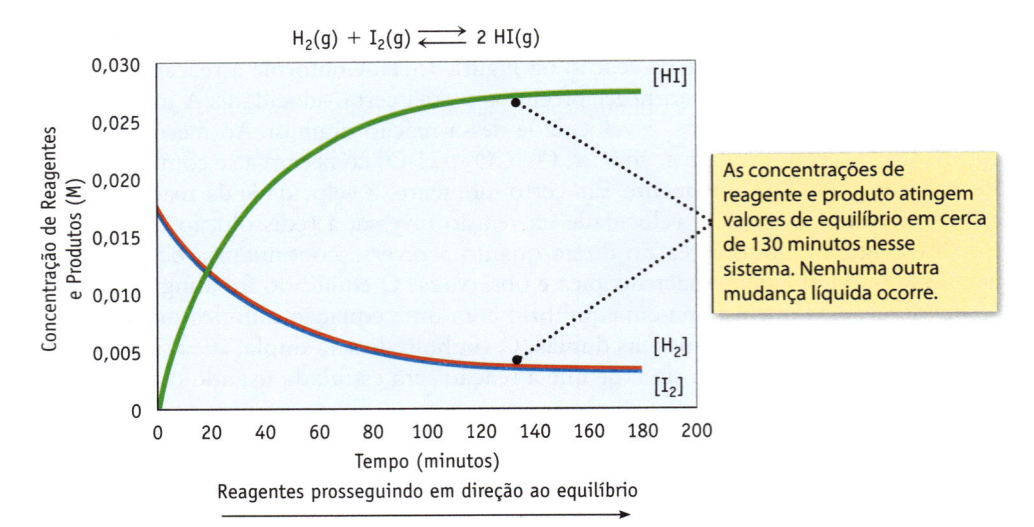

As concentrações de reagente e produto atingem valores de equilíbrio em cerca de 130 minutos nesse sistema. Nenhuma outra mudança líquida ocorre.

A segunda linha na tabela mostra a variação na concentração de reagentes e produtos prosseguindo para o equilíbrio. As variações são sempre iguais à diferença entre o equilíbrio e as concentrações iniciais.

Variação na concentração = concentração no equilíbrio – concentração inicial

Colocando os valores de concentração no equilíbrio a partir da tabela IVE, na expressão para a constante (K), obtemos um valor de 56.

$$\frac{[HI]^2}{[H_2][I_2]} = \frac{(0,0276)^2}{(0,0037)(0,0037)} = 56$$

Outros experimentos podem ser realizados na reação H_2/I_2, com diferentes concentrações de reagentes ou utilizando misturas de reagentes e produtos. Independentemente das quantidades iniciais, quando o equilíbrio é atingido, a razão $[HI]^2/[H_2][I_2]$ é sempre a mesma, 56, sob a mesma temperatura.

A observação de que a razão das concentrações de produtos e reagentes para a reação H_2 e I_2 é sempre a mesma pode ser generalizada para outras reações. Para a reação química geral

$$aA + bB \rightleftharpoons cC + dD$$

podemos definir a constante de equilíbrio, K, que caracteriza uma reação em equilíbrio.

Constante de equilíbrio $= K = \dfrac{[C]^c[D]^d}{[A]^a[B]^b}$ **(15.1)**

A Equação 15.1 é chamada de **expressão da constante de equilíbrio**. Se a proporção entre produtos e reagentes, conforme definida pela Equação 15.1, corresponde ao valor da constante de equilíbrio, o sistema está em equilíbrio. Por outro lado, se a proporção tiver um valor diferente, o sistema *não* está em equilíbrio. Entretanto, como veremos mais adiante nesta seção, você será capaz de usar esse valor para prever em qual direção a reação irá prosseguir para atingir o equilíbrio.

Escrevendo Expressões da Constante de Equilíbrio

Em uma expressão da constante de equilíbrio,

- todas as concentrações são valores em equilíbrio.
- as concentrações de produtos aparecem no numerador, e as concentrações de reagentes aparecem no denominador.

- cada concentração é elevada à potência de seu coeficiente estequiométrico na equação química balanceada.
- o valor da constante K depende da reação em questão e da temperatura.
- os valores de K são adimensionais. (Consulte "Um Olhar Mais Atento: Atividades e Unidades de K").

Reações que Envolvem Sólidos

As concentrações de quaisquer reagentes e produtos sólidos não são incluídas na expressão da constante de equilíbrio. A oxidação do enxofre sólido amarelo produz o gás incolor dióxido de enxofre (Figura 15.3),

$$S(s) + O_2(g) \rightleftharpoons SO_2(g)$$

uma reação com a seguinte expressão de constante de equilíbrio:

$$K = \frac{[SO_2]}{[O_2]}$$

Nas reações envolvendo sólidos, experimentos mostram que as concentrações em equilíbrio de outros reagentes ou produtos – aqui, O_2 e SO_2 – não dependem da quantidade de sólido presente (desde que algum sólido esteja presente em equilíbrio).

Reações em Soluções

Há também algumas considerações especiais para reações ocorrendo em soluções quando o solvente (água, por exemplo) é um reagente ou um produto. Considere a amônia, uma base fraca devido à sua reação incompleta com a água.

$$NH_3(aq) + H_2O(\ell) \rightleftharpoons NH_4^+(aq) + OH^-(aq)$$

Como a concentração de água é muito grande em uma solução diluída de amônia, a concentração de água praticamente não é alterada pela reação. A regra geral *para as reações em solução aquosa é que a concentração da água não é incluída na expressão da constante de equilíbrio.* Portanto, para o equilíbrio da amônia aquosa, escrevemos

$$K = \frac{[NH_4^+][OH^-]}{[NH_3]}$$

Reações que Envolvem Gases: K_c e K_p

Os dados sobre a concentração podem ser utilizados para calcular as constantes de equilíbrio tanto de sistemas aquosos como gasosos. Nesses casos, o símbolo K é às vezes escrito com o subscrito "c" para "concentração," como em K_c. Para os gases, entretanto, as expressões de constante de equilíbrio também podem ser escritas em

FIGURA 15.3 Queimando enxofre. O enxofre elementar queima em oxigênio com uma bonita chama azul para fornecer gás SO_2.

Reações que Envolvem Reagentes Sólidos Embora os sólidos não apareçam em uma expressão de constante em equilíbrio, todos os reagentes e produtos (incluindo os sólidos) devem estar presentes para que um sistema esteja em equilíbrio.

Usando Pressões Parciais no Lugar de Concentrações Se você reordenar a lei de gases ideais, $[PV = nRT]$, e reconhecer que a "concentração de gás", (n/V), é equivalente a P/RT. Assim, a pressão parcial de um gás é proporcional à sua concentração $[P = (n/V) RT]$.

UM OLHAR MAIS ATENTO

Atividades e Unidades de *K*

No texto, dizemos que "os valores de K são adimensionais". Após todo nosso cuidado em usar unidades neste livro, isso parece sem sentido. Entretanto, a termodinâmica avançada nos diz que as constantes de equilíbrio devem realmente ser calculadas a partir das "atividades" dos reagentes e produtos, e não de suas concentrações ou pressões parciais. As atividades podem ser consideradas concentrações ou pressões parciais "efetivas".

A atividade de uma substância em solução é obtida ao calcular a proporção de sua concentração, [X], relativa a uma concentração padrão (1 M) e depois multiplicando

essa proporção por um fator de correção chamado *coeficiente de atividade*. Como isso envolve uma razão das concentrações, a atividade é adimensional. (Da mesma maneira, a atividade de um gás é obtida a partir da proporção de sua pressão parcial, P_X, relativa a uma pressão padrão [1 atm ou 1 bar] e depois multiplicando-a por um coeficiente de atividade.) Na Química Geral, presumimos que todos os coeficientes de atividades são iguais a 1 e então a atividade de um soluto ou gás é numericamente igual a sua concentração ou pressão parcial, respectivamente. Essa suposição é

mais bem-sucedida para solutos em soluções muito diluídas ou gases em pressões baixas. Independentemente dos valores dos coeficientes de atividades, os valores de K são adequadamente calculados usando quantidades adimensionais e, portanto, não possuem unidades.

Outra consequência de usar atividades é que a "concentração" dos sólidos não aparece na expressão K. Isso se deve pela atividade de um sólido ser 1. De forma semelhante, os líquidos e solventes puros não estão incluídos, pois suas atividades também são 1.

Expressões de Constantes de Equilíbrio para Gases – K_c e K_p

Muitos carbonatos de metal, como o calcário, decompõem-se ao serem aquecidos para resultar no óxido metálico e no gás CO_2.

$$CaCO_3(s) \rightleftharpoons CaO(s) + CO_2(g)$$

A constante de equilíbrio para essa reação pode ser expressa em termos de número de mols por litro de CO_2, $K_c = [CO_2]$, ou em termos de pressão parcial de CO_2, $K_p = P_{CO_2}$. Da lei dos gases ideais, você sabe que

$$P = (n/V)RT =$$
$$(\text{concentração em mol/L}) \times RT$$

Portanto, para esta reação, $K_p = P_{CO_2} = [CO_2]$ RT. Como $K_c = [CO_2]$, isso leva à conclusão de que $K_p = K_c(RT)$. Isto é, os valores de K_p e K_c não são os mesmos. Para a decomposição do carbonato de cálcio, K_p é o produto de K_c e o fator RT.

Considere a constante de equilíbrio para a reação entre N_2 e H_2 produzindo amônia em termos de pressão parcial, K_p.

$$N_2(g) + 3\,H_2(g) \rightleftharpoons 2\,NH_3(g)$$

$$K_p = \frac{(P_{NH_3})^2}{(P_{N_2})(P_{H_2})^3}$$

A constante de equilíbrio, K_c em termos das concentrações, tem um valor igual ou diferente de K_p? Podemos responder a essa questão substituindo cada pressão parcial em K_p pela expressão equivalente $[C](RT)$. Isto é,

$$K_p = \frac{\{[NH_3](RT)\}^2}{\{[N_2](RT)\}\{[H_2](RT)\}^3} =$$
$$\frac{[NH_3]^2}{[N_2][H_2]^3} \times \frac{1}{(RT)^2} = \frac{K_c}{(RT)^2}$$
$$\text{ou } K_p = K_c(RT)^{-2}$$

Mais uma vez, vemos que K_c e K_p não são iguais, mas são relacionados por alguma função de RT.

Analisando cuidadosamente esses e outros exemplos, notamos que

$$K_p = K_c(RT)^{\Delta n}$$

em que Δn é a variação no número de mols de gás dos reagentes aos produtos.

Δn = total de mols de produtos gasosos — total de mols de reagentes gasosos

A partir da decomposição do $CaCO_3$,

$$\Delta n = 1 - 0 = 1$$

enquanto o valor de Δn para a síntese da amônia é

$$\Delta n = 2 - 4 = -2$$

O que acontece em uma reação em que Δn é zero, como na oxidação de NO por ozônio?

$$NO(g) + O_3(g) \rightleftharpoons NO_2(g) + O_2(g)$$

Agora $K_p = K_c$.

termos de pressões parciais de reagentes e produtos. Se as quantidades de reagente e produto forem dadas em pressões parciais (em atmosferas ou em bar), então K é dado com o subscrito "p," como em K_p.

$$H_2(g) + I_2(g) \rightleftharpoons 2\,HI(g)$$

$$K_p = \frac{P_{HI}^2}{P_{H_2}P_{I_2}}$$

Note que a forma básica da expressão da constante de equilíbrio é a mesma que para K_c. Em alguns casos, os valores numéricos de K_c e K_p são os mesmos, mas são diferentes quando os números de mols de reagentes e produtos gasosos são diferentes. "Um Olhar Mais Atento: Expressões de Constantes de Equilíbrio para Gases – K_c e K_p", mostra como K_c e K_p estão relacionados e como converter um no outro.

EXEMPLO 15.1

Escrevendo Expressões da Constante de Equilíbrio

Problema Escreva as expressões de equilíbrio (K_c) para as reações seguintes.

(a) $N_2(g) + 3\,H_2(g) \rightleftharpoons 2\,NH_3(g)$

(b) $H_2CO_3(aq) + H_2O(\ell) \rightleftharpoons HCO_3^-(aq) + H_3O^+(aq)$

O que você sabe? Você tem equações químicas balanceadas, a partir das quais pode escrever as expressões de constante de equilíbrio.

Estratégia As concentrações dos produtos aparecem no numerador e as concentrações dos reagentes aparecem no denominador. Cada concentração deve ser elevada a uma potência correspondente ao seu coeficiente estequiométrico na equação balanceada. Na reação (b), a concentração de água não aparece na expressão da constante de equilíbrio.

Solução

(a) $K_c = \dfrac{[NH_3]^2}{[N_2][H_2]^3}$

(b) $K_c = \dfrac{[HCO_3^-][H_3O^+]}{[H_2CO_3]}$

Pense bem antes de responder Sempre verifique para garantir que você tenha os produtos no numerador e os reagentes no denominador. Essa confusão é *uma fonte comum de erro.*

Verifique seu entendimento

Escreva a expressão da constante de equilíbrio para cada uma das seguintes reações em termos de concentrações.

(a) $CO_2(g) + C(s) \rightleftharpoons 2\,CO(g)$

(b) $[Cu(NH_3)_4]^{2+}(aq) \rightleftharpoons Cu^{2+}(aq) + 4\,NH_3(aq)$

(c) $CH_3CO_2H(aq) + H_2O(\ell) \rightleftharpoons CH_3CO_2^-(aq) + H_3O^+(aq)$

A Magnitude da Constante de Equilíbrio, *K*

A magnitude da constante de equilíbrio para uma reação, que fornece uma medida qualitativa de quanto a reação forneceu os produtos quando o equilíbrio é atingido, pode variar de um valor muito baixo a um valor muito alto. Um valor alto de *K* para a constante de equilíbrio significa que a concentração dos produtos é maior que a concentração dos reagentes, no equilíbrio. Isto é, os produtos são fortemente favorecidos em relação aos reagentes, no equilíbrio.

> *K* > 1: A reação é favorável ao produto no equilíbrio. As concentrações dos produtos são maiores que as concentrações dos reagentes no equilíbrio.

Um exemplo é a reação entre monóxido de nitrogênio e ozônio.

$$NO(g) + O_3(g) \rightleftharpoons NO_2(g) + O_2(g)$$

$$K_c = \frac{[NO_2][O_2]}{[NO][O_3]} = 6 \times 10^{34} \text{ a } 25\ °C$$

O valor alto de *K* indica que, no equilíbrio, $[NO_2][O_2] \gg [NO][O_3]$. Se quantidades estequiométricas de NO e O_3 forem misturadas e se for permitido que o equilíbrio seja atingido, praticamente nenhum reagente será encontrado. Essencialmente, todos terão sido convertidos em NO_2 e O_2. Um químico diria: "A reação se completou".

De maneira inversa, um valor muito baixo de *K* significa que muito pouco dos produtos existe quando se atinge o equilíbrio. Isto é, os reagentes são favorecidos em relação aos produtos, no equilíbrio.

> *K* < 1: A reação é favorável ao reagente no equilíbrio. As concentrações de equilíbrio dos reagentes são maiores que as concentrações de equilíbrio dos produtos.

Isto é verdadeiro para a formação de ozônio a partir de oxigênio.

$$3/2\ O_2(g) \rightleftharpoons O_3(g)$$

$$K_c = \frac{[O_3]}{[O_2]^{3/2}} = 2,5 \times 10^{-29} \text{ a } 25\ °C$$

O valor muito baixo de *K* indica que, no equilíbrio, $[O_3] \ll [O_2]^{3/2}$. Se O_2 for colocado em um frasco, muito pouco O_2 terá sido convertido em O_3 quando o equilíbrio for atingido.

Quando *K* estiver próximo de 1, pode não ser imediatamente evidente se as concentrações dos reagentes são maiores que as dos produtos ou vice-versa. Isso dependerá da forma da expressão de equilíbrio e, portanto, da estequiometria da reação. Cálculos de concentração terão de ser feitos.

O Quociente de Reação, Q

Para uma reação, a constante de equilíbrio, *K*, tem um valor numérico particular quando os reagentes e produtos estão em equilíbrio. Entretanto, quando os reagentes e produtos em uma reação não estão em equilíbrio, é conveniente calcular o quociente de reação, *Q*. Para a reação geral entre A e B resultando C e D,

$$aA + bB \rightleftharpoons cC + dD$$

o quociente de reação é definido como

$$\text{Quociente de reação} = Q = \frac{[C]^c[D]^d}{[A]^a[B]^b} \qquad (15.2)$$

Embora essa equação possa parecer idêntica à expressão para *K*, há uma diferença importante. Quando *K* estiver indicado, as concentrações *são* aquelas presentes *no equilíbrio*. Por outro lado, as concentrações de reagentes e produtos na expressão para *Q* são aquelas que ocorrem em qualquer ponto à medida que a reação procede a partir dos reagentes até chegar a uma mistura em equilíbrio. Somente quando o sistema estiver em equilíbrio é que temos *Q* = *K*. Para qualquer sistema que não esteja em equilíbrio, o valor de *Q* é diferente de *K*.

Determinar um quociente de reação é útil, por duas razões. Primeiro, ele informará se um sistema está em equilíbrio (quando *Q* = *K*) ou não (quando *Q* ≠ *K*). Segundo, ao comparar *Q* e *K*, podemos prever quais variações ocorrerão nas concentrações de reagentes e produtos conforme a reação prossegue ao equilíbrio.

- *Q* < *K*: Se *Q* for menor que *K*, alguns reagentes precisam ser convertidos para produtos, a fim de que a reação atinja o equilíbrio. Isso diminuirá as concentrações de reagentes e aumentará as concentrações de produtos. (Este é o caso do sistema na Figura 15.4a.)

- *Q* > *K*: Se *Q* for maior que *K*, alguns produtos precisam ser convertidos para reagentes, a fim de que a reação atinja o equilíbrio. Isso aumentará as concentrações de reagentes e diminuirá as concentrações de produtos (Figura 15.4c).

Comparando *Q* e *K*

Magnitude Relativa	Direção da reação
Q < *K*	Reagentes → Produtos
Q = *K*	Reação em equilíbrio
Q > *K*	Reagentes ← Produtos

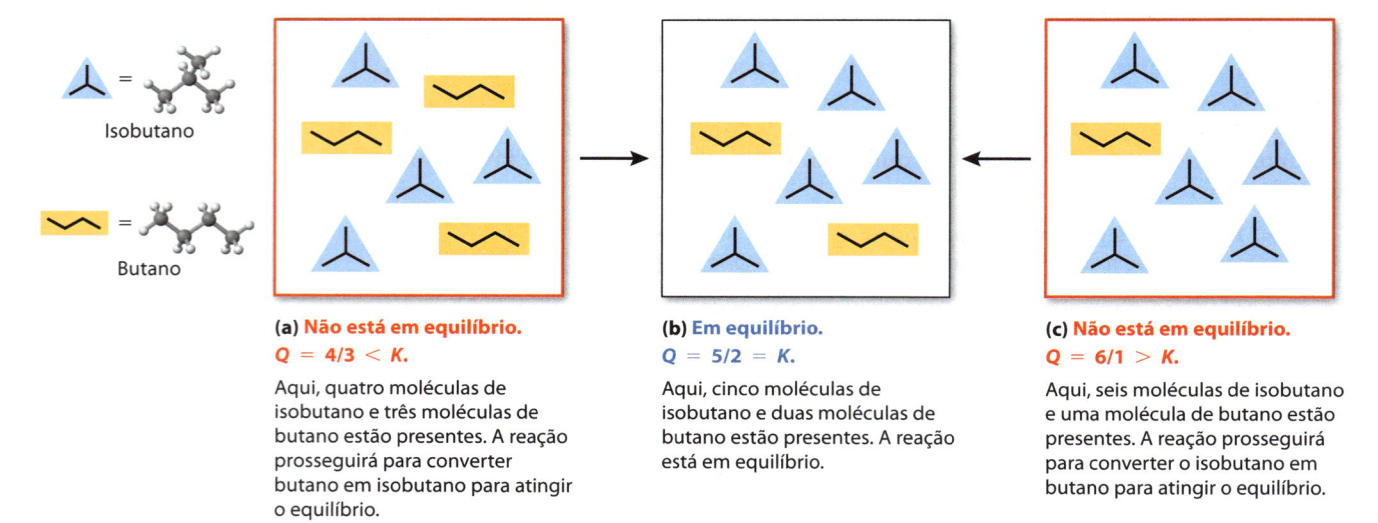

(a) Não está em equilíbrio.
Q = 4/3 < *K*.

Aqui, quatro moléculas de isobutano e três moléculas de butano estão presentes. A reação prosseguirá para converter butano em isobutano para atingir o equilíbrio.

(b) Em equilíbrio.
Q = 5/2 = *K*.

Aqui, cinco moléculas de isobutano e duas moléculas de butano estão presentes. A reação está em equilíbrio.

(c) Não está em equilíbrio.
Q = 6/1 > *K*.

Aqui, seis moléculas de isobutano e uma molécula de butano estão presentes. A reação prosseguirá para converter o isobutano em butano para atingir o equilíbrio.

FIGURA 15.4 A interconversão do isobutano e butano. Somente quando as concentrações de isobutano e butano estiverem na razão [isobutano]/[butano] = 2,5 é que o sistema está em equilíbrio (b). Com qualquer outra proporção de concentrações, haverá uma conversão líquida de um componente em outro até o equilíbrio ser atingido.

Para ilustrar esses aspectos, vamos considerar a transformação de butano para isobutano (2-metilpropano).

Butano $\rightleftharpoons$ Isobutano

$CH_3CH_2CH_2CH_3 \rightleftharpoons CH_3CHCH_3$ (com CH_3)

$$K_c = \frac{[\text{isobutano}]}{[\text{butano}]} = 2,50 \text{ a } 298 \text{ K}$$

Qualquer mistura de butano e isobutano, em equilíbrio ou não, pode ser representada pelo quociente de reação, Q (= [isobutano]/[butano]). Suponha que se tenha uma mistura composta de 0,0030 mol/L de butano e 0,0040 mol/L de isobutano (a 298 K) (Figura 15.4a). Isso significa que o quociente de reação, Q, é:

$$Q = \frac{[\text{isobutano}]}{[\text{butano}]} = \frac{0,0040}{0,0030} = 1,3$$

Esse conjunto de concentrações não representa um sistema em equilíbrio, pois $Q < K_c$. Para atingir o equilíbrio, algumas moléculas de butano devem ser convertidas em moléculas de isobutano, diminuindo [butano] e aumentando [isobutano]. Essa transformação prosseguirá até que a razão [isobutano]/[butano] = 2,5; isto é, até que $Q = K_c$ (Figura 15.4b).

O que acontece quando há isobutano demais no sistema em relação à quantidade de butano? Suponha que [isobutano] = 0,0060 mol/L, mas [butano] é apenas 0,0010 mol/L (Figura 15.4c). Agora o quociente de reação Q é maior que K_c ($Q > K_c$), e o sistema novamente não está em equilíbrio. Ele pode chegar ao equilíbrio convertendo moléculas de isobutano em moléculas de butano.

EXEMPLO 15.2

O Quociente de Reação

Problema O dióxido de nitrogênio, NO_2, um gás castanho, pode existir em equilíbrio com o gás incolor N_2O_4. $K_c = 170$ a 298 K para a reação

$$2 \text{ NO}_2(g) \rightleftharpoons N_2O_4(g) \quad K_c = 170$$

Suponha que a concentração de NO_2 seja 0,015 M e a concentração de N_2O_4 seja 0,025 M. Q é maior, menor ou igual a K_c? Se o sistema não estiver em equilíbrio, em que direção a reação deverá proceder para que atinja o equilíbrio?

O que você sabe? Você tem uma equação química balanceada, o valor da constante de equilíbrio K_c e as concentrações do reagente e do produto.

Estratégia

- Escreva a expressão para o quociente de reação Q, a partir da equação balanceada.
- Substitua as concentrações do reagente e do produto na expressão e calcule o Q.
- Decida se Q é maior, menor ou igual a K_c e em que direção a reação irá prosseguir.

Mapa Estratégico 15.2

PROBLEMA
A reação está em **equilíbrio**? Caso não esteja, de que forma ela prossegue? Calcule **Q**.

DADOS/INFORMAÇÕES CONHECIDOS
- Equação balanceada
- Valor de **K**
- Concentrações do **reagente** e do **produto**

ETAPA 1. Escreva a *expressão de Q* e calcule **Q**.

Q calculado a partir das concentrações do reagente e do produto

ETAPA 2. Compare **Q** e **K**.

Q (110) < **K** (170)
Mais produto se forma a partir do reagente para atingir o equilíbrio.

Solução

$$Q = \frac{[N_2O_4]}{[NO_2]^2} = \frac{(0,025)}{(0,015)^2} = 110$$

O valor de Q é menor que o valor de K_c ($Q < K$), portanto, a reação não está em equilíbrio. O sistema prossegue ao equilíbrio convertendo NO_2 em N_2O_4, aumentando assim $[N_2O_4]$ e diminuindo $[NO_2]$ até que $Q = K_c$.

Pense bem antes de responder Ao calcular Q, certifique-se de elevar cada concentração à potência de seu coeficiente estequiométrico.

Verifique seu entendimento

Responda às seguintes questões com relação ao equilíbrio butano $\rightleftharpoons$ isobutano (K_c = 2,50 a 298 K).

(a) O sistema está em equilíbrio quando [butano] = 0,00097 M e [isobutano] = 0,00218 M? Se não estiver, em que direção a reação prossegue para atingir o equilíbrio?

(b) O sistema está em equilíbrio quando [butano] = 0,00075 M e [isobutano] = 0,00260 M? Se não estiver, em que direção a reação prossegue para atingir o equilíbrio?

EXERCÍCIOS PARA A SEÇÃO 15.2

1. Quais das formas abaixo é a correta para a expressão da constante de equilíbrio para a decomposição de SO_3 em SO_2 e O_2?

$$2\ SO_3(g) \rightleftharpoons 2\ SO_2(g) + O_2(g)$$

(a) $K_c = [SO_2][O_2]/[SO_3]$

(c) $K_c = [SO_3]^2/[SO_2]^2[O_2]$

(b) $K_c = [SO_2]^2[O_2]/[SO_3]^2$

(d) $K_c = [SO_2][O_2]^2$

2. A 2.000 K, a constante de equilíbrio para a formação de NO(g) é $4,0 \times 10^{-4}$.

$$N_2(g) + O_2(g) \rightleftharpoons 2\ NO(g)$$

Você tem um frasco em que, a 2.000 K, a concentração de N_2 é 0,050 mol/L, a de O_2 é 0,025 mol/L e a de NO é $4,2 \times 10^{-4}$ mol/L. O sistema está em equilíbrio?

(a) Sim, está em equilíbrio.

(b) Não, não está em equilíbrio e a reação prossegue para a direita.

(c) Não, não está em equilíbrio e a reação prossegue para a esquerda, transformando produtos em reagentes.

15-3 Determinando uma Constante de Equilíbrio

Quando as concentrações de todos os reagentes e produtos no equilíbrio são conhecidas, pode-se calcular uma constante de equilíbrio substituindo-se os dados na expressão da constante de equilíbrio. Suponha que uma mistura de SO_2, O_2 e SO_3 esteja em equilíbrio a 852 K.

$$2\ SO_2(g) + O_2(g) \rightleftharpoons 2\ SO_3(g)$$

As concentrações de equilíbrio são $[SO_2]$ = $3,61 \times 10^{-3}$ mol/L, $[O_2]$ = $6,11 \times 10^{-4}$ mol/L e $[SO_3]$ = $1,01 \times 10^{-2}$ mol/L. Substituindo esses dados na expressão da constante de equilíbrio, podemos determinar o valor de K_c.

$$K_c = \frac{[SO_3]^2}{[SO_2]^2[O_2]} = \frac{(1,01 \times 10^{-2})^2}{(3,61 \times 10^{-3})^2(6,11 \times 10^{-4})} = 1,28 \times 10^4 \text{ a } 852 \text{ K}$$

(Note que K_c possui um valor alto; no equilíbrio, a oxidação do dióxido de enxofre é produto-favorecida a 852 K.)

Frequentemente, um experimento fornece informações sobre as quantidades iniciais de reagentes e a concentração no equilíbrio de apenas um dos reagentes ou um dos produtos. As concentrações de equilíbrio dos reagentes e dos produtos restantes devem, então, ser deduzidas com base na estequiometria da reação. Como exemplo, vamos novamente considerar a oxidação do dióxido de enxofre a trióxido de enxofre e supor que 0,00100 mol de cada SO_2 e O_2 sejam colocados em um frasco de 1,00 L em alta temperatura. Quando o equilíbrio for atingido, forma-se 0,00054 mol de SO_3. Vamos utilizar essa informação para calcular a constante de equilíbrio para a reação. Depois de escrevermos a expressão da constante de equilíbrio em termos das concentrações, construiremos uma tabela IVE (◄ Seção 4.1 e Seção 15.2), mostrando as concentrações iniciais, como essas concentrações variam rumo ao equilíbrio e as concentrações no equilíbrio.

Equação	2 SO₂(g)	+	O₂(g)	⇌	2 SO₃(g)
Inicial (M)	0,00100		0.00100		0
Variação (M)	$-2x$		$-x$		$+2x$
Equilíbrio (M)	$0,00100 - 2x$		$0,00100 - x$		$2x$
	0,00100 − 0,00054 = 0,00046		0,00100 − 0,00054/2 = 0,00073		= 0,00054

As quantidades na tabela IVE resultam da seguinte análise:

- Linha 1: Concentrações iniciais.

- Linha 2: A quantidade de O_2 consumida é denominada como $-x$ mol/L. Damos um sinal de menos pois O_2 é consumido. Segue-se então a partir da estequiometria da reação que a quantidade de SO_2 consumida é de $-2x$, e a quantidade de SO_3 produzida é $+2x$.

- Linha 3:
  (a) Sabemos a partir de experimentos que $[SO_3]$ em equilíbrio é 0,00054 M. Portanto, $2x = 0{,}00054$ M.
  (b) A concentração de equilíbrio de SO_2 é igual à concentração inicial menos o que foi consumido. Portanto, $[SO_2]$ é $(0{,}00100 - 2x)$ M ou 0,00046 M.
  (c) A quantidade de O_2 consumida é metade da quantidade de SO_3 produzida ou x (= 0,00027 mol/L). Portanto, a concentração no equilíbrio de O_2 é 0,00073.

Com as concentrações no equilíbrio conhecidas, torna-se possível calcular K_c.

$$K_c = \frac{[SO_3]^2}{[SO_2]^2[O_2]} = \frac{(0{,}00054)^2}{(0{,}00046)^2(0{,}00073)} = 1{,}9 \times 10^3$$

EXEMPLO 15.3

Calculando uma Constante de Equilíbrio (K_c) Usando Concentrações

Problema Em uma solução aquosa, íons ferro(III) reagem com íons iodo para fornecer íons ferro(II) e íons tri-iodeto, I_3^-. Suponha que a concentração inicial de íons Fe^{3+} seja 0,200 M, a concentração inicial de íon I^- seja 0,300 M e a concentração de equilíbrio de íons de I^{3-} seja 0,0866 M. Qual o Valor de K_c?

$$2\ Fe^{3+}(aq) + 3\ I^-(aq) \rightleftharpoons 2\ Fe^{2+}(aq) + I_3^-(aq)$$

Mapa Estratégico 15.3

PROBLEMA

Calcule K_c para a reação do Fe^{3+} com I^- para resultar em Fe^{2+} e I_3^-.

DADOS/INFORMAÇÕES CONHECIDOS

- Equação balanceada
- **Concentrações iniciais** dos reagentes
- **Concentração no equilíbrio** de um produto

ETAPA 1. Organize as informações.

Escreva a **expressão do K_c**, monte a **tabela IVE** e insira as *concentrações conhecidas* na tabela.

ETAPA 2. Insira as *variações de concentração* na tabela IVE e obtenha as **concentrações de equilíbrio**.

Complete a **tabela IVE** com as concentrações de equilíbrio conhecidas.

ETAPA 3. Insira as **concentrações de equilíbrio** na **expressão do K_c** e resolva para calcular o valor de K_c.

Valor de K_c

O que você sabe?

Você tem a equação balanceada (da qual a expressão de constante de equilíbrio pode ser obtida), as concentrações iniciais de reagentes e a concentração de um produto (I_3) após atingir o equilíbrio.

Estratégia

- Monte uma tabela IVE e insira as concentrações iniciais.
- Decida como cada concentração varia. Começaremos dizendo que x mol/L de íons I_3^- são produzidos ao seguir em direção ao equilíbrio. Baseado na estequiometria da reação, isso significa que $2x$ mol/L de Fe^{2+} também devem ser produzidos, $2x$ mol/L de íons Fe^{3+} são consumidos e $3x$ mol/L de íons I^- são consumidos.
- A concentração no equilíbrio de I_3^- é conhecida (0,0866 M), então, esta é a quantidade x.
- Sabendo que $x = 0,0866$ M, calcule as concentrações de equilíbrio para cada espécie.
- Insira as concentrações de equilíbrio dos reagentes e produtos na expressão de constante de equilíbrio e resolva para calcular o valor de K_c.

Solução

A estratégia delineada leva à tabela IVE abaixo.

Equação	$2\,Fe^{3+}$	$+$	$3\,I^-$	$\rightleftharpoons$	$2\,Fe^{2+}$	$+$	I_3^-
Inicial (M)	0,200		0,300		0		0
Variação (M)	$-2x$		$-3x$		$+2x$		$+x$
Equilíbrio (M)	$0,200 - 2(0,0866)$ $= 0,027$		$0,300 - 3(0,0866)$ $= 0,040$		$2(0,0866)$ $= 0,173$		0,0866

A concentração de cada substância no equilíbrio é conhecida agora, e pode-se calcular K_c.

$$K_c = \frac{[Fe^{2+}]^2[I_3^-]}{[Fe^{3+}]^2[I^-]^3} = \frac{(0,173)^2(0,0866)}{(0,027)^2(0,040)^3} = 5,6 \times 10^4$$

Pense bem antes de responder

A chave para esse problema é que a concentração de um produto, I_3^-, estava, como sabemos, em equilíbrio. As concentrações dos outros produtos e dos reagentes puderam ser obtidas a partir desta com base na estequiometria da reação. Note também que o K_c calculado é muito maior que um, então a reação é favorável ao produto em equilíbrio. Isso é consistente com as concentrações de equilíbrio calculadas na tabela IVE.

Verifique seu entendimento

Uma solução é preparada dissolvendo-se 0,050 mol de di-iodociclo-hexano, $C_6H_{10}I_2$, no solvente CCl_4. O volume total de solução é 1,00 L. Quando a reação

$$C_6H_{10}I_2 \rightleftharpoons C_6H_{10} + I_2$$

estiver em equilíbrio a 35 °C, a concentração de I_2 é 0,035 mol/L.

(a) Quais são as concentrações de $C_6H_{10}I_2$ e C_6H_{10} no equilíbrio?

(b) Calcule K_c, a constante de equilíbrio.

EXERCÍCIO PARA A SEÇÃO 15.3

1. Você coloca 0,010 mol de $N_2O_4(g)$ em um frasco de 2,0 L a 200 °C. Após atingir o equilíbrio, $[N_2O_4] = 0,0042$ M. Calcule K_c para a seguinte reação: $N_2O_4(g) \rightleftharpoons 2\,NO_2(g)$

   (a) 1640

   (b) $6,1 \times 10^{-4}$

   (c) $3,1 \times 10^{-4}$

   (d) $8,8 \times 10^{-6}$

15-4 Usando Constantes de Equilíbrio em Cálculos

Suponha que o valor de K_c e as quantidades iniciais de reagentes sejam conhecidas, e você quer saber quais são as concentrações no equilíbrio. Ao examinarmos diversos exemplos dessa situação, utilizaremos novamente as tabelas IVE que resumem as condições iniciais, as variações que ocorrem ao seguir em direção ao equilíbrio e as condições finais.

EXEMPLO 15.4

Calculando as Concentrações no Equilíbrio

Problema A constante de equilíbrio K_c (= 55,64) para

$$H_2(g) + I_2(g) \rightleftharpoons 2\ HI(g)$$

foi determinada a 425 °C. Se 0,130 mol de cada H_2 e I_2 são colocados em um frasco de 25,0 L a 425 °C, quais são as concentrações de H_2, I_2 e HI quando for atingido o equilíbrio?

O que você sabe? Você tem uma equação balanceada (da qual a expressão da constante de equilíbrio pode ser obtida), o valor de K_c e as quantidades iniciais de reagentes e o volume do recipiente (do qual as concentrações iniciais de reagentes podem ser calculadas).

Estratégia

- Escreva a expressão de constante de equilíbrio e monte a tabela IVE.

- Insira as concentrações iniciais de H_2 e I_2 na primeira linha (I).

- Atribua a variável x para representar as variações na concentração. Baseada na estequiometria da reação, a variação em $[H_2]$ e $[I_2]$ é $-x$ e a variação em [HI] é $+2x$. Insira esses valores na linha de variação da tabela.

- Insira as expressões para as concentrações de equilíbrio finais de todas as três espécies na terceira linha da tabela IVE, e depois transfira essas expressões para a expressão da constante de equilíbrio e resolva para calcular o valor de x.

- Use o valor calculado de x para resolver para encontrar a concentração final de cada espécie.

Solução Escreva a expressão da constante de equilíbrio

$$K_c = \frac{[HI]^2}{[H_2][I_2]} = 55,64$$

e depois monte a tabela IVE como definido na estratégia.

Equação	$H_2(g)$	+	$I_2(g)$	$\rightleftharpoons$	$2\ HI(g)$
Inicial (M)	0,130 mol/25,0 L = $5,20 \times 10^{-3}$ M		0,130 mol/25,0 L = $5,20 \times 10^{-3}$ M		0
Variação (M)	$-x$		$-x$		$+2x$
Equilíbrio (M)	$5,20 \times 10^{-3}$ M $- x$		$5,20 \times 10^{-3}$ M $- x$		$2x$

Agora as concentrações de equilíbrio podem ser substituídas na expressão da constante de equilíbrio.

$$55,64 = \frac{(2x)^2}{(5,20 \times 10^{-3} - x)(5,20 \times 10^{-3} - x)} = \frac{(2x)^2}{(5,20 \times 10^{-3} - x)^2}$$

Mapa Estratégico 15.4

PROBLEMA

Quais são as **concentrações** de H_2, I_2 e **HI** quando o sistema atinge o equilíbrio?

↓

DADOS/INFORMAÇÕES CONHECIDOS

- Equação balanceada
- Valor de K_c
- **Concentrações iniciais** dos reagentes

> **ETAPA 1.** Organize as informações.

Escreva a **expressão K_c**, monte a **tabela IVE** e insira as **concentrações conhecidas** na tabela.

> **ETAPA 2.** Insira as **variações de concentração** na tabela IVE e obtenha as **concentrações de equilíbrio** em termos da quantidade desconhecida x.

As **concentrações de equilíbrio** de H_2, I_2 e **HI** são definidas em termos da quantidade desconhecida x.

> **ETAPA 3.** Insira as **concentrações de equilíbrio** na **expressão do K_c** e resolva para calcular o valor de x.

Valor de x

> **ETAPA 4.** Use o valor de x para obter as **concentrações de equilíbrio.**

Valores das concentrações no equilíbrio

Nesse caso, a quantidade desconhecida x pode ser encontrada tirando-se a raiz quadrada de ambos os lados da equação,

$$\sqrt{K_c} = 7,459 = \frac{2x}{5,20 \times 10^{-3} - x}$$

$$7,459 \,(5,20 \times 10^{-3} - x) = 0,0388 - 7,459x = 2x$$

$$0,0388 = 9,459x$$

$$x = 4,10 \times 10^{-3}$$

Com o x conhecido, você pode resolver para calcular as concentrações de equilíbrio dos reagentes e dos produtos.

$$[H_2] = [I_2] = 5,20 \times 10^{-3} - x = 1,10 \times 10^{-3} \text{ M}$$

$$[HI] = 2x = 8,20 \times 10^{-3} \text{ M}$$

Pense bem antes de responder É sempre prudente checar a resposta substituindo os valores encontrados na expressão da constante de equilíbrio, a fim de verificar se o K_c calculado concorda com o valor fornecido no problema. Neste caso, $(8,20 \times 10^{-3})^2 / (1,10 \times 10^{-3})^2 = 55,6$, que concorda muito bem com o valor de K_c.

Verifique seu entendimento

Em determinada temperatura, $K_c = 33$ para a reação

$$H_2(g) + I_2(g) \rightleftharpoons 2\,HI(g)$$

Considere que as concentrações iniciais de H_2 e I_2 sejam ambas de $6,00 \times 10^{-3}$ mol/L. Determine a concentração de cada reagente e do produto no equilíbrio.

Cálculos em Que a Solução Envolve uma Expressão Quadrática

Suponha que você esteja estudando a decomposição do PCl_5 para formar PCl_3 e Cl_2. Você sabe que $K_c = 1,20$ a uma determinada temperatura.

$$PCl_5(g) \rightleftharpoons PCl_3(g) + Cl_2(g)$$

Se a concentração inicial de PCl_5 é 0,0920 M, quais serão as concentrações do reagente e dos produtos quando o sistema atingir o equilíbrio? Seguindo os procedimentos descritos no Exemplo 15.4, você pode construir uma tabela IVE para definir as concentrações em equilíbrio dos reagentes e dos produtos.

Reação	$PCl_5(g)$	$\rightleftharpoons$	$PCl_3(g)$	+	$Cl_2(g)$
Inicial (M)	0,0920		0		0
Variação (M)	$-x$		$+x$		$+x$
Equilíbrio (M)	$0,0920 - x$		x		x

Substituindo na expressão da constante de equilíbrio constante, temos

$$K_c = 1,20 = \frac{[PCl_3][Cl_2]}{[PCl_5]} = \frac{(x)(x)}{0,0920 - x}$$

A expansão da expressão algébrica resulta em uma equação quadrática,

$$x^2 + 1,20x - 0,110 = 0$$

Usando a fórmula quadrática (Apêndice A; $a = 1$, $b = 1,20$ e $c = -0,110$), encontramos duas raízes da equação: $x = 0,0859$ e $-1,29$. Como um valor negativo de x (que representa uma concentração negativa) não tem significado químico, a resposta é $x = 0,0859$. Portanto, no equilíbrio, temos

$$[PCl_5] = 0,0920 - 0,0859 = 0,0061 \text{ M}$$

$$[PCl_3] = [Cl_2] = 0,0859 \text{ M}$$

Embora uma solução para a equação quadrática possa sempre ser definida utilizando a fórmula quadrática, em muitos casos, uma resposta aceitável pode ser obtida empregando uma aproximação realista para simplificar a equação. Para ilustrar, considere outro equilíbrio, a dissociação de moléculas de I_2 para formar átomos de I, para os quais $K_c = 5,6 \times 10^{-12}$ a 500 K.

$$I_2(g) \rightleftharpoons 2\ I(g)$$

$$K_c = \frac{[I]^2}{[I_2]} = 5,6 \times 10^{-12}$$

Assumindo que a concentração inicial de I_2 é 0,45 M e construindo a tabela IVE da maneira usual, temos

Reação	$I_2(g)$	$\rightleftharpoons$	$2\ I(g)$
Inicial (M)	0,45		0
Variação (M)	$-x$		$+2x$
Equilíbrio (M)	$0,45 - x$		$2x$

Para a expressão da constante de equilíbrio, chegamos mais uma vez à equação quadrática.

$$K_c = 5,6 \times 10^{-12} = \frac{(2x)^2}{(0,45 - x)}$$

Embora possamos resolver essa equação utilizando a fórmula quadrática, existe uma maneira mais simples de se chegar à resposta. Note que o valor de K_c é muito pequeno, indicando que a variação na concentração de I_2 é muito pequena. Na verdade, K_c é tão pequeno que subtrair x da concentração de reagente original (0,45 mol/L) no denominador da expressão de constante de equilíbrio deixará o denominador praticamente inalterado. Ou seja, $(0,45 - x)$ é, essencialmente igual a 0,45. Portanto, eliminamos x do denominador e obtemos uma equação mais simples de ser resolvida.

$$K_c = 5,6 \times 10^{-12} = \frac{(2x)^2}{(0,45)}$$

A solução para esta equação resulta em $x = 7,9 \times 10^{-7}$. A partir desse valor, podemos determinar que $[I_2] = 0,45 - x = 0,45$ mol/L e $[I] = 2x = 1,6 \times 10^{-6}$ mol/L. Observe que a resposta confirma a suposição de que a dissociação do I_2 é tão pequena que $[I_2]$ em equilíbrio é essencialmente igual à concentração inicial.

Quando é possível simplificar uma equação quadrática? A decisão depende tanto do valor da concentração inicial do reagente quanto do valor de x, que, por sua vez, está relacionado ao valor de K. Considere a reação geral

$$A \rightleftharpoons B + C$$

em que $K = [B][C]/[A]$. Suponha que não há B ou C inicialmente presente, e você sabe o valor de K e a concentração inicial de A ($= [A]_0$) e quer encontrar as concentrações de equilíbrio de B e C ($= x$). A expressão da constante de equilíbrio agora é

$$K_c = \frac{[B][C]}{[A]} = \frac{(x)(x)}{[A]_0 - x}$$

Resolvendo Equações Quadráticas As equações quadráticas geralmente são resolvidas usando a fórmula quadrática (Apêndice A). Uma alternativa é o *método de aproximações sucessivas,* também descrito no Apêndice A. A maioria das expressões de equilíbrio pode ser rapidamente resolvida por esse método, e você deve tentar usá-la. Isso irá descartar a incerteza quanto às expressões de K precisarem ser resolvidas com exatidão. (Entretanto, há casos raros em que isso não funciona. Isso é explicado com mais detalhes no Apêndice A.)

Quando K_c é muito pequeno, o valor de x será muito menor que $[A]_0$, portanto, $[A]_0 - x \cong [A]_0$. Assim, podemos escrever a seguinte expressão.

$$K_c = \frac{[B][C]}{[A]} \approx \frac{(x)(x)}{[A]_0} \qquad (15.3)$$

Uma boa regra a seguir é: *Se $100 \times K_c < [A]_0$, a expressão aproximada fornecerá valores aceitáveis de concentrações no equilíbrio* (para dois algarismos significativos). Para mais informações, consulte "Dica de Solução de Problemas 15.1".

EXEMPLO 15.5

Calculando as Concentrações de Equilíbrio Usando a Constante de Equilíbrio

Problema A reação

$$N_2(g) + O_2(g) \rightleftharpoons 2\ NO(g)$$

contribui para a poluição do ar sempre que um combustível é queimado no ar sob temperaturas elevadas, como em um motor a gasolina. A 1500 K, $K_c = 1,0 \times 10^{-5}$. Suponha que uma amostra de ar tenha $[N_2] = 0,080$ mol/L e $[O_2] = 0,020$ mol/L antes que ocorra qualquer reação. Calcule as concentrações no equilíbrio dos reagentes e de produtos após a mistura ter sido aquecida a 1500 K.

O que você sabe? Como no Exemplo 15.4, você sabe o valor de K_c e pode escrever a expressão de equilíbrio a partir da equação balanceada. Você também conhece as concentrações iniciais dos reagentes e pode definir as concentrações de equilíbrio em termos das quantidades de N_2 e O_2 consumidas ($= x$).

Estratégia Construa uma tabela IVE e, então, substitua as concentrações no equilíbrio na expressão da constante de equilíbrio. O resultado será uma equação quadrática. Essa expressão pode ser resolvida utilizando os métodos descritos no Apêndice A ou usando a regra do texto para simplificar o cálculo.

Solução Primeiro construímos a tabela IVE, na qual as quantidades de N_2 e O_2 consumidas são denominadas como x.

Equação	$N_2(g)$	+	$O_2(g)$	$\rightleftharpoons$	$2\ NO(g)$
Inicial (M)	0,080		0,020		0
Variação (M)	$-x$		$-x$		$+2x$
Equilíbrio (M)	$0,080 - x$		$0,020 - x$		$2x$

Em seguida, as concentrações no equilíbrio são substituídas na expressão da constante de equilíbrio.

$$K_c = 1,0 \times 10^{-5} = \frac{[NO]^2}{[N_2][O_2]} = \frac{[2x]^2}{(0,080 - x)(0,020 - x)}$$

Consultamos nossa regra (Equação 15.3) para verificar se uma solução aproximada é possível. Aqui, $100 \times K_c$ ($= 1,0 \times 10^{-3}$) é menor que ambas as concentrações iniciais (0,080 e 0,020). Isso significa que podemos usar a expressão aproximada

$$K_c = 1,0 \times 10^{-5} = \frac{[NO]^2}{[N_2][O_2]} = \frac{(2x)^2}{(0,080)(0,020)}$$

Mapa Estratégico 15.5

PROBLEMA

Quais são as **concentrações de equilíbrio** de **N_2, O_2**, e **NO** na formação de NO a partir de N_2 e O_2?

↓

DADOS/INFORMAÇÕES CONHECIDOS

- Equação balanceada
- Valor de K_c
- **Concentrações iniciais** dos reagentes

ETAPA 1. Insira as *variações de concentração* na tabela IVE e obtenha as **concentrações no equilíbrio** em termos da quantidade desconhecida x.

↓

As **concentrações no equilíbrio** de **N_2, O_2** e **NO** são definidas em termos da quantidade desconhecida x.

ETAPA 2. Insira as **concentrações no equilíbrio** na **expressão do K_c** e resolva para calcular o valor de x.

↓

Valor de x

ETAPA 3. Use o valor de x para obter as **concentrações no equilíbrio.**

↓

Valores das concentrações no equilíbrio

DICA DE SOLUÇÃO DE PROBLEMAS 15.1
Quando é Necessário Usar uma Equação Quadrática?

Na maioria dos cálculos de equilíbrio, a quantidade x pode ser ignorada no denominador da equação $K = x^2/([A]_0 - x)$ se x for menor que 10% da concentração de reagente inicialmente presente $(= [A]_0)$. A regra apresentada no texto para fazer a aproximação de que $[A]_0 - x = [A]_0$ quando $100 \times K < [A]_0$ reflete esse fato.

Em geral, quando K é aproximadamente 1 ou maior, a aproximação não pode ser feita. Se K for muito menor que 1 e $100 \times K < [A]_0$ (você verá muitos casos como este no Capítulo 16), a expressão aproximada $(K = x^2/[A]_0)$ resulta em uma resposta aceitável. Se você não tiver certeza, então, a princípio, suponha que a incógnita (x) é pequena e resolva a expressão aproximada $(K = (x)^2/[A]_0)$. Em seguida, compare o valor "aproximado" de x com $[A]_0$. Se x tiver um valor igual ou menor que 10% de $[A]_0$, então não há necessidade de resolver a equação completa usando a fórmula quadrática.

Resolvendo essa expressão, temos

$$1,6 \times 10^{-8} = 4x^2$$

$$x = 6,3 \times 10^{-5}$$

Portanto, as concentrações dos reagentes e produtos no equilíbrio são

$$[N_2] = 0,080 - 6,3 \times 10^{-5} \approx 0,080 \text{ M}$$

$$[O_2] = 0,020 - 6,3 \times 10^{-5} \approx 0,020 \text{ M}$$

$$[NO] = 2x = 1,3 \times 10^{-4} \text{ M}$$

Pense bem antes de responder O valor de x obtido usando a aproximação é o mesmo obtido resolvendo-se a equação quadrática.

Verifique seu entendimento

A decomposição de $PCl_5(g)$ para formar $PCl_3(g)$ e $Cl_2(g)$ possui $K_c = 33,3$ sob alta temperatura. Se a concentração inicial de PCl_5 for 0,1000 M, quais são as concentrações no equilíbrio dos reagentes e produtos?

EXERCÍCIO PARA A SEÇÃO 15.4

1. Grafite e dióxido de carbono são mantidos em volume constante a 1000 K até que a reação

$$C(\text{grafite}) + CO_2(g) \rightleftharpoons 2\, CO(g)$$

tenha chegado ao equilíbrio. A essa temperatura, $K_c = 0,021$. A concentração inicial de CO_2 é de 0,012 mol/L. Calcule a concentração de equilíbrio de CO.

(a) 0,012 M   (b) 0,011 M   (c) 0,0057 M

15-5 Mais Sobre Equações Balanceadas e Constantes de Equilíbrio

Usando Diferentes Coeficientes Estequiométricos

Equações químicas podem ser balanceadas usando-se diferentes conjuntos de coeficientes estequiométricos. Por exemplo, a equação da oxidação do carbono formando monóxido de carbono pode ser escrita assim

$$C(s) + \tfrac{1}{2} O_2(g) \rightleftharpoons CO(g)$$

em que a expressão da constante de equilíbrio seria

$$K_1 = \frac{[CO]}{[O_2]^{1/2}} = 4,6 \times 10^{23} \text{ a } 25\,°C$$

Entretanto, pode-se também escrever a equação química da forma

$$2\ C(s) + O_2(g) \rightleftharpoons 2\ CO(g)$$

e a expressão da constante de equilíbrio seria agora

$$K_2 = \frac{[CO]^2}{[O_2]} = 2,1 \times 10^{47} \text{ a } 25\,°C$$

Ao comparar as duas expressões da constante de equilíbrio, observa-se que $K_2 = (K_1)^2$, ou seja,

$$K_2 = \frac{[CO]^2}{[O_2]} = \left\{ \frac{[CO]}{[O_2]^{1/2}} \right\}^2 = K_1^2$$

Quando os coeficientes estequiométricos de uma equação balanceada são multiplicados por algum fator, a constante de equilíbrio para a nova equação (K_{nova}) é a constante de equilíbrio anterior ($K_{anterior}$) elevada à potência do fator de multiplicação.

No caso da oxidação do carbono, a segunda equação foi obtida multiplicando-se a primeira por 2. Portanto, K_2 é o *quadrado* de K_1 ($K_2 = K_1^2$).

Revertendo uma Equação Química

Considere o que ocorre quando uma equação química é revertida. Vamos comparar o valor de K_c para a transferência de um íon H^+ do ácido fórmico para a água

$$HCO_2H(aq) + H_2O(\ell) \rightleftharpoons HCO_2^-(aq) + H_3O^+(aq)$$

$$K_1 = \frac{[HCO_2^-][H_3O^+]}{[HCO_2H]} = 1,8 \times 10^{-4} \text{ a } 25\,°C$$

com a reação oposta, o ganho de um íon H^+ pelo íon formiato, HCO_2^-.

$$HCO_2^-(aq) + H_3O^+(aq) \rightleftharpoons HCO_2H(aq) + H_2O(\ell)$$

$$K_2 = \frac{[HCO_2H]}{[HCO_2^-][H_3O^+]} = 5,6 \times 10^3 \text{ a } 25\,°C$$

Aqui, $K_2 = 1/K_1$.

As constantes de equilíbrio de uma reação e de sua inversa são recíprocas.

Somando duas Equações Químicas

Frequentemente é útil somarmos duas equações para obter a equação de um processo global. Como exemplo, considere as reações que ocorrem quando uma pequena quantidade de cloreto de prata dissolve-se em água (até uma extensão *muito* pequena) e adiciona-se amônia à solução. A amônia reage com os íons prata para formar um composto solúvel em água, $Ag(NH_3)_2Cl$ (Figura 15.5). Ao somarmos a equação da dissolução do AgCl sólido à equação da reação do íon Ag^+ com a amônia, obtemos a equação da reação global, a dissolução de AgCl em amônia aquosa. (Todas as constantes de equilíbrio são dadas a 25 °C.)

$$AgCl(s) \rightleftharpoons Ag^+(aq) + Cl^-(aq) \qquad K_1 = [Ag^+][Cl^-] = 1,8 \times 10^{-10}$$

$$Ag^+(aq) + 2\ NH_3(aq) \rightleftharpoons [Ag(NH_3)_2]^+(aq) \qquad K_2 = \frac{[Ag(NH_3)_2^+]}{[Ag^+][NH_3]^2} = 1,1 \times 10^7$$

Equação Global:

$$AgCl(s) + 2\ NH_3(aq) \rightleftharpoons [Ag(NH_3)_2]^+(aq) + Cl^-(aq)$$

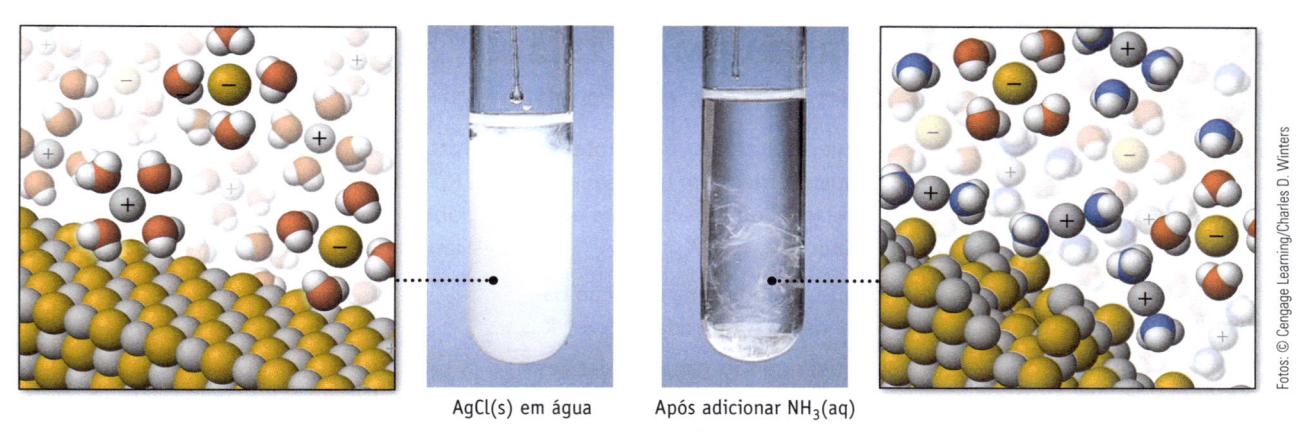

AgCl(s) em água   Após adicionar NH$_3$(aq)

Fotos: © Cengage Learning/Charles D. Winters

FIGURA 15.5 Dissolvendo cloreto de prata em amônia aquosa. (*À esquerda*) Um precipitado de AgCl(s) está suspenso na água. (*À direita*) Quando adicionamos amônia aquosa, a amônia reage com o traço de íon prata na solução, o equilíbrio se altera e o cloreto de prata se dissolve.

Para obter a constante de equilíbrio da reação líquida, $K_{líquida}$, *multiplicamos* as constantes de equilíbrio das duas reações, $K_1 \times K_2$.

$$K_{líquida} = K_1 \times K_2 = [Ag^+][Cl^-] \times \frac{[Ag(NH_3)_2^+]}{[Ag^+][NH_3]^2} = \frac{[Ag(NH_3)_2^+][Cl^-]}{[NH_3]^2}$$

$$K_{líquida} = K_1 \times K_2 = 2,0 \times 10^{-3}$$

Quando duas ou mais equações químicas são somadas para obter uma equação líquida, a constante de equilíbrio da equação líquida é o produto das constantes de equilíbrio das equações somadas.

EXEMPLO 15.6

Equações Balanceadas e Constantes de Equilíbrio

Problema   Uma mistura de nitrogênio, hidrogênio e amônia atinge o equilíbrio. Quando a equação é escrita usando-se coeficientes inteiros, como se segue, o valor de K_c é $3,5 \times 10^8$ a 25 °C.

Equação 1: $N_2(g) + 3 H_2(g) \rightleftharpoons 2 NH_3(g)$ $K_1 = 3,5 \times 10^8$

No entanto, a equação também pode ser escrita como na Equação 2. Qual é o valor de K_2?

Equação 2: $\frac{1}{2} N_2(g) + \frac{3}{2} H_2(g) \rightleftharpoons NH_3(g)$ $K_2 = ?$

A decomposição da amônia aos elementos (Equação 3) é o reverso de sua formação (Equação 1). Qual é o valor de K_3?

Equação 3: $2 NH_3(g) \rightleftharpoons N_2(g) + 3 H_2(g)$ $K_3 = ?$

O que você sabe?   Você sabe o valor de K_c para uma dada equação balanceada. Você quer saber como o valor de K_c varia conforme os coeficientes estequiométricos variam ou quando a equação é revertida.

Estratégia   Determine como a reação desejada está relacionada às reações fornecidas. (Uma reação química foi multiplicada por um fator? A reação foi revertida? Duas ou mais reações foram somadas?) Use a relação discutida para determinar o(s) efeito(s) dessas transformações no valor de K dado. Veja também "Dica de Solução de Problemas 15.2".

DICA DE SOLUÇÃO DE PROBLEMAS 15.2
Equações Balanceadas e Constantes de Equilíbrio

Você agora deve saber

1. como escrever uma expressão da constante de equilíbrio a partir da equação balanceada, reconhecendo que as concentrações de líquidos e de sólidos puros e de líquidos usados como solventes não aparecem na expressão.

2. que, quando os coeficientes estequiométricos em uma equação balanceada são alterados por um fator n, $K_{nova} = (K_{anterior})^n$.

3. que, quando uma equação balanceada é invertida, $K_{nova} = 1/K_{anterior}$.

4. que, quando várias equações balanceadas (cada uma com sua própria constante de equilíbrio, K_1, K_2 etc.) são somadas para obter uma equação líquida balanceada, $K_{líquida} = K_1 \times K_2 \times K_3 \times \ldots$

Solução A equação 2 pode ser obtida multiplicando a Equação 1 por 1/2. Assim, K_2 é igual a K_1 elevado a meio, $K_1^{1/2}$. Para confirmar essa relação entre K_1 e K_2, escreva as expressões de constante de equilíbrio para essas duas equações balanceadas.

$$K_1 = \frac{[NH_3]^2}{[N_2][H_2]^3} \qquad K_2 = \frac{[NH_3]}{[N_2]^{1/2}[H_2]^{3/2}}$$

Escrever essas expressões torna evidente que K_2 é a raiz quadrada de K_1.

$$K_2 = (K_1)^{1/2} = \sqrt{K_1} = \sqrt{3,5 \times 10^8} = 1,9 \times 10^4$$

A Equação 3 é o inverso da Equação 1, e sua expressão da constante de equilíbrio é

$$K_3 = \frac{[N_2][H_2]^3}{[NH_3]^2}$$

Nesse caso, K_3 é a recíproca de K_1. Isto é, $K_3 = 1/K_1$.

$$K_3 = \frac{1}{K_1} = \frac{1}{3,5 \times 10^8} = 2,9 \times 10^{-9}$$

Pense bem antes de responder Observe que a produção da amônia a partir de substâncias elementares tem constante de equilíbrio grande e é produto-favorecida (consulte a Seção 15.2). Como já era esperado, a reação inversa, a decomposição da amônia em substâncias elementares, tem constante de equilíbrio pequena e é reagente-favorecida.

Verifique seu entendimento

A conversão de oxigênio em ozônio tem constante de equilíbrio muito pequena.

$$3/2\ O_2(g) \rightleftharpoons O_3(g) \qquad K = 2,5 \times 10^{-29}$$

(a) Qual é o valor de K quando a equação é escrita utilizando-se coeficientes inteiros?

$$3\ O_2(g) \rightleftharpoons 2\ O_3(g)$$

(b) Qual é o valor de K para a conversão de ozônio em oxigênio?

$$2\ O_3(g) \rightleftharpoons 3\ O_2(g)$$

EXERCÍCIO PARA A SEÇÃO 15.5

1. As seguintes constantes de equilíbrio são dadas a 500 K:

$$H_2(g) + Br_2(g) \rightleftharpoons 2\ HBr(g) \qquad K_p = 7,9 \times 10^{11}$$

$$H_2(g) \rightleftharpoons 2\ H(g) \qquad K_p = 4,8 \times 10^{-41}$$

$$Br_2(g) \rightleftharpoons 2\ Br \qquad K_p = 2,2 \times 10^{-15}$$

Qual é o valor de K_p para a reação H + Br $\rightleftharpoons$ HBr?

(a) $K_p = 8,3 \times 10^{-44}$ (b) $K_p = 7,5 \times 10^{66}$ (c) $K_p = 2,7 \times 10^{33}$

15-6 Perturbando um Equilíbrio Químico

O equilíbrio entre reagentes e produtos pode ser perturbado de três formas: (1) ao variar a temperatura, (2) ao variar a concentração de um reagente ou produto ou (3) ao variar o volume (para sistemas que incluem gases) (Tabela 15.1). *Uma variação de qualquer um dos fatores que determinam as condições de equilíbrio em um sistema fará com que este se altere de modo a minimizar ou contrabalancear o efeito da variação.* Essa afirmação é frequentemente chamada de *princípio de Le Chatelier* (◄ Seção 13.3). Trata-se de uma maneira resumida de descrever como as quantidades de reagentes e produtos serão ajustados para que o equilíbrio seja restabelecido – isto é, de modo que o quociente de reação seja novamente igual à constante de equilíbrio.

Efeito da Adição ou Remoção de um Reagente ou Produto

Considere o seguinte experimento: você possui um sistema químico inicialmente em equilíbrio. Nele, você adiciona (ou retira) um ou mais reagentes ou produtos. O sistema não mais estará em equilíbrio. Quando o sistema volta ao equilíbrio, as novas concentrações de equilíbrio dos reagentes e dos produtos serão diferentes, mas o valor da expressão da constante de equilíbrio ainda será igual a K (Tabela 15.1). Para exemplificar, vamos retornar ao equilíbrio butano/isobutano (com $K_c = 2,5$).

$$CH_3CH_2CH_2CH_3 \rightleftharpoons \underset{\underset{\text{isobutano}}{}}{CH_3\overset{\overset{CH_3}{|}}{C}HCH_3} \qquad K_c = 2,5$$
$$\underset{\text{butano}}{}$$

Tabela 15.1 Efeitos de Perturbações na Composição do Equilíbrio

PERTURBAÇÃO	MUDANÇA CONFORME A MISTURA VOLTA AO EQUILÍBRIO	EFEITO NO EQUILÍBRIO	EFEITO EM K
Reações Envolvendo Sólidos, Líquidos ou Gases			
Aumento na temperatura	Energia é consumida pelo sistema	Variação na direção endotérmica	Variação
Queda na temperatura	Energia é gerada pelo sistema	Variação na direção exotérmica	Variação
Adição de reagente*	Parte do reagente adicionado é consumido	Aumento da concentração do produto	Nenhuma Variação
Adição de produto*	Parte do produto adicionado é consumido	Aumento da concentração do reagente	Nenhuma Variação
Reações que Envolvem Gases			
Diminuição do volume, aumento da pressão	Pressão diminui	A composição varia para reduzir o número total de moléculas de gás	Nenhuma Variação
Aumento do volume, diminuição da pressão	Pressão aumenta	A composição varia para aumentar o número total de moléculas de gás	Nenhuma Variação

*Não se aplica quando um reagente ou produto sólido insolúvel é adicionado. Suas "concentrações" não aparecem no quociente de reação.

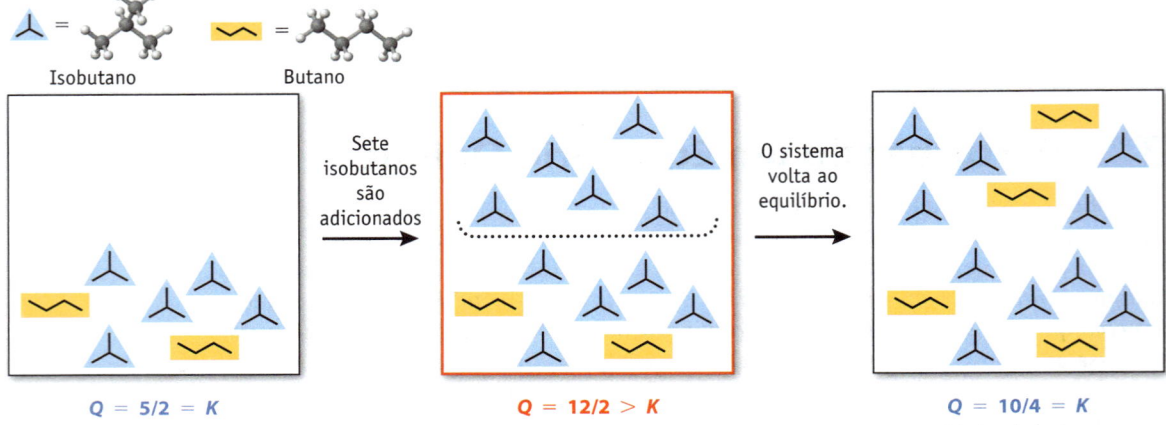

Isobutano   Butano

Sete isobutanos são adicionados

O sistema volta ao equilíbrio.

$Q = 5/2 = K$

Uma mistura em equilíbrio de cinco moléculas de isobutano e duas moléculas de butano.

$Q = 12/2 > K$

Sete moléculas de isobutano são adicionadas, e o sistema não mais está em equilíbrio.

$Q = 10/4 = K$

Duas moléculas de isobutano se transformaram em moléculas de butano, para novamente ter uma mistura em equilíbrio em que a proporção de isobutano à de butano é de 5:2 (ou 2,5:1).

FIGURA 15.6 Adição de mais reagente ou produto em um sistema em equilíbrio.

Suponha que uma mistura em equilíbrio consista em duas moléculas de butano e cinco de isobutano (Figura 15.6). O quociente de reação, Q, é 5/2, (ou 2,5/1), valor da constante de equilíbrio da reação. Agora, adicionamos sete moléculas de isobutano à mistura para obter uma proporção de doze moléculas de isobutano para duas moléculas de butano. O quociente da reação agora é de 6/1. Isso significa que o Q é maior que K, e o sistema mudará para restabelecer o equilíbrio. Para isso, algumas moléculas de isobutano devem se transformar em moléculas de butano, um processo que continua até que a proporção [isobutano]/[butano] seja novamente 2,5/1. Neste caso, se duas das 12 moléculas de isobutano se transformar em butano, a proporção de isobutano para butano é novamente igual a K_c (= 10/4 = 2,5/1) e o equilíbrio é mais uma vez restabelecido.

EXEMPLO 15.7

Efeito das Variações de Concentração Sobre o Equilíbrio

Problema Considere que o equilíbrio tenha sido estabelecido em um frasco de 1,00 L com [butano] = 0,00500 mol/L e [isobutano] = 0,0125 mol/L.

$$\text{Butano} \rightleftharpoons \text{Isobutano} \qquad K_c = 2,50$$

Em seguida, 0,0150 mol de butano é adicionado. Quais são as concentrações de butano e de isobutano quando o equilíbrio é restabelecido?

O que você sabe? Aqui você sabe o valor de K_c, a equação balanceada, as concentrações de equilíbrio originais de reagentes e produtos, e a quantidade de reagente adicionada ao sistema em equilíbrio.

Estratégia Depois de adicionar um excesso de butano, $Q < K_c$. Para restabelecer o equilíbrio, a concentração de butano deve diminuir por uma quantidade x e a de isobutano deve aumentar, também por uma quantidade x. Utilize uma tabela IVE para acompanhar as variações.

Solução Primeiro, organize as informações em uma tabela IVE modificada (e converta as quantidades em concentrações).

Equação	Butano	$\rightleftharpoons$	Isobutano
Inicial (M)	0,00500		0,0125
Concentração imediata-mente após adicionar bu-tano (M)	0,00500 + 0,0150		0,0125
Variação na concentração para restabelecer equilíbrio (M)	$-x$		$+x$
Equilíbrio (M)	0,00500 + 0,0150 $- x$		0,0125 $+ x$

Chega-se aos valores da tabela da seguinte forma:

(a) A concentração de butano quando o equilíbrio é restabelecido será a concentração de equilíbrio original *mais* o que foi adicionado (0,0150 mol/L) *menos* a concentração de butano que deve ser convertida em isobutano para restabelecer o equilíbrio. A concentração de butano convertido em isobutano ainda é desconhecida e, portanto, é designada como x.

(b) A concentração de isobutano quando o equilíbrio é restabelecido é a concentração que já estava presente (0,0125 mol/L) mais a concentração formada (x mol/L) ao se restabelecer o equilíbrio.

Tendo definido [butano] e [isobutano] quando o equilíbrio é restabelecido, e lembrando que K_c é uma constante (= 2,50), podemos escrever

$$K_c = 2,50 = \frac{[\text{isobutano}]}{[\text{butano}]}$$

Agora calculamos a nova composição de equilíbrio:

$$2,50 = \frac{0,0125 + x}{0,00500 + \ 0,0150 - x} = \frac{0,0125 + x}{0,0200 - x}$$

$$2,50 \ (0,0200 - x) = 0,0125 + x$$

$$x = 0,0107 \ \text{mol/L}$$

[butano] = 0,00500 + 0,0150 $- x$ = 0,0093 M e [isobutano] = 0,0125 $+ x$ = 0,0232 M

Verificação da resposta: nova razão [isobutano]/[butano] = 0,0232/0,0093 = 2,5

Pense bem antes de responder Conforme previsto pelo princípio de Le Chatelier, o "estresse" do sistema ao adicionar o excesso de butano é aliviado convertendo parte do butano em isobutano para atingir uma nova mistura em equilíbrio, em que Q novamente é igual a K_c. Na nova mistura em equilíbrio, a concentração de butano está entre seu valor inicial e o valor imediatamente após a adição do excesso de butano, e a concentração de isobutano é maior que o valor original.

Verifique seu entendimento

Temos um equilíbrio entre butano e isobutano quando [butano] = 0,020 M e [isobutano] = 0,050 M. Mais 0,0200 mol/L de isobutano é acrescentado à mistura. Quais são as concentrações de butano e de isobutano após o restabelecimento do equilíbrio?

Mapa Estratégico 15.7

PROBLEMA

Quais são as **concentrações no equilíbrio** do reagente e do produto após adicionar um excesso de **reagente**?

DADOS/INFORMAÇÕES CONHECIDOS

- Equação balanceada
- Valor de K_c
- **Concentrações iniciais** de **reagente** e **produto** e quantidade de reagente em **excesso adicionado**

ETAPA 1. Insira as **variações de concentração** na tabela IVE e obtenha as **concentrações no equilíbrio** em termos da quantidade desconhecida x.

As **concentrações de equilíbrio** de **reagente** e **produto** são definidas em termos da quantidade desconhecida x.

ETAPA 2. Insira as **concentrações de equilíbrio** na **expressão do K_c** e resolva o valor de x.

Valor de x

Use o valor de x para obter as **concentrações no equilíbrio**.

Valores das concentrações no equilíbrio

Efeito de Variações de Volume em Equilíbrios em Fase Gasosa

No caso de uma reação que envolve gases, o que ocorre com as concentrações ou pressões no equilíbrio se o tamanho do recipiente for alterado? (Essa alteração ocorre, por exemplo, quando combustível e ar são comprimidos em um motor de automóvel.) A resposta é que as concentrações de gases também devem variar se o volume do recipiente mudar. E, se as concentrações variam, dependendo da estequiometria, a composição de equilíbrio também pode variar. Por exemplo, considere o equilíbrio a seguir:

$$2\ NO_2(g) \rightleftharpoons N_2O_4(g)$$
Gás castanho   Gás incolor

$$K_c = \frac{[N_2O_4]}{[NO_2]^2} = 170 \text{ a } 298\ K$$

O que ocorre se o volume do frasco que contém os gases for reduzido à metade? O resultado imediato é que as concentrações dos dois gases serão duplicadas. Por exemplo, considere que o equilíbrio é inicialmente estabelecido quando $[N_2O_4]$ é 0,0280 mol/L e $[NO_2]$ é 0,0128 mol/L. Quando o volume é reduzido à metade, $[N_2O_4]$ torna-se 0,0560 mol/L e $[NO_2]$ é 0,0256 mol/L. O quociente de reação, Q, nessas circunstâncias é $(0,0560)/(0,0256)^2 = 85,4$. Agora, Q é menor que K, e para retornar ao equilíbrio, a quantidade de produto deve aumentar à custa do reagente. Assim, a nova composição de equilíbrio terá uma maior concentração de N_2O_4 do que imediatamente antes da variação de volume.

$$2\ NO_2(g) \rightleftharpoons N_2O_4(g)$$
$\xrightarrow{\text{diminui o volume do recipiente}}$
NO_2 é convertido em N_2O_4 até
que o equilíbrio seja atingido

Ao voltar ao equilíbrio, a concentração de NO_2 diminui duas vezes mais do que a concentração de N_2O_4 aumenta, pois uma molécula de N_2O_4 é formada pelo consumo de duas moléculas de NO_2. Isso ocorre até que o quociente da reação, $Q = [N_2O_4]/[NO_2]^2$, seja novamente igual a K_c. O efeito líquido da diminuição do volume é a diminuição do número de moléculas na fase gasosa.

As conclusões para o equilíbrio NO_2/N_2O_4 podem ser generalizadas:

- Para qualquer reação que envolva gases, a perturbação causada pela diminuição de volume (aumento de pressão) será contrabalanceada pela variação da composição de equilíbrio para uma situação em que haja um número menor de moléculas de gás.

- Para o aumento de volume (diminuição de pressão), a composição de equilíbrio favorecerá o lado da situação com maior número de moléculas de gás.

- Para uma reação em que não há variação no número de moléculas de gás, como na reação entre H_2 e I_2 para produzir HI [$H_2(g) + I_2(g) \rightleftharpoons 2\ HI(g)$], uma alteração no volume não causará efeito.

Efeito da Temperatura Sobre a Composição no Equilíbrio

Variar a temperatura de um sistema em equilíbrio é diferente de outras perturbações de equilíbrio, pois o valor da constante de equilíbrio varia com a temperatura. Prever as variações exatas nas composições em equilíbrio com a temperatura está além do escopo deste livro, mas você pode fazer uma previsão qualitativa sobre o efeito se souber se a reação é exotérmica ou endotérmica. Como exemplo, considere a reação endotérmica de N_2 com O_2 para formar NO.

$$N_2(g) + O_2(g) \rightleftharpoons 2\ NO(g) \qquad \Delta_r H° = +180,6 \text{ kJ/mol-rea}$$

$$K_c = \frac{[NO]^2}{[N_2][O_2]}$$

O princípio de Le Chatelier nos permite prever como o valor de K irá variar com a temperatura. A formação de NO a partir de N_2 e O_2 é endotérmica; ou seja, é preciso fornecer calor para que a reação ocorra. Podemos imaginar que o calor é um "reagente". Se o sistema estiver em equilíbrio e a temperatura aumentar, o sistema se ajustará para aliviar esse "estresse". O modo de contrabalancear a entrada de energia é utilizar parte da energia fornecida como calor consumindo N_2 e O_2 e

ESTUDO DE CASO

Aplicando Conceitos de Equilíbrio – O Processo Haber-Bosch de Produção de Amônia

Substâncias que contêm nitrogênio são utilizadas no mundo todo para estimular o crescimento das plantações nos campos. Há séculos, fazendeiros de Portugal ao Tibete têm utilizado dejetos animais como fertilizante "natural". No século XIX, países industrializados importavam do Peru, da Bolívia e do Chile dejetos de pássaros marinhos ricos em nitrogênio; porém, o fornecimento desse material era claramente restrito. Em 1898, William Ramsay (o descobridor dos gases nobres, "Aplicando Princípios Químicos", Capítulo 2, detectou que a quantidade de "nitrogênio fixado" disponível no mundo estava se esgotando e previu que, como consequência, haveria escassez de alimentos em todo o mundo por volta do século XX. A previsão de Ramsay não se concretizou, em parte, por causa do trabalho de Fritz Haber (1868-1934). Por volta de 1908, Haber desenvolveu um método para retirar amônia diretamente dos elementos,

$$N_2(g) + 3\ H_2(g) \rightleftharpoons 2\ NH_3(g)$$

e alguns anos depois, Carl Bosch (1874-1940) aperfeiçoou a síntese em escala industrial. A fabricação da amônia tem um custo de centavos de dólar por quilo e está, consequentemente, entre os cinco produtos químicos mais produzidos nos Estados Unidos, com produção anual de 15 a 20 bilhões de quilogramas. A amônia não é utilizada apenas como fertilizante, mas também como matéria-prima na produção de ácido nítrico e nitrato de amônio, entre outras coisas.

A produção de amônia (Figura A) é um bom exemplo do papel que a cinética e o equilíbrio químico desempenham na química prática.

A reação $N_2 + H_2$ é exotérmica e produto-favorecida a 25 °C ($K_c > 1$).

A 25 °C, K_c (valor calculado) = $3,5 \times 10^8$ e $\Delta_r H° = -92,2$ kJ/mol-rea

Infelizmente, a reação a 25 °C é lenta, então é necessário realizar a reação sob uma temperatura mais alta para aumentar a velocidade da reação. O problema disso, entretanto, é que a constante de equilíbrio diminui com a temperatura, conforme o princípio de Le Chatelier.

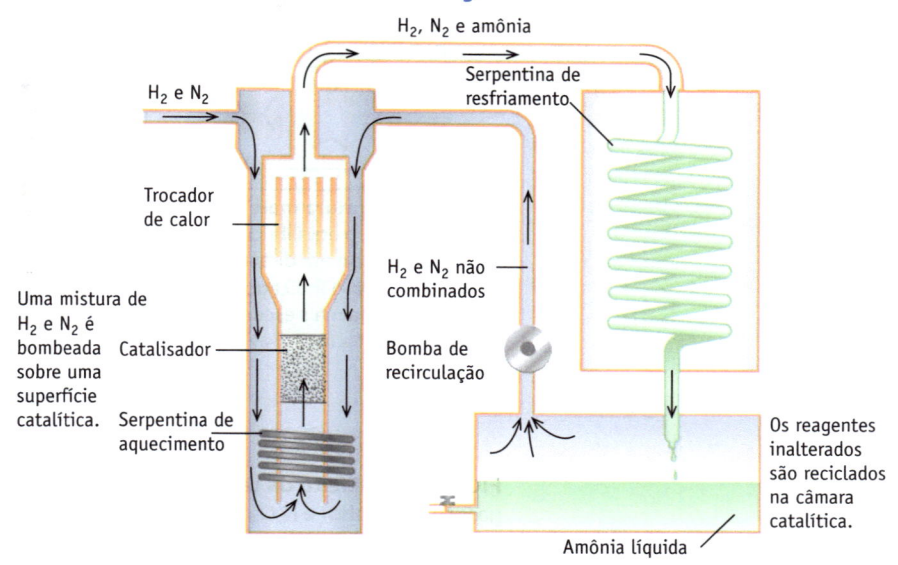

FIGURA A O processo Haber-Bosch para síntese de amônia. Uma mistura de H_2 e N_2 é bombeada sobre uma superfície catalítica. O NH_3 é coletado como um líquido (a −33 °C), e reagentes inalterados são reciclados na câmara catalítica.

A 450 °C, K_c (valor experimental) = 0,16 e $\Delta_r H° = -111,3$ kJ/mol-rea

Assim, a produção diminui com o aumento da temperatura.

Duas coisas podem ser feitas. A primeira é aumentar a pressão. Isso não altera o valor de K, mas o aumento de pressão pode ser compensado pela conversão de 4 mols de reagentes em 2 mols de produto e, assim, aumento da porcentagem de conversão para NH_3.

Em uma fábrica de amônia, é necessário balancear a velocidade da reação (otimizada a altas temperaturas) com o rendimento do produto (K é menor em temperaturas mais altas). Adicionalmente, um catalisador muitas vezes é usado para acelerar a reação. Um catalisador efetivo no processo Haber-Bosch é Fe_3O_4 misturado a KOH, SiO_2 e Al_2O_3 (que são reagentes químicos baratos). Como o catalisador não é eficiente abaixo de 400 °C, o processo é realizado a 450–500 °C e pressão de 250 atm.

Questões:

1. A amônia anidra é diretamente usada como fertilizante, mas boa parte também é convertida em outros fertilizantes, como nitrato de amônia e ureia.

(a) Como o NH_3 é convertido em nitrato de amônia?

(b) A ureia é formada na reação de amônia e CO_2.

$$2\ NH_3(g) + CO_2(g) \rightleftharpoons (NH_2)_2CO(s) + H_2O(g)$$

O que pode favorecer a produção de ureia, alta temperatura ou alta pressão? ($\Delta_r H°$ para ureia sólida = −333,1 kJ/mol-rea)

2. O hidrogênio é usado no processo Haber-Bosch, e é formado a partir do gás natural em um processo chamado *reforma de vapor*.

$$CH_4(g) + H_2O(g) \rightarrow CO(g) + 3\ H_2(g)$$
$$CO(g) + H_2O(g) \rightarrow CO_2(g) + H_2(g)$$

(a) As duas reações acima são endo ou exotérmicas?

(b) Para obter o H_2 necessário para fabricar 15 bilhões de quilos de NH_3, qual massa de CH_4 é necessária, e qual massa de CO_2 é produzida como subproduto (supondo a completa conversão do CH_4)?

As respostas a essas questões estão no Apêndice N.

produzindo mais NO à medida que o sistema retorna ao equilíbrio. Isso aumenta o valor no denominador ($[NO]^2$) e diminui o valor no denominador ($[N_2][O_2]$) no quociente da reação, Q, resultando em um maior valor de K_c.

A previsão da reação $N_2/O_2/NO$ é correta, como é possível notar na seguinte tabela de constantes de equilíbrio em várias temperaturas. A constante de equilíbrio,

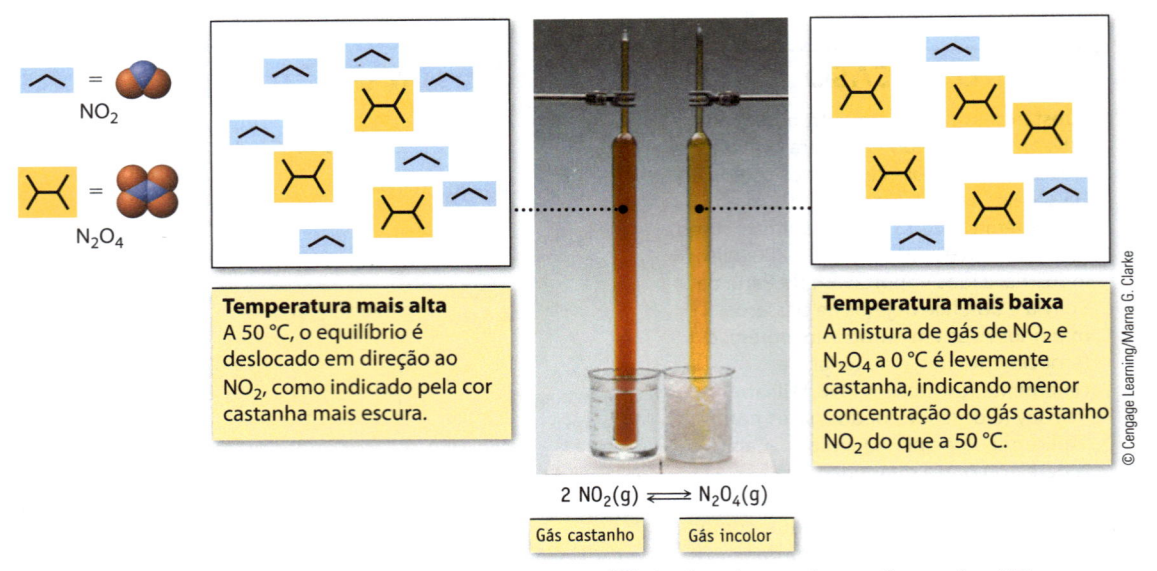

2 NO$_2$(g) $\rightleftharpoons$ N$_2$O$_4$(g)

Gás castanho   Gás incolor

FIGURA 15.7 Efeito da temperatura no equilíbrio. Os tubos na fotografia contêm NO$_2$ gasoso (castanho) e N$_2$O$_4$ (incolor) em equilíbrio. Como o equilíbrio favorece o N$_2$O$_4$ incolor, o K_c é maior em uma temperatura menor.

e consequentemente a proporção de NO na mistura em equilíbrio, aumenta com a temperatura.

Constante de equilíbrio, K_c	Temperatura (K)
$4{,}5 \times 10^{-31}$	298
$6{,}7 \times 10^{-10}$	900
$1{,}7 \times 10^{-3}$	2300

Como outro exemplo, considere a combinação de moléculas do gás NO$_2$, castanho, para formar o N$_2$O$_4$, incolor. Um equilíbrio entre esses compostos é imediatamente atingido em um sistema fechado (Figura 15.7).

$$2\ NO_2(g) \rightleftharpoons N_2O_4(g) \qquad \Delta_rH° = -57{,}1\ \text{kJ/mol-rea}$$

$$K_c = \frac{[N_2O_4]}{[NO_2]^2}$$

Constante de equilíbrio, K_c	Temperatura (K)
1300	273
170	298

Aqui a reação é exotérmica, portanto podemos imaginar que o calor é "produto" da reação. Diminuindo a temperatura do sistema, como na Figura 15.7, parte da energia é removida na forma de calor. A remoção de energia pode ser contrabalanceada se a reação produzir energia na forma de calor por meio da combinação de moléculas de NO$_2$ para formar mais N$_2$O$_4$. Assim, a concentração de NO$_2$ em equilíbrio diminui, a concentração de N$_2$O$_4$ aumenta, e o valor de K é maior sob temperaturas mais baixas.

Resumindo,

- quando a temperatura de um sistema em equilíbrio aumenta, o equilíbrio desloca-se na direção que absorve energia na forma de calor (Tabela 15.1), isto é, na direção endotérmica.

- se a temperatura diminui, o equilíbrio desloca-se na direção que libera energia térmica, isto é, na direção exotérmica.
- mudar a temperatura muda o valor de K.

EXERCÍCIOS PARA A SEÇÃO 15.6

A formação de amônia a partir de substâncias elementares é um processo industrial importante.

$$3 H_2(g) + N_2(g) \rightleftharpoons 2 NH_3(g)$$

1. A reação sofre deslocamento à direita ou à esquerda, ou permanece inalterada, quando mais H_2 é adicionado?

   (a) deslocamento à esquerda   (c) inalterada

   (b) deslocamento à direita

2. A reação sofre deslocamento à direita ou à esquerda, ou permanece inalterada, quando o volume do sistema é aumentado?

   (a) deslocamento à esquerda   (c) inalterada

   (b) deslocamento à direita

3. Para o equilíbrio $2 SO_2(g) + O_2(g) \rightleftharpoons 2 SO_3(g)$, K_c tem os seguintes valores: $4,0 \times 10^{24}$ a 300 K, $2,5 \times 10^{10}$ a 500 K, e $3,0 \times 10^4$ a 700 K. A reação é exotérmica ou endotérmica?

   (a) exotérmica   (b) endotérmica

APLICANDO PRINCÍPIOS QUÍMICOS

Carbono Trivalente

A regra de octeto é um princípio norteador na Química Orgânica. Como resultado, quando alguém descobre uma molécula que não obedece à regra de octeto, trata-se de um fato de interesse para os químicos orgânicos. A síntese do radical trifenil-metila $(C_6H_5)_3C$ foi um evento desses.

O radical trifenilmetila (**composto 2**), o primeiro radical livre orgânico persistente conhecido, foi descoberto há mais de cem anos por Moses Gomberg, um químico da Universidade de Michigan. Gomberg tentou produzir hexafeniletano $[(C_6H_5)_3C–C(C_6H_5)_3]$ (**composto 3**). Ao combinar os reagentes $(C_6H_5)_3CCl$ (**composto 1**) e Zn, obteve uma solução amarela que se tornou mais intensa quando aquecida e era reativa em relação ao oxigênio e aos halogênios. Essa reatividade extrema levou Gomberg a concluir que a cor amarela era devida à presença de $(C_6H_5)_3C$ na solução. A existência do radical livre estável foi explicada pelo fato de que há três grandes grupos fenila ao redor de um átomo de carbono, o que evita que o radical sofra a dimerização esperada formando hexafeniletano.

Na verdade, o radical trifenilmetil se dimeriza, mas não da forma que Gomberg esperava. Um dímero cristalino diamagnético branco e sólido (**composto 4**) pode ser isolado de soluções contendo o radical. A dimerização ocorre entre um radical

metila em uma molécula e o anel fenila de outra. Ao dissolver novamente em benzeno, a solução original amarela se forma.

Os estudos determinaram que os compostos **4** e **2** existem em soluções em equilíbrio. O valor de K_c para o equilíbrio dímero-monômero (**4** $\rightleftharpoons$ **2**) no benzeno é $4,1 \times 10^{-4}$ a 20 °C.

É interessante notar que Gomberg terminou sua publicação inicial com a seguinte declaração: "Esse trabalho será continuado, e gostaria de reservar o campo para mim mesmo". Nos Estados Unidos, a pesquisa química é competitiva e o desejo de Gomberg não foi respeitado.

QUESTÕES:

1. A diminuição do ponto de congelamento é um meio de determinar a massa molar de um composto. A constante de diminuição do ponto de congelamento do benzeno é −5,12°C/*m*.
   a. Quando uma amostra de 0,503 g do dímero cristalino branco é dissolvido em 10,0 g de benzeno, o ponto de congelamento do benzeno é diminuído em 0,542 °C. Verifique se a massa molar do dímero é 475 g/mol quando determinado pela diminuição do ponto de congelamento. Suponha que não ocorra a dissociação do dímero.
   b. A massa molar correta do dímero é 487 g/mol. Explique por que o equilíbrio de dissociação faz com que o cálculo da depressão do ponto de congelamento forneça uma massa molar menor para o dímero.

2. Qual é a concentração do monômero (**2**) existente em equilíbrio com 0,015 mol/L do dímero (**4**) no benzeno a 20 °C?

3. Uma amostra de 0,64 g de dímero cristalino branco (**4**) é dissolvida em 25,0 mL de benzeno a 20 °C. Use a constante de equilíbrio para calcular as concentrações do monômero (**2**) e do dímero (**4**) nesta solução.

4. Faça uma previsão se a dissociação do dímero ao monômero é exotérmica ou endotérmica, com base no fato de que, sob temperaturas mais altas, a cor amarela da solução se intensifica.

5. Qual das espécies orgânicas mencionadas nesta história é paramagnética?
   a. cloreto de trifenilmetila
   b. radical trifenilmetila
   c. dímero trifenilmetila

REFERÊNCIA:

GOMBERG, M. *Journal of the American Chemical Society*, v. 22, p. 757-771, 1900.

REVISÃO DOS OBJETIVOS DO CAPÍTULO

Agora que você já estudou este capítulo, deve perguntar a si mesmo se atingiu os objetivos propostos. Especificamente, você deverá ser capaz de:

ENTENDER

- A natureza e as características dos equilíbrios químicos.

- O significado da constante de equilíbrio, *K*, e do quociente de reação, *Q*.
   a. Predizer se a reação é produto-favorecida ou reagente-favorecida no equilíbrio. Um valor alto de K ($K > 1$) significa que a reação é produto-favorecida e que as concentrações de produtos são maiores que as concentrações de reagentes no equilíbrio. Um pequeno valor de K ($K < 1$) indica uma reação reagente-favorecida em que as concentrações de produtos são menores que as concentrações de reagentes no equilíbrio (Seção 15.2). **Questões para Estudo: 68, 70, 71.**

- Como um equilíbrio irá responder se as condições de reação forem alteradas (Princípio de Le Chatelier) (Seção 15.6).

FAZER

- Escrever as expressões da constante de equilíbrio e do quociente de reação para uma reação (Seção 15.2).
   a. Escrever a expressão matemática para o quociente de reação, *Q*, para uma reação química, que é igual ao produto das concentrações dos produtos dividido pelo produto das concentrações dos reagentes, cada concentração elevada à potência de seu coeficiente estequiométrico. Quando o sistema está em equilíbrio, o quociente de reação é igual à constante de equilíbrio *K* (Equação 15.1). **Questões para Estudo: 1–4.**
   b. Saber que as concentrações de sólidos, líquidos puros e solventes (como a água) não são incluídas na expressão da constante de equilíbrio.
   c. Designar as constantes de equilíbrio como K_c ou K_p e converter entre valores de K_c e K_p. As concentrações no equilíbrio podem ser expressas em termos de concentração de reagente e produto (em mols por litro) e *K* é às vezes denominado K_c. Por outro lado, as concentrações de gases podem ser representadas por pressões parciais, e *K* é denominada K_p. **Questões para Estudo: 25, 26, 55, 62.**

- Calcular uma constante de equilíbrio a partir de concentrações de reagentes e de produtos (Seção 15.3). Questões para Estudo: 7–11, 31, 35, 36, 46, 60, 63.

- Usar *Q* e *K* em estudos quantitativos de equilíbrio químico.

   a. Usar o quociente de reação (*Q*) para decidir se uma reação está em equilíbrio (*Q* = *K*) ou se haverá conversão líquida de reagentes em produtos (*Q* < *K*) ou de produtos em reagentes (*Q* > *K*) para se atingir o equilíbrio (Seção 15.2). Questões para Estudo: 3–6, 37, 38, 64.

   b. Utilizar constantes de equilíbrio para calcular as concentrações (ou as pressões) de reagentes ou de produtos no equilíbrio (Seção 15.4). Questões para Estudo: 16, 17, 34, 38, 44, 48–58, 61, 63.

- Obter um valor de *K* se diferentes quocientes estequiométricos forem usados, se a equação química for revertida ou se várias equações forem somadas (Seção 15.5). Questões para Estudo: 19–24, 33, 39.

- Usar o princípio de Le Chatelier.

   a. Prever o efeito de uma perturbação sobre um equilíbrio químico: uma variação de temperatura, uma variação de concentração ou uma variação de volume ou pressão em uma reação envolvendo gases (Seção 15.6 e Tabela 15.1). Questões para Estudo: 27–30, 41–43, 64.

LEMBRAR

- As características dos equilíbrios químicos (Seções 15.1 e 15.2).

- A importância do estado de equilíbrio em sistemas químicos (Seções 15.1 e 15.2).

- A formulação matemática de uma constante de equilíbrio (Seção 15.2).

- O princípio de Le Chatelier e como isso se aplica aos equilíbrios químicos (Seção 15.6).

EQUAÇÕES-CHAVE

Equação 15.1 A expressão da constante de equilíbrio. No equilíbrio, a proporção entre produtos e reagentes (cada qual elevado à potência correspondente ao seu coeficiente estequiométrico) possui um valor constante, *K* (a uma determinada temperatura). Para a reação geral $aA + bB \rightleftharpoons cC + dD$,

$$\text{Constante de equilíbrio} = K = \frac{[C]^c[D]^d}{[A]^a[B]^b}$$

Equação 15.2 Para a reação geral $aA + bB \rightleftharpoons cC + dD$, a razão entre as concentrações de produtos e de reagentes em qualquer ponto na reação é o quociente da reação, *Q*.

$$\text{Quociente da reação} = Q = \frac{[C]^c[D]^d}{[A]^a[B]^b}$$

Equação 15.3 Essa aproximação é usada para calcular as concentrações de equilíbrio de *B* e *C* (= *x*) na reação geral $A \rightleftharpoons B + C$ quando o valor de $100 \times K$ for menor que a concentração original de $A (= [A]_0)$.

$$K = \frac{[B][C]}{[A]} \approx \frac{(x)(x)}{[A]_0}$$

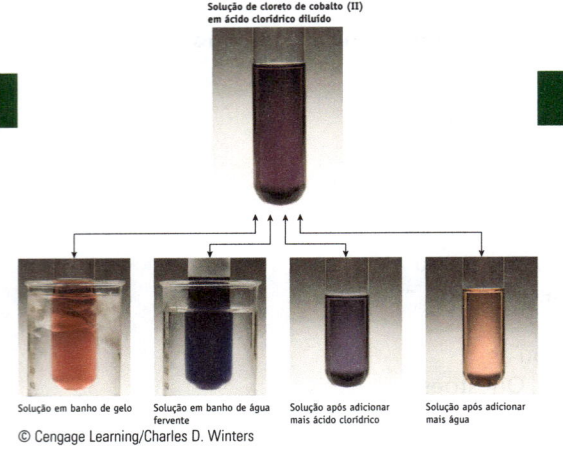

Solução de cloreto de cobalto (II)
em ácido clorídrico diluído

Solução em banho de gelo — Solução em banho de água fervente — Solução após adicionar mais ácido clorídrico — Solução após adicionar mais água

© Cengage Learning/Charles D. Winters

▲ denota questões desafiadoras.

Questões numeradas em verde têm respostas no Apêndice N.

Praticando Habilidades

Escrevendo Expressões da Constante de Equilíbrio

(Veja a Seção 15.2 e o Exemplo 15.1.)

1. Escreva as expressões da constante de equilíbrio para cada uma das seguintes reações. Para gases, use pressões ou concentrações.

(a) $2 H_2O_2(g) \rightleftharpoons 2 H_2O(g) + O_2(g)$
(b) $CO(g) + \frac{1}{2} O_2(g) \rightleftharpoons CO_2(g)$
(c) $C(s) + CO_2(g) \rightleftharpoons 2 CO(g)$
(d) $NiO(s) + CO(g) \rightleftharpoons Ni(s) + CO_2(g)$

2. Escreva as expressões da constante de equilíbrio para cada uma das seguintes reações. Para gases, use pressões ou concentrações.

(a) $3 O_2(g) \rightleftharpoons 2 O_3(g)$
(b) $Fe(s) + 5 CO(g) \rightleftharpoons Fe(CO)_5(g)$
(c) $(NH_4)_2CO_3(s) \rightleftharpoons 2 NH_3(g) + CO_2(g) + H_2O(g)$
(d) $Ag_2SO_4(s) \rightleftharpoons 2 Ag^+(aq) + SO_4^{2-}(aq)$

A Constante de Equilíbrio e o Quociente de Reação

(Veja a Seção 15.2 e o Exemplo 15.2).

3. $K_c = 5,6 \times 10^{-12}$ a 500 K para a dissociação das moléculas de iodo em átomos de iodo.

$$I_2(g) \rightleftharpoons 2 I(g)$$

Uma mistura contém $[I_2] = 0,020$ mol/L e $[I] = 2,0 \times 10^{-8}$ mol/L. A reação está em equilíbrio (a 500 K)? Se não estiver, em que direção a reação prosseguirá para atingir o equilíbrio?

4. A reação

$$2 NO_2(g) \rightleftharpoons N_2O_4(g)$$

possui uma constante de equilíbrio, K_c, de 170 a 25 °C. Se $2,0 \times 10^{-3}$ mol de NO_2 estiver presente em um frasco de 10 L junto a $1,5 \times 10^{-3}$ mol de N_2O_4, o sistema está em equilíbrio? Se não estiver, a concentração de NO_2 aumenta ou diminui conforme o sistema prossegue ao equilíbrio?

5. Uma mistura de SO_2, O_2 e SO_3 a 1000 K contém os gases nas seguintes concentrações: $[SO_2] = 5,0 \times 10^{-3}$ mol/L, $[O_2] = 1,9 \times 10^{-3}$ mol/L e $[SO_3] = 6,9 \times 10^{-3}$ mol/L. A reação está em equilíbrio? Se não estiver, em que direção a reação prossegue para atingir o equilíbrio?

$$2 SO_2(g) + O_2(g) \rightleftharpoons 2 SO_3(g) \quad K_c = 279$$

6. A constante de equilíbrio, K_c, para a reação

$$2 NOCl(g) \rightleftharpoons 2 NO(g) + Cl_2(g)$$

é de $3,9 \times 10^{-3}$ a 300 °C. Uma mistura contém os gases nas seguintes concentrações: $[NOCl] = 5,0 \times 10^{-3}$ mol/L, $[NO] = 2,5 \times 10^{-3}$ mol/L e $[Cl_2] = 2,0 \times 10^{-3}$ mol/L. A reação está em equilíbrio a 300 °C? Se não estiver, em que direção a reação prossegue para atingir o equilíbrio?

Calculando a Constante de Equilíbrio

(Veja a Seção 15.3 e o Exemplo 15.3).

7. A reação

$$PCl_5(g) \rightleftharpoons PCl_3(g) + Cl_2(g)$$

foi examinada a 250 °C. No equilíbrio, $[PCl_5] = 4,2 \times 10^{-5}$ mol/L, $[PCl_3] = 1,3 \times 10^{-2}$ mol/L, e $[Cl_2] = 3,9 \times 10^{-3}$ mol/L. Calcule K_c para a reação.

8. Uma mistura de SO_2, O_2 e SO_3 sob alta temperatura contém os gases nas seguintes concentrações: $[SO_2] = 3,77 \times 10^{-3}$ mol/L, $[O_2] = 4,30 \times 10^{-3}$ mol/L e $[SO_3] = 4,13 \times 10^{-3}$ mol/L. Calcule o valor da constante de equilíbrio, K_c, para a reação.

$$2 SO_2(g) + O_2(g) \rightleftharpoons 2 SO_3(g)$$

9. A reação

$$C(s) + CO_2(g) \rightleftharpoons 2 CO(g)$$

ocorre sob alta temperatura. A 700 °C, um tanque de 200,0 L contém 1,0 mol de CO, 0,20 mol de CO_2 e 0,40 mol de C em equilíbrio.

(a) Calcule K_c para a reação a 700 °C.
(b) Calcule K_c para a reação, também a 700 °C, se as quantidades em equilíbrio no tanque de 200,0 L são de 1,0 mol de CO, 0,20 mol de CO_2 e 0,80 mol de C.
(c) Compare os resultados de (a) e (b). A quantidade de carbono afeta o valor de K_c? Explique.

10. Hidrogênio e dióxido de carbono reagem sob alta temperatura para fornecer água e monóxido de carbono.

$$H_2(g) + CO_2(g) \rightleftharpoons H_2O(g) + CO(g)$$

(a) Medidas de laboratório a 986 °C mostram que há 0,11 mol de cada, CO e vapor de H_2O, e 0,087 mol de cada, H_2 e CO_2, no equilíbrio em um recipiente de 50,0 L. Calcule a constante de equilíbrio para a reação a 986 °C.

(b) Suponha que 0,010 mol de cada, H_2 e CO_2, são colocados em um recipiente de 200,0 L. Quando o equilíbrio for atingido a 986 °C, quais quantidades de CO(g) e H_2O(g) em mols estarão presentes? [Use o valor de K_c da parte (a).]

11. Uma mistura de CO e Cl_2 é colocada em um frasco de reação: [CO] = 0,0102 mol/L e [Cl_2] = 0,00609 mol/L. Quando a reação

$$CO(g) + Cl_2(g) \rightleftharpoons COCl_2(g)$$

atingir equilíbrio a 600 K, [Cl_2] = 0,00301 mol/L.

(a) Calcule as concentrações de CO e $COCl_2$ no equilíbrio.

(b) Calcule K_c.

12. Você coloca 0,0300 mol de SO_3 puro em um frasco de 8,00 L a 1150 K. No equilíbrio, 0,0058 mol de O_2 se formou. Calcule K_c para a reação a 1150 K.

$$2\ SO_3(g) \rightleftharpoons 2\ SO_2(g) + O_2(g)$$

Usando as Constantes de Equilíbrio

(Veja a Seção 15.4 e os Exemplos 15.4 e 15.5)

13. O valor de K_c para a interconversão de butano e isobutano é 2,5 a 25 °C.

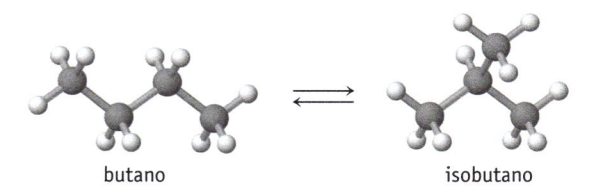

butano   isobutano

Se você colocar 0,017 mol de butano em um frasco de 0,50 L a 25 °C e deixar que o equilíbrio se estabeleça, quais serão as concentrações de equilíbrio das duas formas do butano?

14. O ciclo-hexano, C_6H_{12}, um hidrocarboneto, pode isomerizar ou transformar-se em metilciclopentano, um composto de mesma fórmula ($C_5H_9CH_3$) mas com diferente estrutura molecular.

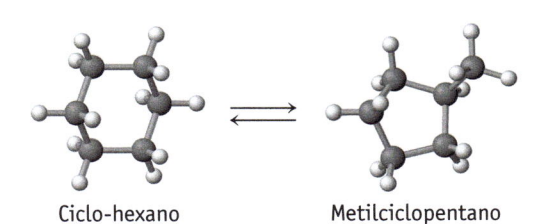

Ciclo-hexano   Metilciclopentano

A constante de equilíbrio foi estimada em 0,12 a 25 °C. Se você originalmente colocasse 0,045 mol de ciclo-hexano em um frasco de 2,8 L, quais seriam as concentrações de ciclo-hexano e metilciclopentano quando o equilíbrio fosse atingido?

15. A constante de equilíbrio para a dissociação das moléculas de iodo em átomos de iodo

$$I_2(g) \rightleftharpoons 2\ I(g)$$

é de $3,76 \times 10^{-3}$ a 1000 K. Suponha que 0,105 mol de I_2 seja colocado em um frasco de 12,3 L a 1000 K. Quais são as concentrações de I_2 e I quando o sistema entra em equilíbrio?

16. A constante de equilíbrio, K_c, para a reação

$$N_2O_4(g) \rightleftharpoons 2\ NO_2(g)$$

a 25 °C é 170. Suponha que 15,6 g de N_2O_4 sejam colocados em um frasco de 5,000 L a 25 °C. Calcule:

(a) a quantidade de NO_2 (mol) presente no equilíbrio;

(b) a porcentagem do N_2O_4 original que é dissociado.

17. O brometo de carbonila decompõe-se em monóxido de carbono e bromo.

$$COBr_2(g) \rightleftharpoons CO(g) + Br_2(g)$$

K_c é 0,190 a 73 °C. Se colocarmos 0,0500 mol de $COBr_2$ em um frasco de 2,00 L e aquecê-lo até 73 °C, quais são as concentrações de equilíbrio de $COBr_2$, CO e Br_2? Qual é a porcentagem do $COBr_2$ original decomposto a essa temperatura?

18. O iodo dissolve-se na água, mas sua solubilidade em um solvente não polar como o CCl_4 é maior.

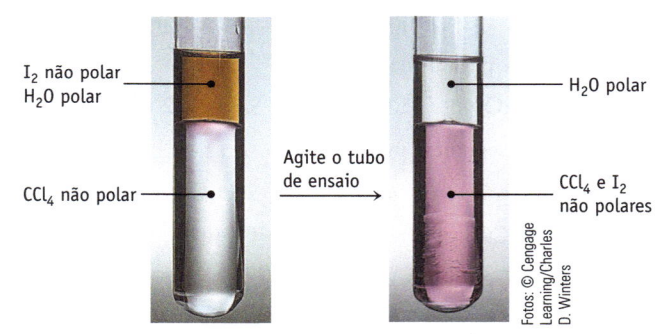

I_2 não polar
H_2O polar — — H_2O polar

Agite o tubo de ensaio

CCl_4 não polar — — CCl_4 e I_2 não polares

Fotos: © Cengage Learning/Charles D. Winters

Extraindo iodo (I_2) da água com o solvente não polar CCl_4. O I_2 é mais solúvel em CCl_4 e, após agitar a mistura de água e CCl_4, o I_2 acumulou-se na camada mais densa de CCl_4.

A constante de equilíbrio é 85,0 para o processo

$$I_2(aq) \rightleftharpoons I_2(CCl_4)$$

Coloque 0,0340 g de I_2 em 100,0 mL de água. Após misturar com 10,0 mL de CCl_4, quanto I_2 permanece na camada de água?

Manipulando as Expressões da Constante de Equilíbrio
(Veja a Seção 15.5 e o Exemplo 15.6).

19. Quais dos itens seguintes relacionam corretamente as constantes de equilíbrio para as duas reações mostradas?

$$A + B \rightleftharpoons 2\,C \qquad K_1$$

$$2\,A + 2\,B \rightleftharpoons 4\,C \qquad K_2$$

(a) $K_2 = 2K_1$ (c) $K_2 = 1/K_1$
(b) $K_2 = K_1^2$ (d) $K_2 = 1/K_1^2$

20. Quais dos itens seguintes relacionam corretamente as constantes de equilíbrio para as duas reações mostradas?

$$A + B \rightleftharpoons 2\,C \qquad K_1$$

$$C \rightleftharpoons \tfrac{1}{2}\,A + \tfrac{1}{2}\,B \qquad K_2$$

(a) $K_2 = 1/(K_1)^{1/2}$ (c) $K_2 = K_1^2$
(b) $K_2 = 1/K_1$ (d) $K_2 = -K_1^{1/2}$

21. Considere os equilíbrios a seguir envolvendo $SO_2(g)$ e suas constantes de equilíbrio correspondentes.

$$SO_2(g) + \tfrac{1}{2}\,O_2(g) \rightleftharpoons SO_3(g) \qquad K_1$$

$$2\,SO_3(g) \rightleftharpoons 2\,SO_2(g) + O_2(g) \qquad K_2$$

Quais das seguintes expressões relacionam K_1 a K_2?

(a) $K_2 = K_1^2$ (d) $K_2 = 1/K_1$
(b) $K_2^2 = K_1$ (e) $K_2 = 1/K_1^2$
(c) $K_2 = K_1$

22. A constante de equilíbrio K para a reação

$$CO_2(g) \rightleftharpoons CO(g) + \tfrac{1}{2}\,O_2(g)$$

É $6,66 \times 10^{-12}$ a 1000 K. Calcule K para a reação

$$2\,CO(g) + O_2(g) \rightleftharpoons 2\,CO_2(g)$$

23. Calcule K para a reação

$$SnO_2(s) + 2\,CO(g) \rightleftharpoons Sn(s) + 2\,CO_2(g)$$

dadas as seguintes informações:

$$SnO_2(s) + 2\,H_2(g) \rightleftharpoons Sn(s) + 2\,H_2O(g) \qquad K = 8,12$$

$$H_2(g) + CO_2(g) \rightleftharpoons H_2O(g) + CO(g) \qquad K = 0,771$$

24. Calcule K para a reação

$$Fe(s) + H_2O(g) \rightleftharpoons FeO(s) + H_2(g)$$

dadas as seguintes informações:

$$H_2O(g) + CO(g) \rightleftharpoons H_2(g) + CO_2(g) \qquad K = 1,6$$

$$FeO(s) + CO(g) \rightleftharpoons Fe(s) + CO_2(g) \qquad K = 0,67$$

25. Relação de K_c e K_p:

(a) K_p para a seguinte reação é 0,16 a 25 °C. Qual é o valor de K_c?

$$2\,NOBr(g) \rightleftharpoons 2\,NO(g) + Br_2(g)$$

(b) A constante de equilíbrio, K_c, para a reação a seguir é de 1,05 a 350 K. Qual é o valor de K_p?

$$2\,CH_2Cl_2(g) \rightleftharpoons CH_4(g) + CCl_4(g)$$

26. Relação de K_c e K_p:

(a) A constante de equilíbrio, K_c, para a seguinte reação a 25 °C é 170. Qual é o valor de K_p?

$$N_2O_4(g) \rightleftharpoons 2\,NO_2(g)$$

(b) K_c para a decomposição do hidrogenossulfeto de amônio é $1,8 \times 10^{-4}$ a 25 °C. Qual é o valor de K_p?

$$NH_4HS(s) \rightleftharpoons NH_3(g) + H_2S(g)$$

Perturbando um Equilíbrio Químico
(Veja a Seção 15.6 e o Exemplo 15.7).

27. O trióxido de dinitrogênio decompõe-se em NO e NO_2 em um processo endotérmico ($\Delta_r H° = 40,5$ kJ/mol-rea).

$$N_2O_3(g) \rightleftharpoons NO(g) + NO_2(g)$$

Estime o efeito das seguintes alterações na posição do equilíbrio; isto é, diga em qual direção o equilíbrio irá se deslocar (esquerda, direita ou nenhum deslocamento) quando cada uma das seguintes alterações for realizada.

(a) adicionar mais $N_2O_3(g)$
(b) adicionar mais $NO_2(g)$
(c) aumentar o volume do frasco de reação
(d) diminuir a temperatura

28. K_p para a reação a seguir é 0,16 a 25 °C:

$$2\,NOBr(g) \rightleftharpoons 2\,NO(g) + Br_2(g)$$

A variação de entalpia para a reação nas condições padrão é +16,3 kJ/mol-rea. Estime o efeito das seguintes alterações na posição do equilíbrio; isto é, diga em qual direção o equilíbrio irá se deslocar (esquerda, direita ou nenhum deslocamento) quando cada uma das seguintes alterações for realizada.

(a) adicionar mais $Br_2(g)$
(b) remover parte do $NOBr(g)$
(c) diminuir a temperatura
(d) aumentar o volume do recipiente

29. Considere a isomerização do butano com uma constante de equilíbrio de $K = 2,5$. (Veja a Questão para Estudo 13.) O sistema está originalmente em equilíbrio com [butano] = 1,0 M e [isobutano] = 2,5 M.

(a) Se 0,50 mol/L de isobutano for repentinamente adicionado e o sistema mudar para uma nova posição de equilíbrio, qual é a concentração de equilíbrio de cada gás?
(b) Se 0,50 mol/L de butano for adicionado à mistura original em equilíbrio e o sistema mudar para uma nova posição de equilíbrio, qual é a concentração de equilíbrio de cada gás?

30. A decomposição do NH_4HS

$$NH_4HS(s) \rightleftharpoons NH_3(g) + H_2S(g)$$

é um processo endotérmico. Usando o princípio de Le Chatelier, explique como aumentar a temperatura afeta o equilíbrio. Se mais NH_4HS for adicionado a um frasco em que este equilíbrio exista, como o equilíbrio é afetado? E se mais NH_3 for adicionado ao frasco? O que acontecerá com a pressão do NH_3 se um pouco de H_2S for removido do frasco?

Questões Gerais

Estas questões não estão definidas quanto ao tipo ou à localização no capítulo. Elas podem combinar vários conceitos.

31. Suponha que 0,086 mol de Br_2 seja colocado em um frasco de 1,26 L e aquecido a 1756 K, uma temperatura na qual o halogênio se dissocia em átomos.

$$Br_2(g) \rightleftharpoons 2\ Br(g)$$

Se Br_2 for 3,7% dissociado a essa temperatura, calcule K_c.

32. A constante de equilíbrio para a reação

$$N_2(g) + O_2(g) \rightleftharpoons 2\ NO(g)$$

é $1,7 \times 10^{-3}$ a 2300 *K*.

(a) Qual é o valor de *K* para a reação quando escrita como se segue?

$$\tfrac{1}{2}\ N_2(g) + \tfrac{1}{2}\ O_2(g) \rightleftharpoons NO(g)$$

(b) Qual é o valor de *K* para a seguinte reação?

$$2\ NO(g) \rightleftharpoons N_2(g) + O_2(g)$$

33. K_p para a formação de fosgênio, $COCl_2$, é $6,5 \times 10^{11}$ a 25 °C.

$$CO(g) + Cl_2(g) \rightleftharpoons COCl_2(g)$$

Qual é o valor de K_p para a dissociação do fosgênio?

$$COCl_2(g) \rightleftharpoons CO(g) + Cl_2(g)$$

34. A constante de equilíbrio, K_c, para a seguinte reação é 1,05 a 350 K.

$$2\ CH_2Cl_2(g) \rightleftharpoons CH_4(g) + CCl_4(g)$$

Se uma mistura em equilíbrio dos três gases a 350 K contém 0,0206 M de $CH_2Cl_2(g)$ e 0,0163 M de CH_4, qual é a concentração no equilíbrio de CCl_4?

35. O tetracloreto de carbono pode ser produzido pela seguinte reação:

$$CS_2(g) + 3\ Cl_2(g) \rightleftharpoons S_2Cl_2(g) + CCl_4(g)$$

Suponha que 0,12 mol de CS_2 e 0,36 mol de Cl_2 sejam colocados em um frasco de 10,0 L. Após o equilíbrio ter sido atingido, a mistura contém 0,090 mol de CCl_4. Calcule K_c.

36. Valores iguais de mols de gás H_2 e vapor de I_2 são misturados em um frasco e aquecidos a 700 °C. A concentração inicial de cada gás é 0,0088 mol/L e 78,6% do I_2 é consumido quando o equilíbrio é atingido de acordo com a equação

$$H_2(g) + I_2(g) \rightleftharpoons 2\ HI(g)$$

Calcule K_c para a reação.

37. A constante de equilíbrio para a reação de isomerização butano $\rightleftharpoons$ isobuteno é 2,5 a 25 °C. Se 1,75 mol de butano e 1,25 mol de isobutano são misturados, o sistema está em equilíbrio? Se não estiver, quando prosseguir ao equilíbrio, qual reagente aumenta em concentração? Calcule as concentrações dos dois compostos quando o sistema atinge o equilíbrio.

38. A 2300 K, a constante de equilíbrio para a formação de NO(g) é $1,7 \times 10^{-3}$.

$$N_2(g) + O_2(g) \rightleftharpoons 2\ NO(g)$$

(a) A análise mostra que as concentrações de N_2 e O_2 são ambas 0,25 M, e que a de NO é 0,0042 M sob certas condições. O sistema está em equilíbrio?

(b) Se o sistema não estiver em equilíbrio, em que direção a reação deverá proceder?

(c) Quando o sistema estiver em equilíbrio, quais são as concentrações de equilíbrio?

39. Quais dos itens seguintes relacionam corretamente as duas constantes de equilíbrio para as duas reações mostradas?

$$NOCl(g) \rightleftharpoons NO(g) + \tfrac{1}{2}\ Cl_2(g) \qquad K_1$$

$$2\ NO(g) + Cl_2(g) \rightleftharpoons 2\ NOCl(g) \qquad K_2$$

(a) $K_2 = -K_1^2$ (c) $K_2 = 1/K_1^2$
(b) $K_2 = 1/(K_1)^{1/2}$ (d) $K_2 = 2K_1$

40. Considere o seguinte equilíbrio:

$$COBr_2(g) \rightleftharpoons CO(g) + Br_2(g) \qquad K_c = 0,190 \text{ a } 73 \text{ °C}$$

(a) Uma amostra de 0,50 mol de $COBr_2$ é transferida para um frasco de 9,50 L e aquecida até atingir o equilíbrio. Calcule as concentrações de equilíbrio de cada espécie.

(b) O volume do recipiente é diminuído para 4,5 L e o sistema retorna ao equilíbrio. Calcule as novas concentrações de equilíbrio. (*Sugestão*: O cálculo será mais fácil se visualizado como um novo problema com 0,5 mol de $COBr_2$ transferido a um frasco de 4,5 L.)

(c) Qual é o efeito de diminuir o volume do recipiente de 9,50 L a 4,50 L?

41. Aquecer um carbonato metálico leva-o à decomposição.

$$BaCO_3(s) \rightleftharpoons BaO(s) + CO_2(g)$$

Preveja o efeito no equilíbrio para cada alteração listada abaixo. Responda escolhendo (i) nenhuma alteração, (ii) deslocamento para a esquerda ou (iii) deslocamento para a direita.

(a) adicionar $BaCO_3$ (c) adicionar BaO
(b) adicionar CO_2 (d) aumentar a temperatura
(e) aumentar o volume do frasco contendo a reação

42. O brometo de carbonila decompõe-se em monóxido de carbono e bromo.

$$COBr_2(g) \rightleftharpoons CO(g) + Br_2(g)$$

K_c é 0,190 a 73 °C. Suponha que você coloque 0,500 mol de $COBr_2$ em um frasco de 2,00 L e aqueça-o até 73 °C (veja a Questão para Estudo 17). Após o equilíbrio ser atingido, você adiciona mais 2,00 mols de CO.

(a) Como a mistura em equilíbrio é afetada pela adição de mais CO?

(b) Quando o equilíbrio é restabelecido, quais são as novas concentrações de equilíbrio de $COBr_2$, CO e Br_2?

(c) Como a adição de CO afetou a porcentagem de $COBr_2$ que se decompôs?

43. Pentacloreto de fósforo decompõe-se sob temperaturas elevadas.

$$PCl_5(g) \rightleftharpoons PCl_3(g) + Cl_2(g)$$

Uma mistura em equilíbrio sob uma certa temperatura consiste em 3,120 g de PCl_5, 3,845 g de PCl_3 e 1,787 g de Cl_2 em um frasco de 10,0 L. Se você adicionar 1,418 g de Cl_2, como o equilíbrio será afetado? Quais serão as concentrações de PCl_5, PCl_3 e Cl_2 quando o equilíbrio for restabelecido?

44. O hidrogenossulfeto amônio decompõe-se com aquecimento.

$$NH_4HS(s) \rightleftharpoons NH_3(g) + H_2S(g)$$

Se K_p para essa reação é de 0,11 a 25 °C (quando as pressões parciais são medidas em atmosferas), qual é a pressão total no frasco em equilíbrio?

45. O iodeto de amônio se dissocia reversamente em amônia e iodeto de hidrogênio se o sal for aquecido sob temperatura suficientemente alta.

$$NH_4I(s) \rightleftharpoons NH_3(g) + HI(g)$$

Um pouco de iodeto de amônio é colocado em um frasco, que é então aquecido a 400 °C. Se a pressão total no frasco quando o equilíbrio tiver sido atingido for de 705 mm Hg, qual é o valor de K_p (quando as pressões parciais estão em atmosferas)?

46. Quando carbamato de amônio sólido sublima, ele se dissocia completamente em amônia e dióxido de carbono de acordo com a seguinte equação:

$$(NH_4)(H_2NCO_2)(s) \rightleftharpoons 2\,NH_3(g) + CO_2(g)$$

A 25 °C, experimentos mostram que a pressão total dos gases em equilíbrio com o sólido é de 0,116 atm. Qual é a constante de equilíbrio, K_p?

47. A reação de equilíbrio $N_2O_4(g) \rightleftharpoons 2\,NO_2(g)$ foi bastante estudada (Figura 15.7).

(a) Se a pressão total em um frasco contendo os gases NO_2 e N_2O_4 a 25 °C é de 1,50 atm e o valor de K_p a essa temperatura é de 0,148, que fração de N_2O_4 foi dissociada em NO_2?

(b) O que acontece com a fração dissociada se o volume do recipiente for aumentado para que a pressão total de equilíbrio caia para 1,00 atm?

48. Na fase gasosa, o ácido acético existe em um equilíbrio de moléculas de dímeros e monômeros. (O dímero consiste em duas moléculas ligadas por ligações de hidrogênio.)

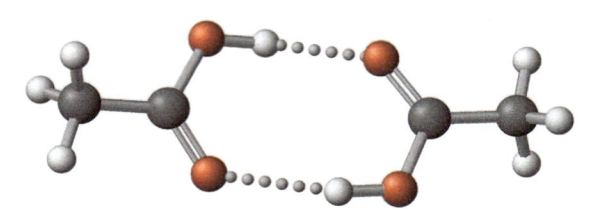

A constante de equilíbrio K_c, a 25 °C para o equilíbrio monômero-dímero

$$2\,CH_3CO_2H \rightleftharpoons (CH_3CO_2H)_2$$

foi determinada como $3,2 \times 10^4$. Suponha que o ácido acético esteja inicialmente presente em uma concentração de $5,4 \times 10^{-4}$ mol/L a 25 °C e que nenhum dímero esteja inicialmente presente.

(a) Qual porcentagem de ácido acético é convertida em dímero?

(b) Conforme a temperatura aumenta, para qual direção o equilíbrio se desloca? (Lembre-se de que a formação da ligação de hidrogênio é um processo exotérmico.)

49. Suponha que 3,60 mols de amônia sejam colocados em um frasco de 2,00 L e deixados para decomporem-se aos elementos a 723 K.

$$2\,NH_3(g) \rightleftharpoons N_2(g) + 3\,H_2(g)$$

Se o valor experimental de K_c for 6,3 para essa reação na temperatura do reator, calcule a concentração de equilíbrio de cada reagente. Qual é a pressão total no frasco?

50. A pressão total para uma mistura de N_2O_4 e NO_2 é de 0,15 atm. Se $K_p = 7,1$ (a 25 °C), calcule a pressão parcial de cada gás na mistura.

$$2\,NO_2(g) \rightleftharpoons N_2O_4(g)$$

51. K_c para a decomposição do hidrogenossulfito de amônio é de $1,8 \times 10^{-4}$ a 25 °C.

$$NH_4HS(s) \rightleftharpoons NH_3(g) + H_2S(g)$$

(a) Quando o sal puro decompõe-se em um frasco, quais são as concentrações de equilíbrio de NH_3 e H_2S?

(b) Se NH_4HS for colocado em um frasco já contendo 0,020 mol/L de NH_3 e depois o sistema chegar ao equilíbrio, quais são as concentrações de equilíbrio de NH_3 e H_2S?

52. ▲ $COCl_2$ se decompõe em CO e Cl_2 sob altas temperaturas. O valor de K_c a 600 K para a reação é de 0,0071.

$$COCl_2(g) \rightleftharpoons CO(g) + Cl_2(g)$$

Se 0,050 mol de $COCl_2$ for colocado em um frasco de 12,5 L, qual é a pressão total no equilíbrio a 600 K?

53. ▲ Um frasco de 15 L a 300 K contém 6,44 g de uma mistura de NO_2 e N_2O_4 em equilíbrio. Qual é a pressão total no frasco? (K_p para $2\,NO_2(g) \rightleftharpoons N_2O_4(g)$ é 7,1.)

54. ▲ Oxalato de lantânio se decompõe quando aquecido em óxido de lantânio(III), CO e CO_2.

$$La_2(C_2O_4)_3(s) \rightleftharpoons La_2O_3(s) + 3\,CO(g) + 3\,CO_2(g)$$

(a) Se, em equilíbrio, a pressão total em um frasco de 10,0 L é de 0,200 atm, qual é o valor de K_p?

(b) Suponha que 0,100 mol de $La_2(C_2O_4)_3$ tenha originalmente sido colocado no frasco de 10,0 L. Que quantidade de $La_2(C_2O_4)_3$ continua sem reagir no equilíbrio a 373 K?

55. ▲ A reação de hidrogênio e iodo para resultar em iodeto de hidrogênio possui constante de equilíbrio, K_c, de 56 a 435 °C.

(a) Qual é o valor de K_p?

(b) Suponha que você misture 0,045 mol de H_2 e 0,045 mol de I_2 em um frasco de 10,0 L a 425 °C. Qual é a pressão total da mistura antes e após o equilíbrio ser atingido?

(c) Qual é a pressão parcial de cada gás no equilíbrio?

56. Cloreto de sulfurila, SO_2Cl_2, é usado como reagente na síntese de compostos orgânicos. Quando aquecido a temperatura suficientemente alta, ele se decompõe em SO_2 e Cl_2.

$$SO_2Cl_2(g) \rightleftharpoons SO_2(g) + Cl_2(g) \qquad K_c = 0,045 \text{ a } 375 \text{ °C}$$

(a) Um frasco de 10,0 L contendo 6,70 g de SO_2Cl_2 é aquecido a 375 °C. Qual é a concentração de cada um dos componentes no sistema quando o equilíbrio é atingido? Qual fração de SO_2Cl_2 foi dissociada?

(b) Quais são as concentrações de SO_2Cl_2, SO_2 e Cl_2 em equilíbrio no frasco de 10,0 L a 375 °C se você começar com uma mistura de SO_2Cl_2 (6,70 g) e Cl_2 (0,10 atm)? Qual fração de SO_2Cl_2 foi dissociada?

(c) Compare as frações de SO_2Cl_2 nas partes (a) e (b). Elas concordam com sua expectativa baseada no princípio de Le Chatelier?

57. ▲ A hemoglobina (Hb) pode formar complexos com O_2 e CO. Para a reação

$$HbO_2(aq) + CO(g) \rightleftharpoons HbCO(aq) + O_2(g)$$

em temperatura corporal, K é aproximadamente 200. Se a razão $[HbCO]/[HbO_2]$ chegar perto de 1, a morte é provável. Que pressão parcial de CO no ar tende a ser fatal? Suponha uma pressão parcial de O_2 de 0,20 atm.

58. ▲ O calcário se decompõe sob altas temperaturas.

$$CaCO_3(s) \rightleftharpoons CaO(s) + CO_2(g)$$

A 1000 °C, $K_p = 3,87$. Se $CaCO_3$ puro for colocado em um frasco de 5,00 L e aquecido a 1000 °C, qual quantidade de $CaCO_3$ deve se decompor para atingir a pressão de equilíbrio de CO_2?

59. A 1800 K, o oxigênio se dissocia muito levemente em seus átomos.

$$O_2(g) \rightleftharpoons 2 \text{ O}(g) \qquad K_p = 1,2 \times 10^{-10}$$

Se você colocar 0,050 mol de O_2 em um recipiente de 10, L e aquecê-lo até 1800 K, quantos átomos de O estarão presentes no frasco?

60. ▲ Brometo de nitrosila, NOBr, prontamente se dissocia a temperatura ambiente.

$$NOBr(g) \rightleftharpoons NO(g) + \tfrac{1}{2} \text{ Br}_2(g)$$

Um pouco de NOBr é colocado em um frasco a 25 °C e permitido dissociar. A pressão total em equilíbrio é de 190 mm Hg e o composto está 34% dissociado. Qual é o valor de K_p?

61. ▲ Ácido bórico e glicerina formam um complexo

$$B(OH)_3(aq) + \text{glicerina}(aq) \rightleftharpoons B(OH)_3 \cdot \text{glicerina}(aq)$$

com uma constante de equilíbrio de 0,90. Se a concentração de ácido bórico é de 0,10 M, quanta glicerina deve ser adicionada, por litro, para que 60, % do ácido bórico esteja na forma do complexo?

62. ▲ A dissolução do carbonato de cálcio possui uma constante de equilíbrio de $K_p = 1,16$ a 800 °C.

$$CaCO_3(s) \rightleftharpoons CaO(s) + CO_2(g)$$

(a) Qual é a constante de equilíbrio K_c para a reação?

(b) Se colocarmos 22,5 g de $CaCO_3$ em um recipiente de 9,56 L a 800° C, qual é a pressão do CO_2 no recipiente?

(c) Qual porcentagem da amostra original de 22,5 g de $CaCO_3$ continua não decomposta no equilíbrio?

63. ▲ Uma amostra de gás N_2O_4 com pressão de 1,00 atm é colocada em um frasco. Quando o equilíbrio é atingido, 20,0% do N_2O_4 foi convertido em gás NO_2.

(a) Calcule K_p.

(b) Se a pressão original de N_2O_4 for 0,10 atm, qual é a porcentagem de dissociação do gás? O resultado está de acordo com o princípio de Le Chatelier?

64. ▲ Uma reação importante na formação de *smog* é

$$O_3(g) + NO(g) \rightleftharpoons O_2(g) + NO_2(g) \qquad K_c = 6,0 \times 10^{34}$$

(a) Se as concentrações iniciais são $[O_3] = 1,0 \times 10^{-6}$ M, $[NO] = 1,0 \times 10^{-5}$ M, $[NO_2] = 2,5 \times 10^{-4}$ M e $[O_2] = 8,2 \times 10^{-3}$ M, o sistema está em equilíbrio? Se não estiver em equilíbrio, em que direção a reação prossegue?

(b) Se a temperatura for aumentada, como em um dia muito quente, as concentrações dos produtos aumentarão ou diminuirão? (*Sugestão*: Você pode ter de calcular a variação de entalpia para a reação para descobrir se ela é exotérmica ou endotérmica.)

No Laboratório

65. ▲ O complexo de amônia de trimetilborano, $(NH_3)B(CH_3)_3$, dissocia-se a 100 °C em seus componentes com $K_p = 4,62$ (quando as pressões estão em atmosferas).

$$(NH_3)B(CH_3)_3(g) \rightleftharpoons B(CH_3)_3(g) + NH_3(g)$$

Se NH_3 for trocado por alguma outra molécula, a constante de equilíbrio é diferente.

$$\text{Para } [(CH_3)_3P]B(CH_3)_3 \qquad K_p = 0,128$$
$$\text{Para } [(CH_3)_3N]B(CH_3)_3 \qquad K_p = 0,472$$

(a) Se você iniciar um experimento colocando 0,010 mol de cada complexo em um frasco, qual teria a maior pressão parcial de $B(CH_3)_3$ a 100 °C?

(b) Se 0,73 g (0,010 mol) de $(NH_3)B(CH_3)_3$ for colocado em um frasco de 1,25 L e aquecido a 100 °C, qual é a pressão parcial de cada gás na mistura em equilíbrio, e qual é a pressão total? Qual é a porcentagem de dissociação de $(NH_3)B(CH_3)_3$?

66. As fotos abaixo mostram o que ocorre quando uma solução de cromato de potássio é tratada com algumas gotas de ácido clorídrico concentrado. Alguns dos íons cromatos de cor amarelo brilhante são convertidos em íons dicromato laranja.

$$2\ CrO_4^{2-}(aq) + 2\ H_3O^+(aq) \rightleftharpoons Cr_2O_7^{2-}(aq) + 3\ H_2O(\ell)$$

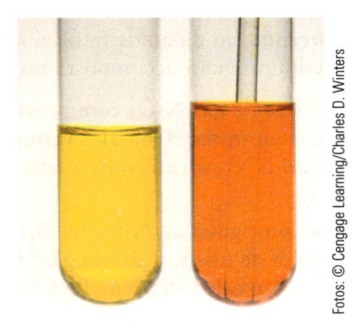

Fotos: © Cengage Learning/Charles D. Winters

(a) Explique esta observação experimental de acordo com o princípio de Le Chatelier.

(b) O que você observaria se tratasse a solução laranja com hidróxido de sódio? Explique sua observação.

67. A foto abaixo (a) mostra o que ocorre quando uma solução de nitrato de ferro(III) é tratada com algumas gotas de tiocianato de potássio aquoso. O íon ferro(III) quase incolor é convertido em um íon vermelho $[Fe(H_2O)_5SCN]^{2+}$. (Este é um teste clássico para a presença de íons ferro(III) em solução.)

$$[Fe(H_2O)_6]^{3+}(aq) + SCN^-(aq) \rightleftharpoons$$
$$[Fe(H_2O)_5SCN]^{2+}(aq) + H_2O(\ell)$$

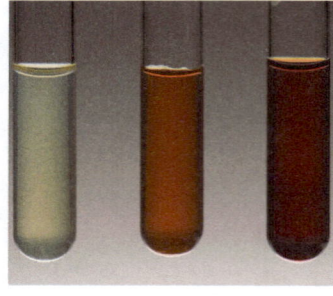 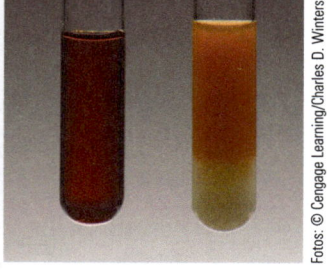

Fotos: © Cengage Learning/Charles D. Winters

(a) Adicionando KSCN   **(b)** Adicionando Ag^+

(a) Conforme mais KSCN é adicionado à solução, a cor se torna cada vez mais vermelha. Explique essa observação.

(b) Íons prata formam um precipitado branco com íons SCN^-. O que você observa ao adicionar algumas gotas de nitrato de prata aquoso em uma solução vermelha de íons $[Fe(H_2O)_5SCN]^+$? Explique sua observação.

68. ▲ As fotografias na página seguinte mostram o que ocorre quando você adiciona amônia a nitrato de níquel(II) aquoso e depois adiciona etilenodiamina $(NH_2CH_2CH_2NH_2)$ à solução azul-púrpura intermediária.

$$[Ni(H_2O)_6]^{2+}(aq) + 6\ NH_3(aq)$$
verde
$$\rightleftharpoons [Ni(NH_3)_6]^{2+}(aq) + 6\ H_2O(\ell)\quad K_1$$
azul-arroxeado

$$[Ni(NH_3)_6]^{2+}(aq) + 3\ NH_2CH_2CH_2NH_2(aq)$$
azul-arroxeado
$$\rightleftharpoons [Ni(NH_2CH_2CH_2NH_2)_3]^{2+}(aq) + 6\ NH_3(aq)\quad K_2$$
violeta

(a) Escreva a equação química para a formação de $[Ni(NH_2CH_2CH_2NH_2)_3]^{2+}$ a partir de $[Ni(H_2O)_6]^{2+}$ e etilenodiamina, e relacione o valor de K para esta reação com K_1 e K_2.

(b) Que espécie, $[Ni(NH_2CH_2CH_2NH_2)_3]^{2+}$, $[Ni(NH_3)_6]^{2+}$, ou $[Ni(H_2O)_6]^{2+}$, é a mais estável? Explique.

Resumo e Questões Conceituais

As seguintes questões podem usar os conceitos deste capítulo e dos capítulos anteriores.

69. Decida se cada uma das afirmações a seguir é verdadeira ou falsa. Se falsa, mude o enunciado para torná-la verdadeira.

(a) A magnitude da constante de equilíbrio é sempre independente da temperatura.

(b) Quando duas equações químicas são somadas para obter uma equação líquida, a constante de equilíbrio da equação líquida é o produto das constantes de equilíbrio das equações somadas.

(c) A constante de equilíbrio para uma reação possui o mesmo valor de K para a reação reversa.

(d) Somente a concentração de CO_2 aparece na expressão da constante de equilíbrio para a reação $CaCO_3(s) \rightleftharpoons CaO(s) + CO_2(g)$.

(e) Para a reação $CaCO_3(s) \rightleftharpoons CaO(s) + CO_2(g)$, o valor de K é numericamente o mesmo, se a quantidade de CO_2 for expressa em mol/litro ou em pressão do gás.

70. Nem $PbCl_2$ nem PbF_2 são apreciavelmente solúveis em água. Se $PbCl_2$ sólido e PbF_2 sólido forem colocados em quantidades iguais de água em provetas separadas, em qual delas a concentração de Pb^{2+} será maior? As constantes de equilíbrio para esses sólidos dissolvidos em água são as seguintes:

$$PbCl_2(s) \rightleftharpoons Pb^{2+}(aq) + 2\ Cl^-(aq)\qquad K_c = 1,7 \times 10^{-5}$$

$$PbF_2(s) \rightleftharpoons Pb^{2+}(aq) + 2\ F^-(aq)\qquad K_c = 3,7 \times 10^{-8}$$

71. Caracterize cada um dos itens a seguir como produto-favorecidos ou reagente-favorecidos em equilíbrio.

(a) $CO(g) + \frac{1}{2}\ O_2(g) \rightleftharpoons CO_2(g)\qquad K_p = 1,2 \times 10^{45}$

Nitrato de níquel(II) aquoso

$[Ni(H_2O)_6]^{2+}$ Adicionar amônia NH_3 $[Ni(NH_3)_6]^{2+}$ Adicionar etilenodia-mina $NH_2CH_2CH_2NH_2$ $[Ni(NH_2CH_2CH_2NH_2)_3]^{2+}$

Fotos: © Cengage Learning/Charles D. Winters

(b) $H_2O(g) \rightleftharpoons H_2(g) + \frac{1}{2} O_2(g)$ $K_p = 9,1 \times 10^{-41}$
(c) $CO(g) + Cl_2(g) \rightleftharpoons COCl_2(g)$ $K_p = 6,5 \times 10^{11}$

72. ▲ O tamanho de um frasco contendo $N_2O_4(g)$ incolor e $NO_2(g)$ castanho em equilíbrio é rapidamente reduzido para metade de seu volume original.

$$N_2O_4(g) \rightleftharpoons 2\ NO_2(g)$$

(a) Que variação de cor (caso haja) é observada imediatamente após diminuir pela metade o tamanho do frasco?
(b) Que variação de cor (caso haja) é observada durante o processo no qual o equilíbrio é restabelecido no frasco?

73. Descreva um experimento que permita provar que o sistema $3\ H_2(g) + N_2(g) \rightleftharpoons 2\ NH_3(g)$ está em equilíbrio dinâmico. (*Sugestão*: Considere usar um isótopo estável como ^{15}N ou ^2H.)

74. Equilíbrios em uma solução de cloreto de cobalto(II) (introdução do Capítulo 15).

(a) A conversão do cátion vermelho em ânion azul é exotérmica ou endotérmica?
(b) Descreva o efeito de adicionar ácido clorídrico e mais água.
(c) Como essas observações provam que a reação é reversível?

75. Suponha que um tanque inicialmente contenha H_2S sob pressão de 10,00 atm e temperatura de 800 K. Quando a reação entrou em equilíbrio, a pressão parcial do vapor de S_2 é de 0,020 atm. Calcule K_p.

$$2\ H_2S(g) \rightleftharpoons 2\ H_2(g) + S_2(g)$$

76. Gás de PCl_5 puro é colocado em um frasco de 2,00 L. Após aquecer a 250 °C, a pressão de PCl_5 é inicialmente de 2,000 atm. Entretanto, o gás, de forma lenta mas apenas parcialmente, decompõe-se em PCl_3 gasoso e Cl_2. Quando o equilíbrio é atingido, a pressão parcial de Cl_2 é 0,814 atm. Calcule K_p para a decomposição.

©Beth Swanson/Shutterstock.com

O baiacu é a fonte de um veneno mortífero, a tetrodotoxina, uma base fraca.

16 Princípios da reatividade química: a química dos ácidos e bases

Sumário do Capítulo

ALCALOIDES E TOXINAS Você provavelmente está familiarizado com alguns ácidos que existem naturalmente, tais como o ácido cítrico em frutas cítricas, o ácido málico em maçãs e o ácido tartárico em uvas. Existem muitas bases naturais também, das quais várias são classificadas como *alcaloides*. Estas são moléculas cujos sítios básicos são átomos de nitrogênio. Ao contrário dos ácidos naturais, que são geralmente benignos, os alcaloides podem causar uma grande variedade de efeitos fisiológicos em animais e seres humanos.

Um alcaloide particularmente interessante é a tetrodotoxina. Ela está presente no baiacu, bem como em uma série de outros animais marinhos. No Japão, o baiacu (conhecido como *fugu*) é uma iguaria cara e perigosa. Se for devidamente preparado, um jantar propiciará uma grande sensação de formigamento nos lábios e língua,

CAPÍTULO 16

Objetivos do Capítulo

Consulte a Revisão dos Objetivos do Capítulo para ver as Questões para Estudo relacionadas a estes objetivos.

ENTENDER

- As semelhanças e diferenças entre as teorias ácido-base de Brønsted-Lowry e de Lewis.
- A influência das estruturas e ligações sobre as propriedades ácido-base.

FAZER

- Utilizar as teorias de Brønsted-Lowry e Lewis de ácidos e bases.
- Aplicar os princípios de equilíbrio químico a ácidos e bases em solução aquosa.
- Entender como a teoria de Brønsted-Lowry é usada para prever o resultado de reações de ácidos e bases.
- Calcular o pH de uma solução a partir da concentração de íons hidrônio na solução.
- Uma vez fornecidos os valores de K_a e K_b, calcular a concentração das espécies em solução.

LEMBRAR

- Ácidos de Brønsted-Lowry são doadores de prótons e bases de Brønsted-Lowry são receptoras de prótons.
- Ácidos de Lewis são receptores de pares de elétrons e bases de Lewis são doadoras de pares de elétrons.
- O pH é uma medida de concentração de íons hidrônio.

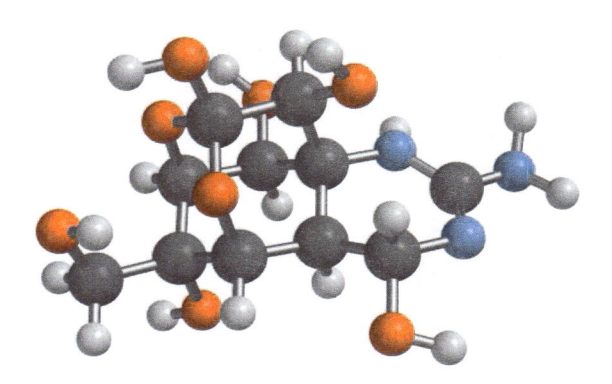

Tetrodotoxina, $C_{11}H_{17}N_3O_8$

à medida que se come. A sensação é devido à tetrodotoxina, uma neurotoxina tão tóxica que o consumo de apenas 1 a 2 miligramas pode ser fatal. A preparação do baiacu deve ser deixada para *chefs* treinados e certificados porque a toxina está presente em quantidades letais nos órgãos do baiacu. A cada ano, dezenas de pessoas ficam gravemente doentes depois de comerem baiacu, e as mortes não são incomuns. Uma dose letal pode levar horas para matar sua vítima enquanto a toxina espalha-se pelo corpo, atacando o sistema nervoso e paralisando os músculos. Durante esse período, a vítima paralisada permanece consciente, pois a toxina não atravessa a barreira hematoencefálica.

A tetrodotoxina é um heterociclo de nitrogênio, um composto em que um ou mais átomos de nitrogênio fazem parte de uma estrutura em anel. Um grande número de drogas também são heterociclos de nitrogênio. Exemplos incluem estimulantes comuns, como a cafeína e a nicotina, produtos farmacêuticos controlados, como a codeína e a morfina, e drogas ilícitas, como a cocaína e a heroína. Os cientistas continuam a procurar novos alcaloides na esperança de desenvolvê-los em novos medicamentos.

Questões para Estudo relacionadas a esta história são: 16.93, 16.94 e 16.100.

Á cidos e bases estão entre as substâncias mais comuns na natureza. Aminoácidos são os elementos fundamentais das proteínas. O repositório de informação genética em suas células é o DNA, ácido desoxirribonucleico. O pH de lagos, rios e oceanos é afetado por ácidos e bases dissolvidos, e muitas funções corporais também dependem de ácidos e bases. Você foi apresentado aos ácidos e às bases e a um pouco de suas químicas no Capítulo 3, mas este capítulo e o próximo explorarão a química dessa importante classe de substâncias em mais detalhes.

16-1 O Conceito de Brønsted-Lowry de Ácidos e Bases

No Capítulo 3, você foi apresentado a duas definições de ácidos e bases: a de Arrhenius e a de Brønsted-Lowry. De acordo com Arrhenius, um ácido é qualquer substância que, quando dissolvida em água, aumenta a concentração de íons hidrogênio, H^+. Uma base de Arrhenius é qualquer substância que aumenta a concentração de íons hidróxido, OH^-, quando dissolvida em água.

A definição de Brønsted-Lowry de ácidos e bases é mais geral e define o comportamento ácido-base em termos de transferência de prótons de uma substância para outra. *Um ácido de Brønsted-Lowry é um doador de próton (H^+), e uma base de Brønsted-Lowry é um receptor de prótons.* Esta definição estende a lista de ácidos e bases e a forma de reações ácido-base, e isso ajuda os químicos a prever a formação de produtos ou reagentes com base na força do ácido e da base.

Uma grande variedade de ácidos de Brønsted-Lowry é conhecida. Eles incluem alguns compostos moleculares como o ácido nítrico,

$$HNO_3(aq) \ + \ H_2O(\ell) \rightleftharpoons NO_3^-(aq) + H_3O^+(aq)$$
ácido

ou podem ser cátions como NH_4^+,

$$NH_4^+(aq) \ + \ H_2O(\ell) \rightleftharpoons NH_3(aq) + H_3O^+(aq)$$
ácido

ou ânions como $H_2PO_4^-$,

$$H_2PO_4^-(aq) \ + \ H_2O(\ell) \rightleftharpoons HPO_4^{2-}(aq) \ + \ H_3O^+(aq)$$

e cátions metálicos hidratados.

Teoria de Brønsted-Lowry Este capítulo se limita a discussão sobre soluções aquosas. No entanto, a teoria aplica-se igualmente bem a sistemas não aquosos.

$$[Fe(H_2O)_6]^{3+}(aq) + H_2O(\ell) \rightleftharpoons [Fe(H_2O)_5(OH)]^{2+}(aq) + H_3O^+(aq)$$

Da mesma forma, muitos tipos diferentes de espécies podem atuar como bases de Brønsted-Lowry nas suas reações com água. Estas incluem alguns compostos moleculares,

$$\underset{\text{base}}{NH_3(aq)} + H_2O(\ell) \rightleftharpoons NH_4^+(aq) + OH^-(aq)$$

ou podem ser ânions.

$$CO_3^{2-}(aq) + H_2O(\ell) \rightleftharpoons HCO_3^-(aq) + OH^-(aq)$$

Uma grande variedade de ácidos de Brønsted, como HF, HCl, HNO_3 e CH_3CO_2H (ácido acético), são capazes de doar um próton e são, portanto, chamados **ácidos monopróticos**. Outros ácidos, denominados **ácidos polipróticos** (Tabela 16.1), são capazes de doar dois ou mais prótons. O ácido sulfúrico é um exemplo familiar de um ácido poliprótico.

$$H_2SO_4(aq) + H_2O(\ell) \rightleftharpoons HSO_4^-(aq) + H_3O^+(aq)$$

$$HSO_4^-(aq) + H_2O(\ell) \rightleftharpoons SO_4^{2-}(aq) + H_3O^+(aq)$$

Assim como existem ácidos que podem doar mais de um próton, existem **bases polipróticas** que são capazes de aceitar mais de um próton. Os ânions dos ácidos totalmente desprotonados de ácidos polipróticos são bases polipróticas; os exemplos incluem SO_4^{2-}, PO_4^{3-}, CO_3^{2-} e $C_2O_4^{2-}$. O íon carbonato, por exemplo, pode aceitar dois prótons.

$$\underset{\text{base}}{CO_3^{2-}(aq)} + H_2O(\ell) \rightleftharpoons HCO_3^-(aq) + OH^-(aq)$$

$$\underset{\text{base}}{HCO_3^-(aq)} + H_2O(\ell) \rightleftharpoons H_2CO_3(aq) + OH^-(aq)$$

Algumas moléculas (como a água) e íons podem comportar-se tanto como ácidos quanto como bases de Brønsted e são referidos como **anfóteros** (veja a Seção 3.6). Um exemplo de um ânion anfótero é o íon di-hidrogenofosfato (Tabela 16.1).

$$\underset{\text{ácido}}{H_2PO_4^-(aq)} + H_2O(\ell) \rightleftharpoons H_3O^+(aq) + HPO_4^{2-}(aq)$$

$$\underset{\text{base}}{H_2PO_4^-(aq)} + H_2O(\ell) \rightleftharpoons H_3PO_4(aq) + OH^-(aq)$$

© Cengage Learning/Charles D. Winters

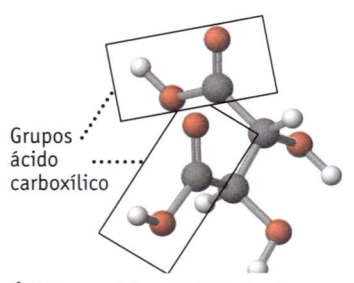

Ácido tartárico, $H_2C_4H_4O_6$, é um ácido diprótico natural. O ácido tartárico e seus sais de potássio são encontrados em uvas e outras frutas. Os prótons ácidos são átomos de H —CO_2H ou grupos de ácido carboxílico.

Grupos ácido carboxílico

Tabela 16.1	Ácidos e Bases Polipróticas	
FORMA ÁCIDA	**FORMA ANFÓTERA**	**FORMA BÁSICA**
H_2S (ácido sulfídrico ou sulfeto de hidrogênio)	HS^- (íon hidrogenossulfeto)	S^{2-} (íon sulfeto)
H_3PO_4 (ácido fosfórico)	$H_2PO_4^-$ (íon di-hidrogenofosfato) HPO_4^{2-} (íon hidrogenofosfato)	PO_4^{3-} (íon fosfato)
H_2CO_3 (ácido carbônico)	HCO_3^- (íon hidrogenocarbonato ou íon bicarbonato)	CO_3^{2-} (íon carbonato)
$H_2C_2O_4$ (ácido oxálico)	$HC_2O_4^-$ (íon hidrogenoxalato)	$C_2O_4^{2-}$ (íon oxalato)

Como você aprenderá no Capítulo 17 ("Estudo de Caso: Respire Fundo"), os íons anfóteros como HCO_3^- e $H_2PO_4^-$ são particularmente importantes em sistemas bioquímicos.

Pares Ácido-Base Conjugados

A reação entre o íon bicarbonato e a água exemplifica uma característica da química ácido-base de Brønsted: *a reação entre um ácido e uma base de Brønsted produz um novo ácido e uma nova base.*

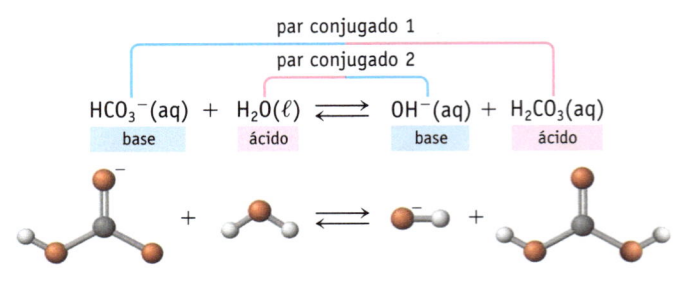

No sentido direto, HCO_3^- é a base de Brønsted porque ela captura H^+ do ácido de Brønsted, H_2O. Os produtos são uma nova base e um novo ácido de Brønsted. No sentido inverso, o H_2CO_3 é o ácido e a base é OH^-.

Um **par de ácido-base conjugado** consiste em duas espécies que diferem entre si pela presença de um íon hidrogênio. Assim, H_2CO_3 e HCO_3^- são um par ácido-base conjugado. Nesse par, HCO_3^- é a base conjugada do ácido H_2CO_3, e H_2CO_3 é o ácido conjugado da base HCO_3^-. Há um segundo par ácido-base conjugado nessa reação: H_2O e OH^-. De fato, *cada reação entre um ácido de Brønsted e uma base de Brønsted envolve dois pares de ácido-base conjugados.*

EXERCÍCIOS PARA A SEÇÃO 16.1

1. H_3PO_4, o ácido fosfórico, pode doar dois prótons à água para formar o íon hidrogenofosfato, HPO_4^{2-}. O íon é um ácido ou uma base, ou é anfótero?

   (a) ácido   (b) base   (c) anfótero

2. O íon cianeto, CN^-, recebe um próton da água para formar HCN. O CN^- é um ácido ou uma base de Brønsted, ou é anfótero?

   (a) ácido   (b) base   (c) anfótero

3. Na reação a seguir, identifique o ácido à esquerda, e sua base conjugada, à direita.

   $$HNO_3(aq) + NH_3(aq) \rightleftharpoons NH_4^+(aq) + NO_3^-(aq)$$

   (a) ácido = NH_3 e base conjugada = NH_4^+

   (b) ácido = HNO_3 e base conjugada = NO_3^-

Do mesmo modo, identifique a base à esquerda e seu ácido conjugado à direita.

(a) base = NH_3 e ácido conjugado = NH_4^+

(b) base = HNO_3 e ácido conjugado = NO_3^-

4. Identifique os pares de ácido/base conjugados na reação entre HF e ácido acético.

$$HF(aq) + CH_3CO_2^-(aq) \rightleftharpoons F^-(aq) + CH_3CO_2H(aq)$$

(a) $HF/CH_3CO_2^-$ e F^-/CH_3CO_2H

(b) HF/CH_3CO_2H e $F^-/CH_3CO_2^-$

(c) HF/F^- e $CH_3CO_2H/CH_3CO_2^-$

16-2 A Água e a Escala de pH

Uma vez que geralmente utilizamos soluções aquosas de ácidos e bases, e como as reações ácido-base em seu organismo ocorrem em seu interior aquoso, queremos considerar o comportamento da água em termos de equilíbrio químico.

Autoionização da Água e a Constante de Ionização da Água, K_w

Um ácido, como o HCl, não necessita estar presente para o íon hidrônio existir em água. Em água pura, há um equilíbrio entre a água e os íons hidrônio e hidróxido.

$$2\ H_2O(\ell) \rightleftharpoons H_3O^+(aq) + OH^-(aq)$$

$$H-\overset{..}{\underset{|}{O}}: + H-\overset{..}{\underset{|}{O}}: \rightleftharpoons H-\overset{..}{\underset{|}{O}}-H^+ + :\overset{..}{\underset{..}{O}}:^-$$
$$\quad\ H \qquad\quad H \qquad\qquad H \qquad\qquad H$$

Esta reação de **autoionização** da água foi demonstrada há mais de um século por Friedrich Kohlrausch (1840-1910). Ele descobriu que, mesmo depois que a água é cuidadosamente purificada, ela ainda conduz eletricidade em pequena escala. Agora sabemos que isso ocorre porque a autoionização produz concentrações muito baixas de íons H_3O^+ e OH^-. *A autoionização da água é o ponto de partida de nossos conceitos de comportamento aquoso ácido-base.*

O equilíbrio da autoionização da água é bastante reagente-favorecida no equilíbrio. De fato, em água pura a 25 °C, apenas duas moléculas de água por bilhão (10^9) encontram-se ionizadas a qualquer instante. Para expressar essa ideia de maneira mais quantitativa, podemos escrever a expressão da constante de equilíbrio para a autoionização.

$$K_w = [H_3O^+][OH^-] = 1{,}0 \times 10^{-14} \text{ a 25 °C} \tag{16.1}$$

Há vários aspectos importantes dessa equação:

- Com base nas regras para escrever constantes de equilíbrio, não incluímos a concentração da água.

- A constante de equilíbrio recebe um símbolo especial, K_w, e é conhecida como a **constante de autoionização da água**.

- Como a autoionização é a única fonte dos íons hidrônio e hidróxido em água pura, sabemos que $[H_3O^+]$ tem de ser igual a $[OH^-]$. Medições de condutividade elétrica da água pura mostram que $[H_3O^+] = [OH^-] = 1{,}0 \times 10^{-7}$ M a 25 °C, então, K_w tem um valor de $1{,}0 \times 10^{-14}$ a 25 °C.

K_w e Temperatura A equação K_w = $[H_3O^+][OH^-]$ é válida para a água pura e para qualquer solução aquosa. O valor numérico de K_w, no entanto, é dependente da temperatura. Como a reação de autoionização é endotérmica, K_w aumenta com a temperatura. E observe que isto significa que uma solução neutra a uma temperatura diferente de 25 °C terá um valor diferente de pH.

T (°C)	K_w
10	$0{,}29 \times 10^{-14}$
15	$0{,}45 \times 10^{-14}$
20	$0{,}68 \times 10^{-14}$
25	$1{,}01 \times 10^{-14}$
30	$1{,}47 \times 10^{-14}$
50	$5{,}48 \times 10^{-14}$

Em água pura, as concentrações de íon hidrônio e hidróxido são iguais, e dizemos que a água é neutra. Se algum ácido ou alguma base for adicionado(a) à água, o equilíbrio

$$2\ H_2O(\ell) \rightleftharpoons H_3O^+(aq) + OH^-(aq)$$

é perturbado. A adição de ácido eleva a concentração de íons H_3O^+, então a solução é ácida. Para se opor a esse aumento, o princípio de Le Chatelier (◀ Seção 15.6) prevê que uma pequena fração dos íons H_3O^+ reaja com íons OH^- de autoionização da água para formar água. Isso reduz $[OH^-]$ até que o produto de $[H_3O^+]$ e $[OH^-]$ seja mais uma vez igual a $1,0 \times 10^{-14}$ a 25 °C. Da mesma forma, a adição de uma base à água pura gera uma solução de base, porque a concentração de íons OH^- aumentou. O princípio de Le Chatelier prevê que alguns dos íons OH^- adicionados reagirão com os íons H_3O^+ presentes na solução de autoionização da água, diminuindo assim $[H_3O^+]$ até que o valor do produto do $[H_3O^+]$ e $[OH^-]$ seja igual a $1,0 \times 10^{-14}$ a 25 °C.

Desse modo, para soluções aquosas a 25 °C, podemos dizer que:

- Em uma solução neutra, $[H_3O^+] = [OH^-]$.
  Ambas são iguais a $1,0 \times 10^{-7}$ M.

- Em uma solução ácida, $[H_3O^+] > [OH^-]$.
  $[H_3O^+] > 1,0 \times 10^{-7}$ M e $[OH^-] < 1,0 \times 10^{-7}$ M.

- Em uma solução básica, $[H_3O^+] < [OH^-]$.
  $[H_3O^+] < 1,0 \times 10^{-7}$ M e $[OH^-] > 1,0 \times 10^{-7}$ M.

EXEMPLO 16.1

Concentrações de Íons Hidrônio e Hidróxido em uma Solução de uma Base Forte

Problema Quais são as concentrações dos íons hidróxido e hidrônio em uma solução de NaOH 0,0012 M, a 25 °C?

O que você sabe? Você sabe a concentração de NaOH e que ela é uma base forte, 100% dissociada em íons em água.

Estratégia Como o NaOH é uma base forte, assumimos que a concentração de íons OH^- é a mesma que a concentração de NaOH. A concentração de íons de H_3O^+ pode então ser calculada utilizando-se a Equação 16.1.

Solução A concentração inicial de OH^- é 0,0012 M.

$$0,0012\ \text{mol NaOH por litro} \rightarrow 0,0012\ M\ Na^+(aq) + 0,0012\ M\ OH^-(aq)$$

Substituindo a concentração de OH^- na Equação 16.1, temos

$$K_w = 1,0 \times 10^{-14} = [H_3O^+][OH^-] = [H_3O^+](0,0012)$$

e assim

$$[H_3O^+] = \frac{1,0 \times 10^{-14}}{0,0012} = 8,3 \times 10^{-12}\ M$$

Pense bem antes de responder Por que não levar em conta os íons produzidos por autoionização da água quando calculamos a concentração de íons hidróxido? Devemos adicionar íons OH^- e H_3O^+ à solução. Se x for igual à concentração de íons OH^- gerados pela autoionização da água, então, quando o equilíbrio é alcançado,

$$[OH^-] = (0,0012\ M + OH^-\ \text{da autoionização da água}) = (0,0012\ M + x)$$

Na água pura, a concentração de íons OH^- gerada por autoionização é de $1,0 \times 10^{-7}$ M. O princípio de Le Chatelier (◄ Seção 15.6) sugere, no entanto, que a concentração deve ser ainda menor quando íons OH^- já estão presentes nas solução de NaOH, isto é, x deve ser muito menor que $1,0 \times 10^{-7}$ M. Isso significa que x no termo $(0,0012 + x)$ é insignificante em comparação a 0,0012. (Seguindo as regras para algarismos significativos, a soma de 0,0012 a um número ainda menor que $1,0 \times 10^{-7}$ é 0,0012.) Assim, a concentração de equilíbrio de OH^- é equivalente à concentração de NaOH na solução.

Verifique seu entendimento

Quais são as concentrações dos íons hidrônio e hidróxido em $4,0 \times 10^{-3}$ M de HCl(aq) a 25 °C? (Lembre-se de que, como o HCl é um ácido forte, ele encontra-se 100% ionizado em água.)

A Escala de pH

A concentração do íon hidrônio numa solução aquosa pode variar de menos que 10^{-15} M em bases fortes concentradas até mais que 10 M em ácidos fortes concentrados – em outras palavras, acima de 16 ordens de grandeza. A escala de **pH** comprime essa gama de concentrações de –1 a 15. O pH de uma solução é definido como o negativo do logaritmo de base 10 da concentração de íons hidrônio (◄ Seção 4.6).

$$pH = -\log[H_3O^+] \qquad \text{(4.3 e 16.2)}$$

De modo semelhante, podemos agora definir o pOH de uma solução como o negativo do logaritmo de base 10 da concentração de íons hidróxido.

$$pOH = -\log[OH^-] \qquad \text{(16.3)}$$

Em água pura, as concentrações de íons hidrônio e hidróxido são ambas $1,0 \times 10^{-7}$ M. Assim, para a água pura a 25 °C

$$pH = -\log (1,0 \times 10^{-7}) = 7,00$$

Da mesma forma, você pode mostrar que o pOH da água pura também é 7,00 a 25 °C.

Se tomarmos os logaritmos negativos de ambos os lados da expressão $K_w = [H_3O^+][OH^-]$, obtemos uma outra equação útil.

$$K_w = 1,0 \times 10^{-14} = [H_3O^+][OH^-]$$

$$-\log K_w = -\log (1,0 \times 10^{-14}) = -\log ([H_3O^+][OH^-])$$

$$pK_w = 14,00 = -\log ([H_3O^+]) + (-\log [OH^-])$$

$$pK_w = 14,00 = pH + pOH \qquad \text{(16.4)}$$

A soma do pH ao pOH de uma solução deve ser igual a 14,00 a 25 °C.

Tal como ilustrado nas Figuras 4.9 e 16.1, soluções com pH inferior a 7,00 (a 25 °C) são ácidas, enquanto soluções com pH superior a 7,00 são básicas. Soluções com pH = 7,00 a 25 °C são neutras.

Calculando o pH

O cálculo do pH a partir da concentração de íons hidrônio, ou a partir da concentração do íon hidrônio a partir do pH, foi introduzido no Capítulo 4. As questões de "Exercícios para a Seção 16.2" reveem esses cálculos.

Trabalhando com Logaritmos Veja o Apêndice A para obter mais informações sobre o uso dos logaritmos.

FIGURA 16.1 pH e pOH. Esta figura ilustra a relação entre as concentrações dos íons hidrônio e hidróxido e do pH e pOH a 25 °C.

	pH	$[H_3O^+]$	$[OH^-]$	pOH
Básico	14,00	$1,0 \times 10^{-14}$	$1,0 \times 10^{0}$	0,00
	10,00	$1,0 \times 10^{-10}$	$1,0 \times 10^{-4}$	4,00
Neutro	7,00	$1,0 \times 10^{-7}$	$1,0 \times 10^{-7}$	7,00
Ácido	4,00	$1,0 \times 10^{-4}$	$1,0 \times 10^{-10}$	10,00
	0,00	$1,0 \times 10^{0}$	$1,0 \times 10^{-14}$	14,00

EXERCÍCIOS PARA A SEÇÃO 16.2

1. Qual é o pH de uma solução de NaOH de 0,0012 M a 25 °C?

   (a) 2,92   (b) 11,08   (c) 8,67

2. O pH de um refrigerante dietético é de 4,32 a 25 °C. Qual é a concentração de íons hidrônio no refrigerante?

   (a) $4,8 \times 10^{-5}$ M   (b) $2,1 \times 10^{-10}$ M   (c) $2,1 \times 10^{-4}$ M

3. Se o pH de uma solução contendo a base forte $Sr(OH)_2$ é de 10,46 a 25 °C, qual é a concentração de $Sr(OH)_2$?

   (a) $3,5 \times 10^{-11}$ M   (b) $2,9 \times 10^{-4}$ M   (c) $6,9 \times 10^{-11}$ M   (d) $1,4 \times 10^{-4}$ M

16-3 Constantes de Equilíbrio para Ácidos e Bases

No Capítulo 3, mencionamos que ácidos e bases podem ser divididos de forma geral em aqueles que são eletrólitos fortes (tais como HCl, HNO_3 e $NaOH$) e aqueles que são eletrólitos fracos (tais como CH_3CO_2H e NH_3) (Figura 16.2) (◄ Tabela 3.1, Ácidos e Bases Comuns). O ácido clorídrico é um ácido forte, portanto, 100% do ácido ioniza-se para produzir íons hidrônio e cloreto. Por outro lado, o ácido acético é um eletrólito fraco porque ioniza apenas numa pequena extensão na água.

$$CH_3CO_2H(aq) + H_2O(\ell) \rightleftharpoons H_3O^+(aq) + CH_3CO_2^-(aq)$$

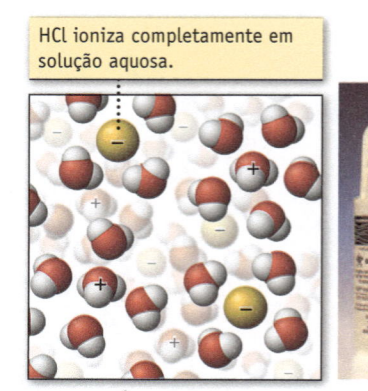

HCl ioniza completamente em solução aquosa.

HCl

Ácido Forte

(a) O ácido clorídrico, um ácido forte, é vendido para uso doméstico como "ácido muriático". O ácido ioniza completamente na água.

Ácido acético, CH_3CO_2H, ioniza apenas ligeiramente na água.

CH_3CO_2H

Ácido Fraco

(b) O vinagre é uma solução de ácido acético, um ácido fraco que ioniza apenas numa pequena extensão em água.

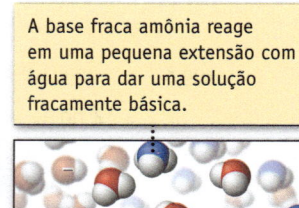

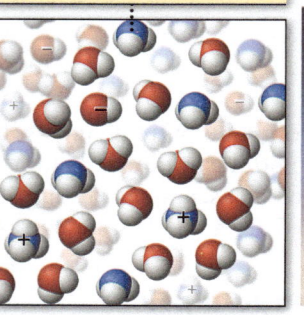

A base fraca amônia reage em uma pequena extensão com água para dar uma solução fracamente básica.

NH_3

Base Fraca

(c) O amoníaco é uma base fraca, ionizando numa pequena extensão em água.

Fotos: © Cengage Learning/Charles D. Winters

FIGURA 16.2 Ácidos e bases fortes e fracos.

O ácido, seu ânion e o íon hidrônio estão todos presentes em equilíbrio em solução, mas os íons encontram-se em concentrações baixas em relação à concentração do ácido. Por exemplo, em uma solução de 0,100 M de ácido acético, $[H_3O^+]$ e $[CH_3CO_2^-]$ são, cada um, cerca de 0,0013 M, enquanto aquela de ácido acético não ionizado, $[CH_3CO_2H]$, é de 0,099 M.

Da mesma forma, a amônia é uma base fraca.

$$NH_3(aq) + H_2O(\ell) \rightleftharpoons NH_4^+(aq) + OH^-(aq)$$

Apenas cerca de 1% das moléculas de amônia em uma solução de 0,100 M reagem com a água para produzir os íons amônio e hidróxido.

Uma maneira de definir as forças relativas de uma série de ácidos é medir o pH de soluções de ácidos de igual concentração: quanto menor o pH, maior a concentração de íon hidrônio, mais forte o ácido. Da mesma forma, para uma série de bases fracas, o $[OH^-]$ aumentará, e o pH aumenta à medida que as bases tornam-se mais fortes.

- Para um ácido monoprótico forte, a $[H_3O^+]$ na solução é igual à concentração do ácido original. Da mesma forma, para uma base monoprótica forte, a $[OH^-]$ é igual à concentração de base original.

- Para um ácido fraco, a $[H_3O^+]$ é muito menor que a concentração original de ácido. Isto é, a $[H_3O^+]$ é menor do que se o ácido fosse um ácido forte de mesma concentração. De forma análoga, uma base fraca leva a uma $[OH^-]$ menor do que se a base fosse forte, com a mesma concentração.

- Para uma série de ácidos monopróticos fracos (do tipo HA) de mesma concentração, a $[H_3O^+]$ aumenta (e o pH diminui) conforme os ácidos tornam-se mais fortes. Da mesma forma, para uma série de bases fracas, a $[OH^-]$ aumentará, e o pH aumentará à medida que as bases se tornam mais fortes.

A força relativa de um ácido ou de uma base também pode ser expressa quantitativamente com uma constante de equilíbrio, geralmente chamada de **constante de ionização**. Para um ácido geral HA, podemos escrever:

$$HA(aq) + H_2O(\ell) \rightleftharpoons H_3O^+(aq) + A^-(aq)$$

$$K_a = \frac{[H_3O^+][A^-]}{[HA]} \tag{16.5}$$

em que a constante de equilíbrio, K, traz um subscrito "a" para indicar que é uma constante de equilíbrio para um ácido em água. Para ácidos fracos, o valor de K_a é menor que 1, porque o produto $[H_3O^+][A^-]$ é menor que a concentração de equilíbrio do ácido fraco, $[HA]$. Para uma série de ácidos, a força do ácido aumenta à medida que o valor de K_a aumenta.

De modo similar, podemos escrever a expressão da constante de equilíbrio para uma base fraca B em água. Aqui, marcamos K com um subscrito "b". O seu valor é inferior a 1 para bases fracas.

$$B(aq) + H_2O(\ell) \rightleftharpoons BH^+(aq) + OH^-(aq)$$

$$K_b = \frac{[BH^+][OH^-]}{[B]} \tag{16.6}$$

Alguns ácidos e bases estão na Tabela 16.2, cada um com seu valor de K_a ou K_b. Os seguintes itens são conceitos importantes referentes a essa tabela.

- Um grande valor de K indica que os produtos de ionização são fortemente favorecidos, ao passo que um pequeno valor de K indica que os reagentes são favorecidos.

- Os ácidos mais fortes estão na parte superior esquerda. Eles apresentam os valores mais altos de K_a. Os valores de K_a tornam-se menores ao descermos a tabela à medida que a força do ácido diminui.

DICA PARA SOLUÇÃO DE PROBLEMAS 16.1
Forte ou Fraco?

Como você pode dizer se um ácido ou uma base é fraca? A maneira mais fácil é lembrar aqueles poucos que são fortes. Todos os outros são provavelmente fracos.

Ácidos fortes comuns incluem os seguintes:

Ácidos halídricos: HCl, HB e HI (mas não HF)

Ácido nítrico: HNO_3

Ácido sulfúrico: H_2SO_4 (para a perda do primeiro H^+ somente)

Ácido perclórico: $HClO_4$

Algumas bases fortes comuns incluem as seguintes:

Todos os hidróxidos do Grupo 1A: LiOH, NaOH, KOH, RbOH, CsOH

Hidróxidos do Grupo 2A: $Sr(OH)_2$ e $Ba(OH)_2$. [Nem $Mg(OH)_2$ nem $Ca(OH)_2$ dissolvem bem na água. No entanto, alguns textos consideram-nos bases fortes.]

- As bases mais fortes estão na parte inferior à direita. Elas apresentam os valores mais altos de K_b. Os valores de K_b tornam-se maiores ao descermos a tabela à medida que a força das bases aumenta.

- Quanto mais fraco o ácido, mais forte é sua base conjugada. Isto é, quanto menor for o valor de K_a, maior será o valor de K_b.

- Alguns ácidos ou bases são listados com valores de K_a ou K_b altos ou muito baixos. Os ácidos aquosos que são mais fortes que o H_3O^+ são completamente ionizados (HNO_3, por exemplo), assim seus valores de K_a são "grandes". Suas bases conjugadas (como NO_3^-) não produzem concentrações significativas de íons OH^-, por isso, seus valores K_b são "muito pequenos". Argumentos semelhantes valem para bases fortes e seus ácidos conjugados.

Para ilustrar algumas dessas ideias, vamos comparar alguns ácidos e bases comuns. Por exemplo, HF é um ácido mais forte que HClO, que por sua vez é mais forte que o HCO_3^-,

$$\text{Aumento da força do ácido} \longrightarrow$$

HCO_3^-	$HClO$	HF
$K_a = 4,8 \times 10^{-11}$	$K_a = 3,5 \times 10^{-8}$	$K_a = 7,2 \times 10^{-4}$

e suas bases conjugadas tornam-se mais fortes de F^- para ClO^- para CO_3^{2-}.

$$\longleftarrow \text{Aumento da força da base}$$

CO_3^{2-}	ClO^-	F^-
$K_b = 2,1 \times 10^{-4}$	$K_b = 2,9 \times 10^{-7}$	$K_a = 1,4 \times 10^{-11}$

Ácidos e bases são abundantes na natureza (Figura 16.3). Muitos ácidos naturais contêm o grupo carboxila ($—CO_2H$), e alguns são ilustrados aqui. Note que a porção orgânica da molécula tem um efeito sobre a sua força relativa (como descrito adicionalmente na Seção 16.9).

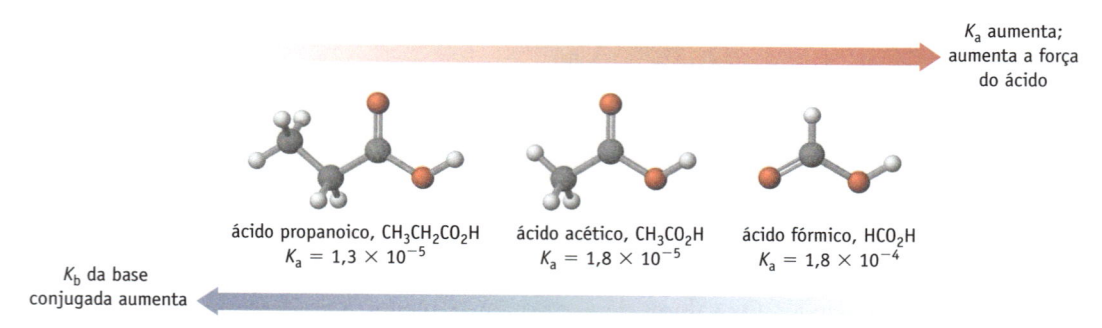

K_a aumenta; aumenta a força do ácido

ácido propanoico, $CH_3CH_2CO_2H$
$K_a = 1,3 \times 10^{-5}$

ácido acético, CH_3CO_2H
$K_a = 1,8 \times 10^{-5}$

ácido fórmico, HCO_2H
$K_a = 1,8 \times 10^{-4}$

K_b da base conjugada aumenta

Também há muitas bases fracas naturais (Figura 16.3). A amônia e o seu ácido conjugado, o íon amônio, fazem parte do ciclo do nitrogênio no ambiente (▶ Seção

Tabela 16.2 Constantes de Ionização de Alguns Ácidos e Suas Bases Conjugadas a 25 °C

NOME DO ÁCIDO	ÁCIDO	K_a	BASE	K_b	NOME DA BASE
Ácido perclórico	$HClO_4$	Grande	ClO_4^-	Muito pequeno	Íon perclorato
Ácido sulfúrico	H_2SO_4	Grande	HSO_4^-	Muito pequeno	Íon hidrogenossulfato
Ácido clorídrico	HCl	Grande	Cl^-	Muito pequeno	Íon cloreto
Ácido nítrico	HNO_3	Grande	NO_3^-	Muito pequeno	Íon nitrato
Íon hidrônio	H_3O^+	1,0	H_2O	$1,0 \times 10^{-14}$	Água
Ácido sulfuroso	H_2SO_3	$1,2 \times 10^{-2}$	HSO_3^-	$8,3 \times 10^{-13}$	Íon hidrogenossulfito
Íon hidrogenossulfato	HSO_4^-	$1,2 \times 10^{-2}$	SO_4^{2-}	$8,3 \times 10^{-13}$	Íon sulfato
Ácido fosfórico	H_3PO_4	$7,5 \times 10^{-3}$	$H_2PO_4^-$	$1,3 \times 10^{-12}$	Íon di-hidrogenofosfato
Íon hexa(aqua)ferro(III)	$[Fe(H_2O)_6]^{3+}$	$6,3 \times 10^{-3}$	$[Fe(H_2O)_5OH]^{2+}$	$1,6 \times 10^{-12}$	Íon penta(aqua)hidroxoferro(III)
Ácido fluorídrico	HF	$7,2 \times 10^{-4}$	F^-	$1,4 \times 10^{-11}$	Íon fluoreto
Ácido nitroso	HNO_2	$4,5 \times 10^{-4}$	NO_2^-	$2,2 \times 10^{-11}$	Íon nitrito
Ácido fórmico	HCO_2H	$1,8 \times 10^{-4}$	HCO_2^-	$5,6 \times 10^{-11}$	Íon formiato
Ácido benzoico	$C_6H_5CO_2H$	$6,3 \times 10^{-5}$	$C_6H_5CO_2^-$	$1,6 \times 10^{-10}$	Íon benzoato
Ácido acético	CH_3CO_2H	$1,8 \times 10^{-5}$	$CH_3CO_2^-$	$5,6 \times 10^{-10}$	Íon acetato
Ácido propanoico	$CH_3CH_2CO_2H$	$1,3 \times 10^{-5}$	$CH_3CH_2CO_2^-$	$7,7 \times 10^{-10}$	Íon propanoato
Íon hexa(aqua)alumínio	$[Al(H_2O)_6]^{3+}$	$7,9 \times 10^{-6}$	$[Al(H_2O)_5OH]^{2+}$	$1,3 \times 10^{-9}$	Íon penta-aqua-hidroxoalumínio
Ácido carbônico	H_2CO_3	$4,2 \times 10^{-7}$	HCO_3^-	$2,4 \times 10^{-8}$	Íon hidrogenocarbonato
Íon hexa(aqua)cobre(II)	$[Cu(H_2O)_6]^{2+}$	$1,6 \times 10^{-7}$	$[Cu(H_2O)_5OH]^+$	$6,3 \times 10^{-8}$	Íon penta-aqua-hidroxocobre(II)
Sulfeto de hidrogênio	H_2S	1×10^{-7}	HS^-	1×10^{-7}	Íon hidrogenossulfeto
Íon di-hidrogenofosfato	$H_2PO_4^-$	$6,2 \times 10^{-8}$	HPO_4^{2-}	$1,6 \times 10^{-7}$	Íon hidrogenofosfato
Íon hidrogenosulfito	HSO_3^-	$6,2 \times 10^{-8}$	SO_3^{2-}	$1,6 \times 10^{-7}$	Íon sulfito
Ácido hipocloroso	$HClO$	$3,5 \times 10^{-8}$	ClO^-	$2,9 \times 10^{-7}$	Íon hipoclorito
Íon hexa(aqua)chumbo(II)	$[Pb(H_2O)_6]^{2+}$	$1,5 \times 10^{-8}$	$[Pb(H_2O)_5OH]^+$	$6,7 \times 10^{-7}$	Íon penta-aqua-hidroxochumbo(II)
Íon hexa(aqua)cobalto(II)	$[Co(H_2O)_6]^{2+}$	$1,3 \times 10^{-9}$	$[Co(H_2O)_5OH]^+$	$7,7 \times 10^{-6}$	Íon penta-aqua-hidroxocobalto(II)
Ácido bórico	$B(OH)_3(H_2O)$	$7,3 \times 10^{-10}$	$B(OH)_4^-$	$1,4 \times 10^{-5}$	íon tetra-hidroxoborato
Íon amônio	NH_4^+	$5,6 \times 10^{-10}$	NH_3	$1,8 \times 10^{-5}$	Amônia
Ácido cianídrico	HCN	$4,0 \times 10^{-10}$	CN^-	$2,5 \times 10^{-5}$	Íon cianeto
Íon hexa(aqua)ferro(II)	$[Fe(H_2O)_6]^{2+}$	$3,2 \times 10^{-10}$	$[Fe(H_2O)_5OH]^+$	$3,1 \times 10^{-5}$	Íon penta-aqua-hidroxoferro(II)
Íon hidrogenocarbonato	HCO_3^-	$4,8 \times 10^{-11}$	CO_3^{2-}	$2,1 \times 10^{-4}$	Íon carbonato
Íon hexa(aqua)níquel(II)	$[Ni(H_2O)_6]^{2+}$	$2,5 \times 10^{-11}$	$[Ni(H_2O)_5OH]^+$	$4,0 \times 10^{-4}$	Íon penta-aqua-hidroxoníquel(II)
Íon hidrogenofosfato	HPO_4^{2-}	$3,6 \times 10^{-13}$	PO_4^{3-}	$2,8 \times 10^{-2}$	Íon fosfato
Água	H_2O	$1,0 \times 10^{-14}$	OH^-	1,0	Íon hidróxido
Íon hidrogenossulfeto*	HS^-	1×10^{-19}	S^{2-}	1×10^5	Íon sulfeto
Etanol	C_2H_5OH	Muito pequeno	$C_2H_5O^-$	Grande	Íon etóxido
Amônia	NH_3	Muito pequeno	NH_2^-	Grande	Íon amida
Hidrogênio	H_2	Muito pequeno	H^-	Grande	Íon hidreto

Aumento da força do ácido

Aumento da força da base

*Os valores de K_a para HS^- e K_b para S^{2-} são estimados.

A acidez dos limões e laranjas vem do ácido fraco ácido cítrico. O ácido encontra-se amplamente na natureza e em muitos produtos de consumo.

A cafeína é um estimulante bem conhecido e uma base fraca.

FIGURA 16.3 Ácidos e bases naturais. Centenas de ácidos e bases existem na natureza. Os nossos alimentos contêm uma grande variedade deles, e moléculas bioquimicamente importantes são frequentemente ácidos e bases.

20.1). Os sistemas biológicos reduzem o íon nitrato para NH_3 e NH_4^+ e incorporam nitrogênio em aminoácidos e proteínas. Muitas bases são derivadas de NH_3 pela substituição dos átomos de H com grupos orgânicos.

amônia
$K_b = 1,8 \times 10^{-5}$

metilamina
$K_b = 5,0 \times 10^{-4}$

anilina
$K_b = 4,0 \times 10^{-10}$

A amônia é uma base mais fraca que a metilamina (K_b para NH_3 < K_b para CH_3NH_2). Isso significa que o ácido conjugado da amônia, NH_4^+ ($K_a = 5,6 \times 10^{-10}$), é mais forte que o íon metilamônio, o ácido conjugado da metilamina, $CH_3NH_3^+$ ($K_a = 2,0 \times 10^{-11}$).

Valores de K_a e K_b para Ácidos Polipróticos

Como todos os ácidos polipróticos, o ácido fosfórico ioniza em uma série de etapas, três, neste caso.

Primeira etapa de ionização: $K_{a1} = 7,5 \times 10^{-3}$

$$H_3PO_4(aq) + H_2O(\ell) \rightleftharpoons H_2PO_4^-(aq) + H_3O^+(aq)$$

Segunda etapa de ionização: $K_{a2} = 6,2 \times 10^{-8}$

$$H_2PO_4^-(aq) + H_2O(\ell) \rightleftharpoons HPO_4^{2-}(aq) + H_3O^+(aq)$$

Terceira etapa de ionização: $K_{a3} = 3,6 \times 10^{-13}$

$$HPO_4^{2-}(aq) + H_2O(\ell) \rightleftharpoons PO_4^{3-}(aq) + H_3O^+(aq)$$

Observa-se que o valor de K_a para cada passo sucessivo torna-se menor, porque é mais difícil remover H^+ de um íon carregado negativamente, como $H_2PO_4^-$, do que a partir de uma molécula neutra, como H_3PO_4. De igual modo, quanto maior for a carga negativa do ácido aniônico, mais difícil é remover o H^+. Finalmente, para muitos ácidos polipróticos inorgânicos, os valores de K_a tornam-se menores em cerca de 10^5 para cada próton removido.

Da mesma forma, as sucessivas expressões de equilíbrio de base podem ser escritas para o íon fosfato, $PO_4{}^{3-}$, em água.

Primeira etapa: $K_{b1} = 2,8 \times 10^{-2}$

$$PO_4{}^{3-}(aq) + H_2O(\ell) \rightleftharpoons HPO_4{}^{2-}(aq) + OH^-(aq)$$

Segunda etapa: $K_{b2} = 1,6 \times 10^{-7}$

$$HPO_4{}^{2-}(aq) + H_2O(\ell) \rightleftharpoons H_2PO_4{}^-(aq) + OH^-(aq)$$

Terceira etapa: $K_{b3} = 1,3 \times 10^{-12}$

$$H_2PO_4{}^-(aq) + H_2O(\ell) \rightleftharpoons H_3PO_4(aq) + OH^-(aq)$$

Em uma tendência que é semelhante à dissociação de ácido poliprótico, o valor de K_b para cada passo sucessivo torna-se menor em cerca de 10^5.

Escala Logarítmica de Força Relativa do Ácido, pK_a

Muitos químicos e bioquímicos usam uma escala logarítmica para reportar e comparar as forças relativas dos ácidos.

$$pK_a = -\log K_a \tag{16.7}$$

O pK_a de um ácido é o logaritmo negativo do valor de K_a (da mesma maneira que o pH é o logaritmo negativo da concentração do íon hidrônio). Por exemplo, o ácido acético tem um valor de pK_a de 4,74.

$$pK_a = -\log (1,8 \times 10^{-5}) = 4,74$$

O valor do pK_a torna-se menor à medida que a força do ácido aumenta.

——— Força do ácido aumenta ———→

Ácido Propanoico	Ácido Acético	Ácido Fórmico
$CH_3CH_2CO_2H$	CH_3CO_2H	HCO_2H
$K_a = 1,3 \times 10^{-5}$	$K_a = 1,8 \times 10^{-5}$	$K_a = 1,8 \times 10^{-4}$
p$K_a = 4,89$	p$K_a = 4,74$	p$K_a = 3,74$

——— pK_a diminui ———→

Relacionando as Constantes de Ionização de um Ácido e de Sua Base Conjugada

Vejamos novamente a Tabela 16.2. Da parte superior da tabela até a parte inferior, as forças dos ácidos declinam (K_a fica menor), e as forças de suas bases conjugadas aumentam (os valores de K_b aumentam). Na verdade, essas observações estão ligadas: o produto de K_a para um ácido e de K_b para sua base conjugada é igual a uma constante, especificamente, K_w.

$$K_a \times K_b = K_w \tag{16.8}$$

Consideremos o caso específico da ionização de um ácido fraco, digamos o HCN, e a interação da sua base conjugada, CN^-, com H_2O.

Ácido fraco:	$HCN(aq) + H_2O(\ell) \rightleftharpoons H_3O^+(aq) + CN^-(aq)$	$K_a = 4,0 \times 10^{-10}$
Base conjugada:	$CN^-(aq) + H_2O(\ell) \rightleftharpoons HCN(aq) + OH^-(aq)$	$K_b = 2,5 \times 10^{-5}$
	$2\ H_2O(\ell) \rightleftharpoons H_3O^+(aq) + OH^-(aq)$	$K_w = 1,0 \times 10^{-14}$

Uma Relação Entre os Valores de pK Uma relação útil para um par conjugado ácido-base parte da Equação 16.8:

$$pK_w = pK_a + pK_b$$

Somar as equações gera a equação química para a autoionização de água, e o produto de K_a e K_b é de fato $1,0 \times 10^{-14}$. Isto é,

$$K_a \times K_b = \left(\frac{[H_3O^+][\cancel{CN^-}]}{[\cancel{HCN}]} \right) \left(\frac{[\cancel{HCN}][OH^-]}{[\cancel{CN^-}]} \right) = [H_3O^+][OH^-] = K_w$$

A Equação 16.8 é útil porque K_b pode ser calculada a partir K_a. O valor de K_b para o íon cianeto, por exemplo, é

$$K_b \text{ para } CN^- = \frac{K_w}{K_a \text{ para } HCN} = \frac{1,0 \times 10^{-14}}{4,0 \times 10^{-10}} = 2,5 \times 10^{-5}$$

EXERCÍCIOS PARA A SEÇÃO 16.3

(Use a Tabela 16.2 para responder as questões)

1. Qual dos seguintes é o ácido mais forte?

   (a) HF   (b) H_2S (c) HOCl   (d) CH_3CO_2H

2. Qual ácido tem a base conjugada mais forte?

   (a) HNO_2 (b) $C_6H_5CO_2H$ (c) HCN   (d) HCl

3. Qual dos seguintes tem um valor de pK_a de 4,20?

   (a) $C_6H_5CO_2H$ (b) CH_3CO_2H (c) HCO_2H (d) HF

4. Qual é o valor de pK_a do ácido conjugado da amônia?

   (a) 4,74   (b) 9,25   (c) 5,60   (d) 7,00

5. O valor da K_a do ácido láctico, $CH_3CHOHCO_2H$, é $1,4 \times 10^{-4}$. Qual é o valor de pK_b da base conjugada deste ácido, $CH_3CHOHCO_2^-$?

   (a) 3,85   (b) 7,00   (c) 10,15   (d) 12,60

16-4   Propriedades Ácido-Base dos Sais

Alguns ácidos e bases listados na Tabela 16.2 são cátions ou ânions. Conforme descrito anteriormente, os ânions podem atuar como bases de Brønsted, porque podem aceitar um próton de um ácido para formar o ácido conjugado do íon.

$$CO_3^{2-}(aq) + H_2O(\ell) \rightleftharpoons HCO_3^-(aq) + OH^-(aq)$$
$$K_b = 2,1 \times 10^{-4}$$

Você também deve observar que muitos cátions de metais em água são ácidos de Brønsted:

$$[Al(H_2O)_6]^{3+}(aq) + H_2O(\ell) \rightleftharpoons [Al(H_2O)_5(OH)]^{2+}(aq) + H_3O^+(aq)$$
$$K_a = 7,9 \times 10^{-6}$$

A Tabela 16.3 resume as propriedades ácido-base de alguns ânions e cátions comuns em solução aquosa. Ao observar essa tabela, observe os seguintes pontos:

- Ânions que são bases conjugadas de ácidos fortes (por exemplo, Cl^- e NO_3^-) são essas bases fracas que não têm nenhum efeito sobre o pH da solução.

- Existem numerosos ânions básicos (como $CH_3CO_2^-$). Todos são bases conjugadas de ácidos fracos.

- O comportamento ácido-base dos ânions dos ácidos polipróticos depende do grau de desprotonação. Por exemplo, um ânion totalmente desprotonado (como CO_3^{2-}) será básico. Um ânion parcialmente desprotonado (como HCO_3^-) é anfótero e é capaz de sofrer reações tanto de ácidos como de bases com água. Uma solução pode ser ácida ou básica, dependendo das forças relativas do ânion como um ácido ou como uma base.

Reações de Hidrólise e Constantes de Hidrólise Os químicos costumam dizer que, quando os íons interagem com a água para produzir soluções ácidas ou básicas, os íons "hidrolisam" em água, ou sofrem "hidrólise". Assim, alguns livros referem-se aos valores K_a e K_b dos íons como "constantes de hidrólise", K_h.

Tabela 16.3 Propriedades Ácido-Base de Alguns Íons em Solução Aquosa

NEUTRO			BÁSICO			ÁCIDO
Ânions	Cl^-	NO_3^-	$CH_3CO_2^-$	CN^-	SO_4^{2-}	HSO_4^-
	Br^-	ClO_4^-	HCO_2^-	PO_4^{3-}	HPO_4^{2-}	$H_2PO_4^-$
	I^-		CO_3^{2-}	HCO_3^-	SO_3^{2-}	HSO_3^-
			S^{2-}	HS^-	OCl^-	
			F^-	NO_2^-		
Cátions	Li^+		$[Al(H_2O)_5(OH)]^{2+}$ (por exemplo)			$[Al(H_2O)_6]^{3+}$ e cátions hidratados de metais de transição (como $NH_4^+[Fe(H_2O)_6]^{3+}$)
	Na^+	Ca^{2+}				
	K^+	Ba^{2+}				

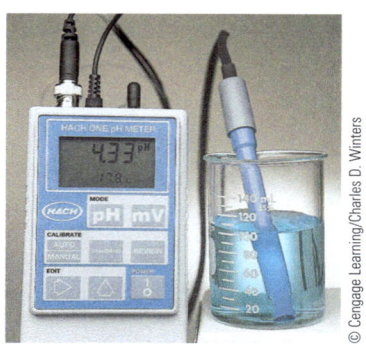

Muitos cátions metálicos aquosos em sais são ácidos de Brønsted. Uma medição de pH de uma solução diluída de sulfato de cobre(II) mostra que a solução é claramente ácida. Entre os cátions comuns, Al^{3+} e íons de metais de transição formam soluções ácidas em água.

- Cátions de metais alcalinos e alcalinoterrosos não têm efeito mensurável no pH da solução.

- Cátions básicos são bases conjugadas de cátions ácidos, como $[Al(H_2O)_6]^{3+}$.

- Cátions ácidos residem em duas categorias: (a) cátions de metais com cargas 2+ e 3+ e (b) íons amônio (e os seus derivados orgânicos). Todos os cátions metálicos são hidratados em água, formando íons como $[M(H_2O)_6]^{n+}$. No entanto, o íon só atua como ácido quando M é um íon 2+ ou 3+, especialmente um íon de metal de transição.

EXEMPLO 16.2

Propriedades Ácido-Base dos Sais

Problema Decida se cada um dos seguintes dará origem a uma solução ácida, básica ou neutra em água.

(a) $NaNO_3$

(d) $NaHCO_3$

(b) K_3PO_4

(e) NH_4F

(c) $FeCl_2$

O que você sabe? Você conhece as fórmulas do sal e, segundo as Tabelas 16.2 e 16.3, você sabe o efeito dos íons constituintes sobre o pH.

Estratégia Primeiro, identifique qual é o cátion e qual é o ânion em cada um dos sais. Em seguida, use as Tabelas 16.2 e 16.3 para descrever as propriedades ácido-base de cada íon. Finalmente, decida sobre as propriedades ácido-base globais do sal.

Solução

(a) $NaNO_3$: Este sal fornece uma solução aquosa neutra (pH = 7). Nem o íon sódio, Na^+, nem o íon nitrato, NO_3^- (a base muito fraca de um ácido forte), afetam o pH da solução.

(b) K_3PO_4: Uma solução aquosa de K_3PO_4 deve ser básica (pH > 7) porque PO_4^{3-} é a base conjugada do ácido fraco HPO_4^{2-}. O íon K^+, tal como o íon Na^+, não afeta o pH da solução.

(c) $FeCl_2$: Uma solução aquosa de $FeCl_2$ deve ser fracamente ácida (pH < 7). O íon Fe^{2+} em água, $[Fe(H_2O)_6]^{2+}$, é um ácido de Brønsted. Em contraste, o Cl^- é a base conjugada muito fraca do ácido forte HCl, por isso, não contribui com íons OH^- para a solução.

(d) $NaHCO_3$: Alguma informação adicional é necessária quando se trata de sais de ânions anfóteros como HCO_3^-. Como possuem um hidrogênio ionizável, eles são capazes de atuar como ácidos,

$$HCO_3^-(aq) + H_2O(\ell) \rightleftharpoons CO_3^{2-}(aq) + H_3O^+(aq) \qquad K_a = 4,8 \times 10^{-11}$$

mas porque eles são ânions, também podem agir como bases e aceitar um íon H^+ da água.

Mapa Estratégico 16.2

PROBLEMA

Decida se um sal é **ácido**, **básico** ou **neutro**.

DADOS/INFORMAÇÕES CONHECIDOS

- A fórmula do sal: K_3PO_4

> **ETAPA 1.** Identifique o **cátion** e o **ânion**.

Cátion = K^+, ânion = PO_4^{3-}

> **ETAPA 2.** Identifique a natureza do **cátion**.

K^+ é um cátion **neutro**.

> **ETAPA 3.** Identifique a natureza do **ânion**.

PO_4^{3-} é uma base *relativamente forte*.

> **ETAPA 4.** Decida sobre as propriedades ácido-base do sal.

K_3PO_4 é **básico**.

$$HCO_3^-(aq) + H_2O(\ell) \rightleftharpoons H_2CO_3(aq) + OH^-(aq) \qquad K_b = 2,4 \times 10^{-8}$$

Se a solução é ácida ou básica, isso dependerá da magnitude relativa de K_a e K_b. No caso do ânion hidrogenocarbonato, K_b é maior que K_a, assim $[OH^-]$ é maior que $[H_3O^+]$, e uma solução aquosa de $NaHCO_3$ será ligeiramente básica.

(e) NH_4F: O que acontece se você tiver um sal baseado em um cátion ácido e um ânion básico? Um exemplo é o fluoreto de amônio. Aqui, o íon amônio diminuiria o pH, e o íon fluoreto aumentaria o pH.

$$NH_4^+(aq) + H_2O(\ell) \rightleftharpoons H_3O^+(aq) + NH_3(aq) \qquad K_a\,(NH_4^+) = 5,6 \times 10^{-10}$$

$$F^-(aq) + H_2O(\ell) \rightleftharpoons HF(aq) + OH^-(aq) \qquad K_b\,(F^-) = 1,4 \times 10^{-11}$$

Como $K_a\,(NH_4^+) > K_b\,(F^-)$, o íon amônio é um ácido mais forte do que o íon fluoreto é uma base. A solução resultante deverá ser ligeiramente ácida.

Pense bem antes de responder Há vários pontos importantes aqui:

- Ânions que são bases conjugadas de ácidos fortes – como Cl^- e NO_3^- – não têm efeito sobre o pH da solução.

- Para determinar se um sal é ácido, básico ou neutro, devemos levar em conta tanto o cátion quanto o ânion. Quando um sal apresenta um cátion ácido e um ânion básico, o pH da solução será determinado pelo íon que é o ácido ou a base mais forte.

Verifique seu entendimento

Para cada um dos seguintes sais em água, preveja se o pH será maior, menor ou igual a 7.

(a) KBr   (b) NH_4NO_3 (c) $AlCl_3$ (d) Na_2HPO_4

EXERCÍCIOS PARA A SEÇÃO 16.4

1.   Adicionar NaH_2PO_4 à água fará com que o pH

(a) aumente   (b) diminua   (c) permaneça o mesmo

2.   A adição de KCN à água fará com que o pH

(a) aumente   (b) diminua   (c) permaneça o mesmo

DICA PARA SOLUÇÃO DE PROBLEMAS 16.2
Soluções Aquosas de Sais

É útil ser capaz de prever as propriedades ácida e básica dos sais. Informações sobre o pH de uma solução aquosa de um sal estão resumidas na Tabela 16.3. Considere os seguintes exemplos:

CÁTION	ÂNION	pH DA SOLUÇÃO
De base forte (Na^+)	De ácido forte (Cl^-)	= 7 (neutro)
De base forte (K^+)	De ácido fraco ($CH_3CO_2^-$)	> 7 (básico)
De base fraca (NH_4^+)	De ácido forte (Cl^-)	< 7 (ácido)
De qualquer base fraca (BH^+)	De qualquer ácido fraco (A^-)	Depende da força relativa do ácido BH^+ e da força da base A^-

16.5 Prevendo a Direção das Reações de Ácido-Base

De acordo com o conceito de Brønsted, todas as reações ácido-base podem ser escritas como equilíbrios que envolvem o ácido e a base e seus conjugados.

$$\text{Ácido + base} \rightleftharpoons \text{base conjugada do ácido + ácido conjugado da base}$$

Nas Seções 16.3 e 16.4, usamos constantes de equilíbrio para obter informações quantitativas a respeito das forças relativas dos ácidos e bases. Agora mostraremos como essas constantes podem ser utilizadas para decidir se uma reação ácido-base é produto-favorecida ou reagente-favorecida em equilíbrio.

O ácido clorídrico é um ácido forte. Sua constante de equilíbrio a partir da reação com água é muito grande, com o equilíbrio encontrando-se completamente à direita.

$$HCl(aq) + H_2O(\ell) \rightleftharpoons H_3O^+(aq) + Cl^-(aq)$$

Ácido forte ($\approx 100\%$ ionizado), $K_a \gg 1$

$[H_3O^+] \approx$ concentração inicial do ácido

Dos dois ácidos encontrados aqui, HCl é mais forte que H_3O^+. Das duas bases, H_2O e Cl^-, a água é a mais forte e vence na competição pelo próton. Note que *o equilíbrio encontra-se deslocado para o lado da equação química que tem o ácido e a base mais fracos.*

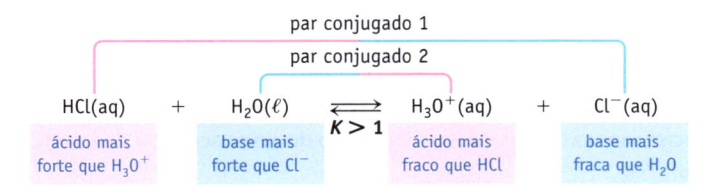

Em contraste com HCl e outros ácidos fortes, o ácido acético, um ácido *fraco*, ioniza-se muito pouco (Tabela 16.2).

$$CH_3CO_2H(aq) + H_2O(\ell) \rightleftharpoons H_3O^+(aq) + CH_3CO_2^-(aq)$$

Ácido fraco ($< 100\%$ ionizado), $K_a = 1,8 \times 10^{-5}$

$[H_3O^+] \ll$ concentração inicial do ácido

Quando o equilíbrio é atingido em uma solução aquosa de CH_3CO_2H 0,1 M, as concentrações de $H_3O^+(aq)$ e $CH_3CO_2^-$ (aq) são cerca de 0,001 M cada. Aproximadamente 99% do ácido acético não é ionizado.

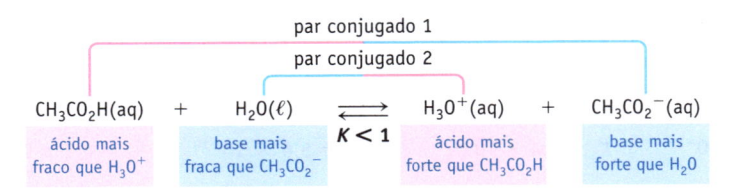

Novamente, o equilíbrio encontra-se deslocado para o lado da equação no qual estão o ácido e a base fracos.

Esses dois exemplos da extensão relativa das reações ácido-base ilustram o princípio geral:

> Todas as reações de transferências de prótons vão do ácido e base mais fortes para o ácido e base mais fracos.

Usando esse princípio e a Tabela 16.2, podemos prever quais reações são produto--favorecidas e quais são reagente-favorecidas. Considere a possível reação de ácido

Princípio Geral da Reatividade Um princípio geral na Química é que as substâncias mais reativas reagem para formar substâncias menos reativas. Aqui você pode ver o resultado disso para as reações ácido-base: o ácido mais forte e a base mais forte sempre reagem para formar o ácido mais fraco e a base mais fraca.

fosfórico e de íon acetato para produzir o ácido acético e o íon di-hidrogenofosfato. A Tabela 16.2 nos informa que H_3PO_4 é um ácido mais forte ($K_a = 7,5 \times 10^{-3}$) que o ácido acético ($K_a = 1,8 \times 10^{-5}$), e o íon acetato ($K_b = 5,6 \times 10^{-10}$) é uma base mais forte que íon di-hidrogenofosfato ($K_b = 1,3 \times 10^{-12}$).

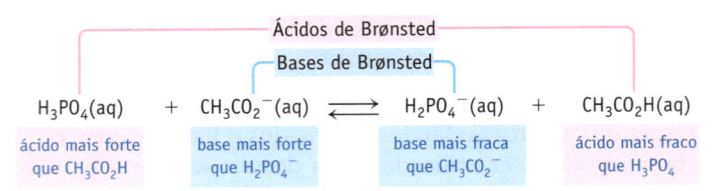

Ácidos de Brønsted

Bases de Brønsted

$$H_3PO_4(aq) \quad + \quad CH_3CO_2^-(aq) \quad \rightleftharpoons \quad H_2PO_4^-(aq) \quad + \quad CH_3CO_2H(aq)$$

ácido mais forte que CH_3CO_2H | base mais forte que $H_2PO_4^-$ | base mais fraca que $CH_3CO_2^-$ | ácido mais fraco que H_3PO_4

Assim, a mistura de ácido fosfórico com acetato de sódio produzirá uma quantidade significativa de íons di-hidrogenofosfato e ácido acético. Isto é, o equilíbrio é previsto para tender para a direita, porque a reação ocorre da combinação de ácido-base mais forte para a combinação ácido-base mais fraca.

EXEMPLO 16.3

Reações de Ácidos e Bases

Problema Escreva uma equação iônica balanceada para a reação que ocorre entre o ácido acético e o bicarbonato de sódio. Verifique se o equilíbrio encontra-se predominantemente descolado à esquerda ou à direita.

O que você sabe? Você conhece a identidade do ácido, e sabe que o outro reagente, $NaHCO_3$, é um sal solúvel em água que forma íons Na^+ e HCO_3^- em água. Você também sabe que o íon HCO_3^- é anfótero, mas deve atuar como uma base do ácido acético nesta reação. Você precisa saber as constantes de ionização do ácido acético e do íon HCO_3^- e de seus conjugados.

Estratégia

- Identifique os produtos da reação ácido-base (que surgem pela transferência de H^+ do ácido acético para a base HCO_3^-). Ou seja, identifique a base conjugada do ácido acético e o ácido conjugado de HCO_3^-.

- Escreva uma equação química balanceada para o equilíbrio entre ácido e base e sua base e ácido conjugados.

- Utilize a Tabela 16.2 para verificar qual é o mais fraco dos dois ácidos (ou a mais fraca das duas bases). O equilíbrio favorecerá o ácido e a base mais fracos.

Solução A base conjugada do ácido acético é o íon acetato, $CH_3CO_2^-$, e o ácido conjugado da base HCO_3^- é H_2CO_3. A transferência de íons hidrogênio a partir do ácido para a base ocorre pela seguinte equação iônica:

$$CH_3CO_2H(aq) \quad + \quad HCO_3^-(aq) \quad \rightleftharpoons \quad CH_3CO_2^-(aq) \quad + \quad H_2CO_3(aq)$$
$$K_a = 1,8 \times 10^{-5} \quad K_b = 2,4 \times 10^{-8} \quad K_b = 5,6 \times 10^{-10} \quad K_a = 4,2 \times 10^{-7}$$

O valor de K_a ou K_b (da Tabela 16.2) é dado para cada reagente e produto. As constantes de equilíbrio mostram que H_2CO_3 é um ácido mais fraco que CH_3CO_2H, e $CH_3CO_2^-$ é uma base mais fraca que HCO_3^-. A reação favorece o lado que possui o ácido e a base mais fracos – isto é, o equilíbrio tende para o lado direito.

Pense bem antes de responder Um produto da reação entre ácido acético e $NaHCO_3$ é o H_2CO_3, que se dissocia em CO_2 e H_2O. Como você pode ver na fotografia na margem, CO_2 borbulha para fora da solução. O equilíbrio da dissociação de H_2CO_3 para formar CO_2 e H_2O encontra-se mais à direita.

$$H_2CO_3(aq) \rightleftharpoons CO_2(g) + H_2O(\ell)$$

© Cengage Learning/Charles D. Winters

Reação do vinagre e bicarbonato de sódio. Esta reação envolve o ácido acético fraco e a base fraca HCO_3^- do hidrogenocarbonato de sódio. Com base nos valores das constantes de equilíbrio, prevê-se que a reação prossiga à direita para a produção de íon acetato, CO_2 e água.

A perda de um produto, CO_2, faz com que o equilíbrio desloque-se mais para a direita. Veja a discussão a respeito das reações formadoras de gases na Seção 3.7 e do princípio de Le Chatelier, na Seção 15.6.

Verifique seu entendimento

(a) Qual é o ácido de Brønsted mais forte, HCO_3^- ou NH_4^+? Qual tem a base conjugada mais forte?

(b) Uma reação entre os íons HCO_3^- e NH_3 é reagente ou produto-favorecida em equilíbrio?

$$HCO_3^-(aq) + NH_3(aq) \rightleftharpoons CO_3^{2-}(aq) + NH_4^+(aq)$$

(c) Você mistura soluções de hidrogenofosfato de sódio e amônia. A equação iônica global para essa reação é

$$HPO_4^{2-}(aq) + NH_3(aq) \rightleftharpoons PO_4^{3-}(aq) + NH_4^+(aq)$$

O equilíbrio está deslocado para o lado esquerdo ou direito nesta reação?

EXERCÍCIOS PARA A SEÇÃO 16.5

1. A reação de NaCN e HCl em água é produto ou reagente-favorecida em equilíbrio?

   (a) reagente-favorecida   (b) produto-favorecida

2. Na seguinte reação, o equilíbrio encontra-se para a esquerda ou para a direita?

$$HS^-(aq) + H_3PO_4(aq) \rightleftharpoons H_2S(aq) + H_2PO_4^-(aq)$$

   (a) esquerda   (b) direita

16-6 Tipos de Reações Ácido-Base

A reação entre o ácido clorídrico e o hidróxido de sódio é um exemplo clássico de reação entre ácido forte e base forte, enquanto a reação entre o ácido cítrico e o íon bicarbonato representa a reação de um ácido fraco com uma base fraca (Figura 16.4). Estas são duas dos quatro tipos gerais de reações ácido-base (Tabela 16.4). Como as reações ácido-base estão entre as mais importantes classes de reações químicas, é útil você saber o resultado dos vários tipos dessas reações.

Reação de um Ácido Forte com uma Base Forte

Ácidos e bases fortes são efetivamente 100% ionizados em solução. Portanto, a equação iônica completa para a reação entre HCl (ácido forte) e NaOH (base forte) é

$$H_3O^+(aq) + Cl^-(aq) + Na^+(aq) + OH^-(aq) \rightleftharpoons 2\,H_2O(\ell) + Na^+(aq) + Cl^-(aq)$$

que leva à seguinte equação iônica global

$$H_3O^+(aq) + OH^-(aq) \rightleftharpoons 2\,H_2O(\ell) \qquad K = 1/K_w = 1,0 \times 10^{14}$$

A equação iônica global da reação de qualquer ácido forte com qualquer base forte é sempre simplesmente a reação do íon hidrônio com o íon hidróxido para gerar água (◀ Seção 3.6). Como essa reação é o inverso da autoionização da água, ela apresenta uma constante de equilíbrio de $1/K_w$. Esse valor muito grande de K mostra que, para todos os efeitos, os reagentes são completamente consumidos para formar produtos. Assim, se números de mols iguais de NaOH e HCl forem misturados, o resultado será apenas uma solução de NaCl em água. Os constituintes do NaCl, os íons Na^+ e Cl^-, que são provenientes de um ácido forte e de uma base forte,

FIGURA 16.4 Reação de um ácido fraco com uma base fraca. As bolhas provenientes do comprimido são dióxido de carbono. Isso surge a partir da reação de um ácido fraco de Brønsted (ácido cítrico) com uma base fraca de Brønsted (HCO_3^-). A reação se completa devido a evolução do gás.

respectivamente, produzem uma solução aquosa neutra. Por esse motivo, reações entre ácidos fortes e bases fortes são chamadas, às vezes, de "neutralizações".

> Misturar quantidades iguais (mols) de uma base forte e um ácido forte monoprótico produz uma solução neutra (pH = 7,00 a 25°C).

A Reação de um Ácido Fraco com uma Base Fraca

Considere a reação entre o ácido fórmico, HCO_2H, com hidróxido de sódio. A equação iônica global é:

$$HCO_2H(aq) + OH^-(aq) \rightleftharpoons H_2O(\ell) + HCO_2^-(aq)$$

Nessa reação, OH^- é uma base muito mais forte do que HCO_2^- ($K_b = 5,6 \times 10^{-11}$), e prevê-se que a reação prossiga para a direita. Se quantidades iguais de ácido e de base fracos são misturadas, a solução final conterá formiato de sódio ($NaHCO_2$), um sal que é 100% dissociado em água. O íon Na^+ é um cátion do Grupo 1A e, portanto, gera uma solução neutra. O íon formiato, porém, é a base conjugada de um ácido fraco (Tabela 16.2), portanto a solução é básica. Esse exemplo leva à conclusão geral:

> A mistura de quantidades (mols) iguais de uma base forte com um ácido fraco produz um sal cujo ânion é a base conjugada do ácido fraco. A solução é básica, com o pH dependendo do K_b do ânion.

A Reação de um Ácido Forte com uma Base Fraca

A equação iônica global para a reação do ácido forte HCl com a base fraca NH_3 é

$$H_3O^+(aq) + NH_3(aq) \rightleftharpoons H_2O(\ell) + NH_4^+(aq)$$

O íon hidrônio, H_3O^+, é um ácido muito mais forte do que NH_4^+ ($K_a = 5,6 \times 10^{-10}$), e NH_3 é uma base mais forte ($K_b = 1,8 \times 10^{-5}$) que H_2O. Portanto, espera-se que a reação proceda para a direita até que se complete. Assim, depois da mistura de quantidades iguais de HCl e NH_3, a solução contém o sal cloreto de amônio, NH_4Cl. O íon Cl^- não tem qualquer efeito sobre o pH da solução (Tabelas 16.2 e 16.3). No entanto, o íon NH_4^+ é o ácido conjugado da base fraca de NH_3, de modo que a solução no final da reação é ácida. Em geral, podemos concluir que

> A mistura de quantidades iguais (mols) de um ácido forte com uma base fraca produz um sal cujo cátion é o ácido conjugado da base fraca. A solução é ácida, e o pH depende de K_a para o cátion.

A Reação de um Ácido Fraco com uma Base Fraca

Se o ácido acético, um ácido fraco, é misturado com amônia, uma base fraca, ocorre a seguinte reação.

$$CH_3CO_2H(aq) + NH_3(aq) \rightleftharpoons NH_4^+(aq) + CH_3CO_2^-(aq)$$

Você sabe que a reação é produto-favorecida porque CH_3CO_2H é um ácido mais forte que NH_4^+ e NH_3 é uma base mais forte que $CH_3CO_2^-$ (Tabela 16.2). Assim, se quantidades iguais de ácido e base são misturadas, a solução resultante contém acetato de amônio, $NH_4CH_3CO_2$. Essa solução é ácida ou básica? No Exemplo 16.2(e), você aprendeu que isso depende dos valores relativos de K_a para o ácido conjugado (aqui, NH_4^+; $K_a = 5,6 \times 10^{-10}$) e K_b para a base conjugada (aqui,

---

Ácido Fórmico + NaOH A constante de equilíbrio da reação do ácido fórmico com o hidróxido de sódio é $1,8 \times 10^{10}$. Você pode confirmar isso? (Veja a Questão para Estudo 16.103.)

Amônia + HCl A constante de equilíbrio da reação de um ácido forte com amônia aquosa é $1,8 \times 10^9$. Você pode confirmar isso? (Veja a Questão para Estudo 16.102.)

K para Reação de Ácido Fraco e Base Fraca A constante de equilíbrio da reação entre um ácido fraco e uma base fraca é $K_{líquido} = K_w/(K_a \cdot K_b)$. (Veja a Questão para Estudo 16.127.)

Tabela 16.4 Características das Reações Ácido-Base

TIPO	EXEMPLO	EQUAÇÃO IÔNICA GLOBAL	ESPÉCIES PRESENTES APÓS A MISTURA DE QUANTIDADES IGUAIS ; pH
Ácido forte + base forte	HCl + NaOH	$H_3O^+(aq) + OH^-(aq) \rightleftharpoons 2\ H_2O(\boxtimes)$	Cl^-, Na^+, pH = 7
Ácido forte + base fraca	HCl + NH₃	$H_3O^+(aq) + NH_3(aq) \rightleftharpoons NH_4^+(aq) + H_2O(\boxtimes)$	Cl^-, NH_4^+, pH < 7
Ácido fraco + base forte	HCO₂H + NaOH	$HCO_2H(aq) + OH^-(aq) \rightleftharpoons HCO_2^-(aq) + H_2O(\boxtimes)$	HCO_2^-, Na^+, pH > 7
Ácido fraco + base fraca	HCO₂H + NH₃	$HCO_2H(aq) + NH_3(aq) \rightleftharpoons HCO_2^-(aq) + NH_4^+(aq)$	HCO_2^-, NH_4^+, pH dependente de K_a e K_b de ácido e base conjugados

$CH_3CO_2^-$; $K_b = 5{,}6 \times 10^{-10}$). Nesse caso, os valores de K_a e K_b são iguais, portanto, a solução deverá ser neutra.

> Misturar quantidades iguais (mols) de ácido fraco e uma base fraca produz um sal cujo cátion é o ácido conjugado da base fraca e cujo ânion é a base conjugada do ácido fraco. O pH da solução depende dos valores relativos K_a e K_b.

EXERCÍCIOS PARA A SEÇÃO 16.6

1. Quantidades iguais (mols) de HCl(aq) e NaCN(aq) são misturadas. A solução resultante é

   (a) ácida   (b) básica   (c) neutra

2. Quantidades iguais (mols) de ácido acético(aq) e sulfito de sódio, Na_2SO_3(aq), são misturadas. A solução resultante é

   (a) ácida   (b) básica   (c) neutra

3. Quantidades iguais (mols) de NaOH(aq) e NaH_2PO_4(aq) são misturadas. A solução resultante é

   (a) ácida   (b) básica   (c) neutra

16-7 Cálculos com Constantes de Equilíbrio

Determinando K a partir de Concentrações Iniciais e pH Medido

Os valores de K_a e K_b encontrados na Tabela 16.2 e em tabelas mais completas nos Apêndices H e I foram determinados experimentalmente. Existem diversos métodos experimentais disponíveis, mas uma abordagem, ilustrada pelo exemplo a seguir, consiste em determinar o pH da solução.

EXEMPLO 16.4

Calculando um Valor de K_a a partir de um pH Medido

Problema Uma solução aquosa 0,10 M de ácido láctico, $CH_3CHOHCO_2H$, tem pH de 2,43. Qual é o valor de K_a do ácido láctico?

O que você sabe? Você precisa saber a concentração de equilíbrio de cada espécie para calcular K_a. O pH da solução nos permite calcular a concentração de equilíbrio de H_3O^+, e podemos obter as outras concentrações de equilíbrio a partir desse valor.

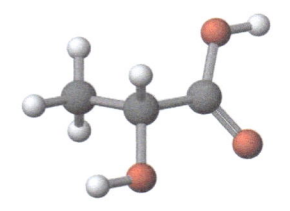

Ácido láctico, $CH_3CHOHCO_2H$

Ácido láctico, $CH_3CHOHCO_2H$. O ácido láctico é um ácido monoprótico fraco que ocorre naturalmente no leite azedo e surge a partir do metabolismo no corpo humano.

Estratégia

- Escreva a expressão da constante de equilíbrio, crie uma tabela IVE e converta o pH para $[H_3O^+]$, a concentração de equilíbrio do íon hidrônio.

- Introduza a concentração inicial de $CH_3CHOHCO_2H$ na linha inicial da tabela IVE.

- Atribua a variável x para representar variações na concentração. Com base na reação estequiométrica, a variação em $[CH_3CHOHCO_2H]$ é $-x$ e a variação em $[CH_3CHOHCO_2^-]$ é $+x$. Insira estes valores na linha variação da tabela.

- Reconheça que a concentração de equilíbrio de íons hidrônio, $[H_3O^+]$, é igual a x.

- Insira as expressões das concentrações de equilíbrio finais de todas as três espécies na linha E da tabela IVE. Usando isso, determine os valores das outras concentrações de equilíbrio.

- Use as concentrações de equilíbrio para calcular K_a.

Solução A equação da reação do ácido láctico com água e sua expressão da constante de equilíbrio são

$$CH_3CHOHCO_2H(aq) + H_2O(\ell) \rightleftharpoons CH_3CHOHCO_2^-(aq) + H_3O^+(aq)$$
ácido láctico   íon lactato

$$K_a \text{ (ácido láctico)} = \frac{[H_3O^+][CH_3CHOHCO_2^-]}{[CH_3CHOHCO_2H]}$$

Comecemos pela conversão do pH para $[H_3O^+]$:

$$[H_3O^+] = 10^{-pH} = 10^{-2,43} = 3,7 \times 10^{-3} \text{ M}$$

Insira na tabela IVE as concentrações antes que o equilíbrio seja estabelecido, a variação que ocorre à medida que a reação prossegue até ao equilíbrio, e as concentrações quando o equilíbrio tiver sido alcançado. (Veja os Exemplos 15.2-15.5.)

EQUILÍBRIO	$CH_3CHOHCO_2H$	+	H_2O $\rightleftharpoons$	$CH_3CHOHCO_2^-$	+	H_3O^+
Inicial (M)	0,10			0		0
Variação (M)	$-x$			$+x$		$+x$
Equilíbrio (M)	$(0,10 - x)$			x		x

Os seguintes pontos podem ser notados com relação à tabela IVE:

- A quantidade x representa as concentrações no equilíbrio dos íons hidrônio e lactato. Isso é, em equilíbrio, $x = [H_3O^+] = [CH_3CHOHCO_2^-] = 3,7 \times 10^{-3}$ M.

- Pela estequiometria, x também é a concentração de ácido que ionizou durante o processo para de obtenção do equilíbrio.

Com esses pontos em mente, podemos calcular K_a do ácido láctico.

$$K_a \text{ (ácido láctico)} = \frac{[H_3O^+][CH_3CHOHCO_2^-]}{[CH_3CHOHCO_2H]}$$

$$= \frac{(3,7 \times 10^{-3})(3,7 \times 10^{-3})}{0,10 - 0,0037} = 1,4 \times 10^{-4}$$

Comparando esse valor de K_a com os outros na Tabela 16.2, vemos que o ácido láctico é similar ao ácido fórmico em sua força.

Pense bem antes de responder

O íon hidrônio, H_3O^+, está presente na solução resultante da ionização do ácido láctico e da autoionização da água. O princípio de Le Chatelier nos informa que o H_3O^+ do ácido láctico suprimirá o H_3O^+ proveniente da autoionização da água. Como o $[H_3O^+]$ originário da água deve ser inferior a 10^{-7} M, o pH é quase completamente um reflexo do H_3O^+ originário do ácido láctico. (Veja o Exemplo 16.1.)

Verifique seu entendimento

Uma solução preparada a partir da dissolução de 0,055 mol de ácido butanoico em água suficiente para se obter 1,0 L de solução tem pH de 2,72. Determine K_a para o ácido butanoico. O ácido ioniza conforme a equação balanceada:

$$CH_3CH_2CH_2CO_2H(aq) + H_2O(\ell) \rightleftharpoons H_3O^+(aq) + CH_3CH_2CH_2CO_2^-(aq)$$

Há um ponto importante a ser observado no Exemplo 16.4. A concentração de ácido láctico no equilíbrio foi fornecida $(0,10 - x)$, em que x foi encontrado a partir do pH da solução como sendo $3,7 \times 10^{-3}$ M. Pelas regras habituais que determinam os algarismos significativos, $(0,10 - 0,0037)$ é igual a 0,10. O ácido é fraco, então muito pouco dele ioniza (cerca de 4%), e a concentração de equilíbrio do ácido láctico é essencialmente igual à concentração inicial do ácido. A subtração de 0,0037 de 0,10 não tem qualquer efeito sobre a resposta, a qual sabe-se ter apenas dois algarismos significativos.

Assim como o ácido láctico, a maioria dos ácidos fracos (HA) são tão fracos que a concentração de ácido, [HA], corresponde efetivamente a sua concentração inicial (= $[HA]_0$). Isso leva à útil conclusão de que o denominador na expressão da constante de equilíbrio para soluções diluídas da maioria dos ácidos fracos é simplesmente $[HA]_0$, a concentração original ou concentração inicial do ácido fraco.

$$HA(aq) + H_2O(\ell) \rightleftharpoons H_3O^+(aq) + A^-(aq)$$

$$K_a = \frac{[H_3O^+][A^-]}{[HA]_0 - [H_3O^+]} \approx \frac{[H_3O^+][A^-]}{[HA]_0}$$

A análise mostra que

> A aproximação que
>
> $$[HA]_{equilíbrio} = [HA]_0 - [H_3O^+] \approx [HA]_0$$
>
> é sempre válida quando $[HA]_0$ é maior ou igual a $100 \times K_a$.

Esta é a mesma aproximação que usamos no Capítulo 15, quando decidiu-se sobre ser necessário ou não resolver equações de segundo grau exatamente (◄ Dica para Solução de Problemas 15.1).

Qual É o pH de uma Solução Aquosa de um Ácido ou Base Fraca?

O conhecimento dos valores das constantes de equilíbrio de ácidos e bases fracos nos permite calcular o pH de uma solução de ácido fraco ou base fraca.

EXEMPLO 16.5

Calculando as Concentrações no Equilíbrio e o pH a partir de K_a

Problema Calcule o pH de uma solução de 0,020 M de ácido benzoico ($C_6H_5CO_2H$), sabendo que $K_a = 6,3 \times 10^{-5}$ do ácido.

$$C_6H_5CO_2H(aq) + H_2O(\ell) \rightleftharpoons H_3O^+(aq) + C_6H_5CO_2^-(aq)$$

Mapa Estratégico 16.5

PROBLEMA

Calcule o **pH** de uma solução de ácido fraco sabendo o valor de K_a.

DADOS/INFORMAÇÕES CONHECIDOS

- Concentração do ácido
- Valor de K_a

ETAPA 1. Escreva a **equação balanceada** e a **expressão do K_a** e crie uma **tabela IVE**.

Expressão do K_a e Tabela IVE

ETAPA 2. Insira as **concentrações de equilíbrio** na tabela IVE.

No equilíbrio:
$[H_3O^+]$ = [Base conjugada] = x
[ácido] = concentração original − x

ETAPA 3. Insira as **concentrações de equilíbrio** em K_a.

A **expressão do K_a** com concentrações de equilíbrio em termos de **x**.

ETAPA 4. Resolva a **expressão do K_a** para encontrar o valor de **x**.

x = valor de $[H_3O^+]$

ETAPA 5. Converta $[H_3O^+]$ em **pH**.

pH da solução

O que você sabe? Você sabe o valor do K_a do ácido e sua concentração inicial. Você precisa encontrar a concentração de equilíbrio de H_3O^+ para calcular o pH.

Estratégia Isto é semelhante aos Exemplos 15.4 e 15.5, em que você queria encontrar a concentração de um produto da reação. A estratégia é a mesma:

- Escreva a expressão da constante de equilíbrio e crie uma tabela IVE.
- Insira a concentração inicial de $C_6H_5CO_2H$ na linha inicial da tabela IVE.
- A variável x representa mudanças na concentração, de modo que a mudança em $[C_6H_5CO_2H]$ é −x e a mudança na concentração do produto é +x. Insira estes valores na linha variação da tabela.
- Insira as expressões das concentrações de equilíbrio finais de todas as três espécies na linha E da tabela IVE, e depois transfira essas expressões para a expressão da constante de equilíbrio e encontre x.
- Converta $[H_3O^+]$ (= x) para pH.

Solução Organize as informações em uma tabela IVE.

EQUILÍBRIO	$C_6H_5CO_2H$ + H_2O $\rightleftharpoons$	$C_6H_5CO_2^-$ +	H_3O^+
Inicial (M)	0,020	0	0
Variação (M)	−x	+x	+x
Equilíbrio (M)	(0,020 − x)	x	x

De acordo com as estequiometrias da reação,

$$[H_3O^+] = [C_6H_5CO_2^-] = x \text{ no equilíbrio}$$

a concentração do ácido ionizado é x. Assim, a concentração de ácido benzoico no equilíbrio é

$$[C_6H_5CO_2H] = \text{concentração inicial do ácido − concentração de ácido que ionizou}$$

$$[C_6H_5CO_2H] = 0,020 − x$$

Substituindo essas concentrações de equilíbrio na expressão do K_a, temos

$$K_a = \frac{[H_3O^+][C_6H_5CO_2^-]}{[C_6H_5CO_2H]}$$

$$6,3 \times 10^{-5} = \frac{(x)(x)}{0,020 − x}$$

O valor de x é baixo se comparado com 0,020 (porque $[HA]_0 > 100 \times K_a$; 0,020 M > 6,3 ×10⁻³). Portanto, você pode usar a expressão aproximada.

$$K_a = 6,3 \times 10^{-5} = \frac{x^2}{0,020}$$

Resolvendo para encontrar o x, temos

$$x = \sqrt{K_a \times (0,020)} = 0,0011 \text{ M}$$

e descobrimos que

$$[H_3O^+] = [C_6H_5CO_2^-] = 0,0011 \text{ M}$$

Finalmente, encontra-se o pH da solução

$$pH = −\log(1,1 \times 10^{-3}) = 2,96$$

Pense bem antes de responder Fizemos a aproximação de que $(0,020 - x) \approx$ 0,020. Se a aproximação não for feita e a expressão exata for resolvida, $x = [H_3O^+] = 0,0011$ M. Esta é a mesma resposta com dois algarismos significativos que obtivemos usando a expressão "aproximada". Finalmente, observe que qualquer H_3O^+ que surja da ionização da água foi novamente ignorado.

Verifique seu entendimento

Quais são as concentrações no equilíbrio de ácido acético, íons acetato e H_3O^+ em uma solução de ácido acético ($K_a = 1,8 \times 10^{-5}$) 0,10 M? Qual é o pH da solução?

EXEMPLO 16.6

Calculando as Concentrações no Equilíbrio e o pH a partir do K_a e Usando o Método de Aproximações Sucessivas

Problema Qual é o pH de uma solução de ácido fórmico 0,0010 M? Qual é a concentração do ácido fórmico no equilíbrio? O ácido é moderadamente fraco, com $K_a = 1,8 \times 10^{-4}$.

$$HCO_2H(aq) + H_2O(\ell) \rightleftharpoons HCO_2^-(aq) + H_3O^+(aq)$$

O que você sabe? Você sabe o valor de K_a do ácido e sua concentração inicial. Você precisa encontrar a concentração de equilíbrio de H_3O^+, para calcular o pH.

Estratégia Este é semelhante ao Exemplo 16.5, no qual desejava-se obter a concentração de um produto da reação, exceto pelo fato de que uma solução aproximada não será possível. A estratégia é a mesma:

- Escreva a expressão da constante de equilíbrio e crie uma tabela IVE.

- Introduza a concentração inicial de HCO_2H na linha inicial da tabela IVE.

- A variável x representa variações na concentração, de modo que a variação em $[HCO_2H]$ é $-x$ e a variação na concentração do produto é $+x$. Insira estes valores na linha variação (V) da tabela.

- Insira as expressões das concentrações de equilíbrio finais de todas as três espécies na linha E da tabela IVE, e depois transfira essas expressões para a expressão da constante de equilíbrio e encontre x.

- Converta $[H_3O^+]$ $(= x)$ para pH.

Solução A tabela IVE é como se segue.

Equilíbrio	HCO_2H	$+$	H_2O	$\rightleftharpoons$	HCO_2^-	$+$	H_3O^+
inicial (M)	0,0010				0		0
Variação (M)	$-x$				$+x$		$+x$
Equilíbrio (M)	$(0,0010 - x)$				x		x

Substituindo os valores da tabela na expressão de K_a, temos:

$$K_a = \frac{[H_3O^+][HCO_2^-]}{[HCO_2H]} = 1,8 \times 10^{-4} = \frac{(x)(x)}{0,0010 - x}$$

Neste exemplo, $[HA]_0$ $(= 0,0010$ M$)$ *não* é maior que $100 \times K_a$ $(= 1,8 \times 10^{-2})$, de modo que a aproximação habitual não é razoável. Então, temos de encontrar as concentrações de equilíbrio resolvendo a expressão "exata". Ela pode ser resolvida com a fórmula quadrática ou por aproximações sucessivas (Apêndice A). Vamos usar aqui o método das aproximações sucessivas.

Para utilizar o **método de aproximações sucessivas**, comece resolvendo a expressão aproximada para encontrar x.

$$1,8 \times 10^{-4} = \frac{(x)(x)}{0,0010}$$

Resolvendo isso, encontramos $x = 4,2 \times 10^{-4}$. Coloque esse valor na expressão para x no denominador da expressão exata.

$$1,8 \times 10^{-4} = \frac{(x)(x)}{0,0010 - x} = \frac{(x)(x)}{0,0010 - 4,2 \times 10^{-4}}$$

Resolvendo esta equação para x, agora encontramos $x = 3,2 \times 10^{-4}$. Mais uma vez, coloque esse valor no denominador, e resolva para calcular x.

$$1,8 \times 10^{-4} = \frac{(x)(x)}{0,0010 - x} = \frac{(x)(x)}{0,0010 - 3,2 \times 10^{-4}}$$

Continue esse procedimento até que o valor de x não mude de um ciclo para o próximo. Neste caso, mais dois ciclos nos dão o resultado de que

$$x = [H_3O^+] = [HCO_2^-] = 3,4 \times 10^{-4} \text{ M}$$

Dessa forma,

$$[HCO_2H] = 0,0010 - x \approx \boxed{0,0007 \text{ M}}$$

e o pH da solução de ácido fórmico é

$$pH = -\log (3,4 \times 10^{-4}) = \boxed{3,47}$$

Pense bem antes de responder Se tivéssemos usado a expressão aproximada para encontrar a concentração de H_3O^+, teríamos obtido um valor de $[H_3O^+] = 4,2 \times 10^{-4}$ M. A hipótese simplificadora levou a um grande erro, cerca de 24%. A solução aproximada falha neste caso porque (a) a concentração de ácido é pequena e (b) o ácido não é tão fraco assim.

Verifique seu entendimento

Quais são as concentrações de equilíbrio de HF, íon F^- e íon H_3O^+ em uma solução 0,00150 M de HF? Qual é o pH da solução?

Assim como os ácidos, as bases podem ser iônicas ou moleculares (Figuras 16.3–16.5). Muitas bases moleculares são baseadas em nitrogênio, com a amônia sendo a mais simples. Muitas outras bases contendo nitrogênio ocorrem naturalmente; a cafeína e a nicotina são bem conhecidas, a tetrodotoxina (veja a história introdutória deste capítulo) é menos conhecida. As bases conjugadas aniônicas de ácidos fracos constituem outro grupo de bases. O exemplo a seguir descreve o cálculo do pH de uma solução de acetato de sódio.

EXEMPLO 16.7

O pH de uma Solução de um Sal Fracamente Básico, Acetato de Sódio

Problema Qual é o pH de uma solução de acetato de sódio 0,015 M, $NaCH_3CO_2$?

O que você sabe? Você sabe que o acetato de sódio é básico em água, porque o íon acetato, a base conjugada de um ácido fraco, o ácido acético, reage com a água para formar OH⁻ (Tabelas 16.2 e 16.3). (Você também sabe que o íon sódio do acetato de sódio não afeta o pH da solução.) Finalmente, você conhece o valor de K_b para o íon acetato (Tabela 16.2) e sua concentração inicial. Você precisa encontrar a concentração no equilíbrio de H_3O^+ para calcular o pH.

Estratégia Isto é semelhante aos Exemplos 16.5 e 16.6, em que você queria encontrar a concentração de um produto da reação.

- Escreva a equação balanceada e a expressão da constante de equilíbrio, e crie uma tabela IVE.

- Insira a concentração inicial de $CH_3CO_2^-$ na linha inicial da tabela IVE.

- A variável x representa variações na concentração, então a variação em $[CH_3CO_2^-]$ é $-x$ e a variação na concentração do produto é $+x$. Insira estes valores na linha (V) da tabela.

- Insira as expressões das concentrações de equilíbrio de todas as três espécies na linha E da tabela IVE, e depois transfira essas expressões para a expressão da constante de equilíbrio e encontre x.

- O valor de $x = [OH^-]$. Determine $[H_3O^+]$ a partir desse valor, utilizando a expressão $K_w = [H_3O^+][OH^-]$, então calcule o pH de $[H_3O^+]$.

Solução O valor de K_b do íon acetato é $5,6 \times 10^{-10}$ (Tabela 16.2).

$$CH_3CO_2^-(aq) + H_2O(\ell) \rightleftharpoons CH_3CO_2H(aq) + OH^-(aq)$$

Construa uma tabela IVE para determinar a concentração inicial de quilíbrio das espécies em solução.

Equilíbrio	$CH_3CO_2^-$	+	H_2O	$\rightleftharpoons$	CH_3CO_2H	+	OH^-
Inicial (M)	0,015				0		0
Variação (M)	$-x$				$+x$		$+x$
Equilíbrio (M)	$(0,015 - x)$				x		x

Mapa Estratégico 16.7

PROBLEMA
Calcule o **pH** para uma base fraca conhecendo o valor de K_b.

↓

DADOS/INFORMAÇÕES CONHECIDAS
- Concentração da base
- Valor do K_b

ETAPA 1. Escreva a **equação balanceada** e a **expressão do** K_b e construa uma **tabela IVE.**

↓

A expressão do K_b e a tabela IVE

ETAPA 2. Insira as **concentrações** no **equilíbrio** na tabela IVE.

↓

Em equilíbrio:
$[OH^-]$ = [ácido conjugado] = x
[base] = conc. original $- x$

ETAPA 3. Insira as **concentrações de equilíbrio** em K_b.

↓

A **expressão do** K_b com as concentrações de equilíbrio em termos de x

ETAPA 4. Resolva a **expressão do** K_b para encontrar **x.**

↓

x = valor de $[OH^-]$

ETAPA 5. Usando $[OH^-]$ e K_w, calcule $[H_3O^+]$ e então **pH.**

↓

pH da solução

FIGURA 16.5 Exemplos de bases fracas. As bases fracas em água incluem moléculas que têm um ou mais átomos de N, capazes de aceitar um íon H^+ e ânions de ácidos fracos, como benzoato e fosfato.

Íon benzoato, $C_6H_5CO_2^-$
$K_b = 1,6 \times 10^{-10}$

Íon fosfato, PO_4^{3-}
$K_b = 2,8 \times 10^{-2}$

Amônia, NH_3
$K_b = 1,8 \times 10^{-5}$

Cafeína, $C_8H_{10}N_4O_2$
$K_b = 2,5 \times 10^{-4}$

© Cengage Learning/Charles D. Winters

Em seguida, substitua os valores da tabela na expressão de K_b.

$$K_b = 5,6 \times 10^{-10} = \frac{[CH_3CO_2H][OH^-]}{[CH_3CO_2^-]} = \frac{x^2}{0,015 - x}$$

O íon acetato, uma base fraca, tem um valor muito pequeno de K_b. Portanto, supomos que x, a concentração de íons hidróxido gerada pela reação dos íons acetato com água, é considerada muito pequena, e usamos a expressão aproximada para encontrar x.

$$K_b = 5,6 \times 10^{-10} = \frac{x^2}{0,015}$$

$$x = [OH^-] = [CH_3CO_2H] = \sqrt{(5,6 \times 10^{-10})(0,015)} = 2,9 \times 10^{-6} \text{ M}$$

Para calcular o pH da solução, precisamos da concentração de íons hidrônio. Em soluções aquosas, a 25 °C, é sempre verdadeiro que:

$$K_w = 1,0 \times 10^{-14} = [H_3O^+][OH^-]$$

$$[H_3O^+] = \frac{K_w}{[OH^-]} = \frac{1,0 \times 10^{-14}}{2,9 \times 10^{-6}} = 3,5 \times 10^{-9} \text{ M}$$

Portanto, $pH = -\log(3,5 \times 10^{-9}) = $ 8,46

O íon acetato dá origem a uma solução fracamente básica, como é esperado para a base conjugada de um ácido fraco.

Pense bem antes de responder A concentração de íon hidróxido (x) é de fato muito pequena em comparação com a concentração inicial de íon acetato, então, a expressão aproximada é adequada. (Observe que $100 \times K_b$ é menos que a concentração inicial da base.)

Verifique seu entendimento

A base fraca, ClO^- (íon hipoclorito), é utilizada sob a forma de NaClO como um desinfetante em piscinas e estações de tratamento de água. Quais são as concentrações de HClO e OH^- e o pH de uma solução 0,015 M de NaClO?

EXEMPLO 16.8

Calculando o pH Após a Reação de uma Base Fraca com um Ácido Forte

Problema Qual é o pH da solução que resulta da mistura de 25,0 mL de NH_3 0,016 M com 25 mL de HCl 0,016 M?

O que você sabe? Você sabe que esta é uma reação ácido-base (HCl + NH_3), bem como a quantidade de cada reagente (calculada a partir do volume e da concentração de cada). Como volumes e concentrações iguais estão envolvidos, nem o ácido nem a base estão em excesso, e nenhum permanecerá após a reação. Para encontrar o pH da solução depois da reação, é necessário conhecer a quantidade de produto, se é um ácido fraco ou uma base fraca, e a sua concentração. A etapa final então envolve o cálculo de equilíbrio de um ácido fraco ou uma base fraca (Exemplos 16.5-16.7). Você precisará procurar a constante de equilíbrio do ácido ou da base.

Estratégia Esta questão envolve três problemas em um:

(a) *Escrever uma equação balanceada*: Primeiro, escreva uma equação balanceada para a reação que ocorre e então decida se os produtos da reação são ácidos ou bases. Aqui, o ácido fraco NH_4^+ é o produto de interesse.

(b) *Problema de estequiometria*: Encontrar a concentração "inicial" de NH_4^+ é um problema de estequiometria. A quantidade de NH_4^+ (em mols) produzida na reação $HCl + NH_3$ é dividida pelo volume da solução resultante.

(c) *Problema de Equilíbrio*: O cálculo do pH envolve primeiro a resolução de um problema de equilíbrio. É necessário para esse cálculo a concentração "inicial" de NH_4^+ proveniente da parte (b) e o valor de K_a para NH_4^+.

Solução Se quantidades iguais (mols) de base (NH_3) e ácido (HCl) forem misturadas, o resultado deve ser uma solução ácida, porque a espécie significativa remanescente na solução após o término da reação é NH_4^+, o ácido conjugado da base fraca amônia (veja as Tabelas 16.2 e 16.4).

(a) *Escrevendo equações balanceadas*

A equação da reação produto-favorecida de HCl (fornecedor de íon hidrônio) com NH_3 para dar NH_4^+:

$$NH_3(aq) + H_3O^+(aq) \longrightarrow NH_4^+(aq) + H_2O(\ell)$$

A equação da reação reagente-favorecida de NH_4^+, o produto, com água:

$$NH_4^+(aq) + H_2O(\ell) \rightleftharpoons H_3O^+(aq) + NH_3(aq)$$

(b) *Problema de estequiometria*

Quantidades de HCl e NH_3 consumidas:

$$(0,025 \text{ L HCl})(0,016 \text{ mol/L}) = 4,0 \times 10^{-4} \text{ mol HCl}$$

$$(0,025 \text{ L NH}_3)(0,016 \text{ mol/L}) = 4,0 \times 10^{-4} \text{ mol NH}_3$$

Quantidade de NH_4^+ produzida quando a reação se completa:

$$4,0 \times 10^{-4} \text{ mol NH}_3 \left(\frac{1 \text{ mol NH}_4^+}{1 \text{ mol NH}_3} \right) = 4,0 \times 10^{-4} \text{ mol NH}_4^+$$

Concentração de NH_4^+: Combinar 25 mL de cada HCl e NH_3 dá um volume de solução total de 50 mL. Portanto, a concentração de NH_4^+ é

$$[NH_4^+] = \frac{4,0 \times 10^{-4} \text{ mol}}{0,050 \text{ L}} = 8,0 \times 10^{-3} \text{ M}$$

(c) *Problema de equilíbrio ácido-base*

Conhecendo a concentração do íon amônio, construa uma tabela IVE para encontrar a concentração do íon hidrônio.

EQUILÍBRIO	NH_4^+	+	H_2O	$\rightleftharpoons$	NH_3	+	H_3O^+
Inicial (M)	0,0080				0		0
Variação (M)	$-x$				$+x$		$+x$
Equilíbrio (M)	$(0,0080 - x)$				x		x

Em seguida, substitua os valores da tabela na expressão de K_a para o íon amônio. Assim, teremos

$$K_a = 5,6 \times 10^{-10} = \frac{[H_3O^+][NH_3]}{[NH_4^+]} = \frac{(x)(x)}{0,0080 - x}$$

O íon amônio é um ácido muito fraco, o que é observado pelo valor muito baixo de K_a. Portanto, x, a concentração de íons hidrônio gerada pela reação dos íons amônio com água é considerada muito pequena, e usa-se a expressão aproximada para se encontrar x. (Aqui $100 \times K_a$ é muito menor do que a concentração inicial do ácido.)

Mapa Estratégico 16.8

PROBLEMA

Calcule o **pH** da solução após a reação de uma **base fraca** e um **ácido forte**.

↓

DADOS/INFORMAÇÕES CONHECIDOS
- Concentrações dos reagentes
- Volumes dos reagentes

ETAPA 1. Escreva a **equação balanceada** e resolva o **problema estequiométrico**.

Conheça as **quantidades de reagentes** e obtenha a **quantidade de produto**.

ETAPA 2. Decida se o produto é **ácido fraco** ou **base fraca**.

O produto é um **ácido fraco** (NH_4^+)

ETAPA 3. Calcule a concentração de NH_4^+.

Concentração de ácido fraco cujo K_a é conhecido.

ETAPA 4. Resolva para encontrar $[H_3O^+]$ como nos Exemplos 16.5–16.7.

Valor de $[H_3O^+]$

ETAPA 5. Converta $[H_3O^+]$ para **pH**.

pH da solução

$$K_a = 5{,}6 \times 10^{-10} = \frac{x^2}{0{,}0080}$$

$$x = \sqrt{(5{,}6 \times 10^{-10})(0{,}0080)}$$

$$= [H_3O^+] = [NH_3] = 2{,}1 \times 10^{-6} \text{ M}$$

$$pH = -\log(2{,}1 \times 10^{-6}) = 5{,}67$$

Pense bem antes de responder Como previsto (Tabela 16.4), a solução após a mistura de quantidades iguais de um ácido forte e de uma base fraca é francamente ácida.

Verifique seu entendimento

Calcule o pH após misturar 15 mL de ácido acético 0,12 M com 15 mL de NaOH 0,12 M. Quais são as espécies majoritárias na solução em equilíbrio (além da água) e quais são suas concentrações?

ESTUDO DE CASO

Gostaria de um Pouco de Suco de Beladona em Seu Drinque?

A planta beladona produz frutos escuros do tamanho de cerejas que parecem boas o suficiente para se comer. Mas você deve pensar duas vezes, porque a planta é também chamada de sombra mortal da noite (erva-moura). Seus frutos contêm atropina, uma base, que é tóxica e tem sido usada por mulheres e homens durante séculos para eliminar antigos amantes e inimigos políticos.

O nome da planta, *beladona*, vem do italiano e significa "mulher bonita". Cortesãs e atrizes em Veneza, no século XVI, colocavam uma ou duas gotas de suco em seus olhos. Ela dilatava as pupilas e dava-lhes uma aparência *da moda*, que podia durar vários dias.

A atropina foi usada por alguns anos por médicos para dilatar a pupila, e era utilizada também para tratar doenças como bradicardia, um ritmo cardíaco extremamente baixo. Também é um antídoto para o sarin, um gás que ataca o sistema nervoso. Na verdade, as vítimas de um ataque com gás sarin no Japão na década de 1990 foram tratadas com

Frutos da planta beladona, uma fonte de atropina

Atropina, $C_{17}H_{23}NO_3$.

atropina, e soldados na Primeira Guerra do Golfo em 1990-1991 carregavam consigo a atropina como antídoto em caso de um ataque de gás dos nervos.

Mas a atropina é mais lembrada na história como um veneno. Uma dose fatal tem cerca de 100 mg. Uma lenda diz que Cleópatra primeiro queria suicidar-se tomando atropina. Ela fez um escravo experimentá-la primeiro, mas a morte do escravo não foi agradável, daí ela optou pela picada de uma víbora, uma cobra venenosa.

No auge do Império Romano, a atropina e outros agentes foram tantas vezes utilizados como venenos que uma lei de 82 a.C. estabeleceu a "supressão da intoxicação doméstica". Ela aparentemente teve pouco efeito.

Os sintomas de envenenamento por atropina são bem conhecidos. Os médicos dizem que o paciente fica "vermelho como uma beterraba", porque os vasos sanguíneos se dilatam. Ou você pode ficar tão "cego quanto um morcego", porque as pupilas tornam-se tão dilatadas que a visão fica borrada. "Seco como um osso" é outro sintoma resultante da supressão das glândulas salivares. Além disso, você pode ficar tão "quente quanto uma lebre", porque sua temperatura corporal sobe e fica alta

algumas horas. Finalmente, você pode ficar tão "louco quanto um chapeleiro" (como o chapeleiro em *Alice no País das Maravilhas*), porque passa a agir como uma pessoa bêbada.

A atropina não é muito solúvel em água. Contudo, como a atropina é uma base, ela reage com ácidos. Por exemplo, a reação com ácido sulfúrico forma o sal sulfato. Este sal é tão solúvel que 1 mL de uma solução saturada desse composto contém muitas vezes a quantidade necessária para uma dose fatal.

Se você estiver interessado na história da atropina como arma do crime, não se esqueça de ler sobre a tentativa de assassinato de Alexandra Agutter pelo seu marido na Escócia, na década de 1990. Parece um episódio do *CSI*!

Questões:

1. Se uma dose fatal de atropina é 100 mg, qual é a quantidade do composto em mols?
2. Quando a atropina é adicionada ao ácido sulfúrico, um próton se liga à molécula. Qual é o tipo dessa ligação?
3. O pK_a do ácido conjugado da atropina é 4,35. Como ele se compara com os valores de pK_a para os ácidos conjugados de amônia, metilamina e anilina?

As respostas a estas questões estão disponíveis no Apêndice N.

Referência:

EMSLEY, J. *Molecules of Murder*. London: Royal Society of Chemistry, 2008.

DICA PARA SOLUÇÃO DE PROBLEMAS 16.3
Qual é o pH Após Misturarmos Números Iguais de Mols de um Ácido e uma Base

A Tabela 16.4 resume o resultado da mistura de vários tipos de ácidos e bases. Mas como se calcula o valor numérico para o pH, especialmente no caso da mistura de um ácido fraco com uma base forte ou de um ácido forte com uma base fraca? A estratégia (Exemplo 16.8) é reconhecer que isso envolve dois cálculos: um cálculo estequiométrico e um cálculo de equilíbrio. A chave é que você precisa conhecer a concentração de ácido fraco ou de base fraca produzido(a) quando o ácido e a base são misturados. Responder às seguintes questões lhe orientará à uma resposta:

(a) Quais quantidades de ácido e de base são utilizadas (em mols)? (Este é um problema estequiométrico.)

(b) Qual é o volume total da solução, após a mistura das soluções de ácido e de base?

(c) Qual é a concentração do ácido fraco ou da base fraca produzido(a) por mistura das soluções de ácido e de base?

(d) Usando a concentração encontrada no passo (c), qual é a concentração do íon hidrônio na solução? (Este é um problema de equilíbrio.) Determine o pH a partir da concentração do íon hidrônio.

EXERCÍCIOS PARA A SEÇÃO 16.7

1. Qual é a $[H_3O^+]$ em uma solução de HCN 0,10 M a 25 °C? (K_a para HCN $= 4,0 \times 10^{-10}$)

   (a) $1,6 \times 10^{-9}$ M

   (b) $6,3 \times 10^{-6}$ M

   (c) $2,0 \times 10^{-5}$ M

   (d) $4,0 \times 10^{-11}$ M

2. Uma solução 0,040 M de um ácido, HA, tem um pH de 3,02 a 25 °C. Qual é o K_a desse ácido?

   (a) $2,3 \times 10^{-5}$

   (b) $5,7 \times 10^{-4}$

   (c) $2,4 \times 10^{-2}$

   (d) $4,3 \times 10^{-10}$

3. Quais são as concentrações dos íons e o pH em uma solução 0,10 M de formiato de sódio, $NaCHO_2$? O K_b do íon formiato, HCO_2^- é $5,6 \times 10^{-11}$.

	pH	$[Na^+]$	$[CHO_2^-]$	$[OH^-]$
(a)	5,63	0,10	0,10	$2,4 \times 10^{-6}$
(b)	8,37	0,10	0,10	$2,4 \times 10^{-6}$
(c)	8,22	0,050	0,050	$1,7 \times 10^{-6}$
(d)	5,63	0,10	0,10	$4,2 \times 10^{-9}$

4. Você mistura 0,40 g de NaOH com 100 mL de ácido acético 0,10 M. Qual é o pH da solução resultante?

   (a) menor que 7   (b) igual a 7   (c) maior que 7

16.8 Ácidos e Bases Polipróticos

Como os ácidos polipróticos são capazes de doar mais de um próton, eles nos apresentam desafios adicionais para predizer o pH das suas soluções. Para muitos ácidos polipróticos inorgânicos, como ácido fosfórico, ácido carbônico e ácido sulfídrico (H_2S), a constante de ionização de cada perda sucessiva de um próton é cerca de 10^4 a 10^6 vezes menor que a etapa de ionização anterior. Isso significa que a primeira etapa de ionização de um ácido poliprótico produz até um milhão de vezes mais íons H_3O^+ do que a segunda etapa. Por este motivo, *o pH de muitos ácidos inorgânicos*

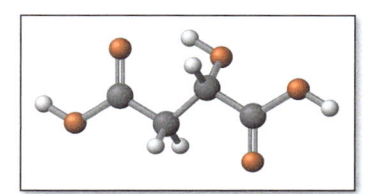

© Cengage Learning/Charles D. Winters

Um ácido poliprótico. Ácido málico, $C_4H_4O_4$, é um ácido diprótico que existe nas maçãs. Ele também é classificado como um ácido alfa-hidroxi porque tem um grupo OH no átomo de C próximo à CO_2H (na posição alfa). Ele faz parte de um grande grupo de ácidos alfa-hidroxi naturais, tais como ácido láctico, ácido cítrico e ácido ascórbico. Os ácidos alfa-hidroxi têm sido usados como um ingrediente em cremes "antienvelhecimento" da pele. Eles funcionam através da aceleração do processo natural pelo qual a pele substitui a camada exterior das células por novas células.

polipróticos depende principalmente do íon hidrônio gerado na primeira etapa de ionização; o íon hidrônio produzido na segunda etapa pode ser negligenciado. O mesmo princípio aplica-se às bases conjugadas totalmente desprotonadas de ácidos polipróticos. Isto é ilustrado pelo cálculo do pH de uma solução de íon carbonato, uma base importante no meio em que vivemos (Exemplo 16.9).

EXEMPLO 16.9

Calculando o pH da Solução de um Ácido Poliprótico

Problema O íon carbonato, CO_3^{2-}, é uma base em água, formando o íon hidrogenocarbonato, que por sua vez pode formar ácido carbônico.

$$CO_3^{2-}(aq) + H_2O(\ell) \rightleftharpoons HCO_3^-(aq) + OH^-(aq) \qquad K_{b1} = 2,1 \times 10^{-4}$$

$$HCO_3^-(aq) + H_2O(\ell) \rightleftharpoons H_2CO_3(aq) + OH^-(aq) \qquad K_{b2} = 2,4 \times 10^{-8}$$

Qual é o pH de uma solução de Na_2CO_3 0,10 M?

O que você sabe? Você conhece as equações balanceadas e os valores de K_b dos íons, bem como a concentração do íon carbonato.

Estratégia A primeira constante de ionização, K_{b1}, é muito maior que a segunda, K_{b2}, então, a concentração de íon hidróxido na solução resulta quase que inteiramente a partir da primeira etapa. Assim, você pode calcular a concentração de OH^- produzido, considerando apenas a primeira etapa da ionização, mas queremos testar a conclusão de que o OH^- produzido na segunda etapa pode ser ignorado.

Solução Construa uma tabela IVE para a reação do íon carbonato (Tabela de Equilíbrio 1).

Tabela de Equilíbrio 1– Reação do Íon CO_3^{2-}

Equilíbrio	CO_3^{2-}	+	H_2O	$\rightleftharpoons$	HCO_3^-	+	OH^-
Inicial (M)	0,10				0		0
Variação (M)	$-x$				$+x$		$+x$
Equilíbrio (M)	$(0,10 - x)$				x		x

Com base nessa tabela, a concentração de equilíbrio de OH^- ($= x$) pode ser calculada.

$$K_{b1} = 2,1 \times 10^{-4} = \frac{[HCO_3^-][OH^-]}{[CO_3^{2-}]} = \frac{x^2}{0,10 - x}$$

Como K_{b1} é relativamente pequeno, é razoável fazermos a aproximação $(0,10 - x) \approx 0,10$. Consequentemente:

$$x = [HCO_3^-] = [OH^-] = \sqrt{(2,1 \times 10^{-4})(0,10)} = 4,6 \times 10^{-3} \text{ M}$$

Usando esse valor de $[OH^-]$, você pode calcular o pOH da solução,

$$pOH = -\log(4,6 \times 10^{-3}) = 2,34$$

e então utilizamos a relação pH + pOH = 14 para calcular o pH.

$$pH = 14 - pOH = 11,66$$

Finalmente, é possível concluir que a concentração do íon carbonato é, com uma boa aproximação, 0,10 M.

$$[CO_3^{2-}] = 0,10 - 0,0046 \approx 0,10 \text{ M}$$

O íon HCO_3^- produzido na primeira etapa poderia adquirir outro próton para gerar H_2CO_3 e este poderia afetar o pH. Mas será que isso ocorre em uma extensão significativa? Para testar isso, crie uma segunda tabela IVE.

Tabela de Equilíbrio 2 – Reação do íon HCO_3

EQUILÍBRIO	HCO_3^-	+	H_2O	$\rightleftharpoons$	H_2CO_3	+	OH^-
Inicial (M)	$4,6 \times 10^{-3}$				0		$4,6 \times 10^{-3}$
Variação (M)	$-y$				$+y$		$+y$
Equilíbrio (M)	$(4,6 \times 10^{-3} - y)$				y		$(4,6 \times 10^{-3} + y)$

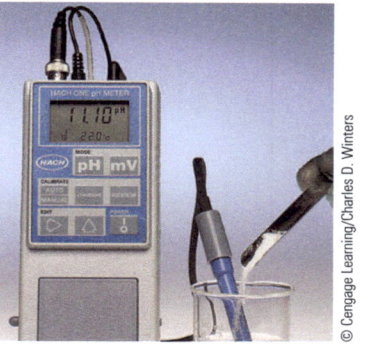

Carbonato de sódio, uma base poliprótica. Esta substância comum é uma base em solução aquosa. Seu principal uso é na indústria do vidro. Apesar de ter sido fabricado no passado, agora ele é extraído como o trona mineral, $Na_2CO_3 \cdot NaHCO_3 \cdot 2\,H_2O$.

Como K_{b2} é muito pequeno, a segunda etapa ocorre em extensão muito menor que a primeira. Isso significa que a quantidade de H_2CO_3 e OH^- produzida na segunda etapa (= y) é muito menor que $4,6 \times 10^{-3}$ M. Portanto, é razoável que tanto $[HCO_3^-]$ quanto $[OH^-]$ estejam muito próximos a $4,6 \times 10^{-3}$ M.

$$K_{b2} = 2,4 \times 10^{-8} = \frac{[H_2CO_3][OH^-]}{[HCO_3^-]} = \frac{(y)(4,6 \times 10^{-3})}{4,6 \times 10^{-3}}$$

Como o $[HCO_3^-]$ e $[OH^-]$ têm valores praticamente idênticos, eles se cancelam na expressão, e descobrimos que $[H_2CO_3]$ é simplesmente igual a K_{b2}.

$$y = [H_2CO_3] = K_{b2} = 2,4 \times 10^{-8}\ M$$

A quantidade de OH^- produzida nesta reação é insignificante. O íon hidróxido é, essencialmente, produzido no primeiro processo do equilíbrio.

Pense bem antes de responder Quase sempre o pH de uma solução de um ácido poliprótico inorgânico é devido ao íon hidrônio gerado no primeiro passo da ionização. Do mesmo modo, o pH de uma base poliprótica é devido ao íon OH^- produzido no primeiro passo da hidrólise.

Verifique seu entendimento

Qual é o pH de uma solução de ácido oxálico 0,10 M, $H_2C_2O_4$? Quais são as concentrações de H_3O^+, $HC_2O_4^-$, e o íon oxalato, $C_2O_4^{2-}$? (Veja o Anexo H para os valores de K_a.)

EXERCÍCIO PARA A SEÇÃO 16.8

1. A hidrazina (N_2H_4) é semelhante ao CO_3^{2-}, pelo fato de ela ser uma base poliprótica ($K_{b1} = 8,5 \times 10^{-7}$ e $K_{b2} = 8,9 \times 10^{-16}$). Os dois ácidos conjugados são $N_2H_5^+$ e $N_2H_6^{2+}$. Qual é o pH esperado de uma solução de N_2H_4 0,025 M?

   (a) 3,83   (b) 8,32   (c) 10,16

16-9 Estrutura Molecular, Ligações e Comportamento Ácido-Base

Um dos aspectos mais interessantes da Química é a correlação entre a estrutura e as ligações de uma molécula e suas propriedades químicas. Como os ácidos e as bases desempenham um papel tão importante na Química, é especialmente útil verificar se existem alguns princípios gerais que regem o comportamento ácido-base.

Força Ácida de Haletos de Hidrogênio, HX

O HF aquoso é um ácido fraco de Brønsted em água, enquanto os outros ácidos halídricos – HCl, HBr e HI – são todos ácidos fortes. Experimentos mostram que a força do ácido aumenta na ordem HF << HCl < HBr < HI. Uma análise detalhada dos

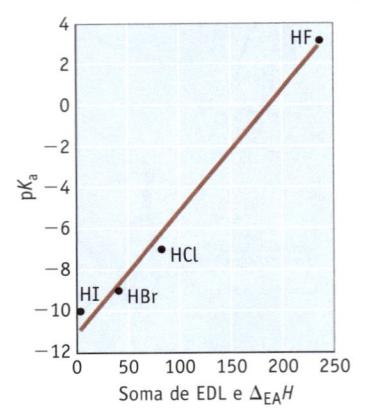

FIGURA 16.6 O efeito da entalpia da ligação H—X e a entalpia de afinidade eletrônica de X na força do ácido. Ácidos mais fortes têm ligações H—X mais fracas e átomos X com entalpia de afinidade eletrônica mais negativa. (EDL é a entalpia de dissociação da ligação H—X, e $\Delta_{EA}H$ é a entalpia de afinidade eletrônica do átomo de halogênio.) Veja MORAN, M. *Journal of Chemical Education*, v. 83, p. 800-803, 2006.

Tabela 16.5
Oxiácidos

ÁCIDO	pK_a
Oxiácidos Baseados em Cl	
HOCl	7,46
HOClO ($HClO_2$)	~ 2
HOClO₂ ($HClO_3$)	~ −3
HOClO₃ ($HClO_4$)	~ −8
Oxiácidos Baseados em S	
$(HO)_2SO$ [H_2SO_3]	1,92, 7.21
$(HO)_2SO_2$ [H_2SO_4]	~ −3, 1,92

Linus Pauling estabeleceu a relação geral que, para oxiácidos com a fórmula geral $(HO)_nE(O)_m$, o valor de pK_a é cerca de 8–5m. Quando n > 1, o pK_a aumenta cerca de 5 unidades para cada sucessiva perda de um próton.

fatores que levam a essas diferenças na força do ácido neste grupo nos fornecem informações importantes (veja "Um Olhar Mais Atento: Força do Ácido e Estrutura Molecular"). Previsões sobre a força relativa do ácido podem ser feitas com base na soma de duas quantidades de energia, aquela necessária para romper a ligação H—X (a entalpia de dissociação da ligação) e a entalpia de afinidade eletrônica do halogênio. Isto é, quando um ácido halídrico HX ioniza em água,

$$HX(aq) + H_2O(\ell) \rightarrow H_3O^+(aq) + X^-(aq)$$

a soma dos dois termos de energia,

Variação na energia $\propto$ entalpia de dissociação da ligação HX + entalpia da afinidade eletrônica de X,

correlaciona-se com a força do ácido. Ácidos mais fortes devem resultar quando a ligação H—X é mais facilmente rompida (como sinalizada por um valor menor, positivo de ΔH para dissociação de ligação) e quando há um valor mais negativo para a entalpia de afinidade eletrônica de X.

Os efeitos da entalpia de dissociação da ligação e da entalpia de afinidade eletrônica podem trabalhar em conjunto (uma ligação H—X fraca e uma entalpia de afinidade eletrônica negativa grande do grupo X) para produzir um ácido forte, mas que também pode trabalhar em direções opostas. O equilíbrio dos dois efeitos é importante. Vejamos alguns dados dos ácidos binários do Grupo 7A, HX.

$\xrightarrow{\qquad}$ Aumento da força do ácido $\xrightarrow{\qquad}$

	HF	HCl	HBr	HI
pK_a	+3,14	−7	−9	−10
força da ligação H—X (kJ/mol)	565	432	366	299
Entalpia de afinidade eletrônica de X (kJ/mol)	−328	−349	−325	−295
Soma (kJ/mol)	237	83	41	4

Nesta série de ácidos, o fator de entalpia da ligação domina: o ácido mais fraco, HF, tem a ligação H—X mais forte, e o ácido mais forte, HI, tem a ligação H—X mais fraca. No entanto, a entalpia de afinidade eletrônica de X é mais negativa com Cl, menos com F e Br, e muito menos com I. A entalpia de afinidade eletrônica menos negativa deve conduzir a um ácido mais fraco, mas é a *soma* dos dois efeitos que conduz à observação de que o ácido HI é mais forte. Na Figura 16.6 você vê que há uma boa correlação entre pK_a de um ácido e a *soma* das entalpias de dissociação da ligação e entalpia de afinidade eletrônica.

Comparando Oxiácidos: HNO₂ e HNO₃

O ácido nitroso (HNO_2) e o ácido nítrico (HNO_3) são representativos da série dos **oxiácidos**. Os oxiácidos contêm um átomo (geralmente um átomo não metálico) ligado a um ou mais átomos de oxigênio, alguns destes ligados a átomos de hidrogênio. Além daqueles baseados em N, você está familiarizado com os oxiácidos baseados em enxofre e cloro (Tabela 16.5). Em todas estas séries de compostos relacionados, a força do ácido aumenta à medida que o número de átomos de oxigênio ligados ao elemento central aumenta. Assim, o ácido nítrico (HNO_3) é um ácido mais forte que o ácido nitroso (HNO_2).

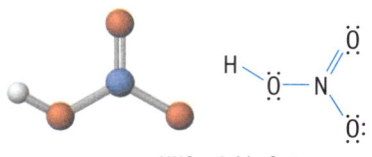

HNO₃, ácido forte, $pK_a = −1,4$

HNO₂, ácido fraco, $pK_a = +3,35$

UM OLHAR MAIS ATENTO

Força do Ácido e Estrutura Molecular

Embora as previsões sobre a força de um ácido em solução aquosa sejam bastante simples de se fazer, uma explicação completa pode ser complicada. Ao avaliar a força de um ácido HX(aq), estamos olhando para a seguinte reação:

$$HX(aq) + H_2O(\ell) \rightleftharpoons H_3O^+(aq) + X^-(aq)$$

A força do ácido é, por vezes, correlacionada com a força e a polaridade da ligação H—X, características facilmente identificáveis derivadas da estrutura do ácido. Para explicar totalmente a extensão da ionização, devemos também considerar as características da base conjugada do ácido, X^-. A capacidade do ânion em espalhar a carga negativa ao longo do íon e a solvatação do ânion pelo solvente estão entre uma das questões que também têm alguma importância na explicação da força do ácido.

O modo como variações de entalpia contribui para a força do ácido pode ser avaliado utilizando-se um ciclo termoquímico (tal como o utilizado para avaliar a entalpia reticular ◄ Seção 12.3). Considere as forças ácidas relativas dos haletos de hidrogênio. A variação de entalpia para a ionização de um ácido em água pode estar relacionada a outras mudanças de entalpia, como mostra o diagrama. A energia de ionização (Etapa 3) e a solvatação de H^+ (Etapa 5) são comuns a todos os haletos de hidrogênio e, por conseguinte, não contribuem para as diferenças entre as entalpias de ionização, mas os quatro termos restantes são diferentes. Para os haletos de hidrogênio, a entalpia de dissociação da ligação (Etapa 2) de HF é muito maior que as entalpias de dissociação de ligação de outros halogenetos de hidrogênio e contribui significativamente para a razão pela qual HF é

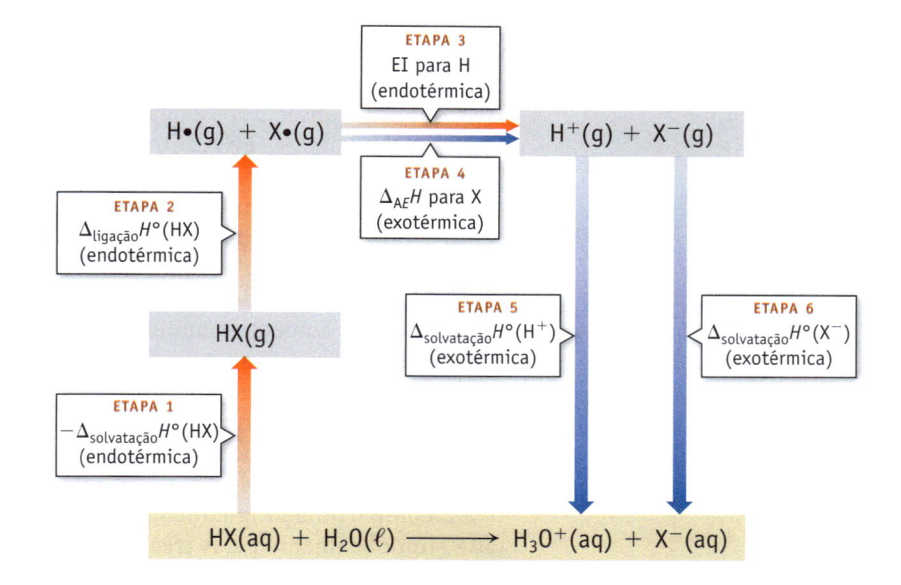

um ácido fraco, enquanto os outros são ácidos fortes. No entanto, isso é compensado significativamente pela entalpia de solvatação do ânion (Etapa 6), que para o íon fluoreto é muito mais exotérmica do que as energias de solvatação dos outros íons haletos. A entalpia de afinidade eletrônica (Etapa 4) também contribui para as diferenças nas mudanças totais de entalpia; seus valores variam entre os halogênios, mas em menor grau do que a variação na energia de ligação e na entalpia de solvatação do íon haleto. As diferenças na energia de solvatação das espécies moleculares (Etapa 1) são mínimas.

Observamos anteriormente (◄ Seção 13.2) que a entropia desempenha um papel importante na química das soluções. Não deveria ser surpresa, portanto, que a entropia também tenha um papel na determi-

nação da força do ácido. Na verdade, as diferenças da variação de entropia são significativas na contabilização das diferenças na força ácida dos haletos de hidrogênio. A entropia ainda tem de ser discutida neste texto em detalhes (► Capítulo 18), mas uma análise completa da força do ácido em solução aquosa deverá ter em conta tanto a entalpia quanto a entropia.

Embora todos esses termos contribuam para a força do ácido, ela pode muitas vezes estar correlacionada a um subconjunto, como pode ser visto pelos exemplos apresentados nesta seção. As correlações, contudo, enquanto são por vezes altamente úteis para um químico, porque podem ser usadas para fazer previsões importantes, são, na melhor das hipóteses, apenas explicações parciais.

Apliquemos a análise entalpia de ligação/entalpia de afinidade eletrônica ao HNO_3 e HNO_2.

	Aumento da força do ácido ⟶	
	HNO$_2$	**HNO$_3$**
pK_a	+3,35	−1,4
Força da ligação H—O (kJ/mol)	328	423
Entalpia de afinidade eletrônica de X (kJ/mol)	−219	−377
Soma (kJ/mol)	109	46

Como no caso dos ácidos do Grupo 7A, vemos novamente que a força do ácido correlaciona-se com a soma das entalpias para romper a ligação e a entalpia de afinidade do grupo X (NO_2 ou NO_3).

A análise dos ácidos do Grupo 7A mostrou que a força de ligação H—X foi o fator mais importante; já que a ligação H—X tornou-se mais fraca, o ácido se tornou mais forte. No entanto, os dados de HNO_3 e HNO_2 mostram que isso não é verdade aqui. A ligação O—H é mais forte no ácido mais forte HNO_3. Em vez disso, o termo afinidade eletrônica é o mais importante nessa correlação. Estes mesmos efeitos foram observados em outros oxiácidos, como aqueles baseados em cloro $HOCl < HOClO < HOClO_2 < HOClO_3$ e os oxiácidos com base em S (Tabela 16.5). Como isso deve ser interpretado?

No HNO_3, existem dois outros átomos de oxigênio ligados ao átomo de nitrogênio central, enquanto em HNO_2 apenas um outro oxigênio está ligado ao átomo de nitrogênio. Ligando-se mais átomos de O eletronegativos ao nitrogênio, estamos aumentando a afinidade eletrônica do grupo ligado ao átomo de hidrogênio, e qualquer coisa que aumente a afinidade do grupo X por um elétron deve também tornar HX um ácido mais forte e uma base conjugada X^- mais fraca. Essa é outra maneira de dizer que, se X^- tem uma forma de acomodar e estabilizar uma carga negativa, ele será uma base conjugada mais fraca. No caso de oxiácidos, os átomos adicionais de oxigênio têm o efeito de estabilizar o ânion porque a carga negativa do ânion pode ser dispersada sobre mais átomos. No íon nitrato, por exemplo, a carga negativa é compartilhada igualmente sobre os três átomos de oxigênio. Isso é representado simbolicamente pelas três estruturas de ressonância desse íon.

No íon nitrito, apenas dois átomos de oxigênio compartilham a carga negativa. No entanto, NO_2^- é uma base conjugada mais forte que NO_3^-. *Em geral, a maior estabilidade dos produtos formados pela ionização do ácido contribui para a maior acidez.*

Também se verifica em uma série de ácidos relacionados que, quanto maior for a carga formal no átomo central, mais forte é o ácido e mais fraca é a base conjugada. Por exemplo, a carga formal do átomo de N no ácido fraco HNO_2 é 0, enquanto é +1 no ácido forte HNO_3, e estes estão refletidos pelos resultados dos cálculos teóricos citados na Figura 16.7. Em oxiácidos, a carga formal no átomo central aumenta à medida que o número de átomos de oxigênio ligados ao átomo central aumenta. Os resultados são mostrados abaixo para dois pares de oxiácidos.

ácido nitroso, HNO_2 ácido nítrico, HNO_3

FIGURA 16.7 Superfícies de potencial eletrostático dos oxiácidos de nitrogênio. Ambas as superfícies mostram que a ligação O—H é muito polar. Mais importante ainda, os cálculos mostram que a ligação OH torna-se mais polar quando mais átomos de O são adicionados a N.

Cargas Parciais

Molécula	Átomo de H	Átomo de O em OH	Átomo de N
HNO_2	+0,39	−0,35	+0,14
HNO_3	+0,41	−0,47	+0,76

	Carga Formal no Átomo Central	pK_a
H_2SO_4	+2	−3
HSO_4^- / H_2SO_3	+1	1,92
$HOClO_2$	+1	2
$HOCl$	0	7,46

Em resumo, moléculas como os oxiácidos podem comportar-se como ácidos de Brønsted mais fortes quando o ânion criado pela perda de H^+ é mais capaz de acomodar a carga negativa. Essas condições são promovidas pela

- presença de átomos eletronegativos ligados ao átomo central.
- possibilidade de estruturas de ressonância do ânion, que levam à deslocalização da carga negativa sobre o ânion e, portanto, a um íon mais estável.
- maior carga formal positiva do átomo central.

Por Que os Ácidos Carboxílicos São Ácidos de Brønsted?

Há uma grande classe de ácidos orgânicos, exemplificada pelo ácido acético (CH_3CO_2H) (Figura 16.8), chamada de *ácidos carboxílicos* porque todos têm o grupo ácido carboxílico, $-CO_2H$ (▶ Seção 23.4). Os argumentos usados para explicar a acidez dos oxiácidos também podem ser aplicados aos ácidos carboxílicos. A ligação O—H nesses compostos é polar, um pré-requisito para a ionização.

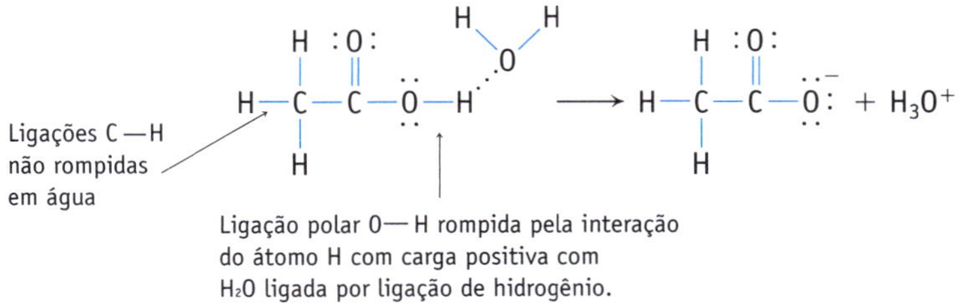

FIGURA 16.8 Superfície potencial eletrostática e cargas parciais do ácido acético. Os átomos de H da molécula estão todos positivamente carregados, mas o átomo de H do OH é muito mais altamente carregado. Como esperado, ambos os átomos de O eletronegativos têm uma carga negativa parcial.

Átomo ou Grupo	Carga Parcial Calculada
H de OH	+0,43
O de OH	−0,62
H de CH_3	+0,23

Ligações C—H não rompidas em água

Ligação polar O—H rompida pela interação do átomo H com carga positiva com H_2O ligada por ligação de hidrogênio.

Além disso, os ânions carboxílicos são estabilizados deslocando-se a carga negativa sobre os dois átomos de oxigênio:

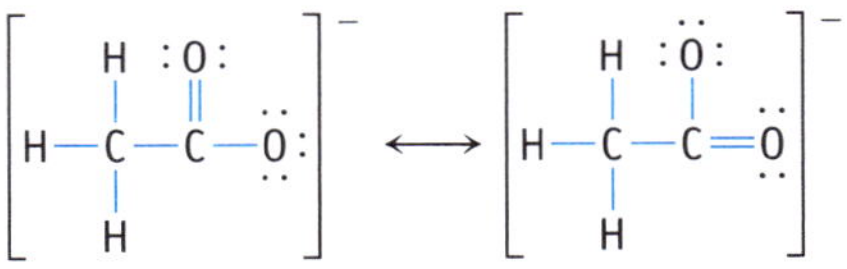

Os ácidos carboxílicos simples, RCO_2H, em que R é um grupo hidrocarboneto, não diferem muito na força do ácido (compare o ácido acético, $pK_a = 4,74$, e ácido propanoico, $pK_a = 4,89$, Tabela 16.2). A acidez dos ácidos carboxílicos é aumentada, no entanto, se substituintes eletronegativos substituírem os átomos de hidrogênio no grupo alquila ($-CH_3$ ou $-C_2H_5$). Compare, por exemplo, os valores de pK_a de uma série de ácidos acéticos em que o hidrogênio é substituído sequencialmente por cloro, um elemento mais eletronegativo.

Ácido		Valor de pK_a	
CH_3CO_2H	Ácido acético	4,74	
$ClCH_2CO_2H$	Ácido cloroacético	2,85	Aumento da força do ácido
Cl_2CHCO_2H	Ácido dicloroacético	1,49	
Cl_3CCO_2H	Ácido tricloroacético	0,7	

Como nos oxiácidos de nitrogênio, aumentar o número de substituintes eletronegativos conduz a um aumento na força do ácido. Um argumento é que os substituintes eletronegativos estabilizam a carga negativa do ânion. Isto é, o ânion $Cl_3CCO_2^-$ é mais estável que o ânion $H_3CCO_2^-$, então a formação de $Cl_3CCO_2^-$ é mais favorecida do que a formação de $CH_3CO_2^-$. Assim, o ânion $Cl_3CCO_2^-$ é uma base mais fraca do que o ânion $CH_3CO_2^-$.

Finalmente, por que os hidrogênios C—H dos ácidos carboxílicos não são dissociados como H^+ em vez de (ou além) do átomo de hidrogênio O—H? As cargas parciais positivas calculadas listadas na Figura 16.8 mostram que os átomos de H do grupo CH_3 têm uma carga parcial positiva muito menor do que o átomo de hidrogênio O—H. Além disso, em ácidos carboxílicos, o átomo de C do grupo CH_3 não é suficientemente eletronegativo para acomodar a carga negativa deixada se a ligação se rompe como $C—H \rightarrow C{:}^- + H^+$ e se o ânion produzido não é bem estabilizado.

Por Que os Cátions Metálicos Hidratados São Ácidos de Brønsted?

Quando uma ligação covalente coordenada é formada entre um cátion metálico e uma molécula de água, a carga positiva do íon metálico e o seu tamanho reduzido significam que os elétrons da ligação $H_2O \rightarrow M^{n+}$ estão muito fortemente atraídos pelo metal (Seção 16.10). Como resultado, as ligações O—H das moléculas de água ligadas são polarizadas, assim como nos oxiácidos e nos ácidos carboxílicos. O efeito líquido é que um átomo de hidrogênio de uma molécula de água coordenada é removido como H^+ mais facilmente do que em uma molécula de água não coordenada. Assim, um cátion metálico hidratado funciona como ácido de Brønsted ou doador de prótons:

$$[Cu(H_2O)_6]^{2+} + H_2O(\ell) \rightleftharpoons [Cu(H_2O)_5(OH)]^+(aq) + H_3O^+(aq)$$

A acidez do íon metálico hidratado aumenta à medida que sua carga aumenta. Consultando a Tabela 16.2, você verá que K_a de íons +3 (por exemplo, Al^{3+} e Fe^{3+}) é maior que para os cátions +2 (Cu^{2+}, Pb^{2+}, Co^{2+}, Fe^{2+}, Ni^{2+}). Os íons com uma única carga positiva, como Na^+ e K^+, não são ácidos. (Isto é semelhante ao efeito da carga formal do átomo central em uma série de oxiácidos relacionados.)

Por Que os Ânions São Bases de Brønsted?

Ânions, particularmente oxiânions como PO_4^{3-}, são bases de Brønsted. O ânion carregado negativamente interage com o átomo de H carregado positivamente de uma molécula de água polar, e um íon H^+ é transferido para o ânion.

Ligação de hidrogênio com água. O íon H^+ se move para o íon fosfato.

Os dados da Tabela 16.6 mostram que, em uma série de ânions, a basicidade de uma base aniônica aumenta quando a carga negativa do ânion aumenta.

Tabela 16.6 Oxiânions Básicos

ÂNION	pK_b
PO_4^{3-}	1,55
HPO_4^{2-}	6,80
$H_2PO_4^-$	11,89
CO_3^{2-}	3,68
HCO_3^-	7,62
SO_3^{2-}	6,80
HSO_3^-	12,08

Polarização das Ligações O—H
As moléculas de água ligadas a um cátion de metal têm ligações O—H fortemente polarizadas.

EXERCÍCIOS PARA A SEÇÃO 16.9

1. Qual dos seguintes é o ácido mais forte?
   (a) H_2SeO_4 (b) H_2SeO_3

2. Qual dos seguintes deve ser o ácido mais forte?
   (a) $[Fe(H_2O)_6]^{2+}$ (b) $[Fe(H_2O)_6]^{3+}$

3. Qual dos seguintes deve ser o ácido mais forte?
   (a) HOCl   (b) HOBr

16-10 O Conceito de Lewis de Ácidos e Bases

O conceito do comportamento ácido-base proposto por Brønsted e Lowry na década de 1920 aplica-se bem a reações que envolvem a transferência de próton. No entanto, um conceito mais geral de ácido-base foi desenvolvido por Gilbert N. Lewis na década de 1930 (◄ Seção 8.2). Esse conceito baseia-se no compartilhamento de pares de elétrons entre ácido e base.

Um **ácido de Lewis** é uma substância capaz de aceitar um par de elétrons de outro átomo para formar uma nova ligação, e uma **base de Lewis** é uma substância capaz de doar um par de elétrons a outro átomo para formar uma nova ligação.

O produto de uma reação de Lewis ácido-base é chamado de **aduto ácido-base**.

$$A + B: \rightarrow B{\rightarrow}A$$
$$\text{ácido} \quad \text{base} \quad \text{aduto}$$

Na Seção 8.5, esse tipo de ligação química foi denominada *ligação covalente coordenada*.

Todas as reações ácido-base de Brønsted-Lowry podem ser caracterizadas como reações ácido-base de Lewis. A formação de um íon hidrônio a partir de H^+ e de água, e a formação do íon amônio a partir de H^+ e amônia, são bons exemplos de reação ácido-base de Lewis.

O íon H^+ não tem elétrons em seu orbital de valência ($1s$), e a molécula de água tem dois pares de elétrons não compartilhados (localizados em orbitais híbridos sp^3). Um dos pares isolados do átomo de oxigênio da molécula de água pode ser compartilhado com um íon H^+, formando assim uma ligação O—H em um íon H_3O^+. Uma interação semelhante ocorre entre H^+ e o par isolado de nitrogênio na amônia para formar o íon amônio.

As reações ácido-base de Lewis são muito comuns. Elas geralmente envolvem ácidos de Lewis que são cátions ou moléculas neutras que contêm um orbital de valência vazio disponível e bases que são ânions ou moléculas neutras com um par de elétrons isolado.

Ácidos de Lewis Catiônicos

Assim como H^+ e água formam um aduto ácido-base de Lewis, os cátions metálicos interagem com moléculas de água para formar cátions hidratados. Nestas espécies, ligações covalentes coordenadas se formam entre o cátion metálico e um par de elétrons isolado do átomo de O de cada água. Por exemplo, um íon ferro(II), Fe^{2+}, forma seis ligações coordenadas covalentes com a água.

$$Fe^{2+}(aq) + 6\ H_2O(\ell) \rightarrow [Fe(H_2O)_6]^{2+}(aq)$$

As soluções de cátions de metais de transição são geralmente bastante coloridas (Figuras 16.9 e 16.10 e Seção 22.3). Os químicos chamam as espécies formadas pela coordenação de água ao íon metálico de **íons complexos** ou, devido à presença de ligações covalentes coordenadas, **complexos de coordenação**. Vários deles são listados como ácidos na Tabela 16.2, e seu comportamento será descrito mais adiante no Capítulo 22.

A amônia é uma base de Lewis típica e, como a água, ela também se combina com cátions metálicos para dar complexos de coordenação, que são frequentemente muito coloridos. Por exemplo, íons cobre(II), que são de cor azul-clara em uma solução aquosa (Figura 16.9), reagem com amônia, formando um aduto azul intenso com quatro moléculas de amônia ao redor de cada íon Cu^{2+}.

O íon hidróxido, OH^-, é também uma excelente base de Lewis e se liga prontamente aos cátions metálicos, formando hidróxidos metálicos. Uma característica importante da química de alguns hidróxidos metálicos é que eles são **anfóteros**. Um hidróxido de metal anfótero pode se comportar como um ácido ou uma base

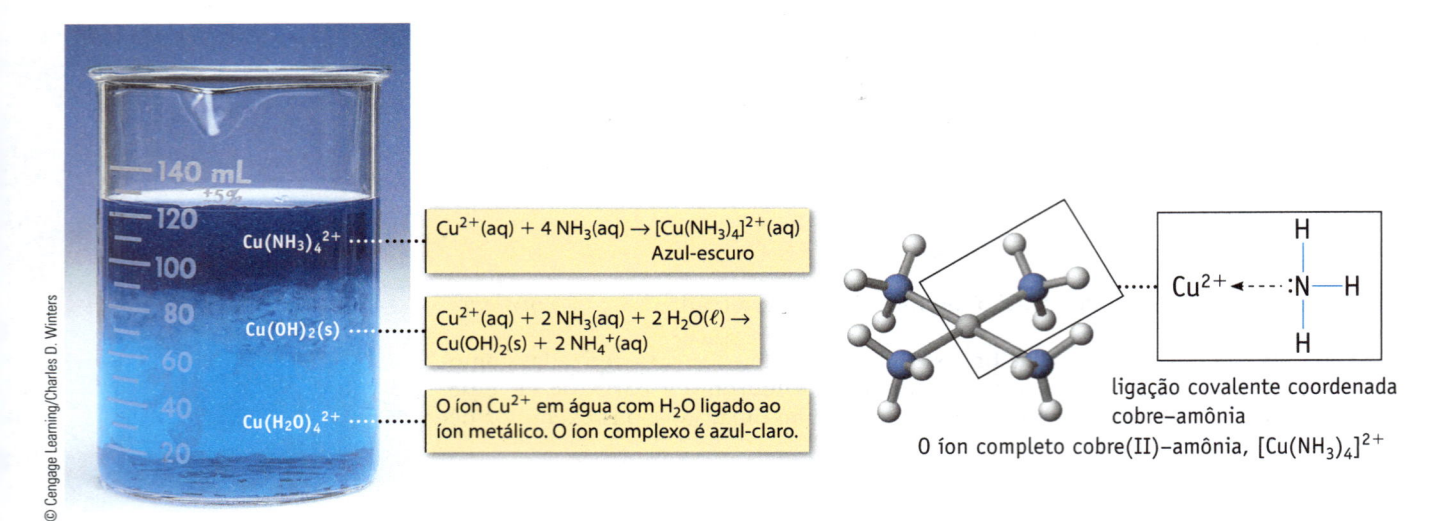

© Cengage Learning/Charles D. Winters

$Cu(NH_3)_4^{2+}$

$Cu^{2+}(aq) + 4 NH_3(aq) \rightarrow [Cu(NH_3)_4]^{2+}(aq)$
Azul-escuro

$Cu(OH)_2(s)$

$Cu^{2+}(aq) + 2 NH_3(aq) + 2 H_2O(\ell) \rightarrow$
$Cu(OH)_2(s) + 2 NH_4^+(aq)$

$Cu(H_2O)_4^{2+}$

O íon Cu^{2+} em água com H_2O ligado ao
íon metálico. O íon complexo é azul-claro.

ligação covalente coordenada
cobre–amônia

O íon completo cobre(II)–amônia, $[Cu(NH_3)_4]^{2+}$

FIGURA 16.9 O íon complexo ácido-base de Lewis $[Cu(NH_3)_4]^{2+}$. Amônia aquosa foi adicionada à solução aquosa de $CuSO_4$ em um béquer (a solução azul-clara na parte inferior do recipiente). A pequena concentração de OH^- em $NH_3(aq)$ levou primeiramente à formação do $Cu(OH)_2$ insolúvel branco azulado. Com o NH_3 adicional, no entanto, o íon complexo solúvel azul-escuro se formou. A amônia está ligada ao íon Cu^{2+} por uma ligação covalente coordenada.

(Tabela 16.7), e a química do hidróxido de alumínio, $Al(OH)_3$, é um dos melhores exemplos desse comportamento. A adição de OH^- a um precipitado de $Al(OH)_3$ produz o íon complexo solúvel em água $[Al(OH)_4]^-$ (Figura 16.11). Nessa reação, o $Al(OH)_3$ atua como um ácido de Lewis.

$$Al(OH)_3(s) + OH^-(aq) \rightarrow [Al(OH)_4]^-(aq)$$
ácido   base

Se adicionarmos ácido ao precipitado de $Al(OH)_3$, ele também se dissolverá. Porém, desta vez, o hidróxido de alumínio atua como uma base.

$$Al(OH)_3(s) + 3 H_3O^+(aq) \rightarrow Al^{3+}(aq) + 6 H_2O(\ell)$$
base   ácido

Ácidos Moleculares de Lewis

O conceito ácido-base de Lewis também explica o fato de os óxidos não metálicos, como o CO_2 e SO_2, comportarem-se como ácidos (◄ Seção 3.6). Como o oxigênio

© Cengage Learning/Charles D. Winters

$[Fe(H_2O)_6]^{3+}$

$[Co(H_2O)_6]^{2+}$

$[Ni(H_2O)_6]^{2+}$

$[Cu(H_2O)_6]^{2+}$

As soluções dos sais de nitrato de ferro(III), cobalto(II), níquel(II) e cobre(II) têm cores características.

FIGURE 16.10 Cátions metálicos em água.

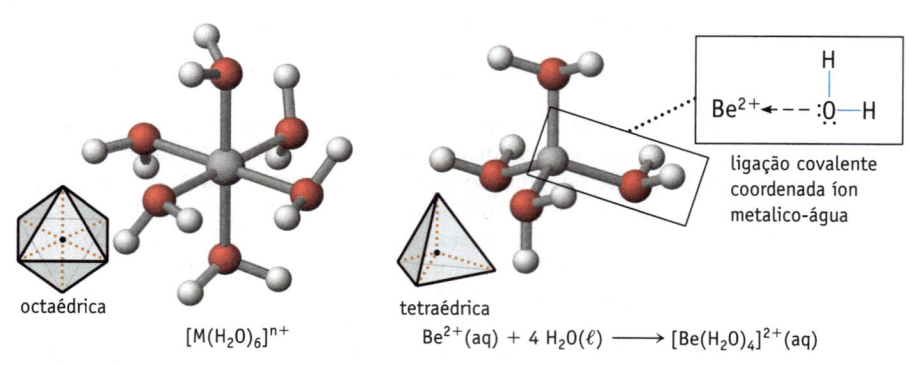

octaédrica

$[M(H_2O)_6]^{n+}$

tetraédrica

$Be^{2+}(aq) + 4 H_2O(\ell) \longrightarrow [Be(H_2O)_4]^{2+}(aq)$

ligação covalente coordenada íon metalico-água

Modelos de íons complexos (adutos ácido-base de Lewis) formados entre um cátion metálico e moléculas de água. Tais complexos têm, frequentemente, seis ou quatro moléculas de água dispostas tetraédrica ou octaedricamente em torno do cátion metálico.

Tabela 16.7 Alguns Hidróxidos Metálicos Anfóteros Comuns

HIDRÓXIDO	REAÇÃO COMO UMA BASE*	REAÇÃO COMO UM ÁCIDO
$Al(OH)_3$	$Al(OH)_3(s) + 3\,H_3O^+(aq) \rightleftharpoons Al^{3+}(aq) + 6\,H_2O(\ell)$	$Al(OH)_3(s) + OH^-(aq) \rightleftharpoons [Al(OH)_4]^-(aq)$
$Zn(OH)_2$	$Zn(OH)_2(s) + 2\,H_3O^+(aq) \rightleftharpoons Zn^{2+}(aq) + 4\,H_2O(\ell)$	$Zn(OH)_2(s) + 2\,OH^-(aq) \rightleftharpoons [Zn(OH)_4]^{2-}(aq)$
$Sn(OH)_4$	$Sn(OH)_4(s) + 4\,H_3O^+(aq) \rightleftharpoons Sn^{4+}(aq) + 8\,H_2O(\ell)$	$Sn(OH)_4(s) + 2\,OH^-(aq) \rightleftharpoons [Sn(OH)_6]^{2-}(aq)$
$Cr(OH)_3$	$Cr(OH)_3(s) + 3\,H_3O^+(aq) \rightleftharpoons Cr^{3+}(aq) + 6\,H_2O(\ell)$	$Cr(OH)_3(s) + OH^-(aq) \rightleftharpoons [Cr(OH)_4]^-(aq)$

*Os cátions metálicos aquosos são mais bem descritos como $[M(H_2O)^6]n^+$.

é mais eletronegativo que o C, os elétrons da ligação C—O no CO_2 são polarizados para longe do carbono, em direção ao oxigênio. Isso faz com que o átomo de carbono se torne ligeiramente positivo, e é este átomo que a base de Lewis negativamente carregada, OH^-, pode atacar para dar o íon bicarbonato.

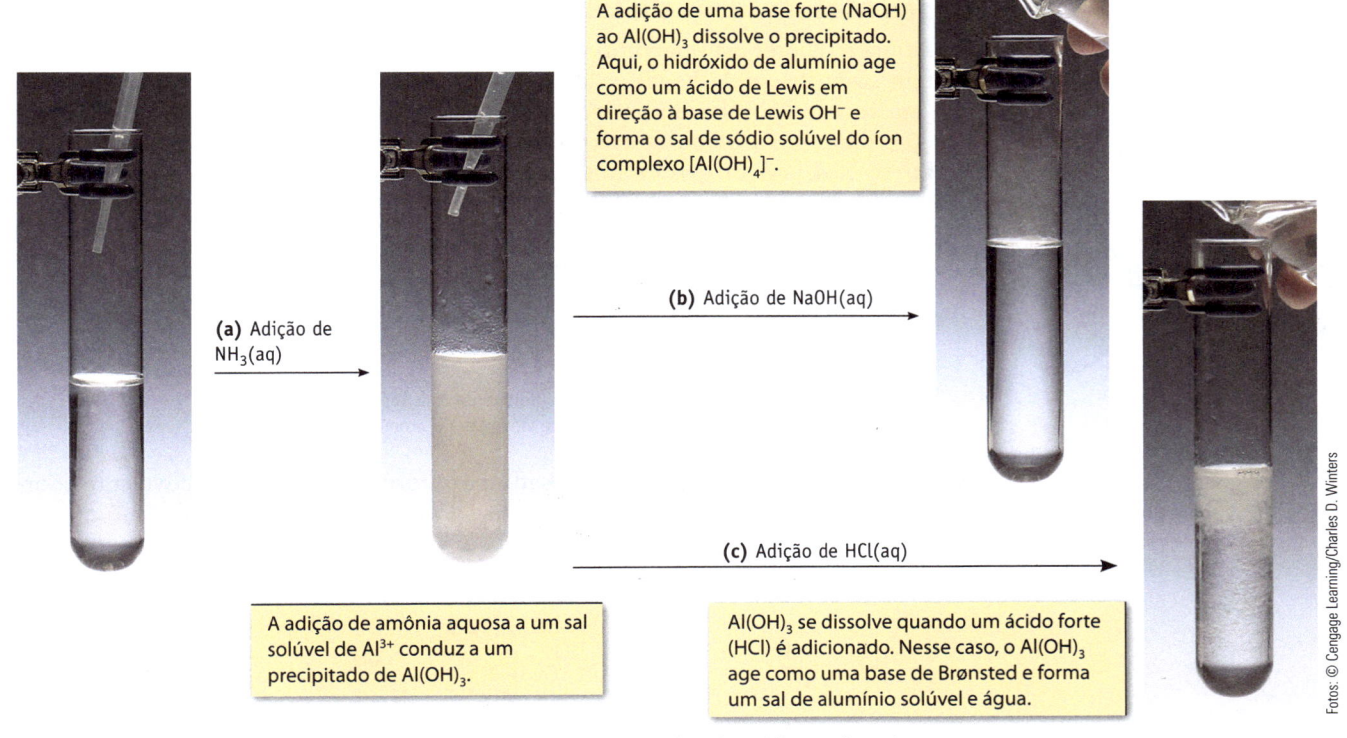

De modo semelhante, SO_2 reage com OH aquoso para formar o íon HSO_3^-.

A adição de uma base forte (NaOH) ao $Al(OH)_3$ dissolve o precipitado. Aqui, o hidróxido de alumínio age como um ácido de Lewis em direção à base de Lewis OH^- e forma o sal de sódio solúvel do íon complexo $[Al(OH)_4]^-$.

(a) Adição de $NH_3(aq)$

(b) Adição de NaOH(aq)

(c) Adição de HCl(aq)

A adição de amônia aquosa a um sal solúvel de Al^{3+} conduz a um precipitado de $Al(OH)_3$.

$Al(OH)_3$ se dissolve quando um ácido forte (HCl) é adicionado. Nesse caso, o $Al(OH)_3$ age como uma base de Brønsted e forma um sal de alumínio solúvel e água.

Fotos: © Cengage Learning/Charles D. Winters

FIGURA 16.11 A natureza anfótera do $Al(OH)_3$. O hidróxido de alumínio é formado pela reação entre Al^{3+} aquoso e amônia.

$$Al^{3+}(aq) + 3\,NH_3(aq) + 3\,H_2O(\ell) \rightleftharpoons Al(OH)_3(s) + 3\,NH_4^+(aq)$$

As reações do $Al(OH)_3$ sólido com solução aquosa de NaOH e HCl demonstram que o hidróxido de alumínio é anfótero.

Os compostos baseados nos elementos do Grupo 3A boro e alumínio estão entre os ácidos de Lewis mais estudados. Um exemplo é uma reação em química orgânica catalisada pelo ácido de Lewis $AlCl_3$. O mecanismo dessa importante reação – chamada de *reação Friedel-Crafts* – está ilustrado aqui.

ETAPA 1 Uma base de Lewis, o íon Cl^-, se transfere do reagente, aqui CH_3COCl, para o ácido de Lewis para dar $[AlCl_4]^-$ e um cátion orgânico.

ETAPA 2 O cátion orgânico ataca uma molécula de benzeno para dar um intermediário catiônico.

ETAPA 3 O intermediário catiônico interage com $[AlCl_4]^-$ para produzir HCl e o produto orgânico final. O catalisador é regenerado.

Bases Moleculares de Lewis

A amônia é o composto parental de um enorme número de compostos que se comportam como bases de Lewis e de Brønsted (Figura 16.12). Todas essas moléculas têm um átomo de N eletronegativo com uma carga negativa parcial rodeada por três ligações e um par isolado de elétrons. Devido a este átomo de N ser parcialmente negativo, eles podem extrair um próton da água em uma reação ácido-base de Brønsted-Lowry.

Ligação de hidrogênio com água.
O íon H^+ se move para o átomo N.

Além disso, o par isolado pode ser usado para formar uma ligação covalente coordenada com um cátion metálico numa reação ácido-base de Lewis.

Superfícies potenciais eletrostáticas de NH_3 e H_2O. O NH_3 é tanto uma base de Lewis quanto de Brønsted e pode remover o próton da água para formar NH_4^+ e OH^-.

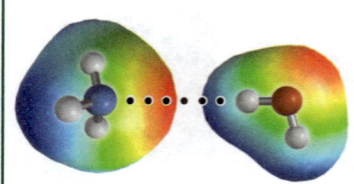

trimetilamina   piridina   nicotina   glicina, um aminoácido

FIGURA 16.12 Bases de Lewis e de Brønsted à base de nitrogênio. Todas têm um átomo de N rodeado por três ligações e um par isolado de elétrons. A tetrodotoxina, o assunto da matéria introdutória deste capítulo, está nessa ampla classe de compostos.

EXERCÍCIOS PARA A SEÇÃO 16.10

1. Qual dos seguintes compostos pode agir como um ácido de Lewis? (*Dica*: Em cada caso, desenhe a estrutura de Lewis da molécula ou íon. Há pares de elétrons isolados no átomo central? Se houver, pode ser uma base de Lewis. Falta um par de elétrons no átomo central? Em caso afirmativo, ele pode se comportar como um ácido de Lewis.)

   (a) PH_3 (b) BCl_3 (c) H_2S (d) HS^-

2. A molécula cuja estrutura está ilustrada a seguir é a anfetamina, um estimulante. Qual opção melhor descreve esta molécula? (*Observação*: Pode haver mais de uma resposta.)

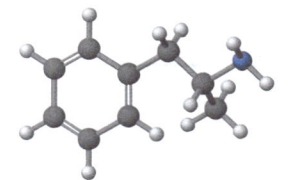

   (a) ácido de Brønsted   (b) ácido de Lewis   (c) base de Brønsted   (d) base de Lewis

---

APLICANDO PRINCÍPIOS QUÍMICOS

O Efeito do Nivelamento, Solventes Não Aquosos e Superácidos

Qual é o ácido de Brønsted mais forte que pode existir em água? A resposta é o íon hidrônio. Embora os ácidos fortes comuns (HCl, HBr, HI, HNO_3, $HClO_4$ e H_2SO_4) sejam todos mais fortes que o H_3O^+, eles ionizam totalmente em água. O resultado é que todos os ácidos de Brønsted com acidez acima de um determinado valor ácido são igualmente ácidos em água e, assim, a sua força de ácido é indistinguível. A isso chama-se o *efeito de nivelamento* da água.

Da mesma forma, a base mais forte que pode existir na água é OH^-. Qualquer base que seja mais forte que o OH^- reagirá completamente com água para dar o OH^-. O íon amida, NH_2^-, e o íon óxido, O^{2-}, ambos bases mais fortes que o OH^-, reagem completamente com água, dando OH^-.

Embora os ácidos fortes se comportem de forma idêntica em água, eles não são igualmente fortes. Uma maneira de diferenciar as forças desses ácidos é medir o grau de ionização em solventes, desde que não seja a água. Esses solventes, como a água, devem ser bases de Brønsted. Além disso, os solventes devem ser as bases mais fracas que a água, de modo que eles não sejam totalmente protonados por um ácido forte. Um solvente desse tipo é o ácido acético. O ácido acético puro – conhecido como *ácido acético glacial* – é semelhante à água pois tanto pode doar como aceitar prótons. A dissolução de ácido clorídrico em ácido acético, por exemplo, é representada pela seguinte reação química:

$$HCl + CH_3CO_2H \rightleftharpoons CH_3CO_2H_2^+ + Cl^-$$

Ao contrário da ionização do HCl em água, esta reação não chega à se completar; o valor de pK desta reação é de 8,8. Dois outros ácidos importantes, $HClO_4$ e H_2SO_4 (somente o primeiro próton), têm valores pK de 5,3 e 6,8, respectivamente.

Outros ácidos são ainda mais fortes, e são frequentemente chamados de *superácidos*. Um superácido é o ácido fluorssulfúrico (HSO_3F), que é cerca de 1000 vezes mais forte que o ácido sulfúrico. Mesmo este ácido empalidece em comparação com uma mistura de HSO_3F e SbF_5, que,

George Olah (1927–até o presente). Grande parte das pesquisas iniciais sobre superácidos foi feita por Olah, que recebeu o Prêmio Nobel de Química por este trabalho em 1994.

dependendo das concentrações, pode ser 10^{16} vezes mais forte que o ácido sulfúrico 100%. É vendido sob um nome adequado, "Ácido Mágico".

QUESTÕES:

1. Converta os valores de pK em valores de K para a ionização de HCl, $HClO_4$ e H_2SO_4 em ácido acético glacial. Posicione esses ácidos em ordem do mais forte para o mais fraco.
2. Outros solventes também sofrem autoionização.
   a. Escreva a equação química para a autoionização do ácido acético glacial.
   b. A constante de equilíbrio para a autoionização do ácido acético glacial é $3,2 \times 10^{-15}$ a 25 °C. Determine a concentração de $[CH_3CO_2H_2]^+$ em ácido acético a 25 °C.

3. Escreva uma equação para a reação do íon amida (uma base mais forte do que o OH⁻) e água. O equilíbrio favorece os produtos ou os reagentes?

4. Uma solução de $HClO_4$ em ácido acético glacial será uma forte condutora de eletricidade, uma condutora fraca ou não condutora?

5. Para medir as intensidades relativas de bases mais fortes que o OH⁻, é necessário escolher um solvente que seja um ácido mais fraco que a água. Tal solvente é a amônia líquida.

a. Escreva uma equação química para a autoionização da amônia.

b. Quais são o ácido e a base mais fortes que podem existir em amônia líquida?

c. Uma solução de HCl em amônia líquida será uma forte condutora elétrica, uma condutora fraca, ou não condutora?

d. O íon óxido (O^{2-}) é uma base mais forte que o íon amida (NH_2^-). Escreva uma equação para a reação de O^{2-} com NH_3 em amônia líquida. O equilíbrio favorecerá os produtos ou os reagentes?

REVISÃO DOS OBJETIVOS DO CAPÍTULO

Agora que você já estudou este capítulo, deve perguntar a si mesmo se atingiu os objetivos propostos. Especificamente, você deverá ser capaz de:

ENTENDER

- As semelhanças e diferenças entre as teorias ácido-base de Brønsted–Lowry e de Lewis.
  - **a.** Classificar ácidos e bases de acordo com as teorias ácido-base de Brønsted–Lowry e Lewis (Seções 16.1 e 16.10). Questões para Estudo: 78, 115, 117.

- A influência das estruturas e ligações sobre as propriedades ácido-base.
  - **a.** Compreender a conexão entre a estrutura de um composto e sua acidez ou basicidade (Seção 16.9). Questões para Estudo: 75–78, 80, 120.
  - **b.** Caracterizar um composto como uma base de Lewis (um doador de par de elétrons) ou um ácido de Lewis (um receptor de par de elétrons) (Seção 16.10). Questões para Estudo: 79–82, 114.

FAZER

- Utilizar as teorias de Brønsted-Lowry e Lewis sobre ácidos e bases.
  - **a.** Definir e utilizar o conceito de Brønsted dos ácidos e bases (Seção 16.1).
  - **b.** Reconhecer ácidos e bases monopróticos e polipróticos comuns e escrever as equações balanceadas para suas ionizações em água (Seção 16.1). Questões para Estudo: 21, 22, 67, 68.
  - **c.** Compreender quando uma substância pode ser anfótera (Seção 16.1). Questões para Estudo: 5, 6.
  - **d.** Reconhecer a base e o ácido de Brønsted em uma reação, e identificar o par conjugado de cada um (Seção 16.1). Questões para Estudo: 1–4, 7, 8.
  - **e.** Usar a constante de ionização da água, K_w (Seção 16.2). Questões para Estudo: 31–34.
  - **f.** Identificar ácidos e bases fortes comuns (Tabelas 3.1 e 16.2).
  - **g.** Reconhecer alguns ácidos fracos comuns e entender que eles podem ser moléculas neutras (como o ácido acético), cátions (NH_4^+ ou íons metálicos hidratados, como $[Fe(H_2O)_6]^{2+}$, ou ânions [como HCO_3^-]) (Tabela 16.2).

- Aplicar os princípios de equilíbrio químico a ácidos e bases em solução aquosa.
  - **a.** Escrever expressões da constante de equilíbrio para ácidos e bases fracos (Seção 16.3).
  - **b.** Calcular pK_a a partir de K_a (ou vice-versa), e entender como pK_a está correlacionado com a força do ácido (Seção 16.3). Questões para Estudo: 25–30, 110, 112.
  - **c.** Compreender a relação entre K_a de um ácido fraco e K_b de sua base conjugada (Seção 16.3). Questões para Estudo: 17, 18, 31–34.
  - **d.** Escrever equações das reações ácido-base e decidir se elas são produto-favorecidas ou reagente-favorecidas no equilíbrio (Seção 16.5 e Tabela 16.4). Questões para Estudo: 35–42, 87.

    e. Calcular a constante de equilíbrio de um ácido fraco (K_a) ou uma base fraca (K_b) a partir de dados experimentais (tais como pH, $[H_3O^+]$, ou $[OH^-]$) (Seção 16.7 e Exemplo 16.4). Questões para Estudo: 43–46, 91, 113.

    f. Descrever as propriedades ácido-base de sais e calcular o pH de uma solução de um sal de um ácido fraco ou de uma base fraca (Seção 16.4 e Exemplo 16.7). Questões para Estudo: 59–62, 90, 98, 99, 109, 127.

- Entender como a teoria de Brønsted-Lowry é usada para prever o resultado de reações de ácidos e bases.

    a. Reconhecer o tipo de reação ácido-base, e descrever seu resultado (Seção 16.6). Questões para Estudo: 65, 66.

- Calcular o pH de uma solução a partir da concentração de íons hidrônio na solução.

    b. Usar o conceito de pH (Seção 16.2). Questões para Estudo: 9-14.

    c. Calcular o pH após uma reação ácido-base (Seção 16.6 e Exemplo 16.8). Questões para Estudo: 63, 64, 104

- Uma vez fornecidos os valores de K_a e K_b, calcular a concentração das espécies em solução.

    d. Utilizar a constante de equilíbrio e outras informações para calcular o pH de uma solução de um ácido fraco ou base fraca (Seção 16.7 e os Exemplos 16.5 e 16.6). Questões para Estudo: 49–58, 71, 72, 95, 97.

LEMBRAR

- Ácidos de Brønsted-Lowry são doadores de prótons e bases de Brønsted-Lowry são receptoras de prótons.

- Ácidos de Lewis são receptores de pares de elétrons e bases de Lewis são doadoras de pares de elétrons.

- O pH é uma medida de concentração de íons hidrônio.

EQUAÇÕES-CHAVE

Equação 16.1 Constante de ionização da água.

$$K_w = [H_3O^+][OH^-] = 1,0 \times 10^{-14} \text{ a } 25\,°C$$

Equação 16.2 Definição de pH.

$$pH = -\log[H_3O^+]$$

Equação 16.3 Definição de pOH.

$$pOH = -\log[OH^-]$$

Equação 16.4 Definição de $pK_w = pH + pOH$ (= 14,00 a 25 °C).

$$pK_w = 14,00 = pH + pOH$$

Equação 16.5 Expressão do equilíbrio de um ácido geral, HA, em água.

$$K_a = \frac{[H_3O^+][A^-]}{[HA]}$$

Equação 16.6 Expressão do equilíbrio de uma base geral, B, em água.

$$K_b = \frac{[BH^+][OH^-]}{[B]}$$

Equação 16.7 Definição de pK_a.

$$pK_a = -\log K_a$$

Equação 16.8 Relação entre K_a, K_b e K_w, em que K_a e K_b são para um par ácido-base conjugado.

©Beth Swanson/Shutterstock.com

▲ denota questões desafiadoras.

Questões numeradas em verde têm respostas no Apêndice N.

$$K_a \times K_b = K_w$$

Praticando Habilidades

O Conceito de Brønsted

(Veja a Seção 16.1.)

1. Escreva a fórmula e dê o nome da base conjugada de cada um dos seguintes ácidos.

(a) HCN   (b) HSO_4^- (c) HF

2. Escreva a fórmula e dê o nome do ácido conjugado de cada uma das seguintes bases.

(a) NH_3 (b) HCO_3^- (c) Br^-

3. Quais são os produtos de cada reação ácido-base a seguir? Indique o ácido e sua base conjugada e a base e seu ácido conjugado.

(a) $HNO_3 + H_2O \rightarrow$
(b) $HSO_4^- + H_2O \rightarrow$
(c) $H_3O^+ + F^- \rightarrow$

4. Quais são os produtos de cada reação ácido-base a seguir? Indique o ácido e a sua base conjugada e a base e o seu ácido conjugado.

(a) $HClO_4 + H_2O \rightarrow$
(b) $NH_4^+ + H_2O \rightarrow$
(c) $HCO_3^- + OH^- \rightarrow$

5. Escreva equações balanceadas que mostrem como o íon hidrogeno-oxalato, $HC_2O_4^-$, pode ser tanto um ácido de Brønsted quanto uma base de Brønsted.

6. Escreva equações balanceadas que mostrem como o íon HPO_4^{2-} do hidrogenofosfato de sódio, Na_2HPO_4, pode ser um ácido de Brønsted ou uma base de Brønsted.

7. Em cada uma das seguintes reações ácido-base, identifique o ácido e a base de Brønsted à esquerda e seus pares conjugados à direita.

(a) $HCO_2H(aq) + H_2O(\ell) \rightleftharpoons HCO_2^-(aq) + H_3O^+(aq)$
(b) $NH_3(aq) + H_2S(aq) \rightleftharpoons NH_4^+(aq) + HS^-(aq)$
(c) $HSO_4^-(aq) + OH^-(aq) \rightleftharpoons SO_4^{2-}(aq) + H_2O(\ell)$

8. Em cada uma das seguintes reações ácido-base, identifique o ácido e a base de Brønsted à esquerda e seus pares conjugados à direita.

(a) $C_5H_5N(aq) + CH_3CO_2H(aq) \rightleftharpoons$
$\qquad\qquad C_5H_5NH^+(aq) + CH_3CO_2^-(aq)$
(b) $N_2H_4(aq) + HSO_4^-(aq) \rightleftharpoons$
$\qquad\qquad N_2H_5^+(aq) + SO_4^{2-}(aq)$
(c) $[Al(H_2O)_6]^{3+}(aq) + OH^-(aq) \rightleftharpoons$
$\qquad\qquad [Al(H_2O)_5OH]^{2+}(aq) + H_2O(\ell)$

Cálculos de pH

(Veja a Seção 16.2 e os Exemplos 4.8 e 16.1.)

9. Uma solução aquosa tem um pH de 3,75. Qual é a concentração de íons hidrônio dessa solução? Ela é ácida ou básica?

10. Uma solução saturada de leite de magnésia, $Mg(OH)_2$, tem um pH de 10,52. Qual é a concentração de íons hidrônio dessa solução? Qual é a concentração de íons hidróxido? Essa solução é ácida ou básica?

11. Qual é o pH de uma solução de HCl 0,0075 M? Qual é a concentração de íons hidróxido dessa solução?

12. Qual é o pH de uma solução de KOH $1,2 \times 10^{-4}$ M? Qual é a concentração de íons hidrônio dessa solução?

13. Qual é o pH de uma solução de $Ba(OH)_2$ 0,0015 M?

14. O pH de uma solução de $Ba(OH)_2$ é 10,66 a 25 °C. Qual é a concentração de íons hidróxido na solução? Se o volume da solução é de 125 mL, qual massa de $Ba(OH)_2$ deve ter sido dissolvida?

Constantes de Equilíbrio para Ácidos e Bases

(Veja as Seções 16.3 e 16.4 e o Exemplo 16.2.)

15. Vários ácidos estão listados aqui com suas respectivas constantes de equilíbrio:

$C_6H_5OH(aq) + H_2O(\ell) \rightleftharpoons H_3O^+(aq) + C_6H_5O^-(aq)$
$\qquad\qquad K_a = 1,3 \times 10^{-10}$

$HCO_2H(aq) + H_2O(\ell) \rightleftharpoons H_3O^+(aq) + HCO_2^-(aq)$
$\qquad\qquad K_a = 1,8 \times 10^{-4}$

$HC_2O_4^-(aq) + H_2O(\ell) \rightleftharpoons H_3O^+(aq) + C_2O_4^{2-}(aq)$
$\qquad\qquad K_a = 6,4 \times 10^{-5}$

(a) Qual é o ácido mais forte? Qual é o ácido mais fraco?
(b) Qual ácido tem a base conjugada mais fraca?
(c) Qual ácido tem a base conjugada mais forte?

16. Vários ácidos estão listados aqui com suas respectivas constantes de equilíbrio:

$$HF(aq) + H_2O(\ell) \rightleftharpoons H_3O^+(aq) + F^-(aq)$$
$$K_a = 7,2 \times 10^{-4}$$

$$HPO_4^{2-}(aq) + H_2O(\ell) \rightleftharpoons H_3O^+(aq) + PO_4^{3-}(aq)$$
$$K_a = 3,6 \times 10^{-13}$$

$$CH_3CO_2H(aq) + H_2O(\ell) \rightleftharpoons H_3O^+(aq) + CH_3CO_2^-(aq)$$
$$K_a = 1,8 \times 10^{-5}$$

(a) Qual é o ácido mais forte? Qual é o ácido mais fraco?

(b) Qual é a base conjugada do ácido HF?

(c) Qual ácido tem a base conjugada mais fraca?

(d) Qual ácido tem a base conjugada mais forte?

17. Qual dos seguintes íons ou compostos tem a base conjugada mais forte? Explique de maneira sucinta sua escolha.

(a) HSO_4^- (b) CH_3CO_2H (c) $HOCl$

18. Qual dos seguintes compostos ou íons tem a base conjugada mais fraca? Explique de maneira sucinta sua escolha.

(a) HCN (b) $HClO$ (c) NH_4^+

19. Qual dos seguintes compostos ou íons tem o ácido conjugado mais fraco? Explique de maneira sucinta sua escolha.

(a) HCO_3^- (b) F^- (c) NO_2^-

20. Qual dos seguintes compostos ou íons tem o ácido conjugado mais forte? Explique de maneira sucinta sua escolha.

(a) CN^- (b) NH_3 (c) SO_4^{2-}

21. A dissolução de K_2CO_3 em água gera uma solução básica. Escreva uma equação balanceada mostrando como isso pode ocorrer.

22. A dissolução de brometo de amônio em água gera uma solução ácida. Escreva uma equação balanceada mostrando como isso pode ocorrer.

23. Se cada um dos sais listados aqui for dissolvido em água para uma solução gerar 0,10 M, qual solução teria os maiores valores de pH? Qual teria o menor pH?

(a) Na_2S (d) NaF
(b) Na_3PO_4 (e) $NaCH_3CO_2$
(c) NaH_2PO_4 (f) $AlCl_3$

24. Qual dos seguintes aditivos alimentares comuns produziria uma solução básica quando dissolvido em água?

(a) $NaNO_3$ (usado como um conservante de carne)

(b) $NaC_6H_5CO_2$ (benzoato de sódio; usado como conservante de refrigerantes)

(c) Na_2HPO_4 (usado como um emulsificante na fabricação de queijo pasteurizado)

pK_a: Uma Escala Logarítmica da Força do Ácido
(Veja a Seção 16.3.)

25. Um ácido fraco tem K_a de $6,5 \times 10^{-5}$. Qual é o valor de pK_a do ácido?

26. Se K_a de um ácido fraco é $2,4 \times 10^{-11}$, qual é o valor de pK_a?

27. O cloridrato de epinefrina tem um valor de pK_a de 9,53. Qual é o valor de K_a? Onde o ácido se encaixa na Tabela 16.2?

28. Um ácido orgânico tem pK_a = 8,95. Qual é seu valor K_a? Onde o ácido se encaixa na Tabela 16.2?

29. Qual é o mais forte dos dois ácidos seguintes?

(a) ácido benzoico, $C_6H_5CO_2H$, pK_a = 4,20

(b) ácido 2-clorobenzoico, $Cl_6H_4CO_2H$, pK_a = 2,90

30. Qual é o mais forte dos dois ácidos seguintes?

(a) ácido acético, CH_3CO_2H, K_a = $1,8 \times 10^{-5}$

(b) ácido cloroacético, $ClCH_2CO_2H$, pK_a = 2,85

Constantes de Ionização de Ácidos Fracos e Suas Bases Conjugadas
(Veja a Seção 16.3.)

31. O ácido cloroacético ($ClCH_2CO_2H$) tem K_a = $1,41 \times 10^{-3}$. Qual é o valor de K_b do íon cloroacetato ($ClCH_2CO_2^-$)?

32. Uma base fraca tem K_b = $1,5 \times 10^{-9}$. Qual é o valor de K_a do ácido conjugado?

33. O íon trimetilamônio, $(CH_3)_3NH^+$, é o ácido conjugado da base fraca trimetilamina, $(CH_3)_3N$. Um manual de Química fornece 9,80 como o valor de pK_a para o $(CH_3)_3NH^+$. Qual é o valor de K_b para $(CH_3)_3N$?

34. O íon cromo(III), em água, $[Cr(H_2O)_6]^{3+}$, é um ácido fraco com pK_a = 3,95. Qual é o valor de K_b de sua base conjugada, $[Cr(H_2O)_5OH]^{2+}$?

Prevendo a Direção das Reações de Ácido-Base
(Veja a Seção 16.5 e o Exemplo 16.3.)

35. O ácido acético e hidrogenocarbonato de sódio, $NaHCO_3$, são misturados em água. Escreva uma equação balanceada para a reação ácido-base que poderia, em princípio, ocorrer. Usando a Tabela 16.2, verifique se o equilíbrio encontra-se predominantemente à esquerda ou à direita.

36. O cloreto de amônio e o di-hidrogenofosfato de sódio, NaH_2PO_4, são misturados em água. Escreva uma equação balanceada de uma reação ácido-base que possa, em princípio, ocorrer. Usando a Tabela 16.2, verifique se o equilíbrio encontra-se predominantemente à esquerda ou à direita.

37. Para cada uma das seguintes reações, preveja se o equilíbrio encontra-se predominantemente à esquerda ou à direita. Explique suas previsões brevemente.

(a) $NH_4^+(aq) + Br^-(aq) \rightleftharpoons NH_3(aq) + HBr(aq)$

(b) $HPO_4^{2-}(aq) + CH_3CO_2^-(aq) \rightleftharpoons$
$$PO_4^{3-}(aq) + CH_3CO_2H(aq)$$

(c) $[Fe(H_2O)_6]^{3+}(aq) + HCO_3^-(aq) \rightleftharpoons$
$$[Fe(H_2O)_5(OH)]^{2+}(aq) + H_2CO_3(aq)$$

38. Para cada uma das seguintes reações, preveja se o equilíbrio encontra-se predominantemente à esquerda ou à direita. Explique suas previsões brevemente.

(a) $H_2S(aq) + CO_3^{2-}(aq) \rightleftharpoons HS^-(aq) + HCO_3^-(aq)$

(b) $HCN(aq) + SO_4^{2-}(aq) \rightleftharpoons CN^-(aq) + HSO_4^-(aq)$

(c) $SO_4^{2-}(aq) + CH_3CO_2H(aq) \rightleftharpoons$
$$HSO_4^-(aq) + CH_3CO_2^-(aq)$$

Tipos de Reações Ácido-Base

(Veja a Seção 16.6.)

39. Quantidades equimolares de hidróxido de sódio e hidrogenofosfato de sódio (Na_2HPO_4) são misturadas.

(a) Escreva a equação iônica global balanceada da reação ácido-base que possa, em princípio, ocorrer.

(b) O equilíbrio está deslocado para a direita ou para a esquerda?

40. Quantidades equimolares de ácido clorídrico e hipoclorito de sódio (NaClO) são misturadas.

(a) Escreva a equação iônica global balanceada da reação ácido-base que possa, em princípio, ocorrer.

(b) O equilíbrio está deslocado para a direita ou para a esquerda?

41. Quantidades equimolares de ácido acético e hidrogenofosfato de sódio, Na_2HPO_4, são misturadas.

(a) Escreva a equação iônica global balanceada da reação ácido-base que possa, a princípio, ocorrer.

(b) O equilíbrio está deslocado para a direita ou para a esquerda?

42. Quantidades iguais de amônia e di-hidrogenofosfato de sódio (NaH_2PO_4) são misturadas.

(a) Escreva a equação iônica global balanceada da reação ácido-base que possa, em princípio, ocorrer.

(b) O equilíbrio está deslocado para a direita ou para a esquerda?

Usando o pH para Calcular as Constantes de Ionização

(Veja a Seção 16.7 e o Exemplo 16.4.)

43. Uma solução 0,015 M de cianato de hidrogênio, HOCN, tem um pH de 2,67.

(a) Qual é a concentração de íons hidrônio na solução?

(b) Qual é a constante de ionização, K_a, do ácido?

44. Uma solução 0,10M de ácido cloroacético, $ClCH_2CO_2H$, tem pH de 1,95. Calcule K_a do ácido.

45. Uma solução de hidroxilamina 0,025 M tem um pH de 9,11. Qual é o valor de K_a dessa base fraca?

$$H_2NOH(aq) + H_2O(\ell) \rightleftharpoons H_3NOH^+(aq) + OH^-(aq)$$

46. A metilamina, CH_3NH_2, é uma base fraca.

$$CH_3NH_2(aq) + H_2O(\ell) \rightleftharpoons CH_3NH_3^+(aq) + OH^-(aq)$$

Se o pH de uma solução 0,065 M da amina é 11,70, qual é o valor de K_b?

47. Uma solução $2,5 \times 10^{-3}$ M de um ácido desconhecido tem um pH de 3,80 a 25 °C.

(a) Qual é a concentração de íons hidrônio da solução?

(b) O ácido é forte, moderadamente fraco (K_a de cerca de 10^{-5}), ou muito fraco (K_a de cerca de 10^{-10})?

48. Uma solução de 0,015 M de uma base tem um pH de 10,09.

(a) Quais são as concentrações do íon hidrônio e íon hidróxido desta solução?

(b) É uma base forte, moderadamente fraca (K_b de cerca de 10^{-5}), ou muito fraca (K_b de cerca de 10^{-10})?

Usando Constantes de Ionização

(Veja a Seção 16.7 e os Exemplos 16.5–16.6.)

49. Quais são as concentrações de equilíbrio do íon hidrônio, íon acetato e ácido acético em uma solução aquosa de ácido acético 0,20 M?

50. A constante de ionização de um ácido muito fraco, HA, é $4,0 \times 10^{-9}$. Calcule as concentrações de equilíbrio de H_3O^+, A^- e HA em uma solução 0,040 M do ácido.

51. Quais são as concentrações de equilíbrio de H_3O^+, CN^- e HCN em uma solução de HCN 0,025 M? Qual é o pH da solução?

52. O fenol, C_6H_5OH, comumente chamado de *ácido carbólico*, é um ácido orgânico fraco.

$$C_6H_5OH(aq) + H_2O(\ell) \rightleftharpoons C_6H_5O^-(aq) + H_3O^+(aq)$$
$$K_a = 1,3 \times 10^{-10}$$

Se você dissolver 0,195 g do ácido em água suficiente para obter 125 mL de solução, qual será a concentração iônica de equilíbrio do íon hidrônio? Qual é o pH da solução?

53. Quais são as concentrações no equilíbrio de NH_3, NH_4^+ e OH^- em uma solução de amônia 0,15 M?

54. Uma base fraca hipotética tem $K_b = 5,0 \times 10^{-4}$. Calcule as concentrações de equilíbrio da base, de seu ácido conjugado e OH^- em uma solução 0,15 M da base.

55. A base fraca metilamina, CH_3NH_2, tem $K_b = 4{,}2 \times 10^{-4}$. Ela reage de acordo com a equação

$$CH_3NH_2(aq) + H_2O(\ell) \rightleftharpoons CH_3NH_3^+(aq) + OH^-(aq)$$

Calcule a concentração de íons hidróxido em equilíbrio numa solução de 0,25 M da base. Quais são o pH e pOH da solução?

56. Calcule o pH de uma solução aquosa 0,12 M da base anilina, $C_6H_5NH_2$ ($K_b = 4{,}0 \times 10^{-10}$).

$$C_6H_5NH_2(aq) + H_2O(\ell) \rightleftharpoons$$
$$C_6H_5NH_3^+(aq) + OH^-(aq)$$

57. Calcule o pH de uma solução aquosa de HF 0,0010 M.

58. Uma solução de ácido fluorídrico, HF, tem um pH de 2,30. Calcule as concentrações de equilíbrio de HF, F^- e H_3O^+, e calcule a quantidade de HF originalmente dissolvida por litro.

Propriedades Ácido-Base dos Sais

(Veja as Seções 16.4 e 16.7 e o Exemplo 16.8.)

59. Calcule a concentração de íons hidrônio e o pH em uma solução 0,20 M de cloreto de amônio, NH_4Cl.

60. ▲ Calcule a concentração de íons hidrônio e o pH de uma solução 0,015 M de formiato de sódio, $NaHCO_2$.

61. O cianeto de sódio é o sal do ácido fraco HCN. Calcule as concentrações de H_3O^+, OH^-, HCN e Na^+ em uma solução preparada pela dissolução de 10,8 g de NaCN em água suficiente para produzir $5{,}00 \times 10^2$ mL de solução a 25 °C.

62. O sal de sódio do ácido propanoico, $NaCH_3CH_2CO_2$, é usado como um agente antifúngico por veterinários. Calcule as concentrações de equilíbrio de H_3O^+ e OH^-, e o pH, de uma solução 0,10 M de $NaCH_3CH_2CO_2$.

pH Após uma Reação Ácido-Base

(Veja o Exemplo 16.7.)

63. Calcule a concentração de íons hidrônio e o pH da solução que resulta quando 22,0 mL de uma solução 0,15 de ácido acético, CH_3CO_2H, são misturados com 22,0 mL de NaOH 0,15 M.

64. Calcule a concentração de íons hidrônio e o pH da solução que resulta quando 50,0 mL de NH_3 0,40 M são misturados com 50,0 mL de HCl 0,40 M.

65. Para cada um dos seguintes casos, decida se o pH é inferior a 7, igual a 7 ou superior a 7.

(a) Volumes iguais de uma solução 0,10 M de ácido acético, CH_3CO_2H, e de uma solução 0,10 M de KOH são misturados.

(b) 25 mL de NH_3 0,015 M são misturados com 25 mL de HCl 0,015 M.

(c) 150 mL de HNO_3 0,20 M são misturados com 75 mL de NaOH 0,40 M.

66. Para cada um dos seguintes casos, decida se o pH é inferior a 7, igual a 7 ou superior a 7.

(a) 25 mL de H_2SO_4 0,45 M são misturados com 25 mL de NaOH 0,90 M.

(b) 15 mL de solução 0,050 M ácido fórmico, HCO_2H, são misturadas com 15 mL de NaOH 0,050 M.

(c) 25 mL de solução 0,15 M de $H_2C_2O_4$ (ácido oxálico) são misturados com 25 mL de NaOH 0,30 M. (Ambos os íons H^+ do ácido oxálico são removidos com NaOH.)

Ácidos e Bases Polipróticos

(Veja a Seção 16.8 e o Exemplo 16.9.)

67. O ácido oxálico, $H_2C_2O_4$, é um ácido diprótico. Escreva uma expressão de equilíbrio químico para cada etapa de ionização em água.

68. O carbonato de sódio é uma base diprótica. Escreva uma expressão de equilíbrio químico para cada uma das duas reações sucessivas de base com água.

69. Prove que $K_{a1} \times K_{b2} = K_w$ no caso do ácido oxálico, $H_2C_2O_4$, somando as expressões de equilíbrio químico que correspondem à primeira etapa de ionização do ácido em água com a segunda etapa da reação da base totalmente desprotonada, $C_2O_4^{2-}$, com água.

70. Prove que $K_{a3} \times K_{b1} = K_w$ para o ácido fosfórico, H_3PO_4, somando as expressões de equilíbrio químico que correspondem à terceira etapa da ionização do ácido em água com a primeira de três etapas sucessivas da reação de íon fostato, PO_4^{3-}, com água.

71. O ácido sulfuroso, H_2SO_3, é um ácido fraco capaz de prover dois íons H^+.

(a) Qual é o pH de uma solução 0,45 M de H_2SO_3?

(b) Qual é a concentração de equilíbrio do íon sulfito, SO_3^{2-}, na solução 0,45 M de H_2SO_3?

72. O ácido ascórbico (vitamina C, $C_6H_8O_6$) é um ácido diprótico ($K_{a1} = 6{,}8 \times 10^{-5}$ e $K_{a2} = 2{,}7 \times 10^{-12}$). Qual é o pH de uma solução que contém 5,0 mg de ácido por mililitro de solução?

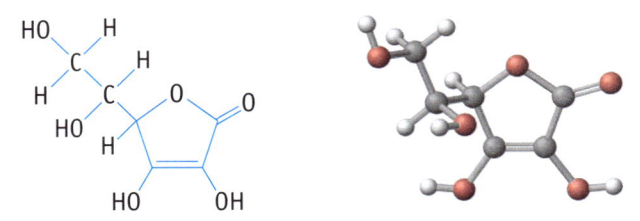

Ácido ascórbico

73. A hidrazina, N_2H_4, pode interagir com água em duas etapas.

$$N_2H_4(aq) + H_2O(\ell) \rightleftharpoons N_2H_5^+(aq) + OH^-(aq)$$
$$K_{b1} = 8,5 \times 10^{-7}$$

$$N_2H_5^+(aq) + H_2O(\ell) \rightleftharpoons N_2H_6^{2+}(aq) + OH^-(aq)$$
$$K_{b2} = 8,9 \times 10^{-16}$$

(a) Qual é a concentração de OH^-, $N_2H_5^+$ e $N_2H_6^{2+}$ em uma solução aquosa 0,010 M de hidrazina?

(b) Qual é o pH de uma solução de hidrazina 0,010 M?

74. A etilenodiamina, $H_2NCH_2CH_2NH_2$, pode interagir com água em duas etapas, formando OH^- em cada etapa (▶ Apêndice I). Se você tem uma solução aquosa 0,15 M da amina, calcule as concentrações de $[H_3NCH_2CH_2NH_3]^{2+}$ e OH^-.

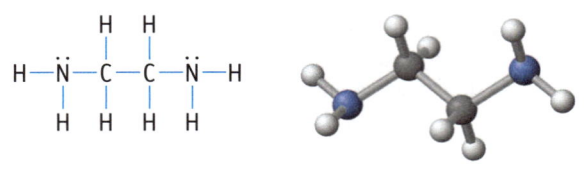

Etilenodiamina

Estrutura Molecular, Ligações e Comportamento Ácido-Base
(Veja a Seção 16.9.)

75. Qual deve ser o ácido mais forte: HOCN ou HCN? Explique de forma sucinta. (No HOCN, o íon H^+ está anexado ao átomo O do íon OCN^-.)

76. Qual deve ser o ácido de Brønsted mais forte, $[V(H_2O)_6]^{2+}$ ou $[V(H_2O)_6]^{3+}$?

77. Explique por que o ácido benzenossulfônico é um ácido de Brønsted.

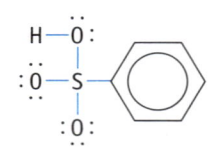

ácido benzenossulfônico

78. A estrutura da etilenodiamina está ilustrada na Questão para Estudo 74. Este composto é um ácido de Brønsted, uma base de Brønsted, um ácido de Lewis, uma base de Lewis, ou alguma combinação entre eles?

Ácidos e Bases de Lewis
(Veja a Seção 16.10.)

79. Decida se cada uma das seguintes substâncias deve ser classificada como ácido ou base de Lewis.

(a) H_2NOH na reação:

$$H_2NOH(aq) + HCl(aq) \longrightarrow [H_3NOH]Cl(aq)$$

(b) Fe^{2+}

(c) CH_3NH_2 (*Dica*: Desenhe a estrutura de pontos eletrônicos.)

80. Decida se cada uma das seguintes substâncias deve ser classificada como ácido ou base de Lewis.

(a) BCl_3 (*Dica*: Desenhe a estrutura de pontos eletrônicos.)

(b) H_2NNH_2, hidrazina (*Dica*: Desenhe a estrutura de pontos eletrônicos.)

(c) os reagentes na reação:

$$Ag^+(aq) + 2\ NH_3(aq) \rightleftharpoons [Ag(NH_3)_2]^+(aq)$$

81. O monóxido de carbono forma complexos com metais de baixa valência. Por exemplo, $Ni(CO)_4$ e $Fe(CO)_5$ são bem conhecidos. CO também forma complexos com o íon ferro(II) na hemoglobina, que impede a hemoglobina de atuar de maneira normal. O CO é um ácido de Lewis ou uma base de Lewis?

82. A trimetilamina, $(CH_3)_3N$, é um reagente comum. Ela interage prontamente com o gás diborano, B_2H_6. O último se dissocia em BH_3, e este forma um complexo com a amina, $(CH_3)_3N \rightarrow BH_3$. O fragmento BH_3 é um ácido de Lewis ou uma base de Lewis?

Questões Gerais

Estas questões não estão definidas quanto ao tipo ou à localização no capítulo. Elas podem combinar vários conceitos.

83. A esta hora, você pode estar desejando ter tomado uma aspirina. A aspirina é um ácido orgânico com K_a de $3,27 \times 10^{-4}$ para a reação

$$HC_9H_7O_4(aq) + H_2O(\ell) \rightleftharpoons C_9H_7O_4^-(aq) + H_3O^+(aq)$$

Se você tiver dois comprimidos, cada um contendo 0,325 g de ácido acetilsalicílico (misturado com um "aglutinante" neutro para manter o comprimido compacto), e dissolvê-los num copo de água para obter 225 mL de solução, qual é o pH da solução?

84. Considere os seguintes íons: NH_4^+, CO_3^{2-}, Br^-, S^{2-} e ClO_4^-.

(a) Qual desses íons na água dá uma solução ácida e qual dá uma solução básica?

(b) Qual desses ânions não terá qualquer efeito sobre o pH de uma solução aquosa?

(c) Qual íon é a base mais forte?

(d) Escreva uma equação química para a reação de cada ânion básico com água.

85. Uma amostra de 2,50 g de um sólido, que pode ser $Ba(OH)_2$ ou $Sr(OH)_2$, foi dissolvida em água suficiente para fazer 1,00 L de solução. Se o pH desta solução é 12,61, qual é a identidade do sólido?

86. ▲ Em uma solução especial, o ácido acético está 11% ionizado a 25 °C. Calcule o pH da solução e a massa do ácido acético dissolvido para se obter 1,00 L de solução.

87. O sulfeto de hidrogênio, H_2S, e o acetato de sódio, $NaCH_3CO_2$, são misturados em água. Usando a Tabela 16.2, escreva uma equação balanceada de uma reação ácido-base que possa, em princípio, ocorrer. O equilíbrio favorece os produtos ou os reagentes?

88. Para cada uma das seguintes reações, preveja se o equilíbrio encontra-se predominantemente à esquerda ou à direita. Explique sua resposta brevemente.

(a) $HCO_3^-(aq) + SO_4^{2-}(aq) \rightleftharpoons$
$$CO_3^{2-}(aq) + HSO_4^-(aq)$$
(b) $HSO_4^-(aq) + CH_3CO_2^-(aq) \rightleftharpoons$
$$SO_4^{2-}(aq) + CH_3CO_2H(aq)$$
(c) $[Co(H_2O)_6]^{2+}(aq) + CH_3CO_2^-(aq) \rightleftharpoons$
$$[Co(H_2O)_5(OH)]^+(aq) + CH_3CO_2H(aq)$$

89. Um ácido monoprótico HX tem $K_a = 1,3 \times 10^{-3}$. Calcule as concentrações de equilíbrio de HX e H_3O^+, e o pH de uma solução 0,010 M do ácido.

90. Disponha as soluções 0,10 M a seguir em ordem crescente de pH.

(a) NaCl
(b) NH_4Cl
(c) HCl
(d) $NaCH_3CO_2$
(e) KOH

91. *m*-Nitrofenol, um ácido fraco, pode ser usado como um indicador de pH, porque é amarelo em um pH acima de 8,6 e incolor em um pH abaixo de 6,8. Se o pH de uma solução 0,010M do composto é 3,44, calcule seu pK_a.

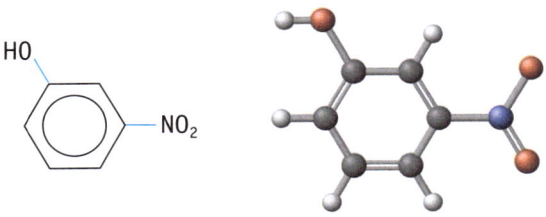

m-Nitrofenol

92. O íon butilamônio, $C_4H_9NH_3^+$, tem um K_a de $2,3 \times 10^{-11}$.

$$C_4H_9NH_3^+(aq) + H_2O(\ell) \rightleftharpoons$$
$$H_3O^+(aq) + C_4H_9NH_2(aq)$$

(a) Calcule K_b da base conjugada, $C_4H_9NH_2$ (butilamina).
(b) Posicione o íon butilamônio e sua base conjugada na Tabela 16.2. Dê o nome de um ácido mais fraco que $C_4H_9NH_3^+$ de uma base mais forte que $C_4H_9NH_2$.
(c) Qual é o pH de uma solução 0,015 M de cloreto de butilamônio?

93. O anestésico local novocaína é o sal do cloreto de hidrogênio de uma base orgânica, procaína.

$$C_{13}H_{20}N_2O_2(aq) + HCl(aq) \longrightarrow$$
$$\underset{\text{novocaína}}{[HC_{13}H_{20}N_2O_2]^+Cl^-(aq)}$$
$$\underset{\text{procaína}}{}$$

O pK_a da novocaína é 8,85. Qual é o pH de uma solução 0,0015 M da novocaína?

94. A piridina é uma base orgânica fraca e facilmente forma um sal com ácido clorídrico.

$$\underset{\text{piridina}}{C_5H_5N(aq)} + HCl(aq) \longrightarrow \underset{\text{íon piridínio}}{C_5H_5NH^+(aq)} + Cl^-(aq)$$

Qual é o pH de uma solução 0,025 M de cloreto de piridínio, $[C_5H_5NH^+]Cl^-$?

95. A base etilamina ($CH_3CH_2NH_2$) tem um K_b de $4,3 \times 10^{-4}$. Uma base intimamente relacionada, a etanolamina ($HOCH_2CH_2NH_2$) tem um K_b de $3,2 \times 10^{-5}$.

(a) Qual das duas bases é mais forte?
(b) Calcule o pH de uma solução 0,10 M da base mais forte.

96. O ácido cloroacético, $ClCH_2CO_2H$, é um ácido moderadamente fraco ($K_a = 1,40 \times 10^{-3}$). Se dissolver 94,5 mg do ácido em água para se obter 125 mL de solução, qual é o pH da solução?

97. A sacarina ($HC_7H_4NO_3S$) é um ácido fraco com $pK_a = 2,32$ a 25 °C. Ela é utilizada sob a forma de sacarídeo sódico, $NaC_7H_4NO_3S$. Qual é o pH de uma solução 0,10 M de sacarina sódica a 25 °C?

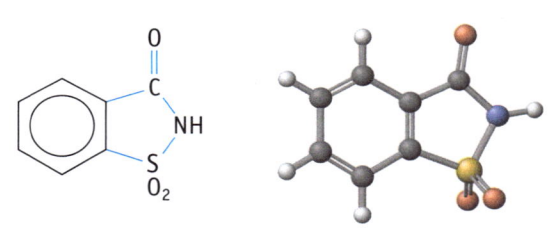

Sacarina

98. Fornecidas as seguintes soluções:

(a) 0,1 M NH_3
(b) 0,1 M Na_2CO_3
(c) 0,1 M NaCl
(d) 0,1 M CH_3CO_2H
(e) 0,1 M NH_4Cl
(f) 0,1 M $NaCH_3CO_2$
(g) 0,1 M $NH_4CH_3CO_2$

(i) Quais soluções são ácidas?
(ii) Quais soluções são básicas?
(iii) Qual das soluções é mais ácida?

99. Para cada um dos seguintes sais, preveja se uma solução 0,10 M tem um pH menor igual ou superior a 7.

(a) $NaHSO_4$
(b) NH_4Br
(c) $KClO_4$
(d) Na_2CO_3
(e) $(NH_4)_2S$
(f) $NaNO_3$
(g) Na_2HPO_4
(h) LiBr
(i) $FeCl_3$

Qual solução tem o pH mais alto? Qual tem o pH mais baixo?

100. A nicotina, $C_{10}H_{14}N_2$, tem dois átomos de nitrogênio básicos (Figura 16.12), e ambos podem reagir com a água.

$$Nic(aq) + H_2O(\ell) \rightleftharpoons NicH^+(aq) + OH^-(aq)$$

$$NicH^+(aq) + H_2O(\ell) \rightleftharpoons NicH_2^{2+}(aq) + OH^-(aq)$$

K_{b1} é $7,0 \times 10^{-7}$ e K_{b2} é $1,1 \times 10^{-10}$. Calcule o pH aproximado de uma solução de 0,020 M.

101. O ácido oxálico é um ácido diprótico relativamente fraco. Calcule a constante de equilíbrio da reação mostrada abaixo a partir de K_{a1} e K_{a2}. (Veja o Apêndice H para os valores de K_a.)

$$H_2C_2O_4(aq) + 2\ H_2O(\ell) \rightleftharpoons C_2O_4^{2-}(aq) + 2\ H_3O^+(aq)$$

102. ▲ A constante de equilíbrio da reação entre o ácido clorídrico e a amônia é de $1,8 \times 10^9$ (página 735). Confirme esse valor.

103. ▲ A constante de equilíbrio da reação entre o ácido fórmico e o hidróxido de sódio é $1,8 \times 10^{10}$ (página 735). Confirme esse valor.

104. ▲ Calcule o pH da solução que resulta da mistura de 25,0 mL de ácido fórmico 0,14 M e 50,0 mL de hidróxido de sódio 0,070 M.

105. ▲ Para qual volume $1,00 \times 10^2$ mL de qualquer ácido fraco, HA, com uma concentração de 0,20 M, deverão ser diluídos para duplicar a percentagem de ionização?

106. ▲ O íon hidrogenoftalato, $C_8H_5O_4^-$, é um ácido fraco com $K_a = 3,91 \times 10^{-6}$.

$$C_8H_5O_4^-(aq) + H_2O(\ell) \rightleftharpoons C_8H_4O_4^{2-}(aq) + H_3O^+(aq)$$

Qual é o pH de uma solução 0,050 M de hidrogenoftalato de potássio, $KC_8H_5O_4$? *Observação*: Para encontrar o pH de uma solução do ânion, devemos levar em conta que o íon é anfótero. Pode ser mostrado que, para a maioria dos casos de íons anfóteros, a concentração H_3O^+ é

$$[H_3O^+] = \sqrt{K_{a1} \times K_{a2}}$$

Para o ácido ftálico, $C_8H_6O_4$, K_1 é $1,12 \times 10^{-3}$, e K_2 é $3,91 \times 10^{-6}$.

107. ▲ Você prepara uma solução 0,10 M de ácido oxálico, $H_2C_2O_4$. Quais moléculas e íons existem nessa solução? Liste-os na ordem decrescente de concentração.

108. ▲ Você mistura 30,0 mL de NaOH 0,15 M com 30,0 mL de ácido acético 0,15 M. Quais moléculas e íons existem nessa solução? Liste-os na ordem decrescente de concentração.

No Laboratório

109. Descreva uma experiência que permitirá que você coloque as três bases seguintes em ordem de aumento da força da base: NaCN, CH_3NH_2, Na_2CO_3.

110. Os dados abaixo comparam a força do ácido acético com uma série de ácidos relacionados, em que os átomos H do grupo CH_3 do ácido acético são substituídos por Br sucessivamente.

Ácido	pK_a
CH_3CO_2H	4,74
$BrCH_2CO_2H$	2,90
Br_2CHCO_2H	1,39
Br_3CCO_2H	−0,147

(a) Qual tendência na força do ácido você observa quando o H é substituído sucessivamente por Br? Você pode sugerir um motivo para isso?

(b) Suponhamos que cada um dos ácidos acima estivesse presente como uma solução aquosa 0,10 M. Qual teria o maior pH? E o pH mais baixo?

111. ▲ Você tem três soluções rotuladas como A, B e C. Você sabe apenas que cada uma contém um cátion diferente – Na^+, NH_4^+ ou H_3O^+. Cada uma tem um ânion que não contribui para o pH da solução (por exemplo, Cl^-). Também tem duas outras soluções, Y e Z, cada uma contendo um ânion diferente, Cl^- ou OH^-, com um cátion que não influencia o pH da solução (por exemplo, K^+). Se quantidades iguais de B e Y forem misturadas, o resultado é uma solução ácida. Misturando-se A e Z dá uma solução neutra, enquanto que B e Z dá uma solução básica. Identifique as cinco soluções desconhecidas. (Adaptado de BAROUCH, D. H. *Voyages in Conceptual Chemistry*. Boston: Jones and Bartlett, 1997.)

	Y	Z
A		neutra
B	ácida	básica
C		

112. Um átomo de hidrogênio na base orgânica piridina, C_5H_5N, pode ser substituído por vários átomos ou grupos para dar XC_5H_4N, em que X é um átomo tal como Cl ou um grupo tal como CH_3. A tabela seguinte dá valores K_a dos ácidos conjugados de uma variedade de piridinas substituídas.

piridina substituída   +   HCl(aq) ⟶   ácido conjugado   + Cl^-(aq)

Átomo ou Grupo X	K_a do Ácido Conjugado
NO$_2$	$5,9 \times 10^{-2}$
Cl	$1,5 \times 10^{-4}$
H	$6,8 \times 10^{-6}$
CH$_3$	$1,0 \times 10^{-6}$

(a) Suponha que cada ácido conjugado seja dissolvido em água suficiente para se obter uma solução 0,050 M. Qual teria o pH mais alto? E o pH mais baixo?

(b) Qual das piridinas substituídas é a base de Brønsted mais forte? Qual é a base de Brønsted mais fraca?

113. O ácido nicotínico, $C_6H_5NO_2$, é encontrado em pequenas quantidades em todas as células vivas, mas quantidades apreciáveis ocorrem no fígado, fermento, leite, glândulas suprarrenais, carne branca e milho. A farinha de trigo integral contém cerca de 60, μg por grama de farinha. Um grama (1,00 g) do ácido se dissolve em água para dar 60, mL de solução que possui um pH de 2,70. Qual é o valor aproximado do K_a do ácido?

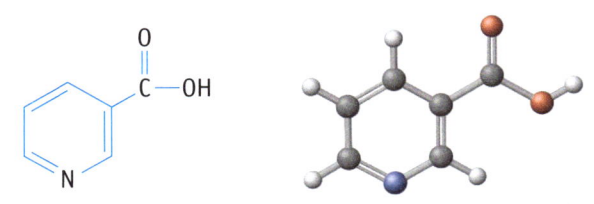

Ácido nicotínico

114. ▲ As constantes de equilíbrio podem ser medidas para a dissociação de complexos ácido-base de Lewis, tais como o complexo de éter dimetílico de BF_3, $(CH_3)_2O \rightarrow BF_3$. O valor de K (aqui K_p) para a reação é 0,17 a 125 °C.

$$(CH_3)_2O{\rightarrow}BF_3(g) \rightleftharpoons BF_3(g) + (CH_3)_2O(g)$$

(a) Descreva cada produto como um ácido ou uma base de Lewis.

(b) Se você colocar 1,00 g do complexo em um frasco de 565 mL a 125 °C, qual é a pressão total no frasco quando o equilíbrio é estabelecido? Quais são as pressões parciais de equilíbrio do ácido de Lewis, da base de Lewis e do complexo?

115. ▲ O ácido sulfanílico, que é utilizado na fabricação de corantes, é feito por reação de anilina com ácido sulfúrico.

$$H_2SO_4(aq) + \text{[anilina]} \rightarrow \text{[ácido sulfanílico]} + H_2O(\ell)$$

anilina → ácido sulfanílico

(a) A anilina é uma base de Brønsted, uma base de Lewis ou ambas? Explique, usando suas possíveis reações com HCl, BF_3 ou outro ácido.

(b) O ácido sulfanílico tem um valor de pK_a de 3,23. O sal sódico do ácido, $Na(H_2NC_6H_4SO_3)$, é bastante solúvel em água. Se você dissolver 1,25 g do sal em água para se obter 125 mL da solução, qual é o pH da solução?

116. Os aminoácidos são um grupo importante de compostos. A um pH baixo, tanto o grupo carboxílico do ácido (—CO_2H) quanto o grupo amina (—NHR) são protonados. No entanto, conforme o pH da solução aumenta (digamos, por adição de base), o próton do ácido carboxílico é removido, geralmente a um pH entre 2 e 3. Em pH intermédiário, por conseguinte, o grupo amina está protonado, mas o grupo ácido carboxílico perdeu o próton. (Isso é chamado *zwitterion*.) Em valores de pH mais básicos, o próton de amina está dissociado.

alanina
forma catiônica $pK_a = 2,4$ forma zwitteriônica

$pK_a = 9,7$ forma aniônica

Qual é o pH de uma solução 0,20 M de cloreto de alanina $[NH_3CHCH_3CO_2H]Cl$?

Resumo e Questões Conceituais

As seguintes questões podem usar os conceitos deste capítulo e dos capítulos anteriores.

117. Como pode a água ser tanto uma base de Brønsted como uma base de Lewis? A água pode ser um ácido de Brønsted? E um ácido de Lewis?

118. O íon níquel(II) existe na forma de $[Ni(H_2O)_6]^{2+}$ em solução aquosa. Por que esta solução é ácida? Como parte da sua resposta, inclua uma equação balanceada que descreva o que acontece quando $[Ni(H_2O)_6]^{2+}$ interage com a água.

119. Os halogênios formam três ácidos estáveis fracos, HOX.

Ácido	pK_a
HOCl	7,46
HOBr	8,7
HOI	10,6

(a) Qual é o ácido mais forte?

(b) Explique por que a força do ácido muda quando o átomo de halogênio é alterado.

120. A acidez dos oxiácidos foi descrita na Secção 16-9 e um maior número de ácidos é listado na tabela abaixo.

E(OH)$_m$	pK_a	EO(OH)$_m$	pK_a	EO$_2$(OH)$_m$	pK_a	EO$_3$(OH)$_m$	pK_a
Muito fraco		**Fraco**		**Forte**		**Muito forte**	
Cl(OH)	7,5	ClO(OH)	2	ClO$_2$(OH)	−3	ClO$_3$(OH)	−10
Br(OH)	8,7	NO(OH)	3,4	NO$_2$(OH)	−1,4		
I(OH)	10,6	IO(OH)	1,6	IO$_2$(OH)	0,8		
Si(OH)$_4$	9,7	SO(OH)$_2$	1,8	SO$_2$(OH)$_2$	−3		
Sb(OH)$_3$	11,0	SeO(OH)$_2$	2,5	SeO$_2$(OH)$_2$	−3		
As(OH)$_3$	9,2	AsO(OH)$_3$	2,3				
		PO(OH)$_3$	2,1				
		HPO(OH)$_2$	1,8				
		H$_2$PO(OH)	2,0				

(a) Quais tendências gerais você vê nesses dados?

(b) Qual tem um maior efeito sobre a acidez, o número de átomos de O ligados diretamente ao átomo central E ou o número de grupos OH?

(c) Veja os ácidos com base em Cl, N e S. Existe uma correlação de acidez com a carga formal no átomo central, E?

(d) O ácido H$_3$PO$_3$ tem um pK_a de 1,8, e isso levou a algumas percepções sobre sua estrutura. Se a estrutura do ácido fosse P(OH)$_3$, como seria o seu valor de pK_a previsto? Tendo em conta que este é um ácido diprótico, que átomos de H são perdidos na forma de íons H$^+$?

O ácido H$_3$PO$_3$

121. O ácido perclórico comporta-se como um ácido, mesmo quando é dissolvido em ácido sulfúrico.

(a) Escreva uma equação balanceada mostrando como o ácido perclórico pode transferir um próton para o ácido sulfúrico.

(b) Desenhe uma estrutura de ponto eletrônico de Lewis do ácido sulfúrico. Como pode o ácido sulfúrico funcionar como uma base?

122. Você compra uma garrafa de água. Ao verificar seu pH, você descobre que ela não é neutra, como você esperava. Em vez disso, ela é ligeiramente ácida. Por quê?

123. O iodo, I$_2$, é muito mais solúvel numa solução aquosa de iodeto de potássio, KI, do que em água pura. O ânion encontrado na solução é o I$_3^-$.

(a) Desenhe uma estrutura de ponto eletrônico para I$_3^-$.

(b) Escreva uma equação para esta reação, indicando o ácido de Lewis e a base de Lewis.

124. ▲ A uracila é uma base encontrada no RNA. Indique os locais na molécula em que a ligação de hidrogênio é possível ou quais são os locais de basicidade de Lewis.

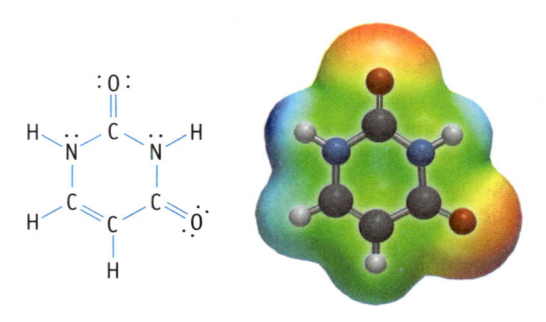

Uracila

125. Os químicos frequentemente referem-se ao *grau de ionização* de um ácido fraco ou uma base fraca e dão a ele o símbolo α. A constante de equilíbrio, em termos de α e C_o, a concentração inicial do ácido ou da base, é dada pela útil equação

$$K = \frac{\alpha^2 C_o}{(1 - \alpha)}$$

Como um exemplo, o grau de ionização do ácido acético 0,010 M é 0,0103.

(a) Mostre como podemos chegar à equação geral dada acima.

(b) Calcule o grau de ionização do íon amônio em NH$_4$Cl 0,10 M.

126. ▲ Explorando a equação do grau de ionização da Questão para Estudo 125:

(a) Calcule o grau de ionização, α, do ácido fórmico, nas seguintes concentrações: 0,0100 M, 0,0200 M, 0,0400 M, 0,100 M, 0,200 M, 0,400 M, 1,00 M, 2,00 M e 4,00 M.

(b) Represente graficamente os resultados do cálculo como α em função da concentração do ácido fórmico. Há uma relação linear? Se não, tente apresentar graficamente o logaritmo de C_o em função da α.

(c) O que você pode concluir sobre a relação entre o grau de ionização e a concentração inicial da base ou do início do ácido?

127. ▲ Considere um sal de uma base fraca e um ácido fraco, tal como cianeto de amônio. Tanto os íons NH_4^+ quanto os CN^- interagem com a água em solução aquosa, mas a reação líquida pode ser considerada como uma transferência de prótons de NH_4^+ para CN^-.

$$NH_4^+(aq) + CN^-(aq) \rightleftharpoons NH_3(aq) + HCN(aq)$$

(a) Mostre que a constante de equilíbrio desta reação, $K_{\text{líquido}}$, é

$$K_{\text{líquido}} = \frac{K_w}{K_a K_b}$$

em que K_a é a constante de ionização do ácido fraco HCN e K_b é a constante da base fraca NH_3.

(b) Calcule valores de $K_{\text{líquido}}$ de cada um dos seguintes: NH_4CN, $NH_4CH_3CO_2$ e NH_4F. Qual sal tem o maior valor $K_{\text{líquido}}$ e por quê?

(c) Preveja se uma solução de cada um dos compostos em (b) é ácida ou básica. Explique como você fez sua previsão. (Não será preciso cálculo para fazer isso.)

© Cengage Learning/Charles D. Winters

Com ruibarbo se faz uma boa torta e ele é uma boa fonte de ácido oxálico, um ácido fraco.

17

Princípios da reatividade química: outros aspectos do equilíbrio aquoso

Sumário do capítulo

ÁCIDOS NA NATUREZA Muitas pessoas plantam ruibarbo nos jardins, porque os talos da planta, uma vez cozidos com açúcar, transformam-se em uma sobremesa maravilhosa, ou podem servir como recheio para tortas ou assados. Mas as folhas podem deixar você doente. Por quê?

As folhas do ruibarbo são uma fonte de pelo menos sete ácidos orgânicos, entre os quais os ácidos acético e cítrico. Mas o mais abundante é o ácido oxálico, $H_2C_2O_4$.

$$H_2C_2O_4(aq) + H_2O(\ell) \rightleftharpoons H_3O^+(aq) + HC_2O_4^-(aq)$$
$$HC_2O_4^-(aq) + H_2O(\ell) \rightleftharpoons H_3O^+(aq) + C_2O_4^{2-}(aq)$$

As folhas do ruibarbo contêm entre 0,1% e 1,4% de ácido oxálico por peso; outros vegetais folhosos, como repolho, espinafre e folhas de beterraba, têm quantidades menores.

Enquanto o ácido oxálico e outros ácidos dão o gosto azedo que muitos de nós desfrutamos no ruibarbo, há um problema com sua ingestão: o ácido oxálico interfere nos elementos essenciais do organismo, como ferro, magnésio e especialmente o cálcio. O íon Ca^{2+} e o ácido oxálico reagem para formar o insolúvel oxalato de cálcio, CaC_2O_4.

Objetivos do Capítulo

Consulte a Revisão dos Objetivos do Capítulo para ver as Questões para Estudo relacionadas a estes objetivos.

ENTENDER

- O efeito do íon comum.
- O controle do pH em soluções aquosas com soluções-tampão.

FAZER

- Calcular o pH das soluções-tampão.
- Avaliar o pH no decurso das titulações ácido-base.
- Aplicar os conceitos de equilíbrio químico na solubilidade dos compostos iônicos.

LEMBRAR

- Soluções-tampão ácido-base são compostas por ácidos fracos e suas bases conjugadas.
- Soluções-tampão ácido-base são resistentes às alterações no pH.
- O pH de uma solução-tampão está próximo do pK_a do seu ácido fraco.
- Sais insolúveis, em que o ânion é a base conjugada de um ácido fraco, dissolve-se em ácidos fortes.

$$Ca^{2+}(aq) + H_2C_2O_4(aq) + 2\ H_2O(\ell) \rightarrow CaC_2O_4(s) + 2\ H_3O^+(aq)$$

Isto não só remove efetivamente os íons cálcio do corpo, mas os cristais do oxalato de cálcio podem também levar à dor provocada por pedras nos rins e na bexiga. Devido a isso, as pessoas suscetíveis a pedras nos rins são submetidas a uma dieta pobre em ácido oxálico. Elas também têm de ter cuidado ao ingerir vitamina C, um composto que pode ser transformado em ácido oxálico no corpo. Há casos de pessoas que morreram por beber acidentalmente anticongelante, porque o etilenoglicol, presente nessa substância, é convertido em ácido oxálico no organismo. Os sintomas de envenenamento por ácido oxálico incluem náuseas, vômitos, dores abdominais e hemorragia.

Devido ao fato do ácido oxálico também ocorrer em outras substâncias comestíveis, incluindo o cacau, o amendoim e o chá, uma pessoa consome, em média, cerca de 150 mg de ácido oxálico por dia. Mas isso significa que ele vai matar você? Para uma pessoa que pesa cerca de 68 kg, a dose letal é de cerca de 24 gramas de ácido oxálico puro. Você teria de comer um campo de folhas de ruibarbo ou beber um oceano de chá

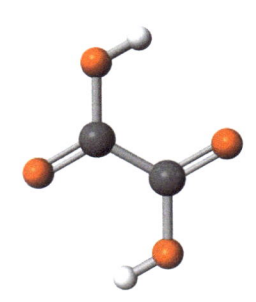

Um modelo de ácido oxálico, $H_2C_2O_4$, o ácido presente no ruibarbo.

para chegar perto de uma dose fatal de ácido oxálico. O que aconteceria primeiro, contudo, é que você poderia ter diarreias graves. Seu intestino reconhece o ácido oxálico como algo a ser eliminado e é estimulado a se livrar dele.

Embora comer muito ruibarbo não seja recomendável, essa planta e outras têm sido cultivadas há milhares de anos por suas propriedades saudáveis. Os chineses particularmente têm empregado o ruibarbo na medicina tradicional durante séculos. Na verdade, os imperadores da China, nos séculos XVIII e XIX, proibiram sua exportação, porque ele era muito importante. O ruibarbo também era cultivado na Rússia e, posteriormente, na Inglaterra. Ele surgiu pela primeira vez nos Estados Unidos por volta de 1800.

Ao saborear uma fatia de torta de ruibarbo, pense sobre os tópicos deste capítulo: a química de ácidos e bases e de substâncias insolúveis.

Questões para Estudo relacionadas a esta história são: 17.93 e 17.94.

N o Capítulo 3, quatro tipos fundamentais de reações químicas são descritas: reações ácido-base, reações de precipitação, reações de formação de gás e reações de oxirredução. No presente capítulo, os princípios dos equilíbrios químicos são aplicados aos dois primeiros tipos de reações.

No que diz respeito às reações ácido-base, nosso objetivo é responder às seguintes questões:

- Como o pH de uma solução pode ser controlado?
- O que ocorre quando um ácido e uma base são misturados em quaisquer quantidade?

As reações de precipitação também podem ser compreendidas em termos de equilíbrio químico. As questões a seguir são discutidas neste capítulo:

- Se misturarmos soluções aquosas de dois compostos iônicos, ocorrerá precipitação?
- Até que ponto uma substância insolúvel se dissolve efetivamente?
- Quais reações químicas podem ser usadas para dissolver um precipitado?

17-1 O Efeito do Íon Comum

No capítulo anterior, você estudou o comportamento de ácidos e bases fracos em solução aquosa. Mas o que acontece com o pH de uma solução de ácido acético na qual você adiciona uma concentração significativa de sua base conjugada, o íon acetato? A resposta é que o pH da solução – ácido fraco + base conjugada ou base fraca + ácido conjugado – é diferente do pH de uma solução de ácido fraco ou base fraca por si só. O efeito no pH causado por se ter uma concentração significativa de íon acetato em uma solução de ácido acético, por exemplo, é o chamado **efeito do íon comum**. O nome vem do fato de que o íon acetato adicionado é "comum" para a reação de equilíbrio de ionização do ácido acético.

$$CH_3CO_2H(aq) + H_2O(\ell) \rightleftharpoons H_3O^+(aq) + CH_3CO_2^-(aq)$$

Explorar esse aspecto da química de sistemas ácido-base será importante na compreensão de *soluções-tampão* (veja a Seção 17.2).

Como o efeito íon comum realmente funciona (Figura 17.1)? Se 1,0 L de uma solução 0,25 M de ácido acético apresenta um pH de 2,67, qual é o pH de 1,0 L de solução preparada com 0,25 mol de ácido acético e 0,10 mol de acetato de sódio? O acetato de sódio, $NaCH_3CO_2$, é 100% dissociado em seus íons, Na^+ e $CH_3CO_2^-$, em água. O íon sódio não tem efeito sobre o pH de uma solução (◄ Tabela 16.3 e Exemplo 16.2). Assim, os componentes importantes da solução são o ácido fraco (CH_3CO_2H) e a sua base conjugada ($CH_3CO_2^-$). Suponha que o ácido ioniza para

Ácido acético aquoso pH 2,7

Acetato de sódio aquoso pH 9

Mistura de ácido acético e acetato de sódio

O pH metro mostra que a solução no béquer tem uma concentração mais baixa de íons hidrônio (um pH de cerca de 5) que a solução de ácido acético, devido à presença do íon acetato, a base conjugada do ácido e de um íon comum para a reação de ionização do ácido.

Quantidades aproximadamente iguais de ácido acético e acetato de sódio, uma base, foram misturadas no béquer.

© Cengage Learning/Charles D. Winters

FIGURA 17.1 O efeito do íon comum. Cada uma das soluções de ácido acético e acetato de sódio tinha, aproximadamente, a mesma concentração. Cada solução contém o indicador universal. Este corante é vermelho em pH baixo, amarelo em meio ligeiramente ácido e verde em meio neutro a fracamente básico.

resultar em H_3O^+ e $CH_3CO_2^-$, ambos na concentração x. Isso significa que, em relação às suas concentrações iniciais, CH_3CO_2H diminui na concentração ligeiramente (por uma concentração x) e $CH_3CO_2^-$ aumenta ligeiramente (por uma concentração x).

EQUAÇÃO	CH_3CO_2H	+	H_2O	$\rightleftharpoons$	H_3O^+	+	$CH_3CO_2^-$
Inicial (M)	0,25				0		0,10
Variação (M)	$-x$				$+x$		$+x$
Equilíbrio (M)	$(0,25 - x)$				x		$0,10 + x$

Uma vez que as concentrações de equilíbrio de todas as espécies estão relacionadas por meio da variável x e a constante de dissociação do ácido (K_a) é conhecida, a concentração do íon hidrônio ($= x$) pode ser calculada a partir da expressão da constante de equilíbrio.

$$K_a = 1,8 \times 10^{-5} = \frac{[H_3O^+][CH_3CO_2^-]}{[CH_3CO_2H]} = \frac{(x)(0,10 + x)}{0,25 - x}$$

Em seguida, suponha que o valor de x seja muito pequeno, porque o ácido acético é um ácido fraco e porque está ionizado na presença de uma concentração significativa de sua base conjugada. Isto é, é razoável assumir que $(0,10 + x)M \approx 0,10$ M e que $(0,25 - x)M \approx 0,25$ M. Isso conduz à expressão "aproximada".

$$K_a = 1,8 \times 10^{-5} = \frac{[H_3O^+][CH_3CO_2^-]}{[CH_3CO_2H]} = \frac{(x)(0,10)}{0,25}$$

Resolvendo essa expressão, encontramos: $x = [H_3O^+] = 4,5 \times 10^{-5}$ M e o pH é 4,35. (Observe que as hipóteses simplificadoras eram válidas.)

Sem adicionar o $NaCH_3CO_2$, que fornece o "íon comum" $CH_3CO_2^-$, a ionização de 0,25 M de ácido acético produzirá íons H_3O^+ e $CH_3CO_2^-$ em uma concentração de 0,0021 M (pH = 2,67). Porém, o princípio de Le Chatelier prevê que a adição do íon comum faz com que a reação proceda menos para a direita. Portanto, conforme calculado antes, $[H_3O^+]$ é menor que 0,0021 M na presença do íon acetato adicionado.

O Efeito do Íon Comum Na tabela IVE, a primeira linha (Inicial) reflete a hipótese de que nenhuma ionização do ácido (ou hidrólise da base conjugada) ocorreu ainda. A ionização do ácido na presença da base conjugada então produz x mol/L de íons hidrônio e x mol/L mais da base conjugada.

Constantes de Equilíbrio e Temperatura A menos que especificado de outra forma, todas as constantes de equilíbrio e todos os cálculos neste capítulo são a 25 °C.

Mapa Estratégica 17.1

PROBLEMA

Calcule o **pH** depois de combinar as soluções de **NaOH** e **ácido láctico.**

DADOS/INFORMAÇÕES CONHECIDOS

- Concentrações da solução
- Volumes da solução
- Valor do K_a do ácido.

ETAPA 1. Problema de estequiometria.

As concentrações de **ácido láctico** e **íon lactato** após reação ácido-base

ETAPA 2. Insira as **concentrações de equilíbrio** na tabela IVE.

Em equilíbrio:
$[H_3O^+] = x$
$[\text{Ácido láctico}]$ = concentração original $- x$
$[\text{Íon lactato}]$ = concentração original $+ x$

ETAPA 3. Insira as **concentrações de equilíbrio** em K_a.

Expressão do K_a com concentrações de equilíbrio em termos de **x**

ETAPA 4. Resolva a **expressão do K_a** para **x**.

Valor de $[H_3O^+]$

ETAPA 5. Converta $[H_3O^+]$ para **pH.**

pH da solução

EXEMPLO 17.1

Reação do Ácido Láctico com a Adição de Hidróxido de Sódio Menor Que a Estequiométria

Problema Qual é o pH da solução que resulta da adição de 25,0 mL de NaOH 0,0500 M a 25,0 mL de ácido láctico 0,100 M? (K_a para o ácido láctico = $1,4 \times 10^{-4}$)

$$H_3C-\underset{\underset{OH}{|}}{\overset{\overset{H}{|}}{C}}-\overset{\overset{O}{\|}}{C}-O-H(aq) + OH^-(aq) \rightleftharpoons H_2O(\ell) + H_3C-\underset{\underset{OH}{|}}{\overset{\overset{H}{|}}{C}}-\overset{\overset{O}{\|}}{C}-O^-(aq)$$

ácido láctico ($HC_3H_5O_3$)
$K_a = 1,4 \times 10^{-4}$

íon lactato ($C_3H_5O_3^-$)

O que você sabe? Você conhece os volumes e as concentrações do ácido e da base e a constante de ionização para o ácido fraco.

Estratégia Há duas partes para este problema: um problema de estequiometria seguido por um problema de equilíbrio.

Parte 1: Problema de Estequiometria

(a) Determine as quantidades iniciais de ácido e base a partir de seus volumes e concentrações.

(b) Resolva um problema de reagente limitante (em mols) para determinar as quantidades de ácido láctico e íon lactato que permanecem na solução após a reação entre o ácido láctico e o hidróxido de sódio.

(c) Calcule as concentrações de ácido láctico e de íon lactato que estão presentes a partir das quantidades de ácido láctico e de íon lactato calculadas no passo (b) e o volume total da solução.

Parte 2: Problema de Equilíbrio

(a) Construa uma tabela IVE na qual as concentrações iniciais de ácido e de base conjugados são conhecidas e as alterações na concentração de ácido consumido e na concentração da base conjugada produzida são definidas como x.

(b) Insira as concentrações de equilíbrio na expressão do K_a para o ácido láctico e resolva para x, então calcule o pH a partir da concentração do íon hidrônio no equilíbrio (= x).

Solução

Parte 1: Problema de Estequiometria

(a) As quantidades de NaOH e de ácido láctico utilizadas na reação

$$(0,0250 \text{ L NaOH})(0,0500 \text{ mol/L}) = 1,25 \times 10^{-3} \text{ mol NaOH}$$

$$(0,0250 \text{ L ácido láctico}) (0,100 \text{ mol/L}) = 2,50 \times 10^{-3} \text{ mol ácido láctico}$$

(b) Quantidade de íon lactato produzido pela reação ácido-base. Percebendo que NaOH é o reagente limitante, você tem:

$$(1,25 \times 10^{-3} \text{ mol NaOH})\left(\frac{1 \text{ mol íon lactato}}{1 \text{ mol NaOH}}\right) = 1,25 \times 10^{-3} \text{ mol íon lactato produzido}$$

Quantidade de ácido láctico consumido:

$$(1,25 \times 10^{-3} \text{ mol NaOH})\left(\frac{1 \text{ mol íon lactato}}{1 \text{ mol NaOH}}\right) = 1,25 \times 10^{-3} \text{ mol ácido láctico consumido}$$

Quantidade de ácido láctico remanescente quando a reação estiver completa.

2,50 × 10⁻³ mol de ácido láctico disponível – 1,25 × 10⁻³ mol de ácido láctico consumido

= 1,25 × 10⁻³ mol de ácido láctico remanescente

(c) As concentrações de ácido láctico e de íon lactato depois da reação. Note que o volume total da solução depois da reação é 50,0 mL ou 0,0500 L.

$$[\text{Ácido láctico}] = \frac{1{,}25 \times 10^{-3}\ \text{mol de ácido láctico}}{0{,}0500\ \text{L}} = 2{,}50 \times 10^{-2}\ \text{M}$$

Como a quantidade de ácido láctico remanescente é a mesma que a quantidade de íon lactato produzida, você tem

$$[\text{Ácido láctico}] = [\text{íon lactato}] = 2{,}50 \times 10^{-2}\ \text{M}$$

Parte 2: *Problema de Equilíbrio*

(a) As concentrações agora determinadas são usadas como as concentrações iniciais em uma tabela IVE.

EQUILÍBRIO	$HC_3H_5O_3$ + H_2O $\rightleftharpoons$	H_3O^+ +	$C_3H_5O_3^-$
Inicial (M)	0,0250	0	0,0250
Variação (M)	−x	+x	+x
Equilíbrio (M)	(0,0250 − x)	x	(0,0250 + x)

(b) Substituindo as concentrações na expressão constante de equilíbrio, você tem:

$$K_a\ (\text{ácido láctico}) = 1{,}4 \times 10^{-4} = \frac{[H_3O^+][C_3H_5O_2^-]}{[HC_3H_5O_2]} = \frac{(x)(0{,}0250 + x)}{0{,}0250 - x}$$

Fazendo a suposição de que o valor de *x* é pequeno em relação a 0,0250 M, você percebe que

$$K_a = 1{,}4 \times 10^{-4}\ \text{M} = x = [H_3O^+],\ \text{que resulta em um pH of 3,85.}$$

Pense bem antes de responder Existem diversas observações a serem feitas:

- A suposição de que *x* << 0,0250 na Parte 2 é válida.

- Por um cálculo separado, é possível comprovar que uma solução de ácido láctico de 0,025 M tem um pH de 2,73. A presença de 0,025 M de íon lactato (uma base de Brønsted) nessa solução resulta em um aumento do pH para 3,85.

- Aqui uma base foi adicionada à solução ácida. Uma observação útil é que a *adição da base em qualquer solução sempre resultará em um aumento do pH*.

Verifique seu entendimento

Você tem uma solução de ácido fórmico (HCO_2H) 0,30 M e adicionou formiato de sódio ($NaHCO_2$) suficiente para produzir a solução de 0,10 M do sal. Calcule o pH da solução de ácido fórmico antes e após a adição de formiato de sódio sólido.

EXERCÍCIO PARA A SEÇÃO 17.1

1. Qual é o pH da solução que resulta da adição de 30,0 mL de NaOH 0,100 M a 45,0 mL de ácido acético 0,100 M?

   (a) 2,87   (b) 5,05   (c) 7,00

17-2 Controlando o pH: Soluções-Tampão

O pH normal do sangue humano é de 7,4. A adição de pequena quantidade de ácido ou base forte, digamos 0,010 mol, a um litro de sangue humano leva a uma alteração no pH de apenas 0,1 unidade. Em comparação, se você adicionar 0,010 mol de HCl em 1,0 L de água pura, o pH cai de 7 para 2. A adição de 0,010 mol de NaOH em água pura eleva o pH de 7 para 12. Dizemos que o sangue, assim como muitos outros fluidos, é tamponado. *Uma solução tamponada é resistente a uma variação brusca no pH quando um ácido ou uma base forte é adicionado* (Figura 17.2).

Há dois requisitos para uma solução-tampão:

- Duas substâncias são necessárias: um ácido capaz de reagir com íons OH^- adicionados e uma base capaz de consumir os íons H_3O^+ adicionados.

- O ácido e a base não devem reagir entre si.

Esses requisitos significam que uma solução-tampão é geralmente preparada a partir de um par ácido fraco–base conjugada (tal como ácido acético e íon acetato) ou um par base forte–ácido conjugado (tal como amônia e íon amônio). Algumas soluções-tampão comumente utilizadas em laboratório são apresentadas na Tabela 17.1.

Para ver como uma solução-tampão funciona, considere uma solução-tampão de ácido acético/íon acetato. O ácido acético, um ácido fraco, é necessário para consumir quaisquer íons hidróxidos adicionados.

$$CH_3CO_2H(aq) + OH^-(aq) \rightleftharpoons CH_3CO_2^-(aq) + H_2O(\ell) \qquad K = 1,8 \times 10^9$$

A constante de equilíbrio para a reação é bastante grande porque o íon OH^- é uma base muito mais forte que o íon acetato, $CH_3CO_2^-$ (◄ Seção 16.5 e Tabela 16.2). Isso significa que qualquer OH^- que entra na solução a partir de uma fonte externa é consumido completamente. De um modo semelhante, qualquer íon hidrônio adicionado à solução reage completamente com o íon acetato presente na solução-tampão.

$$H_3O^+(aq) + CH_3CO_2^-(aq) \rightleftharpoons H_2O(\ell) + CH_3CO_2H(aq) \qquad K = 5,6 \times 10^4$$

A constante de equilíbrio para essa reação também é bastante grande porque H_3O^+ é um ácido muito mais forte que CH_3CO_2H.

Soluções-tampão e o Efeito do Íon Comum O efeito do íon comum é observado para um ácido (ou base) ionizando na presença da sua base conjugada (ou ácido). Uma solução-tampão é uma solução de um ácido fraco e sua base conjugada.

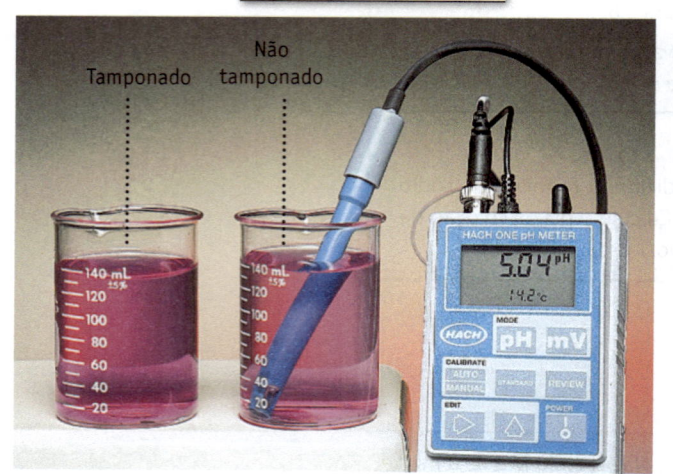

Antes de HCl ser adicionado

Tamponado · Não tamponado

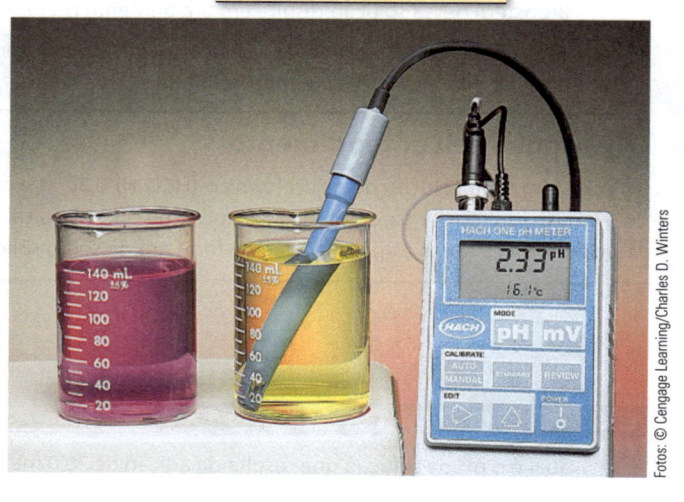

Após a adição de 0,10 M de HCl

Fotos: © Cengage Learning/Charles D. Winters

(a) O eletrodo de pH está indicando o pH da água que contém um traço de ácido (e indicador ácido-base azul de bromofenol). A solução à esquerda é uma solução-tampão com um pH de cerca de 7. (Ela também contém o corante azul de bromofenol.)

(b) Quando 5 mL de 0,10 M de HCl são adicionados em cada solução, o pH da água cai várias unidades, enquanto o pH do tampão mantém-se essencialmente constante, como é possível concluir pelo fato de a cor do indicador não mudar.

FIGURA 17.2 Soluções-tampão.

Tabela 17.1 Alguns Sistemas-tampão Comumente Usados em Laboratório

Ácido Fraco	Base Conjugada	K_A do Ácido (pK_A)	Faixa de pH de trabalho
Ácido ftálico $C_6H_4(CO_2H)_2$	Íon hidrogenoftalato $C_6H_4(CO_2H)(CO_2)^-$	$1,3 \times 10^{-3}$ (2,89)	1,9–3,9
Ácido acético CH_3CO_2H	Íon acetato $CH_3CO_2^-$	$1,8 \times 10^{-5}$ (4,74)	3,7–5,8
Íon di-hidrogenofosfato $H_2PO_4^-$	Íon hidrogenofosfato HPO_4^{2-}	$6,2 \times 10^{-8}$ (7,21)	6,2–8,2
Íon hidrogenofosfato HPO_4^{2-}	Íon fosfato PO_4^{3-}	$3,6 \times 10^{-13}$ (12,44)	11,4–13,4

Os diversos exemplos a seguir ilustram como calcular o pH de uma solução--tampão, como prepará-la e como um tampão pode controlar o pH de uma solução.

EXEMPLO 17.2

pH de uma Solução-Tampão

Problema Qual é o pH de um tampão de ácido acético/acetato de sódio $[CH_3CO_2H] = 0,700$ M e $[CH_3CO_2^-] = 0,600$ M?

O que você sabe? A concentração do íon hidrônio (e portanto o pH) de um tampão pode ser calculada se você sabe as concentrações do ácido fraco, da sua base conjugada e o K_a, como é o caso aqui.

Estratégia

- Escreva a equação balanceada e a expressão da constante de equilíbrio.
- Construa uma tabela IVE, na qual são conhecidas as concentrações iniciais de ácido e base conjugada, e a mudança de suas concentrações é designada por x.
- Use a expressão do K_a para obter a concentração de íon hidrônio.

Solução

Equilíbrio	CH_3CO_2H + H_2O $\rightleftharpoons$	H_3O^+ +	$CH_3CO_2^-$
Inicial (M)	0,700	0	0,600
Variação (M)	$-x$	$+x$	$+x$
Equilíbrio (M)	$0,700 - x$	x	$0,600 + x$

A expressão apropriada da constante de equilíbrio é:

$$K_a = 1,8 \times 10^{-5} = \frac{[H_3O^+][CH_3CO_2^-]}{[CH_3CO_2H]} = \frac{(x)(0,600 + x)}{0,700 - x}$$

O valor de x será muito pequeno em relação a 0,700 ou 0,600, assim você pode usar a "expressão aproximada" para encontrar x, a concentração do íon hidrônio.

$$K_a = 1,8 \times 10^{-5} = \frac{[H_3O^+][CH_3CO_2^-]}{[CH_3CO_2H]} = \frac{(x)(0,600)}{0,700}$$

$$x = 2,1 \times 10^{-5} \text{ M}$$

$$pH = -\log (2,1 \times 10^{-5}) = \boxed{4,68}$$

Mapa Estratégico 17.2

PROBLEMA

Calcular o pH de uma solução--tampão.

↓

DADOS/INFORMAÇÕES CONHECIDOS

- Concentração do **ácido fraco**
- Concentração da **base conjugada**
- Valor do K_a do ácido

ETAPA 1. Escreva a **equação balanceada** e a **expressão do K_a** e construa a **tabela IVE.**

Expressão do K_a e tabela IVE

ETAPA 2. Insira as **concentrações de equilíbrio** na tabela IVE.

Em equilíbrio:
$[H_3O^+] = x$
[Ácido fraco] = concentração inicial $- x$
[Base conjugada] = concentração inicial $+ x$

ETAPA 3. Insira as **concentrações de equilíbrio** em K_a.

Expressão do K_a com concentrações de equilíbrio em termos de x

ETAPA 4. Resolva a **expressão do K_a** para x.

Valor de $[H_3O^+]$

ETAPA 5. Converta $[H_3O^+]$ para **pH.**

pH da solução

> **Pense bem antes de responder** Se um tampão é composto por quantidades iguais de um ácido fraco e sua base conjugada, o seu pH será igual ao pK_a para o ácido fraco. É preciso uma alteração de 10 vezes na proporção de ácido para base para mudar o pH de um tampão em 1,00. Neste exemplo, as concentrações de ácido fraco e da base conjugada são semelhantes e, por conseguinte, o pH é próximo do pK_a para o ácido (4,74).
>
> ### Verifique seu entendimento
>
> Qual é o pH de uma solução-tampão composta de ácido fórmico (HCO_2H) 0,50 M e formiato de sódio ($NaHCO_2$) 0,70 M?

Expressões Gerais para Soluções-Tampão

No Exemplo 17.2, a concentração de íon hidrônio da solução-tampão ácido acético/íon acetato foi encontrada ao resolvermos para calcular x na equação

$$K_a = 1,8 \times 10^{-5} = \frac{[H_3O^+][CH_3CO_2^-]}{[CH_3CO_2H]} = \frac{(x)(0,600)}{0,700}$$

O rearranjo dessa equação resulta em uma equação muito útil, que poderá auxiliar você a compreender melhor como um tampão funciona.

$$[H_3O^+] = \frac{[CH_3CO_2H]}{[CH_3CO_2^-]} \times K_a$$

Isto é, a concentração do íon hidrônio no tampão ácido acético/íon acetato é dada pela razão entre as concentrações do ácido e da base conjugada em equilíbrio, multiplicada pela constante de ionização do ácido. De fato, isso é verdade para todas as soluções de *um ácido fraco e sua base conjugada*.

$$[H_3O^+] = \frac{[\text{ácido}]}{[\text{base conjugada}]} \times K_a \qquad (17.1)$$

Soluções-tampão Você verá que é geralmente útil considerar todas as soluções-tampão como compostas de um ácido fraco e sua base conjugada. Suponha, por exemplo, que você tenha uma solução contendo a base fraca amônia e o seu ácido conjugado, o íon amônio. A concentração do íon hidrônio pode ser encontrada pela Equação 17.1 ou 17.2, assumindo que o tampão é composto pelo ácido fraco NH_4^+ e a sua base conjugada, NH_3.

É muitas vezes conveniente usar a Equação 17.1 de uma forma diferente. Ao tomar o logaritmo negativo de cada lado da equação, você tem

$$-\log[H_3O^+] = \left\{ -\log \frac{[\text{ácido}]}{[\text{base conjugada}]} \right\} + \left(-\log K_a \right)$$

Você sabe que $-\log[H_3O^+]$ é definido como pH e $-\log K_a$ equivale a pK_a (◄ Seções 16.2 e 16.3). Além disso, uma vez que

$$-\log \frac{[\text{ácido}]}{[\text{base conjugada}]} = +\log \frac{[\text{base conjugada}]}{[\text{ácido}]}$$

a equação anterior pode ser reescrita como

$$pH = pK_a + \log \frac{[\text{base conjugada}]}{[\text{ácido}]} \qquad (17.2)$$

Essa equação é conhecida como a **equação de Henderson-Hasselbalch**. A equação é simplesmente um rearranjo da expressão de equilíbrio para a ionização de um ácido. Mas, *para utilizar a equação de Henderson-Hasselbalch, você assume que as concentrações de equilíbrio do ácido e da sua base conjugada são aproximadamente iguais às suas concentrações iniciais*. Esse critério é satisfeito quando:

- *o pH do tampão está dentro de uma faixa de pH de 3 a 11*. O pH de um tampão estará próximo do pK_a para o ácido fraco. Se K_a para um ácido fraco é superior a 10^{-3} (pK_a < 3), uma fração significativa do ácido dissociará em água e, assim, as concentrações de equilíbrio do ácido e da base conjugada diferirão das suas concentrações iniciais. Da mesma forma, para soluções-tampão com valores de pH acima de 11, K_b para a base fraca é maior que 10^{-3} e a base reage de forma significativa com a água.

- *as concentrações iniciais do ácido e da base conjugada são grandes*, de modo que uma pequena quantidade de dissociação do ácido (ou da base conjugada) não resultará em uma mudança apreciável na concentração.

A equação de Henderson-Hasselbalch mostra que *o pH de uma solução-tampão é controlado por dois fatores*:

- a força do ácido (como expressa por K_a ou pK_a)
- as quantidades relativas de ácido e de base conjugada.

O pH da solução é estabelecido primariamente pelo valor de pK_a e o pH pode ser ajustado ao se adaptar a proporção entre o ácido e a base conjugada.

Quando as concentrações da base conjugada e do ácido são as mesmas em uma solução, a proporção [base conjugada]/[ácido] é 1. O log de 1 é zero, assim pH = pK_a, nessas condições. Se houver mais base conjugada na solução do que ácido, por exemplo, então pH > pK_a. Por outro lado, se houver mais ácido do que base conjugada na solução, então, pH < pK_a.

EXEMPLO 17.3

Usando a Equação de Henderson-Hasselbalch

Problema Ácido benzoico ($C_6H_5CO_2H$, 2,00 g) e benzoato de sódio ($NaC_6H_5CO_2$, 2,00 g) são dissolvidos em água suficiente para produzir 1,00 L de solução. Calcule o pH da solução usando a equação de Henderson-Hasselbalch.

O que você sabe? Você sabe as massas do ácido fraco e da base conjugada e o volume da solução. Você também sabe o K_a para o ácido fraco (Tabela 16.2 ou Apêndice H), a partir do qual você pode calcular o pK_a requerido para o ácido.

Estratégia Calcule as concentrações de ácido e de base conjugada e substitua as mesmas na equação de Henderson-Hasselbalch, juntamente com o valor de pK_a para o ácido.

Solução

K_a para o ácido benzoico é $6,3 \times 10^{-5}$. Portanto, p$K_a = -\log(6,3 \times 10^{-5}) = 4,20$

A seguir, precisamos das concentrações do ácido (ácido benzoico) e da base conjugada (íon benzoato).

$$2,00 \text{ g de ácido benzoico} \left(\frac{1 \text{ mol}}{122,1 \text{ g}} \right) = 0,0164 \text{ mol de ácido benzoico}$$

$$2,00 \text{ g de benzoato de sódio} \left(\frac{1 \text{ mol}}{144,1 \text{ g}} \right) = 0,0139 \text{ mol de benzoato de sódio}$$

Como o volume da solução é de 1,00 L, as concentrações são [ácido benzoico] = 0,0164 M e [íon benzoato] = 0,0139 M. Portanto, usando a Equação 17.2, você tem

$$pH = 4,20 + \log \frac{0,0139}{0,0164} = 4,20 + \log(0,848) = 4,13$$

Pense bem antes de responder Note que o pH é inferior ao pK_a, porque a concentração de ácido é maior que a concentração da base conjugada (e, assim, a proporção da concentração da base conjugada para a concentração de ácido é inferior a 1).

Verifique seu entendimento

Utilize a equação de Henderson-Hasselbalch para calcular o pH de 1,00 L de uma solução-tampão contendo 15,0 g de $NaHCO_3$ e 18,0 g de Na_2CO_3. (Considere esse tampão como uma solução do ácido fraco HCO_3^- e a sua base conjugada, CO_3^{2-}.)

Preparando Soluções-Tampão

Para ser útil, uma solução-tampão deve ter duas características:

- *Controle de pH*: Ela deve controlar o pH no valor desejado. A equação de Henderson-Hasselbalch nos mostra como isso pode ser feito.

$$pH = pK_a + \log \frac{[\text{base conjugada}]}{[\text{ácido}]}$$

Primeiro, é escolhido um ácido cujo pK_a (ou K_a) esteja próximo ao valor do pH pretendido (ou $[H_3O^+]$). Em seguida, o valor exato do pH (ou $[H_3O^+]$) é obtido ajustando-se a razão entre a base conjugada e o ácido. (O Exemplo 17.4 ilustra essa abordagem.)

- *Capacidade de tamponamento*: O tampão deve ter a capacidade de manter o pH aproximadamente constante após a adição de quantidades razoáveis de ácido e base. Por exemplo, a concentração de ácido acético em tampão de ácido acético/íon acetato deve ser suficiente para consumir todo o íon hidróxido que pode ser adicionado e ainda controlar o pH (veja o Exemplo 17.4). As soluções-tampão são geralmente preparadas como soluções de reagentes de 0,10 a 1,0 M. No entanto, qualquer tampão perderá sua capacidade de tamponamento se for adicionado muito ácido ou base fortes.

EXEMPLO 17.4

Preparando uma Solução-Tampão

Problema Você deseja preparar 1,0 L de uma solução-tampão com pH = 4,30. Uma lista de possíveis ácidos (e suas bases conjugadas) é exibida a seguir:

ÁCIDO	BASE CONJUGADA	K_a	pK_a
CH_3CO_2H	$CH_3CO_2^-$	$1,8 \times 10^{-5}$	4,74
$H_2PO_4^-$	HPO_4^{2-}	$6,2 \times 10^{-8}$	7,21
HCO_3^-	CO_3^{2-}	$4,8 \times 10^{-11}$	10,32

Qual combinação deve ser selecionada e qual deve ser a proporção entre ácido e base conjugada?

O que você sabe? Você sabe o pH desejado do tampão e tem uma lista de possíveis combinações de ácido/base conjugada.

Estratégia Use a equação geral para um tampão (Equação 17.1) ou a equação de Henderson-Hasselbalch (Equação 17.2). A Equação 17.1 informa que $[H_3O^+]$ deve ser próximo do valor de K_a do ácido, e a Equação 17.2 diz que o pH deve ser próximo do valor de pK_a do ácido. Ambas estabelecerão qual ácido você deve usar. Uma vez decidido, converta o pH para $[H_3O^+]$ a fim de utilizar a Equação 17.1. Se você usar a Equação 17.2, utilize o valor de pK_a na tabela. Finalmente, calcule a razão entre ácido e base conjugada.

Solução A concentração do íon hidrônio do tampão é determinada a partir do pH desejado.

$$pH = 4,30, \text{ assim } [H_3O^+] = 10^{-pH} = 10^{-4,30} = 5,0 \times 10^{-5} \text{ M}$$

Dos ácidos fornecidos, apenas o ácido acético (CH^3CO^2H) tem um valor de K_a próximo da $[H_3O^+]$ desejada (ou um pK_a próximo do pH = 4,30). Agora você só precisa ajustar a razão $[CH_3CO_2H]/[CH_3CO_2^-]$ para obter a concentração de íons hidrônio desejada.

$$[H_3O^+] = 5,0 \times 10^{-5} \text{ M} = \frac{[CH_3CO_2H]}{[CH_3CO_2^-]} (1,8 \times 10^{-5})$$

Reorganize essa equação para encontrar a razão $[CH_3CO_2H]/[CH_3CO_2^-]$.

$$\frac{[CH_3CO_2H]}{[CH_3CO_2^-]} = \frac{[H_3O^+]}{K_a} = \frac{5,0 \times 10^{-5}}{1,8 \times 10^{-5}} = \frac{2,8 \text{ mol/L}}{1,0 \text{ mol/L}}$$

Portanto, se você adicionar 0,28 mol de ácido acético e 0,10 mol de acetato de sódio (ou qualquer outro par de quantidades molares na relação de 2,8/1) em água suficiente para preparar 1,0 L de solução, a solução-tampão terá um pH de 4,30.

Pense bem antes de responder Se você preferir usar a equação de Henderson--Hasselbalch, você teria

$$pH = 4,30 = 4,74 + \log \frac{[CH_3CO_2^-]}{[CH_3CO_2H]}$$

$$\log \frac{[CH_3CO_2^-]}{[CH_3CO_2H]} = 4,30 - 4,74 = -0,44$$

$$\frac{[CH_3CO_2^-]}{[CH_3CO_2H]} = 10^{-0,44} = 0,36$$

A razão entre a base conjugada e o ácido, $[CH_3CO_2^-]/[CH_3CO_2H]$, é 0,36. O recíproco dessa razão $\{= [CH_3CO_2H]/[CH_3CO_2^-] = 1/0,36)\}$ é 2,8/1. Este é o mesmo resultado obtido anteriormente, utilizando a Equação 17.1.

Verifique seu entendimento

Utilizando uma solução-tampão de ácido acético/acetato de sódio, de qual razão entre base conjugada e ácido você precisará para manter o pH em 5,00? Descreva como você prepararia tal solução.

O Exemplo 17.4 ilustra vários pontos importantes sobre soluções-tampão. A concentração do íon hidrônio depende não só no valor de K_a do ácido, mas também da razão entre as concentrações do ácido e da base conjugada. No entanto, embora as proporções sejam escritas em termos de concentrações de reagentes, é *o número relativo de mols de ácido e de base conjugada que é importante para determinar o pH de uma solução-tampão*. Uma vez que ambos os reagentes são dissolvidos na mesma solução,

DICA DE SOLUÇÃO DE PROBLEMAS 17.1
Soluções-tampão

O que segue é um resumo de aspectos importantes de soluções-tampão.

- Um tampão resiste a alterações do pH quando adicionadas pequenas quantidades de ácido ou base.

- Um tampão consiste em um ácido fraco e sua base conjugada.

- A concentração de íon hidrônio de uma solução-tampão pode ser calculada pela Equação 17.1,

$$[H_3O^+] = \frac{[\text{ácido}]}{[\text{base conjugada}]} \times K_a$$

ou o pH pode ser calculado pela equação de Henderson-Hasselbalch (Equação 17.2).

$$pH = pK_a + \log \frac{[\text{base conjugada}]}{[\text{ácido}]}$$

- O pH depende primariamente do K_a do ácido fraco e em segundo lugar da quantidade relativa do ácido e da base conjugada.

- A função do ácido fraco de um tampão é consumir a base adicionada, e a função da base conjugada é consumir o ácido adicionado. Tais reações alteram as quantidades relativas do ácido fraco e da sua base conjugada. Uma vez que essa relação entre ácido e sua base conjugada tem apenas um efeito secundário sobre o pH, o pH pode ser mantido relativamente constante.

- O tampão deve ter capacidade suficiente para reagir com quantidades razoáveis de ácido ou base adicionadas.

suas concentrações dependem do mesmo volume de solução. No Exemplo 17.4, a proporção de 2,8/1 para o ácido acético e o acetato de sódio implica que 2,8 vezes os números de mol de ácido por litro foram dissolvidos como mols de acetato de sódio.

$$\frac{[CH_3CO_2H]}{[CH_3CO_2^-]} = \frac{2,8 \text{ mols } CH_3CO_2H/L}{1,0 \text{ mol } CH_3CO_2^-/L} = \frac{2,8 \text{ mol } CH_3CO_2H}{1,0 \text{ mol } CH_3CO_2^-}$$

Observe que, ao dividir uma concentração pela outra, os volumes se "cancelam". Isso significa que você só precisa garantir que a relação entre mols de ácido e mols de base conjugada seja de 2,8 para 1, neste exemplo. O ácido e sua base conjugada poderiam ter sido dissolvidos em qualquer quantidade de água. Isso também significa que *a diluição de uma solução-tampão não alterará seu pH*. Soluções-tampão disponíveis comercialmente são muitas vezes vendidas como reagentes secos pré-misturados. Para usá-las, você precisa somente misturar os reagentes em um volume de água pura (Figura 17.3).

Como um Tampão Mantém o pH?

Agora vamos explorar quantitativamente como uma dada solução-tampão pode manter o pH de uma solução após a adição de uma pequena quantidade de ácido forte.

EXEMPLO 17.5

Como um Tampão Mantém um pH Constante?

Problema Qual é a variação no pH quando 1,00 mL de HCl 1,00 M é adicionado a (1) 1,000 L de água pura e a (2) 1,000 L de tampão de ácido acético/acetato de sódio com $[CH_3CO_2H]$ –0,700 M e $[CH_3CO_2^-]$ –0,600 M? (O pH deste tampão de ácido acético/íon acetato é 4,68. Veja o Exemplo 17.2.)

O que você sabe? Você sabe que o HCl é um ácido forte e ioniza completamente para fornecer íons H_3O^+. No primeiro problema, quando HCl é adicionado à água pura, a concentração de HCl na solução determina o pH. No segundo problema, a base conjugada do ácido fraco reagirá com o HCl adicionado. Portanto, você precisa realizar um cálculo estequiométrico para determinar as novas concentrações de ácido fraco/base conjugada antes que possa calcular o pH.

Estratégia

Parte 1: Envolve duas etapas:

- Encontre a concentração de H_3O^+ ao adicionar 1,00 mL de ácido em 1,000 L de água pura.
- Converta o valor de $[H_3O^+]$ da solução diluída para pH.

Parte 2: Envolve três passos:

- Calcule as concentrações de ácido e de base conjugada depois de adicionar H_3O^+.
- Encontre $[H_3O^+]$ de uma solução-tampão conhecendo as concentrações de CH_3CO_2H e $CH_3CO_2^-$.
- Converta o valor de $[H_3O^+]$ da solução para pH.

Solução

Parte 1: Adicionando Ácido em Água Pura

O valor de 1,00 mL de 1,00 M de HCl representa 0,00100 mol de ácido. Se este é adicionado a 1,000 L de água pura, a concentração de H_3O^+ da água muda de 10^{-7} para quase 10^{-3},

$$c_1 \times V_1 = c_2 \times V_2$$
$$(1,00 \text{ M})(0,00100 \text{ L}) = c_2 \times (1,001 \text{ L})$$
$$c_2 = [H_3O^+] \text{ na solução diluída} = 9,99 \times 10^{-4} \text{ M}$$

e assim o pH cai de 7,00 para 3,00.

Se muita água é adicionada, as concentrações de ácido e de base conjugada serão muito baixas, e a capacidade do tampão pode ser excedida. Soluções-tampão geralmente têm concentrações de soluto de cerca de 0,1 M a 1,0 M.

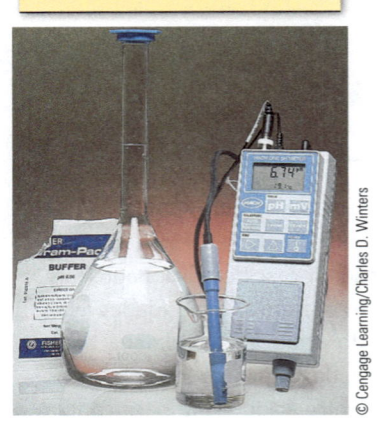

FIGURA 17.3 Uma solução-tampão comercial. O ácido sólido e a base conjugada no pacote são misturados com água para se obter uma solução com o pH indicado. A quantidade de água utilizada não importa, porque a razão [ácido]/[base conjugada] não depende do volume da solução.

© Cengage Learning/Charles D. Winters

Parte 2: *Adicionando Ácido em uma Solução-tampão de Ácido Acético/Acetato*

HCl é um ácido forte que é 100% ionizado em água e fornece H_3O^+, que reage completamente com a base (íon acetato) na solução-tampão de acordo com a seguinte equação:

$$H_3O^+(aq) + CH_3CO_2^-(aq) \rightarrow H_2O(\ell) + CH_3CO_2H(aq)$$

	H_3O^+ DO HCl ADICIONADO	$CH_3CO_2^-$ DO TAMPÃO	CH_3CO_2H DO TAMPÃO
Quantidade inicial de ácido ou base (mol = $c \times V$)	0,00100	0,600	0,700
Variação (mol)	−0,00100	−0,00100	+0,00100
Depois da reação (mol)	0	0,599	0,701
Concentrações após a reação (c = mol/V)	0	0,598	0,700

Uma vez que o HCl adicionado reage completamente com o íon acetato para produzir ácido acético, a solução depois dessa reação (com V = 1,001 L) é mais uma vez um tampão contendo somente o ácido fraco e seu sal. Agora você só precisa usar a Equação 17.1 (ou a equação de Henderson-Hasselbalch) para encontrar $[H_3O^+]$ e o pH na solução-tampão, como nos Exemplos 17.2 e 17.3.

EQUILÍBRIO	CH_3CO_2H	+	H_2O	$\rightleftharpoons$	H_3O^+	+	$CH_3CO_2^-$
Inicial (M)	0,700				0		0,598
Variação (M)	−x				+x		+x
Equilíbrio (M)	0,700 − x				x		0,598 +x

Como de costume, você pode fazer a aproximação de que x, a concentração de H_3O^+ formada pela ionização do ácido acético na presença do íon acetato, é muito pequena em comparação a 0,700 M ou 0,598 M. Utilizando a Equação 17.1, você deve obter um pH de 4,68.

$$[H_3O^+] = x = \frac{[CH_3CO_2H]}{[CH_3CO_2^-]} \times K_a = \left(\frac{0,700 \text{ mol}}{0,598 \text{ mol}}\right)(1,8 \times 10^{-5}) = 2,1 \times 10^{-5} \text{ M}$$

$$pH = 4,68$$

Pense bem antes de responder Dentro do número de algarismos significativos permitidos, o pH da solução-tampão não muda depois da adição dessa quantidade de HCl. A solução-tampão contém a base conjugada do ácido fraco e a base consumiu o HCl adicionado. Em contraste, o pH mudou em 4 unidades quando a mesma quantidade de HCl foi adicionada em 1,0 L de água pura. Ou seja, $[H_3O^+]$ aumentou em 10^4 vezes.

Verifique seu entendimento

Calcule o pH de 0,500 L de uma solução-tampão composta por ácido fórmico (HCO_2H) 0,50 M e formiato de sódio ($NaHCO_2$) 0,70 M antes e após a adição de 10,0 mL de HCl 1,0 M.

EXERCÍCIOS PARA A SEÇÃO 17.2

1. Que escolha seria uma boa solução-tampão?

    (a) 0,20 M KCH_3CO_2 e 0,20 M CH_3CO_2H

    (b) 0,20 M HCl e 0,10 M KOH

    (c) 0,20 M CH_3CO_2H e 0,10 M HCO_2H

    (d) 0,10 HCl e 0,010 M KCl

2. Se uma solução-tampão de ácido acético/acetato de sódio é preparada a partir de 100 mL de ácido acético 0,10 M, qual volume de acetato de sódio 0,10 M deve ser adicionado para se obter um pH de 4,00?

    (a) 100, mL   (b) 50, mL   (c) 36 mL   (d) 18 mL

3. Qual é o pH de uma solução-tampão composta por 100 mL de NH_4Cl 0,20 M e 200, mL de NH_3 0,10 M?

(a) 4,85   (c) 7,00   (e) 10,05

(b) 9,25   (d) 5,65

4. Para preparar um tampão contendo CH_3CO_2H e $NaCH_3CO_2$ e possuindo um pH de 5, a relação entre a concentração de CH_3CO_2H e a de $NaCH_3CO_2$ deve ser cerca de

(a) 1/1   (b) 1,8/1   (c) 1/1,8   (d) 5,0/1

17-3 Titulações Ácido-Base

A titulação é um dos meios mais úteis de determinar com precisão a quantidade de um ácido, uma base ou alguma outra substância contida em uma mistura. Você aprendeu como realizar os cálculos estequiométricos envolvidos nas titulações no Capítulo 4 (◄ Seção 4.7). No Capítulo 16, os seguintes pontos foram enfatizados em relação às reações ácido-base (◄ Seção 16.6):

- O pH no ponto de equivalência de uma titulação ácido forte/base forte é 7. A solução no ponto de equivalência é verdadeiramente "neutra" *somente* quando um ácido forte é titulado com uma base forte e vice-versa.

Ponto de Equivalência O ponto de equivalência para uma reação é o ponto no qual um reagente foi completamente consumido durante a adição de um outro reagente (veja a Seção 4.7).

- Se a substância que é titulada é um ácido ou uma base fraca, então o pH no ponto de equivalência não é 7 (◄ Tabela 16.4).
  (a) Um ácido fraco titulado com uma base forte leva a um pH > 7 no ponto de equivalência devido à base conjugada do ácido fraco.
  (b) Uma base fraca titulada com ácido forte leva a um pH < 7 no ponto de equivalência devido ao ácido conjugado da base fraca.

Agora você verá como é possível aplicar o que você aprendeu sobre o cálculo do pH de vários tipos de soluções para compreender como o pH muda no decorrer de uma reação ácido-base.

Titulação de um Ácido Forte com uma Base Forte

Titulações Ácido Fraco–Base Fraca Titulações combinando um ácido fraco e uma base fraca geralmente não são feitas porque o ponto de equivalência, muitas vezes, não pode ser julgado com precisão.

A Figura 17.4 ilustra o que acontece com o pH conforme NaOH 0,100 M é lentamente adicionado a 50,0 mL de HCl 0,100 M.

$$HCl(aq) + NaOH(aq) \rightarrow NaCl(aq) + H_2O(\ell)$$

Equação iônica global: $H_3O^+(aq) + OH^-(aq) \rightarrow 2\ H_2O(\ell)$

Vamos nos concentrar em quatro regiões desse gráfico.

FIGURA 17.4 Alteração no pH conforme um ácido forte é titulado com uma base forte. Neste caso, 50,0 mL de HCl 0,100 M são titulados com NaOH 0,100 M. O pH no ponto de equivalência é de 7,0 para a reação de um ácido forte com uma base forte.

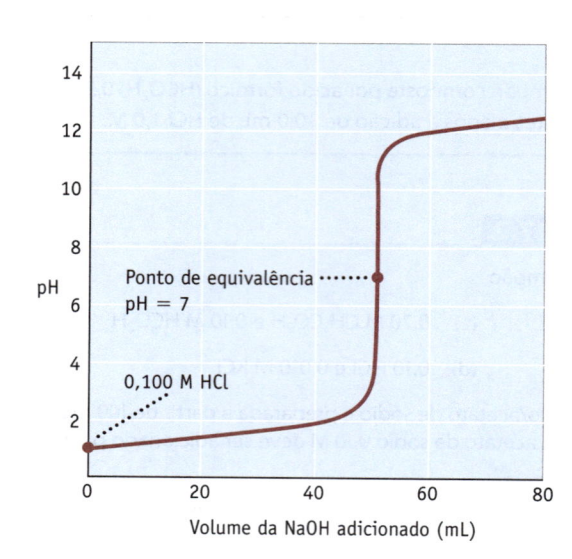

Ponto de equivalência
pH = 7

0,100 M HCl

Volume da NaOH adicionado (mL)

50,0 mL de HCl 0,100 M titulados com NaOH 0,100 M	
Volume da base adicionada	pH
0,0	1,00
10,0	1,18
20,0	1,37
40,0	1,95
45,0	2,28
48,0	2,69
49,0	3,00
50,0	7,00
51,0	11,00
55,0	11,68
60,0	11,96
80,0	12,36
100,0	12,52
quantidade muito grande	13,00 (máximo)

Respire Fundo

ESTUDO DE CASO

A manutenção do pH é vital para as células de todos os organismos vivos, porque a atividade das enzimas é influenciada pelo pH. A proteção primária contra as modificações nocivas de pH em células é fornecida por sistemas-tampão, que mantêm o pH intracelular da maioria das células entre 6,9 e 7,4. Dois importantes sistemas-tampão biológicos controlam o pH nessa extensão: o sistema bicarbonato/ácido carbônico (HCO_3^-/H_2CO_3) e o sistema fosfato ($HPO_4^{2-}/H_2PO_4^-$).

O tampão de bicarbonato/ácido carbônico é importante no plasma do sangue, no qual três equilíbrios são importantes.

$$CO_2(g) \rightleftharpoons CO_2(\text{dissolvido})$$

$$CO_2(\text{dissolvido}) + H_2O(\ell) \rightleftharpoons H_2CO_3(aq)$$

$$H_2CO_3(aq) + H_2O(\ell) \rightleftharpoons H_3O^+(aq) + HCO_3^-(aq)$$

O equilíbrio global para a segunda e a terceira etapas possui $pK_{\text{global}} = 6,3$ a 37 °C, a temperatura do corpo humano. Dessa forma,

$$7,4 = 6,3 + \log \frac{[HCO_3^-]}{[CO_2(\text{dissolvido})]}$$

Embora o valor de pK_{global} seja cerca de 1 unidade de pH distante do pH do sangue, a pressão parcial natural de CO_2 nos alvéolos dos pulmões (cerca de 40 mm Hg) é suficiente para manter [CO_2 (dissolvido)] em cerca de $1,2 \times 10^{-3}$ M e [HCO_3^-] em cerca de $1,5 \times 10^{-2}$ M, conforme requerido para manter esse pH.

Se o pH do sangue se eleva acima de cerca de 7,45, você pode sofrer de uma condição chamada de *alcalose*. A *alcalose respiratória* pode surgir a partir da hiperventilação, quando uma pessoa respira rapidamente para expelir o CO_2 dos pulmões. Isso tem o efeito de diminuir a concentração de CO_2, o que por sua vez conduz a uma menor concentração de H_3O^+ e a um maior pH. Essa mesma condição também pode surgir de ansiedade grave ou de uma deficiência de oxigênio, em alta altitude.

© Cengage Learning/Charles D. Winters

Em última análise, também pode levar a um excesso de excitabilidade do sistema nervoso central, espasmos musculares, convulsões e morte. Uma maneira de tratar a alcalose respiratória aguda é respirar em um saco de papel. O CO_2 que você exala é reciclado. Isso aumenta o nível de CO_2 no sangue e faz que os equilíbrios acima se desloquem para a direita, aumentando assim a concentração do íon hidrônio e reduzindo o pH.

A *alcalose metabólica* pode ocorrer se você ingerir grandes quantidade de bicarbonato de sódio para tratamento de ácido gástrico (que é principalmente HCl com um pH de cerca de 1 a 2). Ela também costuma ocorrer quando uma pessoa vomita profusamente. Isso esgota o corpo de íons hidrônio, o que leva a um aumento na concentração do íon bicarbonato.

Os atletas podem usar o equilíbrio de H_2CO_3/HCO_3^- para melhorar seu desempenho. A atividade extenuante produz altos níveis de ácido láctico, e isso pode diminuir o pH do sangue e causar cãibras musculares. Para compensar, os atletas

poderão se preparar antes de uma corrida por meio da prática da hiperventilação durante alguns segundos para elevar o pH do sangue, contribuindo assim para neutralizar a acidez do ácido láctico.

A *acidose* é o oposto da alcalose. Houve um caso de uma criança que chegou ao hospital com gastroenterite viral e *acidose metabólica*. Ela teve diarreia grave, estava desidratada e tinha uma alta taxa de respiração. Uma das funções do íon bicarbonato é neutralizar o ácido do estômago nos intestinos. No entanto, por causa da sua diarreia, a criança estava perdendo íons bicarbonato em suas fezes, e seu pH do sangue era muito baixo. Para compensar, a criança estava respirando rapidamente e expirando CO_2 através dos pulmões (cujo efeito é o de diminuir o [H_3O^+] e aumentar o pH).

A *acidose respiratória* resulta de um acúmulo de CO_2 no corpo. Isso pode ser causado por problemas pulmonares, lesões na cabeça ou medicamentos, como anestésicos e sedativos. Ela pode ser revertida pela respiração rápida e profunda. A duplicação da taxa de respiração aumenta o pH do sangue por cerca de 0,23 unidades.

Questões:

Íons fosfato são abundantes nas células, tanto como íons propriamente ditos quanto como substitutivos importantes em moléculas orgânicas. Mais importante ainda, o pK_a para o íon $H_2PO_4^-$ é 7,20, o que é muito próximo do pH normal no corpo.

$$H_2PO_4^-(aq) + H_2O(\ell) \rightleftharpoons H_3O^+(aq) + HPO_4^{2-}(aq)$$

1. Qual deve ser a relação [HPO_4^{2-}]/[$H_2PO_4^-$] para controlar o pH em 7,4?
2. Uma típica concentração total de fosfato em uma célula, [HPO_4^{2-}] + [$H_2PO_4^-$] é $2,0 \times 10^{-2}$ M. Quais são as concentrações de HPO_4^{2-} e $H_2PO_4^-$ no pH 7,4?

As respostas a essas questões estão disponíveis no Apêndice N.

- pH da solução inicial
- pH à medida que NaOH é adicionado à solução de HCl antes do ponto de equivalência
- pH no ponto de equivalência
- pH depois do ponto de equivalência

Antes do início da titulação, a solução de HCl 0,100 M tem um pH de 1,00. À medida que NaOH é adicionado à solução ácida, a quantidade de HCl diminui e o ácido restante é dissolvido em um volume cada vez maior de solução. Assim, [H_3O^+] diminui e o pH aumenta lentamente. Como um exemplo, determinemos o pH da solução após a adição de 10,0 mL de NaOH 0,100 M em 50,0 mL de HCl 0,100 M. Aqui, uma tabela é criada para listar a quantidade de ácido e base antes da reação, as variações nessas quantidades iniciais e restantes no final da reação. Assegure-se de notar que o volume da solução ao final da reação é a soma dos volumes combinados de NaOH e HCl (60,0 mL ou 0,0600 L, nesse exemplo).

	$H_3O^+(aq)$	$+$ $OH^-(aq)$	$\rightarrow$ $2\,H_2O(\ell)$
Quantidade inicial (mol = $c \times V$)	0,00500	0,00100	
Variação (mol)	−0,00100	−0,00100	
Depois da reação (mol)	0,00400	0	
Depois da reação (mol = $c \times V$)	0,00400 mol/0,0600 L = 0,0667 M	0	

Titulações, Estequiometria e Reagentes Limitantes Na titulação de um ácido com uma base (como na Figura 17.4), o reagente limitante é a base antes do ponto de equivalência. Após o ponto de equivalência, ele será o ácido.

Após a adição de 10,0 mL de NaOH, a solução final tem uma concentração de íon hidrônio de 0,0667 M e assim o pH é

$$pH = -\log[H_3O^+] = -\log(0,0667) = 1,176$$

Depois de acrescentar 49,5 mL de base – isto é, um pouco antes do ponto de equivalência –, a mesma abordagem pode ser utilizada para mostrar que o pH é 3,3. A solução sendo titulada ainda é bastante ácida, mesmo muito perto do ponto de equivalência.

O pH do ponto de equivalência em uma titulação ácido-base é o valor no ponto de inflexão da parte vertical da curva do pH em função do *o volume do titulante*. (O **titulante** é a substância a ser adicionada durante a titulação.) Na titulação HCl/NaOH ilustrada na Figura 17.4, você vê que o pH aumenta muito rapidamente próximo do ponto de equivalência. Na verdade, nesse caso o pH diminui em 7 unidades (a concentração de H_3O^+ diminui por um fator de dez milhões!) quando se adiciona apenas uma ou duas gotas de solução de NaOH, e o ponto de inflexão da porção vertical da curva está em um pH de 7,00.

> O pH da solução no ponto de equivalência em uma reação ácido forte–base forte monopróticos é sempre 7,00 (a 25 °C) porque a solução contém um sal neutro.

Depois que todo o HCl foi consumido e um mínimo excesso de NaOH foi adicionado, a solução será básica e o pH continuará a aumentar à medida que mais NaOH é adicionado (e o volume da solução aumenta). Por exemplo, se você calcular o pH da solução depois que 55,0 mL de NaOH 0,100 M foram adicionados em 50,0 mL de HCl 0,100 M, você encontrará:

	$H_3O^+(aq)$	$+$	$OH^-(aq)$	$\rightarrow$	$2\,H_2O(\ell)$
Quantidade inicial (M)	0,00500		0,00550		
Variação (M)	−0,00500		−0,00500		
Depois da reação (M)	0		0,00050		
Depois da reação (M)	0		0,00050 mol/0,1050 L = 0,0048 M		

Nesse ponto, a solução tem uma concentração de íon hidróxido de 0,0048 M. Calcule o pOH a partir desse valor e, em seguida, utilize-o para calcular o pH.

$$pOH = -\log[OH^-] = -\log(0,0048) = 2,32$$

$$pH = 14,00 - pOH = 11,68$$

FIGURA 17.5 A alteração no pH durante a titulação de um ácido fraco com uma base forte. Aqui, 100,0 mL de ácido acético 0,100 M são titulados com NaOH 0,100 M.

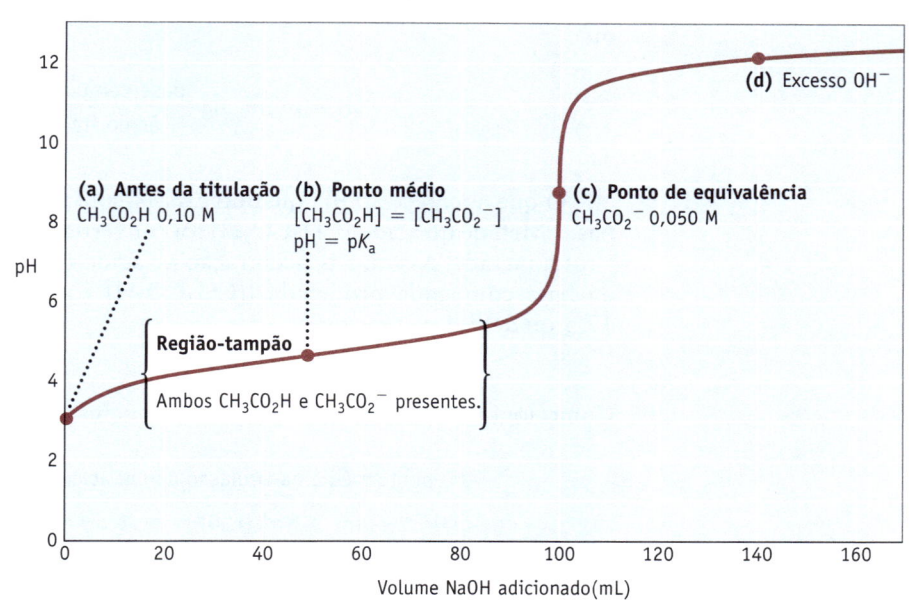

(a) **Antes da titulação**
CH$_3$CO$_2$H 0,10 M

(b) **Ponto médio**
[CH$_3$CO$_2$H] = [CH$_3$CO$_2^-$]
pH = pK_a

(c) **Ponto de equivalência**
CH$_3$CO$_2^-$ 0,050 M

(d) Excesso OH$^-$

Região-tampão

Ambos CH$_3$CO$_2$H e CH$_3$CO$_2^-$ presentes.

pH

Volume NaOH adicionado(mL)

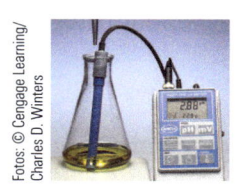

Fotos: © Cengage Learning/ Charles D. Winters

(a) **Antes da titulação.**
Uma solução de ácido acético 0,100 M tem um pH de 2,87.

(b) **Ponto médio.**
O pH no ponto em que a metade do ácido reagiu com base é igual ao pK_a para o ácido (pH = pK_a = 4,74).

(c) **Ponto de equivalência.**
A solução contém o íon acetato, uma base fraca. Portanto, a solução é básica, com um pH de 8,72.

(d) **Depois do ponto de equivalência.**
O pH é determinado com base nos mols de excesso de NaOH e no volume total da solução.

Titulação de um Ácido Fraco com uma Base Forte

A titulação de um ácido fraco com uma base forte é um pouco diferente da titulação de um ácido forte–base forte. Observe cuidadosamente a curva para a titulação de 100,0 mL de ácido acético 0,100 M com NaOH 0,100 M (Figura 17.5),

$$CH_3CO_2H(aq) + NaOH(aq) \rightarrow NaCH_3CO_2(aq) + H_2O(\ell)$$

e se concentre em quatro pontos nesta curva:

- *O pH antes do início da titulação.* O pH antes de qualquer base ser adicionada pode ser calculado a partir do valor de K_a do ácido fraco e da concentração de ácido (◄ Exemplo 16.5).

- *O pH na região-tampão e, em particular, no ponto médio (ponto de meia--equivalência) da titulação.* No ponto médio, o pH é igual ao pK_a do ácido fraco, uma conclusão discutida em mais detalhes nos parágrafos seguintes.

- *O pH no ponto de equivalência.* No ponto de equivalência, a solução contém apenas acetato de sódio, sendo que CH$_3$CO$_2$H e NaOH foram completamente consumidos. O pH é controlado pelo íon acetato e é, portanto, básico.

- *O pH depois do ponto de equivalência.* O pH pode ser calculado utilizando-se a quantidade de NaOH adicionada após o ponto de equivalência e o volume total da solução.

À medida que NaOH é adicionado ao ácido acético, eles são consumidos e acetato de sódio é produzido. Assim, em cada ponto entre o início da titulação (quando somente o ácido acético está presente) e o ponto de equivalência (quando apenas o acetato de sódio está presente), a solução contém ambos, ácido acético e o seu sal, acetato de sódio. Estes são os componentes de uma solução-tampão, e a concentração do íon hidrônio pode ser calculada pela Equação 17.3 ou 17.4.

$$[H_3O^+] = \frac{[\text{ácido fraco restante}]}{[\text{base conjugada produzida}]} \times K_a \qquad \textbf{(17.3)}$$

ou

$$pH = pK_a + \log \frac{[\text{base conjugada produzida}]}{[\text{ácido fraco restante}]} \qquad \textbf{(17.4)}$$

O que acontece ao pH quando *exatamente* metade do ácido foi consumida pela base? Metade do ácido (CH_3CO_2H) foi convertida para a base conjugada ($CH_3CO_2^-$) e resta metade. Assim, a concentração de ácido fraco restante é igual à concentração da base conjugada produzida ([CH_3CO_2H] = [$CH_3CO_2^-$]). Utilizando a Equação 17.3 ou a 17.4, vemos que

$$[H_3O^+] = (1) \times K_a \qquad \text{ou} \qquad pH = pK_a + \log(1)$$

Como log(1) = 0, chegamos à seguinte conclusão geral:

$$\text{No ponto médio na titulação de um ácido fraco com uma base forte} \qquad \textbf{(17.5)}$$
$$[H_3O^+] = K_a \text{ e } pH = pK_a$$

No caso particular da titulação do ácido acético com uma base forte, [H_3O^+] = 1,8 $\times 10^{-5}$ M no ponto médio, e então o pH é 4,74. Isso é igual ao pK_a do ácido acético.

EXEMPLO 17.6

Titulação de Ácido Acético com Hidróxido de Sódio

Problema Considere a titulação de 100,0 mL de ácido acético 0,100 M com NaOH 0,100 M (veja a Figura 17.5.)

$$CH_3CO_2H(aq) + OH^-(aq) \longrightarrow CH_3CO_2^-(aq) + H_2O(\ell)$$

(a) Qual é o pH da solução quando 90,0 mL de NaOH 0,100 M foram adicionados a 100,0 mL de ácido acético 0,100 M?

(b) Qual é o pH no ponto de equivalência?

(c) Qual é o pH após a adição de 110,0 mL de NaOH?

O que você sabe? Você conhece as concentrações e os volumes do ácido e da base e a equação balanceada para a reação. Para a parte (a), você sabe o K_a do ácido acético, e para a parte (b) você sabe o K_b para o íon acetato (◀ Tabela 16.2). Você também deve reconhecer que a parte (a) é semelhante àquela do Exemplo 17.1.

Estratégia Cada parte do problema tem pelo menos duas etapas:

(1) A primeira etapa em cada parte envolve um cálculo de estequiometria de reagente limitante para determinar a quantidade de ácido acético, hidróxido de sódio e íon acetato presentes após a reação ácido-base ter sido completada.

(2) **Parte (a):** Antes do ponto de equivalência, faça um cálculo de equilíbrio para encontrar [H_3O^+] para uma solução-tampão na qual as quantidades de CH_3CO_2H e $CH_3CO_2^-$ são conhecidas através do cálculo de estequiometria. (Veja o Exemplo 17.1.)

Parte (b): Apenas o íon acetato permanece no ponto de equivalência. (Veja o Exemplo 16.7) Determine a concentração desse íon após a reação ácido-base ter sido completada. Usando a equação balanceada para a reação do íon acetato com água e seu K_b correspondente, determine a concentração de íon hidróxido em equilíbrio. Converta isso para a concentração de íon hidrônio no equilíbrio e calcule o pH.

Titulações Ácido-base Consulte "Dica de Solução de Problemas 17.2: Calculando o pH em Vários Estágios em uma Titulação Ácido-Base".

Parte (c): Após o ponto de equivalência, a solução contém tanto o íon acetato quanto o excesso de NaOH, mas este último controla o pH. Determine a concentração de excesso de NaOH (e [OH⁻]) e, em seguida, converta [OH⁻] para pH.

Solução

Parte (a): *pH antes do Ponto de Equivalência*

Primeiro calcule a quantidade de reagentes antes da reação (= concentração × volume) e, em seguida, use os princípios da estequiometria para calcular as quantidades de reagentes e produtos após a reação. O reagente limitante é NaOH, assim CH_3CO_2H permanece junto com o produto, $CH_3CO_2^-$.

EQUAÇÃO	CH_3CO_2H	$+$	OH^-	$\rightleftharpoons$	$CH_3CO_2^-$	$+$	H_2O
Inicial (M)	0,0100		0,00900		0		
Variação (M)	$-0,00900$		$-0,00900$		$+0,00900$		
Depois da reação (M)	0,0010		0		0,00900		

A proporção entre as quantidades (mols) de ácido e de base conjugada é a mesma que a razão das suas concentrações. Portanto, você pode usar a quantidade de ácido fraco restante e da base conjugada formada para encontrar o pH pela Equação 17.3.

$$[H_3O^+] = \frac{mol\ CH_3CO_2H}{mol\ CH_3CO_2^-} \times K_a = \left(\frac{0,0010\ mol}{0,0090\ mol}\right)(1,8 \times 10^{-5}) = 2,0 \times 10^{-6}\ M$$

$$pH = -\log(2,0 \times 10^{-6}) = \boxed{5,70}$$

O pH é 5,70, de acordo com a Figura 17.5. Observe que esse pH é apropriado para um ponto após o ponto médio (4,74), mas antes do ponto de equivalência (8,72; veja abaixo).

Parte (b): *pH no Ponto de Equivalência*

Para atingir o ponto de equivalência, foi adicionado 0,0100 mol de NaOH a 0,0100 mol de CH_3CO_2H e 0,0100 mol de $CH_3CO_2^-$ foi formado.

EQUAÇÃO	CH_3CO_2H	$+$	OH^-	$\rightarrow$	$CH_3CO_2^-$	$+$	H_2O
Inicial (M)	0,0100		0,0100		0		
Variação (M)	$-0,0100$		$-0,0100$		$+0,0100$		
Depois da reação (M)	0		0		0,0100		

Uma vez que duas soluções, cada uma com um volume de 100,0 mL, foram combinadas, a concentração de $CH_3CO_2^-$ no ponto de equivalência é (0,0100 mol/0,200 L) = 0,0500 M. Em seguida, construa uma tabela IVE para a reação dessa base fraca com água,

EQUAÇÃO	$CH_3CO_2^-$	$+$	H_2O	$\rightleftharpoons$	CH_3CO_2H	$+$	OH^-
Inicial (M)	0,0500				0		0
Variação (M)	$-x$				$+x$		$+x$
Depois da reação (M)	$0,0500 - x$				x		x

e calcule a concentração do íon OH^- utilizando K_b para a base fraca.

$$K_b\ para\ CH_3CO_2^- = 5,6 \times 10^{-10} = \frac{[CH_3CO_2H][OH^-]}{[CH_3CO_2^-]} = \frac{(x)(x)}{0,0500 - x}$$

Mapa Estrarégico 17.6

PROBLEMA — *Parte (b)*

Calcule o **pH** no ***ponto de equivalência*** para uma titulação de **ácido acético** com **NaOH**.

↓

DADOS/INFORMAÇÕES CONHECIDOS
- Concentrações da solução
- Volumes da solução
- Valor da base conjugada K_b

ETAPA 1. Problema de estequiometria

Concentração do **íon acetato** no ***ponto de equivalência*** da titulação ácido-base

ETAPA 2. Insira as **concentrações de equilíbrio** na tabela IVE.

No equilíbrio:
$[OH^-]$ = [Ácido acético] = x
[Íon acetato] = concentração original $- x$

ETAPA 3. Insira as **concentrações de equilíbrio** em K_b.

Expressão do K_b com concentrações de equilíbrio em termos de x

ETAPA 4. Resolva a **expressão do K_b** para encontrar x.

Valor de $[OH^-]$

ETAPA 5. Converta $[OH^-]$ para **pH**.

pH da solução

Realizando a suposição habitual de que o valor de x é pequeno em relação a 0,0500 M,

$$x = [OH^-] = 5,3 \times 10^{-6} \text{ M e assim pOH} = 5,28$$

$$pH = 14,00 - 5,28 = 8,72$$

Parte (c): *pH depois do Ponto de Equivalência*

Agora, o reagente limitante é CH_3CO_2H, e a solução contém excesso de íons OH^- a partir do NaOH não utilizado, bem como da hidrólise de $CH_3CO_2^-$.

EQUAÇÃO	CH_3CO_2H	+	OH^-	$\rightarrow$	$CH_3CO_2^-$	+	H_2O
Inicial (M)	0,0100		0,0110		0		
Variação (M)	−0,0100		−0,0100		+0,0100		
Depois da reação (M)	0		0,0010		0,0100		

A quantidade de OH^- produzida pela hidrólise de $CH_3CO_2^-$ é muito pequena [veja a parte (b)], de modo que o pH da solução após o ponto de equivalência é determinado pelo excesso de NaOH (em 210 mL de solução).

$$[OH^-] = 0,0010 \text{ mol}/0,210 \text{ L} = 4,8 \times 10^{-3} \text{ M (pOH} = 2,32)$$

$$pH = 14,00 - 2,32 = 11,68$$

Pense bem antes de responder O pH no ponto de equivalência (8,72) indica que a solução é ligeiramente básica, como esperado para uma solução de ânion de um ácido fraco. À medida que mais NaOH é adicionado após o ponto de equivalência, a solução se torna substancialmente mais básica (pH = 11,68).

Verifique seu entendimento

A titulação de ácido acético 0,100 M com NaOH 0,100 M é descrita no texto. Qual é o pH da solução quando 35,0 mL de base tiverem sido adicionados a 100,0 mL de ácido acético 0,100 M?

Titulação de Ácidos Polipróticos Fracos

As titulações ilustradas até agora têm sido para a reação de um ácido monoprótico (HA) com uma base tal como NaOH. É possível estender a discussão sobre titulações aos ácidos polipróticos, como o ácido oxálico, $H_2C_2O_4$.

$$H_2C_2O_4(aq) + H_2O(\ell) \rightleftharpoons HC_2O_4^-(aq) + H_3O^+(aq) \qquad K_{a1} = 5,9 \times 10^{-2}$$

$$HC_2O_4^-(aq) + H_2O(\ell) \rightleftharpoons C_2O_4^{2-}(aq) + H_3O^+(aq) \qquad K_{a2} = 6,4 \times 10^{-5}$$

A Figura 17.6 ilustra a curva para a titulação de 100 mL de 0,100 M de ácido oxálico com 0,100 M de NaOH. A primeira subida significativa no pH ocorre depois da adição de 100 mL de base, indicando que o primeiro próton do ácido foi titulado.

$$H_2C_2O_4(aq) + OH^-(aq) \rightleftharpoons HC_2O_4^-(aq) + H_2O(\ell)$$

Quando o segundo próton do ácido oxálico é titulado, o pH sobe significativamente mais uma vez.

$$HC_2O_4^-(aq) + OH^-(aq) \rightleftharpoons C_2O_4^{2-}(aq) + H_2O(\ell)$$

O pH nesse segundo ponto de equivalência é controlado pelo íon oxalato, $C_2O_4^{2-}$.

$$C_2O_4^{2-}(aq) + H_2O(\ell) \rightleftharpoons HC_2O_4^-(aq) + OH^-(aq)$$

$$K_b = K_w/K_{a2} = 1,6 \times 10^{-10}$$

O cálculo do pH no ponto de equivalência indica que ele deveria ser de aproximadamente 8,4, conforme observado.

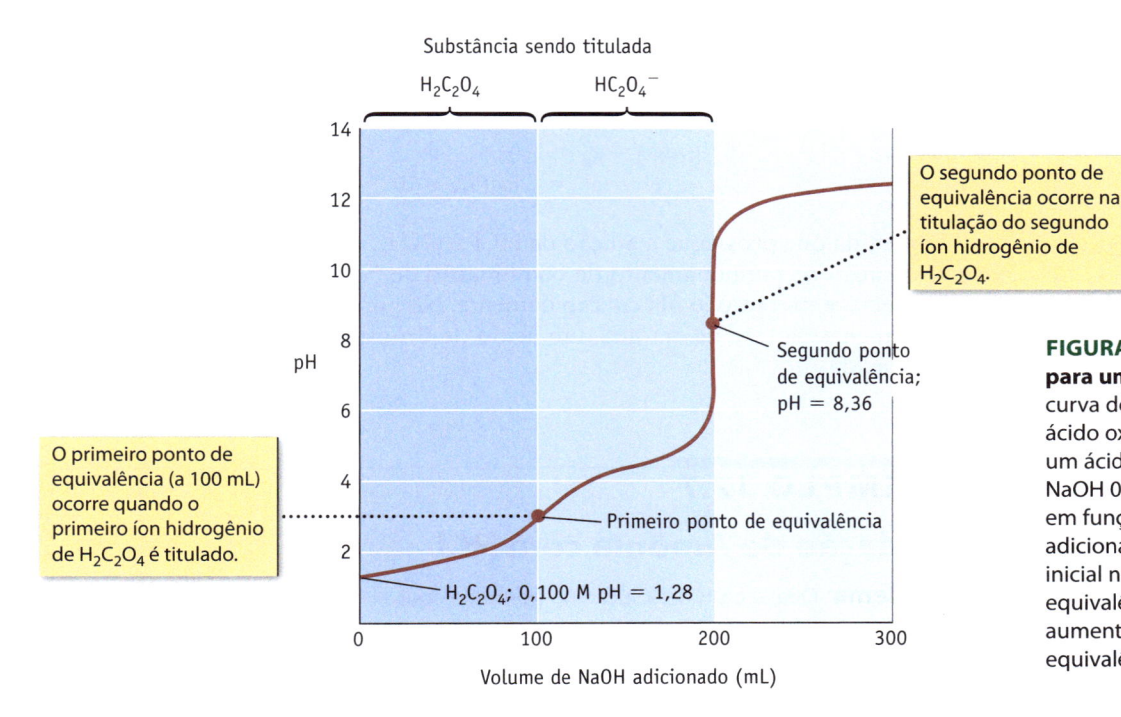

FIGURA 17.6 Curva de titulação para um ácido diprótico. A curva de titulação de 100,0 mL de ácido oxálico 0,100 M ($H_2C_2O_4$, um ácido diprótico fraco) com NaOH 0,100 M. A curva para pH em função do volume de NaOH adicionado mostra um aumento inicial no primeiro ponto de equivalência e, em seguida, outro aumento no segundo ponto de equivalência.

Texto na figura:

Substância sendo titulada
$H_2C_2O_4$ $HC_2O_4^-$

O segundo ponto de equivalência ocorre na titulação do segundo íon hidrogênio de $H_2C_2O_4$.

Segundo ponto de equivalência; pH = 8,36

O primeiro ponto de equivalência (a 100 mL) ocorre quando o primeiro íon hidrogênio de $H_2C_2O_4$ é titulado.

Primeiro ponto de equivalência

$H_2C_2O_4$; 0,100 M pH = 1,28

Volume de NaOH adicionado (mL)

Titulação de uma Base Fraca com um Ácido Forte

Por fim, é útil considerar a titulação de uma base fraca com um ácido forte. A Figura 17.7 ilustra a curva de pH para a titulação de 100,0 mL de NH_3 0,100 M com de HCl 0,100 M.

$$NH_3(aq) + H_3O^+(aq) \rightleftharpoons NH_4^+(aq) + H_2O(\ell)$$

O pH inicial de uma solução de NH_3 0,100 M é 11,13. Conforme a titulação avança, as espécies importantes na solução são o ácido fraco NH_4^+ e sua base conjugada, NH_3.

$$NH_4^+(aq) + H_2O(\ell) \rightleftharpoons NH_3(aq) + H_3O^+(aq) \qquad K_a = 5,6 \times 10^{-10}$$

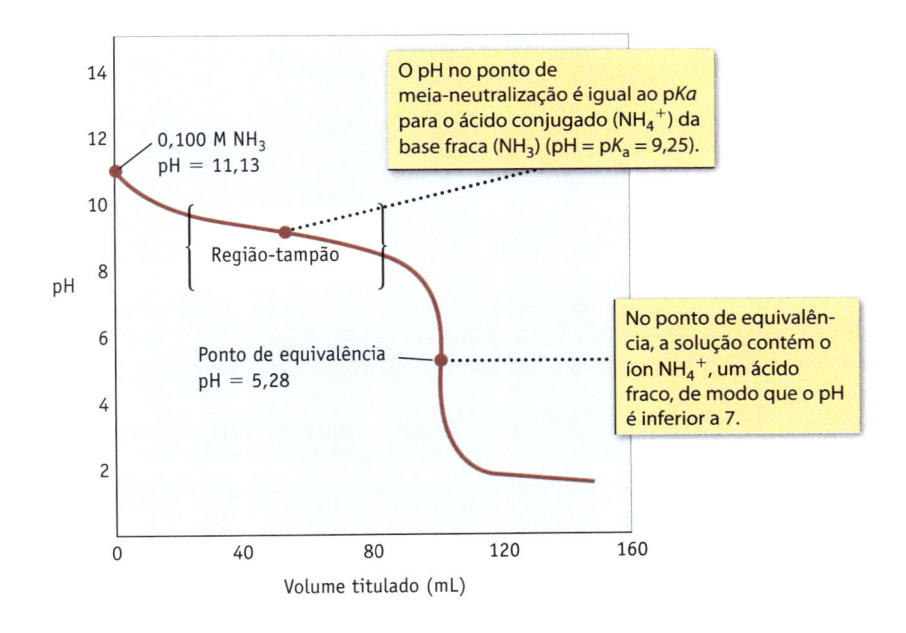

FIGURA 17.7 Titulações de uma base fraca com um ácido forte. A alteração no pH durante a titulação de uma base fraca (100,0 mL de NH_3 0,100 M) com um ácido forte (HCl 0,100 M).

Texto na figura:

0,100 M NH_3
pH = 11,13

O pH no ponto de meia-neutralização é igual ao pK_a para o ácido conjugado (NH_4^+) da base fraca (NH_3) (pH = pK_a = 9,25).

Região-tampão

Ponto de equivalência
pH = 5,28

No ponto de equivalência, a solução contém o íon NH_4^+, um ácido fraco, de modo que o pH é inferior a 7.

Volume titulado (mL)

No ponto médio, as concentrações de NH_4^+ e NH_3 são as mesmas, assim:

$$[H_3O^+] = \frac{[NH_4^+]}{[NH_3]} \times K_a = 5,6 \times 10^{-10}$$
$$[H_3O^+] = K_a$$
$$pH = pK_a = -\log(5,6 \times 10^{-10}) = 9,25$$

À medida que prossegue a adição de HCl ao NH_3, o pH diminui lentamente por causa da ação de tamponamento da combinação de NH_3/NH_4^+. Perto do ponto de equivalência, entretanto, o pH cai rapidamente. No ponto de equivalência, a solução contém apenas cloreto de amônia, um ácido de Brønsted fraco, e a solução é ligeiramente ácida.

EXEMPLO 17.7

Titulação de Amônia com HCl

Problema Qual é o pH da solução no ponto de equivalência na titulação de 100,0 mL de amônia 0,100 M com HCl 0,100 M (veja a Figura 17.7)?

O que você sabe? Esse problema é semelhante à parte (b) do Exemplo 17.6, embora aqui você esteja titulando uma base fraca com um ácido forte. Em ambos os exemplos, você conhece as quantidades de reagentes e quer saber o pH no ponto de equivalência. Aqui precisa saber o valor K_a para NH_4^+, o ácido conjugado da base fraca, NH_3.

Estratégia Tal como no Exemplo 17.6, este problema tem dois passos: (a) um cálculo estequiométrico para obter a concentração de NH_4^+ no ponto de equivalência e (b) um cálculo de equilíbrio para encontrar $[H_3O^+]$ para uma solução do ácido fraco de NH_4^+.

Solução

Parte 1: Problema de Estequiometria

Aqui, você está titulando 0,0100 mol de NH_3 ($= c \times V$), por isso, é necessário 0,0100 mol de HCl. Assim, 100,0 mL de HCl 0,100 M ($= 0,0100$ mol HCl) deve ser utilizado na titulação, e o volume da solução no ponto de equivalência é 200,0 mL.

EQUAÇÃO	NH_3	+ H_3O^+	$\rightarrow$ NH_4^+	+ H_2O
Inicial (M)	0,0100	0,0100	0	
Variação na reação (M)	−0,0100	−0,0100	+0,0100	
Depois da reação (M)	0	0	0,0100	
Concentração (M)	0	0	0,0100 mol (em 0,200L) = 0,0500 M	

Parte 2: Problema de Equilíbrio

Quando o ponto de equivalência é atingido, a solução consiste em NH_4^+ 0,0500 M. O pH é determinado pela hidrólise desse ácido fraco.

EQUAÇÃO	NH_4^+	+	H_2O	$\rightleftharpoons$	NH_3	+	H_3O^+
Inicial (M)	0,0500				0		0
Variação (M)	$-x$				$+x$		$+x$
Equilíbrio (M)	$0,0500 - x$				x		x

Usando K_a para o ácido fraco NH_4^+, você tem

$$K_a = 5,6 \times 10^{-10} = \frac{[NH_3][H_3O^+]}{[NH_4^+]} = \frac{x^2}{0,0500 - x}$$

$$\text{Simplificando, } x = [H_3O^+] = \sqrt{(5,6 \times 10^{-10})(0,0500)} = 5,3 \times 10^{-6} \text{ M}$$

$$pH = 5,28$$

Pense bem antes de responder O pH no ponto de equivalência (5,28) indica que a solução é ligeiramente ácida, tal como esperado para uma solução de ácido conjugado de uma base fraca.

Verifique seu entendimento

Calcule o pH depois que 75,0 mL de HCl 0,100 M foram adicionados a 100,0 mL de NH_3 0,100 M (veja a Figura 17.7).

Indicadores de pH

Muitos compostos orgânicos, tanto naturais como sintéticos, possuem uma cor que muda com o pH (Figura 17.8). Isso não apenas adiciona beleza e variedade ao nosso mundo, mas é também uma propriedade útil na Química.

Você provavelmente já executou uma titulação ácido-base no laboratório e, antes de iniciá-la, adicionou um **indicador**. O indicador ácido-base é geralmente um composto orgânico que é em si um ácido fraco ou uma base fraca (como são muitos compostos que dão cores às flores). Em solução aquosa, a forma ácida está em equilíbrio com sua base conjugada. Abreviando a fórmula ácida do indicador como HInd e a fórmula de sua base conjugada como Ind⁻, você pode escrever a equação de equilíbrio

$$HInd(aq) + H_2O(\ell) \rightleftharpoons H_3O^+(aq) + Ind^-(aq)$$

A característica importante dos indicadores ácido-base é que a forma ácida do composto (HInd) tem uma cor e a base conjugada (Ind⁻) tem outra. Para ver como tais compostos podem ser utilizados como indicadores de ponto de equivalência,

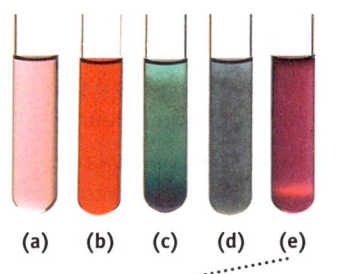

As rosas são um indicador natural.

(a) O pigmento em pétalas de rosa vermelha foi extraído com etanol; o extrato era um vermelho-fraco.

(b) Após a adição de uma gota de HCl 6 M, a cor mudou para um vermelho-vivo.

(c) Adicionando duas gotas de NH_3 6 M, uma cor verde foi produzida, e

(d) Adicionando uma gota de HCl e de NH_3 (para obter uma solução-tampão), produziu-se uma solução azul.

(e) Finalmente, adicionando alguns miligramas de $Al(NO_3)_3$, produziu-se a solução púrpura-profundo.

A cor púrpura-profundo com íons de alumínio foi tão intensa que a solução teve de ser diluída de forma significativa para tirar a foto.

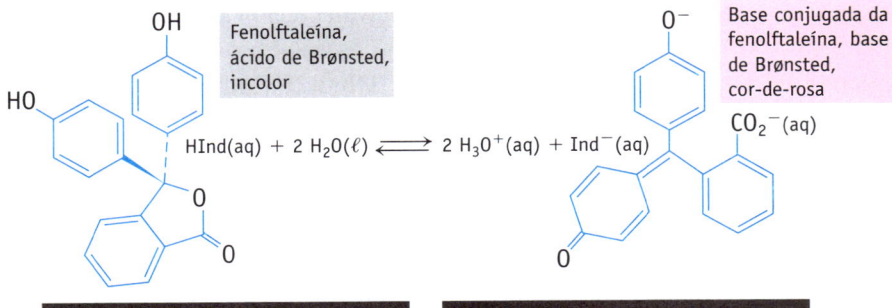

HInd(aq) + 2 H₂O(ℓ) ⇌ 2 H₃O⁺(aq) + Ind⁻(aq)

Fenolftaleína, ácido de Brønsted, incolor

Base conjugada da fenolftaleína, base de Brønsted, cor-de-rosa

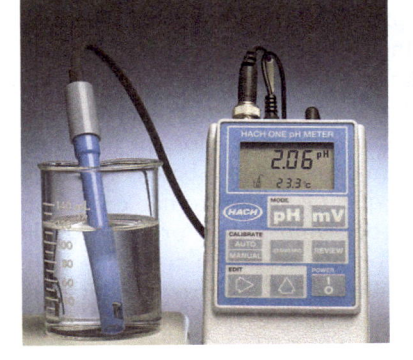 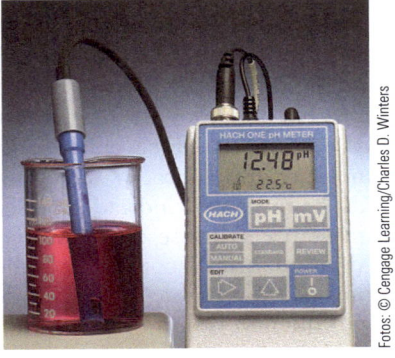

FIGURA 17.8 Fenolftaleína, um indicador ácido-base comum. Fenolftaleína, um ácido fraco, é incolor. À medida que o pH aumenta, a forma de base conjugada cor-de-rosa predomina e a cor da solução muda. A mudança de cor é mais visível por volta de pH 9. O corante é comumente utilizado para titulações de ácido forte + base forte ou ácido fraco + base forte porque o pH muda de cerca de 3 para cerca de 10 nestes casos. Para outros corantes indicadores adequados, veja a Figura 17.10.

DICA DE SOLUÇÃO DE PROBLEMAS 17.2
Calculando o pH em Vários Estágios em uma Titulação Ácido-base

Encontrar o pH antes ou no ponto de equivalência para uma reação ácido-base sempre envolve várias etapas de cálculo. Não há atalhos. Considere *a titulação de uma base fraca, B, com um ácido forte*, como no Exemplo 17.7. (Os mesmos princípios aplicam-se a outras reações ácido-base.)

$$H_3O^+(aq) + B(aq) \rightleftharpoons BH^+(aq) + H_2O(\ell)$$

A: Determinando o pH antes do ponto de equivalência.

Passo 1. *Resolva o problema de estequiometria.* Até o ponto de equivalência, o ácido é consumido completamente para deixar uma solução que contém alguma quantidade de base (B) e de seus ácidos conjugados (BH^+). Use os princípios de estequiometria para calcular (a) a quantidade de ácido adicionado, (b) a quantidade da base remanescente, e (c) a quantidade de ácido conjugado (BH^+) formado.

Passo 2. Calcule as concentrações de B e BH^+. Reconheça que o volume da solução em qualquer ponto é a soma do volume original da solução de base mais o volume da solução de ácido adicionada.

Passo 3. *Calcule o pH.* Em qualquer ponto antes do ponto de equivalência, a solução é tampão, porque ambos, B e BH^+, estão presentes. Calcule $[H_3O^+]$ usando as concentrações do Passo 2 e o valor de K_a para o ácido conjugado da base fraca.

B: Determinando o pH no ponto de equivalência.

Calcule a concentração do ácido conjugado usando o procedimento da Parte A. Use o valor de K_a para o ácido conjugado da base fraca e o procedimento descrito no Exemplo 17.7. (Para uma titulação de um ácido fraco com uma base forte, use o valor de K_b para a base conjugada do ácido e siga o procedimento descrito no Exemplo 17.6.)

---

vamos escrever as expressões constantes de equilíbrio usuais para a dependência da concentração do íon hidrônio ou o pH na constante de ionização do indicador (K_a) e nas quantidades relativas do ácido e da base conjugada.

$$[H_3O^+] = \frac{[HInd]}{[Ind^-]} \times K_a \quad \text{ou} \quad pH = pK_a + \log \frac{[Ind^-]}{[HInd]}$$

Essas equações nos informam que:

- quando a concentração de íon hidrônio é equivalente ao valor de K_a (ou quando pH = pK_a), então $[HInd] = [Ind^-]$
- quando $[H_3O^+] > K_a$ (ou pH < pK_a), então $[HInd] > [Ind^-]$
- quando $[H_3O^+] < K_a$ (ou pH > pK_a), então $[HInd] < [Ind^-]$

Agora aplique essas conclusões, por exemplo, na titulação de um ácido com uma base, usando um indicador cujo valor pK_a é quase o mesmo que o pH no ponto de equivalência (Figura 17.9). No início da titulação, o pH é baixo e $[H_3O^+]$ é alta; a forma ácida do indicador (HInd) predomina, assim a sua cor é a observada. Conforme a titulação avança e o pH aumenta ($[H_3O^+]$ diminui), menos do HInd ácido e mais de sua base conjugada existem na solução. Finalmente, logo após o ponto de equivalência ser atingido, $[Ind^-]$ é muito maior que $[HInd]$ e é observada a cor do $[Ind^-]$.

Restam várias questões a serem respondidas. Se você está tentando analisar um ácido e adiciona um indicador que é um ácido fraco, isso não afetará a análise? Lembre-se de que você usa apenas uma quantidade mínima de indicador em uma titulação. Embora as moléculas do indicador ácido também reajam com a base conforme a titulação progride, há tão pouco indicador presente que qualquer erro não é significativo.

Outra questão é saber se é possível você determinar com precisão o pH pela observação da mudança de cor de um indicador. Na prática, a sua visão não é tão boa. Em geral, você vê a cor de HInd quando $[HInd]/[Ind^-]$ é aproximadamente 10/1 e a cor de Ind^- quando $[HInd]/[Ind^-]$ é aproximadamente 1/10. Isso significa que a mudança de cor é observada ao longo de um intervalo de concentração de íon de hidrônio de cerca de 2 unidades de pH. No entanto, como você pode ver nas Figuras

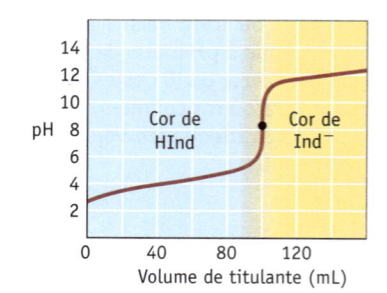

FIGURA 17.9 A cor do indicador muda no decorrer de uma titulação quando o pK_a do indicador HInd é de cerca de 8.

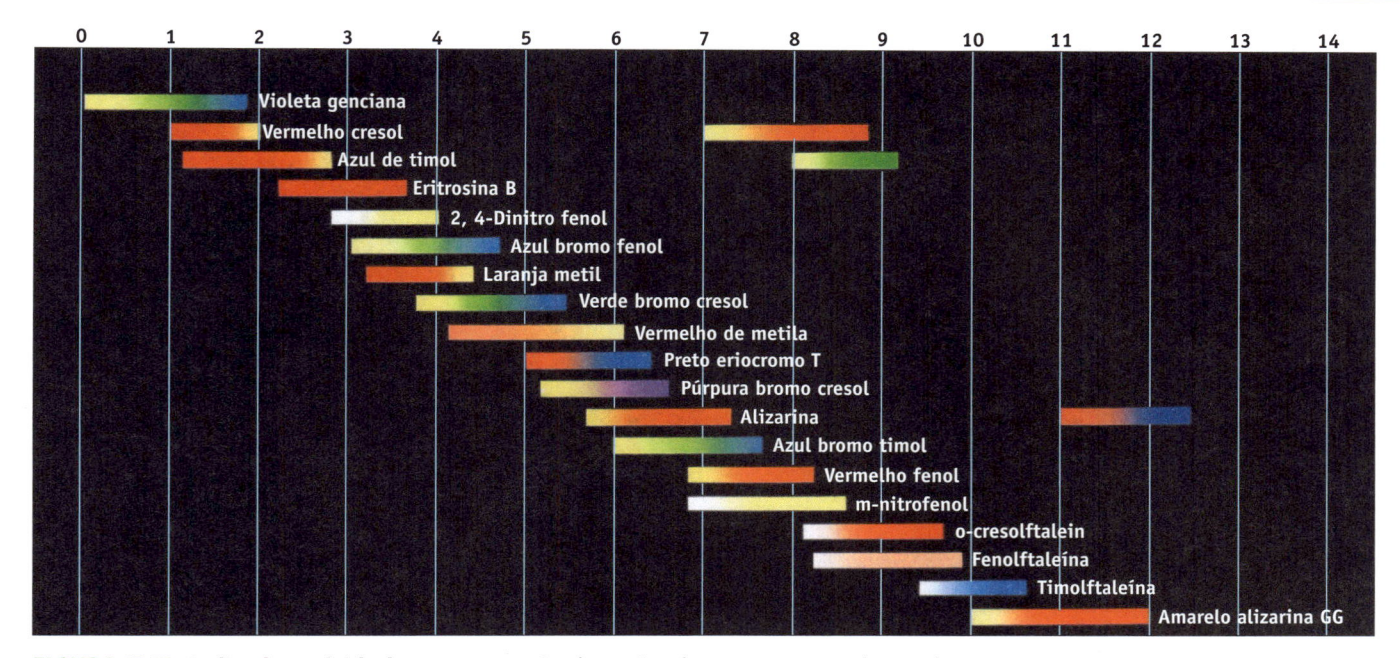

FIGURA 17.10 Indicadores ácido-base comuns. As alterações de cor ocorrem ao longo de um intervalo de valores de pH. Observe que alguns poucos indicadores têm alterações de cor sobre duas faixas de pH diferentes.

17.4–17.7, ao passar através do ponto de equivalência dessas titulações, o pH muda em até 7 unidades.

Como mostra a Figura 17.10, uma variedade de indicadores está disponível, cada qual mudando de cor em um intervalo de pH diferente. Se você está analisando um ácido ou uma base por titulação, deve escolher um indicador que muda de cor em um intervalo que inclui o pH a ser observado no ponto de equivalência. Para a titulação de um ácido forte com uma base forte, um indicador que muda de cor na faixa de pH de 7 ± 2 deve ser usado. Por outro lado, o pH no ponto de equivalência na titulação de um ácido fraco com uma base forte é superior a 7 e você deve escolher um indicador que muda de cor em um pH perto do ponto de equivalência previsto.

EXERCÍCIOS PARA A SEÇÃO 17.3

1. Qual é o pH depois que 25,0 mL de NaOH 0,100 M foram adicionados a 50,0 mL de HCl 0,100 M?

    (a) 1,00   (b) 1,48   (c) 7,00   (d) 13,00

2. Qual é o pH no ponto de equivalência na titulação de 25,0 mL de fenol 0,090 M ($K_a = 1,3 \times 10^{-10}$) com NaOH 0,108 M?

    (a) 7,00   (b) 5,65   (c) 8,98   (d) 11,29

3. Use a Figura 17.10 para decidir qual indicador é melhor usar na titulação de NH_3 com HCl, mostrada na Figura 17.7.

    (a) violeta genciana   (b) azul de timol   (c) vermelho de metila   (d) fenolftaleína

17-4 Solubilidade dos Sais

Reações de precipitação (◄ Seção 3.5) são reações de dupla troca nas quais um dos produtos é um composto insolúvel em água, como o $CaCO_3$,

$$CaCl_2(aq) + Na_2CO_3(aq) \rightarrow CaCO_3(s) + 2\ NaCl(aq)$$

isto é, um composto que apresenta uma solubilidade em água inferior a 0,01 mol de material dissolvido por litro de solução (Figura 17.11).

Crocolita, cromato de chumbo(II), PbCrO₄

Rodocrosita, carbonato de manganês(II), MnCO₃

Minerais de cobre(II): malaquita verde, CuCO₃ · Cu(OH)₂, e azurita azul, 2 CuCO₃ · Cu(OH)₂

Fotos: John C. Kotz

FIGURA 17.11 Algumas substâncias insolúveis.

Como você sabe quando prever um composto insolúvel como produto de uma reação? No Capítulo 3, algumas orientações para prever a solubilidade estão detalhadas (◀ Figura 3.10). Agora, queremos fazer nossas estimativas de solubilidade de forma mais quantitativa e explorar condições sob as quais alguns compostos precipitam e outros não.

A Constante do Produto de Solubilidade, K_{ps}

Se uma quantidade de AgBr é colocado em água pura, uma pequena quantia do composto dissolve e um equilíbrio é estabelecido.

$$AgBr(s) \rightleftharpoons Ag^+(aq, 7,35 \times 10^{-7} \text{ M}) + Br^-(aq, 7,35 \times 10^{-7} \text{ M})$$

Quando a quantidade máxima possível de AgBr dissolve-se, o equilíbrio é atingido, e dizemos que a solução está **saturada** (◀ Seção 13.2). Experiências mostram que as concentrações dos íons prata e brometo na solução são, cada uma, cerca de $7,35 \times 10^{-7}$ M a 25 °C. A extensão em que um sal insolúvel dissolve é expressa em termos da constante de equilíbrio para o processo de dissolução. Nesse caso, a expressão apropriada é

$$K_{ps} = [Ag^+][Br^-]$$

A constante de equilíbrio que reflete a solubilidade de um composto é denominada **constante do produto de solubilidade**. Os químicos usam a notação K_{ps} para essas constantes, sendo que o subscrito "ps" denota um "produto de solubilidade".

Escrevendo Expressões de Constante de Equilíbrio Os sólidos não estão incluídos nestas equações.

A solubilidade em água de um composto e, portanto, seu valor de K_{ps}, pode ser estimada ao determinar a concentração do cátion ou ânion, quando o composto é dissolvido. Por exemplo, se você acha que AgBr dissolve para resultar em uma concentração de íon prata de $7,35 \times 10^{-7}$ mol/L, você sabe que $7,35 \times 10^{-7}$ mol de AgBr deve ter se dissolvido por litro de solução (e que a concentração de íon brometo também é igual a $7,35 \times 10^{-7}$ M). Portanto, o valor da constante de equilíbrio para AgBr é

$$K_{ps} = [Ag^+][Br^-] = (7,35 \times 10^{-7})(7,35 \times 10^{-7}) = 5,40 \times 10^{-13} \text{ (a 25 °C)}$$

As constantes de equilíbrio para a dissolução de outros sais insolúveis podem ser calculadas da mesma maneira.

A constante do produto de solubilidade K_{ps} para qualquer sal tem sempre a forma

$$A_x B_y(s) \rightleftharpoons x\, A^{y+}(aq) + y\, B^{x-}(aq) \qquad K_{ps} = [A^{y+}]^x[B^{x-}]^y \qquad \textbf{(17.6)}$$

Por exemplo,

$$CaF_2(s) \rightleftharpoons Ca^{2+}(aq) + 2\ F^-(aq) \qquad K_{ps} = [Ca^{2+}][F^-]^2 = 5,3 \times 10^{-11}$$

$$Ag_2SO_4(s) \rightleftharpoons 2\ Ag^+(aq) + SO_4^{2-}(aq) \qquad K_{ps} = [Ag^+]^2[SO_4^{2-}] = 1,2 \times 10^{-5}$$

Os valores numéricos de K_{ps} para alguns poucos sais são apresentados na Tabela 17.2, e mais valores estão disponíveis no Apêndice J.

Não confunda a *solubilidade* de um composto com a sua *constante do produto de solubilidade*. A *solubilidade* de um sal é a quantidade presente em algum volume de uma solução saturada, expressa em gramas por 100 mL, mols por litro ou outras unidades. A *constante do produto de solubilidade* é uma constante de equilíbrio. No entanto, existe uma conexão entre elas: se uma é conhecida, a outra pode, em princípio, ser calculada.

Relacionando Solubilidade e K_{ps}

Constantes do produto de solubilidade são determinadas por medições laboratoriais minuciosas das concentrações dos íons na solução.

EXEMPLO 17.8

K_{ps} de Medições de Solubilidade

Problema Fluoreto de cálcio, o componente principal do mineral fluorita, dissolve em uma pequena quantidade em água.

$$CaF_2(s) \rightleftharpoons Ca^{2+}(aq) + 2\ F^-(aq) \qquad K_{ps} = [Ca^{2+}][F^-]^2$$

Calcule o valor de K_{ps} para o CaF_2 se a concentração do íon cálcio foi determinada como $2,3 \times 10^{-4}$ mol/L.

O que você sabe? Você conhece a equação balanceada para o processo, a concentração de Ca^{2+} e a expressão do K_{ps}.

Estratégia

- Calcule a concentração de íon fluoreto a partir de $[Ca^{2+}]$ e estequiometria.

- Insira os valores para $[F^-]$ e $[Ca^{2+}]$ na expressão do K_{ps} e calcule o valor do K_{ps}.

Solução Quando CaF_2 dissolve em água, a equação balanceada mostra que a concentração do íon F^- deve ser duas vezes a concentração do íon Ca^{2+}.

$$\text{Se } [Ca^{2+}] = 2,3 \times 10^{-4}\ M,\ \text{então } [F^-] = 2 \times [Ca^{2+}] = 4,6 \times 10^{-4}\ M$$

Isso significa que a constante de produto de solubilidade é

$$K_{ps} = [Ca^{2+}][F^-]^2 = (2,3 \times 10^{-4})(4,6 \times 10^{-4})^2 = \boxed{4,9 \times 10^{-11}}$$

Pense bem antes de responder Um erro frequente entre os estudantes é esquecer a estequiometria da reação. Certifique-se de notar que, para cada íon Ca^{2+} na solução, há dois íons F^-.

Verifique seu entendimento

A concentração de íon bário, $[Ba^{2+}]$, em uma solução saturada de fluoreto de bário é $3,6 \times 10^{-3}$ M. Calcule o valor do K_{ps} para o BaF_2.

$$BaF_2(s) \rightleftharpoons Ba^{2+}(aq) + 2\ F^-(aq)$$

Mapa Estratégico 17.8

PROBLEMA
Calcule o K_{ps} de CaF_2 a partir de sua **solubilidade.**

↓

DADOS/INFORMAÇÕES CONHECIDOS
- Concentração de Ca^{2+}
- Forma de K_{ps}
- Equação balanceada

ETAPA 1. Calcule a **concentração de F^-**

$[F^-] = 2 \times [Ca^{2+}]$

ETAPA 2. Insira as **concentrações de equilíbrio** na expressão de K_{ps} e calcule K_{ps}.

↓

Valor de K_{ps}

Os valores de K_{ps} para os sais insolúveis podem ser usados para calcular a solubilidade de um sal sólido ou para determinar se um sólido precipitará quando soluções de seus ânions e cátions são misturadas. Vamos primeiro analisar um exemplo do cálculo da solubilidade de um sal a partir de seu valor de K_{ps}.

Tabela 17.2 Alguns Compostos Insolúveis Comuns e Seus Valores de K_{ps}*

FÓRMULA	NOME	K_{ps} (25 °C)	NOMES COMUNS/USOS
$CaCO_3$	Carbonato de cálcio	$3,4 \times 10^{-9}$	Calcita, espato da Islândia
$MnCO_3$	Carbonato de manganês(II)	$2,3 \times 10^{-11}$	Rodocrosita (forma cristais cor-de-rosa)
$FeCO_3$	Carbonato de ferro(II)	$3,1 \times 10^{-11}$	Siderita
CaF_2	Fluoreto de cálcio	$5,3 \times 10^{-11}$	Fluorita (fonte de HF e outros fluoretos inorgânicos)
$AgCl$	Cloreto de prata	$1,8 \times 10^{-10}$	Cloroargirita
$AgBr$	Brometo de prata	$5,4 \times 10^{-13}$	Usado em filme fotográfico
$CaSO_4$	Sulfato de cálcio	$4,9 \times 10^{-5}$	A forma hidratada é comumente chamada de gesso
$BaSO_4$	Sulfato de bário	$1,1 \times 10^{-10}$	Barita (utilizada em "lama de perfuração" e como componente de tintas)
$SrSO_4$	Sulfato de estrôncio	$3,4 \times 10^{-7}$	Celestita
$Ca(OH)_2$	Hidróxido de cálcio	$5,5 \times 10^{-5}$	Cal hidratada

*Os valores apresentados nesta tabela foram obtidos de *Lange's Handbook of Chemistry*, 15. ed., McGraw-Hill Publishers, Nova York, NY (1999). Valores adicionais de K_{ps} são apresentados no Apêndice J.

EXEMPLO 17.9

Solubilidade a partir do K_{ps}

Problema O K_{ps} para a barita mineral ($BaSO_4$, Figura 17.12) é de $1,1 \times 10^{-10}$ a 25 °C. Calcule a solubilidade do sulfato de bário em água pura em (a) mols por litro e (b) gramas por litro.

O que você sabe? Você conhece a fórmula do mineral e seu valor de K_{ps}.

Minerais e Gemas – A Importância da Solubilidade

UM OLHAR MAIS ATENTO

Minerais e gemas estão entre as mais belas criações da natureza. Muitas, como os rubis, são óxidos metálicos, e os vários tipos de quartzo são baseados em dióxido de silício. Outra grande classe de pedras preciosas consiste em grande parte de silicatos de metais. Estes incluem esmeralda, topázio, água-marinha e turmalina.

Os carbonatos representam outra grande classe de minerais e algumas pedras preciosas. A rodocrosita, uma das mais belas pedras vermelhas, é o carbonato de manganês(II). E um dos minerais mais abundantes na Terra é o calcário, carbonato de cálcio, que também é um componente importante de conchas do mar e corais.

Os hidróxidos são representados pela azurita, que é um carbonato/hidróxido misto com a fórmula $Cu_3(OH)_2(CO_3)_2$. A turquesa é um hidróxido/fosfato misto baseado no cobre(II), a fonte da cor azul da turquesa.

Entre os minerais mais comuns estão os sulfetos, como a pirita de ferro dourada (FeS_2), a estibina preta (Sb_2S_3), o cinábrio vermelho (HgS) e o auripigmento amarelo (As_2S_3).

Outras classes menores de minerais existem; uma das menores é a classe com base nos halogenetos e o melhor exemplo é a fluorita. A fluorita, CaF_2, apresenta uma vasta gama de cores do roxo ao verde para amarelo.

O que todos esses minerais e pedras preciosas têm em comum? Todos eles são insolúveis ou fracamente solúveis em água. Se eles fossem mais solúveis, seriam dissolvidos nos lagos e oceanos do mundo.

© Cengage Learning/Charles D. Winters

Amostras de minerais (sentido horário a partir do centro superior): rodocrosita vermelha, arsênio amarelo, pirita de ferro dourada, turquesa verde-azul, estibina preta, fluorita roxa e azurita azul. As fórmulas estão no texto (veja também a Figura 17.11).

(a) Uma amostra do mineral barita, que é principalmente sulfato de bário. A "lama de perfuração", utilizada em poços de perfuração de petróleo, consiste em argila, barita e carbonato de cálcio.

(b) O sulfato de bário é opaco aos raios X, por isso, é utilizado por médicos para examinar o trato digestivo. Um paciente bebe um "coquetel" contendo $BaSO_4$, e o percurso do $BaSO_4$ através dos órgãos digestivos pode ser seguido por análise de raios X. Essa fotografia é um raio X do trato gastrintestinal após uma pessoa ter ingerido sulfato de bário.

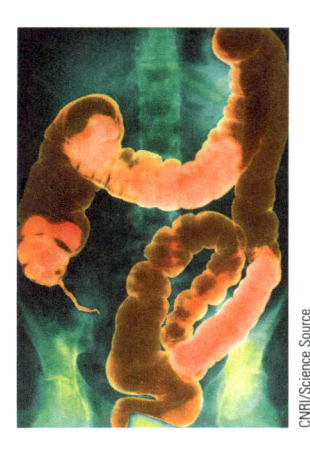

FIGURA 17.12 Sulfato de bário. O sulfato de bário, um sólido branco, é bastante insolúvel em água ($K_{ps} = 1,1 \times 10^{-10}$) (veja o Exemplo 17.9).

Estratégia Quando $BaSO_4$ se dissolve, quantidades equimolares de íons Ba^{2+} e íons SO_4^{2-} são produzidas. Assim, a solubilidade do $BaSO_4$ pode ser estimada pelo cálculo da concentração de equilíbrio de ambos, Ba^{2+} ou SO_4^{2-}, a partir da constante de produto de solubilidade.

- Escreva a equação balanceada e a expressão K_{ps}.
- Construa uma tabela IVE, designando as concentrações desconhecidas de Ba^{2+} e SO_4^{2-} na solução como x.
- Usando x para $[Ba^{2+}]$ e $[SO_4^{2-}]$ na expressão K_{ps}, resolva para encontrar o valor de x.

Solução A equação para a solubilidade de $BaSO_4$ e a sua expressão do K_{ps} são

$$BaSO_4(s) \rightleftharpoons Ba^{2+}(aq) + SO_4^{2-}(aq) \qquad K_{ps} = [Ba^{2+}][SO_4^{2-}] = 1,1 \times 10^{-10}$$

Indique a solubilidade de $BaSO_4$ (em mol/L) como x; isto é, x mols de $BaSO_4$ dissolvidos por litro. Portanto, ambos, $[Ba^{2+}]$ e $[SO_4^{2-}]$, devem também ser iguais a x no equilíbrio.

EQUAÇÃO	$BaSO_4(s)$	$\rightleftharpoons$	$Ba^{2+}(aq)$	+	$SO_4^{2-}(aq)$
Inicial (M)			0		0
Variação (M)			$+x$		$+x$
Equilíbrio (M)			x		x

Como K_{ps} é o produto das concentrações de íon bário e de íon sulfato, K_{ps} é o quadrado da solubilidade, x,

$$K_{ps} = [Ba^{2+}][SO_4^{2-}] = 1,1 \times 10^{-10} = (x)(x) = x^2$$

e assim o valor de x é

$$x = [Ba^{2+}] = [SO_4^{2-}] = \sqrt{K_{ps}} = \sqrt{1,1 \times 10^{-10}} = 1,0 \times 10^{-5} \text{ M}$$

A solubilidade do $BaSO_4$ em água pura é $1,0 \times 10^{-5}$ mol/L. Para encontrar a sua solubilidade em g/L, você só precisa multiplicar pela massa molar de $BaSO_4$.

$$\text{Solubidade em g/L} = (1,0 \times 10^{-5} \text{ mol/L})(233 \text{ g/mol}) = 0,0024 \text{ g/L}$$

Pense bem antes de responder Como observado na Figura 17.12, $BaSO_4$ é usado para investigar o trato digestivo. É uma sorte que o composto seja tão insolúvel, porque os sais de bário solúveis em água e em ácido são tóxicos.

Verifique seu entendimento

Calcule a solubilidade de AgCN em mols por litro e em gramas por litro. K_{ps} para o AgCN é $6,0 \times 10^{-17}$.

Mapa Estratégica 17.9

PROBLEMA

Calcule a **solubilidade de $BaSO_4$** a partir de K_{ps}.

↓

DADOS/INFORMAÇÕES CONHECIDOS

- K_{ps} para o $BaSO_4$
- Equação balanceada

> **ETAPA 1.** Escreva a **equação balanceada** e a **expressão do** K_{ps} e construa a **tabela IVE.**

No equilíbrio:
$[Ba^{2+}] = [SO_4^{2-}] = x$

↓

> **ETAPA 2.** Insira as **concentrações de equilíbrio** na expressão do K_{ps}.

A expressão K_{ps} com as concentrações de equilíbrio em termos de x

↓

> **ETAPA 3.** Resolva a expressão do K_{ps} para encontrar o valor de x.

↓

$x = \text{Solubilidade} = [Ba^{2+}] = [SO_4^{2-}]$

EXEMPLO 17.10

Solubilidade a partir do K_{ps}

Problema Sabendo que o valor de K_{ps} para o MgF_2 é de $5,2 \times 10^{-11}$, calcule a solubilidade do sal em (a) mols por litro e (b) gramas por litro.

O que você sabe? Você sabe a fórmula do fluoreto de magnésio e seu valor de K_{ps}.

Estratégia A solubilidade deve ser definida de modo que permita a você resolver a expressão do K_{ps} para encontrar o valor da concentração de um íon. A partir da estequiometria, você pode dizer que, se x mol de MgF_2 se dissolve, então x mol de Mg^{2+} e $2x$ mols de F^- aparecem na solução. Isso significa que a solubilidade de MgF_2 (em mol dissolvido por litro) é equivalente à concentração de íons Mg^{2+} na solução.

- Escreva a equação balanceada e a expressão do K_{ps}.

- Construa uma tabela IVE, que designe as concentrações desconhecidas de Mg^{2+} e F^- na solução como x e $2x$, respectivamente.

- Usando x para $[Mg^{2+}]$ e $2x$ para $[F^-]$ na expressão do K_{ps}, resolva para calcular o valor de x.

Solução

$$MgF_2(s) \rightleftharpoons Mg^{2+}(aq) + 2\ F^-(aq) \qquad K_{ps} = [Mg^{2+}][F^-]^2 = 5,2 \times 10^{-11}$$

EQUAÇÃO	$MgF_2(s)$	$\rightleftharpoons$	$Mg^{2+}(aq)$	$+$	$2\ F^-(aq)$
Inicial (M)			0		0
Variação (M)			$+x$		$+2x$
Equilíbrio (M)			x		$2x$

Substituindo as concentrações no equilíbrio para $[Mg^{2+}]$ e $[F^-]$ na expressão do K_{ps}, você encontra

$$K_{ps} = [Mg^{2+}][F^-]^2 = (x)(2x)^2 = 4x^3$$

Resolvendo a equação para encontrar o valor de x,

$$x = \sqrt[3]{\frac{K_{ps}}{4}} = \sqrt[3]{\frac{5,2 \times 10^{-11}}{4}} = 2,4 \times 10^{-4}$$

você descobre que 2,4 × 10⁻⁴ mol de MgF_2 se dissolve por litro. A solubilidade de MgF_2 em gramas por litro é

$$(2,4 \times 10^{-4}\ mol/L)(62,3\ g/mol) = 0,015\ g\ MgF_2/L$$

Pense bem antes de responder Problemas como este podem levar os nossos alunos a fazer a seguinte pergunta: "Você não está contando as coisas duas vezes quando multiplica x por 2 e, em seguida, eleva-o também ao quadrado?" na expressão $K_{ps} = (x)(2x)^2$. A resposta é não. O 2 no termo $2x$ é baseado na estequiometria do composto. O expoente de 2 na concentração do íon F^- decorre das regras para escrever as expressões de equilíbrio.

Verifique seu entendimento

Calcule a solubilidade do $Ca(OH)_2$ em mols por litro e em gramas por litro ($K_{ps} = 5,5 \times 10^{-5}$).

As solubilidades *relativas* de sais muitas vezes podem ser deduzidas por meio da comparação de valores das constantes do produto de solubilidade, mas você deve ser cuidadoso! Por exemplo, o K_{ps} para o cloreto de prata é

$$AgCl(s) \rightleftharpoons Ag^+(aq) + Cl^-(aq) \qquad K_{ps} = 1,8 \times 10^{-10}$$

enquanto para o cromato de prata é

$$Ag_2CrO_4(s) \rightleftharpoons 2\ Ag^+(aq) + CrO_4^{2-}(aq) \qquad K_{ps} = 9,0 \times 10^{-12}$$

Apesar do fato de Ag_2CrO_4 ter um valor numérico de K_{ps} menor que AgCl, o sal de cromato é cerca de 10 vezes mais solúvel que o sal de cloreto. Se você determinar as solubilidades a partir dos valores de K_{ps} como nos exemplos acima, encontrará que a solubilidade do AgCl é de $1,3 \times 10^{-5}$ mol/L, enquanto a do Ag_2CrO_4 é de $1,3 \times 10^{-4}$ mol/L. A partir desse exemplo e de inúmeros outros, concluímos que

> As comparações diretas da solubilidade de dois sais com base nos seus valores K_{ps} podem ser realizadas apenas para os sais que possuem a mesma relação cátion–ânion.

Isso significa, por exemplo, que você pode comparar diretamente solubilidades de sais 1:1, tais como os haletos de prata, comparando seus valores K_{ps}.

$$AgI\ (K_{ps} = 8,5 \times 10^{-17}) < AgBr\ (K_{ps} = 5,4 \times 10^{-13}) < AgCl\ (K_{ps} = 1,8 \times 10^{-10})$$

————— aumentando K_{ps} e aumentando a solubilidade —————→

Da mesma forma, você pode comparar sais 1:2, como os haletos de chumbo,

$$PbI_2\ (K_{ps} = 9,8 \times 10^{-9}) < PbBr_2\ (K_{ps} = 6,6 \times 10^{-6}) < PbCl_2\ (K_{ps} = 1,7 \times 10^{-5})$$

————— aumentando K_{ps} e aumentando a solubilidade —————→

mas você não pode comparar diretamente a solubilidade de um sal 1:1 (AgCl) com um sal 2:1 (Ag_2CrO_4) ao comparar apenas os valores de K_{ps}.

Solubilidade e o Efeito do Íon Comum

O tubo de ensaio à esquerda na Figura 17.13 contém um precipitado de acetato de prata, $AgCH_3CO_2$, em água. A solução é saturada, e os íons prata e os íons acetato na solução estão em equilíbrio com o acetato de prata sólido.

$$AgCH_3CO_2(s) \rightleftharpoons Ag^+(aq) + CH_3CO_2^-(aq)$$

Mas o que aconteceria se a concentração do íon prata aumentasse, digamos, com a adição de nitrato de prata? O princípio de Le Chatelier (◄ Seção 15.6) sugere – e observações confirmam – que mais precipitado de acetato de prata deve formar-se, uma vez que um íon do produto foi adicionado, causando o deslocamento do equilíbrio para formar mais acetato de prata.

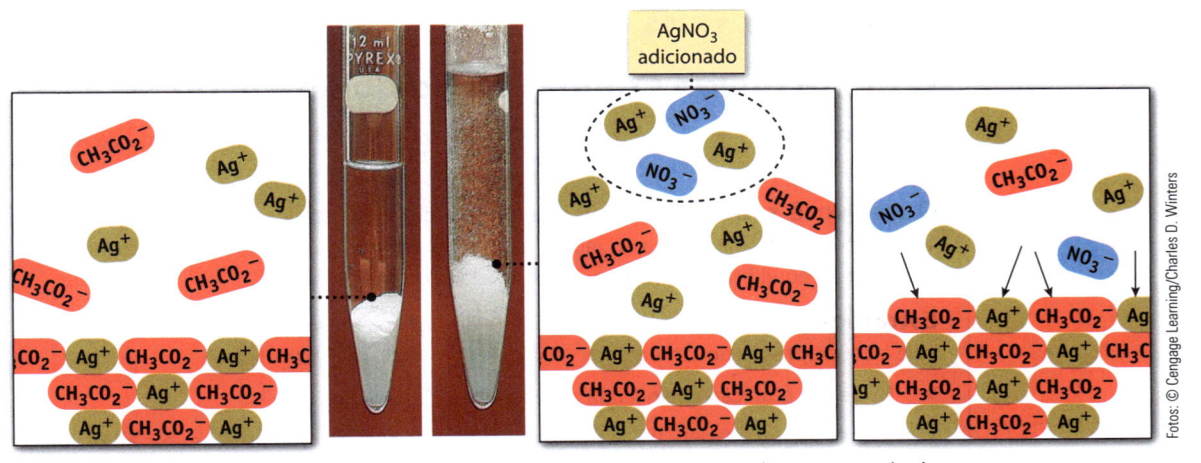

FIGURA 17.13 O efeito do íon comum. O tubo *à esquerda* contém uma solução saturada de acetato de prata, $AgCH_3CO_2$. Quando 1,0 M de $AgNO_3$ é adicionado ao tubo (*à direita*), mais acetato de prata sólido é formado.

Fotos: © Cengage Learning/Charles D. Winters

Cálculos de Solubilidade

UM OLHAR MAIS ATENTO

O valor de K_{ps} reportado para o cloreto de chumbo(II), $PbCl_2$, é $1,7 \times 10^{-5}$. Se assumirmos que o equilíbrio apropriado na solução é

$$PbCl_2(s) \rightleftharpoons Pb^{2+}(aq) + 2\ Cl^-(aq)$$

a solubilidade calculada de $PbCl_2$ é 0,016 M. O valor experimental para a solubilidade do sal, no entanto, é de 0,036 M, mais que duas vezes o valor calculado! O problema é que o comportamento químico é frequentemente muito mais complicado que a equação que define o K_{ps}.

O principal problema no caso do cloreto de chumbo(II), e em muitos outros, é que o composto se dissolve, mas não está 100% dissociado nos seus íons constituintes. Em vez disso, ele dissolve como o sal não dissociado ou forma pares de íons.

Outros problemas que conduzem para discrepâncias entre solubilidades calculadas e experimentais são as reações de íons (particularmente ânions) com a água e a formação de íons complexos. Um exemplo do primeiro efeito é a reação produto-favorecida de íon sulfeto com água, isto é, a *hidrólise*.

$$S^{2-}(aq) + H_2O(\ell) \rightleftharpoons$$
$$HS^-(aq) + OH^-(aq)$$

PbCl₂(aq) $\xrightleftharpoons{K = 0,63}$ PbCl⁺(aq) + Cl⁻(aq)
sal não dissociado dissolvido em água   pares de íon

$K = 0,0011$ ↕   ↕ $K = 0,026$

$PbCl_2(s)$ $\underset{K_{ps} = 1,7 \times 10^{-5}}{\rightleftharpoons}$ $Pb^{2+}(aq) + 2\ Cl^-(aq)$
sal pouco solúvel   100% dissociado em íons

Isso significa que a solubilidade de um sulfeto de metal é mais bem descrita por uma equação química, tal como

$$NiS(s) + H_2O(\ell) \rightleftharpoons$$
$$Ni^{2+}(aq) + HS^-(aq) + OH^-(aq)$$

A formação de íon complexo é ilustrada pelo fato de o cloreto de chumbo ser mais solúvel na presença de excesso de íon cloreto, levando à formação do íon complexo $PbCl_4^{2-}$.

$$PbCl_2(s) + 2\ Cl^-(aq) \rightleftharpoons PbCl_4^{2-}(aq)$$

Referências:

- MEITES, L.; PODE, J. S. F.; THOMAS, H. C. *Journal of Chemical Education*, v. 43, p. 667-672, 1966.
- HAWKE, S. J. *Journal of Chemical Education*, v. 75, p. 1179-1181, 1998.
- CLARK, R. W.; BONICAMP, J. M. *Journal of Chemical Education*, v. 75, p. 1182-1185, 1998.
- MYERS, R. J. *Journal of Chemical Education*, v. 63, p. 687-690, 1986.

A ionização de ácidos e bases fracas é afetada pela presença de um íon comum para o processo de equilíbrio (Seção 17.1), e o efeito da adição de íons prata a uma solução saturada de acetato de prata é um outro exemplo do efeito do íon comum. A adição de um íon comum em uma solução saturada de um sal diminuirá a solubilidade do sal (a menos que um íon complexo possa se formar; veja "Um Olhar Mais Atento: Cálculos de Solubilidade").

EXEMPLO 17.11

O Efeito do Íon Comum e a Solubilidade do Sal

Problema Se AgCl sólido é colocado em 1,00 L de 0,55 M de NaCl, qual massa de AgCl dissolverá?

O que você sabe? Você conhece a fórmula do composto insolúvel, seu K_{ps} (Tabela 17.2 e Apêndice J) e a sua massa molar. Você também sabe que a presença de um íon comum para o equilíbrio (Cl^-) suprime a solubilidade do AgCl.

Estratégia Para determinar a solubilidade do AgCl na presença do excesso de Cl^-, calcule a concentração do íon Ag^+.

- Escreva a equação balanceada e a expressão K_{ps} para AgCl.

- Construa uma tabela IVE e introduza 0,55 M como a concentração inicial do íon comum Cl^-.

- Defina a solubilidade de AgCl como x. Este é o aumento na concentração de Ag^+ e Cl^- na solução conforme AgCl dissolve. Insira essa informação na linha de variação V na tabela IVE.

- Preencha a última linha (E) da tabela IVE com x para $[Ag^+]$ e $(0,55 + x)$ para $[Cl^-]$. Resolva a expressão K_{ps} para x.

Solução Construa uma tabela IVE para mostrar as concentrações de Ag^+ e Cl quando o equilíbrio é atingido.

EQUAÇÃO	AgCl(s) ⇌	Ag^+(aq)	+	Cl^-(aq)
Inicial (M)		0		0,55
Variação (M)		$+x$		$+x$
Equilíbrio (M)		x		$0,55 + x$

As concentrações de equilíbrio da tabela são substituídas na expressão K_{ps},

$$K_{ps} = 1,8 \times 10^{-10} = [Ag^+][Cl^-] = (x)(0,55 + x)$$

Esta é uma equação quadrática e pode ser resolvida pelos métodos disponíveis no Apêndice A. Uma abordagem mais fácil, no entanto, é fazer a aproximação de que o valor de x é muito pequeno em relação a 0,55 [e assim $(0,55 + x) \approx 0,55$]. Esta é uma suposição razoável, porque você sabe que a solubilidade é muito pequena sem o íon comum Cl^- e que ela será ainda menor na presença de Cl^- adicionado. Portanto,

$$K_{ps} = 1,8 \times 10^{-10} = (x)(0,55)$$

$$x = [Ag^+] = 3,3 \times 10^{-10} \text{ M}$$

A solubilidade em gramas por litro é então

$$(3,3 \times 10^{-10} \text{ mol/L})(143 \text{ g/mol}) = \boxed{4,7 \times 10^{-8} \text{ g/L}}$$

Como previsto pelo princípio de Le Chatelier, a solubilidade de AgCl na presença de Cl^- adicionado é muito menor $(3,3 \times 10^{-10}$ M) do que em água pura $(1,3 \times 10^{-5}$ M).

Pense bem antes de responder A aproximação que você fez aqui é semelhante às aproximações que você fez em problemas de equilíbrio de ácido-base. No entanto, como uma etapa final, você deverá verificar a sua validade, substituindo o valor calculado de x na expressão exata de $K_{ps} = (x)(0,55 + x)$. Se o produto $(x)(0,55 + x)$ é o mesmo que o valor dado do K_{ps}, a aproximação é válida.

$$K_{ps} = (x)(0,55 + x) = (3,3 \times 10^{-10})(0,55 + 3,3 \times 10^{-10}) = 1,8 \times 10^{-10}$$

Verifique seu entendimento

Calcule a solubilidade de $BaSO_4$ (a) em água pura e (b) na presença de 0,010 M de $Ba(NO_3)_2$. K_{ps} para o $BaSO_4$ é $1,1 \times 10^{-10}$.

EXEMPLO 17.12

O Efeito do Íon Comum e a Solubilidade do Sal

Problema Calcule a solubilidade de cromato de prata, Ag_2CrO_4, a 25 °C na presença da solução de 0,0050 M de K_2CrO_4.

$$Ag_2CrO_4(s) \rightleftharpoons 2 Ag^+(aq) + CrO_4^{2-}(aq)$$

$$K_{ps} = [Ag^+]^2[CrO_4^{2-}] = 9,0 \times 10^{-12}$$

Para comparação, a solubilidade de Ag_2CrO_4 em água pura é $1,3 \times 10^{-4}$ mol/L.

O que você sabe? Você sabe a fórmula e o valor de K_{ps} para Ag_2CrO_4.

Estratégia Na presença do íon cromato do sal solúvel em água K_2CrO_4, a concentração de íons Ag^+ produzidos por Ag_2CrO_4 será menor que em água pura. Assuma que a solubilidade de Ag_2CrO_4 é x mol/L. Isso significa que a concentração dos íons Ag^+ será $2x$ mol/L, enquanto a concentração de íons CrO_4^{2-} será x mol/L, mais a concentração de CrO_4^{2-} já presente na solução.

- Escreva a equação balanceada e a expressão K_{ps} para o Ag_2CrO_4.

- Construa uma tabela IVE e insira 0,0050 M como a concentração inicial de CrO_4^{2-}.

- Defina a variação na concentração do íon CrO_4^{2-} na solução como x e a variação em $[Ag^+]$ como $2x$.

- Usando $2x$ para $[Ag^+]$ e $(0,0050 + x)$ para $[CrO_4^{2-}]$ na expressão K_{ps}, resolva para encontrar o valor de x.

Solução

EQUAÇÃO	$Ag_2CrO_4(s)$	$\rightleftharpoons$	$2\,Ag^+(aq)$	+	$CrO_4^{2-}(aq)$
Inicial (M)			0		0,0050
Variação (M)			$+2x$		$+x$
Equilíbrio (M)			$2x$		$0,0050 + x$

Substituindo as concentrações de equilíbrio na expressão de K_{ps}, você tem

$$K_{ps} = 9,0 \times 10^{-12} = [Ag^+]^2[CrO_4^{2-}]$$

$$K_{ps} = (2x)^2(0,0050 + x)$$

Como no Exemplo 17.11, você pode fazer a aproximação de que o valor de x é muito pequeno em relação a 0,0050, e assim $(0,0050 + x) \approx 0,0050$. Portanto, a expressão aproximada é

$$K_{ps} = 9,0 \times 10^{-12} = [Ag^+]^2[CrO_4^{2-}] = (2x)^2(0,0050)$$

Resolvendo, você encontra que x, a solubilidade do cromato de prata na presença de excesso de íon cromato, é

$$x = \text{Solubidade de } Ag_2CrO_4 = \boxed{2,1 \times 10^{-5}\,M}$$

Pense bem antes de responder A concentração de íon prata na presença do íon comum é

$$[Ag^+] = 2x = 4,2 \times 10^{-5}\,M$$

Essa concentração de íon prata é de fato inferior ao seu valor em água pura ($2,6 \times 10^{-4}$ M), devido à presença de um íon "comum" para o equilíbrio.

Verifique seu entendimento

Calcule a solubilidade do $Zn(CN)_2$ a 25 °C (a) em água pura e (b) na presença de 0,10 M de $Zn(NO_3)_2$. K_{ps} para o $Zn(CN)_2$ é $8,0 \times 10^{-12}$.

Há duas ideias gerais importantes dos Exemplos 17.11 e 17.12:

- A solubilidade de um sal será reduzida pela presença de um íon comum, de acordo com o princípio de Le Chatelier.

- Fizemos a aproximação de que a quantidade de íon comum adicionada na solução era muito grande em comparação com a quantidade do íon proveniente do sal insolúvel, e isso nos permitiu simplificar nossos cálculos. Este é quase sempre o caso, mas é recomendável verificar para ter certeza disso.

O Efeito dos Ânions Básicos na Solubilidade do Sal

Da próxima vez que você se sentir tentado a jogar um sal insolúvel na pia da cozinha ou do laboratório, pare e pense nas consequências. Muitos íons metálicos, como o chumbo, o cromo e o mercúrio, são tóxicos ao meio ambiente. Mesmo se um sal chamado insolúvel de um desses cátions pareceu não se dissolver, a sua solubilidade na água pode ser maior do que você pensa, em parte devido à possibilidade de que o ânion do sal seja uma base fraca ou o cátion seja um ácido fraco.

O sulfeto de chumbo(II), PbS, que é encontrado na natureza como o mineral galena (Figura 17.14), fornece um exemplo do efeito das propriedades ácido-base de um íon na solubilidade de um sal. Quando colocado em água, uma pequena quantidade dele dissolve-se,

$$PbS(s) \rightleftharpoons Pb^{2+}(aq) + S^{2-}(aq)$$

e um produto da reação é o íon sulfeto, o qual é em si uma base forte.

$$S^{2-}(aq) + H_2O(\ell) \rightleftharpoons HS^-(aq) + OH^-(aq) \qquad K_{b1} = 1 \times 10^5$$

O íon sulfeto sofre extensa hidrólise (reação com água) (◄ Tabela 16.3), o que diminui a sua concentração, e o processo de equilíbrio para a dissolução de PbS desloca-se para a direita. Assim, a concentração de íon chumbo na solução é superior àquela que é esperada da simples dissociação do sal.

O exemplo do sulfeto de chumbo(II) conduz à seguinte observação geral:

> Qualquer sal que contenha um ânion que é a base conjugada de um ácido fraco se dissolverá em água em maior quantidade do que a prevista pelo K_{ps}.

Isso significa que sais de fosfato, acetato, carbonato e cianeto, bem como sulfeto, podem ser afetados, porque todos esses ânions sofrem a reação de hidrólise geral:

$$X^-(aq) + H_2O(\ell) \rightleftharpoons HX(aq) + OH^-(aq)$$

A observação de que íons de sais insolúveis podem sofrer hidrólise está relacionada a outra conclusão geral bastante útil:

> Sais insolúveis em que o ânion é a base conjugada de um ácido fraco se dissolvem em ácidos fortes.

Sais insolúveis que contêm ânions, como o acetato, o carbonato, o hidróxido, o fosfato e o sulfeto, dissolvem em ácidos fortes. Por exemplo, você sabe que, se um ácido forte é adicionado a um carbonato metálico insolúvel em água, como $CaCO_3$, o sal se dissolve (◄ Seção 3.7).

$$CaCO_3(s) + 2 H_3O^+(aq) \rightarrow Ca^{2+}(aq) + 3 H_2O(\ell) + CO_2(g)$$

Você pode pensar nisso como o resultado global de uma série de reações:

$$CaCO_3(s) \rightleftharpoons Ca^{2+}(aq) + CO_3^{2-}(aq) \qquad K_{ps} = 3,4 \times 10^{-9}$$

$$CO_3^{2-}(aq) + H_3O^+(aq) \rightleftharpoons HCO_3^-(aq) + H_2O(\ell) \qquad 1/K_{a2} = 1/4,8 \times 10^{-11} = 2,1 \times 10^{10}$$

$$HCO_3^-(aq) + H_3O^+(aq) \rightleftharpoons H_2CO_3(aq) + H_2O(\ell) \qquad 1/K_{a1} = 1/4,2 \times 10^{-7} = 2,4 \times 10^6$$

Global: $CaCO_3(s) + 2 H_3O^+(aq) \rightleftharpoons Ca^{2+}(aq) + 2 H_2O(\ell) + H_2CO_3(aq)$

$$K_{líquido} = (K_{ps})(1/K_{a2})(1/K_{a1}) = 1,7 \times 10^8$$

O ácido carbônico, um produto dessa reação, é instável:

$$H_2CO_3(aq) \rightleftharpoons CO_2(g) + H_2O(\ell) \qquad K \approx 10^5$$

e você observa o CO_2 borbulhar para fora da solução, um processo que desloca o equilíbrio de $CaCO_3 + H_3O^+$ ainda mais para a direita. O carbonato de cálcio se dissolve completamente em ácido forte!

Solubilidade do Sulfeto de Metal A verdadeira solubilidade de um sulfeto de metal é mais bem representada por uma constante de produto de solubilidade modificada, K'_{ps}, a qual é definida como segue:

$$MS(s) \rightleftharpoons M^{2+}(aq) + S^{2-}(aq)$$
$$K_{ps} = [M^{2+}][S^{2-}]$$

$$S^{2-}(aq) + H_2O(\ell) \rightleftharpoons$$
$$HS^-(aq) + OH^-(aq)$$
$$K_b = [HS^-][OH^-]/[S^{2-}]$$

Reação global:

$$MS(s) + H_2O(\ell) \rightleftharpoons$$
$$HS^-(aq) + M^{2+}(aq) + OH^-(aq)$$
$$K'_{ps} = [M^{2+}][HS^-][OH^-] = K_{ps} \times K_b$$

Os valores para K'_{ps} para vários sulfetos de metais estão incluídos no Apêndice J (Tabela 18B).

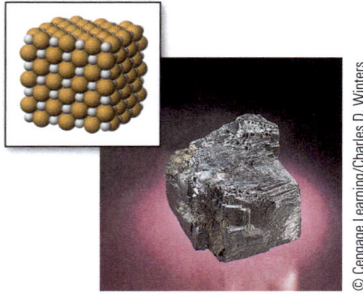

© Cengage Learning/Charles D. Winters

FIGURA 17.14 Sulfeto de chumbo(II) (galena). Este e outros sulfetos de metal se dissolvem em água em uma extensão maior do que a esperada, porque o íon sulfeto reage com água para formar HS⁻ e OH⁻.

$$PbS(s) + H_2O(\ell) \rightleftharpoons$$
$$Pb^{2+}(aq) + HS^-(aq) + OH^-(aq)$$

O modelo de PbS mostra que a unidade celular é cúbica, uma característica refletida pelos cristais cúbicos do mineral galena.

FIGURA 17.15 O efeito do ânion na solubilidade do sal em ácido.
(*À esquerda*) Um precipitado de AgCl (branco) e Ag_3PO_4 (amarelo). (*À direita*) Adição de um ácido forte (HNO_3) dissolve Ag_3PO_4 (e deixa AgCl insolúvel). O ânion básico PO_4^{3-} reage com ácido para resultar em H_3PO_4, ao passo que Cl^- é muito fracamente básico para formar HCl.

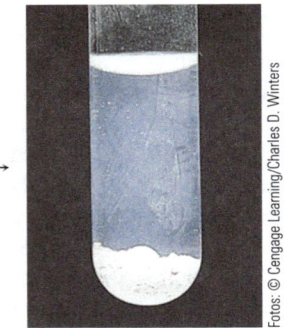

Adição ácido forte →

Fotos: © Cengage Learning/Charles D. Winters

Precipitado de AgCl e Ag_3PO_4

Precipitado de AgCl

Muitos sulfetos metálicos também são solúveis em ácidos fortes

$$FeS(s) + 2\ H_3O^+(aq) \rightleftharpoons Fe^{2+}(aq) + H_2S(aq) + 2\ H_2O(\ell)$$

assim como são os fosfatos metálicos (Figura 17.15),

$$Ag_3PO_4(s) + 3\ H_3O^+(aq) \rightleftharpoons 3\ Ag^+(aq) + H_3PO_4(aq) + 3\ H_2O(\ell)$$

e hidróxidos metálicos.

$$Mg(OH)_2(s) + 2\ H_3O^+(aq) \rightleftharpoons Mg^{2+}(aq) + 4\ H_2O(\ell)$$

Em geral, a solubilidade de um sal que contém a base conjugada de um ácido fraco é elevada pela adição de um ácido mais forte à solução. Por outro lado, sais não são solúveis em ácido forte se o ânion for a base conjugada de um ácido forte. Por exemplo, AgCl não é solúvel em ácido forte

$$AgCl(s) \rightleftharpoons Ag^+(aq) + Cl^-(aq) \qquad\qquad K_{ps} = 1,8 \times 10^{-10}$$

$$H_3O^+(aq) + Cl^-(aq) \rightleftharpoons HCl(aq) + H_2O(\ell) \qquad K << 1$$

porque Cl^- é uma base muito fraca (◄ Tabela 16.2), e assim a sua concentração não é reduzida por uma reação com o ácido forte H_3O^+ (Figura 17.15). Essa mesma conclusão também se aplicaria aos sais insolúveis de Br^- e I^-.

EXERCÍCIOS PARA A SEÇÃO 17.4

1. Qual é a expressão K_{ps} para o carbonato de prata?

   (a) $K_{ps} = [Ag^+][CO_3^{2-}]$ (c) $K_{ps} = [Ag^+][CO_3^{2-}]^2$

   (b) $K_{ps} = [Ag^+]^2[CO_3^{2-}]$

2. Usando valores de K_{ps}, preveja qual sal em cada par é mais solúvel em água.

   (a) AgCl ($K_{ps} = 1,8 \times 10^{-10}$) ou AgCN ($K_{ps} = 6,0 \times 10^{-17}$)

   (b) $Mg(OH)_2$ ($K_{ps} = 5,6 \times 10^{-12}$) ou $Ca(OH)_2$ ($K_{ps} = 5,5 \times 10^{-5}$)

   (c) $Ca(OH)_2$ ($K_{ps} = 5,5 \times 10^{-5}$) ou $CaSO_4$ ($K_{ps} = 4,9 \times 10^{-5}$)

3. Qual é a solubilidade de $PbSO_4$ em água a 25 °C? (K_{ps} para o $PbSO_4 = 2,5 \times 10^{-8}$)

   (a) $2,5 \times 10^{-8}$ M   (b) $1,6 \times 10^{-4}$ M   (c) $6,3 \times 10^{-16}$ M

4. Qual é a solubilidade de $PbSO_4$ em água a 25 °C se a solução já contém 0,25 M de Na_2SO_4? (K_{ps} para o $PbSO_4 = 2,5 \times 10^{-8}$)

   (a) $1,0 \times 10^{-7}$ M   (b) $1,6 \times 10^{-4}$ M   (c) $6,3 \times 10^{-9}$ M

5. Qual composto deve ser mais solúvel em 0,1 M de HCl?

   (a) $FeCO_3$ ($K_{ps} = 3,1 \times 10^{-11}$)   (b) AgCl ($K_{ps} = 1,8 \times 10^{-10}$)

17-5 Reações de Precipitação

Os minérios contêm metais na forma de um sal insolúvel (Figura 17.16) e, para complicar ainda mais, os minérios muitas vezes contêm vários tipos de sais metálicos. Muitos métodos industriais para a separação de metais de seus minérios envolvem a dissolução de sais de metal para se obter os íons metálicos em solução. A solução é então concentrada de alguma maneira, e um agente precipitante é adicionado para precipitar seletivamente um único tipo de íon metal, como um sal insolúvel. No caso do níquel, por exemplo, o íon Ni^{2+} pode ser precipitado como os insolúveis sulfeto de níquel(II) ou carbonato de níquel(II).

FIGURA 17.16 Minerais. Os minerais são sais insolúveis. Os minerais mostrados aqui são a fluorita, violeta-claro (fluoreto de cálcio), a hematita preta [óxido de ferro(III)] e a goetita, uma mistura de óxido de ferro(III) e hidróxido de ferro(III), que possui cor de ferrugem.

$$Ni^{2+}(aq) + HS^-(aq) + H_2O(\ell) \rightleftharpoons NiS(s) + H_3O^+(aq) \qquad K = 1{,}7 \times 10^{18}$$

$$Ni^{2+}(aq) + CO_3{}^{2-}(aq) \rightleftharpoons NiCO_3(s) \qquad K = 7{,}1 \times 10^6$$

Depois de separar o sal insolúvel, o passo final na obtenção do metal em si é reduzir o cátion metálico para o metal química ou eletroquimicamente (▶ Capítulo 19).

Nosso objetivo imediato nesta seção é trabalhar métodos para determinar se um precipitado se formará sob um determinado conjunto de condições.

K_{ps} e o Quociente de Reação, Q

O cloreto de prata dissolve em uma quantidade muito pequena em água e tem um valor de K_{ps} correspondentemente pequeno.

$$AgCl(s) \rightleftharpoons Ag^+(aq) + Cl^-(aq) \qquad K_{ps} = [Ag^+][Cl^-] = 1{,}8 \times 10^{-10}$$

Mas olhe para o problema por outro ângulo: se uma solução contém íons Ag^+ e Cl^- em alguma concentração, AgCl precipitará da solução? Esta é a mesma pergunta que fizemos na Seção 15.2, quando queríamos saber se uma determinada mistura de reagentes e produtos era uma mistura em equilíbrio, se os reagentes continuaram a formar produtos ou se os produtos reverteriam para reagentes. O procedimento foi calcular o quociente da reação, Q.

Para o cloreto de prata, a expressão para o quociente de reação, Q, é

$$Q = [Ag^+][Cl^-]$$

Lembre-se de que *a diferença entre Q e K é que as concentrações na expressão do quociente da reação, Q, podem ou não ser as que estão em equilíbrio.* Para o caso de um sal pouco solúvel, como AgCl, podemos chegar às seguintes conclusões (◀ Seção 15.2).

1. Se $Q = K_{ps}$, a solução está saturada.

Quando $Q = K_{ps}$, as concentrações dos íons atingiram o seu valor máximo.

2. Se $Q < K_{ps}$, a solução não está saturada.

Isso pode significar uma de duas coisas: (i) Se AgCl sólido está presente, maior quantidade se dissolverá até que o equilíbrio seja atingido (quando $Q = K_{ps}$). (ii) Se AgCl sólido já não está presente, mais $Ag^+(aq)$ ou mais $Cl^-(aq)$ (ou ambos) pode(m) ser adicionado(s) à solução até que a precipitação de AgCl sólido comece (quando $Q > K_{ps}$).

3. Se $Q > K_{ps}$, a solução está supersaturada e a precipitação ocorrerá.

Se $Q > K_{ps}$, então a precipitação ocorrerá até $Q = K_{ps}$.

PROBLEMA

AgCl precipitará em valores especificados de $[Ag^+]$ e $[Cl^-]$?

↓

DADOS/INFORMAÇÕES CONHECIDOS

- Valor de K_{ps} para AgCl
- Concentração de Ag^+
- Concentração de Cl^-

ETAPA 1. Escreva a expressão para **Q**, o quociente da reação.

↓

$Q = [Ag^+][Cl^-]$

ETAPA 2. Insira as concentrações na **expressão de Q** e resolva.

↓

$Q < K_{ps}$, assim, mais AgCl dissolverá.

EXEMPLO 17.13

Solubilidade e Quociente da Reação

Problema AgCl sólido foi colocado em uma proveta de água. Depois de algum tempo, as concentrações de Ag^+ e Cl^- são, cada uma, de $1,2 \times 10^{-5}$ mol/L. O sistema atingiu o equilíbrio? Em caso negativo, mais AgCl dissolverá?

O que você sabe? Você sabe a equação balanceada para a dissolução de AgCl, seu valor de K_{ps} e as concentrações de Ag^+ e Cl^-.

Estratégia

- Escreva a equação balanceada para dissolver o sal e então escreva a expressão para o quociente da reação, Q.

- Use as concentrações dos íons experimentais para calcular o quociente da reação, Q. Compare Q e K_{ps} para decidir se o sistema está em equilíbrio (isto é, se $Q = K_{ps}$).

Solução

$$AgCl(s) \rightleftharpoons Ag^+(aq) + Cl^-(aq) \qquad K_{ps} = [Ag^+][Cl^-] = 1,8 \times 10^{-10}$$

$$Q = [Ag^+][Cl^-] = (1,2 \times 10^{-5})(1,2 \times 10^{-5}) = 1,4 \times 10^{-10}$$

Aqui, Q é inferior a K_{ps} ($1,8 \times 10^{-10}$). A solução ainda não está saturada, e AgCl continuará a dissolver até que $Q = K_{ps}$, em cujo ponto $[Ag^+] = [Cl^-] = 1,3 \times 10^{-5}$ M. Isto é, um adicional de $0,1 \times 10^{-5}$ mol de AgCl dissolverá por litro.

Pense bem antes de responder A dissolução é muitas vezes um processo bastante lento. Se você medir as concentrações dos íons em um determinado momento, elas podem não ter ainda chegado a um valor de equilíbrio, como é o caso aqui. Em contraste, as reações ácido-base geralmente prosseguem rapidamente rumo ao equilíbrio.

Verifique seu entendimento

PbI_2 sólido ($K_{ps} = 9,8 \times 10^{-9}$) é colocado em um Béquer com água. Depois de um período de tempo, a concentração de chumbo(II) é medida e verificou-se ser de $1,1 \times 10^{-3}$ M. O sistema atingiu o equilíbrio? Isto é, a solução está saturada? Se não, mais PbI_2 dissolverá?

K_{ps}, o Quociente da Reação, e as Reações de Precipitação

Usando o quociente da reação e a constante de produto de solubilidade, podemos decidir (1) se um precipitado formará quando as concentrações de íons são conhecidas ou (2) quais concentrações de íons são necessárias para iniciar a precipitação de um sal insolúvel.

Suponha que a concentração de íons magnésio em uma solução aquosa seja de $1,5 \times 10^{-6}$ M. Se NaOH suficiente é adicionado para transformar a solução a $1,0 \times 10^{-4}$ M em íons hidróxido, OH^-, a precipitação de $Mg(OH)_2$ ocorrerá ($K_{ps} = 5,6 \times 10^{-12}$)? Se não, ela ocorrerá se a concentração de OH^- for aumentada para $1,0 \times 10^{-2}$ M?

A nossa estratégia é semelhante àquela no Exemplo 17.13. Isto é, usar as concentrações de íons para calcular o valor de Q e então comparar com K_{ps} para decidir se o sistema está em equilíbrio. Começamos com a equação para a dissolução de $Mg(OH)_2$.

$$Mg(OH)_2(s) \rightleftharpoons Mg^{2+}(aq) + 2 OH^-(aq)$$

Quando as concentrações de íons magnésio e hidróxido forem aquelas dadas anteriormente, descobrimos que Q é menor que K_{ps}.

$$Q = [Mg^{2+}][OH^-]^2 = (1,5 \times 10^{-6})(1,0 \times 10^{-4})^2 = 1,5 \times 10^{-14}$$

$$Q \ (1,5 \times 10^{-14}) < K_{ps} \ (5,6 \times 10^{-12})$$

Isso significa que a solução ainda não está saturada e não ocorre precipitação.

Quando [OH$^-$] é aumentada para $1,0 \times 10^{-2}$ M, o quociente da reação é $1,5 \times 10^{-10}$,

$$Q = (1,5 \times 10^{-6})(1,0 \times 10^{-2})^2$$

$$Q = 1,5 \times 10^{-10} > K_{ps} (5,6 \times 10^{-12})$$

e o quociente da reação é agora *maior* que K_{ps}. A precipitação de $Mg(OH)_2$ ocorre e continuará até que as concentrações de íons Mg^{2+} e OH$^-$ tenham diminuído para o ponto em que o seu produto é igual a K_{ps}.

Voltemo-nos agora para um problema semelhante: decidir quanto do agente precipitante é necessário para começar a precipitação de um íon em um determinado nível de concentração.

EXEMPLO 17.14

Concentrações de Íon Necessárias para Iniciar a Precipitação

Problema A concentração de íon bário, Ba^{2+}, em uma solução é 0,010 M.

(a) Qual concentração de íon sulfato, SO_4^{2-}, é necessária para iniciar a precipitação de $BaSO_4$?

(b) Quando a concentração do íon sulfato na solução atinge 0,015 M, qual concentração de íon bário permanecerá na solução?

O que você sabe? Existem três termos na expressão K_{ps}: K_{ps} e as concentrações de ânion e de cátion. Aqui, você conhece K_{ps} ($1,1 \times 10^{-10}$) e uma das concentrações de íon. Você pode então calcular a concentração do outro íon.

Estratégia

- Escreva a equação balanceada para a dissolução do $BaSO_4$ e a expressão do K_{ps}.

- **Parte (a):** Use a expressão do K_{ps} para calcular [SO_4^{2-}] quando [Ba^{2+}] = 0,010 M.

- **Parte (b):** Use a expressão do K_{ps} para calcular [Ba^{2+}] quando [SO_4^{2-}] = 0,015 M.

Solução

$$BaSO_4(s) \rightleftharpoons Ba^{2+}(aq) + SO_4^{2-}(aq) \qquad K_{ps} = [Ba^{2+}][SO_4^{2-}] = 1,1 \times 10^{-10}$$

(a) Quando o produto das concentrações de íons excede o K_{ps} (= $1,1 \times 10^{-10}$) – isto é, quando $Q > K_{ps}$ –, a precipitação ocorrerá. A concentração do íon Ba^{2+} é conhecida (0,010 M), de modo que a concentração do íon SO_4^{2-} necessária para a precipitação pode ser calculada.

$$[SO_4^{2-}] = \frac{K_{ps}}{[Ba^{2+}]} = \frac{1,1 \times 10^{-10}}{0,010} = \boxed{1,1 \times 10^{-8} \text{ M}}$$

O resultado nos diz que, se a concentração do íon sulfato é apenas um pouco maior que $1,1 \times 10^{-8}$ M, $BaSO_4$ começará a precipitar.

(b) Se a concentração do íon sulfato é aumentada para 0,015 M, a concentração máxima do íon Ba^{2+} que pode existir na solução (em equilíbrio com $BaSO_4$) é

$$[Ba^{2+}] = \frac{K_{ps}}{[SO_4^{2-}]} = \frac{1,1 \times 10^{-10}}{0,015} = \boxed{7,3 \times 10^{-9} \text{ M}}$$

Pense bem antes de responder O fato de a concentração do íon bário ser tão pequena quando [SO_4^{2-}] = 0,015 M significa que o íon Ba^{2+} foi essencialmente removido da solução. (Ela começou em 0,010 M e diminuiu por um fator de cerca de 1 milhão.)

Verifique seu entendimento

Qual é a concentração mínima de I$^-$ que pode causar a precipitação de PbI_2 em uma solução de 0,050 M de $Pb(NO_3)_2$? K_{ps} para o PbI_2 é $9,8 \times 10^{-9}$. Qual concentração de íons Pb^{2+} permanece na solução quando a concentração de I$^-$ é 0,0015 M?

Mapa Estratégico 17.14

PROBLEMA

Qual concentração de SO_4^{2-} é necessária para iniciar a precipitação de $BaSO_4$?

↓

DADOS/INFORMAÇÕES CONHECIDOS

- Valor de K_{ps} para $BaSO_4$
- [Ba^{2+}] Inicial

ETAPA 1. Escreva a **expressão** para K_{ps}.

↓

$$K_{ps} = [Ba^{2+}][SO_4^{2-}]$$

ETAPA 2. Insira a **concentração** de Ba^{2+} e resolva para encontrar o valor de [SO_4^{2-}].

↓

$BaSO_4$ começa a precipitar quando [SO_4^{2-}] excede o valor calculado.

EXEMPLO 17.15

K_{ps} e Precipitações

Problema Suponha que você misture 100,0 mL de 0,0200 M de $BaCl_2$ com 50,0 mL de 0,0300 M de Na_2SO_4. O $BaSO_4$ ($K_{ps} = 1,1 \times 10^{-10}$) precipitará?

O que você sabe? Você conhece a concentração de dois compostos diferentes em soluções de diferentes volumes. Sabe que $BaCl_2$ e Na_2SO_4 combinarão para resultar em um precipitado, $BaSO_4$, se eles forem misturados em concentração suficiente. Você também sabe o valor de K_{ps} para o $BaSO_4$.

Estratégia Aqui, você mistura duas soluções, uma contendo íons Ba^{2+}, e a outra, íons SO_4^{2-}, ambas com concentração e volume conhecidos, e $BaSO_4$ insolúvel pode ser formado.

- Calcule a concentração de cada um desses íons após a mistura.

- Conhecendo as concentrações de íons na solução combinada, calcule Q e compare-o com o valor de K_{ps} para $BaSO_4$ para decidir se $BaSO_4$ precipitará sob essas circunstâncias.

Solução Primeiro use a equação $c_1V_1 = c_2V_2$ (◄ Seção 4.5) para calcular c_2, a concentração de íons Ba^{2+} e SO_4^{2-} após a mistura, para obter uma nova solução com um volume de 150,0 mL ($= V_2$).

$$[Ba^{2+}] \text{ após a mistura} = \frac{(0,0200 \text{ mol/L})(0,1000 \text{ L})}{0,1500 \text{ L}} = 0,0133 \text{ M}$$

$$[SO_4^{2-}] \text{ após a mistura} = \frac{(0,0300 \text{ mol/L})(0,0500 \text{ L})}{0,1500 \text{ L}} = 0,0100 \text{ M}$$

O equilíbrio que rege a reação que pode ocorrer é

$$BaSO_4(s) \rightleftharpoons Ba^{2+}(aq) + SO_4^{2-}(aq) \qquad K_{ps} = [Ba^{2+}][SO_4^{2-}] = 1,1 \times 10^{-10}$$

Agora, o quociente da reação pode ser calculado.

$$Q = [Ba^{2+}][SO_4^{2-}] = (0,0133)(0,0100) = 1,33 \times 10^{-4}$$

Q é muito maior que K_{ps}, assim, $BaSO_4$ precipita.

Pense bem antes de responder O valor de K_{ps} para $BaSO_4$ é muito pequeno, por isso, misturar soluções com íons Ba^{2+} e SO_4^{2-}, mesmo em concentrações muito baixas, pode levar à precipitação de $BaSO_4$.

Verifique seu entendimento

Você tem 100,0 mL de nitrato de prata 0,0010 M. O AgCl precipitará se você adicionar 5,0 mL de HCl 0,025 M?

EXERCÍCIO PARA A SEÇÃO 17.5

1. O $SrSO_4$ precipitará em uma solução contendo $2,5 \times 10^{-4}$ M de íons estrôncio Sr^{2+}, se uma quantidade suficiente do sal solúvel Na_2SO_4 for adicionada para produzir a solução de $2,5 \times 10^{-4}$ M em SO_4^{2-}? K_{ps} para o $SrSO_4$ é $3,4 \times 10^{-7}$.

   (a) sim   (b) não   (c) não posso decidir

Íons Complexos Íons complexos são predominantes na Química e são a base de substâncias biologicamente importantes, como a hemoglobina e a vitamina B_{12}. Eles são descritos em mais detalhes no Capítulo 22. Veja também a Seção 16.10.

17-6 Equilíbrio Envolvendo Íons Complexos

Os íons metálicos existem em solução aquosa como íons complexos (◄ Seção 16.10). Íons complexos consistem no íon de metal e outras moléculas ou íons ligados em uma única entidade. Na água, os íons metálicos são sempre rodeados por moléculas de água, com a extremidade negativa da molécula polar da água, o átomo de oxigênio, atraído pelo íon positivo do metal. No caso do Ni^{2+}, o íon existe como $[Ni(H_2O)_6]^{2+}$ em água. Ao adicionar amônia, moléculas de água são deslocadas sucessivamente, e na presença de uma concentração de amônia suficientemente elevada, o íon complexo $[Ni(NH_3)_6]^{2+}$ é formado. Muitas moléculas orgânicas também formam íons complexos com íons metálicos, sendo um exemplo o complexo com o íon dimetilglioximato na Figura 17.17.

As moléculas ou íons que se ligam a íons metálicos são chamados **ligantes** (◄Capítulo 22). Em solução aquosa, os íons metálicos e os ligantes existem em equilíbrio, e as constantes de equilíbrio para essas reações são referidas como **constantes de formação**, K_f (Apêndice K). Por exemplo,

$$Cu^{2+}(aq) + NH_3(aq) \rightleftharpoons [Cu(NH_3)]^{2+}(aq) \qquad K_{f1} = 2,0 \times 10^4$$

$$[Cu(NH_3)]^{2+}(aq) + NH_3(aq) \rightleftharpoons [Cu(NH_3)_2]^{2+}(aq) \qquad K_{f2} = 4,7 \times 10^3$$

$$[Cu(NH_3)_2]^{2+}(aq) + NH_3(aq) \rightleftharpoons [Cu(NH_3)_3]^{2+}(aq) \qquad K_{f3} = 1,1 \times 10^3$$

$$[Cu(NH_3)_3]^{2+}(aq) + NH_3(aq) \rightleftharpoons [Cu(NH_3)_4]^{2+}(aq) \qquad K_{f4} = 2,0 \times 10^2$$

Nessas reações, Cu^{2+} começa como $[Cu(H_2O)_4]^{2+}$, mas a amônia desloca sucessivamente as moléculas de água. Em geral, a formação do íon complexo tetramina de cobre(II) possui uma constante de equilíbrio de $2,1 \times 10^{13}$ (= $K_{f1} \times K_{f2} \times K_{f3} \times K_{f4}$).

$$Cu^{2+}(aq) + 4 NH_3(aq) \rightleftharpoons [Cu(NH_3)_4]^{2+}(aq) \qquad K_f = 2,1 \times 10^{13}$$

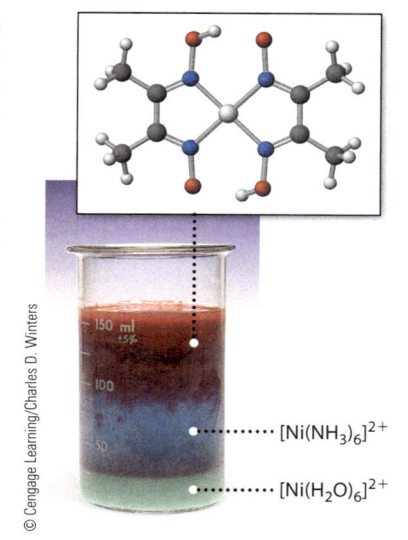

Complexo dimetilglioximato do íon Ni^{2+}

$[Ni(NH_3)_6]^{2+}$

$[Ni(H_2O)_6]^{2+}$

FIGURA 17.17 Íons complexos. A solução verde contém íons $Ni(H_2O)_6^{2+}$ solúveis, nos quais as moléculas de água são ligadas a íons Ni^{2+} por forças íon-dipolo. Esse íon complexo dá à solução sua cor verde. O íon complexo Ni^{2+} – amônia é púrpura. O sólido vermelho, insolúvel, é o complexo dimetilglioximato do íon Ni^{2+} $[Ni(C_4H_7O_2N_2)_2]$ (modelo acima). A formação desse belo composto vermelho insolúvel é o teste clássico para a presença do íon Ni^{2+} aquoso.

© Cengage Learning/Charles D. Winters

EXEMPLO 17.16

Equilíbrios de Íon Complexo

Problema Qual é a concentração de íons Cu^{2+} em uma solução preparada por adição de 0,00100 mol de $Cu(NO_3)_2$ em 1,00 L de 1,50 M de NH_3? K_f para o íon complexo de cobre-amônia $[Cu(NH_3)_4]^{2+}$ é $2,1 \times 10^{13}$.

O que você sabe? Aqui você conhece a concentração das espécies que formam o íon complexo (Cu^{2+} e NH_3) e sabe a constante de formação para o íon complexo.

Estratégia A constante de formação para o íon complexo é muito grande, assim você começa com o pressuposto de que todos os íons Cu^{2+} reagem com NH_3 para formar $[Cu(NH_3)_4]^{2+}$. Isto é, a concentração inicial do íon complexo $[Cu(NH_3)_4]^{2+}$ é 0,00100 M. Esse cátion então se dissocia para produzir íons Cu^{2+} e íons NH_3 adicionais na solução. A constante de equilíbrio para a dissociação de $[Cu(NH_3)_4]^{2+}$ é a recíproca de K_f, porque a dissociação do íon é o reverso de sua formação.

- Escreva uma equação balanceada para a dissociação do íon complexo que se formou na solução e construa uma tabela IVE.

- Assuma que todos os íons Cu^{2+} na solução estão na forma $[Cu(NH_3)_4]^{2+}$ (0,00100 M). Isso significa que $[NH_3]$ = concentração original – 4 $\times$ 0,00100 M.

- Assuma que a concentração do íon complexo dissociado em equilíbrio é x, então x mol/L de Cu^{2+} são liberados para a solução, assim como são $4x$ mol/L de NH_3.

- Use as concentrações de equilíbrio dos íons na expressão para $K_{dissociação}$ (= $1/K_f$) e resolva para encontrar o valor de x (que é a concentração de Cu^{2+} em equilíbrio).

Solução Construa uma tabela IVE para a dissociação de $[Cu(NH_3)_4]^{2+}$.

EQUAÇÃO	$[Cu(NH_3)_4]^{2+}(aq)$	$\rightleftharpoons$	$Cu^{2+}(aq)$	+	$4 NH_3(aq)$
Inicial (M)	0,00100		0		1,50 − 0,00400 M
Variação (M)	−x		+x		+$4x$
Equilíbrio (M)	0,00100 − x ≈ 0,00100		x		1,50 − 0,00400 + $4x$ ≈ 1,50

Aqui você assume que o valor de x é tão pequeno que a concentração do íon complexo é muito próxima de 0,00100 M e que a concentração de NH_3 em equilíbrio é o que estava originalmente lá.

$$K_{dissociação} = \frac{1}{K_f} = \frac{1}{2,1 \times 10^{13}} = \frac{[Cu^{2+}][NH_3]^4}{\{[Cu(NH_3)_4]^{2+}\}} = \frac{(x)(1,50)^4}{0,00100}$$

$$x = [Cu^{2+}] = \boxed{9,4 \times 10^{-18} \text{ M}}$$

Pense bem antes de responder Certifique-se de testar sua hipótese de que x é tão pequeno que pode ser negligenciado na determinação das concentrações de equilíbrio de $[Cu(NH_3)_4]^{2+}$ e NH_3. Certamente ele encontra-se nesse caso.

Verifique seu entendimento

Nitrato de prata (0,0050 mol) é adicionado a 1,00 L de 1,00 M de NH_3. Qual é a concentração de íons Ag^+ em equilíbrio?

$$Ag^+(aq) + 2\ NH_3(aq) \rightleftharpoons [Ag(NH_3)_2]^+(aq) \qquad K_f = 1,1 \times 10^7$$

EXERCÍCIO PARA A SEÇÃO 17.6

1. Cloreto de ferro(II) (0,0025 mol) é adicionado a 1,00 L de 0,500 M de NaCN. Qual é a concentração de íons Fe^{2+} em equilíbrio? K_f para o $[Fe(CN)_6]^{4-}$ é $1,0 \times 10^{35}$.

    (a) $1,0 \times 10^{-35}$ M   (b) $1,9 \times 10^{-36}$ M   (c) $5,2 \times 10^{-38}$ M

17-7 Solubilidade e Íons Complexos

O cloreto de prata não se dissolve na água ou em ácido forte, mas sim em amônia, porque forma um íon complexo solúvel em água, $[Ag(NH_3)_2]^+$ (Figura 17.18).

$$AgCl(s) + 2\ NH_3(aq) \rightleftharpoons [Ag(NH_3)_2]^+(aq) + Cl^-(aq)$$

A dissolução de AgCl(s) pode ser vista como um processo de duas etapas. Em primeiro lugar, AgCl dissolve-se minimamente na água, resultando nos íons $Ag^+(aq)$ e $Cl^-(aq)$. Então, o íon $Ag^+(aq)$ combina-se com NH_3 para formar o complexo de amônia. A diminuição da concentração de $Ag^+(aq)$ devido à complexação com NH_3 desloca o equilíbrio de solubilidade para a direita, e mais AgCl sólido dissolve-se.

$$AgCl(s) \rightleftharpoons Ag^+(aq) + Cl^-(aq) \qquad\qquad K_{ps} = 1,8 \times 10^{-10}$$

$$Ag^+(aq) + 2\ NH_3(aq) \rightleftharpoons [Ag(NH_3)_2]^+(aq) \qquad\qquad K_f = 1,1 \times 10^7$$

Este é um exemplo de combinar ou "acoplar" dois (ou mais) equilíbrios, dos quais um é uma reação que favorece os produtos e a outra, favorece o reagente.

O grande valor da constante de formação para $[Ag(NH_3)_2]^+$ significa que o equilíbrio encontra-se bem para a direita, e AgCl pode dissolver na presença de NH_3. Se você combinar K_f com K_{ps}, obtém a constante de equilíbrio líquida para a interação entre AgCl e amônia aquosa.

$$K_{líquido} = K_{ps} \times K_f = (1,8 \times 10^{-10})(1,1 \times 10^7) = 2,0 \times 10^{-3}$$

$$K_{líquido} = 2,0 \times 10^{-3} = \frac{\{[Ag(NH_3)_2]^+\}[Cl^-]}{[NH_3]^2}$$

Mesmo que o valor de $K_{líquido}$ pareça pequeno, se você usar uma grande concentração de NH_3, a concentração de $[Ag(NH_3)_2]^+$ na solução pode ser apreciável. O cloreto de prata é, portanto, mais solúvel na presença de amônia que em água pura.

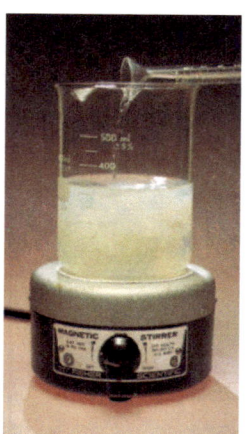   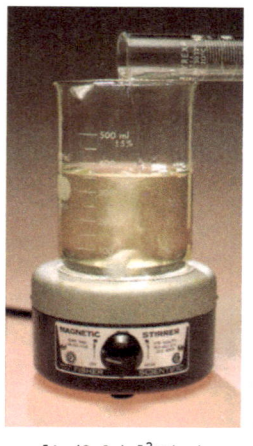

AgCl(s),
$K_{ps} = 1,8 \times 10^{-10}$

(a) AgCl precipita na adição de NaCl(aq) a AgNO$_3$(aq).

$[Ag(NH_3)_2]^+$(aq)

(b) O precipitado de AgCl dissolve-se adicionando-se NH$_3$ aquoso para resultar em $[Ag(NH_3)_2]^+$ solúvel em água

AgBr(s),
$K_{ps} = 5,4 \times 10^{-13}$

(c) O íon complexo prata-amônia é alterado para AgBr insolúvel com a adição de NaBr(aq).

$[Ag(S_2O_3)_2]^{3-}$(aq)

(d) AgBr sólido é dissolvido com a adição de Na$_2$S$_2$O$_3$(aq). O produto é o íon complexo solúvel em água $[Ag(S_2O_3)_2]^{3-}$.

Fotos: © Cengage Learning/Charles D. Winters

FIGURA 17.18 Formando e dissolvendo precipitados. Compostos insolúveis frequentemente dissolvem-se após a adição de um agente de complexação.

As estabilidades dos vários íons complexos envolvendo prata(I) podem ser comparadas ao se comparar os valores das suas constantes de formação.

EQUILÍBRIO DE FORMAÇÃO	K_f
Ag$^+$(aq) + 2 Cl$^-$(aq) $\rightleftharpoons$ [AgCl$_2$]$^-$(aq)	$1,1 \times 10^5$
Ag$^+$(aq) + 2 S$_2$O$_3^{2-}$(aq) $\rightleftharpoons$ [Ag(S$_2$O$_3$)$_2$]$^{3-}$(aq)	$2,9 \times 10^{13}$
Ag$^+$(aq) + 2 CN$^-$(aq) $\rightleftharpoons$ [Ag(CN)$_2$]$^-$(aq)	$1,3 \times 10^{21}$

A formação de todos os três complexos de prata é fortemente produto-favorecida, e o íon complexo cianeto $[Ag(CN)_2]^-$ é o mais estável dos três.

A Figura 17.18 mostra o que ocorre quando íons complexos se formam. Começando com um precipitado de AgCl, a adição de amônia aquosa dissolve o precipitado para se obter o íon complexo solúvel $[Ag(NH_3)_2]^+$. Brometo de prata é ainda mais estável que $[Ag(NH_3)_2]^+$, assim AgBr ($K_{ps} = 5,4 \times 10^{-13}$) forma-se preferencialmente ao íon complexo ao se adicionar o íon brometo. Se o íon tiossulfato, $S_2O_3^{2-}$, é então adicionado, AgBr dissolve-se devido à formação de $[Ag(S_2O_3)_2]^{3-}$, um íon complexo com uma grande constante de formação ($2,9 \times 10^{13}$).

EXEMPLO 17.17

Íons Complexos e Solubilidade

Problema Qual é o valor da constante de equilíbrio, $K_{\text{líquido}}$, para a dissolução de AgBr em uma solução contendo o íon tiossulfato, $S_2O_3^{2-}$ (Figura 17.18)? O AgBr dissolverá prontamente, adicionando tiossulfato de sódio aquoso ao sólido?

O que você sabe? Há dois equilíbrios aqui. Um é para dissolver AgBr em água para se obter os íons Ag$^+$ e Br$^-$, e a sua constante de equilíbrio é K_{ps}. O outro é a formação de íons $[Ag(S_2O_3)_2]^{3-}$ por íons Ag$^+$ e $S_2O_3^{2-}$; a sua constante de equilíbrio é K.

Estratégia A soma dos vários processos de equilíbrio resulta na equação química líquida. $K_{líquido}$ é o produto dos valores de K das equações químicas somadas (◀ Seção 15.5).

Solução A reação global para a dissolução de AgBr na presença do ânion tiossulfato é a soma dos dois processos de equilíbrio.

$$AgBr(s) \rightleftharpoons Ag^+(aq) + Br^-(aq) \qquad K_{ps} = 5,0 \times 10^{-13}$$

$$Ag^+(aq) + 2\,S_2O_3{}^{2-}(aq) \rightleftharpoons [Ag(S_2O_3)_2]^{3-}(aq) \qquad K_f = 2,9 \times 10^{13}$$

Equação Química Global:

$$AgBr(s) + 2\,S_2O_3{}^{2-}(aq) \rightleftharpoons [Ag(S_2O_3)_2]^{3-}(aq) + Br^-(aq) \qquad K_{líquido} = K_{ps} \times K_f = 15$$

AgBr está previsto para dissolver-se prontamente em $Na_2S_2O_3$ aquoso, como observado (Figura 17.18).

Pense bem antes de responder O valor de $K_{líquido}$ é maior que 1, indicando uma reação produto-favorecida no estado de equilíbrio.

Verifique seu entendimento

Calcule o valor da constante de equilíbrio, $K_{líquido}$, para a dissolução de $Cu(OH)_2$ em amônia aquosa (para formar o íon complexo $[Cu(NH_3)_4]^{2+}$) (◀ Figura 16.9).

EXERCÍCIO PARA A SEÇÃO 17.7

1. Qual é a constante de equilíbrio para o processo de dissolução de AgI pela adição de NaCN aquoso? K_{ps} para o AgI é $8,5 \times 10^{-17}$ e K_f para o $[Ag(CN)_2]^-$ é $1,3 \times 10^{21}$.

   (a) $6,5 \times 10^{-4}$ (b) $8,7 \times 10^4$ (c) $1,1 \times 10^5$

APLICANDO PRINCÍPIOS QUÍMICOS

Tudo que Reluz...

Por milhares de anos, o ouro tem sido utilizado em joias e moedas. O ouro não mancha e pode ser transformado em fios ou martelado em forma de folhas. Na sociedade moderna, as mais importantes aplicações desse elemento podem ser em eletrônica, campo em que a sua elevada condutividade e resistência à corrosão o tornam valioso para fios e conectores.

A mineração de ouro evoca imagens de mineiros na extração de ouro em córregos de montanhas ou quebrando rochas com picaretas. No entanto, a porcentagem de ouro na maioria dos depósitos é demasiado baixa para que esses métodos de extração sejam viáveis. Mineiros de hoje explodem e esmagam enormes quantidades de minério aurífero e depois dissolvem o ouro a partir do minério, utilizando um processo químico que envolve íon cianeto e oxigênio.

$$4\,Au(s) + 8\,NaCN(aq) + O_2(g) + 2\,H_2O(\ell) \rightarrow$$
$$4\,NaAu(CN)_2(aq) + 4\,NaOH(aq)$$

A solução contendo o íon complexo solúvel $[Au(CN)_2]^-$ é filtrada para separá-lo dos sólidos. O ouro metálico é então recuperado, fazendo reagir o complexo de cianeto com zinco. O zinco reduz o complexo de ouro(I) para ouro elementar e, em seguida, junta-se com o cianeto para formar $[Zn(CN)_4]^{2-}$.

Grandes volumes de cianeto de sódio aquoso de 0,035% são usados para a extração do ouro. Infelizmente, o descarte inseguro e as descargas acidentais têm resultado em desastres ambientais. No ano 2000, o colapso de barragens em Baía Mare, na Romênia, resultou em milhões

Usando ouro. (*À esquerda*) Boa parte do uso atual do ouro hoje está em dispositivos eletrônicos. Os pinos do conector do microprocessador são revestidos com uma película fina de ouro. (*À direita*) A cúpula da Catedral de Santo Isaac, em São Petersburgo, na Rússia, é coberta com 100 kg de ouro puro. (Ela foi concluída em 1858.)

de litros de resíduos de cianeto nos rios Tisza e Danúbio. Toda a vida aquática por quilômetros foi morta. Embora a investigação sobre métodos de extração mais seguros esteja em curso, a extração por íon cianeto ainda é o principal meio de obter ouro.

QUESTÕES:

Embora a investigação sobre métodos de extração mais seguros estejam em curso, a extração por íon cianeto ainda é o principal meio de obter ouro.

1. Aproximadamente 0,10 g de cianeto de sódio é fatal para os seres humanos. Qual volume (em mL) de solução 0,035% em massa de NaCN contém uma dose fatal de cianeto de sódio? Suponha que a densidade da solução é de 1,0 g/mL.

2. Qual é o volume mínimo de NaCN(aq) 0,0071 M necessário para dissolver o ouro de 1,0 tonelada métrica (1000 kg) de minério, se o minério contém 0,012% de ouro?

3. Utilize a constante de formação de $[Au(CN)_2]^-$, Apêndice K, para determinar a concentração de equilíbrio de $Au^+(aq)$ em uma solução que é 0,0071 M de CN^- e $1,1 \times 10^{-4}$ M de $[Au(CN)_2]^-$. É razoável concluir que 100% do ouro na solução está presente como o íon complexo $[Au(CN)_2]^-$? Explique.

4. A prata sofre reações semelhantes àquelas mostradas para o ouro. Ambos os metais reagem com o íon cianeto na presença de oxigênio para formarem complexos solúveis, e ambos são reduzidos por zinco. A reação de Ag^+ com o íon cianeto pode ser vista como dois passos sequenciais:

(1) $Ag^+(aq) + CN^-(aq) \rightleftharpoons AgCN(s)$

(2) $AgCN(s) + CN^-(aq) \rightleftharpoons [Ag(CN)_2]^-(aq)$

$$Ag^+(aq) + 2\ CN^-(aq) \rightleftharpoons [Ag(CN)_2]^-(aq)$$
$$K_f = 1,3 \times 10^{21}$$

a. Use a constante de equilíbrio do produto de solubilidade (Apêndice J) do $AgCN(s)$ para determinar a constante de equilíbrio para o Passo 1.

b. Use as constantes de equilíbrio do Passo 1 e a reação global para determinar a constante de equilíbrio para o Passo 2.

c. Excesso de $AgCN(s)$ é combinado com 1,0 L de $CN^-(aq)$ 0,0071 M e é deixado equilibrar. Calcule as concentrações de equilíbrio de CN^- e $[Ag(CN)_2]^-$ usando a constante de equilíbrio para o Passo 2. Suponha que não haja mudança no volume.

5. Escreva uma equação química balanceada para a reação entre $NaAu(CN)_2(aq)$ e $Zn(s)$.

REVISÃO DOS OBJETIVOS DO CAPÍTULO

Agora que você já estudou este capítulo, deve perguntar a si mesmo se atingiu os objetivos propostos. Em particular, você deverá ser capaz de:

ENTENDER

- O efeito do íon comum.
  - **a.** Prever o efeito da adição de um "íon comum" no pH da solução de um ácido fraco ou de uma base fraca (Seção 17.1). Questões para Estudo: 1–4, 8–10, 85, 87.
- O controle do pH em soluções aquosas com soluções-tampão (Seção 17.2).

FAZER

- Calcular o pH das soluções-tampão.
  - **a.** Utilizar a equação de Henderson-Hasselbalch (Equação 17.2) para calcular o pH de uma solução-tampão de determinada composição. Questões para Estudo: 5–8, 11, 12, 15, 16.
  - **b.** Descrever como uma solução-tampão de um dado pH pode ser preparada. Questões para Estudo: 9, 10, 17–22, 89, 90, 109, 110, 107.
  - **c.** Calcular o pH de uma solução-tampão antes e após a adição de ácido ou base. Questões para Estudo: 23-26.
- Avaliar o pH no decurso de titulações ácido-base.
  - **a.** Prever o pH de uma reação ácido-base em seu ponto de equivalência (Seção 17.3; veja também as Seções 17.6 e 17.7). Questões para Estudo: 27–34, 106, 107, 116.

ÁCIDO	BASE	pH NO PONTO DE EQUIVALÊNCIA
Forte	Forte	= 7 (neutro)
Forte	Fraco	< 7 (ácido)
Fraco	Forte	> 7 (básico)

  b. Compreender as diferenças entre as curvas de titulação para uma titulação ácido forte–base forte e titulações nas quais uma das substâncias é fraca.

  c. Descrever como um indicador funciona em uma titulação ácido-base. Questões para Estudo: 35, 105–107.

● Aplicar os conceitos de equilíbrio químico na solubilidade dos compostos iônicos.

  a. Escrever a expressão da constante de equilíbrio – relacionando concentrações de íons em soluções para K_{ps} – para qualquer sal insolúvel (Seção 17.4). Questões para Estudo: 41, 42.

  b. Calcular os valores de K_{ps} a partir de dados experimentais (Seção 17.4). Questões para Estudo: 43–48.

  c. Estimar a solubilidade de um sal a partir do valor de K_{ps} (Seção 17.4). Questões para Estudo: 49–52, 104, 113.

  d. Calcular a solubilidade de um sal na presença de um íon comum (Seção 17.4). Questões para Estudo: 57–62.

  e. Entender como a hidrólise de ânions básicos afeta a solubilidade de um sal (Seção 17.4). Questões para Estudo: 63, 64, 120

  f. Decidir se um precipitado se formará quando as concentrações dos íons são conhecidas (Seção 17.5). Questões para Estudo: 65–68, 79, 96, 97.

  g. Calcular as concentrações de íons que são necessárias para iniciar a precipitação de um sal insolúvel (Seção 17.5). Questões para Estudo: 69, 84, 95–97.

  h. Compreender que a formação de um íon complexo pode aumentar a solubilidade de um sal insolúvel (Seções 17.6 e 17.7). Questões para Estudo: 71–76, 92, 100.

LEMBRAR

● Soluções-tampão ácido-base são compostas por ácidos fracos e suas bases conjugadas.

● Soluções-tampão ácido-base são resistentes às alterações no pH.

● O pH de uma solução-tampão está próximo do pK_a do seu ácido fraco.

● Sais insolúveis, em que o ânion é a base conjugada de um ácido fraco, dissolvem-se em ácidos fortes.

EQUAÇÕES-CHAVE

Equação 17.1 Concentração de íon hidrônio em uma solução-tampão composta por um ácido fraco e a sua base conjugada.

$$[H_3O^+] = \frac{[\text{ácido}]}{[\text{base conjugada}]} \times K_a$$

Equação 17.2 Equação de Henderson-Hasselbalch. Para calcular o pH de uma solução-tampão composta por um ácido fraco e a sua base conjugada.

$$pH = pK_a + \log \frac{[\text{base conjugada}]}{[\text{ácido}]}$$

Equação 17.3 A equação para calcular a concentração de íon hidrônio antes do ponto de equivalência na titulação de um ácido fraco com uma base forte. Veja também a Equação 17.4 para a versão da equação com base na equação de Henderson-Hasselbalch.

$$[H_3O^+] = \frac{[\text{ácido fraco restante}]}{[\text{base conjugada produzida}]} \times K_a$$

Equação 17.4 A relação entre o pH da solução e o pK_a do ácido fraco (ou [H_3O^+] e K_a) no ponto médio ou no ponto médio da neutralização na titulação de um ácido fraco com uma base forte (ou de uma base fraca com um ácido forte).

$$[H_3O^+] = K_a \text{ e pH} = pK_a$$

Equação 17.5 A expressão da constante de equilíbrio geral, K_{ps} (constante de solubilidade), para a dissolução de um sal pouco solúvel, A_xB_y.

$$A_xB_y(s) \rightleftharpoons x\,A^{y+}(aq) + y\,B^{x-}(aq) \qquad K_{ps} = [A^{y+}]^x[B^{x-}]^y$$

© Cengage Learning/Charles D. Winters

QUESTÕES PARA ESTUDO

▲ denota questões desafiadoras.

Questões numeradas em verde têm respostas no Apêndice N.

Pratricando Habilidades

O Efeito do Íon Comum e Soluções-Tampão
(Veja as Seções 17.1 e 17.2 e os Exemplos 17.1 e 17.2.)

1. O pH da solução aumentará, diminuirá ou permanecerá o mesmo quando você

(a) adiciona cloreto de amônio sólido em uma solução aquosa diluída de NH_3?

(b) adiciona acetato de sódio sólido em uma solução aquosa diluída de ácido acético?

(c) adiciona NaCl sólido em uma solução aquosa diluída de NaOH?

2. O pH da solução aumentará, diminuirá ou permanecerá o mesmo quando você

(a) adiciona oxalato de sódio sólido, $Na_2C_2O_4$, em 50,0 mL de ácido oxálico, $H_2C_2O_4$, 0,0015M?

(b) adiciona cloreto de amônio sólido em 75 mL de HCl 0,016 M?

(c) adiciona 20,0 g de NaCl em 1,0 L de 0,10 M de acetato de sódio, $NaCH_3CO_2$?

3. Qual é o pH de uma solução que consiste em 0,20 M de amônia, NH_3, e 0,20 M de cloreto de amônio, NH_4Cl?

4. Qual é o pH de 0,15 M de ácido acético, no qual 1,56 g de acetato de sódio, $NaCH_3CO_2$, foi adicionado?

5. Qual é o pH da solução que resulta da adição de 30,0 mL de KOH 0,015 M em 50,0 mL de ácido benzoico 0,015 M?

6. Qual é o pH da solução que resulta da adição de 25,0 mL de HCl 0,12 M e 25,0 mL de NH_3 0,43 M?

7. Qual é o pH da solução-tampão que contém 2,2 g de NH_4Cl em 250 mL de 0,12 M de NH_3? O pH final é mais baixo ou mais alto que o pH da solução de amônia 0,12 M?

8. O ácido láctico ($CH_3CHOHCO_2H$) é encontrado no leite azedo, no chucrute e nos músculos após a atividade. (K_a para o ácido láctico = $1,4 \times 10^{-4}$.)

(a) Se 2,75 g de $NaCH_3CHOHCO_2$, lactato de sódio, são adicionados a $5,00 \times 10^2$ mL de ácido láctico 0,100 M, qual é o pH da solução-tampão resultante?

(b) O pH da solução tamponada é menor ou maior que o pH da solução de ácido láctico?

9. Qual massa de acetato de sódio, $NaCH_3CO_2$, deve ser adicionada a 1,00 L de ácido acético 0,10 M para resultar em uma solução com um pH de 4,50?

10. Qual massa de cloreto de amônio, NH_4Cl, deve ser adicionada a exatamente $5,00 \times 10^2$ mL de solução de NH_3 0,10 M para resultar em uma solução com um pH de 9,00?

Usando a Equação de Henderson-Hasselbalch
(Veja a Seção 17.2 e o Exemplo 17.3.)

11. Calcule o pH de uma solução que tem uma concentração de ácido acético de 0,050 M e uma concentração de acetato de sódio de 0,075 M.

12. Calcule o pH de uma solução que possui uma concentração de cloreto de amônio de 0,050 M e uma concentração de amônia de 0,045 M.

13. Qual deve ser a relação entre ácido acético e íon acetato para obter um tampão com um valor de pH de 5,00?

14. Qual deve ser a relação de $H_2PO_4^-$ para HPO_4^{2-} para ter um tampão com um valor de pH de 7,00?

15. Um tampão é composto por ácido fórmico e a sua base conjugada, o íon formiato.

   (a) Qual é o pH de uma solução que tem uma concentração de ácido fórmico de 0,050 M e uma concentração de formiato de sódio de 0,035 M?
   (b) Qual deve ser a relação entre ácido e base conjugada para obter um valor de pH de 0,50 unidade acima do valor calculado na parte (a)?

16. Uma solução-tampão é composta por 1,360 g de KH_2PO_4 e 5,677 g de Na_2HPO_4.

   (a) Qual é o pH da solução-tampão?
   (b) Qual massa de KH_2PO_4 deve ser adicionada para diminuir o pH da solução-tampão em 0,50 unidade do valor calculado na parte (a)?

Preparando uma Solução-Tampão
(Veja a Seção 17.2 e o Exemplo 17.4.)

17. Qual das seguintes combinações seria a melhor para tamponar o pH de uma solução em aproximadamente 9?

   (a) HCl e NaCl
   (b) NH_3 e NH_4Cl
   (c) CH_3CO_2H e $NaCH_3CO_2$

18. Qual das seguintes combinações seria a melhor para tamponar o pH de uma solução em aproximadamente 7?

   (a) H_3PO_4 e NaH_2PO_4
   (b) NaH_2PO_4 e Na_2HPO_4
   (c) Na_2HPO_4 e Na_3PO_4

19. Descreva como preparar uma solução-tampão de NaH_2PO_4 e Na_2HPO_4 para obter um pH de 7,5.

20. Descreva como preparar uma solução-tampão de NH_3 e NH_4Cl para obter um pH de 9,5.

21. Determine o volume (em mL) de NaOH 1,00 M que deve ser adicionado a 250 mL de CH_3CO_2H 0,50 M para produzir um tampão com um pH de 4,50.

22. Determine o volume (em mL) de HCl 1,00 M que deve ser adicionado a 750 mL de HPO_4^{2-} 0,50 M para produzir um tampão com um pH de 7,00.

Adição de um Ácido ou uma Base a uma Solução-Tampão
(Veja a Seção 17.2 e o Exemplo 17.5.)

23. Uma solução-tampão foi preparada a partir da adição de 4,95 g de acetato de sódio, $NaCH_3CO_2$, a $2,50 \times 10^2$ mL de ácido acético, CH_3CO_2H, 0,150 M.

   (a) Qual é o pH do tampão?
   (b) Qual é o pH de $1,00 \times 10^2$ mL da solução-tampão se você adicionar 82 mg de NaOH à solução?

24. Você dissolve 0,425 g de NaOH em 2,00 L de uma solução-tampão que tem $[H_2PO_4^-] = [HPO_4^{2-}] = 0,132$ M. Qual é o pH da solução antes de adicionar NaOH? E após adicionar NaOH?

25. Uma solução-tampão é preparada por adição de 0,125 mol de cloreto de amônio a $5,00 \times 10^2$ mL de solução de amônia 0,500 M.

   (a) Qual é o pH do tampão?
   (b) Se 0,0100 mol de HCl gasoso é borbulhado em $5,00 \times 10^2$ mL do tampão, qual é o novo pH da solução?

26. Qual é a variação de pH quando 20,0 mL de NaOH 0,100 M são adicionados a 80,0 mL de uma solução-tampão que consiste em NH_3 0,169 M e NH_4Cl 0,183 M?

Mais Sobre Reações Ácido-Base: Titulações
(Veja a Seção 17.3 e os Exemplos 17.6 e 17.7.)

27. Fenol, C_6H_5OH, é um ácido orgânico fraco. Suponha que 0,515 g do composto seja dissolvido em água suficiente para produzir 125 mL de solução. A solução resultante é titulada com NaOH 0,123 M.

$$C_6H_5OH(aq) + OH^-(aq) \rightleftharpoons C_6H_5O^-(aq) + H_2O(\ell)$$

   (a) Qual é o pH da solução original de fenol?
   (b) Quais são as concentrações de todos os seguintes íons no ponto de equivalência: Na^+, H_3O^+, OH^- e $C_6H_5O^-$?
   (c) Qual é o pH da solução no ponto de equivalência?

28. Suponha que você dissolva 0,235 g do fraco ácido benzoico, $C_6H_5CO_2H$, em água suficiente para preparar $1,00 \times 10^2$ mL de solução, e então titule a solução com NaOH 0,108 M.

$$C_6H_5CO_2H(aq) + OH^-(aq) \rightleftharpoons$$
$$C_6H_5CO_2^-(aq) + H_2O(\ell)$$

   (a) Qual era o pH da solução inicial de ácido benzoico?
   (b) Quais são as concentrações de todos os seguintes íons no ponto de equivalência: Na^+, H_3O^+, OH^- e $C_6H_5CO_2^-$?
   (c) Qual é o pH da solução no ponto de equivalência?

29. Você requer 36,78 mL de HCl 0,0105 M para alcançar o ponto de equivalência na titulação de 25,0 mL de amônia aquosa.

   (a) Qual era a concentração de NH_3 na solução original de amônia?
   (b) Quais são as concentrações de H_3O^+, OH^- e NH_4^+ no ponto de equivalência?
   (c) Qual é o pH da solução no ponto de equivalência?

30. Uma titulação de 25,0 mL de uma solução da base fraca anilina, $C_6H_5NH_2$, requer 25,67 mL de HCl 0,175 M para atingir o ponto de equivalência.

$$C_6H_5NH_2(aq) + H_3O^+(aq) \rightleftharpoons$$
$$C_6H_5NH_3^+(aq) + H_2O(\ell)$$

(a) Qual era a concentração de anilina na solução original?

(b) Quais são as concentrações de H_3O^+, OH^- e $C_6H_5NH_3^+$ no ponto de equivalência?

(c) Qual é o pH da solução no ponto de equivalência?

Curvas de Titulação e Indicadores
(Veja a Seção 17.3 e os Exemplos 17.4-17.10.)

31. Sem fazer cálculos detalhados, esboce a curva para a titulação de 30,0 mL de NaOH 0,10 M com HCl 0,10 M. Indique o pH aproximado no início da titulação e no ponto de equivalência. Qual é o volume total da solução no ponto de equivalência?

32. Sem fazer cálculos detalhados, esboce a curva para a titulação de 50 mL de piridina 0,050 M, C_5H_5N (uma base fraca), com HCl 0,10 M. Indique o pH aproximado no início da titulação e no ponto de equivalência. Qual é o volume total da solução no ponto de equivalência?

33. Você titula 25,0 mL de NH_3 0,10 M com HCl 0,10 M.

(a) Qual é o pH da solução de NH_3 antes de a titulação começar?

(b) Qual é o pH no ponto de equivalência?

(c) Qual é o pH no ponto médio da titulação?

(d) Qual indicador na Figura 17.10 pode ser utilizado para detectar o ponto de equivalência?

(e) Calcule o pH da solução após a adição de 5,00, 15,0, 20,0, 22,0 e 30,0 mL do ácido. Combine essa informação com aquelas das partes (a) – (c) e represente graficamente a curva de titulação.

34. Construa um gráfico simples do pH em função do volume da base para a titulação de 25,0 mL de HCN 0,050 M com NaOH 0,075 M.

(a) Qual é o pH antes de qualquer adição de NaOH?

(b) Qual é o pH no ponto médio da titulação?

(c) Qual é o pH quando for adicionado 95% do NaOH necessário?

(d) Qual volume da base, em mililitros, é necessário para atingir o ponto de equivalência?

(e) Qual é o pH no ponto de equivalência?

(f) Qual indicador seria mais adequado para esta titulação? (Veja a Figura 17.10).

(g) Qual é o pH quando for adicionado 105% da base necessária?

35. Utilizando a Figura 17.10, sugira um indicador para ser utilizado em cada uma das seguintes titulações:

(a) A base fraca piridina é titulada com HCl.

(b) O ácido fórmico é titulado com NaOH.

(c) Etilenodiamina, uma base diprótica fraca, é titulada com HCl.

36. Usando a Figura 17.10, sugira um indicador para ser utilizado em cada uma das seguintes titulações.

(a) Na NCO_3 é titulado a CO_3^{2-} com NaOH.

(b) Ácido hipocloroso é titulado com NaOH.

(c) Trimetilamina é titulada com HCl.

Regras de Solubilidade
(Veja as Seções 3.4 e 3-5, a Figura 3.10 e o Exemplo 3.2.)

37. Dê o nome de dois sais insolúveis de cada um dos seguintes íons.

(a) Cl^- (b) Zn^{2+} (c) Fe^{2+}

38. Dê o nome de dois sais insolúveis de cada um dos seguintes íons.

(a) SO_4^{2-} (b) Ni^{2+} (c) Br^-

39. Usando as regras de solubilidade (◄ Figura 3.10), preveja se cada um dos seguintes compostos é insolúvel ou solúvel em água.

(a) $(NH_4)_2CO_3$ (c) NiS

(b) $ZnSO_4$ (d) $BaSO_4$

40. Preveja se cada um dos seguintes compostos é insolúvel ou solúvel em água.

(a) $Pb(NO_3)_2$ (c) $ZnCl_2$

(b) $Fe(OH)_3$ (d) CuS

Escrevendo Expressões de Constante de Produto de Solubilidade
(Veja a Seção 17.4.)

41. Para cada um dos seguintes sais insolúveis, (1) escreva uma equação balanceada mostrando o equilíbrio que ocorre quando o sal é adicionado à água, e (2) escreva a expressão do K_{ps}.

(a) AgCN   (b) $NiCO_3$ (c) $AuBr_3$

42. Para cada um dos seguintes sais insolúveis, (1) escreva uma equação balanceada mostrando o equilíbrio que ocorre quando o sal é adicionado à água, e (2) escreva a expressão do K_{ps}.

(a) $PbSO_4$ (b) BaF_2 (c) Ag_3PO_4

Calculando K_{ps}
(Veja a Seção 17.4 e o Exemplo 17.8.)

43. Quando 1,55 g de brometo de tálio(I) sólido é adicionado a 1,00 L de água, o sal dissolve-se em uma pequena extensão.

$$TlBr(s) \rightleftharpoons Tl^+(aq) + Br^-(aq)$$

Os íons tálio(I) e brometo, em equilíbrio com TlBr, têm, cada um, uma concentração de $1,9 \times 10^{-3}$ M. Qual é o valor do K_{ps} para TlBr?

44. A 20 °C, uma solução aquosa saturada de acetato de prata, $AgCH_3CO_2$, contém 1,0 g do composto de prata dissolvido em 100,0 mL da solução. Calcule K_{ps} para o acetato de prata.

$$AgCH_3CO_2(s) \rightleftharpoons Ag^+(aq) + CH_3CO_2^-(aq)$$

45. Quando 250 mg de SrF_2, fluoreto de estrôncio, são adicionados a 1,00 L de água, o sal dissolve-se em uma extensão muito pequena.

$$SrF_2(s) \rightleftharpoons Sr^{2+}(aq) + 2 F^-(aq)$$

No equilíbrio, a concentração de Sr^{2+} é encontrada, sendo $1,03 \times 10^{-3}$ M. Qual é o valor de K_{ps} para o SrF_2?

46. O hidróxido de cálcio, $Ca(OH)_2$, dissolve-se em água na proporção de 1,78 g por litro. Qual é o valor de K_{ps} para o $Ca(OH)_2$?

$$Ca(OH)_2(s) \rightleftharpoons Ca^{2+}(aq) + 2 OH^-(aq)$$

47. Você adiciona 0,979 g de $Pb(OH)_2$ a 1,00 L de água pura a 25 °C. O pH é 9,15. Estime o valor de K_{ps} para o $Pb(OH)_2$.

48. Você coloca 1,234 g de $Ca(OH)_2$ sólido em 1,00 L de água pura a 25 °C. O pH da solução encontrado é de 12,68. Estime o valor do K_{ps} para o $Ca(OH)_2$.

Estimando a Solubilidade do Sal pelo K_{ps}
(Veja a Seção 17.4 e os Exemplos 17.9 e 17.10.)

49. Estime a solubilidade do iodeto de prata em água pura a 25 °C, (a) em mols por litro e (b) em gramas por litro.

$$AgI(s) \rightleftharpoons Ag^+(aq) + I^-(aq)$$

50. Qual é a concentração molar de $Au^+(aq)$ em uma solução saturada de AuCl em água pura a 25 °C?

$$AuCl(s) \rightleftharpoons Au^+(aq) + Cl^-(aq)$$

51. Estime a solubilidade do fluoreto de cálcio, CaF_2, (a) em mols por litro e (b) em gramas por litro de água pura.

$$CaF_2(s) \rightleftharpoons Ca^{2+}(aq) + 2\ F^-(aq)$$

52. Estime a solubilidade do brometo de chumbo(II) (a) em mols por litro e (b) em gramas por litro de água pura.

53. O valor do K_{ps} para o sulfato de rádio, $RaSO_4$, é $4,2 \times 10^{-11}$. Se 25 mg de sulfato de rádio são colocados em $1,00 \times 10^2$ mL de água, tudo se dissolverá? Se não, quanto se dissolve?

54. Se 55 mg de sulfato de chumbo(II) são colocados em 250 mL de água pura, tudo se dissolverá? Se não, quanto se dissolve?

55. Use os valores de K_{ps} para decidir qual composto em cada um dos seguintes pares é mais solúvel. (▶ Apêndice J.)

(a) $PbCl_2$ ou $PbBr_2$
(b) HgS ou FeS
(c) $Fe(OH)_2$ ou $Zn(OH)_2$

56. Use os valores de K_{ps} para decidir qual composto em cada um dos seguintes pares é mais solúvel. (▶ Apêndice J.)

(a) AgBr ou AgSCN
(b) $SrCO_3$ ou $SrSO_4$
(c) AgI ou PbI_2
(d) MgF_2 ou CaF_2

O Efeito do Íon Comum e a Solubilidade do Sal
(Veja a Seção 17.4 e os Exemplos 17.11 e 17.12.)

57. Calcule a solubilidade molar de tiocianato de prata, AgSCN, em água pura e em água contendo NaSCN 0,010 M.

58. Calcule a solubilidade do brometo de prata, AgBr, em mols por litro, em água pura. Compare esse valor com a solubilidade molar de AgBr em 225 mL de água, à qual foi adicionado 0,15 g de NaBr.

59. Compare a solubilidade, em miligramas por mililitro, de iodeto de prata, AgI, (a) em água pura e (b) em água contendo $AgNO_3$ 0,020 M.

60. Qual é a solubilidade, em miligramas por mililitro, de BaF_2, (a) em água pura e (b) em água contendo KF 5,0 mg/mL?

61. Calcule a solubilidade, em mols por litro, de hidróxido de ferro(II), $Fe(OH)_2$, em uma solução tamponada para um pH de 7,00.

62. Calcule a solubilidade, em mols por litro, de hidróxido de cálcio, $Ca(OH)_2$, em uma solução tamponada para um pH de 12,60.

O Efeito dos Ânions Básicos na Solubilidade de Sal

63. Qual composto insolúvel em cada par deve ser mais solúvel em ácido nítrico do que em água pura?

(a) $PbCl_2$ ou PbS
(b) Ag_2CO_3 ou AgI
(c) $Al(OH)_3$ ou AgCl

64. Qual composto em cada par é mais solúvel em água do que é previsto por um cálculo a partir do K_{ps}?

(a) AgI ou Ag_2CO_3
(b) $PbCO_3$ ou $PbCl_2$
(c) AgCl ou AgCN

Reações de Precipitação
(Veja a Seção 17.5 e os Exemplos 17.13-17.15.)

65. Você tem uma solução que tem uma concentração de íon de chumbo(II) de 0,0012 M. Se sal suficiente contendo cloreto solúvel é adicionado de modo que a concentração de Cl^- seja de 0,010 M, $PbCl_2$ precipitará?

66. O carbonato de sódio é adicionado a uma solução em que a concentração de íon Ni^{2+} é de 0,0024 M. A precipitação de $NiCO_3$ ocorrerá (a) quando a concentração do íon carbonato for $1,0 \times 10^{-6}$ M ou (b) quando for 100 vezes maior ($1,0 \times 10^{-4}$ M)?

67. Se a concentração de Zn^{2+} em 10,0 mL de água é $1,63 \times 10^{-4}$ M, o hidróxido de zinco, $Zn(OH)_2$, precipitará quando 4,0 mg de NaOH forem adicionados?

68. Você tem 95 mL de uma solução que possui concentração de chumbo(II) de 0,0012 M. O $PbCl_2$ precipitará quando 1,20 g de NaCl sólido for adicionado?

69. Se a concentração de íon de Mg^{2+} na água do mar é 1350 mg/L, qual concentração de OH^- é necessária para precipitar o $Mg(OH)_2$?

70. Um precipitado de $Mg(OH)_2$ será formado quando 25,0 mL de NaOH 0,010 M for combinado com 75,0 mL de uma solução de cloreto de magnésio 0,10 M?

Equilíbrio Envolvendo Íons Complexos
(Veja as Seções 17.6 e 17.7 e os Exemplos 17.16 e 17.17.)

71. Hidróxido de zinco é anfótero (◀ Seção 16.10). Use as constantes de equilíbrio para mostrar que, uma vez fornecido OH^- suficiente, $Zn(OH)_2$ pode dissolver-se em NaOH.

72. Iodeto de prata sólido, AgI, pode ser dissolvido por adição de cianeto de sódio aquoso. Calcule $K_{líquido}$ para a seguinte reação.

$$AgI(s) + 2\ CN^-(aq) \rightleftharpoons [Ag(CN)_2]^-(aq) + I^-(aq)$$

73. ▲ Qual quantidade de amônia (mols) deve ser adicionada para dissolver 0,050 mol de AgCl suspenso em 1,0 L de água?

74. Você pode dissolver 15,0 mg de AuCl em 100,0 mL de água se adicionar 15,0 mL de NaCN 6,00 M?

75. Qual é a solubilidade de AgCl (a) em água pura e (b) em NH_3 1,0 M?

76. A química do cianeto de prata(I):

(a) Calcule a solubilidade de AgCN(s) em água a partir do valor de K_{ps}.

(b) Calcule o valor da constante de equilíbrio para a reação.

$$AgCN(s) + CN^-(aq) \rightleftharpoons [Ag(CN)_2]^-(aq)$$

a partir dos valores de K_{ps} e K, e preveja a partir desse valor se AgCN(s) se dissolveria em KCN(aq).

(c) Determine a constante de equilíbrio para a reação.

$$AgCN(s) + 2\ S_2O_3{}^{2-}(aq) \rightleftharpoons$$
$$[Ag(S_2O_3)_2]^{3-}(aq) + CN^-(aq)$$

Calcule a solubilidade de AgCN em uma solução contendo 0,10 M de $S_2O_3{}^{2-}$ e compare o valor para a solubilidade em água [parte (a)].

Questões Gerais

Estas questões não estão definidas quanto ao tipo ou à localização no capítulo. Elas podem combinar vários conceitos.

77. Em cada um dos seguintes casos, decida se um precipitado se formará ao misturar os reagentes indicados e escreva uma equação balanceada para a reação.

(a) $NaBr(aq) + AgNO_3(aq)$

(b) $KCl(aq) + Pb(NO_3)_2(aq)$

78. Em cada um dos seguintes casos, decida se um precipitado se formará ao misturar os reagentes indicados e escreva uma equação balanceada para a reação.

(a) $Na_2SO_4(aq) + Mg(NO_3)_2(aq)$

(b) $K_3PO_4(aq) + FeCl_3(aq)$

79. Se você misturar 48 mL de $BaCl_2$ 0,0012 M com 24 mL de Na_2SO_4 $1,0 \times 10^{-6}$ M, um precipitado de $BaSO_4$ se formará?

80. Calcule a concentração de íon hidrônio e o pH da solução que resulta quando 20,0 mL de ácido acético 0,15 M, CH_3CO_2H, são misturados com 5,0 mL de NaOH 0,17 M.

81. Calcule a concentração de íon hidrônio e o pH da solução que resulta quando 50,0 mL de NH_3 0,40 M são misturados com 25,0 mL de HCl 0,20 M.

82. Para cada um dos seguintes casos, decida se o pH é inferior a 7, igual a 7 ou superior a 7.

(a) Volumes iguais de ácido acético 0,10 M (CH_3CO_2H) e KOH 0,10 M são misturados.

(b) 25 mL de NH_3 0,015 M são misturados com 12 mL de HCl 0,015 M.

(c) 150 mL de HNO_3 0,20 M são misturados com 75 mL de NaOH 0,40 M.

(d) 25 mL de H_2SO_4 0,45 M são misturados com 25 mL de NaOH 0,90 M.

83. Posicione os seguintes compostos em ordem crescente de solubilidade em água: Na_2CO_3, $BaCO_3$, Ag_2CO_3.

84. Uma amostra de água dura contém cerca de $2,0 \times 10^{-3}$ M de Ca^{2+}. Um sal contendo fluoreto solúvel, como NaF, é adicionado para "fluoretar" a água (para auxiliar na prevenção de cáries dentárias). Qual é a concentração máxima de F^- que pode estar presente sem precipitar o CaF_2?

Fontes alimentares de íon fluoreto. A adição de íon fluoreto na água potável (ou na pasta de dentes) previne a formação de cáries dentárias.

85. Qual é o pH de uma solução-tampão preparada a partir de 5,15 g de NH_4NO_3 e 0,10 L de NH_3 0,15 M? Qual é novo pH se a solução for diluída com água pura para um volume de $5,00 \times 10^2$ mL?

86. Se você colocar 5,0 mg de $SrSO_4$ em 1,0 L de água pura, todo o sal se dissolverá antes do equilíbrio ser estabelecido ou algum sal permanecerá sem dissolver?

Celestita, $SrSO_4$, sulfato de estrôncio

87. Descreva o efeito sobre o pH das seguintes ações ou explique por que não há um efeito:

(a) Adicionar acetato de sódio, $NaCH_3CO_2$, a CH_3CO_2H 0,100 M

(b) Adicionar $NaNO_3$ a HNO_3 0,100 M

88. Qual volume de NaOH 0,120 M deve ser adicionado a 100, mL de $NaHC_2O_4$ 0,100 M para atingir um pH de 4,70?

89. ▲ Uma solução-tampão é preparada por dissolução de 1,50 g de ácido benzoico, $C_6H_5CO_2H$, e benzoato de sódio, $NaC_6H_5CO_2$, em 150,0 mL de solução.

(a) Qual é o pH dessa solução-tampão?

(b) Que componente-tampão deve ser acrescentado e em que quantidade para alterar o pH para 4,00?

(c) Qual quantidade de NaOH 2,0 M ou de HCl 2,0 M deve ser adicionada ao tampão para alterar o pH para 4,00?

90. Qual volume de HCl 0,200 M deve ser adicionado a 500,0 mL de NH_3 0,250 M para obter um tampão com um pH de 9,00?

91. Qual é a constante de equilíbrio para a seguinte reação?

$$AgCl(s) + I^-(aq) \rightleftharpoons AgI(s) + Cl^-(aq)$$

O equilíbrio encontra-se predominantemente deslocado para a esquerda ou para a direita? AgI se formará se o íon iodeto, I^-, for adicionado a uma solução saturada de AgCl?

92. Calcule a constante de equilíbrio para a seguinte reação.

$$Zn(OH)_2(s) + 2\ CN^-(aq) \rightleftharpoons Zn(CN)_2(s) + 2\ OH^-(aq)$$

O equilíbrio encontra-se predominantemente deslocado para a esquerda ou para a direita?

93. Suponha que você ingira 28 gramas de folhas de ruibarbo com um teor de ácido oxálico de 1,2% em peso.

(a) Qual volume de NaOH 0,25 M é necessário para titular completamente o ácido oxálico nas folhas?

(b) Qual massa de oxalato de cálcio poderia ser formada a partir do ácido oxálico nessas folhas?

94. A constante do produto de solubilidade para o oxalato de cálcio é estimada em 4×10^{-9}. Qual é a sua solubilidade em gramas por litro?

95. ▲ Em princípio, os íons Ba^{2+} e Ca^{2+} podem ser separados pela diferença na solubilidade dos seus fluoretos, BaF_2 e CaF_2. Se você tiver uma solução que é 0,10 M tanto em Ba^{2+} como em Ca^{2+}, CaF_2 começará a precipitar primeiro conforme o íon de fluoreto for adicionado lentamente à solução.

(a) Qual concentração de íon fluoreto precipitará a quantidade máxima de íon Ca^{2+}, sem precipitação de BaF_2?

(b) Qual concentração de Ca^{2+} permanece em solução quando BaF_2 apenas começa a precipitar?

96. ▲ Uma solução contém 0,10 M de íon iodeto, I^-, e 0,10 M de íon carbonato, CO_3^{2-}.

(a) Se $Pb(NO_3)_2$ sólido é lentamente adicionado à solução, qual sal precipitará primeiro, PbI_2 ou $PbCO_3$?

(b) Qual será a concentração do primeiro íon que precipita (CO_3^{2-} ou I^-) quando o segundo sal, mais solúvel, começa a precipitar?

Iodeto de chumbo(II) ($K_{ps} = 9,8 \times 10^{-9}$) é um sólido amarelo brilhante.

97. ▲ Uma solução contém íons Ca^{2+} e Pb^{2+}, ambos em uma concentração de 0,010 M. Você deseja separar os dois íons, um do outro, o máximo possível, através da precipitação de um, mas não do outro, utilizando Na_2SO_4 aquoso como a agente de precipitação.

(a) Qual precipitará primeiro conforme o sulfato de sódio for adicionado, $CaSO_4$ ou $PbSO_4$?

(b) Qual será a concentração do primeiro íon que precipita (Ca^{2+} ou Pb^{2+}) quando o segundo sal, mais solúvel, começa a precipitar?

98. A capacidade de tamponamento é definida como o número de mols de um ácido forte ou base forte que é necessário para mudar o pH de 1 L de uma solução-tampão em uma unidade. Qual é a capacidade tamponamento de uma solução de ácido acético 0,10 M e de acetato de sódio 0,10 M?

99. O íon Ca^{2+} na água dura pode ser precipitado como $CaCO_3$ por adição de soda, Na_2CO_3. Se a concentração do íon cálcio em água dura é 0,010 M e se o Na_2CO_3 é adicionado até que a concentração do íon carbonato seja 0,050 M, qual porcentagem de íons cálcio foi removida da água? (Você pode negligenciar a hidrólise do íon carbonato.)

Esta amostra de carbonato de cálcio ($K_{ps} = 3,4 \times 10^{-9}$) foi depositada em uma formação de caverna.

100. Alguns filmes fotográficos são revestidos com cristais de AgBr suspensos em gelatina. Alguns dos íons prata são reduzidos para prata metálica na exposição à luz. O AgBr não exposto é então dissolvido com tiossulfato de sódio na etapa da "fixação".

$$AgBr(s) + 2\ S_2O_3^{2-}(aq) \rightleftharpoons [Ag(S_2O_3)_2]^{3-}(aq) + Br^-(aq)$$

(a) Qual é a constante de equilíbrio para essa reação?

(b) Qual massa de $Na_2S_2O_3$ deve ser adicionada para dissolver 1,00 g de AgBr suspenso em 1,00 L de água?

No Laboratório

101. Cada par de íons a seguir é encontrado junto em solução aquosa. Usando a tabela de constantes de produto de solubilidade do Apêndice J, encontre uma maneira de separar esses íons pela adição de um reagente para precipitar um dos íons como um sal insolúvel e deixando o outro na solução.

(a) Ba^{2+} e Na^+ (b) Ni^{2+} e Pb^{2+}

102. Cada par de íons abaixo é encontrado junto em solução aquosa. Usando a tabela constantes de produto de solubilidade do Apêndice J, encontre uma maneira de separar esses íons pela adição de um reagente para precipitar um dos íons como um sal insolúvel e deixar o outro na solução.

(a) Cu^{2+} e Ag^+ (b) Al^{3+} e Fe^{3+}

103. ▲ Os cátions Ba^{2+} e Sr^{2+} podem ser precipitados como sulfatos muito insolúveis.

(a) Se você adicionar sulfato de sódio em uma solução contendo esses cátions metálicos, cada qual com uma concentração de 0,10 M, qual é precipitado primeiro, $BaSO_4$ ou $SrSO_4$?

(b) Qual será a concentração do primeiro íon que precipita (Ba^{2+} ou Sr^{2+}) quando a segundo sal, mais solúvel, começa a precipitar?

104. ▲ Muitas vezes você vai trabalhar com sais de Fe^{3+}, Pb^{2+} e Al^{3+} no laboratório. (Todos são encontrados na natureza e todos são importantes economicamente.) Se você tem uma solução contendo esses três íons, cada qual em uma concentração de 0,10 M, qual é a ordem em que seus hidróxidos são precipitados a medida que NaOH aquoso é lentamente adicionado à solução?

105. Cloreto de anilina, $(C_6H_5NH_3)Cl$, é um ácido fraco. (Sua base conjugada é a base fraca anilina, $C_6H_5NH_2$.) O ácido pode ser titulado com uma base forte, como NaOH.

$$C_6H_5NH_3^+(aq) + OH^-(aq) \rightleftharpoons C_6H_5NH_2(aq) + H_2O(\ell)$$

Assuma que 50,0 mL de cloreto de anilina 0,100 M são titulados com de NaOH 0,185 M. (K_a para hidrocloreto de anilina é $2,4 \times 10^{-5}$.)

(a) Qual é o pH da solução $(C_6H_5NH_3)Cl$ antes de a titulação começar?

(b) Qual é o pH no ponto de equivalência?

(c) Qual é o pH no ponto médio da titulação?

(d) Qual indicador na Figura 17.10 poderia ser usado para detectar o ponto de equivalência?

(e) Calcule o pH da solução após a adição de 10,0, 20,0 e 30,0 mL de base.

(f) Combine a informação nas partes (a), (b), (c) e (e) e trace um gráfico aproximado da curva de titulação.

106. A base fraca etanolamina, $HOCH_2CH_2NH_2$, pode ser titulada com HCl.

$$HOCH_2CH_2NH_2(aq) + H_3O^+(aq) \rightleftharpoons HOCH_2CH_2NH_3^+(aq) + H_2O(\ell)$$

Suponha que você tem 25,0 mL de uma solução de etanolamina 0,010 M e titula-a com HCl 0,0095 M. (K_b para etanolamina é $3,2 \times 10^{-5}$.)

(a) Qual é o pH da solução de etanolamina antes de a titulação começar?

(b) Qual é o pH no ponto de equivalência?

(c) Qual é o pH no ponto médio da titulação?

(d) Qual indicador na Figura 17.10 seria a melhor escolha para a detectar o ponto de equivalência?

(e) Calcule o pH da solução após a adição de 5,00, 10,0, 20,0 e 30,0 mL de ácido.

(f) Combine a informação nas partes (a), (b), (c) e (e) e trace um gráfico aproximado da curva de titulação.

107. Para a titulação de 50,0 mL de etilamina 0,150 M, $C_2H_5NH_2$, com HCl 0,100 M, encontre o pH em cada um dos seguintes pontos e, em seguida, use essas informações para traçar a curva de titulação e decidir sobre um indicador apropriado.

(a) No início, antes do HCl ser adicionado

(b) No ponto médio da titulação

(c) Quando foi adicionado 75% do ácido necessário

(d) No ponto de equivalência

(e) Quando 10,0 mL de HCl foram adicionados a mais que o necessário

(f) Desenhe a curva de titulação.

(g) Sugira um indicador apropriado para essa titulação.

108. Uma solução-tampão com um pH de 12,00 consiste em Na_3PO_4 e Na_2HPO_4. O volume da solução é 200,0 mL.

(a) Qual componente do tampão está presente em uma quantidade maior?

(b) Se a concentração de Na_3PO_4 é 0,400 M, qual massa de Na_2HPO_4 está presente?

(c) Qual componente do tampão deve ser adicionado para alterar o pH para 12,25? Qual massa desse componente é requerida?

109. Para ter um tampão com um pH de 2,50, qual volume de NaOH 0,150 M deve ser adicionado a 100,0 mL de H_3PO_4 0,230 M?

110. ▲ Qual massa de Na_3PO_4 deve ser adicionada em 80,0 mL de HCl 0,200 M para obter um tampão com um pH de 7,75?

111. Você tem uma solução que contém $AgNO_3$, $Pb(NO_3)_2$ e $Cu(NO_3)_2$. Formule um método de separação que resulte em ter Ag^+ em um tubo de ensaio, Pb^{2+} em outro e Cu^{2+} em um terceiro. Use as regras de solubilidade e os valores de K_{ps} e K_f.

112. Depois de ter separado os três sais da Questão para Estudo 111 em três tubos de ensaio, agora você precisa confirmar suas presenças.

(a) Para o íon Pb^{2+}, uma maneira de fazer isso é tratar um precipitado de $PbCl_2$ com K_2CrO_4 para produzir o sólido amarelo insolúvel brilhante, $PbCrO_4$. Usando os valores de K_{ps}, confirme que o sal de cloreto deve ser convertido no sal de cromato.

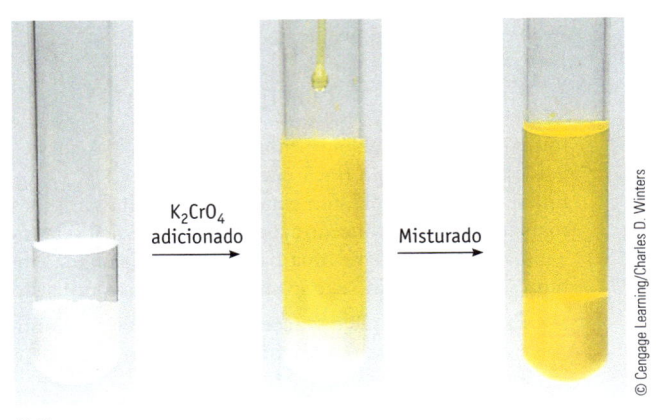

$PbCl_2$ precipitado

© Cengage Learning/Charles D. Winters

$PbCl_2$ branco é convertido para $PbCrO_4$ amarelo na adição de K_2CrO_4.

(b) Sugira um método para confirmar a presença de íons Ag^+ e Cu^{2+} utilizando íons complexos.

Resumo e Questões Conceituais

As seguintes questões podem usar os conceitos deste capítulo e dos capítulos anteriores.

113. Sugira um método para a separação de um precipitado constituído por uma mistura de CuS sólido e Cu(OH)$_2$ sólido.

114. Qual dos seguintes sais de bário deve dissolver-se em um ácido forte tal como HCl: Ba(OH)$_2$, BaSO$_4$ ou BaCO$_3$?

115. Explique por que a solubilidade de Ag$_3$PO$_4$ pode ser maior na água que a calculada pelo valor de K_{ps} do sal.

116. Dois ácidos, cada um com aproximadamente 0,01 M, são titulados em separado com uma base forte. Os ácidos mostram os seguintes valores de pH no ponto de equivalência: HA, pH = 9,5 e HB, pH = 8,5.

(a) Qual é o ácido mais forte, HA ou HB?

(b) Qual das bases conjugadas, A⁻ ou B⁻, é a base mais forte?

117. Diagramas de composição, vulgarmente conhecidos como "gráficos alfa", são muitas vezes utilizados para visualizar as espécies em uma solução de um ácido ou base conforme o pH varia. O diagrama para ácido acético 0,100 M é mostrado aqui.

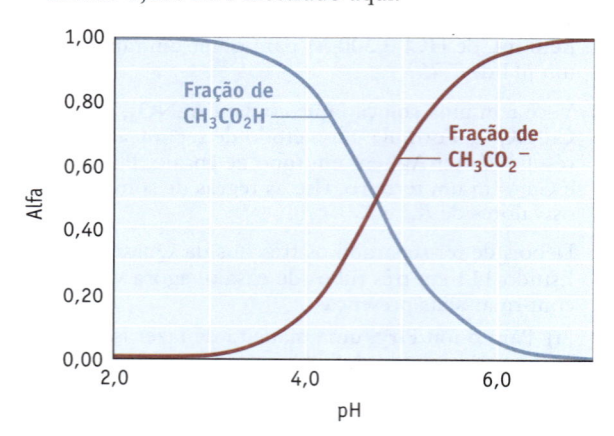

O gráfico mostra a forma como a fração [alfa (α)] de ácido acético em solução

$$\alpha = \frac{[CH_3CO_2H]}{[CH_3CO_2H] + [CH_3CO_2^-]}$$

muda conforme o pH aumenta (curva preta). (A curva verde mostra como a fração de íon acetato, CH$_3$CO$_2^-$, muda conforme o pH aumenta.) Gráficos alfa são outra maneira de ver as concentrações relativas de ácido acético e íon acetato conforme uma base forte é adicionada em uma solução de ácido acético no curso de uma titulação.

(a) Explique por que a fração de ácido acético diminui e a de íon acetato aumenta conforme o pH aumenta.

(b) Qual espécie predomina em um pH de 4, ácido acético ou íon acetato? Qual é a situação em pH 6?

(c) Considere o ponto no qual duas linhas se cruzam. A fração de ácido acético na solução é de 0,5, que é também a do íon acetato. Isto é, a solução é metade ácida, e metade, base conjugada; suas concentrações

são iguais. Neste ponto, o gráfico mostra que o pH é 4,74. Explique por que o pH neste ponto é 4,74.

118. O diagrama de composição ou gráfico alfa para o importante sistema ácido-base de ácido carbônico, H$_2$CO$_3$, está ilustrado abaixo. (Veja a Questão para Estudo 117 para obter mais informações sobre esses diagramas.)

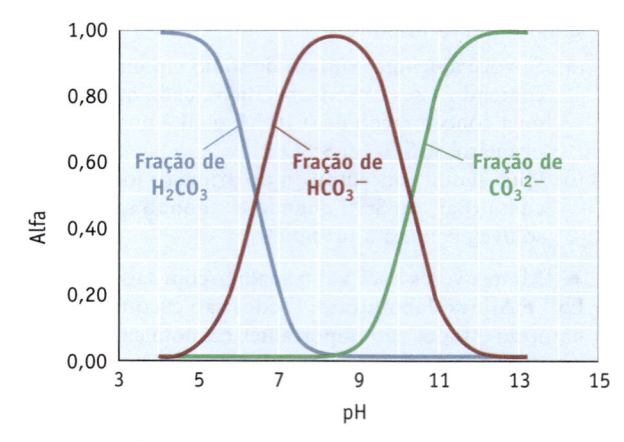

(a) Explique por que a fração de íon bicarbonato, HCO$_3^-$, sobe e depois cai conforme o pH aumenta.

(b) Qual é a composição da solução quando o pH é 6,0? E quando o pH é 10,0?

(c) Se você queria tamponar uma solução com um pH de 11,0, qual deve ser a relação entre HCO$_3^-$ e CO$_3^{2-}$?

119. O nome químico da aspirina é ácido acetilsalicílico. Acredita-se que as propriedades analgésicas e outras desejáveis da aspirina são devidas não à própria aspirina, mas sim ao mais simples composto ácido salicílico, C$_6$H$_4$(OH)CO$_2$H, que resulta da decomposição da aspirina no estômago.

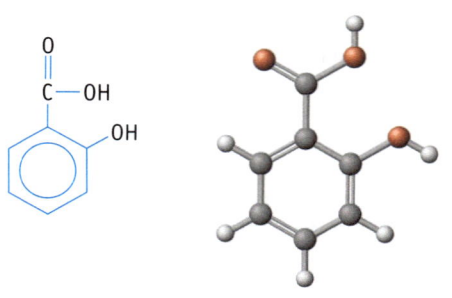

Ácido salicílico

(a) Forneça valores aproximados para os seguintes ângulos de ligação no ácido: (i) C—C—C no anel; (ii) O—C=O; (iii) dos ângulos C—O—H; e (iv) C—C—H.

(b) Qual é a hibridização dos átomos de carbono do anel? E do átomo de C no grupo —CO$_2$H?

(c) Experimentos mostram que 1,00 g do ácido se dissolveram em 460 mL de água. Se o valor do pH dessa solução é 2,4, qual é o K_a para o ácido?

(d) Se você tem ácido salicílico no estômago e se o pH do suco gástrico é 2,0, calcule a porcentagem de ácido salicílico que estará presente no estômago, sob a forma do íon salicilato, C$_6$H$_4$(OH)CO$_2^-$.

(e) Assuma que você tem 25,0 mL de uma solução de 0,014 M de ácido salicílico e titula-a com NaOH 0,010 M. Qual é o pH no ponto médio da titulação? Qual é o pH no ponto de equivalência?

120. O hidróxido de alumínio reage com ácido fosfórico para resultar em $AlPO_4$. A substância é usada industrialmente em colas, pastas e cimentos.

(a) Escreva a equação balanceada para a preparação de $AlPO_4$ a partir de hidróxido de alumínio e ácido fosfórico.

(b) Se você começar com 152 g de hidróxido de alumínio e 3,00 L de 0,750 M de ácido fosfórico, qual é a massa teórica de $AlPO_4$ obtidas?

(c) Se você colocar 25,0 g de $AlPO_4$ em 1,00 L de água, quais são as concentrações de Al^{3+} e PO_4^{3-} no equilíbrio? (Ignore a hidrólise dos íons aquosos Al^{3+} e PO_4^{3-}.) K_{ps} para $AlPO_4$ é $1,3 \times 10^{-20}$.

(d) A solubilidade de $AlPO_4$ aumenta ou diminui com a adição de HCl? Explique.

Esta é uma amostra de fosfato de alumínio hidratado, um mineral conhecido como augelita.

A Combustão do Gás Hidrogênio. A reação exotérmica do hidrogênio com o oxigênio para formar água. (Um balão preenchido com hidrogênio foi aceso com uma vela.)

Princípios da reatividade química: entropia e energia livre

18

Sumário do capítulo

HIDROGÊNIO PARA O FUTURO? O hidrogênio pode ser uma excelente fonte de energia no futuro. Fontes do elemento, como água e hidrocarbonetos, são abundantes. Como a foto acima mostra, a combustão do hidrogênio é muito exotérmica. O interessante é que essa reação também pode ser executada sem uma chama, usando tecnologia da célula combustível (Seção 19.3). Independentemente de como a reação é feita, o produto da reação de combustão é simplesmente água!

Há muitos desafios, entretanto, que ainda esperam para serem resolvidos. O custo de um sistema de hidrogênio combustível atualmente é muito maior que o do motor movido a gasolina. Os cientistas e engenheiros ainda precisam encontrar uma forma de armazenar hidrogênio suficiente em um veículo para que possa viajar 450 quilômetros ou mais sem precisar ser reabastecido. Seria necessário construir uma nova infraestrutura para fornecer hidrogênio em locais suficientes. E superar a percepção pública do hidrogênio como uma barreira excepcionalmente perigosa. Embora seja verdade o fato de que o hidrogênio é

Objetivos do Capítulo

Consulte a Revisão dos Objetivos do Capítulo para ver as Questões para Estudo relacionadas a estes objetivos.

ENTENDER

- O conceito de entropia e sua relação com a espontaneidade da reação.
- A relação entre entalpia, entropia e variações de energia livre para uma reação.

FAZER

- Calcular a mudança em entropia para um sistema, sua vizinhança e o universo para determinar se um processo é espontâneo sob condições padrão.
- Usar a variação da energia livre de Gibbs para prever a espontaneidade da reação.
- Calcular a variação da energia livre padrão de uma reação a partir de dados de energia livre de formação.
- Calcular uma constante de equilíbrio de um processo a partir de sua variação de energia livre padrão.

LEMBRAR

- A entropia do universo aumenta em uma mudança espontânea.
- A variação da energia livre de Gibbs de uma reação espontânea é negativa.

---

inflamável em um intervalo maior de concentrações no ar do que a gasolina, o primeiro requer uma temperatura maior para acender.

Um problema importante com o hidrogênio é que, em primeiro lugar, emprega-se muita energia para obter hidrogênio. Uma maneira é passar uma corrente elétrica pela água para produzir hidrogênio e oxigênio. O hidrogênio resultante seria então combinado com oxigênio em uma célula combustível, liberando energia no processo. No Capítulo 5, você aprendeu que a primeira lei dos estados termodinâmicos determina que a energia é conservada no universo. Então, o melhor que podemos esperar é obter a mesma quantia de energia de volta da combustão de hidrogênio, como foi originalmente usada para decompor a água.

Mas há outro problema. Neste capítulo, você aprenderá sobre a segunda lei da termodinâmica, a qual afirma que não é possível ter 100% da energia em um processo transferido como trabalho. Por causa disso, a energia utilizável da combustão de hidrogênio seria menor que a necessária para gerar hidrogênio. A solução potencial é usar uma fonte de energia renovável como energia solar ou eólica para decompor água. As leis da termodinâmica ainda se aplicam, mas não é tão importante que menos energia seja obtida para gerar o hidrogênio, pois a entrada de energia vem de um recurso de energia abundante e renovável.

Os cientistas estão procurando ativamente maneiras de tornar o hidrogênio um combustível útil, econômico e seguro para o futuro. Por trás dessa pesquisa, a Química e as leis da Termodinâmica exercem funções essenciais.

Questões para Estudo relacionadas a esta história são: 18.85 e 18.86.

FIGURA 18.1 Um processo espontâneo. O cilindro metálico aquecido é colocado na água. A energia é transferida como calor espontaneamente do metal para a água, ou seja, do objeto mais quente para o objeto mais frio.

Mudanças ocupam o centro de estudo da Química, portanto, é importante entender os fatores que determinam se uma mudança vai ocorrer. Em Química, encontramos muitos exemplos de mudanças químicas (reações químicas) e mudanças físicas (a formação das misturas, a expansão dos gases e as mudanças de estado, para citar algumas). Os químicos usam o termo **espontâneo** para representar uma mudança que ocorre sem a intervenção externa. *Mudanças espontâneas ocorrem somente na direção que leva ao equilíbrio.* Se o processo é ou não espontâneo, isso não nos diz nada sobre a velocidade da mudança ou a extensão na qual o processo ocorrerá antes que o equilíbrio seja atingido. Dizer que a mudança é espontânea significa apenas que a mudança ocorrerá em uma direção específica (no sentido do equilíbrio), naturalmente e sem ajuda.

Se uma peça de metal aquecido for colocada em um béquer de água fria (Figura 18.1), a energia é transferida como calor espontaneamente do metal aquecido para a água fria, e a energia transferida continuará até que o equilíbrio térmico seja obtido, ou seja, até que os dois objetos estejam sob a mesma temperatura. Do mesmo modo, as reações químicas continuam espontaneamente até que o equilíbrio seja alcançado, independentemente da posição do equilíbrio a favor de produtos ou reagentes. Reconhecemos de imediato que, começando com reagentes puros, todas as reações produto-favorecidas são espontâneas. Saiba, entretanto, que as reações reagente-favorecidas também são espontâneas até que o equilíbrio seja alcançado. Mesmo se a dissolução de $CaCO_3$ for reagente-favorecida no equilíbrio, se você colocar um pouco de $CaCO_3$ na água, o processo de dissolução continuará espontaneamente até que o equilíbrio seja alcançado.

Os sistemas nunca mudam espontaneamente em uma direção que os torne mais distantes do equilíbrio. Considerando dois objetos com a mesma temperatura, em contato mas isolados termicamente de suas vizinhanças, nunca ocorrerá que um deles se aqueça e o outro se resfrie. Moléculas de gás jamais se acumularão espontaneamente em uma extremidade de um frasco. Do mesmo modo, quando um equilíbrio é estabelecido, a pequena quantidade de $CaCO_3$ dissolvida em equilíbrio com $CaCO_3$ sólido não precipitará espontaneamente da solução, nem uma maior quantia de $CaCO_3$ dissolverá espontaneamente.

Os fatores que determinam a direção e a extensão de uma mudança estão entre os tópicos deste capítulo.

DICA PARA SOLUÇÃO DE PROBLEMA 18.1
Revisão dos Conceitos da Termodinâmica

Para compreender os conceitos termodinâmicos introduzidos neste capítulo, não deixe de rever as ideias apresentadas no Capítulo 5.

Sistema: a parte do universo sob estudo.

Vizinhança: o restante do universo excluindo o sistema, que pode trocar energia e/ou matéria com o sistema.

Exotérmica: a energia é transferida na forma de calor do sistema para a vizinhança.

Endotérmica: a energia é transferida na forma de calor da vizinhança para o sistema.

Primeira lei da termodinâmica: a lei da conservação de energia; a energia não pode ser criada ou destruída. A variação na energia interna de um sistema é a soma da energia transferida para dentro ou para fora do sistema como calor e/ou trabalho, $\Delta U = q + w$.

Variação de entalpia: a energia transferida na forma de calor sob condições de pressão constante.

Função de estado: uma quantidade cujo valor depende somente do estado do sistema; mudanças em uma função de estado podem ser calculadas levando-se em conta os estados inicial e final de um sistema.

Condições padrão: pressão de 1 bar (1 bar = 0,98692 atm) e concentração das soluções de 1 m.

Entalpia padrão de formação ($\Delta H_f°$): a variação de entalpia que ocorre quando 1 mol de um composto é formado a partir de seus elementos em seus estados padrão.

18-1 Espontaneidade e Transferência de Energia na Forma de Calor

Podemos reconhecer prontamente muitas reações químicas que são espontâneas, como hidrogênio e oxigênio que se combinam para formar água, metano que queima para gerar CO_2 e H_2O, Na e Cl_2 reagindo para formar NaCl, e HCl(aq) e NaOH(aq) reagindo para formar H_2O e NaCl(aq). Uma característica comum nessas reações é que elas são exotérmicas, portanto, poderíamos tentar concluir que a evolução de energia na forma de calor é o critério que determina se uma reação ou um processo é espontâneo. Uma avaliação mais detalhada, entretanto, revelará falhas nesse raciocínio. Isso torna-se mais evidente quando consideramos alguns processos espontâneos comuns que são endotérmicos ou neutros em energia, como por exemplo:

- *Dissolvem NH_4NO_3*. O composto iônico dissolve espontaneamente em água, em um processo endotérmico ($\Delta_r H° = +25,7$ kJ/mol).

- *Expansão de um gás no vácuo*. Um sistema é configurado com dois frascos conectados por uma válvula (Figura 18.2). Um frasco é preenchido com gás e o outro é evacuado. Quando a válvula é aberta, o gás flui espontaneamente de um frasco para o outro, até que a pressão seja a mesma em ambos. A expansão de um gás ideal é neutra em energia (embora a expansão da maior parte dos gases reais seja endotérmica).

- *Mudanças de fase*. O derretimento de gelo é um processo endotérmico. Acima de 0 °C, o gelo derrete espontaneamente. Abaixo de 0 °C, o derretimento não é espontâneo. A 0 °C, nenhuma alteração líquida ocorrerá; água líquida e gelo coexistem em equilíbrio. Esse exemplo ilustra que a temperatura pode ter uma função na determinação da espontaneidade e que o equilíbrio é, de alguma forma, um aspecto importante do problema.

- *Energia transferida na forma de calor*. A temperatura da água gelada em ambiente quente aumentará até atingir a temperatura ambiente. A energia necessária para esse processo endotérmico vem da vizinhança. A transferência de energia na forma de calor que vem de um objeto mais quente (a vizinhança) para um objeto mais frio (a água) é espontânea.

- *Reações químicas*. A reação de H_2 e I_2 para formar HI é endotérmica, e a reação reversa, a decomposição de HI para formar H_2 e I_2, é exotérmica. Se $H_2(g)$ e $I_2(g)$ forem misturados, uma reação que forma HI ocorrerá [$H_2(g) + I_2(g) \rightleftharpoons 2$ HI(g)] até que o equilíbrio seja alcançado. Além disso, se HI(g) for colocado em um recipiente, também haverá uma reação, mas na direção inversa, até que o equilíbrio seja atingido. Observe que a aproximação do equilíbrio ocorre espontaneamente a partir de qualquer direção.

Com estes exemplos, é lógico concluir que a liberação do calor não pode ser um critério suficiente na determinação da espontaneidade de um sistema. A primeira lei da termodinâmica nos diz que, em qualquer processo, a energia deve ser conservada. Se a energia for transferida para fora do sistema, então a mesma quantidade de energia deve ser absorvida pela vizinhança. A exotermicidade do sistema deve ser sempre acompanhada por uma mudança endotérmica na vizinhança. Se a liberação de energia fosse o único fator para determinar se um sistema é espontâneo, então para todo processo espontâneo deveria haver uma mudança não espontânea correspondente na vizinhança. É preciso pesquisar além da primeira lei da termodinâmica para determinar se uma mudança é espontânea.

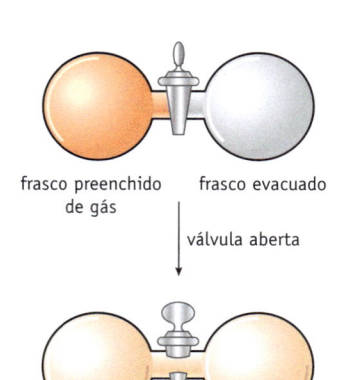

frasco preenchido de gás   frasco evacuado

válvula aberta

Quando a válvula é aberta, o gás expande irreversivelmente para preencher ambos os frascos.

FIGURA 18.2 Expansão espontânea de um gás.

EXERCÍCIOS PARA A SEÇÃO 18.1

1. Um processo é espontâneo na direção em que ele se move

   (a) para longe do equilíbrio   (b) na direção do equilíbrio

2. Um processo que é reagente-favorecido no equilíbrio nunca pode ser espontâneo. Essa afirmativa é:

   (a) verdadeira   (b) falsa

3. Processos endotérmicos são

(a) sempre espontâneos

(c) nunca espontâneos

(b) às vezes espontâneos

18-2 ## Dispersão de Energia: Entropia

Entropia Para uma discussão completa de entropia, consulte as publicações de F. L. Lambert, como *Entropy Is Simple, Qualitatively. Journal of Chemical Education*, v. 79, p. 1241-1246, 2002, e as referências nelas contidas. Consulte também o site de Lambert: entropysite.oxy.edu.

Temos demonstrado que não podemos usar a energia em si como um indicador de espontaneidade, pois ela é conservada em qualquer processo; sempre temos a mesma quantidade de energia que tínhamos no início. Considere novamente colocar um metal quente em um béquer de água fria. A energia é transferida na forma de calor espontaneamente do metal para a água até que a temperatura do metal e da água sejam a mesma. De acordo com a primeira lei da Termodinâmica, a quantidade total de energia na combinação da peça de metal e água é conservada, mas existe direcionalidade nesse processo. A energia é transferida na forma de calor de um objeto mais quente para um objeto mais frio; você nunca verá um fluxo líquido de energia na direção oposta, de um objeto mais frio para outro mais quente. Há uma maneira de prever o direcionamento dessa transferência de energia?

Vamos considerar os estados inicial e final do processo de colocação do metal quente na água fria. Inicialmente, a energia está concentrada na peça de metal. No final do processo, essa energia é dispersada entre o metal e a água. Isso é o indicador sobre o qual temos pesquisado. *Em um processo espontâneo, a energia deixa de ser mais concentrada para se tornar mais dispersa.*

Segunda Lei da Termodinâmica Para um processo espontâneo, ΔS(universo) > 0.

Há uma função de estado chamada **entropia** (S) que nos permite quantificar a dispersão de energia em um sistema, ou a desordem do sistema. A **segunda lei da termodinâmica** postula que *um processo espontâneo é aquele que resulta em um aumento da entropia do universo. Em um processo espontâneo ΔS(universo) é maior que zero; essa é uma medida da dispersão da energia no processo.*

Como a energia térmica é o resultado do movimento aleatório das partículas, a energia potencial é dispersa quando é convertida em energia térmica. Essa conversão ocorre quando a energia é transferida na forma de calor, q. Portanto, não é surpresa que q seja uma parte da definição matemática de ΔS. Além disso, o efeito de uma determinada quantidade de energia transferida como calor na dispersão de energia é distinto sob temperaturas diferentes. Verifica-se que um determinado q apresenta

---

Processos Reversíveis e Irreversíveis

UM OLHAR MAIS ATENTO

Para determinar experimentalmente as variações de entropia, a energia transferida por meio de calor e resfriamento deve ser medida para um processo reversível. Mas o que é um processo reversível?

O teste de reversibilidade é aquele em que, depois de se executar uma mudança ao longo de determinado caminho (nesse caso, energia adicionada na forma de calor), deve ser possível o retorno ao ponto de partida pelo mesmo caminho (energia retirada na forma de calor) sem que a vizinhança seja alterada. O derretimento de gelo e o congelamento da água a 0 °C são exemplos de processos reversíveis. Dada uma mistura de gelo e água em equilíbrio, a adição de energia na forma de calor em pequenos incrementos converterá o gelo em água; a retirada de energia na forma de

calor em pequenos incrementos converterá a água novamente em gelo.

A reversibilidade está intimamente ligada ao equilíbrio. Considere que temos um sistema em equilíbrio. Mudanças reversíveis podem então ser realizadas perturbando-se minimamente o equilíbrio e deixando que o sistema se reajuste.

Processos espontâneos não são reversíveis. Suponha que você permita que um gás seja expandido em um vácuo. Nenhum trabalho é realizado nesse processo porque não há força resistindo a essa expansão. Para retornar o sistema ao seu estado original, é necessário comprimir o gás. Fazer isso, entretanto, significa empregar um trabalho no sistema, pois ele não retornará ao seu estado original por conta própria. Nesse processo, a energia da vizinhança

diminui pela quantia de trabalho exercido por ela. O sistema poderá voltar a seu estado original, mas a vizinhança será alterada no processo.

Em resumo, dois pontos importantes devem ser destacados no que diz respeito à reversibilidade:

- Em cada etapa ao longo de um caminho reversível entre dois estados, o sistema permanece em equilíbrio.
- Processos espontâneos geralmente seguem caminhos irreversíveis e envolvem condições sem equilíbrio.

Para determinar a variação de entropia em um processo, é necessário identificar um caminho reversível. Somente então a variação de entropia em um processo pode ser calculada a partir de q_{rev} e a temperatura em Kelvin.

um efeito maior em ΔS sob uma temperatura mais baixa do que sob uma temperatura mais alta; ou seja, a dimensão da dispersão de energia é inversamente proporcional à temperatura.

Nossa definição proposta para ΔS é, portanto, relativa ao quociente q/T, mas precisamos ser um pouco mais específicos sobre q. O valor de q usado no cálculo de uma variação de entropia deve ser a energia transferida na forma de calor sob o que chamamos de *condições reversíveis*, as quais simbolizamos como q_{rev} (veja o "Um Olhar Mais Atento: Processos Reversíveis e Irreversíveis"). A definição matemática de ΔS é, portanto, q_{rev} dividido pela temperatura absoluta (Kelvin):

$$\Delta S = \frac{q_{rev}}{T} \tag{18.1}$$

Conforme se espera dessa equação, as unidades para ΔS são J/K.

EXERCÍCIOS PARA A SEÇÃO 18.2

1. Em um processo espontâneo, ΔS(universo) é

   (a) < 0 (b) $= 0$ (c) > 0

2. Qual das seguintes alternativas é verdadeira para um processo espontâneo, mas não para um processo não espontâneo? A energia no universo é

   (a) concentrada   (b) conservada   (c) dispersa   (d) não conservada

3. Para um determinado sistema, q_{rev} a 25 °C é igual a + 950 J. Qual é o ΔS para esse sistema?

   (a) 38 J/K   (b) 3,19 J/K   (c) $-3,19$ J/K   (d) -38 J/K

18-3 Entropia: Um Entendimento Microscópico

Entropia é a medida da extensão da dispersão de energia. Em todos os processos espontâneos físicos e químicos, a energia muda de localizada ou concentrada para mais dispersa ou espalhada. *Em um processo espontâneo, a variação na entropia, ΔS, do universo indica a extensão em que a energia é dispersada.* Até aqui, entretanto, não explicamos por que ocorre a dispersão de energia. Para isso, precisamos considerar a energia em sua forma quantizada e a matéria no nível atômico.

Dispersão de Energia

Podemos explorar a dispersão de energia usando um exemplo simples: energia sendo transferida na forma de calor entre átomos gasosos quentes e frios. Considere um experimento envolvendo dois recipientes, um contendo átomos quentes e o outro, átomos frios. Por causa da energia translacional, os átomos movem-se aleatoriamente em cada recipiente e colidem com as paredes. Quando os recipientes estão em contato, a energia é transferida por meio da parede dos recipientes. Ao fim do processo, os dois recipientes estarão sob a mesma temperatura; a energia originalmente localizada nos átomos mais quentes é distribuída sobre um número maior de átomos; e os átomos em cada recipiente terão a mesma distribuição de energia.

Para aprofundarmos um pouco mais o assunto, podemos também utilizar uma explicação estatística para mostrar como a energia se dispersa em um sistema. Com argumentos estatísticos, os sistemas devem incluir grande número de partículas para que os argumentos sejam precisos. Será mais fácil, entretanto, se primeiro olharmos para exemplos simples, a fim de entendermos os conceitos subjacentes, e depois extrapolarmos nossas conclusões para sistemas maiores.

Considere o sistema na Figura 18.3 em que, inicialmente, há um átomo (1) com dois pacotes discretos, ou quanta, de energia, e três outros átomos (2, 3 e 4) com nenhuma energia. Colisões entre os átomos permitem que a energia seja transferida

FIGURA 18.3 Dispersão de energia. Possíveis modos de distribuição de dois pacotes de energia entre quatro átomos. Para mantermos nossa análise simples, suponhamos que inicialmente haja um átomo com dois quanta de energia (1) e três átomos (2, 3 e 4) sem energia. Existem dez diferentes maneiras de distribuir os dois quanta de energia entre os quatro átomos.

Distribuição possível de pacotes de energia

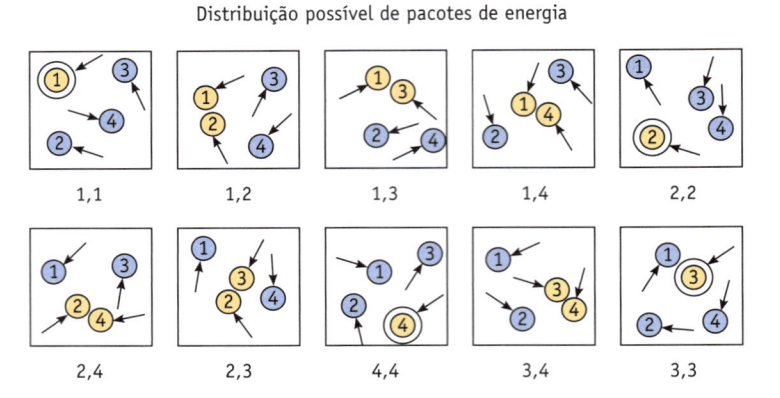

de tal forma que, com o tempo, todas as distribuições dos dois pacotes de energia sobre os quatro átomos sejam vistas. Existem dez diferentes maneiras de distribuir 2 quanta de energia pelos quatro átomos. Cada uma dessas dez diferentes maneiras de distribuir energia é chamada de **microestado**. Em apenas um desses microestados, 2 quanta permanecem no átomo 1. De fato, somente em quatro dos dez microestados [1,1; 2,2; 3,3 e 4,4] a energia está concentrada em um único átomo. Na maioria dos casos, seis de dez, a energia é distribuída para dois átomos diferentes. Mesmo em pequenas amostras (quatro átomos) com somente dois pacotes de energia, é mais provável que, em um determinado momento, a energia seja distribuída para dois átomos em vez de ser concentrada em um único átomo. Há uma preferência distinta de que a energia será dispersa sobre um número maior de átomos.

Agora, vamos adicionar mais átomos ao nosso sistema. Novamente começamos com um átomo (1) tendo 2 quanta de energia, mas agora com outros cinco átomos (2, 3, 4, 5 e 6) sem energia. Colisões permitem que a energia seja transferida entre os dois átomos, e agora nós descobrimos que há 21 microestados possíveis (Figura 18.4). Há seis microestados em que a energia é concentrada em um átomo, incluindo um em que a energia ainda está no átomo 1, mas agora há 15 fora dos 21 microestados (ou 71,4%) em que a energia está presente em dois átomos diferentes. À medida que o número de partículas aumenta, o número de microestados disponíveis eleva-se drasticamente, e a fração de microestados em que a energia é concentrada, em vez de dispersa, diminui drasticamente. É muito mais provável que a energia seja dispersa em vez de concentrada.

FIGURA 18.4 Distribuindo dois quanta de energia entre seis átomos. (Átomos são rotulados de 1 a 6.) Há 21 maneiras – 21 microestados – de distribuir 2 quanta de energia entre seis átomos.

Número de Microestados	Distribuição de 2 Quanta de Energia Entre Seis Átomos					
6	1:1	2:2	3:3	4:4	5:5	6:6
5	1:2	2:3	3:4	4:5	5:6	
4	1:3	2:4	3:5	4:6		
3	1:4	2:5	3:6			
2	1:5	2:6				
1	1:6					

Agora retornamos a um exemplo usando um total de quatro átomos, mas aumentando a quantidade de energia de 2 quanta para 6 quanta. Presuma que iniciamos com dois átomos, tendo 3 quanta de energia cada. Os outros dois átomos inicialmente possuem energia zero (Figura 18.5). Por meio de colisões, a energia pode ser transferida para obter diferentes distribuições de energia entre os quatro átomos. Ao todo, há 84 microestados, resultando em nove padrões básicos. Por exemplo, uma disposição possível tem um átomo com 3 quanta de energia, e três átomos com 1 quantum cada. Há quatro microestados em que isso é verdadeiro (Figura 18.5c). O aumento do número de quanta de 2 para 6 com o mesmo número de átomos eleva o número de possíveis microestados de 10 para 84. Nesse caso, elevar a quantidade de energia que é dispersa resulta em um aumento no número de microestados.

Número de maneiras diferentes de alcançar esse arranjo

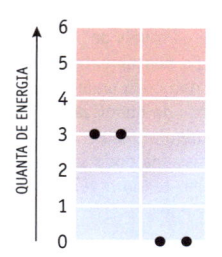

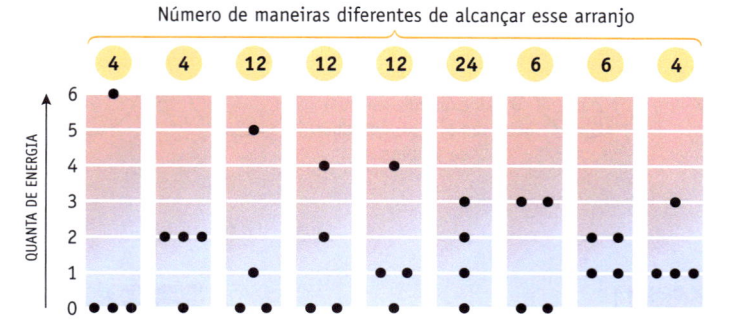

(a) Inicialmente, quatro partículas são separadas umas das outras. Duas partículas possuem, cada uma, 3 quanta de energia, e as outras duas não possuem nada. Um total de 6 quanta de energia será distribuído, assim que as quatro partículas interagirem.

(b) Quando as partículas começarem a interagir, há nove maneiras de distribuir os 6 quanta disponíveis. Cada uma dessas disposições terá várias maneiras de distribuir a energia entre os quatro átomos. A parte (c) mostra como a disposição à direita pode ser obtida de quatro maneiras.

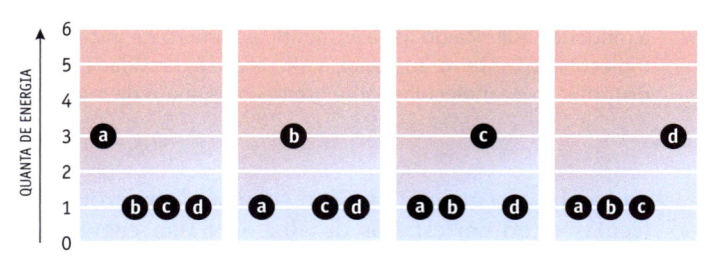

(c) São quatro os diferentes modos de se arranjar quatro partículas (a, b, c e d), de forma que uma partícula tenha 3 quanta de energia e que as outras três tenham, cada uma, 1 quanta de energia.

FIGURA 18.5 Dispersão de energia. Possíveis maneiras de se distribuir 6 quanta de energia entre quatro átomos. Um total de 84 microestados é possível.

Análises estatísticas para maiores agregados de átomos e quanta de energia tornam-se cada vez mais complexas, mas as conclusões são ainda mais convincentes. À medida que o número de partículas e/ou quanta aumenta, o número de microestados de energia cresce rapidamente. Esse número maior de microestados permite que a energia seja dispersa em uma maior extensão. Ludwig Boltzmann propôs que a entropia de um sistema (a dispersão de energia em uma determinada temperatura) resulta do número de microestados disponíveis. *À medida que o número de microestados aumenta, também aumenta a entropia do sistema.* Ele expressou essa ideia na equação

$$S = k \ln W \qquad (18.2)$$

que afirma que a entropia de um sistema, S, é proporcional ao logaritmo natural do número de microestados acessíveis, W, que pertence a uma determinada energia de um sistema ou substância. (A constante de proporcionalidade, k, agora é conhecida como **constante de Boltzmann** e tem um valor de $1,381 \times 10^{-23}$ J/K.) Dentro desses microestados, verifica-se que aqueles estados em que a energia é dispersa sobre o número maior de átomos são amplamente mais prováveis do que os outros.

Ludwig Boltzmann (1844-1906). Gravada em sua lápide em Viena, Áustria, está sua equação de definição de entropia. A constante k agora é conhecida como constante de Boltzmann.

Dispersão de Matéria: Dispersão de Energia Revisada

Em muitos processos, parece que a dispersão de matéria também contribui para a espontaneidade. Veremos, entretanto, que esses efeitos também podem ser explicados em termos de dispersão de energia. Vamos examinar um caso específico, a expansão de um gás no vácuo (veja a Figura 18.2). Como é essa expansão espontânea de um gás com relação à dispersão de energia e entropia?

Começamos com a premissa de que toda energia é quantizada e que isso se aplica a qualquer sistema, inclusive moléculas de gás em uma sala ou em um frasco de reação. Você sabe, a partir de discussão anterior sobre teoria cinético-molecular, que as moléculas em uma amostra de gás possuem uma distribuição de energias (◄ Figura 10.14) (muitas vezes referida como *uma distribuição de Boltzmann*). As

Quantos Microestados? Para se ter uma ideia do número de microestados disponíveis para uma substância, considere um mol de gelo a 273 K, em que $S° = 41,3$ J/K · mol. Usando a equação de Boltzmann, temos $W = 10^{1.299.000.000.000.000.000.000}$. Ou seja, há muito, muito mais microestados para 1 mol de gelo do que há átomos no universo (aproximadamente 10^{80}).

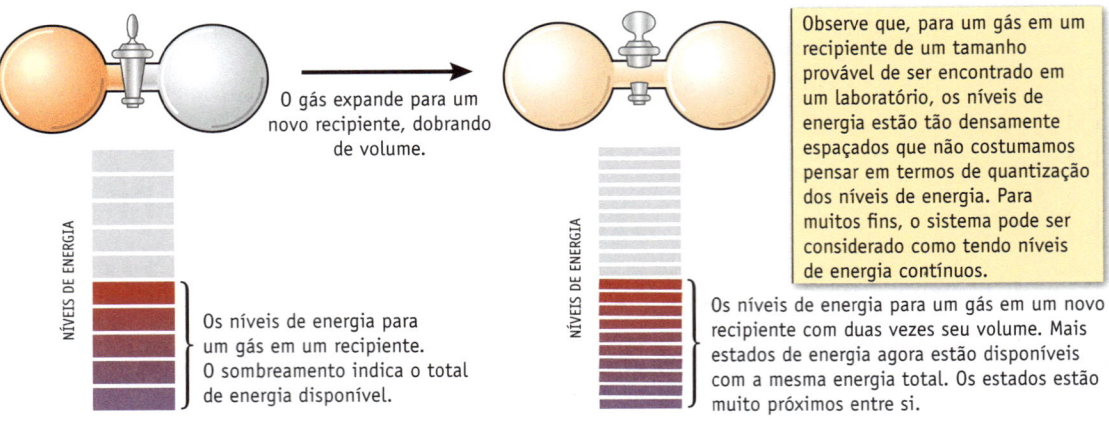

O gás expande para um novo recipiente, dobrando de volume.

NÍVEIS DE ENERGIA

Os níveis de energia para um gás em um recipiente. O sombreamento indica o total de energia disponível.

Observe que, para um gás em um recipiente de um tamanho provável de ser encontrado em um laboratório, os níveis de energia estão tão densamente espaçados que não costumamos pensar em termos de quantização dos níveis de energia. Para muitos fins, o sistema pode ser considerado como tendo níveis de energia contínuos.

Os níveis de energia para um gás em um novo recipiente com duas vezes seu volume. Mais estados de energia agora estão disponíveis com a mesma energia total. Os estados estão muito próximos entre si.

FIGURA 18.6 Dispersão de energia (e matéria). À medida que o tamanho do recipiente para a mudança química ou física aumenta, o número de microestados acessíveis aos átomos ou às moléculas do sistema aumenta, assim como a densidade de estados. Uma consequência da distribuição de moléculas sobre um maior número de microestados é um aumento na entropia.

Termodinâmica Estatística
Os argumentos apresentados aqui vêm de uma ramificação da Química chamada *Termodinâmica Estatística*. Veja JUNGERMANN, H. *Journal of Chemical Education*, v. 83, p. 1686-1694, 2006.

moléculas são atribuídas a (ou "ocupam") microestados quantizados. Algumas moléculas estão em estados de alta ou baixa energia, mas muitas estão em estados próximos à média de energia do sistema. (Para um gás em um recipiente típico de laboratório, os níveis de energia estão tão densamente espaçados que, para muitas finalidades, há uma continuidade de estados de energia.)

Quando um gás expande para preencher um recipiente maior, a energia média da amostra e a energia das partículas em uma determinada faixa de energia são constantes. Entretanto, a mecânica quântica mostra (por enquanto, você precisará acreditar no que dizemos) que, como consequência de ter um volume maior, em que as moléculas podem mover-se em estado expandido, ocorre um aumento no número de microestados e que esses microestados ficam ainda mais densamente espaçados do que antes (Figura 18.6). O resultado dessa maior densidade de microestados é que o número de microestados disponíveis para as partículas de gás aumenta quando o gás expande. A expansão do gás, uma dispersão da matéria, leva à dispersão de energia sobre um número maior de microestados e, portanto, a um aumento da entropia.

A lógica aplicada à expansão de um gás em um vácuo pode ser usada para racionalizar a mistura de dois gases, a mistura de dois líquidos ou a dissolução de um sólido em um líquido (Figura 18.7). Por exemplo, se frascos contendo O_2 e N_2 forem conectados (em uma configuração experimental como aquela da Figura 18.6), os dois gases difundem-se juntos, levando a uma mistura em que as moléculas de O_2 e N_2 ficam distribuídas uniformemente por todo o volume. Uma mistura de O_2 e N_2 nunca se separa em amostras de cada componente por conta própria. Os gases movem-se espontaneamente em direção a uma situação em que cada gás e sua energia ficam maximamente dispersos. A energia do sistema é dispersa sobre um número maior de

FIGURA 18.7 Dissolvendo KMnO₄ em água. Uma pequena quantidade de $KMnO_4$ sólido, roxo, é acrescentado à água (*à esquerda*). Com o passar do tempo, o sólido se dissolve e os íons muito coloridos MnO_4^- (e os íons K^+) se dispersam por toda a solução. A entropia é muito relevante ao se analisar mistura de líquidos e soluções (veja Seção 13-2).

Tempo

Fotos: © Cengage Learning/Charles D. Winters

microestados, e a entropia do sistema aumenta. De fato, essa é uma parte maior da explicação para o fato de que líquidos similares (como óleo e gasolina ou água e etanol) formam prontamente soluções homogêneas. Recordemos a regra geral que diz que "semelhante dissolve semelhante" (◄ Seção 13.2).

Um Resumo: Entropia, Variação de Entropia e Dispersão de Energia

De acordo com a equação de Boltzmann (Equação 18.2), a entropia é proporcional ao número de modos com que a energia pode ser dispersa em uma substância, ou seja, ao número de microestados disponíveis para o sistema (W). O número de microestados aumenta com o aumento no número de partículas, com um aumento na energia e com um aumento no volume. Haverá uma variação na entropia, ΔS, se houver uma variação no número de microestados nos quais a energia pode ser dispersa.

$$\Delta S = S_{final} - S_{inicial} = k\,(\ln W_{final} - \ln W_{inicial}) = k\,\ln(W_{final}/W_{inicial})$$

Nosso foco como químicos está em ΔS, e devemos nos preocupar principalmente com a dispersão de energia em sistemas e ambientes durante uma mudança física ou química.

> **Variação de Entropia em Expansão de Gás** A variação de entropia para uma expansão de gás pode ser calculada a partir de
>
> $$\Delta S = nR\ln(V_{final}/V_{inicial})$$
>
> Em determinada temperatura, V é proporcional ao número de microestados, portanto, a equação é relacionada a $k\,\ln(W_{final}/W_{inicial})$.

EXERCÍCIOS PARA A SEÇÃO 18.3

1. Conforme o número de microestados sobre os quais a energia pode ser distribuída em um sistema aumenta, sua entropia

   (a) diminui (b) aumenta (c) permanece constante

2. Calcule a variação na entropia para um sistema que está passando por uma condição com 5 microestados acessíveis a 30 microestados acessíveis.

   (a) $-2,5 \times 10^{-23}$ J/K (c) $2,5 \times 10^{-23}$ J/K

   (b) $9,4 \times 10^{-24}$ J/K (d) $8,3 \times 10^{-23}$ J/K

18-4 Medição e Valores de Entropia

Um valor numérico para entropia pode ser determinado para qualquer substância sob um determinado conjunto de condições. Quanto maior a dispersão de energia, maior a entropia e maior o valor de S. O ponto de referência para valores de entropia é estabelecido pela **terceira lei da termodinâmica**. Definida por Ludwig Boltzmann, a terceira lei afirma que *um cristal perfeito a 0 K possui entropia zero; ou seja, S = 0*. A entropia de um elemento ou composto sob qualquer outro conjunto de condições é a entropia ganha pela conversão da substância a partir de 0 K a essas condições. Para determinar o valor de S, é necessário medir a energia transferida como calor sob condições reversíveis para a conversão de 0 K para condições definidas e depois usar a Equação 18.1 ($\Delta S = q_{rev}/T$). Como é necessário adicionar energia na forma de calor para aumentar a temperatura, *todas as substâncias possuem valores de entropia positivos a temperaturas acima de 0 K*. Valores negativos de entropia não podem ocorrer. Reconhecer que a entropia está diretamente relacionada à energia adicionada como calor nos permite prever diversos aspectos gerais dos valores de entropia:

- O aumento de temperatura de uma substância corresponde à adição de energia na forma de calor. Portanto, a entropia de uma substância aumentará com um aumento na temperatura.

- Conversões de sólido para líquido e de líquido para gás normalmente requerem maior entrada de energia como calor. Consequentemente, há um maior aumento em entropia nas conversões que envolvem mudanças de estado (Figura 18.8).

> **Valores de Entropia Negativa** Observando as tabelas termodinâmicas, vemos que os íons em solução aquosa podem ter e apresentam valores de entropia negativos. Entretanto, essas não são entropias absolutas. Para íons, a entropia de $H^+(aq)$ está arbitrariamente atribuída a uma entropia padrão de zero, e os valores de entropia para outros íons são atribuídos com relação a esse valor.

Valores de Entropia Padrão, $S°$

Apresentamos o conceito de estados padrão na discussão anterior sobre entalpia (◄ Seção 5.4), e podemos, da mesma forma, definir a entropia de qualquer

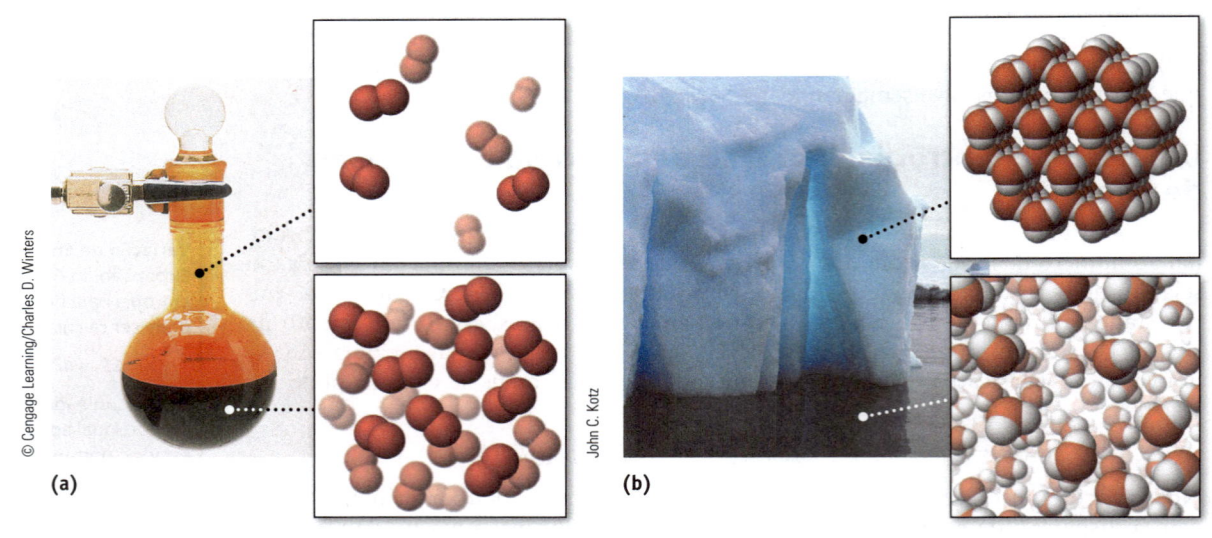

A entropia do bromo líquido, Br₂(☒), é 152,2 J/K · mol, e para vapor de bromo é 245,47 J/K · mol.

A entropia do gelo, que possui um arranjo molecular altamente ordenado, é menor que a entropia de água líquida.

FIGURA 18.8 Entropia e estados da matéria.

substância em seu estado padrão. A **entropia molar padrão**, $S°$, de uma substância é a entropia ganha convertendo-se 1 mol desta a partir de um cristal perfeito a 0 K para condições de estado padrão (1 bar, 1 molal para uma solução) sob a temperatura especificada. As unidades para valores de entropia padrão são J/K · mol. Geralmente, valores de $S°$ encontrados nas tabelas de dados referem-se a uma temperatura de 298 K. O Apêndice L lista muitas entropias padrão molares a 298 K. Listas mais extensas de valores $S°$ podem ser encontradas em fontes de referência padrão, como as tabelas NIST (**webbook.nist.gov**).

Observar uma lista de entropias padrão (como aquelas no Apêndice L) mostrará que *moléculas maiores geralmente possuem entropias maiores que moléculas pequenas*. Com uma molécula maior, há mais maneiras para a molécula girar e vibrar, o que fornece um número maior de microestados de energia por meio dos quais a energia pode ser distribuída. Como um exemplo, considere as entropias padrão para metano (CH_4), etano (C_2H_6) e propano (C_3H_8), cujos valores são 186,3, 229,2 e 270,3 J/K · mol, respectivamente. Além disso, *moléculas com estruturas mais complexas possuem entropias maiores que moléculas com estruturas mais simples*. O efeito da estrutura molecular pode ser visto também quando comparamos átomos ou moléculas de massa molar semelhantes: argônio gasoso, CO_2 e C_3H_8 possuem entropias de 154,9, 213,7 e 270,3 J/K · mol, respectivamente.

Tabelas de valores de entropia também mostram que *entropias de gases são maiores que aquelas para líquidos, e entropias de líquidos são maiores que aquelas para sólidos*. Em um sólido, as partículas possuem posições fixas no retículo do sólido. Quando um sólido derrete, essas partículas possuem mais liberdade para assumirem posições diferentes, resultando em um aumento no número de microestados disponíveis e em um aumento de entropia. Quando um líquido evapora, restrições devidas a forças entre as partículas por perto desaparecem, o volume aumenta muito e ocorre um grande aumento de entropia. Por exemplo, as entropias padrão de $I_2(s)$, $Br_2(\ell)$ e $Cl_2(g)$ são 116,1, 152,2 e 223,1 J/K · mol, respectivamente.

Finalmente, conforme ilustrado na Figura 18.8, *para uma determinada substância, um grande aumento na entropia acompanha variações de estado*, refletindo a transferência de energia relativamente maior na forma de calor necessária para realizar esses processos (assim como a dispersão de energia sobre um número maior de microestados disponíveis). Por exemplo, as entropias de água líquida e gasosa são 69,95 e 188,84 J/K · mol, respectivamente.

$S°$ (J/K · mol)

metano

186,3

etano

229,2

propano

270,3

DICA PARA SOLUÇÃO DE PROBLEMAS 18.2
Uma Lista de Processos Comuns Favoráveis à Entropia

A discussão até esse ponto permite listar diversos princípios gerais envolvendo variações de entropia:

- A entropia de uma substância aumentará no momento em que ela passar de sólido para líquido e depois para gás.

- A entropia de qualquer substância aumenta conforme a temperatura se eleva. Energia deve ser acrescentada a um sistema para aumentar sua temperatura (ou seja, $q > 0$), assim q_{rev}/T é necessariamente positivo.

- A entropia de um gás aumenta com um aumento no volume. Um volume maior fornece um número maior de estados de energia nos quais dispersa energia.

- Reações que aumentam o número de mols de gases em um sistema são acompanhadas por um aumento em entropia.

EXEMPLO 18.1

Comparações de Entropia

Problema Qual substância apresenta maior entropia sob condições padrão a 25 °C? Explique seu raciocínio. Confira sua resposta com os dados do Apêndice L.

(a) $NO_2(g)$ ou $N_2O_4(g)$

(b) $I_2(g)$ ou $I_2(s)$

O que você sabe? Moléculas maiores das substâncias relacionadas possuem maiores entropias do que moléculas menores, e a entropia diminui na ordem de gás > líquido > sólido.

Estratégia Para cada parte, identifique a diferença entre as duas substâncias e relacione isso às regras gerais de entropia fornecidas anteriormente.

___

Solução

(a) Ambos, NO_2 e N_2O_4, são gases. N_2O_4 é uma molécula maior que NO_2 e, portanto, apresenta a entropia padrão mais alta.

(b) Para uma determinada substância, gases possuem entropias maiores que sólidos, portanto, espera-se que $I_2(g)$ tenha entropia padrão maior.

Pense bem antes de responder Valores de $S°$ no Apêndice L confirmam essas previsões. A 25 °C, $S°$ para $NO_2(g)$ é 240,04 J/K · mol, e $S°$ para $N_2O_4(g)$ é 304,38 J/K · mol. $S°$ para $I_2(g)$ é 260,69 J/K · mol; $S°$ para $I_2(s)$ é 116,135 J/K · mol.

___

Verifique seu entendimento

Preveja qual substância em cada par apresenta a maior entropia e explique seu raciocínio.

(a) $O_2(g)$ ou $O_3(g)$

(b) $SnCl_4(\ell)$ ou $SnCl_4(g)$

Variações de Entropia em Processos Físicos e Químicos

É possível usar os valores de entropia molar padrão quantitativamente para calcular a variação na entropia que ocorre em vários processos sob condições padrão. A variação de entropia padrão para uma reação ($\Delta_r S°_{reação}$ ou $\Delta S°_{sistema}$) é a soma de entropias molares padrão dos produtos, cada qual multiplicada por seu coeficiente

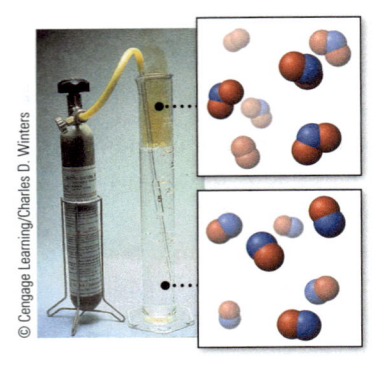

© Cengage Learning/Charles D. Winters

A reação de NO com O₂. A entropia do sistema diminui quando duas moléculas de gás são produzidas a partir de três moléculas de reagentes gasosos.

estequiométrico, menos a soma de entropias molares padrão dos reagentes, cada uma multiplicada por seu coeficiente estequiométrico.

$$\Delta_r S° = \Sigma n S°(\text{produtos}) - \Sigma n S°(\text{reagentes}) \tag{18.3}$$

Essa equação nos permite calcular as variações de entropia para um *sistema* em que os reagentes são completamente convertidos em produtos, sob condições padrão. Para ilustrar, calculamos $\Delta_r S°$ para a oxidação de NO com O_2.

$$2\ NO(g) + O_2(g) \rightarrow 2\ NO_2(g)$$

$\Delta_r S° = (2\ \text{mol}\ NO_2/\text{mol-rea})\ S°[NO_2(g)] -$
$\{(2\ \text{mol}\ NO(g)/\text{mol-rea})\ S°[NO(g)] + (1\ \text{mol}\ O_2/\text{mol-rea})\ S°[O_2(g)]\}$

$= (2\ \text{mol}\ NO_2/\text{mol-rea})(240,0\ J/K \cdot \text{mol}) -$
$[(2\ \text{mol}\ NO(g)/\text{mol-rea})(210.8\ J/K \cdot \text{mol}) + (1\ \text{mol}\ O_2/\text{mol-rea})(205,1\ J/K \cdot \text{mol})]$

$= -146,7\ J/K \cdot \text{mol-rea}$

A entropia do sistema diminui, como geralmente é observado quando moléculas de reagentes gasosos são convertidos em menos moléculas de produtos gasosos.

Mapa Estratégico 18.2

PROBLEMA

Calcule $\Delta_r S°$ reação para uma reação.

↓

DADOS/INFORMAÇÕES

• Equação química balanceada
• Valores de $S°$ (Apêndice L)

ETAPA 1. Calcule $\Delta_r S°$ usando a Equação 18.3.

↓

$\Delta_r S°$ para a reação

EXEMPLO 18.2

Prevendo e Calculando $\Delta_r S°$ para uma Reação

Problema Usando entropias molares padrão, calcule as variações de entropia padrão para os processos a seguir.

(a) Evaporação de 1,00 mol de etanol líquido para vapor de etanol:

$$C_2H_5OH(\ell) \rightarrow C_2H_5OH(g)$$

(b) Formação de amônia a partir de hidrogênio e nitrogênio, com base na seguinte equação:

$$N_2(g) + 3\ H_2(g) \rightarrow 2\ NH_3(g)$$

O que você sabe? Para cada parte, você tem uma equação química balanceada e deve determinar a variação de entropia padrão para a reação ($\Delta_r S°$). Valores de entropias molares padrão para as substâncias podem ser encontrados no Apêndice L.

Estratégia Variações de entropia para cada sistema podem ser calculadas a partir de valores de entropia padrão (Apêndice L) utilizando a Equação 18.3.

Solução

(a) Evaporação do etanol

$\Delta_r S° = \Sigma n S°(\text{produtos}) - \Sigma n S°(\text{reagentes})$

$= (1\ \text{mol}\ C_2H_5OH(g)/\text{mol-rea})\ S°[C_2H_5OH(g)] -$
$(1\ \text{mol}\ C_2H_5OH(\ell)/\text{mol-rea})\ S°[C_2H_5OH(\ell)]$

$= (1\ \text{mol}\ C_2H_5OH(g)/\text{mol-rea})(282,7\ J/K \cdot \text{mol}) -$
$(1\ \text{mol}\ C_2H_5OH(\ell)/\text{mol-rea})(160,7\ J/K \cdot \text{mol})$

$= +122,0\ J/K \cdot \text{mol-rea}$

(b) Formação da amônia

$\Delta_r S° = \Sigma nS°\text{(produtos)} - \Sigma nS°\text{(reagentes)}$

$= (2 \text{ mol } NH_3(g)/\text{mol-rea}) \, S°[NH_3(g)] -$
$\{(1 \text{ mol } N_2(g)/\text{mol-rea}) \, S°[N_2(g)] + (3 \text{ mol } H_2(g)/\text{mol-rea}) \, S°[H_2(g)]\}$

$= (2 \text{ mol } NH_3(g)/\text{mol-rea})(192,77 \text{ J/K} \cdot \text{mol}) -$
$[(1 \text{ mol } N_2(g)/\text{mol-rea})(191,56 \text{ J/K} \cdot \text{mol}) +$
$(3 \text{ mol } H_2(g)/\text{mol-rea})(130,7 \text{ J/K} \cdot \text{mol})]$

$= -198,1 \text{ J/K} \cdot \text{mol-rea}$

Pense bem antes de responder Previsões para os sinais dessas variações de entropia podem ser feitas usando as regras fornecidas no texto. Na parte (a), um grande valor positivo para a variação de entropia é esperado, pois o processo converte etanol de líquido para vapor. Na parte (b), uma diminuição na entropia é prevista, pois o número de mols de gases diminui de quatro para dois.

Verifique seu entendimento

Calcule as variações de entropia padrão para os seguintes processos usando os valores de entropia no Apêndice L. Os sinais dos valores calculados de $\Delta_r S°$ estão de acordo com as previsões?

(a) Dissolvendo 1 mol de $NH_4Cl(s)$ na água: $NH_4Cl(s) \rightarrow NH_4Cl(aq)$

(b) Oxidação do etanol: $C_2H_5OH(g) + 3 \, O_2(g) \rightarrow 2 \, CO_2(g) + 3 \, H_2O(g)$

Quantidade de Substância e Cálculos Termodinâmicos Neste cálculo e nos outros deste capítulo, quando escrevemos, por exemplo,

282,70 J/K · mol

para a entropia padrão do etanol em 298 K, queremos dizer

282,70 J/K · mol $C_2H_5OH(\ell)$

A fórmula de identificação foi deixada de lado por conta de simplificação.

EXERCÍCIOS PARA A SEÇÃO 18.4

1. Sem observar suas entropias padrão nas tabelas de referência, identifique nas seguintes listas de materiais a ordem de entropia crescente.

(a) $H_2O(\ell) < NaCl(s) < NH_3(g)$

(b) $H_2O(\ell) < NH_3(g) < NaCl(s)$

(c) $NaCl(s) < H_2O(\ell) < NH_3(g)$

(d) $NH_3(g) < H_2O(\ell) < NaCl(s)$

2. Sem fazer cálculos, preveja o sinal de $\Delta_r S°$ para a seguinte reação:

$$Zn(s) + 2 \, HCl(aq) \rightarrow ZnCl_2(aq) + H_2(g)$$

(a) $\Delta_r S° < 0$ (b) $\Delta_r S° = 0$ (c) $\Delta_r S° > 0$

3. Calcule $\Delta_r S°$ para a seguinte reação a 25 °C.

$$2 \, H_2(g) + O_2(g) \rightarrow 2 \, H_2O(\ell)$$

(a) $-326,6$ J/K · mol-rea

(b) $-139,9$ J/K · mol-rea

(c) $139,9$ J/K · mol-rea

(d) $326,6$ J/K · mol-rea

18-5 Variações de Entropia e Espontaneidade

Conforme ilustrado pelo Exemplo 18.2, a variação de entropia padrão *do sistema* em uma mudança química ou física pode ser positiva (evaporação de etanol) ou negativa (síntese de amônia a partir de nitrogênio e hidrogênio). Como essa informação contribui para determinar a espontaneidade do processo?

Conforme discutido anteriormente (Seção 18.2), a espontaneidade é determinada pela *segunda lei da termodinâmica*, que postula que *um processo espontâneo é aquele que resulta no aumento da entropia no universo*. O universo possui duas partes: o sistema e sua vizinhança (◄ Seção 5.1), portanto, a variação de entropia para o universo é a soma das variações de entropia para o sistema e para a vizinhança. Sob condições padrão, a variação de entropia para o universo, $\Delta S°$(universo) é

$$\Delta S°\text{(universo)} = \Delta S°\text{(sistema)} + \Delta S°\text{(vizinhança)} \qquad \textbf{(18.4)}$$

O cálculo no Exemplo 18.2 nos dá a variação de entropia sob condições padrão para um sistema, somente metade das informações necessárias. Também precisamos determinar como a mudança em estudo afeta a entropia da vizinhança, de forma que possamos descobrir a variação de entropia para o universo.

O valor de $\Delta S°$(universo) calculado a partir da Equação 18.4 é a variação de entropia quando os reagentes são convertidos *completamente* em produtos, com todas as espécies em condições padrão. *Um processo é espontâneo sob condições padrão se $\Delta S°$(universo) for maior que zero.* Como um exemplo da determinação de espontaneidade da reação, vamos calcular $\Delta S°$(universo) para a reação usada atualmente para fabricar metanol, CH_3OH.

$$CO(g) + 2\ H_2(g) \rightarrow CH_3OH(\ell)$$

Se $\Delta S°$(universo) for positiva, a conversão de 1 mol de $CO(g)$ e 2 mols de $H_2(g)$ em 1 mol de $CH_3OH(\ell)$ será espontânea sob condições padrão.

Calculando $\Delta S°$(sistema) Para calcular $\Delta S°$(sistema), começamos pela definição do sistema de modo a incluir os reagentes e os produtos. Isso significa que $\Delta S°$(sistema) corresponde à variação de entropia para a reação, $\Delta_r S°$reação. O cálculo dessa variação de entropia segue o procedimento fornecido no Exemplo 18.2.

$$\Delta S°\text{(sistema)} = \Delta_r S° = \Sigma n S°\text{(produtos)} - \Sigma n S°\text{(reagentes)}$$

$$= (1\ \text{mol}\ CH_3OH(\ell)/\text{mol-rea})\ S°[CH_3OH(\ell)] - $$
$$\{(1\ \text{mol}\ CO(g)/\text{mol-rea})\ S°[CO(g)] + (2\ \text{mols}\ H_2(g)/\text{mol-rea})\ S°[H_2(g)]\}$$

$$= (1\ \text{mol}\ CH_3OH(\ell)/\text{mol-rea})(127,2\ \text{J/K} \cdot \text{mol}) - $$
$$[(1\ \text{mol}\ CO(g)/\text{mol-rea})(197,7\ \text{J/K} \cdot \text{mol}) + $$
$$(2\ \text{mols}\ H_2(g)/\text{mol-rea})(130,7\ \text{J/K} \cdot \text{mol})]$$

$$= -331,9\ \text{J/K} \cdot \text{mol-rea}$$

Espera-se que ocorra a diminuição da entropia do sistema, pois 3 mols de reagentes gasosos são convertidos em 1 mol de um produto líquido.

Calculando $\Delta S°$(vizinhança) Precisamos agora calcular a variação de entropia para a vizinhança. Revendo a Equação 18.1 para uma mudança reversível, ΔS é igual a q_{rev}/T. Sob condições de pressão constante e presumindo um processo reversível, a variação de entropia na vizinhança resulta do fato de que a variação de entalpia para a reação (q_{rev} = $\Delta_r H_{reação}$) afeta a vizinhança. Ou seja, a energia associada a uma reação química exotérmica é dispersa na vizinhança. Reconhecendo que $\Delta H°$(vizinhança) $= -\Delta_r H°$(sistema), a variação de entropia para a vizinhança pode ser calculada pela equação

$$\Delta S°\text{(vizinhança)} = \Delta H°\text{(vizinhança)}/T = -\Delta_r H°\text{(sistema)}/T$$

Para a síntese do metanol pela reação fornecida, a variação de entalpia pode ser calculada a partir dos dados de entalpia de formação usando a Equação 5.6.

$$\Delta H°\text{(sistema)} = \Sigma n \Delta_f H°\text{(produtos)} - \Sigma n \Delta_f H°\text{(reagentes)}$$

$$= (1\ \text{mol}\ CH_3OH(\ell)/\text{mol-rea})\ \Delta_f H°[CH_3OH(\ell)] - $$
$$\{(1\ \text{mol}\ CO(g)/\text{mol-rea})\ \Delta_f H°[CO(g)] + $$
$$(2\ \text{mols}\ H_2(g)/\text{mol-rea})\ \Delta_f H°[H_2(g)]\}$$

$$= (1\ \text{mol}\ CH_3OH(\ell)/\text{mol-rea})(-238,4\ \text{kJ/mol}) - $$
$$[(1\ \text{mol}\ CO(g)/\text{mol-rea})(-110,5\ \text{kJ/mol}) + $$
$$(2\ \text{mols}\ H_2(g)/\text{mol-rea})(0\ \text{kJ/mol})]$$

$$= -127,9\ \text{kJ/mol-rea}$$

Usando $\Delta S°$(universo) Para um processo que é espontâneo sob condições padrão:

$$\Delta S°\text{(universo)} > 0$$

Para um processo em equilíbrio sob condições padrão:

$$\Delta S°\text{(universo)} = 0$$

Para um processo que não é espontâneo sob condições padrão:

$$\Delta S°\text{(universo)} < 0$$

Observe que essas conclusões referem-se à conversão completa de reagentes para produtos.

Assumindo que o processo é reversível e ocorre sob temperatura e pressão constantes, a variação de entropia para a vizinhança na síntese de metanol é + 429,2 J/K · mol, calculada como segue.

$$\Delta S°(\text{vizinhança}) = -\Delta_r H°(\text{sistema})/T$$

$$= -[(-127,9 \text{ kJ/mol-rea})/298 \text{ K})](1000 \text{ J/kJ})$$

$$= +429,2 \text{ J/K} \cdot \text{mol-rea}$$

Calculando $\Delta S°$(universo), a Variação de Entropia para o Sistema e Vizinhança

Temos agora as peças necessárias para o cálculo da variação de entropia do universo. Para a formação de $CH_3OH(\ell)$ a partir de $CO(g)$ e $H2(g)$, $\Delta S°$(universo) é

$$\Delta S°(\text{universo}) = \Delta S°(\text{sistema}) + \Delta S°(\text{vizinhança})$$

$$= -331,9 \text{ J/K} \cdot \text{mol-rea} + 429,2 \text{ J/K} \cdot \text{mol-rea}$$

$$= +97,3 \text{ J/K} \cdot \text{mol-rea}$$

O valor positivo indica que há aumento da entropia do universo. Então, pela segunda lei da termodinâmica, essa reação é espontânea sob condições padrão.

EXEMPLO 18.3

Determinando se um Processo é Espontâneo

Problema Calcule $\Delta S°$(universo) para o processo de dissolver NaCl na água a 298 K.

O que você sabe? O processo que ocorre é NaCl(s) → NaCl(aq). $\Delta S°$(universo) é igual à soma de $\Delta S°$(sistema) e $\Delta S°$(vizinhança). Valores de $S°$ e $\Delta_f H°$ para NaCl(s) e NaCl(aq) são fornecidos no Apêndice L.

Estratégia A variação de entropia, $\Delta S°$(sistema), pode ser calculada a partir dos valores de $S°$ para as duas espécies usando-se a Equação 18.3. $\Delta_r H°$ pode ser calculado a partir dos valores de $\Delta_f H°$ para as duas espécies usando a Equação 5.6. $\Delta S°$(vizinhança) é determinada dividindo-se $-\Delta_r H°$ para o processo pela temperatura em Kelvin. A soma de $\Delta S°$(sistema) e $\Delta S°$(vizinhança) é $\Delta S°$(universo). Se esse valor for positivo, então o processo é espontâneo sob condições padrão.

Solução

Calcule $\Delta S°$(sistema)

$$\Delta S°(\text{sistema}) = \Sigma n S°(\text{produtos}) - \Sigma n S°(\text{reagentes})$$

$$= (1 \text{ mol NaCl(aq)/mol-rea}) \, S°[\text{NaCl(aq)}] -$$
$$(1 \text{ mol NaCl(s)/mol-rea}) \, S°[\text{NaCl(s)}]$$

$$= (1 \text{ mol NaCl(aq)/mol-rea})(115,5 \text{ J/K} \cdot \text{mol}) -$$
$$(1 \text{ mol NaCl(s)/mol-rea})(72,11 \text{ J/K} \cdot \text{mol})$$

$$= +43,4 \text{ J/K} \cdot \text{mol-rea}$$

Calcule $\Delta S°$(vizinhança)

$$\Delta_r H°(\text{sistema}) = \Sigma n \Delta_f H°(\text{produtos}) - \Sigma n \Delta_f H°(\text{reagentes})$$

$$= (1 \text{ mol NaCl(aq)/mol-rea}) \, \Delta_f H°[\text{NaCl(aq)}] -$$
$$(1 \text{ mol NaCl(s)/mol-rea}) \, \Delta_f H°[\text{NaCl(s)}]$$

$$= (1 \text{ mol NaCl(aq)/mol-rea})(-407,27 \text{ kJ/mol}) -$$
$$(1 \text{ mol NaCl(s)/mol-rea})(-411,12 \text{ kJ/mol})$$

$$= +3,85 \text{ kJ/mol-rea}$$

A variação de entropia da vizinhança é determinada dividindo-se $-\Delta_rH^\circ$(sistema) pela temperatura em Kelvin.

$$\Delta S^\circ(\text{vizinhança}) = -\Delta_rH^\circ(\text{sistema})/T$$

$$= (-3{,}85 \text{ kJ/mol-rea}/298 \text{ K})(1000 \text{ J/1 kJ})$$

$$= -12{,}9 \text{ J/K} \cdot \text{mol-rea}$$

Calcule ΔS°(universo)

A variação global de entropia – a variação de entropia do universo – é a soma dos valores para o sistema e para a vizinhança.

$$\Delta S^\circ(\text{universo}) = \Delta S^\circ(\text{sistema}) + \Delta S^\circ(\text{vizinhança})$$

$$= (+43{,}4 \text{ J/K} \cdot \text{mol-rea}) + (-12{,}9 \text{ J/K} \cdot \text{mol-rea})$$

$$= +30{,}5 \text{ J/K} \cdot \text{mol-rea}$$

Pense bem antes de responder A soma de duas quantidades de entropia é positiva, indicando que a entropia no universo aumenta; portanto, o processo é espontâneo sob condições padrão. Observe que a espontaneidade do processo resulta de ΔS°(sistema) e não de ΔS°(vizinhança).

Verifique seu entendimento

A reação do hidrogênio e do cloro, que forma cloreto de hidrogênio gasoso, tende a ser espontânea sob condições padrão (a 298 K)?

$$H_2(g) + Cl_2(g) \rightarrow 2 \; HCl(g)$$

Preveja a espontaneidade da reação com base em Δ_rH° e Δ_rS°, e então calcule ΔS°(universo) para verificar sua previsão.

Em Resumo: Espontâneo ou Não?

Nos exemplos anteriores, as previsões sobre espontaneidade de um processo sob condições padrão foram feitas usando valores de ΔS°(sistema) e ΔH°(sistema) calculados a partir das tabelas de dados termodinâmicos. É útil que se verifique todas as possibilidades que resultam da interação dessas duas quantidades. Existem quatro possíveis resultados quando essas duas quantidades são combinadas (Tabela 18.1).

ΔS°(universo), Espontaneidade e Condições Padrão É importante reafirmar que os valores de ΔH° e ΔS° para uma reação são para a conversão completa de reagentes para produtos sob condições padrão. Se ΔS°(universo) for > 0, a reação conforme escrita é espontânea *sob condições padrão*. Entretanto, pode-se calcular valores para ΔS(universo) (sem o zero subscrito) para condições *não padrão*. Se ΔS(universo) for > 0, a reação é espontânea sob essas condições.

Tabela 18.1 Prevendo se uma Reação Será Espontânea sob Condições Padrão			
Tipo de Reação	**ΔH°(sistema)**	**ΔS°(sistema)**	**Processo Espontâneo? (Condições Padrão)**
1	Exotérmica, < 0	Positivo, > 0	Espontâneo em todas as temperaturas. ΔS°(universo) > 0.
2	Exotérmica, < 0	Negativo, < 0	Depende das magnitudes relativas de ΔH° e ΔS°. Espontâneo em temperaturas mais baixas.
3	Endotérmica, > 0	Positivo, > 0	Depende das magnitudes relativas de ΔH° e ΔS°. Espontâneo em temperaturas mais altas.
4	Endotérmica, > 0	Negativo, < 0	Não espontâneo em qualquer temperatura. ΔS°(universo) < 0.

Em dois deles, $\Delta H°$(sistema) e $\Delta S°$(sistema) trabalham em conjunto (Tipos 1 e 4 na Tabela 18.1). Nos outros dois, as duas quantidades são opostas (Tipos 2 e 3).

Processos em que ambas as variações de entalpia e de entropia padrão favorecem a dispersão de energia (Tipo 1) são sempre espontâneas sob condições padrão. Processos desfavorecidos por ambas, suas variações de entalpia e entropia padrão no sistema (Tipo 4), *nunca* podem ser espontâneos sob condições padrão. Consideremos exemplos que ilustram cada situação.

Reações de combustão são sempre exotérmicas e frequentemente produzem um número maior de moléculas de produtos gasosos a partir de poucas moléculas de reagentes. Essas são reações do Tipo 1. A equação para a combustão do butano é um exemplo:

$$2\ C_4H_{10}(g) + 13\ O_2(g) \rightarrow 8\ CO_2(g) + 10\ H_2O(g)$$

Para essa reação, $\Delta_r H° = -5315{,}1$ kJ/mol-rea, e $\Delta_r S° = 312{,}4$ J/K · mol-rea. Ambos contribuem para que essa reação seja espontânea sob condições padrão.

A hidrazina, N_2H_4, é utilizada como combustível de foguetes altamente energético. A síntese de N_2H_4 a partir de N_2 e H_2 seria interessante, pois esses reagentes são baratos:

$$N_2(g) + 2\ H_2(g) \rightarrow N_2H_4(\ell)$$

Porém, essa reação classifica-se na categoria Tipo 4. A reação é endotérmica ($\Delta_r H° = +50{,}63$ kJ/mol-rea), e a variação de entropia é negativa ($\Delta_r S° = -331{,}4$ J/K · mol-rea) (1 mol de líquido é produzido a partir de 3 mols de gases), portanto, a reação não é espontânea sob condições padrão, e a conversão completa de reagentes para produtos não ocorrerá sem intervenção externa.

Nas duas outras situações possíveis, as variações de entropia e entalpia opõem-se uma à outra. Um processo poderia ser favorecido pela variação de entalpia, mas desfavorecido pela variação de entropia (Tipo 2) ou vice-versa (Tipo 3). Em ambos os casos, a espontaneidade ou não do processo dependerá de qual fator é o mais importante.

A temperatura também influencia o valor de $\Delta S°$(universo). Como a variação de entalpia para a vizinhança é dividida pela temperatura para se obter $\Delta S°$(vizinhança), o valor numérico de $\Delta S°$(vizinhança) será menor (seja menos positivo ou menos negativo) a temperaturas mais altas. Em contraste, $\Delta S°$(sistema) e $\Delta H°$(sistema) não variam muito com a temperatura. Assim, o efeito de $\Delta S°$(vizinhança) em relação a $\Delta S°$(sistema) diminui em temperaturas mais altas. Dito de outro modo, a temperaturas mais altas a variação de entalpia torna-se um fator menos importante para determinar a variação de entropia geral. Considere os dois casos em que $\Delta H°$(sistema) e $\Delta S°$(sistema) estão em oposição (Tabela 18.1):

- Tipo 2: processos exotérmicos com $\Delta S°$(sistema) < 0. Tais processos tornam-se menos favoráveis com o aumento da temperatura.

- Tipo 3: Processos endotérmicos com $\Delta S°$(sistema) > 0. Esses tornam-se mais favoráveis com o aumento da temperatura.

O efeito da temperatura é ilustrado por dois exemplos. O primeiro é a reação de N_2 e H_2 para formar NH_3. A reação é exotérmica, ou seja, favorecida pela dispersão de energia para a vizinhança. A variação de entropia para o sistema é desfavorável, entretanto, devido à reação, $N_2(g) + 3\ H_2(g) \rightarrow 2\ NH_3(g)$, que converte quatro mols de reagentes gasosos em dois mols de produtos gasosos. O efeito da entalpia favorável [$\Delta_r S°$(vizinhança) = $-\Delta_r H°$(sistema)/T] torna-se menos importante sob temperaturas mais altas. Portanto, é razoável esperar que a reação não seja espontânea se a temperatura for alta o suficiente.

O segundo exemplo considera a decomposição térmica de NH_4Cl (Figura 18.9). Sob temperatura ambiente, o NH_4Cl é um sal cristalino branco e estável. Quando fortemente aquecido, ele decompõe-se em $NH_3(g)$ e $HCl(g)$. A reação é endotérmica (desfavorecida por entalpia), mas é favorecida por entropia devido à formação de 2 mols de produtos gasosos a partir de 1 mol de um reagente sólido. A reação fica cada vez mais favorecida sob temperaturas mais altas.

© Cengage Learning/Charles D. Winters

FIGURA 18.9 Decomposição térmica do $NH_4Cl(s)$. Cloreto de amônio sólido, branco, $NH_4Cl(s)$, é aquecido em uma colher. Em temperaturas altas, a decomposição para formar $NH_3(g)$ e $HCl(g)$ é espontânea. Em temperaturas mais baixas, a reação inversa, formando $NH_4Cl(s)$, é espontânea. À medida que $HCl(g)$ e $NH_3(g)$ resfriam-se, eles se recombinam para formar NH_4Cl sólido, a "fumaça" branca que aparece nesta fotografia.

EXERCÍCIOS PARA A SEÇÃO 18.5

1. Calcule $\Delta_r S°$ para a seguinte reação a 25 °C:

$$N_2(g) + 2\ O_2(g) \rightarrow 2\ NO_2(g)$$

   (a) $-480,1$ J/K · mol-rea   (c) 121,6 J/K · mol-rea

   (b) $-121,6$ J/K · mol-rea   (d) 480,1 J/K · mol-rea

2. Calcule $\Delta S°$(universo) para a seguinte reação a 25,0 °C:

$$C(\text{grafite}) + O_2(g) \rightarrow CO_2(g)$$

   (a) -1317 J/K · mol-rea   (c) 4,4 J/K · mol-rea

   (b) 3,1 J/K · mol-rea   (d) 1320 J/K · mol-rea

3. Se $\Delta_r H° = +467,9$ kJ/mol-rea e $\Delta_r S° = +560,7$ J/K · mol-rea para a seguinte reação

$$2\ Fe_2O_3(s) + 3\ C(\text{grafite}) \rightarrow 4\ Fe(s) + 3\ CO_2(g)$$

então, sob condições padrão, essa reação será espontânea

   (a) em todas as temperaturas   (c) em temperaturas mais baixas

   (b) em temperaturas mais elevadas   (d) em nenhuma temperatura

18-6   Energia Livre de Gibbs

O método usado até aqui para determinar se um processo é espontâneo requer a avaliação de duas quantidades, $\Delta S°$(sistema) e $\Delta S°$(vizinhança). Não seria conveniente termos uma única função termodinâmica que servisse ao mesmo propósito? Uma função associada somente ao sistema – uma que não requer determinação da vizinhança – seria ainda melhor. Tal função existe. É chamada de **energia livre de Gibbs**, cujo nome foi dado em homenagem a J. Willard Gibbs (1839-1903). A energia livre de Gibbs, G, muitas vezes referida simplesmente como "energia livre", é definida matematicamente como

$$G = H - TS$$

em que H é entalpia, T é a temperatura em Kelvin e S é a entropia. Nesta equação, G, H e S referem-se ao sistema. Como entalpia e entropia são funções de estado (◄ Seção 5.4), energia livre também é uma função de estado.

    Toda substância possui energia livre, mas a quantidade real raramente é conhecida. Em vez disso, assim como acontece com a entalpia (H) e a energia interna (U), estamos preocupados com *variações* em energia livre, ΔG, que ocorrem nos processos químicos e físicos.

    Vamos primeiro ver como utilizar energia livre como uma forma de determinar se uma reação é espontânea. Podemos então fazer mais perguntas sobre o significado do termo "energia livre" e seu uso, enquanto decidimos se uma reação é produto-favorecida ou reagente-favorecida.

A Variação na Energia Livre de Gibbs, ΔG

Recorde a equação que define a variação de entropia do universo:

$$\Delta S(\text{universo}) = \Delta S(\text{vizinhança}) + \Delta S(\text{sistema})$$

A variação de entropia da vizinhança é igual ao negativo da variação de entalpia do sistema, dividido por T. Assim:

$$\Delta S(\text{universo}) = -\Delta H(\text{sistema})/T + \Delta S(\text{sistema})$$

J. Willard Gibbs (1839-1903)
Gibbs recebeu o Ph.D. da Universidade de Yale em 1863. Esse foi o primeiro Ph.D. em ciência obtido de uma universidade norte-americana.

© INTERFOTO/Alamy

Multiplicando nessa equação por $-T$, temos a equação

$$-T\Delta S(\text{universo}) = \Delta H(\text{sistema}) - T\Delta S(\text{sistema})$$

Gibbs definiu a função de energia livre de forma que $\Delta G(\text{sistema}) = -T\Delta S(\text{universo})$. Assim, a expressão geral com relação às variações na energia livre para a entalpia e a entropia no sistema é a seguinte:

$$\Delta G = \Delta H - T\Delta S$$

Sob condições padrão, podemos reescrever isso, a equação de energia livre de Gibbs, como

$$\Delta G^\circ = \Delta H^\circ - T\Delta S^\circ$$

(18.5)

Energia Livre de Gibbs, Espontaneidade e Equilíbrio Químico

Como ΔG está relacionada diretamente a $\Delta S(\text{universo})$, a energia livre de Gibbs pode ser usada como um critério de espontaneidade para variações físicas e químicas. Para entender melhor a função de Gibbs, vamos examinar os diagramas na Figura 18.10, os quais formarão a base para nosso entendimento de energia livre e sua relação com a espontaneidade da reação e os critérios de equilíbrio.

Na Figura 18.10, a energia livre dos reagentes puros não misturados é indicada à esquerda, e a energia livre dos produtos puros não misturados, à direita. A extensão da reação, retratada no eixo x, vai de zero a um. ΔG° *é a variação na energia livre que acompanha a conversão completa de reagentes em produtos sob condições padrão.* Matematicamente, é a diferença numérica na energia livre entre os produtos e os reagentes sob condições padrão ($\Delta G^\circ = G^\circ_{\text{produtos}} - G^\circ_{\text{reagentes}}$). Ela tem unidades de kJ.

Um parâmetro intimamente relacionado, $\Delta_r G^\circ$, é a *variação de G° como uma função da composição da reação ao ir dos reagentes para os produtos.* Ela tem unidades de kJ/mol-rea. Como você pode ver abaixo, $\Delta_r G^\circ$ está relacionado à constante de equilíbrio, K.

Quando uma reação química (as curvas na Figura 18.10) começa a ocorrer, os reagentes misturam-se e começam a formar produtos. A energia livre do sistema não é mais fornecida por G°, mas por G. Em um determinado ponto ao longo do caminho dos reagentes aos produtos, a diferença entre a energia livre do sistema nesse ponto e no outro é ΔG.

Energia Livre, Espontaneidade e Equilíbrio $\Delta_r G^\circ$ é uma grandeza intensiva que descreve como G° muda por mol de reação. Para detalhes sobre essas relações, consulte QUILEZ, J. *Journal of Chemical Education*, v. 89, p. 87-93, 2012.

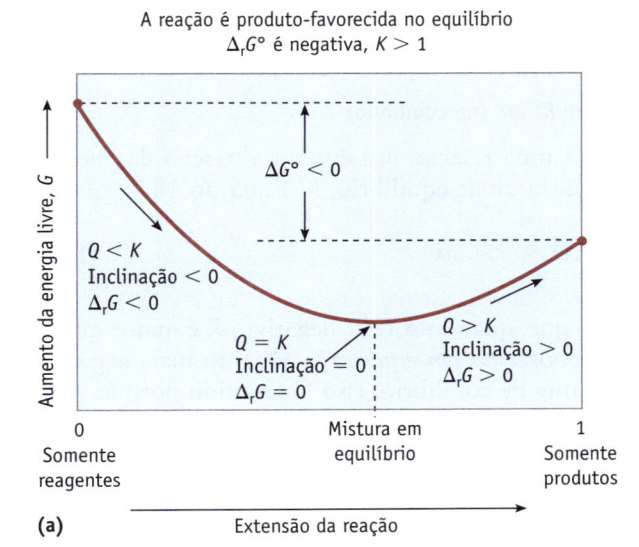

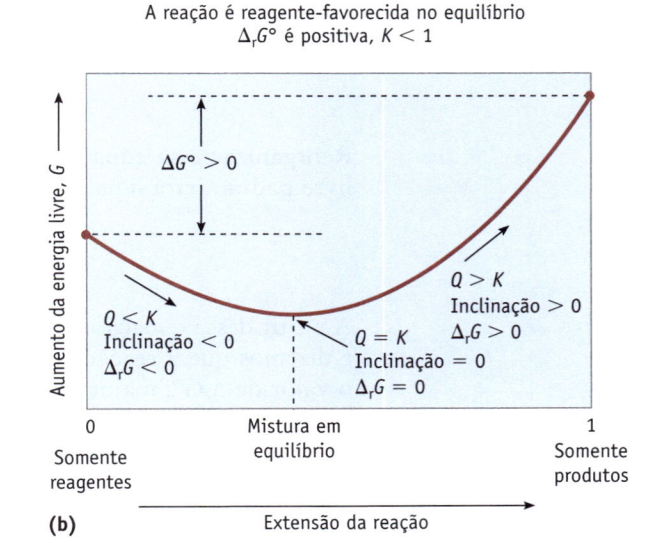

FIGURA 18.10 Variações de energia livre no curso de uma reação. A diferença na energia livre entre os reagentes puros em seus estados padrão e os produtos puros em seus estados padrão é ΔG°. Aqui, Q é o quociente de reação e K é a constante de equilíbrio.

Em ambos os casos, na Figura 18.10, a energia livre inicialmente diminui à medida que os reagentes começam a formar produtos; ela atinge um mínimo no equilíbrio e depois aumenta novamente, conforme movemos da posição de equilíbrio para produtos puros. *A energia livre no equilíbrio, em que há uma mistura de reagentes e produtos, é sempre inferior à energia livre dos reagentes puros e dos produtos puros. Uma reação continua espontaneamente em direção ao mínimo na energia livre, que corresponde ao equilíbrio.*

Agora vamos considerar o que acontece com a inclinação instantânea da curva na Figura 18.10, já que a reação continua espontaneamente em direção ao equilíbrio. Inicialmente, essa inclinação é negativa. Ou seja, a *variação* em G para a reação, $\Delta_r G$, tem um valor negativo. *Para todas as reações espontâneas $\Delta_r G < 0$.*

Em um certo momento, a energia livre atinge um mínimo. Nesse ponto, a inclinação instantânea do gráfico é zero e $\Delta_r G = 0$; a reação tem o equilíbrio alcançado.

Se movermos além do ponto de equilíbrio, a inclinação instantânea será positiva ($\Delta_r G > 0$). Prosseguindo mais um pouco em direção aos produtos, ela *não* é espontânea. De fato, a reação inversa ocorrerá espontaneamente (porque $\Delta_r G$ será negativo na direção inversa), e a reação continuará mais uma vez em direção ao equilíbrio.

Uma importante observação na Figura 18.10a é que a posição de equilíbrio ocorre mais perto do produto do que do reagente. Essa é uma reação produto-favorecida no equilíbrio, e há uma ligação entre essa observação e a grandeza $\Delta_r G°$. Ou seja, *uma reação com $\Delta_r G° < 0$ é produto-favorecida no equilíbrio.*

Na Figura 18.10b, encontramos o oposto. A reação é reagente-favorecida no equilíbrio. Uma reação com $\Delta_r G° > 0$ é favorável ao reagente no equilíbrio.

Introduzimos termos para a extensão da variação na energia livre sob condições padrão ($\Delta_r G°$) ou condições não padrão ($\Delta_r G$). Assim, verifica-se que há uma relação útil entre elas (Equação 18.6).

$$\Delta_r G = \Delta_r G° + RT \ln Q \tag{18.6}$$

em que R é a constante universal dos gases, T é a temperatura em kelvin, e Q é o quociente de reação (◄ Seção 15.2). Para uma reação geral, $a\text{A} + b\text{B} \rightarrow c\text{C} + d\text{D}$:

$$Q = \frac{[C]^c [D]^d}{[A]^a [B]^b}$$

A Equação 18.6 nos informa que, numa determinada temperatura, $\Delta_r G$ é determinado por valores de $\Delta_r G°$ e Q. Quando o sistema atinge o equilíbrio, mais nenhuma variação líquida na concentração dos reagentes e produtos ocorrerá; nesse ponto, $\Delta_r G = 0$ e $Q = K$. Substituindo esses valores na Equação 18.6, temos

$$0 = \Delta_r G° + RT \ln K \text{ (no equilíbrio)}$$

Reorganizar essa equação nos leva a uma relação útil entre a variação da energia livre padrão para uma reação e a constante de equilíbrio, K, Equação 18.7:

$$\Delta_r G° = -RT \ln K \tag{18.7}$$

A partir dessa equação, aprendemos que, quando $\Delta_r G°$ é negativo, K é maior que 1, e dizemos que a reação é *produto-favorecida em equilíbrio*. Quanto mais negativo o valor de $\Delta_r G°$, maior será a constante de equilíbrio. Isso faz sentido porque, conforme descrito no Capítulo 15, grandes constantes de equilíbrio estão associadas a reações produto-favorecidas. O inverso também é verdadeiro. Para reações *reagente-favorecidas*, $\Delta_r G°$ é positiva e K é menor que 1. Finalmente, se $K = 1$ (um conjunto especial de condições), então $\Delta_r G° = 0$.

Vamos agora ver que a Equação 18.6 pode resultar nas relações entre Q e K que introduzimos no Capítulo 15.

$$\Delta_r G = \Delta_r G° + RT \ln Q$$

Substituindo $-RT \ln Q$ por $\Delta_r G°$ (Equação 18.7), temos

$$\Delta_r G = -RT \ln K + RT \ln Q$$

Esta equação pode ser reorganizada da seguinte maneira:

$$\Delta_r G = RT (\ln Q - \ln K)$$

$$\Delta_r G = RT \ln (Q/K)$$

Isso significa que, para uma reação espontânea em que $\Delta_r G$ é negativo, Q deve ser menor que K ($Q < K$), justamente como foi afirmado anteriormente. Uma análise similar mostra que se $\Delta_r G$ for positivo, então $Q > K$.

Um Resumo: A Energia Livre de Gibbs ($\Delta_r G$ e $\Delta_r G°$), o Quociente da Reação (Q) e a Constante de Equilíbrio (K) e a Favorabilidade da Reação

Vamos resumir as relações entre $\Delta_r G°$, $\Delta_r G$, Q e K.

- Na Figura 18.10, você observa que a energia livre diminui para um mínimo, conforme um sistema se aproxima do equilíbrio. A energia livre da mistura de reagentes e produtos no equilíbrio é sempre inferior à energia livre dos reagentes puros e dos produtos puros.

- Quando $\Delta_r G < 0$, a reação está prosseguindo espontaneamente em direção ao equilíbrio e $Q < K$.

- Quando $\Delta_r G > 0$, a reação não é espontânea e $Q > K$. Ela será espontânea na direção inversa.

- Quando $\Delta_r G = 0$, a reação está em equilíbrio; $Q = K$.

- Uma reação para a qual $\Delta_r G° < 0$ prosseguira até uma posição de equilíbrio em que os produtos dominarão a mistura da reação, porque $K > 1$. Ou seja, a reação é *produto-favorecida* no equilíbrio.

- Uma reação para a qual $\Delta_r G° > 0$ prosseguirá até uma posição de equilíbrio em que os reagentes dominarão a mistura da reação, porque $K < 1$. Ou seja, a reação é *reagente-favorecida* no equilíbrio.

- Para a condição especial em que uma reação tem $\Delta_r G° = 0$, a reação está em equilíbrio nas condições padrão, com $K = 1$.

O Que É Energia "Livre"?

O termo *energia livre* não foi escolhido arbitrariamente. Em determinado processo, a energia livre representa a máxima energia disponível para a realização de trabalho útil (matematicamente, $\Delta G = w_{máx}$). Nesse contexto, a palavra *livre* significa "disponível".

Para ilustrar o raciocínio por trás dessa relação, considere uma reação conduzida sob condições padrão e na qual a energia é liberada na forma de calor ($\Delta_r S° < 0$) e a entropia diminui ($\Delta_r S° < 0$).

$$2\ H_2(g) + O_2(g) \rightarrow 2\ H_2O(g)$$

$$\Delta_r H° = -483,6 \text{ kJ/mol-rea e } \Delta_r S° = -88,8 \text{ J/K} \cdot \text{mol-rea}$$

$$\Delta_r G° = -483,6 \text{ kJ/mol-rea} - (298 \text{ K})(-0,0888 \text{ kJ/mol-rea}) = -457,2 \text{ kJ/mol-rea}$$

À primeira vista, pode parecer razoável que toda energia liberada como calor (– 483,6 kJ/mol-rea) estaria disponível. Essa energia poderia ser transferida para a vizinhança e estaria assim disponível para realização de trabalho. No entanto, este não é o caso. Uma variação de entropia negativa nessa reação significa que a energia é menos dispersa nos produtos do que nos reagentes. Uma parte da energia liberada da reação deve ser usada para inverter a dispersão da energia no sistema, ou seja,

Um processo reagente-favorecido. Se uma amostra de iodeto de chumbo(II) amarelo for colocada em água pura, uma pequena quantia do composto dissolverá espontaneamente ($\Delta_r G < 0$ e $Q < K$) até que o equilíbrio seja alcançado. Como PbI_2 é bastante insolúvel ($K_{ps} = 9,8 \times 10^{-9}$), no entanto, o processo de dissolução do componente é reagente-favorecido em equilíbrio. Podemos concluir, portanto, que o valor de $\Delta_r G°$ é positivo.

© Cengage Learning/Charles D. Winters

para concentrar energia no produto. A energia que sobra é "livre" ou disponível para realizar trabalho. Aqui, a variação de energia livre é de −457,2 kJ/mol-rea.

EXERCÍCIOS PARA A SEÇÃO 18.6

1. Para uma reação ser espontânea, $\Delta_r G$ será _____ do que zero e Q será _____ do que K.

   (a) maior, maior   (b) maior, menor   (c) menor, maior   (d) menor, menor

2. Uma reação para a qual $\Delta_r G° < 0$ é

   (a) produto-favorecida no equilíbrio   (b) reagente-favorecida no equilíbrio

18-7 Calculando e Usando Energia Livre

Energia Livre Padrão de Formação

A energia livre padrão de formação de um composto, $\Delta_f G°$, é a variação de energia livre que ocorre para formar um mol do composto a partir dos elementos do componente, com produtos e reagentes em seus estados padrão. Definindo $\Delta_f G°$ dessa maneira, *a energia livre de formação de um elemento em seu estado padrão é zero.*

Assim como a variação de entalpia ou entropia padrão para uma reação pode ser calculada usando valores de $\Delta_f H°$ (Equação 5.6) ou $S°$ (Equação 18.3), a variação de energia livre padrão para uma reação pode ser calculada a partir de valores de $\Delta_f G°$, usando uma equação similar, em que n representa o coeficiente estequiométrico do material na equação química balanceada em consideração:

$$\Delta_r G° = \Sigma n \Delta_f G°(\text{produtos}) - \Sigma n \Delta_f G°(\text{reagentes})$$

(18.8)

Calculando $\Delta_r G°$, a Variação de Energia Livre para uma Reação Sob Condições Padrão

A variação de energia livre para uma reação sob condições padrão pode ser calculada a partir de dados termodinâmicos de duas maneiras, tanto a partir das variações de entalpia padrão e de entropia padrão usando valores de $\Delta_f H°$ e $S°$ (como fizemos anteriormente para a formação de H_2O) ou diretamente a partir dos valores de $\Delta_f G°$ localizados em tabelas. Esses cálculos são ilustrados nos dois exemplos a seguir.

EXEMPLO 18.4

Calculando $\Delta_r G°$ e de $\Delta_r H°$ e $\Delta_r S°$

Problema Calcule a variação de energia livre padrão, $\Delta_r G°$, para a formação de metano a partir de carbono e hidrogênio a 298 K, usando valores tabelados de $\Delta_f H°$ e $S°$. A reação é produto-favorecida ou reagente-favorecida no equilíbrio?

$$C(\text{grafite}) + 2\ H_2(g) \rightarrow CH_4(g)$$

O que você sabe? Você tem uma equação química balanceada. Entalpias molares padrão de formação e entropias molares padrão podem ser encontradas no Apêndice L.

Estratégia Os valores de $\Delta_f H°$ e $S°$ são primeiro combinados para encontrar $\Delta_r H°$ e $\Delta_r S°$. Com esses valores conhecidos, $\Delta_r G°$ pode ser calculado usando a Equação 18.5. (Lembre-se de que os valores $S°$ são fornecidos em unidades de J/K · mol, ao passo que valores de $\Delta_f H°$ são fornecidos em unidades de kJ/mol.)

Solução

	C(grafite)	+	2 H₂(g)	→	CH₄(g)
$\Delta_f H°$ (kJ/mol)	0		0		−74,9
$S°$ (J/K · mol)	+5,6		+130,7		+186,3

A partir desses valores, podemos encontrar ambos $\Delta_r H°$ e $\Delta_r S°$ para a reação:

$\Delta_r H° = \Sigma n \Delta_f H°(\text{produtos}) - \Sigma n \Delta_f H°(\text{reagentes})$

$\quad = (1 \text{ mol } CH_4(g)/\text{mol-rea}) \Delta_f H°[CH_4(g)] -$
$\quad\quad\quad \{(1 \text{ mol } C(\text{grafite})/\text{mol-rea}) \Delta_f H°[C(\text{grafite})] +$
$\quad\quad\quad\quad\quad (2 \text{ mols } H_2(g)/\text{mol-rea}) \Delta_f H°[H_2(g)]\}$

$\quad = (1 \text{ mol } CH_4(g)/\text{mol-rea})(-74,9 \text{ kJ/mol}) -$
$\quad\quad\quad [(1 \text{ mol } C(\text{grafite})/\text{mol-rea})(0 \text{ kJ/mol}) + (2 \text{ mols } H_2(g)/\text{mol-rea})(0 \text{ kJ/mol})]$

$\quad = -74,9 \text{ kJ/mol-rea}$

$\Delta_r S° = \Sigma n S°(\text{produtos}) - \Sigma n S°(\text{reagentes})$

$\quad = (1 \text{ mol } CH_4(g)/\text{mol-rea}) S°[CH_4(g)] -$
$\quad\quad\quad \{(1 \text{ mol } C(\text{grafite})/\text{mol-rea}) S°[C(\text{grafite})] +$
$\quad\quad\quad\quad\quad (2 \text{ mols } H_2(g)/\text{mol-rea}) S°[H_2(g)]\}$

$\quad = (1 \text{ mol } CH_4(g)/\text{mol-rea})(186,3 \text{ J/K} \cdot \text{mol}) -$
$\quad\quad\quad [1 \text{ mol } C(\text{grafite})/\text{mol-rea}](5,6 \text{ J/K} \cdot \text{mol}) +$
$\quad\quad\quad\quad\quad (2 \text{ mols } H_2(g)/\text{mol-rea})(130,7 \text{ J/K} \cdot \text{mol})]$

$\quad = -80,7 \text{ J/K} \cdot \text{mol-rea}$

Combinando os valores de $\Delta_r H°$ e $\Delta_r S°$ usando a Equação 18.5, obtemos $\Delta_r G°$.

$\quad \Delta_r G° = \Delta_r H° - T\Delta_r S°$

$\quad\quad = -74,9 \text{ kJ/mol-rea} - [(298 \text{ K})(-80,7 \text{ J/K} \cdot \text{mol-rea})](1 \text{ kJ/1000 J})$

$\quad\quad = -50,9 \text{ kJ/mol-rea}$

$\Delta_r G°$ é negativo a 298 K, assim a reação é prevista para ser produto-favorecida no equilíbrio.

Pense bem antes de responder Um dos erros mais comuns que os alunos cometem é esquecer de usar $\Delta_r H°$ e $\Delta_r S°$ na mesma unidade de energia (nesse caso, kJ). Nesse exemplo, o produto $T\Delta_r S°$ é negativo (−24,0 kJ/mol-rea) e desfavorece a reação. Entretanto, a variação de entropia é relativamente pequena, e $\Delta_r H° = -74,9$ kJ/mol-rea é o termo dominante. Os químicos chamam isso de *reação conduzida por entalpia*.

Verifique seu entendimento

Usando valores de $\Delta_f H°$ e $S°$ para encontrar $\Delta_r H°$ e $\Delta_r S°$, calcule a variação de energia livre, $\Delta_r G°$, para a formação de 2 mols de $NH_3(g)$ a partir dos elementos em condições padrão e a 25 °C.

$$N_2(g) + 3 H_2(g) \rightarrow 2 NH_3(g)$$

EXEMPLO 18.5

Calculando $\Delta_r G°$ Usando Energias Livres de Formação

Problema Calcule a variação de energia livre padrão para a combustão de um mol de metano usando valores para energia livre padrão de formação dos produtos e reagentes. A reação é produto-favorecida ou reagente-favorecida no equilíbrio?

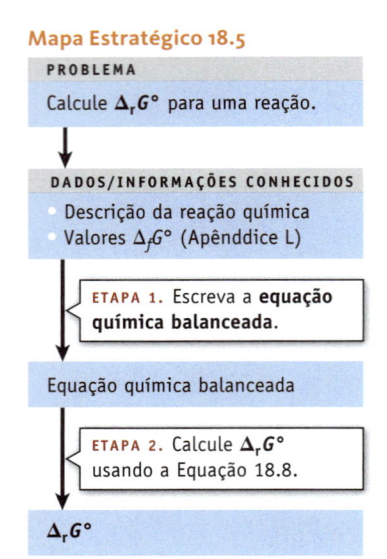

PROBLEMA

Calcule $\Delta_r G°$ para uma reação.

↓

DADOS/INFORMAÇÕES CONHECIDOS

- Descrição da reação química
- Valores $\Delta_f G°$ (Apênddice L)

↓

ETAPA 1. Escreva a **equação química balanceada**.

Equação química balanceada

ETAPA 2. Calcule $\Delta_r G°$ usando a Equação 18.8.

↓

$\Delta_r G°$

O que você sabe? Pede-se para determinar a variação de energia livre padrão para uma reação ($\Delta_r G°$). Os valores de energias livres molares padrão de formação para as substâncias envolvidas na reação podem ser encontrados no Apêndice L.

Estratégia Escreva a equação balanceada para essa reação. Em seguida, use a Equação 18.8 com valores de $\Delta_f G°$ obtidos do Apêndice L.

Solução A equação balanceada e os valores de $\Delta_f G°$ para cada reagente e produto são

	CH₄(g)	+	2 O₂(g)	→	2 H₂O(g)	+	CO₂(g)
$\Delta_f G°$(kJ/mol)	−50,8		0		−228,6		−394,4

Esses valores podem ser substituídos na Equação 18.8.

$\Delta_r G° = \Sigma n \Delta_f G°(\text{produtos}) - \Sigma n \Delta_f G°(\text{reagentes})$

$= \{(2 \text{ mols } H_2O(g)/\text{mol-rea}) \Delta_f G°[H_2O(g)] + (1 \text{ mol } CO_2(g)/\text{mol-rea}) \Delta_f G°[CO_2(g)]\}$
$- \{(1 \text{ mol } CH_4(g)/\text{mol-rea}) \Delta_f G°[CH_4(g)] + (2 \text{ mols } O_2(g)/\text{mol-rea}) \Delta_f G°[O_2(g)]\}$

$= [(2 \text{ mols } H_2O(g)/\text{mol-rea})(-228,6 \text{ kJ/mol}) + (1 \text{ mol } CO_2(g)/\text{mol-rea})(-394,4 \text{ kJ/mol})]$
$- [(1 \text{ mol } CH_4(g)/\text{mol-rea})(-50,8 \text{ kJ/mol}) + (2 \text{ mols } O_2(g)/\text{mol-rea})(0 \text{ kJ/mol})]$

$= -800,8 \text{ kJ/mol-rea}$

O sinal negativo de $\Delta_r G°$ indica que a reação é produto-favorecida em equilíbrio.

Pense bem antes de responder Os erros mais comuns cometidos pelos estudantes nesse tipo de cálculo são: (1) ignorar os coeficientes estequiométricos na equação; (2) confundir os sinais de cada termo ao usar a Equação 18.8.

Verifique seu entendimento

Calcule a variação de energia livre padrão para a oxidação de 1,00 mol de $SO_2(g)$ para formar $SO_3(g)$ usando valores de $\Delta_f G°$.

Energia Livre e Temperatura

A definição de energia livre, $G = H - TS$, mostra que a energia livre é uma função da temperatura, portanto, $\Delta_r G°$ variará quando a temperatura mudar (Figura 18.11). Uma consequência dessa dependência com relação à temperatura é que, sob certas circunstâncias, reações podem ser produto-favorecidas no equilíbrio a uma temperatura e reagente-favorecidas em outra. Essas situações surgem quando os termos $\Delta_r H°$ e $T\Delta_r S°$ trabalham em direções opostas:

- Processos que são favorecidos por entropia ($\Delta_r S° > 0$) e desfavorecidos por entalpia ($\Delta_r H° > 0$)

- Processos que são favorecidos por entalpia ($\Delta_r H° < 0$) e desfavorecidos por entropia ($\Delta_r S° < 0$)

Exploremos ainda mais a relação entre $\Delta_r G°$ e T, mostrando como se pode tirar proveito dela.

Carbonato de cálcio é o componente primário do calcário, mármore e de conchas marinhas. Aquecer $CaCO_3$ produz calcário, CaO, um produto químico importante, juntamente com CO_2 gasoso. Os dados abaixo do Apêndice L estão a 298 K (25 °C).

	CaCO₃(s)	→	CaO(s)	+	CO₂(g)
$\Delta_f G°$ (kJ/mol)	−1129,16		−603,42		−394,36
$\Delta_f H°$ (kJ/mol)	−1207,6		−635,09		−393,51
$S°$ (J/K · mol)	91,7		38,2		213,74

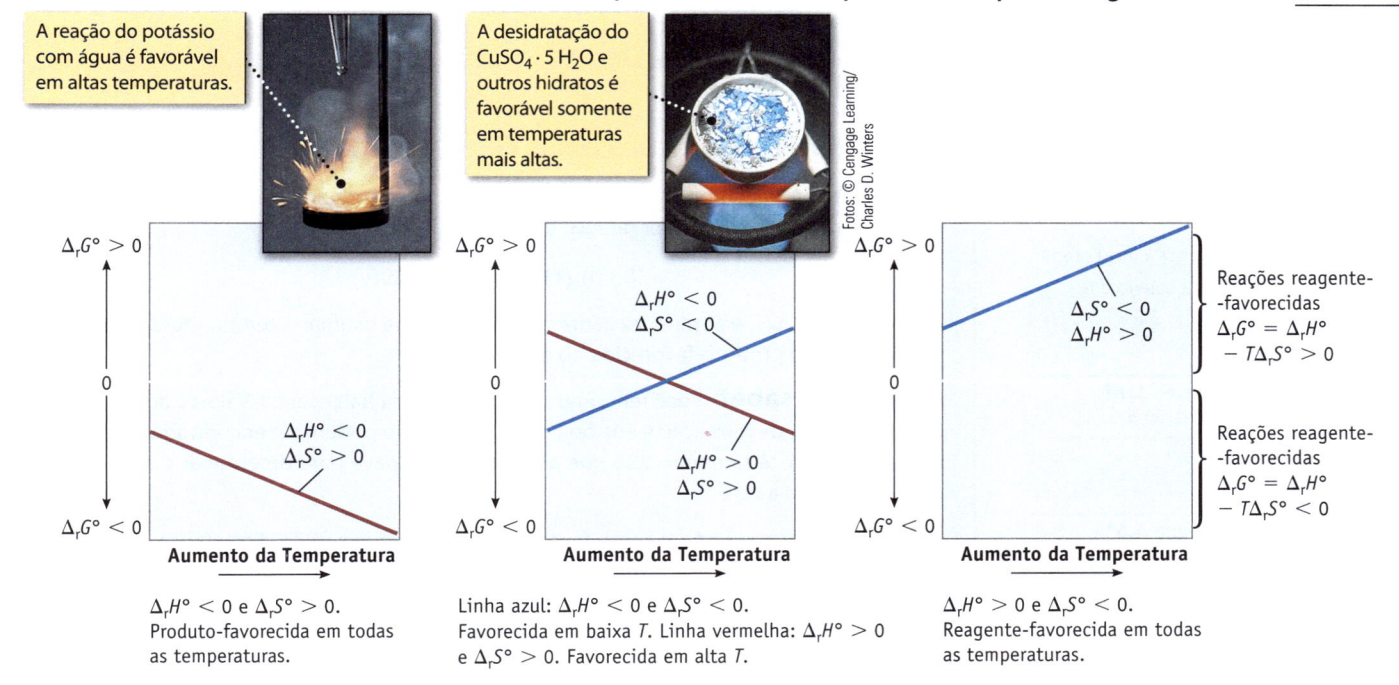

FIGURA 18.11 A variação em $\Delta_r G°$ com temperatura.

Para a conversão de 1 mol de $CaCO_3(s)$ para 1 mol de $CaO(s)$ sob condições padrão, $\Delta_r G° = +131,38$ kJ, $\Delta_r H° = +179,0$ kJ e $\Delta_r S° = +160,2$ J/K. Embora a reação seja entropia-favorecida, a grande entalpia positiva e desfavorável domina a 298 K. Assim, a variação de energia livre padrão é positiva a 298 K e 1 bar, indicando que a reação é reagente-favorecida no equilíbrio.

A dependência da temperatura do $\Delta_r G°$ fornece um meio de transformar a decomposição do $CaCO_3$ em uma reação produto-favorecida. Observe que a variação de entropia para essa reação é positiva, como resultado da formação do gás CO_2 na reação. Assim, elevar a temperatura resulta no valor de $T\Delta_r S°$ cada vez maior. Sob temperatura alta o suficiente, $T\Delta_r S°$ superará o efeito de entalpia, e o processo se tornará produto-favorecido no equilíbrio.

Qual deve ser a temperatura para que essa reação torne-se produto-favorecida? Uma estimativa da temperatura pode ser obtida usando a Equação 18.5, calculando a temperatura em que $\Delta_r G° = 0$. Acima dessa temperatura, $\Delta_r G°$ terá um valor negativo.

$$\Delta_r G° = \Delta_r H° - T\Delta_r S°$$

$$0 = (179,0 \text{ kJ/mol-rea})(1000 \text{ J/kJ}) - T(160,2 \text{ J/K} \cdot \text{mol-rea})$$

$$T = 1117 \text{ K (ou 844 °C)}$$

Quão preciso é esse resultado? Conforme observado anteriormente, essa resposta é somente uma estimativa da temperatura necessária. Uma fonte de erro é a suposição de que $\Delta_r H°$ e $\Delta_r S°$ não variam com a temperatura, uma suposição que não é propriamente verdadeira. Sempre há uma pequena variação nesses valores quando a temperatura oscila – não grande o bastante para ser importante se a faixa de temperatura for estreita, mas potencialmente problemática sobre faixas de temperatura mais amplas, como visto neste exemplo. Como estimativa, entretanto, uma temperatura na faixa de 850 °C para essa reação é razoável.

Decomposição do $CaCO_3$ Experimentos mostram que a pressão de CO_2 em um sistema em equilíbrio [$CaCO_3(s) \rightleftharpoons CaO(s) + CO_2(g)$] é 1 bar em aproximadamente 900 °C ($K = 1$ e $\Delta G° = 0$), próximo de nossa temperatura estimada.

Mapa Estratégico 18.6

PROBLEMA

Determine a **temperatura** acima da qual uma reação química é **produto-favorecida** no **equilíbrio**.

↓

DADOS/INFORMAÇÕES CONHECIDOS

- Equação química balanceada
- Temperatura
- Valores de $\Delta_f H°$ e $S°$

ETAPA 1. Calcule $\Delta_r H°$ usando a Equação 5.6.

↓

$\Delta_r H°$

ETAPA 2. Calcule $\Delta_r S°$ usando a Equação 18.3.

↓

$\Delta_r S°$

ETAPA 3. Use a equação $\Delta_r G° = \Delta_r H° - T\Delta_r S°$ para determinar a temperatura em que $\Delta_r G° = 0$.

↓

Temperatura acima da qual uma reação química é **produto--favorecida** no **equilíbrio**.

EXEMPLO 18.6

Efeito da Temperatura no $\Delta_r G°$

Problema A decomposição do $Ni(CO)_4$ líquido para produzir níquel metálico e monóxido de carbono tem um valor de $\Delta_r G°$ de 40 kJ/mol-rea a 25 °C.

$$Ni(CO)_4(\ell) \rightarrow Ni(s) + 4\ CO(g)$$

Use valores de $\Delta_f H°$ e $S°$ para reagentes e produtos para estimar a temperatura em que a reação torna-se produto-favorecida no equilíbrio.

O que você sabe? Você tem uma equação química balanceada. Valores de entalpias molares padrão de formação e entropias molares padrão podem ser encontradas na literatura química. Você também sabe que a temperatura-chave para determinar é aquela em que $\Delta_r G°$ é igual a zero.

Estratégia A reação é reagente-favorecida no equilíbrio a 298 K. Entretanto, se a variação de entropia for positiva para a reação e a reação for endotérmica (com um valor positivo de $\Delta_r H°$), então, sob temperaturas maiores, é possível que a reação torne-se produto-favorecida no equilíbrio. Portanto, primeiro localize $\Delta_r H°$ e $\Delta_r S°$ para ver se seus valores atendem a esses critérios e, se assim for, então, calcule a temperatura em que as seguintes condições sejam atendidas: $0 = \Delta_r H° - T\Delta_r S°$.

Solução Valores para $\Delta_f H°$ e $S°$ são obtidos da literatura química para as substâncias envolvidas.

	$Ni(CO)_4(\ell)$	$\rightarrow$	$Ni(s)$	+	$4\ CO(g)$
$\Delta_f H°$(kJ/mol)	−632,0		0		−110,525
$S°$(J/K · mol)	320,1		29,87		197,67

Para um processo em que 1 mol de $Ni(CO)_4$ líquido é convertido em 1 mol de $Ni(s)$ e 4 mols de $CO(g)$, temos

$$\Delta_r H° = +189,9\ \text{kJ/mol-rea}$$

$$\Delta_r S° = +500,5\ \text{J/K mol-rea}$$

Usamos esses valores de $\Delta_r H°$ e $\Delta_r S°$ para encontrar a temperatura em que $\Delta_r G° = 0$.

$$\Delta_r G° = \Delta_r H° - T\Delta_r S°$$

$$0 = (189,9\ \text{kJ/mol-rea})(1000\ \text{J/kJ}) - T(500,5\ \text{J/K · mol-rea})$$

$$T = 379,4\ \text{K (ou 106,2 °C)}$$

Pense bem antes de responder A 298 K, a reação é amplamente reagente-favorecida no equilíbrio porque é bastante endotérmica. Entretanto, a variação de entropia positiva permite que a reação seja produto-favorecida no equilíbrio a uma temperatura mais alta.

Verifique seu entendimento

O oxigênio foi preparado pela primeira vez por Joseph Priestley (1733-1804) pelo aquecimento de HgO. Use os dados no Apêndice L para estimar a temperatura necessária para decompor HgO(s) em Hg(⊠) e $O_2(g)$.

Usando a Relação Entre $\Delta_r G°$ e K

A Equação 18.7 fornece uma rota direta para determinar a variação da energia livre padrão a partir das constantes de equilíbrio determinadas experimentalmente. De maneira alternativa, ela permite que se calcule a constante de equilíbrio a partir de dados termoquímicos tabelados ou obtidos experimentalmente.

EXEMPLO 18.7

Calculando K_p a partir de $\Delta_r G°$

Problema Determine a variação de energia livre padrão, $\Delta_r G°$, para a formação de 1,00 mol de $NH_3(g)$ a partir de nitrogênio e hidrogênio, e use esse valor para calcular a constante de equilíbrio para essa reação a 25 °C.

O que você sabe? Você tem informações suficientes, portanto, pode escrever uma equação química balanceada para a reação química desejada. Os valores de $\Delta_f G°$ são fornecidos no Apêndice L.

Estratégia A energia livre de formação da amônia representa a variação de energia para formar 1,00 mol de $NH_3(g)$ a partir dos elementos. A constante de equilíbrio dessa reação é calculada a partir de $\Delta_r G°$ usando a Equação 18.7. Como os reagentes e produtos são gases, o valor calculado será K_p.

Solução Comece especificando uma equação balanceada para a reação química em investigação.

$$\tfrac{1}{2}\, N_2(g) + \tfrac{3}{2}\, H_2(g) \rightleftharpoons NH_3(g)$$

A variação de energia livre para essa reação é −16,37 kJ/mol-rea ($\Delta_r G° = \Delta_f G°$ para $NH_3(g)$; Apêndice L). Em um cálculo de K_p usando a Equação 18.7, precisaremos de unidades consistentes. Se usarmos a constante dos gases, R, em unidades de 8,3145 J/K · mol, então o valor de $\Delta_r G°$ deve estar em J/mol-rea (e não em kJ/mol-rea). A temperatura é 25 °C (298,15 K).

$$\Delta_r G° = -RT \ln K$$

$$-16{,}370 \text{ J/mol-rea} = (-8{,}3145 \text{ J/K} \cdot \text{mol-rea})(298{,}15 \text{ K}) \ln K_p$$

$$\ln K_p = 6{,}604$$

$$\boxed{K_p = 738}$$

Pense bem antes de responder O valor de $\Delta_r G°$ é inferior a zero, indicando que essa reação é produto-favorecida em equilíbrio. O valor de K_p calculado é maior que 1, como deveria ser para esse processo. Esse exemplo ilustra como calcular constantes de equilíbrio a partir de dados termodinâmicos. De fato, muitas constantes de equilíbrio encontradas na literatura não são determinadas por experimentos, mas calculadas dessa forma a partir de dados termodinâmicos.

Verifique seu entendimento

Determine o valor da constante de equilíbrio, K_p, para a decomposição do carbonato de cálcio para formar óxido de cálcio e dióxido de carbono gasoso a 298,15 K.

Mapa Estratégico 18.7

PROBLEMA
Determine a **constante de equilíbrio** para uma reação usando **dados termodinâmicos.**

DADOS/INFORMAÇÕES CONHECIDOS
- Informações para escrever uma equação química balanceada.
- Os valores de $\Delta_f G°$
- Temperatura

ETAPA 1. Escreva a **equação química balanceada.**

Equação química balanceada

ETAPA 2. Calcule $\Delta_r G°$ usando valores de $\Delta_f G°$ na Equação 18.8.

$\Delta_r G°$

ETAPA 3. Use a equação $\Delta_r G° = -RT \ln K$ para determinar o valor de K.

Constante de equilíbrio, K

EXEMPLO 18.8

Calculando $\Delta_r G°$ a partir de K_{ps} para um Sólido Insolúvel

Problema O valor do K_{ps} para AgCl(s) a 25 °C é $1{,}8 \times 10^{-10}$. Determine $\Delta_r G°$ para o processo $Ag^+(aq) + Cl^-(aq) \rightleftharpoons AgCl(s)$ a 298,15 K.

O que você sabe? Você tem o valor de K_{ps}. O processo em questão é o inverso da equação química para K_{ps}. Você também sabe a temperatura.

Estratégia A equação química fornecida é o oposto da equação usada para definir K_{ps}; portanto, a constante de equilíbrio para essa reação é $1/K_{ps}$. Esse valor é usado na Equação 18.7 para calcular $\Delta_r G°$.

Termodinâmica e Formas de Vida

ESTUDO DE CASO

As leis da termodinâmica aplicam-se a todas as reações químicas. Não deve ser surpresa, portanto, que as questões de espontaneidade e cálculos que envolvem $\Delta_r G$ também surjam em estudos de reações bioquímicas. Para processos bioquímicos, entretanto, geralmente é usado um estado padrão diferente. Muito da definição usual é mantido: pressão de 1 bar para gases e concentração de 1 m para solutos aquosos, com a exceção de um soluto muito importante. Em vez de usar um estado padrão de 1 molal para íons hidrônio (correspondente a um pH de aproximadamente 0), os bioquímicos usam uma concentração de hidrônio de 1×10^{-7} M, correspondendo ao pH 7. Esse pH é mais útil para reações bioquímicas. Quando bioquímicos usam isso como estado padrão, escrevem o símbolo ' próximo à função termodinâmica. Por exemplo, escreveriam $\Delta G^{\circ\prime}$ (pronuncia-se *delta G zero prime*).

Formas de vida requerem energia para realizar muitas funções. Uma das principais reações que fornecem essa energia é a do trifosfato de adenosina (ATP) com água, uma reação para a qual $\Delta_r G^{\circ\prime} = -30,5$ kJ/mol-rea.

ATP, trifosfato de adenosina

Uma das principais funções do processo de respiração é produzir moléculas de ATP para que nossos corpos as utilizem. ATP é produzido na reação de difosfato de adenosina (ADP) com hidrogenofosfato ($HP_i = HPO_4^{2-}$),

$$ADP + HP_i + H^+ \rightarrow ATP + H_2O$$
$$\Delta_r G^{\circ\prime} = +30,5 \text{ kJ/mol-rea}$$

uma reação que é reagente-favorecida no equilíbrio. Como então nossos corpos fazem com que essa reação ocorra? A resposta é acoplar a produção de ATP com outra reação que é ainda mais produto-favorecida do que a produção de ATP é reagente-favorecida. Por exemplo, organismos fazem a oxidação de carboidratos em um processo de várias etapas, produzindo energia. Um dos componentes produzidos no processo chamado *glicólise* é fosfoenolpiruvato (PEP).

PEP, fosfoenolpiruvato

Sua reação com água é produto-favorecida no equilíbrio.

$$PEP + H_2O \rightarrow \text{Piruvato} + HP_i$$
$$\Delta_r G^{\circ\prime} = -61,9 \text{ kJ/mol-rea}$$

Essa reação e a formação de ATP são relacionadas por meio do HP_i, que é produzido na reação do PEP. Se ambas as reações forem processadas, teremos o seguinte:

$$PEP + H_2O \rightarrow \text{Piruvato} + HP_i$$
$$\Delta_r G^{\circ\prime} = -61,9 \text{ kJ/mol-rea}$$
$$ADP + HP_i + H^+ \rightarrow ATP + H_2O$$
$$\Delta_r G^{\circ\prime} = +30,5 \text{ kJ/mol-rea}$$

$$PEP + ADP + H^+ \rightarrow \text{Piruvato} + ATP$$
$$\Delta_r G^{\circ\prime} = -31,4 \text{ kJ/mol-rea}$$

A reação global tem um valor negativo para $\Delta_r G^{\circ\prime}$, e é também produto-favorecida no equilíbrio. ATP é formado nesse processo.

O acoplamento das reações para produzir um sistema que é produto-favorecido é usado em muitas reações que ocorrem em nosso corpo.

Questões:

1. Considere as reações de hidrólise do fosfato de creatina e da adenosina-5'-monofosfato.

   Fosfato de Creatina + H_2O
   $$\rightarrow \text{Creatina} + HP_i$$
   $$\Delta_r G^{\circ\prime} = -43,3 \text{ kJ/mol-rea}$$

   Adenosina-5'-Monofosfato + H_2O
   $$\rightarrow \text{Adenosina} + HP_i$$
   $$\Delta_r G^{\circ\prime} = -9,2 \text{ kJ/mol-rea}$$

   Qual das seguintes combinações produz uma reação que é produto-favorecida no equilíbrio: do fosfato de creatina para transferir fosfato para adenosina ou da adenosina-5'-monofosfato para transferir fosfato para creatina?

2. Presuma que a reação A(aq) + B(aq) $\rightarrow$ C(aq) + H_3O^+(aq) produza um íon hidrônio. Qual é a relação matemática entre $\Delta_r G^{\circ\prime}$ e $\Delta_r G^{\circ}$ a 25 °C? (*Dica*: Use a equação $\Delta_r G = \Delta_r G^{\circ} + RT \ln Q$ e substitua $\Delta_r G^{\circ\prime}$ por $\Delta_r G$.)

As respostas a essas questões estão disponíveis no Apêndice N.

Solução

Para $Ag^+(aq) + Cl^-(aq) \rightleftharpoons AgCl(s)$,

$$K = 1/K_{ps} = 1/ \, 1,8 \times 10^{-10} = 5,6 \times 10^9$$

$$\Delta_r G^{\circ} = -RT \ln K = -(8,3145 \text{ J/K} \cdot \text{mol-rea})(298,15 \text{ K}) \ln(5,6 \times 10^9)$$

$$= -56000 \text{ J/mol-rea} = \boxed{-56 \text{ kJ/mol-rea}}$$

Pense bem antes de responder O valor negativo de $\Delta_rG°$ indica que a precipitação de AgCl a partir de $Ag^+(aq)$ e $Cl^-(aq)$ é produto-favorecida no equilíbrio.

Verifique seu entendimento

Determine o valor de $\Delta_rG°$ para reação $C(s) + CO_2(g) \rightleftharpoons 2\ CO(g)$ a partir dos dados no Apêndice L. Use esse resultado para calcular a constante de equilíbrio.

Calculando Δ_rG, a Variação de Energia Livre para Reação Usando $\Delta_rG°$ e o Quociente da Reação

A Equação 18.6 permite calcular o valor de Δ_rG, a variação de energia livre de uma reação em condições não padrão, com os valores de $\Delta_rG°$ e o quociente de reação, Q.

EXEMPLO 18.9

Calculando Δ_rG a partir de $\Delta_rG°$ e Q

Problema Monocloreto de iodo gasoso pode ser decomposto em iodo e cloro gasosos, de acordo com a seguinte equação química

$$2\ ICl(g) \rightarrow I_2(g) + Cl_2(g)$$

(a) Calcule $\Delta_rG°$ para essa reação a 298 K usando valores para energia livre padrão de formação dos produtos e reagente. Essa é uma reação produto-favorecida ou reagente-favorecida no equilíbrio?

(b) Calcule o valor de Δ_rG a 298 K para essa reação se o reagente e os produtos forem misturados com as seguintes pressões parciais: 1,0 atm de ICl, $1,0 \times 10^{-3}$ atm de I_2, e $1,0 \times 10^{-3}$ atm de Cl_2. A reação é espontânea sob essas condições?

O que você sabe? Você tem uma equação química balanceada. Energias livres padrão de formação estão listadas no Apêndice L.

Estratégia Para a parte (a), use a Equação 18.8 com valores de $\Delta_fG°$ para obter o valor de $\Delta_rG°$. Para parte (b), use a Equação 18.6 para obter o valor de Δ_rG sob as condições fornecidas.

Solução

(a)

	2 ICl(g)	$\rightarrow$	I₂(g)	+	Cl₂(g)
$\Delta_fG°$ (kJ/mol)	−5,73		19,33		0

Esses valores podem ser substituídos na Equação 18.8.

$\Delta_rG° = \Sigma n\Delta_fG°(\text{produtos}) - \Sigma n\Delta_fG°(\text{reagentes})$

$= \{(1\ mol\ I_2(g)/mol\text{-rea})\ \Delta_fG°[I_2(g)] + (1\ mol\ Cl_2(g)/mol\text{-rea})\ \Delta_fG°[Cl_2(g)]\} -$
$\qquad\qquad (2\ mols\ ICl(g)/mol\text{-rea})\ \Delta_fG°[ICl(g)]$

$= [(1\ mol\ I_2(g)/mol\text{-rea})(19,33\ kJ/mol) + (1\ mol\ Cl_2(g)/mol\text{-rea})(0\ kJ/mol)] -$
$\qquad\qquad (2\ mols\ ICl(g)/mol\text{-rea})(-5,73\ kJ/mol)$

$= \text{30,79 kJ/mol-rea}$

$\Delta_rG°$ é positiva a 298 K, assim a reação é prevista para ser reagente-favorecida no equilíbrio.

(b) A Equação 18.6 pode ser usada para calcular Δ_rG para essa reação sob as condições dadas.

$$\Delta_rG = \Delta_rG° + RT\ln Q$$

$$= \Delta_rG° + RT\ln(P_{I_2}P_{Cl_2}/P_{ICl}^2)$$

$$= 30,79 \text{ kJ/mol-rea} +$$
$$(0,0083145 \text{ kJ/K} \cdot \text{mol-rea})(298 \text{ K})\ln[(1,0 \times 10^{-3})(1,0 \times 10^{-3})/(1,0)^2]$$

$$= -3,44 \text{ kJ/mol-rea}$$

Δ_rG é negativo a 298 K, assim a reação continuará espontaneamente até que a posição de equilíbrio reagente-favorecida seja alcançada.

Pense bem antes de responder Mesmo se a posição de equilíbrio para essa reação favorecer os reagentes, a reação é espontânea sob as condições apresentadas na parte (b) da questão. Mesmo uma reação reagente-favorecida é espontânea até que o equilíbrio seja atingido.

Verifique seu entendimento

Nitrogênio e oxigênio podem reagir para formar monóxido de nitrogênio de acordo com a equação química a seguir

$$N_2(g) + O_2(g) \rightarrow 2 \text{ NO}(g)$$

(a) Calcule $\Delta_rG°$ para essa reação a 298 K usando valores para energia livre padrão de formação do produto e dos reagentes. Essa é uma reação produto-favorecida ou reagente-favorecida no equilíbrio?

(b) Calcule o valor de Δ_rG a 298 K para essa reação se os reagentes e o produto forem misturados com as seguintes pressões parciais: 0,10 atm de N_2, 0,10 atm de O_2 e 0,010 atm de NO. Essa reação é espontânea sob essas condições?

EXERCÍCIOS PARA A SEÇÃO 18.7

1. Dado que $\Delta_rH° = -2219$ kJ/mol-rea e que $\Delta_rS° = -216$ J/K · mol-rea a 25 °C, determine o valor de $\Delta_rG°$ a 25 °C para a reação

$$C_3H_8(g) + 5 O_2(g) \rightarrow 3 CO_2(g) + 4 H_2O(\ell)$$

(a) -2283 kJ/mol-rea   (c) -2155 kJ/mol-rea

(b) -2214 kJ/mol-rea   (d) $6,218 \times 10^4$ kJ/mol-rea

2. Usando os valores de $\Delta_fG°$, determine o valor de $\Delta_rG°$ a 25 °C para a reação

$$2 KClO_3(s) \rightarrow 2 KCl(s) + 3 O_2(g)$$

(a) -225 kJ/mol-rea   (c) 112 kJ/mol-rea

(b) -112 kJ/mol-rea   (d) 225 kJ/mol-rea

3. O valor de K_p para a seguinte reação a 425 °C é 0,018. Qual é o valor de $\Delta_rG°$ a essa temperatura?

$$2 \text{ HI}(g) \rightleftharpoons H_2(g) + I_2(g)$$

(a) $1,0 \times 10^1$ kJ/mol-rea   (c) 23 kJ/mol-rea

(b) -14 kJ/mol-rea   (d) 240 kJ/mol-rea

APLICANDO PRINCÍPIOS QUÍMICOS
Os Diamantes São para Sempre?

Diamantes naturais são criados a mais de 150 quilômetros abaixo da superfície da Terra. Nessa profundidade, enormes pressões e altas temperaturas transformam o grafite, o alótropo mais estável do carbono a pressão inferior, em diamante. Acredita-se que erupções vulcânicas empurram os diamantes para a superfície da Terra. Se um diamante for expelido para a superfície, ele resfria rapidamente, sem tempo para reverter-se em grafite. Embora os diamantes sejam termodinamicamente instáveis em temperatura ambiente, a barreira de ativação para a conversão é alta demais para o processo ocorrer.

Diamantes têm sido sintetizados em laboratório desde os anos 1950, duplicando-se as condições existentes no subterrâneo. Para produzir um diamante sintético, um cristal semente do diamante é combinado com grafite e níquel (ou cromo), então é sujeito a pressões maiores de 50000 atmosferas e temperaturas em torno de 1500 °C. O níquel, agora derretido, atua simultaneamente como um solvente do carbono e um catalisador para formação do diamante. Se forem mantidas condições próximas à linha de equilíbrio entre diamante e grafite (Figura 1), cristais únicos de diamantes sintéticos podem crescer em tamanhos maiores do que um quilate em aproximadamente três dias. Diamantes sintéticos podem ser produzidos em uma variedade de cores. Uma das cores mais comuns é o amarelo, que resulta de uma pequena quantidade de nitrogênio que substitui o carbono no retículo do diamante. Isso é um problema? Provavelmente não. Diamantes amarelos naturais são extremamente raros e são vendidos por preços altos.

Atualmente, uma técnica conhecida como *deposição química em fase vapor* (CVD) está sendo usada para cultivar diamantes no vácuo e sob temperaturas mais baixas (800 °C). Na CVD, metano e hidrogênio gasosos são atomizados sobre um cristal semente de diamante. Átomos de hidrogênio ligam-se a átomos de carbono na superfície, impedindo que os átomos de carbono formem ligações duplas com seus vizinhos. Radicais de carbono, a partir de metano decomposto, substituem lentamente os átomos de hidrogênio na superfície do diamante, criando um diamante maior,

FIGURA 2 Lâminas de diamantes. A técnica de deposição química em fase vapor (CVD) permite a síntese de diamante na forma de discos ou lâminas estendidas. Sob condições otimizadas de crescimento, as propriedades desses discos aproximam-se daquelas de cristais únicos de diamante perfeito.

com uma camada de átomo de cada vez. Além das pedras preciosas, o método CVD pode ser usado para criar janelas de diamante ou filmes finos de diamante sobre uma variedade de substratos (Figura 2).

QUESTÕES:

1. A decomposição do diamante em grafite [C(diamante) $\rightarrow$ C(grafite)] é favorecida termodinamicamente, mas ocorre lentamente sob temperatura ambiente.
   a. Use valores de $\Delta_f G°$ do Apêndice L para calcular $\Delta_r G°$ e K_{eq} para a reação sob condições padrão e 298,15 K.
   b. Use os valores de $\Delta_f H°$ e $S°$ do Apêndice L para calcular $\Delta_r G°$ e K_{eq} para a reação a 1000 K. Suponha que valores de entalpia e entropia sejam válidos nessas temperaturas. O aquecimento altera o equilíbrio em direção à formação de diamante ou de grafite?
   c. Por que a formação de diamante é favorecida sob altas pressões?
   d. O diagrama de fase mostra que o diamante é favorecido termodinamicamente em relação ao grafite a 20000 atmosferas (aproximadamente 2 GPa) em temperatura ambiente. Por que é que ocorre essa conversão, na verdade, feita a temperaturas e pressões muito mais altas?
2. Foi demonstrado que fulereno (C_{60}), outro alótropo de carbono (Seção 2.5), pode ser convertido em diamante sob temperatura ambiente e pressão de 20000 atmosferas (aproximadamente 2 GPa). A entalpia padrão de formação, $\Delta_f H°$, para o fulereno é 2320 kJ/mol a 298,2 K.
   a. Calcule $\Delta_r H°$ para conversão do C_{60} em diamante, em condições de estado padrão e 298,2 K.
   b. Presumindo que a entropia padrão por mol de carbono tanto em C_{60} como no diamante seja comparável (ambos em aproximadamente 2,3 J/K mol), a conversão de C_{60} em diamante é produto-favorecida em temperatura ambiente?

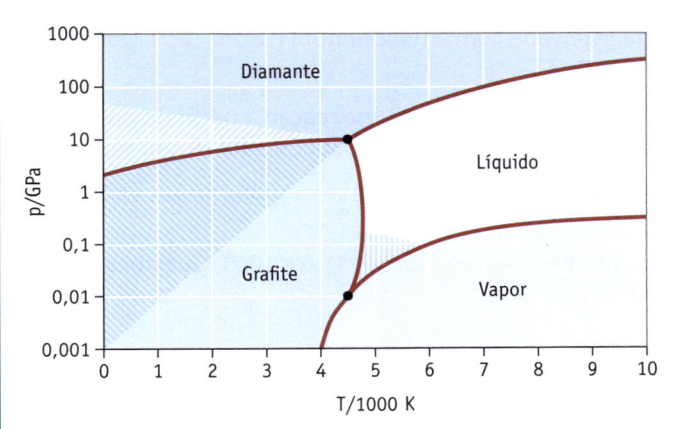

FIGURA 1 Diagrama de fase para o carbono. As áreas sombreadas são regiões em que duas fases podem coexistir. Pressões estão em gigapascais (em que 1 GPa é aproximadamente 9.900 atm).

REVISÃO DOS OBJETIVOS DO CAPÍTULO

Agora que você já estudou este capítulo, deve perguntar a si mesmo se atingiu os objetivos propostos. Especificamente, você deverá ser capaz de:

ENTENDER

- O conceito de entropia e sua relação com a espontaneidade da reação.
  - **a.** Entender que entropia é uma medida de dispersão de energia (Seção 18.2). Questões para Estudo: 1, 2.
  - **b.** Reconhecer que a variação de entropia é energia transferida na forma de calor para um processo reversível dividido pela temperatura em kelvin ("Um Olhar Mais Atento: Processos Reversíveis e Irreversíveis", Seção 18.2 e Equação 18.1). Questões para Estudo: 42–44.
  - **c.** Identificar processos comuns que são favorecidos por entropia (Seção 18.4). Questão para Estudo: 47.

- A relação entre variações de entalpia, entropia e variação de energia livre para uma reação (Seção 18.6). Questões para Estudo: 15, 16.

FAZER

- Calcular a variação de entropia para um sistema, sua vizinhança e o universo para determinar se um processo é espontâneo sob condições padrão.
  - **a.** Calcular as variações de entropia a partir das tabelas de valores de entropia padrão (Seção 18.4). Questões para Estudo: 3–8.
    Usar variações de entropia padrão e de entalpia padrão para prever se uma reação será espontânea sob condições padrão (Seção 18.5 e Tabela 18.1). Questões para Estudo: 9–12.
  - **b.** Reconhecer como a temperatura influencia se uma reação é espontânea (Seção 18.5). Questões para Estudo: 13, 14, 23–26.

- Usar a variação da energia livre de Gibbs para prever a espontaneidade da reação.
  Calcular a variação da energia livre sob condições padrão para uma reação a partir de variações de entalpia e de entropia sob condições padrão (Seção 18.7). Questões para Estudo: 15–18, 48, 49, 57, 58.
  - **c.** Entender a relação entre Δ_rG, Q, K e espontaneidade da reação (Seção 18.6).

Q	ΔG	ESPONTÂNEA?
$Q < K$	$\Delta_r G < 0$	Espontânea para a direita como a equação é escrita
$Q = K$	$\Delta_r G = 0$	Reação está em equilíbrio
$Q > K$	$\Delta_r G > 0$	Não espontânea à direita; espontânea à esquerda

  - **d.** Saber como a energia livre varia com a temperatura (Seção 18.7). Questões para Estudo: 23–26, 59, 61, 72.

- Calcular a variação de energia livre padrão de uma reação a partir de dados de energia livre de formação (Seção 18.7). Questões para Estudo: 19, 20, 54, 55, 65.

- Calcular uma constante de equilíbrio de um processo a partir de sua variação de energia livre padrão.
  - **a.** Calcular K a partir de $\Delta_rG°$ e vice-versa (Seções 18.6 e 18.7). Questões para Estudo: 27–30, 50, 52–54, 63.

b. Entender a relação entre $\Delta_r G°$ e se uma reação é reagente-favorecida ou produto-favorecida no equilíbrio. (Seção 18.6).

K	$\Delta G°$	REAGENTE-FAVORECIDA OU PRODUTO-FAVORECIDA NO EQUILÍBRIO?
$K \gg 1$	$\Delta_r G° < 0$	Produto-favorecida
$K = 1$	$\Delta_r G° = 0$	$[C]^c[D]^d = [A]^a[B]^b$ no equilíbrio
$K \ll 1$	$\Delta_r G° > 0$	Reagente-favorecida

LEMBRAR

- A entropia do universo aumenta em uma mudança espontânea.
- A variação da energia livre de Gibbs de uma reação espontânea é negativa.

EQUAÇÕES-CHAVE

Equação 18.1 Calcular a variação de entropia a partir da energia transferida na forma de calor para um processo reversível e a temperatura em que ela ocorre.

$$\Delta S = \frac{q_{rev}}{T}$$

Equação 18.2 A equação de Boltzmann: A entropia de um sistema, S, é proporcional ao número de microestados acessíveis, W, que pertencem a uma determinada energia de um sistema ou substância.

$$S = k \ln W$$

Equação 18.3 Calcular a variação de entropia padrão para um processo a partir das entropias tabeladas dos produtos e reagentes e os coeficientes estequiométricos (n) das substâncias na equação química balanceada da reação.

$$\Delta_r S° = \Sigma n S°(\text{produtos}) - \Sigma n S°(\text{reagentes})$$

Equação 18.4 Calcular a variação de entropia total para um sistema e sua vizinhança, para determinar se um processo é espontâneo sob condições padrão.

$$\Delta S°(\text{universo}) = \Delta S°(\text{sistema}) + \Delta S°(\text{vizinhança})$$

Equação 18.5 Calcular a variação de energia livre para um processo a partir de variações de entalpia e entropia.

$$\Delta_r G° = \Delta_r H° - T\Delta_r S°$$

Equação 18.6 Calcular a variação de energia livre sob condições não padrão ($\Delta_r G$) a partir da variação de energia livre padrão ($\Delta_r G°$) e do quociente de reação Q.

$$\Delta_r G = \Delta_r G° + RT \ln Q$$

Equação 18.7 Calcular a variação de energia livre para uma reação a partir de sua constante de equilíbrio.

$$\Delta_r G° = -RT \ln K$$

Equação 18.8 Calcular a variação de energia livre padrão para uma reação usando valores tabelados de $\Delta_f G°$ e os coeficientes estequiométricos (n) das substâncias na equação química balanceada da reação.

$$\Delta_r G° = \Sigma n \Delta_f G°(\text{produtos}) - \Sigma n \Delta_f G°(\text{reagentes})$$

▲ denota questões desafiadoras.

Questões numeradas em verde têm respostas no Apêndice N.

Praticando Habilidades

Entropia

(Veja as Seções 18.2 a 18.4 e o Exemplos 18.1 e 18.2)

1. Qual substância apresenta entropia maior?

(a) Gelo-seco (CO_2 sólido) a −78 °C ou CO_2(g) a 0 °C

(b) Água líquida a 25 °C ou água líquida a 50 °C

(c) Alumina pura, Al_2O_3(s), ou rubi (rubi é Al_2O_3 em que alguns íons Al^{3+} no retículo cristalino são substituídos por íons Cr^{3+})

(d) Um mol de N_2(g) a pressão de 1 bar ou um mol de N_2(g) a pressão de 10 bar (ambos a 298 K)

2. Qual substância apresenta maior entropia?

(a) uma amostra de silicone puro (para ser usada em um chip de computador) ou um pedaço de silicone que contém um traço de outro elemento como boro ou fósforo

(b) O_2(g) a 0 °C ou O_2(g) a −50 °C

(c) I_2(s) ou I_2(g), ambos em temperatura ambiente

(d) um mol de O_2(g) a pressão de 1 bar ou um mol de O_2(g) a pressão de 0,01 bar (ambos a 298 K)

3. Use valores de $S°$ para calcular a variação de entropia padrão, $\Delta_rS°$, para cada um dos seguintes processos e comente sobre o sinal da variação.

(a) KOH(s) → KOH(aq)

(b) Na(g) → Na(s)

(c) $Br_2(\ell)$ → Br_2(g)

(d) HCl(g) → HCl(aq)

4. Use valores de $S°$ para calcular a variação de entropia padrão, $\Delta_rS°$, para cada um dos seguintes processos e comente sobre o sinal da variação.

(a) NH_4Cl(s) → NH_4Cl(aq)

(b) $CH_3OH(\ell)$ → CH_3OH(g)

(c) CCl_4(g) → $CCl_4(\ell)$

(d) NaCl(s) → NaCl(g)

5. Calcule a variação de entropia padrão para a formação de 1,0 mol dos seguintes compostos a partir dos elementos a 25 °C.

(a) HCl(g)   (b) $Ca(OH)_2$(s)

6. Calcule a variação de entropia padrão para a formação de 1,0 mol dos seguintes compostos a partir dos elementos a 25 °C.

(a) H_2S(g)   (b) $MgCO_3$(s)

7. Calcule a variação de entropia padrão para as seguintes reações a 25 °C. Comente sobre o sinal de $\Delta_rS°$.

(a) 2 Al(s) + 3 Cl_2(g) → 2 $AlCl_3$(s)

(b) 2 $CH_3OH(\ell)$ + 3 O_2(g) → 2 CO_2(g) + 4 H_2O(g)

8. Calcule a variação de entropia padrão para as seguintes reações a 25 °C. Comente sobre o sinal de $\Delta_rS°$.

(a) 2 Na(s) + 2 $H_2O(\ell)$ → 2 NaOH(aq) + H_2(g)

(b) Na_2CO_3(s) + 2 HCl(aq) → 2 NaCl(aq) + $H_2O(\ell)$ + CO_2(g)

$\Delta_rS°$(universo) e Espontaneidade

(Veja as Seções 18.2 a 18.5 e o Exemplo 18.3).

9. A reação Si(s) + 2 Cl_2(g) → $SiCl_4$(g) é espontânea sob condições padrão a 298,15 K? Responda essa pergunta calculando $\Delta S°$(sistema), $\Delta S°$(vizinhança) e $\Delta S°$(universo). (Defina os reagentes e produtos como o sistema.)

10. A reação Si(s) + 2 H_2(g) → SiH_4(g) é espontânea sob condições padrão a 298,15 K? Responda essa pergunta calculando $\Delta S°$(sistema), $\Delta S°$(vizinhança) e $\Delta S°$(universo). (Defina reagentes e produtos como o sistema.)

11. Calcule $\Delta S°$(universo) para a decomposição de 1 mol de água líquida para formar hidrogênio e oxigênio gasoso 1. Essa reação é espontânea sob condições padrão a 25 °C? Explique sua resposta brevemente.

12. Calcule $\Delta S°$(universo) para a formação de 1 mol de HCl(g) a partir de hidrogênio e cloro gasosos. Essa reação é espontânea sob condições padrão a 25 °C? Explique sua resposta brevemente.

13. Classifique cada uma das reações de acordo com um dos tipos descritos na Tabela 18.1.

(a) Fe_2O_3(s) + 2 Al(s) → 2 Fe(s) + Al_2O_3(s)

$\Delta_rH° = −851,5$ kJ/mol-rea
$\Delta_rS° = −375,2$ J/K · mol-rea

(b) N_2(g) + 2 O_2(g) → 2 NO_2(g)

$\Delta_rH° = 66,2$ kJ/mol-rea
$\Delta_rS° = −121,6$ J/K · mol-rea

14. Classifique cada uma das reações de acordo com um dos tipos descritos na Tabela 18.1.

(a) $C_6H_{12}O_6$(s) + 6 O_2(g) → 6 CO_2(g) + 6 $H_2O(\ell)$

$\Delta_rH° = −673$ kJ/mol-rea
$\Delta_rS° = 60,4$ J/K · mol-rea

(b) MgO(s) + C(grafite) → Mg(s) + CO(g)

$\Delta_rH° = 490,7$ kJ/mol-rea
$\Delta_rS° = 197,9$ J/K · mol-rea

Energia Livre de Gibbs

(*Veja as Seções 18.6 e 18.7 e o Exemplo 18.4.*)

15. Usando valores de $\Delta_f H°$ e $S°$, calcule $\Delta_r G°$ para cada uma das seguintes reações a 25 °C.

(a) $2 Pb(s) + O_2(g) \rightarrow 2 PbO(s)$
(b) $NH_3(g) + HNO_3(aq) \rightarrow NH_4NO_3(aq)$

Qual dessa(s) reações é (são) prevista(s) para ser produto-favorecida no equilíbrio? São reações conduzidas por entalpia ou entropia?

16. Usando valores de $\Delta_f H°$ e $S°$, calcule $\Delta_r G°$ para cada uma das seguintes reações a 25 °C.

(a) $2 Na(s) + 2 H_2O(\ell) \rightarrow 2 NaOH(aq) + H_2(g)$
(b) $6 C(grafite) + 3 H_2(g) \rightarrow C_6H_6(\ell)$

Qual dessa(s) reações é (são) prevista(s) para ser produto-favorecida no equilíbrio? São reações conduzidas por entalpia ou entropia?

17. Usando valores de $\Delta_f H°$ e $S°$, calcule a energia livre molar padrão de formação, $\Delta_f G°$, para cada um dos seguintes compostos:

(a) $CS_2(g)$
(b) $NaOH(s)$
(c) $ICl(g)$

Compare seus valores calculados de $\Delta_f G°$ com aqueles listados no Apêndice L. Quais dessas reações de formação são previstas como produto-favorecidas no equilíbrio a 25 °C?

18. Usando valores de $\Delta_f H°$ e $S°$, calcule a energia livre molar padrão de formação, $\Delta_f G°$, para cada um dos seguintes compostos:

(a) $Ca(OH)_2(s)$
(b) $Cl(g)$
(c) $Na_2CO_3(s)$

Compare seus valores calculados de $\Delta_f G°$ com aqueles listados no Apêndice L. Quais dessas reações de formação são previstas como produto-favorecidas no equilíbrio a 25 °C?

Energia Livre de Formação

(*Veja a Seção 18.7 e o Exemplo 18.5.*)

19. Usando valores de $\Delta_f G°$, calcule $\Delta_r G°$ para cada uma das seguintes reações a 25 °C. Quais são produto-favorecidas em equilíbrio?

(a) $2 K(s) + Cl_2(g) \rightarrow 2 KCl(s)$
(b) $2 CuO(s) \rightarrow 2 Cu(s) + O_2(g)$
(c) $4 NH_3(g) + 7 O_2(g) \rightarrow 4 NO_2(g) + 6 H_2O(g)$

20. Usando valores de $\Delta_f G°$, calcule $\Delta_r G°$ para cada uma das seguintes reações a 25 °C. Quais são produto-favorecidas em equilíbrio?

(a) $HgS(s) + O_2(g) \rightarrow Hg(\ell) + SO_2(g)$
(b) $2 H_2S(g) + 3 O_2(g) \rightarrow 2 H_2O(g) + 2 SO_2(g)$
(c) $SiCl_4(g) + 2 Mg(s) \rightarrow 2 MgCl_2(s) + Si(s)$

21. Para a reação $BaCO_3(s) \rightarrow BaO(s) + CO_2(g)$, $\Delta_r G° = +219,7$ kJ. Usando esse valor e outros dados disponíveis no Apêndice L, calcule o valor de $\Delta_f G°$ para $BaCO_3(s)$.

22. Para a reação $TiCl_2(s) + Cl_2(g) \rightarrow TiCl_4(\ell)$, $\Delta_r G° = -272,8$ kJ. Usando esse valor e outros dados disponíveis no Apêndice L, calcule o valor de $\Delta_f G°$ para $TiCl_2(s)$.

Efeito da Temperatura em ΔG

(*Veja a Seção 18.7 e o Exemplo 18.6.*)

23. Determine se as reações listadas abaixo são favorecidas ou desfavorecidas pela entropia sob condições padrão. Preveja como um aumento na temperatura afetará o valor de $\Delta_r G°$.

(a) $N_2(g) + 2 O_2(g) \rightarrow 2 NO_2(g)$
(b) $2 C(s) + O_2(g) \rightarrow 2 CO(g)$
(c) $CaO(s) + CO_2(g) \rightarrow CaCO_3(s)$
(d) $2 NaCl(s) \rightarrow 2 Na(s) + Cl_2(g)$

24. Determine se as reações listadas abaixo são favorecidas ou desfavorecidas pela entropia sob condições padrão. Preveja como um aumento na temperatura afetará o valor de $\Delta_r G°$.

(a) $I_2(g) \rightarrow 2 I(g)$
(b) $2 SO_2(g) + O_2(g) \rightarrow 2 SO_3(g)$
(c) $SiCl_4(g) + 2 H_2O(\ell) \rightarrow SiO_2(s) + 4 HCl(g)$
(d) $P_4(s, branco) + 6 H_2(g) \rightarrow 4 PH_3(g)$

25. Aquecer alguns carbonatos de metal, entre eles carbonato de magnésio, leva a sua decomposição.

$$MgCO_3(s) \rightarrow MgO(s) + CO_2(g)$$

(a) Calcule $\Delta_r G°$ e $\Delta_r S°$ para a reação.
(b) A reação é produto-favorecida no equilíbrio a 298 K?
(c) A reação é produto-favorecida no equilíbrio a temperaturas mais altas?

26. Calcule $\Delta_r H°$ e $\Delta_r S°$ para a reação do óxido de estanho(IV) com carbono.

$$SnO_2(s) + C(s) \rightarrow Sn(s) + CO_2(g)$$

(a) A reação é produto-favorecida no equilíbrio a 298 K?
(b) A reação é produto-favorecida no equilíbrio a temperaturas mais altas?

Energia Livre e Constantes de Equilíbrio

(*Veja a Seção 18.7 e os Exemplos 18.7 e 18.8.*)

27. A variação de energia livre padrão, $\Delta_r G°$, para a formação de $NO(g)$ a partir de seus elementos é $+86,58$ kJ/mol a 25 °C. Calcule K_p a essa temperatura para o equilíbrio

$$\frac{1}{2} N_2(g) + \frac{1}{2} O_2(g) \rightleftharpoons NO(g)$$

Comente sobre o sinal de $\Delta_r G°$ e a magnitude de K_p.

28. A variação de energia livre padrão, $\Delta_r G°$, para a formação do $O_3(g)$ a partir do $O_2(g)$ é +163,2 kJ/mol a 25 °C. Calcule K_p a essa temperatura para o equilíbrio

$$3\ O_2(g) \rightleftharpoons 2\ O_3(g)$$

Comente sobre o sinal de $\Delta_r G°$ e a magnitude de K_p.

29. Calcule $\Delta_r G°$ a 25 °C para a formação de 1,00 mol de $C_2H_6(g)$ a partir de $C_2H_4(g)$ e $H_2(g)$. Use esse valor para calcular K_p para o equilíbrio.

$$C_2H_4(g)\ +\ H_2(g) \rightleftharpoons C_2H_6(g)$$

Comente sobre o sinal de $\Delta_r G°$ e a magnitude de K_p.

30. Calcule $\Delta_r G°$ a 25 °C para a formação de 1,00 mol de $C_2H_5OH(g)$ a partir de $C_2H_4(g)$ e $H_2O(g)$. Use esse valor para calcular K_p para o equilíbrio.

$$C_2H_4(g)\ +\ H_2O(g) \rightleftharpoons C_2H_5OH(g)$$

Comente sobre o sinal de $\Delta_r G°$ e a magnitude de K_p.

Energia Livre e Condições de Reação
(*Veja a Seção 18.7 e o Exemplo 18.9.*)

31. Para a síntese de amônia a partir de seus elementos a 25 °C,

$$N_2(g)\ +\ 3\ H_2(g) \rightarrow 2\ NH_3(g)$$

(a) Calcule $\Delta_r G°$ usando valores de $\Delta_f G°$. A reação é produto-favorecida no equilíbrio?
(b) Calcule $\Delta_r G$ quando os reagentes e produto estão presentes cada um a uma pressão parcial de 0,10 atm. A reação é espontânea sob essas condições?

32. Para a decomposição de carbonato de cálcio sólido a 25 °C,

$$CaCO_3(s) \rightarrow CaO(s)\ +\ CO_2(g)$$

(a) Calcule $\Delta_r G°$ usando valores de $\Delta_f G°$. A reação é produto-favorecida no equilíbrio?
(b) Calcule $\Delta_r G$ quando a pressão parcial do dióxido de carbono é 0,10 atm na presença de carbonato de cálcio e óxido de cálcio. A reação é espontânea sob essas condições?

Questões Gerais

Estas questões não são definidas quanto ao tipo ou à localização no capítulo. Elas podem combinar vários conceitos.

33. Compare os compostos em cada conjunto abaixo e decida qual tende a ter uma entropia mais alta. Presuma que todos estejam sob a mesma temperatura. Confira suas respostas com os dados do Apêndice L.

(a) $HF(g)$, $HCl(g)$ ou $HBr(g)$
(b) $NH_4Cl(s)$ ou $NH_4Cl(aq)$
(c) $C_2H_4(g)$ ou $N_2(g)$ (duas substâncias com a mesma massa molar)
(d) $NaCl(s)$ ou $NaCl(g)$

34. Usando valores de entropia padrão, calcule $\Delta_r S°$ para a formação de 1,0 mol de $NH_3(g)$ a partir de $N_2(g)$ e $H_2(g)$ a 25 °C.

35. Aproximadamente 5 bilhões de quilogramas de benzeno, C_6H_6, são produzidos todo ano. O benzeno é usado como um material inicial para muitos outros compostos e como um solvente (embora também seja cancerígeno e seu uso seja restrito). Um composto que pode ser feito a partir do benzeno é cicloexano, C_6H_{12}.

$$C_6H_6(\ell)\ +\ 3\ H_2(g) \rightarrow C_6H_{12}(\ell)$$

$\Delta_r H° = -206,7$ kJ/mol-rea; $\Delta_r S° = -361,5$ J/K · mol-rea

A reação é prevista para ser produto-favorecida no equilíbrio a 25 °C? A reação é conduzida por entalpia ou entropia?

36. A hidrogenação, a adição de hidrogênio a um composto orgânico, é uma reação importante na indústria. Calcule $\Delta_r H°$, $\Delta_r S°$ e $\Delta_r G°$ para a hidrogenação do octeno, C_8H_{16}, para resultar em octano, C_8H_{18}, a 25 °C. A reação é produto-favorecida ou reagente-favorecida no equilíbrio?

$$C_8H_{16}(g)\ +\ H_2(g) \rightarrow C_8H_{18}(g)$$

Juntamente com dados no Apêndice L, as informações a seguir são necessárias para esse cálculo.

Composto	$\Delta_f H°$ (kJ/mol)	$S°$ (J/K · mol)
Octeno	−82,93	462,8
Octano	−208,45	463,639

37. A combustão do etano, C_2H_6, é produto-favorecida no equilíbrio a 25 °C?

$$C_2H_6(g)\ +\ \tfrac{7}{2}\ O_2(g) \rightarrow 2\ CO_2(g)\ +\ 3\ H_2O(g)$$

Responda a essa questão calculando o valor de $\Delta S°$(universo) a 298 K, usando valores de $\Delta_f H°$ e $S°$ no Apêndice L. A resposta está de acordo com sua ideia anterior sobre essa reação?

38. Escreva uma equação balanceada que retrate a formação de 1 mol de $Fe_2O_3(s)$ a partir de seus elementos. Qual é a energia livre padrão de formação de 1,00 mol de $Fe_2O_3(s)$? Qual é o valor de $\Delta G°$ quando 454 g (1 lb) de $Fe_2O_3(s)$ são formados a partir dos elementos?

39. Quando vapores de ácido clorídrico e amônia aquosa entram em contato, eles reagem, produzindo uma "nuvem" branca de NH_4Cl sólido (Figura 18.9).

$$HCl(g)\ +\ NH_3(g) \rightleftharpoons NH_4Cl(s)$$

Definindo os reagentes e produtos como o sistema em estudo:

(a) Preveja se $\Delta S°$(sistema), $\Delta S°$(vizinhança), $\Delta S°$(universo), $\Delta_r H°$ e $\Delta_r G°$ (a 298 K) são maiores que zero, iguais a zero ou inferiores a zero, e explique sua previsão. Verifique suas previsões calculando valores para cada uma dessas quantidades.
(b) Calcule o valor de K_p para essa reação a 298 K.

40. Calcule $\Delta S°$(sistema), $\Delta S°$(vizinhança) e $\Delta S°$(universo) para cada um dos seguintes processos a 298 K, e comente sobre como esses sistemas diferem.

(a) $HNO_3(g) \rightarrow HNO_3(aq)$
(b) $NaOH(s) \rightarrow NaOH(aq)$

41. Metanol é agora amplamente usado como combustível em carros de corrida. Considere a seguinte reação como uma possível rota sintética para o metanol.

$$C(grafite) + \tfrac{1}{2} O_2(g) + 2\,H_2(g) \rightleftharpoons CH_3OH(\ell)$$

Calcule K_p para a formação de metanol a 298 K usando essa reação. Essa reação seria mais produto-favorecida sob uma temperatura diferente?

42. A entalpia de vaporização do éter dietílico líquido, $(C_2H_5)_2O$, é 26,0 kJ/mol no ponto de ebulição de 35,0 °C. Calcule $\Delta S°$ para a transformação de vapor para líquido a 35,0 °C.

43. Calcule a variação de entropia, $\Delta_r S°$, para a vaporização do etanol, C_2H_5OH, em seu ponto de ebulição normal, 78,0 °C. A entalpia de vaporização do etanol é 39,3 kJ/mol.

44. Usando dados termodinâmicos, estime o ponto de ebulição normal do etanol. (Lembre-se de que líquido e vapor estão em equilíbrio a pressão de 1,0 atm no ponto de ebulição normal.) O ponto de ebulição normal real é 78 °C. Até que ponto seu resultado calculado corresponde ao valor real?

45. A reação a seguir é reagente-favorecida no equilíbrio sob temperatura ambiente.

$$COCl_2(g) \rightarrow CO(g) + Cl_2(g)$$

Aumentar ou diminuir a temperatura torna-a produto-favorecida?

46. Quando carbonato de cálcio é aquecido fortemente, gás CO_2 é gerado. A pressão no equilíbrio do CO_2 é 1,00 bar a 897 °C e $\Delta_r H°$ a 298 K é 179,0 kJ/mol-rea.

$$CaCO_3(s) \rightarrow CaO(s) + CO_2(g)$$

Calcule o valor de $\Delta_r S°$ a 897 °C para a reação.

47. Sódio reage violentamente com água de acordo com a equação.

$$Na(s) + H_2O(\ell) \rightarrow NaOH(aq) + \tfrac{1}{2} H_2(g)$$

Sem fazer cálculos, preveja os sinais de $\Delta_r H°$ e $\Delta_r S°$ para a reação. Verifique sua previsão com um cálculo.

48. Levedura pode produzir etanol por meio de fermentação da glicose ($C_6H_{12}O_6$), que é a base para produção da maioria das bebidas alcoólicas.

$$C_6H_{12}O_6(aq) \rightarrow 2\,C_2H_5OH(\ell) + 2\,CO_2(g)$$

Calcule $\Delta_r H°$, $\Delta_r S°$ e $\Delta_r G°$ para a reação a 25 °C. A reação é produto-favorecida ou reagente-favorecida no equilíbrio? Além dos valores termodinâmicos no Apêndice L, você precisará dos seguintes dados para $C_6H_{12}O_6(aq)$:

$\Delta_f H° = -1260,0$ kJ/mol; $S° = 289$ J/K · mol; e $\Delta_f G° = -918,8$ kJ/mol.

49. O elemento boro, na forma de fibras finas, pode ser produzido reduzindo-se um haleto de boro com H_2.

$$BCl_3(g) + \tfrac{3}{2} H_2(g) \rightarrow B(s) + 3\,HCl(g)$$

Calcule $\Delta_r H°$, $\Delta_r S°$ e $\Delta_r G°$ a 25 °C para essa reação. A reação é prevista para ser produto-favorecida no equilíbrio a 25 °C? Se sim, ela é conduzida por entalpia ou entropia? [$S°$ para B(s) é 5,86 J/K · mol.]

50. ▲ Estime a pressão de vapor do etanol a 37 °C usando dados termodinâmicos. Expresse o resultado em milímetros de mercúrio.

51. A constante de equilíbrio, K_p, para $N_2O_4(g) \rightleftharpoons 2\,NO_2(g)$ é 0,14 a 25 °C. Calcule $\Delta_r G°$ para a conversão de $N_2O_4(g)$ em $NO_2(g)$ a partir dessa constante, e compare esse valor com aquele determinado a partir dos valores de $\Delta_f G°$ no Apêndice L.

52. ▲ Estime o ponto de ebulição de água em Denver, Colorado (onde a altitude é 1,60 km e a pressão atmosférica é 630 mm Hg ou 0,840 bar).

53. A constante de equilíbrio para isobutano $\rightleftharpoons$ butano a 25 °C é 2,50. Calcule $\Delta_r G°$ a essa temperatura em unidades de kJ/mol.

| butano | $\rightleftharpoons$ | isobutano |

$$CH_3CH_2CH_2CH_3 \rightleftharpoons CH_3\underset{\underset{CH_3}{|}}{CH}CH_3$$

$$K_c = \frac{[\text{isobutano}]}{[\text{butano}]} = 2,50 \text{ a } 298\,K$$

54. Uma reação crucial para a produção de combustíveis sintéticos é a produção de H_2 pela reação de carvão com vapor. A reação química é

$$C(s) + H_2O(g) \rightarrow CO(g) + H_2(g)$$

(a) Calcule $\Delta_r G°$ para essa reação a 25 °C, presumindo que C(s) seja grafite.
(b) Calcule K_p para a reação a 25 °C.
(c) A reação é prevista para ser produto-favorecida no equilíbrio a 25 °C? Em caso negativo, a que temperatura isso ocorrerá?

55. Calcule $\Delta_r G°$ para a decomposição de trióxido de enxofre formando dióxido de enxofre e oxigênio.

$$2\,SO_3(g) \rightleftharpoons 2\,SO_2(g) + O_2(g)$$

(a) A reação é produto-favorecida no equilíbrio a 25 °C?
(b) Se a reação não é produto-favorecida a 25 °C, há uma temperatura em que isso ocorra? Estime essa temperatura.
(c) Calcule a constante de equilíbrio para a reação a 1500 °C.

56. O metanol pode ser produzido pela oxidação parcial do metano por $O_2(g)$.

$$CH_4(g) + \tfrac{1}{2}\ O_2(g) \rightleftharpoons CH_3OH(\ell)$$

(a) Determine $\Delta S°$(sistema), $\Delta S°$(vizinhança) e $S°$(universo) para esse processo.

(b) Essa reação é produto-favorecida no equilíbrio a 25 °C?

57. Uma caverna no México que foi recentemente descoberta posssui uma química interessante. Sulfeto de hidrogênio, H_2S, reage com oxigênio na caverna para gerar ácido sulfúrico, que pinga do teto em gotas com um pH inferior a 1. A reação que ocorre é

$$H_2S(g) + 2\ O_2(g) \rightarrow H_2SO_4(\ell)$$

Calcule $\Delta_r H°$, $\Delta_r S°$ e $\Delta_r G°$. A reação é produto-favorecida no equilíbrio a 25 °C? Ela é conduzida por entalpia ou entropia?

58. Calcário úmido é usado para eliminar o gás SO_2 dos gases de exaustão das usinas termoelétricas. Uma reação possível resulta em sulfato de cálcio hidratado:

$$CaCO_3(s) + SO_2(g) + \tfrac{1}{2}\ H_2O(\ell) \rightleftharpoons$$
$$CaSO_3 \cdot \tfrac{1}{2}\ H_2O(s) + CO_2(g)$$

Outra reação possível resulta em sulfato de cálcio hidratado:

$$CaCO_3(s) + SO_2(g) + \tfrac{1}{2}\ H_2O(\ell) + \tfrac{1}{2}\ O_2(g) \rightleftharpoons$$
$$CaSO_4 \cdot \tfrac{1}{2}\ H_2O(s) + CO_2(g)$$

(a) Qual reação é mais favorável ao produto no equilíbrio? Use os dados da tabela abaixo e qualquer outra informação necessária no Apêndice L para calcular $\Delta_r G°$ para cada reação a 25 °C.

	$CaSO_3 \cdot \tfrac{1}{2}\ H_2O(s)$	$CaSO_4 \cdot \tfrac{1}{2}\ H_2O(s)$
$\Delta_f H°$ (kJ/mol)	−1311,7	−1574,65
$S°$ (J/K · mol)	121,3	134,8

(b) Calcule $\Delta_r G°$ para a reação.

$$CaSO_3 \cdot \tfrac{1}{2}\ H_2O(s) + \tfrac{1}{2}\ O_2(g) \rightleftharpoons$$
$$CaSO_4 \cdot \tfrac{1}{2}\ H_2O(s)$$

Essa reação é produto-favorecida ou reagente-favorecida no equilíbrio?

59. O enxofre passa por uma transição de fase entre 80 e 100 °C.

$$S_8(\text{rômbico}) \rightarrow S_8(\text{monoclínico})$$

$$\Delta_r H° = 3{,}213\ \text{kJ/mol-rea} \quad \Delta_r S° = 8{,}7\ \text{J/K · mol-rea}$$

(a) Calcule $\Delta_r G°$ para a transição a 80,0 °C e 110,0 °C. O que esses resultados dizem sobre a estabilidade das duas formas de enxofre em cada uma dessas temperaturas?

(b) Calcule a temperatura em que $\Delta_r G° = 0$. Qual é o significado dessa temperatura?

60. Calcule a variação de entropia para dissolver gás HCl em água a 25 °C. O sinal de $\Delta_r S°$ é o esperado? Sim ou não? Por quê?

No Laboratório

61. Alguns óxidos metálicos podem ser decompostos em metal e oxigênio sob condições razoáveis. A decomposição de óxido de prata(I) é produto-favorecida no equilíbrio a 25 °C?

$$2\ Ag_2O(s) \rightarrow 4\ Ag(s) + O_2(g)$$

Em caso negativo, isso pode ocorrer se a temperatura for elevada? A que temperatura a reação torna-se produto-favorecida no equilíbrio?

62. Óxido de cobre(II), CuO, pode ser reduzido a cobre metálico com hidrogênio sob temperaturas mais altas.

$$CuO(s) + H_2(g) \rightarrow Cu(s) + H_2O(g)$$

Essa reação é produto-favorecida ou reagente-favorecida no equilíbrio a 298 K?

© Cengage Learning/Charles D. Winters

Se cobre metálico for aquecido no ar, um filme preto de CuO forma-se na superfície. Nessa foto, a barra aquecida, coberta com um filme de CuO preto, foi banhada em gás hidrogênio. CuO sólido, preto, é reduzido rapidamente a cobre sob altas temperaturas.

63. Calcule $\Delta_f G°$ para HI(g) a 350 °C, dadas a seguintes pressões parciais de equilíbrio: $P(H_2) = 0{,}132$ bar, $P(I_2) = 0{,}295$ bar e $P(HI) = 1{,}61$ bar. A 350 °C e 1 bar, I_2 é um gás.

$$\tfrac{1}{2}\ H_2(g) + \tfrac{1}{2}\ I_2(g) \rightleftharpoons HI(g)$$

64. Calcule a constante de equilíbrio para a formação de NiO a 1627 °C. A reação pode prosseguir no sentido direto se a pressão inicial de O_2 estiver abaixo de 1,00 mm Hg? {$\Delta_f G°$ [NiO(s)] = − 72,1 kJ/mol a 1627 °C}

$$Ni(s) + \tfrac{1}{2}\ O_2(g) \rightleftharpoons NiO(s)$$

65. Óxido de titânio(IV) é convertido em carboneto de titânio com carbono sob alta temperatura.

$$TiO_2(s) + 3\ C(s) \rightarrow 2\ CO(g) + TiC(s)$$

Composto	Energias Livres de Formação a 727 °C, kJ/mol
$TiO_2(s)$	−757,8
$TiC(s)$	−162,6
$CO(g)$	−200,2

(a) Calcule $\Delta_r G°$ e K a 727 °C.

(b) A reação é produto-favorecida no equilíbrio a essa temperatura?

(c) Como as concentrações de reagente ou produto podem ser ajustadas para que a reação continue a 727 °C?

66. A cisplatina [*cis*-diaminodicloroplatina(II)] é um tratamento potente para certos tipos de cânceres, mas o isômero *trans* não é eficaz. Qual é a constante de equilíbrio a 298 K para a transformação de *cis* em isômero *trans*? Qual é o isômero favorável a 298 K, o isômero *cis* ou *trans*?

Composto	$\Delta_f H°$ (kJ/mol, 298 K)	$\Delta_f G°$ (kJ/mol, 298 K)
Cis-Pt(NH$_3$)$_2$Cl$_2$	−467,4	−228,7
Trans-Pt(NH$_3$)$_2$Cl$_2$	−480,3	−222,8

isômero *cis* isômero *trans*

Questões Gerais Conceituais

As seguintes questões podem usar os conceitos deste capítulo e dos capítulos anteriores.

67. ▲ Vapor de mercúrio é perigoso, pois sua inalação traz esse elemento tóxico aos pulmões. Desejamos calcular a pressão de vapor do mercúrio em duas temperaturas diferentes a partir dos seguintes dados:

	$\Delta_f H°$ (kJ/mol)	$S°$ (J/K · mol)	$\Delta_f G°$ (kJ/mol)
Hg(ℓ)	0	76,02	0
Hg(g)	61,38	174,97	31,88

Calcule a temperatura em que K_p para o processo Hg(ℓ) $\rightleftharpoons$ Hg(g) seja igual a 1,00 (e a pressão do vapor do Hg seja 1,00 bar). Em seguida, calcule a temperatura em que a pressão do vapor é (1/760) bar. (Pressões de vapores experimentais são 1,00 mm Hg a 126,2 °C e 1,00 bar a 356,6 °C.) Nota: A temperatura em que P = 1,00 bar pode ser calculada a partir dos dados termodinâmicos. Para encontrar a outra temperatura, será necessário usar a temperatura para P = 1,00 bar e a equação de Clausius Clapeyron na Seção 11.6.)

68. Explique por que cada uma das afirmativas a seguir está incorreta.

(a) A entropia aumenta em todas as reações espontâneas.

(b) Reações com uma variação de energia livre negativa ($\Delta_r G°$ < 0) são produto-favorecidas e ocorrem com rápida transformação de reagentes em produtos.

(c) Todos os processos espontâneos são exotérmicos.

(d) Processos endotérmicos nunca são espontâneos.

69. Determine se cada uma das afirmações a seguir é verdadeira ou falsa. Se uma afirmação for falsa, reescreva-a para torná-la verdadeira.

(a) A entropia de uma substância aumenta ao passar do estado líquido para o vapor em qualquer temperatura.

(b) Uma reação exotérmica sempre será espontânea.

(c) Reações com um $\Delta_r H°$ positivo e um $\Delta_r S°$ positivo nunca podem ser produto-favorecidas.

(d) Se $\Delta_r G°$ para uma reação for negativo, a reação terá uma constante de equilíbrio maior que 1.

Sob quais condições a entropia de uma substância pura é 0 J/K · mol? Uma substância em condições padrão a 25 °C poderia ter um valor de 0 J/K · mol? Ou um valor de entropia negativo? Existem condições sob as quais uma substância terá entropia negativa? Explique sua resposta.

71. No Capítulo 13, você aprendeu que a entropia, assim como a entalpia, exerce uma função na solubidade. Se $\Delta H°$ para uma solubidade for zero, explique como o processo pode ser conduzido pela entropia.

72. ▲ Considere a formação de NO(g) a partir de seus elementos.

$$N_2(g) + O_2(g) \rightleftharpoons 2\,NO(g)$$

(a) Calcule K_p a 25 °C. A reação é produto-favorecida no equilíbrio a essa temperatura?

(b) Supondo que $\Delta_r H°$ e $\Delta_r S°$ sejam quase constantes com a temperatura, calcule $\Delta_r G°$ a 700 °C. Calcule K_p a partir do novo valor de $\Delta_r G°$ a 700 °C. A reação é produto-favorecida no equilíbrio a 700 °C?

(c) Usando K_p a 700 °C, calcule as pressões parciais no equilíbrio dos três gases se você misturar 1,00 bar cada de N_2 e O_2.

73. Escreva uma equação química para oxidação de C_2H_6(g) por O_2(g) para formar CO_2(g) e H_2O(g). Definindo isso como o sistema:

(a) Preveja se os sinais de $\Delta S°$(sistema), $\Delta S°$(vizinhança) e $\Delta S°$(universo) serão maiores que zero, iguais a zero ou inferiores a zero. Explique sua previsão.

(b) Preveja os sinais de $\Delta_r H°$ e $\Delta_r G°$. Explique como você fez essa previsão.

(c) O valor de K_p será muito grande, muito pequeno ou próximo de 1? A constante de equilíbrio, K_p, para esse sistema será maior ou menor em temperaturas superiores a 298 K? Explique como você fez essa previsão.

74. O ponto de fusão normal do benzeno, C_6H_6, é 5,5 °C. Para o processo de fusão, qual é o sinal de cada um dos seguintes itens?

(a) $\Delta_r H°$ (d) $\Delta_r G°$ a 0,0 °C

(b) $\Delta_r S°$ (e) $\Delta_r G°$ a 25,0 °C

(c) $\Delta_r G°$ a 5,5 °C

75. Calcule a variação de entropia molar padrão, $\Delta_r S°$, de cada uma das reações a seguir a 25 °C:

1. C(s) + 2 H$_2$(g) → CH$_4$(g)
2. CH$_4$(g) + ½ O$_2$(g) → CH$_3$OH(ℓ)
3. C(s) + 2 H$_2$(g) + ½ O$_2$(g) → CH$_3$OH(ℓ)

Verifique se esses valores estão relacionados pela equação $\Delta_r S°$(1) + $\Delta_r S°$(2) = $\Delta_r S°$(3). Qual princípio geral está ilustrado aqui?

76. Para cada um dos processos a seguir, preveja o sinal algébrico de $\Delta_r H°$, $\Delta_r S°$ e $\Delta_r G°$. Nenhum cálculo é necessário; use seu senso comum.

(a) A decomposição da água líquida para gerar oxigênio e hidrogênio gasoso, um processo que requer uma considerável quantidade de energia.

(b) Dinamite é uma mistura de nitroglicerina, $C_3H_5N_3O_9$, e terra de diatomácea. A decomposição explosiva de nitroglicerina resulta em produtos gasosos como água, CO_2 e outros; muito calor é gerado.

(c) A combustão da gasolina no motor de um carro, conforme exemplificado pela combustão do octano.

$$2\ C_8H_{18}(g) + 25\ O_2(g) \rightarrow 16\ CO_2(g) + 18\ H_2O(g)$$

77. "Heater Meals" são embalagens de alimentos que contêm sua própria fonte de calor. Basta colocar água no aquecedor, aguardar alguns minutos e pronto! Você tem uma refeição quente.

$$Mg(s) + 2\ H_2O(\ell) \rightarrow Mg(OH)_2(s) + H_2(g)$$

O calor da unidade de aquecimento é produzido pela reação de magnésio com água.

(a) Confirme se essa é uma reação produto-favorecida no equilíbrio a 25 °C.

(b) Qual massa de magnésio é necessária para produzir energia suficiente para aquecer 225 mL de água (densidade = 0,995 g/mL) de 25 °C até o ponto de ebulição?

78. Use valores de $\Delta_f G°$ para iodo sólido e gasoso a 25 °C (Apêndice L) para calcular a pressão do vapor do iodo no equilíbrio a essa temperatura.

Iodo, I_2, sublima facilmente sob temperatura ambiente.

79. O oxigênio dissolvido em água pode causar corrosão em sistemas de aquecimento de água. Para remover o oxigênio, a hidrazina (N_2H_4) geralmente é acrescentada. A hidrazina reage com O_2 dissolvido para formar água e N_2.

(a) Escreva uma equação química balanceada para a reação da hidrazina e do oxigênio. Identifique os agentes oxidantes e redutores nessa reação redox.

(b) Calcule $\Delta_r H°$, $\Delta_r S°$ e $\Delta_r G°$ para essa reação envolvendo 1 mol de N_2H_4 a 25 °C.

(c) Como essa é uma reação exotérmica, a energia é gerada na forma de calor. Qual variação de temperatura é esperada em um sistema de aquecimento que contém $5,5 \times 10^4$ L de água? (Presuma que nenhuma energia seja perdida na vizinhança.)

(d) A massa de um sistema de aquecimento de água quente é $5,5 \times 10^4$ kg. Que quantidade de O_2 (em mols) estaria presente nesse sistema se ele fosse preenchido com água saturada com O_2? (A solubilidade do O_2 em água a 25 °C é 0,000434 g por 100 g de água.)

(e) Suponha que a hidrazina esteja disponível como uma solução de 5,0% de água. Que massa dessa solução deve ser adicionada para consumir totalmente o O_2 dissolvido [descrito na parte (d)]?

(f) Presumindo o escape de N_2 como gás, calcule o volume de $N_2(g)$ (medido a 273 K e 1,00 atm) que será produzido.

80. A formação de diamante a partir do grafite é um processo de considerável importância.

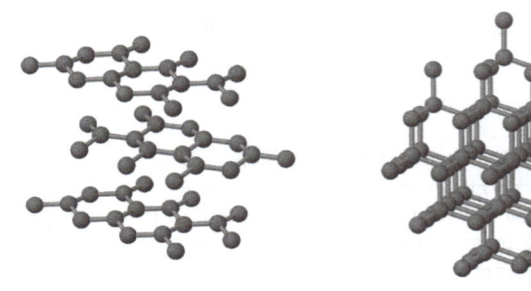

grafite   diamante

(a) Usando os dados no Apêndice L, calcule $\Delta_r S°$, $\Delta_r H°$ e $\Delta_r G°$ para esse processo a 25 °C.

(b) Os cálculos sugerem que esse processo não é possível sob nenhuma temperatura. Entretanto, a síntese de diamantes por essa reação é um processo comercial. Como essa contradição pode ser racionalizada? (*Nota*: Na síntese industrial, alta pressão e altas temperaturas são usadas.)

81. O iodo, I_2, dissolve-se prontamente em tetracloreto de carbono. Para esse processo, $\Delta H° = 0$ kJ/mol.

$$I_2(s) \rightarrow I_2 \text{ (em solução de } CCl_4)$$

Qual é o sinal de $\Delta_r G°$? O processo de dissolução é conduzido por entropia ou entalpia? Explique sucintamente.

82. Escreva uma equação para a reação de $Fe_2O_3(s)$ e $C(s)$ para gerar $Fe(s)$ e $CO(g)$ (uma das reações que ocorrem em um alto-forno). Como $\Delta_r G°$ varia com a temperatura? Há alguma temperatura na qual a reação química é produto-favorecida no equilíbrio?

83. Escreva uma equação para a decomposição de 1,0 mol de metanol gasoso para formar seus elementos em seus estados padrão.

(a) Como o valor de $\Delta_r G°$ varia conforme a temperatura aumenta?

(b) Há uma temperatura entre 400 K e 1000 K em que a decomposição é produto-favorecida em equilíbrio?

84. Considere a reação de NO e Cl_2 para produzir NOCl.

(a) Qual é $\Delta S°$(sistema) para essa reação?

(b) $\Delta S°$(sistema) varia com a temperatura?

(c) $\Delta S°$(vizinhança) varia com a temperatura?

(d) $\Delta S°$(universo) sempre varia com um aumento na temperatura?

(e) As reações exotérmicas sempre conduzem a valores positivos de $\Delta S°$(universo)?

(f) A reação de $NO + Cl_2$ é espontânea a 298 K? E a 700 K?

85. Dois processos que podem ser usados para gerar hidrogênio são da eletrólise de água

$$2\ H_2O(\ell) \rightarrow 2\ H_2(g) + O_2(g)$$

e da reação de metano com vapor de água

$$CH_4(g) + H_2O(g) \rightarrow 3\ H_2(g) + CO(g)$$

(a) Calcule $\Delta_r G°$ para cada reação.

(b) Para cada reação, calcule $\Delta G°$ por mol de hidrogênio produzido.

(c) Qual processo você acredita que seja mais apropriado para obter hidrogênio? Explique.

86. Hidrogênio e metano são substituições possíveis para a gasolina em automóveis. As reações para suas combustões são as seguintes:

$$H_2(g) + \tfrac{1}{2}\ O_2(g) \rightarrow H_2O(\ell)$$

$$CH_4(g) + 2\ O_2(g) \rightarrow CO_2(g) + 2\ H_2O(\ell)$$

(a) Calcule $\Delta_r G°$ para cada reação.

(b) Calcule $\Delta G°$ para cada combustível em uma base por grama.

(c) Qual é o melhor combustível? Explique.

87. ▲ O processo Haber-Bosch para a produção de amônia é um dos principais processos industriais em países desenvolvidos.

$$N_2(g) + 3\ H_2(g) \rightleftharpoons 2\ NH_3(g)$$

(a) Calcule $\Delta_r G°$ para a reação a 298 K, 800 K e 1300 K. Dados a 298 K são fornecidos no Apêndice L. Dados para outras temperaturas são os seguintes:

Temperatura	$\Delta_r H°$ (kJ/mol)	$\Delta_r S°$ (J/K · mol)
800 K	−107,4	−225,4
1300 K	−112,4	−228,0

Como $\Delta_r G°$ varia com a temperatura?

(b) Calcule a constante de equilíbrio para a reação a 298 K, 800 K e 1300 K.

(c) A que temperatura (298 K, 800 K ou 1300 K) a fração molar de NH_3 é maior?

88. ▲ Células musculares precisam de energia para contrair. Uma via bioquímica para transferência de energia é a quebra de glicose para formar piruvato em um processo chamado *glicólise*. Na presença de oxigênio suficiente na célula, piruvato é oxidado para CO_2 e H_2O para disponibilizar mais energia. Entretanto, sob condições extremas, oxigênio insuficiente pode ser fornecido às células, assim as células musculares produzem íon lactato de acordo com a reação

em que $\Delta_r G°' = -25,1$ kJ/mol. Em células vivas, o valor de pH é aproximadamente 7. A concentração de íon hidrônio é constante e está incluída em $\Delta G°$, que é então chamada $\Delta_r G°'$ (conforme explicado na página 854). (*Esse problema foi retirado dos problemas da 36ª Olimpíada Internacional de Química para alunos do ensino médio em Kiel, Alemanha, em 2004.*)

(a) Calcule $\Delta_r G°$ para cada reação a 25 °C.

(b) Calcule a constante de equilíbrio K'. (A concentração de íon hidrônio está incluída na constante. Ou seja, $K' = K \cdot [H_3O^+]$ para a reação a 25 °C e pH = 7,0.)

(c) $\Delta_r G°'$ é a variação de energia livre sob condições padrão; ou seja, as concentrações de todos os reagentes (exceto H_3O^+) são 1,00 mol/L. Calcule $\Delta_r G'$ a 25 °C, presumindo as seguintes concentrações na célula: piruvato, 380 μmol/L; NADH, 50 μmol/L; íon lactato, 3700 μmol/L; e íon NAD^+, 540 μmol/L.

Veículos elétricos. O Tesla Motors Roadster utiliza baterias de íons-lítio para propulsão. (Para obter mais informações sobre baterias de íons-lítio, veja o "Estudo de Caso: Lítio e os "Carros Verdes", no Capítulo 12.)

19 Princípios da reatividade química: reações de transferência de elétrons

Sumário do capítulo

ENERGIA DE BATERIA O século XX foi o século do uso e abuso do petróleo. O século XXI tem sido o século das descobertas e do uso de fontes de energia alternativas. Muitas dessas fontes alternativas envolvem eletroquímica, uso de reações químicas para produzir eletricidade (baterias) ou o uso de eletricidade para produzir alterações químicas (eletrólise).

A bateria de íons-lítio em seu *laptop* ou telefone, ou a bateria de níquel-hidreto metálico em seu carro híbrido, funciona porque reações redox liberam energia química. (Quando você recarrega a bateria, usa energia elétrica para renovar as substâncias químicas na bateria.) Mas nem por um momento pense que se sabe tudo sobre baterias ou sobre como torná-las menores, mais baratas ou mais eficientes. Os pesquisadores em grandes empresas e em universidades do mundo todo estão pesquisando novos *designs* de baterias que sejam leves, econômicas, seguras e favoráveis ao meio ambiente e que ainda produzam energia suficiente.

Objetivos do Capítulo

Consulte a Revisão dos Objetivos do Capítulo para ver as Questões para Estudo relacionadas a estes objetivos.

ENTENDER

- Os princípios do funcionamento das células voltaicas.
- Como utilizar potenciais eletroquímicos.
- A energia elétrica é usada para produzir mudança química na eletrólise.

FAZER

- Balancear equações para reações de oxirredução em soluções ácidas ou básicas, usando a abordagem das semirreações.
- Relacionar a quantidade de substância oxidada ou reduzida com a quantidade da corrente e o tempo durante o qual a corrente flui.
- Utilizar a relação entre a voltagem da célula ($E°_{célula}$) e a energia livre ($\Delta_r G°$) e entre $E°_{célula}$ e uma constante de equilíbrio para a reação da célula.

LEMBRAR

- Células voltaicas usam reações químicas para produzir corrente elétrica; células eletrolíticas usam corrente elétrica para possibilitar mudanças químicas.
- A oxidação ocorre em um ânodo e a redução ocorre em um cátodo.
- As diferenças entre baterias primárias e secundárias.

Hoje, uma das áreas mais importantes de pesquisa de baterias é o desenvolvimento de baterias recarregáveis de lítio. Duas propriedades físicas do lítio o tornam ideal para baterias: o lítio possui a menor massa molar e produz as voltagens mais altas de todos os metais. A massa molar do lítio (6,941 g/mol) é significantemente menor que a de outros metais geralmente usados em baterias. (A massa molar do chumbo, o metal usado na maioria das baterias de carro, é de 207,2 g/mol.) A oxidação de 7 gramas de lítio produz um mol de elétrons, sendo que 104 gramas de chumbo são necessários para produzir a mesma quantidade de elétrons. O lítio também produz uma voltagem maior que outras baterias. As células da bateria de íons-lítio produzem aproximadamente 3,7 volts, quase duas vezes a voltagem de uma célula de bateria de chumbo-ácido. Essa combinação de baixa massa e alta voltagem permite que as baterias de lítio produzam a mais alta densidade de energia (muitas vezes medida em watt-horas/kg) do que qualquer bateria produzida atualmente. Por fim, as baterias de íons-lítio podem ser descarregadas e recarregadas por muitos ciclos com o mínimo de perda de funcionalidade.

Você pode estar imaginando por que as baterias de íons-lítio não substituíram totalmente os outros tipos de baterias, especialmente na indústria de transporte, na qual quanto mais leves forem os veículos, menor será o custo com combustível. Um grande problema é que quando as baterias de íons-lítio falham, elas às vezes falham catastroficamente. O calor gerado com a sobrecarga das baterias ou a partir de curto-circuito interno pode destruí-las e até causar incêndios. No início de 2013, a frota inteira da nova aeronave 787 da Boeing Airline foi mantida em solo devido a duas falhas separadas da bateria de íons-lítio. Em um incidente, uma bateria superaqueceu e emitiu fumaça enquanto o avião estava em voo. Em um segundo incidente, uma bateria rompeu em chamas enquanto o avião estava estacionado em um terminal. Eventos como esses ilustram por que são necessárias muito mais pesquisas para se obter baterias de íons-lítio mais seguras. Questões para Estudo relacionadas a esta história são: 19.97 e 19.98.

Deixe-nos apresentá-lo à eletroquímica e às reações de transferência de elétrons por meio de um simples experimento. Coloque um pedaço de cobre em uma solução aquosa de nitrato de prata. Após breve intervalo, a prata metálica deposita-se sobre o cobre e a solução torna-se azul, cor característica dos íons Cu^{2+} aquosos (Figura 19.1). A seguinte reação de oxirredução (redox) ocorreu:

$$Cu(s) + 2\ Ag^+(aq) \rightarrow Cu^{2+}(aq) + 2\ Ag(s)$$

No nível particulado, os íons Ag^+ em solução entram em contato direto com a superfície do cobre, onde ocorre a transferência de elétrons. Dois elétrons são transferidos de um átomo de Cu para dois íons Ag^+. Íons cobre, Cu^{2+}, entram na solução, e átomos de prata depositam-se na superfície do cobre. Essa reação produto-favorecida prossegue até que um ou ambos os reagentes sejam totalmente consumidos.

A reação entre cobre metálico e íons prata poderia ser usada para gerar uma corrente elétrica? Quando os reagentes, $Cu(s)$ e $Ag^+(aq)$, estão em contato direto, os elétrons são transferidos diretamente dos átomos de cobre para os íons prata, e isso resulta em aumento de temperatura (aquecimento) em vez de trabalho elétrico. Em vez disso, a reação deve ser executada em um dispositivo que permita que os elétrons sejam transferidos de um reagente para outro, por meio de um circuito elétrico. O movimento dos elétrons por meio do circuito constituiria uma corrente elétrica que poderia ser usada para acender uma lâmpada ou fazer um motor funcionar.

Dispositivos que utilizam reações químicas para produzir corrente elétrica são chamados de **células voltaicas** ou **células galvânicas**, nomes que homenageiam o conde Alessandro Volta (1745-1827) e Luigi Galvani (1737-1798). Todas as células voltaicas funcionam da mesma forma geral: elas usam reações redox produto-favorecidas, e os elétrons das espécies que são oxidadas (o agente redutor) são

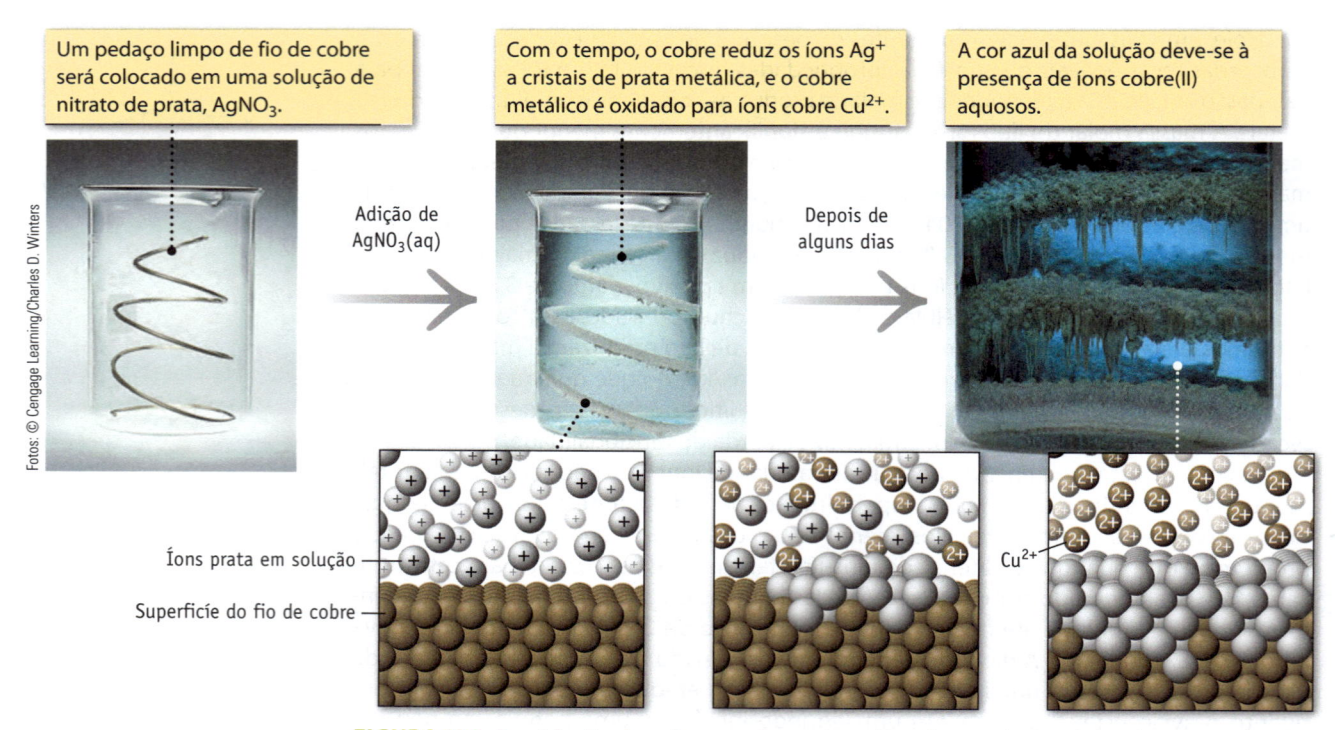

FIGURA 19.1 A oxidação do cobre por íons prata. Para ficar mais simples e claro, as moléculas de água não são mostradas.

transferidos por meio de um circuito elétrico pra as espécies que são reduzidas (o agente oxidante).

Uma célula voltaica converte a energia química em energia elétrica. O processo oposto, o uso de energia elétrica para efetuar uma mudança química, ocorre em um processo chamado **eletrólise**. Um exemplo é a eletrólise da água, em que a energia elétrica é usada para dividir a água em seus elementos componentes, hidrogênio e oxigênio. A eletrólise é também usada para efetuar a eletrodeposição de um metal sobre outro, para obter alumínio a partir de seu minério comum (Al_2O_3, bauxita) e para preparar produtos químicos importantes, como o cloro.

A eletroquímica é o campo da Química que estuda as reações químicas que produzem energia elétrica ou são causadas por ela. Uma vez que todas as reações eletroquímicas são reações de oxirredução (redox), iniciamos nossa exploração desse assunto descrevendo mais detalhadamente as reações de transferência de elétrons.

19-1 Reações de Oxirredução

Em uma reação de oxirredução, há transferência de elétrons entre um agente redutor e um agente oxidante (veja a Seção 3.8). As características essenciais de todas as reações de transferência de elétrons são as seguintes:

- Um reagente é oxidado e outro é reduzido.
- As extensões da oxidação e da redução devem se equilibrar.
- O agente oxidante (a espécie química que causa a oxidação) é reduzido.
- O agente redutor (a espécie química que causa a redução) é oxidado.

Esses aspectos das reações de oxirredução, ou redox, são ilustrados para a reação entre o cobre metálico e o íon prata (Figura 19.1).

Cu oxidado, aumento no número de oxidação;
Cu é o agente redutor.

$$Cu(s) + 2\ Ag^+(aq) \longrightarrow Cu^{2+}(aq) + 2\ Ag(s)$$

Ag^+ reduzido, diminuição no número de oxidação;
Ag^+ é o agente oxidante.

Balanceamento de Equações de Oxirredução

Todas as reações de oxirredução devem ser balanceadas tanto para massa quanto para a carga. O mesmo número de átomos aparece nos reagentes e produtos em uma equação, e a soma das cargas elétricas de todas as espécies de cada um dos lados da seta da equação deve ser a mesma. O balanceamento de carga garante que o número de elétrons produzidos na oxidação seja igual ao número de elétrons consumido na redução.

O balanceamento de algumas equações redox pode ser complicado, mas felizmente existem procedimentos sistemáticos que podem ser usados nesses casos. Aqui, descreveremos o **método da semirreação**, um processo que envolve escrever equações balanceadas separadas para os processos de oxidação e redução. Uma semirreação descreve a parte da oxidação da reação e uma segunda semirreação descreve a parte da redução.

Quando uma reação foi determinada para envolver oxidação e redução (observando, por exemplo, que ocorreram mudanças no estado de oxidação), a equação é separada em duas semirreações, que são então balanceadas quanto à massa e à carga. A equação para a reação global é a soma das duas semirreações, depois de feitos ajustes (se necessários) em uma ou ambas as semirreações, de modo a balancear o número de elétrons transferidos do agente redutor para o agente oxidante. Por exemplo, as semirreações para a reação do cobre metálico com íons prata são

Semirreação de redução: $Ag^+(aq) + e^- \rightarrow Ag(s)$

Semirreação de oxidação: $Cu(s) \rightarrow Cu^{2+}(aq) + 2\ e^-$

Dois Tipos de Processos Eletroquímicos
- Uma mudança química pode produzir uma corrente elétrica em uma célula voltaica.
- A energia elétrica pode causar mudança química no processo de eletrólise.

Números de Oxidação Os números de oxidação (veja a Seção 3.8) podem ser usados para determinar se uma substância é oxidada ou reduzida. Um elemento é oxidado se o seu número de oxidação aumenta. O número de oxidação diminui em uma redução.

FIGURA 19.2 Redução de Cu²⁺ por Al. O alumínio sempre possui uma camada fina de Al_2O_3 na superfície, que protege o metal de mais reações. Entretanto, na presença do íon Cl^-, o revestimento é rompido e as reações ocorrem (veja o Exemplo 19.1).

(a) Uma bola de papel-alumínio é colocada em uma à solução de $Cu(NO_3)_2$ e NaCl.

(b) Um revestimento de cobre é logo observado na superfície do alumínio, e a reação gera uma significativa quantidade de energia na forma de calor.

Observe que as equações para as semirreações são balanceadas em massa e carga. Na semirreação do cobre, há um átomo de Cu de cada lado da equação (balanço de massa). A carga elétrica do lado direito da equação é 0 (soma de +2 para o íon e –2 para os dois elétrons), assim como do lado esquerdo (balanço de carga).

Para produzir uma equação química global, somamos as duas semirreações. Primeiro, entretanto, precisamos multiplicar a semirreação da prata por 2.

$$2\ Ag^+(aq) + 2\ e^- \rightarrow 2\ Ag(s)$$

Cada mol de átomos de cobre produz dois mols de elétrons, e dois mols de íons Ag^+ são necessários para consumir esses elétrons.

Por fim, somando as duas semirreações e cancelando os elétrons de ambos os lados, temos a equação iônica global para a reação.

Semirreação de redução:	$2\ [Ag^+(aq) + e^- \rightarrow Ag(s)]$
Semirreação de oxidação:	$Cu(s) \rightarrow Cu^{2+}(aq) + 2\ e^-$
Equação iônica global balanceada	$Cu(s) + 2\ Ag^+(aq) \rightarrow Cu^{2+}(aq) + 2\ Ag(s)$

A equação iônica global resultante está balanceada em massa e carga.

EXEMPLO 19.1

Balanceamento de Equações de Oxirredução

Problema Balanceie a seguinte equação iônica global

$$Al(s) + Cu^{2+}(aq) \rightarrow Al^{3+}(aq) + Cu(s)$$

Identifique o agente oxidante, o agente redutor, a substância oxidada e a substância reduzida. Escreva as semirreações balanceadas e a equação iônica global balanceada. Veja fotografias dessa reação na Figura 19.2.

O que você sabe? Você sabe que o metal Al está produzindo íons Al^{3+}, e íons Cu^{2+} estão produzindo cobre metálico.

Estratégia

- Certifique-se de que a reação é de oxirredução, examinando cada elemento para verificar se há mudança no número de oxidação.

- Separe a equação em semirreações, identificando o que foi reduzido (agente oxidante) e o que foi oxidado (agente redutor). (Você pode rever números de oxidação e reações de oxirredução na Seção 3.8.)
- Balanceie então as semirreações, primeiro para massa e depois para carga.
- Some as duas semirreações, depois de assegurar que a semirreação do agente redutor envolve o mesmo número de elétrons que a semirreação do agente oxidante.

Solução

Etapa 1. Reconheça a Reação como uma Reação de Oxirredução.

Aqui o número de oxidação do alumínio muda de 0 para +3, e o número de oxidação do cobre muda de +2 para 0. O alumínio é oxidado e atua como agente redutor. Os íons cobre(II) são reduzidos, e Cu^{2+} é o agente oxidante.

Etapa 2. Separe o Processo em Semirreações.

Redução: $Cu^{2+}(aq) \rightarrow Cu(s)$
(Número de oxidação do Cu diminui)

Oxidação: $Al(s) \rightarrow Al^{3+}(aq)$
(Número de oxidação do Al aumenta)

Etapa 3. Balanceie cada Semirreação quanto à Massa.

Ambas as semirreações já estão balanceadas quanto à massa.

Etapa 4. Balanceie cada Semirreação quanto à Carga.

Para balancear as equações quanto à carga, adicione elétrons ao lado mais positivo de cada semirreação para fazer com que a carga desse lado da equação diminua para o mesmo valor exibido no outro lado.

Redução: $2\ e^- + Cu^{2+}(aq) \rightarrow Cu(s)$
(Cada íon Cu^{2+} requer dois elétrons.)

Oxidação: $Al(s) \rightarrow Al^{3+}(aq) + 3\ e^-$
(Cada átomo de Al libera três elétrons.)

Etapa 5. Multiplique cada Semirreação por um Fator Apropriado.

O agente redutor deve doar tantos elétrons quanto o agente oxidante deve adquirir. Três íons Cu^{2+} são necessários para resultar em seis elétrons produzidos por dois átomos de Al. Portanto, multiplicamos a semirreação Cu^{2+}/Cu por 3 e a semirreação Al/Al^{3+} por 2.

Redução: $3[2\ e^- + Cu^{2+}(aq) \rightarrow Cu(s)]$

Oxidação: $2[Al(s) \rightarrow Al^{3+}(aq) + 3\ e^-]$

Etapa 6. Some as Semirreações para Obter a Equação Global Balanceada.

Redução: $6\ e^- + 3\ Cu^{2+}(aq) \rightarrow 3\ Cu(s)$

Oxidação: $2\ Al(s) \rightarrow 2\ Al^{3+}(aq) + 6\ e^-$

Equação iônica global balanceada: $3\ Cu^{2+}(aq) + 2\ Al(s) \rightarrow 3\ Cu(s) + 2\ Al^{3+}(aq)$

Etapa 7. Simplifique, Eliminando Reagentes e Produtos Que Aparecem em ambos os Lados da Equação.

Essa etapa não é necessária neste caso.

Pense bem antes de responder Você deve sempre verificar a equação global para assegurar que haja equilíbrio de massa e carga. Nesse caso, há três átomos de Cu e dois átomos de Al de cada lado. A carga elétrica líquida de cada lado é +6. A equação está balanceada.

Mapa Estratéria 19.1

PROBLEMA
Balancear a equação para a reação entre Al e Cu^{2+}.

DADOS/INFORMAÇÕES CONHECIDOS
- Produtos
- Reagentes

ETAPA 1. Identifique a reação como redox.

Os números de oxidação mudam, de forma que essa é uma reação redox.

ETAPA 2. Escreva as semirreações.

Semirreação de redução
Semirreação de oxidação

ETAPA 3. Balanceie cada semirreação quanto à massa.

Semirreações balanceadas quanto à massa

ETAPA 4. Use elétrons para balancear as cargas.

Semirreações balanceadas quanto à carga

ETAPA 5. Multiplique cada semirreação por um fator de forma que o agente redutor forneça tantos elétrons quanto os que o oxidante recebe.

Semirreações balanceadas quanto à massa e à carga

ETAPA 6. Some as semirreações.

Equação global balanceada

ETAPA 7. Simplifique e verifique o balanceamento.

Equação balanceada final verificada.

Verifique seu entendimento

O alumínio reage com ácidos não oxidantes, formando $Al^{3+}(aq)$ e $H_2(g)$. A equação (não balanceada) é

$$Al(s) + H^+(aq) \longrightarrow Al^{3+}(aq) + H_2(g)$$

Escreva equações balanceadas para as semirreações e a equação iônica global balanceada. Identifique o agente oxidante, o agente redutor, a substância oxidada e a substância reduzida.

Balanceando Equações em Solução Ácida Para simplificar as equações, devemos usar H^+ em vez de H_3O^+ quando balanceamos equações em solução ácida.

Balanceando Equações em Solução Ácida

Ao balancear equações de reações redox em solução aquosa às vezes é necessário adicionar à equação moléculas de água (H_2O) e de $H^+(aq)$ em soluções ácidas ou OH^- (aq) em soluções básicas. Equações que incluem oxiânions como SO_4^{2-}, NO_3^-, ClO^-, CrO_4^{2-} e MnO_4^- e compostos orgânicos estão nessa categoria. O processo é demonstrado no Exemplo 19.2 para a redução de um oxicátion em solução ácida e no Exemplo 19.3 para uma reação em solução básica.

EXEMPLO 19.2

Balanceando Equações para Reações de Oxirredução em Solução Ácida

Problema Balanceie a equação iônica global da reação do íon dioxovanádio(V), VO_2^+, com zinco em solução ácida, formando VO^{2+} (Figura 19.3).

$$VO_2^+(aq) + Zn(s) \longrightarrow VO^{2+}(aq) + Zn^{2+}(aq)$$

O íon VO_2^+ é amarelo em solução ácida

Adicionar Zn

Zn adicionado. Com o tempo, o íon VO_2^+ amarelo é reduzido para o íon VO^{2+} azul.

Com o tempo, o íon VO^{2+} azul é reduzido para o íon V^{3+} verde.

Finalmente, o íon V^{3+} verde é reduzido para o íon V^{2+} violeta.

VO_2^+ VO^{2+} V^{3+} V^{2+}

Fotos: © Cengage Learning/Charles D. Winters

FIGURA 19.3 Reduções do vanádio(V) com zinco. Veja o Exemplo 19.2 para obter a equação balanceada da primeira reação nessa sequência.

O que você sabe? Você sabe que os íons VO_2^+ produzem íons VO^{2+}, e o Zn metálico produz íons Zn^{2+}. Você sabe que os íons H^+ e a água são usados para balancear os átomos de O envolvidos na reação.

Estratégia Siga a estratégia destacada no texto e o Exemplo 19.1. Observe que a água e os íons H^+ aparecerão na semirreação para redução do íon VO_2^+.

Solução

Etapa 1. *Reconheça a Reação como uma Reação de Oxirredução.*

O número da oxidação de V varia de +5 em VO_2^+ a +4 em VO^{2+}. O número de oxidação de Zn varia de 0 no metal para +2 em Zn^{2+}.

Etapa 2. *Separe o Processo em Semirreações.*

Oxidação: $Zn(s) \rightarrow Zn^{2+}(aq)$
($Zn(s)$ é oxidado e é o agente redutor.)

Redução: $VO_2^+(aq) \rightarrow VO^{2+}(aq)$
($VO_2^+(aq)$ é reduzido e é o agente oxidante.)

Etapa 3. *Balanceie as Semirreações quanto à Massa.*

Inicie balanceando todos os átomos, exceto H e O. (Esses átomos são sempre os últimos a serem balanceados porque frequentemente aparecem em mais de um reagente ou produto.)

Semirreação do zinco: $Zn(s) \rightarrow Zn^{2+}(aq)$

Essa semirreação do zinco já está balanceada quanto à massa.

Semirreação do vanádio: $VO_2^+(aq) \rightarrow VO^{2+}(aq)$

Os átomos de V nessa semirreação já estão balanceados. Entretanto, uma espécie que contém oxigênio deve ser adicionada do lado direito da equação para que se obtenha o balanço dos átomos de O.

$$VO_2^+(aq) \rightarrow VO^{2+}(aq) + \text{(necessário 1 átomo de O)}$$

Em solução ácida, adicione H_2O no lado deficiente em átomos de O, uma molécula de H_2O para cada átomo de O necessário.

$$VO_2^+(aq) \rightarrow VO^{2+}(aq) + H_2O(\ell)$$

Isso significa que agora temos dois átomos de H não balanceados do lado direito. Como a reação ocorre em uma solução ácida, há íons H^+ presentes. Portanto, é possível atingir um balanceamento de massa para H pela adição de H^+ ao lado da equação deficiente em átomos de H. Aqui, dois íons H^+ são adicionados do lado esquerdo da equação e a equação é balanceada quanto à massa.

$$2\ H^+(aq) + VO_2^+(aq) \rightarrow VO^{2+}(aq) + H_2O(\ell)$$

Etapa 4. *Balanceie as Semirreações quanto à Carga Adicionando Elétrons do Lado mais Positivo para Gerar a Igualdade de Cargas em ambos os Lados.*

Dois elétrons são adicionados do lado direito da semirreação de zinco para fazer com que sua carga reduza para o mesmo valor apresentado do lado esquerdo (nesse caso, zero).

Semirreação do zinco: $Zn(s) \rightarrow Zn^{2+}(aq) + 2\ e^-$

A equação balanceada em relação à massa do VO_2^+ tem uma carga global de 3+ do lado esquerdo e 2+ do lado direito. Portanto, 1 e^- é adicionado ao lado esquerdo mais positivo.

Semirreação do vanádio: $e^- + 2\ H^+(aq) + VO_2^+(aq) \rightarrow VO^{2+}(aq) + H_2O(\ell)$

Como verificação do seu trabalho, observe que o átomo de vanádio muda quanto ao número de oxidação de +5 para +4 e, portanto, é necessário adquirir um elétron para cada átomo de vanádio reduzido.

Mapa Estratégico 19.2

PROBLEMA

Balanceie a equação para a reação de **Zn** e **VO_2^+** em solução ácida.

DADOS/INFORMAÇÕES CONHECIDOS
- Produtos
- Reagentes

ETAPA 1. Identifique a reação como **redox**.

Os números de oxidação mudam, de forma que essa é uma reação redox.

ETAPA 2. **Escreva** as semirreações.

Semirreação de redução
Semirreação de oxidação

ETAPA 3. **Balanceie** cada semirreação quanto à **massa**. Use **H^+** e **H_2O** como reagentes ou produtos se necessário para balancear a massa.

Semirreações **balanceadas quanto à massa**. Pode incluir H^+ e H_2O além dos reagentes e produtos originais.

ETAPA 4. Use elétrons para **balanceamento de carga.**

Semirreações balanceadas quanto à carga.

ETAPA 5. **Multiplique** cada semirreação por um fator de forma que o **agente redutor.** forneça tantos elétrons quanto o **agente oxidante** recebe.

Semirreações balanceadas quanto à **massa** e à **carga.**

ETAPA 6. **Some** as semirreações.

Equação global **balanceada.**

ETAPA 7. Simplifique e **verifique o balanceamento.**

Equação final verificada.

Etapa 5. *Multiplique as Semirreações por Fatores Apropriados de Modo que o Agente Redutor Forneça tantos Elétrons quanto os que o Agente Oxidante Consome.*

Aqui, a semirreação de oxidação fornece dois elétrons por átomo de Zn, e a semirreação de redução consome um elétron por íon VO_2^+. Portanto, a semirreação de redução deve ser multiplicada por dois. Agora, dois íons do agente oxidante (VO_2^+) consomem os 2 elétrons fornecidos pelo agente redutor (Zn).

$$Zn(s) \rightarrow Zn^{2+}(aq) + 2\ e^-$$

$$2[e^- + 2\ H^+(aq) + VO_2^+(aq) \rightarrow VO^{2+}(aq) + H_2O(\ell)]$$

Etapa 6. *Some as Semirreações para Obter a Equação Global Balanceada.*

Semirreação de oxidação $\quad Zn(s) \rightarrow Zn^{2+}(aq) + 2\ e^-$

Semirreação de redução: $\quad 2\ e^- + 4\ H^+(aq) + 2\ VO_2^+(aq) \rightarrow 2\ VO^{2+}(aq) + 2\ H_2O(\ell)$

Equação iônica global: $\quad Zn(s) + 4\ H^+(aq) + 2\ VO_2^+(aq) \rightarrow$
$$Zn^{2+}(aq) + 2\ VO^{2+}(aq) + 2\ H_2O(\ell)$$

Etapa 7. *Simplifique Eliminando Reagentes e Produtos que Aparecem em ambos os Lados da Equação.*

Isto não é necessário nesse caso.

Pense bem antes de responder Verifique a equação global para certificar-se de que há um balanceamento de massa e de carga.

Balanceamento de massa: $\qquad$ 1 Zn, 2 V, 4 H e 4 O de cada lado da equação.

Balanceamento de carga: $\qquad$ Cada lado tem uma carga líquida de +6.

Verifique seu entendimento

1. O íon dioxovanádio amarelo(V), $VO_2^+(aq)$, é reduzido para zinco metálico em três etapas. A primeira etapa o reduz para $VO^{2+}(aq)$ azul. Esse íon é novamente reduzido a $V^{3+}(aq)$ verde, na segunda etapa e, na terceira, V^{3+} pode ser reduzido a $V^{2+}(aq)$ violeta. Em cada uma das etapas o zinco é oxidado a $Zn^{2+}(aq)$. Escreva equações iônicas líquidas balanceadas para a segunda e a terceira etapas. (Essa sequência de redução é mostrada na Figura 19.3.)

DICA DE SOLUÇÃO DE PROBLEMAS 19.1
Balanceando Equações de Oxirredução: Um Resumo

- O balanceamento do hidrogênio só pode ser alcançado com H^+/H_2O (em ácido) ou OH^-/H_2O (em base). Nunca adicione H ou H_2 para balancear hidrogênio.

- Use H_2O ou OH^- conforme o apropriado para balancear oxigênio. Nunca adicione átomos de O, íons O^{2-} ou O_2 para balancear O.

- Nunca inclua $H^+(aq)$ e $OH^-(aq)$ na mesma equação. Uma solução pode ser ácida ou básica, nunca ambas.

- O número de elétrons em uma semirreação corresponde à variação do número de oxidação do elemento que está sendo oxidado ou reduzido.

- Elétrons são sempre componentes de uma semirreação, mas nunca devem aparecer na equação global.

- Inclua as cargas nas fórmulas dos íons. Omitir a carga ou escrevê-la incorretamente são os erros mais comuns cometidos em trabalhos estudantis.

- A melhor maneira de se tornar competente no balanceamento de reações redox é praticar, praticar, praticar.

2. Uma análise de ferro comum no laboratório consiste em titular os íons ferro(II) aquosos com uma solução de permanganato de potássio de concentração precisamente conhecida. Use o método das semirreações para escrever a equação iônica global balanceada para a reação em solução ácida.

$$MnO_4^-(aq) + Fe^{2+}(aq) \rightarrow Mn^{2+}(aq) + Fe^{3+}(aq)$$

Identifique o agente oxidante, o agente redutor, a substância oxidada e a substância reduzida (veja a Figura 19.4).

Balanceando Equações em Solução Básica

O Exemplo 19.2 ilustra a técnica de balancear equações para reações redox que ocorrem em solução ácida. Nessas reações, o íon H^+ ou o par H^+/H_2O pode ser usado para obter uma equação balanceada, se necessário. Entretanto, na solução básica, somente íon OH^- ou o par OH^-/H_2O pode ser usado.

FIGURA 19.4 A reação púrpura de permanganato (MnO_4^-) com íons ferro(II) em solução ácida. Os produtos são os íons Mn^{2+} e Fe^{3+} praticamente incolores.

© Cengage Learning/Charles D. Winters

EXEMPLO 19.3

Balanceamento de Equações de Reações de Oxirredução em Solução Básica

Problema O alumínio metálico é oxidado em solução básica, com a água atuando como agente oxidante. Os produtos da reação são $[Al(OH)_4]^-(aq)$ e $H_2(g)$. Escreva uma equação iônica global balanceada para essa reação.

O que você sabe? Você conhece os reagentes e os produtos. Aqui a reação ocorre em solução básica, assim a equação balanceada pode requerer OH^- e H_2O.

Estratégia A estratégia é basicamente aquela dos Exemplos 19.1 e 19.2, com exceção de que você precisará decidir se os íons OH^- são envolvidos e se H_2O também é incluído nas semirreações.

Solução

Etapa 1. *Reconheça a Reação como uma Reação de Oxirredução.*

A equação não balanceada é

$$Al(s) + H_2O(\ell) \rightarrow [Al(OH)_4]^-(aq) + H_2(g)$$

Aqui, o alumínio é oxidado e seu número de oxidação varia de 0 a +3. O hidrogênio é reduzido e seu número de oxidação diminui de +1 para zero.

Etapa 2. *Separe o Processo em Semirreações.*

Semirreação de oxidação: $Al(s) \rightarrow [Al(OH)_4]^-(aq)$
(O número de oxidação de Al aumenta de 0 para +3.)

Semirreação de redução: $H_2O(\ell) \rightarrow H_2(g)$
(O número de oxidação de H diminui de +1 a 0.)

Etapa 3. *Balanceie as Semirreações quanto à Massa.*

A adição de OH^- ou OH^- e H_2O é necessária para o balanceamento em relação à massa nas duas semirreações. No caso da semirreação do alumínio, simplesmente adicionamos íons OH^- do lado esquerdo.

Semirreação de oxidação: $Al(s) + 4\ OH^-(aq) \rightarrow [Al(OH)_4]^-(aq)$

Para balancear a semirreação de redução da água, observe que uma espécie que contém oxigênio precisa estar do lado direito da equação. Como H_2O é um reagente, usamos OH^-, que está presente na solução básica, como o outro produto.

Semirreação de redução: $2 H_2O(\ell) \rightarrow H_2(g) + 2 OH^-(aq)$

Etapa 4. *Balanceie as Semirreações quanto à Carga.*

Elétrons são adicionados para balancear as cargas.

Semirreação de oxidação: $Al(s) + 4 OH^-(aq) \rightarrow [Al(OH)_4]^-(aq) + 3 e^-$

Semirreação de redução: $2 H_2O(\ell) + 2 e^- \rightarrow H_2(g) + 2 OH^-(aq)$

Etapa 5. *Multiplique as Semirreações por Fatores Apropriados de Modo que o Agente Redutor Doe tantos Elétrons quanto os que o Agente Oxidante Consome.*

Aqui, o balanceamento de elétrons é obtido usando dois átomos de Al para fornecer seis elétrons que são então adquiridos pelas seis moléculas de H_2O.

Semirreação de oxidação: $2[Al(s) + 4 OH^-(aq) \rightarrow [Al(OH)_4]^-(aq) + 3 e^-]$

Semirreação de redução $3[2 H_2O(\ell) + 2 e^- \rightarrow H_2(g) + 2 OH^-(aq)]$

Etapa 6. *Some as semirreações.*

$$2 Al(s) + 8 OH^-(aq) \rightarrow 2 [Al(OH)_4]^-(aq) + 6 e^-$$

$$6 H_2O(\ell) + 6 e^- \rightarrow 3 H_2(g) + 6 OH^-(aq)$$

Equação global: $2 Al(s) + 8 OH^-(aq) + 6 H_2O(\ell) \rightarrow$
$$2 [Al(OH)_4]^-(aq) + 3 H_2(g) + 6 OH^-(aq)$$

Etapa 7. *Simplifique, Eliminando Reagentes e Produtos que Aparecem em ambos os Lados da Equação.*

Seis íons OH^- podem ser cancelados dos dois lados da equação. Temos, então:

$$2 Al(s) + 2 OH^-(aq) + 6 H_2O(\ell) \rightarrow 2 [Al(OH)_4]^-(aq) + 3 H_2(g)$$

Pense bem antes de responder   A equação final está balanceada com relação à massa e à carga.

Balanceamento de massa: 2 Al, 14 H e 8 O de cada lado da equação.

Balanceamento de carga: Há uma carga líquida de −2 de cada lado.

Verifique seu entendimento

Células voltaicas baseadas na oxidação do enxofre estão em desenvolvimento. Uma célula dessas envolve a reação do enxofre com alumínio sob condições básicas.

$$Al(s) + S(s) \rightarrow Al(OH)_3(s) + HS^-(aq)$$

(a)   Balanceie essa equação, mostrando cada semirreação balanceada.

(b)   Identifique os agentes oxidante e redutor, a substância oxidada e a substância reduzida.

EXERCÍCIOS PARA A SEÇÃO 19.1

1.   O sulfeto de cobre(II) reage com ácido nítrico de acordo com a equação balanceada:

$$3 CuS(s) + 8 H^+(aq) + 2 NO_3^-(aq) \rightarrow 3 Cu^{2+}(aq) + 3 S(s) + 4 H_2O(\ell) + 2 NO(g)$$

A substância oxidada é

(a)   CuS   (b) H^+ (c) NO_3^-

2.   A semirreação balanceada para $NO_3^- \rightarrow NO$ em solução ácida é

(a) $NO_3^- \rightarrow NO + e^-$ (c) $NO_3^- \rightarrow NO + O^{2-} + e^-$

(b) $2 H^+ + e^- + NO_3^- \rightarrow NO + 2 H_2O$ (d) $4 H^+ + 3 e^- + NO_3^- \rightarrow NO + 2 H_2O$

DICA DE SOLUÇÃO DE PROBLEMAS 19.2
Um Método Alternativo para Balancear Equações em Solução Básica

Balancear equações redox em solução básica, que requer o uso de íons OH^- e H_2O, às vezes pode ser mais desafiador do que balancear equações em solução ácida. Em vez de aprender um método separado para balancear equações em solução básica, alguns estudantes acham mais fácil primeiro balancear uma equação como se ela fosse de uma solução ácida e depois adicionar os íons OH^- suficientes para *os dois lados da* equação, de forma que esses íons H^+ sejam convertidos em água. Vamos mostrar como isso funciona para balancear a reação de íon hipoclorito com óxido de manganês(IV) para formar íon cloreto e íon permanganato.

(a) Balanceie a equação como se ela fosse conduzida em ácido seguindo as etapas 1-7 no Exemplo 19.2:

$$3\ ClO^-(aq) + H_2O(\ell) + 2\ MnO_2(s) \rightarrow$$
$$3\ Cl^-(aq) + 2\ MnO_4^-(aq) + 2\ H^+(aq)$$

(b) Para ajustar para o fato de que essa reação é conduzida em base em vez de ácido, o mesmo número de íons de hidróxido (dois) é adicionado em ambos os lados da equação, conforme o número de íons $H^+(aq)$. No lado que tinha os íons $H^+(aq)$, os íons $H^+(aq)$ e íons $OH^-(aq)$ formarão $H_2O(\ell)$.

$$3\ ClO^-(aq) + H_2O(\ell) + 2\ MnO_2(s) + \boxed{2\ OH^-(aq)} \rightarrow$$
$$3\ Cl^-(aq) + 2\ MnO_4^-(aq) + 2\ H^+(aq) + \boxed{2\ OH^-(aq)}$$

$$3\ ClO^-(aq) + H_2O(\ell) + 2\ MnO_2(s) + 2\ OH^-(aq) \rightarrow$$
$$3\ Cl^-(aq) + 2\ MnO_4^-(aq) + 2\ H_2O(\ell)$$

(c) Simplifique a equação.

$$3\ ClO^-(aq) + 2\ MnO_2(s) + 2\ OH^-(aq) \rightarrow$$
$$3\ Cl^-(aq) + 2\ MnO_4^-(aq) + H_2O(\ell)$$

---

3. A semirreação balanceada para $Br_2 \rightarrow BrO_3^-$ em solução básica é

   (a) $3\ OH^- + Br_2 \rightarrow 2\ BrO_3^- + H_2O + e^-$

   (b) $12\ OH^- + Br_2 \rightarrow 2\ BrO_3^- + 6\ H_2O + 10\ e^-$

   (c) $e^- + OH^- + Br_2 \rightarrow 2\ BrO_3^- + H_2O$

   (d) $10\ e^- + Br_2 + 6\ H_2O \rightarrow 2\ BrO_3^- + 6\ OH^-$

19-2 Células Voltaicas Simples

A reação entre cobre metálico e íons prata (veja a Figura 19.1) pode ser usada como a base de uma célula voltaica. Colocando os componentes das duas semirreações em compartimentos separados (Figura 19.5), os elétrons só podem ser transferidos do cobre metálico para íons prata por meio do circuito externo, assim o trabalho útil pode ser feito.

A semicélula de cobre (à esquerda na Figura 19.5) consiste em cobre metálico que atua como um eletrodo e uma solução que contém íons cobre(II). A semicélula da direita utiliza um eletrodo de prata e uma solução contendo íons prata(I). Algumas características importantes dessa célula simples são:

- *As duas semicélulas são conectadas por uma **ponte salina** que permite a passagem de cátions e de ânions entre as duas meias-células.* O eletrólito escolhido para a ponte salina deve conter íons que não reajam com os reagentes químicos e ambas as semicélulas. No exemplo na Figura 19.5, $NaNO_3$ é usado.

- *Em todas as células eletroquímicas, o **ânodo** é o eletrodo no qual ocorre a oxidação. O eletrodo em que ocorre a redução é sempre o **cátodo**.* (Na Figura 19.5, o eletrodo de cobre é o ânodo e o eletrodo de prata é o cátodo.)

- *Um sinal negativo pode ser atribuído ao ânodo em uma célula voltaica, e o cátodo é marcado com um sinal positivo.* A oxidação química, que ocorre no ânodo e produz elétrons, faz com que este seja marcado com uma carga negativa.

- *Em todas as células eletroquímicas, os elétrons fluem no circuito externo do ânodo para o cátodo.* A corrente elétrica no circuito externo de uma célula voltaica consiste de elétrons movendo-se do eletrodo negativo para o positivo.

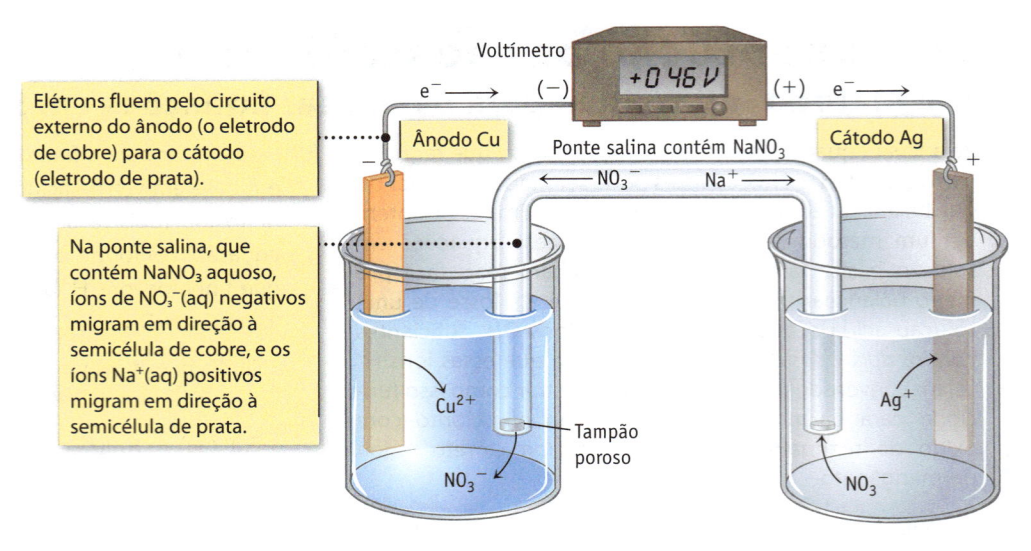

Voltímetro

Elétrons fluem pelo circuito externo do ânodo (o eletrodo de cobre) para o cátodo (eletrodo de prata).

Na ponte salina, que contém NaNO₃ aquoso, íons de NO₃⁻(aq) negativos migram em direção à semicélula de cobre, e os íons Na⁺(aq) positivos migram em direção à semicélula de prata.

Ânodo Cu

Cátodo Ag

Ponte salina contém NaNO₃

Tampão poroso

Reação líquida: $Cu(s) + 2 Ag^+(aq) \longrightarrow Cu^{2+}(aq) + 2 Ag(s)$

FIGURA 19.5 Uma célula voltaica usando semicélulas Cu(s) | Cu²⁺(aq) e Ag(s) | Ag⁺(aq).

A química que ocorre na célula ilustrada na Figura 19.5 está resumida pelas seguintes semirreações e equação iônica global:

Cátodo, redução:	$2 Ag^+(aq) + 2 e^- \rightarrow 2 Ag(s)$
Ânodo, oxidação:	$Cu(s) \rightarrow Cu^{2+}(aq) + 2 e^-$
Equação iônica global:	$Cu(s) + 2 Ag^+(aq) \rightarrow Cu^{2+}(aq) + 2 Ag(s)$

A ponte salina é necessária em uma célula voltaica para que a reação ocorra. Na célula voltaica Cu/Ag⁺, ânions movem-se na ponte salina em direção à semicélula de cobre, e os cátions movem-se para a semicélula de prata (Figura 19.5). Enquanto os íons $Cu^{2+}(aq)$ são formados na semicélula de cobre pela oxidação de cobre metálico, íons negativos entram nessa célula a partir da ponte salina (e íons positivos saem da célula) de modo que os números de cargas positiva e negativa no compartimento da semicélula permanecem balanceados. A semicélula de prata contém AgNO₃, assim, enquanto os íons $Ag^+(aq)$ são reduzidos para prata metálica, os íons negativos (NO_3^-) movem-se de fora da semicélula para dentro da ponte salina e os íons positivos movem-se do ânodo para o cátodo pela ponte salina. Um circuito completo é necessário para que haja fluxo de corrente. Se a ponte salina for removida, as reações nos eletrodos cessam.

Na Figura 19.5, os eletrodos estão conectados por meio de fios a um voltímetro. Em uma configuração alternativa, as conexões poderiam ser feitas a uma lâmpada ou qualquer outro dispositivo que utilize eletricidade. Elétrons são produzidos na oxidação do cobre, e íons $Cu^{2+}(aq)$ passam para a solução. Os elétrons percorrem o circuito externo até o eletrodo de prata, onde reduzem íons $Ag^+(aq)$ à prata metálica. As principais características desta e de todos os outros tipos de célula voltaica estão resumidas na Figura 19.6.

Pontes Salinas Uma ponte salina simples pode ser feita adicionando-se gelatina a uma solução de um eletrólito. A gelatina torna o conteúdo semirrígido, de forma que a ponte salina fica mais fácil de manusear. Discos de vidro poroso e membranas íon-permeáveis são alternativas para a ponte salina. Esses dispositivos permitem que os íons atravessem de uma semicélula para outra, enquanto impedem que duas soluções se misturem.

EXEMPLO 19.4

Células Eletroquímicas

Problema Descreva como construir uma célula voltaica para gerar uma corrente elétrica usando a reação

$$Fe(s) + Cu^{2+}(aq) \rightarrow Cu(s) + Fe^{2+}(aq)$$

Qual eletrodo é o ânodo e qual é o cátodo? Em que direção os elétrons se movem no circuito externo? Em que direção os íons positivos e negativos se movem na ponte salina? Escreva equações para as semirreações que ocorrem em cada eletrodo.

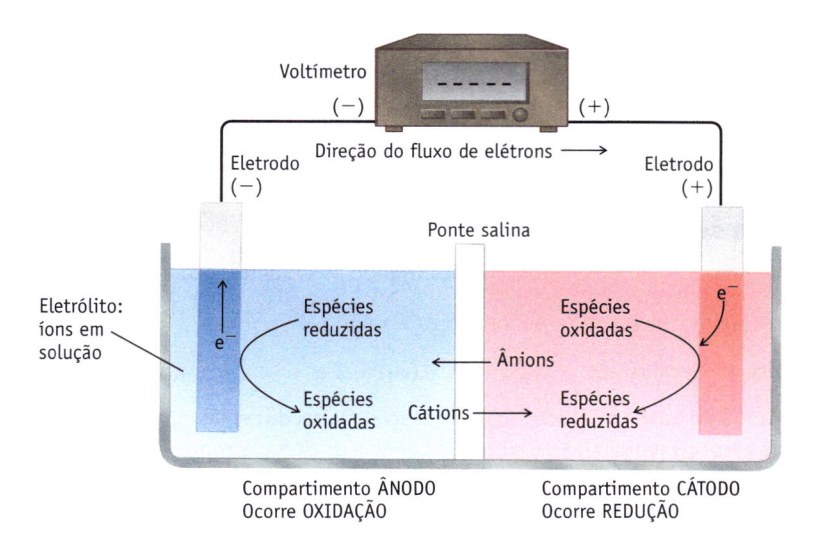

Voltímetro

(−) (+)

Eletrodo (−) Direção do fluxo de elétrons ⟶ Eletrodo (+)

Ponte salina

Eletrólito: íons em solução

Espécies reduzidas

Espécies oxidadas

⟵ Ânions

Espécies oxidadas

Cátions ⟶

Espécies reduzidas

Compartimento ÂNODO
Ocorre OXIDAÇÃO

Compartimento CÁTODO
Ocorre REDUÇÃO

FIGURA 19.6 Resumo de termos usados em uma célula voltaica. Elétrons movem-se do ânodo, o local de oxidação, pelo circuito externo para o cátodo, o local da redução. O balanceamento de carga em cada semicélula é obtido pela migração de íons através da ponte salina. Íons negativos movem-se da semicélula de redução para semicélula de oxidação e íons positivos movem-se na direção oposta.

O que você sabe? Já foi dito que a reação ocorre na direção escrita. Você também sabe que a semirreação que ocorre em uma semicélula envolverá um eletrodo de ferro e uma solução que contém íons $Fe^{2+}(aq)$. A outra semicélula consiste em um eletrodo de cobre e solução que contém íon $Cu^{2+}(aq)$.

Estratégia Primeiro, identifique as duas semicélulas diferentes que compõem a célula. Em seguida, essas duas semicélulas são ligadas entre si com uma ponte salina e um circuito externo.

Solução A célula voltaica é semelhante àquela mostrada na Figura 19.5. Aqui, assumimos que as duas semicélulas estejam ligadas com uma ponte salina que contém KNO_3 como o eletrólito.

O ferro é oxidado, portanto, o eletrodo de ferro é o ânodo:

Oxidação, ânodo: $Fe(s) \rightarrow Fe^{2+}(aq) + 2\ e^-$

Como os íons cobre(II) são reduzidos, o eletrodo de cobre é o cátodo. A semirreação catódica é

Redução, cátodo: $Cu^{2+}(aq) + 2\ e^- \rightarrow Cu(s)$

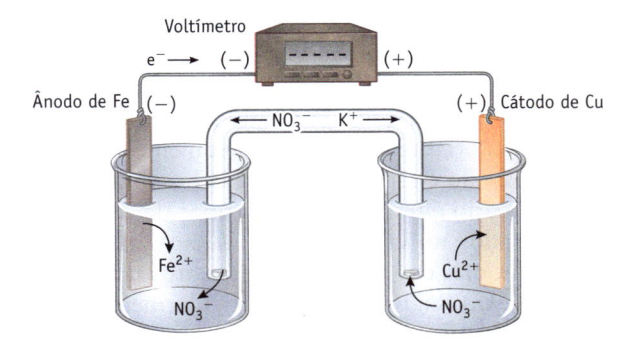

Voltímetro

$e^- \longrightarrow$ (−) (+)

Ânodo de Fe (−) ⟵ NO_3^- K^+ ⟶ (+) Cátodo de Cu

Fe^{2+}

NO_3^-

Cu^{2+}

NO_3^-

No circuito externo, o fluxo de elétrons ocorre do eletrodo de ferro (ânodo) para o eletrodo de cobre (cátodo). Na ponte salina, os íons negativos movem-se em direção à semicélula de ferro/ferro(II), e os íons positivos movem-se na direção oposta.

Pense bem antes de responder Uma boa estratégia para entender as células voltaicas é focar no movimento das espécies negativas na célula (elétrons fluem no circuito externo e ânions fluem na ponte salina). Essas espécies sempre se movem em círculo:

elétrons do ânodo para cátodo, e ânions na ponte salina na direção oposta. Se você estabelecer que o reagente é oxidado (fornece elétrons), então você sabe qual eletrodo é o ânodo, em qual direção os elétrons movem-se no circuito externo, e em qual direção os ânions fluem na ponte salina. (Ou seja, não ignore o fato de que os cátions fluem na direção oposta àquela dos ânions na ponte salina.)

Verifique seu entendimento

Descreva como montar uma célula voltaica usando as seguintes semirreações:

Semirreação de redução: $Ag^+(aq) + e^- \rightarrow Ag(s)$

Semirreação de oxidação: $Ni(s) \rightarrow Ni^{2+}(aq) + 2\ e^-$

Qual é o ânodo e qual é o cátodo? Qual é a reação global da célula? Em que direção ocorre o fluxo de elétrons em um fio externo que conecta os dois eletrodos? Descreva o fluxo de íons na ponte salina (com $NaNO_3$) que conecta os compartimentos da célula.

Células Voltaicas com Eletrodos Inertes

Nas semicélulas descritas até aqui, o metal usado como eletrodo é também um reagente ou um produto da reação redox. Entretanto, nem todas as semirreações envolvem um metal como reagente ou produto. Com exceção do carbono na forma de grafite, a maioria dos não metais é inadequada para o uso como material de eletrodo porque não conduz eletricidade. Não é possível construir um eletrodo com um gás, um líquido (exceto mercúrio) ou uma solução. Sólidos iônicos não constituem eletrodos satisfatórios porque os íons estão fortemente presos no retículo cristalino, e esses materiais não conduzem eletricidade.

Nas situações em que os reagentes e os produtos não podem servir como material de eletrodo, um eletrodo inerte ou quimicamente não reativo deve ser usado. Esses eletrodos são construídos com materiais capazes de conduzir corrente elétrica, mas que não são oxidados nem reduzidos na célula.

Considere construir uma célula voltaica para acomodar a seguinte reação produto-favorecida:

$$2\ Fe^{3+}(aq) + H_2(g) \rightarrow 2\ Fe^{2+}(aq) + 2\ H^+(aq)$$

Semirreação de redução: $Fe^{3+}(aq) + e^- \rightarrow Fe^{2+}(aq)$

Semirreação de oxidação: $H_2(g) \rightarrow 2\ H^+(aq) + 2\ e^-$

Nem os reagentes nem os produtos podem ser usados como material de eletrodo. Portanto, ambas as semicélulas são construídas de modo que os reagentes e os produtos estejam em contato com um eletrodo, condição tal em que podem aceitar ou doar elétrons. O grafite é um material de eletrodo normalmente usado: é um condutor de eletricidade, é econômico e não é rapidamente oxidado sob as condições encontradas em muitas células. O mercúrio é usado em certos tipos de células. Platina e ouro são também normalmente usados no laboratório, pois são quimicamente inertes sob a maioria das circunstâncias, mas em geral são muito caros para células comerciais.

O *eletrodo de hidrogênio* (Figura 19.7) é particularmente importante no campo da eletroquímica, porque é utilizado como referência na atribuição da voltagem de células (Seção 19.4). O material do eletrodo é a platina, escolhida porque o hidrogênio é adsorvido na superfície do metal. Na operação de semicélula, borbulha-se hidrogênio sobre o eletrodo, e a adsorção na extensa superfície maximiza o contato entre o gás e o eletrodo. A solução aquosa contém $H^+(aq)$. As semirreações que envolvem $H^+(aq)$ e $H_2(g)$

$$2\ H^+(aq) + 2\ e^- \rightarrow H_2(g) \qquad ou \qquad H_2(g) \rightarrow 2\ H^+(aq) + 2\ e^-$$

ocorrem na superfície do eletrodo, e os elétrons envolvidos na reação são conduzidos pelo eletrodo metálico a partir do local ou para onde a reação ocorre.

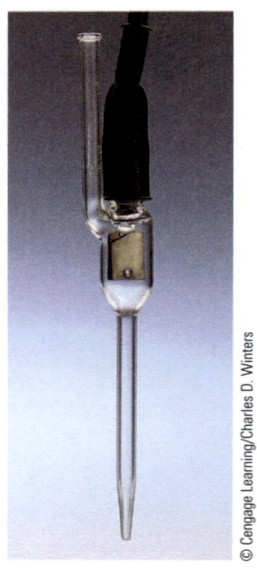

FIGURA 19.7 Eletrodo de hidrogênio. Gás hidrogênio é borbulhado sobre um eletrodo de platina em uma solução que contém íons H^+. Geralmente, os fios de platina constituem uma espécie de gaze metálica ou a superfície metálica é tornada áspera por meio de abrasão ou tratamento químico para aumentar a superfície.

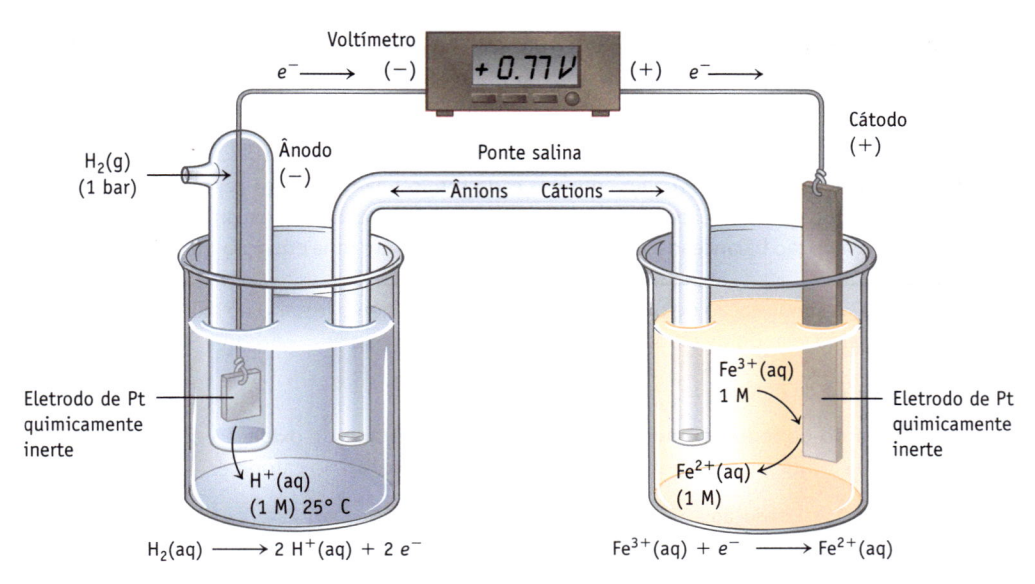

FIGURA 19.8 **Uma célula voltaica com eletrodo de hidrogênio.** Essa célula tem Fe^{2+}(aq, 1,0 M) e Fe^{3+}(aq, 1,0 M) no compartimento do cátodo e H_2(g) e H^+(aq, 1,0 M) no compartimento do ânodo. A 25 °C, a célula gera 0,77 V. (O eletrodo de hidrogênio no compartimento do ânodo nessa ilustração é um esquema simplificado. Veja na Figura 19.7 uma fotografia de um eletrodo de hidrogênio comercial.)

Uma semicélula usando a redução de Fe^{3+}(aq) para Fe^{2+}(aq) também pode ser configurada com eletrodo de platina. Nesse caso, a solução ao redor do eletrodo contém íons ferro em dois estados de oxidação diferentes. A transferência de elétrons para ou a partir do reagente ocorre na superfície do eletrodo.

Uma célula voltaica que envolve a redução de Fe^{3+}(aq, 1,0 M) a Fe^{2+}(aq, 1,0 M) com gás H_2 é mostrada na Figura 19.8. Nessa célula, o eletrodo de hidrogênio é o ânodo (H_2 é oxidado para H^+), e o compartimento que contém ferro é o cátodo (Fe^{3+} é reduzido a Fe^{2+}). A célula produz 0,77 V.

Notações para Células Eletroquímicas

Os químicos usam uma notação abreviada para simplificar as descrições das células. Por exemplo, a célula que envolve a redução do íon prata com cobre metálico é escrita como

$$Cu(s) \mid Cu^{2+}(aq,\ 1,0\ M) \parallel Ag^+(aq,\ 1,0\ M) \mid Ag(s)$$

Informação do ânodo · · · · · Informação do cátodo

A célula que usa gás H_2 para reduzir íons Fe^{3+} é escrita como

$$Pt \mid H_2(P = 1\ bar) \mid H^+(aq,\ 1,0\ M) \parallel Fe^{3+}(aq,\ 1,0\ M),\ Fe^{2+}(aq,\ 1,0\ M) \mid Pt$$

Informação do ânodo · · · · · Informação do cátodo

Por convenção, à esquerda escrevemos o ânodo e informações a respeito da solução com a qual ele está em contato. Uma linha vertical simples (|) representa o limite entre fases, e uma linha vertical dupla (||) representa a ponte salina.

EXEMPLO 19.5

Notação de Célula Eletroquímica

Problema Determine as semirreações de oxidação e redução e a equação química global para a seguinte célula eletroquímica:

$$Pt \mid H_2(P = 1\ bar)) \mid H^+(aq,\ 1,0\ M) \parallel Br^-(aq,\ 1,0\ M) \mid AgBr(s) \mid Ag(s)$$

O que você sabe? Você sabe que a oxidação que ocorre na semicélula contém gás de hidrogênio e íons hidrônio em contato com um eletrodo de Pt inerte. (Na descrição resumida, a semicélula de oxidação está à esquerda.) A célula em que ocorre a redução contém íon brometo, brometo de prata e um eletrodo de prata.

Estratégia Identifique um elemento em cada semicélula que esteja presente em dois estados de oxidação diferentes. Escreva uma semirreação de oxidação balanceada e semirreações de redução balanceada. Combine as duas reações em uma equação química total.

Solução A semirreação de oxidação envolve gás hidrogênio (estado de oxidação = 0) e íon hidrogênio (estado de oxidação = +1). A reação no ânodo é:

Semirreação de oxidação: $\quad H_2(g) \rightarrow 2\ H^+(aq) + 2\ e^-$

A semirreação de redução envolve brometo de prata (estado de oxidação do íon Ag no AgBr = +1) e prata metálica (estado de oxidação = 0). A reação no cátodo é:

Semirreação de redução: $\quad AgBr(s) + e^- \rightarrow Ag(s) + Br^-(aq)$

Antes de combinar as semirreações, multiplique a semirreação de redução por 2 de forma que o número elétrons obtidos na semirreação de redução seja igual aos perdidos na semirreação de oxidação.

Equação química global: $\quad 2\ AgBr(s) + H_2(g) \rightarrow 2\ Ag(s) + 2\ H^+(aq) + 2\ Br^-(aq)$

Pense bem antes de responder Verifique se a equação química global está balanceada para cada tipo de átomo, assim como para carga.

Verifique seu entendimento

A reação química global a seguir ocorre em uma célula eletroquímica.

Equação química global: $\quad Zn(s) + PbSO_4(s) \rightarrow Zn^{2+}(aq) + Pb(s) + SO_4^{2-}(aq)$

Use a notação de célula para descrever a célula eletroquímica.

EXERCÍCIOS PARA A SEÇÃO 19.2

Escolha as respostas corretas com base na célula abaixo, em que ocorre a seguinte reação:

$$Ni^{2+}(aq) + Cd(s) \rightarrow Ni(s) + Cd^{2+}(aq)$$

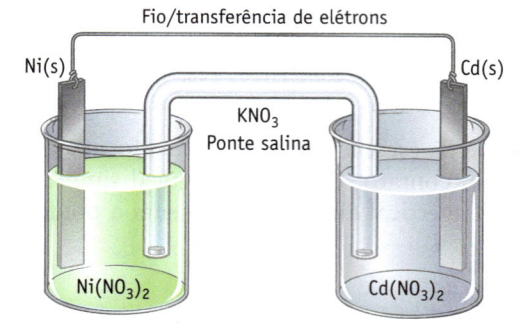

1. Transferência de elétrons:

   (a) Transferência de elétrons de Ni para Cd (b) Transferência de elétrons de Cd para Ni

2. Eletrodos:

   (a) Cd é o ânodo e é negativo   (c) Cd é o cátodo e é negativo

   (b) Cd é o ânodo e é positivo   (d) Cd é o cátodo e é positivo

3. Na ponte salina (que contém íons K^+ e NO_3):

(a) Os íons NO_3^- movem-se da semicélula de Cd para a semicélula de Ni e os íons K^+ movem-se da semicélula de Ni para a semicélula de Cd.

(b) Os íons NO_3^- movem-se da semicélula de Ni para a semicélula de Cd e os íons K^+ movem-se da semicélula de Cd para a semicélula de Ni.

19-3 Células Voltaicas Comerciais

As células descritas até aqui provavelmente não têm uso prático. Elas não são compactas nem robustas, características prioritárias para a maior parte das aplicações. Em muitas situações, também é importante que a célula produza uma voltagem constante, mas um problema com as células descritas até agora é que a voltagem produzida varia conforme as concentrações de reagentes e produtos mudam (veja a Seção 19.5). A obtenção corrente resulta em uma queda na voltagem porque *se as concentrações dos reagentes no entorno do ânodo ou do cátodo diminuírem mais rapidamente do que podem ser repostas pela solução*. Do mesmo modo, uma redução na voltagem ocorre se as concentrações dos produtos aumentarem no entorno dos eletrodos mais rápido do que se movem na solução.

O trabalho elétrico que pode ser obtido de uma célula voltaica depende da quantidade dos reagentes consumidos. Uma célula voltaica deve ter uma massa grande de reagentes para produzir corrente em um período prolongado. Além disso, uma célula voltaica capaz de ser recarregada é interessante. Recarregar uma célula significa retornar os reagentes a seus lugares originais na célula. Em muitos tipos de células eletroquímicas, o movimento dos íons na célula leva a uma mistura dos reagentes, e eles não podem ser "separados" após o funcionamento da célula.

As baterias podem ser classificadas como primárias ou secundárias. **Baterias primárias** não podem retornar ao seu estado original por meio de recarga; portanto, quando os reagentes são consumidos, a bateria "acaba" e tem de ser descartada. **Baterias secundárias** são frequentemente chamadas de **baterias de armazenamento** ou **baterias recarregáveis**. As reações nessas baterias podem ser revertidas e, portanto, a bateria pode ser recarregada.

Anos de desenvolvimento têm levado a muitas células voltaicas de uso comercial aptas a atender às necessidades específicas (Figura 19.9), e boa parte das mais comuns estão descritas a seguir. Todas aderem aos princípios discutidos anteriormente.

Baterias A palavra *bateria* tem se tornado parte de nossa linguagem cotidiana, referindo-se a um dispositivo independente que gera uma corrente elétrica. No entanto, o termo bateria tem um sentido científico preciso. Refere-se a uma coleção de duas ou mais células voltaicas. Por exemplo, a bateria de 12 volts usada em automóveis é composta de seis células voltaicas. Cada célula voltaica desenvolve uma voltagem de 2 volts. Seis células conectadas em série produzem 12 volts.

FIGURA 19.9 Algumas células voltaicas de uso comercial. Células voltaicas de uso comercial fornecem energia para uma grande variedade de dispositivos. São encontradas em multiplicidade de tamanhos e formatos e produzem voltagens diferentes. Algumas são recarregáveis; outras são descartadas após o uso. Podemos pensar que não há mais nada a aprender sobre as baterias, mas isso não é verdade. Pesquisas sobre esses dispositivos são ativamente estimuladas na comunidade química.

© Cengage Learning/Charles D. Winters

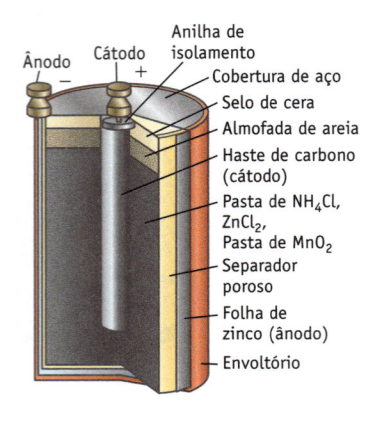

Ânodo — Cátodo + — Anilha de isolamento — Cobertura de aço — Selo de cera — Almofada de areia — Haste de carbono (cátodo) — Pasta de NH_4Cl, $ZnCl_2$, Pasta de MnO_2 — Separador poroso — Folha de zinco (ânodo) — Envoltório

FIGURA 19.10 Uma pilha comum de célula seca. Algumas vezes chamada de *bateria zinco-carbono*.

Baterias Primárias: Pilhas Secas e Baterias Alcalinas

Se você comprar uma pilha barata de lanterna ou pilha seca, provavelmente vai se tratar de uma versão moderna de uma célula voltaica desenvolvida por George LeClanché em 1866 (Figura 19.10). Um invólucro de zinco funciona como ânodo, e o cátodo é um bastão de grafite no centro. Essas células são frequentemente chamadas de "pilhas secas" porque não há fase líquida visível. Entretanto, a célula contém uma pasta úmida de NH_4Cl, $ZnCl_2$ e MnO_2, portanto, a água está presente. A umidade é necessária porque os íons precisam estar em um meio líquido no qual possam migrar de um eletrodo a outro. A célula gera um potencial de 1,5 V usando as seguintes semirreações:

Cátodo, redução: $\quad 2\ NH_4^+(aq) + 2\ e^- \rightarrow 2\ NH_3(g) + H_2(g)$

Ânodo, oxidação: $\quad Zn(s) \rightarrow Zn^{2+}(aq) + 2\ e^-$

Os produtos no cátodo são gases, o que poderia criar pressão na célula e causar rupturas. Esse problema é evitado, entretanto, por duas outras reações na célula. Moléculas de amônia ligam-se a íons Zn^{2+}, e o gás hidrogênio é oxidado por MnO_2 para água:

$$Zn^{2+}(aq) + 2\ NH_3(g) + 2\ Cl^-(aq) \rightarrow Zn(NH_3)_2Cl_2(s)$$

$$2\ MnO_2(s) + H_2(g) \rightarrow Mn_2O_3(s) + H_2O(\ell)$$

As células secas de zinco-carbono são amplamente utilizadas devido a seu baixo custo, mas apresentam uma série de desvantagens. Se a corrente for rapidamente extraída da pilha, os produtos gasosos não serão consumidos com rapidez suficiente, então a resistência da célula aumenta e a voltagem diminui. Além disso, o eletrodo de zinco e os íons amônio estão em contato na célula e reagem lentamente. O íon amônio, NH_4^+, é um ácido de Brønsted fraco e reage lentamente com zinco para formar Zn^{2+} e gás hidrogênio. Por causa dessa reação, essas células voltaicas não podem ser armazenadas indefinidamente, fato que você deve ter aprendido por experiência própria. Quando o invólucro externo de zinco deteriora-se, pode ocorrer vazamento dos componentes da pilha, possivelmente danificando o dispositivo no qual está inserida.

Atualmente, talvez você prefira usar **baterias alcalinas** em sua câmera ou lanterna, porque elas geram corrente até 50% mais duradoura do que uma célula seca do mesmo tamanho. A química das células alcalinas é similar à célula seca de zinco-carbono, exceto pelo material interno da célula, que é básico (alcalino). Células alcalinas usam a oxidação do zinco e redução do MnO_2 para gerar uma corrente, mas NaOH ou KOH é usado na célula em vez do sal ácido NH_4Cl.

Cátodo, redução: $\quad 2\ MnO_2(s) + H_2O(\ell) + 2\ e^- \rightarrow Mn_2O_3(s) + 2\ OH^-(aq)$

Ânodo, oxidação: $\quad Zn(s) + 2\ OH^-(aq) \rightarrow ZnO(s) + H_2O(\ell) + 2\ e^-$

Células alcalinas, que produzem 1,54 V (aproximadamente a mesma voltagem que a célula seca de zinco-carbono), têm a vantagem adicional de que o potencial da célula não diminui sob elevada demanda de corrente porque não há formação de gases.

Antes de 2000, as baterias de mercúrio eram amplamente utilizadas em calculadoras, câmeras, relógios, marca-passos cardíacos e outros dispositivos. Contudo, essas pequenas baterias foram banidas, nos Estados Unidos, na década de 1990, em virtude de problemas ambientais. Em sua substituição, vários outros tipos de baterias começaram a ser utilizados, como as de óxido de prata e de zinco-oxigênio. Ambas operam sob condições alcalinas e têm ânodos de zinco. Na bateria de óxido de prata, que produz uma voltagem de cerca de 1,5 V, as reações da célula são:

Cátodo, redução: $\quad Ag_2O(s) + H_2O(\ell) + 2\ e^- \rightarrow 2\ Ag(s) + 2\ OH^-(aq)$

Ânodo, oxidação: $\quad Zn(s) + 2\ OH^-(aq) \rightarrow ZnO(s) + H_2O(\ell) + 2\ e^-$

A bateria de zinco-oxigênio, que produz aproximadamente de 1,15 a 1,35 V, é única, devido ao fato de que o oxigênio atmosférico, em vez de um metal, é o agente oxidante.

Cátodo, redução: $\qquad O_2(g) + 2 H_2O(\ell) + 4 e^- \rightarrow 4 OH^-(aq)$

Ânodo, oxidação: $\qquad Zn(s) + 2 OH^-(aq) \rightarrow ZnO(s) + H_2O(\ell) + 2 e^-$

Essas baterias vêm sendo utilizadas em aparelhos auditivos, *pagers* e dispositivos médicos.

Baterias Secundárias ou Recarregáveis

Quando uma célula seca de zinco-carbono ou uma célula alcalina deixa de produzir corrente elétrica útil, ela é descartada. Por outro lado, alguns tipos de células podem ser recarregadas, frequentemente centenas de vezes. A recarga requer a aplicação de corrente elétrica a partir de uma fonte externa para restaurar a célula ao seu estado original. Existem diversos tipos bem conhecidos de baterias secundárias em uso frequente.

Bateria de Chumbo

Uma bateria de automóvel – a bateria de chumbo – talvez seja a bateria recarregável mais conhecida (Figura 19.11). A versão de 12 V dessa bateria contém seis células voltaicas, cada uma delas gerando 2 V. A bateria de chumbo é capaz de produzir alta corrente inicial, característica essencial para se dar partida a um motor de automóvel.

O ânodo de uma bateria de chumbo consiste em chumbo metálico. O cátodo também é feito de chumbo, mas recoberto por uma camada compacta de óxido de chumbo(IV) insolúvel, PbO_2. Os eletrodos, arranjados de forma alternada em sequência e separados por fibras de vidro, são imersos em ácido sulfúrico aquoso. Quando a célula fornece energia, o ânodo de chumbo é oxidado a sulfato de chumbo(II), substância insolúvel que adere à superfície do eletrodo. Os dois elétrons produzidos por cada átomo de chumbo movem-se por meio do circuito externo até o cátodo, em que PbO_2 é reduzido a íons Pb^{2+} que, na presença de H_2SO_4, também formam sulfato de chumbo(II).

Cátodo, redução: $\qquad PbO_2(s) + 4 H^+(aq) + SO_4{}^{2-}(aq) + 2 e^- \rightarrow PbSO_4(s) + 2 H_2O(\ell)$

Ânodo, oxidação: $\qquad Pb(s) + SO_4{}^{2-}(aq) \rightarrow PbSO_4(s) + 2 e^-$

Equação iônica global: $\quad Pb(s) + PbO_2(s) + 2 H_2SO_4(aq) \rightarrow 2 PbSO_4(s) + 2 H_2O(\ell)$

Quando é gerada a corrente, o ácido sulfúrico é consumido e há formação de água. Como a água é menos densa que o ácido sulfúrico, a densidade da solução diminui durante esse processo. Desse modo, uma maneira de saber se uma bateria de chumbo precisa ser recarregada é determinar a densidade da solução.

Uma bateria de chumbo é recarregada quando há fornecimento de corrente elétrica. O $PbSO_4$ que recobre as superfícies dos eletrodos é convertido novamente em chumbo metálico e PbO_2, e o ácido sulfúrico é regenerado. A recarga dessa bateria é possível porque os reagentes e os produtos permanecem presos à superfície do eletrodo. A vida de uma bateria de chumbo é limitada porque os recobrimentos de PbO_2 e $PbSO_4$ destacam-se da superfície e caem no fundo do invólucro da bateria.

Cientistas e engenheiros buscam uma alternativa à bateria de armazenamento em chumbo, especialmente para uso em carros. As baterias de chumbo têm a desvantagem de ser grandes e pesadas. Além disso, o chumbo e seus compostos são tóxicos, e seu descarte causa uma complicação a mais. No entanto, no momento, as vantagens das baterias de chumbo, muitas vezes, superam suas desvantagens.

Baterias de Níquel-Cádmio

As baterias de níquel-cádmio ("Ni-cad"), usadas em vários dispositivos sem fio, como telefones, câmeras de vídeo portáteis e ferramentas sem fio, são leves e recarregáveis. A química da célula baseia-se na oxidação do cádmio e na redução do óxido de níquel(III) sob condições básicas. Assim como nas baterias de chumbo, os

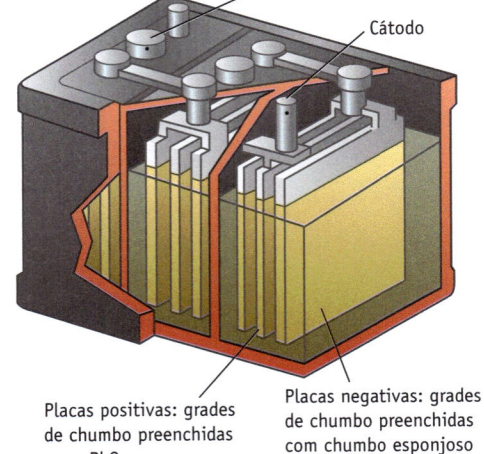

Ânodo

Cátodo

Placas positivas: grades de chumbo preenchidas com PbO_2

Placas negativas: grades de chumbo preenchidas com chumbo esponjoso

FIGURA 19.11 Bateria de chumbo, uma bateria secundária ou recarregável. Cada célula da bateria gera 2 V.

reagentes e os produtos formados na produção de corrente são sólidos que aderem aos eletrodos.

Cátodo, redução: $NiO(OH)(s) + H_2O(\ell) + e^- \rightarrow Ni(OH)_2(s) + OH^-(aq)$

Ânodo, oxidação: $Cd(s) + 2\ OH^-(aq) \rightarrow Cd(OH)_2(s) + 2\ e^-$

Baterias de níquel-cádmio geram voltagem quase constante (1,2 V). Porém, seu custo é relativamente alto e há restrições ao seu descarte, pois os compostos de cádmio são tóxicos e representam uma ameaça ambiental.

Níquel-Hidreto Metálico

Baterias recarregáveis de níquel-hidreto metálico (NiMH) agora são de uso comum. Você pode tê-las em sua câmera ou em um reprodutor de música portátil. Sua maior importância, entretanto, está nos carros elétricos e híbridos.

Na bateria de níquel-hidreto metálico, os elétrons são gerados quando átomos de H interagem com íons OH$^-$ no ânodo de liga metálica.

$$Liga(H) + OH^- \rightarrow Liga + H_2O + e^-$$

A reação no cátodo é a mesma que ocorre nas baterias de Ni-cad.

$$NiO(OH) + H_2O + e^- \rightarrow Ni(OH)_2 + OH^-$$

A "liga" em baterias de NiMH geralmente é uma mistura de um metal de terra rara como o lantânio, o cério ou o neodímio e outro metal, como o níquel, o cobalto, o manganês ou o alumínio. Essas baterias também geram 1,2 V.

Baterias de Lítio

Muitas pesquisas sobre baterias atualmente enfocam as baterias de lítio. (Veja a introdução deste capítulo.) Há dois tipos em uso comum: baterias de íons-lítio e uma variação, as baterias de polímero de lítio. A química é semelhante em ambas.

Cátodo, redução: $Li_{1-x}CoO_2(s) + x\ Li^+ + x\ e^- \rightarrow LiCoO_2(s)$

Ânodo, oxidação: $Li_xC_6(s) \rightarrow x\ Li^+ + x\ e^- + 6\ C(s)$

As baterias de polímero de íons-lítio são populares porque podem ser feitas em qualquer formato e, portanto, encaixam-se em produtos como dispositivos portáteis, como o Kindle da Amazon e os equipamentos portáteis da Apple. Elas geram um potencial de 3,6 V, oferecem uma densidade de corrente maior que a das baterias de íons-lítio e podem ser carregadas e descarregadas por muitos ciclos.

Um motivo importante para o desenvolvimento de baterias de íons-lítio é seu baixo peso. O lítio apresenta uma massa molar menor (6,941 g/mol) do que o cádmio (112,4 g/mol), o níquel (58,69 g/mol) ou o chumbo (207,2 g/mol). A oxidação de 7 gramas do lítio produz o mesmo número de elétrons que a oxidação de 104 gramas de chumbo. Quando as massas de todos os componentes das baterias de íons-lítio e chumbo-ácido são consideradas, as baterias de íons-lítio podem fornecer a mesma energia que a baterias de chumbo-ácido com aproximadamente um quarto de massa. É importante não somente em dispositivos portáteis, uma vez que as pessoas não desejam carregar objetos pesados, mas também na indústria de automóveis e de aeronaves. O peso mais leve de bateria em um carro ou avião resulta em mais energia usada para movimentar o veículo e menos energia empregada simplesmente para transportar a bateria.

Células de Combustível

Uma vantagem das células voltaicas é que elas são pequenas e portáteis, mas seu tamanho também representa uma limitação. A quantidade de corrente produzida é limitada pela quantidade de reagentes contidos na célula. Quando um dos reagentes é completamente consumido, a célula deixa de gerar corrente. Células de combustível evitam essa limitação porque os reagentes (combustível e oxidante) podem ser fornecidos continuamente à célula a partir de um reservatório externo.

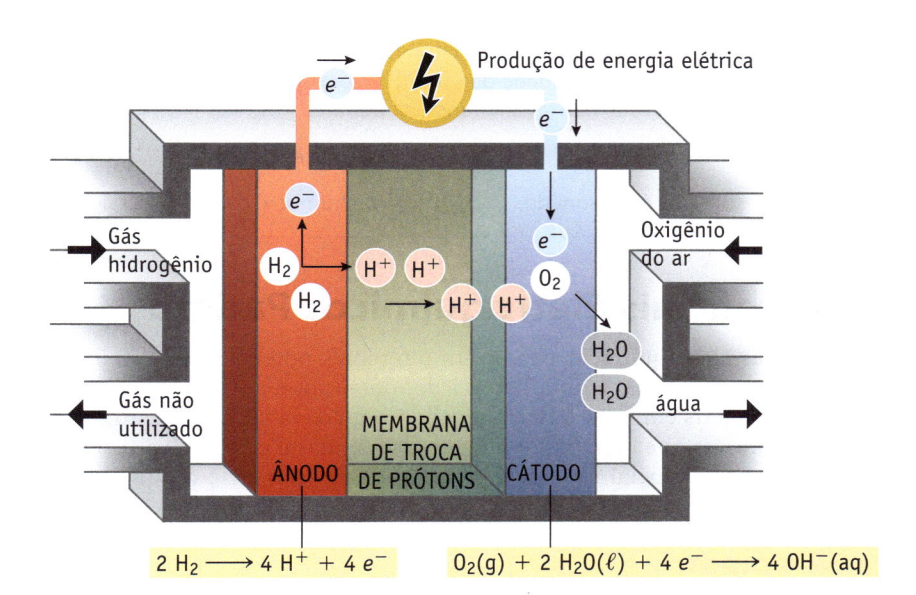

FIGURA 19.12 Esquema da célula de combustível. Gás hidrogênio é oxidado a H^+(aq) na superfície do ânodo. Do outro lado da membrana de troca de prótons (PEM), o gás oxigênio é reduzido a OH^-(aq). Os íons H^+(aq) atravessam a PEM e combinam-se com OH^-(aq), formando água.

Embora as primeiras células de combustível tenham sido produzidas há mais de 150 anos, pouco foi feito para desenvolver essa tecnologia até que o programa espacial despertou o interesse por esses dispositivos. Células de combustível de hidrogênio-oxigênio foram usadas nos programas Gemini, Apollo e Ônibus Espacial da Nasa. Elas não são apenas leves e eficientes, mas têm a vantagem de gerarem água potável para os tripulantes da nave.

Em uma célula de combustível hidrogênio-oxigênio (Figura 19.12), o hidrogênio é bombeado para ânodo da célula, e O_2 (ou ar) é direcionado ao cátodo, em que ocorrem as seguintes reações:

Cátodo, redução: $O_2(g) + 2\ H_2O(\ell) + 4\ e^- \rightarrow 4\ OH^-(aq)$

Ânodo, oxidação: $H_2(g) \rightarrow 2\ H^+(aq) + 2\ e^-$

As duas metades da célula são separadas por um material especial chamado membrana de troca de prótons (PEM, em inglês). Prótons H^+(aq) formados no ânodo atravessam a PEM e reagem com os íons hidróxido produzidos no cátodo, formando água. A reação global da célula é, portanto, a formação de água a partir de H_2 e O_2. As células atualmente em uso produzem aproximadamente 0,9 V.

As células combustíveis com base em hidrogênio-oxigênio operam com uma eficiência de 40% a 60% e atendem à maioria das exigências para uso em automóveis. Elas operam a temperatura ambiente ou um pouco acima, iniciam-se rapidamente e desenvolvem uma elevada densidade de corrente. Entretanto, o custo é um problema sério, já que não existe uma forma econômica e livre de carbono para produzir hidrogênio. Tal déficit, o custo e a dificuldade de se construir uma infraestrutura em âmbito nacional para distribuir hidrogênio, continuam impondo uma série de empecilhos para que as células de hidrogênio possam ser adotadas para uso amplo em automóveis.

Energia para Automóveis

A energia disponível em sistemas que podem ser usados para alimentar um automóvel.

Sistema Químico	W · h/kg* (1 W · h = 3600 J)
Bateria de chumbo-ácido	18–56
Bateria de níquel-cádmio	33–70
Bateria de sódio-enxofre	80–140
Bateria de polímero de lítio	150
Motor à combustão utilizando gasolina	12200

*watt-hora/kilograma

EXERCÍCIOS PARA A SEÇÃO 19.3

1. Qual das seguintes afirmativas está correta para a seguinte semirreação que ocorre em uma bateria de chumbo-ácido do automóvel?

$$PbO_2(s) + 4\ H^+(aq) + SO_4^{2-}(aq) + 2\ e^- \rightarrow PbSO_4(s) + 2\ H_2O(\ell)$$

(a) Óxido de chumbo(IV) é oxidado.

(b) Óxido de chumbo(IV) é reduzido.

(c) Íons hidrogênio são oxidados.

(d) Íons hidrogênio são reduzidos.

2. Você pode determinar se uma bateria de chumbo em um automóvel não está mais funcionando ao verificar a densidade da solução na bateria. Se a densidade estiver baixa, então a bateria está "morta". Isso funciona porque

(a) o PbO_2 é consumido.

(c) a água evapora.

(b) o ácido sulfúrico é consumido.

(d) o chumbo é consumido.

19-4 Potenciais Eletroquímicos Padrão

Diferentes células eletroquímicas produzem diferentes potenciais: 1,5 V nas células alcalinas, cerca de 3,7 V para uma bateria de íons-lítio, e aproximadamente 2,0 V nas células individuais em uma bateria de chumbo. Nesta seção, queremos identificar alguns dos fatores que afetam a voltagem das células e desenvolver procedimentos para calcular o potencial esperado de uma célula com base na química dentro dela e nas condições usadas.

Força Eletromotriz

Os elétrons gerados no ânodo de uma célula eletroquímica movem-se por meio do circuito externo em direção ao cátodo, e a força necessária para mover os elétrons surge da diferença de energia potencial dos elétrons nos dois eletrodos. Essa diferença de energia potencial por carga elétrica é chamada **força eletromotriz** ou **fem**, cujo significado literal é "a força que faz com que os elétrons se movam". Fem tem unidades de volts (V); 1 volt é a diferença de potencial necessária para conferir 1 joule de energia a uma carga elétrica de 1 coulomb (1 J = 1 V / 1 C). *Um coulomb é a quantidade de carga que passa por um ponto de um circuito elétrico quando uma corrente de um ampere flui durante um segundo (1 C = 1 A × 1 s).*

> **Unidades Eletroquímicas**
> - O coulomb (abreviado C) é a unidade padrão (SI) de carga elétrica (Apêndice C, Tabela 6).
> - 1 joule = 1 volt × 1 coulomb.
> - 1 coulomb = 1 ampere × 1 segundo.

Medindo Potenciais Padrão

Imagine que você planejasse estudar a voltagem de células em seu laboratório, com dois objetivos: (1) compreender os fatores que afetam esses valores e (2) ser capaz de prever o potencial de uma célula voltaica. Diversas semicélulas poderiam ser construídas, e seria possível conectá-las com várias combinações para formar células voltaicas (como na Figura 19.13) e determinar seus potenciais. Depois de alguns experimentos, seria evidente o fato de que a voltagem da célula depende de uma série de fatores: as semicélulas usadas (isto é, as reações em cada semicélula e a reação global ou líquida na célula), as concentrações dos reagentes em cada semicélula, a pressão dos reagentes gasosos e a temperatura.

Para simplificar, podemos considerar somente os potenciais da célula medidos sob **condições padrão**:

- Reagentes e produtos estão presentes em seus estados padrão.
- Solutos em solução aquosa têm concentração de 1,0 M.
- Reagentes ou produtos gasosos têm pressão de 1,0 bar.

FEM, Potenciais de Célula e Voltagem

UM OLHAR MAIS ATENTO

A força eletromotriz (fem) e o potencial da célula ($E_{célula}$) são muitas vezes usados sinonimamente, mas ambos são um tanto diferentes. $E_{célula}$ é uma quantidade medida, e seu valor é afetado pelo modo como a medida é realizada. Para entender isso, considere como analogia a água sob pressão em uma tubulação. A pressão da água pode ser vista de maneira análoga à fem; ela representa a força que faz com

que a água se mova na tubulação. Se abrirmos uma torneira, haverá escoamento de água. Porém, a abertura da torneira causará uma diminuição da pressão no sistema.

A fem é a diferença de energia potencial quando não há fluxo de corrente. Para determinar $E_{célula}$, coloca-se um voltímetro no circuito externo. Embora os voltímetros apresentem elevada resistência interna, de

modo a minimizar o fluxo da corrente, ainda assim há fluxo. Como resultado, o valor da $E_{célula}$ será ligeiramente diferente daquele da fem.

Por fim, existe diferença entre *potencial* e *voltagem*. A voltagem de uma célula apresenta magnitude, mas não apresenta sinal. Em contraste, o potencial de uma semirreação ou de uma célula possui sinal (+ ou −) e magnitude.

O potencial de uma célula medido sob essas condições é chamado **potencial padrão** e recebe a denotação $E°_{célula}$. A menos que seja especificado de outro modo, todos os valores de $E°_{célula}$ referem-se a medidas realizadas a 298 K (25 °C).

Suponha que você queira construir algumas semicélulas padrão e conectar cada uma delas a um **eletrodo padrão de hidrogênio (EPH)**. Seu aparelho se pareceria com a célula voltaica da Figura 19.13b. Por enquanto, iremos nos concentrar em três aspectos desta célula:

1. *A reação que ocorre.* A reação que ocorre na célula ilustrada na Figura 19.13 poderia ser *tanto* a redução de íons Zn^{2+} com gás H_2

$$Zn^{2+}(aq) + H_2(g) \rightarrow Zn(s) + 2\ H^+(aq)$$

$Zn^{2+}(aq)$ é o agente oxidante e H_2 é o agente redutor.
O eletrodo padrão de hidrogênio seria o ânodo (eletrodo negativo).

quanto a redução de íons $H^+(aq)$ por $Zn(s)$.

$$Zn(s) + 2\ H^+(aq) \rightarrow Zn^{2+}(aq) + H_2(g)$$

Zn é o agente redutor e $H^+(aq)$ é o agente oxidante.
O eletrodo padrão de hidrogênio seria o cátodo (eletrodo positivo).

A reação que realmente ocorre é aquela que é produto-favorecida em equilíbrio. Nesse caso, sabemos que a reação produto-favorecida é a redução de íons H^+ por zinco metálico (Figura 19.13a).

2. *Direção do fluxo de elétrons no circuito externo.* Em uma célula voltaica, os elétrons sempre se movem do ânodo (eletrodo negativo) para o cátodo (eletrodo positivo). Podemos informar a direção do movimento de elétron – e, portanto, qual é o ânodo e qual é o cátodo – colocando um voltímetro no circuito. Um potencial positivo será observado se o terminal do voltímetro com um sinal positivo (+) for conectado ao eletrodo positivo ou cátodo [e o terminal com o sinal negativo (–) for conectado ao eletrodo negativo ou ânodo]. Conectado de maneira oposta (mais para menos e menos para mais), o voltímetro indicará um potencial negativo.

(a) A reação produto-favorecida de íons hidrogênio aquoso com zinco produz $H_2(g)$ e íons Zn^{2+}.

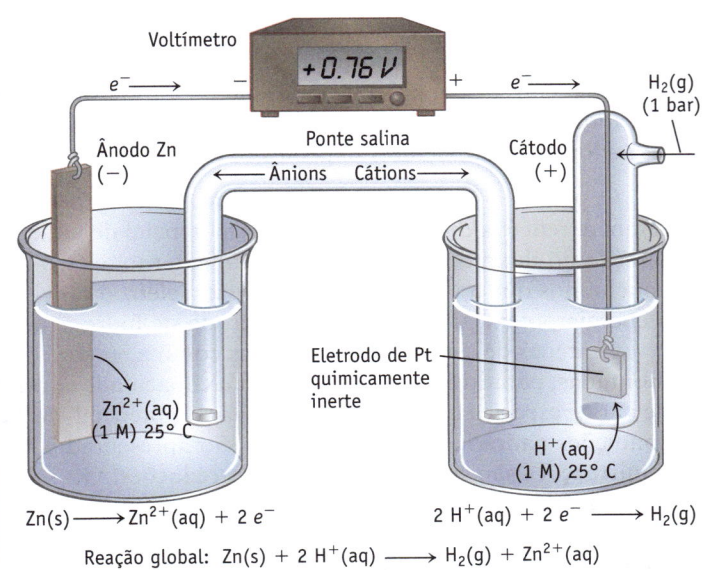

Voltímetro +0.76 V
e^- — — + e^- $H_2(g)$ (1 bar)
Ânodo Zn (−)   Ponte salina   Cátodo (+)
Ânions Cátions
$Zn^{2+}(aq)$ (1 M) 25° C
Eletrodo de Pt quimicamente inerte
$H^+(aq)$ (1 M) 25° C
$Zn(s) \longrightarrow Zn^{2+}(aq) + 2\ e^-$ $2\ H^+(aq) + 2\ e^- \longrightarrow H_2(g)$
Reação global: $Zn(s) + 2\ H^+(aq) \longrightarrow H_2(g) + Zn^{2+}(aq)$

(b) Uma célula voltaica que utiliza a redução produto-favorecida de redução de íons hidrogênio aquoso por zinco.

FIGURA 19.13 Uma célula voltaica que usa semicélulas de Zn | Zn^{2+}(aq, 1,0 M) e H_2 | H^+(aq, 1,0 M).

- Quando o zinco e o ácido são combinados em uma célula eletroquímica, a célula gera um potencial de 0,76 V sob condições padrão.
- O eletrodo na semicélula H_2 | H^+(aq, 1,0 M) é o cátodo, e o eletrodo de Zn é o ânodo.
- Elétrons fluem no circuito externo para a semicélula de hidrogênio a partir da semicélula de zinco.
- O sinal positivo da voltagem medida indica que o eletrodo de hidrogênio é o cátodo ou eletrodo positivo.

FIGURA 19.14 Uma escada de potenciais para semirreações de redução.

- A posição de uma semirreação nessa escada de potenciais reflete a capacidade relativa da espécie da esquerda de atuar como agente oxidante.
- Quanto mais alta a posição do composto ou íon na lista, melhor agente oxidante ele será. Inversamente, os átomos ou íons à direita são agentes redutores. Quanto mais baixa sua posição na lista, maior será sua capacidade como agente redutor.
- O potencial de cada semirreação é dado com seu potencial de redução, $E°_{redução}$.
- Para mais informações, veja RUNO, J. R., PETERS; D. G. *Journal of Chemical Education*, v. 70, p. 708, 1993.

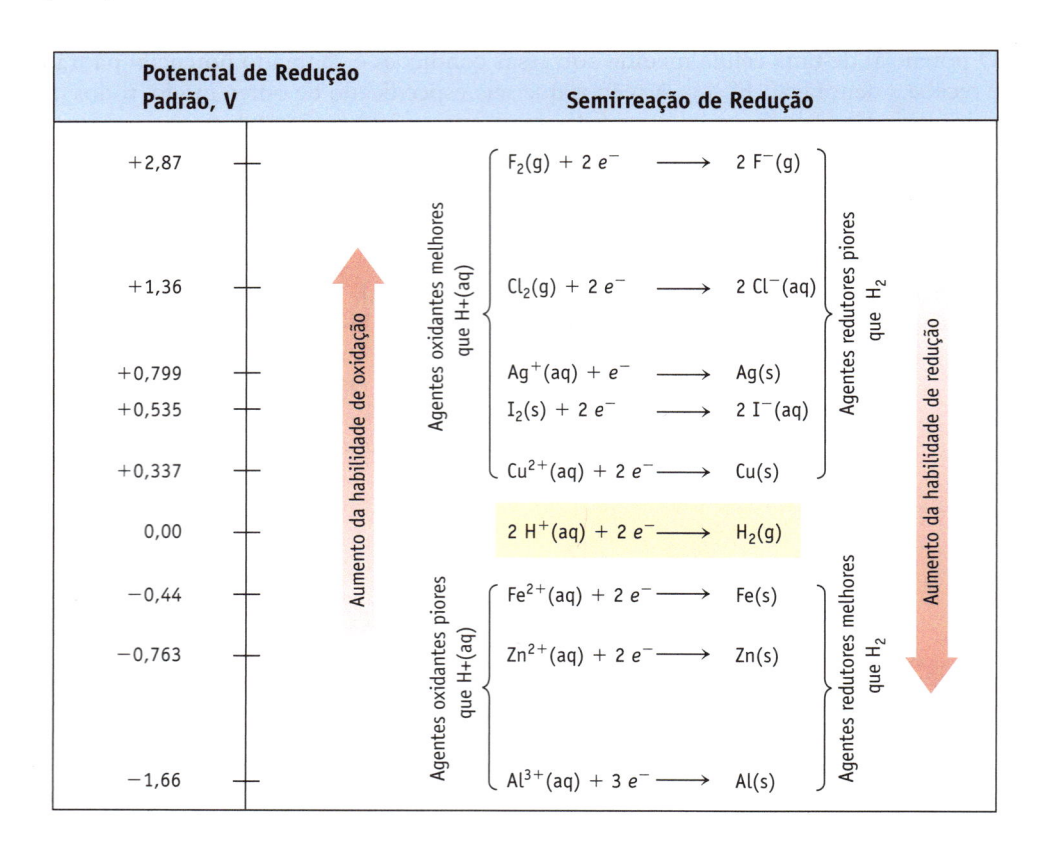

3. *Potencial da célula.* Na Figura 19.13, o voltímetro é ligado com seu terminal positivo conectado à semicélula de hidrogênio, e observa-se uma leitura de +0,76 V. O eletrodo de hidrogênio é, portanto, o eletrodo positivo ou cátodo, e as reações que ocorrem nessa célula são:

Redução, cátodo: $2\ H^+(aq) + 2\ e^- \rightarrow H_2(g)$

Oxidação, ânodo: $Zn(s) \rightarrow Zn^{2+}(aq) + 2\ e^-$

Reação de célula global: $Zn(s) + 2\ H^+(aq) \rightarrow Zn^{2+}(aq) + H_2(g)$

Todas as espécies estão presentes na célula sob condições padrão, assim a reação pode, a princípio, continuar em ambas as direções. A reação produto-favorecida, entretanto, procede da esquerda para a direita, conforme escrito. Isso nos mostra que, dos dois agentes redutores presentes, o zinco é melhor do que H_2, e íons H^+ são melhores agentes oxidantes do que íons de zinco.

O potencial de +0,76 V medido para oxidação de zinco com íons hidrogênio também reflete a diferença em energia potencial de um elétron em cada eletrodo. Da direção do fluxo de elétrons no circuito externo (eletrodo de Zn → eletrodo de H_2), concluímos que a energia potencial de um elétron no eletrodo de zinco é maior que a energia potencial do elétron no eletrodo de hidrogênio.

Centenas de células eletroquímicas como a mostrada na Figura 19.13 podem ser montadas, permitindo-nos determinar a capacidade relativa de oxidação ou redução de várias espécies químicas e determinar o potencial elétrico gerado pela reação sob condições padrão. Alguns resultados são apresentados na Figura 19.14, em que as semirreações são listadas na forma de reduções. Ou seja, as espécies estão listadas em ordem descendente de capacidade de atuação como agente oxidante.

Potenciais de Redução Padrão

Ao fazer experimentos como o da Figura 19.13, temos não somente uma noção da capacidade relativa de oxidação e de redução de várias espécies químicas, mas também podemos ordená-las quantitativamente.

Se $E°_{célula}$ é uma medida do potencial padrão da célula, então $E°_{cátodo}$ e $E°_{ânodo}$ podem ser usados como medidas do potencial de eletrodo. Como $E°_{célula}$ reflete a *diferença* entre energias potenciais de eletrodo, isto significa que $E°_{célula}$ é a diferença entre $E°_{cátodo}$ e $E°_{ânodo}$.

$$E°_{célula} = E°_{cátodo} - E°_{ânodo}$$ (19.1)

Equação 19.1 A Equação 19.1 é outro exemplo de como calcular uma mudança de $X_{final} - X_{inicial}$. Os elétrons movem-se em direção ao cátodo (o estado "final") vindos do ânodo (o estado "inicial"). Assim, a Equação 19.1 lembra equações que já foram vistas anteriormente neste livro (como as Equações 5.6 e 6.5).

Aqui, $E°_{cátodo}$ e $E°_{ânodo}$ são os potenciais de *redução* padrão das reações de semicélula que ocorrem no cátodo e no ânodo, respectivamente. A Equação 19.1 é importante por três motivos:

- Se tivermos valores para $E°_{cátodo}$ e $E°_{ânodo}$, podemos calcular o potencial padrão, $E°_{célula}$, para uma célula voltaica.
- *Quando um valor calculado de $E°_{célula}$ for positivo, a reação conforme escrita é prevista como produto-favorecida em equilíbrio.* Por outro lado, quando um valor calculado de $E°_{célula}$ for negativo, a reação conforme escrita é prevista como reagente-favorecida em equilíbrio. A reação será produto-favorecida no equilíbrio na direção oposta à qual foi escrita.
- Se medirmos $E°_{célula}$ e conhecemos $E°_{cátodo}$ ou $E°_{ânodo}$, podemos calcular o outro valor. Esse valor indicaria como uma reação de semicélula compara-se a outras em termos da capacidade relativa de oxidação ou de redução.

Mas aqui temos um dilema. Não se pode medir potenciais de semicélula individuais. Assim como os valores de $\Delta_f H°$ e $\Delta_f G°$ foram estabelecidos escolhendo um ponto de referência (os elementos em seu estado padrão), os cientistas selecionaram um ponto de referência para semirreações. Um potencial de 0,00 V exato é atribuído à semirreação que ocorre em um eletrodo padrão de hidrogênio (EPH).

$$2\,H^+(aq,\,1\,M) + 2\,e^- \rightarrow H_2(g,\,1\,bar)\quad E° = 0,00\,V$$

Com esse padrão, agora podemos determinar valores de $E°$ para semicélulas ao medirmos $E°_{célula}$ em experimentos como aqueles descritos nas Figuras 19.8 e 19.13, em que um dos eletrodos é EPH. Com isso, podemos quantificar a informação com tabelas de potenciais de redução, como da Figura 19.14, e então usar esses valores para prever $E°_{célula}$ com relação a novas células voltaicas.

Tabelas de Potenciais de Redução Padrão

A abordagem experimental que acabamos de descrever leva a tabela de valores de $E°$ como os da Figura 19.14, da tabela 19.1 e do Apêndice M. Alguns pontos importantes com relação a essa tabela enumerados aqui são então ilustrados na discussão e nos exemplos a seguir.

Valores de $E°$ Uma lista ampla de valores de $E°$ pode ser encontrada no Apêndice M, e tabelas ainda maiores de dados podem ser encontradas em livros de Química de referência. Uma convenção comum, usada no Apêndice M, lista potenciais de redução padrão em dois grupos, um para soluções ácidas e neutras e outro para soluções básicas.

1. As semirreações são escritas como "forma oxidada + elétrons → forma reduzida". A espécie do lado esquerdo da reação é um agente oxidante, e a espécie do lado direito da seta da reação é um agente redutor. Portanto, *todos os potenciais são para reações de redução*, e os potenciais (em volts em relação ao EPH) são chamados *potenciais de redução padrão*.
2. Quanto mais positivo o valor de $E°$ para as reações, maior é a capacidade oxidante do íon ou do composto do lado esquerdo da reação. Isso significa que *$F_2(g)$ é o melhor agente oxidante da tabela*. Íon-lítio no canto inferior esquerdo da Tabela 19.1 é o agente oxidante mais fraco porque seu valor $E°$ é o mais negativo.
3. Quanto mais negativo o valor do potencial de redução, $E°$, menor é a probabilidade de que a semirreação ocorra como redução, e maior é a probabilidade de ocorrência da semirreação inversa (como uma oxidação). Assim, Li(s) é o agente redutor mais forte da tabela, e F^- é o agente redutor mais fraco. Os agentes redutores da tabela (os íons, elementos e compostos à direita) têm força crescente de cima para baixo na tabela.

Tabela 19.1 Potenciais de Redução Padrão em Solução Aquosa a 25 °C

SEMIRREAÇÃO DE REDUÇÃO		$E°$ (V)
$F_2(g) + 2\,e^-$	$\rightarrow 2\,F^-(aq)$	+2,87
$H_2O_2(aq) + 2\,H^+(aq) + 2\,e^-$	$\rightarrow 2\,H_2O(\ell)$	+1,77
$PbO_2(s) + SO_4^{2-}(aq) + 4\,H^+(aq) + 2\,e^-$	$\rightarrow PbSO_4(s) + 2\,H_2O(\ell)$	+1,685
$MnO_4^-(aq) + 8\,H^+(aq) + 5\,e^-$	$\rightarrow Mn^{2+}(aq) + 4\,H_2O(\ell)$	+1,51
$Au^{3+}(aq) + 3\,e^-$	$\rightarrow Au(s)$	+1,50
$Cl_2(g) + 2\,e^-$	$\rightarrow 2\,Cl^-(aq)$	+1,36
$Cr_2O_7^{2-}(aq) + 14\,H^+(aq) + 6\,e^-$	$\rightarrow 2\,Cr^{3+}(aq) + 7\,H_2O(\ell)$	+1,33
$O_2(g) + 4\,H^+(aq) + 4\,e^-$	$\rightarrow 2\,H_2O(\ell)$	+1,229
$Br_2(\ell) + 2\,e^-$	$\rightarrow 2\,Br^-(aq)$	+1,08
$NO_3^-(aq) + 4\,H^+(aq) + 3\,e^-$	$\rightarrow NO(g) + 2\,H_2O(\ell)$	+0,96
$OCl^-(aq) + H_2O(\ell) + 2\,e^-$	$\rightarrow Cl^-(aq) + 2\,OH^-(aq)$	+0,89
$Hg^{2+}(aq) + 2\,e^-$	$\rightarrow Hg(\ell)$	+0,855
$Ag^+(aq) + e^-$	$\rightarrow Ag(s)$	+0,799
$Hg_2^{2+}(aq) + 2\,e^-$	$\rightarrow 2\,Hg(\ell)$	+0,789
$Fe^{3+}(aq) + e^-$	$\rightarrow Fe^{2+}(aq)$	+0,771
$I_2(s) + 2\,e^-$	$\rightarrow 2\,I^-(aq)$	+0,535
$O_2(g) + 2\,H_2O(\ell) + 4\,e^-$	$\rightarrow 4\,OH^-(aq)$	+0,40
$Cu^{2+}(aq) + 2\,e^-$	$\rightarrow Cu(s)$	+0,337
$Sn^{4+}(aq) + 2\,e^-$	$\rightarrow Sn^{2+}(aq)$	+0,15
$2\,H^+(aq) + 2\,e^-$	$\rightarrow H_2(g)$	0,00
$Sn^{2+}(aq) + 2\,e^-$	$\rightarrow Sn(s)$	−0,14
$Ni^{2+}(aq) + 2\,e^-$	$\rightarrow Ni(s)$	−0,25
$V^{3+}(aq) + e^-$	$\rightarrow V^{2+}(aq)$	−0,255
$PbSO_4(s) + 2\,e^-$	$\rightarrow Pb(s) + SO_4^{2-}(aq)$	−0,356
$Cd^{2+}(aq) + 2\,e^-$	$\rightarrow Cd(s)$	−0,40
$Fe^{2+}(aq) + 2\,e^-$	$\rightarrow Fe(s)$	−0,44
$Zn^{2+}(aq) + 2\,e^-$	$\rightarrow Zn(s)$	−0,763
$2\,H_2O(\ell) + 2\,e^-$	$\rightarrow H_2(g) + 2\,OH^-(aq)$	−0,8277
$Al^{3+}(aq) + 3\,e^-$	$\rightarrow Al(s)$	−1,66
$Mg^{2+}(aq) + 2\,e^-$	$\rightarrow Mg(s)$	−2,37
$Na^+(aq) + e^-$	$\rightarrow Na(s)$	−2,714
$K^+(aq) + e^-$	$\rightarrow K(s)$	−2,925
$Li^+(aq) + e^-$	$\rightarrow Li(s)$	−3,045

Em volts (V) em função do eletrodo padrão de hidrogênio.

Aumento da força dos agentes oxidantes

Aumento da força dos agentes redutores

4. A reação entre qualquer substância à esquerda nessa tabela (um agente oxidante) e qualquer substância à direita localizada *mais abaixo* que ela (um agente redutor) é produto-favorecida em equilíbrio. Essa regra tem sido chamada de *regra noroeste-sudeste*: por exemplo, Zn pode reduzir Fe^{2+}, H^+, Cu^{2+} e I_2, mas, das espécies nessa lista, Cu pode reduzir somente I_2.

Regra Noroeste-Sudeste Essa regra reflete a ideia de descer uma "escada" de energia potencial em uma reação produto-favorecida.

Semirreação de Redução

$$I_2(s) + 2\ e^- \longrightarrow 2\ I^-(aq)$$
$$Cu^{2+}(aq) + 2\ e^- \longrightarrow Cu(s)$$
$$2\ H^+(aq) + 2\ e^- \longrightarrow H_2(g)$$
$$Fe^{2+}(aq) + 2\ e^- \longrightarrow Fe(s)$$
$$Zn^{2+}(aq) + 2\ e^- \longrightarrow Zn(s)$$

A regra noroeste-sudeste: o agente redutor sempre se encontra a sudeste do agente oxidante em uma reação produto-favorecida.

5. O sinal + ou - do potencial de redução da semirreação é o sinal do eletrodo quando está conectado à célula padrão H_2/H^+ (veja as Figuras 19.8 e 19.13).
6. Potenciais eletroquímicos dependem da natureza dos reagentes e dos produtos e de suas concentrações, não da quantidade de material utilizado. Portanto, alterar os coeficientes estequiométricos em uma semirreação não muda o valor de $E°$. Por exemplo, a redução de Fe^{3+} tem um valor de $E°$ de +0,771 V, se a reação for escrita como

$$Fe^{3+}(aq,\ 1\ M) + e^- \rightarrow Fe^{2+}(aq,\ 1\ M) \qquad E° = +0,771\ V$$

ou como

$$2\ Fe^{3+}(aq,\ 1\ M) + 2\ e^- \rightarrow 2\ Fe^{2+}(aq,\ 1\ M) \qquad E° = +0,771\ V$$

Mudando os Coeficientes Estequiométricos O volt é definido como "energia/carga" (V = J/C). Multiplicar a reação por algum fator faz com que tanto a energia quanto a carga sejam multiplicados por esse valor. Assim, a razão "energia/carga = volt" não se altera.

Usando as Tabelas de Potenciais de Redução Padrão

Tabelas ou "escadas" de potenciais de redução padrão são extremamente úteis. Elas permitem que se preveja o potencial de uma nova célula voltaica (sob condições padrão), fornecem informação que pode ser usada para balancear equações redox e ajudam a prever quais reações redox serão produto-favorecidas.

Calculando Potenciais Padrão de Célula, $E°_{célula}$

Os potenciais de redução padrão para semirreações foram obtidos por meio da medida de potenciais de célula. Portanto, faz sentido que esses valores possam ser combinados para se obter o potencial de uma nova célula.

A reação líquida que ocorre em uma célula que utiliza semicélulas de prata e cobre é

$$2\ Ag^+(aq) + Cu(s) \rightarrow 2\ Ag(s) + Cu^{2+}(aq)$$

O eletrodo de prata é o cátodo, e o eletrodo de cobre é o ânodo. Sabemos disso porque os íons prata são reduzidos (para prata metálica) e o cobre metálico é oxidado (para íons Cu^{2+}). (Lembre-se de que as oxidações sempre ocorrem no ânodo e as reduções no cátodo.) Observe também que Cu está a "sudeste" de Ag^+ na escada de potencial (veja a Figura 19.14 e a Tabela 19.1).

"Distância" de $E°_{cátodo}$ para $E°_{ânodo}$ é 0,799 V − 0,337 V = 0,462 V.

$$E°_{cátodo} = +0,799\ V \qquad Ag^+(aq) + e^- \longrightarrow Ag(s)$$

Cu está a "sudeste" de Ag^+

$$E°_{ânodo} = +0,337\ V \qquad Cu^{2+}(aq) + 2\ e^- \longrightarrow Cu(s)$$

O potencial para a célula voltaica é a diferença entre os potenciais de redução padrão para as duas semirreações:

$$E°_{célula} = E°_{cátodo} - E°_{ânodo}$$

$$E°_{célula} = (+0,799\ V) - (+0,337\ V)$$

$$E°_{célula} = +0,462\ V$$

Observe que o valor de $E°_{célula}$ está relacionado à "distância" entre as reações do cátodo e do ânodo na escada de potenciais. Os produtos têm energia potencial mais baixa do que os reagentes, e o potencial da célula, $E°_{célula}$, tem valor positivo.

Um potencial positivo calculado para a célula Ag^+ | Ag e Cu^{2+} | Cu ($E°_{célula}$ = +0,462 V) confirma que a redução de íons prata em água com metal de cobre é produto-favorecida em equilíbrio (veja a Figura 19.1). Poderíamos perguntar, entretanto, qual seria o valor de $E°_{célula}$ se uma equação reagente-favorecida fosse escolhida. Por exemplo, qual é $E°_{célula}$ para a redução de íons cobre(II) com prata metálica?

Cátodo, redução:	$Cu^{2+}(aq) + 2\ e^- \rightarrow Cu(s)$
Ânodo, oxidação:	$2\ Ag(s) \rightarrow 2\ Ag^+(aq) + 2\ e^-$
Equação iônica global:	$2\ Ag(s) + Cu^{2+}(aq) \rightarrow 2\ Ag^+(aq) + Cu(s)$

Cálculo de voltagem da célula

$$E°_{cátodo} = +0,337\ V \text{ e } E°_{ânodo} = +0,799\ V$$

$$E°_{célula} = E°_{cátodo} - E°_{ânodo} = (+0,337\ V) - (0,799\ V)$$

$$E°_{célula} = -0,462\ V$$

O sinal negativo de $E°_{célula}$ indica que a reação, da maneira como foi escrita, é reagente-favorecida em equilíbrio. Os produtos da reação (Ag^+ e Cu) têm energia potencial maior que a dos reagentes (Ag e Cu^{2+}). Para que a reação indicada ocorra, um potencial de 0,462 V teria de ser imposto ao sistema por uma fonte externa de eletricidade (veja a Seção 19.7).

Forças Relativas de Agentes Oxidantes e Redutores

Cinco semirreações selecionadas do Apêndice M são arranjadas da semirreação com o valor mais alto (mais positivo) de $E°$ até aquela com o valor mais baixo (mais negativo).

$E°$, V		Semirreação de Redução
+1,36		$Cl_2(g) + 2\ e^- \longrightarrow 2\ Cl^-(aq)$
+0,80	Força crescente como agentes oxidantes ↑	$Ag^+(aq) + e^- \longrightarrow Ag(s)$
+0,00		$2\ H^+(aq) + 2\ e^- \longrightarrow H_2(g)$
−0,25		$Ni^{2+}(aq) + 2\ e^- \longrightarrow Ni(s)$
−0,76		$Zn^{2+}(aq) + 2\ e^- \longrightarrow Zn(s)$

- A lista da esquerda é encabeçada por Cl_2, um elemento que é um agente oxidante forte e que, portanto, é facilmente reduzido. No final da lista está o $Zn^{2+}(aq)$, um íon que não é facilmente reduzido, sendo, portanto, um agente oxidante fraco.

- À direita, a lista é encabeçada por $Cl^-(aq)$, íon que pode ser oxidado a Cl_2 somente com dificuldade. É um agente redutor ruim. No final da lista está o zinco metálico que é facilmente oxidado e é um bom agente redutor.

Uma Dor de Dente Eletroquímica

Alguns anos atrás, foi relatado que uma mulher de 66 anos tinha dores de dente intensas e foi encaminhada para seu dentista (*New England Journal of Medicine*, v. 342, p. 2000, 2003). Um tratamento de canal havia deslocado levemente uma obturação de amálgama de mercúrio para uma posição próxima a uma coroa de ouro de um dente adjacente. A ingestão de alimentos ácidos lhe causava dores intensas. Quando amálgamas compostos de metais diferentes entram em contato com a saliva, forma-se uma célula voltaica capaz de gerar potenciais elétricos de centenas de milivolts – e isso pode ser sentido! Isso pode acontecer se você acidentalmente mastigar papel alumínio de uma embalagem de uma bala ou goma de mascar usando um dente restaurado com amálgama. Que dor!

Ao arranjarmos essas semirreações com base em seus valores de $E°$, também arranjamos as espécies químicas de ambos os lados quanto à ordem de suas forças como agentes oxidantes ou redutores. Nesta lista, do mais forte para o mais fraco, a ordem é:

Agentes oxidantes: $Cl_2 > Ag^+ > H^+ > Ni^{2+} > Zn^{2+}$

forte ⟶ fraco

Agentes redutores: $Zn > Ni > H_2 > Ag > Cl^-$

forte ⟶ fraco

Por fim, observe que, quanto mais distantes os agentes redutores e oxidantes estiverem na escada de potenciais, maior é o valor de $E°_{célula}$. Por exemplo,

$$Zn(s) + Cl_2(g) \rightarrow Zn^{2+}(aq) + 2\ Cl^-(aq) \qquad E° = +2,12\ V$$

é mais fortemente produto-favorecida do que a redução de íons hidrogênio com níquel metálico.

$$Ni(s) + 2\ H^+(aq) \rightarrow Ni^{2+}(aq) + H_2(g) \qquad E° = +0,25\ V$$

EXEMPLO 19.6

Classificando Agentes Oxidantes e Redutores

Problema Use a tabela de potenciais de redução padrão (Tabela 19.1) para os seguintes itens:

(a) Classificar os halogênios na ordem de suas forças como agentes oxidantes.

(b) Decidir se o peróxido de hidrogênio (H_2O_2) em solução ácida é um agente oxidante mais forte que Cl_2.

(c) Decidir qual dos halogênios é capaz de oxidar o ouro metálico a $Au^{3+}(aq)$.

O que você sabe? Uma tabela de potenciais de eletrodo, como a Tabela 19.1 ou Apêndice M, contém as informações necessárias para responder a essas questões.

Estratégia A capacidade de uma espécie à esquerda de uma tabela de potencial de redução de atuar como agente oxidante diminui ao descer a lista (itens 2 e 3, na página 893).

Solução

(a) Classifique os halogênios quanto à capacidade oxidante: os halogênios (F_2, Cl_2, Br_2 e I_2) estão na parte superior esquerda da Tabela 19.1, com F_2 sendo mais alto, seguido pelas três outras espécies. Suas forças como agentes oxidantes são $F_2 > Cl_2 > Br_2 > I_2$. (A capacidade do bromo de oxidar íons iodeto para o iodo molecular está ilustrada na Figura 19.15.)

FIGURA 19.15 A reação entre o íon brometo e o íon iodeto.
Essa experiência demonstra que o Br_2 é um agente oxidante melhor que o I_2.

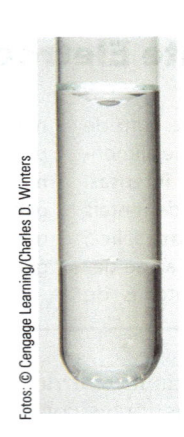

O tubo de ensaio contém uma solução aquosa de KI (camada superior) e CCl_4 imiscível (camada inferior)

Br_2 é adicionado à solução, que então é agitada.

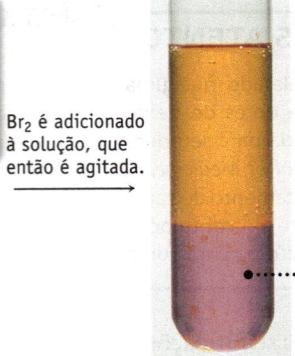

Depois de adicionar algumas gotas de Br_2 em água, o I_2 produzido é coletado pelo CCl_4 na camada inferior e resulta em uma cor púrpura. (A camada superior contém Br_2 em excesso na água.)

A presença de I_2 na camada inferior indica que o Br_2 adicionado foi capaz de oxidar os íons iodeto para iodo molecular (I_2).

(b) Comparando peróxido de hidrogênio e cloro: H_2O_2 está logo abaixo de F_2, mas bem acima de Cl_2 na escada de potenciais (Tabela 19.1). Assim, H_2O_2 é um agente oxidante mais fraco que F_2 porém mais forte que Cl_2. (Observe que o valor de $E°$ para H_2O_2 refere-se a uma solução ácida e condições padrão.)

(c) Qual halogênio oxidará o ouro metálico a íons ouro(III)? A semirreação $Au^{3+} \mid Au$ é listada abaixo da semirreação $F_2 \mid F^-$ e logo acima da semirreação $Cl_2 \mid Cl^-$. Isso significa que, entre os halogênios, somente F_2 é capaz de oxidar Au a Au^{3+}, sob condições padrão. Ou seja, para a reação de Au e F_2,

Oxidação, ânodo: $2[Au(s) \rightarrow Au^{3+}(aq) + 3\ e^-]$

Redução, cátodo: $3[F_2(g) + 2\ e^- \rightarrow 2\ F^-(aq)]$

Equação iônica global: $3\ F_2(g) + 2\ Au(s) \rightarrow 6\ F^-(aq) + 2\ Au^{3+}(aq)$

$$E°_{célula} = E°_{cátodo} - E°_{ânodo} = +2,87\ V - (+1,50\ V) = +1,37\ V$$

F_2 é um agente oxidante mais forte que Au^{3+}, portanto, a reação continua da esquerda para direita, como escrita. (Isso é confirmado pelo valor positivo de $E°_{célula}$.) Para a reação de Cl_2 e Au, a Tabela 19.1 nos mostra que Cl_2 é um agente oxidante mais fraco que Au^{3+}, portanto, a reação deveria se processar na direção oposta sob condições padrão.

Oxidação, ânodo: $2[Au(s) \rightarrow Au^{3+}(aq) + 3\ e^-]$

Redução, cátodo: $3[Cl_2(aq) + 2\ e^- \rightarrow 2\ Cl^-(aq)]$

Equação iônica global: $3\ Cl_2(aq) + 2\ Au(s) \rightarrow 6\ Cl^-(aq) + 2\ Au^{3+}(aq)$

$$E°_{célula} = E°_{cátodo} - E°_{ânodo} = +1,36\ V - (+1,50\ V) = -0,14\ V$$

Isso é confirmado pelo valor negativo de $E°_{célula}$.

Pense bem antes de responder Na parte (c) calculamos $E°_{célula}$ para duas reações. Para obter uma equação iônica global balanceada, somamos as duas semirreações, porém, somente depois de multiplicar a semirreação do ouro por 2 e a semirreação do halogênio por 3. (Isso significa que 6 mols de elétrons foram transferidos de 2 mols de Au para 3 mols de Cl_2.) Observe que isso não altera o valor de $E°$ para as semirreações, porque os potenciais de células não dependem da quantidade de material.

Verifique seu entendimento

(a) Classifique os seguintes metais de acordo com sua capacidade de atuar como agentes redutores: Hg, Sn e Pb.

(b) Quais halogênios oxidarão o mercúrio para mercúrio(II)?

ESTUDO DE CASO

Manganês nos Oceanos

O manganês é um componente-chave de alguns ciclos de oxidação-redução nos oceanos. De acordo com um artigo na revista *Science,* ele "pode realizar essa função porque existe em múltiplos estados de oxidação e é reciclado rapidamente entre esses estados por processos bacterianos".

A Figura A mostra como esse ciclo deve acontecer. Os íons manganês(II) nas águas subterrâneas são oxidados para formar óxido de manganês(IV), MnO_2. As partículas desse depósito sólido insolúvel vão em direção ao fundo do oceano. Entretanto, um pouco dele encontra sulfeto de hidrogênio, que é produzido nas profundezas do oceano e sobe para a superfície do mar. Outra reação redox ocorre, produzindo íons enxofre e manganês(II). Os íons Mn^{2+} recém-formados sobem, onde são novamente oxidados.

Acreditava-se que o ciclo do manganês envolvia somente os estados de oxidação +2 e +4 do manganês, e as análises das amostras de água presumiram que o manganês dissolvido existia somente como íons Mn^{2+}. Um motivo para isso é que o estado de oxidação intermediário, Mn^{3+}, não é previsto ser estável em água. Deve ser desproporcionado aos estados +2 e +4.

$$2\ Mn^{3+}(aq) + 2\ H_2O(\ell) \longrightarrow$$
$$Mn^{2+}(aq) + MnO_2(s) + 4\ H^+(aq)$$

Sabe-se, entretanto, que Mn^{3+} pode existir quando complexado com espécies como íons pirofostato, $P_2O_7^{4-}$.

Muitos anos atrás, os geoquímicos sugeriram que íons Mn^{3+} poderiam existir na água natural. Poderiam ser produzidos por ação bacteriana e estabilizados pelo fosfato do ATP ou ADP. Especularam que o íon Mn^{3+} poderia exercer uma importante função no ciclo do manganês natural.

Agora, outros pesquisadores descobriram, de fato, que nas águas pobres em oxigênio, o íon manganês(III), Mn^{3+}, pode persistir. Esses íons foram encontrados em zonas anóxicas (zonas sem oxigênio dissolvido) abaixo de 100 m no Mar Negro e abaixo, aproximadamente, 15 m na Baía de Chesapeake. Está claro que os íons Mn^{3+}, que eram anteriormente conhecidos somente em laboratório, podem existir em águas naturais sob certas circunstâncias e que o ciclo de manganês deve ser revisto.

Questões:

1. Dados os seguintes potenciais de redução, mostre que Mn^{3+} deve desproporcionar para Mn^{2+} e MnO_2 sob condições padrão.

$$4\ H^+(aq) + MnO_2(s) + e^- \longrightarrow$$
$$Mn^{3+}(aq) + 2\ H_2O(\ell)$$

$E° = 0,95\ V$

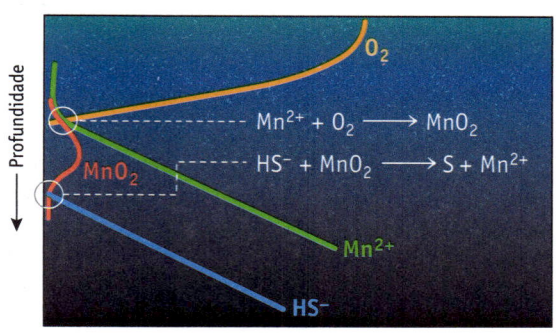

FIGURE A A química do manganês nos oceanos. Concentrações relativas de espécies importantes como uma função de profundidade nos oceanos. Consulte JOHNSON, K. S. *Science,* v. 313, p. 1.896, 2006 e TROUWBORST, R. E. CLEMENT, B. G. TEBOR, B. M. GLAZER B. T. e LUTHER III, G. W. *Science,* v. 313, p. 1955-1957, 2006.

$$Mn^{3+}(aq) + e^- \longrightarrow Mn^{2+}(aq)$$

$E° = 1,50\ V$

2. Balanceie as equações a seguir em solução ácida.
   (a) Redução de MnO_2 com HS^- para Mn^{2+} e S
   (b) Oxidação de Mn^{2+} com O_2 para MnO_2
3. Calcule $E°$ para a oxidação de Mn^{2+} com O_2 para MnO_2.

As respostas a essas questões estão disponíveis no Apêndice N.

EXERCÍCIOS PARA A SEÇÃO 19.4

1. A reação líquida que ocorre em uma célula voltaica é $Zn(s) + 2\ Ag^+(aq) \longrightarrow Zn^{2+}(aq) + 2\ Ag(s)$.

   Calcule um potencial para a célula assumindo condições padrão.

   (a) 1,562 V   (b) 0,0360 V   (c) 2,361 V

2. Qual dos metais da seguinte lista oxida mais facilmente: Fe, Ag, Zn, Mg ou Au?

   (a) Fe   (c) Zn   (e) Au

   (b) Ag   (d) Mg

3. Determine quais das equações redox a seguir são produto-favorecidas em equilíbrio.

   (i) $Ni^{2+}(aq) + H_2(g) \rightarrow Ni(s) + 2\ H^+(aq)$

   (ii) $2\ Fe^{3+}(aq) + 2\ I^-(aq) \rightarrow 2\ Fe^{2+}(aq) + I_2(s)$

   (iii) $Br_2(\ell) + 2\ Cl^-(aq) \rightarrow 2\ Br^-(aq) + Cl_2(g)$

   (iv) $Cr_2O_7^{2-}(aq) + 6\ Fe^{2+}(aq) + 14\ H^+(aq) \rightarrow 2\ Cr^{3+}(aq) + 6\ Fe^{3+}(aq) + 7\ H_2O(\ell)$

   (a) ii e iv   (b) i e iii   (c) iv somente   (d) todas

19-5 Células Eletroquímicas Fora das Condições Padrão

As células eletroquímicas raramente operam sob condições padrão no mundo real. Mesmo que a célula seja construída com concentração de 1M para todas as espécies dissolvidas, as concentrações dos reagentes diminuem e as dos produtos aumentam no curso da reação. A mudança das concentrações dos reagentes e dos produtos, bem como da temperatura, afetam a voltagem da célula. Assim, precisamos nos perguntar o que ocorre aos potenciais de célula fora das condições padrão.

A Equação de Nernst

Com base tanto na teoria como em resultados experimentais, foi determinado que os potenciais de célula estão relacionados às concentrações dos reagentes e produtos e à temperatura, como segue:

$$E = E° - (RT/nF) \ln Q \qquad (19.2)$$

Nessa equação, conhecida como **equação de Nernst**, R é a constante dos gases (8,314472 J/K · mol), T é a temperatura (K) e n é o número de mols de elétrons transferidos entre os agentes oxidantes e redutores (conforme determinado pela equação balanceada para a reação). O símbolo F representa a **constante de Faraday** (9,6485337 × 10⁴ C/mol). *Um Faraday é a quantidade de carga elétrica transportada por um mol de elétrons.* O termo Q é o quociente de reação (◄ Equação 15.2, Seção 15.2). Substituindo os valores das constantes na Equação 19.2, e usando 298 K como a temperatura, temos que

$$E = E° - \frac{0,0257}{n} \ln Q \quad a \ 25 \ °C \qquad (19.3)$$

ou, em uma forma geralmente usada com logaritmos de base 10,

$$E = E° - \frac{0,0592}{n} \log Q$$

Em essência, o termo $(RT/nF)\ln Q$ "corrige" o potencial padrão $E°$ para condições ou concentrações não padrão.

EXEMPLO 19.7

Usando a Equação de Nernst

Problema Uma célula voltaica é montada a 25 °C com as semicélulas Al^{3+}(0,0010 M) | Al e Ni^{2+}(0,50 M) | Ni. Escreva a equação para a reação que ocorre quando a célula gera corrente elétrica e determine o potencial.

O que você sabe? Você conhece a temperatura, a identidade e as concentrações dos reagentes e produtos.

Estratégia

- Determine qual substância será oxidada (Al ou Ni) observando as semirreações apropriadas na Tabela 19.1 e decida qual será o melhor agente redutor (Exemplo 19.6).

- Some as semirreações para determinar a equação iônica global e calcule $E°_{célula}$.

- Use a equação Nernst para calcular E, o potencial.

Solução Alumínio metálico é um agente redutor mais forte que o níquel metálico. (De forma recíproca, Ni^{2+} é um agente oxidante melhor que Al^{3+}.) Portanto, Al é oxidado e o compartimento Al^{3+} | Al é ânodo.

Cátodo, redução: $3 [Ni^{2+}(aq) + 2 e^- \rightarrow Ni(s)]$

Ânodo, oxidação: $2 [Al(s) \rightarrow Al^{3+}(aq) + 3 e^-]$

Equação iônica global: $2 Al(s) + 3 Ni^{2+}(aq) \rightarrow 2 Al^{3+}(aq) + 3 Ni(s)$

$$E^\circ_{célula} = E^\circ_{cátodo} - E^\circ_{ânodo}$$

$$E^\circ_{célula} = (-0,25 \text{ V}) - (-1,66 \text{ V}) = 1,41 \text{ V}$$

A expressão para Q é escrita com base na reação da célula. Na reação global, $Al^{3+}(aq)$ tem coeficiente 2, portanto, sua concentração é elevada ao quadrado. Do mesmo modo, $[Ni^{2+}(aq)]$ é elevada ao cubo. Sólidos não são incluídos na expressão de Q (◄ Seção 15.2).

$$Q = \frac{[Al^{3+}]^2}{[Ni^{2+}]^3}$$

A equação líquida requer transferência de seis mols de elétrons a partir de dois mols de átomos de Al para três mols de íons Ni^{2+}, portanto, $n = 6$, e a equação Nernst resulta em

$$E_{célula} = E^\circ_{célula} - \frac{0,0257}{n} \ln \frac{[Al^{3+}]^2}{[Ni^{2+}]^3}$$

$$= +1,41 \text{ V} - \frac{0,0257}{6} \ln \frac{[0,0010]^2}{[0,50]^3}$$

$$= +1,41 \text{ V} - 0,00428 \ln(8,0 \times 10^{-6})$$

$$= +1,41 \text{ V} - 0,00428 (-11,74)$$

$$= 1,46 \text{ V}$$

Pense bem antes de responder As concentrações de Al^{3+} e Ni^{2+} afetam o potencial da célula. Análises do termo $\ln Q$ na equação Nernst mostram que se $[Ni^{2+}] = 1$ M mas $[Al^{3+}] < 1$ M, então $E_{célula} > E^\circ_{célula}$. A reação é mais produto-favorecida nesta situação. A situação reversa (com $[Ni^{2+}] < 1$ M e $[Al^{3+}] = 1$ M) levaria a $E_{célula} < E^\circ_{célula}$. Nesse exemplo, o valor muito baixo de $[Al^{3+}]$ tem um efeito maior, e $E_{célula}$ é maior que $E^\circ_{célula}$.

Verifique seu entendimento

Uma célula voltaica é montada com um eletrodo de alumínio em uma solução de 0,025 M de $Al(NO_3)_3(aq)$ e um eletrodo de ferro em uma solução de 0,50 M de $Fe(NO_3)_2(aq)$. Determine o potencial da célula, $E_{célula}$, a 298 K.

Mapa Estratégico 19.7

PROBLEMA

Escreva uma equação para reação envolvendo **Al** e **Al^{3+}** com **Ni** e **Ni^{2+}**. Calcule $E_{célula}$.

DADOS/INFORMAÇÕES CONHECIDOS

- Concentrações de **Al^{3+}** e **Ni^{2+}**
- Procure **valores de $E°$** para semirreações.

ETAPA 1. Decida quais semirreações ocorrem no **ânodo** e no **cátodo** com base nos **valores de $E°$**.

Reação de cátodo (redução do Ni^{2+}) e **reação do ânodo** (oxidação do Al)

ETAPA 2. Some as semirreações para obter **reação líquida da célula.**

Reação líquida da célula

ETAPA 3. Calcule $E^\circ_{célula}$.

$E^\circ_{célula} = E^\circ_{cátodo} - E^\circ_{ânodo}$

ETAPA 4. Use a **equação de Nernst** com as concentrações dos íons conhecidas, $E^\circ_{célula}$ calculado, e o valor de n para calcular $E_{célula}$.

$E_{célula}$ fora das condições padrão

O Exemplo 19.7 demonstrou o cálculo de um potencial de célula se as concentrações forem conhecidas. Também é útil aplicar a equação de Nernst no sentido oposto, usando o potencial de uma célula para determinar uma concentração desconhecida.

EXEMPLO 19.8

Variação de Potencial de Célula com Concentração

Problema Uma célula voltaica é produzida com semicélulas de cobre e de hidrogênio. Na semicélula de cobre são empregadas condições padrão, $Cu^{2+}(aq, 1,00 \text{ M})$ | $Cu(s)$. O gás hidrogênio tem pressão de 1,00 bar, sendo $[H^+(aq)]$ na semicélula de hidrogênio desconhecido. Um valor de 0,490 V é registrado para $E_{célula}$ a 298 K. Determine o pH da solução.

O que você sabe? Você sabe a temperatura, a identidade dos reagentes e dos produtos, a concentração do íon Cu^{2+}, a pressão parcial de H_2 e $E_{célula}$.

Estratégia

- Determine qual é o melhor agente oxidante e redutor, de modo a decidir qual é a reação global que ocorre na célula. Escreva uma equação balanceada para a reação.

- Calcule $E^{\circ}_{célula}$ a partir dos valores de E° (Tabela 19.1).

- Use a equação de Nernst com a concentração de íon Cu^{2+} para calcular a concentração do íon hidrogênio.

- Calcule o pH.

Solução

Com base em suas posições em uma tabela de potenciais de redução padrão, Cu^{2+} é melhor agente oxidante que H^+, portanto, $Cu(s) \mid Cu^{2+}(aq, 1,00\ M)$ é o cátodo e $H_2(g, 1,00\ bar) \mid H^+(aq, ?\ M)$ é o ânodo.

Cátodo, redução: $Cu^{2+}(aq) + 2\ e^- \rightarrow Cu(s)$

Ânodo, oxidação: $\dfrac{H_2(g) \rightarrow 2\ H^+(aq) + 2\ e^-}{}$

Equação iônica global: $H_2(g) + Cu^{2+}(aq) \rightarrow Cu(s) + 2\ H^+(aq)$

$$E^{\circ}_{célula} = E^{\circ}_{cátodo} - E^{\circ}_{ânodo}$$

$$E^{\circ}_{célula} = (+0,337\ V) - (0,00\ V) = +0,337\ V$$

O quociente de reação Q é derivado da equação iônica balanceada.

$$Q = \frac{[H^+]^2}{[Cu^{2+}]P_{H_2}}$$

A equação líquida requer a transferência de dois mols de elétrons, portanto, $n = 2$. O valor de $[Cu^{2+}]$ é 1,00 M e a pressão de H_2 é 1,0 bar, mas $[H^+]$ é desconhecido. Substitua essa informação na equação de Nernst (e não esqueça que $[H^+]$ é elevado ao quadrado na expressão de Q).

$$E = E^{\circ} - \frac{0,0257}{n} \ln \frac{[H^+]^2}{[Cu^{2+}]P_{H_2}}$$

$$0,490V = 0,337V - \frac{0,0257}{2} \ln \frac{[H^+]^2}{(1,00)(1,00)}$$

$$-11,9 = \ln[H^+]^2$$

$$[H^+] = 3 \times 10^{-3}\ M$$

$$\boxed{pH = 2,6}$$

Pense bem antes de responder Esteja certo de escrever a equação balanceada. Sem isso, você não poderá ter os expoentes corretos no termo para Q na equação de Nernst.

Verifique seu entendimento

As semicélulas $Fe^{2+}(aq, 0,024\ M) \mid Fe(s)$ e $H^+(aq, 0,056\ M) \mid H_2$ (1,0 bar) são unidas por uma ponte salina para criar uma célula voltaica. Determine o potencial da célula, $E_{célula}$, a 298 K.

Um medidor de pH metro é um dispositivo que usa um potencial de célula medido para determinar uma concentração desconhecida (Figura 19.16). Em uma célula eletroquímica na qual $H^+(aq)$ é reagente ou produto, a voltagem da célula variará de forma previsível em função da concentração de íons hidrogênio. A voltagem da célula é medida e o valor é usado para calcular o pH. O Exemplo 19.8 ilustra como $E_{célula}$ *varia com a concentração de íons hidrogênio em uma célula simples.*

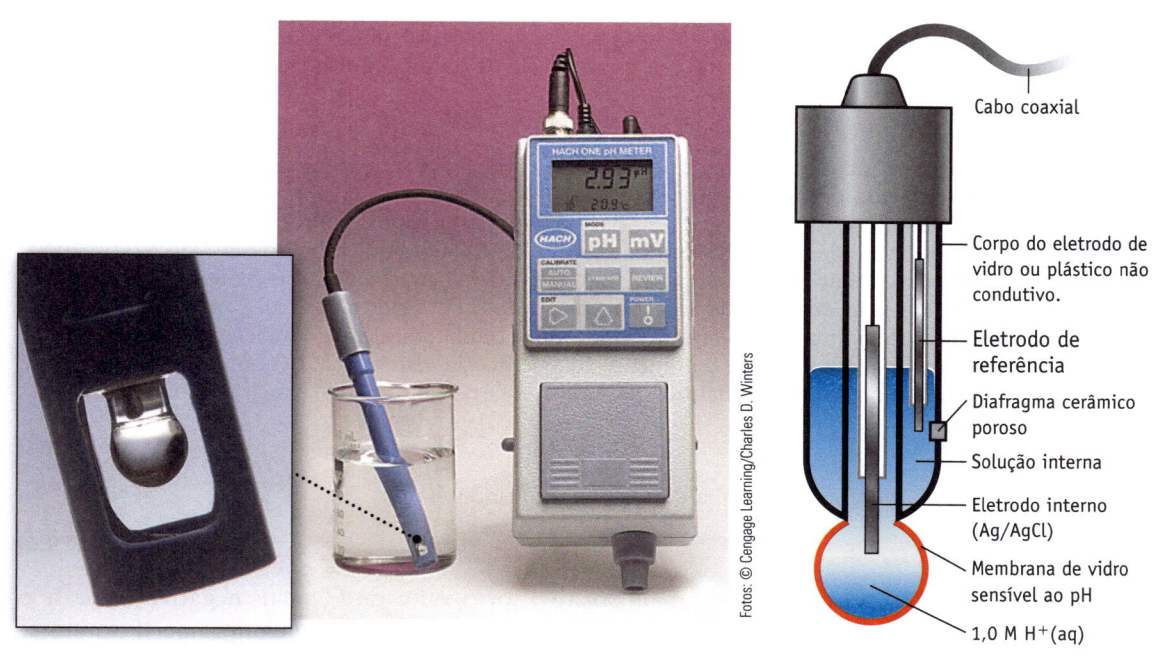

FIGURA 19.16 Medindo o pH.

No mundo real, o uso de um eletrodo de hidrogênio em um medidor de pH não é prático. O aparelho é desajeitado podendo ser qualquer coisa menos robusto, e a platina (para o eletrodo) é cara. Os medidores de pH comuns atuais usam eletrodos de vidro, assim chamados por conterem uma delgada membrana de vidro que separa a célula da solução cujo pH está sendo medido (Figura 19.16). No interior do eletrodo de vidro há um fio de prata recoberto com AgCl e uma solução de HCl; do lado de fora está a solução de pH desconhecido a ser determinado. Um eletrodo Ag/AgCl ou de calomelano, que é um eletrodo de referência comum que usa um par redox mercúrio(I)-mercúrio (Hg_2Cl_2 | Hg), é o segundo eletrodo da célula. O potencial ao longo da membrana de vidro depende da [H^+]. Os medidores de pH comuns fornecem leitura direta de pH.

EXERCÍCIO PARA A SEÇÃO 19.5

1. Calcule $E_{célula}$ a 298 K para uma célula que envolve Sn e Cu e seus íons:

$$Sn(s)\,|\,Sn^{2+}(aq,\ 0,25\ M)\,||\,Cu^{2+}(aq,\ 0,10\ M)\,|\,Cu(s)$$

(a) 0,47 V   (b) 0,49 V   (c) 0,50 V

19-6 Eletroquímica e Termodinâmica

Trabalho e Energia Livre

A primeira lei de termodinâmica afirma que a mudança de energia interna em um sistema (ΔU) é relacionada a duas quantidades, calor (q) e trabalho (w): $\Delta U = q + w$ (◄ Seção 5.4). Essa equação também se aplica a mudanças químicas que ocorrem em uma célula voltaica. À medida que a corrente flui, a energia é transferida do sistema (a célula voltaica) para a vizinhança.

Em uma célula voltaica, a diminuição da energia interna do sistema se manifestará idealmente como trabalho elétrico realizado sobre a vizinhança pelo sistema. Na prática, entretanto, parte da energia geralmente é criada na forma de calor pela célula voltaica. O trabalho máximo realizado por um sistema eletroquímico (idealmente, considerando-se que não há geração de calor) é proporcional à diferença de potencial (volts) e à quantidade de carga (coulombs).

$$w_{máx} = nFE \tag{19.4}$$

Nessa equação, E é o potencial da célula, e nF é a quantidade de carga elétrica transferida do ânodo para o cátodo.

A variação de energia livre para o processo é, por definição, a quantidade máxima de trabalho que pode ser extraída (Seção 18.6). Como o trabalho máximo e o potencial de célula estão relacionados, $E°$ e $\Delta_r G°$ podem ser relacionados matematicamente (tomando-se o cuidado de se atribuir os sinais de modo correto). O trabalho máximo realizado sobre a vizinhança quando uma célula voltaica produz eletricidade é $+nFE$, e o sinal positivo denota o aumento da energia da vizinhança. O conteúdo da energia da célula diminui nessa quantidade. Assim, $\Delta_r G$ para a célula voltaica tem o sinal oposto.

$$\Delta_r G = -nFE \tag{19.5}$$

Sob condições padrão, a equação apropriada é:

$$\Delta_r G° = -nFE° \tag{19.6}$$

Unidades na Equação 19.6 n tem unidades de mol e^-, e F tem unidades de (C/mol e^-). Portanto, nF tem unidades de coulombs (C). Como 1 J = 1 C · V, o produto nFE terá unidades de energia (J).

Isso mostra que, quanto mais positivo for o valor de $E°$, mais negativo torna-se o valor de $\Delta_r G°$. Também, devido à relação entre $\Delta_r G°$ e K, quanto mais distantes as semirreações estiverem na escada de potencial, mais intensamente a reação será produto-favorecida no equilíbrio.

EXEMPLO 19.9

Relacionando $E°$ e $\Delta_r G°$

Problema O potencial padrão de célula, $E°_{célula}$, para a redução de íons prata com cobre metálico (Figura 19.5) é + 0,462 V a 25 °C. Calcule $\Delta_r G°$ para esta reação.

O que você sabe? Você sabe o potencial da célula sob condições padrão e, portanto, sabe usar a Equação 19.6 para calcular a variação na energia livre. Nessa equação, F é uma constante conhecida, mas n precisa ser determinado a partir da equação balanceada para a reação da célula.

Estratégia Use a Equação 19.6, em que $E°_{célula}$ e F são conhecidos. O valor de n, o número de mols de elétrons transferidos entre o metal de cobre e os íons prata, vem da equação balanceada.

Solução Nesta célula, o cobre é o ânodo e a prata é o cátodo. A reação global da célula é

$$Cu(s) + 2\ Ag^+(aq) \rightarrow Cu^{2+}(aq) + 2\ Ag(s)$$

o que significa que cada mol de cobre transfere 2 mols de elétrons para 2 mols de íons Ag^+. Ou seja, $n = 2$. Agora use a Equação 19.6.

$$\Delta_r G° = -nFE° = -(2\ mol\ e^-)(96{,}485\ C/mol\ e^-)(0{,}462\ V) = -89.200\ C · V$$

Como 1 C · V = 1 J, temos

$$\Delta_r G° = -89.200\ J\ ou\ -89{,}2\ kJ$$

Pense bem antes de responder Esse exemplo demonstra um método eficiente de obter valores termodinâmicos a partir dos experimentos eletroquímicos. Lembre-se de que um valor positivo de $E°$ implica em um $\Delta_r G°$ negativo.

Verifique seu entendimento

A reação a seguir possui um valor $E°$ de $-0,76$ V:

$$H_2(g) + Zn^{2+}(aq) \rightarrow Zn(s) + 2\,H^+(aq)$$

Calcule $\Delta_r G°$ para essa reação. Ela é produto-favorecida ou reagente-favorecida no equilíbrio?

$E°$ e a Constante de Equilíbrio

Quando uma célula voltaica produz corrente elétrica, as concentrações dos reagentes diminuem e as concentrações dos produtos aumentam. A voltagem da célula também muda. Conforme os reagentes são convertidos em produtos, o valor de $E_{célula}$ diminui e o potencial da célula acaba atingindo zero; não há reação líquida ocorrendo e o equilíbrio é alcançado.

Essa situação pode ser analisada usando-se a equação de Nernst. Quando $E_{célula} = 0$, os reagentes e os produtos estão em equilíbrio e o quociente de reação Q é igual à constante de equilíbrio, K. Substituindo os valores e os símbolos apropriados na equação de Nernst,

$$E = 0 = E° - \frac{0,0257}{n} \ln K$$

e, reunindo os termos, temos a equação que relaciona o potencial da célula com a constante de equilíbrio:

$$\ln K = \frac{nE°}{0,0257} \quad \text{a } 25\,°C \;\; (298\,K) \qquad \textbf{(19.7)}$$

A Equação 19.7 pode ser usada para determinar valores de constantes de equilíbrio, conforme ilustrado no Exemplo 19.10.

EXEMPLO 19.10

$E°$ e Constantes de Equilíbrio

Problema Calcule a constante de equilíbrio para a reação a 298 K:

$$Fe(s) + Cd^{2+}(aq) \rightleftharpoons Fe^{2+}(aq) + Cd(s)$$

O que você sabe? Você tem a equação química balanceada e sabe que a Equação 19.7 é necessária. Você precisa determinar $E°$ (a partir dos valores do potencial padrão de redução na Tabela 19.1) e n, o número de elétrons transferidos.

Estratégia Primeiro, determine $E°_{célula}$ a partir dos valores de $E°$ para as duas semirreações. Isso também fornece o valor de n, outro parâmetro necessário na Equação 19.7.

Solução As semirreações e os valores de $E°$ são

Cátodo, redução: $Cd^{2+}(aq) + 2\,e^- \rightarrow Cd(s)$

Ânodo, oxidação: $Fe(s) \rightarrow Fe^{2+}(aq) + 2\,e^-$

Equação iônica global: $Fe(s) + Cd^{2+}(aq) \rightleftharpoons Fe^{2+}(aq) + Cd(s)$

$$E°_{célula} = E°_{cátodo} - E°_{ânodo}$$

$$E°_{célula} = (-0,40\,V) - (-0,44\,V) = +0,04\,V$$

Mapa Estratégico 19.10

PROBLEMA
Calcule uma **constante de equilíbrio** usando **dados eletroquímicos**.

DADOS/INFORMAÇÕES CONHECIDOS
- Equação balanceada

ETAPA 1. Calcule $E°_{cell}$ com base nos **valores de $E°$** das semirreações de oxidação e de redução.

$E°_{célula} = E°_{cátodo} - E°_{ânodo}$

ETAPA 2. Use a Equação 19.7 com os valores calculados de $E°_{célula}$ e de n para calcular $\ln K$.

$\ln K$ calculado

ETAPA 3. Converta $\ln K$ para K.

Constante de equilíbrio, K

Agora substitua $n = 2$ e $E°_{célula}$ na Equação 19.7.

$$\ln K = \frac{nE°}{0,0257} = \frac{(2)(2,04 \text{ V})}{0,0257} = 3,1$$

$$K = 20$$

Pense bem antes de responder A voltagem relativamente pequena (0,04 V) para a célula indica que a reação da célula é apenas ligeiramente produto-favorecida. Um valor igual a 20 para a constante de equilíbrio está de acordo com essa observação.

Verifique seu entendimento

Calcule a constante de equilíbrio a 25 °C para a reação:

$$2 \text{ Ag}^+(aq) + \text{Hg}(\ell) \rightleftharpoons 2 \text{ Ag}(s) + \text{Hg}^{2+}(aq)$$

As relações entre $E°$, K e $\Delta_r G°$ estão resumidas na Tabela 19.2. Os valores de $E°$ podem ser usados para a obtenção de constantes de equilíbrio para muitos sistemas químicos diferentes. Um exemplo é a determinação de constantes de produto de solubilidade, K_{ps}. Vamos começar com um eletrodo em que um composto insolúvel iônico, AgCl, é componente de uma semicélula. A Figura 19.17 ilustra como o potencial para a redução de AgCl na presença do íon Cl^- (1,00 M) pode ser determinado.

$$\text{AgCl}(s) + e^- \rightarrow \text{Ag}(s) + \text{Cl}^-(aq) \qquad E° = +0,222 \text{ V}$$

Quando emparelhado com o eletrodo padrão de hidrogênio, o potencial de redução padrão para a semicélula AgCl | Ag é +0,222 V. Se essa semirreação for então comparada com um eletrodo de prata padrão em uma célula voltaica hipotética, as reações da célula poderão ser escritas como

Cátodo, redução: $\qquad \text{AgCl}(s) + e^- \rightarrow \text{Ag}(s) + \text{Cl}^-(aq)$

Ânodo, oxidação: $\qquad \underline{\text{Ag}(s) \rightarrow \text{Ag}^+(aq) + e^-}$

Equação iônica global: $\quad \text{AgCl}(s) \rightarrow \text{Ag}^+(aq) + \text{Cl}^-(aq)$

A equação para a reação líquida representa o equilíbrio de AgCl sólido e seus íons. O potencial da celula é negativo,

$$E°_{célula} = E°_{cátodo} - E°_{ânodo} = (+0,222 \text{ V}) - (+0,799 \text{ V}) = -0,577 \text{ V}$$

indicando um processo reagente-favorecido, como seria esperado com base na baixa solubilidade do AgCl. Usando a Equação 19.7, o valor de K_{ps} pode ser obtido por $E°_{célula}$.

$$\ln K = \frac{nE°}{0,0257} = \frac{(1)(-0,577 \text{ V})}{0,0257} = -22,5$$

$$K_{ps} = e^{-22,5} = 2 \times 10^{-10}$$

Tabela 19.2	**Resumo da Relação de K, $\Delta_r G°$ e $E°$**		
K	**$\Delta_r G°$**	**$E°$**	**REAGENTE-FAVORECIDO OU PRODUTO-FAVORECIDO NO EQUILÍBRIO?**
$K >> 1$	$\Delta_r G° < 0$	$E° > 0$	Produto-favorecido
$K = 1$	$\Delta_r G° = 0$	$E° = 0$	$[C]^c[D]^d = [A]^a[B]^b$ no equilíbrio
$K << 1$	$\Delta_r G° > 0$	$E° < 0$	Reagente-favorecido

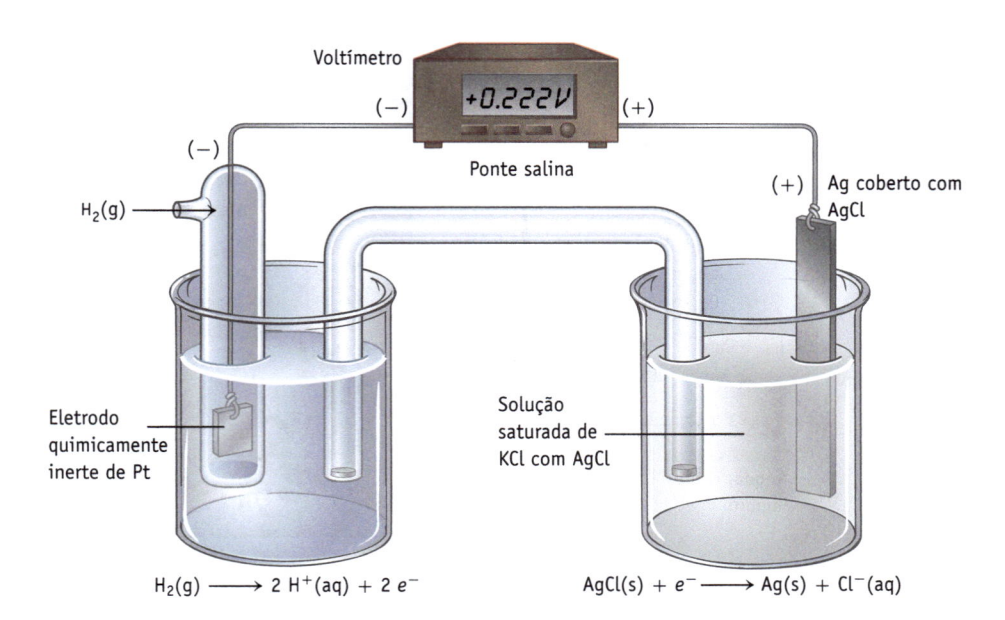

FIGURA 19.17 Medida do potencial padrão de eletrodo para o eletrodo Ag | AgCl.

EXERCÍCIOS PARA A SEÇÃO 19.6

1. No Apêndice M, o seguinte potencial padrão de redução é encontrado:

$$[Zn(CN)_4]^{2-}(aq) + 2\ e^- \to Zn(s) + 4\ CN^-(aq) \qquad E° = -1{,}26\ V$$

Use essa informação com os dados sobre a semicélula $Zn^{2+}(aq)\ |\ Zn(s)$ para calcular a constante de equilíbrio para a reação

$$Zn^{2+}(aq) + 4\ CN^-(aq) \rightleftharpoons [Zn(CN)_4]^{2-}(aq)$$

Qual é o valor da constante de formação para esse íon complexo, a 25 °C?

(a) $2{,}8 \times 10^8$ (b) $6{,}3 \times 10^{16}$ (c) $1{,}9 \times 10^{68}$

19-7   Eletrólise: Mudança Química Utilizando Energia Elétrica

Até então descrevemos as células eletroquímicas que usam reações redox produto-favorecidas para gerar uma corrente elétrica. Igualmente importante, no entanto, é o processo oposto, a **eletrólise**, que usa energia elétrica para que ocorram mudanças químicas.

A eletrólise da água é um experimento químico clássico, e a galvanização de metais é outro exemplo de eletrólise (Figura 19.18). Aqui, uma corrente elétrica passa através de uma solução que contém um sal do metal a ser depositado. O objeto a ser recoberto é o cátodo, e quando os íons de metal na solução são reduzidos, eles se depositam na superfície do objeto.

A eletrólise é um procedimento importante, porque é amplamente utilizada no refino de metais como o alumínio e na produção de produtos químicos industriais como o cloro.

Eletrólise de Sais Fundidos

Todos os experimentos de eletrólise são configurados de maneira similar. O material a ser eletrolisado, seja um sal fundido ou uma solução, está contido em uma célula eletroquímica. Como no caso com as células voltaicas, os íons devem estar presentes no líquido ou na solução para que uma corrente flua conforme o movimento dos íons dentro da célula que constitui a corrente elétrica. A célula apresenta dois eletrodos que são conectados a uma fonte de voltagem (corrente contínua, do inglês direct-current-DC). Se a voltagem aplicada for suficientemente alta, ocorrerão reações químicas em cada eletrodo. A redução ocorre no cátodo carregado negativamente, com elétrons sendo transferidos desse eletrodo para uma espécie química na célula. A oxidação ocorre no ânodo positivo com elétrons de uma espécie química que está sendo transferida para o eletrodo.

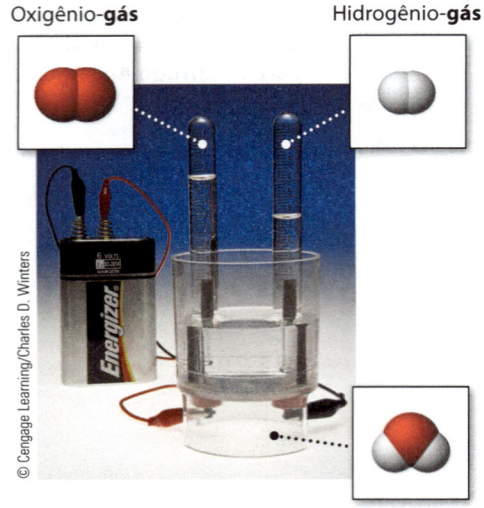

Oxigênio-**gás**   Hidrogênio-**gás**

Água-**líquido**

(a) Eletrólise da água produz hidrogênio (no cátodo) e gás oxigênio (no ânodo).

(b) Cobre purificado por eletrólise. Os íons cobre são produzidos em um ânodo feito de cobre impuro. Os íons migram para o cátodo, no qual são reduzidos a cobre metálico. (*À direita*. Foto de uma unidade de eletrólise comercial que produz cobre.)

FIGURA 19.18 Eletrólise.

Vamos inicialmente dirigir nossa atenção às reações químicas que ocorrem em cada eletrodo na eletrólise de um sal fundido. O cloreto de sódio derrete a aproximadamente 800 °C e, no estado fundido, os íons sódio (Na^+) e cloro (Cl^-) são liberados de seu arranjo rígido no retículo cristalino. Se um potencial for aplicado aos eletrodos, os íons sódio serão atraídos pelo eletrodo negativo e os íons cloro serão atraídos pelo eletrodo positivo (Figura 19.19). Se o potencial for suficientemente alto, ocorrerão reações químicas em cada eletrodo. No cátodo negativo, íons Na^+ aceitam elétrons e são reduzidos a sódio metálico (líquido a essa temperatura). Simultaneamente, no ânodo positivo, íons cloreto doam elétrons e formam a substância elementar cloro.

Cátodo (-), redução:	$2\ Na^+ + 2\ e^- \rightarrow 2\ Na(\ell)$
Ânodo (+), oxidação:	$2\ Cl^- \rightarrow Cl_2(g) + 2\ e^-$
Equação iônica global:	$2\ Na^+ + 2\ Cl^- \rightarrow 2\ Na(\ell) + Cl_2(g)$

Elétrons se movem no circuito externo devido à força exercida pelo potencial aplicado, e o movimento dos íons positivos e negativos no sal fundido constitui a corrente no interior da célula. Por fim, é importante reconhecer que a reação não é espontânea. A energia necessária para que essa reação ocorresse foi fornecida pela corrente elétrica.

DICA DE SOLUÇÃO DE PROBLEMAS 19.3
Convenções Eletroquímicas: Células Voltaicas e Células de Eletrolíticas

Se você estiver descrevendo uma célula voltaica ou uma célula eletrolítica, os termos *ânodo* e *cátodo* sempre serão referentes aos eletrodos nos quais a oxidação e a redução ocorrem, respectivamente. Entretanto, os eletrodos nos dois tipos de células eletroquímicas apresentam polaridades diferentes.

TIPOS DE CÉLULAS	ELETRODO	FUNÇÃO	POLARIDADE
Voltaica	Ânodo	Oxidação	−
	Cátodo	Redução	+
Eletrolítica	Ânodo	Oxidação	+
	Cátodo	Redução	−

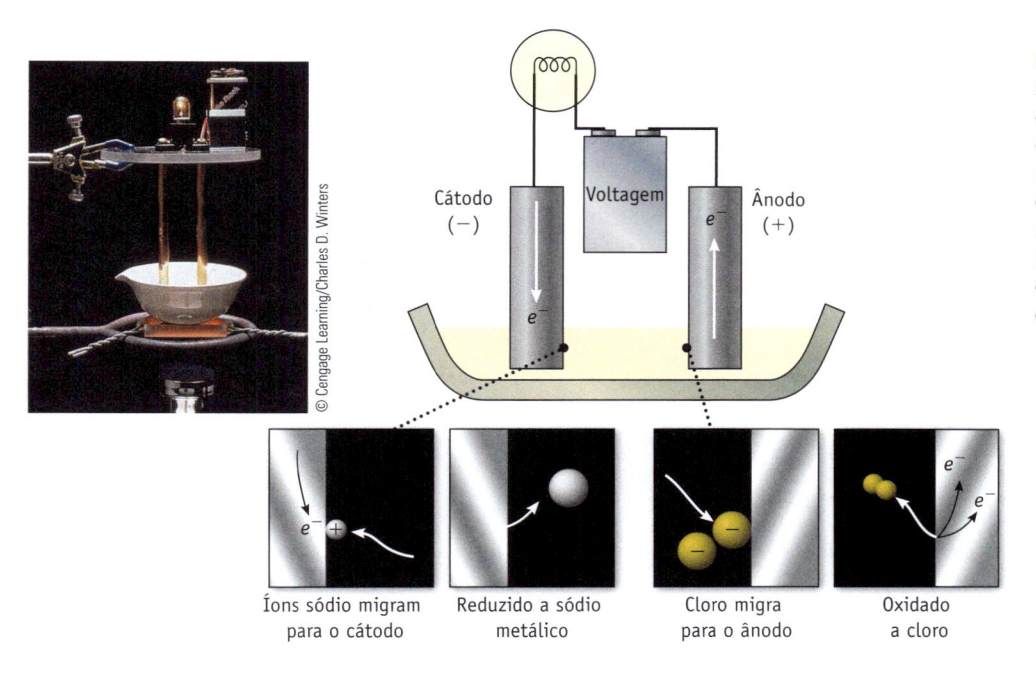

Cátodo (−) Voltagem e^- Ânodo (+)

Íons sódio migram para o cátodo

Reduzido a sódio metálico

Cloro migra para o ânodo

Oxidado a cloro

FIGURA 19.19 A preparação de sódio e cloro por meio da eletrólise de NaCl fundido. No estado fundido, os íons sódio migram para o cátodo negativo, onde são reduzidos a sódio metálico. Os íons cloreto migram para o ânodo positivo, onde são oxidados à substância elementar cloro.

Eletrólise de Soluções Aquosas

Íons sódio (Na^+) e cloro (Cl^-) são espécies primárias presentes em NaCl fundido. Apenas íons cloro podem ser oxidados, e somente os íons sódio podem ser reduzidos. A eletrólise de uma substância em solução aquosa é mais complexa do que a eletrólise de sais fundidos, pois agora a água está presente. A água é uma substância *eletroativa*, ou seja, é capaz de ser oxidada ou reduzida em um processo eletroquímico.

Considere a eletrólise do iodeto de sódio aquoso (Figura 19.20). Nesse experimento, a célula de eletrolítica contêm $Na^+(aq)$, $I^-(aq)$ e moléculas de H_2O. Possíveis *reações de redução* no *cátodo negativo* incluem

$$Na^+(aq) + e^- \rightarrow Na(s)$$

$$2\ H_2O(\ell) + 2\ e^- \rightarrow H_2(g) + 2\ OH^-(aq)$$

Possíveis *reações de oxidação* no *ânodo positivo* são

$$2\ I^-(aq) \rightarrow I_2(aq) + 2\ e^-$$

$$2\ H_2O(\ell) \rightarrow O_2(g) + 4\ H^+(aq) + 4\ e^-$$

Na eletrólise de NaI aquoso, $H_2(g)$ e $OH^-(aq)$ são formados pela redução da água no cátodo, e iodeto é formado no ânodo. Assim, o processo global da célula pode ser resumido pelas equações a seguir:

Cátodo (-), redução:	$2\ H_2O(\ell) + 2\ e^- \rightarrow H_2(g) + 2\ OH^-(aq)$
Ânodo (+), oxidação:	$2\ I^-(aq) \rightarrow I_2(aq) + 2\ e^-$
Equação iônica global:	$2\ H_2O(\ell) + 2\ I^-(aq) \rightarrow H_2(g) + 2\ OH^-(aq) + I_2(aq)$

em que $E^\circ_{célula}$ possui um valor negativo.

$$E^\circ_{célula} = E^\circ_{cátodo} - E^\circ_{ânodo} = (-0{,}8277\ V) - (+0{,}621\ V) = -1{,}449\ V$$

Esse processo não é espontâneo em condições padrão, e um potencial de pelo menos 1,45 V deve ser aplicado na célula para que essas reações ocorram. Se o processo tivesse envolvido a oxidação da água em vez do íon iodeto no ânodo, o potencial necessário seria −2,057 V [$E^\circ_{cátodo} - E^\circ_{ânodo} = (-0{,}8277\ V) - (+1{,}229\ V)$] e, se a reação envolvendo a redução de Na^+ e a oxidação de I^- tivesse ocorrido, o potencial necessário seria −3,335 V [$E^\circ_{cátodo} - E^\circ_{ânodo} = (-2{,}714\ V) - (+0{,}621\ V)$]. A reação

FIGURA 19.20 Eletrólise de NaI aquoso.

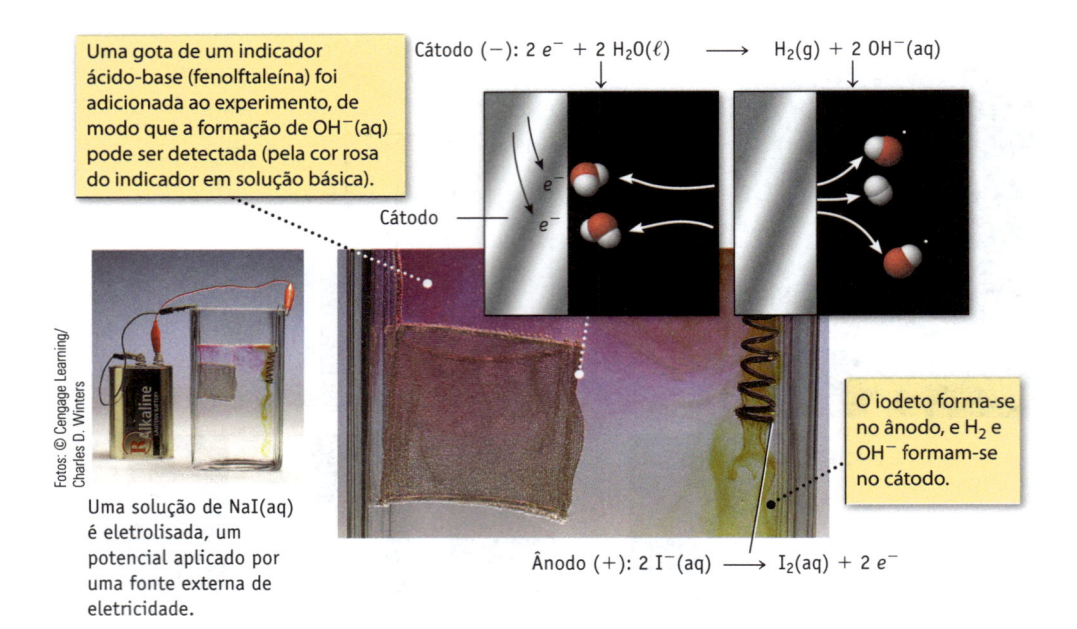

Uma gota de um indicador ácido-base (fenolftaleína) foi adicionada ao experimento, de modo que a formação de OH⁻(aq) pode ser detectada (pela cor rosa do indicador em solução básica).

Cátodo (−): $2\,e^- + 2\,H_2O(\ell) \longrightarrow H_2(g) + 2\,OH^-(aq)$

Cátodo

Fotos: © Cengage Learning/ Charles D. Winters

Uma solução de NaI(aq) é eletrolisada, um potencial aplicado por uma fonte externa de eletricidade.

O iodeto forma-se no ânodo, e H_2 e OH^- formam-se no cátodo.

Ânodo (+): $2\,I^-(aq) \longrightarrow I_2(aq) + 2\,e^-$

que ocorre é a que exige o menor potencial aplicado, de forma que a reação líquida da célula na eletrólise de NaI(aq) seja a oxidação do iodeto e a redução da água.

O que acontece se uma solução aquosa de outro haleto metálico, como $SnCl_2$, for eletrolisada? Consulte o Apêndice M e considere todas as semirreações possíveis. Nesse caso, o íon Sn^{2+} aquoso é muito mais facilmente reduzido ($E° = -0,14$ V) do que a água ($E° = -0,83$ V) no cátodo, de forma que estanho metálico é produzido. No ânodo, duas oxidações são possíveis: Cl^-(aq) para $Cl_2(g)$ ou $H_2O(\ell)$ para $O_2(g)$. Experimentos mostram que o íon cloreto é oxidado preferencialmente em relação à água, portanto as reações que ocorrem na eletrólise do cloreto de estanho(II) aquoso (Figura 19.21) são

---

UM OLHAR MAIS ATENTO

Eletroquímica e Michael Faraday

Os termos *ânion*, *cátion*, *eletrodo* e *eletrólito* se originaram com Michael Faraday (1791-1867), um dos homens mais influentes da história da Química. Faraday foi aprendiz de encadernação de livros em Londres quando tinha 13 anos. Isso foi perfeitamente favorável a ele, que gostava de ler os livros enviados para serem encadernados. Por acaso, um desses volumes era um pequeno livro de Química, o qual aguçou seu interesse pela ciência, e ele começou a fazer experiências relacionadas à eletricidade. Em 1812, um dos donos da loja convidou Faraday para acompanhá-lo até o Royal Institute a fim de assistir a uma palestra proferida por um dos mais famosos cientistas da época, *Sir* Humphry Davy. Faraday ficou tão intrigado com a palestra de Davy que escreveu a ele pedindo por uma posição como assistente. Seu pedido foi concedido e ele começou a trabalhar em 1813. Faraday era tão talentoso que seu trabalho mostrou-se extraordinariamente proveitoso, e apenas doze anos depois ele

se tornou diretor do laboratório da Royal Institution.

É notório que as contribuições de Faraday foram tão grandes que, se houvesse Prêmios Nobel na época em que era vivo, ele teria recebido ao menos seis. Esses poderiam ter sido concedidos por descobertas tais como:

- Indução eletromagnética, que levou ao primeiro transformador e ao primeiro motor elétrico.
- As leis da eletrólise (o efeito da corrente elétrica em substâncias químicas).
- As propriedades magnéticas da matéria.
- Benzeno e outros produtos químicos orgânicos (que possibilitaram o surgimento de importantes indústrias químicas).
- O "Efeito Faraday" (a rotação do plano da luz polarizada por um campo magnético).
- A introdução do conceito de campos elétricos e magnéticos.

Oesper Collection in the History of Chemistry/University of Cincinnati

Michael Faraday
(1791-1867)

Além de fazer descobertas que causaram profundos efeitos na ciência, Faraday foi educador. Ele escreveu e falou a respeito de seu trabalho de formas memoráveis, especialmente em palestras realizadas para o público geral, que ajudaram a popularizar a ciência.

Uma transcrição das palestras de Faraday, *The Chemical History of a Candle,* foi publicada em 1867. Esse pequeno livro, ainda amplamente disponível, é um bonito relato do pensamento científico e de fácil leitura.

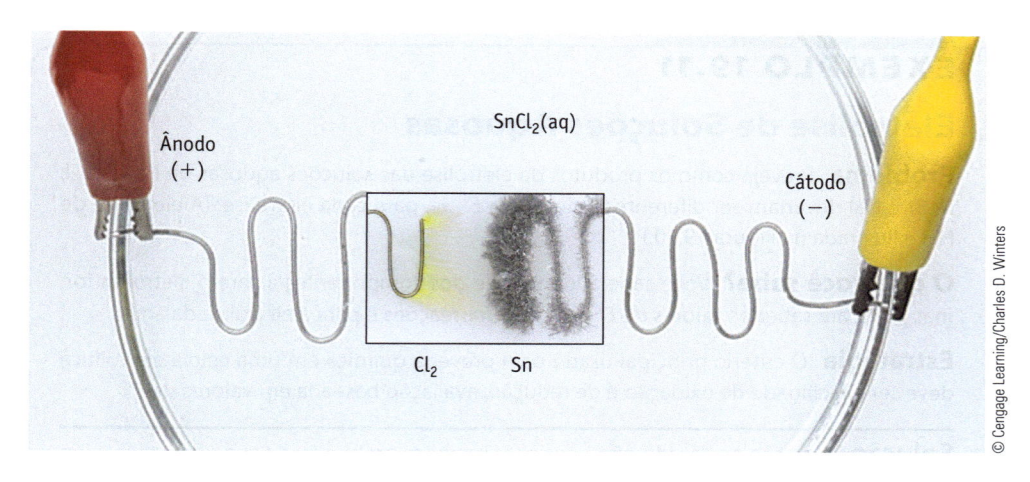

FIGURA 19.21 Eletrólise do cloreto de estanho(II) aquoso. O metal estanho acumula-se no cátodo negativo. Cloro gasoso é formado no ânodo positivo. Cloro elementar é formado na célula, apesar do fato de que o potencial para a oxidação do Cl^- é mais negativo do que para a oxidação da água. (Isto é, o cloro deveria ser oxidado com menos facilidade do que a água.) Esse é o resultado da cinética química e ilustra a complexidade de alguns processos eletroquímicos aquosos.

© Cengage Learning/Charles D. Winters

Cátodo (-), redução: $Sn^{2+}(aq) + 2\ e^- \rightarrow Sn(s)$

Ânodo (+), oxidação: $2\ Cl^-(aq) \rightarrow Cl_2(g) + 2\ e^-$

Equação iônica global: $Sn^{2+}(aq) + 2\ Cl^-(aq) \rightarrow Sn(s) + Cl_2(g)$

$$E°_{célula} = E°_{cátodo} - E°_{ânodo} = (-0{,}14\ V) - (+1{,}36\ V) = -1{,}50\ V$$

A formação de Cl_2 no ânodo na eletrólise de $SnCl_2(aq)$ contraria a previsão baseada nos valores de $E°$. Se as reações nos eletrodos fossem, conforme abaixo, um menor potencial aplicado seria necessário.

Cátodo (-), redução: $Sn^{2+}(aq) + 2\ e^- \rightarrow Sn(s)$

Ânodo (+), oxidação: $2\ H_2O(\ell) \rightarrow O_2(g) + 4\ H^+(aq) + 4\ e^-$

$$E°_{célula} = (-0{,}14\ V) - (+1{,}23\ V) = -1{,}37\ V$$

Para explicar a formação do cloro em vez de oxigênio, devemos levar em consideração as velocidades de reação. A oxidação de $Cl^-(aq)$ é muito mais rápida do que a oxidação de H_2O.

Esse "problema" é usado como vantagem na eletrólise economicamente importante do NaCl aquoso, em que uma voltagem elevada o suficiente é usada para oxidar tanto Cl^- como H_2O. No entanto, pelo fato de os íons cloreto serem oxidados mais rapidamente que H_2O, Cl_2 é o produto majoritário nessa eletrólise. Esse é o meio predominante pelo qual o cloro é produzido para uso comercial.

Outro caso em que as velocidades são importantes diz respeito aos materiais do eletrodo. O grafite, comumente usado para fazer eletrodos inertes, pode ser oxidado. Para a semirreação $CO_2(g) + 4\ H^+(aq) + 4\ e^- \rightarrow C(s) + 2\ H_2O(\ell)$, $E°$ é + 0,20 V, o que indica que o carbono é ligeiramente mais fácil de se oxidar do que o cobre ($E° = +0{,}34\ V$). Com base nesse valor, poderíamos esperar que a oxidação de um eletrodo de grafite ocorresse facilmente na eletrólise. E ela de fato ocorre, embora lentamente; eletrodos de grafite usados em eletrólise deterioram-se lentamente e precisam ser substituídos com o passar do tempo.

Outro fator, a concentração de espécies eletroativas em solução, deve ser levado em consideração quando se discute a eletrólise. Conforme mostra a Seção 19.5, o potencial em que uma espécie em solução é oxidada ou reduzida depende da concentração. A menos que sejam utilizadas condições padrão, previsões baseadas em valores de $E°$ são apenas qualitativas. Além disso, a velocidade de uma semirreação depende da concentração da substância eletroativa na superfície do eletrodo. Em uma concentração muito baixa, a velocidade da reação redox pode depender da velocidade com que um íon se difunde a partir da solução para a superfície do eletrodo.

Sobretensão Voltagens acima do mínimo são tipicamente usadas para acelerar reações que, caso contrário, seriam lentas. O termo *sobretensão* é frequentemente utilizado e refere-se à voltagem necessária para a ocorrência de uma reação em uma velocidade razoável.

EXEMPLO 19.11

Eletrólise de Soluções Aquosas

Problema Preveja como os produtos da eletrólise das soluções aquosas de NaF, NaCl, NaBr e NaI deveriam ser diferentes e descubra $E°_{célula}$ para cada eletrólise. (A eletrólise de NaI é ilustrada na Figura 19.20.)

O que você sabe? Você sabe a identidade dos componentes a serem eletrolisados, mas precisará saber os valores de $E°$ para as semirreações e para a eletrólise da água.

Estratégia O critério principal usado para prever a química em uma célula eletrolítica deve ser a facilidade de oxidação e de redução, avaliação baseada em valores de $E°$.

Solução A reação no cátodo não apresenta nenhum problema: a água é reduzida a íon hidróxido e H_2 gasoso, em preferência à redução de $Na^+(aq)$ (como na eletrólise de NaI aquoso). Portanto, a reação principal no cátodo nos quatro casos é:

$$2 H_2O(\ell) + 2 e^- \rightarrow H_2(g) + 2 OH^-(aq)$$

$$E°_{cátodo} = -0,83 \text{ V}$$

No ânodo, precisamos avaliar a facilidade de oxidação dos íons haleto em relação à água. Baseado nos valores de $E°$, isso deveria ser $I^-(aq) > Br^-(aq) > Cl^-(aq) \gg F^-(aq)$. O íon fluoreto é muito mais difícil de ser oxidado do que a água, e a eletrólise de uma solução que contém esse íon resulta exclusivamente na formação de O_2. Isto é, a reação primária no ânodo para NaF(aq) é

$$2 H_2O(\ell) \rightarrow O_2(g) + 4 H^+(aq) + 4 e^-$$

$$E°_{ânodo} = +1,23 \text{ V}$$

Portanto, nesse caso:

$$E°_{célula} = (-0,83 \text{ V}) - (+1,23 \text{ V}) = -2,06 \text{ V}$$

Lembre-se de que o cloro é o produto primário no ânodo na eletrólise de soluções aquosas de sais de cloreto (como na Figura 19.21). Portanto, a reação primária no ânodo em NaCl(aq) é

$$2 Cl^-(aq) \rightarrow Cl_2(g) + 2 e^-$$

$$E°_{célula} = (-0,83 \text{ V}) - (+1,36 \text{ V}) = -2,19 \text{ V}$$

Os íons brometo são consideravelmente mais fáceis de se oxidar do que os íons cloreto, então pode-se esperar Br_2 como produto primário na eletrólise de NaBr aquoso. Para NaBr(aq), a reação primária no ânodo é:

$$2 Br^-(aq) \rightarrow Br_2(\ell) + 2 e^-$$

assim, $E°_{célula}$ é

$$E°_{célula} = (-0,83 \text{ V}) - (+1,08 \text{ V}) = -1,91 \text{ V}$$

Dessa forma, a eletrólise de NaBr se assemelha à de NaI (Figura 19.20) produzindo o halogênio, hidrogênio gasoso e íon hidróxido. As semirreações e o potencial da célula para NaI aquoso foram descritos anteriormente.

Pense bem antes de responder Como descrito acima, você poderia prever que, a partir dos valores de $E°$, a facilidade da oxidação dos íons haleto é $I^-(aq) > Br^-(aq) > Cl^-(aq) \gg F^-(aq)$. Isso pode ser confirmado pelos resultados.

Verifique seu entendimento

Preveja qual é a reação principal que ocorre na eletrólise da solução aquosa de hidróxido de sódio.

EXERCÍCIOS PARA A SEÇÃO 19.7

1. Você tem uma solução contendo vários íons metálicos, K^+, Fe^{2+}, Al^{3+}, Ag^+. Qual íon irá exigir o menor potencial para ser depositado no cátodo?

   (a) K^+ 　　　　(b) Fe^{2+} 　　　　(c) Al^{3+} 　　　　(d) Ag^+

19-8 Contando Elétrons

Na eletrólise de $AgNO_3$ aquoso, um mol de elétrons é necessário para produzir um mol de prata. Em comparação, dois mols de elétrons são necessários para produzir um mol de estanho (veja a Figura 19.21).

$$Sn^{2+}(aq) + 2\,e^- \rightarrow Sn(s)$$

Acontece que, se o número de elétrons que atravessam a célula de eletrólise pudesse ser contado, o número de mols de prata ou de estanho produzido poderia ser calculado. Alternativamente, se a quantidade de prata ou de estanho produzido for conhecida, então o número de mols de elétrons que atravessam o circuito pode ser calculado.

O número de mols de elétrons consumidos ou produzidos em uma reação de transferência de elétrons é obtido medindo-se a corrente que atravessa o circuito externo em determinado intervalo de tempo. A **corrente** que atravessa um circuito externo é a quantidade de carga (em unidades de coulombs, C) por unidade de tempo, e a unidade comum para a corrente é o ampere (A). Um ampere é igual à passagem de um coulomb de carga por segundo.

$$\text{Corrente (amperes, A)} = \frac{\text{carga elétrica (coulombs, C)}}{\text{tempo, } t \text{ (segundos, s)}} \qquad \textbf{(19.8)}$$

A corrente que atravessa uma célula eletroquímica e o tempo durante o qual a corrente flui são quantidades determinadas facilmente. Portanto, a carga (em coulombs) que atravessa uma célula pode ser obtida multiplicando-se a corrente (em amperes) pelo tempo (em segundos). Conhecendo-se a carga e usando-se a constante de Faraday como fator de conversão, pode-se calcular o número de mols de elétrons que atravessam uma célula eletroquímica. Por sua vez, essa quantidade pode ser usada para calcular as quantidades de reagentes e produtos. Os exemplos a seguir ilustram este tipo de cálculo.

Constante de Faraday A constante de Faraday é a carga carregada por 1 mol de elétrons: $9,6485337 \times 10^4$ C/mol e^-.

EXEMPLO 19.12

Usando a Constante de Faraday

Problema Uma corrente de 2,40 A passa através de uma solução que contém $Cu^{2+}(aq)$ durante 30,0 minutos, com cobre metálico sendo depositado no cátodo. Que massa de cobre, em gramas, é depositada?

O que você sabe? Você conhece a corrente que atravessou a célula e o tempo decorrido para isso.

Estratégia A corrente e o tempo podem ser usados para calcular a quantidade de carga que atravessou a célula. A constante de Faraday pode ser utilizada para relacionar isso à quantidade de elétrons (mols) que foram usados. Isso, por sua vez, pode estar relacionado à quantidade de cobre metálico depositado e, por fim, à massa de cobre.

Solução

1. Calcule a carga (número de coulombs) que atravessa a célula em 30,0 min.

$$\text{Carga (C)} = \text{corrente (A)} \times \text{tempo (s)}$$
$$= (2,40 \text{ A})(30,0 \text{ min})(60,0 \text{ s/min})$$
$$= 4,32 \times 10^3 \text{ C}$$

Mapa Estratégico 19.12

PROBLEMA

Calcule a **massa de cobre** depositada na célula eletrolítica.

↓

DADOS/INFORMAÇÕES CONHECIDOS
- Corrente na célula
- Tempo

ETAPA 1. Use **corrente ×** **tempo** para calcular a **carga**.

↓

Carga atravessando a célula (em **coulombs**)

ETAPA 2. Use a **contanste de Faraday** para calcular o número de **mols de elétrons** que passaram.

↓

Mols de elétrons que passaram no **tempo fornecido**

ETAPA 3. Relacione o número de mols de **elétrons** ao número de mols de **metal**.

↓

Quantidade de metal **(mol)** produzida

ETAPA 4. Converta a **quantidade** em **massa**.

↓

Massa de metal **(g)** produzido

2. Calcule o número de mols de elétrons (isto é, o número de Faradays de eletricidade).

$$(4,32 \times 10^3 \text{ C})\left(\frac{1 \text{ mol } e^-}{96,485 \text{ C}}\right) = 4,48 \times 10^{-2} \text{ mol}$$

3. Calcule o número de mols de cobre e, a partir desse dado, a massa de cobre.

$$\text{massa de cobre} = (4,48 \times 10^{-2} \text{ mol } e^-)\left(\frac{1 \text{ mol Cu}}{2 \text{ mol } e^-}\right)\left(\frac{63,55 \text{ g Cu}}{1 \text{ mol Cu}}\right) = 1,42 \text{ g}$$

Pense bem antes de responder A relação-chave neste cálculo é "corrente = carga/tempo". Todas as situações envolverão o conhecimento de duas dessas três quantidades experimentalmente e o cálculo da terceira.

Verifique seu entendimento

1. Calcule a massa de O_2 produzida na eletrólise da água, usando uma corrente de 0,445 A durante um período de 45 minutos.

2. Na produção comercial de sódio por eletrólise, a célula opera a 7,0 V e uma corrente de 25×10^3 A. Qual massa de sódio pode ser produzida em 1 hora?

EXERCÍCIO PARA A SEÇÃO 19.8

1. Se você desejasse converter 0,0100 mol de íons Au^{3+}(aq) em Au(s) no processo de banho de ouro, por quanto tempo você deveria eletrolisar uma solução se a corrente que atravessa o circuito é de 2,00 A?

   (a) 483 segundos

   (b) $4,83 \times 10^4$ segundos

   (c) 965 segundos

   (d) 1450 segundos

APLICANDO PRINCÍPIOS QUÍMICOS

Sacrifício!

Na segunda metade do século XVIII, os britânicos revestiram o casco de suas frotas navais de cobre para protegê-las da deterioração. Infelizmente, o cobre sofre corrosão em água do mar, portanto, a marinha convocou *Sir* Humphry Davy para determinar a causa da corrosão e descobrir a solução. Embora Davy inicialmente tenha suposto que as impurezas do cobre eram a causa da corrosão, ele logo compreendeu que o cobre de alta pureza era corroído mais rapidamente. Voltando sua atenção para a água do mar, Davy determinou que o cobre é oxidado pelo oxigênio presente na água marinha. A reação global,

$$Cu(s) + \tfrac{1}{2} O_2(g) + H_2O(\ell) \longrightarrow Cu(OH)_2(s)$$

produz hidróxido de cobre(II), que cai do casco para o fundo do mar.

Davy, um pioneiro no campo da eletroquímica, rapidamente determinou que a corrosão do cobre poderia ser prevenida ligando-se pequenos pedaços de um metal mais facilmente oxidado (como o zinco, o estanho ou o ferro) ao revestimento de cobre. A quantidade de metal pode ser pequena em comparação à de cobre, mas, para ser efetivo, o metal deve ser posicionado abaixo da linha de água e em contato elétrico direto com o cobre.

Por que a corrosão é prevenida ao se ligar um pequeno pedaço de metal, como o zinco, ao cobre? Quando os dois diferentes tipos de metais são submersos na água do mar, eles formam uma célula galvânica. O cobre serve como o cátodo e o zinco, como o ânodo de sacrifício. O ânodo de zinco é oxidado em vez do cobre. Embora o ânodo de zinco corroa ao longo do tempo e deva ser substituído, o custo é mais baixo do que substituir o cobre do casco do navio inteiro.

Em frotas modernas, cascos revestidos de cobre foram substituídos por cascos de aço. Apesar de o revestimento superficial, tal como a pintura, servir como proteção contra a corrosão, os ânodos de sacrifício ainda são utilizados para proteger o aço. Em adição, os ânodos de sacrifício são agora usados para proteger o aço em tubulações subterrâneas, tal como nos aquecedores de água domésticos, motores de popa e caldeiras.

QUESTÕES:

1. Se um material isolante elétrico, como a tinta, for colocado entre o zinco e o cobre, o zinco ainda irá corroer na água do mar, mas não irá proteger o cobre da corrosão. Explique.

2. Use os potenciais de redução padrão para determinar quais dos metais a seguir poderiam servir como ânodos de sacrifício em um casco revestido de cobre. Indique todas as respostas corretas.

   a. estanho   c. ferro   e. cromo
   b. prata   d. níquel

3. Use os potenciais de redução padrão para determinar quais dos metais a seguir poderiam servir como ânodos de sacrifício em um casco de aço. Suponha que o potencial de redução padrão para o aço seja o mesmo que o do ferro. Indique todas as respostas corretas.

   a. estanho   c. ferro   e. cromo
   b. prata   d. níquel

4. A reação global para a produção de $Cu(OH)_2$ a partir de Cu em água oxigenada pode ser quebrada em três passos: uma semirreação de oxidação, uma semirreação de redução e uma reação de precipitação.

   a. Complete e balanceie as duas semirreações que estão faltando para obter a equação global da oxidação do cobre em água do mar.

      1. Semirreação de oxidação: ?

      2. Semirreação de redução: ?

      3. Precipitação: $Cu^{2+}(aq) + 2\ OH^-(aq) \rightarrow Cu(OH)_2(s)$
      4. Global: $Cu(s) + \frac{1}{2}\ O_2(g) + H_2O(\ell) \rightarrow Cu(OH)_2(s)$

   b. Determine a constante de equilíbrio da reação global a 25 °C usando os potenciais padrão de redução e a constante de produto de solubilidade (K_{ps}) de $Cu(OH)_2(s)$.

5. Suponha que a célula eletroquímica a seguir simule a célula galvânica formada por cobre e zinco na água do mar com pH de 7,90 e a 25 °C.

$$Zn\,|\,Zn(OH)_2(s)\,|\,OH^-(aq)\,||\,Cu(OH)_2(s)\,|\,Cu(s)$$

   a. Escreva a equação balanceada para a reação que ocorre no cátodo.
   b. Escreva a equação balanceada para a reação que ocorre no ânodo.
   c. Escreva uma equação química balanceada para a reação global.
   d. Determine o potencial (em volts) da célula.

© cliverivers/Alamy

Ânodos de sacrifício ligados a um navio revestido de aço. Pedaços de metal são blocos de zinco. Os ânodos de sacrifício de alumínio ou magnésio são usados também em aquecedores de água elétricos domésticos, para prevenir corrosão no aquecedor.

REVISÃO DOS OBJETIVOS DO CAPÍTULO

Agora que você já estudou este capítulo, deve perguntar a si mesmo se atingiu seus objetivos propostos. Especificamente, você deverá ser capaz de:

ENTENDER

- Os princípios de funcionamento das células voltaicas.

   a. Em uma célula voltaica, identificar as semirreações que ocorrem no ânodo e no cátodo, a polaridade dos eletrodos, a direção do fluxo de elétrons no circuito externo e a direção do fluxo de íons na ponte salina (Seção 19.2). Questões para Estudo: 7–10, 55.

   b. Reconhecer a química e as vantagens e desvantagens das pilhas secas, pilhas alcalinas, baterias de chumbo, baterias de lítio e das baterias de níquel-cádmio (Seção 19.3). Questões para Estudo: 15, 16.

   c. Compreender como as células de combustível funcionam e reconhecer a diferença entre baterias e células de combustível (Seção19.3). Questões para Estudo: 107.

- Como utilizar potenciais eletroquímicos.

   a. Compreender os processos por meio dos quais os potenciais de redução padrão são determinados e identificar as condições padrão aplicadas na eletroquímica (Seção 19.4).

   b. Descrever o eletrodo padrão de hidrogênio ($E° = 0,00\ V$) e explicar como é utilizado como o padrão para determinar potenciais de semirreações padrão (Seção 19.4).

   c. Saber como usar os potenciais de redução padrão para determinar as voltagens para células em condições padrão (Equação 19.1). Questões para Estudo: 17–20.

d. Saber como utilizar uma Tabela de Potenciais Padrão de Redução (Tabela 19.1 e Apêndice M) para ordenar as forças de agentes oxidantes e redutores, de modo a prever quais substâncias são capazes de oxidar ou reduzir outras espécies, e para prever se reações redox são produto-favorecidas ou reagente-favorecidas no equilíbrio (Seção 19.4). Questões para Estudo: 21–28, 59, 60.

e. Usar a equação de Nernst (Equações 19.2 e 19.3) para calcular o potencial da célula fora das condições padrão (Seção 19.5). Questões para Estudo: 29–32, 79-83.

f. Explicar como a voltagem da célula permite a determinação do pH (Seção 19.5) e outras concentrações de íons. Questões para Estudo: 33, 34.

- A energia elétrica é usada para produzir mudança química na eletrólise.

g. Descrever os processos químicos que ocorrem na eletrólise. Reconhecer os fatores que determinam quais substâncias são oxidadas e reduzidas nos eletrodos (Seção 19.7). Questões para Estudo: 41–46, 78.

FAZER

- Balancear equações para reações de oxirredução em soluções ácidas ou básicas, usando a abordagem das semirreações (Seção 19.1). Questões para Estudo: 1–6, 19, 20, 53,54, 88, 89.

- Relacionar a quantidade de substância oxidada ou reduzida com a quantidade da corrente e o tempo durante o qual a corrente flui (Seção 19.8). Questões para Estudo: 47-52, 63, 68-70.

- Utilizar a relação entre a voltagem da célula ($E°_{célula}$) e a energia livre ($\Delta_r G°$) e entre $E°_{célula}$ e uma constante de equilíbrio para a reação da célula (Equação 19.6 e Tabela 19.2). Questões para Estudo: 35–40, 64, 65, 67, 82, 84–87.

LEMBRAR

- Células voltaicas usam reações químicas para produzir corrente elétrica; células eletrolíticas usam corrente elétrica para possibilitar mudanças químicas.

- A oxidação ocorre em um ânodo e a redução ocorre em um cátodo.

- As diferenças entre baterias primárias e secundárias.

EQUAÇÕES-CHAVE

Equação 19.1 Calcular o potencial padrão da célula, $E°_{célula}$, a partir dos potenciais das semicélulas padrão.

$$E°_{célula} = E°_{cátodo} - E°_{ânodo}$$

Equação 19.2 A equação de Nernst, a relação do potencial da célula fora das condições padrão (E) com aquela em condições padrão ($E°$). R é a constante dos gases (8,314462 J/K · mol); T é a temperatura (K); e n é o número de mols de elétrons transferidos entre os agentes oxidantes e os agentes redutores. F é a **constante de Faraday** (9,6485337 × 10⁴ C/mol de e), e Q é o quociente da reação.

$$E = E° - (RT/nF) \ln Q$$

Equação 19.3 Equação de Nernst (a 298 K).

$$E = E° - \frac{0,0257}{n} \ln Q$$

Equação 19.4 A quantidade de trabalho feito (w) por um sistema eletroquímico.

$$w_{máx} = \mathbf{\textit{nFE}}$$

Equações 19.5 e 19.6 Relação entre variação de energia livre e o potencial da célula em condições fora ou dentro do padrão, respectivamente.

$$\Delta_r G = -nFE \text{ ou } \Delta_r G° = -nFE°$$

Equação 19.7 Relação entre a constante de equilíbrio e o potencial da célula padrão para uma reação (a 298 K).

$$\ln K = \frac{nE°}{0,0257}$$

Equação 19.8 Relação entre corrente, carga elétrica e tempo.

$$\text{Corrente (amperes, A)} = \frac{\text{carga elétrica (coulombs, C)}}{\text{tempo, } t \text{ (segundos, s)}}$$

Cortesia: Tesla Motors

QUESTÕES PARA ESTUDO

▲ denota questões desafiadoras.

Questões numeradas em verde têm respostas no Apêndice N.

Praticando Habilidades

Balanceando Equações para Reações de Oxirredução

(Veja a Seção 19.1 e os Exemplos 19.1-19.3.)

Ao balancear as reações redox a seguir, pode ser necessário adicionar H⁺(aq) ou H⁺(aq) mais H_2O para reações em meio ácido, e OH⁻(aq) ou OH⁻(aq) mais H_2O para reações em meio básico.

1. Escreva equações balanceadas para as seguintes semirreações. Especifique em cada caso se é uma oxidação ou redução.

   (a) $Cr(s) \rightarrow Cr^{3+}(aq)$ (em ácido)
   (b) $AsH_3(g) \rightarrow As(s)$ (em ácido)
   (c) $VO_3^-(aq) \rightarrow V^{2+}(aq)$ (em ácido)
   (d) $Ag(s) \rightarrow Ag_2O(s)$ (em base)

2. Escreva equações balanceadas para as seguintes semirreações. Especifique em cada caso se se trata de oxidação ou de redução.

   (a) $H_2O_2(aq) \rightarrow O_2(g)$ (em ácido)
   (b) $H_2C_2O_4(aq) \rightarrow CO_2(g)$ (em ácido)
   (c) $NO_3^-(aq) \rightarrow NO(g)$ (em ácido)
   (d) $MnO_4^-(aq) \rightarrow MnO_2(s)$ (em base)

3. Balanceie as equações redox a seguir. Todas elas ocorrem em solução ácida.

   (a) $Ag(s) + NO_3^-(aq) \rightarrow NO_2(g) + Ag^+(aq)$
   (b) $MnO_4^-(aq) + HSO_3^-(aq) \rightarrow Mn^{2+}(aq) + SO_4^{2-}(aq)$
   (c) $Zn(s) + NO_3^-(aq) \rightarrow Zn^{2+}(aq) + N_2O(g)$
   (d) $Cr(s) + NO_3^-(aq) \rightarrow Cr^{3+}(aq) + NO(g)$

4. Balanceie as equações redox a seguir. Todas elas ocorrem em solução ácida.

   (a) $Sn(s) + H^+(aq) \rightarrow Sn^{2+}(aq) + H_2(g)$
   (b) $Cr_2O_7^{2-}(aq) + Fe^{2+}(aq) \rightarrow Cr^{3+}(aq) + Fe^{3+}(aq)$
   (c) $MnO_2(s) + Cl^-(aq) \rightarrow Mn^{2+}(aq) + Cl_2(g)$
   (d) $CH_2O(aq) + Ag^+(aq) \rightarrow HCO_2H(aq) + Ag(s)$

5. Balanceie as equações redox a seguir. Todas ocorrem em solução básica.

   (a) $Al(s) + H_2O(\ell) \rightarrow Al(OH)_4^-(aq) + H_2(g)$
   (b) $CrO_4^{2-}(aq) + SO_3^{2-}(aq) \rightarrow Cr(OH)_3(s) + SO_4^{2-}(aq)$
   (c) $Zn(s) + Cu(OH)_2(s) \rightarrow [Zn(OH)_4]^{2-}(aq) + Cu(s)$
   (d) $HS^-(aq) + ClO_3^-(aq) \rightarrow S(s) + Cl^-(aq)$

6. Balanceie as equações redox a seguir. Todas ocorrem em solução básica.

   (a) $Fe(OH)_3(s) + Cr(s) \rightarrow Cr(OH)_3(s) + Fe(OH)_2(s)$
   (b) $NiO_2(s) + Zn(s) \rightarrow Ni(OH)_2(s) + Zn(OH)_2(s)$
   (c) $Fe(OH)_2(s) + CrO_4^{2-}(aq) \rightarrow$
                            $Fe(OH)_3(s) + [Cr(OH)_4]^-(aq)$
   (d) $N_2H_4(aq) + Ag_2O(s) \rightarrow N_2(g) + Ag(s)$

Construindo Células Voltaicas

(Veja a Seção 19.2 e os Exemplos 19.4 e 19.5.)

7. Uma célula voltaica é construída utilizando-se a reação entre cromo metálico e íons ferro(II).

$$2\ Cr(s) + 3\ Fe^{2+}(aq) \rightarrow 2\ Cr^{3+}(aq) + 3\ Fe(s)$$

Complete as sentenças a seguir: Elétrons no circuito externo movem-se do eletrodo_____ para o eletrodo_____. Íons negativos movem-se na ponte salina da semicélula_____ para a semicélula_____. A semirreação no ânodo é _____ e a semirreação no cátodo é_____.

8. Uma célula voltaica é formada usando-se a reação

$$Mg(s) + 2\ H^+(aq) \rightarrow Mg^{2+}(aq) + H_2(g)$$

   (a) Escreva equações para as semirreações de oxidação e de redução.
   (b) Qual semirreação ocorre no compartimento anódico e qual semirreação ocorre no compartimento catódico?
   (c) Complete as sentenças a seguir: Elétrons no circuito externo movem-se do eletrodo_____ para o eletrodo _____. Íons negativos movem-se da ponte salina da semicélula_____ para a semicélula_____. A semirreação no ânodo é _____ e a semirreação no cátodo é_____

9. As semicélulas $Fe^{2+}(aq)\ |\ Fe(s)$ e $O_2(g)\ |\ H_2O$ (em solução ácida) são conectadas para formar uma célula voltaica.

   (a) Escreva equações para as semirreações de oxidação e de redução e para a reação global da célula.
   (b) Qual semirreação ocorre no compartimento anódico e qual semirreação ocorre no compartimento catódico?
   (c) Complete as sentenças a seguir: Elétrons no circuito externo movem-se do eletrodo_____ para o eletrodo _____. Íons negativos movem-se na ponte salina da semicélula_____ para a semicélula_____.

10. As semicélulas $Sn^{2+}(aq)\ |\ Sn(s)$ e $Cl_2(g)\ |\ Cl^-(aq)$ são conectadas para formar uma célula voltaica.

   (a) Escreva equações para as semirreações de oxidação e de redução e para a reação global da célula.
   (b) Qual semirreação ocorre no compartimento anódico e qual semirreação ocorre no compartimento catódico?

   (c) Complete as sentenças a seguir: Elétrons no circuito externo movem-se do eletrodo_____ para o eletrodo _____. Íons negativos movem-se na ponte salina da semicélula_____ para a semicélula_____.

11. Para cada uma das células eletroquímicas a seguir, escreva equações para as semirreações de oxidação e de redução e para a reação global.

   (a) $Cu(s)\,|\,Cu^{2+}(aq)\,\|\,Fe^{3+}(aq), Fe^{2+}(aq)\,|\,Pt(s)$
   (b) $Pb(s)\,|\,PbSO_4(s)\,|\,SO_4^{2-}(aq)\,\|\,Fe^{3+}(aq), Fe^{2+}(aq)\,|\,Pt(s)$

12. Para cada uma das células eletroquímicas a seguir, escreva equações para as semirreações de oxidação e de redução e para a reação global.

   (a) $Pb(s)\,|\,Pb^{2+}(aq)\,\|\,Sn^{4+}(aq), Sn^{2+}(aq)\,|\,C(s)$
   (b) $Hg(\ell)\,|\,Hg_2Cl_2(s)\,|\,Cl^-(aq)\,\|\,Ag^+(aq)\,|\,Ag(s)$

13. Use a notação de célula para descrever uma célula eletroquímica baseada na seguinte reação produto-favorecida.

$$Cu(s) + Cl_2(g) \rightarrow 2\ Cl^-(aq) + Cu^{2+}(aq)$$

14. Use a notação de célula para descrever uma célula eletroquímica baseada na seguinte reação produto-favorecida.

$$Fe^{3+}(aq) + Ag(s) + Cl^-(aq) \rightarrow Fe^{2+}(aq) + AgCl(s)$$

Células Eletroquímicas Comerciais

(Veja a Seção 19.3.)

15. Quais são as semelhanças e diferenças entre pilhas secas, pilhas alcalinas e baterias de níquel-cádmio?

16. Quais reações ocorrem quando uma bateria de chumbo é recarregada?

Potenciais Eletroquímicos Padrão

(Veja a Seção 19.4 e o Exemplo 19.6.)

17. Calcule o valor de $E°$ para cada uma das reações a seguir. Decida se cada uma delas é produto-favorecida na direção em que foi escrita.

   (a) $2\ I^-(aq) + Zn^{2+}(aq) \rightarrow I_2(s) + Zn(s)$
   (b) $Zn^{2+}(aq) + Ni(s) \rightarrow Zn(s) + Ni^{2+}(aq)$
   (c) $2\ Cl^-(aq) + Cu^{2+}(aq) \rightarrow Cu(s) + Cl_2(g)$
   (d) $Fe^{2+}(aq) + Ag^+(aq) \rightarrow Fe^{3+}(aq) + Ag(s)$

18. Calcule o valor de $E°$ para cada uma das reações a seguir. Decida se cada uma delas é produto-favorecida na direção em que foi escrita. [A reação (d) se dá em solução básica.]

   (a) $Br_2(\ell) + Mg(s) \rightarrow Mg^{2+}(aq) + 2\ Br^-(aq)$
   (b) $Zn^{2+}(aq) + Mg(s) \rightarrow Zn(s) + Mg^{2+}(aq)$
   (c) $Sn^{2+}(aq) + 2\ Ag^+(aq) \rightarrow Sn^{4+}(aq) + 2\ Ag(s)$
   (d) $2\ Zn(s) + O_2(g) + 2\ H_2O(\ell) + 4\ OH^-(aq) \rightarrow$
                               $2\ [Zn(OH)_4]^{2-}(aq)$

19. Balanceie cada uma das equações não balanceadas a seguir; depois, calcule o potencial padrão, $E°$, e decida se cada uma é produto-favorecida da maneira como foi escrita. (Todas as reações ocorrem em solução ácida.)

   (a) $Sn^{2+}(aq) + Ag(s) \rightarrow Sn(s) + Ag^+(aq)$
   (b) $Al(s) + Sn^{4+}(aq) \rightarrow Sn^{2+}(aq) + Al^{3+}(aq)$
   (c) $ClO_3^-(aq) + Ce^{3+}(aq) \rightarrow Cl_2(g) + Ce^{4+}(aq)$
   (d) $Cu(s) + NO_3^-(aq) \rightarrow Cu^{2+}(aq) + NO(g)$

20. Balanceie cada uma das equações não balanceadas a seguir, depois, calcule o potencial padrão, $E°$, e decida se cada uma é produto-favorecida da maneira como foi escrita. (Todas as reações ocorrem em solução ácida.)

(a) $I_2(s) + Br^-(aq) \rightarrow I^-(aq) + Br_2(\ell)$

(b) $Fe^{2+}(aq) + Cu^{2+}(aq) \rightarrow Cu(s) + Fe^{3+}(aq)$

(c) $Fe^{2+}(aq) + Cr_2O_7^{2-}(aq) \rightarrow Fe^{3+}(aq) + Cr^{3+}(aq)$

(d) $MnO_4^-(aq) + HNO_2(aq) \rightarrow Mn^{2+}(aq) + NO_3^-(aq)$

Agentes Oxidantes e Redutores

(Veja a Seção 19.4 e o Exemplo 19.6. Use a tabela de potenciais de redução padrão [Tabela 19.1 ou Apêndice M] para responder às Questões para Estudo 21-28.)

21. Considere as seguintes semirreações:

Semirreação	$E°$(V)
$Cu^{2+}(aq) + 2\,e^- \rightarrow Cu(s)$	$+0,34$
$Sn^{2+}(aq) + 2\,e^- \rightarrow Sn(s)$	$-0,14$
$Fe^{2+}(aq) + 2\,e^- \rightarrow Fe(s)$	$-0,44$
$Zn^{2+}(aq) + 2\,e^- \rightarrow Zn(s)$	$-0,76$
$Al^{3+}(aq) + 3\,e^- \rightarrow Al(s)$	$-1,66$

(a) Com base nos valores de $E°$, qual metal é oxidado mais facilmente?

(b) Quais metais nessa lista são capazes de reduzir $Fe^{2+}(aq)$ a $Fe(s)$?

(c) Escreva uma equação química balanceada para a reação entre $Fe^{2+}(aq)$ e $Sn(s)$. A reação é produto-favorecida ou reagente-favorecida?

(d) Escreva uma equação química balanceada para a reação entre $Zn^{2+}(aq)$ e $Sn(s)$. A reação é produto-favorecida ou reagente-favorecida?

22. Considere a seguintes semirreações:

Semirreação	$E°$(V)
$MnO_4^-(aq) + 8\,H^+(aq) + 5\,e^- \rightarrow Mn^{2+}(aq) + 4\,H_2O(\ell)$	$+1,51$
$BrO_3^-(aq) + 6\,H^+(aq) + 6\,e^- \rightarrow Br^-(aq) + 3\,H_2O(\ell)$	$+1,47$
$Cr_2O_7^{2-}(aq) + 14\,H^+(aq) + 6\,e^- \rightarrow 2\,Cr^{3+}(aq) + 7\,H_2O(\ell)$	$+1,33$
$NO_3^-(aq) + 4\,H^+(aq) + 3\,e^- \rightarrow NO(g) + 2\,H_2O(\ell)$	$+0,96$
$SO_4^{2-}(aq) + 4\,H^+(aq) + 2\,e^- \rightarrow SO_2(g) + 2\,H_2O(\ell)$	$+0,20$

(a) Escolhendo entre os reagentes nessas semirreações, identifique os agentes oxidantes mais fortes e os mais fracos.

(b) Qual(is) dos agentes oxidantes listados é(são) capaz(es) de oxidar $Br^-(aq)$ em $BrO_3^-(aq)$ (em solução ácida)?

(c) Escreva uma equação química balanceada para a reação de $Cr_2O_7^{2-}(aq)$ com $SO_2(g)$ em solução ácida. A reação é produto-favorecida ou reagente-favorecida?

(d) Escreva a equação química balanceada para a reação entre $Cr_2O_7^{2-}(aq)$ e $Mn^{2+}(aq)$. A reação é produto-favorecida ou reagente-favorecida?

23. Qual dos elementos apresentados a seguir é o melhor agente redutor sob condições padrão?

(a) Cu (d) Ag
(b) Zn (e) Cr
(c) Fe

24. Da lista a seguir, identifique os elementos que oxidam mais facilmente que o $H_2(g)$.

(a) Cu (d) Ag
(b) Zn (e) Cr
(c) Fe

25. Qual dos íons a seguir é reduzido mais facilmente?

(a) $Cu^{2+}(aq)$ (d) $Ag^+(aq)$
(b) $Zn^{2+}(aq)$ (e) $Al^{3+}(aq)$
(c) $Fe^{2+}(aq)$

26. Da lista a seguir, identifique os íons que podem ser reduzidos mais facilmente que o $H^+(aq)$.

(a) $Cu^{2+}(aq)$ (d) $Ag^+(aq)$
(b) $Zn^{2+}(aq)$ (e) $Al^{3+}(aq)$
(c) $Fe^{2+}(aq)$

27. (a) Qual halogênio é mais facilmente reduzido em solução ácida: F_2, Cl_2, Br_2 ou I_2?

(a) Identifique os halogênios que são melhores agentes oxidantes em solução ácida do que $MnO_2(s)$.

28. (a) Qual íon é mais facilmente oxidado para o halogênio elementar em solução ácida: F^-, Cl^-, Br^- ou I^-?

(a) Identifique os íons haletos mais facilmente oxidados, em solução ácida, do que $H_2O(\ell)$.

Células Eletroquímicas Fora das Condições Padrão

(Veja a Seção 19.5 e os Exemplos 19.7 e 19.9.)

29. Calcule o potencial produzido por uma célula voltaica utilizando a reação a seguir, se todas as espécies dissolvidas forem $2,5 \times 10^{-2}$ M e a pressão de H_2 for 1,0 bar.

$$Zn(s) + 2\,H_2O(\ell) + 2\,OH^-(aq) \rightarrow [Zn(OH)_4]^{2-}(aq) + H_2(g)$$

30. Calcule o potencial desenvolvido por uma célula voltaica utilizando a reação a seguir, se todas as espécies dissolvidas forem 0,015 M.

$$2\,Fe^{2+}(aq) + H_2O_2(aq) + 2\,H^+(aq) \rightarrow 2\,Fe^{3+}(aq) + 2\,H_2O(\ell)$$

31. Uma semicélula em uma célula voltaica é construída a partir de um eletrodo de fio de prata mergulhado em uma solução de $AgNO_3$ 0,25 M. A outra semicélula consiste em um eletrodo de zinco em uma solução de $Zn(NO_3)_2$ 0,010 M. Calcule o potencial da célula.

32. Uma semicélula em uma célula voltaica é construída a partir de um eletrodo de fio de cobre mergulhado em uma solução de $Cu(NO_3)_2$ $4,8 \times 10^{-3}$ M. A outra semicélula consiste em um eletrodo de zinco em uma solução de $Zn(NO_3)_2$ 0,40 M. Calcule o potencial da célula.

33. Uma semicélula em uma célula voltaica é construída a partir de um eletrodo de fio de prata mergulhado em uma solução de $AgNO_3$ de concentração desconhecida. A outra semicélula consiste em um eletrodo de zinco em uma solução de $Zn(NO_3)_2$ 1,0 M. Mede-se uma voltagem de 1,48 V para essa célula. Use essa informação para calcular a concentração de $Ag^+(aq)$.

34. Uma semicélula em uma célula voltaica é construída a partir de um eletrodo de ferro mergulhado em uma solução de $Fe(NO_3)_2$ de concentração desconhecida. A outra semicélula é um eletrodo de hidrogênio padrão. Mede-se uma voltagem de 0,49 V para essa célula. Use essa informação para calcular a concentração de $Fe^{2+}(aq)$.

Eletroquímica, Termodinâmica e Equilíbrio
(Veja a Seção 19.6 e os Exemplos 19.9 e 19.10.)

35. Calcule $\Delta_r G°$ e a constante de equilíbrio para as reações a seguir.

(a) $2\ Fe^{3+}(aq) + 2\ I^-(aq) \rightleftharpoons 2\ Fe^{2+}(aq) + I_2(aq)$
(b) $I_2(aq) + 2\ Br^-(aq) \rightleftharpoons 2\ I^-(aq) + Br_2(\ell)$

36. Calcule $\Delta_r G°$ e a constante de equilíbrio para as reações a seguir.

(a) $Zn^{2+}(aq) + Ni(s) \rightleftharpoons Zn(s) + Ni^{2+}(aq)$
(b) $Cu(s) + 2\ Ag^+(aq) \rightleftharpoons Cu^{2+}(aq) + 2\ Ag(s)$

37. Use os potenciais de redução padrão (Apêndice M) para as semirreações $AgBr(s) + e^- \rightarrow Ag(s) + Br^-(aq)$ e $Ag^+(aq) + e^- \rightarrow Ag(s)$ para calcular o valor de K_{ps} para AgBr.

38. Use os potenciais de redução padrão (Apêndice M) para as semirreações $Hg_2Cl_2(s) + 2\ e^- \rightarrow 2\ Hg(\ell) + 2\ Cl^-(aq)$ e $Hg_2^{2+}(aq) + 2\ e^- \rightarrow 2\ Hg(\ell)$ para calcular o valor de K_{ps} para Hg_2Cl_2.

39. Use os potenciais de redução padrão (Apêndice M) para as semirreações $[AuCl_4]^-(aq) + 3\ e^- \rightarrow Au(s) + 4\ Cl^-(aq)$ e $Au^{3+}(aq) + 3\ e^- \rightarrow Au(s)$ para calcular o valor de $K_{formação}$ para o íon complexo $[AuCl_4]^-(aq)$.

40. Use os potenciais de redução padrão (Apêndice M) para as semirreações $[Zn(OH)_4]^{2-}(aq) + 2\ e^- \rightarrow Zn(s) + 4\ OH^-(aq)$ e $Zn^{2+}(aq) + 2\ e^- \rightarrow Zn(s)$ para calcular o valor de $K_{formação}$ para o íon complexo $[Zn(OH)_4]^{2-}$.

Eletrólise
(Veja a Seção 19.7 e o Exemplo 19.11.)

41. Faça um diagrama da aparelhagem utilizada para eletrolisar NaCl fundido. Identifique o ânodo e o cátodo. Indique o movimento de elétrons através do circuito externo e o movimento dos íons na célula eletrolítica.

42. Faça um diagrama da aparelhagem utilizada para eletrolisar $CuCl_2$ aquoso. Identifique os produtos da reação, o ânodo e o cátodo. Indique o movimento de elétrons através do circuito externo e o movimento dos íons na célula eletrolítica.

43. Qual produto, O_2 ou F_2, provavelmente será formado no ânodo na eletrólise de uma solução aquosa de KF? Explique seu raciocínio.

44. Qual produto, Ca ou H_2, provavelmente será formado no cátodo na eletrólise de $CaCl_2$? Explique seu raciocínio.

45. Uma solução aquosa de KBr é colocada em um béquer com dois eletrodos inertes de platina. Quando a célula é conectada a uma fonte externa de energia elétrica, ocorre a eletrólise.

(a) Gás hidrogênio e íons hidróxido são formados no cátodo. Escreva uma equação para a semirreação que ocorre nesse eletrodo.
(b) Bromo é o produto principal no ânodo. Escreva uma equação para a sua formação.

46. Uma solução aquosa de Na_2S é colocada em um béquer com dois eletrodos inertes de platina. Quando a célula é conectada a uma fonte externa de energia elétrica, ocorre a eletrólise.

(a) Gás hidrogênio e íons hidróxido são formados no cátodo. Escreva uma equação para a semirreação que ocorre nesse eletrodo.
(b) Enxofre é o produto principal no ânodo. Escreva uma equação para a sua formação.

Contando Elétrons
(Veja a Seção 19.8 e o Exemplo 19.12.)

47. Na eletrólise de uma solução contendo $Ni^{2+}(aq)$, Ni(s) metálico é depositado no cátodo. Se usarmos uma corrente de 0,150 A durante 12,2 min, que massa de níquel se formará?

48. Na eletrólise de uma solução contendo $Ag^+(aq)$, Ag(s) metálico é depositado no cátodo. Se usarmos uma corrente de 1,12 A durante 2,40 horas, que massa de prata se formará?

49. A eletrólise de uma solução de $CuSO_4(aq)$ para produzir cobre metálico é realizada com corrente de 0,66 A. Por quanto tempo a eletrólise deve ser realizada para que se formem 0,50 g de cobre?

50. A eletrólise de uma solução de $Zn(NO_3)_2(aq)$ para formar zinco metálico é realizada com corrente de 2,12 A. Por quanto tempo a eletrólise deve ser realizada para que se formem 2,5 g de zinco?

51. Uma célula voltaica pode ser construída usando-se a reação entre metal de Al e O_2 do ar. Se o ânodo de Al dessa célula consiste em 84 g de alumínio, por quantas horas a bateria é capaz de suprir 1,0 A de eletricidade, considerando um suprimento ilimitado de O_2?

52. Suponha que as especificações de uma célula voltaica de Ni-Cd incluam a passagem de uma corrente de 0,25 A durante 1,00 hora. Qual é a massa mínima do cádmio que deve ser usada para formar o ânodo nessa célula?

Questões Gerais

Estas questões não são definidas quanto ao tipo ou à localização no capítulo. Elas podem combinar vários conceitos.

53. Escreva equações balanceadas para as seguintes semirreações.

(a) $UO_2^+(aq) \rightarrow U^{4+}(aq)$ (solução ácida)
(b) $ClO_3^-(aq) \rightarrow Cl^-(aq)$ (solução ácida)
(c) $N_2H_4(aq) \rightarrow N_2(g)$ (solução básica)
(d) $ClO^-(aq) \rightarrow Cl^-(aq)$ (solução básica)

54. Balanceie as seguintes equações:

(a) $Zn(s) + VO^{2+}(aq) \rightarrow$
$$Zn^{2+}(aq) + V^{3+}(aq) \quad \text{(solução ácida)}$$

(b) $Zn(s) + VO_3^-(aq) \rightarrow$
$$V^{2+}(aq) + Zn^{2+}(aq) \quad \text{(solução ácida)}$$

(c) $Zn(s) + ClO^-(aq) \rightarrow$
$$Zn(OH)_2(s) + Cl^-(aq) \quad \text{(solução básica)}$$

(d) $ClO^-(aq) + [Cr(OH)_4]^-(aq) \rightarrow$
$$Cl^-(aq) + CrO_4^{2-}(aq) \quad \text{(solução básica)}$$

55. O magnésio metálico é oxidado e íons prata são reduzidos em uma célula voltaica que utiliza as semicélulas $Mg^{2+}(aq, 1\ M)\ |\ Mg$ e $Ag^+(aq, 1\ M)\ |\ Ag$.

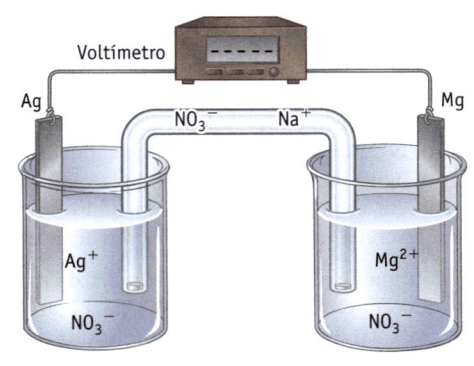

(a) Dê o nome de cada parte da célula.

(b) Escreva equações para as semirreações que ocorrem no ânodo e no cátodo, e escreva uma equação para a reação líquida da célula.

(c) Indique o movimento dos elétrons no circuito externo. Supondo que a ponte salina contenha $NaNO_3$, indique o movimento dos íons Na^+ e NO^- na ponte salina que ocorre quando uma célula voltaica produz corrente. Por que a ponte salina é necessária em uma célula?

56. Você deseja montar uma série de células voltaicas com voltagens de células específicas. A semicélula $Zn^{2+}(aq, 1,0\ M)\ |\ Zn(s)$ está em um compartimento. Identifique diversas semicélulas que você usaria, de forma que a voltagem da célula ficasse mais próxima a (a) 1,1 V e (b) 0,50 V. Considere células em que o zinco possa ser o cátodo ou o ânodo.

57. Você deseja montar uma série de células voltaicas com potenciais de células específicas. A semicélula $Ag^+(aq, 1,0\ M)\ |\ Ag(s)$ está em um dos compartimentos. Identifique diversas semicélulas que você usaria, de forma que o potencial da célula ficasse mais próximo a (a) 1,7 V e (b) 0,50 V. Considere as células em que a prata possa ser o cátodo ou o ânodo.

58. Qual das seguintes reações é produto-favorecida?

(a) $Zn(s) + I_2(s) \rightarrow Zn^{2+}(aq) + 2\ I^-(aq)$

(b) $2\ Cl^-(aq) + I_2(s) \rightarrow Cl_2(g) + 2\ I^-(aq)$

(c) $2\ Na^+(aq) + 2\ Cl^-(aq) \rightarrow 2\ Na(s) + Cl_2(g)$

(d) $2\ K(s) + 2\ H_2O(\ell) \rightarrow$
$$2\ K^+(aq) + H_2(g) + 2\ OH^-(aq)$$

59. Na tabela de potenciais de redução padrão, localize as semirreações para as reduções dos seguintes íons metálicos a metal: $Sn^{2+}(aq)$, $Au^+(aq)$, $Zn^{2+}(aq)$, $Co^{2+}(aq)$, $Ag^+(aq)$, $Cu^{2+}(aq)$. Dentre os íons metálicos e metais que fazem parte dessas semirreações:

(a) Qual íon metálico é o agente oxidante mais fraco?

(b) Qual íon metálico é o agente oxidante mais forte?

(c) Qual metal é o agente redutor mais forte?

(d) Qual metal é o agente redutor mais fraco?

(e) O $Sn(s)$ reduzirá $Cu^{2+}(aq)$ para $Cu(s)$?

(f) O $Ag(s)$ reduzirá $Co^{2+}(aq)$ para $Co(s)$?

(g) Quais íons metálicos na lista podem ser reduzidos por $Sn(s)$?

(h) Quais metais podem ser oxidados por $Ag^+(aq)$?

60. ▲ Na tabela de potenciais de redução padrão, localize as semirreações para as reduções dos seguintes não metais: F_2, Cl_2, Br_2, I_2 (redução para íons haleto) e O_2, S, Se (redução para H_2X em ácido aquoso). Dentre os elementos, íons e compostos que fazem parte dessas semirreações:

(a) Qual elemento é o agente oxidante mais fraco?

(b) Qual íon ou H_2X é o agente redutor mais fraco?

(c) Qual(is) dos elementos listados é(são) capaz(es) de oxidar H_2O a O_2?

(d) Qual(is) dos elementos listados é(são) capaz(es) de oxidar H_2S em S?

(e) Seria O_2 capaz de oxidar I^- a I_2, em solução ácida?

(f) Seria S capaz de oxidar I^- a I_2?

(g) A reação $H_2S(aq) + Se(s) \rightarrow H_2Se(aq) + S(s)$ é produto-favorecida?

(h) A reação $H_2S(aq) + I_2(s) \rightarrow 2\ H^+(aq) + 2\ I^-(aq) + S(s)$ é produto-favorecida?

61. Quatro células voltaicas são construídas. Em cada uma delas, uma semicélula contém o eletrodo padrão de hidrogênio. A segunda semicélula é uma das seguintes:

(i) $Cr^{3+}(aq, 1,0\ M)\ |\ Cr(s)$

(ii) $Fe^{2+}(aq, 1,0\ M)\ |\ Fe(s)$

(iii) $Cu^{2+}(aq, 1,0\ M)\ |\ Cu(s)$

(iv) $Mg^{2+}(aq, 1,0\ M)\ |\ Mg(s)$

(a) Em qual das células voltaicas o eletrodo de cobre é o cátodo?

(b) Qual célula voltaica produz o maior potencial? Qual produz o menor potencial?

62. As seguintes semicélulas estão disponíveis:

(i) $Ag^+(aq, 1,0\ M)\ |\ Ag(s)$

(ii) $Zn^{2+}(aq, 1,0\ M)\ |\ Zn(s)$

(iii) $Cu^{2+}(aq, 1,0\ M)\ |\ Cu(s)$

(iv) $Co^{2+}(aq, 1,0\ M)\ |\ Co(s)$

A ligação de duas quaisquer semicélulas forma uma célula voltaica. Dadas quatro semicélulas diferentes, seis células voltaicas são possíveis. Elas são chamadas, para simplificar, Ag-Zn, Ag-Cu, Ag-Co, Zn-Cu, Zn-Co e Cu-Co.

(a) Em qual das células voltaicas o eletrodo de cobre é o cátodo? Em qual das células voltaicas o eletrodo de cobalto é o ânodo?

(b) Qual combinação de semicélulas produz o maior potencial? Qual combinação produz o menor potencial?

63. A reação que ocorre na célula em que Al_2O_3 e sais de alumínio são eletrolisados é $Al^{3+}(aq) + 3\ e^- \rightarrow Al(s)$. Se a célula eletrolítica opera a 5,0 V e $1,0 \times 10^5$ A, que massa de metal de alumínio pode ser produzida em 24 horas?

64. ▲ Uma célula é construída usando as seguintes semirreações:

$Ag^+(aq) + e^- \rightarrow Ag(s)$

$Ag_2SO_4(s) + 2\ e^- \rightarrow 2\ Ag(s) + SO_4{}^{2-}(aq)$
$$E° = 0,653\ V$$

(a) Quais reações deveriam ser observadas no ânodo e no cátodo?

(b) Calcule a constante de produto de solubilidade, K_{ps}, para Ag_2SO_4.

65. ▲ O potencial de 0,142 V é calculado (sob condições padrão) para uma célula voltaica produzida usando as semirreações a seguir:

Cátodo: $Pb^{2+}(aq) + 2\ e^- \rightarrow Pb(s)$
Ânodo: $PbCl_2(s) + 2\ e^- \rightarrow Pb(s) + 2\ Cl^-(aq)$
Líquida: $Pb^{2+}(aq) + 2\ Cl^-(aq) \rightarrow PbCl_2(s)$

(a) Qual é o potencial de redução padrão para a reação do ânodo?

(b) Calcule o produto de solubilidade, K_{ps}, para $PbCl_2$.

66. Qual é o valor de $E°$ para a seguinte semirreação?

$$Ag_2CrO_4(s) + 2\ e^- \rightarrow 2\ Ag(s) + CrO_4{}^{2-}(aq)$$

67. O potencial padrão, $E°$, para a reação entre $Zn(s)$ e $Cl_2(g)$ é +2,12 V. Qual é a mudança de energia livre padrão, $\Delta_r G°$, para a reação?

68. ▲ Uma célula eletrolítica para produção de alumínio opera a 5.0 V e uma corrente de $1,0 \times 10^5$ A. Calcule o número de quilowatts-hora de energia necessário para produzir 1 tonelada métrica ($1,0 \times 10^3$ kg) de alumínio. (1 kWh = $3,6 \times 10^6$ J e 1 J = 1 C · V)

69. ▲ A eletrólise do NaCl fundido é realizada em células operando a 7,0 V e $4,0 \times 10^4$ A. Que massa de $Na(s)$ e $Cl_2(g)$ pode ser produzida em um dia, nessa célula? Qual é o consumo de energia em quilowatts-hora? (1 kWh = $3,6 \times 10^6$ J e 1 J = 1 C · V)

70. ▲ Uma corrente de 0,0100 A passa por uma solução de sulfato de ródio, causando a redução do íon metálico a metal. Depois de 3,00 horas, 0,038 g de Rh foram depositados. Qual é a carga do íon ródio, Rh^{n+}? Qual é a fórmula do sulfato de ródio?

71. ▲ Uma corrente de 0,44 A passa por uma solução de nitrato de rutênio, causando a redução do íon metálico a metal. Depois de 25,0 minutos, 0,345 g de Ru foram depositados. Qual é a carga do íon rutênio, Ru^{n+}? Qual é a fórmula do nitrato de rutênio?

72. A carga total que pode ser produzida por uma pilha seca grande, antes que sua voltagem caia demais, normalmente é de, aproximadamente, 35 amperes-hora. (Um ampere-hora é a carga que atravessa o circuito quando 1 A passa durante 1 hora.) Qual é a massa de Zn consumida quando 35 amperes-hora são obtidos da célula?

73. O gás cloro é obtido comercialmente por eletrólise da salmoura (uma solução aquosa concentrada de NaCl). Se a célula eletrolítica opera a 4,6 V e $3,0 \times 10^5$ A, qual é a massa de cloro que pode ser produzida em 24 horas?

74. Escreva as semirreações que ocorrem no ânodo e no cátodo na eletrólise de KBr *fundido*. Quais são os produtos formados no ânodo e no cátodo na eletrólise de KBr *aquoso*?

75. Os produtos formados na eletrólise de $CuSO_4$ aquoso são $Cu(s)$ e $O_2(g)$. Escreva as equações para as reações do ânodo e do cátodo.

76. Preveja os produtos formados na eletrólise de uma solução aquosa de $CdSO_4$.

77. Na eletrólise de $HNO_3(aq)$, hidrogênio é produzido no cátodo. De acordo com a tabela de potenciais de redução, $NO_3{}^-(aq)$ é mais facilmente reduzido do que $H^+(aq)$. Sugira uma razão possível pela qual H_2 seja formado em vez de NO. Qual é o produto formado no ânodo? Escreva uma equação para a reação do ânodo.

78. A metalurgia de alumínio envolve a eletrólise de Al_2O_3 dissolvido em criolita fundida (Na_3AlF_6) a aproximadamente 950 °C. Alumínio metálico é produzido no cátodo. Preveja o produto do ânodo e escreva equações para as reações ocorrendo em ambos os eletrodos.

79. Duas semicélulas, $Pt \mid Fe^{3+}(aq,\ 0,50\ M),\ Fe^{2+}(aq,\ 1,0 \times 10^{-5}\ M)$ e $Hg^{2+}(aq,\ 0,020\ M) \mid Hg$, são produzidas e então ligadas uma à outra para formar uma célula voltaica. Qual eletrodo é o ânodo? Qual será o potencial da célula voltaica a 298 K?

80. Uma célula voltaica é formada usando-se a reação

$$Cu(s) + 2\ Ag^+(aq) \rightarrow Cu^{2+}(aq) + 2\ Ag(s)$$

$$Cu(s) \mid Cu^{2+}(aq,\ 1,0\ M) \parallel Ag^+(aq,\ 0,001\ M) \mid Ag(s)$$

Sob condições padrão, a voltagem esperada é de 0,45 V. Preveja se o potencial para a célula voltaica será mais alto, mais baixo ou o mesmo que o potencial padrão. Verifique sua previsão calculando o novo potencial da célula.

81. Calcule o potencial da célula para a célula a seguir:

$Pt \mid H_2(P = 1\ bar) \mid H^+(aq,\ 1,0\ M) \parallel$
$\qquad\qquad Fe^{3+}(aq,\ 1,0M),\ Fe^{2+}(aq,\ 1,0M) \mid Pt$

Essa reação será mais ou menos favorável em um pH mais baixo? Para determinar isso, calcule o potencial da célula para uma reação em que $[H^+(aq)]$ é $1,0 \times 10^{-7}$ M.

82. Uma célula voltaica é montada usando-se a reação

$$Cu(s) + 2\ Ag^+(aq) \rightarrow Cu^{2+}(aq) + 2\ Ag(s)$$

que tem um potencial da célula de 0,45 V a 298 K. Descreva como o potencial dessa célula irá mudar conforme a célula for descarregada. Em que ponto o potencial da célula atingirá um valor constante? Explique sua resposta.

83. Duas semicélulas de $Ag^+(aq)| Ag(s)$ são construídas. A primeira tem $[Ag^+] = 1,0$ M, a segunda tem $[Ag^+] = 1,0 \times 10^{-5}$ M. Quando conectadas por uma ponte salina e um circuito externo, observa-se o potencial da célula. (Esse tipo de célula voltaica é chamada de *célula de concentração*.)

(a) Desenhe uma figura dessa célula, nomeando todos os componentes. Indique o cátodo e o ânodo, e em que direção está o fluxo de elétrons no circuito externo.

(b) Calcule o potencial da célula a 298 K.

84. Calcule as constantes de equilíbrio para as reações a seguir a 298 K. Indique se o equilíbrio da forma como estão escritos é produto-favorecido ou reagente-favorecido.

(a) $Co(s) + Ni^{2+}(aq) \rightleftharpoons Co^{2+}(aq) + Ni(s)$

(b) $Fe^{3+}(aq) + Cr^{2+}(aq) \rightleftharpoons Cr^{3+}(aq) + Fe^{2+}(aq)$

85. Calcule as constantes de equilíbrio para as reações a seguir a 298 K. Indique se o equilíbrio da forma como estão escritos é produto-favorecido ou reagente-favorecido.

(a) $2 Cl^-(aq) + Br_2(\ell) \rightleftharpoons Cl_2(aq) + 2 Br^-(aq)$

(b) $Fe^{2+}(aq) + Ag^+(aq) \rightleftharpoons Fe^{3+}(aq) + Ag(s)$

86. Use a tabela dos potenciais de redução padrão (Apêndice M) para calcular $\Delta_r G°$ para as seguintes reações a 298 K.

(a) $ClO_3^-(aq) + 5 Cl^-(aq) + 6 H^+(aq) \rightarrow$
$3 Cl_2(g) + 3 H_2O(\ell)$

(b) $AgCl(s) + Br^-(aq) \rightarrow AgBr(s) + Cl^-(aq)$

87. Use a tabela dos potenciais de redução padrão (Apêndice M) para calcular $\Delta_r G°$ para as seguintes reações a 298 K.

(a) $3 Cu(s) + 2 NO_3^-(aq) + 8 H^+(aq) \rightarrow$
$3 Cu^{2+}(aq) + 2 NO(g) + 4 H_2O(\ell)$

(b) $H_2O_2(aq) + 2 Cl^-(aq) + 2 H^+(aq) \rightarrow$
$Cl_2(g) + 2 H_2O(\ell)$

88. ▲ Escreva as equações balanceadas das seguintes semirreações de redução envolvendo compostos orgânicos.

(a) $HCO_2H \rightarrow CH_2O$ (solução ácida)

(b) $C_6H_5CO_2H \rightarrow C_6H_5CH_3$ (solução ácida)

(c) $CH_3CH_2CHO \rightarrow CH_3CH_2CH_2OH$ (solução ácida)

(d) $CH_3OH \rightarrow CH_4$ (solução ácida)

89. ▲ Balanceie as seguintes equações envolvendo compostos orgânicos.

(a) $Ag^+(aq) + C_6H_5CHO(aq) \rightarrow$
$Ag(s) + C_6H_5CO_2H(aq)$ (solução ácida)

$CH_3CH_2OH + Cr_2O_7^{2-}(aq) \rightarrow$
$CH_3CO_2H(aq) + Cr^{3+}(aq)$ (solução ácida)

90. Uma célula voltaica é construída de forma que uma semicélula consiste em um fio de prata mergulhado em solução aquosa de $AgNO_3$. A outra semicélula é produzida com um fio inerte de platina em uma solução aquosa contendo $Fe^{2+}(aq)$ e $Fe^{3+}(aq)$.

(a) Calcule o potencial da célula, supondo condições padrão.

(b) Escreva a equação líquida para a reação que está ocorrendo na célula.

(c) Qual eletrodo é o ânodo e qual é o cátodo?

(d) Se $[Ag^+]$ for 0,10 M, e $[Fe^{2+}]$ e $[Fe^{3+}]$ forem 1,0 M, qual é o potencial da célula? A reação global da célula ainda é a mesma que a usada na parte (a)? Se não, qual é a reação global sob as novas circunstâncias?

91. Uma alternativa dispendiosa, porém, mais leve que a bateria de chumbo, é a bateria prata-zinco.

$Ag_2O(s) + Zn(s) + H_2O(\ell) \rightarrow Zn(OH)_2(s) + 2 Ag(s)$

O eletrólito é 40% de KOH, e os eletrodos de prata-óxido de prata são separados dos eletrodos de zinco-óxido de zinco por uma lâmina plástica que é permeável aos íons hidróxido. Sob condições de operação normal, a bateria tem um potencial de 1,59 V.

(a) Quanta energia pode ser produzida por grama de reagentes na bateria de prata-zinco? Considere que a bateria produz uma corrente de 0,10 A.

(b) Quanta energia pode ser produzida por grama de reagentes na bateria de chumbo? Considere que a bateria produz uma corrente de 0,10 A a 2,0 V.

(c) Qual bateria (de prata-zinco ou de chumbo) produz a maior energia por grama de reagentes?

92. As especificações de uma bateria de chumbo incluem a passagem média de uma corrente de 1,5 A durante 15 horas.

(a) Qual é a massa mínima de chumbo que deve ser usada no ânodo?

(b) Qual massa de PbO_2 deve ser usada no cátodo?

(c) Suponha que o volume da bateria seja de 0,50 L. Qual a molaridade mínima necessária de H_2SO_4?

93. O manganês pode possuir um papel importante nos ciclos químicos dos oceanos (página 899). Duas reações envolvendo manganês (em solução ácida) são a redução dos íons nitrato (para NO) com íons Mn^{2+} e a oxidação dos íons amônio (para N_2) com MnO_2.

(a) Escreva as equações balanceadas para essas reações (em solução ácida).

(b) Calcule $E°_{célula}$ para as reações. (É necessário o potencial da semirreação de redução do N_2 para NH_4^+, $E° = -0,272$ V.)

94. ▲ Você quer usar eletrólise para galvanizar um objeto cilíndrico (raio = 2,50 cm e comprimento = 20,00 cm) com um revestimento de níquel metálico, de 4,0 mm de espessura. Você coloca o objeto em um banho contendo um sal (Na_2SO_4). Um eletrodo é de níquel impuro, e o outro é o objeto a ser galvanizado. O potencial de eletrolisação é de 2,50 V.

(a) Qual é o ânodo e qual é o cátodo nesse experimento? Que semirreação ocorre em cada eletrodo?

(b) Calcule o número de quilowatts-hora (kWh) de energia necessária para realizar a eletrólise. (1 kWh = $3,6 \times 10^6$ J e 1 J = 1 C × 1 V)

95. ▲ O íon ferro(II) sofre uma reação de desproporcionamento para formar Fe(s) e o íon ferro(III). Isto é, o íon ferro(II) é oxidado e reduzido na mesma reação.

$$3 \text{ Fe}^{2+}(aq) \rightleftharpoons \text{Fe}(s) + 2 \text{ Fe}^{3+}(aq)$$

(a) Quais são as duas semirreações que constituem a reação de desproporcionamento?

(b) Use os valores dos potenciais de redução padrão para as duas semirreações da parte (a) para determinar se esta reação de desproporcionamento é produto-favorecida.

(c) Qual é a constante de equilíbrio para esta reação?

96. ▲ O íon cobre(I) desproporciona a cobre metálico e a o íon cobre(II). (Veja a Questão para Estudo 95.)

$$2 \text{ Cu}^{+}(aq) \rightleftharpoons \text{Cu}(s) + \text{Cu}^{2+}(aq)$$

(a) Quais são as duas semirreações que constituem a reação de desproporcionamento?

(b) Utilize os valores de potencial de redução padrão para as duas semirreações na parte (a) para determinar se a reação de desproporcionamento é produto-favorecida no equilíbrio.

(c) Qual é a constante de equilíbrio para esta reação? Se você tiver uma solução que inicialmente contém 0,10 mol de Cu^+ em 1,0 L de água, quais serão as concentrações de Cu^+ e Cu^{2+} no equilíbrio?

97. A maneira mais simples de escrever a reação para a descarga de uma bateria de íons-lítio é

$$\text{Li(do carbono)}(s) + \text{CoO}_2(s) \rightarrow 6 \text{ C}(s) + \text{LiCoO}_2(s)$$

(a) Quais são os números de oxidação para o cobalto nas duas substâncias da bateria?

(b) Em tal bateria, qual reação ocorre no cátodo? E no ânodo?

(c) Um eletrólito é necessário para a condução dos íons dentro da bateria. Pelo que você sabe sobre a química do lítio, um eletrólito na bateria poderia ser dissolvido em água?

98. A bateria de íons-lítio de uma câmera apresenta 7.500 mAh. Isto é, pode fornecer 7500 milliamperes (mA) ou 7,5 amperes de corrente constante por uma hora.

(a) Quantos mols de elétrons a bateria pode fornecer em uma hora?

(b) Qual é a massa de lítio oxidada, sob essas condições, em 1,0 hora?

No Laboratório

99. Considere uma célula eletroquímica baseada nas semirreações $\text{Ni}^{2+}(aq) + 2 e^- \rightarrow \text{Ni}(s)$ e $\text{Cd}^{2+}(aq) + 2 e^- \rightarrow \text{Cd}(s)$.

(a) Faça um diagrama da célula e dê o nome de cada um dos componentes (incluindo o ânodo, o cátodo e a ponte salina).

(b) Use as equações das semirreações para escrever uma equação iônica global balanceada para a reação global da célula.

(c) Qual é a polaridade de cada eletrodo?

(d) Qual é o valor de $E°_{célula}$?

(e) Em que direção os elétrons se movem no circuito externo?

(f) Presuma que uma ponte salina que contém $NaNO_3$ conecte as duas semicélulas. Em que direção os íons $Na^+(aq)$ se movem? Em que direção os íons $NO_3^-(aq)$ se movem?

(g) Calcule a constante de equilíbrio para a reação.

(h) Se a concentração de Cd^{2+} for reduzida a 0,010 M e $[Ni^{2+}] = 1,0$ M, qual será o valor de $E_{célula}$? A reação global ainda será a da parte (b)?

(i) Se 0,050 A for extraído da bateria, quanto tempo ela durará se você começar com 1,0 L de cada uma das soluções e cada uma tiver inicialmente 1,0 M em espécies dissolvidas? Cada eletrodo pesa 50,0 g no início.

100. Um "coulômetro de prata" é um método antigo utilizado para medir o fluxo de corrente em um circuito. A corrente passa primeiro pela solução de $Ag^+(aq)$ e depois em outra solução que contém espécies eletroativas. A quantidade de prata metálica depositada no cátodo foi pesada. A partir da massa de prata, o número de átomos de prata é calculado. Como a redução de um íon prata requer um elétron, esse valor iguala-se ao número de elétrons que passa pelo circuito. Se o tempo for anotado, a corrente média pode ser calculada. Se, nesse experimento, 0,052 g de Ag for depositado durante 450 s, qual é a corrente fluindo no circuito?

101. Um "coulômetro de prata" (Questão para Estudo 100) foi usado no passado para medir a corrente fluindo em uma célula eletroquímica. Suponha que você descobriu que a corrente que flui por uma célula eletrolítica depositou 0,089 g de Ag no cátodo exatamente depois de 10 min. Se essa mesma corrente então passou por uma célula contendo íons ouro(III) na forma de $[AuCl_4]^-$, quanto de ouro foi depositado no cátodo nessa célula eletrolítica?

102. ▲ Quatro metais, A, B, C e D, apresentam as seguintes propriedades:

(a) Somente A e C reagem com ácido clorídrico com 1,0 M de ácido clorídrico para resultar em $H_2(g)$.

(b) Quando C é adicionado a soluções dos íons de outros metais, B, D e A metálicos são formados.

(c) O metal D reduz B^{n+} para dar B metálico e D^{n+}.

De acordo com essas informações, organize os quatro metais em ordem crescente quanto à capacidade de atuarem como agentes redutores.

103. ▲ Uma solução de KI é gotejada em uma solução azul pálida de $Cu(NO_3)_2$. A solução muda de cor para marrom, e forma-se um precipitado de CuI. Em comparação, nenhuma mudança será observada se as soluções de KCl e KBr forem adicionadas a $Cu(NO_3)_2$ aquoso. Consulte a tabela de potenciais de redução padrão para explicar os resultados dissimilares vistos com haletos diferentes. Escreva uma equação para a reação que ocorre quando soluções de KI e $Cu(NO_3)_2$ são misturadas.

104. ▲ A quantidade de oxigênio, O_2, dissolvido em amostra de água a 25 °C pode ser determinada por titulação. A primeira etapa é adicionar soluções de $MnSO_4$ e $NaOH$ na água para converter o oxigênio dissolvido a MnO_2. Uma solução de H_2SO_4 e KI é então adicionada para converter o MnO_2 em Mn^{2+}, e o íon iodeto é convertido em I_2. O I_2 é então titulado com $Na_2S_2O_3$ padronizado.

(a) Balanceie a equação para a reação de íons Mn^{2+} com O_2 em solução básica.

(b) Balanceie a equação para a reação de MnO_2 com I^- em solução ácida.

(c) Balanceie a equação para a reação de $S_2O_3^{2-}$ com I_2.

(d) Calcule a quantidade de O_2 em 25,0 mL de água se a titulação exigir 2,45 mL de solução de $Na_2S_2O_3$ 0,0112 M.

Resumo e Questões Conceituais

As seguintes questões podem usar os conceitos deste capítulo e dos capítulos anteriores.

105. Compostos orgânicos fluorados são usados como herbicidas, retardantes de chama e agentes em extintores de incêndio, entre outros usos. Uma reação como

$$CH_3SO_2F + 3\ HF \rightarrow CF_3SO_2F + 3\ H_2$$

é conduzida eletroquimicamente em HF líquido como o solvente.

(a) Se você eletrolisar 150 g de CH_3SO_2F, que massa de HF é necessária e que massa de produto pode ser isolada?

(b) H_2 é produzido no cátodo ou no ânodo da célula de eletrólise?

(c) Uma célula de eletrólise típica opera a 8,0 V e 250 A. Quantos quilowats-hora de energia essa célula consome em 24 horas?

106. ▲ A variação de energia livre para uma reação, $\Delta_r G°$, é a energia máxima que pode ser extraída do processo como trabalho, ao passo que $\Delta_r H°$ é a variação de energia potencial química total. A eficiência de uma célula de combustível é a razão dessas duas quantidades.

$$\text{Eficiência} = \frac{\Delta_r G°}{\Delta_r H°} \times 100\%$$

Considere a célula de hidrogênio-oxigênio, em que a reação global é

$$H_2(g) + \tfrac{1}{2}\ O_2(g) \rightarrow H_2O(\ell)$$

(a) Calcule a eficiência da célula combustível sob condições padrão.

(b) Calcule a eficiência da célula de combustível se o produto for vapor de água no lugar de água líquida.

(c) A eficiência depende do estado do produto da reação? Sim ou não? Porquê?

107. Uma célula de combustível de oxigênio-hidrogênio opera com a reação simples:

$$H_2(g) + \tfrac{1}{2}\ O_2(g) \rightarrow H_2O(\ell)$$

Se a célula é projetada para produzir uma corrente de 1,5 A, e se o hidrogênio é armazenado em um tanque de 1,0 L à pressão de 200 atm a 25 °C, por quanto tempo a célula combustível opera antes de o hidrogênio se esgotar? (Presuma que haja um fornecimento ilimitado de O_2.)

108. ▲ (a) É mais fácil reduzir água em ácido ou base? Para avaliar isso, considere a semirreação

$$2\ H_2O(\ell) + 2\ e^- \rightarrow 2\ OH^-(aq) + H_2(g)$$
$$E° = -0,83\ V$$

(b) Qual é o potencial de redução de água para soluções em pH = 7 (neutro) e pH = 1 (ácido)? Comente o valor de $E°$ em pH = 1.

109. ▲ Os organismos vivos obtêm energia a partir da oxidação de comida, caracterizada por glicose.

$$C_6H_{12}O_6(aq) + 6\ O_2(g) \rightarrow 6\ CO_2(g) + 6\ H_2O(\ell)$$

Elétrons nesse processo redox são transferidos da glicose para o oxigênio em uma série de pelos menos 25 etapas. É instrutivo calcular o fluxo de corrente diária total em um organismo típico e a taxa de energia gasta (força). (Consulte CHIRPICH, T. P. *Journal of Chemical Education*, v. 52, p. 99, 1975.)

(a) A entalpia molar de combustão de glicose é 2800 kJ/mol-rea. Se você estiver em uma dieta diária de 2400 Cal (quilocalorias), que quantidade de glicose (em mols) deve ser consumida em um dia se a glicose for a única fonte de energia? Que quantidade de O_2 deve ser consumida no processo de oxidação?

(b) Quantos mols de elétrons devem ser fornecidos para reduzir a quantidade de O_2 calculada na parte (a)?

(c) De acordo com a resposta na parte (b), calcule a corrente que flui, por segundo, em seu corpo a partir da combustão de glicose.

(d) Se o potencial médio padrão na cadeia de transporte de elétrons for 1,0 V, qual é a taxa de gasto de energia em watts?

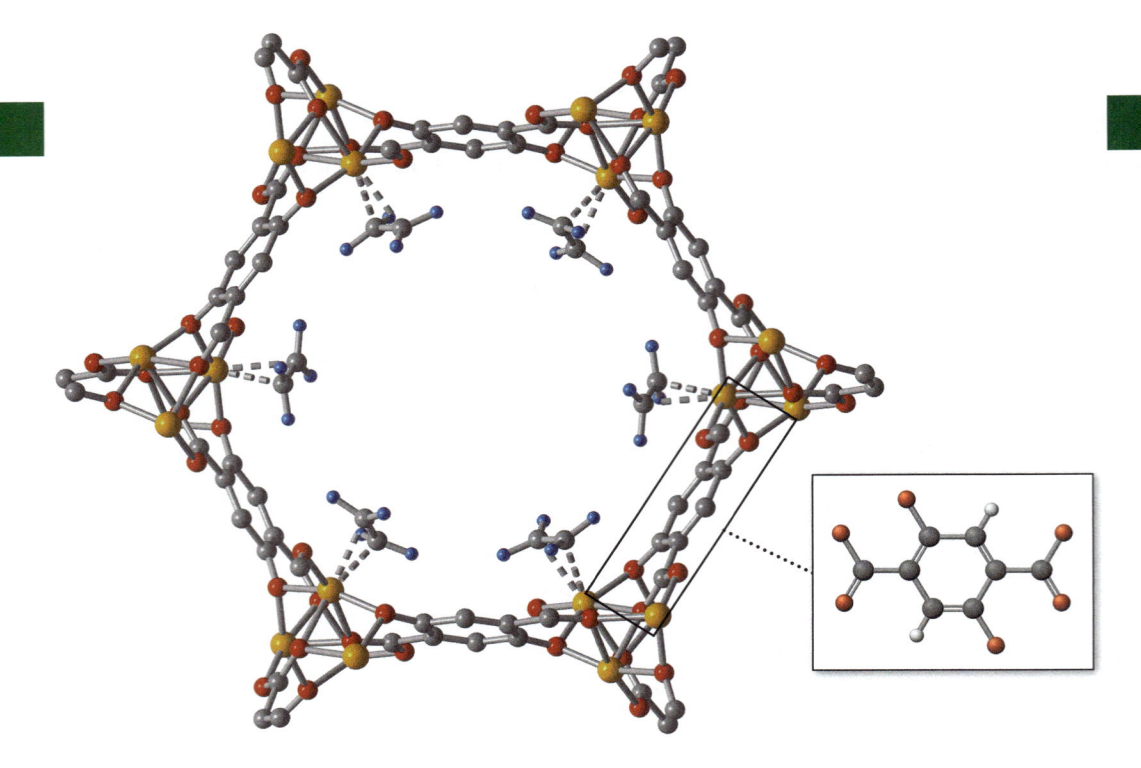

Um fragmento de uma RMO, rede metalorgânica. As recém-descobertas RMOs podem ser valiosas em separar e armazenar pequenas moléculas gasosas. (Aqui as esferas com coloração laranja são os íons Fe^{2+}, e seis moléculas de etileno estão dentro da rede. Átomos de hidrogênio ligados a átomos de carbono na rede não são mostrados. Jeffrey Long, Departmento de Química, Universidade da Califórnia em Barkeley. Reproduzido da *Science*, v. 335, p. 1606, v. 6076, mar. 2012.)

Química ambiental: meio ambiente, energia e sustentabilidade

20

Sumário do capítulo

POUPANDO ENERGIA COM AS RMOs As redes metalorgânicas (RMOs) consistem em redes orgânicas tridimensionais com íons metálicos – em essência, uma molécula gigante. Por causa de suas estruturas interessantes e usos potenciais, a síntese e o estudo de RMOs são áreas ativas de pesquisa química. Cerca de mil novas RMOs são relatadas a cada ano.

As RMOs têm estruturas abertas com grandes cavidades na rede e uma enorme área de superfície, muitas vezes superior a 5000 m^2/g. Os íons metálicos na estrutura podem atrair e ligar moléculas gasosas que entram na rede e, por causa dessa característica, as RMOs têm o potencial de interceptar e armazenar pequenas moléculas, como C_2H_4, CH_4 e CO_2.

Objetivos do Capítulo

Consute a Revisão dos Objetivos do Capítulo para ver as Questões para Estudo relacionadas a estes objetivos.

ENTENDER

- Como a atividade humana contribui para a poluição do ar e da água e o que está sendo feito para resolver esse problema.
- Os recursos energéticos atuais e suas implicações para o futuro.
- Os esforços da comunidade química para apoiar a química verde.
- Os temas atuais importantes relativos ao meio ambiente.

FAZER

- Calcular ou utilizar as variações de entalpia, associadas à queima de combustíveis fósseis ou a reações no ambiente.
- Aplicar os princípios da estequiometria, ligações químicas, comportamento dos gases e das soluções, equilíbrios químicos e cinética química às substâncias importantes no ambiente.

LEMBRAR

- A composição da atmosfera e da hidrosfera.
- A identidade dos poluentes químicos no ar e a água e seus efeitos sobre a vida humana.
- Os procedimentos pelos quais a água é purificada.
- Fontes de energia renováveis e não renováveis.

A RMO ilustrada aqui baseia-se em íons de ferro(II) mantidos juntos por um ânion orgânico de carga -4, 2,5-dióxido-1,4-benzenodicarboxilato. Na estrutura ilustrada, há também moléculas de etileno (C_2H_4) incorporadas.

Os íons de ferro(II), na maioria dos compostos, estão rodeados octaedricamente por seis átomos. Nesta RMO, no entanto, cinco das seis posições são átomos de oxigênio das espécies orgânicas, mas o sexto lugar está aberto. Isto faz com que seja possível que moléculas pequenas, tais como o etileno, liguem-se ao local aberto, e é esta capacidade que tem atraído tanto interesse às RMOs.

O etileno (C_2H_4) e o propeno ($CH_3CH=CH_2$) são moléculas-chave na nossa economia – elas são usadas para produzir os polímeros polietileno polipropileno, respectivamente –, e são produzidos por "craqueamento" (quebra) ou decomposição térmica de hidrocarbonetos de maior peso molecular a altas temperaturas. Nesse processo, não são formadas apenas essas moléculas, mas também o etano (C_2H_6) e o propano (C_3H_8), entre outros. A separação dos vários hidrocarbonetos na mistura é normalmente feita em um processo de destilação complicada, o que, de acordo com o estudo publicado na revista *Science*, "está entre as separações mais energéticas realizadas em grande escala na indústria química". No entanto, por causa da possibilidade de o etileno e o propeno ligarem-se à RMO, mas o etano e o propano não, a quase perfeita separação do etano do etileno, ou do propano do propeno, pode ser obtida sem um processo de destilação complexo e à temperatura moderada de 45 °C.

Embora a molécula nesse estudo ainda não seja usada num processo comercial, a ideia mostra ser consideravelmente promissora. Esta e muitas outras RMOs são, de certa forma, facilmente sintetizadas, estão disponíveis em quantidade, têm propriedades interessantes e úteis e podem nos ajudar a avançar rumo a uma indústria química "mais verde".

O planeta Terra pode ser discutido a partir de muitos pontos de vista: geológico, político, histórico e ambiental. Este último tornou-se tema principal de preocupação no mundo de hoje, e algum conhecimento em Química é essencial para discutir, entender e avaliar questões relativas ao meio ambiente.

Neste capítulo, veremos as partes do meio ambiente que são mais suscetíveis à mudanças, a atmosfera e a hidrosfera (água). Elas são de vital importância para o nosso bem-estar, ainda que as atividades humanas pareçam estar causando mudanças significativas.

A atmosfera é de grande interesse. Sua composição está sendo alterada por atividades humanas, e os efeitos resultantes sobre o clima estão bem estabelecidos. A água do planeta também é motivo de preocupação: muitas vezes nós a poluímos, e precisamos purificá-la. Outra grande preocupação é a energia. Além de fornecer recursos energéticos suficientes para o futuro, nossas escolhas de fontes de energia não só interagem com, como também afetam, a atmosfera, os oceanos e nossas fontes de água fresca.

Finalmente, a "sustentabilidade" ou o "desenvolvimento sustentável" é uma preocupação subjacente. Em 1987, uma comissão da Organização das Nações Unidas (ONU) definiu o desenvolvimento sustentável como "o desenvolvimento que satisfaz as necessidades do presente sem comprometer a capacidade das gerações futuras de suprir suas próprias necessidades". Este é um tema complexo, mas parece haver um consenso de que o desenvolvimento sustentável requer a interação de fatores ambientais, sociais e econômicos.

20-1 A Atmosfera

A atmosfera parece ser a parte mais importante do ambiente, mas é complexa e tem uma influência desproporcionalmente grande em nosso planeta.

Os principais componentes da atmosfera estão listados na Tabela 20.1 (os valores da tabela são baseados no ar seco ao nível do mar). Normalmente, o ar também contém vapor de água, que pode variar consideravelmente de lugar para lugar e de dia para dia. Sua concentração pode chegar a 40000 ppm (partes por milhão), mas geralmente fica em torno de metade desse valor ou menos.

Há muito mais componentes da atmosfera do que os listados na tabela. Estes incluem pequenas quantidades de substâncias químicas emitidas por plantas, animais e microrganismos, assim como a partir da queima de carvão, petróleo e gás para gerar eletricidade, de escapamentos de veículos, da indústria e de nossas atividades do dia a dia.

Você pode imaginar que o ar é uma mistura homogênea de gases, pois está constantemente sendo agitado pelo movimento do planeta e pelo calor do Sol. Na verdade, a mistura está longe de ser perfeita. Há relativamente pouca troca de ar entre as regiões norte e sul do planeta, e há camadas distintas na atmosfera (◄ Capítulo 10; "Um Olhar Mais Atento: A Atmosfera da Terra"). Pelo que os humanos entendem, a camada mais importante é a camada inferior em que vivemos, a troposfera, que vai até cerca de 7 km de altura nos polos e 17 km no equador. Acima da troposfera encontra-se a estratosfera; ela estende-se a cerca de 30 km, ficando menos

Tabela 20.1 Os Gases da Atmosfera*	
GASES	**CONCENTRAÇÃO (ppm)**
Nitrogênio (N_2)	780840
Oxigênio (O_2)	209460
Argônio (Ar)	9340
Dióxido de carbono (CO_2)	397
Neônio (Ne)	18
Hélio (He)	5,2
Metano (CH_4)	1,8
Criptônio (Kr)	1,1
Hidrogênio (H_2)	0,5
Ozônio (O_3)	0,4
Monóxido de dinitrogênio (óxido nitroso, N_2O)	0,3
Monóxido de carbono (CO)	0,1
Xenônio (Xe)	0,09
Radônio (Rn)	traços

*Os dados sobre as concentrações dos gases referem-se a números relativos de partículas no ar seco (e, portanto, estão relacionados a frações molares).

densa à medida que a altitude aumenta. Há regiões ainda mais altas, mas, neste capítulo, nós nos referiremos apenas à troposfera e à estratosfera.

Estima-se a massa total da atmosfera em cerca de $5,15 \times 10^{18}$ kg ($5,15 \times 10^{15}$ toneladas métricas, ou $5,15 \times 10^{6}$ gigatoneladas). Três quartos da massa total da atmosfera está na troposfera, e lá sua temperatura média é de 14 °C. Ela pode chegar a −89 °C, a temperatura mais baixa já registrada, na Antártida, em 1983, ou a 58 °C, a temperatura mais alta já registrada, no norte da África, em 1922. Depois da temperatura, a próxima propriedade mais óbvia da atmosfera é a pressão que ela exerce, a qual, ao nível do mar, é de cerca de 101 kPa (1 atmosfera), e cerca de 25 kPa (1/4 atmosfera) a 35000 pés, a altitude utilizada por aeronaves de passageiros.

Alguns dos gases da atmosfera não são reativos, notadamente os gases nobres: hélio, neônio, argônio, criptônio e xenônio. O hélio e o argônio são adicionados continuamente à atmosfera, porque são produtos do decaimento radioativo – o hélio vem de partículas alfa emitidas por elementos naturais como o urânio, e o argônio é produzido pelo decaimento de ^{40}K, um isótopo radioativo de longa vida do potássio.

Os outros gases da atmosfera, particularmente o oxigênio, o nitrogênio e o dióxido de carbono, são quimicamente reativos e podem formar outras moléculas por reações promovidos por um raio, raios ultravioleta do Sol ou pela influência dos seres vivos.

A atmosfera tem sofrido alterações significativas ao longo do tempo, e ainda está mudando. O aumento bem divulgado de CO_2 na atmosfera e a diminuição do ozônio na estratosfera são, provavelmente, as mudanças mais conhecidas, mas a atividade humana está contribuindo também com novos produtos químicos para o meio ambiente. Precisamos entender o que essas mudanças significam para o futuro.

Gigatoneladas são frequentemente utilizadas em estudos ambientais, porque as massas envolvidas são muito grandes. *Uma tonelada métrica é 1000 kg, mas uma gigatonelada equivale a um bilhão de toneladas métricas*, ou seja, 10^{9} toneladas métricas.

Nitrogênio e Óxidos de Nitrogênio

O nitrogênio na atmosfera, N_2, surgiu da saída de gás da Terra quando ela era simplesmente uma massa fundida. Ainda hoje, um pouco de nitrogênio escapa quando vulcões entram em erupção. Todos os seres vivos no planeta têm nitrogênio em suas células na forma de proteínas e no DNA e RNA, entre outros compostos. O N_2 gasoso não é fonte direta desse elemento nos seres vivos; no entanto, para ser absorvido pelas plantas, o nitrogênio deve estar na forma de um composto de nitrogênio, como íons amônio ou amônia ou nitratos.

No meio ambiente, as moléculas atmosféricas de N_2 são convertidas em outros compostos por um grande número de processos naturais. Algumas dessa conversões são realizadas dentro do ciclo do nitrogênio, mostrado na Figura 20.1, que delineia os processos que convertem várias moléculas e íons que contêm nitrogênio na natureza.

Os seres humanos também influenciam o ciclo do nitrogênio. Numa escala global, a conversão de nitrogênio em seus diversos compostos é realizada até uma extensão de cerca de 50% por processos biológicos e 10% por raios. No entanto, cerca de 30% vem da queima de combustíveis fósseis e 10% de fertilizantes sintéticos. De fato, um estudo recentemente publicado na revista *Science*, que utilizava a análise isotópica $^{14/15}N$, descobriu que grandes inserções de nitrogênio no meio ambiente vindos da combustão de combustíveis fósseis e da queima de biomassa em larga escala aceleraram muito a partir de 1895, e outra alteração ocorreu por volta de 1970, com grandes quantidade de fertilizantes que contêm nitrogênio sendo produzidos em larga escala.

Vamos agora nos concentrar sobre os vários óxidos de nitrogênio que estão presentes na atmosfera, entre eles monóxido de dinitrogênio (óxido nitroso, N_2O), monóxido de nitrogênio (óxido nítrico, NO) e dióxido do nitrogênio (NO_2). Coletivamente, referimos aos óxidos de nitrogênio como compostos NO_x. Embora o ciclo do nitrogênio não produza alguns desses óxidos na atmosfera, a maioria das moléculas de NO_x é produzida pelas atividades humanas.

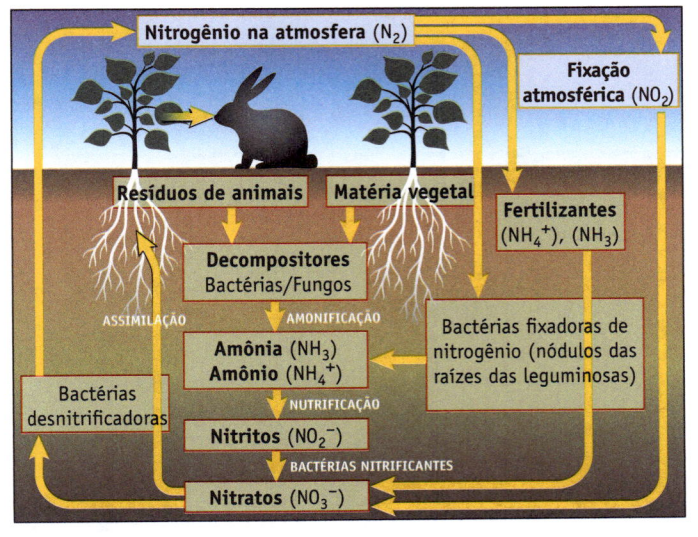

FIGURA 20.1 O ciclo do nitrogênio. O ciclo do nitrogênio envolve a fixação de nitrogênio por bactérias do solo ou, em ambientes aquáticos, por cianobactérias. Os íons NH_4^+ produzidos são convertidos em íons nitrato, a principal forma de nitrogênio absorvido pelas plantas. O nitrogênio é devolvido para a atmosfera por bactérias desnitrificadoras, que convertem os íons nitrato em N_2.

Nitrato de peroxiacetila, um poluente do ar. Ele é um oxidante mais poderoso que o ozônio e é lacrimogêneo (que faz lágrimas saírem de seus olhos). Ele é formado na atmosfera quando o etanol é utilizado como um combustível, então, quanto mais etanol é utilizado, mais a sua formação pode representar um problema. Ele é um membro de uma classe de compostos chamados PANs ou nitratos de peroxiacila.

O óxido de nitrogênio mais abundante na atmosfera, monóxido de dinitrogênio, N_2O, é o menos reativo. Sua abundância média atual é de 0,3 ppm; no entanto, a porcentagem desse gás na atmosfera tem aumentado lentamente por 250 anos. Os outros óxidos de nitrogênio formam apenas 0,00005 ppm da atmosfera. Embora 100 milhões de toneladas de NO e NO_2 sejam gerados pelo ser humano por ano, a concentração desses materiais no ambiente é baixa, porque eles são rapidamente levados para fora da atmosfera pela chuva (o que contribui para as "chuvas ácidas"). No entanto, compostos NO_x podem permanecer em determinadas situações, particularmente sobre as cidades ensolaradas. Ali eles podem reagir com hidrocarbonetos na atmosfera, tais como traços de combustível não queimado, para produzir o irritante *smog* fotoquímico. Entre os componentes mais poluentes do *smog* estão os PANs, os nitratos de peroxiacila. Os PANs são formados por reações fotoquímicas (induzidas pela luz) no *smog* envolvendo compostos orgânicos, O_3 e NO_x. Eles são tóxicos e irritantes. Em baixas concentrações, irritam os olhos, mas em concentrações mais elevadas, podem causar danos mais graves a animais e vegetações. Eles são relativamente estáveis; assim, é possível que possam persistir durante algum tempo e percorrer uma distância considerável a partir de onde são formados.

Oxigênio

Durante o tempo de vida do nosso planeta, a vida das plantas teve um efeito dramático sobre a atmosfera, transformando-o de planeta redutor a um planeta oxidante, isto é, daquele sem nenhum oxigênio presente a outro em que o O_2 é a segunda espécie mais abundante na atmosfera. Essa mudança significou que a vida tinha de mudar. As espécies que não poderiam viver na presença de oxigênio ou morreram ou foram relegadas a regiões onde não há oxigênio. A concentração de oxigênio no ar está agora a meio caminho entre dois extremos que tornam a vida na Terra impossível para os seres humanos: abaixo de 17% nós sufocaríamos, e acima de 25%, todo o material orgânico se queimaria facilmente.

A massa total de oxigênio na atmosfera é de 1 milhão de gigatoneladas. Apesar de a queima de 7 gigatoneladas de carbono fóssil combustível por ano consumir 18 gigatoneladas de oxigênio, isso não faz quase nenhuma diferença perceptível para a quantidade de oxigênio na atmosfera.

O oxigênio é um subproduto da **fotossíntese** das plantas. O dióxido de carbono é a fonte de carbono de que as plantas necessitam e que elas captam do ar e transformam em carboidratos, como glicose ($C_6H_{12}O_6$), pela fotossíntese. A reação química global é

$$6\ CO_2 + 6\ H_2O \rightarrow C_6H_{12}O_6 + 6\ O_2$$

e o resultado desta reação é a liberação de uma molécula de oxigênio para a atmosfera para cada CO_2 absorvido. As moléculas de oxigênio liberadas pela fotossíntese permanecem na atmosfera, em média, por cerca de 3 mil anos antes de serem consumidas através da respiração dos seres vivos ou através de outras reações de oxidação.

Algas verde-azuladas, ou cianobactérias (Figura 20.2), começaram a produção de oxigênio há 3,5 bilhões de anos. Mas, misteriosamente, centenas de milhões de anos se passaram antes que uma quantidade significativa de oxigênio estivesse presente na atmosfera. Astrobiólogos não estão certos sobre a razão pela qual isso aconteceu, mas parece plausível que o oxigênio primeiramente produzido não permaneceu na atmosfera porque reagiu com metais, especialmente convertendo o ferro abundante em íons ferro(II) e íons ferro(III). (O ferro é o quarto elemento mais abundante na crosta terrestre, onde é encontrado principalmente na forma de óxidos de ferro(III).) A concentração de oxigênio manteve-se baixa até cerca de 2 bilhões de anos atrás, quando subiu de forma relativamente rápida a cerca de 20%, e as primeiras plantas terrestres começaram a aparecer.

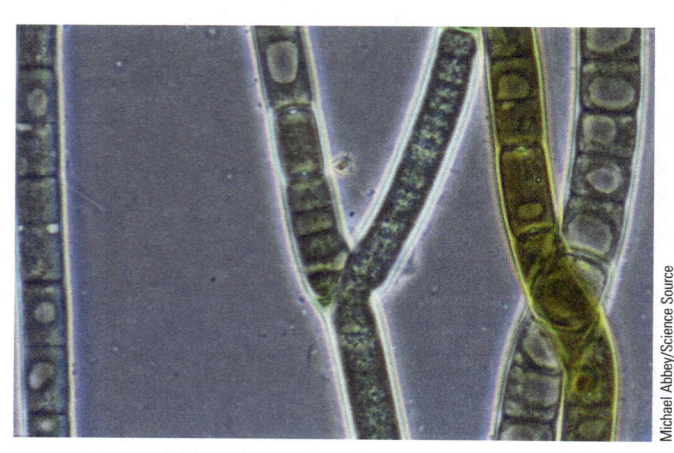

Michael Abbey/Science Source

FIGURA 20.2 Cianobactérias. A importância da cianobactéria, também conhecida como alga verde-azulada, encontra-se na sua produção de oxigênio por fotossíntese e na sua participação no ciclo do nitrogênio.

Há três isótopos de oxigênio que ocorrem naturalmente: o oxigênio-16 (^{16}O) é responsável por 99,76% dos átomos presentes na atmosfera, o oxigênio-17 (^{17}O), por meros 0,04% e o oxigênio-18 (^{18}O), por 0,2%. A proporção entre ^{18}O e ^{16}O em oceanos do mundo tem variado ligeiramente ao longo do tempo geológico, e isso tem deixado marcas no ambiente, fornecendo evidências de climas passados. Quando o mundo está em um período mais frio, as moléculas de água com o isótopo mais leve, o ^{16}O, evaporam mais facilmente dos oceanos do que com o mais pesado, seu homólogo, o ^{18}O. Assim, a precipitação na forma de neve é ligeiramente mais rica em ^{16}O, e a água que permanece nos oceanos é ligeiramente mais rica em ^{18}O. Criaturas marinhas, portanto, depositam conchas que têm mais ^{18}O do que o esperado, e estas são preservadas em sedimentos. A análise da relação entre os dois isótopos em tais depósitos revela o ciclo global de resfriamento e aquecimento que tem caracterizado o último meio milhão de anos, com suas cinco eras glaciais.

Ozônio

O ozônio (O_3) desempenha um papel-chave na vida no planeta, mas é também uma ameaça. Na troposfera, ele é um poluente, ao passo que na estratosfera ele atua como um escudo, protegendo o planeta dos danos dos raios ultravioleta do Sol. Este escudo é conhecido como **camada de ozônio** (Figura 20.3).

O ozônio é formado em tempestades com raios, então há um baixo nível natural de ozônio no ar que respiramos, cerca de 0,02 ppm. No verão, no entanto, o nível pode aumentar para 0,1 ppm ou mais, como resultado da ação da luz solar sobre o dióxido de nitrogênio emitido pelos veículos. O componente ultravioleta da luz solar faz a dissociação de NO_2 em NO e átomos de O. Os átomos de O resultantes, em seguida, reagem com O_2 (na presença de uma terceira molécula que atua como um "tanque" de energia) para produzirem ozônio.

$$NO_2 + \text{energia } (\lambda < 240 \text{ nm}) \rightarrow NO + O$$

$$O + O_2 \rightarrow O_3$$

Uma vez que o ozônio causa danos aos pulmões, estabeleceu-se um limite legal de 0,1 ppm para a exposição ao ozônio no ambiente de trabalho. Algumas plantas em crescimento também são suscetíveis ao gás e, embora elas não mostrem sinais visíveis de estresse, o seu crescimento é reduzido em proporção ao nível de ozônio no ar.

Em contraste com o ozônio na troposfera, o O_3 na estratosfera é vital para o planeta, pois as moléculas absorvem a radiação ultravioleta antes que esta atinja a superfície da Terra. O ozônio é formado na estratosfera quando a radiação com comprimentos de onda menores que 240 nm interage com moléculas de O_2 e as divide em dois átomos de O. Cada átomo de O combina-se com uma outra molécula de O_2 para produzir uma molécula de ozônio.

$$O_2 + \text{energia} \rightleftharpoons O + O$$

$$O + O_2 \rightarrow O_3$$

O ozônio, por sua vez, absorve a radiação ultravioleta com comprimento de onda menor que 320 nm, e é decomposto em O_2 e átomos de O.

$$O_3 + \text{energia } (\lambda < 320 \text{ nm}) \rightleftharpoons O_2 + O$$

$$O + O_3 \rightarrow 2 O_2$$

Sem a camada de ozônio, as radiações perigosas capazes de prejudicar as células vivas penetrariam a superfície da Terra. Um aumento na radiação poderia levar a um

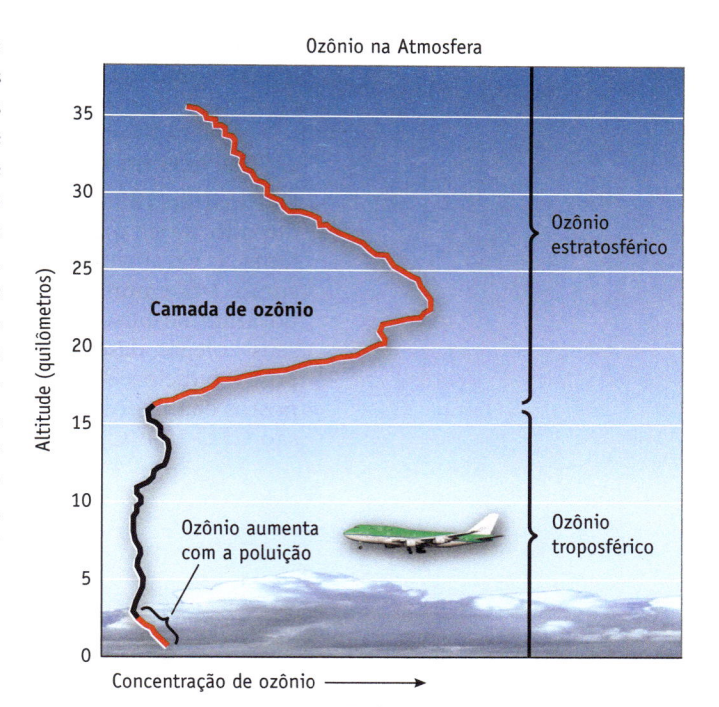

FIGURA 20.3 A camada de ozônio. Cerca de 90% do nitrogênio na atmosfera está contido na estratosfera (entre 15 e 50 km acima da superfície). Lá, as concentrações variaram de 2 a 8 ppm.

aumento da incidência de câncer de pele e cataratas e à supressão do sistema imuno-lógico humano. Danos às plantações e ao fitoplâncton marinho e desgaste de plásticos também podem resultar de um aumento nos níveis de radiação ultravioleta.

O "Buraco na Camada de Ozônio"

Do final de 1800 até cerca de 1930, a amônia (NH_3), o clorometano (CH_3Cl) e o dióxido de enxofre (SO_2) foram amplamente usados como refrigerantes. No entanto, o vazamento de geladeiras causou vários acidentes fatais na década de 1920, então, três empresas norte-americanas, Frigidaire, General Motors e DuPont, colaboraram na busca por um fluido menos perigoso. Em 1928, Thomas Midgley Jr. e seus colegas descobriram um "composto milagroso" como substituto. Esse composto, o diclorodifluorometano (CCl_2F_2), é membro de uma grande família de compostos chamados clorofluorcarbonos (CFCs). Os dois compostos aqui apresentados são CFC-114 ($C_2Cl_2F_4$) e CFC-12 (CCl_2F_2).

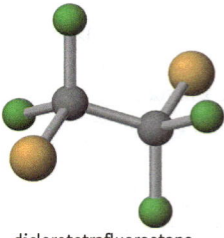 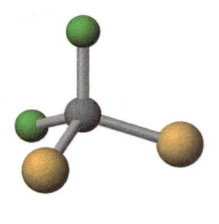

diclorotetrafluoroetano   diclorodifluormetano

Esses compostos tinham exatamente as propriedades físicas e químicas necessárias para um refrigerante: temperaturas e pressões críticas adequadas, sem toxicidade e inércia química aparente.

As utilizações dos CFCs cresceram dramaticamente, não só em aparelhos de ar-condicionado e equipamentos de refrigeração, mas também em aplicações como propelentes de aerossóis, agentes espumantes na produção de espumas de plástico expandido e inaladores para pessoas que sofrem de asma.

Infelizmente, as propriedades que fizeram os CFCs tão úteis também levaram a problemas ambientais. CFCs não são reativos na troposfera da Terra, o que lhes permite permanecer lá por centenas de anos. Ao longo do tempo, no entanto, eles difundem-se lentamente para a estratosfera, onde são decompostos pela radiação solar.

$$CF_2Cl_2(g) + UV\ radiação \rightarrow \cdot CF_2Cl(g) + \cdot Cl(g)$$

Os radicais Cl liberados na decomposição dos CFCs e de outros compostos que contêm cloro poderiam destruir um grande número de moléculas de ozônio. Isso acontece porque os radicais Cl catalisam a decomposição das moléculas de O_3 e produzem as espécies radicais ClO (Passo 1). Isso, por sua vez, intercepta átomos de O (Passo 2) da decomposição das moléculas de O_3 (Passo 3) para produzir átomos de Cl, que em seguida continuam o ciclo.

Etapa 1	$O_3(g) + \cdot Cl(g) \rightarrow \cdot ClO(g) + O_2(g)$
Etapa 2	$\cdot ClO(g) + \cdot O(g) \rightarrow \cdot Cl(g) + O_2(g)$
Etapa 3	$O_3(g) + radiação\ solar \rightarrow \cdot O(g) + O_2(g)$
Reação global:	$2\ O_3(g) \rightarrow 3\ O_2(g)$

As equações acima representam passos em uma *reação em cadeia* (◄ Seção 14.6), a qual, quando repetida várias vezes, leva à destruição de muitas moléculas de ozônio da atmosfera por átomo de cloro.

Em 1985, três cientistas britânicos do British Antarctic Survey descobriram que houve uma redução significativa na concentração de ozônio sobre o continente antártico no final do inverno e início da primavera, que desde então tem sido tratado como o "buraco na camada de ozônio" (Figura 20.4). Em 1986, uma equipe do U.S. National Center for Atmospheric Research foi à Antártica para investigar o "buraco" e descobriu que ele na verdade tinha níveis mais elevados da reação intermediária, ·ClO, do que o esperado na estratosfera.

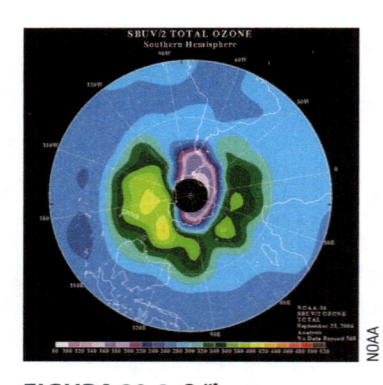

FIGURA 20.4 O "buraco na camada de ozônio" sobre o continente Antártico. Durante o inverno Antártico, quando há 24 horas de escuridão, os aerossóis de HCl e ClONO$_2$ congelam e se acumulam nas nuvens estratosféricas polares. Durante a primavera antártica, esses cristais derretem, e os radicais ·Cl e ·ClO são rapidamente formados e levam a um esgotamento do ozônio estratosférico sobre o continente.

O "buraco na camada de ozônio" está ligado não só aos radicais de $\cdot Cl$ e $\cdot ClO$, mas também à química dos NO_x. A destruição do ozônio sobre a Antártica é parcialmente afetada em determinadas épocas do ano pela reação de $\cdot ClO$ e $\cdot NO_2$ para gerar o composto $ClONO_2$.

$$\cdot ClO(g) + \cdot NO_2(g) \rightarrow ClONO_2(g)$$

No inverno antártico, esse composto e outros, como o HCl, são congelados em nuvens estratosféricas. Na primavera, com temperaturas mais quentes, o problema começa quando reações como as seguintes ocorrem:

$$ClONO_2(g) + H_2O(g) \rightarrow HOCl(g) + HNO_3(g)$$

$$ClONO_2(g) + HCl(g) \rightarrow Cl_2(g) + HNO_3(g)$$

Tanto o HOCl quanto o Cl_2 podem ser decompostos pela radiação solar para gerar radiciais $\cdot Cl$, que, em seguida, conduzem à destruição do ozônio.

Por causa dos danos causados à camada de ozônio estratosférico pelos CFCs e por compostos relacionados, os EUA proibiram o uso de CFCs como propelentes de aerossóis em 1978, e 68 nações seguiram os mesmos passos por volta de 1987. Em 1990, os EUA e outros 140 países concordaram em interromper totalmente a fabricação de CFC a partir de 31 de dezembro de 1995. O monitoramento contínuo indica que o buraco na camada de ozônio está lentamente se fechando neste momento.

Dióxido de Carbono e Metano

Nenhum elemento é mais essencial para a vida do que o carbono, porque só ele tem a capacidade de formar compostos estáveis que consistem em longas cadeias e anéis de átomos. Esta é a base das estruturas de diversos compostos que integram a célula viva. A comida que comemos – carboidratos, óleos, proteínas e fibras – é constituída por compostos de carbono, e esse carbono, eventualmente, retorna à atmosfera como CO_2, parte do ciclo natural do carbono (Figura 20.5). Este ciclo move mais de 200 gigatoneladas de carbono a cada ano entre os diferentes compartimentos da ecosfera terrestre e, assim, governa o ritmo da vida na Terra.

Alguns anos atrás, os cientistas começaram a notar o aumento dos níveis de CO_2 na atmosfera, de modo que o *Painel Intergovernamental Sobre Mudanças Climáticas* (IPCC, na sigla em inglês) foi criado em 1988 por membros do Programa de Meio Ambiente das Nações Unidas e da Organização Meteorológica Mundial. Nos quatro relatórios de avaliação emitidos até hoje, relatos de aumentos significativos na concentração de CO_2 atmosférico têm sido feitos, com cerca de 280 ppm em 1750 a 396,8 ppm em março de 2013 (Figura 20.6). O quarto relatório do IPCC afirma que "a concentração de CO_2 de hoje não foi ultrapassada durante os últimos 420 mil anos e provavelmente durante os últimos 20 milhões de anos. A taxa de crescimento ao longo do século passado não tem precedentes, pelo menos durante os últimos 20 mil anos". Conforme descrito na Seção 20.6, há um debate significativo sobre a origem desse aumento e seus efeitos sobre o clima do planeta.

O metano é formado e liberado na atmosfera por processos biológicos em enormes quantidades. Parte do metano é produzida na natureza por bactérias anaeróbicas (isto é, aquelas que não utilizam oxigênio) no fundo de lagos e pântanos, em cupinzeiros e nas vísceras de animais, como vacas e seres humanos. Os aterros também são contribuintes do metano devido à decomposição de materiais orgânicos na ausência significativa de oxigênio. A liberação de metano como resultado de atividades humanas, como a mineração de carvão ou o tratamento e a utilização de gás natural, também contribui para a presença de CH_4 na atmosfera. Finalmente, o uso crescente de "fratura" (fratura hidráulica, página 943) para obter gás e petróleo de difícil acesso também tem sido motivo de preocupação, já que ainda mais CH_4 será liberado na atmosfera.

Hidratos de metano são outra fonte de metano (página 947). Há grandes quantidades de hidratos de metano nas profundezas do oceano, mas sua recuperação pode ser dispendiosa. Os hidratos também são encontrados no Ártico, fechados no solo permanentemente congelado, o pergelissolo. Existe também a preocupação de que esses depósitos poderiam liberar mais metano diretamente na atmosfera, caso o aquecimento dessas regiões continue.

A concentração de metano na atmosfera é cerca de 1,7 ppm hoje. Com base em estudos de bolhas de ar aprisionadas em camadas de gelo, também sabemos que o

Variação Climática O dióxido de carbono e o metano têm efeitos significativos no ambiente (veja a Seção 20.6, " Impacto Ambiental dos Combustíveis Fósseis").

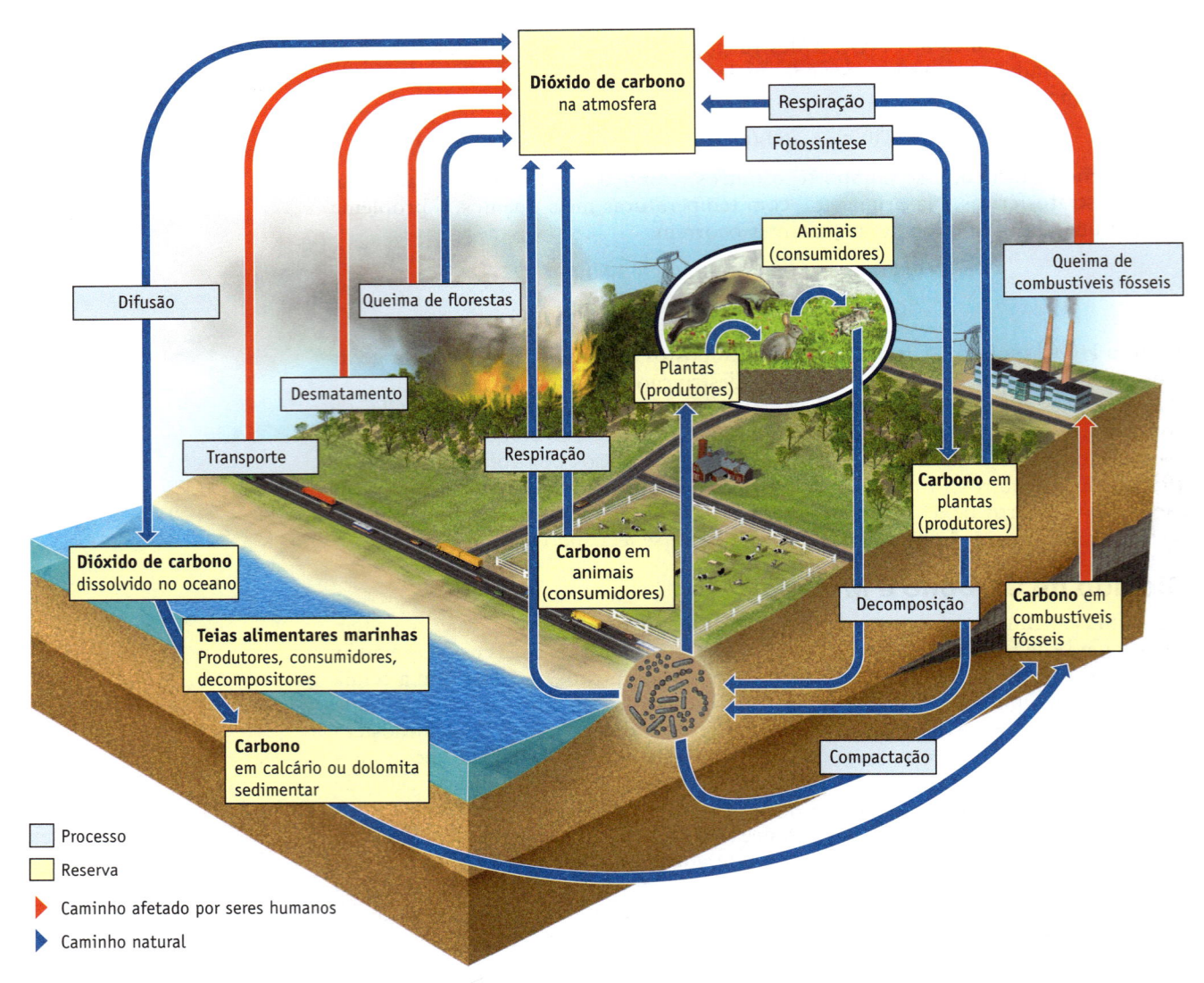

FIGURA 20.5 O ciclo do carbono. Este diagrama mostra o movimento do carbono entre a terra, a atmosfera e oceanos.

FIGURA 20.6 As concentrações médias mensais de CO$_2$ no Mauna Loa, Havaí. Observe o ciclo anual de concentração de CO$_2$. Ele diminui no verão, quando a fotossíntese está em seu pico. Em março de 2013, a concentração atmosférica de CO$_2$ era 396,8 ppm, correspondendo a um aumento de 5 ppm em um ano.

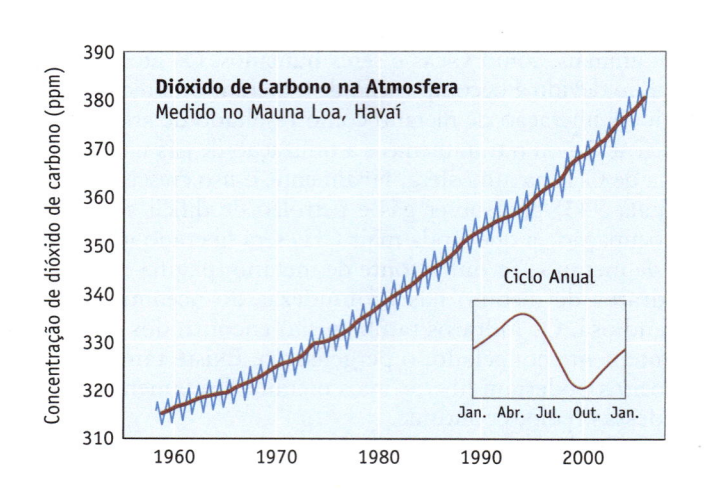

metano é agora mais abundante na atmosfera da Terra do que em qualquer momento nos últimos 400 mil anos. Preocupações sobre o metano na atmosfera surgem porque ele é um poderoso gás do efeito estufa (página 955). Na verdade, CH_4 é cerca de 21 vezes melhor no aquecimento da atmosfera do que o CO_2 por peso.

EXERCÍCIOS PARA A SEÇÃO 20.1

1. Qual dos seguintes gases atmosféricos está presente em maior concentração no ar seco?

   (a) N_2O (b) CH_4 (c) O_3 (d) CO

2. Muitas reações químicas que ocorrem na atmosfera e na estratosfera envolvem radicais livres. A formação de radicais livres ocorre quando um fóton de luz é absorvido e a energia da radiação a ser absorvida provoca uma ligação química no composto para quebrá-lo. Qual das seguintes ligações requer mais energia (e a radiação mais energética) para ser quebrada?

   (a) A ligação oxigênio–oxigênio em O_2 (c) A ligação cloro–carbono em CCl_2F_2

   (b) A ligação oxigênio–oxigênio em O_3

20-2 A Hidrosfera (Água)

Há uma abundância de água em nosso planeta, nos oceanos, lagos, rios e aquíferos subterrâneos, presente em minerais, no gelo e na neve nas regiões árticas, e em forma de vapor na atmosfera. Isso é muito bom porque a vida como a conhecemos não pode existir sem água. Agora, no entanto, há problemas graves associados a esse valioso recurso. Alguns locais são privados de água suficiente, enquanto há uma superabundância em outros. Há enormes variações na pureza e na qualidade dos suprimentos de água disponíveis, e as evidências sugerem que esses problemas poderão aumentar no futuro.

As pessoas querem água para beber, tomar banho e lavar suas roupas, para regar plantações e para os seus banheiros. A agricultura e a indústria necessitam de quantidades ainda maiores de água do que aquelas utilizadas pelos indivíduos. A maior parte da água que usamos vem de águas subterrâneas disponíveis, rios, lagos, aquíferos subterrâneos e água da chuva coletada e armazenada em reservatórios acima ou abaixo do solo. No entanto, atualmente, as mudanças climáticas estão afetando a quantidade e distribuição dos recursos hídricos no mundo. Além disso, é preciso reconhecer que a quantidade de água necessária aumentará com o crescimento da população global.

Hoje, 500 milhões de pessoas em todo o mundo são afetadas de alguma forma pela falta de água. Aquíferos subterrâneos estão sendo seriamente esgotados, e alguns lagos e rios estão secando. Por exemplo, o Lago Mead, que foi criado pela Represa Hoover (sobre o rio Colorado, na fronteira entre Nevada e Arizona) está agora com cerca de 20 metros ou menos abaixo do seu nível de água com relação à década de 1980. (Figura 20.7). O Rio Colorado já não atinge o mar; grande parte da sua água está sendo retirada para utilização em comunidades vizinhas, especialmente para agricultura e irrigação de lavouras.

A qualidade da água é sempre um problema subjacente quando se fala de água. Há uma grande quantidade de água na Terra, mas 97% dela está nos oceanos e é inadequada para a maioria dos usos até que seja separada dos sais dissolvidos. Grande parte dos restantes 3% também não é adequada para consumo humano.

Nós contribuímos para a poluição dos recursos hídricos em muito do que fazemos. Durante séculos, os seres humanos têm tratado lagos, rios e oceanos como o melhor lugar para despejar resíduos. Muitas vezes, o que parece ser fruto de atividades humanas benignas tem consequências inesperadas para o abastecimento de água. Por exemplo, produtos químicos agrícolas e industriais e medicamentos descartados por vezes aparecem no suprimento de água. A presença de materiais dissolvidos no suprimento de água, portanto, exige processos de purificação complexos e dispendiosos, se a água for destinada para consumo.

Uso da água Nos EUA, a utilização média diária per capita em uma casa é de 262 litros. Ela é muito maior que em qualquer outro país. Em alguns países do Terceiro Mundo, o uso per capita é um décimo desse valor ou menos.

Verifique seu fornecimento de água Nos EUA, a água da torneira de um município deve atender pelo menos aos rigorosos padrões da água engarrafada. Todos os municípios publicam relatórios anuais da qualidade da água, muitos deles na Internet. Verifique a qualidade da água da torneira em seu município.

FIGURA 20.7 Lago Mead, um símbolo da crise no abastecimento de água. O Lago Mead é o maior lago artificial e o maior reservatório nos Estados Unidos. Ele está localizado no Rio Colorado, nos estados de Nevada e Arizona. Aquedutos levam a água para Las Vegas, Los Angeles, San Diego e outras comunidades no Sudoeste. Esta vista do lago da represa Hoover mostra a queda do seu nível, que costumava cobrir as pedras brancas nas encostas das montanhas. O Scripps institute of Oceanography definiu as possibilidades de o Lago Mead estar seco em 50% por volta de 2021.

Jason Hamel/Getty Images

Os Oceanos

Os oceanos cobrem 71% da superfície do planeta, contêm cerca de $1,3 \times 10^9$ km³ de água do mar, e têm uma profundidade média de 3790 m. Sabemos que uma grande quantidade de formas de vida existe nos oceanos e, por causa das profundezas, elas estão começando a ser exploradas e, portanto, esse número tende a aumentar.

A quantidade de minerais dissolvidos nos oceanos é muito grande (Tabela 20.2). Cloreto de sódio (íons sódio e cloreto) é encontrado em maior quantidade, e há quantidades consideráveis de íons magnésio, íons cálcio, íons potássio e íons carbonato/bicarbonato. Muitos outros elementos estão presentes na água do mar em concentrações menores que 1 ppm, mas por causa das enormes quantidade de água do mar, os valores desses elementos potencialmente disponíveis na água do mar são impressionantes. O desejo de se obter metais dissolvidos da água do mar tem atormentado as pessoas ao longo dos tempos. Ouro, por exemplo, está presente na água do mar a uma concentração de 10 ppt (10 g em 1 trilhão g de água), de modo que a quantidade total é de mais de 13 milhões de toneladas. Embora alguns tenham tentado, nenhum método foi encontrado para extrair ouro de forma rentável dos oceanos.

Tabela 20.2 Concentrações de Alguns Cátions e Ânions na Água do Mar

Elemento	Espécies Dissolvidas	Concentrações (mmol/L)
Cloro	Cl^-	550
Sódio	Na^+	460
Magnésio	Mg^{2+}	52
Cálcio	Ca^{2+}	10
Potássio	K^+	10
Carbono	HCO_3^-, CO_3^{2-}	30
Fósforo	HPO_4^{2-}	<1

Aumento no Nível do Mar O U.S. National Research Council relatou em junho de 2012 que o nível do mar subirá entre 8 e 23 centímetros até 2030 (em relação ao nível de 2000). "O nível médio global do mar está aumentando, principalmente porque as temperaturas globais estão subindo, fazendo com que a água do oceano expanda e o gelo terrestre derreta. No entanto, o aumento do nível do mar não é uniforme; ele varia de lugar para lugar." (*Sea-Level Rise for the Coasts of California, Oregon, and Washington: Past, Present, and Future*. National Academies Press, 2012.)

Preocupações têm sido expressas sobre o efeito no nível do mar causado pelo aquecimento global. O derretimento do gelo, hoje sobre a terra (como na Groenlândia), causaria um aumento no nível do mar. No entanto, o derretimento do gelo do mar no Ártico, que está ocorrendo, não vai aumentar o nível do mar, porque o volume de água líquida formada é menor que o volume de gelo.

Água Potável

A água é tão vital para a vida quanto o alimento: você não duraria uma semana se não tivesse água para beber. A maioria das pessoas nos países desenvolvidos tem água limpa e segura em suas casas (embora curiosamente muitos prefiram comprá-la em garrafas pequenas). Infelizmente, um grande número de seres humanos, em geral nos países menos desenvolvidos, tem de se contentar com o que podem encontrar, pegando-a de um poço ou de um rio, e então correr o risco de contrair doenças como a cólera, febre tifoide, gastroenterite ou meningite. Acredita-se que mais de 5 mil pessoas por dia morram de doenças contraídas pela água que bebem.

A purificação da água começou com os antigos egípcios há 3500 anos. Eles descobriram que, quando o alume – sulfato duplo de alumínio e de potássio,

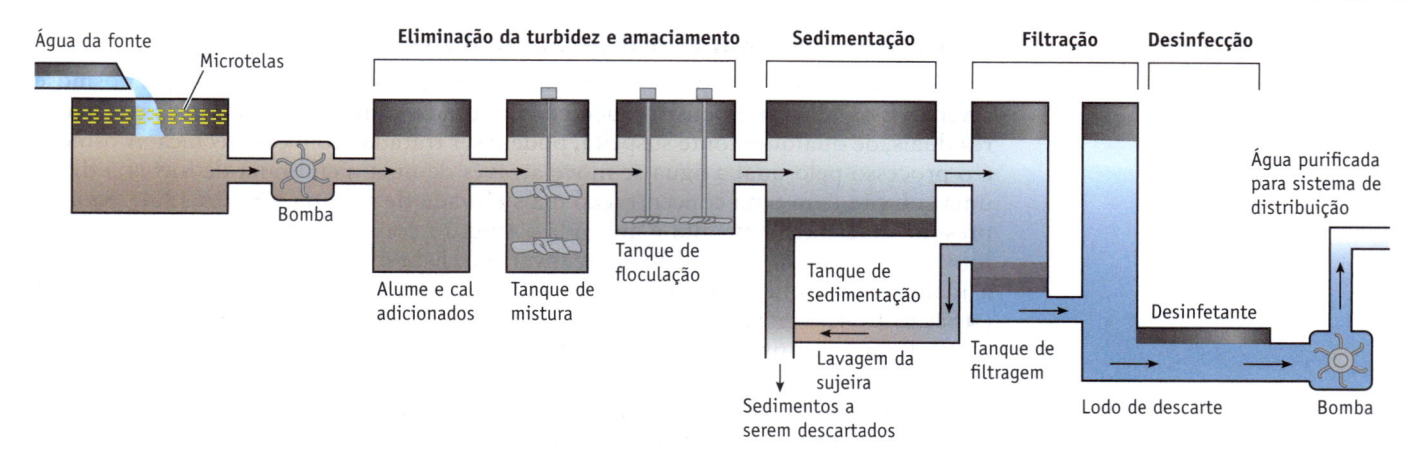

FIGURA 20.8 Uma estação municipal de tratamento de água. As etapas gerais no presente processo são: (1) a remoção da turbidez, (2) amolecimento, (3) sedimentação e filtração, e (4) desinfecção. A remoção da turbidez (por adição de sulfato de alumínio) e a desinfecção da água são discutidos no texto.

$KAl(SO_4)_2$ – era dissolvido na água, as impurezas visíveis eram removidas. Em condições ligeiramente básicas, este sal forma um precipitado volumoso de hidróxido de alumínio, $Al(OH)_3$, que transporta para baixo qualquer sujeira em forma de flocos. Estações modernas de tratamento de água (Figura 20.8) adicionam uma pequena quantidade de cal hidratada ($Ca(OH)_2$) para elevar ligeiramente o pH e, em seguida, uma solução de sulfato de alumínio ou alume ($Al_2(SO_4)_3$) para criar o hidróxido de alumínio ($Al(OH)_3$), que remove muitas impurezas na forma de flocos que se depositam no fundo. A água é então filtrada através da areia para remover qualquer vestígio de hidróxido de alumínio.

Após o tratamento com alume e subsequente floculação e filtração, a água fica cristalina e pronta para ser desinfetada para destruir os agentes patogênicos ainda presentes. Isto pode ser feito com um poderoso agente oxidante, como o cloro, o hipoclorito de sódio ($NaClO$) ou o ozônio. O cloro gasoso e os íons hipoclorito têm uma vantagem sobre o ozônio, já que são mais persistentes, o que significa que a água continua a estar apta para beber mesmo depois de ficar em um tubo por um longo tempo. Para aquelas áreas onde o abastecimento não pode ser considerado potável, as pastilhas de purificação estão disponíveis. Elas reagem com a água para formar uma solução de íons hipoclorito (ClO^-), forte o suficiente para matar agentes patogênicos e tornar a água segura para beber. Ferver água também a torna potável.

O ozônio (O_3) é o desinfetante do suprimento de água mais utilizado na Europa. É também usado atualmente em Los Angeles e em algumas pequenas comunidades nos EUA. Uma vantagem é que ele não produz trialometanos tóxicos (como o $CHCL_3$), os subprodutos do tratamento com cloro; é também mais eficaz que o cloro para matar as bactérias causadoras de criptosporidíase e destruir vírus; e não deixa gosto residual de "cloro". No entanto, devido à sua reatividade, o ozônio deve ser gerado no local e é mais caro. Além disso, ele não fornece desinfecção residual no sistema de distribuição.

A radiação ultravioleta (UV) tem sido usada para desinfetar produtos alimentares, tais como leite, por algum tempo, e também pode ser utilizada em sistemas de água. Os comprimentos de onda que variam de 200 a 295 nm são utilizados, com o máximo de desinfecção ocorrendo a 253,7 nm (Figura 20.9). Unidades de UV são menos caras de serem instaladas do que os geradores de ozônio e têm a vantagem de requerer tempos de contato curtos para a desinfecção. Além disso, a desinfecção através da radiação de UV não é dependente do pH ou da temperatura, e não deixa resíduos tóxicos. Contudo, assim como o ozônio, o tratamento UV não fornece desinfecção residual.

FIGURA 20.9 Uma unidade comercial que usa luz ultravioleta para a purificação da água num sistema de água municipal.

Glenn Moore/ZUMA Press/Newscom

Osmose Reversa para Purificação da Água

A água potável também pode ser obtida a partir da água contaminada pela **osmose reversa**. Essa técnica é mais frequentemente usada com água do mar, mas as águas residuais, de qualquer fonte suspeita, podem ser tratadas com essa técnica. A osmose é o processo pelo qual a água se move através de uma membrana de forma a diluir uma solução com uma concentração mais elevada de soluto (◄ Seção 13.4). Se uma pressão suficientemente alta é aplicada à solução com a maior concentração de soluto, o processo de osmose pode ser invertido. Esta é a base da osmose reversa, e é a maneira com que algumas cidades litorâneas fazem seu abastecimento de água (◄ Seção 13.4, "Um Olhar Mais Atento: Osmose Reversa para se Obter Água Pura".)

A Química é uma parte importante do aparelho de dessalinização por osmose reversa, por causa das membranas que permitem a passagem das moléculas de água, mas não de sais dissolvidos. As membranas são feitas de polímeros, como o polifluoreto de vinilideno e o polipropileno com poros ultrafinos. Eles têm de suportar altas pressões de bombeamento que são necessárias para forçar a água contra o gradiente de pressão osmótica. No entanto, o custo não é excessivo, e um metro cúbico de água (1000 L) produzido dessa forma pode custar apenas 1 dólar. Os sistemas de dessalinização são agora uma indústria de 1 bilhão de dólares por ano que cresce a uma taxa de 7% ao ano.

Poluição da Água

A água tem sido poluída por muitas coisas, principalmente a partir de atividades como agricultura, mineração, fabricação de papel, instalações de tratamento de esgotos inadequadas ou inexistentes e descarte de resíduos da indústria química. A proteção dos corpos naturais da água está agora no topo da agenda da maioria das sociedades desenvolvidas, e isso foi conseguido principalmente por meio do controle da manipulação e utilização de produtos químicos perigosos e da instalação de melhores aparatos de tratamento de esgoto.

Fosfatos

No passado, a poluição por fosfato em grande escala era um problema ambiental. Um exemplo ocorreu no Lago Erie, um dos Grandes Lagos. Na década de 1960, parecia que o Lago Erie já não era capaz de suportar a vida por causa da falta de oxigênio dissolvido. Isso se devia, em parte, a um excesso de nutrientes, principalmente fosfatos, fornecidos pelos rios que escoavam para o lago. Nesse lago e em outros, esses nutrientes causaram um grande aumento na quantidade de algas; estas, por sua vez, usavam o oxigênio dissolvido, fazendo com que nenhuma outra vida conseguisse sobreviver. De onde vinham esses fosfatos? Apesar de as estações de tratamento de esgotos que escoam para os rios removerem a maioria dos poluentes, eles não removiam fosfatos, que se tornaram um dos principais componentes dos detergentes domésticos. O fosfato de adubos também encontrou seu caminho nas águas de superfície (Figura 20.10). Problemas semelhantes foram experimentados em outras partes do mundo, notadamente na Europa.

Campanhas para controlar a utilização de fosfatos foram bem-sucedidas. Esses produtos químicos foram retirados de produtos domésticos, e o fosfato foi extraído em estações de tratamento de esgoto antes de ser liberado para os rios. O resultado foi o desencorajamento do crescimento de algas, e lentamente o Lago Erie e outros lagos começaram a se regenerar. A redução no uso de fosfatos em fertilizantes e a adoção de melhores métodos de aplicação, em geral, diminuíram o escoamento do fosfato nos cursos d'água.

FIGURA 20.10 As algas florescem devido ao excesso de fosfato em uma lagoa. Nesta lagoa, que faz fronteira com de um campo de golfe, a proliferação de algas tem ocorrido por causa do fosfato encontrado em fertilizantes utilizados nesse campo.

John C. Kotz

Metais Pesados

"Metais pesados" são aqueles que têm densidades substancialmente maiores que $5 g/cm^3$; estes incluem arsênio, cádmio, cobre, ferro, mercúrio, chumbo e cromo. Muitos metais pesados são encontrados em nosso meio ambiente, e alguns, como o ferro e o cobre, são essenciais para a vida e estão presentes na maioria dos organismos vivos. No entanto, até mesmo esses elementos são tóxicos em determinadas quantidades, e muitos outros metais são altamente tóxicos, mesmo em quantidade muito pequenas. Fontes de informação sobre a toxicidade de metais pesados nos dizem que eles podem prejudicar a função mental e nervosa central, além de danificar os

Cloração de Suprimentos de Água

UM OLHAR MAIS ATENTO

A cloração é o método mais antigo e mais comumente usado na desinfecção de água nos Estados Unidos. Originalmente, o gás cloro foi dissolvido em água para produzir ácido hipocloroso (HClO),

$$Cl_2(g) + H_2O(\ell) \rightarrow HClO(aq) + HCl(aq)$$

que parcialmente ioniza para produzir o íon hipoclorito (ClO⁻).

$$HClO(aq) + H_2O(\ell) \rightleftharpoons H_3O^+(aq) + ClO^-(aq)$$
$$K_a = 3,5 \times 10^{-8}$$

Duas das espécies químicas formadas pelo cloro na água – ácido hipocloroso e o íon hipoclorito – são conhecidas pelos engenheiros ambientais como **cloro livre disponível**, o que significa que estão disponíveis para a desinfecção. Uma vez que o gás cloro é bastante tóxico e pode facilmente escapar de recipientes danificados, muitas instalações de tratamento de água mudaram para sais de hipoclorito sólido, como hipoclorito de sódio ou de cálcio [NaClO e Ca(ClO)₂, respectivamente].

O ácido hipocloroso e o íon hipoclorito são eficazes para matar as bactérias. No entanto, eles também oxidam íons, tais como ferro(II), manganês(II) e íons nitrito, bem como impurezas orgânicas. Essas substâncias

Tanques de cloro em uma estação de tratamento de água de uma pequena cidade

© Cengage Learning/Charles D. Winters

são conhecidas coletivamente como demanda de cloro. Para que consiga matar bactérias, cloro suficiente deve ser adicionado a ponto de exceder a demanda de cloro.

As vantagens da cloração incluem seu custo relativamente baixo e aplicação simples, bem como a sua capacidade em manter a desinfecção residual ao longo do sistema de distribuição. Contudo, há também des-

vantagens. O cloro reage com compostos orgânicos que ocorrem naturalmente, dissolvidos em água, para formar os compostos cancerígenos, como os trialometanos (dos quais clorofórmio, $CHCl_3$, é um exemplo). A cloração também é acusada de causar gosto e odor desagradáveis na água potável.

Em 1998, a Lei de Desinfecção de Subprodutos (DBR, na sigla em inglês), que limita a quantidade de compostos orgânicos clorados em água, foi implementada nos Estados Unidos. Uma maneira de cumprir essa lei é adicionar amônia à água. Atualmente, cerca de 30% das grandes empresas de água dos Estados Unidos usam essa técnica. A amônia e o ácido hipocloroso reagem para formar cloraminas, como NH_2Cl:

$$HClO(aq) + NH_3(aq) \rightarrow NH_2Cl(aq) + H_2O(\ell)$$

As cloraminas são chamadas de **cloro combinado disponível**. Como o cloro livre disponível, o cloro combinado disponível é retido como um desinfetante em todo o sistema de distribuição de água, mas em geral é um desinfetante mais fraco. O cloro combinado disponível, no entanto, tem a vantagem de ser menos provável de conduzir a formação de compostos orgânicos clorados.

---

pulmões, rins, fígado e outros órgãos. Os efeitos são mais bem descritos pelo químico alemão Walter Stock, que contraiu intoxicação por mercúrio no início do século XX. Ele disse: "[Ele] se revela primeiro apenas como um problema nervoso, causando dores de cabeça, dormência, cansaço mental, depressão e perda de memória; esses sintomas são muito perturbadores para alguém envolvido em ocupação intelectual".

Por causa das consequências dos metais pesados para a saúde, a Agência de Proteção Ambiental dos EUA (EPA, na sigla em inglês) estabelece limites para a quantidade de muitos metais permitidos na água potável e nos alimentos. O chumbo, por exemplo, é um veneno cumulativo que tem sido associado a dificuldades de aprendizagem, mas ainda pode ser encontrado na água de casas mais velhas, devido à lixiviação do chumbo das canalizações e em tintas mais velhas, que usavam o "branco de chumbo" (PbO) como pigmento. Atualmente, os níveis de chumbo na água nos EUA não podem ser superiores a 50 μg/L (ou 50 ppb).

O conhecimento sobre a toxicidade de metais pesados fez seu caminho à Hollywood em 2000. O filme *Erin Brockovich* é centrado na poluição da água a partir do cromo(VI) (geralmente na forma de íons como CrO_4^{2-} ou $Cr_2O_7^{2-}$). Para os químicos, o cromo é um bom exemplo da importância de se conhecer o estado de oxidação de um elemento; os compostos de cromo(VI) são tóxicos, ao passo que o cromo (III) é um elemento com traço essencial que desempenha um importante papel no metabolismo humano.

> **Metais Pesados e ATSDR** A Agência Federal de Substâncias Tóxicas e Registro de Doenças (ATSDR, na sigla em inglês) enumera uma série de elementos pesados com os quais devemos nos preocupar, tais como: arsênio, cádmio, cromo, chumbo, mercúrio, níquel, vanádio e zinco (entre mais de quinze outros). A ATSDR lista quatro elementos pesados no top 10 da sua "Lista de Substâncias Prioritárias": 1, arsênio; 2, chumbo; 3, mercúrio; e 7, cádmio.

Arsênio na Água Potável

O arsênio é o número um na "Lista de Substâncias Prioritárias" da agência americana ATSDR. Vários compostos que contêm este elemento são utilizados para a preservação de madeira, nos pesticidas, e como um componente em dispositivos eletrônicos. O arsênio também é encontrado em diversos minerais naturais e, assim, consegue encontrar o seu caminho para o suprimento de água.

Um exemplo bem documentado do arsênio no abastecimento de água está na região de Bengala Ocidental, na Índia, e no país vizinho, Bangladesh. Infelizmente, a contaminação passou despercebida por muitos anos. Na década de 1970, as pessoas passaram a obter sua água potável a partir de poços tubulares perfurados. Os poços foram instalados pelo Fundo das Nações Unidas para a Infância (Unicef) a fim de fornecer água potável para populações que tradicionalmente consumiam água de córregos, rios e lagoas contaminados e que, por essa razão, sofriam doenças transmitidas pela água, como a gastroenterite, a febre tifoide e a cólera. Cerca de 5 milhões de poços foram perfurados, e eles realmente serviram ao propósito de controlar a cólera. Em seu lugar, no entanto, eles provocaram, sem saber, o envenenamento por arsênio de baixo nível em grandes áreas de Bangladesh.

Poços tubulares possuem 5 cm de diâmetro e alcançam a água subterrânea abundante cerca de 200 metros abaixo da superfície. Alguns tinham sido instalados em Bangladesh na década de 1930. Essas aldeias onde esses poços foram instalados mostraram uma diminuição de doenças, especialmente entre as crianças. A Unicef continuou a apoiar o programa após a independência de Bangladesh e, em 1997, ela relatou que já tinha superado sua meta de fornecer "água segura" para 80% da população nessas regiões. O sucesso do programa foi tão grande que muitos moradores instalaram poços particulares. Depois, os médicos começaram a notar um aumento preocupante no câncer de pele e suspeitaram que o arsênio era a causa. A análise da água dos poços mostrou que mais de 20 milhões de pessoas estavam bebendo água contendo arsênio no nível de 50 ppb, e até 5 milhões de pessoas estavam bebendo água contendo 300 ppb de arsênio. (A EPA dos EUA estabeleceu o nível seguro de arsênio na água potável em 10 ppb.)

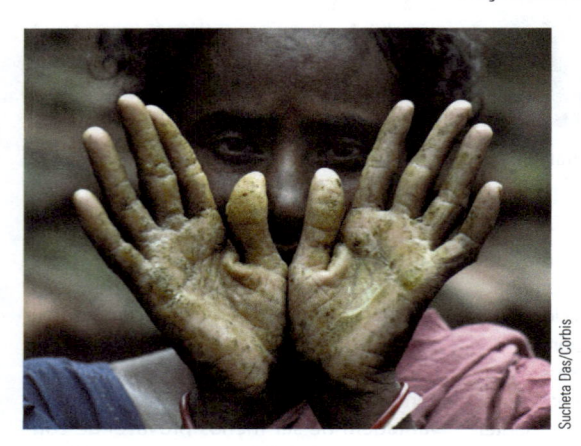

FIGURA 20.11 Uma aldeã de Bangladesh mostra suas mãos afetadas pela contaminação por arsênio na água.

Em 1997, o governo de Bangladesh instituiu um Programa de Ação Rápida que incidiu sobre um grupo de aldeias onde a contaminação era mais grave. Quase dois terços dos poços tubulares nessas aldeias estavam entregando água com arsênio acima de 100 ppb. Uma equipe do Hospital Comunitário de Dhaka visitou dezoito áreas afetadas e examinou 2 mil adultos e crianças; eles concluíram que mais de metade tinha lesões na pele devido ao arsênio (Figura 20.11).

Então o que o povo dessa região pode fazer? Uma resposta é cavar poços que vão mais fundo do que 200 metros ou poços rasos que chegam até 20 metros. Dessa forma, a camada de água do solo contaminado pode ser evitada. Uma vez que as pessoas têm acesso à água não contaminada, o arsênio em seus corpos desaparece rapidamente.

Quando a água potável está contaminada, o problema pode ser caro para ser resolvido. Por exemplo, quando meio milhão de pessoas no Novo México foram expostas a altos níveis de arsênio na água potável, a ação foi tomada, mas ao custo de 100 milhões de dólares. Tomar uma ação semelhante em Bangladesh estaria além da capacidade financeira do país. Mesmo a substituição de um poço raso por outro que tira água do lençol freático mais baixo e mais seguro custa mil dólares. A alternativa é remover o arsênio da água. Dispositivos simples e baratos foram projetados pelos químicos para fazer isso, como passar a água através de camadas de areia, pedaços de ferro e carvão. O arsênio inorgânico, que está presente como íons arsenito, AsO_3^{3-}, atrela-se a pedaços de ferro, enquanto as formas orgânicas do arsênio são absorvidas no carvão.

Fluoreto na Água Potável

É geralmente conhecido o fato de que um pouco de flúor na água potável fortalece o esmalte dos dentes e previne a cárie e, para esse fim, muitos abastecimentos públicos de água são fluoretados a até 1 ppm. No entanto, há perigos na água potável que apresenta níveis muito mais elevados, e em algumas localidades, o nível de fluoreto é naturalmente elevado. Os seres humanos, bem como animais, podem ser afetados e sofrerem de *fluorose* (Figura 20.12), que é um endurecimento dos ossos, capaz de provocar deformação no esqueleto. Em certas partes da Índia, como Punjab, a condição é endêmica,

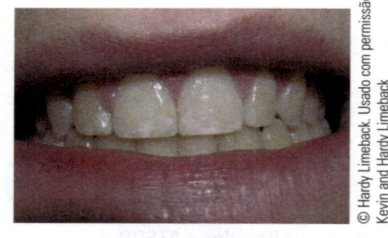

FIGURA 20.12 Fluorose. Aqui, os dentes têm manchas esbranquiçadas, indicando fluorose leve. Dentes e ossos contêm hidroxiapatita, $Ca_5(OH)(PO_4)_3$. Se você beber água com alta concentração de íon F^-, o íon OH^- na apatita pode ser substituído pelo íon F^-. Isso pode ter o efeito benéfico de endurecimento da superfície dos dentes. No entanto, quando usado em excesso, o íon fluoreto pode levar a manchas, e em concentrações muito elevadas, poderá resultar em deformidades esqueléticas.

especialmente onde os moradores bebem água de poços com altos níveis de fluoreto, de até 15 ppm. Cerca de 25 milhões de indianos sofrem de uma forma leve de fluorose, com muitos milhares mostrando deformidades esqueléticas.

EXERCÍCIOS PARA A SEÇÃO 20.2

1. Vários reagentes são adicionados à água para matar agentes patogênicos e tornar a água segura para beber. Entre as substâncias listadas abaixo, qual não serve para essa função?

   (a) Cl_2 (b) O_3 (c) $Ca(ClO)_2$ (d) $Al_2(SO_4)_3$

2. Qual(is) da(s) afirmação(ões) a seguir não está(ão) correta(s)?

   (a) Os fosfatos aumentam o crescimento de algas na superfície da água.

   (b) O derretimento da calota polar resultará no aumento do nível do mar.

   (c) A toxicidade por metal pesado pode resultar da presença de compostos metálicos de chumbo, cádmio e mercúrio no suprimento de água.

   (d) A osmose reversa é uma boa forma de realizar a dessalinização.

20-3 Energia

Olhe ao seu redor – a energia está envolvida em qualquer coisa que se move ou emite luz, som ou calor. Aquecer e iluminar sua casa, mover seu automóvel, alimentar seu computador portátil, todos são exemplos comuns de utilização de energia, e todos têm como base, em sua origem, processos químicos. Nesta seção, examinaremos como a Química é fundamental para compreender e abordar as questões energéticas atuais.

Abastecimento e Demanda: O Balanço Sobre a Energia

Consideraremos que a energia está disponível e que sempre estará lá para ser usada. Mas ela estará? Richard Smalley (1943-2005), químico e vencedor do Prêmio Nobel, afirmou que, entre os dez maiores problemas que a humanidade terá de enfrentar nos próximos cinquenta anos, o fornecimento de energia é o número um. Qual é a fonte dessa previsão? Informações como as seguintes são frequentemente citadas na imprensa popular:

- A demanda global por energia quase triplicou nos últimos quarenta anos e poderá triplicar novamente nos próximos cinquenta. Grande parte da demanda vem de nações industrializadas, mas a maior parte do aumento é proveniente de países em desenvolvimento.

- Em 2011, os combustíveis fósseis respondiam por 80% do total da energia utilizada nos Estados Unidos (Figura 20.13). (Desse total, o petróleo responde por 35%, o carvão, 20%, e o gás natural, 25%.) Energia nuclear, biomassa e energia hidrelétrica contribuem com cerca de 17% da quantidade total de energia. Os 3% restantes derivam de energia eólica, energia geotérmica e solar.

- Com apenas cerca de 5% da população mundial, os EUA consomem mais de 20% de toda a energia utilizada no mundo. Essa utilização é equivalente ao consumo de 7 litros de óleo ou 32 quilogramas de carvão por pessoa por dia.

- China e Índia, potências econômicas crescentes, estão aumentando seu consumo de energia em cerca de 8% ao

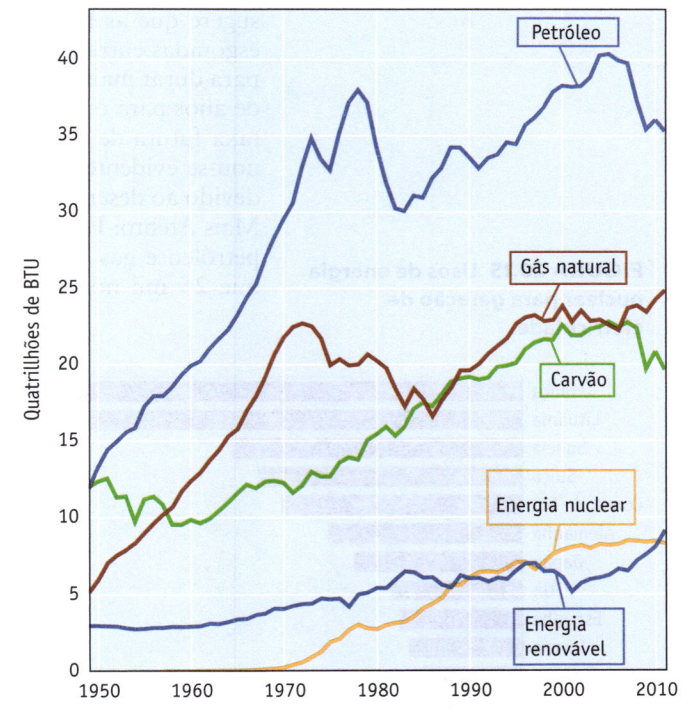

FIGURA 20.13 Alterações no consumo de energia dos EUA por fonte, 1949-2011. O eixo vertical está em unidades de BTU (unidades de energia chamadas de Unidades Térmicas Britânicas). Gráfico retirado de www.eia.gov. A Agência de Energia Elétrica dos EUA (EIA na sigla em inglês) é uma excelente fonte de informações sobre energia.

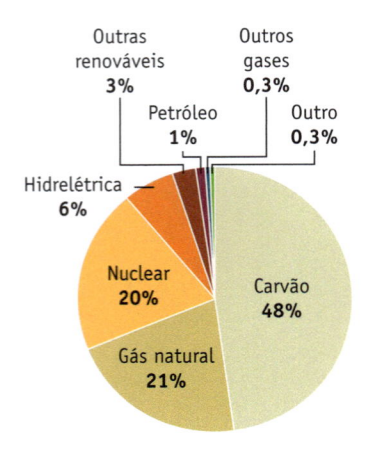

FIGURA 20.14 Combustíveis usados na indústria de energia elétrica nos Estados Unidos, 2008. Fonte: U.S. Energy Information Administration, *Electric Power Annual* (2010) (www.eia.doe.gov/).

ano. Em 2007, a China ultrapassou os EUA como emissor número um de gases do efeito estufa no mundo.

Duas questões básicas, *recursos energéticos* e *consumo de energia*, saltam imediatamente dessas estatísticas e formam a base para essa discussão.

Fontes de Energia

O mundo é extremamente dependente dos combustíveis fósseis como fonte de energia. Quase 70% da energia elétrica nos Estados Unidos é gerada utilizando-se combustíveis fósseis, principalmente carvão e gás natural (Figura 20.14), e cerca de 80% da energia consumida para todos os usos é derivada de combustíveis fósseis.

Por que existe tal domínio de combustíveis fósseis no lado dos recursos da equação? Uma razão óbvia é que a energia derivada da queima de combustíveis fósseis é mais barata do que a energia de outras fontes. Além disso, as sociedades têm feito um imenso investimento na infraestrutura necessária para distribuir e usar essa energia. As usinas de energia que usam carvão ou gás natural não podem ser convertidas facilmente para acomodar outro combustível. A infraestrutura para a distribuição de energia – gasodutos, distribuição de gasolina para carros e redes de distribuição de energia elétrica para os usuários – já está instalada. O sistema funciona bem.

Já que o sistema de uso de combustíveis fósseis funciona bem, por que se preocupar com a utilização de combustíveis fósseis? Um dos problemas principais é que os combustíveis fósseis são *fontes de energia não renováveis*. Fontes não renováveis são aquelas em que a fonte de energia é usada e não simultaneamente reabastecida. Os combustíveis fósseis são o exemplo mais óbvio, e a energia nuclear também está nessa categoria. Por outro lado, as fontes de energia que envolvem o uso de energia proveniente do Sol são exemplos de *recursos renováveis*. Estas incluem a energia solar e a energia eólica, da biomassa e da água em movimento. Da mesma forma, a energia geotérmica é um recurso renovável.

Há uma oferta limitada de combustíveis fósseis, por isso, devemos perguntar quanto tempo eles durarão. Infelizmente, não há uma resposta exata. Uma estimativa sugere que as taxas de consumo das atuais reservas de petróleo do mundo estarão esgotadas entre 30 e 80 anos. O fornecimento de gás natural e carvão são projetados para durar mais tempo: de 60 a 200 anos para o gás natural e de 150 a várias centenas de anos para o carvão. Estes números são incertos, no entanto, porque baseiam-se na taxa futura de consumo e nas quantidades das reservas atuais. Este último fator tornou-se evidente recentemente por causa do rápido aumento da oferta de gás natural devido ao desenvolvimento do fraturamento hidráulico, ou "fratura" (veja "Um Olhar Mais Atento: Fratura"). Em 2012, cerca de 1,1 milhão de poços estavam produzindo petróleo e gás nos EUA. Com o desenvolvimento da fratura hidráulica, estimam-se que 25 mil novos poços de petróleo e de gás natural sejam perfurados no futuro próximo.

Não podemos ignorar o fato de que uma mudança relacionada aos combustíveis fósseis deve ocorrer algum dia. Com a diminuição da oferta e o aumento da demanda, a expansão para outros tipos de combustível ocorrerá inevitavelmente. O aumento do custo de energia com base em combustíveis fósseis incentivará essas mudanças. As tecnologias para facilitar a mudança, e as respostas a respeito de quais tipos de combustíveis alternativos serão mais eficientes e mais viáveis financeiramente, podem ser auxiliadas por pesquisas em Química.

Uma fonte de energia que tem sido explorada extensivamente em alguns países é a energia nuclear. Vários países europeus geram mais de 40% de sua eletricidade dessa forma (Figura 20.15). Alguns países (como a Islândia e a Nova Zelândia) também são capazes de explorar a energia geotérmica como fonte de energia. A Alemanha e a Espanha planejam atender 25% do seu fornecimento de energia por meio da energia eólica até 2020.

FIGURA 20.15 Usos de energia nuclear para geração de eletricidade.

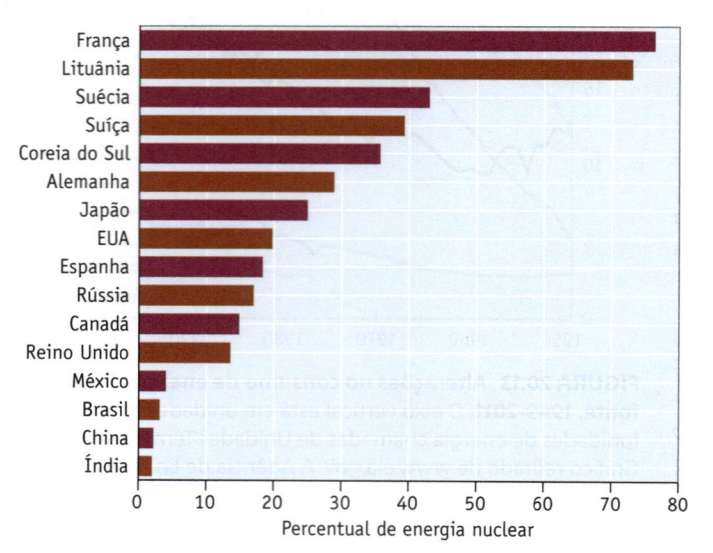

Percentual de energia nuclear

Fratura

UM OLHAR MAIS ATENTO

Em abril de 2012, a *Chemical & Engineering News* disse que "Os EUA estão em frenesi pelo gás natural. Em apenas seis anos, a produção e os preços do gás natural vêm sofrendo mudanças. Graças a uma nova tecnologia não convencional do gás natural – fraturamento hidráulico –, a nação tem visto a produção do gás natural ir de uma gota a uma inundação ".

O que é o fraturamento hidráulico, ou "fratura", como muitas vezes é chamado? Trata-se de uma técnica para liberar o gás e o óleo de formações geológicas que possam conter hidrocarbonetos, mas que tenham sido previamente impenetráveis às técnicas de perfuração convencionais. Na fratura, vários milhões de galões de água e outros fluidos e areia são forçados sob pressão em uma formação de xisto. Essa mistura abre fissuras na formação e permite que o óleo e o gás escapem.

Um problema com a fratura é que outros compostos orgânicos, dióxido de enxofre e outros materiais residuais também vêm à superfície. Outro é que enormes quantidades de água são necessárias. E, finalmente, embora o metano seja normalmente o pro- duto desejado, parte dele escapa e se difunde na troposfera, onde contribui significativamente para o efeito estufa.

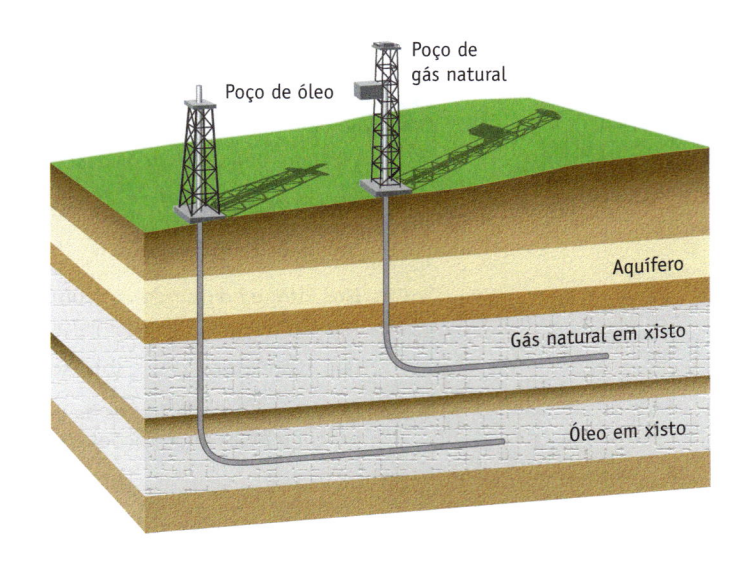

Fraturamento. Uma mistura de água, outros líquidos e areia é injetada numa formação geológica que pode conter óleo e gás (tais como xisto, rico em gás). A mistura da fratura abre fissuras na formação, e o gás e o petróleo são liberados.

Referência: JOHNSON, J. Methane: A New "Fracking" Fiasco. *Chemical & Engineering News*, p. 34, 16, abr. 2012.

Utilização de Energia

O consumo de energia está relacionado ao grau de industrialização de um país: quanto mais industrializado, mais energia per capita é usada (Figura 20.16). Isso significa que, à medida que as nações em desenvolvimento tornam-se mais industrializadas, o consumo pessoal de energia em todo o mundo certamente aumenta proporcionalmente. Um rápido crescimento no uso de energia ao longo das últimas duas décadas tem acontecido, e prevê-se que haverá um crescimento ainda mais vertiginoso no próximo meio século.

A conservação é uma maneira de alterar o consumo de energia. Isso pode significar o uso consciente de menos energia (como dirigir menos, apagar as luzes quando não estiverem em uso e desligar o termostato [para aquecimento ou refrigeração]). Isso também pode significar o uso de energia de forma mais eficiente. Alguns exemplos de uso mais eficiente de energia são:

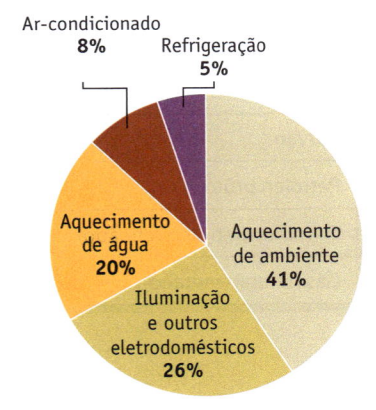

FIGURA 20.16 O uso da energia em casas nos EUA, 2005. Fonte: U.S. Energy Information Administration, *Residential Energy Consumption Survey* (2005) (www.eia.doe.gov/).

- A reciclagem de alumínio é agora uma prática comum, porque requer somente um terço da energia necessária para produzir o metal a partir do seu minério.

- Diodos emissores de luz (LEDs) são agora usados na iluminação pública e lâmpadas fluorescentes compactas. E LEDs têm cada vez mais sido usados em casas. Ambos utilizam uma fração da energia requerida pelas lâmpadas incandescentes (em que apenas 5% da energia utilizada é fornecida sob a forma de luz; os 95% restantes são desperdiçados como calor).

- Os veículos híbridos oferecem até o dobro da autonomia em relação aos carros convencionais.

- Muitos eletrodomésticos novos (de geladeiras a aparelhos de ar-condicionado) são projetados para serem mais eficientes, usando menos energia.

Uma das áreas interessantes da pesquisa atual em Química relacionada à conservação de energia concentra-se na supercondutividade. Os supercondutores são materiais que, a temperaturas entre 30 e 150 K, oferecem praticamente nenhuma resistência à condutividade elétrica (Capítulo 3, "Aplicando Princípios Químicos"). Quando uma corrente elétrica passa através de um condutor típico, tal como um fio de cobre, uma parte da energia é perdida na forma de calor. Como resultado, há uma perda substancial de energia nas linhas de transmissão. Substituir um fio de cobre por um supercondutor tem o potencial de diminuir grandemente essa perda, então a busca é voltada para materiais que atuam como supercondutores sob temperaturas moderadas.

EXERCÍCIOS PARA A SEÇÃO 20.3

1. Qual dos seguintes itens descreve uma fonte de energia renovável?

   (a) fusão nuclear   (c) gás natural

   (b) energia hidrelétrica   (d) carvão

2. Nos EUA (e no mundo), os combustíveis fósseis são a maior fonte de energia. Qual é a segunda maior fonte de energia?

   (a) hidrelétrica   (b) solar   (c) nuclear   (d) geotérmica

3. Qual das seguintes fontes de iluminação é a mais eficiente? (Talvez você tenha de procurar essas informações na internet)

   (a) LEDs   (c) Lâmpadas fluorescentes

   (b) Lâmpadas incandescentes   (d) Velas

20-4 Combustíveis Fósseis

Os combustíveis fósseis são originários de matéria orgânica que ficou presa sob a superfície da Terra por muitos milênios. Devido à combinação particular de temperatura, pressão e oxigênio disponível, a decomposição da matéria orgânica resultou nos hidrocarbonetos que extraímos e utilizamos hoje: carvão, petróleo bruto e gás natural – combustíveis fósseis nas formas sólida, líquida e gasosa, respectivamente.

Tabela 20.3 Energia Liberada pela Combustão de Combustíveis Fósseis

SUBSTÂNCIA	ENERGIA LIBERADA (kJ/g)
Carvão	29–37
Petróleo bruto	43
Gasolina (petróleo refinado)	47
Gás natural (metano)	50

Os combustíveis fósseis são simples de serem usados e são relativamente baratos, em comparação com custos atuais de outras fontes para a quantidade equivalente de energia. Para utilizar a energia armazenada nos combustíveis fósseis, esses materiais são queimados. O processo de combustão, depois de completo, produz CO_2 e H_2O. A energia térmica é convertida em mecânica e, por vezes, em energia elétrica.

Os hidrocarbonetos dos combustíveis fósseis têm diferentes proporções entre carbono e hidrogênio, e a obtenção de energia a partir da sua queima (Tabela 20.3) está relacionada a essa proporção. Você pode analisar essa relação usando dados de entalpias de formação e observando a combustão de um combustível que é 100% carbono e de outro que é 100% hidrogênio. A oxidação de 1,0 mol (12,01 g) de carbono puro produz 393,5 kJ de energia ou 32,8 kJ/g.

$$C(s) + O_2(g) \rightarrow CO_2(g)$$

$$\Delta_r H° = -393,5 \text{ kJ/mol-rea ou } -32,8 \text{ kJ/g C}$$

A queima de hidrogênio para formar água é muito mais exotérmica numa base por grama, com cerca de 120 kJ por grama de hidrogênio consumido.

$$H_2(g) + \tfrac{1}{2} O_2(g) \rightarrow H_2O(g)$$

$$\Delta_r H° = -241,8 \text{ kJ/mol-rea ou } -119,9 \text{ kJ/g } H_2$$

A maior parte do carvão é composta de carbono, de modo que a quantidade de calor transferida é semelhante à do carbono puro. Em contraste, o metano é 25% hidrogênio (por massa), e os hidrocarbonetos com peso molecular mais alto no petróleo e em produtos refinados de petróleo têm em média 16% a 17% de teor de hidrogênio. Portanto, o calor transferido baseado no peso por grama é maior que o de carbono puro, mas menor que o do próprio hidrogênio.

Enquanto os princípios químicos básicos para a extração de energia de combustíveis fósseis são simples, as complicações surgem na prática. Vejamos cada um desses combustíveis.

Carvão

A substância de rocha sólida que chamamos de *carvão* começou a se formar há quase 290 milhões de anos. A decomposição de matéria vegetal resultou no componente primário do carvão, que é o carbono. Porém, descrever o carvão simplesmente como carbono é uma simplificação, já que as amostras de carvão variam consideravelmente quanto a sua composição e características. O teor de carbono pode variar de 60% a 95%, com quantidades distintas de hidrogênio, oxigênio, enxofre e nitrogênio presentes sob várias formas.

O enxofre, um componente comum em alguns carvões, foi incorporado à mistura parcialmente a partir da decomposição de plantas e, em parte, do sulfeto de hidrogênio, H_2S, o produto residual de certas bactérias. Além disso, o carvão pode conter traços de muitos outros elementos, incluindo alguns tóxicos (como o arsênio, mercúrio, cádmio e chumbo) ou radioativos (urânio e tório).

Quando o carvão é queimado, algumas das impurezas são dispersas no ar, e algumas resultam em cinzas que permanecem. Nos EUA, as usinas movidas a carvão são responsáveis por mais de 70% das emissões de SO_2 e 33% das emissões de mercúrio no meio ambiente. (As usinas nos EUA emitem cerca de 50 toneladas de mercúrio por ano; em todo o mundo, cerca de 5500 toneladas são emitidas.) O dióxido de enxofre reage com a água e o oxigênio na atmosfera para formar o ácido sulfúrico, o que contribui (juntamente com o ácido nítrico) para a *chuva ácida*.

$$2\ SO_2(g) + O_2(g) \rightarrow 2\ SO_3(g)$$

$$SO_3(g) + H_2O(\ell) \rightarrow H_2SO_4(aq)$$

Como esses ácidos são prejudiciais ao meio ambiente, a legislação limita a quantidade das emissões de dióxido de enxofre provenientes de usinas movidas a carvão. Os gases de combustão são passados através de um jato de água com produtos químicos, como o calcário (carbonato de cálcio), para formar sólidos que podem ser removidos:

$$2\ SO_2(g) + 2\ CaCO_3(s) + O_2(g) \rightarrow 2\ CaSO_4(s) + 2\ CO_2(g)$$

No entanto, estes dispositivos são caros e aumentam o custo da energia produzida nessas instalações.

Existem três categorias de carvão (Tabela 20.4 e Figura 20.17). O *antracito*, ou carvão duro, é o carvão de melhor qualidade. Entre as formas de carvão, o antracito fornece a maior quantidade de energia por grama e tem um baixo teor de enxofre. Infelizmente, o carvão antracito é bastante incomum, sendo que apenas 2% das reservas de carvão dos Estados Unidos existem nessa forma. O *carvão betuminoso*, também conhecido como *carvão macio*, responde a cerca de 45% das reservas estadunidenses e é o carvão mais amplamente utilizado na geração de energia elétrica. A *linhita*, também chamada de carvão marrom por causa de sua cor pálida, é geologicamente a forma "mais jovem" do carvão. Ela libera uma quantidade menor de energia por grama do que as outras formas de carvão, frequentemente contém uma quantidade significativa de água, e é a menos satisfatória como combustível.

Aquecer o carvão na ausência de ar converte-o em coque, que é quase carbono puro e é um excelente combustível. No processo de formação do coque, uma variedade de compostos orgânicos é repelida. Estes são utilizados como matéria-prima na indústria química para a produção de polímeros, produtos farmacêuticos, tecidos sintéticos, ceras, alcatrão e inúmeros outros produtos.

A tecnologia para converter o carvão em combustíveis gasosos (gaseificação do carvão) ou combustíveis líquidos (liquefação) é bem conhecida, mas o grau em que

Tabela 20.4 Tipos de Carvão

TIPO	CONSISTÊNCIA	CONTEÚDO DE ENXOFRE	ENERGIA LIBERADA (kJ/g)
Linhita	Muito macia	Muito baixo	28–30
Carvão betuminoso	Macia	Alto	29–37
Antracito	Dura	Baixo	36–37

FIGURA 20.17 Carvão betuminoso sendo extraído de uma mina em Montana.

Bloomberg via Getty Images

FIGURA 20.18 Automóvel movido a gás natural.

esses processos são realizados é limitado pelo custo. Esses processos fornecem combustíveis que queimam de forma mais limpa do que o carvão, mas 30% a 40% da energia disponível é perdida no processo. No entanto, com a diminuição das reservas de gás natural e petróleo e o aumento dos custos de combustíveis, os combustíveis líquidos e gasosos derivados de carvão podem se tornar mais importantes.

Metano/Gás Natural

O gás natural é encontrado em profundidade sob a superfície da Terra. Há um debate sobre como o gás é formado, mas a teoria principal é a de que ele foi produzido por bactérias de decomposição de matéria orgânica em um ambiente anaeróbico (em que não há O_2). O componente principal do gás natural (70% a 95%) é o metano (CH_4). Menores quantidades de gases como o etano (C_2H_6), o propano (C_3H_8) e o butano (C_4H_{10}) também podem estar presentes, juntamente com outros gases, incluindo N_2, He, CO_2 e H_2S. As impurezas e os componentes de maior peso molecular do gás natural são separados durante o processo de refino, de modo que o gás canalizado em nossas casas é principalmente metano.

O gás natural emite menos poluentes quando queimado e produz relativamente mais energia do que outros combustíveis fósseis. Por essa razão, ele vem obtendo maior utilização em veículos de passageiros e veículos municipais, como ônibus (Figura 20.18). Ele pode ser transportado por gasodutos sobre a terra e canalizado para edifícios, como a sua casa, onde é usado para aquecer a água para tomar banho e cozinhar. É também uma opção popular para as novas instalações de energia elétrica. Usinas de energia movidas a gás emitem 40% menos dióxido de carbono que aquelas movidas a carvão e, em contraste, não há poluição por mercúrio. Além disso, a eliminação dos sólidos deixados da combustão de carvão (chamados *cinzas volantes*) não é um problema.

Tão importante quanto esses fatores, os preços do gás natural correspondem a menos da metade do que custavam antes de 2010, em parte por causa da descoberta de novas fontes. Entre os novos processos de obtenção do metano, está o fraturamento hidráulico ou "fratura" (veja "Um Olhar Mais Atento: Fratura").

Por fim, uma fonte potencial de metano é o hidrato de metano (veja "Um Olhar Mais Atento: Hidratos de Metano: Oportunidades e Problemas"). Em 1970, oceanógrafos que perfuravam a costa da Carolina do Sul coletaram amostras de um sólido esbranquiçado que borbulhava e escorria quando foi removido do corpo da broca. Eles logo perceberam que era hidrato de metano. Desde então, o hidrato de metano tem sido descoberto em muitas partes dos oceanos, assim como abaixo da superfície gelada do Ártico. Estima-se que $1,5 \times 10^{13}$ de toneladas de hidrato de metano estejam enterradas abaixo da superfície do mar em todo o mundo. Na verdade, a energia disponível a partir dessa fonte pode ser duas vezes maior que a de todas as outras reservas de combustíveis fósseis conhecidas! Claramente, esta é uma fonte potencial de combustível para o futuro.

Petróleo

Petróleo, uma mistura complexa de hidrocarbonetos cujas massas molares variam de baixas a muito altas, é frequentemente encontrado em formações rochosas porosas que são delimitadas por rochas impermeáveis (veja "Um Olhar Mais Atento: Química do Petróleo"). Os hidrocarbonetos podem ter de um a vinte ou mais átomos de carbono nas suas estruturas, e compostos que contêm enxofre, nitrogênio e oxigênio podem também estar presentes, geralmente em pequenas quantidades.

O petróleo passa por um extenso processamento nas refinarias para separar os vários componentes e converter compostos menos valiosos em mais valiosos. Aproximadamente 85% do petróleo bruto bombeado do solo acaba sendo usado como

UM OLHAR MAIS ATENTO

Hidratos de Metano: Oportunidades e Problemas

A água fria sob pressão começa a formar estruturas sólidas complexas em temperaturas de cerca de 273 K. Estas são redes de moléculas de água unidas por ligações de hidrogênio com grandes cavidades abertas. Se uma pequena molécula "hóspede" do tamanho correto estiver presente, no entanto, ela pode ser aprisionada nas cavidades, e a rede não se quebra para formar a estrutura de gelo habitual. Esse fenômeno é mais frequentemente observado quando a água fria está saturada com metano, e o resultado é o hidrato de metano (Figura A).

Os hidratos de metano já são conhecidos há anos, mas o interesse por eles aumentou porque vastos depósitos foram recentemente descobertos dentro do fundo de sedimentos no chão marinho dos oceanos e no pergelissolo ártico. Estima-se que depósitos globais de hidrato de metano contenham cerca de 10^{13} toneladas de carbono, ou aproximadamente duas vezes o valor somado de todas as reservas conhecidas de carvão, petróleo e gás natural. Hidratos de metano também são armazéns de energia eficientes, porque um metro cúbico de hidrato detém cerca de 160 metros cúbicos de gás metano.

Se o metano deve ser capturado de hidratos e usado como combustível, há problemas difíceis para serem resolvidos. Talvez o maior seja como trazer quantidades comercialmente úteis do fundo para a superfície do oceano. Mas, em 2013, o governo japonês anunciou que havia obtido sucesso em fazer isso. Sem dúvida, os japoneses perseguirão sua descoberta, pois estima-se que as águas que cercam o país abrigam hidrato de metano suficiente para atender às necessidades locais de energia por cem anos. Claramente outros países estão realizando esforços

semelhantes. Por exemplo, na encosta norte do Alasca, acredita-se que existam 2400 bilhões de metros cúbicos recuperáveis de metano, o que equivale aproximadamente a quatro anos de produção norte-americana de gás natural, além de existirem extensos depósitos em outros lugares do mundo.

Outro problema referente à exploração de depósitos de hidrato de metano é a possibilidade de uma grande liberação descontrolada do gás (o que tem sido chamada de "arma de clatrato"). Conforme descrito neste capítulo, o metano é um gás de efeito estufa muito eficaz, então a liberação de uma quantidade significativa na atmosfera pode danificar o clima da Terra. (De fato, alguns acreditam que a liberação maciça de metano a partir de hidratos, cerca de 55 milhões de anos atrás, levou a um aquecimento global significativo.)

Em maio de 2010, os hidratos de metano podem ter levado a uma catástrofe ambiental. A plataforma Deepwater Horizon, usada para perfuração de petróleo em águas profundas no Golfo do México, foi destruída por um incêndio provocado por uma explosão de metano. Existe uma forte suspeita de que a causa final pode ter sido a liberação explosiva de gás a partir de hidratos de metano sob o leito do mar.

Um artigo de caráter genérico sobre os hidratos de metano é: SUESS, E.; BOHRMANN, G. GREINERT J.; LAUSCH. E. *Scientific American*, nov. 1999, p. 76-83.

FIGURA A Hidrato de metano. Quando uma amostra é trazida das profundezas do oceano para a superfície, o metano escorre para fora do sólido, e o gás queima facilmente. A estrutura do hidrato de metano sólido consiste em moléculas de metano presas em uma estrutura de moléculas de água. A estrutura aqui mostrada é uma unidade estrutural comum de uma estrutura mais complexa. Cada vértice dessa estrutura é um átomo de O de uma molécula de H_2O. As arestas consistem em uma série de átomos de O—H—O conectados por uma ligação de hidrogênio e ligação covalente. (Outras unidades estruturais mais complexas são conhecidas.) Tais estruturas são muitas vezes chamadas de "clatratos".

combustível, quer para meios de transporte (gasolina e diesel), quer para aquecimento (óleos combustíveis).

Outra fonte de combustíveis fósseis é o petróleo de areias betuminosas. As **areias betuminosas** (também chamadas de **areias oleosas**) contêm um líquido orgânico muito viscoso chamado *betume*. Este é quimicamente semelhante à fração de peso molecular mais alto obtida por destilação do petróleo bruto. A maior fonte de areias betuminosas no mundo está em Alberta, Canadá (as areias de Athabasca, na Figura 20.19), seguida de perto por aquelas na Venezuela. Recursos aproximados de 3,5 trilhões de barris de petróleo – duas vezes as reservas mundiais conhecidas de petróleo – são estimados nesses dois locais. Os EUA importam mais petróleo do Canadá do que qualquer outro país (cerca de 1 milhão de barris por dia), e a maior parte é proveniente das areias betuminosas de Athabasca.

A extração do óleo das areias é bastante onerosa. Essencialmente, as areias devem ser mineradas e, em seguida, misturadas com água quente ou vapor para extrair o betume. Uma vez que a extração está completa, a terra minerada deve ser restaurada (recuperada), o que aumenta o custo do processo. Uma vez que a maioria das areias betuminosas do Canadá encontra-se em áreas secas, obter uma fonte adequada

FIGURA 20.19 Areias betuminosas. As areias betuminosas são depósitos de betume ricos em petróleo misturados com argila e areia incorporadas em rochas, muitas vezes enterradas sob a superfície. Várias toneladas de solo superior devem ser removidas para cada barril de betume, resultando em grandes minas a céu aberto. As maiores reservas de areias betuminosas estão em Alberta, Canadá. As areias betuminosas são uma fonte cada vez mais importante de petróleo, e o Canadá está planejando um grande aumento na produção.

de água para extração representa uma restrição significativa para o aumento da produção.

EXERCÍCIOS PARA A SEÇÃO 20.4

1. Qual dos seguintes combustíveis fornece a maior quantidade de energia por grama?

   (a) CH_4 (b) C_8H_{18} (c) carvão   (d) H_2

2. Qual das afirmações a seguir não está correta?

   (a) O mercúrio é uma impureza comum do carvão.

   (b) A queima de carvão é uma fonte de poluição do ar pelo dióxido de enxofre.

   (c) O gás oxigênio é um componente em algumas fontes de gás natural.

   (d) O gás natural é melhor do que o carvão para geração de eletricidade.

3. Qual dos seguintes itens descreve uma fonte de energia renovável?

   (a) biocombustíveis (b) gás natural   (c) carvão   (d) fissão nuclear

---

20-5 Fontes Alternativas de Energia

No momento atual, a economia mundial está estabelecida com base no uso de combustíveis fósseis. No entanto, certamente haverá um momento em que esses combustíveis se tornarão escassos, por isso, químicos e engenheiros estão procurando alternativas.

Células de Combustível

Nos Estados Unidos, em 2010, 48% da eletricidade foi gerada por usinas de energia movidas a carvão e 21% por usinas de gás natural. O calor da combustão desses combustíveis é empregado para produzir vapor de alta pressão, que gira uma turbina em um gerador. Infelizmente, nem toda a energia de combustão pode ser convertida em trabalho utilizável. Parte da energia armazenada nas ligações químicas de um combustível é transferida na forma de calor para a vizinhança, tornando este um processo ineficiente. A eficiência é de cerca de 35% a 40% para uma turbina movida a vapor obtido a partir da queima do carvão e de 50% a 55% para as turbinas mais recentes de gás natural.

Um processo muito mais eficiente é possível se os elétrons, os transportadores de eletricidade, pudessem ser gerados diretamente das próprias ligações químicas, em vez de irem através de um processo de conversão de energia do calor mecânico

UM OLHAR MAIS ATENTO

Química do Petróleo

Grande parte da tecnologia química atual depende do petróleo. Os combustíveis derivados do petróleo fornecem de longe a maior quantidade de energia no mundo industrial. O petróleo e o gás natural são também as matérias-primas químicas usadas na manufatura de plásticos, borracha, fármacos e uma vasta gama de outros compostos.

O petróleo que é bombeado para fora da terra é uma mistura complexa cuja composição varia muito, dependendo da sua fonte. Os componentes primários do petróleo são sempre alcanos (hidrocarbonetos com a fórmula geral C_nH_{2n+2}), mas, em diversos graus, o nitrogênio e compostos contendo enxofre também estão presentes. Os compostos aromáticos (como o benzeno, C_6H_6) também estão presentes, mas compostos muito mais reativos com ligações duplas e triplas carbono–carbono, como alcenos e alcinos, não estão presentes.

Uma etapa inicial no processo de refino do petróleo é a destilação, na qual a mistura bruta é separada em uma série de

©iStockphoto.com/Olivier Lantzendörffer

Uma usina petroquímica moderna.

frações baseadas no ponto de ebulição: primeiramente uma fração gasosa (em sua maior parte alcanos, com um a quatro átomos de carbono; essa fração é frequentemente queimada), e depois, gasolina, querosene e óleos combustíveis. Após a destilação, resta provavelmente uma quantidade considerável de material, na forma de resíduo semissólido, como betume.

A indústria petroquímica procura maximizar a produção das frações mais valiosas do petróleo e produzir os compostos específicos para os quais há alguma necessidade particular. Isso significa executar reações químicas nos materiais brutos em grande escala. Um dos processos a que o petróleo é submetido é conhecido como *craqueamento*. Sob temperaturas muito altas, pode ocorrer a quebra de ligações, e hidrocarbonetos de cadeias mais longas fragmentam-se em unidades moleculares menores. Essas reações são realizadas na presença de grande variedade de catalisadores, materiais que aumentam a velocidade das reações e as direcionam para produtos específicos. Entre os produtos importantes do craqueamento estão o etileno (C_2H_4), que serve como matéria-prima importante para a produção de materiais como o polietileno. O craqueamento também produz outros hidrocarbonetos reativos e hidrogênio gasoso, ambos matérias-primas bastante utilizadas.

Outras reações importantes que envolvem o petróleo são realizadas sob temperaturas elevadas e na presença de catalisadores específicos. Tais reações incluem as reações de *isomerização*, em que o esqueleto de carbono de um alcano se rearranja para formar uma nova espécie isomérica, e processos de *reforma*, em que alcanos formam compostos com cadeias de carbono. Cada processo é direcionado a uma meta específica, como o aumento da proporção de hidrocarbonetos de cadeia ramificada na gasolina para obter taxas mais elevadas de octanagem. Uma grande quantidade de pesquisa química tem sido realizada para desenvolver e compreender esses processos altamente especializados.

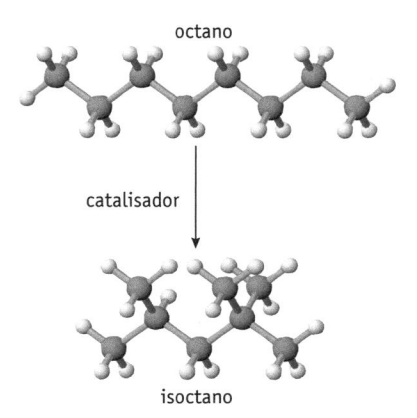

octano

catalisador

isoctano

Produção de gasolina. Hidrocarbonetos ramificados têm maior octanagem na gasolina. Portanto, um processo importante na produção de gasolina é a isomerização de octano de um hidrocarboneto ramificado, como o isoctano, 2,2,4-trimetilpentano.

---

em energia elétrica. A tecnologia das células de combustível torna possível essa conversão direta de energia elétrica.

A eletroquímica das células de combustível foi descrita na Seção 19.3, e você viu que elas são semelhantes a baterias, exceto pelo fato de que o combustível é fornecido a partir de uma fonte externa (Figura 20.20). Elas são mais eficientes que a produção de energia à base de combustão, com até 60% da conversão de energia.

A reação líquida é a oxidação do combustível e o consumo do agente oxidante. Uma vez que o combustível e o oxidante nunca entram diretamente em contato um com o outro, não há nenhuma combustão e, consequentemente, há perda mínima de energia na forma de calor. A energia liberada na reação é convertida diretamente em eletricidade.

As células de combustível a hidrogênio têm sido utilizadas no Ônibus Espacial e em alguns protótipos de automóveis e ônibus. A reação global nessas células de combustível é a combinação de hidrogênio e de oxigênio para formar água. Combustíveis à base de hidrocarbonetos como o metanol (CH_3OH) também são candidatos à utilização como combustível em células de combustível, cuja reação líquida na célula é

$$CH_3OH(\ell) + 3/2\ O_2(g) \rightarrow CO_2(g) + 2\ H_2O(\ell)$$

$$\Delta_rH° = -727\ \text{kJ/mol-rea ou} -23\ \text{kJ/g } CH_3OH$$

FIGURA 20.20 Células de combustível. Estas células de combustível utilizam metanol e oxigênio como reagentes (veja na Seção 19.3 para a eletroquímica de células de combustível).

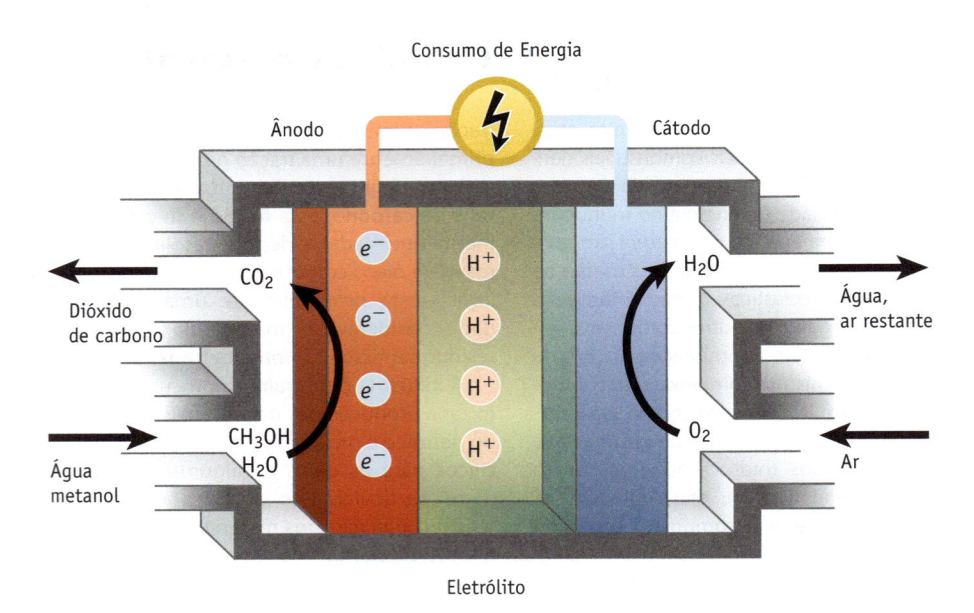

Usando dados de entalpias de formação (◄ Seção 5.7), você pode confirmar que a energia gerada a partir dessa reação é 727 kJ/mol-rea (ou 23 kJ/g) de metanol líquido. Isto é equivalente a 200 watt-hora (W-h) de energia por mol de metanol (1 W = 1 J/s), ou 5,0 kW-h por litro de metanol.

Hidrogênio

Previsões sobre a menor oferta de combustíveis fósseis levaram a especulações sobre combustíveis alternativos, e o hidrogênio tem sido amplamente sugerido como uma possível opção. O termo *economia do hidrogênio* tem sido utilizado para descrever os processos combinados de produção, armazenamento e utilização do hidrogênio como combustível. Como é o caso das células de combustível, a economia do hidrogênio não depende de uma nova fonte de energia; ela simplesmente fornece uma maneira diferente de utilizar os recursos existentes.

Há razões para se considerar o hidrogênio uma opção atraente. A oxidação do hidrogênio fornece quase três vezes mais energia por grama que a oxidação de combustíveis fósseis. Comparando-se a combustão do hidrogênio com a do propano, um combustível usado em alguns carros, você pode calcular que H_2 produz cerca de 2,6 vezes mais energia por grama do que o propano.

$$H_2(g) + \tfrac{1}{2}\,O_2(g) \rightarrow H_2O(g)$$

$$\Delta_r H° = -241,83 \text{ kJ/mol-rea ou } -119,95 \text{ kJ/g } H_2$$

$$C_3H_8(g) + 5\,O_2(g) \rightarrow 3\,CO_2(g) + 4\,H_2O(g)$$

$$\Delta_r H° = -2043,15 \text{ kJ/mol-rea ou } -46,37 \text{ kJ/g } C_3H_8$$

Outra vantagem da utilização de hidrogênio em vez de um hidrocarboneto combustível é que o único produto do oxidação de H_2 é H_2O.

Alguns propuseram que o hidrogênio pode substituir a gasolina em automóveis e o gás natural no aquecimento de casas, e que pode até mesmo ser usado como combustível para gerar eletricidade ou executar processos industriais. Antes que isso aconteça, no entanto, existem muitos problemas práticos a serem resolvidos, incluindo as seguintes necessidades ainda não satisfeitas:

- Um método barato de produção de hidrogênio
- Uma forma prática de armazenar hidrogênio
- Um sistema de distribuição (estações de reabastecimento de hidrogênio)

Talvez o problema mais sério seja a tarefa de produzir hidrogênio. O hidrogênio é abundante na Terra, mas não como elemento livre. Assim, o hidrogênio elementar tem de ser obtido a partir de seus compostos. Atualmente, a maior parte do hidrogênio é produzida industrialmente a partir da reação de gás natural e de água por meio da *reforma a vapor* sob alta temperatura (Figura 20.21).

Reforma a vapor $CH_4(g) + H_2O(g) \rightarrow 3\ H_2(g) + CO(g)$

$$\Delta_r H° = +206,2\ kJ/mol\text{-rea}$$

O hidrogênio também pode ser obtido a partir da reação de carvão e de água sob uma temperatura elevada (a assim chamada *reação do gás de água*).

Reação do gás de água $C(s) + H_2O(g) \rightarrow H_2(g) + CO(g)$

$$\Delta_r H° = +131,3\ kJ/mol\text{-rea}$$

The Linde Group

FIGURA 20.21 Uma usina industrial de reforma a vapor.

Tanto a reforma a vapor quanto a reação de gás de água são altamente endotérmicas, e ambas utilizam um combustível fóssil como matéria-prima. Isso, é claro, não faz sentido se o objetivo primordial é o de substituir os combustíveis fósseis. Se a economia do hidrogênio prosperar, a fonte lógica do hidrogênio é a água.

$$H_2O(\ell) \rightarrow H_2(g) + \tfrac{1}{2}\ O_2(g)$$

$$\Delta_r H° = +285,83\ kJ/mol\text{-rea}$$

A eletrólise da água fornece hidrogênio (▶ Seção 21.3), mas também requer energia considerável. A primeira lei da termodinâmica nos diz que não podemos obter mais energia a partir da oxidação do hidrogênio do que gastamos para obter H_2 a partir de H_2O. Na verdade, não podemos sequer chegar a esse ponto de equilíbrio, porque parte da energia será inevitavelmente dispersa (◀ Capítulo 18). Portanto, a única maneira de se obter hidrogênio a partir da água, em quantidades necessárias e de modo economicamente viável, é a utilização de uma fonte barata e abundante de energia para conduzir esse processo. Um candidato lógico é a energia solar, mas, infelizmente, o uso da energia solar dessa maneira ainda tem de se tornar prática. Este é mais um problema para os químicos e engenheiros resolverem!

Não importa como o hidrogênio é produzido, ele tem de ser disponibilizado nos veículos e nas casas de modo seguro e prático. Mais uma vez, muitos problemas ainda precisam ser resolvidos. Pesquisadores europeus descobriram que um caminhão-tanque com capacidade de 2400 kg de gás natural comprimido (principalmente metano) pode entregar apenas 288 kg de H_2 sob a mesma pressão. Apesar de a oxidação de hidrogênio proporcionar cerca de 2,4 vezes mais energia por grama (119,95 kJ/g) do que o metano, o tanque pode transportar cerca de oito vezes mais metano do que H_2. Ou seja, serão necessários mais caminhões-tanques para entregar hidrogênio suficiente para alimentar o mesmo número de carros ou casas que funcionam à base de hidrogênio do que aqueles baseados no metano.

Biocombustíveis

Os biocombustíveis atualmente fornecem apenas cerca de 2% do combustível utilizado pelo transporte em todo o mundo, mas algumas pessoas preveem que eles possam contribuir muito mais para as necessidades de transporte dos EUA em 2030. Os biocombustíveis incluem substâncias que variam de sólidos, como a madeira, a bioetanol e biodiesel.

A gasolina vendida hoje, muitas vezes, contém etanol, C_2H_5OH. Se o etanol for obtido a partir da fermentação de materiais derivados de fontes biológicas, então, por vezes nos referimos a ele como **bioetanol**. Além de ser um combustível, o etanol melhora as características de combustão da gasolina. Cada estado nos EUA tem disponível agora uma mistura de etanol e gasolina, a mais comum sendo 10% de etanol e 90% de combustíveis à base de petróleo. (Veja o "Estudo de Caso: A Controvérsia do Combustível – Álcool e Gasolina".)

O etanol pode ser produzido facilmente pela fermentação de açúcares derivados de recursos renováveis, como milho, cana-de-açúcar, beterraba ou resíduos agrícolas. O etanol também pode ser derivado de materiais celulósicos, como árvores e gramíneas, mas o processo é mais complicado e hoje não é economicamente viável.

O Brasil tornou a produção de etanol a partir da cana-de-açúcar uma prioridade. Cerca de 40% do combustível vendido no Brasil é etanol, e a maioria dos carros mais novos são "bicombustíveis", que funcionam tanto com gasolina quanto com etanol. Os EUA e o Brasil produzem 70% do etanol do mundo.

Um problema significativo com o bioetanol é que a energia contida em um litro de etanol é de apenas cerca de dois terços de um litro de gasolina (veja a Questão para Estudo 20.21). A não ser que a indústria do etanol seja subsidiada, o custo dele para o transporte seria maior do que o da gasolina com base nos preços atuais.

Há vários pontos a serem levados em conta sobre o uso do etanol como combustível.

- As plantas verdes utilizam a energia do Sol para produzir a biomassa a partir de CO_2 e H_2O pela fotossíntese. O Sol é um recurso renovável e, portanto, em princípio, o etanol é derivado da biomassa.

- O processo recicla CO_2. As plantas utilizam o CO_2 para criar biomassa, que por sua vez é usada para produzir etanol. Na etapa final desse ciclo, a oxidação do etanol retorna CO_2 para a atmosfera.

- Uma questão séria sobre o uso do etanol derivado do milho é o balanço líquido de energia. Você tem de considerar a energia gasta para mover tratores e caminhões, colher o milho e fazer adubo, entre outras coisas, *versus* a energia disponível no etanol produzido como produto final. Análises recentes e melhorias na tecnologia de transformação do milho em etanol parecem indicar que mais energia está disponível do que é usada na produção, mas não muito.

O **biodiesel**, promovido como uma alternativa aos combustíveis à base de petróleo utilizados em motores a diesel, é feito a partir de óleos vegetais e animais (Figura 20.22). Quimicamente, o biodiesel é uma mistura de ésteres de ácidos graxos de cadeia longa preparados a partir de óleos e gorduras vegetais e animais por *transesterificação*. Esta é uma reação entre um éster e um álcool em que o grupo —OR″ do álcool troca com o grupo OR do éster (em que R′ e R″ são grupos orgânicos):

$$R-\overset{\overset{\displaystyle O}{\|}}{C}-\boxed{O-R' + H}-O-R'' \longrightarrow R-\overset{\overset{\displaystyle O}{\|}}{C}-O-R'' + R'OH$$

Éster   Álcool   Novo éster   Novo álcool

FIGURA 20.22 O ônibus do biodiesel. Alunos do Dartmouth College (Hanover, New Hampshire) viajam pelos EUA a cada verão em seu "Big Green Bus" para aumentar a conscientização sobre a vida sustentável e a tecnologia verde. A turnê ocorre em um ônibus convertido para funcionar com diesel feito a partir de óleo vegetal usado. Quando eles precisam de mais combustível, param em restaurantes de *fast-food* e utilizam óleo usado para produzir mais biodiesel.

Martin Grant/Dartmouth College

As gorduras e os óleos são ésteres, derivados do glicerol [HOCH$_2$CH(OH) CH$_2$OH] e de ácidos orgânicos de alta massa molar com pelo menos 12 átomos de carbono na cadeia. Os ácidos graxos comuns encontrados nos óleos e gorduras são

ácido láurico	CH$_3$(CH$_2$)$_{10}$CO$_2$H
ácido mirístico	CH$_3$(CH$_2$)$_{12}$CO$_2$H
ácido palmítico	CH$_3$(CH$_2$)$_{14}$CO$_2$H
ácido esteárico	CH$_3$(CH$_2$)$_{16}$CO$_2$H
ácido oleico	CH$_3$(CH$_2$)$_7$CH=CH(CH$_2$)$_7$CO$_2$H

A reação de gorduras e óleos com o metanol (na presença de um catalisador para acelerar a reação) produz uma mistura dos ésteres metílicos dos ácidos graxos e glicerol.

gordura ou óleo   glicerol   ésteres metílicos de ácidos graxos

O glicerol, um subproduto da reação, é um produto valioso para a indústria da saúde, por isso ele é separado e vendido. A mistura de ésteres que permanece pode ser utilizada diretamente como combustível em motores a diesel já existentes, ou pode ser misturada com outros produtos petrolíferos. Neste último caso, a mistura de combustível é identificada por uma designação como B20 (B = biodiesel, 20 refere-se a 20% em volume). O biodiesel tem a vantagem de oferecer uma queima limpa com menos problemas ambientais associados aos gases de escape do que os combustíveis diesel à base de petróleo. Em particular, não há emissões de SO$_2$, um dos problemas comuns associados aos combustíveis diesel à base de petróleo.

Biocombustíveis para as companhias aéreas. As companhias aéreas têm testado os biocombustíveis. Este avião utiliza um combustível que é uma mistura de 40% de combustível à base de algas e 60% de combustível comum de aviação. Fonte: *Chemical & Engineering News*, p. 18, 11 jun. 2012.

EXERCÍCIOS PARA A SEÇÃO 20.5

1. Qual das seguintes alternativas não é uma limitação para o uso do hidrogênio como combustível?

   (a) Um método barato de produção de hidrogênio

   (b) Um meio prático de se armazenar o hidrogênio

   (c) O hidrogênio é explosivo

   (d) Um sistema de distribuição (estações de reabastecimento de hidrogênio)

2. Qual das seguintes afirmações é verdadeira?

   (a) As células de combustível são amplamente utilizadas em automóveis.

   (b) O H$_2$ está prontamente disponível como um combustível para meios de transporte.

   (c) O petróleo é uma mistura de hidrocarbonetos.

   (d) O hidrato de metano nunca poderá ser desenvolvido como um recurso de energia comercial.

20-6 Impacto Ambiental dos Combustíveis Fósseis

Somos uma sociedade baseada no carbono – cerca de 85% da energia utilizada no mundo hoje vem de combustíveis fósseis. Devido a isso, os habitantes da Terra têm adicionado compostos gasosos à base de carbono, nitrogênio e enxofre ao ambiente, e, como o consumo de energia aumenta, provavelmente continuarão a fazê-lo. Esses compostos incluem principalmente CO_2, mas também CH_4, NO_x e SO_2, e são esses gases que têm um impacto significativo sobre o meio ambiente.

Poluição do Ar

Poluição do ar local e internacional é um impacto do uso de combustíveis fósseis. As altas temperaturas e as pressões usadas no processo de combustão em motores de automóveis têm a infeliz consequência de também provocar uma reação entre o nitrogênio atmosférico e o oxigênio que resulta em alguma formação de NO. [A reação entre N_2 e O_2 é fortemente desfavorecida a baixas temperaturas, mas torna-se mais favorável a temperaturas elevadas em um motor de combustão interna (veja a Reação tipo 3 da Tabela 18.1).] O NO pode então reagir com o próprio oxigênio para produzir dióxido de nitrogênio. Esse gás venenoso castanho é ainda oxidado para formar o ácido nítrico, HNO_3, na presença de água.

$$N_2(g) + O_2(g) \rightarrow 2\ NO(g) \qquad\qquad \Delta_r H° = 180,58\ \text{kJ/mol-rea}$$

$$2\ NO(g) + O_2(g) \rightarrow 2\ NO_2(g) \qquad\qquad \Delta_r H° = -114,4\ \text{kJ/mol-rea}$$

$$3\ NO_2(g) + H_2O(\ell) \rightarrow 2\ HNO_3(aq) + NO(g) \qquad\qquad \Delta_r H° = -71,4\ \text{kJ/mol-rea}$$

Motores de combustão interna em veículos podem adicionar ainda mais poluição ao ar se não funcionarem com a máxima eficácia. Um motor que "queima mal" não está conseguindo oxigênio suficiente para causar a combustão completa. Como resultado, as emissões de gases de escape também podem conter hidrocarbonetos não queimados e monóxido de carbono.

De certa forma, as quantidades de poluentes liberados podem ser limitadas pela utilização de conversores catalíticos nos automóveis. Os conversores catalíticos são grades de metal de alta superfície de contato, que são revestidos com platina ou paládio. Esses metais muito caros catalisam a combustão completa, ajudando a combinar o oxigênio do ar com hidrocarbonetos não queimados ou outros subprodutos no escape do veículo. Como resultado, os produtos de combustão incompleta podem ser convertidos em água e dióxido de carbono (ou outros óxidos). Além disso, os óxidos de nitrogênio podem ser decompostos em um conversor catalítico a N_2 e O_2. No entanto, um pouco de ácido nítrico e NO_2 inevitavelmente permanecem na exaustão do automóvel, e esses compostos são os principais contribuintes para a poluição do meio ambiente na forma de chuva ácida e *smog*. A névoa ácida marrom em cidades altamente congestionadas, como Pequim, Los Angeles, Cidade do México e Houston, resulta em grande parte das emissões de automóveis. Tais problemas de poluição levaram a rigorosas normas de emissões para automóveis, e o desenvolvimento de veículos de baixa emissão ou veículos sem emissões é um fator

UM OLHAR MAIS ATENTO

A Lei do Ar Limpo

A Lei do Ar Limpo (The Clear Air Art) foi promulgada pelo Congresso estadunidense em 1970 e sofreu duas emendas desde então. O ato prevê que a Agência de Proteção Ambiental (EPA, na sigla inglês) defina padrões de qualidade do ar (Padrões Nacionais de Qualidade do Ar, NAAQS, na sigla em inglês) para os seis poluentes mais comuns: material particulado, ozônio (nível do solo), CO, óxidos de enxofre, óxidos de nitrogênio e chumbo. Os padrões são definidos em dois níveis, um padrão primário que está relacionado à saúde e um padrão secundário referente a danos ambientais e de propriedade. Por exemplo:

Chumbo, primário e secundário, não pode exceder 0,15 $\mu g/m^3$;

Ozônio, primário e secundário, 0,075 ppm, concentração máxima diária em um período de 8 horas dentro de um quadrimestre e tirada a média em 3 anos.

A EPA monitora concentrações de poluentes em todo o país e determina se as normas são obedecidas ou não. Se as normas não forem cumpridas, os estados são obrigados a desenvolver um plano geral para atingir e manter os NAAQSs.

O Lei do Ar Limpo define as responsabilidades da EPA para proteger e melhorar a qualidade do ar e da camada de ozônio estratosférica. A última grande mudança na lei, as emendas da Lei do Ar Limpo, foi aprovada pelo Congresso norte-americano em 1990.

Veja: (http://www.epa.gov/air/criteria. html. Esse site fornece links para as seções do código dos Estados Unidos que contém o texto alterado da Lei do Ar Limpo.

de alta prioridade na indústria automobilística (motivado em parte por normas de emissão de estados como a Califórnia, EUA).

Efeito Estufa e Aquecimento Global/Mudanças Climáticas

O **efeito estufa** é o nome dado à captura de energia na atmosfera da Terra por um processo muito semelhante ao que ocorre em estufas de vidro fechadas em que as plantas são cultivadas (Figura 20.23). A atmosfera, como o vidro, é transparente à radiação solar recebida. Esta é absorvida pela Terra e reemitida na forma de radiação infravermelha. Os gases na atmosfera, como o vidro, retêm alguns desses raios infravermelhos, mantendo a Terra mais quente do que seria sem esse efeito.

O efeito estufa é causado por certos gases na troposfera. Esses gases são pequenas moléculas cujas ligações vibram com frequências na região infravermelha do espectro eletromagnético. Tal gás pode reter radiação infravermelha, assim mantendo a energia que seria irradiada para o espaço.

A questão referente a quais gases podem atuar como gases do efeito estufa depende unicamente de sua composição. Gases que são átomos simples, como o argônio, não têm ligações químicas e por isso não conseguem interagir com a luz infravermelha. Moléculas diatômicas homonucleares, como o nitrogênio (N_2) e o oxigênio (O_2), também não absorvem a radiação infravermelha. Uma vez que esses três gases constituem 99% da atmosfera, é claramente benéfico que eles não sejam gases do efeito estufa.

Por outro lado, as moléculas diatômicas com ligações entre átomos diferentes, como o HCl, e quaisquer moléculas com três ou mais átomos, como a água (H_2O), o dióxido de carbono (CO_2), o monóxido de dinitrogênio (N_2O) e o metano (CH_4), são gases do efeito estufa. (Vapor de água é o principal gás do efeito estufa e é responsável pela maior parte do efeito observado.) Eles permitem que a Terra aqueça-se mais do que se fosse baseada unicamente na sua distância em relação ao Sol. A esse respeito, esses gases são vitais. Se a Terra não retivesse um pouco de energia fornecida pelo Sol, a temperatura média seria muito baixa. A vida seria impossível.

Grande parte da preocupação com o aquecimento global envolve o uso de combustíveis fósseis e de um dos seus produtos de combustão, o CO_2. Como a nossa sociedade tem aumentado o uso de combustíveis fósseis, a concentração de CO_2 no ar tem aumentado. (O aumento do CO_2 foi de cerca de 280 ppm antes da Revolução Industrial para quase 400 ppm nos dias de hoje.) Os cientistas estão preocupados com a possibilidade de que esse aumento da concentração agrave o efeito estufa natural, fazendo com que a temperatura do planeta suba.

Níveis de CO_2 Atmosférico Os níveis atmosféricos de CO_2 têm aumentado cerca de 81 ppm nos últimos 55 anos até o nível atual (397 ppm, em março de 2013). Para mais informações sobre os níveis de CO_2 e a influência sobre as águas do oceano, veja a seção sobre "Acidificação dos Oceanos". Veja também: http://co2now.org.

FIGURA 20.23 O efeito estufa.

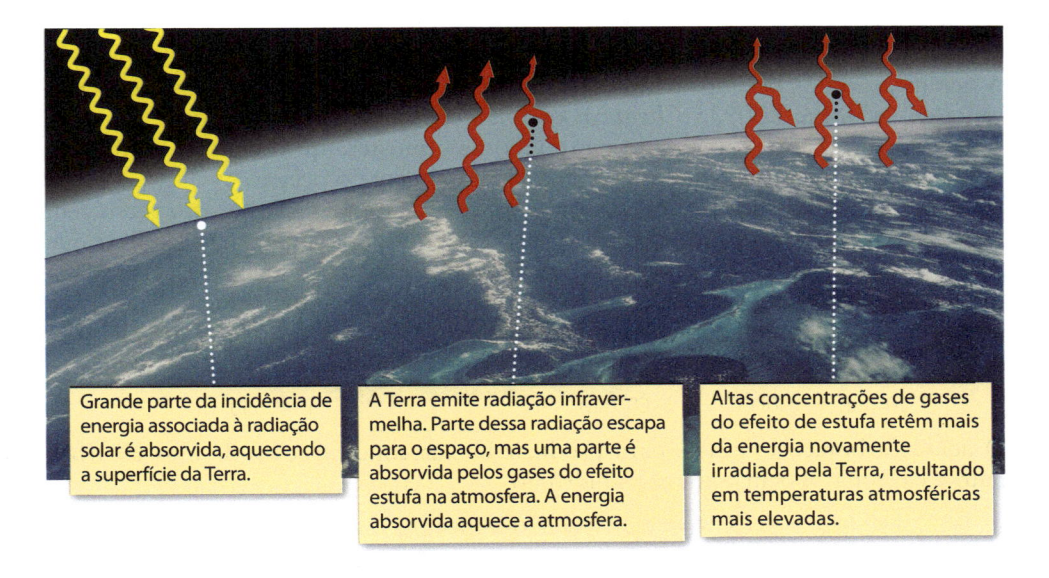

Grande parte da incidência de energia associada à radiação solar é absorvida, aquecendo a superfície da Terra.

A Terra emite radiação infravermelha. Parte dessa radiação escapa para o espaço, mas uma parte é absorvida pelos gases do efeito estufa na atmosfera. A energia absorvida aquece a atmosfera.

Altas concentrações de gases do efeito de estufa retêm mais da energia novamente irradiada pela Terra, resultando em temperaturas atmosféricas mais elevadas.

FIGURA 20.24 As variações na temperatura da superfície global dos últimos 1000 anos. O gráfico (amplamente conhecido como "o gráfico taco de hóquei") mostra a diferença entre a temperatura média em um determinado ano e a temperatura média do período 1961-1990.

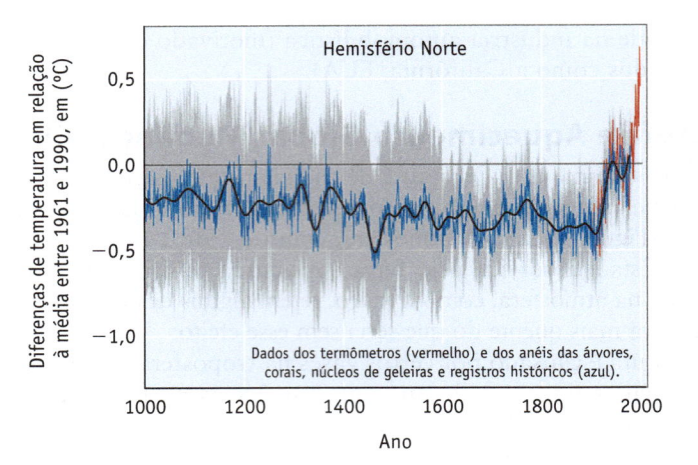

Outros Gases do Efeito Estufa A indústria adicionou novos gases do efeito estufa à atmosfera, como os CFCs (clorofluorcarbonos) e compostos orgânicos voláteis (COVs). Apesar de alguns compostos orgânicos voláteis (por exemplo, isopreno e terpenos) serem liberados por árvores, COVs também são liberados por tintas, adesivos, plásticos, purificadores de ar e cosméticos. A família dos CFCs tem sido substituída por uma nova geração de compostos hidrofluorocarbonetos (HFC), como $F_3C—CH_2F$, também chamado de HFC-134a, um composto agora comumente utilizado em aparelhos de ar-condicionado e refrigeradores.

Reconstruction of Regional and Global Temperature for the Past 11,000 Years MARCOTT; S. SHAKUN, J. D. CLARK P. U.; MIX, A. C. *Science*, v. 339, p. 1198-1201, 2013. Esse trabalho recente mostrou que havia um período de cerca de 11300 a 4000 anos atrás quando o clima era mais quente do que no período de 2000 anos a algumas centenas de anos atrás. O aumento muito rápido, mais recente, de temperatura mostrado na Figura 20.24 foi confirmado. Os autores afirmam que "a temperatura global tem subido dos níveis mais gelados aos mais quentes do Holoceno no século passado, revertendo a tendência de resfriamento que começou cerca de 5000 [anos atrás]".

O *Painel Intergovernamental sobre Mudanças Climáticas* (IPCC, na sigla em inglês, um organismo científico subordinado à Organização das Nações Unidas) emitiu quatro Relatórios de Avaliação descrevendo a mudança climática. Esse termo refere-se ao aquecimento gradual do ar da superfície e dos oceanos da Terra e as consequências desse aquecimento. A melhor estimativa é a de que a temperatura da superfície da Terra tenha aumentado $0,74 \pm 0,18\ °C$ durante o século passado e que continua a aumentar (Figura 20.24).

A Terra começou a emergir de um período de frio cerca de 150 anos atrás. O ciclo natural da mudança de temperatura criará um período de aquecimento, como aqueles do tempo do Império Romano e durante a Idade Média? Ou o aumento da população humana e o do uso de combustíveis fósseis, os quais elevam o nível de CO_2 na atmosfera, tiveram uma contribuição adicional que resultará em um período muito mais quente do que o anteriormente sentido na Terra?

No primeiro dos três Relatórios de Avaliação do IPCC (1990), os autores alertaram que a atividade humana pode ser parcialmente responsável pela elevação da temperatura global. Embora alguns tenham prestado atenção aos avisos do IPCC, pouco foi feito para reduzir o uso de combustíveis fósseis. No entanto, algum esforço está sendo direcionado para a geração de eletricidade por meios sustentáveis, como a energia eólica e painéis solares. Em 2007, o *Quarto Relatório de Avaliação* do IPCC foi mais longe, dizendo agora que há pouca dúvida de que o planeta está se aquecendo e que adições feitas por seres humanos de gases do efeito estufa na atmosfera estão tendo um efeito perceptível. (Para os relatórios mais recentes, veja: www.ipcc.ch.)

Acidificação dos Oceanos

A acidificação dos oceanos é uma consequência da concentração atmosférica crescente de CO_2. Em 2009, a *Chemical & Engineering News* afirmou que "o que se sabe é que o oceano tem puxado tanto CO_2 da atmosfera que os níveis resultantes do ácido carbônico poderiam mudar fundamentalmente o oceano".

Como ilustrado na Figura 20.25, a concentração de CO_2 na atmosfera tem aumentado ao longo das últimas décadas. Neste sentido, é importante lembrar que a solubilidade dos gases, e especificamente CO_2, está diretamente relacionada à pressão parcial do gás (veja a Seção 13.3). Um aumento na concentração de CO_2 na atmosfera conduzirá a uma maior concentração de CO_2 dissolvido e, já que ele é um óxido ácido, a uma maior concentração de ácido carbônico, H_2CO_3.

$$CO_2(aq) + H_2O(\ell) \rightleftharpoons H_2CO_3(aq) \qquad\qquad K = 650$$

O ácido carbônico ioniza-se para produzir baixas concentrações de íons bicarbonato e carbonato, bem como íons hidrônio.

$$H_2CO_3(aq) + H_2O(\ell) \rightleftharpoons H_3O^+(aq) + HCO_3^-(aq) \qquad\qquad K = 4,2 \times 10^{-7}$$

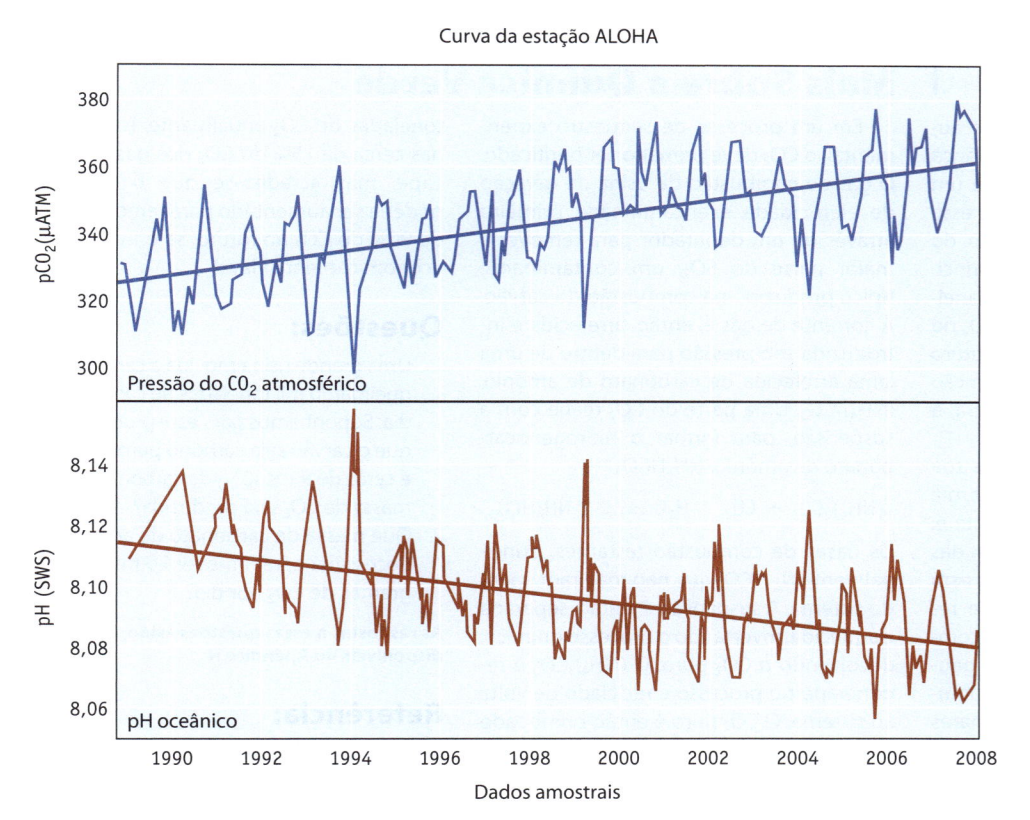

Curva da estação ALOHA

FIGURA 20.25 Alterações nas concentrações atmosférica e oceânica de CO_2 e pH do oceano em uma estação no Havaí. Existem variações sazonais na concentração de CO_2 e no pH, mas as tendências gerais são claras. http://cmore.soest.hawaii.edu / oceanacidification/index.htm.

$$HCO_3^-(aq) + H_2O(\ell) \rightleftharpoons H_3O^+(aq) + CO_3^{2-}(aq) \qquad K = 4,8 \times 10^{-11}$$

Mais importante ainda, como mostra a Figura 20.26, esses equilíbrios são uma função do pH da solução. O efeito mais evidente, e um efeito com consequências ambientais, é que o aumento da concentração de CO_2 levará a um pH mais baixo e, portanto, a um decréscimo na concentração de íons carbonato.

Um resultado da absorção de quantidades crescentes de CO_2 tem sido que o pH dos oceanos diminuiu de cerca de 8,2 no século XVIII para cerca de 8,07 atual-

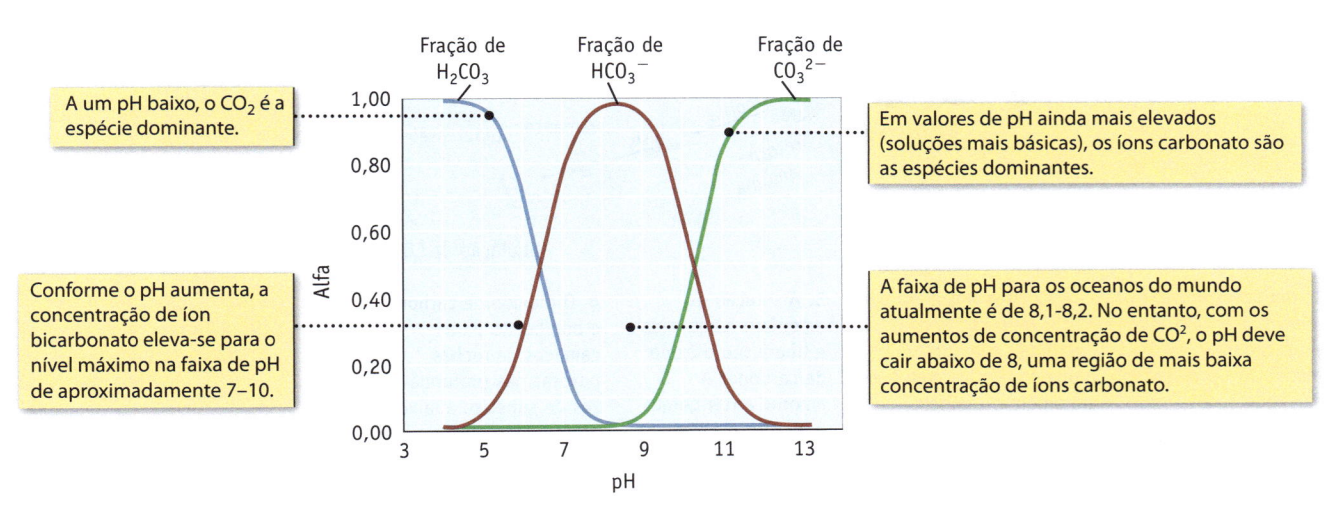

FIGURA 20.26 Distribuições de espécies para uma solução de CO_2 na água. (O gráfico mostra a forma como a fração de espécies na solução [alfa (α)] muda à medida que o pH aumenta. Veja as Questões para Estudo 17.117 e 17.118 para obter uma descrição dos gráficos alfa.)

O Que Fazer com Todo Esse CO_2? Mais Sobre a Química Verde

ESTUDO DE CASO

A maioria dos cientistas, incluindo os autores deste livro, acreditam que a mudança climática está ocorrendo e que isso é um problema. Eles também acreditam que esse aumento está relacionado à elevação do percentual de gases do efeito estufa, principalmente CO_2, na atmosfera. Existem maneiras de estabilizar a concentração de CO_2 no nível atual, ou pelo menos limitar seu futuro aumento? Isso, por sua vez, chama atenção para a fonte óbvia de CO_2 na atmosfera, a queima de combustíveis fósseis.

Os EUA obtêm quase metade de sua eletricidade a partir de usinas de energia movidas a carvão. Então, uma pergunta é: por que não capturar e eliminar o CO_2 das usinas de energia? Na verdade, isso está sendo considerado. Uma maneira de remover o CO_2 gerado pela queima de combustíveis fósseis envolve o sequestro geológico, um processo no qual o CO_2 é bombeado para formações rochosas a milhares de metros de profundidade. Lá, ele, presumivelmente, permaneceria preso por milhares de anos.

Em um processo de sequestro experimental, o CO_2 deve primeiro ser purificado. O gás de combustão da usina de geração de eletricidade é encaminhado primeiro através de um depurador para remover a maior parte do SO_2, um contaminante típico produzido na combustão do carvão. A corrente de gás é, então, arrefecida e introduzida sob pressão para dentro de uma lama arrefecida de carbonato de amônio, $(NH_4)_2CO_3$. Uma parte do CO_2 reage com a suspensão, para formar o hidrogenocarbonato de amônio, NH_4HCO_3:

$$(NH_4)_2CO_3 + CO_2 + H_2O \rightleftharpoons 2\ NH_4HCO_3$$

Os gases de combustão restantes, principalmente N_2 e CO_2 que não reagiram, saem do sistema. A suspensão é, então, separada e aquecida, invertendo o processo químico, devolvendo o CO_2 puro. O $(NH_4)_2CO_3$ é regenerado no processo e reciclado de volta ao sistema. O CO_2 puro é então bombeado para baixo do solo.

Um projeto-piloto está atualmente configurado para remover cerca de 100000 toneladas de CO_2 anualmente. Isso é apenas cerca de 1,5% do CO_2 dos gases de escape, mas acredita-se que o processo poderia ser aumentado para remover cerca de 90% do CO_2 no futuro, se o método for economicamente viável.

Questões:

1. Uma grande usina movida a carvão pode queimar 10 mil toneladas de carvão por dia. Suponhamos para este problema que o carvão seja carbono puro, por isso, é cerca de $9,1 \times 10^9$ g de carbono. Que massa de CO_2 será produzida?

2. Que massa de carbonato de amônio é necessária para remover 1,0 milhão de gramas de CO_2 por dia?

As respostas a essas questões estão disponíveis no Apêndice N.

Referência:

New York Times, p. A1, 22 set. 2009.

USINA ABASTECIDA DE CARVÃO — Tubulação de CO_2 — **ARMAZENAMENTO DE CO_2** — Injeção de CO_2 — **PROFUNDIDADE**

Zona de água potável — o pé

CAPTURA DE CO_2 — Jazidas de carvão mineráveis

PROCESSO DE AMÔNIA REFRIGERADA

Usina — Remoção do dióxido de enxofre — Lavamento — Chaminé — Absorvedor de CO_2 — CO_2 + Amônia — Regenerador — Refrigeração — Retorno de amônia — CO_2 — Lavamento — Compressão de CO_2 — Tubulação de CO_2

Calcário — 1,000 — Poços — 2,000 — Xisto — 3,000 — Arenito — Calcário — 4,000 — 5,000 — Xisto — 6,000 — Calcário — 7,000 — Dolomita — 8,000 — 9,000 — Gnaisse

1. Um purificador remove o enxofre da exaustão da instalação. O restante da exaustão é arrefecido para reduzir o seu volume em preparação para a remoção de dióxido de carbono.

2. A exaustão entra em um reator químico, onde é misturada com um produto químico com base em amônia, também refrigerado, que se liga com o dióxido de carbono. Em seguida, a exaustão é levada e enviada para uma chaminé.

3. A solução de amônia é reaquecida e libera seu dióxido de carbono. A amônia é refrigerada novamente e enviada para reutilização, o dióxido de carbono é comprimido para virar um fluido.

4. O dióxido de carbono é bombeado para camadas de rochas porosas nas profundezas do subsolo, abaixo de camadas impermeáveis que previnem seu escape. Ele se espalha horizontalmente.

Fonte: American Eletric Power; Alston; Battelle

Diagrama esquemático

Crescimento normal no nível atual de CO₂ no oceano (400 ppm).

Crescimento a um nível de 2850 ppm (um nível extremo usado para estudos de laboratório).

Fotos: Justin B. Ries, Department of Marine Sciences, University of North Carolina, Chapel Hill

FIGURA 20.27 Ouriços-do-mar. O crescimento dos espinhos dos ouriços-do-mar depende do nível de CO_2 na água.

mente. Os dados obtidos no Havaí desde o final da década de 1980 mostram claramente a tendência de queda no pH (Figura 20.25).

As tendências na concentração de CO_2 e no pH são claras, e há pelo menos duas consequências principais. A primeira é que os organismos marinhos sem conchas, como anêmonas e medusas, deverão considerar particularmente difícil regular suas funções. Muitas reações bioquímicas são dependentes da concentração de íons hidrônio e, para as criaturas sem casca, seu pH interno é aquele de sua vizinhança. Esses organismos evoluíram ao longo de milênios para viverem na água com um pH de cerca de 8,1 a 8,2. Uma vez que a queda do pH para 7,9 representa uma duplicação da concentração de íons hidrônio, esses organismos certamente serão afetados, provavelmente de forma adversa.

A segunda consequência importante da tendência da concentração de CO_2 é que o equilíbrio natural que envolve o carbonato de cálcio é prejudicado.

$$CaCO_3(s) \rightleftharpoons Ca^{2+}(aq) + CO_3^{2-}(aq) \qquad K_{ps} \text{ para calcita} = 3,4 \times 10^{-9}$$

Quando o pH da água do mar diminui, os íons hidrônio em excesso capturam os íons carbonato para produzir íons bicarbonato, reduzindo assim a concentração de íons carbonato.

$$H_3O^+(aq) + CO_3^{2-}(aq) \rightleftharpoons HCO_3^-(aq) + H_2O(aq) \qquad K = 1/4,8 \times 10^{-11} = 2,1 \times 10^{10}$$

O princípio de Le Chatelier nos diz que carbonato de cálcio adicional se dissolverá para compensar essa perturbação. Isso tem consequências graves para os corais, que são formados de carbonato de cálcio, ou para as conchas das criaturas com exoesqueletos de carbonato de cálcio, como ostras, mariscos, mexilhões, caracóis e uma grande variedade de conchas (Figura 20.27).

Os oceanógrafos frequentemente discutem o potencial para formação de carbonato de cálcio em termos do estado de saturação, Ω (ômega).

$$\Omega = \frac{[Ca^{2+}][CO_3^{2-}]}{K_{ps}}$$

em que o produto da concentração de íons em uma dada solução é dividido pela constante de produto de solubilidade, K_{ps}, para o mineral. Se o resultado for maior que 1, então a casca de um organismo não se dissolverá. Se for menor que 1, então o mineral se dissolverá.

É relevante para essa discussão de dissolução de carbonato de cálcio notar que há duas formas do mineral: aragonita e calcita (Figura 20.28). Suas estruturas em estado sólido são ligeiramente diferentes, assim como seus valores de K_{ps}

$$K_{ps} \text{ para aragonita na água do mar} = 8,9 \times 10^{-7}$$

A acidificação dos Oceanos "...a taxa de acidificação do oceano está mais rápida do que em qualquer momento dos últimos 300 milhões de anos". HONISCH, B. et al., *Science*, 335, p. 1058-1063, 2012.

Q e K Esta expressão para Ω é equivalente à comparação do quociente de reação com a constante de equilíbrio (veja os Capítulos 15 a 17).

Aragonita e Calcita na Água do Mar Os valores de K_{ps} desses minerais são mais de 100 vezes maiores na água do mar do que na água doce. STUMM, W.; MORGAN, J. *Aquatic Chemistry*. 2. ed. Nova York: John Wiley, 1981. p. 243.

Aragonita. O mineral primário em conchas do mar.

John C. Katz

Calcita. A forma de $CaCO_3$ encontrada no giz.

© Cengage Learning/Charles D. Winters

FIGURA 20.28 Formas de carbonato de cálcio.

$$K_{ps} \text{ para calcita na água do mar} = 6{,}3 \times 10^{-7}$$

A aragonita é ligeiramente mais solúvel na água do mar (a 25 °C) do que a calcita. A importância disso é que a maioria das conchas é feita de aragonita, com possivelmente algumas partes de calcita. O resultado é que os organismos que produzem a aragonita são mais vulneráveis às mudanças no pH da água do mar.

EXERCÍCIO PARA A SEÇÃO 20.6

1. Qual das espécies abaixo não é um gás do efeito estufa?

    (a) H_2O (b) CO_2 (c) CH_4 (d) O_2

20-7 Química Verde e Sustentabilidade

Um dos objetivos deste livro tem sido o de apresentar a prática da **química verde**, que também é chamada de "química sustentável". Primeiro você aprendeu sobre química verde no Capítulo 1, e viu exemplos dela ao longo do livro. Agora que você está se aproximando do final deste livro, pode apreciar melhor os *Doze Princípios Completos da Química Verde* (veja "Um Olhar Mais Atento: Os Doze Princípios da Química Verde").

Se assumirmos que a palavra "verde" significa ambientalmente saudável ou amigável, como a Química pode ser verde? As pessoas têm muitas opiniões diferentes a respeito da Química e de produtos químicos. Alguns usam a palavra "química" como sinônimo de uma substância tóxica. Outros acreditam que todos os nossos problemas podem ser resolvidos por meio de pesquisas em Química e outras ciências. Os químicos perceberam que toda a *matéria*, inclusive a nossa comida, água e corpos, bem como compostos tóxicos, são compostos de produtos químicos. A prática química, como a maioria das coisas da vida, tem criado problemas, mas a química também tem resolvido muitas outras coisas. A pesquisa sobre duas dessas soluções é descrita abaixo, e muitas outras são encontradas anteriormente neste livro.

Limpeza de Vazamento de Óleos

Em abril de 2010, houve uma explosão na plataforma Deepwater Horizon, utilizada para prospecção de petróleo nas águas profundas do Golfo do México. A explosão

Os Doze Princípios da Química Verde*

Prevenção: É melhor evitar desperdício do que tratar ou limpar o desperdício após ter sido formado.

Economia de Átomos: Os métodos sintéticos devem ser projetados para maximizar a incorporação de todos os materiais usados no produto final.

Sínteses Químicas Menos Perigosas: Seja onde forem praticáveis, os métodos sintéticos devem ser projetados para usar e gerar substâncias que possuem pouca ou nenhuma toxicidade à saúde humana e ao meio ambiente.

Projetando Produtos Químicos Mais Seguros: Os produtos químicos devem ser projetados para efetuar sua função desejada e ao mesmo tempo minimizar sua toxicidade.

Solventes e Auxiliares Mais Seguros: A utilização de substâncias auxiliares (por exemplo, solventes, agentes de separação etc.) deve ser tida como desnecessária onde e quando for possível e inócua, quando utilizada.

Projeto para a Eficiência Energética: As necessidades energéticas de processos químicos devem ser reconhecidas por seus impactos ambientais e econômicos e devem ser minimizadas. Se possível, os métodos sintéticos devem ser realizados sob temperatura e pressão ambientes.

A Utilização de Matérias-Primas Renováveis: A matéria-prima deve ser renovável em vez de esgotada sempre que isso for técnica e economicamente viável.

Redução de Derivativos: A derivatização desnecessária (uso de grupos de bloqueio, proteção/não proteção, modificação temporária de processos físicos/químicos) deve ser minimizada ou evitada, se possível, uma vez que tais passos requerem reagentes adicionais e podem gerar resíduos.

Catálise: Reagentes catalíticos (tão seletivos quanto possíveis) são superiores aos reagentes estequiométricos.

Projeto para Degradação: Os produtos químicos devem ser concebidos de modo que, no final da sua função, eles se decomponham em produtos de degradação inócuos e não permaneçam no ambiente.

Análise em Tempo Real para a Prevenção da Poluição: Metodologias analíticas precisam ser desenvolvidas para permitir monitoramento em tempo real e controle antes da formação de substâncias perigosas.

Química Mais Segura para Prevenção de Acidentes: As substâncias usadas em um processo químico devem ser escolhidas para minimizar o potencial de acidentes químicos, incluindo liberações, explosões e incêndios.

*ANASTAS, P. T.; WARNER, J. C. *Green Chemistry: Theory and Practice*. Nova York: Oxford University Press, 1998. p. 30. Oxford University Press.

---

matou onze homens que trabalhavam na plataforma e feriu muitos outros. Ela também permitiu que o petróleo jorrasse para o oceano e se espalhasse pelo golfo. Cerca de 780 mil metros cúbicos de óleo escaparam. A empresa de perfuração de petróleo, governos e ambientalistas de estados vizinhos da região correram para limpá-lo.

Há pelo menos três métodos de limpeza no caso de um derramamento de óleo.

- Usar um dispersante para formar uma emulsão com o óleo.

- Usar um absorvente sólido que possa absorver o óleo.

- Usar um solidificante que possa formar um gel (veja a Seção 13.5) com o óleo. Estes são geralmente materiais poliméricos.

Há desvantagens para cada uma dessas propostas, mas nos concentraremos na pesquisa recente usando um solidificante. Esse solidificante pode formar seletivamente um gel com o óleo em água à temperatura ambiente. Ele também é facilmente sintetizado a baixo custo, é ambientalmente benigno, permite a recuperação do óleo e é reutilizável. Um ingrediente-chave para essa proposta é um açúcar facilmente disponível, o manitol. Grupos orgânicos estão ligados aos grupos —OH nas extremidades da molécula para dar o que é chamado de *anfifílico*, uma molécula que tem tanto grupos polares (os grupos —OH) quanto não polares (as terminações de hidrocarboneto de cadeia longa).

$R = C_7H_{15}$, uma cadeia linear de 7 átomos de carbono

Manitol, um açúcar

Solidificante para recuperação de petróleo, com grandes grupos de hidrocarbonetos ligados nas extremidades de uma molécula de manitol.

Um solidificante para a recuperação de óleo em água. Um gel formado a partir do derivado do manitol e óleo diesel em água. O gel pode ser separado e, quando aquecido, o óleo pode ser recuperado.

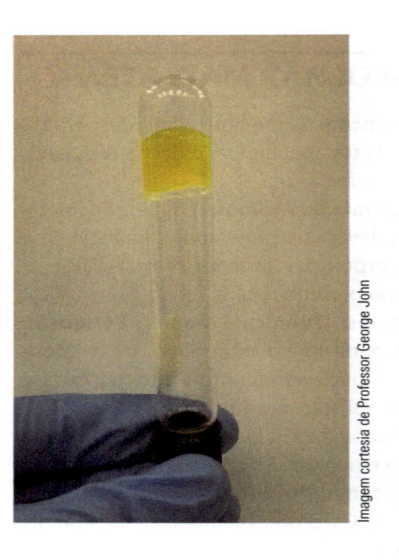

Quando moléculas como estas são adicionadas à água com concentrações de 1% a 5% em peso/volume, os géis formam-se facilmente com óleo diesel, óleo de coco, e muitos outros óleos. Os géis são facilmente separados da água e, por aquecimento, o óleo é recuperado, e o solidificante pode ser reutilizado. A razão pela qual esse sistema funciona é que os grupos —OH permitem que as moléculas interajam umas com as outras e com a água através de ligações de hidrogênio, enquanto as cadeias de carbono longas, não polares, podem ficar imersas no óleo.

Pinturas Que Matam Patógenos

Um dos objetivos da "química verde" é usar materiais naturais e facilmente disponíveis e convertê-los em novos materiais úteis. Um exemplo é a produção de tintas com atividade bactericida.

A tinta a óleo comumente utilizada é derivada de óleos vegetais, muitas vezes de linhaça ou soja. As tintas alquídicas baseiam-se em óleos de secagem derivados de vegetais. Estes são geralmente ésteres de glicerol (triglicerídeos), em que os grupos R na estrutura abaixo são ácidos graxos de cadeia longa, com ligações duplas (comumente ácidos linoleico ou linolênico) (▶ Seção 23.4).

Química Verde A Agência de Proteção Ambiental dos Estados Unidos (EPA) tem um Programa de Química Verde, que inclui esforços de pesquisa, educação e divulgação, bem como o Presidential Green Chemistry Challenge Awards, um programa anual que reconhece inovações em uma química "mais limpa, mais barata e mais inteligente". A Sociedade Química Americana promove ativamente a química verde, e a Sociedade Real de Química na Inglaterra publica o periódico de pesquisa *Green Chemistry*. Algumas universidades oferecem agora cursos de química verde.

Glicerol

Triglicerídeo

Ponto de ligação ao glicerol

Cadeia do ácido linoleico

Imagem cortesia do Professor George John. Reproduzida de Chemical Communications com permissão da The Royal Society of Chemistry (RSC) em nome da European Society for Photobiology, The European Photochemistry Association and RSC.

FIGURA 20.29 Pintura com nanopartículas de prata e ouro como imaginado pelos químicos que desenvolveram o material. Aqui, a estrutura orgânica da tinta assemelha-se a uma teia de aranha com esferas de ouro (rosa) e prata (brancas), que representam as nanopartículas.

Quando esses óleos de secagem são pintados sobre uma superfície, eles "secam" (formam uma superfície dura). A secagem envolve oxidação (por meio de contato com o ar), que faz a ligação cruzada entre as cadeias de carbono.

O processo de secagem de tintas à base de óleo é conhecido por ocorrer por meio de um processo de radicais livres. Além disso, sabe-se que os radicais livres produzidos podem reduzir os íons metálicos. Assim, os químicos utilizaram recentemente esse processo de radicais livres para tratar a tinta alquídica com sais de prata(I) e ouro(III). Os íons metálicos foram reduzidos a nanopartículas de prata e ouro que ficaram presas dentro da resina (Figura 20.29). Uma vez pintados em superfícies como vidro, madeira ou várias superfícies de polímeros, tornaram-se um revestimento seco, duro e resistente a arranhões. Mais importante ainda, as superfícies eram muito eficazes na eliminação de agentes patogênicos humanos (*Staphylococcus aureas*) e bactérias (*Escherichia coli*).

APLICANDO PRINCÍPIOS QUÍMICOS
Alcalinidade de Fontes de Água

A **alcalinidade** de uma fonte de água é a sua capacidade de aceitar íons hidrônio. É importante conhecer esse fator quando se avaliam a qualidade e os métodos de tratamento da água, bem como a biologia das águas naturais, porque a quantidade de biomassa que pode ser produzida depende da alcalinidade.

Geralmente, as espécies mais responsáveis pela alcalinidade de uma amostra de água são bicarbonato, carbonato e íons hidróxido. Outros íons, em grande parte as bases conjugadas de ácidos fracos (como os íons fosfato e borato), também podem estar envolvidos. Considerando apenas o sistema de íons carbonato, a alcalinidade (Alc) é definida pela equação

$$[\text{Alc}] = [\text{HCO}_3^-] + 2\,[\text{CO}_3^{2-}] + [\text{OH}^-]$$

John C. Katz

Observe que o íon carbonato é contado duas vezes, porque ele pode reagir com dois íons hidrogênio. A alcalinidade é muitas vezes expressa como o número de equivalentes por litro, isto é, o número de mols de íons H^+ que podem ser neutralizados por litro de água. (A água natural tem $Alc = 1,00 \times 10^{-3}$ eq/L.)

A quantidade de carbono dissolvido é importante no crescimento de plantas aquáticas. O carbono dissolvido (C) é definido pela equação

$$[C \text{ Dissolvido}] = [H_2CO_3] + [HCO_3^-] + [CO_3^{2-}]$$

e você pode observar que há cerca de duas vezes mais equivalentes de carbono dissolvido com pH 7 do que com pH 10 (ambos em soluções com alcalinidade $= 1,00 \times 10^{-3}$ eq/L). (Veja a Questão 2)

$$[C]_{pH\ 7} = 1,24 \times 10^{-3} \text{ mol}$$

$$[C]_{pH\ 10} = 6,8 \times 10^{-4} \text{ mol}$$

O carbono dissolvido é usado na fotossíntese para sintetizar a biomassa (algas), representada pela fórmula $\{CH_2O\}$, de acordo com as equações gerais

$$CO_2(aq) + H_2O(\ell) + \text{luz solar} \rightarrow \{CH_2O\} + O_2(g)$$

$$HCO_3^-(aq) + H_2O(\ell) + \text{luz solar} \rightarrow \{CH_2O\} + OH^-(aq) + O_2(g)$$

Com base na segunda equação, você pode ver que, quando a biomassa é produzida em um sistema aquático a partir de carbono dissolvido, o sistema torna-se mais básico. Além disso, ao ir do pH 7 ao pH 10, a diferença na quantidade de carbono dissolvido é de $0,56 \times 10^{-4}$ mol, o que significa que $0,56 \times 10^{-4}$ mol/L de biomassa é produzida. Como a biomassa $\{CH_2O\}$ tem uma massa molar de 30 g/mol, isso significa que o sistema produziu cerca de 17 mg de biomassa por litro antes de a água se tornar muito alcalina para produzir mais algas.

QUESTÕES

Use o diagrama alfa para o sistema H_2CO_3, HCO_3^-, CO_3^{2-} na Figura 20.26 para trabalhar esses problemas.

1. Presuma uma solução com uma alcalinidade total de $1,00 \times 10^{-3}$ eq/L.
   a. Defina as concentrações do H_2CO_3, íons bicarbonato, carbonato e hidróxido, em pH 7,00.
   b. Agora defina as concentrações dos íons bicarbonato, carbonato e hidróxido com pH 10,00. (Lembre-se de que K_{a2} para o equilíbrio do carbonato é de $4,8 \times 10^{-11}$.)

$$HCO_3^-(aq) + H_2O(\ell) \rightleftharpoons CO_3^{2-}(aq) + H_3O^+(aq)$$

2. Utilizando os valores de concentração em pH 7 e pH 10 da Questão 1, mostre que os valores de carbono dissolvidos são os indicados no texto.

REVISÃO DOS OBJETIVOS DO CAPÍTULO

Agora que você já estudou este capítulo, deve perguntar a si mesmo se atingiu os objetivos propostos. Especificamente, você deverá ser capaz de:

ENTENDER

- Como a atividade humana contribui para a poluição do ar e da água e o que está sendo feito para resolver esse problema (Seções 20.2 e 20.6).

- Os recursos energéticos atuais e suas implicações para o futuro (Seção 20.3).

- Os esforços da comunidade química para apoiar a química verde (Seção 20-7).

- Os temas atuais importantes relativos ao meio ambiente.

FAZER

- Calcular ou utilizar as variações de entalpia associadas à queima de combustíveis fósseis ou a reações no meio ambiente. Questões para Estudo: 3b, 16–21, 24, 30, 31, 35.

- Aplicar os princípios de estequiometria, ligações químicas, comportamento dos gases e das soluções, equilíbrios químicos e cinética química às substâncias importantes no ambiente. Questões para Estudo: 3, 4, 7, 14, 29, 33, 40, 42.

LEMBRAR

- A composição da atmosfera e da hidrosfera (Seções 20.1 e 20.2). Questões para Estudo: 1, 2, 5, 6.

- A identidade dos poluentes químicos no ar e na água e seus efeitos sobre a vida humana (Seções 20.2, 20.3 e 20.6). Questões para Estudo: 7–10, 35–38, 45, 50, 51.

- Os procedimentos pelos quais a água é purificada (Seção 20.2). Questão para Estudo: 46.

- Fontes de energia renováveis e não renováveis (Seções 20.3 a 20.6). Questões para Estudo: 25, 29, 30, 43.

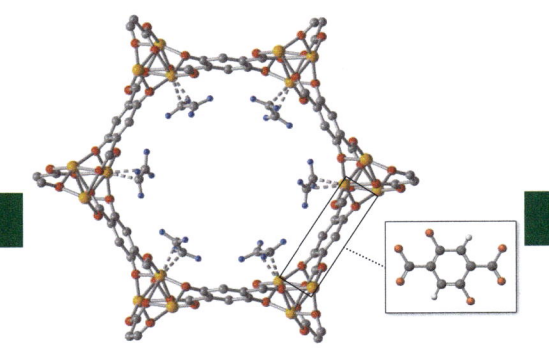

QUESTÕES PARA ESTUDO

▲ denota questões desafiadoras.

Questões numeradas em verde têm respostas no Apêndice N.

Praticando Habilidades

A Atmosfera
(*Veja a Seção 20.1.*)

1. Na discussão sobre a composição do ar, é feita menção sobre a possibilidade de o vapor de água ter uma concentração tão elevada quanto 40000 ppm. Calcule a pressão parcial exercida pelo vapor de água nessa concentração. Suponha que isso represente uma situação com 100% de umidade. Qual temperatura seria necessária para atingir esse valor? (Veja o Apêndice G.)

2. Suponha que a concentração média de CO_2 na atmosfera seja de 397 ppm (como em fevereiro de 2013). A concentração real de CO_2 em diferentes locais variará. Especule se a concentração de CO_2 deveria ser maior, menor ou igual a esse valor médio para uma cidade grande típica.

3. Um artigo de 2011 na revista *Science* afirmou que "A discussão pública sobre as mudanças climáticas ... está apenas começando a refletir uma consciência do importante papel desempenhado pelo ciclo do nitrogênio global" (Veja a Figura 20.1.) Como parte desse ciclo, verificou-se recentemente que os íons nitrito no solo podem produzir ácido nitroso, HONO. [KULMALA, M.; PETAJA, T. *Science*, v. 333, p. 1586-1587, 2011.]

(a) Desenhe a estrutura de pontos de elétrons de Lewis para HONO e indique a geometria dos pares de elétrons em torno dos átomos de O e N.

(b) HONO é uma fonte de radicais hidroxila, OH, na atmosfera, porque energia suficiente é fornecida pela luz solar para quebrar a ligação N—O. Utilize a entalpia de dissociação de ligação N—O (Tabela 8.8) para calcular o cumprimento de onda da luz que poderia fazer que o HONO dissociasse para os radicais NO e OH.

4. O monóxido de dinitrogênio, N_2O (vulgarmente chamado de óxido nitroso), é preparado pela decomposição de nitrato de amônio e é utilizado como um agente oxidante em motores de foguete, bem como fraco anestésico de uso geral (você pode conhecê-lo como "gás hilariante"). No entanto, ele também é conhecido por ser um potente gás estufa. Em um artigo da revista *Science*, afirmou-se que "as atividades humanas podem estar causando um aumento sem precedentes na fonte de N_2O terrestre. A produção marinha de N_2O também pode aumentar substancialmente como resultado da eutrofização, aquecimento e acidificação dos oceanos". [CODISPOTI, L. A. *Science*, v. 327, p. 1339-1340, 2010.]

O poderoso gás do efeito estufa N_2O é usado como propelente em latas de chantili instantâneo.

(a) Desenhe uma estrutura de pontos de elétrons de Lewis para o N_2O, e especifique a carga formal de cada átomo e a geometria molecular.

(b) As ligações dos átomos são N—N—O. Por que a ligação N—O—N não é provável?

(c) A concentração de N_2O mais alta observada no oceano é de cerca de 800 nM (nanomolar). Sob essa concentração, qual é a massa de N_2O por litro?

5. Suponha que você descubra que a concentração de CO em sua casa é de 10 ppm por volume, sob pressão de 1,00 atm e 25 °C. Qual é a concentração de CO em mg/L e em ppm em massa? (A massa molar média do ar seco é 28,96 g/mol a 1,00 atm de pressão e 25 °C.)

6. Em 2005, a emissão global de SO_2 era estimada em 12,83 Gg (gigagramas). De acordo com a EPA, 71% das emissões de SO_2 na atmosfera são provenientes de usinas movidas a carvão. Quanto carvão (em toneladas métricas) deve ter sido queimado para produzir essa quantidade de SO_2, assumindo que o carvão contém 2,0% de enxofre?

A Hidrosfera
(Veja a Seção 20.2.)

7. O teor de carbono na água do mar é de 30 mmol/L (Tabela 20.2). Isso inclui tanto íons HCO_3^- quanto íons CO_3^{2-}. Sabendo que o pH da água do mar é 8,1, qual é a razão entre as concentrações desses dois íons na água do mar? (Veja a Figura 20.26.)

8. Utilizando os dados da Tabela 20.2, estime a massa mínima de sólidos que permanece após a evaporação de 1,0 L de água do mar.

9. Que massa de NaCl poderia ser obtida a partir da evaporação de 1,0 L de água do mar? (*Nota:* A quantidade de íons Na^+ na água do mar limita a quantidade de NaCl que pode ser obtida.)

10. Em qualquer solução, deve haver um equilíbrio entre as cargas positivas e negativas dos íons que se encontram presentes. Use os dados da Tabela 20.2 para determinar o equilíbrio de carga obtido dos íons da água do mar. (A tabela lista apenas os íons principais na água do mar, e o equilíbrio entre carga positiva e negativa será apenas aproximado.)

11. Embora haja um número de minerais contendo magnésio, a fonte comercial desse metal é a água do mar. O tratamento da água do mar com $Ca(OH)_2$ fornece o $Mg(OH)_2$ insolúvel. Este reage com HCl para produzir $MgCl_2$, que é secado, e o metal é obtido por eletrólise do sal fundido. Escreva equações iônicas líquidas balanceadas para as reações descritas aqui.

12. Calcule a massa de Mg que poderia ser obtida pelo processo descrito na Questão 11 a partir de 1,0 L da água do mar. Para preparar 100, kg de Mg, qual volume de água do mar seria necessário? (A densidade da água do mar é 1,025 g/cm³.)

13. Um artigo de 2010 da revista *Science* descreveu "Tratamento de Esgoto com Anammox" [KARTAL, B.; KUENEN, J. G.; VAN LOOSDRECHT, M. C. M. *Science*, v. 328, p. 702-703, 2010.] Os autores notaram que o "nitrogênio fixo", como [íons] amônio e nitrato, deve ser removido [do esgoto] para evitar proliferações tóxicas de algas no meio ambiente". Uma forma da remoção de íons amônio é usar bactérias oxidantes de amônio (anammox). Duas reações (não balanceadas) que estão envolvidas são:

$$NH_4^+(aq) + NO_2^-(aq) \rightarrow N_2(g) + H_2O(\ell)$$

$$NH_4^+(aq) + O_2(g) \rightarrow NO_2^-(aq) + H_2O(\ell)$$

Balanceie essas duas equações em solução ácida.

14. Íons prata têm sido considerados por terem propriedades biocidas. O uso crescente da prata para essa finalidade tem levado a maiores concentrações de prata na água residual, e tem causado alguma preocupação. No entanto, estudos recentes descobriram que a prata foi amplamente colocada de volta ao meio ambiente como Ag_2S. A solubilidade desse sulfeto é $1,4 \times 10^{-4}$ g/L.

(a) Estime o K'_{ps} do Ag_2S. (Veja a Tabela 18b no Apêndice J.)

(b) Como a solubilidade de Ag_2S muda com a diminuição do pH?

Energia, Combustíveis Fósseis
(Veja as Seções 20.3 a 20.6.)

15. O hidrogênio pode ser produzido utilizando-se a reação de vapor de água (H_2O) com vários hidrocarbonetos. Compare a massa de H_2 esperada a partir da reação de vapor com 100, g de cada metano, petróleo e carvão. (Presuma a reação completa em cada caso. Use CH_2 e C como as fórmulas representativas do petróleo e do carvão, respectivamente.)

16. Utilize o valor de "energia liberada", em quilojoules por grama de gasolina, listado na Tabela 20.3 para estimar a porcentagem de carbono, por massa, na gasolina. (*Dica:* Compare o valor para a gasolina com os valores $\Delta_r H°$ para queima de C puro e H_2.)

17. O consumo per capita de energia nos EUA tem sido equiparado à energia obtida pela queima de 70, lb de carvão por dia. Use de os dados de entalpia de formação para calcular a energia transferida como calor, em quilojoules, quando 70, lb de carvão são queimadas. (Suponha que a entalpia de combustão do carvão seja 33 kJ/g.)

18. A entalpia de combustão de isoctano (C_8H_{18}), um dos muitos hidrocarbonetos na gasolina, é $5,45 \times 10^3$ kJ/mol. Calcule a variação de entalpia por grama de isoctano e por litro de isoctano ($d = 0,688$ g/mL).

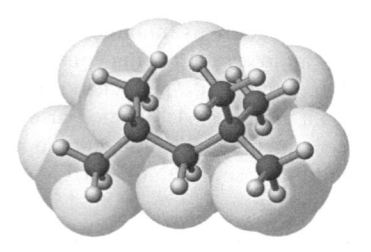

isoctano
C_8H_{18}

19. O consumo de energia nos EUA é equivalente à energia obtida pela queima de 7,0 gal de óleo ou 70, lb de carvão por dia por pessoa. Usando dados na Tabela 20.3, efetue cálculos para mostrar que a energia liberada a partir dessas quantidades de óleo e carvão é aproximadamente equivalente. A densidade do óleo é aproximadamente 0,8 g/mL. (1,00 gal = 3,785 L e 1,00 lb = 454 g)

20. Calcule a energia utilizada, em quilojoules, para alimentar uma lâmpada de 100 watts continuamente ao longo de um período de 24 horas. Quanto carvão deveria ser queimado para proporcionar essa quantidade de energia, supondo que a entalpia de combustão do carvão é de 33 kJ/g e a central elétrica tem eficiência de 35%? [A energia elétrica para uso doméstico é medida em quilowatt-hora (kW-h). Um watt é definido como 1 J/s, e 1 kW/h é a quantidade de energia transferida quando 1000 watts são dispendidos ao longo de um período de 1,0 hora.]

21. Aqui queremos comparar o etanol (C_2H_5OH) e a gasolina como combustíveis. Usaremos o isoctano (C_8H_{18}) como um substituto para a gasolina. (Isoctano é um dos muitos hidrocarbonetos na gasolina, e sua entalpia de combustão se aproximará à energia obtida durante a combustão da gasolina. Veja a Questão 18.)

   (a) Calcule o $\Delta_rH°$ para a combustão de 1,00 kg cada de etanol e isoctano líquido. Que combustível libera mais energia por quilograma? [$\Delta_fH°$ = −259,3 kJ/mol de isoctano líquido a 298 K.] (Suponha que H_2O (ℓ) é um produto da combustão.)

   (b) Compare os dois combustíveis com base da liberação de CO_2, um gás comum do efeito estufa. Que combustível produz mais CO_2 por quilograma?

   (c) Com base nessa comparação simples e desconsiderando-se os custos de energia envolvidos na produção de 1,00 kg cada de etanol e isoctano, qual é o melhor combustível em termos de produção de energia e gases do efeito estufa?

22. Eletrodomésticos comprados nos Estados Unidos recebem etiquetas amarelas de "Guias de Energia", que mostram o consumo de energia previsto.
A etiqueta de uma máquina de lavar roupa comprada recentemente indica que o uso de energia prevista seria de 940 kW-h por ano. Calcule o uso de energia anual previsto em quilojoules. (Veja a Questão 20 para uma definição de quilowatt-hora.) A 8 centavos/kW-h, qual seria o custo por mês para operar essa máquina?

23. Confirme a declaração do texto de que a oxidação de 1,0 L de metanol para formar $CO_2(g)$ e $H_2O(\ell)$ em uma célula de combustível fornecerá pelo menos 5,0 kW-h de energia. (A densidade do metanol líquido é 0,787 g/mL. Veja a Questão 20 para definição de kW-h.)

24. Liste as seguintes substâncias em ordem de energia liberada pela combustão por grama: C_8H_{18}, H_2, C(s), CH_4. (Veja a Questão 18 para a entalpia de combustão do isoctano, C_8H_{18}.) Qual é o melhor combustível com base na comparação de kJ/g de combustível?

25. Um estacionamento em Los Angeles recebe uma média de $2,6 \times 10^7$ J/m² de energia solar por dia no verão.

   (a) Se o estacionamento tem 325 m de comprimento e 50,0 m de largura, qual é a quantidade total de energia que atinge a área por dia?

   (b) Que massa de carvão deveria ser queimada para fornecer a quantidade de energia calculada em (a)? (Suponha que a entalpia de combustão do carvão seja 33 kJ/g.)

26. Sua casa perde energia no inverno através de portas, janelas e paredes mal isoladas. Uma porta de vidro deslizante (6 pés × 6,5 pés com 0,5 polegada de vidro isolante) permite que $1,0 \times 10^6$ J/h passe através do vidro se a temperatura no interior for de 22 °C (72 °F) e a temperatura externa for de 0 °C (32 °F). Qual quantidade de energia, expressa em quilojoules, é perdida por dia? Suponha que sua casa seja aquecida por eletricidade. Quantos quilowatts-hora de energia são perdidos por dia através da porta? (Veja a Questão 20 para a definição de um quilowatt-hora.)

27. Alguns carros híbridos eficientes apresentam o rendimento de 55,0 milhas por galão de gasolina. Calcule a energia usada para dirigir 1,00 milha se a gasolina produz 48,0 kJ/g e a densidade da gasolina é de 0,737 g/cm³. (1,00 gal = 3,785 L)

28. Os fornos de micro-ondas são altamente eficientes, quando comparados a outros aparelhos de cozinha. Um forno de micro-ondas de 1100 watts, que funciona a plena potência durante 90 segundos, elevará a temperatura de um copo de água (225 mL) de 20 °C para 67 °C. Como uma medida aproximada da eficiência do forno de micro-ondas, compare seu consumo de energia com a energia necessária para elevar a temperatura da água.

29. No hidrato de metano, a molécula de metano está retida em uma gaiola de moléculas de água. Descreva a estrutura: (a) quantas moléculas de água formam a gaiola, (b) quantas ligações de hidrogênio estão envolvidas, e (c) quantas faces a gaiola tem? (Veja neste capítulo "Um Olhar Mais Atento: Hidratos de Metano: Oportunidades e Problemas".)

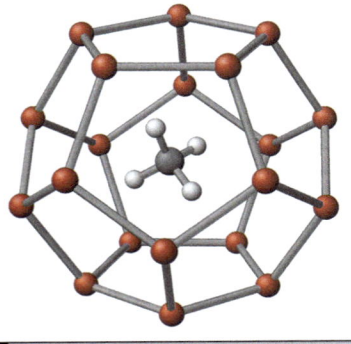

© Cengage Learning/Charles D. Winters

(a) O hidrato de metano queima conforme gás metano escapa do hidrato sólido.

(b) O hidrato de metano consiste em uma estrutura de moléculas de água do hidrato sólido com moléculas de metano retidas na cavidade.

30. Um metro cúbico de hidrato de metano tem 164 m³ de CH₄ (nas CNTP). Se você queimar o metano em 1,00 m³ de hidrato [para gerar $CO_2(g)$ e $H_2O(g)$], quanta energia, como calor, pode ser obtida?

Combustíveis Alternativos
(*Veja a Seção 20.5.*)

31. O metil miristato, $C_{13}H_{27}CO_2CH_3(\ell)$, pode ser utilizado como biocombustível.

(a) Escreva uma equação química balanceada para a reação que ocorre quando 1 mol de metil miristato, $C_{13}H_{27}CO_2CH_3(\ell)$, é queimado, formando $CO_2(g)$ e $H_2O(g)$.

(b) Utilizando dados de entalpia de formação, calcule a variação de entalpia padrão para a oxidação de 1,00 mol de metil miristato ($\Delta_fH° = -771,0$ kJ/mol), para formar $CO_2(g)$ e $H_2O(g)$.

(c) Que composto, metil miristato [$C_{13}H_{27}CO_2CH_3(\ell)$] ou hexadecano ($C_{16}H_{34}$, um dos muitos hidrocarbonetos do diesel combustível baseado em petróleo, poderá fornecer a maior energia por mol de combustível? E por litro? ($\Delta_fH°$ para $C_{16}H_{34} = -456,1$ kJ/mol) [d(metil miristato) = 0,86 g/mL e $d(C_{16}H_{34}) = 0,77$ g/mL.

32. A geração de gás hidrogênio usando a menor quantidade de energia possível é muito desejada. Um esquema proposto é a decomposição catalisada de ácido fórmico, HCO_2H. [OTT, S. *Science*, v. 333, p. 1714-1715, 2011.]

$$HCO_2H(g) \rightleftharpoons CO_2(g) + H_2(g)$$

Um aspecto particularmente interessante dessa reação é que ela pode ser executada em sentido inverso e assim servir como um meio de armazenamento de hidrogênio. Calcule a constante de equilíbrio (a 298 K) para a reação de decomposição utilizando dados termodinâmicos. A reação de decomposição é produto-favorecida no equilíbrio a 298 K? (Para $HCO_2H(g)$, $\Delta_fH° = -378,6$ kJ/mol e $S° = 248,70$ J/K · mol)

Química Verde
(*Veja a Seção 20-7.*)

33. A acetonitrila, CH_3CN, é um solvente importante. Esse produto químico é normalmente disponível como um subproduto da fabricação de acrilonitrila, $CH_2 = CHCN$, o bloco de construção da poliacrilonitrila, um polímero largamente utilizado. Recentemente, no entanto, a procura de acrilonitrila caiu, de modo que o fornecimento de acetonitrila diminuiu a ponto de preocupar os usuários do solvente. Por esse motivo, buscaram-se novos métodos para a síntese de CH_3CN, e um novo método "verde" foi relatado.

Passo 1: reação de etanol (C_2H_5OH) com amônia para gerar etilamina ($C_2H_5NH_2$) e água.

Passo 2: reação de etilamina e de oxigênio (sobre um catalisador de óxido de rutênio/óxido de alumínio) para gerar acetonitrila e água.

(a) Desenhe estruturas de pontos de elétrons de Lewis do etanol, da etilamina e da acrilonitrila. Especifique a geometria molecular em torno de cada átomo de C e, conforme o caso, em torno dos átomos de S ou N.

(b) Escreva equações balanceadas para cada passo na síntese da acetonitrila a partir do etanol.

(c) Calcule a economia atômica para a síntese da acetonitrila a partir do etanol. (A economia de átomos é discutida no Capítulo 4, "Estudo de Caso: Química Verde e Economia Atômica".)

34. Os líquidos de refrigeração em aparelhos de ar-condicionado e refrigeradores são em grande parte os clorofluorcarbonos (CFCs) e hidroclorofluorcarbonetos (HCFCs). Entre a família desses últimos compostos está o refrigerante HCFC-22 ($HCClF_2$). Um problema com o uso do HCFC-22 é que o HFC-23 (trifluorometano, HCF_3), um gás com alto potencial de aquecimento global, é um subproduto da sua produção (e também da produção do polímero altamente utilizado *Teflon*). O descarte seguro de HFC-23 pode ser um problema. No entanto, recentemente, um método foi desenvolvido para convertê-lo em um valioso catalisador, o ácido trifluormetanossulfônico, CF_3SO_3H. Desenhe uma estrutura de pontos de elétrons do ácido (considere o ácido sulfúrico com um grupo CF_3 no lugar de um grupo OH). Indique a geometria em torno dos átomos de C e S. Qual é a hibridização destes dois átomos?

Questões Gerais

Estas questões não estão definidas quanto ao tipo ou à localização no capítulo. Elas podem combinar vários conceitos.

35. Os átomos de cloro são formados por reações fotoquímicas de clorofluorcarbonos na atmosfera superior. Usando a energia média da ligação de C—Cl na Tabela 8.8, calcule o comprimento de onda da radiação com energia suficiente para quebrar a ligação C—Cl. Em que região do espectro eletromagnético isso reside?

36. A formação de NO a partir de N_2 e O_2 é desfavorável a 298 K, mas torna-se cada vez mais favorecida a altas temperaturas, tais como aquelas em um cilindro de automóvel. Usando dados ($\Delta_fH°$, $S°$ e $\Delta_fG°$) no Apêndice L, calcule a constante de equilíbrio da reação ½ $N_2(g)$ + ½ $O_2(g) \rightarrow NO(g)$ a 298 K e a 1000 K.

37. O ciclo do nitrogênio (Figura 20.1) mostra a oxidação do NH_4^+, primeiro para NO_2^- e, em seguida, a subsequente oxidação de NO_2^- para NO_3^-. Escreva as equações balanceadas de cada uma destas semirreações (em solução ácida).

38. Foram tomadas medidas para limitar o fósforo na água superficial. No entanto, as quantidades de espécies que contêm nitrogênio na água de superfície também podem ser um problema, porque elas igualmente promovem o crescimento excessivo de algas e plantas aquáticas. Quais são as prováveis fontes desse nitrogênio? Quais compostos de nitrogênio tendem a surgir na água de superfície?

39. A concentração de ouro na água do mar é de 10 ppt (partes por trilhão). Quantos átomos de ouro estão presentes em 1,00 L de água do mar? (A densidade da água do mar é 1,025 g/mL.)

40. Consulte a figura abaixo para responder às seguintes perguntas sobre os equilíbrios envolvidos em uma solução aquosa de H_2CO_3 (CO_2 dissolvido) em água doce a 25 °C. (O gráfico mostra a fração de espécies na solução [alfa (α)] como uma função do pH. Veja as Questões para Estudo 17.117 e 17.118 para obter uma descrição dos gráficos alfa.)

(a) Em qual pH [$H_2CO_3(aq)$] = [HCO_3^-]?

(b) Em qual pH [HCO_3^-] = [CO_3^{2-}]?

(c) Qual é a espécie predominante na solução quando a solução tem um pH de 8?

(d) Quais são as espécies em solução quando a solução tem pH = 7?

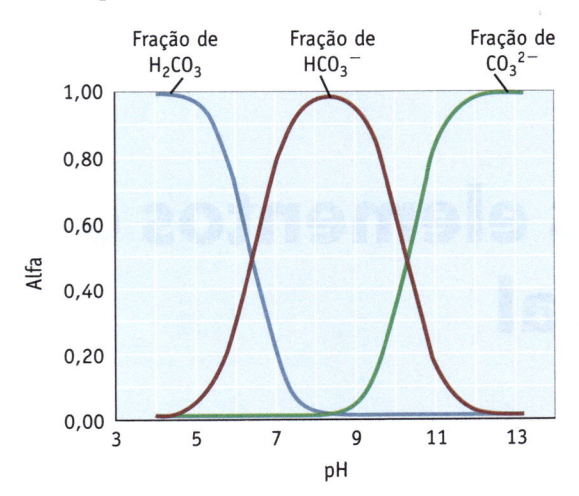

No Laboratório

41. Imagine a seguinte experiência: Você tem uma grande proveta contendo 100 mL de água líquida a 0 °C. Você põe um cubo de gelo com um volume de 25 cm^3 dentro da proveta. O gelo tem densidade de 0,92 g/cm^3, menor que a densidade da água no estado líquido, então ele flutua com 92% estando debaixo da água.

(a) A que nível a água na proveta aumentará após a adição do gelo?

(b) Permita que o gelo derreta. Qual volume será agora ocupado pela água líquida? (Uma das consequências do aquecimento global será um aumento do nível do mar com o derretimento do gelo nas regiões norte e sul do planeta. No entanto, o efeito refere-se apenas à fusão do gelo em terra. O derretimento de gelo flutuante não terá nenhum efeito sobre o nível dos mares.)

42. O mineral claudetita contém o elemento arsênio na forma de óxido de arsênio(III), As_2O_3. O As_2O_3, numa amostra de 0,562 g do mineral impuro foi convertido em primeiro lugar para H_3AsO_3 e, em seguida, titulado com uma solução de 0,0480 M de I_3^-, que reage com H_3AsO_3 de acordo com a seguinte equação iônica global

$$H_3AsO_3(aq) + 3\ H_2O(\ell) + I_3^-(aq)$$
$$\rightarrow H_3AsO_4(aq) + 2\ H_3O^+(aq) + 3\ I^-(aq)$$

Se a titulação requeria 45,7 mL da solução de I_3^-, qual é a porcentagem de As_2O_3 na amostra mineral?

Resumo e Questões Conceituais

As seguintes questões podem usar os conceitos deste capítulo e dos capítulos anteriores.

43. Defina os termos *renovável* e *não renovável* aplicados a recursos energéticos. Quais das seguintes fontes de energia são renováveis: energia solar, carvão, gás natural, energia geotérmica, energia eólica?

44. Quais são os três gases mais abundantes na atmosfera? Alguns são gases do efeito estufa?

45. Quais são as consequências ambientais do ozônio na troposfera? E na estratosfera?

46. Compare as vantagens e desvantagens dos diferentes métodos utilizados para a desinfecção da água potável.

47. O mercúrio, o chumbo e o arsênio no meio ambiente são grandes preocupações. Identifique a principal fonte ou fontes desses poluentes.

48. Qual é a probabilidade de o hidrogênio (H_2) tornar-se um combustível amplamente utilizado e de a "economia do hidrogênio" transformar-se em realidade? Em particular, quais são as vantagens e desvantagens do H_2 como combustível? O que seria necessário para uma conversão significativa para uma "economia do hidrogênio"?

49. Um entendimento da maioria dos problemas ambientais exige que se considerem vários fatores – econômicos, políticos, sociológicos, assim como científicos. Tendo isso em mente, discuta cada um dos temas abaixo.

(a) O fraturamento está sendo bastante utilizado, o que nos permite ter acesso a grandes quantidades de gás natural. Quais são os fatores positivos que defendem o uso continuado e ampliado dessa técnica, e quais são as preocupações?

(b) A maior parte da gasolina vendida contém etanol. A produção de etanol para uso como combustível é uma escolha sábia? Liste argumentos favoráveis e contrários a essa política.

(c) Dois tipos de veículos, carros elétricos e os que utilizam gás natural, estão em estágios iniciais de desenvolvimento nos EUA. Seu desenvolvimento deve ser incentivado? Quais são as vantagens e desvantagens de possuir esses carros hoje?

50. Consulte a Figura 20.6. Qual é a taxa média anual de crescimento do CO_2 na atmosfera? Supondo que a taxa de aumento continue no mesmo ritmo, preveja a concentração aproximada de CO_2 na atmosfera em 2020.

51. Quais compostos de enxofre são poluentes atmosféricos? Qual é a sua origem? Descreva as medidas que estão sendo tomadas para evitar a entrada de compostos de enxofre na atmosfera.

Uma amostra de quartzo (SiO_2, à esquerda) e de um grande pedaço de silício (à direita), usados para fazer circuitos integrados de computador. Ambos estão cercados por gelo-seco (CO_2 sólido).

21 A química dos elementos do grupo principal

Sumário do capítulo

CARBONO E SILÍCIO Carbono e silício são ambos elementos significativos na crosta terrestre. Mendeleev colocou-os no mesmo grupo periódico com base na similaridade da estequiometria dos seus compostos simples, tais como seus óxidos (CO_2 e SiO_2). Sabemos agora que o carbono é a espinha dorsal de milhões de compostos orgânicos. Como veremos neste capítulo, o silício, o segundo elemento mais abundante na crosta da Terra, é de vital importância nas estruturas de um grande número de minerais.

Se formos um pouco mais a fundo na química do silício, no entanto, o que emerge são as diferenças surpreendentes entre esses elementos. Percebemos isso quando comparamos dois óxidos, CO_2, um gás acima de –78 °C e pressão de 1 atm, e SiO_2, uma rocha dura sólida

Objetivos do Capítulo

Consulte a Revisão dos Objetivos do Capítulo para ver as Questões para Estudo relacionadas a estes objetivos.

ENTENDER

- Como a Tabela Periódica pode ajudar na previsão do comportamento químico dos elementos.
- Como os princípios de ligações termodinâmicas e eletroquímica podem ser usados quando se discute a química dos elementos.

FAZER

- Escrever as equações químicas para as reações químicas comuns.
- Dados os reagentes em uma equação química, predizer os produtos.
- Dada uma fórmula para um composto, descrever a sua estrutura e ligações.
- Descrever, de maneira geral, o comportamento químico dos elementos do grupo principal.
- Aplicar os princípios da estequiometria, termodinâmica e eletroquímica à química dos elementos do grupo principal.

LEMBRAR

- Onde e em que forma química os elementos do grupo principal ocorrem na natureza e como preparar amostras do elemento puro a partir das fontes que ocorrem naturalmente.
- As propriedades físicas e químicas dos elementos mais comuns do grupo principal.
- Aplicações dos elementos do grupo principal e seus compostos na vida cotidiana.

---

com um ponto de fusão muito elevado (cerca de 1600 °C). Outro contraste interessante pode ser feito entre as reações dos dois compostos de hidrogênio simples, CH_4 e SiH_4, com água. A reação do metano com água é endotérmica e reagente-favorecida no equilíbrio, enquanto o silano explodirá em contato com a água.

Neste capítulo avaliaremos e resumiremos a química inorgânica dos elementos do grupo principal e exploraremos as semelhanças e diferenças entre os elementos em cada grupo periódico.

Questão para Estudo relacionada a esta história é: 21.111.

Os elementos do grupo principal ou Grupo A ocupam um lugar importante no mundo da química. Oito dos dez elementos mais abundantes na Terra estão nesses grupos. Da mesma forma, os dez principais produtos químicos produzidos pela indústria química dos EUA são todos elementos do grupo principal ou seus compostos.

Como os elementos do grupo principal e seus compostos são economicamente importantes – e porque têm químicas interessantes –, dedicamos este capítulo a uma breve análise desses elementos.

21-1 Abundância dos Elementos

A abundância dos primeiros dezoito elementos no Sistema Solar é representada graficamente em função de seus números atômicos na Figura 21.1. O hidrogênio e o hélio são os mais abundantes por uma ampla margem, porque a maior parte da massa do

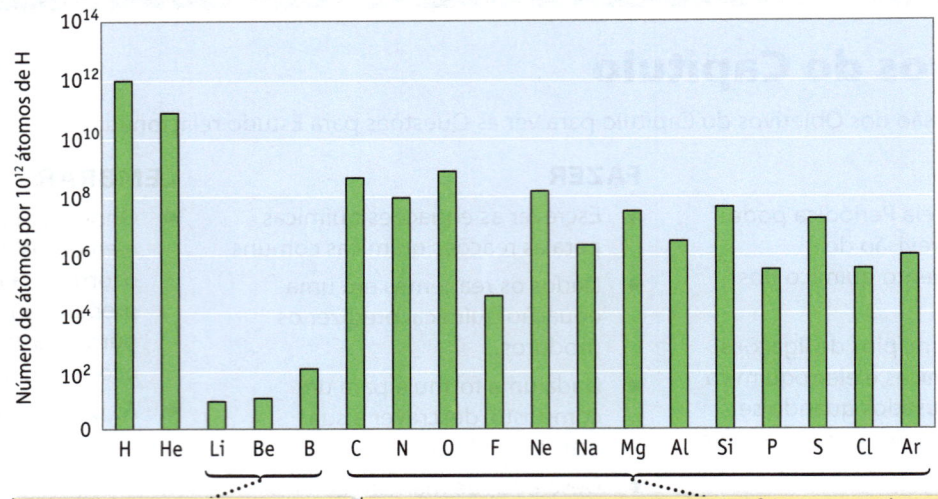

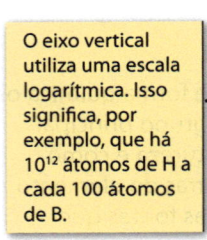

O eixo vertical utiliza uma escala logarítmica. Isso significa, por exemplo, que há 10^{12} átomos de H a cada 100 átomos de B.

Li, Be e B têm abundâncias relativamente baixas porque muito pouco deles é produzido quando os elementos são feitos nas estrelas.

Os elementos comuns, como C, O e Ne, são feitos nas estrelas, pela combinação de partículas alfa (núcleos de hélio). O hélio tem um número atômico de 2. Se três átomos de He se combinam, eles produzem um átomo com número atômico 6 (carbono). Acrescentando ainda outro átomo de He, obtém-se um átomo com número atômico 8 (oxigênio) e assim por diante.

FIGURA 21.1 **Abundância dos elementos 1 a 18 no Sistema Solar.**

Tabela 21.1 Os Dez Elementos Mais Abundantes na Crosta Terrestre

CLAS-SIFICA-ÇÃO	ELEMENTO	ABUN-DÂNCIA (ppm)*
1	Oxigênio	474000
2	Silício	277000
3	Alumínio	82000
4	Ferro	56300
5	Cálcio	41000
6	Sódio	23600
7	Magnésio	23300
8	Potássio	21000
9	Titânio	5600
10	Hidrogênio	1520

*ppm = g por 1000 kg. Dados extraídos de EMSLEY, J. *The Elements*. 3. ed. Nova York: Oxford University Press, 1998.

Sistema Solar reside no Sol, e esses elementos são os componentes primários do Sol. Lítio, berílio e boro encontram-se em pouca quantidade, mas a abundância do carbono é muito alta. Desse ponto em diante, com exceção do ferro e do níquel, as abundâncias elementares declinam gradualmente à medida que o número atômico aumenta.

Dez elementos são responsáveis por 99% da massa total de crosta terrestre (Tabela 21.1), e oxigênio, silício e alumínio representam mais de 80% dessa massa. Oxigênio e nitrogênio são os componentes primários da atmosfera, e água, que contém oxigênio, é altamente abundante na superfície, no subsolo e como vapor na atmosfera. Muitos minerais comuns também contêm esses elementos, incluindo calcário ($CaCO_3$) e quartzo ou areia (SiO_2, ◀ Figura 12.18). Alumínio e silício ocorrem em conjunto em muitos minerais; entre os mais comuns estão o feldspato, o granito e a argila.

21-2 Tabela Periódica: Um Guia para os Elementos

As semelhanças nas propriedades de certos elementos guiaram Mendeleev quando ele criou a primeira Tabela Periódica (◀ Seção 2.5). Ele colocou os elementos em grupos com base em parte na composição dos seus compostos comuns com oxigênio e hidrogênio (Tabela 21.2). Agora entendemos que os elementos são agrupados de acordo com as disposições de seus elétrons de valência.

Tabela 21.2 Semelhanças Dentro dos Grupos Periódicos

GRUPO	1A	2A	3A	4A	5A	6A	7A
Óxido comum	M_2O	MO	M_2O_3	EO_2	E_4O_{10}	EO_3	E_2O_7
Hidreto comum	MH	MH_2	MH_3	EH_4	EH_3	EH_2	EH
Estado de oxidação mais alto	+1	+2	+3	+4	+5	+6	+7
Oxiânion comum			BO_3^{3-}	CO_3^{2-}	NO_3^-	SO_4^{2-}	ClO_4^-
				SiO_4^{4-}	PO_4^{3-}		

*M denota um metal e E representa um não metal ou metaloide.

Lembre-se de que o caráter metálico dos elementos declina ao se mover da esquerda para a direita na Tabela Periódica. Os elementos do Grupo 1A, os metais alcalinos, são os mais metálicos da Tabela Periódica. Os elementos da extrema direita são não metais e os do meio são os metaloides. O caráter metálico também aumenta a partir do topo de um grupo para a parte inferior. Isso é especialmente bem ilustrado pelo Grupo 4A. O carbono, na parte superior do grupo, é um não metal; o silício e o germânio são metaloides; e o estanho e o chumbo são metais (Figura 21.2). O significado do caráter metálico em uma discussão da química dos elementos está prontamente aparente; os metais formam geralmente compostos iônicos, enquanto os compostos formados apenas por não metais são covalentes. Normalmente, os compostos iônicos são sólidos cristalinos que têm alto ponto de fusão e conduzem eletricidade no estado fundido. Os compostos covalentes, por outro lado, podem ser gases, líquidos ou sólidos e têm pontos de fusão e ebulição baixos.

Elétrons de Valência

Os elétrons ns e np são os elétrons de valência para os elementos do grupo principal (em que n é o período em que o elemento é encontrado) (◀ Seção 7.3). O comportamento químico de um elemento é determinado pelos elétrons de valência.

Ao considerar a estrutura eletrônica, um ponto de referência útil são os gases nobres (Grupo 8A). O hélio tem uma configuração eletrônica de $1s^2$; os outros gases nobres têm configurações de elétrons de valência ns^2np^6. A característica dominante dos gases nobres é a sua falta de reatividade. Com efeito, os dois primeiros elementos do grupo não formam quaisquer compostos que possam ser isolados. No entanto, os outros quatro elementos agora são conhecidos por terem química limitada, e a descoberta dos compostos de xenônio nos anos 1960 é classificada como um dos desenvolvimentos mais interessantes da química moderna.

Compostos Iônicos dos Elementos do Grupo Principal

Os íons dos elementos do grupo principal que têm subcamadas s e p preenchidas são comuns – justificando a afirmação muitas vezes vista de que os elementos reagem de maneira que alcancem uma "configuração de gás nobre". Os elementos dos Grupos 1A e 2A formam íons 1+ e 2+ com configurações eletrônicas que são as mesmas daquelas para os gases nobres anteriores. Todos os compostos comuns desses elementos (por exemplo, NaCl, $CaCO_3$) são iônicos. Os elementos metálicos do Grupo 3A (alumínio, gálio, índio e tálio, mas não o boro metaloide) formam compostos contendo íons 3+.

Os elementos dos Grupos 6A e 7A podem obter uma configuração de gás nobre pela adição de elétrons. Os elementos do Grupo 7A (halogênios) formam ânions com uma carga 1– (os íons haletos, F^-, Cl^-, Br^-, I^-) e os elementos do Grupo 6A formam ânions com uma carga 2– (O^{2-}, S^{2-}, Se^{2-}, Te^{2-}). No Grupo químico 5A, íons 3– com uma configuração de gás nobre (tal como o íon nitreto, N^{3-}) são também conhecidos. No entanto, a energia necessária para formar ânions altamente carregados é grande, o que significa que outros tipos de comportamento químico geralmente prevalecem.

FIGURA 21.2 Elementos do Grupo 4A. Um não metal, carbono (cadinho de grafite); um metaloide, silício (barra brilhante, redonda); e os metais estanho (lascas de metal) e chumbo (balas, um brinquedo e uma esfera).

© Cengage Learning/Charles D. Winters

EXEMPLO 21.1

Reações dos Elementos do Grupo 1A, 2A e 3A

Problema Forneça a fórmula e o nome do produto em cada uma das seguintes reações. Escreva a equação química balanceada para a reação.

(a) $Ca(s) + S_8(s)$

(b) $Rb(s) + I_2(s)$

(c) lítio e cloro

(d) alumínio e oxigênio

O que você sabe? As reações listadas são entre metais nos grupos periódicos 1A, 2A e 3A e não metais nos grupos periódicos 6A e 7A. Os produtos formados serão compostos iônicos constituídos por cátions formados a partir de metais por perda de elétrons e ânions formados a partir de não metais pelo ganho de elétrons.

FIGURA 21.3 Haletos de boro.
BBr_3 líquido (*à esquerda*) e BI_3 sólido (*à direita*). Formados a partir de um metaloide e um não metal, ambos são compostos moleculares. Os dois compostos são selados em ampolas de vidro para impedi-los de reagir com H_2O no ar.

© Cengage Learning/Charles D. Winters

Tabela 21.3
Compostos de Flúor Formados por Elementos do Grupo Principal

GRUPO	COMPOSTO	LIGAÇÃO
1A	NaF	Iônica
2A	MgF_2	Iônica
3A	AlF_3	Iônica
4A	SiF_4	Covalente
5A	PF_5	Covalente
6A	SF_6	Covalente
7A	IF_7	Covalente
8A	XeF_4	Covalente

Estratégia As previsões são baseadas no pressuposto de que os íons são formados com a configuração eletrônica do gás nobre mais próximo. Os elementos do Grupo 1A formam íons 1+; os elementos do Grupo 2A formam íons 2+; e os metais do Grupo 3A formam íons 3+. Em suas reações com os metais, os átomos de halogênios tipicamente recebem um único elétron para obter ânions com uma carga 1−; os elementos do Grupo 6A recebem dois elétrons para formar ânions com uma carga 2−. Para os nomes de produtos, consulte a discussão de nomenclatura na Seção 2.7.

Solução

EQUAÇÃO BALANCEADA	NOME DO PRODUTO
(a) $8\ Ca(s) + S_8(s) \rightarrow 8\ CaS(s)$	Sulfeto de cálcio
(b) $2\ Rb(s) + I_2(s) \rightarrow 2\ RbI(s)$	Iodeto de rubídio
(c) $2\ Li(s) + Cl_2(g) \rightarrow 2\ LiCl(s)$	Cloreto de lítio
(d) $4\ Al(s) + 3\ O_2(g) \rightarrow 2\ Al_2O_3(s)$	Óxido de alumínio

Pense bem antes de responder Será útil rever as fórmulas e os nomes dos íons comuns na Seção 2.7.

Verifique seu entendimento

Escreva as equações químicas balanceadas para as reações que formam os seguintes compostos a partir dos elementos.

(a) NaBr   (b) CaSe   (c) PbO   (d) $AlCl_3$

Compostos Moleculares dos Elementos do Grupo Principal

Muitas possibilidades de reatividade estão abertas para os principais elementos do grupo não metálico. As reações com metais, em geral, resultam na formação de compostos iônicos, enquanto os compostos que contêm apenas metaloides e elementos não metálicos são em sua maioria moleculares na natureza.

Os compostos moleculares são encontrados com o elemento boro do Grupo 3A (Figura 21.3), e a química do carbono no Grupo 4A é dominada pelos compostos moleculares com ligações covalentes (▶ Capítulo 23). Da mesma forma, a química do nitrogênio é dominada pelos compostos moleculares. Considere a amônia, NH_3; os vários óxidos de nitrogênio (como o "gás hilariante", N_2O); e o ácido nítrico, HNO_3. Em cada uma dessas espécies, o nitrogênio liga-se de forma covalente a outro elemento não metálico. Também no Grupo 5A, o fósforo reage com o cloro para produzir o composto molecular PCl_3 (◀ Figura 3.1).

A configuração do elétron de valência de um elemento determina a composição dos seus compostos moleculares. Envolver todos os elétrons de valência na formação de um composto é uma ocorrência frequente na química do elemento do grupo principal. Não devemos ficar surpresos ao descobrir compostos em que o elemento central tem o maior número possível de oxidação (como P em PF_5). O maior número de oxidação é facilmente previsível: ele é igual ao número do grupo. Assim, o maior (e único) número de oxidação do Na em seus compostos é +1; o número de oxidação maior de C é +4; e o número de oxidação mais alto do P é +5 (Tabelas 21.2 e 21.3).

EXEMPLO 21.2

Prevendo Fórmulas para Compostos de Elementos do Grupo Principal

Problema Preveja a fórmula para cada um dos seguintes:

(a) O produto da reação entre o germânio e o excesso de oxigênio

(b) O produto da reação entre o arsênio e o excesso de flúor

(c) Um composto formado por fósforo e excesso de cloro

(d) O ânion completamente desprotonado do ácido selênico

O que você Sabe? Você sabe o símbolo e a localização de cada um dos elementos na Tabela Periódica.

Estratégia Você pode prever que em cada reação o elemento ligado ao oxigênio ou halogênio no produto atingirá seu número de oxidação mais positivo, um valor igual ao número de seu grupo periódico.

Solução

(a) O elemento germânio do Grupo 4A deve ter um número máximo de oxidação de +4. Assim, o seu óxido tem a fórmula GeO_2.

(b) O arsênio, no Grupo 5A, reage vigorosamente com o flúor para formar AsF_5, em que o arsênio tem um número de oxidação de +5.

(c) PCl_5 é formado quando o elemento fósforo do Grupo 5A reage com o excesso de cloro.

(d) As químicas dos elementos S e Se do Grupo 6A são semelhantes. O enxofre tem um número máximo de oxidação de +6, de modo que ele forma SO_3 e ácido sulfúrico, H_2SO_4. O selênio tem química análoga, formando SeO_3 e ácido selênico, H_2SeO_4. O ânion completamente desprotonado desse ácido é o íon selenato, SeO_4^{2-}.

Pense bem antes de responder Note que, em várias questões, a utilização do excesso de agente oxidante foi especificada. Isto é importante porque, para alguns dos não metais, vários produtos diferentes foram possíveis. Por exemplo, a oxidação do carbono pode produzir tanto CO_2 ou CO, dependendo se há um excesso ou uma deficiência de oxigênio. Você encontrará outros exemplos em seções posteriores deste capítulo.

Verifique seu entendimento

Escreva a fórmula para cada um dos seguintes:

(a) telureto de hidrogênio   (c) hexacloreto de selênio

(b) arsenato de sódio   (d) ácido perbrômico

Há muitas semelhanças entre os elementos de um mesmo grupo da Tabela Periódica. Isso significa que você pode usar compostos de elementos mais comuns como exemplos, quando se deparar com compostos de elementos com os quais é menos provável que você esteja familiarizado. Por exemplo, a água, H_2O, é o mais simples composto de hidrogênio com oxigênio. Você pode esperar que os compostos de hidrogênio com outros elementos do Grupo 6A sejam H_2S, H_2Se e H_2Te; todos são bem conhecidos.

EXEMPLO 21.3

Prevendo Fórmulas

Problema Preveja a fórmula para cada um dos seguintes:

(a) Um composto de hidrogênio e fósforo

(b) O íon hipobromito

(c) Germano (o composto de hidrogênio mais simples de germânio)

(d) Dois óxidos de telúrio

O que você sabe? Esperamos que os elementos em um grupo periódico comportem-se de forma semelhante em sua química, na maioria dos casos. Assim, podemos usar exemplos conhecidos dos elementos mais comuns encontrados anteriormente na Tabela Periódica e extrapolar para prever o comportamento dos elementos menos comuns encontrados no mesmo grupo.

Estratégia Recorde, como exemplo, alguns dos compostos de elementos mais leves em um grupo e em seguida assuma que outros elementos neste grupo formarão compostos análogos.

Solução

(a) A fosfina, PH_3, tem uma composição análoga à do amoníaco, NH_3.

(b) O íon hipobromito, BrO^-, é semelhante ao íon hipoclorito, ClO^-, o ânion do ácido hipocloroso ($HClO$).

(c) GeH_4 (germano) é análogo ao CH_4 (metano) e ao SiH_4 (silano), dois outros compostos de hidrogênio do Grupo 4A.

(d) Te e S estão no Grupo 6A. TeO_2 e TeO_3 são análogos aos óxidos de enxofre, SO_2 e SO_3.

Pense bem antes de responder Tenha em mente que podem existir diferenças entre os elementos dentro de um grupo periódico. Uma diferença é que os elementos do segundo período geralmente obedecem à regra do octeto, enquanto no terceiro período e abaixo, compostos com octetos expandidos podem ser formados (ver Seção 8.5). Por exemplo, em reações com flúor, forma-se nitrogênio NF_3 enquanto fósforo forma ambos, PF_3 e PF_5.

Verifique seu entendimento

Identifique um composto ou íon de um elemento do segundo período que tem uma fórmula e uma estrutura de Lewis análogas a cada um dos seguintes:

(a) PH_4^+ (b) S_2^{2-} (c) P_2H_4 (d) PF_3

EXEMPLO 21.4

Reconhecendo Fórmulas Incorretas

Problema Uma fórmula é incorreta em cada um dos seguintes grupos. Escolha a fórmula incorreta e indique por quê.

(a) $CsSO_4$, KCl, $NaNO_3$, Li_2O

(b) MgO, CaI_2, $BaPO_4$, $CaCO_3$

(c) CO, CO_2, CO_3

(d) PF_5, PF_4^+, PF_7, PF_6^-

O que você sabe? Uma fórmula em cada conjunto está errada. Você pode determinar qual, aplicando as regras para os estados de oxidação estabelecidos nesta seção.

Estratégia Procure por erros, tais como cargas incorretas sobre íons ou um número de oxidação superior ao máximo possível para o grupo periódico.

Solução

(a) $CsSO_4$. O íon sulfato tem uma carga de 2−, de modo que esta fórmula exigiria um íon Cs^{2+}. O césio, no Grupo 1A, forma apenas íons 1+. A fórmula para o sulfato de césio é Cs_2SO_4.

(b) $BaPO_4$. Esta fórmula implica um íon Ba^{3+} (porque o ânion fosfato é PO_4^{3-}). A carga do cátion não é igual ao número do grupo. A fórmula do fosfato de bário é $Ba_3(PO_4)_2$.

(c) CO_3. Dado que O tem um número de oxidação de −2, o carbono teria de ter um número de oxidação de +6. No entanto, o carbono está no Grupo 4A, e pode ter um número máximo de oxidação de +4.

(d) PF_7. A fórmula implica que P tem um estado de oxidação de +7, enquanto +5 é esperado para o estado máximo possível de oxidação de P.

Pense bem antes de responder Há uma série de fatos para aprender em Química. Felizmente, muitos podem ser organizados de modo a facilitar a aprendizagem. Usar a Tabela Periódica para predizer a química de cada elemento e reconhecer as semelhanças entre os elementos nos grupos são um aspecto essencial da Química. Este é o objetivo desta seção do capítulo.

Verifique seu entendimento

Explique por que espera-se que não existam os compostos com as seguintes fórmulas: Na_2Cl, $CaCH_3CO_2$, Mg_2O.

EXERCÍCIOS PARA A SEÇÃO 21-2

1. Qual das seguintes fórmulas está incorreta?

   (a) CaH_2 (b) CaI_2 (c) CaS (d) Ca_2O_3

2. Qual é o nome do produto da reação entre o fósforo elementar e excesso de oxigênio, P_4O_{10}?

   (a) óxido de fósforo   (b) decaóxido de fósforo

   (c) ácido fosfórico   (d) decaóxido de tetrafósforo

3. Como o enxofre, o selênio forma compostos em vários estados de oxidação diferentes. Qual dos seguintes itens não é provável que seja um estado de oxidação do selênio em seus compostos?

   (a) −2   (b) +3   (c) +6   (d) +4

4. Qual é o mais elevado estado de oxidação que o antimônio pode ter em seus compostos?

   (a) 0   (b) +1   (c) +3   (d) +5

21-3 Hidrogênio

Propriedades Químicas e Físicas do Hidrogênio

O hidrogênio tem três isótopos, dos quais dois deles são estáveis (prótio e deutério) e um radioativo (trítio).

ISÓTOPOS DO HIDROGÊNIO

MASSA DO ISÓTOPO (u)	SÍMBOLO	NOME
1,0078	^1H (H)	Hidrogênio (prótio)
2,0141	^2H (D)	Deutério
3,0160	^3H (T)	Trítio

Dos três isótopos, apenas H e D são encontrados na natureza em quantidades significativas. O trítio, que é produzido por bombardeamento do nitrogênio por raios cósmicos na atmosfera, é encontrado na medida de 1 átomo por 10^{18} átomos de hidrogênio comum. O trítio radioativo tem meia-vida de 12,26 anos.

Sob condições normais, o hidrogênio é um gás incolor. O seu ponto de ebulição muito baixo, 20,7 K, reflete seu caráter não polar e baixa massa molar. Como o gás menos denso conhecido, ele é ideal para o preenchimento de aeronaves mais leves que o ar.

Hidrogênio, Hélio e Balões

Em 1783, Jacques Charles usou pela primeira vez hidrogênio para encher um balão grande o suficiente para flutuar acima da área rural da França. Na Primeira Guerra Mundial, foram utilizados balões de observação cheios de hidrogênio. O Graf Zeppelin, um dirigível de transporte de passageiros construído na Alemanha em 1928, também foi enchido com hidrogênio. Transportou mais de 13 mil pessoas entre a Alemanha e os Estados Unidos até 1937, quando foi substituído pelo Hindenburg. O Hindenburg foi projetado para ser preenchido com hélio. Naquela época, a Segunda Guerra Mundial já estava próxima, e os Estados Unidos, que possuíam boa parte da oferta mundial de hélio, não venderiam o gás para a Alemanha. Como consequência, o Hindenburg teve de utilizar hidrogênio.

O Hindenburg explodiu e incendiou ao aterrissar em Lakehurst, Nova Jérsei, em maio de 1937. Das 62 pessoas a bordo, apenas cerca de metade escapou ilesa. Como resultado desse desastre, o hidrogênio adquiriu a reputação de ser uma substância muito perigosa. Na verdade, ele é tão seguro de se manusear quanto outros combustíveis.

O Hindenburg. Este dirigível cheio de hidrogênio caiu em Lakehurst, Nova Jérsei, em maio de 1937. Alguns especulam que a tinta de alumínio do revestimento da cobertura do dirigível estava envolvida na formação da faísca que deu origem ao fogo.

Compostos de deutério têm sido objeto de muita pesquisa. Uma observação importante é que, como D tem o dobro da massa de H, as reações que envolvem a transferência dos átomos de D são ligeiramente mais lentas do que as que envolvem átomos de H. Esse conhecimento levou a uma forma de obter D_2O, que é por vezes chamado de "água pesada". O hidrogênio pode ser produzido, embora dispendiosamente, por eletrólise de água (Figura 21.4).

$$2\ H_2O(\ell) + \text{energia elétrica} \rightarrow 2\ H_2(g) + O_2(g)$$

Qualquer amostra de água natural sempre contém uma pequena concentração de D_2O. O H_2O é eletrolisado mais rapidamente que o D_2O. Assim, conforme a eletrólise prossegue, o líquido restante é enriquecido em D_2O, e repetir o processo muitas vezes acabará fornecendo D_2O puro. Grandes quantidades de D_2O são agora produzidas, porque esse composto é usado como moderador em alguns reatores nucleares.

O hidrogênio se combina quimicamente com praticamente todos os outros elementos, exceto os gases nobres. Existem três tipos diferentes de compostos binários contendo hidrogênio.

Hidretos de metais iônicos são formados na reação de H_2 com um metal do Grupo 1A ou 2A.

$$2\ Na(s) + H_2(g) \rightarrow 2\ NaH(s)$$

$$Ca(s) + H_2\ (g) \rightarrow CaH_2(s)$$

Esses compostos contêm o íon hidreto, H^-, no qual o hidrogênio tem um número de oxidação –1.

Compostos moleculares (como H_2O, HF e NH_3) são geralmente formados por combinação direta de hidrogênio com elementos não metálicos (Figura 21.5). O número de oxidação do átomo de hidrogênio nesses compostos é +1; nesses compostos, o não metal e o hidrogênio são conectados por ligações covalentes.

$$N_2(g) + 3\ H_2(g) \rightarrow 2\ NH_3(g)$$

$$F_2(g) + H_2(g) \rightarrow 2\ HF(g)$$

O hidrogênio é absorvido por muitos metais para formar *hidretos intersticiais*, a terceira classe geral dos compostos de hidrogênio. Este nome refere-se às estruturas dessa espécie, nas quais os átomos de hidrogênio residem nos espaços entre os átomos de metal (chamados *interstícios*) na rede cristalina. O metal paládio, por

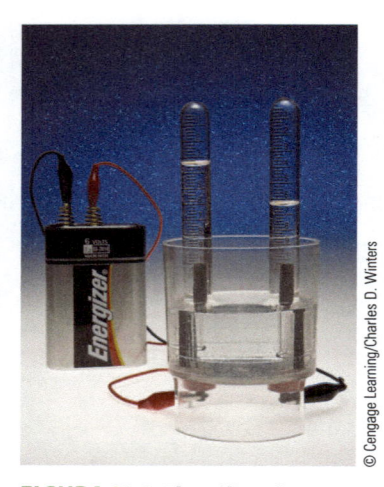

FIGURA 21.4 Eletrólise da água. A eletrólise da água (contendo H_2SO_4 diluído como um eletrólito) fornece O_2 (*à esquerda*) e H_2 (*à direita*).

exemplo, pode absorver mil vezes o seu volume de hidrogênio (em CNTP). A maioria dos hidretos intersticiais é não estequiométrica; isto é, a proporção de metal e de hidrogênio não é um número inteiro. Quando hidretos metálicos intersticiais são aquecidos, H_2 é expulso. Esse fenômeno permite que esses materiais sejam utilizados para armazenar H_2, tal como uma esponja pode armazenar água. Isso sugere uma maneira de armazenar o hidrogênio para uso em automóveis.

Preparação do Hidrogênio

Cerca de 300 bilhões de litros (CNTP) de gás de hidrogênio são produzidos anualmente em todo o mundo e virtualmente tudo isso é usado imediatamente na produção de amônia (▶ Seção 21.8), metanol (CH_3OH) ou outros produtos químicos.

Um pouco de hidrogênio é feito a partir de carvão e de vapor, uma reação que tem sido utilizada há mais de cem anos.

$$C(s) + H_2O(g) \longrightarrow \underbrace{H_2(g) + CO(g)}_{\text{gás de água ou gás de síntese}} \qquad \Delta_rH° = +131 \text{ kJ/mol-rea}$$

A reação é realizada injetando-se água para dentro de um leito de coque em brasa. A mistura de gases produzidos, chamada *gás de água* ou *gás de síntese*, foi usada até por volta de 1950 como combustível para cozinha, aquecimento e iluminação. No entanto, ela tem desvantagens graves. Ela produz apenas cerca de metade do calor que a mesma quantidade de metano, e a chama é quase invisível. Além disso, como contém monóxido de carbono, o gás de água é tóxico.

A maior quantidade de hidrogênio é agora produzida pela *reforma catalítica de vapor* do metano no gás natural (Figura 21.6). O metano reage com vapor a alta temperatura para resultar em H_2 e CO.

$$CH_4(g) + H_2O(g) \rightarrow 3\,H_2(g) + CO(g) \qquad \Delta_rH° = +206 \text{ kJ/mol-rea}$$

A reação é rápida a 900-1000 °C e vai quase até a conclusão. Mais hidrogênio pode ser obtido em uma segunda fase, em que o CO formado na primeira etapa reage com mais água. Esta assim chamada *reação de deslocamento de gás de água* é executada a 400-500 °C e é ligeiramente exotérmica.

$$H_2O(g) + CO(g) \rightarrow H_2(g) + CO_2(g) \qquad \Delta_rH° = -41 \text{ kJ/mol-rea}$$

O CO_2 formado no processo é removido por reação com CaO (para resultar em $CaCO_3$ sólido), deixando hidrogênio relativamente puro.

Talvez a forma mais limpa para produzir hidrogênio em uma escala relativamente grande seja a eletrólise da água (veja a Figura 21.4). Essa abordagem fornece não apenas o gás hidrogênio, mas também O_2 de alta pureza. No entanto, como a eletricidade é muito cara, esse método não é usado comercialmente.

A Tabela 21.4 e a Figura 21.7 fornecem exemplos de reações utilizadas para produzir H_2 gasoso no laboratório. O método, em geral, mais frequentemente usado é a reação de um metal com um ácido. Alternativamente, a reação de alumínio com

FIGURA 21.5 A reação entre H_2 e Br_2. O gás hidrogênio queima em uma atmosfera de vapor de bromo para resultar em brometo de hidrogênio.

FIGURA 21.6 Produção de gás de água. Gás de água, também chamada de *gás de síntese*, é uma mistura de CO e H_2. Ele é produzido por tratamento de carvão, coque ou um hidrocarboneto como o metano, com vapor a altas temperaturas em instalações tais como a representada aqui. O metano tem a vantagem de fornecer mais H_2 total por grama do que outros hidrocarbonetos, e a razão do subproduto CO_2 em relação ao H_2 é inferior.

Tabela 21.4 **Métodos para a Preparação de H_2 em Laboratório**
1. Metal + Ácido → sal de metal + H_2
Ex.: $Mg(s) + 2\,HCl(aq) \rightarrow MgCl_2(aq) + H_2(g)$
2. Metal + H_2O → hidróxido ou óxido de metal + H_2
Ex.: $2\,Na(s) + 2\,H_2O(\ell) \rightarrow 2\,NaOH(aq) + H_2(g)$
Ex.: $2\,Fe(s) + 3\,H_2O(\ell) \rightarrow Fe_2O_3(s) + 3\,H_2(g)$
Ex.: $2\,Al(s) + 2\,KOH(aq) + 6\,H_2O(\ell) \rightarrow 2\,K[Al(OH)_4](aq) + 3\,H_2(g)$
3. Hidreto de metal + H_2O → hidróxido de metal + H_2
Ex.: $CaH_2(s) + 2\,H_2O(\ell) \rightarrow Ca(OH)_2(s) + 2\,H_2(g)$

FIGURA 21.7
A produção do gás hidrogênio.

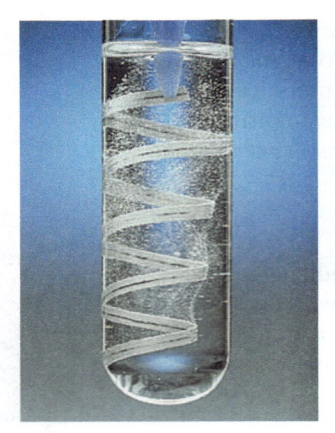

(a) A reação do magnésio com o ácido. Os produtos são o gás hidrogênio e um sal de magnésio.

(b) A reação do alumínio com o NaOH aquoso. Os produtos dessa reação são o gás hidrogênio e uma solução de Na[Al(OH)$_4$].

(c) A reação do CaH$_2$ com água. Os produtos são o gás hidrogênio e Ca(OH)$_2$.

Fotos: © Cengage Learning/Charles D. Winters

NaOH aquoso (Figura 21.7b) também gera hidrogênio. Durante a Segunda Guerra Mundial, essa reação foi usada a fim de obter hidrogênio para inflar balões pequenos para observação do clima e para elevar antenas de rádio. O alumínio metálico era abundante na época, porque ele vinha de aeronaves danificadas.

A combinação de um hidreto metálico e água (Figura 21.7c) é uma maneira eficiente mas cara para sintetizar H$_2$ em laboratório. A reação é geralmente usada em laboratórios para secar solventes orgânicos, porque o hidreto metálico reage com traços de água presentes no solvente.

EXERCÍCIOS PARA A SEÇÃO 21.3

1. Qual dos seguintes elementos não reage com o hidrogênio?

   (a) neônio   (b) nitrogênio   (e) potássio   (d) flúor

2. Qual dos métodos abaixo é o mais adequado para a preparação de grandes quantidades de hidrogênio (tal como as quantidades necessárias como um reagente para a síntese de compostos como a amônia)?

   (a) Eletrólise da água

   (b) A reação de hidretos metálicos com água

   (c) A reação sob alta temperatura do metano com água

   (d) A reação entre zinco e ácido clorídrico

21.4 Os Metais Alcalinos, Grupo 1A

O sódio e o potássio são, respectivamente, o sexto e o oitavo elementos mais abundantes na crosta da Terra. Em contraste, o lítio é relativamente raro, como são o rubídio e o césio. Apenas traços de frâncio radioativo ocorrem na natureza. O seu isótopo de mais longa duração (^{223}Fr) tem uma meia-vida de apenas 22 minutos.

Os elementos do Grupo 1A são metais e todos são altamente reativos com oxigênio, água e outros agentes oxidantes (◄ Figura 7.12). Em todos os casos, essas reações resultam em compostos que contêm os metais do Grupo 1A como um íon 1+. Uma vez que esses elementos são tão reativos, o metal livre nunca é encontrado na natureza. A maior parte dos compostos de sódio e de potássio são solúveis em água (◄ Regras de solubilidade, Figura 3.10), por isso não é de estranhar que os compostos de sódio e potássio sejam encontrados tanto nos oceanos como em depósitos subterrâneos, que são os resíduos de mares antigos. Em uma extensão muito menor, esses elementos também são encontrados em minerais, como o salitre do Chile (NaNO$_3$).

Apesar de o sódio ser apenas ligeiramente mais abundante que o potássio na Terra, a água do mar contém significativamente mais sódio que potássio (2,8% de NaCl *versus* 0,8% de KCl). Por que a grande diferença? A maioria dos compostos de ambos os elementos é solúvel em água, então por que a chuva não dissolveu minerais contendo Na e K ao longo dos séculos e os levou para o mar, de modo que aparecessem nas mesmas proporções tanto nos oceanos quanto na terra? A resposta reside no fato de que o potássio é um fator importante no crescimento das plantas. A maioria das plantas contém de quatro a seis vezes mais potássio combinado do que sódio. Assim, a maioria dos íons potássio nas águas subterrâneas de minerais dissolvidos é tomada preferencialmente por plantas, enquanto os íons sódio continuam indo para os oceanos. (Uma vez que as plantas necessitam de potássio, fertilizantes comerciais normalmente contêm uma quantidade significativa de sais de potássio.)

Um pouco de NaCl é essencial na dieta de seres humanos e outros animais, porque muitas funções biológicas são controladas pelas concentrações de íons Na^+ e Cl^- (Figura 21.8). O fato de que o sal tem sido reconhecido como importante é evidente em formas surpreendentes. Por exemplo, paga-se um "salário" para um trabalho feito. Essa palavra é derivada do latim *salarium*, o que significava "dinheiro de sal", porque os soldados romanos eram pagos com sal.

Preparação do Sódio e do Potássio

O sódio é produzido pela redução dos íons sódio em sais de sódio. No entanto, uma vez que poucos agentes redutores químicos são suficientemente poderosos para converter os íons sódio para metal de sódio, o metal é geralmente preparado pela eletrólise.

O químico Inglês *Sir* Humphry Davy isolou o sódio pela primeira vez em 1807 por eletrólise de carbonato de sódio fundido. No entanto, o elemento permaneceu uma curiosidade laboratorial até 1824, quando os químicos descobriram que o sódio pode ser utilizado para reduzir cloreto de alumínio em alumínio metálico. Como o alumínio metálico era raro e muito valioso, essa descoberta inspirou interesse considerável na fabricação de sódio. Por volta de 1886, um método prático de produção do sódio foi concebido (a redução de NaOH com carbono). Infelizmente para os produtores de sódio, neste mesmo ano, Charles Hall e Paul Heroult inventaram o método eletrolítico para a produção de alumínio (▶ página 991), eliminando assim esse mercado para o sódio.

O sódio é atualmente produzido por eletrólise de NaCl fundido (◀ Seção 19.7). A célula de Downs para a eletrólise de NaCl fundido opera em 7 a 8 V com correntes de 25000 a 40000 A (Figura 21.9). A célula é preenchida com uma mistura de NaCl, $CaCl_2$ e $BaCl_2$ secos. [Adicionando outros sais ao NaCl, reduz-se o ponto de fusão do NaCl puro (800,7 °C) para cerca de 600 °C. Recorde-se de que as soluções têm pontos de fusão mais baixos que os solventes puros (◀ Capítulo 13).] O sódio é produzido em um cátodo de cobre ou ferro, que rodeia um ânodo de grafite circular. Diretamente sobre o cátodo está uma calha invertida, na qual o sódio fundido de baixa densidade (ponto de fusão 97,8 °C) é recolhido. O cloro, um valioso subproduto, é recolhido no ânodo.

O potássio pode também ser fabricado por eletrólise, mas a separação do metal é difícil porque o potássio fundido é solúvel em KCl fundido. O método preferido para a preparação de potássio é a reação de vapor de sódio com KCl fundido, com o potássio sendo continuamente removido da mistura no equilíbrio.

$$Na(g) + KCl(\ell) \rightleftharpoons K(g) + NaCl(\ell)$$

Propriedades do Sódio e do Potássio

O sódio e o potássio são metais prateados macios, que podem ser facilmente cortados com uma faca (◀ Figura 2.6). Eles são apenas um pouco menos densos que a água. Seus pontos de fusão, 97,8 °C para o sódio e 63,7 °C para o potássio, são bastante baixos.

Quando exposta ao ar úmido, a superfície de um metal alcalino rapidamente torna-se revestida com uma película de óxido ou hidróxido. Por conseguinte, os metais devem ser armazenados de modo que evite o contato com o ar, normalmente colocando-os em óleo mineral ou querosene.

Grupo **1A**
Metais alcalinos

| Lítio 3 **Li** 20 ppm |
| Sódio 11 **Na** 23600 ppm |
| Potássio 19 **K** 21000 ppm |
| Rubídio 37 **Rb** 90 ppm |
| Césio 55 **Cs** 0,0003 ppm |
| Frâncio 87 **Fr** traços |

A abundância dos elementos são em **partes por milhão** *na crosta terrestre*

FIGURA 21.8 A importância do sal. Todos os animais, incluindo os seres humanos, necessitam de uma certa quantidade de sal na sua dieta. Os íons sódio são importantes na manutenção do equilíbrio de eletrólitos e na regulação da pressão osmótica. Para um relato interessante sobre a importância do sal na sociedade, cultura, história e economia, veja *Salt, A World History*, por M. Kurlansky, Nova York, Penguin Books, 2003.

© Cengage Learning/Charles D. Winters

FIGURA 21.9 Uma célula de Downs para a preparação de sódio

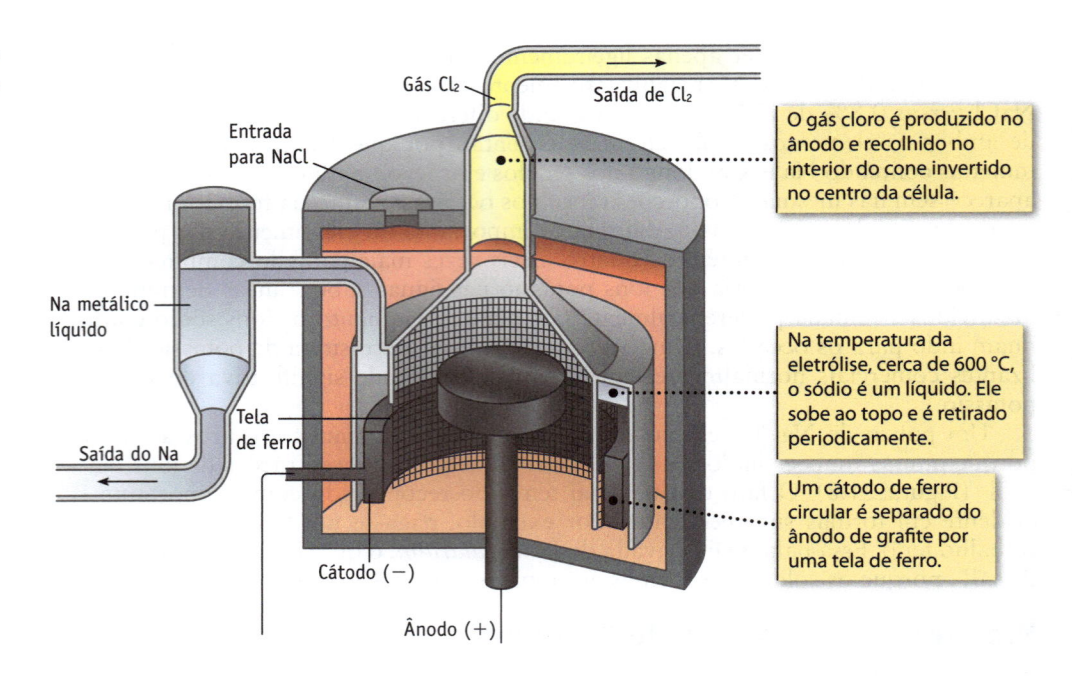

Gás Cl₂ | Saída de Cl₂

Entrada para NaCl

O gás cloro é produzido no ânodo e recolhido no interior do cone invertido no centro da célula.

Na metálico líquido

Na temperatura da eletrólise, cerca de 600 °C, o sódio é um líquido. Ele sobe ao topo e é retirado periodicamente.

Tela de ferro

Saída do Na

Um cátodo de ferro circular é separado do ânodo de grafite por uma tela de ferro.

Cátodo (−)

Ânodo (+)

A Habilidade de Redução dos Metais Alcalinos

UM OLHAR MAIS ATENTO

O Grupo 1A ou os metais alcalinos (Li, Na, K, Rb, Cs) são rapidamente oxidados. Isso é muitas vezes demonstrado em aulas de química geral, por suas reações com água. O lítio reage lentamente, o sódio reage um pouco mais vigorosamente e o potássio, o rubídio e o césio são ainda mais reativos, explodindo em contato com a água. A diferença na reatividade é algumas vezes incorretamente atribuída à quantidade de energia envolvida nessas reações. Na verdade, as diferenças são devidas às velocidades de reação. A reação do lítio é a reação mais lenta do grupo.

A energia liberada como calor para essas reações pode ser facilmente avaliada utilizando-se os dados de entalpia (veja Tabela); essa análise mostra que a reação do Li com água é a mais energética.

Para M(s) + H₂O(ℓ) →
$$\text{Para } M(s) + H_2O(\ell) \rightarrow MOH(aq) + \tfrac{1}{2} H_2(g)$$

$$\Delta_r H° = \Delta_f H°[MOH(aq)] - \Delta_f H°[H_2O(\ell)]$$

Os valores de $E°$ revelam que o Li é o melhor agente redutor no grupo, enquanto o Na é o mais fraco; o restante desses metais tem habilidades de redução mais ou menos comparáveis. Essa variação nesse grupo coincide com a variação observada na entalpia quanto à reação com a água.

M	$\Delta_f H°$ [MOH(aq)] kJ/mol	$\Delta_f H°$ [H₂O(ℓ)] kJ/mol	$\Delta_r H°$ kJ/mol
Li	−508,48	−285,83	−222,65
Na	−469,15	−285,83	−183,32
K	−482,37	−285,83	−196,54
Rb	−476,1	−285,83	−190,3
Cs	−477,8	−285,83	−192,0

POTENCIAL DE REDUÇÃO

ELEMENTO	$E°$ (V)
$Li^+(aq) + e^- \rightarrow Li(s)$	−3,045
$Na^+(aq) + e^- \rightarrow Na(s)$	−2,714
$K^+(aq) + e^- \rightarrow K(s)$	−2,925
$Rb^+(aq) + e^- \rightarrow Rb(s)$	−2,925
$Cs^+(aq) + e^- \rightarrow Cs(s)$	−2,92

Para analisar esses valores ainda mais, podemos quebrar essas meias-reações em três termos de energia [formação de átomos metálicos na fase gasosa (atomização), ionização dos átomos do metal e solvatação dos íons gasosos] e avaliar a variação de energia livre ($\Delta G°$) para cada

etapa. Ambas, a atomização e a ionização, têm valores positivos de $\Delta G°$, enquanto a solvatação do cátion de metal tem um grande valor negativo. Ao fazer esse cálculo para os vários metais, observamos os valores negativos e positivos na maior parte, contrabalanceando um ao outro e, assim, não há uma tendência clara nos valores de $\Delta G°$ para a reação.

© Cengage Learning/Charles D. Winters

O potássio é um agente redutor muito bom e reage vigorosamente com a água.

A elevada reatividade dos metais do Grupo 1A é exemplificada pela sua reação com água, o que gera uma solução aquosa de hidróxido de metal e gás hidrogênio (veja a Figura 7.12 e "Um Olhar Mais Atento: A habilidade de Redução dos Metais Alcalinos"),

$$2\ Na(s) + 2\ H_2O(\ell) \rightarrow 2\ Na^+(aq) + 2\ OH^-(aq) + H_2(g)$$

e a sua reação com qualquer dos halogênios, para se obter um haleto de metal (◄ Figura 1.2),

$$2\ Na(s) + Cl_2(g) \rightarrow 2\ NaCl(s)$$

$$2\ K(s) + Br_2(\ell) \rightarrow 2\ KBr(s)$$

A Química muitas vezes produz surpresas. Óxidos de metais do Grupo 1A, M_2O, são conhecidos, mas não são os principais produtos da combinação dos elementos do Grupo 1A e do oxigênio. Em vez disso, o produto principal da reação entre sódio e oxigênio é o *peróxido* de sódio, Na_2O_2, enquanto o principal produto da reação de potássio e oxigênio é KO_2, *superóxido* de potássio.

$$2\ Na(s) + O_2(g) \rightarrow Na_2O_2(s)$$

$$K(s) + O_2(g) \rightarrow KO_2(s)$$

Ambos, Na_2O_2 e KO_2, são compostos iônicos, em que o cátion do Grupo 1A é emparelhado com o íon peróxido ou (O_2^{2-}) ou o íon superóxido (O_2^-). Esses compostos não são meramente curiosidades de laboratório. Eles são usados em dispositivos de geração de oxigênio em lugares onde as pessoas ficam confinadas, como submarinos, aviões e naves espaciais, ou quando um suprimento de emergência é necessário.

O uso de KO_2 em equipamentos de respiração de circuito fechado (Figura 21.10) é de particular importância. Esses dispositivos são autossuficientes, isto é, não há qualquer ligação com o exterior. O dispositivo deve ser capaz de consumir tanto o CO_2 exalado quanto proporcionar um fornecimento contínuo de oxigênio. Em média, uma pessoa exala 0,82 L de CO_2 e algum vapor de água para cada 1,0 L de O_2 inalado. A reação de KO_2 e vapor de água expirado produz O_2 e KOH, e o último absorve o CO_2 exalado.

$$4\ KO_2(s) + 2\ H_2O(g) \rightarrow 4\ KOH(aq) + 3\ O_2(g)$$

$$4\ KOH(aq) + 2\ CO_2(g) \rightarrow 2\ K_2CO_3(s) + 2\ H_2O(g)$$

Note que, para cada 4 mols de KO_2, 3 mols de O_2 são produzidos e 2 mols de CO_2 são absorvidos.

FIGURA 21.10 Um aparelho de respiração de circuito fechado. Tanto o dióxido de carbono quanto a umidade são exalados pelo usuário em um tubo de respiração. Todo o CO_2 exalado é consumido na reação com o KO_2. Três mols de oxigênio são produzidos a partir de 2 mols de CO_2, substituindo o oxigênio consumido na respiração.

Compostos Importantes de Lítio, Sódio e Potássio

A eletrólise do cloreto de sódio aquoso (*salmoura*) é a base de uma das maiores indústrias químicas nos Estados Unidos (Figura 21.11).

$$2\ NaCl(aq) + 2\ H_2O(\ell) \rightarrow Cl_2(g) + 2\ NaOH(aq) + H_2(g)$$

Dois dos produtos desse processo – cloro e hidróxido de sódio – dão à indústria seu nome: a *indústria cloro álcali*. Mais de 10 bilhões de quilogramas de Cl_2 e NaOH são produzidos anualmente nos Estados Unidos.

O carbonato de sódio, Na_2CO_3, é outro composto de sódio comercialmente importante. Ele também é conhecido por dois nomes comuns, *barrilha* e *sódio*. No passado, foi amplamente fabricado por meio da combinação de NaCl, amônia e CO_2 no *processo Solvay* (que continua a ser o método de escolha em muitos países). Nos Estados Unidos, no entanto, o carbonato de sódio é obtido a partir de depósitos naturais do mineral *trona*, $Na_2CO_3 \cdot NaHCO_3 \cdot 2\ H_2O$ (Figura 21.12).

O bicarbonato de sódio, $NaHCO_3$, é outro composto comum do sódio. $NaHCO_3$ não só é utilizado na culinária, mas também é adicionado em pequenas quantidades no sal de cozinha. NaCl é frequentemente contaminado com pequenas quantidades de $MgCl_2$. O sal de magnésio é higroscópico, ou seja, ele retira água do ar e, com isso, faz com que o NaCl aglomere. Ao adicionar $NaHCO_3$, converte-se $MgCl_2$ para carbonato de magnésio, um sal não higroscópico.

FIGURA 21.11 Produção de hidróxido de sódio e de cloro em uma célula de membrana. Esta é a base da indústria de cloro e álcalis. A salmoura é alimentada para dentro do compartimento do ânodo e o hidróxido de sódio diluído ou água, para dentro do compartimento do cátodo. Tubos transportam os gases liberados e NaOH para longe das câmaras da célula de eletrólise.

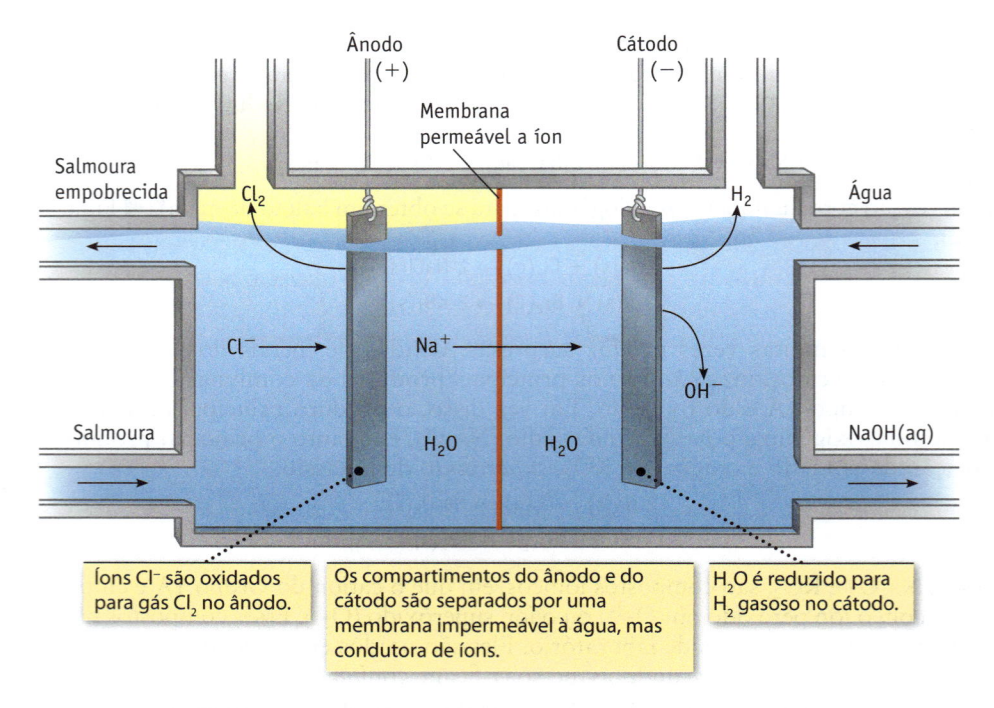

Íons Cl⁻ são oxidados para gás Cl₂ no ânodo.

Os compartimentos do ânodo e do cátodo são separados por uma membrana impermeável à água, mas condutora de íons.

H₂O é reduzido para H₂ gasoso no cátodo.

$$MgCl_2(s) + 2\ NaHCO_3(s) \rightarrow MgCO_3(s) + 2\ NaCl(s) + H_2O(\ell) + CO_2(g)$$

O nitrato de sódio, $NaNO_3$, é outro composto de sódio comum e grandes depósitos são encontrados no Chile, o que explica o seu nome comum de "salitre do Chile". Pensa-se que esses depósitos se formaram pela ação bacteriana nos organismos em mares rasos. O produto inicial era a amônia, a qual foi subsequentemente oxidada para íon nitrato; a combinação com o sal do mar levou ao nitrato de sódio. Uma vez que os nitratos em geral e os nitratos de metal alcalino, em particular, são altamente solúveis em água, depósitos de $NaNO_3$ são encontrados apenas em áreas com muito pouca chuva.

O nitrato de sódio pode ser convertido em nitrato de potássio por uma reação de deslocamento.

$$NaNO_3(aq) + KCl(aq) \rightleftharpoons KNO_3(aq) + NaCl(s)$$

O equilíbrio favorece os produtos aqui porque, dos quatro sais envolvidos nessa reação, NaCl é o menos solúvel em água quente. O cloreto de sódio precipita e o KNO_3 que permanece na solução pode ser recuperado pela evaporação da água.

O nitrato de potássio tem sido usado por séculos como agente oxidante na pólvora. Uma mistura de KNO_3, carvão e enxofre reagirá quando inflamada.

$$2\ KNO_3(s) + 4\ C(s) \rightarrow K_2CO_3(s) + 3\ CO(g) + N_2(g)$$
$$2\ KNO_3(s) + 2\ S(s) \rightarrow K_2SO_4(s) + SO_2(g) + N_2(g)$$

FIGURA 21.12 O carbonato de sódio. A trona obtida em Wyoming e na Califórnia é processada para fabricar carbonato de sódio (Na_2CO_3) e outros produtos químicos baseados em sódio. O carbonato de sódio é o nono produto químico mais largamente usado nos Estados Unidos. Internamente, cerca de metade de todo o carbonato de sódio produzido é utilizado na fabricação de vidro. A maior parte do restante é destinada à fabricação de produtos químicos, tais como o silicato de sódio, o fosfato de sódio e o cianeto de sódio. Uma parte também é usada para fazer detergentes, na indústria de polpa e papel e no tratamento de água.

Jack Dermid/Science Source

Uma mina de trona na Califórnia. O mineral é retirado de uma mina com cerca de 500 m de profundidade.

Observe que ambas as reações (que são sem dúvida, mais complexas do que o descrito nessas equações) produzem gases. Esses gases impulsionam a bala de uma arma ou fazem um fogo de artifício explodir.

Nos últimos anos, o lítio tornou-se uma mercadoria significativa por causa de seu uso em baterias de íons-lítio (veja o "Estudo de Caso: Lítio e os 'Carros Verdes'", Seção 12.1). Na verdade, existe certa preocupação de que a escassez de lítio surgirá se a utilização de baterias de íons-lítio em carros tornar-se generalizada. Atualmente, a maioria do lítio é obtida de salmouras concentradas no Chile e na Bolívia, das quais o Li_2CO_3 é extraído. Há também minérios dos quais o lítio pode ser retirado. Semelhante a outros metais alcalinos, o lítio metálico é obtido a partir dos seus compostos por eletrólise de sal fundido.

EXERCÍCIOS PARA A SEÇÃO 21.4

1. Qual das seguintes não é uma propriedade do sódio?

   (a) Reação com Cl_2 para formar NaCl

   (b) Tem cor prateada

   (c) Tem alto ponto de fusão (> 400 °C)

   (d) Conduz corrente elétrica

2. Qual íon metálico do Grupo 1A tem a entalpia de hidratação mais negativa?

   (a) Li^+ (b) Na^+ (c) K^+ (d) Cs^+

3. O composto Na_2O_2 consiste em

   (a) dois íons Na^+ e dois íons O_2^-

   (b) moléculas de Na_2O_2

   (c) dois íons Na^+ e um íon O_2^{2-}

   (d) íons Na^{2+} e O^{2-}

21-5 Os Metais Alcalinoterrosos, Grupo 2A

A parte "terra" do nome alcalinoterroso remonta à época da alquimia medieval. Para os alquimistas, qualquer sólido que não derretia e não era transformado pelo fogo em outra substância era chamado de "terra". A palavra "alcalina" aplica-se porque os compostos dos elementos do Grupo 2A, como CaO, são alcalinos de acordo com testes experimentais conduzidos pelos alquimistas: os compostos tinham um sabor amargo e neutralizavam os ácidos. Finalmente, com pontos de fusão muito elevados, esses compostos não eram afetados pelo fogo.

O cálcio e o magnésio classificam-se como quinto e oitavo, respectivamente, em abundância na Terra. Os dois elementos formam muitos compostos comercialmente importantes e focaremos nessas espécies.

Tal como os elementos do Grupo 1A, os elementos do Grupo 2A são muito reativos, de modo que são encontrados na natureza como compostos. Ao contrário da maioria dos compostos de metais do Grupo 1A, muitos compostos dos elementos do Grupo 2A têm baixa solubilidade em água, o que explica a sua ocorrência em vários minerais (Figura 21.13). Os minerais de cálcio incluem o calcário ($CaCO_3$), o gesso ($CaSO_4 \cdot 2 H_2O$) e a fluorita (CaF_2). Magnesita ($MgCO_3$), talco ou pedra-sabão ($3 MgO \cdot 4 SiO_2 \cdot H_2O$) e asbesto ($3 MgO \cdot 4 SiO_2 \cdot 2 H_2O$) são minerais comuns contendo magnésio. O mineral dolomita, $MgCa(CO_3)_2$, contém ambos, magnésio e cálcio.

O calcário, uma rocha sedimentar, é encontrado amplamente na superfície da Terra. Muitos desses depósitos contêm restos fossilizados de vida marinha. Outras formas de carbonato de cálcio incluem o mármore e o espato da Islândia, este último ocorrendo como cristais grandes, claros, com a propriedade óptica interessante de birrefringência (Figura 21.13).

Propriedades do Cálcio e do Magnésio

O cálcio e o magnésio são metais prateados de ponto de fusão relativamente alto. As propriedades químicas desses elementos apresentam algumas surpresas. Eles são oxidados por uma ampla gama de agentes oxidantes para formarem compostos iônicos que contêm o íon M^{2+}. Por exemplo, esses elementos combinam com

Pólvora A pólvora foi desenvolvida há mais de mil anos pelos chineses. Um dos três ingredientes é KNO_3, vulgarmente chamado de *salitre*. Embora existam lugares no mundo onde seja predominante e possa ser extraída, durante séculos ela foi obtida pela mistura de esterco ou resíduos humanos com cinzas de madeira. Dejetos de animais e humanos contêm amônia, que é convertida por oxidação bacteriana em nitratos. As cinzas da madeira contêm potássio, carbonato de potássio, a fonte de potássio no KNO_3. Nitrato de sódio também funciona na pólvora, mas ele é higroscópico e o pó não é eficaz quando úmido. Veja *Gunpowder* por J. Kelly, Basic Books, 2004.

Grupo **2A**
Alcalinoterrosos

| Berílio 4 **Be** 2,6 ppm |
| Magnésio 12 **Mg** 2,3300 ppm |
| Cálcio 20 **Ca** 41000 ppm |
| Estrôncio 38 **Sr** 370 ppm |
| Bário 56 **Ba** 500 ppm |
| Rádio 88 **Ra** 6×10^{-7} ppm |

*A abundância dos elementos são em **partes por milhão** na crosta terrestre.*

Calcário
CaCO₃

Gipsita
CaSO₄ · 2 H₂O

Fluorita
CaF₂

Minerais comuns de elementos do Grupo 2A.

Montezuma Castle National Monument, pró-ximo de Sedona, Arizona. A habitação de 20 quartos com cinco andares foi construída por volta de 700 d.C. e foi ocupada por cerca de 1125-1400 d.C. O edifício foi esculpido nas falésias calcárias do Vale do Rio Verde.

FIGURA 21.13 Vários minerais contendo cálcio.

FIGURA 21.14 A reação de cálcio e água quente. Bolhas de hidrogênio são vistas desprendendo da superfície do metal. O outro produto da reação é o Ca(OH)₂. O detalhe mostra o modelo compacto de empacotamento hexagonal do cálcio (◄ Seção 12.1).

halogênios para formar MX_2, com oxigênio ou enxofre para formar MO ou MS e com água para formar hidrogênio e o hidróxido de metal, $M(OH)_2$ (Figura 21.14). Com os ácidos, ocorre liberação de hidrogênio (Figura 21.7) e a formação de um sal do cátion do metal e o ânion do ácido.

Metalurgia do Magnésio

Várias centenas de milhares de toneladas de magnésio são pro-duzidas anualmente, em grande parte para uso em ligas leves. (O magnésio tem uma densidade muito baixa, $1,74$ g/cm³.) A maioria do alumínio usado hoje contém cerca de 5% de mag-nésio, para melhorar suas propriedades mecânicas e torná-lo mais resistente à corrosão. Outras ligas contendo mais magné-sio que alumínio são usadas quando uma elevada relação de resistência e peso é necessária e quando a resistência à corrosão é importante, tal como em aeronaves e peças automotivas e ferramentas leves.

Curiosamente, os minerais contendo magnésio não são a fonte comercial desse elemento. Boa parte do magnésio é obtida da água do mar, em que o íon Mg^{2+} está presente em uma concentração de cerca de $0,05$ M. Para se obter o metal magnésio metálico, os íons magnésio na água do mar são primeiro precipitados (Figura 21.15) na forma de hidróxido relativamente insolúvel [K_{ps} para $Mg(OH)_2 = 5,6 \times 10^{-12}$]. A fonte de OH^- nessa reação, o $Ca(OH)_2$, é preparada em uma sequência de reações começando com $CaCO_3$, que pode estar na forma de conchas marinhas. O aqueci-mento de $CaCO_3$ resulta em CO_2 e CaO e a adição de água a CaO resulta em $Ca(OH)_2$. Quando $Ca(OH)_2$ é adicionado à água do mar, $Mg(OH)_2$ precipita:

$$Mg^{2+}(aq) + Ca(OH)_2(s) \rightleftharpoons Mg(OH)_2(s) + Ca^{2+}(aq)$$

O $Mg(OH)_2$ é isolado por filtração e, em seguida, convertido para $MgCl_2$ pela reação com HCl.

$$Mg(OH)_2(s) + 2 \; HCl(aq) \rightarrow MgCl_2(aq) + 2 \; H_2O(\ell)$$

Depois de evaporar a água, o cloreto de magnésio anidro permanece. O $MgCl_2$ sólido funde a 714 °C e o sal fundido é eletrolisado para produzir o metal e o cloro.

$$MgCl_2(\ell) \rightarrow Mg(s) + Cl_2(g)$$

Minerais de Cálcio e Suas Aplicações

Os minerais de cálcio mais comuns são o fluoreto, o fosfato e os sais de carbonato do elemento. A fluorita, CaF_2, e a fluoroapatita, $Ca_5F(PO_4)_3$, são importantes como fontes comerciais de flúor. Quase metade do CaF_2 minerado é utilizado na indústria

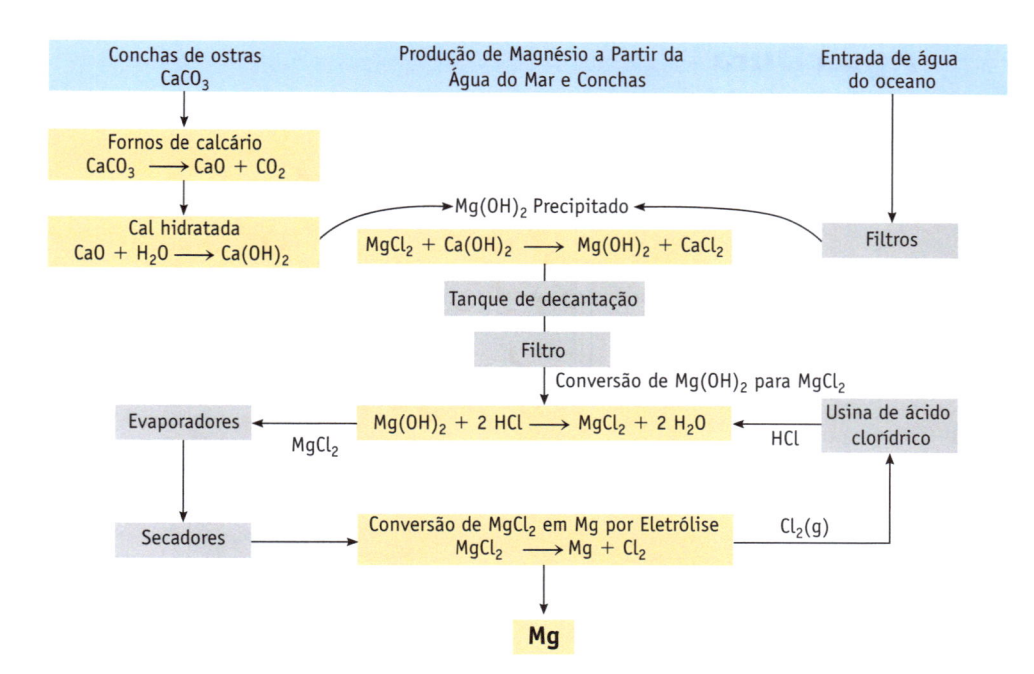

de aço, em que é adicionado à mistura de materiais que é fundida para fazer o ferro bruto. O CaF_2 atua para remover algumas impurezas e melhorar a separação do metal fundido dos silicatos e outros subprodutos resultantes da redução do minério de ferro para o metal (▶ Capítulo 22). Uma segunda grande utilização do fluoreto está na fabricação de ácido fluorídrico pela reação do mineral com ácido sulfúrico concentrado.

$$CaF_2(s) + H_2SO_4(\ell) \rightarrow 2 \ HF(g) + CaSO_4(s)$$

O ácido fluorídrico é utilizado para fazer criolita, Na_3AlF_6, um material necessário na produção de alumínio (▶ Seção 21.6) e no fabrico de fluorocarbonos, tais como tetrafluoretileno, o precursor do *Teflon* (▶ Tabela 23.12).

As apatitas têm a fórmula geral $Ca_5X(PO_4)_3$ (X = F, Cl, OH). Mais de 100 milhões de toneladas de apatita são extraídas anualmente, com a Flórida representando cerca de um terço da produção mundial. A maior parte desse material é convertida em ácido fosfórico pela reação com ácido sulfúrico. O ácido fosfórico é necessário para o fabrico de uma grande variedade de produtos, incluindo os fertilizantes e detergentes, o fermento em pó e vários produtos alimentícios (▶ Seção 21.8).

O carbonato de cálcio e óxido de cálcio (*cal*) são de especial interesse. A decomposição térmica do $CaCO_3$ para se obter cal (e CO_2) é uma das mais antigas reações químicas conhecidas. A cal é um dos dez principais produtos químicos industriais produzidos hoje, com cerca de 20 bilhões de quilogramas produzidos anualmente.

O calcário, que consiste principalmente em carbonato de cálcio, tem sido usado na agricultura por séculos. É espalhado nos campos para neutralizar compostos ácidos no solo e para fornecer o Ca^{2+}, um nutriente essencial. Uma vez que o carbonato de magnésio está muitas vezes presente no calcário, a "calagem" de um campo também fornece Mg^{2+}, outro nutriente importante para as plantas.

Por vários milhares de anos, a cal tem sido utilizada em *argamassa* (cal, areia e pasta d' água) para fixar as pedras umas nas outras na construção de casas, muros e estradas. Os chineses a usaram para assentar pedras na Grande Muralha. Os romanos aperfeiçoaram o seu uso, e o fato de que muitas de suas construções estão ainda eretas hoje é a prova tanto da sua habilidade quanto da sua utilidade. A famosa estrada romana, a Via Ápia, utilizou argamassa de cal entre as várias camadas de suas pedras.

O mineral fluorita, CaF_2. Fluoreto de cálcio encontra-se em uma grande variedade de cores, e os cristais estão frequentemente na forma octaédrica.

A Via Ápia na Itália, um dos primeiros usos de argamassa de cal. A Via Ápia na Itália foi construída como uma estrada militar ligando Roma a portos marítimos, dos quais os soldados podiam embarcar para a Grécia e outros países do Mediterrâneo. Alongando-se por 560 km de Roma a Brindisi, no Mar Adriático (no calcanhar da "bota" italiana), ela levou quase 200 anos para ser construída. Os romanos usavam argamassa feita de cal para "cimentar" as pedras no lugar.

ESTUDO DE CASO

Água Dura

Não, água dura não se refere ao gelo. É o nome dado à água contendo concentrações elevadas de $Ca^{2+}(aq)$ e, em alguns casos, $Mg^{2+}(aq)$ e outros cátions metálicos bivalentes. Acompanhando esses cátions estarão diversos ânions, incluindo, em particular, o ânion hidrogenocarbonato, ou bicarbonato, $HCO_3^-(aq)$.

A água da chuva normalmente não contém altas concentrações desses íons, e por isso não é classificada como "água dura". Em muitas partes dos EUA, no entanto, o abastecimento de água municipal vem de aquíferos no subsolo profundo. Se a água da chuva, que contém um pouco de CO_2 dissolvido, tem de infiltrar-se através de camadas de calcário ($CaCO_3$) para entrar no aquífero, uma pequena quantidade do sólido dissolverá por causa do seguinte equilíbrio:

$$CaCO_3(s) + CO_2(aq) + H_2O(\ell) \rightleftharpoons Ca^{2+}(aq) + 2\ HCO_3^-(aq)$$

Se a água dura contendo $Ca^{2+}(aq)$ e $HCO_3^-(aq)$ é aquecida, ou mesmo se for deixada em repouso em um recipiente aberto, o CO_2 será expulso e o equilíbrio se deslocará, precipitando $CaCO_3(s)$ (◀ Seção 15.1). Esse pode ser um pequeno problema em uma chaleira, mas um problema maior em um ambiente industrial, onde o $CaCO_3$ sólido pode entupir as tubulações. Outra consequência da água dura é que ela forma borra, resíduo sólido, quando sabão é adicionado. O sabão é feito por meio de hidrólise de gorduras, que produz ácidos carboxílicos de cadeia longa. O resíduo do sabão é um precipitado do sal de cálcio desses ácidos.

Para evitar os problemas associados à água dura, químicos e engenheiros criaram maneiras de "amolecer" a água, ou seja, diminuir a concentração dos cátions causadores de problema. Em uma estação de tratamento de água para um município ou uma grande instalação industrial, a maior parte da dureza da água será removida quimicamente, principalmente por meio de tratamento com óxido de cálcio (cal, CaO). Se íons HCO_3^- estiverem presentes juntamente com Ca^{2+} e/ou Mg^{2+}, as seguintes reações ocorrem:

$$Ca^{2+}(aq) + 2\ HCO_3^-(aq) + CaO(s) \rightarrow 2\ CaCO_3(s) + H_2O(\ell)$$

$$Mg^{2+}(aq) + 2\ HCO_3^-(aq) + CaO(s) \rightarrow CaCO_3(s) + MgCO_3(s) + H_2O(\ell)$$

Embora pareça estranho adicionar CaO para remover os íons cálcio, note que a adição de um mol de CaO leva à precipitação de dois mols de Ca^{2+} como $CaCO_3$.

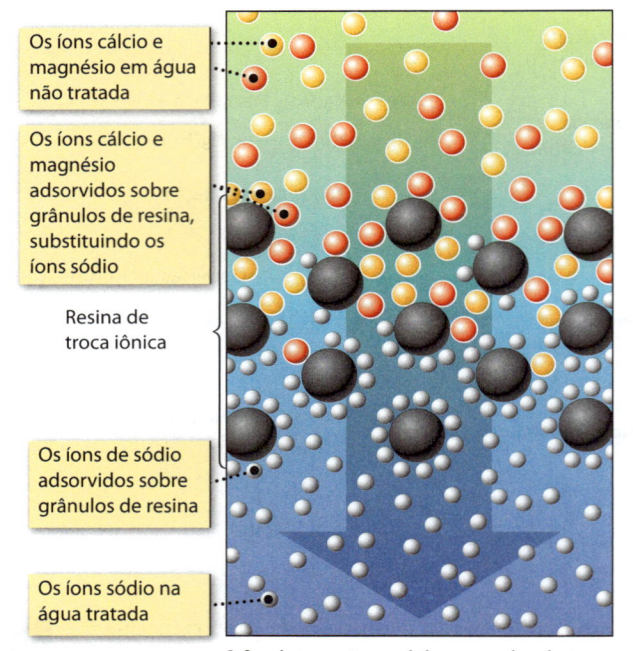

Os íons cálcio e magnésio em água não tratada

Os íons cálcio e magnésio adsorvidos sobre grânulos de resina, substituindo os íons sódio

Resina de troca iônica

Os íons de sódio adsorvidos sobre grânulos de resina

Os íons sódio na água tratada

O funcionamento geral de uma resina de troca iônica. O material de permuta de íons é geralmente um material polimérico formado em pequenos grânulos.

Amolecimento da água pela troca iônica em casas.

Em uma menor escala, a maioria dos sistemas de purificação de água em casa usa a *troca iônica* para amolecer a água (Figura). Este processo envolve a substituição de um íon adsorvido sobre uma resina de troca iônica sólida por um íon na solução. Polímeros orgânicos sintéticos com grupos funcionais carregados negativamente (tais como grupos carboxilato, —CO_2^-) são as resinas mais comumente usadas para esse propósito. Os íons sódio, Na^+, estão presentes na resina para equilibrar as cargas negativas dos grupos carboxilato. A afinidade de uma superfície para cátions multicarregados é maior que para os cátions monovalentes. Portanto, quando uma solução de água dura é passada sobre a superfície da resina de troca iônica, Ca^{2+} e Mg^{2+} (e outros íons bivalentes quando presentes) facilmente substituem os íons Na^+. Esse processo pode ser ilustrado de uma forma geral pelo equilíbrio

$$2\ NaX + Ca^{2+}(aq) \rightleftharpoons CaX_2 + 2\ Na^+(aq)$$

em que X representa um local de adsorção na resina de permuta iônica. O equilíbrio favorece a adsorção de Ca^{2+} e a liberação de Na^+. No entanto, o equilíbrio é invertido se os íons $Na^+(aq)$ estiverem presentes em concentração elevada, e isso permite a regeneração da resina de permuta iônica. Uma solução contendo uma alta concentração de Na^+ (geralmente de sal, NaCl) é passada através da resina para converter a resina de volta à sua forma inicial.

Questões:

1. Suponha que uma amostra de água dura contenha 50 mg/L de Mg^{2+} e 150 mg/L de Ca^{2+}, com HCO_3^- como o ânion acompanhante. Que massa de CaO deve ser adicionada a 1,0 L dessa solução aquosa para fazer com que todo Mg^{2+} e Ca^{2+} precipite como $CaCO_3$ e $MgCO_3$? Qual é a massa total dos dois sólidos formados?

2. Uma forma de remover os resíduos de carbonato de cálcio em uma chaleira é adicionar vinagre (uma solução diluída de ácido acético). Escreva uma equação química para explicar este processo. Que tipo de reação é essa?

As respostas a essas questões estão disponíveis no Apêndice N.

UM OLHAR MAIS ATENTO

Metais Alcalinoterrosos e Biologia

As plantas e os animais produzem energia pela oxidação de um açúcar, glicose, com oxigênio. As plantas são únicas, no entanto, ao serem capazes de sintetizar glicose a partir de CO_2 e H_2O usando a luz solar como fonte de energia. Esse processo é iniciado pela *clorofila*, uma molécula muito grande, à base de magnésio.

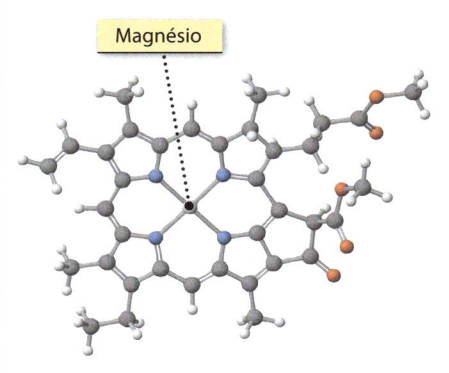

Magnésio

Uma molécula de clorofila. O magnésio é seu elemento central.

Em seu corpo, os íons de metais alcalinoterrosos Mg^{2+} e Ca^{2+} servem para funções de regulação. Embora esses dois íons metálicos sejam requeridos por sistemas vivos, os outros elementos do Grupo 2A são tóxicos. Compostos de berílio são cancerígenos e sais de bário solúveis são venenosos. Você pode ficar preocupado se o seu médico vier a lhe pedir para beber um "coquetel de bário" a fim de verificar o estado do seu aparelho digestivo. Não tenha medo, porque o "coquetel" contém $BaSO_4$ muito insolúvel ($K_{ps} = 1,1 \times 10^{-10}$), de modo que ele passa através de seu aparelho digestivo sem que uma quantidade significativa seja absorvida. O sulfato de bário é opaco aos raios X, portanto, seu caminho através de seus órgãos aparece na imagem revelada.

O composto *hidroxiapatita* contendo cálcio é o componente principal do esmalte do dente. Cáries em seus dentes se formam quando os ácidos (como aqueles em refrigerantes) decompõem o revestimento de hidroxiapatita fracamente básico.

$$Ca_5(OH)(PO_4)_3(s) + 4\ H_3O^+(aq) \rightarrow$$
$$5\ Ca^{2+}(aq) + 3\ HPO_4^{2-}(aq) + 5\ H_2O(\ell)$$

Essa reação pode ser evitada através da conversão da hidroxiapatita para o revestimento muito mais resistente ao ácido, de fluorapatita.

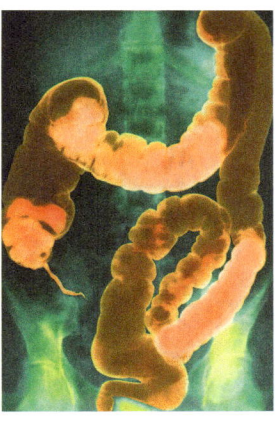

Raios X de um trato gastrointestinal usando $BaSO_4$ para tornar visíveis os órgãos.

$$Ca_5(OH)(PO_4)_3(s) + F^-(aq) \rightarrow$$
$$Ca_5F(PO_4)_3(s) + OH^-(aq)$$

A fonte do íon fluoreto pode ser o fluoreto de sódio ou o monofluorfosfato de sódio (Na_2FPO_3, vulgarmente conhecido como MFP) em sua pasta de dentes.

A utilidade da argamassa depende de uma química simples. A argamassa consiste em uma parte de cal para três partes de areia, com adição de água para fazer uma pasta grossa. A primeira reação, referida como *hidratação*, ocorre após os sólidos serem misturados com água. Isto produz uma lama contendo hidróxido de cálcio, que é conhecida como *cal hidratada* (ou apagada).

$$CaO(s) + H_2O(\ell) \rightleftharpoons Ca(OH)_2(s)$$

Quando a mistura de argamassa úmida é colocada entre os tijolos ou blocos de pedra, ela lentamente reage com o CO_2 do ar e a cal *hidratada* é convertida em carbonato de cálcio.

$$Ca(OH)_2(s) + CO_2(g) \rightleftharpoons CaCO_3(s) + H_2O(\ell)$$

Os grãos de areia são unidos pelas partículas de carbonato de cálcio.

EXERCÍCIOS PARA A SEÇÃO 21.5

1. Qual dos seguintes compostos insolúveis de cálcio não se dissolve em ácido clorídrico?

   (a) calcário, $CaCO_3$

   (b) cal hidratada, $Ca(OH)_2$

   (c) gesso, $CaSO_4 \cdot 2\ H_2O$

   (d) hidroxiapatita, $Ca_5(OH)(PO_4)_3$

2. Os minérios de cálcio são as matérias-primas para uma variedade de processos industriais de grande escala. Qual dos seguintes não é um processo industrial?

   (a) Conversão de calcário, $CaCO_3$, em cal

   (b) Conversão de fluorita, CaF_2, em HF

   (c) Conversão de cal hidratada, $Ca(OH)_2$, em cal

   (d) Conversão de minério de apatita para fertilizantes fosfatados

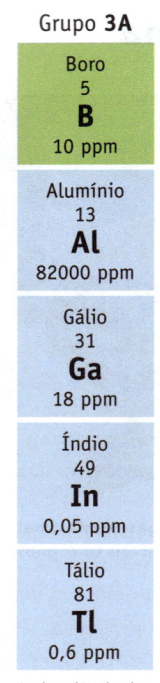

Grupo **3A**

Boro 5 **B** 10 ppm
Alumínio 13 **Al** 82000 ppm
Gálio 31 **Ga** 18 ppm
Índio 49 **In** 0,05 ppm
Tálio 81 **Tl** 0,6 ppm

A abundância dos elementos estão em **partes por milhão** *na crosta terrestre.*

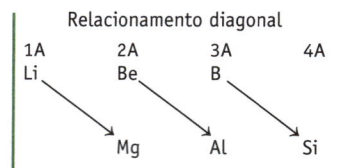

Relacionamento diagonal

1A	2A	3A	4A
Li	Be	B	
	Mg	Al	Si

Relacionamento Diagonal As químicas dos elementos situados na diagonal na Tabela Periódica são muitas vezes bastante similares.

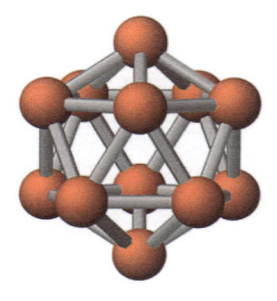

Alótropos do Boro. Todos os quatro alótropos do boro elementar têm um icosaedro (um poliedro de 20 lados) de 12 átomos de boro covalentemente ligados como um elemento estrutural.

21-6 Boro, Alumínio e os Elementos do Grupo 3A

Com o Grupo 3A, vemos a primeira evidência de uma mudança de comportamento metálico dos elementos no lado esquerdo da Tabela Periódica e para comportamento não metálico no lado direito da tabela. O boro é um metaloide, enquanto todos os outros elementos do Grupo 3A são metais.

Os elementos do Grupo 3A variam amplamente em suas abundâncias relativas na Terra. O alumínio é o terceiro elemento mais abundante na crosta terrestre (82000 ppm), enquanto os outros elementos do grupo são relativamente raros e, com exceção de boro, seus compostos têm limitados usos comerciais.

Química dos Elementos do Grupo 3A

Há semelhanças químicas entre alguns elementos situados diagonalmente na Tabela Periódica. Essa relação diagonal significa que o lítio e o magnésio compartilham algumas propriedades químicas, como fazem o Be e o Al, e o B e o Si. Por exemplo:

- O óxido bórico, B_2O_3, e o ácido bórico, $B(OH)_3$, são fracamente ácidos, assim como são o SiO_2 e seu ácido, o ácido ortosilícico (H_4SiO_4). Compostos de boro-oxigênio, os boratos, são muitas vezes quimicamente semelhantes aos compostos de silício-oxigênio, os silicatos.

- Ambos, $Be(OH)_2$ e $Al(OH)_3$ são anfóteros, dissolvendo em uma base forte, como NaOH aquoso (◄ Figura 16.11).

- Cloretos, brometos e iodetos de boro e de silício (tal como BCl_3 e $SiCl_4$) reagem vigorosamente com água.

- Os hidretos de silício e boro são espécies moleculares simples; são voláteis e inflamáveis; e reagem facilmente com água.

- O hidreto de berílio e o hidreto de alumínio são sólidos incolores, não voláteis que são amplamente polimerizados através de ligações Be—H—Be e Al—H—Al *três centros/dois elétrons*.

Finalmente, os elementos do Grupo 3A são caracterizados por configurações eletrônicas do tipo ns^2np^1. Isso significa que cada um pode perder três elétrons para ter um número de oxidação +3, embora os elementos mais pesados, especialmente o tálio, também formem compostos com um número de oxidação de +1.

Os Minérios de Boro e a Produção do Elemento

Apesar de o boro ter abundância baixa na Terra, seus minérios são encontrados em depósitos concentrados. Grandes depósitos de bórax, $Na_2B_4O_7 \cdot 10\ H_2O$, são atualmente minerados no deserto de Mojave, perto da cidade de Boron, Califórnia.

O isolamento do boro puro elementar dos minérios contendo boro é extremamente difícil e é feito em pequenas quantidades. Como a maioria dos metais e metaloides, o boro pode ser obtido química ou eletroliticamente reduzindo um óxido ou um haleto. O magnésio tem sido muitas vezes utilizado para reduções químicas, mas o produto dessa reação é um boro não cristalino de baixa pureza.

$$B_2O_3(s) + 3\ Mg(s) \rightarrow 2\ B(s) + 3\ MgO(s)$$

O boro tem vários alótropos, todos caracterizados por terem um icosaedro de átomos de boro como um elemento estrutural. O boro elementar é um semicondutor muito duro e refratário (resistente ao calor). Neste sentido, ele difere dos outros elementos do Grupo 3A; Al, Ga, In e Tl apresentam todos um ponto de fusão relativamente baixo, são metais relativamente macios, com elevada condutividade elétrica.

Alumínio Metálico e Sua Produção

O baixo custo do alumínio e as excelentes características de suas ligas com outros metais (baixa densidade, resistência, facilidade de manuseio na fabricação e inércia em relação à corrosão, entre outras), levaram ao seu uso generalizado. Você o conhece melhor na forma de folha de alumínio, latas de alumínio e partes de aeronaves.

Fotos: © Cengage Learning/Charles D. Winters

Cobre metálico se deposita sobre a superfície do alumínio.

A reação é rápida e tão exotérmica que a água pode ferver sobre a superfície da folha.

A cor azul dos íons de Cu^{2+} aquoso desaparece à medida que são consumidos na reação.

(a) Uma esfera de folha de alumínio é adicionada a uma solução de nitrato de cobre(II) e cloreto de sódio. Normalmente, o revestimento de Al_2O_3 quimicamente inerte sobre a superfície do alumínio protege o metal contra a oxidação adicional.

(b) Na presença do íon Cl^-, o revestimento de Al_2O_3 é violado e o alumínio reduz íons de cobre(II) para cobre metálico.

FIGURA 21.16 Corrosão do alumínio.

O alumínio puro é macio e fraco; além disso, ele perde rapidamente a resistência em temperaturas superiores a 300 °C. O que chamamos de "alumínio" é na verdade alumínio misturado com pequenas quantidades de outros elementos para fortalecer o metal e melhorar suas propriedades. Uma liga típica pode conter cerca de 4% de cobre, com quantidades menores de silício, magnésio e manganês. Ligas mais macias, mais resistentes à corrosão, para esquadrias, móveis, placas de estrada e utensílios de cozinha podem incluir somente manganês.

O potencial de redução padrão do alumínio [Al^{3+}(aq) + 3 e^- → Al(s); $E° = -1,66$ V] informa que o alumínio é facilmente oxidado. A partir disso, podemos esperar que o alumínio seja altamente suscetível à corrosão mas, na verdade, ele é bastante resistente. A resistência à corrosão do alumínio ocorre devido à formação de uma película fina, resistente, transparente de Al_2O_3 que adere à superfície do metal. No entanto, se você penetrar o revestimento da superfície riscando ou utilizando um agente químico, o alumínio na superfície exposta pode reagir imediatamente com o oxigênio ou outro oxidante. Na Figura 21.16, a superfície é rompida por íons Cl^-, e o alumínio reage rapidamente com íons de Cu^{2+} aquoso.

O alumínio foi preparado pela primeira vez por redução do $AlCl_3$ utilizando-se sódio ou potássio. Este era um processo dispendioso e, no século XIX, o alumínio era um metal precioso. Na Exposição de Paris de 1855, uma amostra de alumínio foi exibida junto com as joias da Coroa da França. Em 1886, em uma coincidência interessante, o francês Paul Heroult (1863-1914) e o americano Charles Martin Hall (1863-1914) simultânea e independentemente conceberam o método eletroquímico utilizado hoje. O método Hall-Heroult carrega os nomes dos dois descobridores.

O alumínio é encontrado na natureza na forma de aluminossilicatos, minerais tais como argila, que são baseados em alumínio, silício e oxigênio. Conforme esses minerais se alteram no ambiente, eles se transformam em várias formas de óxido de alumínio hidratado, $Al_2O_3 \cdot n\, H_2O$, chamadas *bauxita*. Minerada em grandes quantidades, a bauxita é a matéria-prima da qual o alumínio é obtido. O primeiro passo é purificar o minério, separando Al_2O_3 de óxidos de ferro e de silício. Isto é feito pelo *processo Bayer*, que se baseia na natureza anfótera, básica ou ácida dos vários óxidos. (A sílica, SiO_2, é um óxido ácido, ao passo que Al_2O_3 é anfótero e Fe_2O_3 é um óxido básico.) Sílica e Al_2O_3 se dissolvem em uma solução concentrada quente de soda cáustica (NaOH), deixando Fe_2O_3 insolúvel para ser filtrado.

$$Al_2O_3(s) + 2\ NaOH(aq) + 3\ H_2O(\ell) \rightarrow 2\ Na[Al(OH)_4](aq)$$

$$SiO_2(s) + 2\ NaOH(aq) + 2\ H_2O(\ell) \rightarrow Na_2[Si(OH)_6](aq)$$

Se uma solução contendo ânions de silicato e aluminato é tratada com CO_2, Al_2O_3 precipita e o íon silicato permanece na solução. Lembre-se de que CO_2 é um óxido

Oesper Collection in The History of Chemistry/University of Cincinnati

Charles Martin Hall (1863-1914)
Hall tinha apenas 22 anos quando elaborou o processo eletrolítico para a extração de alumínio do Al_2O_3 em uma fogueira atrás da casa da família em Oberlin, Ohio. Ele progrediu para fundar uma empresa que acabou se tornando a Alcoa, a Aluminum Corporation of America.

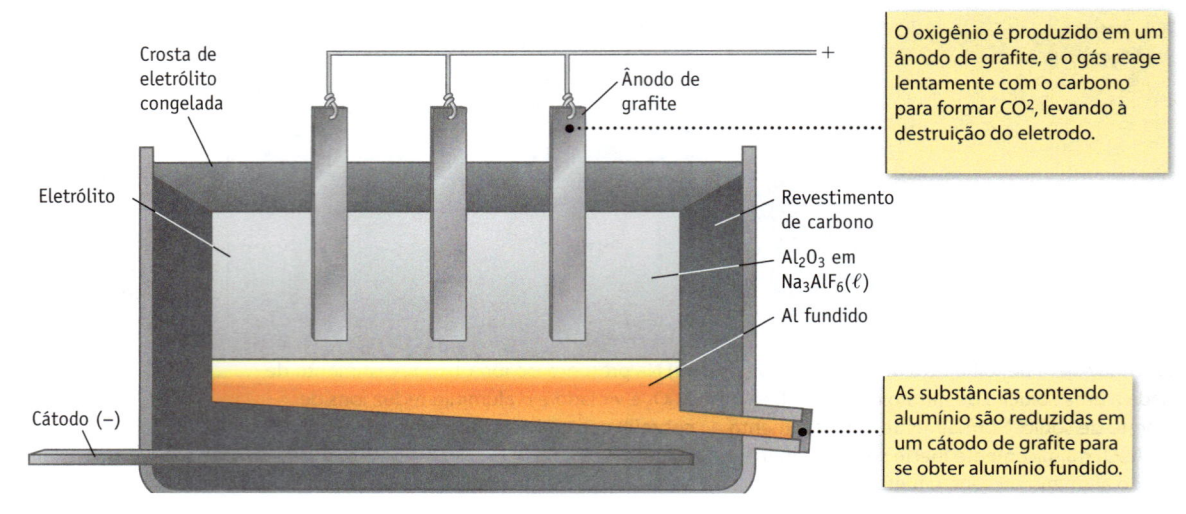

Crosta de eletrólito congelada

Ânodo de grafite

+

O oxigênio é produzido em um ânodo de grafite, e o gás reage lentamente com o carbono para formar CO^2, levando à destruição do eletrodo.

Eletrólito

Revestimento de carbono

Al_2O_3 em $Na_3AlF_6(\ell)$

Al fundido

As substâncias contendo alumínio são reduzidas em um cátodo de grafite para se obter alumínio fundido.

Cátodo (−)

FIGURA 21.17 Produção industrial do alumínio. Minério contendo alumínio purificado (bauxita) é essencialmente Al_2O_3. No processo de Hall-Heroult, esta é misturada com criolita (Na_3AlF_6) e outros fluoretos, como AlF_3. (Os aditivos servem para diminuir o ponto de fusão da mistura e aumentar a condutividade.)

ácido que forma o ácido fraco H_2CO_3 em água, de modo que a precipitação de Al_2O_3 neste passo é uma reação ácido-base.

$$H_2CO_3(aq) + 2\ Na[Al(OH)_4](aq) \rightarrow Na_2CO_3(aq) + Al_2O_3(s) + 5\ H_2O(\ell)$$

O alumínio metálico é obtido da bauxita purificada por eletrólise (Figura 21.17). A bauxita é primeiro misturada com criolita, Na_3AlF_6, para se obter uma mistura de ponto de fusão mais baixo (temperatura de fusão = 980 °C), que é eletrolisada em uma célula com eletrodos de grafite. A célula funciona a uma tensão relativamente baixa (4,0–5,5 V), mas com uma corrente extremamente elevada (50000–150000 A). O alumínio é produzido no cátodo e o oxigênio no ânodo. Para produzir 1 kg de alumínio requer-se de 13 a 16 quilowatts-hora de energia, mais a energia necessária para manter a temperatura elevada.

Os Compostos de Boro

Bórax, $Na_2B_4O_7 \cdot 10\ H_2O$, é o composto mais importante de boro-oxigênio e é a forma do elemento mais frequentemente encontrada na natureza (Figura 21.18). Ele tem sido usado durante séculos na metalurgia, devido à capacidade de o bórax fundido dissolver outros óxidos metálicos. Por causa disso, o bórax é usado como um *fluxo* que limpa as superfícies de metais a serem unidos e permite um bom contato de metal com metal.

A fórmula do bórax fornece pouca informação sobre a sua estrutura. O ânion é mais bem descrito pela fórmula $[B_4O_5(OH)_4]^{2-}$, a estrutura do qual ilustra duas carac-

FIGURA 21.18 Borax, a fonte mineral do boro elementar.

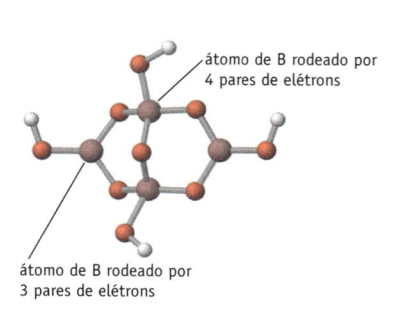

átomo de B rodeado por 4 pares de elétrons

átomo de B rodeado por 3 pares de elétrons

(a) A estrutura do íon $[B_4O_5(OH)_4]^{2-}$ encontrado no bórax.

© Cengage Learning/Charles D. Winters

(b) O mineral chamado ulexita, uma forma do bórax cristalino, $Na_2B_4O_7 \cdot 10\ H_2O$.

terísticas estruturais comumente observadas na Química Inorgânica. Em primeiro lugar, muitos minerais consistem em grupos MO_n que compartilham átomos de O. Em segundo lugar, o compartilhamento de átomos de O entre dois metais ou metaloides muitas vezes conduz para anéis MO.

Depois do refinamento, o bórax pode ser tratado com ácido sulfúrico para produzir ácido bórico, $B(OH)_3$.

$$Na_2B_4O_7 \cdot 10\ H_2O(s) + H_2SO_4(aq) \rightarrow 4\ B(OH)_3(aq) + Na_2SO_4(aq) + 5\ H_2O(\ell)$$

A química do ácido bórico envolve ambos os comportamentos de ácido de Lewis e de Brønsted. Íons hidrônio são produzidos por uma interação ácido-base de Lewis entre o ácido bórico e a água.

$$K_a = 7,3 \times 10^{-10}$$

Devido a suas propriedades ácidas fracas e ligeira atividade biológica, o ácido bórico tem sido utilizado há muitos anos como um antisséptico. Além disso, uma vez que o ácido bórico é um ácido fraco, sais de íons borato, como o íon $[B_4O_5(OH)_4]^{2-}$ no bórax, são bases fracas.

O ácido bórico é desidratado para óxido bórico quando fortemente aquecido.

$$2\ B(OH)_3(s) \rightarrow B_2O_3(s) + 3\ H_2O(\ell)$$

De longe, o maior uso para o óxido está na fabricação de vidro de borossilicato (o tipo de vidro utilizado na maioria dos materiais de vidro de laboratórios). Esse tipo de vidro é composto de 76% de SiO_2, 13% de B_2O_3 e quantidades muito menores de Al_2O_3 e Na_2O. A presença de óxido bórico proporciona ao vidro uma temperatura de amolecimento mais elevada, dá melhor resistência ao ataque por ácidos e limita a expansão do vidro por aquecimento. Esta última propriedade torna o vidro de borossilicato menos propenso à ruptura quando aquecido ou resfriado.

Tal como o seu vizinho metaloide, o silício, o boro forma uma série de compostos moleculares com o hidrogênio. Uma vez que o boro é ligeiramente menos eletronegativo que o hidrogênio, esses compostos são descritos como hidretos, em que os átomos de H suportam uma carga negativa parcial. Mais de vinte hidretos de boro neutros, ou boranos, com a fórmula geral B_xH_y são conhecidos. O mais simples destes é o diborano, B_2H_6, um composto incolor, gasoso com um ponto de ebulição de –92,6 °C. Essa molécula é descrita como deficiente em elétrons porque não existem elétrons suficientes para prender todos os átomos utilizando ligações de dois elétrons. Em vez disso, a descrição da ligação utiliza ligações de dois elétrons de três centros nas pontes B—H—B.

O diborano tem uma entalpia endotérmica de formação ($\Delta_f H° = +41,0$ kJ/mol). Por essa razão, o diborano queima no ar para se obter óxido bórico e vapor de água em uma reação extremamente exotérmica. Não é de estranhar que o diborano e outros hidretos de boro já tenham sido considerados como possíveis combustíveis de foguetes.

$$B_2H_6(g) + 3\ O_2(g) \rightarrow B_2O_3(s) + 3\ H_2O(g) \qquad \Delta_r H° = -2038\ \text{kJ/mol-rea}$$

O diborano pode ser sintetizado a partir de boro-hidreto de sódio, $NaBH_4$, o único composto de B—H produzido em escala de toneladas.

$$2\ NaBH_4(s) + I_2(s) \rightarrow B_2H_6(g) + 2\ NaI(s) + H_2(g)$$

O boro-hidreto de sódio, $NaBH_4$, um sólido branco, cristalino, solúvel em água, é produzido a partir de NaH e ésteres de borato, como $B(OCH_3)_3$.

$$4\ NaH(s) + B(OCH_3)_3(g) \rightarrow NaBH_4(s) + 3\ NaOCH_3(s)$$

A principal utilização de $NaBH_4$ é como um agente redutor na síntese orgânica (▶ Capítulo 23).

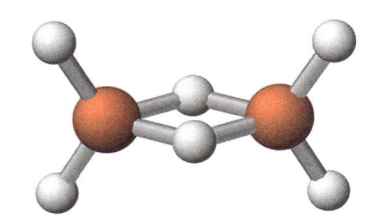

Diborano, B_2H_6, o membro mais simples de uma família de hidretos de boro.

FIGURA 21.19 Coríndon, Al₂O₃.
Coríndon é uma forma cristalina do óxido de alumínio. Tanto os rubis como as safiras são formas de coríndon em que alguns íons Al³⁺ foram substituídos por íons como Cr³⁺, Fe²⁺ ou Ti⁴⁺.

Compostos de Alumínio

O alumínio é um excelente agente redutor, pois ele reage prontamente com ácido clorídrico (formando íons Al^{3+} e H_2). Por outro lado, ele não reage com o ácido nítrico, um agente oxidante mais forte que o ácido clorídrico. Acontece que o ácido nítrico oxida a superfície do alumínio e produz uma película de Al_2O_3, que protege o metal contra ataque adicional. De fato, isso significa que o ácido nítrico pode ser transportado em tanques de alumínio.

Vários sais de alumínio dissolvem-se na água, resultando no íon hidratado Al^{3+}(aq), o qual é um ácido de Brønsted fraco (◄ Tabela 16.2).

$$[Al(H_2O)_6]^{3+}(aq) + H_2O(\ell) \rightleftharpoons [Al(H_2O)_5(OH)]^{2+}(aq) + H_3O^+(aq)$$

A adição de ácido desloca o equilíbrio para a esquerda, enquanto a adição de base faz com que o equilíbrio se desloque para a direita. A adição de íons hidróxido suficientes resulta em última análise na precipitação do óxido hidratado $Al_2O_3 \cdot 3\ H_2O$.

O óxido de alumínio, Al_2O_3, formado por desidratação do óxido hidratado, é completamente insolúvel em água e geralmente resistente ao ataque químico. Na forma cristalina, o óxido de alumínio é conhecido como *coríndon*. Esse material é extremamente duro, uma propriedade que leva à sua utilização como um abrasivo em rodas, lixas e pasta de dentes.

Algumas gemas são óxido de alumínio impuro. Rubis, belos cristais vermelhos valorizados como joias e usados em alguns *lasers*, são compostos por Al_2O_3 contaminado com uma pequena quantidade de Cr^{3+} (Figura 21.19). Os íons Cr^{3+} substituindo alguns dos íons Al^{3+} na rede cristalina são a fonte da cor vermelha. Os rubis sintéticos foram feitos pela primeira vez em 1902 e a capacidade mundial é agora de cerca de 200000 kg/ano; grande parte dessa produção é usada para peças em relógios e instrumentos. Safiras azuis consistem em Al_2O_3 com impurezas de Fe^{2+} e Ti^{4+} no lugar de íons Al^{3+}.

O boro forma haletos, como BF_3 e BCl_3 gasosos, que têm a geometria molecular trigonal plana esperada de átomos de halogênio circundando um átomo de boro com hibridização sp^2. Em contraste, os haletos de alumínio são todos sólidos e têm estruturas diferentes. O brometo de alumínio, que é feito pela reação muito exotérmica de alumínio metálico e bromo (Figura 21.20),

$$2\ Al(s) + 3\ Br_2(\ell) \rightarrow Al_2Br_6(s)$$

tem a fórmula Al_2Br_6. A estrutura assemelha-se à do diborano, em que os átomos da ponte aparecem entre dois átomos de Al. No entanto, Al_2Br_6 não é deficiente em elétron; a ponte é formada quando um átomo de Br em um $AlBr_3$ usa um par para

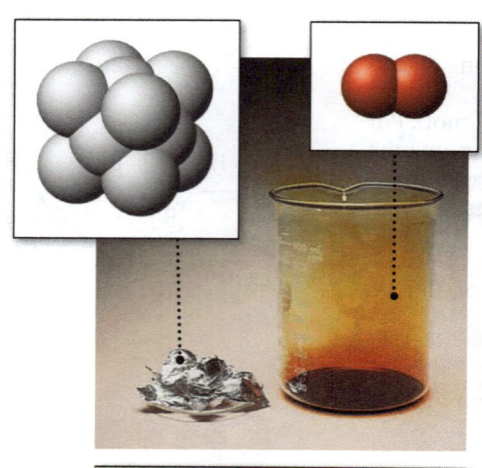

Folha de alumínio metálico e bromo líquido, Br_2.

Quando a folha é adicionada ao bromo, ocorre uma reação vigorosa.

A reação produz o sólido branco Al_2Br_6. O calor da reação é tão elevado que qualquer alumínio em excesso derrete.

FIGURA 21.20 A reação do alumínio metálico e bromo para se obter Al₂Br₆.

formar uma ligação covalente coordenada com um átomo de alumínio tetraédrico de hibridização sp^3 vizinho.

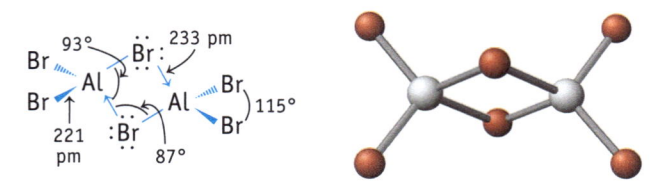

A estrutura do Al_2Br_6. As ligações no Al_2Br_6 não são exclusivas para os haletos de alumínio. Pontes de metal-halogênio-metal são encontradas em muitos outros compostos de metal-halogênio.

Ambos, brometo de alumínio e iodeto de alumínio, têm essa estrutura. O cloreto de alumínio possui uma estrutura de estado sólido diferente, mas ele existe como moléculas diméricas no estado de vapor. O fluoreto de alumínio tem uma estrutura reticular iônica, construída de íons Al^{3+} e F^-.

O cloreto de alumínio pode reagir com um íon cloreto para formar o ânion $[AlCl_4]^-$. O fluoreto de alumínio, em contraste, pode acomodar três íons F^- suplementares para formar um íon octaédrico $[AlF_6]^{3-}$. Este é o ânion encontrado na criolita, Na_3AlF_6, o composto adicionado ao óxido de alumínio na produção eletrolítica do alumínio metálico. Aparentemente, o íon Al^{3+} pode ligar-se a seis íons F^- menores, enquanto apenas quatro dos íons maiores Cl^-, Br^- ou I^- podem cercar um íon Al^{3+}.

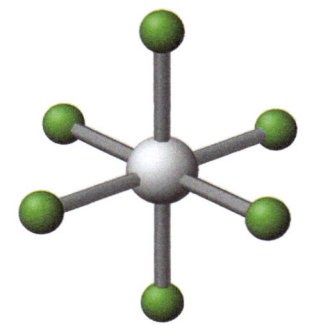

O ânion octaédrico $[AlF_6]^{3-}$. Este é o ânion no mineral criolita.

EXERCÍCIOS PARA A SEÇÃO 21.6

1. Em termos de abundância dos elementos na crosta terrestre, o alumínio classifica-se em

   (a) primeiro   (b) segundo   (c) terceiro   (d) quarto

2. O elemento abaixo do alumínio no Grupo 3A é o gálio e existem numerosas semelhanças na química entre esses dois elementos. Por exemplo, os hidróxidos de ambos os elementos são anfóteros. Uma consequência disso é que ambos, o hidróxido de gálio e o hidróxido de alumínio,

   (a) são insolúveis em água   (c) dissolvem apenas em base

   (b) dissolvem apenas em ácido   (d) dissolvem em ácido e em base

21-7   Silício e os Elementos do Grupo 4A

O carbono é um não metal; o silício e o germânio são classificados como metaloides; e o estanho e o chumbo são metais. Como resultado, os elementos do Grupo 4A abrangem diversos comportamentos químicos.

Os elementos do Grupo 4A são caracterizados por camadas de valência semipreenchidas com dois elétrons no orbital ns e dois elétrons no orbital np. A ligação em compostos de carbono e silício é em grande parte covalente e envolve o compartilhamento de quatro pares de elétrons com átomos vizinhos. Em compostos de germânio, o estado de oxidação +4 é comum (GeO_2 e $GeCl_4$), mas existem alguns compostos com estado de oxidação +2 (GeI_2). Números de oxidação de ambos, +2 e +4, são comuns em compostos de estanho e de chumbo (tal como $SnCl_2$, $SnCl_4$, PbO e PbO_2). Os números de oxidação com duas unidades a menos que o número do grupo são frequentemente encontrados para os elementos mais pesados nos Grupos 3A-7A.

Silício

O silício é o segundo elemento mais abundante na crosta terrestre, depois do oxigênio; por isso, não é surpreendente o fato de que estamos rodeados por materiais contendo silício: tijolos, cerâmica, porcelana, lubrificantes, selantes, circuitos de computador e células solares. A revolução do computador baseia-se nas propriedades semicondutoras do silício.

Grupo **4A**

| Carbono 6 **C** 480 ppm |
| Silício 14 **Si** 277000 ppm |
| Germânio 32 **Ge** 1,8 ppm |
| Estanho 50 **Sn** 2,2 ppm |
| Chumbo 82 **Pb** 14 ppm |

*A abundância dos elementos estão em **partes por milhão** na crosta terrestre.*

FIGURA 21.21 Barra de silício puro. Placas finas de silício são cortadas das barras e são a base para os circuitos semicondutores em computadores e outros dispositivos.

O silício relativamente puro pode ser feito em grandes quantidades por aquecimento de areia de sílica pura com coque purificado a cerca de 3000 °C em um forno elétrico.

$$SiO_2(s) + 2\ C(s) \rightarrow Si(\ell) + 2\ CO(g)$$

O silício fundido é retirado do fundo do forno e resfriado para se obter um sólido azul-cinzento brilhante. Como o silício de pureza extremamente alta é necessário para a indústria de eletrônicos, a purificação do silício bruto requer várias etapas. Em primeiro lugar, o silício na amostra impura é deixado reagir com o cloro para converter o silício em tetracloreto de silício líquido.

$$Si(s) + 2\ Cl_2(g) \rightarrow SiCl_4(\ell)$$

O tetracloreto de silício (ponto de ebulição de 57,6 °C) é cuidadosamente purificado por destilação e, em seguida, reduzido para silício usando magnésio.

$$SiCl_4(g) + 2\ Mg(s) \rightarrow 2\ MgCl_2(s) + Si(s)$$

O cloreto de magnésio é removido com água, e o silício é fundido e moldado em barras. A purificação final é realizada por refinamento por zona, um processo em que um dispositivo especial de aquecimento é usado para fundir um pequeno segmento da barra de silício. O aquecedor é movido lentamente pela barra. As impurezas contidas no silício tendem a permanecer na fase líquida. O silício, que cristaliza acima da zona aquecida é, por conseguinte, de um grau de pureza mais elevado (Figura 21.21).

Dióxido de Silício

O mais simples óxido de silício é o SiO_2, comumente chamado de *sílica*, um componente de muitas rochas, como o granito e o arenito. O quartzo é uma forma cristalina pura de sílica, mas impurezas no quartzo produzem pedras preciosas, como a ametista (Figura 21.22).

A sílica e o CO_2 são óxidos de dois elementos do mesmo grupo químico, assim é possível esperar semelhanças entre eles. Na verdade, SiO_2 é um sólido de ponto de fusão elevado (o quartzo funde a 1610 °C), enquanto o CO_2 é um gás a temperatura ambiente e 1 atm. Essa grande disparidade surge a partir das diferentes estruturas dos dois óxidos. O dióxido de carbono é um composto molecular, com o átomo de carbono ligado a cada átomo de oxigênio por uma ligação dupla. Em contraste, SiO_2 é um sólido reticular, que é a estrutura preferida porque a energia de ligação de duas ligações duplas de Si—O é muito menor que a energia de ligação de quatro ligações simples de Si—O. O contraste entre SiO_2 e CO_2 é um exemplo de um fenômeno mais geral. Ligações múltiplas, muitas vezes encontradas entre elementos do segundo período, são raras entre os elementos no terceiro período em diante. Há muitos compostos com ligações múltiplas com carbono, mas muito poucos compostos com ligações múltiplas com silício.

Quartzo sintético. Estes cristais foram cultivados a partir de sílica em hidróxido de sódio. As cores vêm dos íons Co^{2+} (azul) ou íons Fe^{2+} (marrom).

Quartzo natural. O quartzo puro é incolor, mas impurezas adicionam cor para produzir a ametista púrpura e o citrino marrom.

Ametista

Citrino

Quartzo

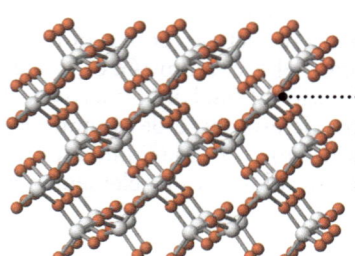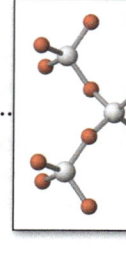

Sólido reticular. Cada átomo de Si está ligado tetraedricamente a quatro átomos de O, cada um ligado a outro átomo de Si.

FIGURA 21.22 Varias formas de quartzo.

Cristais de quartzo são usados para controlar a frequência das transmissões de rádio e televisão. Como essas e outras aplicações utilizam muito quartzo, não há quartzo natural suficiente para atender à demanda, e o quartzo é, portanto, sintetizado. Quartzo não cristalino ou vítreo, feito por fusão de areia de sílica pura, é colocado em um "tanque" de aço e NaOH aquoso diluído é adicionado. Um cristal "semente" é colocado na mistura, assim como você pode usar um cristal semente em uma solução de açúcar quente para fazer crescer pedras de doce. Quando a mistura é aquecida acima da temperatura crítica da água (acima de 400 °C e 1700 atm), durante um período de dias, o quartzo puro cristaliza.

O dióxido de silício é resistente ao ataque de todos os ácidos, com exceção de HF, com o qual ele reage para formar SiF_4 e H_2O.

$$SiO_2(s) + 4\ HF(\ell) \rightarrow SiF_4(g) + 2\ H_2O(\ell)$$

O dióxido de silício também se dissolve lentamente em NaOH ou Na_2CO_3 fundidos e a quente para resultar em Na_4SiO_4, silicato de sódio.

$$SiO_2(s) + 2\ Na_2CO_3(\ell) \rightarrow Na_4SiO_4(s) + 2\ CO_2(g)$$

Depois que a mistura fundida esfriou, é adicionada água quente sob pressão. Isso dissolve parcialmente o material para se obter uma solução de silicato de sódio. Após a filtragem da areia ou do vidro insolúvel, o solvente é evaporado para deixar o silicato de sódio, chamado *vidro de água*. O maior uso simples deste material é em detergentes domésticos e industriais, nos quais está presente porque uma solução de silicato de sódio mantém o pH pela sua capacidade de tamponamento. Além disso, o silicato de sódio é usado em vários adesivos e ligantes, especialmente para a colagem de caixas de papelão ondulado.

Se o silicato de sódio for tratado com ácido, um precipitado gelatinoso de SiO_2 chamado *sílica gel* é obtido. Lavado e seco, o gel sílica é um material altamente poroso com muitos usos. É um agente de secagem, absorvendo facilmente até 40% do seu próprio peso de água. Pequenos pacotes de sílica gel são muitas vezes colocados em embalagens de mercadorias durante o armazenamento. O material é frequentemente banhado com $(NH_4)_2CoCl_4$, um detector de umidade que é rosa quando hidratado e azul quando seco.

Minerais de Silicato com Estruturas em Cadeia e Tiras

A estrutura e a química de minerais de silicato são um tópico enorme na Geologia e na Química. Embora todos os silicatos sejam construídos de unidades tetraédricas de SiO_4, eles têm diferentes propriedades e uma grande variedade de estruturas por causa da maneira como estas unidades tetraédricas de SiO_4 se juntam.

Os silicatos mais simples, *ortossilicatos*, contêm ânions SiO_4^{4-}. A carga 4− do ânion é equilibrada por quatro íons M^+, dois íons M^{2+} ou uma combinação de íons. Olivina, um mineral importante no manto da Terra, contém Mg^{2+} e Fe^{2+}, sendo que o íon Fe^{2+} fornece ao mineral a sua cor característica de oliva, e zircônios semelhantes a gemas são $ZrSiO_4$. Ortossilicato de cálcio, Ca_2SiO_4, é um componente do cimento Portland, o tipo mais comum de cimento utilizado em muitas partes do mundo. (Ca_2SiO_4 pode ser pensado como uma mistura de CaO e SiO_2, os principais ingredientes do cimento.)

Um grupo de minerais chamado *piroxênios* têm como sua unidade estrutural básica uma cadeia de tetraedros de SiO_4.

Se essas duas cadeias estão ligadas entre si por compartilhamento de átomos de oxigênio, o resultado é um *anfibólio*, do qual os minerais de asbesto amianto são um exemplo. A cadeia molecular faz com que o asbesto seja um material fibroso.

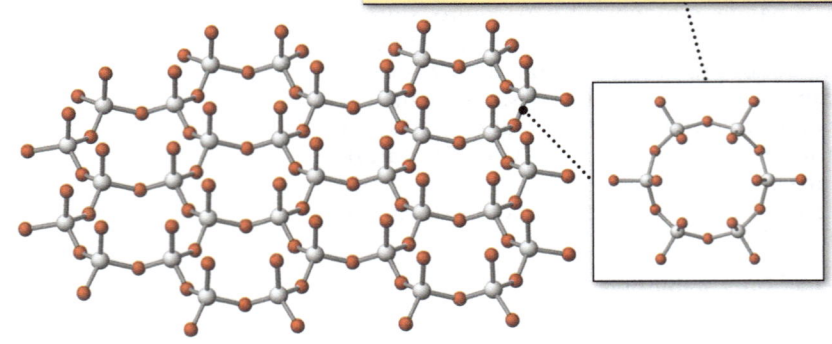

Anéis de seis membros de átomos de Si com átomos de O nas arestas são um elemento estrutural comum em silicatos.

"Livros" de mica são pilhas de silicato lamelar.

John C. Kotz

FIGURA 21.23 Mica, um silicato lamelar. A estrutura molecular semelhante a uma folha de mica explica sua aparência física. Como nos piroxênios, cada silício está ligado a quatro átomos de oxigênio, mas os átomos de Si e O formam uma lamela de anéis de seis membros de átomos de Si com átomos de O em cada aresta. A proporção de Si para O nesta estrutura é de 1 para 2,5. A fórmula de $SiO_{2,5}$ requer um íon positivo, como Na^+, para contrabalançar a carga. Assim, mica e outros silicatos lamelares e aluminossilicatos, como talco e muitas argilas, têm íons positivos entre as lamelas.

Silicatos com Estruturas Lamelares e Aluminossilicatos

A união de muitas cadeias de silicato juntas produz uma lamela de tetraedros de SiO_4 (Figura 21.23). Essa lamela é a característica estrutural de base de alguns dos minerais mais importantes da Terra, em particular os minerais de argila (como a porcelana da China), a mica, o talco e a forma de asbesto chamada crisotila. No entanto, esses minerais não contêm apenas silício e oxigênio. Em vez disso, eles são frequentemente referidos como os *aluminossilicatos*, porque frequentemente têm íons Al^{3+} no lugar de Si^{4+} (o que significa que outros íons positivos, como Na^+, K^+ e Mg^{2+}, também devem estar presentes na rede para equilibrar as cargas negativas e positivas líquidas). Na argila caulinita, por exemplo, a lamela tetraédrica de SiO_4 é ligada a uma lamela de AlO_6 octaédrica. Além disso, alguns íons Si^{4+} podem ser substituídos por átomos de Al^{3+}. Outro exemplo é a moscovita, uma forma de mica. Íons alumínio substituíram alguns íons Si^{4+} e há íons de K^+ de balanceamento de carga, por isso, ela é mais bem representada pela fórmula $KAl_2(OH)_2(Si_3AlO_{10})$.

Há alguns usos interessantes de argilas, sendo um deles em medicina (Figura 21.24). Em certas culturas, a argila é ingerida para fins medicinais. Vários remédios para o alívio de dores de estômago contêm argilas altamente purificadas que absorvem o excesso de ácido do estômago, bem como bactérias potencialmente prejudiciais e suas toxinas, através da troca de cátions nas argilas pelas toxinas, que são muitas vezes cátions orgânicos.

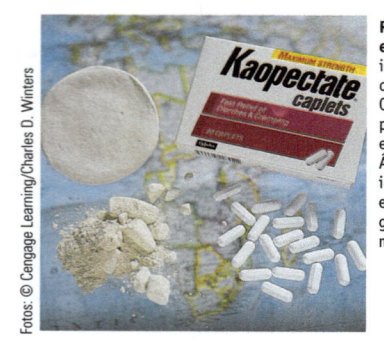

Fotos: © Cengage Learning/Charles D. Winters

Remédio para problemas de estômago. Um dos ingredientes do Kaopectate é o caulim, uma forma de argila. Os objetos esbranquiçados são pedaços de argila comprados em um mercado em Gana, na África Ocidental. Eles são ingeridos para dor de estômago, uma prática generalizada em todo o mundo.

Argila caulinita. A característica básica estrutural de muitas argilas e da caulinita em particular é uma lamela de SiO_4 tetraédrico (esferas pretas e vermelhas) ligada a uma lamela de AlO_6 octaédrico (esferas cinzas e verdes).

FIGURA 21.24 Argila, uma aluminossilicato.

UM OLHAR MAIS ATENTO

O cimento é um material tão comum que tendemos a considerá-lo como parte da natureza. A preparação do cimento teve origem há mais de 2000 anos, e foi utilizado em estradas romanas que ainda existem hoje. A atual "receita" para o cimento foi patenteada em 1824 por um pedreiro britânico, Joseph Aspdin, e tem sofrido poucas mudanças desde aquele tempo. Aspdin chamou seu produto de cimento Portland porque era semelhante em aparência à pedra de Portland, da ilha de Portland, em Dorset, Inglaterra. Em 2010, a produção mundial de cimento de Portland foi de 3,6 bilhões de toneladas; esse montante é o segundo, perdendo apenas para água, entre as substâncias que as pessoas utilizam.

A preparação do cimento Portland envolve o aquecimento de uma mistura de $CaCO_3$, SiO_2 e silicato de alumínio (argila) a 1450 °C. Isso produz uma massa sólida chamada *clínquer*. Triturando o material com um pouco de $CaSO_4$, se obtém cimento como um pó cinza fino; seus principais componentes são CaO (60–67%), SiO_2 (17–25%), Al_2O_3 (3–8%) e Fe_2O_3 (0–6%). A mistura de cimento com areia e agregados produz concreto; cimento é também o principal constituinte na argamassa, no estuque e em alguns rebocos. A utilidade do cimento nesses produtos vem do fato de que, quando é misturado com água, uma série de reações não bem compreendidas acontecem para produzir um produto duro, firme, sólido que é ideal para a utilização na construção.

A alta temperatura necessária para preparar o clínquer torna esse processo intensivo quanto à energia. Além disso, ele libera cerca de 900 kg de CO_2 a cada 1000 kg de cimento, que é estimado em cerca de 5% das emissões antropogênicas de CO_2. (Cerca de metade do CO_2 vem da decomposição de $CaCO_3$ para formar CO_2; a outra metade é proveniente da queima de combustíveis.) Melhorar esses números ajudaria a resolver duas preocupações ambientais atuais, o consumo de energia e a evolução do gás do efeito estufa. Por isso, há uma série de projetos de investigação em curso para desenvolver um cimento mais verde.

Em um desses projetos, o interesse principal está na segregação do CO_2. Nessa abordagem, o CO_2 de centrais de energia é combinado com a água do mar e água dura para criar carbonatos, que podem ser

Cimento Verde

TRANSFORMANDO O CALOR
O cimento é usado em tudo, desde calçadas a arranha-céus – e é uma importante fonte de emissões de carbono.

As fontes alternativas, como cinzas volantes das usinas de carvão, poderiam eliminar a necessidade de aquecimento extra e usar menos energia.

Calcário

Areia   Argila

1 Calcário é triturado...   **2** ...misturado com argila...

A maior parte das emissões de carbono vem de combustível queimado para aquecer o forno e do CO_2 cozido do calcário.

Resfriador de clínquer

Forno

4 ...para produzir nódulos cinzentos de clínquer.   **3** ...e calcinado a 1500 °C em um forno...

Armazenamento de cimento

Gipsita

Moinho de trituração

5 O clínquer é misturado com gesso e moído em um pó fino.   **6** O pó está pronto para ser misturado com água, juntamente com areia, cascalho ou pedra, e utilizado em um local de construção.

Reimpresso com permissão de Macmillan Publishers, Ltd: Nature, *Nature*, v. 494, ed. 7437, 20 fev. 2013, arte de Jasiek Krzysztofiak

utilizados no fabrico de cimento. Quando esses materiais são usados para fabricar cimento, o processo acaba tendo um balanço de CO_2 neutro, equilibrando a incorporação e a evolução de CO_2 no processo global.

Uma empresa britânica chamada Novacem usou uma abordagem mais radical. Aqui, silicatos de magnésio absorvem o CO_2 à temperatura e pressão elevadas para se obter o óxido de magnésio e o carbonato de magnésio, que são então utilizados como um substituto para o $CaCO_3$ na fábrica de cimento. O produto sólido branco tinha as mesmas características que o cimento Portland com base no cálcio. A

diferença significativa é que esse processo foi positivo em dióxido de carbono; no geral, o processo para fazer 1000 kg de cimento Novacem absorveu 100 kg de CO_2 a mais do que foi emitido.

O premiado processo Novacem, infelizmente, não consegue competir na indústria de cimento. A empresa não conseguiu obter o financiamento necessário para expandir e foi liquidada no final de 2012, depois de vender a propriedade intelectual para uma empresa australiana.

Figura de AMATO, I. "Green Cement: Concrete Solutions. *Nature*, 22 fev. 2013.

 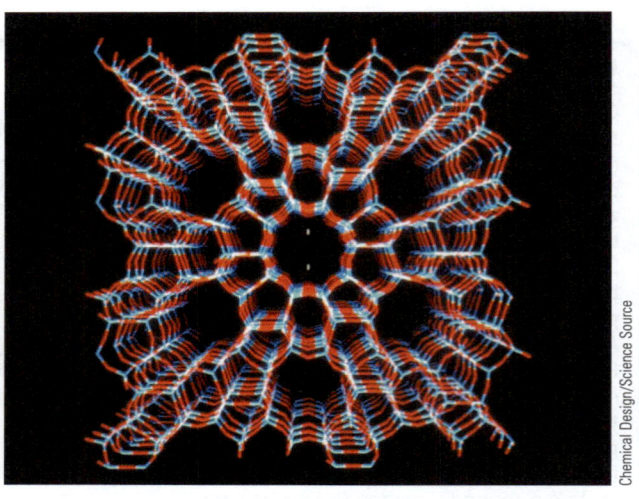

Apofilita, um zeólito cristalino.

Estrutura do zeólito. Cada aresta consiste em ligações de Si—O—Si, Al—O—Si ou Al—O—Al. Os canais na estrutura podem capturar seletivamente íons ou moléculas pequenas.

Outros aluminossilicatos incluem os feldspatos, minerais comuns que compõem cerca de 60% da crosta terrestre, e os zeólitos (Figura 21.25). Ambos os materiais são compostos de SiO_4 tetraédricos em que alguns dos átomos de Si foram substituídos por átomos de Al, juntamente com íons de metais alcalinos e alcalinoterrosos para equilíbrio de carga. A principal característica das estruturas do zeólito são seus túneis e cavidades de forma regular. Os diâmetros dos furos situam-se entre 300 e 1000 pm e moléculas pequenas, tais como a água, podem encaixar-se nas cavidades da estrutura do zeólito. Como resultado, os zeólitos podem ser utilizados como agentes de secagem, para absorver seletivamente a água do ar ou de um solvente. Pequenas quantidades de zeólitos geralmente selam janelas multipainéis para manter o ar seco entre as vidraças.

Os zeólitos também são utilizados como catalisadores. A ExxonMobil, por exemplo, patenteou um processo no qual o metanol, CH_3OH, é convertido para gasolina na presença de zeólitos especialmente adaptados. Além disso, os zeólitos são adicionados a detergentes, onde funcionam como agentes de amolecimento da água porque os íons sódio do zeólito podem ser trocados por íons Ca^{2+} em água dura, removendo eficazmente os íons Ca^{2+} da água. Por fim, você vai encontrá-los em produtos que retiram moléculas causadoras de odor do ar.

Polímeros de Silício

O silício e o clorometano (CH_3Cl) reagem a 300 °C na presença de um catalisador, Cu em pó. O produto principal desta reação é $(CH_3)_2SiCl_2$.

$$Si(s) + 2 CH_3Cl(g) \rightarrow (CH_3)_2SiCl_2(\ell)$$

Haletos de elementos do Grupo 4A, que não o carbono, hidrolisam prontamente. Assim, a reação de $(CH_3)_2SiCl_2$ com água produz inicialmente $(CH_3)_2Si(OH)_2$. Em repouso, essas moléculas se combinam para formar um polímero por eliminação da água. O polímero é chamado polidimetilsiloxano, um membro da família *silicone* e polímeros.

$$(CH_3)_2SiCl_2 + 2 H_2O \rightarrow (CH_3)_2Si(OH)_2 + 2 HCl$$

$$n (CH_3)_2Si(OH)_2 \rightarrow [—(CH_3)_2SiO—]_n + n H_2O$$

Os polímeros de silicone não são tóxicos e têm boa estabilidade diante de calor, luz e oxigênio; eles são quimicamente inertes e têm valiosas propriedades antiaderentes e antiespuma. Eles podem tomar a forma de óleos, graxas e resinas. Alguns possuem propriedades semelhantes à borracha ("massa de vidraceiro", por exemplo, é um polímero de silicone). Mais de 1 milhão de toneladas de polímeros de silicone são fabricadas em todo o mundo por ano. Esses materiais são utilizados em uma ampla variedade de produtos: lubrificantes, rótulos destacáveis, batom, loção bronzeadora, polidor de carros e calafetação de edifícios.

ESTUDO DE CASO

Chumbo, Beethoven e um Mistério Resolvido

O chumbo está na parte inferior do Grupo 4A. Um dos inúmeros elementos conhecidos desde os tempos antigos, ele possui uma variedade de usos modernos. O chumbo ocupa o quinto lugar entre os metais em uso, atrás do ferro, do cobre, do alumínio e do zinco. As principais utilizações do metal e seus compostos são as baterias de armazenamento (◄ Seção 19.3), pigmentos, munições, soldas, instalações sanitárias e mancais.

Infelizmente, o chumbo e seus compostos são venenos acumulativos, particularmente em crianças. Em um nível no sangue tão baixo quanto 50 ppb (partes por bilhão), a pressão arterial é elevada; a inteligência é afetada a 100 ppb; e mais elevados níveis sanguíneos de 800 ppb podem levar ao coma e a uma possível morte. Especialistas em saúde acreditam que mais de 200 mil crianças adoecem de envenenamento por chumbo anualmente, um problema causado principalmente por crianças que ingerem tinta com pigmentos à base de chumbo. Tinta que contém "chumbo branco" [2 $PbCO_3 \cdot Pb(OH)_2$] era usada até cerca de quarenta anos atrás, quando o chumbo branco foi substituído por TiO_2. Os sais de chumbo têm um sabor doce, o que pode contribuir para a tendência de as crianças mastigarem objetos pintados.

Os sintomas de envenenamento por chumbo incluem náusea, dor abdominal, irritabilidade, dores de cabeça e excesso de letargia ou hiperatividade. Na verdade, estes são alguns dos sintomas da doença que afetou Ludwig van Beethoven. Quando criança, ele foi reconhecido como um prodígio musical e com a idade de 19 foi considerado o maior pianista na Europa. Mas, em seguida, adoeceu e quando tinha 29 anos escreveu para seu irmão para dizer que estava pensando em suicídio. No momento em que ele morreu, em 1827, com a idade de 56, sua barriga, braços e pernas estavam inchados e ele reclamava constantemente de dor nas juntas e no dedão do pé. Diz-se que ele vagou pelas ruas de Viena, com cabelos longos, despenteados, vestindo um chapéu alto e casaco comprido e rabiscando em um caderno.

Ludwig van Beethoven (1770-1827).

Erich Lessing/Art Resource, NY

Uma autópsia na época mostrou que ele morreu de insuficiência renal. Pedras nos rins haviam destruído seus rins, as quais presumivelmente vieram da gota, o acúmulo de ácido úrico no seu corpo. (A gota leva à dor nas articulações, entre outras coisas.) Mas por que ele tinha gota?

Era bem conhecido no tempo do Império Romano o fato de que o chumbo e seus sais são tóxicos. Os romanos bebiam vinho adoçado com um xarope muito concentrado de suco de uva que era preparado pela fervura do suco em uma chaleira de chumbo. O xarope resultante, chamado *Sapa*, tinha uma concentração muito elevada de chumbo, e muitos romanos contraíam gota. Assim, se Beethoven gostava de beber vinho, que foi muitas vezes mantido em decantadores de vidro de chumbo, ele poderia ter contraído gota e envenenamento por chumbo. Um cientista também observou que ele pode ter sido parte de um pequeno número de pessoas que teve um "distúrbio de metabolismo de metais", uma condição que impede a excreção de metais tóxicos, como o chumbo.

Em 2005, os cientistas do Argonne National Laboratory analisaram fragmentos do cabelo e do crânio de Beethoven e consideraram que ambos estavam com concentração extremamente elevadas de chumbo. A amostra de cabelo, por exemplo, tinha 60 ppm de chumbo, um valor cerca de 100 vezes superior ao normal. O mistério sobre o que causou a morte de Beethoven foi resolvido. Mas o que continua a ser um mistério é como ele contraiu o envenenamento por chumbo.

Questões:

1. Se o sangue contém 50 ppb de chumbo, quantos átomos de chumbo estão em 1,0 L de sangue? (Suponha d(sangue) = 1,0 g/mL.)
2. Uma pesquisa descobriu que o vinho do Porto armazenado por um ano em decantadores de vidro de chumbo contém 2000 ppm de chumbo. Se a garrafa contém 750 mL de vinho (d = 1,0 g/mL), qual massa de chumbo foi extraída para o vinho?

As respostas a essas questões estão disponíveis no Apêndice N.

EXERCÍCIOS PARA A SEÇÃO 21.7

1. O silício elementar é oxidado por O_2 para se obter o desconhecido A. O composto A é dissolvido em Na_2CO_3 fundido, resultando em B. Quando B é tratado com ácido clorídrico aquoso, C é produzido. Identifique o composto C.

   (a) SiH_4　　　(b) H_4SiO_4　　　(c) SiO_2　　　(d) $SiCl_4$

2. O silício e o oxigênio formam um anel de seis membros no ânion silicato $[Si_3O_9]^{6-}$. Qual é o estado de oxidação do silício nesse composto? (O mineral azul raro benitoíta, a gema do estado da Califórnia, tem a fórmula $BaTiSi_3O_9$.)

   (a) 0　　　(b) +2　　　(c) +4　　　(d) -4

21-8　Nitrogênio, Fósforo e os Elementos do Grupo 5A

Os elementos do Grupo 5A são caracterizados pela configuração ns^2np^3 com sua subcamada np semipreenchida. Nos compostos dos elementos do Grupo 5A, os números de oxidação primários são +3 e +5, embora os compostos de nitrogênio

Grupo **5A**
Nitrogênio 7 **N** 25 ppm
Fósforo 15 **P** 1000 ppm
Arsênio 33 **As** 1,5 ppm
Antimônio 51 **Sb** 0,2 ppm
Bismuto 83 **Bi** 0,048 ppm

*A abundância dos elementos estão em **partes por milhão** na crosta terrestre.*

comuns exibam uma gama de números de oxidação de –3 a +5. Mais uma vez, como nos Grupos 3A e 4A, o estado de oxidação mais baixo é mais comum nos elementos mais pesados do que naqueles mais leves. Em muitos compostos de arsênio, antimônio e bismuto, o elemento tem um número de oxidação de +3. Não surpreendentemente, os compostos desses elementos com números de oxidação de +5 são agentes oxidantes poderosos.

Essa parte da nossa viagem aos elementos do grupo principal se concentrará nas químicas do nitrogênio e do fósforo. O nitrogênio é encontrado principalmente como N_2 na atmosfera, onde ele constitui 78,1% em volume (75,5% por peso). Em contraste, o fósforo ocorre na crosta da Terra em sólidos. Mais de 200 diferentes minerais contendo fósforo são conhecidos; todos contêm o íon fosfato tetraédrico PO_4^{3-} ou um derivado desse íon. De longe, os mais abundantes minerais contendo fósforo são as apatitas, como $Ca_5(OH)(PO_4)_3$.

O nitrogênio e seus compostos desempenham um papel fundamental na nossa economia, sendo que a amônia apresenta uma contribuição particularmente notável. O ácido fosfórico é um importante produto químico e ele encontra sua maior utilização na produção de fertilizantes.

Ambos, o fósforo e o nitrogênio, são parte de todos os organismos vivos. O fósforo está contido nos ácidos nucleicos e fosfolipídios, e o nitrogênio ocorre em proteínas e ácidos nucleicos (▶ Capítulo 24: *Bioquímica*).

Propriedades do Nitrogênio e do Fósforo

O nitrogênio (N_2) é um gás incolor que se liquefaz a 77 K (– 196 °C) (◀ Figura 11.1). Sua característica mais notável é sua relutância em reagir com outros elementos ou compostos, porque a ligação tripla N≡N tem uma grande entalpia de dissociação de ligação (945 kJ/mol) e porque a molécula é apolar. O nitrogênio, no entanto, reage com hidrogênio para obter amônia na presença de um catalisador (◀ Seção 15.6, "Estudo de Caso: Aplicando Conceitos de Equilíbrio – O Processo de Amônia Haber-Bosch") e com poucos metais (nomeadamente lítio e magnésio) para obter nitretos metálicos, compostos contendo o íon N^{3-}.

$$3\ Mg(s) + N_2(g) \longrightarrow Mg_3N_2(s)$$
nitreto de magnésio

O nitrogênio elementar é um material muito útil. Devido à sua falta de reatividade, ele é usado para fornecer uma atmosfera não oxidante para alimentos embalados e vinho e para pressurizar cabos elétricos e fios de telefone. O nitrogênio líquido é valioso como um refrigerante no congelamento de amostras biológicas como sangue e sêmen, em liofilização de alimentos e para outras aplicações que exigem temperaturas extremamente baixas.

O fósforo elementar foi derivado primeiro de dejetos humanos (veja "Um Olhar Mais Atento: Fabricando Fósforo"), mas ele é agora produzido pela redução de minerais de fosfato em uma fornalha elétrica.

$$2\ Ca_3(PO_4)_2(s) + 10\ C(s) + 6\ SiO_2(s) \rightarrow P_4(g) + 6\ CaSiO_3(s) + 10\ CO(g)$$

O vapor de fósforo pode então ser arrefecido com água, impedindo sua combustão espontânea e eventualmente produzindo as formas sólidas de fósforo presentes sob temperatura ambiente. O fósforo branco ceroso é o alótropo mais comum de fósforo, mas, paradoxalmente, é o menos estável termodinamicamente. Ao contrário do que ocorre com uma molécula diatômica com uma ligação tripla, como o seu representante do segundo período, o nitrogênio (N_2), o fósforo é composto de moléculas P_4 tetraédricas em que cada átomo de P é unido a três outros através de ligações simples. O fósforo vermelho é um polímero de unidades de P_4.

Alótropos vermelho e branco do fósforo.

© Cengage Learning/Charles D. Winters

fósforo branco, P_4

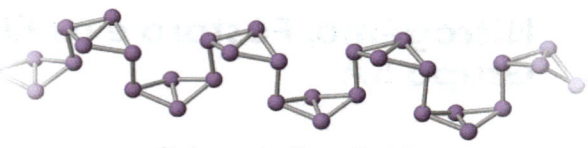

fósforo vermelho polimérico

Compostos de Nitrogênio

Uma característica notável da química do nitrogênio é a grande diversidade de seus compostos. Compostos são conhecidos com nitrogênio em todos os números de oxidação entre –3 e +5 (Figura 21.26).

Compostos de Nitrogênio com Hidrogênio: Amônia e Hidrazina

A amônia é um gás sob temperatura e pressão ambientes. Ela tem um odor muito penetrante e condensa para um líquido a –33 °C sob 1 atm de pressão. As soluções aquosas de amônia, muitas vezes referidas como hidróxido de amônio, são básicas devido à reação da amônia com água (◄ Figura 3.14).

$$NH_3(aq) + H_2O(\ell) \rightleftharpoons NH_4^+(aq) + OH^-(aq) \quad K_b = 1,8 \times 10^{-5} \text{ a } 25 \text{ °C}$$

A amônia é um importante produto químico industrial e é preparada pelo processo Haber-Bosch (◄ página 701), em grande parte para utilização como fertilizante.

A hidrazina, N_2H_4, é um líquido fumegante incolor, com um odor similar ao da amônia (p.f. 2,0 °C; p.e. 113,5 °C). Cerca de 1 milhão de quilogramas de hidrazina são produzidos anualmente pelo processo Raschig – a oxidação da amônia com hipoclorito de sódio alcalino na presença de gelatina (que é adicionada para suprimir as reações colaterais catalisadas por metais que reduzem o rendimento da hidrazina).

$$2 NH_3(aq) + NaClO(aq) \rightleftharpoons N_2H_4(aq) + NaCl(aq) + H_2O(\ell)$$

A hidrazina, como a amônia, é uma base,

$$N_2H_4(aq) + H_2O(\ell) \rightleftharpoons N_2H_5^+(aq) + OH^-(aq) \qquad K_b = 8,5 \times 10^{-7}$$

e é um agente redutor forte, tal como refletido no potencial de redução para a seguinte semirreação na solução básica:

$$N_2(g) + 4 H_2O(\ell) + 4 e^- \rightarrow N_2H_4(aq) + 4 OH^-(aq) \qquad E° = -1,15 \text{ V}$$

A capacidade de redução da hidrazina é explorada em seu uso no tratamento de efluentes de fábricas de produtos químicos. Ela remove os íons oxidantes como CrO_4^{2-} ao reduzi-los, impedindo-os assim de entrar no ambiente. Um uso relacionado é o tratamento de caldeiras de água em grandes instalações de geração de energia elétrica. O oxigênio dissolvido em água representa um problema grave nessas instalações, pois o gás dissolvido pode oxidar (corroer) o metal da caldeira e tubos. A hidrazina reduz a quantidade de oxigênio dissolvido na água.

$$N_2H_4(aq) + O_2(g) \rightarrow N_2(g) + 2 H_2O(\ell)$$

Óxidos e Oxiácidos de Nitrogênio

O nitrogênio é único entre todos os elementos quanto ao número de óxidos binários que ele forma (Tabela 21.5). Todos são termodinamicamente instáveis com relação à decomposição para N_2 e O_2; ou seja, todos têm valores de $\Delta_f G°$ positivos. No entanto, a maioria é lenta para decompor e por isso são descritos como cineticamente estáveis.

O *óxido de dinitrogênio*, N_2O, vulgarmente chamado de *óxido nitroso*, é um gás atóxico, inodoro, insípido, no qual o nitrogênio tem o número de oxidação menor (+1) entre os óxidos de nitrogênio. Ele pode ser fabricado pela decomposição cuidadosa de nitrato de amônia a 250 °C.

$$NH_4NO_3(s) \rightarrow N_2O(g) + 2 H_2O(g)$$

Ele é usado como anestésico em cirurgias simples e tem sido chamado de "gás hilariante" por causa de seus efeitos eufóricos. Uma vez que é solúvel em gorduras vegetais, a maior utilização comercial de N_2O é como um propelente e agente de arejamento em latas de creme *chantilly*.

O *óxido de nitrogênio*, NO, é uma molécula de número de elétrons ímpar. Ela tem 11 elétrons de valência, dando-lhe um elétron não emparelhado e tornando-a um radical livre. O composto tem sido recentemente objeto de investigação intensa porque constatou-se ser importante para uma série de processos bioquímicos.

Composto e número de oxidação do nitrogênio

Amônia, –3

Hidrazina, –2

Dinitrogênio, 0

Monóxido de dinitrogênio, +1

Monóxido de nitrogênio, +2

Dióxido de nitrogênio, +4

Ácido nítrico, +5

FIGURA 21.26 Compostos e números de oxidação do nitrogênio. Nos seus compostos, o átomo de N pode ter estados de oxidação variando de –3 a +5.

© Cengage Learning/Charles D. Winters

Óxido nitroso, N_2O. O óxido de nitrogênio é usado não apenas em latas de chantili, mas também é um anestésico, considerado seguro em aplicações médicas. No entanto, perigos significativos surgem ao usá-lo como droga recreativa. O uso em longo prazo pode induzir a lesão nervosa e causar problemas como fraqueza e perda de sensibilidade.

Tabela 21.5 Alguns Óxidos de Nitrogênio

Fórmula	Nome	Estrutura	Número de Oxidação do Nitrogênio	Descrição
N_2O	Óxido de dinitrogênio (óxido nitroso)	:N≡N—O: linear	+1	Gás incolor (gás hilariante)
NO	Óxido de nitrogênio (óxido nítrico)	*	+2	Gás incolor; molécula de número de elétrons ímpar (paramagnética)
N_2O_3	Trióxido de dinitrogênio	planar	+3	Sólido azul (pf=, −100,7 °C); dissocia reversivelmente para NO e NO_2 acima do seu pf.
NO_2	Dióxido de nitrogênio		+4	Gás paramagnético marrom; molécula de número de elétrons ímpar
N_2O_4	Tetraóxido de dinitrogênio	planar	+4	Líquido/gás incolor; dissocia para NO_2 (◀ Figura 15.7).
N_2O_5	Pentóxido de dinitrogênio		+5	Sólido incolor

*Não é possível desenhar uma estrutura de Lewis que represente com precisão a estrutura eletrônica de NO (◀ Capítulo 8). Note também que somente uma estrutura de ressonância é mostrada para cada estrutura.

O *dióxido de nitrogênio*, NO_2, é o gás marrom que você vê quando uma garrafa de ácido nítrico é deixada em repouso à luz do sol.

$$2\ HNO_3(aq) \rightarrow 2\ NO_2(g) + H_2O(\ell) + \tfrac{1}{2}\ O_2(g)$$

O dióxido de nitrogênio também é culpado pela poluição do ar (◀ Seção 20.1). O monóxido de nitrogênio se forma quando o nitrogênio e o oxigênio atmosféricos são aquecidos em motores de combustão interna. Lançado na atmosfera, NO rapidamente reage com O_2 para formar NO_2.

$$2\ NO(g) + O_2(g) \rightarrow 2\ NO_2(g)$$

O dióxido de nitrogênio tem 17 elétrons de valência, por isso também é uma molécula de número de elétrons ímpar. Como o elétron ímpar localiza-se principalmente no átomo de N, duas moléculas de NO_2 podem combinar-se, formando uma ligação N—N e produzindo N_2O_4, *tetraóxido de dinitrogênio*.

$$2\ NO_2(g) \longrightarrow N_2O_4(g)$$

gás marrom   incolor (pf= −11,2 °C)

O N_2O_4 sólido é incolor e consiste inteiramente em moléculas de N_2O_4. No entanto, conforme o sólido se funde e a temperatura aumenta até o ponto de ebulição, a cor escurece à medida que N_2O_4 dissocia para formar NO_2 marrom. No ponto de ebulição normal (21,5 °C), o gás marrom claramente consiste em 15,9% de NO_2 e 84,1% de N_2O_4 (veja a Figura 8.2).

Quando o NO_2 é borbulhado na água, forma-se ácido nítrico e ácido nitroso.

$$2\ NO_2(g) + H_2O(\ell) \rightarrow HNO_3(aq) + HNO_2(aq)$$

ácido nítrico   ácido nitroso

FIGURA 21.27 A preparação e as propriedades do ácido nítrico.

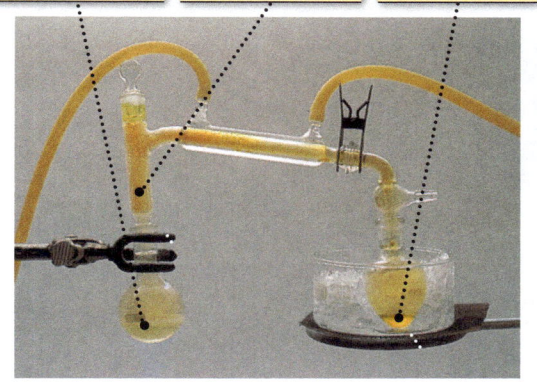

H₂SO₄ e NaNO₃ foram aquecidos neste frasco.

Gás NO₂ marrom enche o aparelho e colore o líquido no frasco de destilação.

HNO₃ foi destilado e recolhido neste frasco resfriado com gelo.

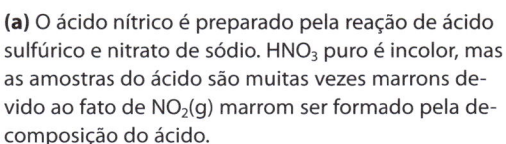

Fotos: © Cengage Learning/Charles D. Winters

(a) O ácido nítrico é preparado pela reação de ácido sulfúrico e nitrato de sódio. HNO₃ puro é incolor, mas as amostras do ácido são muitas vezes marrons devido ao fato de NO₂(g) marrom ser formado pela decomposição do ácido.

(b) Quando o ácido nítrico concentrado reage com o cobre, o metal é oxidado em íons cobre(II), e o gás NO₂ é um produto da reação.

O ácido nítrico é conhecido há séculos e tornou-se um composto importante na nossa economia moderna. A mais antiga forma de produzir o ácido é tratar $NaNO_3$ com ácido sulfúrico (Figura 21.27).

$$2\ NaNO_3(s) + H_2SO_4(\ell) \rightarrow 2\ HNO_3(\ell) + Na_2SO_4(s)$$

Enormes quantidades de ácido nítrico são agora produzidas industrialmente pela oxidação de amônia no *processo Ostwald* de múltiplas etapas. O ácido tem muitas aplicações mas, de longe, a maior quantidade é transformada em nitrato de amônio (para uso como fertilizante) pela reação de ácido nítrico e amônia.

O ácido nítrico é um poderoso agente oxidante, como os grandes valores positivos de $E°$ para as seguintes semirreações ilustram:

$$NO_3^-(aq) + 4\ H_3O^+(aq) + 3\ e^- \rightarrow NO(g) + 6\ H_2O(\ell) \qquad E° = +0,96\ V$$

$$NO_3^-(aq) + 2\ H_3O^+(aq) + e^- \rightarrow NO_2(g) + 3\ H_2O(\ell) \qquad E° = +0,80\ V$$

O ácido nítrico concentrado ataca e oxida a maioria dos metais. (O alumínio é uma exceção; veja a Seção 21.6.) Nesse processo, o íon nitrato é reduzido para um dos óxidos de nitrogênio. Que óxido é formado depende do metal e das condições da reação. No caso do cobre, por exemplo, ou NO ou NO_2 é produzido, dependendo da concentração do ácido (Figura 21.27b).

No ácido diluído:

$$3\ Cu(s) + 8\ H_3O^+(aq) + 2\ NO_3^-(aq) \rightarrow 3\ Cu^{2+}(aq) + 12\ H_2O(\ell) + 2\ NO(g)$$

No ácido concentrado:

$$Cu(s) + 4\ H_3O^+(aq) + 2\ NO_3^-(aq) \rightarrow Cu^{2+}(aq) + 6\ H_2O(\ell) + 2\ NO_2(g)$$

Quatro metais (Au, Pt, Rh e Ir), que não são atacados por ácido nítrico, são frequentemente descritos como os "metais nobres". Os alquimistas do século XIV, no entanto, sabiam que se eles misturassem HNO_3 com HCl em uma proporção de cerca de 1:3, esta *aqua regia* ou "água-régia" atacaria até mesmo o ouro, o mais nobre dos metais.

$$Au(s) + NO_3^-(aq) + 4\ Cl^-(aq) + 4\ H_3O^+(aq) \rightarrow [AuCl_4]^-(aq) + NO(g) + 6\ H_2O(\ell)$$

ESTUDO DE CASO

por Jeffrey Keaffaber, Universidade da Flórida

Um Aquário Saudável de Água do Mar e o Ciclo do Nitrogênio

Os grandes aquários de água salgada, como os do Sea World, na Flórida, o Shedd Aquarium, em Chicago, e o novo Georgia Aquarium, em Atlanta, são uma fonte contínua de diversão. Assim são também os aquários menores em sua casa. Manter essas instalações não é trivial, no entanto, um ambiente saudável para seus habitantes marinhos é essencial. Para isso, a Química desempenha um papel importante.

Uma parte fundamental da manutenção do aquário envolve o controle das concentrações de várias espécies dissolvidas que contêm nitrogênio, incluindo amônia, íon nitrito e íon nitrato, todas as quais são estressantes para os peixes em baixas concentrações e tóxicas em concentrações mais elevadas. A química que nos diz respeito a manter o equilíbrio adequado entre essas espécies é chamada de *ciclo do nitrogênio*.

Steven Hyatt

Nitrificação

O ciclo do nitrogênio começa com a produção da amônia (e, em solução ácida, seu ácido conjugado, o íon amônio, NH_4^+), um produto residual fundamental do metabolismo da proteína em um *habitat* de aquário. A menos que removida, a concentração de amônia acumulará ao longo do tempo. Para removê-la, a água do aquário é passada através de filtros de areia, infundidos com bactérias aeróbicas que gostam de oxigênio. Essas bactérias utilizam enzimas que catalisam a oxidação de amônia e de íon amônio por O_2 para formar primeiro o íon nitrito e, em seguida, o íon nitrato. O processo geral é denominado *nitrificação*, e as bactérias de água salgada que mediam cada passo da oxidação são *Nitrosococcus sp.* e *Nitrococcus sp.*, respectivamente. Semirreações que representam essa química são as seguintes:

Semirreações de oxidação

$$NH_4^+(aq) + 8\ OH^-(aq) \rightarrow$$
$$NO_2^-(aq) + 6\ H_2O(\ell) + 6\ e^-$$

$$NO_2^-(aq) + 2\ OH^-(aq) \rightarrow$$
$$NO_3^-(aq) + H_2O(\ell) + 2\ e^-$$

Semirreação de redução

$$O_2(aq) + 2\ H_2O(\ell) + 4\ e^- \rightarrow 4\ OH^-(aq)$$

Quando se tem um aquário em casa, é apropriado monitorar as concentrações das várias espécies de nitrogênio. Inicialmente, a concentração de NH_3/NH_4^+ sobe, mas então ela começa a cair conforme ocorre a oxidação. Com o tempo, a concentração do íon nitrito acumula, atinge o máximo e em seguida diminui, com um consequente aumento na concentração de íon nitrato. Para se atingir uma situação estável, até seis semanas podem ser necessárias.

Desnitrificação

O nitrato é muito menos tóxico que a amônia e o íon nitrito, mas o seu acúmulo também deve ser limitado. Em um pequeno aquário, a concentração de íons nitrato pode ser controlada por troca parcial da água. No entanto, devido a restrições ambientais, isto não é possível para aquários grandes; eles devem usar um processo de tratamento de água fechado.

Para remediar a acumulação dos íons nitrato, um processo com catalisador biológico é usado, o que reduz o íon nitrato para gás nitrogênio, N_2. Um agente redutor é necessário, e os primeiros projetos de filtros desnitrificadores utilizaram metanol, CH_3OH, como agente redutor. Entre as bactérias que vivem naturalmente em água salgada, capazes de redução de nitrato em condições (anóxicas) de baixo oxigênio, *Pseudomonas sp.* são comumente usadas. As bactérias, utilizando enzimas para catalisar a reação de nitrato e metanol para formar N_2 e CO_2, são introduzidas nos filtros de areia, em que é adicionado metanol.

Um pH estável também é importante para a saúde dos peixes do aquário. Portanto, ele é mantido com um pH relativamente constante de 8,0 a 8,2. Para ajudar nisso, o CO_2 produzido pela oxidação de metanol permanece dissolvido na solução e aumenta a capacidade tampão da água do mar.

Questões:

1. Escreva uma equação líquida iônica equilibrada para a oxidação de NH_4^+ por O_2 para produzir H_2O e NO_2^-.
2. Escreva semirreações para a redução de NO_3^- em N_2 e para a oxidação de CH_3OH para CO_2 na solução básica. Então, combine essas semirreações para obter a equação equilibrada para a redução de NO_3^- por CH_3OH.
3. Considere as espécies que contêm carbono H_2CO_3, HCO_3^- e CO_3^{2-}. Qual está presente em maior concentração nas condições de pH do aquário? Forneça uma explicação curta. K_a do $H_2CO_3 = 4,2 \times 10^{-7}$ e K_a do $HCO_3^- = 4,8 \times 10^{-11}$.
4. Um grande aquário de $2,2 \times 10^7$ L contém $1,7 \times 10^4$ kg de NO_3^- dissolvido. Calcule as concentrações em mg/L de N e NO_3^- e a concentração molar de NO_3^-.

As respostas a essas questões estão disponíveis no Apêndice N.

Compostos Formados por Hidrogênio, Fósforo e Outros Elementos do Grupo 5A

O análogo de fósforo da amônia, a fosfina (PH_3), é um gás venenoso, altamente reativo, com um odor ligeiramente semelhante ao de alho. Industrialmente, ele é fabricado pela reação de fósforo branco e NaOH aquoso.

$$P_4(s) + 3\ KOH(aq) + 3\ H_2O(\ell) \rightarrow PH_3(g) + 3\ KH_2PO_2(aq)$$

Os hidretos dos elementos mais pesados do Grupo 5A também são tóxicos e se tornam mais instáveis conforme o número atômico do elemento aumenta. No entanto, a arsina (AsH_3) é utilizada na indústria de semicondutores como um material de partida na preparação de semicondutores de arseneto de gálio (GaAs).

Sulfetos e Óxidos de Fósforo

Os compostos mais importantes do fósforo são aqueles com o oxigênio, e existem pelo menos seis compostos binários simples contendo apenas fósforo e oxigênio. Todos eles podem ser considerados estruturalmente derivados do tetraedro P_4 do fósforo branco. Por exemplo, se P_4 for cuidadosamente oxidado, P_4O_6 é formado; um átomo de O foi colocado em cada ligação P—P no tetraedro (Figura 21.28).

O óxido de fósforo mais comum e importante é o decaóxido de tetrafósforo (P_4O_{10}). No P_4O_{10}, cada átomo de fósforo está rodeado tetraedricamente por átomos de O.

O fósforo também forma uma série de compostos com o enxofre. Destes, o mais importante é o P_4S_3. Nesse composto, os átomos de S estão em apenas três das ligações P—P. O principal uso do P_4S_3 é nos fósforos que "acendem em qualquer lugar", aquele que acende quando você esfrega sua cabeça contra um objeto áspero. Os ingredientes ativos são P_4S_3 e o poderoso agente oxidante clorato de potássio, $KClO_3$. O "fósforo de segurança" agora é mais comum que o fósforo que "acende em qualquer lugar".

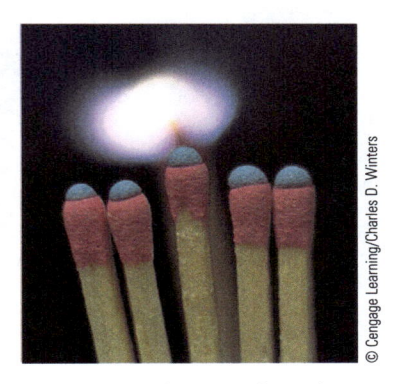

Palitos de Fósforo. A cabeça de um fósforo "que acende em qualquer lugar" contém P_4S_3 e o agente oxidante $KClO_3$. (Outros componentes são vidro moído, Fe_2O_3, ZnO e cola.) Os fósforos de segurança têm enxofre (3-5%) e $KClO_3$ (45-55%) na cabeça do fósforo e fósforo vermelho na faixa de contato.

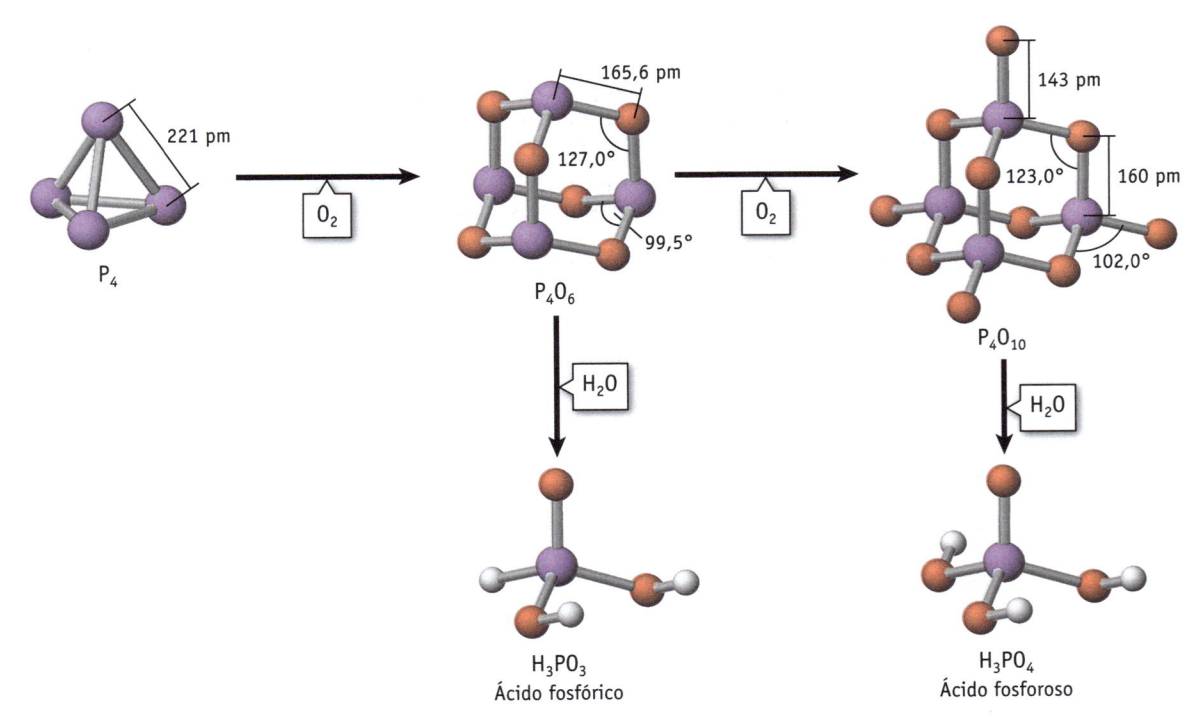

FIGURA 21.28 Óxidos fosforosos. Outros compostos binários P—O têm fórmulas entre P_4O_6 e P_4O_{10}. Eles são formados começando com P_4O_6 e adicionando átomos de O sucessivamente nos vértices do átomo de P.

(a) Mineração de rocha de fosfato. A rocha de fosfato é essencialmente Ca₃(PO₄)₂, e a mais minerada nos Estados Unidos é obtida principalmente na Flórida.

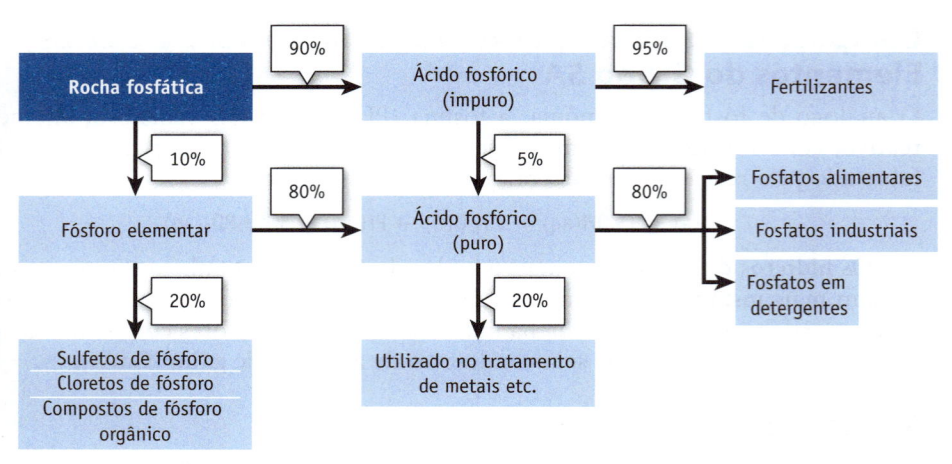

(b) Utilização de ácido fosfórico e do fósforo.

FIGURA 21.29 Utilizações da rocha fosfática, do fósforo e do ácido fosfórico.

Nos fósforos de segurança, a cabeça é predominantemente $KClO_3$, e o material na caixa do fósforo é o fósforo vermelho (cerca de 50%), Sb_2S_3, Fe_2O_3 e cola.

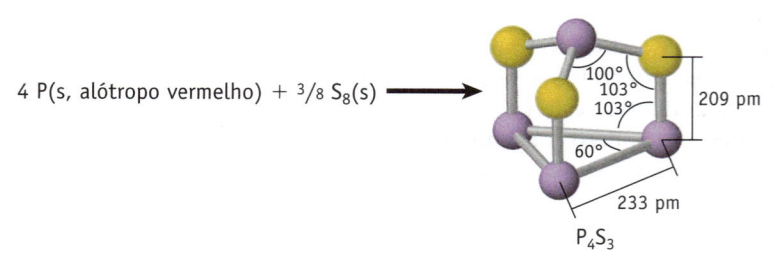

$$4 \text{ P(s, alótropo vermelho)} + \tfrac{3}{8} S_8(s) \longrightarrow$$

Enormes quantidades de compostos de fósforo são usadas em todo o mundo, e a maior parte começa com rocha de fosfato, que é em grande parte $Ca_3(PO_4)_2$ ou apatita. Conforme descrito na Figura 21.29, a rocha fosfática é convertida em ácido fosfórico impuro e, em seguida, para outros produtos ou para o fósforo elementar, do qual o ácido puro e outros produtos são feitos.

Oxiácidos de Fósforo e Seus Sais

Alguns dos muitos oxiácidos de fósforo conhecidos estão ilustrados na Tabela 21.6. Na verdade, há tantos ácidos e seus sais nesta categoria que princípios estruturais têm sido desenvolvidos para organizá-los e compreendê-los.

(a) Todos os átomos de P nos oxiácidos e seus ânions (bases conjugadas) são de quatro coordenadas e tetraédricos.

(b) Todos os átomos de P nos ácidos têm, pelo menos, um grupo P—OH. (Este é o átomo de hidrogênio acídico nesses compostos.)

(c) Alguns oxiácidos têm uma ou mais ligações P—H. Esses átomos de H não são ionizáveis como H^+.

(d) A polimerização pode ocorrer por formação de ligação P—O—P para gerar ambas as espécies lineares e cíclicas. Dois átomos de P nunca são unidos por mais do que uma ponte P—O—P.

(e) Quando um átomo de P é rodeado apenas por átomos de O (tal como em H_3PO_4), o seu número de oxidação é +5. Para cada P—OH que é substituído por P—H, o número de oxidação cai por 2. Por exemplo, o número de oxidação de P em H_3PO_2 é +1.

O ácido ortofosfórico, H_3PO_4, e seus sais são muito mais importantes comercialmente do que outros ácidos P—O. Milhões de toneladas de ácido fosfórico são fabricadas anualmente, algumas utilizando fósforo branco como material de

Tabela 21.6 Oxiácidos de Fósforo

Fórmula	Nome	Estrutura	pK_a
H_3PO_4	Ácido ortofosfórico		2,21, 7,21, 12,67
$H_4P_2O_7$	Ácido pirofosfórico (ácido difosfórico)		0,85, 1,49, 5,77, 8,22
$(HPO_3)_3$	Ácido metafosfórico		
H_3PO_3	Ácido fosforoso (ácido fosfônico)		2,00, 6,59
H_3PO_2	Ácido hipofosforoso (ácido fosfínico)		1,24

FIGURA 21.30 Reação de P_4O_{10} e água. O óxido sólido branco reage vigorosamente com água para se obter o ácido ortofosfórico, H_3PO_4. (O calor gerado vaporiza a água, de modo que o vapor é visível.)

partida. O elemento é queimado em oxigênio para se obter P_4O_{10}, e o óxido reage com água para produzir o ácido (Figura 21.30).

$$P_4O_{10}(s) + 6\ H_2O(\ell) \rightarrow 4\ H_3PO_4(aq)$$

Essa abordagem proporciona um produto puro, assim, ele é usado para preparar o ácido fosfórico para uso em produtos alimentares, em especial. O ácido não é tóxico e dá o sabor azedo ou amargo para "refrigerantes" carbonatados, assim como para várias colas (cerca de 0,05% de H_3PO_4) ou "cervejas de raízes" (cerca de 0,01% de H_3PO_4).

UM OLHAR MAIS ATENTO

Ele alimentou seu pequeno forno com mais carvão e bombeou o fole até que de sua retorta brilhou uma chama vermelha e quente. De repente, algo estranho começou a acontecer. Fumos de incandescência encheram o vaso e pela extremidade da retorta escorria um líquido brilhante que explodiu em chamas.

EMSLEY, J. *The 13th Element*. Nova York: John Wiley, 2000. p. 5.

John Emsley começa sua história do fósforo, a sua descoberta e seus usos, imaginando o que o alquimista alemão Hennig Brandt deve ter visto em seu laboratório naquele dia em 1669. Ele estava em busca da pedra filosofal, o elixir mágico que iria transformar a substância mais bruta em ouro. (Alguns podem lembrar que o primeiro romance de Harry Potter foi intitulado *Harry Potter e a Pedra Filosofal*, quando foi publicado na Grã-Bretanha.)

Fabricando Fósforo

Brandt estava realizando experimentos com urina, que havia servido como fonte útil de produtos químicos desde os tempos dos romanos. Não é surpreendente o fato de que o fósforo podia ser extraído dessa fonte. Os seres humanos consomem muito mais fósforo, sob a forma de fosfato, do que requerem, e o fósforo em excesso (cerca de 1,4 g por dia) é excretado na urina. Não deixa de ser extraordinário que Brandt foi capaz de isolar o elemento. De acordo com um livro de química do século XVIII, cerca de 30 g de fósforo podem ser obtidos de 60 galões de urina. E o processo não era simples. Outra receita do século XVIII afirma que "50 ou 60 baldes cheios" de urina eram para serem usados. "Deixe-os ficar em maceração... até que apodreçam e criem vermes". A química era então reduzir tudo até formar uma pasta e finalmente aquecer a pasta fortemente em uma retorta. Depois de alguns dias, o fósforo era destilado da mistura e recolhido em água. (Sabemos

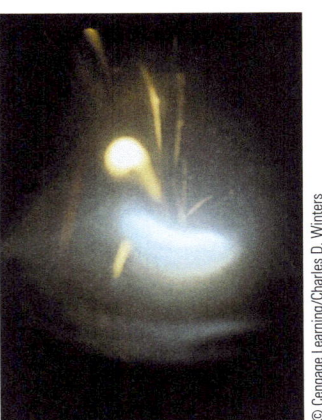

O brilho do fósforo queimando no ar.

agora que o carbono dos compostos orgânicos na urina reduz o fosfato para fósforo.) O fósforo foi fabricado dessa forma durante mais de cem anos.

Uma das principais utilizações do ácido fosfórico é dar resistência à corrosão de objetos metálicos, como porcas e parafusos, ferramentas e peças de automóveis, mergulhando o objeto em um banho do ácido quente. Carrocerias de automóveis são tratadas de forma semelhante com ácido fosfórico contendo íons metálicos, como Zn^{2+}, e acabamento de alumínio é "polido" pelo tratamento com o ácido.

A reação de H_3PO_4 com bases fortes produz sais como NaH_2PO_4, Na_2HPO e Na_3PO_4. Na indústria, os sais monossódicos e dissódicos são produzidos usando Na_2CO_3 como base, mas um excesso da base mais forte (e mais cara) NaOH é necessário para remover o terceiro próton a fim de se obter Na_3PO_4.

O fosfato de sódio (Na_3PO_4) é usado em saponáceos e desengraxantes porque o ânion PO_4^{3-} é uma base relativamente forte em água ($K_b = 2,8 \times 10^{-2}$). O mono-hidrogeno fosfato de sódio, Na_2HPO_4, que tem menos um ânion básico que PO_4^{3-}, é amplamente utilizado em produtos alimentares. Kraft patenteou um processo utilizando esse composto no fabrico de queijo pasteurizado, por exemplo. Milhares de toneladas de Na_2HPO_4 ainda são utilizadas para essa finalidade, embora a função do sal nesse processo não seja completamente compreendida. Além disso, uma pequena quantidade de Na_2HPO_4 em misturas para pudim permite que a mistura forme gel em água fria, e o ânion básico aumenta o pH dos cereais para proporcionar "cozedura rápida" dos cereais do desjejum. (A hidrólise do íon OH^- a partir do HPO_4^{2-} acelera a decomposição do material da celulose no cereal.)

Fosfatos de cálcio são utilizados em uma vasta gama de produtos. Por exemplo, o ácido fraco $Ca(H_2PO_4)_2 \cdot H_2O$ é utilizado como agente de fermentação do ácido no fermento em pó. Um fermento típico contém (juntamente com ingredientes inertes) 28% de $NaHCO_3$, 10,7% de $Ca(H_2PO_4)_2 \cdot H_2O$ e 21,4% de $NaAl(SO_4)_2$ (também um ácido fraco). Os ácidos fracos reagem com bicarbonato de sódio para produzir o gás CO_2. Por exemplo,

$$Ca(H_2PO_4)_2 \cdot H_2O(s) + 2\ NaHCO_3(aq) \rightarrow 2\ CO_2(g) + 3\ H_2O(\ell) + Na_2HPO_4(aq) + CaHPO_4(aq)$$

Finalmente, o mono-hidrogeno fosfato de cálcio, $CaHPO_4$, é utilizado como um agente abrasivo e de polimento no creme dental.

EXERCÍCIOS PARA A SEÇÃO 21.8

1. Construa as estruturas de Lewis para as diversas formas de ressonância do N_2O. Qual é a ordem prevista da ligação N—N?

   (a) 1   (b) 2   (c) entre 2 e 3   (d) 3

2. Qual afirmação sobre a amônia *não está correta*?

   (a) A amônia pode ser fabricada através de uma reação direta dos elementos.

   (b) As soluções aquosas de amônia são ácidas.

   (c) A amônia é um gás sob temperatura e pressão atmosférica ambientes.

   (d) A amônia é utilizada como um reagente na síntese de ácido nítrico.

3. Qual é o estado de oxidação do fósforo no ácido fosforoso, H_3PO_3?

   (a) 0   (b) +1   (c) +3   (d) +5

21-9 Oxigênio, Enxofre e os Elementos do Grupo 6A

O oxigênio é de longe o elemento mais abundante na crosta terrestre, representando um pouco menos que 50% em peso. Ele está presente como oxigênio elementar na atmosfera e é combinado com outros elementos na água e em muitos minerais. Os cientistas acreditam que o oxigênio elementar não apareceu neste planeta até cerca

Steven Hyatt

FIGURA 21.31 Sulfeto contido em minerais. Muitos minerais contêm o íon sulfeto. Alguns exemplos são mostrados aqui: (*à esquerda*) orpimenta, As_2S_3; (*centro*) pirita de ferro, FeS_2; e (*à direita*) estibnita, Sb_2S_3.

de 3,5 bilhões de anos atrás, quando foi formado pelas plantas através do processo de fotossíntese.

O enxofre, o 17º elemento em abundância na crosta terrestre, também é encontrado em sua forma elementar na natureza, mas apenas em certos depósitos concentrados. Compostos contendo enxofre ocorrem no gás natural, no carvão e no petróleo. Em minerais, o enxofre ocorre como o íon sulfeto (Figura 21.31) e como íon sulfato (por exemplo, no gesso $CaSO_4 \cdot 2\ H_2O$). Óxidos de enxofre (SO_2 e SO_3) também ocorrem na natureza, principalmente em produtos de atividade vulcânica.

Nos Estados Unidos, o enxofre – vários milhões de toneladas por ano – é obtido a partir de jazidas do elemento encontradas ao longo do Golfo do México. Esses depósitos ocorrem normalmente a uma profundidade de 150 a 750 metros abaixo da superfície em camadas de cerca de 30 m de espessura. Pensa-se que foram formados por bactérias anaeróbicas ("sem oxigênio elementar") que agem sobre os depósitos de sulfato sedimentares, como o gesso.

Preparação e Propriedades dos Elementos

O oxigênio puro é obtido pela destilação fracionada do ar e está entre os cinco principais produtos químicos industriais produzidos nos Estados Unidos. O oxigênio pode ser fabricado no laboratório por eletrólise de água (veja a Figura 21.4) e pela decomposição catalisada de cloretos de metal, como o $KClO_3$.

$$2\ KClO_3(s) \xrightarrow{\text{catalisador}} 2\ KCl(s) + 3\ O_2(g)$$

Sob temperatura e pressão ambientes, o oxigênio é um gás incolor, mas é azul pálido quando condensado a líquido a –183 °C (◄ Figura 9.13). Conforme descrito na Seção 9.3, o oxigênio diatômico é paramagnético, porque tem dois elétrons desemparelhados.

Um alótropo do oxigênio, o ozônio (O_3), é um gás diamagnético azul com um odor muito forte que pode ser detectado em concentrações tão baixas quanto 0,05 ppm. O ozônio é sintetizado pela passagem de O_2 através de uma descarga elétrica ou pela irradiação de O_2 com luz ultravioleta. Muitas vezes ele destaca-se no noticiário por causa da percepção de que a camada de ozônio que protege a Terra na estratosfera está sendo destruída por clorofluorcarbonos (CFCs) e outros produtos químicos (◄ Seção 20.1).

O enxofre tem inúmeros alótropos. O alótropo mais comum e mais estável é a forma ortorrômbica amarela, a qual consiste em moléculas de S_8 com os átomos de enxofre arranjados em um anel em forma de coroa (Figura 21.32a). Alótropos menos estáveis são conhecidos, os quais têm anéis de 6 a 20 átomos de enxofre. Outra forma de enxofre, chamada de enxofre plástico, tem uma estrutura molecular com cadeias de átomos de enxofre (Figura 21.32b).

Grupo 6A

Oxigênio
8
O
474000 ppm

Enxofre
16
S
260 ppm

Selênio
34
Se
0,5 ppm

Telúrio
52
Te
0,005 ppm

Polônio
84
Po
traços

*A abundância dos elementos por traço estão em **partes por milhão** na crosta terrestre.*

FIGURA 21.32 Alótropos de enxofre.

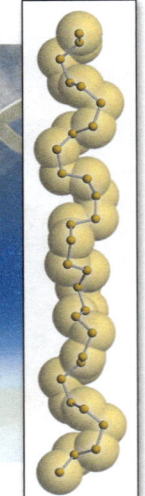

Fotos: © Cengage Learning/ Charles D. Winters

(a) À temperatura ambiente, o enxofre existe como um sólido amarelo brilhante composto de anéis de S_8.

(b) Quando aquecidos, os anéis se rompem e eventualmente formam as cadeias de átomos de S em um material descrito como "enxofre plástico".

O selênio e o telúrio são relativamente raros na Terra, têm as mesmas abundâncias que a prata e o ouro, respectivamente. Uma vez que a sua química é semelhante à do enxofre, eles são frequentemente encontrados em minerais associados aos sulfetos de cobre, prata, ferro e arsênio e são recuperados como subprodutos das indústrias voltadas a esses elementos.

UM OLHAR MAIS ATENTO

Estalactites e Química do Enxofre

A química do enxofre pode ser importante na formação de cavernas, como demonstra amplamente um exemplo espetacular nas selvas do sul do México. O gás sulfeto de hidrogênio tóxico é jogado de Cueva de Villa Luz, juntamente à água, que é branca leitosa com partículas de enxofre suspensas. A caverna pode ser percorrida por baixo, para um grande fluxo subterrâneo e um labirinto de passagens que se ampliam ativamente. A água sobe na caverna de estratos subjacentes condutores de enxofre, liberando o sulfeto de hidrogênio em concentrações de até 150 ppm. O enxofre amarelo cristaliza nas paredes da caverna em torno das entradas. O enxofre e o ácido sulfúrico são produzidos pelas reações seguintes:

$$2\ H_2S(g) + O_2(g) \rightarrow 2\ S(s) + 2\ H_2O(\ell)$$

$$2\ S(s) + 2\ H_2O(\ell) + 3\ O_2(g) \rightarrow 2\ H_2SO_4(aq)$$

A atmosfera da caverna é venenosa para os seres humanos, de modo que máscaras de gás são essenciais para os pretensos

Estalactites. Os filamentos de bactérias oxidantes de enxofre (apelidados de "meleca de tites") pendurados no teto de uma caverna mexicana contendo uma atmosfera rica em sulfeto de hidrogênio. As bactérias se desenvolvem sobre a energia liberada pela oxidação do sulfeto de hidrogênio, formando a base de uma cadeia alimentar complexa. Gotículas de ácido sulfúrico sobre os filamentos têm um pH médio de 1,4, com alguns tão baixos quanto zero! Gotas que caíram em exploradores na caverna queimaram suas peles e desintegraram suas roupas.

exploradores. Mas, surpreendentemente, a caverna está repleta de vida. Várias espécies de bactérias prosperam em compostos de enxofre em ambientes ácidos. A energia química liberada no seu metabolismo é usada para obter o carbono para seus corpos a partir de carbonato de cálcio e dióxido de carbono, sendo ambos abundantes na caverna. Um dos resultados é que os filamentos de bactérias penduram-se nas paredes e nos tetos em feixes. Uma vez que os filamentos parecem como algo vindo de um nariz escorrendo, os exploradores de cavernas se referem a eles como "meleca de tites". Outros micróbios se alimentam das bacté-

Arthur N. Palmer

rias e assim sucessivamente na sequência da cadeia alimentar – que inclui aranhas, mosquitos e caramujos – até peixes semelhantes à sardinha que nadam no fluxo da caverna. Esse ecossistema inteiro é suportado por reações envolvendo o enxofre dentro da caverna.

O selênio apresenta inúmeros usos, incluindo a fabricação de vidro. Uma mistura de sulfeto/seleneto de cádmio (CdS/CdSe) é adicionada ao vidro para dar ao mesmo uma cor vermelha brilhante. O uso mais familiar do selênio é em xerografia, uma palavra que significa "impressão seca" e um processo central da moderna máquina de cópia. A maioria das máquinas de fotocópia usa uma placa ou rolo de alumínio revestido com selênio. Luz proveniente da lente da imagem seletivamente descarrega uma carga elétrica estática na superfície do selênio e o *toner* preto adere-se apenas sobre as áreas que permanecem carregadas. A cópia é feita quando o *toner* é transferido para uma folha de papel.

Selênio. O vidro assume uma cor vermelha brilhante quando uma mistura de sulfeto seleneto de cádmio (CdS, CdSe) é adicionada a ele.

O elemento mais pesado do Grupo 6A, o polônio, é radioativo e encontrado somente em quantidades traço na Terra. Ele foi descoberto em Paris, França, em 1898 por Marie Sklodowska Curie (1867-1934) e seu marido Pierre Curie (1859-1906). O casal Curie cuidadosamente separou esse elemento de uma grande quantidade de pechblenda, um minério contendo urânio.

Compostos de Enxofre

O sulfeto de hidrogênio, H_2S, tem uma geometria molecular angular, como a água. Ao contrário da água, no entanto, H_2S é um gás sob condições normais (p.f. –85,6 °C; p.e. –60,3 °C), pois suas forças intermoleculares são fracas em comparação à forte ligação do hidrogênio na água (◀ Figura 11.4). O sulfeto de hidrogênio é venenoso, comparável em toxicidade com o cianeto de hidrogênio, mas, felizmente, tem um odor forte e é detectável em concentrações tão baixas quanto 0,02 ppm. Você deve, porém, ter cuidado com o H_2S. Uma vez que ele tem um efeito anestésico, seu nariz perde rapidamente a capacidade de detectá-lo. A morte ocorre com concentrações de H_2S de 100 ppm.

Mau Hálito Halitose ou "mau hálito" se deve a três compostos contendo enxofre: H_2S, CH_3SH (metil mercaptana) e $(CH_3)_2S$ (sulfeto de dimetila). Todos os três podem ser detectados em concentrações muito pequenas. Por exemplo, seu nariz sabe se tão pouco quanto 0,2 micrograma de CH_3SH está presente por litro de ar. Os compostos resultam do ataque de bactérias nos aminoácidos cisteína e metionina que contêm enxofre, em partículas de alimentos na boca.

O enxofre é frequentemente encontrado como o íon sulfeto em conjunto com metais, e a maioria dos sulfetos de metais (exceto aqueles baseados em metais do Grupo 1A) é insolúvel. A recuperação dos metais a partir dos seus minérios de sulfeto geralmente começa por aquecimento do minério no ar.

$$2\ PbS(s) + 3\ O_2(g) \rightarrow 2\ PbO(s) + 2\ SO_2(g)$$

Aqui, sulfeto de chumbo(II) é convertido em óxido de chumbo(II), e este é então reduzido para chumbo usando carbono ou monóxido de carbono em um alto forno.

$$PbO(s) + CO(g) \rightarrow Pb(\ell) + CO_2(g)$$

Alternativamente, o óxido pode ser reduzido para chumbo elementar, combinando-o com sulfeto de chumbo.

$$2\ PbO(s) + PbS(s) \rightarrow 3\ Pb(s) + SO_2(g)$$

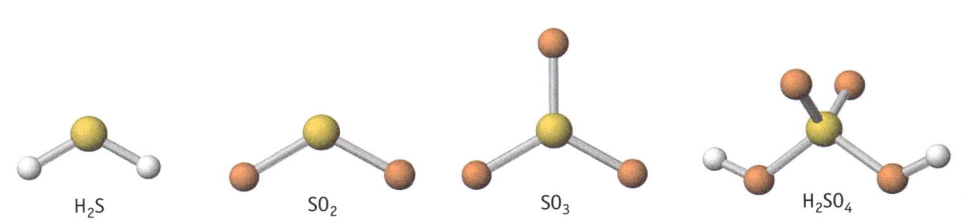

H_2S SO_2 SO_3 H_2SO_4

Modelos de algumas moléculas comuns contendo enxofre: H_2S, SO_2, SO_3, and H_2SO_4.

Produtos domésticos comuns que contêm enxofre ou compostos à base de enxofre.

O dióxido de enxofre (SO_2), um gás incolor, tóxico, com um forte odor, é produzido em uma escala enorme pela combustão de enxofre e pela ustulação de minérios de sulfeto no ar. A combustão de enxofre no carvão e no óleo de combustível contendo enxofre cria particularmente grandes problemas ambientais. Estima-se que cerca de $2,0 \times 10^8$ toneladas de óxidos de enxofre (principalmente SO_2) sejam liberadas na atmosfera a cada ano por atividades humanas; isto é mais que metade do total emitido por todas as outras fontes naturais de enxofre no ambiente.

A reação mais importante do dióxido de enxofre é a sua oxidação para SO_3.

$$SO_2(g) + \tfrac{1}{2}\, O_2(g) \rightarrow SO_3(g) \qquad \Delta_r H° = -98,9 \text{ kJ/mol-rea}$$

O trióxido de enxofre quase nunca é isolado, mas convertido diretamente em ácido sulfúrico, H_2SO_4, por meio de reação com água. O ácido é o composto fabricado em maior quantidade pela indústria química (◄ Seção 3.6). Cerca de 40×10^9 kg de ácido são produzidos anualmente nos Estados Unidos.

Nesse país, cerca de 70% do ácido sulfúrico é utilizado para a fabricação de adubo superfosfato, a partir de rocha de fosfato. As plantas precisam de uma forma solúvel de fósforo para o crescimento, mas o fosfato de cálcio e a apatita $[Ca_5X(PO_4)_3, X = F, OH, Cl]$ são insolúveis. Tratar minerais contendo fosfato com ácido sulfúrico produz uma mistura de fosfatos solúveis. A equação balanceada para a reação do excesso de ácido sulfúrico e de fosfato de cálcio, por exemplo, é

$$Ca_3(PO_4)_2(s) + 3\, H_2SO_4(\ell) \rightarrow 2\, H_3PO_4(\ell) + 3\, CaSO_4(s)$$

mas isso não conta a história toda. O fertilizante superfosfato concentrado é, na verdade, na maior parte $CaHPO_4$ ou $Ca(H_2PO_4)_2$, mais um pouco de H_3PO_4 e $CaSO_4$. (Note que o princípio químico por trás dessa reação é explicado pela teoria de Brønsted: o ácido sulfúrico é um ácido mais forte que H_3PO_4 (◄ Tabela 16.2), assim, o íon PO_4^{3-} é protonado pelo ácido sulfúrico.)

Pequenas quantidades de ácido sulfúrico são usadas na conversão de ilmenita, um minério contendo titânio, para TiO_2, o qual é então utilizado como um pigmento branco em tintas, em plásticos e no papel. O ácido é usado também para a fabricação de ferro e aço, bem como em produtos petrolíferos, polímeros sintéticos e papel.

EXERCÍCIOS PARA A SEÇÃO 21.9

1. Qual dos itens seguintes não é um número de oxidação comum para o enxofre em seus compostos?

   (a)   −2   (b)   +6   (c)   +3   (d)   +4

2. Qual afirmação sobre o oxigênio *não* é verdadeira?

   (a)   O oxigênio líquido é atraído por um ímã.

   (b)   Os alótropos do oxigênio são O_2 e O_3.

   (c)   O oxigênio é o elemento mais abundante na crosta terrestre.

   (d)   Todos os elétrons no O_2 estão emparelhados.

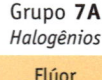

Grupo **7A**
Halogênios

| Flúor 9 **F** 950 ppm |
| Cloro 17 **Cl** 130 ppm |
| Bromo 35 **Br** 0,37 ppm |
| Iodo 53 **I** 0,14 ppm |
| Astato 85 **At** traços |

A abundância dos elementos estão em **partes por milhão** *na crosta terrestre.*

21-10   Os Halogênios, Grupo 7A

Flúor e cloro são os halogênios mais abundantes na crosta terrestre, com o flúor um pouco mais abundante que o cloro. No entanto, se a sua abundância for medida na água do mar, a situação é muito diferente. O cloro tem uma abundância na água do mar de 18000 ppm, enquanto a abundância de flúor é de apenas 1,3 ppm. Essa variação é resultado das diferenças na solubilidade dos seus sais e desempenha um papel nos métodos utilizados para se obter os próprios elementos.

Preparação dos Elementos

Flúor

O mineral fluorita ou espatoflúor, insolúvel em água (fluoreto de cálcio, CaF_2) é uma das muitas fontes de flúor. Como o mineral foi originalmente usado como fundente na metalurgia, seu nome vem da palavra latina *"flux"*, que significa "fluir". No século XVII, foi descoberto que CaF_2 sólido poderia emitir luz quando aquecido, e o fenômeno foi chamado de *fluorescência*. No início dos anos 1800, quando reconheceu que um novo elemento estava contido no espatoflúor, A. M. Ampère (1775-1836) sugeriu que o elemento fosse chamado de flúor.

Apesar de o flúor ter sido reconhecido como um elemento em 1812, isso não ocorreu até 1886, quando o químico francês Henri Moisson (1852-1907) isolou-o sob a forma elementar como um gás amarelo muito claro, pela eletrólise de KF dissolvido em HF anidro. Na verdade, como F_2 é um agente oxidante muito poderoso, a oxidação química de F^- para F_2 não é exequível, e a eletrólise é a única forma prática para obter F_2 gasoso (Figura 21.33).

O flúor ainda é preparado pelo método Moisson, mas a preparação é difícil porque F_2 é muito reativo. Ele corrói o equipamento e reage violentamente com traços de graxa ou outros contaminantes. Além disso, os produtos da eletrólise, F_2 e H_2, podem se recombinar de forma explosiva, de modo que não é permitido deixá-los entrar em contato um com o outro. (Compare com a reação de H_2 e Br_2 na Figura 21.5.) A produção atual de flúor nos Estados Unidos é de aproximadamente 5 mil toneladas métricas por ano.

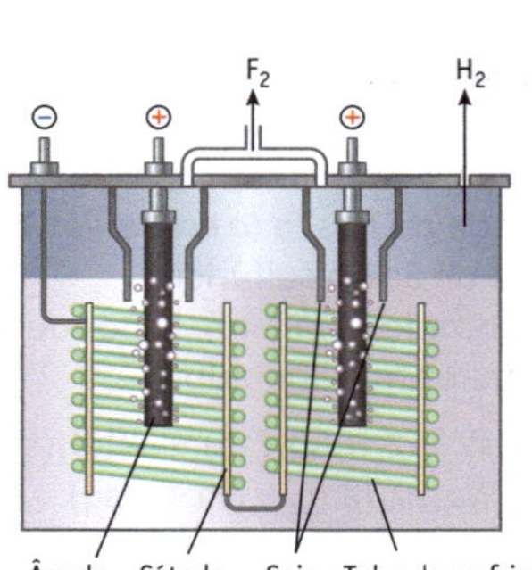

FIGURA 21.33 Esquema de uma célula de eletrólise para a produção de flúor.

Cloro

O cloro é um agente oxidante forte, e para preparar esse elemento a partir do íon cloreto por uma reação química, é necessário um agente oxidante mais forte ainda. No laboratório, íons permanganato ou íons dicromato em solução ácida servirão para esse propósito (Figura 21.34). O cloro elementar foi fabricado pela primeira vez pelo químico sueco Karl Wilhelm Scheele (1742-1786) em 1774, pela reação de cloreto de sódio com um agente oxidante (MnO_2) em solução ácida.

Industrialmente, o cloro é feito por eletrólise da salmoura (NaCl aquoso concentrado). O outro produto da eletrólise, NaOH, é também um produto químico industrial valioso. Cerca de 80% do cloro produzido é feito usando-se uma célula eletroquímica semelhante àquela representada na Figura 21.11. A oxidação do íon cloreto para gás Cl_2 ocorre no ânodo, e a redução da água ocorre no cátodo.

Reação no Ânodo (oxidação):	$2\ Cl^-(aq) \rightarrow Cl_2(g) + 2\ e^-$
Reação no Cátodo (redução):	$2\ H_2O(\ell) + 2\ e^- \rightarrow H_2(g) + 2\ OH^-(aq)$

Nesta reação usa-se titânio ativado no ânodo, e aço inoxidável ou níquel no cátodo. Os compartimentos do ânodo e do cátodo são separados por uma membrana que não é permeável à água, mas permite que os íons Na^+ passem para manter o equilíbrio da carga. Assim, a membrana funciona como uma ponte *salina* entre os compartimentos anódico e catódico. O consumo de energia dessas células são da ordem de 2000-2500 kWh por tonelada de NaOH produzido.

Bromo

Os potenciais padrão de redução dos halogênios indicam que sua força como agentes oxidantes diminui de F_2 para I_2.

SEMIRREAÇÃO	POTENCIAL DE REDUÇÃO ($E°$, V)
$F_2(g) + 2\ e^- \rightarrow 2\ F^-(aq)$	2,87
$Cl_2(g) + 2\ e^- \rightarrow 2\ Cl^-(aq)$	1,36
$Br_2(\ell) + 2\ e^- \rightarrow 2\ Br^-(aq)$	1,08
$I_2(s) + 2\ e^- \rightarrow 2\ I^-(aq)$	0,535

Isso significa que Cl_2 oxidará os íons Br^- para Br_2 em solução aquosa, por exemplo.

$$Cl_2(aq) + 2\ Br^-(aq) \rightarrow 2\ Cl^-(aq) + Br_2(aq)$$

$$E°_{líquida} = E°_{cátodo} - E°_{ânodo} = 1,36\ V - 1,08\ V = +0,28\ V$$

FIGURA 21.34 Preparação de cloro. O cloro é preparado por oxidação do íon cloreto utilizando um agente oxidante forte. Aqui, a oxidação do NaCl é realizada usando-se $K_2Cr_2O_7$ em H_2SO_4. (O gás Cl_2 borbulha em água em um recipiente de coleta.)

FIGURA 21.35 A preparação do iodo. Uma mistura de iodeto de sódio e óxido de manganês(IV) foi colocada no frasco (*à esquerda*). Na adição de ácido sulfúrico concentrado (*à direita*), vapor de iodo marrom é liberado.

$$2 \text{ NaI(s)} + 2 \text{ H}_2\text{SO}_4\text{(aq)} + \text{MnO}_2\text{(s)} \rightarrow$$
$$\text{Na}_2\text{SO}_4\text{(aq)} + \text{MnSO}_4\text{(aq)}$$
$$+ 2 \text{ H}_2\text{O}(\ell) + \text{I}_2\text{(g)}$$

Fotos: © Cengage Learning/Charles D. Winters

Na verdade, este é o método comercial de preparação de bromo quando NaBr é obtido a partir de poços de salmoura naturais em Arkansas e Michigan, EUA.

Iodo

O iodo é um sólido brilhante, de cor violeta escura, facilmente sublimado à temperatura ambiente e pressão atmosférica (◀ Figura 12.21). O elemento foi isolado pela primeira vez em 1811 a partir de algas, extratos das quais tinham sido muito utilizados para o tratamento de bócio, o aumento da glândula tireoide. Sabe-se agora que a glândula tireoide produz um hormônio de regulação do crescimento (tiroxina) que contém iodo. Por conseguinte, a maioria do sal de cozinha nos Estados Unidos tem 0,01% de NaI adicionado para proporcionar o iodo necessário na dieta.

Um método laboratorial para a preparação de I_2 é ilustrado na Figura 21.35. A preparação comercial depende da fonte de I^- e da sua concentração. O método é interessante porque envolve um pouco da química descrita anteriormente neste livro. Íons iodeto são primeiro precipitados com íons prata para se obter AgI insolúvel.

$$\text{I}^-\text{(aq)} + \text{Ag}^+\text{(aq)} \rightarrow \text{AgI(s)}$$

Este é reduzido por meio de sucata de ferro limpa para se obter iodeto de ferro(II) e prata metálica.

$$2 \text{ AgI(s)} + \text{Fe(s)} \rightarrow \text{FeI}_2\text{(aq)} + 2 \text{ Ag(s)}$$

A prata é reciclada através da sua oxidação com ácido nítrico (formando nitrato de prata, que é então reutilizado). Finalmente, o íon iodeto resultante de FeI_2 solúvel em água é oxidado para iodo com cloro [com o cloreto de ferro(III) como um subproduto].

$$2 \text{ FeI}_2\text{(aq)} + 3 \text{ Cl}_2\text{(aq)} \rightarrow 2 \text{ I}_2\text{(s)} + 2 \text{ FeCl}_3\text{(aq)}$$

Compostos de Flúor

O flúor é o mais reativo de todos os elementos, formando compostos com todos eles, exceto He e Ne. Na maioria dos casos, os elementos se combinam diretamente, e algumas reações podem ser tão vigorosas quanto explosivas. Isso pode ser explicado por, pelo menos, duas características da química do flúor: a ligação relativamente fraca F—F em comparação com o cloro e o bromo e, em particular, as ligações relativamente fortes formadas pelo flúor com outros elementos. Isso é ilustrado na tabela de entalpias de dissociação de ligação, na margem à esquerda.

Em adição à sua capacidade oxidante, outra característica notável do flúor é a sua pequena dimensão. Essas propriedades conduzem à formação de compostos nos quais um número de átomos de F pode ser ligado a um elemento central em um estado de oxidação elevado. Exemplos incluem PtF_6, UF_6, IF_7 e XeF_6.

Entalpias de Dissociação de Ligação de Alguns Compostos de Halogênios (kJ/mol)

X	X—X	H—X	C—X (em CX_4)
F	155	565	485
Cl	242	432	339
Br	193	366	285
I	151	299	213

Iodo e Sua Glândula da Tireoide

A principal função da glândula tireoide, localizada no pescoço, é a produção de tiroxina (3,5,3′,5′-tetraiodotironina) e 3,5,3′-tri-iodotironina. Esses compostos químicos são hormônios que ajudam a regular a taxa do metabolismo, um termo que se refere a todas as reações químicas que ocorrem no corpo. Em particular, os hormônios da tireoide desempenham um papel importante nos processos que liberam energia dos alimentos.

Os níveis anormalmente baixos de tiroxina resultam em uma condição conhecida como *hipotireoidismo*. Seus sintomas incluem letargia e sensação de frio na maior parte do tempo. O remédio para essa condição é a medicação, que consiste em comprimidos de tiroxina. A condição oposta, o hipertireoidismo, também ocorre em algumas pessoas. Nessa condição, o corpo produz muito desse hormônio. O hipertireoidismo é diagnosticado por sintomas como nervosismo, intolerância ao calor, aumento de apetite e fraqueza e fadiga muscular quando o açúcar no sangue é muito rapidamente esgotado. O remédio padrão para o hipertireoidismo é destruir parte da glândula tireoide, e uma maneira de fazer isso é usar um composto que contém iodo radioativo-123 ou iodo-131.

Para entender esse procedimento, você precisa saber algo sobre o iodo no organismo. O iodo é um elemento essencial. Algumas dietas fornecem iodo natu-

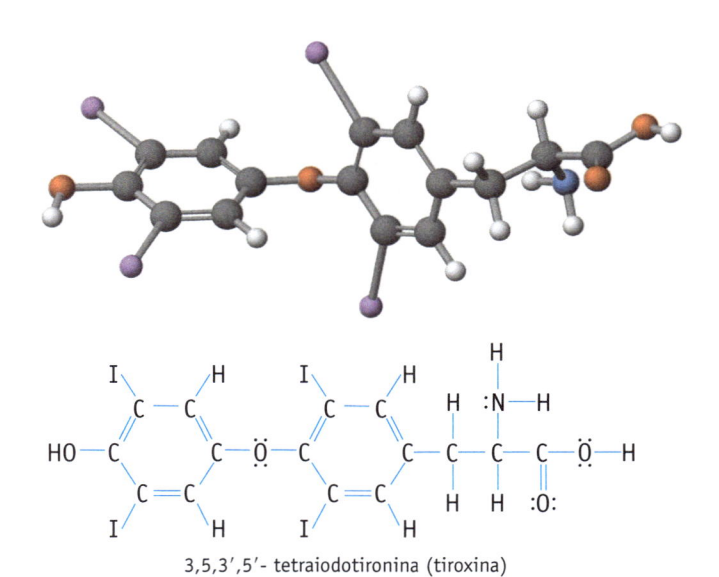

3,5,3′,5′- tetraiodotironina (tiroxina)

Tiroxina. O hormônio 3,5,3′,5′-tetraiodotironina (tiroxina) exerce um efeito estimulante sobre o metabolismo.

ralmente (algas, por exemplo, são uma boa fonte de iodo), mas no mundo ocidental a maioria do iodo absorvido pelo corpo vem do sal iodado, NaCl, contendo cerca de 0,01% de NaI. Um homem ou uma mulher adulta de tamanho médio deve consumir cerca de 150 μg (microgramas) de iodo (1 μg = 10^{-6} g) na dieta diária. No organismo, o íon iodeto é transportado para a tireoide, onde ele serve como uma das matérias-primas para fabricar a tiroxina.

O fato de o iodo concentrar-se no tecido da tireoide é essencial para o procedimento de usar a terapia com o radioiodo como um tratamento para o hipertireoidismo. Normalmente, uma solução aquosa de NaI é utilizada, na qual uma pequena fração de iodeto é o isótopo radioativo iodo-131 ou iodo-123, e o restante é o não radioativo iodo-127. A radioatividade destrói o tecido da tireoide, resultando em uma diminuição de sua atividade.

O fluoreto de hidrogênio é um importante produto químico industrial. Mais de 1 milhão de toneladas de fluoreto de hidrogênio são produzidas anualmente em todo o mundo, quase todas pela ação do ácido sulfúrico concentrado no espatoflúor.

$$CaF_2(s) + H_2SO_4(\ell) \rightarrow CaSO_4(s) + 2\ HF(g)$$

A capacidade dos Estados Unidos para a produção de HF é de aproximadamente 210 mil toneladas métricas, mas a demanda excede muitas vezes a oferta para esse produto químico. HF anidro é usado em uma ampla gama de indústrias: na produção de compostos refrigerantes, herbicidas, produtos farmacêuticos, gasolina de alta octanagem, alumínio, plásticos, componentes elétricos e lâmpadas fluorescentes.

O espatoflúor utilizado para produzir HF deve ser muito puro e livre de SiO_2, porque HF reage rapidamente com o dióxido de silício.

$$SiO_2(s) + 4\ HF(aq) \rightarrow SiF_4(g) + 2\ H_2O(\ell)$$

$$SiF_4(g) + 2\ HF(aq) \rightarrow H_2SiF_6(aq)$$

Esta série de reações explica por que HF pode ser utilizado para gravar ou tornar opaco o vidro (tal como o interior das lâmpadas fluorescentes). Elas também explicam por que HF não é fornecido em recipientes de vidro (ao contrário de HCl, por exemplo).

A indústria de alumínio consome cerca de 10 a 40 kg de criolita, Na_3AlF_6, por tonelada de alumínio produzido. A razão é que a criolita é adicionada ao óxido de alumínio para produzir uma mistura de ponto de fusão mais baixo que pode ser

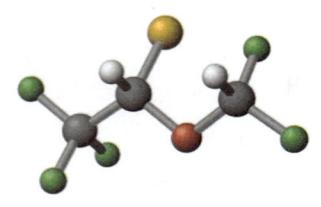

Isoflurano, CF₃CHClOCHF₂

eletrolisada. A criolita é encontrada apenas em pequenas quantidades na natureza, por isso, ela é fabricada de várias maneiras, entre as quais pela reação seguinte:

$$6\ HF(aq) + Al(OH)_3(s) + 3\ NaOH(aq) \rightarrow Na_3AlF_6(s) + 6\ H_2O(\ell)$$

Cerca de 3% do ácido fluorídrico produzido é usado na produção de urânio combustível. Para separar os isótopos de urânio em uma centrífuga de gás (▶ Seção 25.6), o urânio deve estar na forma de um composto volátil. O urânio de ocorrência natural é processado para se obter UO_2. Esse óxido é tratado com fluoreto de hidrogênio para se obter UF_4, o qual então reage com F_2 para produzir o sólido volátil UF_6.

$$UO_2(s) + 4\ HF(aq) \rightarrow UF_4(s) + 2\ H_2O(\ell)$$

$$UF_4(s) + F_2(g) \rightarrow UF_6(s)$$

Este último passo consome 70% a 80% do flúor produzido anualmente.

Compostos de Cloro

Cloreto de Hidrogênio

Ácido clorídrico, uma solução aquosa de cloreto de hidrogênio, é um produto químico industrial valioso. O gás cloreto de hidrogênio pode ser preparado pela reação de hidrogênio e cloro, mas a reação rápida, exotérmica, é difícil de ser controlada. O método clássico de preparar HCl em laboratório utiliza a reação de NaCl e ácido sulfúrico, um processo que aproveita o fato de HCl ser um gás e de H_2SO_4 não oxidar o íon cloreto.

$$2\ NaCl(s) + H_2SO_4(\ell) \rightarrow Na_2SO_4(s) + 2\ HCl(g)$$

O gás cloreto de hidrogênio tem um odor forte, irritante. Tanto o HCl gasoso quanto aquoso reagem com metais e óxidos de metais para obter cloretos de metal e, dependendo do reagente, hidrogênio ou água.

$$Mg(s) + 2\ HCl(aq) \rightarrow MgCl_2(aq) + H_2(g)$$

$$ZnO(s) + 2\ HCl(aq) \rightarrow ZnCl_2(aq) + H_2O(\ell)$$

Oxiácidos de Cloro

Oxiácidos de cloro variam de HClO, em que o cloro tem um número de oxidação de +1, a $HClO_4$, em que o número de oxidação é igual ao número do grupo, +7. Todos são agentes oxidantes fortes.

OXIÁCIDOS DE CLORO

ÁCIDO	NOME	ÂNION	NOME
HClO	Hipocloroso	ClO^-	Hipoclorito
$HClO_2$	Cloroso	ClO_2^-	Clorito
$HClO_3$	Clórico	ClO_3^-	Clorato
$HClO_4$	Perclórico	ClO_4^-	Perclorato

O ácido hipocloroso, HClO, forma-se quando o cloro se dissolve na água. Nesta reação, metade do cloro é oxidada para íon hipoclorito e metade é reduzida para íon cloreto em uma **reação de desproporcionamento.**

$$Cl_2(g) + 2\ H_2O(\ell) \rightleftharpoons H_3O^+(aq) + HClO(aq) + Cl^-(aq)$$

Se Cl_2 é dissolvido em NaOH aquoso frio em vez de água pura, formam-se íon hipoclorito e íon cloreto.

$$Cl_2(g) + 2\ OH^-(aq) \rightleftharpoons ClO^-(aq) + Cl^-(aq) + H_2O(\ell)$$

Desproporcionamento Uma reação em que um elemento ou composto é simultaneamente oxidado e reduzido é chamada reação de desproporcionamento. Aqui, Cl_2 é oxidado para ClO^- e reduzido para Cl^-.

Sob condições básicas, o equilíbrio encontra-se muito deslocado para a direita. A solução alcalina resultante é o "alvejante" usado em lavanderias domésticas. A ação branqueadora dessa solução é resultado da capacidade oxidante do ClO^-. A maioria dos corantes são compostos orgânicos coloridos, e o íon hipoclorito oxida diversos corantes para produtos incolores.

Quando o hidróxido de cálcio é combinado com Cl_2, $Ca(ClO)_2$ sólido é o produto. Esse composto é facilmente manuseado e é o "cloro" que é vendido para a desinfecção de piscinas.

Quando uma solução básica de íon hipoclorito é aquecida, ocorre outro desproporcionamento, formando íon clorato e íon cloreto:

$$3\ ClO^-(aq) \rightarrow ClO_3^-(aq) + 2\ Cl^-(aq)$$

Cloratos de sódio e de potássio são produzidos em grandes quantidades dessa forma. O sal do sódio pode ser reduzido para ClO_2, um composto utilizado para o branqueamento da polpa de celulose. Um pouco de $NaClO_3$ também é convertido em clorato de potássio, $KClO_3$, um agente oxidante em fogos de artifício e um componente dos fósforos de segurança.

Percloratos, sais contendo ClO_4^-, são oxidantes poderosos. O ácido perclórico puro, $HClO_4$, é um líquido incolor que explode se houver um choque. Ele oxida materiais orgânicos de forma explosiva e oxida rapidamente prata e ouro. Soluções aquosas diluídas do ácido, no entanto, são seguras para se manusear.

Sais de perclorato da maioria dos metais são, em sua maioria, relativamente estáveis, embora imprevisíveis. Muito cuidado deve ser tomado quando manusear qualquer sal perclorato. Perclorato de amônia, por exemplo, inflama se aquecido acima de 200 °C.

$$2\ NH_4ClO_4(s) \rightarrow N_2(g) + Cl_2(g) + 2\ O_2(g) + 4\ H_2O(g)$$

A capacidade oxidante forte do sal de amônia é a razão pela qual ele tem sido usado como oxidante nos foguetes de propulsores sólidos para o Ônibus Espacial e outros veículos espaciais. O propelente sólido nestes foguetes é em grande parte NH_4ClO_4, sendo o restante o agente redutor alumínio em pó. Cada lançamento requer cerca de 750 toneladas de perclorato de amônia, e mais da metade do perclorato de sódio atualmente fabricado é convertido em sal de amônia. O processo para realizar essa conversão é uma reação de dupla troca que tira proveito do fato de o perclorato de amônia ser menos solúvel em água que o perclorato de sódio:

$$NaClO_4(aq) + NH_4Cl(aq) \rightleftharpoons NaCl(aq) + NH_4ClO_4(s)$$

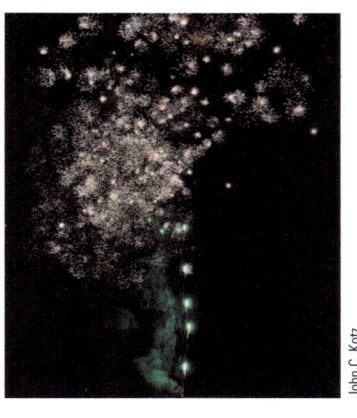

John C. Katz

Fogos de Artifício. Clorato de potássio, $KClO_3$, era comumente usado como oxidante em fogos de artifício. No entanto, ele causava numerosos acidentes, pois formava compostos sensíveis ao atrito em contato com o enxofre e metais em pó. Agora, o perclorato de potássio, $KClO_4$, é utilizado, embora seja mais difícil de inflamar.

EXERCÍCIOS PARA A SEÇÃO 21.10

1. Qual halogênio tem a maior entalpia de dissociação de ligação?

   (a) F_2 (b) Cl_2 (c) Br_2 (d) I_2

2. Qual das seguintes afirmações *não* está correta?

   (a) A facilidade de oxidação dos íons haleto é $F^- < Cl^- < Br^- < I^-$.

   (b) O flúor é o halogênio mais abundante na crosta terrestre.

   (c) F_2 é preparado industrialmente por eletrólise de NaF aquoso.

   (d) HF é usado para gravar vidro.

21-11 Os Gases Nobres, Grupo 8A

Hélio, neônio, argônio, criptônio, xenônio e radônio: estes são os gases nobres, os elementos na extremidade direita da Tabela Periódica. Já mencionamos esses elementos em vários lugares neste texto, mais notavelmente sobre sua falta de reatividade química. Uma vez, esses elementos foram chamados de "gases inertes", mas este nome caiu em desuso com a descoberta dos compostos de xenônio em 1962 (p. 412). Desde essa época, uma química elaborada desse elemento foi desenvolvida.

Gases nobres. Neônio e outros gases são usados em placas de propaganda, e o gás xenônio é encontrado em faróis de automóveis. O gás radônio radioativo ocorre naturalmente em minerais em muitas partes dos Estados Unidos e pode entrar em espaços habitados. Você pode testar se sua casa apresenta radônio com um equipamento simples.

Grupo **8A**
Gases Nobres

Hélio
2
He
0,008 ppm

Neônio
10
Ne
7×10^{-5} ppm

Argônio
18
Ar
1,2 ppm

Criptônio
36
Kr
1×10^{-5} ppm

Xenônio
54
Xe
2×10^{-6} ppm

Radônio
86
Rn
traços

A abundância dos elementos estão em **partes por milhão** *na atmosfera terrestre.*

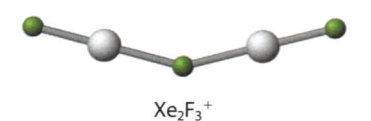

$Xe_2F_3^+$

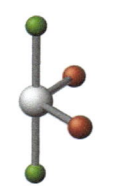

XeO_2F_2

Hélio, o primeiro elemento desse grupo a ser identificado, foi detectado pela primeira vez espectroscopicamente no espectro do Sol em 1868. (O nome do elemento é derivado da palavra grega para Sol, *helios*.) Em 1895, o elemento puro foi isolado. Agora ele é obtido principalmente de poços de gás natural, onde pode estar presente em quantidades de até 7%.

O hélio é sem dúvida o mais importante comercialmente desses elementos, com o seu principal uso como substância refrigerante. Parte dessa utilização é frequente na instrumentação química, tal como na ressonância magnética, cujos magnetos supercondutores exigem refrigeração da temperatura do hélio líquido (4,2 K) para funcionar. Porém, devido a esse uso generalizado, existem sérias preocupações sobre o fornecimento de gás hélio, e laboratórios são incentivados a terem instalações de recuperação de hélio no local.

O argônio é o mais abundante dos elementos desse grupo, presente no ar na quantidade de 0,93% por volume. A descoberta do argônio foi um exercício experimental interessante ("Aplicando Princípios Químicos: Argônio – Uma Incrível Descoberta"; Capítulo 2), exigindo medidas de densidade de alta precisão. O argônio é utilizado principalmente para proporcionar uma atmosfera inerte quando necessária.

Pouco depois da descoberta e da caracterização do argônio em 1895, os outros gases não radioativos, neônio, criptônio e xenônio, foram encontrados como componentes traço do ar. Esses gases são mais conhecidos pela sua utilização em lâmpadas: neônio para a cor vermelha em lâmpadas de neon, criptônio e xenônio para a luz intensa em *lasers* e em faróis de xenon para carros. Radônio radioativo é encontrado em quantidades traço como um produto da decomposição de minerais de urânio (▶ Capítulo 25).

Uma propriedade inesperada do xenônio é que é um anestésico por inalação. Ele é mais eficaz que o óxido nitroso, mas menos que os compostos vulgarmente utilizados, tal como o isoflurano ($CF_3CClHOCF_2H$). O xenônio é não poluente, tem propriedades analgésicas e estabilidade cardiovascular e induz a anestesia rapidamente. O problema é o seu custo (atualmente cerca de US$ 1,20/g).

Compostos de Xenônio

A primeira evidência de que os compostos de xenônio poderiam existir foi relatada em 1962. Neil Bartlett, então na Universidade de British Columbia, descobriu que PtF_6, um agente oxidante extremamente forte, reagiu com o oxigênio molecular para se obter $O_2^+PtF_6^-$. Percebendo a semelhança das energias de ionização de Xe e O_2, Bartlett realizou depois uma reação entre PtF_6 e Xe e obteve uma mistura de vários compostos, incluindo $XeF^+PtF_6^-$ e $XeF^+Pt_2F_{11}^-$.

A descoberta de Bartlett foi seguida por experimentação rápida, que resultou na identificação de certo número de novos compostos de xenônio. Após os químicos terem previsto por anos que os gases nobres não formariam compostos, foi particularmente notável que XeF_2, XeF_4 e XeF_6 pudessem ser prontamente preparados por reação direta dos elementos. A química desses compostos foi ainda mais estendida, e certo número de óxidos de xenônio (como $XeOF_4$, XeO_2F_2 e XeO_3), bem como espécies iônicas (por exemplo, $Xe_2F_3^+$ e XeF_5^+), é agora conhecido.

EXERCÍCIOS PARA A SEÇÃO 21.11

1. Em qual das seguintes espécies o Xe está no estado de oxidação $+4$?

   (a) $XeOF_4$ (b) $Xe_2F_3^+$ (c) XeF_3^+ (d) XeO_6^{4-}

2. Preveja a geometria do par de elétrons para o átomo de xenônio em $XeOF_4$.

   (a) linear   (d) bipiramidal trigonal

   (b) trigonal plana   (e) octaédrica

   (c) tetraédrica

UM OLHAR MAIS ATENTO

Prevendo a Existência de Fluoretos de Xenônio

Antes de 1962, a maioria dos químicos pensava que os compostos dos gases nobres não poderiam existir. Na verdade, poucos químicos davam muita importância para essa questão, mas os dados estavam lá para prever que esses compostos poderiam existir, se os cientistas tivessem procurado por eles.

Uma avaliação dos dados da energia de ligação é a pista para prever que os compostos de xenônio deveriam existir. Considere a formação de XeF_2 a partir de Xe e F_2. A entalpia dessa reação pode ser relacionada com energias de ligação (veja a Seção 8.9).

$$Xe(g) + F_2(g) \rightarrow XeF_2(g)$$

$\Delta_r H = \Delta H(\text{ligações quebradas})$
$\quad\quad - \Delta H(\text{ligações formadas})$

$= \Delta H(F{-}F) - 2\,\Delta H(Xe{-}F)$

$= 155\ kJ/mol - 2\,\Delta H(Xe{-}F)$

A partir desses dados, pode-se concluir que, se a energia de ligação de Xe—F é 78 kJ/mol ou superior, essa reação será exotérmica ($\Delta_r H$ será negativa).

Como você pode prever a energia de ligação para a ligação Xe—F? O caminho lógico é olhar para as tendências na Tabela Periódica. Nesse caso, a tendência em energias de ligação nos compostos conhecidos TeF_4 e IF_3 permite extrapolar um valor para Xe—F. As entalpias de dissociação da ligação de Te—F em TeF_4 (EDL = 335 kJ/mol) e a ligação I—F em IF_3 (EDL = 272 kJ/mol) são conhecidas. Usando esses números, pode-se prever que uma energia de ligação para Xe—F seja substancialmente maior que o valor de 78 kJ/mol. Isso poderia, por sua vez, prever a reação como sendo exotérmica e provavelmente produto-favorecida.

A entalpia de formação de XeF_2(g) foi encontrada pela experiência como -108 kJ/mol. A partir disso, a entalpia de dissociação da ligação de Xe—F é calculada como na 132 kJ/mol.

Uma extrapolação semelhante prevê que XeF_4 existirá. No entanto, $XeCl_2$, KrF_2 e KrF_4 são todos previstos como tendo entalpias positivas de formação, sugerindo que, no melhor dos casos, esses compostos seriam instáveis e não poderiam ser formados a partir de reações diretas dos elementos.

APLICANDO PRINCÍPIOS QUÍMICOS
Triângulos de van Arkel e Ligações

Dois tipos de ligação, covalente e iônica, envolvem elétrons localizados. Em um extremo estão as ligações covalentes não polares, em que os elétrons são igualmente compartilhados entre dois átomos. No outro extremo estão as ligações iônicas, em que o compartilhamento de elétrons não ocorre. No entanto, existem muitas ligações que se situam entre esses extremos, e as previsões da medida da polaridade de uma ligação podem ser realizadas utilizando-se a eletronegatividade dos átomos individuais. E, finalmente, há um terceiro tipo de ligação: a ligação metálica. Isso levanta a questão de saber se é possível desenvolver uma visão integrada, em que os três tipos de ligação e suas variações podem ser representadas. A resposta é que é possível, pelo menos para os compostos binários.

Os primeiros esforços nesse sentido foram feitos por A. E. van Arkel em 1941 e modificados posteriormente por J. A. A. Ketelaar. Eles resumiram suas descobertas em diagramas, como o que é mostrado na Figura. Referida agora como triângulo de van Arkel-Ketelaar, a versão atual desse diagrama retrata uma grande variedade de compostos, formados de dois átomos diferentes dentro do limite de um triângulo equilátero. Os vértices representam os três tipos de ligação: ligação metálica no vértice inferior esquerdo, ligação covalente no vértice inferior direito e ligação iônica no vértice superior. O elemento menos eletronegativo (Cs), o elemento mais eletronegativo (F) e o composto iônico formado por esses elementos estão localizados nos vértices do triângulo. Todos os outros compostos binários podem ser posicionados no interior do triângulo.

Diferentes versões do triângulo de Van Arkel foram desenvolvidas, cada uma usando diferentes escalas nos eixos. Aquele escolhido para a Figura utiliza valores de eletronegatividade. Aqui, o eixo x é definido como a média das eletronegatividades dos dois átomos; como tal, o eixo x é uma medida da localização dos elétrons de ligação. Os elétrons de ligação são completamente deslocalizados no césio, enquanto os elétrons de ligação são completamente localizados no flúor. O eixo y é definido como a diferença em eletronegatividades. Quanto maior for o valor no eixo y, maior o caráter iônico do composto. Com esses parâmetros, a posição de cada composto binário pode ser atribuída, associando a ligação entre os elementos com o grau de caráter iônico/covalente/metálico.

QUESTÕES:

1. Use valores de eletronegatividade (◄ Figura 8.10) para colocar os compostos GaAs, SBr₂, Mg₃N₂, BP, C₃N₄, CuZn e SrBr₂ no diagrama de van Arkel e use os resultados para responder às seguintes perguntas:

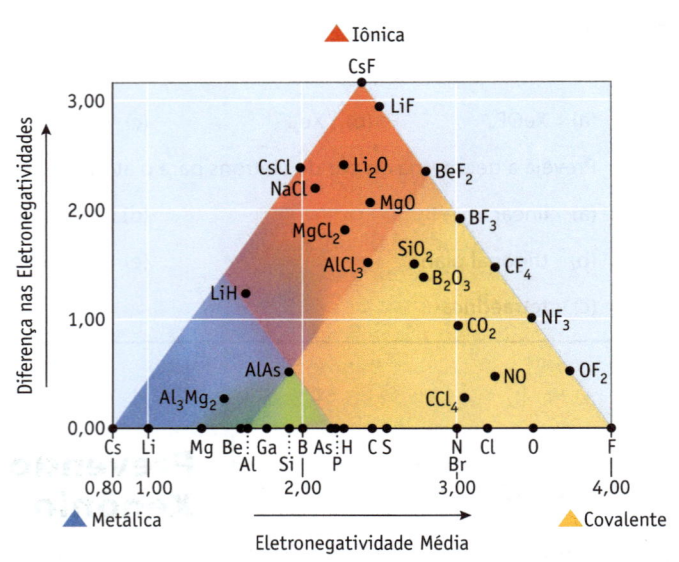

FIGURA Um Diagrama de van Arkel-Ketelaar. As quatro regiões desse triângulo representam os locais dos compostos metálicos (azul), semicondutores (verde), iônicos (vermelho) e covalentes (laranja).

a. Quais dos compostos são metálicos?

b. Quais dos compostos são semicondutores? Algum (ou ambos) elemento(s) nestes compostos é (são) metaloide(s)?

c. Quais dos compostos são iônicos? Os compostos são constituídos por um metal e um não metal?

d. O nitreto de carbono (C₃N₄) é previsto para ser mais duro do que o diamante (que atualmente é a substância mais dura conhecida), mas muito pouco foi sintetizado para permitir uma comparação. Qual tipo de ligação está prevista para C₃N₄?

e. Quais dos compostos são covalentes? Ambos os elementos nesses compostos são não metálicos?

2. Pontos de ebulição altos são uma característica dos compostos iônicos. Por exemplo, o cloreto de magnésio entra em ebulição a 1412 °C. O cloreto de berílio, por outro lado, vaporiza a 520 °C. O ponto de ebulição de BeCl₂ é bem menor que o esperado para um composto iônico, contudo grande para um covalente. Determine onde BeCl₂ encontra-se no diagrama de van Arkel.

REFERÊNCIA:

JENSEN, W. B. *Journal of Chemical Education*, V. 72, p. 395-398, 1995.

REVISÃO DOS OBJETIVOS DO CAPÍTULO

Agora que você já estudou este capítulo, deve perguntar a si mesmo se atingiu os objetivos propostos. Especificamente, você deverá ser capaz de:

ENTENDER

- Como a Tabela Periódica pode ajudar na previsão do comportamento químico dos elementos.

- Como os princípios de ligações termodinâmicas e eletroquímica podem ser usados quando se discute a química dos elementos.

FAZER

- Escrever as equações químicas para as reações químicas comuns.

- Dados os reagentes em uma equação química, predizer os produtos.
  - **a.** Prever diversas reações químicas dos elementos do Grupo A (Seção 21.2). Questões para Estudo: 13, 14, 71.
  - **b.** Saber quais reações produzem compostos iônicos e prever fórmulas para íons comuns e compostos iônicos comuns, com base em configurações eletrônicas (Seção 21.2). Questões para Estudo: 5, 6, 16.
  - **c.** Escrever fórmulas com base em princípios gerais que regem as configurações eletrônicas (Seção 21.2). Questões para Estudo: 13, 14, 68, 69, 72.

- Dada uma fórmula para um composto, descrever a sua estrutura e ligações. Questões para Estudo: 43, 44, 51, 52, 56, 62, 78, 84, 89, 106.

- Descrever, de maneira geral, o comportamento químico dos elementos do grupo principal.
  - **a.** Identificar os elementos mais abundantes, saber como eles são obtidos e listar algumas de suas propriedades físicas e químicas comuns.
  - **b.** Ser capaz de resumir uma série de fatos sobre os compostos mais comuns dos elementos do grupo principal (ligação iônica ou covalente, cor, solubilidade, química das reações simples) (Seções 21.3–21.10).
  - **c.** Identificar os usos de elementos e compostos comuns e entender a química que diz respeito ao seu uso (Seções 21.3–21.10).

- Aplicar os princípios da estequiometria, termodinâmica e eletroquímica à química dos elementos do grupo principal. Questões para Estudo: 18, 24, 29, 32, 34, 43, 48, 50, 54, 58, 61, 79, 96, 98.

LEMBRAR

- Onde e em que forma química os elementos do grupo principal ocorrem na natureza e como preparar amostras do elemento puro a partir de fontes que ocorrem naturalmente.

- As propriedades físicas e químicas dos elementos mais comuns do grupo principal.

- Aplicações dos elementos do grupo principal e seus compostos na vida cotidiana.

▲ denota questões desafiadoras.

Questões numeradas em verde têm respostas no Apêndice N.

Praticando Habilidades

Propriedades dos Elementos

(Veja as Seções 21.1 e 21.2.)

1. Dê exemplos de dois óxidos básicos. Escreva equações ilustrando a formação de cada óxido a partir dos seus elementos componentes. Escreva outra equação química que ilustra o caráter básico de cada óxido.

2. Cite exemplos de dois óxidos ácidos. Escreva equações ilustrando a formação de cada óxido a partir dos seus elementos componentes. Escreva outra equação química que ilustra o caráter ácido de cada óxido.

3. Dê o nome e o símbolo de cada elemento que tem a configuração de valência [gás nobre] ns^2np^1.

4. Dê símbolos e nomes para quatro íons monoatômicos que têm a mesma configuração de elétrons que o argônio.

5. Selecione um dos metais alcalinos e escreva uma equação química balanceada para sua reação com o cloro. É provável que a reação seja exotérmica ou endotérmica? O produto é iônico ou molecular?

6. Selecione um dos metais alcalinoterrosos e escreva uma equação química balanceada para a sua reação com o oxigênio. É provável que a reação seja exotérmica ou endotérmica? O produto é iônico ou molecular?

7. Para o produto da reação que você selecionou na Questão para Estudo 5, preveja as seguintes propriedades físicas: cor, estado da matéria (s, ℓ ou g), solubilidade em água.

8. Para o produto da reação que você selecionou na Questão para Estudo 6, preveja as seguintes propriedades físicas: cor, estado da matéria (s, ℓ ou g), solubilidade em água.

9. Espera-se encontrar cálcio ocorrendo naturalmente na crosta terrestre como um elemento livre? Sim ou não? Por quê?

10. Quais dos primeiros dez elementos na Tabela Periódica são encontrados como elementos livres na crosta terrestre? Quais elementos desse grupo ocorrem na crosta terrestre apenas como parte de um composto químico?

11. Coloque os seguintes óxidos em ordem crescente de basicidade: CO_2, SiO_2, SnO_2.

12. Coloque os seguintes óxidos em ordem crescente de basicidade: Na_2O, Al_2O_3, SiO_2, SO_3.

13. Complete e balanceie as equações para as seguintes reações. [Assuma um excesso de oxigênio para (d).]

(a) $Na(s) + Br_2(\ell) \rightarrow$ (c) $Al(s) + F_2(g) \rightarrow$
(b) $Mg(s) + O_2(g) \rightarrow$ (d) $C(s) + O_2(g) \rightarrow$

14. Complete e balanceie as equações para as seguintes reações:

(a) $K(s) + I_2(g) \rightarrow$ (c) $Al(s) + S_8(s) \rightarrow$
(b) $Ba(s) + O_2(g) \rightarrow$ (d) $Si(s) + Cl_2(g) \rightarrow$

Hidrogênio

(Veja a Seção 21.3.)

15. Escreva equações químicas balanceadas para a reação de gás hidrogênio com oxigênio, cloro e nitrogênio.

16. Escreva uma equação para a reação de potássio e hidrogênio. Nomeie o produto. Ele é iônico ou covalente? Preveja uma propriedade física e uma propriedade química desse composto.

17. Escreva uma equação química balanceada para a preparação de H_2 (e CO) pela reação de CH_4 e água. Usando os dados no Apêndice L, calcule $\Delta_rH°$, $\Delta_rG°$ e $\Delta_rS°$ para essa reação a 298 K.

18. Usando os dados no Apêndice L, calcule, $\Delta_rH°$, $\Delta_rG°$ e $\Delta_rS°$ para a reação de carbono e água para se obter CO e H_2 a 298 K.

19. Um método sugerido recentemente para a preparação de hidrogênio (e oxigênio) a partir da água procede como segue:

(a) Ácido sulfúrico e iodeto de hidrogênio são formados a partir de dióxido de enxofre, água e iodo.
(b) O ácido sulfúrico do primeiro passo é decomposto pelo calor em água, dióxido de enxofre e oxigênio.
(c) O iodeto de hidrogênio do primeiro passo é decomposto pelo calor para hidrogênio e iodo.

Escreva uma equação balanceada para cada um desses passos e mostre que a sua soma é a decomposição da água para formar hidrogênio e oxigênio.

20. Compare a massa esperada de H_2 a partir da reação de vapor (H_2O) por mol de metano, petróleo e carvão. (Assuma a reação completa em cada caso. Use CH_2 e CH como fórmulas representativas para petróleo e carvão, respectivamente.)

Metais Alcalinos

(Veja a Seção 21.4.)

21. Escreva equações para a reação de sódio com cada um dos halogênios. Preveja pelo menos duas propriedades físicas que são comuns a todos os haletos de metal alcalino.

22. Escreva equações balanceadas para a reação de lítio, sódio e potássio com O_2. Especifique qual metal forma um óxido, qual forma um peróxido e qual forma um superóxido.

23. A eletrólise de NaCl aquoso resulta em NaOH, Cl_2 e H_2.

(a) Escreva uma equação balanceada para o processo.

(b) Nos Estados Unidos, $1,19 \times 10^{10}$ kg de NaOH e $1,14 \times 10^{10}$ kg de Cl_2 foram produzidos recentemente em um ano. A razão entre as massas de NaOH e Cl_2 produzidas está de acordo com a razão de massas esperadas a partir da equação balanceada? Se não, o que isso diz para você sobre a forma como NaOH e Cl_2 são atualmente produzidos? A eletrólise de NaCl aquoso é a única fonte desses produtos químicos?

24. (a) Escreva as equações para as semirreações que ocorrem no cátodo e no ânodo, quando uma solução aquosa de KCl é eletrolisada. Qual espécie química é oxidada e quais espécies químicas são reduzidas nessa reação?

(b) Preveja os produtos formados quando uma solução aquosa de CsI é eletrolisada.

Metais Alcalinoterrosos

(Veja a Seção 21.5.)

25. Quando magnésio queima no ar, formam-se ambos, um óxido e um nitreto. Escreva as equações balanceadas para a formação de ambos os compostos.

26. O cálcio reage com o hidrogênio gasoso a 300-400 °C para formar um hidreto. Esse composto reage facilmente com a água, de modo que é um excelente agente de secagem para solventes orgânicos.

(a) Escreva uma equação balanceada mostrando a formação do hidreto de cálcio a partir de Ca e H_2.

(b) Escreva uma equação balanceada para a reação de hidreto de cálcio com água (Figura 21.7).

27. Cite três usos do calcário. Escreva uma equação balanceada para a reação de pedra calcária com o CO_2 em água.

28. Explique o que se entende por "água dura". O que causa a água dura e quais problemas estão associados a ela?

29. O óxido de cálcio, CaO, é usado para remover SO_2 a partir da exaustão da usina elétrica. Estes dois compostos reagem para formar $CaSO_3$ sólido. Que massa de SO_2 pode ser removida usando-se $1,2 \times 10^3$ kg de CaO?

30. $Ca(OH)_2$ tem um K_{ps} de $5,5 \times 10^{-5}$, enquanto o K_{ps} para $Mg(OH)_2$ é $5,6 \times 10^{-12}$. Calcule a constante de equilíbrio para a reação.

$$Ca(OH)_2(s) + Mg^{2+}(aq) \rightleftharpoons Ca^{2+}(aq) + Mg(OH)_2(s)$$

Explique por que esta reação pode ser usada no isolamento comercial de magnésio da água do mar.

Boro e Alumínio

(Veja a Seção 21.6.)

31. Desenhe uma possível estrutura para o ânion cíclico no sal $K_3B_3O_6$ e para o ânion em $Ca_2B_2O_5$.

32. Os trialetos de boro (exceto BF_3) hidrolisam completamente para ácido bórico e ácido HX.

(a) Escreva a equação balanceada para a reação de BCl_3 com água.

(b) Calcule $\Delta_r H°$ para a hidrólise de BCl_3 usando os dados do Apêndice L e a seguinte informação: $\Delta_f H°$ [BCl_3(g)] = –403 kJ/mol; $\Delta_f H°$ [$B(OH)_3$(s)] = –1094 kJ/mol.

33. Quando hidretos de boro queimam no ar, as reações são muito exotérmicas.

(a) Escreva uma equação balanceada para a combustão de B_5H_9(g) no ar para se obter B_2O_3(s) e H_2O(g).

(b) Calcule a entalpia de combustão para B_5H_9(g) ($\Delta f H°$ = 73,2 kJ/mol) e compare-a com a entalpia de combustão de B_2H_6 (–2038 kJ/mol). (A entalpia de formação de B_2O_3(s) é –1271,9 kJ/mol.)

(c) Compare a entalpia de combustão de C_2H_6(g) com a de B_2H_6(g). Qual transfere mais energia na forma de calor por grama?

34. O diborano pode ser preparado pela reação de $NaBH_4$ e I_2. Qual substância é oxidada e qual é reduzida?

35. Escreva equações balanceadas para as reações de alumínio com HCl(aq), Cl_2 e O_2.

36. (a) Escreva uma equação balanceada para a reação de Al e $H_2O(\ell)$ para produzir H_2 e Al_2O_3.

(b) Utilizando os dados termodinâmicos no Apêndice L, calcule $\Delta_r H°$, $\Delta_r S°$ e $\Delta_r G°$ para essa reação. Esses dados indicam que a reação deve favorecer os produtos no equilíbrio?

(c) Por que o alumínio metálico não é afetado pela água?

37. O alumínio se dissolve facilmente em NaOH aquoso quente, para resultar no íon aluminato $[Al(OH)_4]^-$ e H_2. Escreva uma equação balanceada para essa reação. Se você começar com 13,2 g de Al, qual volume (em litros) de H_2 gasoso é produzido quando o gás é medido a 22,5 °C e a uma pressão de 735 mm Hg?

38. A alumina, Al_2O_3, é anfotérica. Entre os exemplos de seu caráter anfotérico estão as reações que ocorrem quando Al_2O_3 é aquecida fortemente ou "fundida" com óxidos ácidos e óxidos básicos.

(a) Escreva uma equação balanceada para a reação de alumina com sílica, um óxido ácido, para se obter o metassilicato de alumínio, $Al_2(SiO_3)_3$.

(b) Escreva uma equação balanceada para a reação de alumina com o óxido básico CaO para se obter aluminato de cálcio, $Ca(AlO_2)_2$.

39. O sulfato de alumínio é o composto de alumínio mais importante comercialmente, depois do óxido de alumínio e do hidróxido de alumínio. Ele é produzido a partir da reação de óxido de alumínio e ácido sulfúrico. Qual massa (em quilogramas) de óxido de alumínio e de ácido sulfúrico devem ser usadas para a fabricação de 1,00 kg de sulfato de alumínio?

40. Tijolos de concreto "aerados" são materiais de construção amplamente utilizados. Eles são obtidos pela mistura de aditivos de formação de gás com uma mistura úmida de cal, cimento e possivelmente areia. Industrialmente, a reação seguinte é importante:

$$2\ Al(s) + 3\ Ca(OH)_2(s) + 6\ H_2O(\ell) \rightarrow$$
$$3\ CaO \cdot Al_2O_3 \cdot 6\ H_2O(s) + 3\ H_2(g)$$

Suponha que a mistura de reagentes contenha 0,56 g de Al (bem como excesso de hidróxido de cálcio e água) para cada tijolo. Qual volume de gás hidrogênio você espera a 26 °C e uma pressão de 745 mm Hg?

Silício

(Veja a Seção 21.7.)

41. Descreva a estrutura de piroxênios (veja a página 997). Qual é a proporção de silício para oxigênio nesse tipo de silicato?

42. Descreva como o silício ultrapuro pode ser produzido a partir de areia.

43. Estruturas de silicato: Desenhe uma estrutura e forneça a carga para um ânion silicato cíclico com a fórmula $[Si_6O_{18}]^{n-}$.

44. Silicatos, muitas vezes, têm estruturas de cadeia, tira, cíclica ou de lamela. Uma das estruturas mais simples de tira é $[Si_2O_5^{2-}]_n$. Desenhe uma estrutura para esse material aniônico.

Nitrogênio e Fósforo

(Veja a Seção 21.8.)

45. Consulte os dados no Apêndice L. Algum dos óxidos de nitrogênio listados ali são estáveis no que diz respeito à decomposição para N_2 e O_2?

46. Use os dados no Apêndice L para calcular a entalpia e a variação de energia livre para a reação

$$2\ NO_2(g) \rightarrow N_2O_4(g)$$

Esta reação é endotérmica ou exotérmica? Ela é produto-favorecida ou reagente-favorecida no equilíbrio?

47. Use os dados no Apêndice L para calcular a entalpia e a variação de energia livre para a reação

$$2\ NO(g) + O_2(g) \rightarrow 2\ NO_2(g)$$

Esta reação é endotérmica ou exotérmica? Ela é produto-favorecida ou reagente-favorecida no equilíbrio?

48. A reação global envolvida na síntese industrial do ácido nítrico é

$$NH_3(g) + 2\ O_2(g) \rightarrow HNO_3(aq) + H_2O(\ell)$$

Calcule $\Delta_r G°$ para esta reação e a sua constante de equilíbrio a 25 °C.

49. Uma das principais utilizações de hidrazina, N_2H_4, é em caldeiras de vapor em centrais elétricas.

(a) A reação da hidrazina com o O_2 dissolvido na água resulta em N_2 e água. Escreva uma equação balanceada para essa reação.

(b) O_2 se dissolve em água na proporção de 0,0044 g em 100, mL de água a 20 °C. Que massa de N_2H_4 é necessária para consumir todo o O_2 dissolvido em $3,00 \times 10^4$ L de água (suficiente para encher uma pequena piscina)?

50. Antes de a hidrazina entrar em uso para remover o oxigênio dissolvido na água das caldeiras de vapor, Na_2SO_3 era comumente usado para essa finalidade:

$$2\ Na_2SO_3(aq) + O_2(aq) \rightarrow 2\ Na_2SO_4(aq)$$

Qual massa de Na_2SO_3 é necessária para remover O_2 de $3,00 \times 10^4$ L de água como descrito na Questão para Estudo 49?

51. Reveja a estrutura do ácido fosfórico na Tabela 21.6.

(a) Qual é o número de oxidação do átomo de fósforo nesse ácido?

(b) Desenhe a estrutura do ácido difosforoso, $H_4P_2O_5$. Qual é o número máximo de prótons ionizáveis em uma molécula desse ácido?

52. Ao contrário do carbono, que pode formar longas cadeias de átomos, o nitrogênio pode formar cadeias de comprimento muito limitado. Desenhe a estrutura de Lewis do íon azida, N_3^-. O íon é linear ou angular?

Oxigênio e Enxofre

(Veja a Seção 21.9.)

53. No "processo de contato" para fabricar o ácido sulfúrico, o enxofre é primeiro queimado para SO_2. As restrições ambientais permitem que não mais de 0,30% desse SO_2 seja expelido para a atmosfera.

(a) Se enxofre suficiente for queimado em uma usina para produzir $1,80 \times 10^6$ kg de H_2SO_4 anidro puro por dia, qual é a quantidade máxima de SO_2 permitida para ser expelida para a atmosfera?

(b) Uma forma de prevenir qualquer SO_2 de alcançar a atmosfera é "purificar" os gases de exaustão com cal hidratada, $Ca(OH)_2$:

$$Ca(OH)_2(s) + SO_2(g) \rightarrow CaSO_3(s) + H_2O(\ell)$$

$$2\ CaSO_3(s) + O_2(g) \rightarrow 2\ CaSO_4(s)$$

Qual massa de $Ca(OH)_2$ (em quilogramas) é necessária para remover o SO_2 calculado na parte (a)?

54. Uma fábrica de ácido sulfúrico produz uma grande quantidade de calor. Para manter os custos mais baixos possíveis, grande parte desse calor é utilizada para produzir vapor para a geração de eletricidade. Um pouco da eletricidade é usada para acionar a instalação, e o excesso é vendido para a concessionária elétrica local. Três reações são importantes na produção do ácido sulfúrico: (1) queima de S para SO_2; (2) oxidação de SO_2 para SO_3; e (3) reação de SO_2 com H_2O:

$$SO_3(g) + H_2O\ (em\ H_2SO_4\ 98\%) \rightarrow H_2SO_4(\ell)$$

A variação de entalpia da terceira reação é –130 kJ/mol. Estime a variação de entalpia quando 1,00 mol de S é utilizado para produzir 1,00 mol de H_2SO_4. Quanta energia é produzida por tonelada métrica $(1,00 \times 10^3$ kg) de H_2SO_4?

55. O enxofre forma cadeias aniônicas de átomos de S chamadas polissulfetos. Desenhe uma estrutura de Lewis para o íon S_2^{2-}. O íon S_2^{2-} é o íon dissulfeto, um análogo do íon peróxido. Ele ocorre em piritas de ferro, FeS_2.

56. O enxofre forma uma gama de compostos com o flúor. Desenhe a estrutura de Lewis para S_2F_2 (conectividade é FSSF), SF_2, SF_4, SF_6 e S_2F_{10}. Qual é o número de oxidação do enxofre em cada um desses compostos?

Os Halogênios

(Veja a Seção 21.10.)

57. Os óxidos e oxiânions de halogênio são bons agentes oxidantes. Por exemplo, a redução do íon brometo tem um valor de $E°$ de 1,44 V na solução de ácido:

$$2\ BrO_3^-(aq) + 12\ H^+(aq) + 10\ e^- \rightarrow$$
$$Br_2(aq) + 6\ H_2O(\ell)$$

É possível oxidar Mn^{2+} 1,0 M aquoso para MnO_4^- aquoso com íon bromato 1,0 M?

58. Os íons hipoalitos XO^-, são os ânions de ácidos fracos. Calcule o pH de uma solução de NaClO 0,10 M. Qual é a concentração de HClO nesta solução?

59. O bromo é obtido a partir de poços de salmoura. O processo envolve o tratamento de água contendo íon brometo com Cl_2 e extraindo o Br_2 da solução, utilizando um solvente orgânico. Escreva uma equação balanceada para a reação de Cl_2 e Br^-. Quais são os agentes oxidantes e redutores nesta reação? Usando a tabela de potenciais padrões de redução (Apêndice M), verifique se esta é uma reação produto-favorecida no equilíbrio.

60. Para preparar o cloro a partir do íon cloreto é necessário um forte agente oxidante. O íon dicromato, $Cr_2O_7^{2-}$, é um exemplo (Figura 21.34). Consulte a tabela de potenciais padrão de redução (Apêndice M) e identifique vários outros agentes oxidantes que podem ser adequados. Escreva equações balanceadas para as reações dessas substâncias com o íon cloreto.

61. Se uma célula eletrolítica para a produção de F_2 (Figura 21.33) opera a $5,00 \times 10^3$ A (a 10,0 V), qual massa de F_2 pode ser produzida por 24 horas? Assuma que a conversão de F^- para F_2 é de 100%.

62. Os halogênios combinam uns com os outros para produzir *inter-halogênios*, tal como BrF_3. Esboce uma estrutura molecular possível para essa molécula e decida se os ângulos de ligação F—Br—F serão menores ou maiores que o ideal.

Os Gases Nobres

(Veja a Seção 21.11.)

63. A entalpia padrão de formação do XeF_4 é –218 kJ/mol. Utilize este valor e a entalpia de dissociação da ligação F—F para calcular a entalpia de dissociação da ligação Xe—F.

64. Desenhe a estrutura de Lewis para XeO_3F_2. Qual é a sua geometria de par de elétrons e sua geometria molecular?

65. O argônio está presente no ar seco a 0,93% em volume. Qual quantidade de argônio está presente em 1,00 L de ar? Se você quiser isolar 1,00 mol de argônio, qual volume de ar você precisa a 1,00 atm de pressão e 25 °C?

66. A reação de XeF_6 com água dá uma solução amarela a partir da qual o trióxido de xenônio sólido, XeO_3, pode ser isolado (usando cuidado extremo).
(a) Escreva uma equação balanceada para essa reação.
(b) Qual é a geometria molecular de XeO_3?
(c) O trióxido de xenônio é descrito como traiçoeiro, explodindo com pouca provocação. Mesmo assim, é possível determinar a entalpia de formação, +402 kJ/mol, para esse composto. Utilize esse valor e o valor da energia de ligação O=O, para determinar a energia de ligação da ligação Xe–O.

Questões Gerais

Estas questões estão definidas quanto ao tipo ou à localização no capítulo. Elas podem combinar vários conceitos.

67. Para cada um dos elementos do terceiro período (Na a Ar), identifique o seguinte:
(a) se o elemento é um metal, não metal ou metaloide
(b) a cor e a aparência do elemento
(c) o estado do elemento (s, ℓ ou g) sob condições padrão

68. Considere as químicas de C, Si, Ge e Sn.
(a) Escreva uma equação química balanceada para descrever a reação de cada elemento com cloro elementar.
(b) Descreva a ligação em cada um dos produtos das reações com cloro como iônico ou covalente.
(c) Compare as reações, se for o caso, de alguns cloretos do Grupo 4A – CCl_4, $SiCl_4$ e $SnCl_4$ – com água.

69. Considere as químicas dos elementos potássio, cálcio, gálio, germânio e arsênio.
(a) Escreva uma equação química balanceada que descreva a reação de cada elemento com o cloro elementar.
(b) Descreva a ligação em cada um dos produtos das reações com cloro como iônico ou covalente.
(c) Desenhe as estruturas de Lewis para os produtos das reações de gálio e arsênio com cloro. Quais são suas geometrias de pares de elétrons e moleculares?

70. Quando o gás BCl_3 é passado através de uma descarga elétrica, pequenas quantidades da molécula reativa B_2Cl_4 são produzidas. (A molécula tem uma ligação covalente B—B.)
(a) Desenhe uma estrutura de Lewis para B_2Cl_4.
(b) Descreva a hibridização dos átomos de B na molécula e a geometria em torno de cada átomo de B.

71. Complete e balanceie as equações a seguir.
(a) $KClO_3 + calor \rightarrow$
(b) $H_2S(g) + O_2(g) \rightarrow$
(c) $Na(s) + O_2(g) \rightarrow$
(d) $P_4(s) + KOH(aq) + H_2O(\ell) \rightarrow$
(e) $NH_4NO_3(s) + calor \rightarrow$
(f) $In(s) + Br_2(\ell) \rightarrow$
(g) $SnCl_4(\ell) + H_2O(\ell) \rightarrow$

72. (a) O aquecimento de óxido de bário em oxigênio puro resulta em peróxido de bário. Escreva uma equação balanceada para essa reação.
(b) O peróxido de bário é um excelente agente oxidante. Escreva uma equação balanceada para a reação do ferro com o peróxido de bário para se obter óxido de ferro(III) e óxido de bário.

73. A produção mundial de carbeto de silício, SiC, é de várias centenas de milhares de toneladas anuais. Se você quiser produzir $1,0 \times 10^5$ toneladas métricas de SiC, qual massa (toneladas métricas) de areia de sílica (SiO_2) você usará, se 70% da areia é convertida para SiC? (Uma tonelada métrica é exatamente 1000 kg.)

74. Para armazenar 2,88 kg de gasolina com uma equivalência de energia de $1,43 \times 10^8$ J, necessita-se de um volume de 4,1 L. Em comparação, 1,0 kg de H_2 tem a mesma equivalência de energia. Qual volume é necessário se essa quantidade de H_2 deve ser armazenada a 25 °C e 1,0 atm de pressão?

75. Usando dados do Apêndice L, calcule os valores de $\Delta_r G$ para a decomposição de MCO_3 em MO e CO_2, em que M = Mg, Ca, Ba. Qual é a tendência relativa desses carbonatos para se decomporem?

76. O perclorato de amônio é usado como oxidante em foguetes de combustível sólido. Assuma que um lançamento requer 700, toneladas ($6,35 \times 10^5$ kg) do sal e o sal se decompõe de acordo com a equação na página 1019.

(a) Qual massa de água é produzida? Qual massa de O_2 é produzida?

(b) Se supusermos que todo O_2 produzido reaja com o pó de alumínio presente no motor do foguete, qual massa de alumínio é necessária para utilizar todo O_2?

(c) Qual massa de Al_2O_3 é produzida?

77. ▲ Metais reagem com haletos de hidrogênio (como HCl) para se obter o haleto do metal e hidrogênio:

$$M(s) + n\,HX(g) \rightarrow MX_n(s) + \tfrac{1}{2}n\,H_2(g)$$

A variação de energia livre para a reação é $\Delta_r G° = \Delta_f G°(MX_n) - n\,\Delta_f G°[HX(g)]$.

(a) $\Delta_f G°$ para HCl(g) é – 95,1 kJ/mol. Qual deve ser o valor de $\Delta_f G°$ para MX_n para a reação ser produto-favorecida no equilíbrio?

(b) Qual(is) dos seguintes metais é(são) previsto(s) ter(em) reações produto-favorecidas com HCl(g): Ba, Pb, Hg, Ti?

78. Os halogênios formam íons poli-haletos. Esboce as estruturas de Lewis e estruturas moleculares para os seguintes íons:

(a) I_3^-

(b) $BrCl_2^-$

(c) ClF_2^+

(d) Um íon iodeto e duas moléculas de iodo formam o íon I_5^-. Aqui, o íon tem cinco átomos de I em uma fileira, mas o íon não é linear. Desenhe a estrutura de Lewis para o íon e proponha uma estrutura para o íon.

79. A entalpia padrão de formação do gás OF_2 é + 24,5 kJ/mol. Calcule a entalpia média da ligação O—F.

80. O fluoreto de cálcio pode ser utilizado na fluoretação dos fornecimentos de água municipais. Se você quiser atingir uma concentração de íon fluoreto de $2,0 \times 10^{-5}$ M, qual massa de CaF_2 você deve utilizar para $1,0 \times 10^6$ L de água? (K_{ps} do CaF_2 é $5,3 \times 10^{-11}$).

81. Os foguetes de direção em veículos espaciais usam N_2O_4 e um derivado de hidrazina, 1,1-dimetil-hidrazina (Questão para Estudo 5.86). Essa mistura é chamada *combustível hipergólico* porque ela inflama quando os reagentes entram em contato:

$$H_2NN(CH_3)_2(\ell) + 2\,N_2O_4(\ell) \rightarrow$$
$$3\,N_2(g) + 4\,H_2O(g) + 2\,CO_2(g)$$

(a) Identifique o agente oxidante e o agente redutor nessa reação.

(b) O mesmo sistema de propulsão foi usado pela Sonda Lunar em missões lunares na década de 1970. Se a Sonda usou 4100 kg de $H_2NN(CH_3)_2$, qual massa (em quilogramas) de N_2O_4 foi requerida para reagir com ela? Qual massa (em quilogramas) de cada um dos produtos da reação foi gerada?

82. ▲ HCN líquido é perigosamente instável com relação à formação do trímero – isto é, a formação de $(HCN)_3$ com uma estrutura cíclica.

(a) Proponha uma estrutura para esse trímero cíclico.

(b) Estime a energia da reação de trimerização usando as entalpias de dissociação da ligação (◄ Tabela 8.8).

83. Use os dados de $\Delta_f H°$ no Apêndice L para calcular a variação da entalpia da reação

$$2\,N_2(g) + 5\,O_2(g) + 2\,H_2O(\ell) \rightarrow 4\,HNO_3(aq)$$

Especule se tal reação poderia ser usada para "fixar" o nitrogênio. Você considera que a pesquisa para encontrar maneiras de realizar essa reação seria um esforço útil?

84. ▲ O fósforo forma uma extensa série de oxiânions.

(a) Desenhe uma estrutura e dê a carga para um ânion oxofosfato com a fórmula $[P_4O_{13}]_n^-$. Quantos átomos de H ionizáveis deve ter o ácido completamente protonado?

(b) Desenhe uma estrutura e dê a carga para um ânion oxofosfato cíclico com a fórmula $[P_4O_{12}]_n^-$. Quantos átomos de H ionizáveis deve ter o ácido completamente protonado?

85. ▲ Boro e hidrogênio formam uma extensa família de compostos, e o diagrama abaixo mostra como eles estão relacionados por reação.

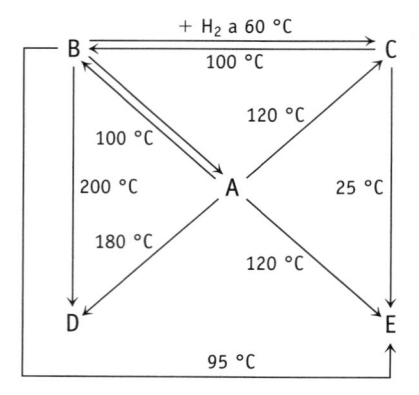

A tabela seguinte dá a porcentagem em peso de boro em cada um dos compostos. Obtenha as fórmulas empíricas e moleculares dos compostos de A a E.

Substâncias	Estado (nas CNTP)	Porcentual de Massa de B	Massa Molar (g/mol)
A	Gás	78,3	27,7
B	Gás	81,2	53,3
C	Líquido	83,1	65,1
D	Líquido	85,7	63,1
E	Sólido	88,5	122,2

86. ▲ Em 1774, C. Scheele obteve um gás pela reação de pirolusita (MnO_2) com ácido sulfúrico. O gás, que tinha sido obtido nesse mesmo ano por Joseph Priestley por um método diferente, era um elemento, A.

(a) Qual é o elemento isolado por Scheele e Priestley?

(b) O elemento **A** combina com quase todos os outros elementos. Por exemplo, com césio ele dá um composto em que a porcentagem em massa de **A** é de 19,39%. O elemento combina com hidrogênio, para se obter um composto com um percentual de massa do elemento **A** de 94,12%. Determine as fórmulas dos compostos de césio e de hidrogênio.

(c) Os compostos de césio e de hidrogênio com o elemento **A** reagem um com o outro. Escreva uma equação balanceada para a reação.

87. Qual corrente deve ser usada em uma célula de Downs operando a 7,0 V para produzir 1,00 tonelada métrica (exatamente 1000 kg) de sódio por dia? Assuma 100% de eficiência.

88. A química do gálio:

(a) O hidróxido de gálio, como o hidróxido de alumínio, é anfótero. Escreva uma equação balanceada para mostrar como esse hidróxido pode se dissolver tanto em HCl(aq) como em NaOH(aq).

(b) O íon gálio em água, Ga^{3+}(aq), tem um valor de K_a de $1,2 \times 10^{-3}$. Este íon é um ácido mais forte ou mais fraco que Al^{3+}(aq)?

89. Anéis de silício-oxigênio são uma característica estrutural comum na química do silicato. Desenhe a estrutura para o ânion $[Si_3O_9]^{6-}$, que é encontrado em minerais tais como o benitoíta. É esperado que o anel seja plano?

90. Usando dados de entalpia de formação no Apêndice L, determine se a decomposição de NH_4NO_3(s) para se obter N_2O(g) e H_2O(g) é endotérmica ou exotérmica.

91. Sulfetos metálicos ustulados no ar produzem óxidos metálicos.

$$2\ ZnS(s) + 3\ O_2(g) \rightarrow 2\ ZnO(s) + 2\ SO_2(g)$$

Use a termodinâmica para decidir se a reação é produto-favorecida ou reagente-favorecida no equilíbrio a 298 K. A reação será mais ou menos produto-favorecida em alta temperatura?

92. Metais geralmente reagem com haletos de hidrogênio, para se obter o haleto do metal e hidrogênio. Determine se isto é verdadeiro para a prata, calculando $\Delta_r G°$ para a reação com cada um dos haletos de hidrogênio.

$$Ag(s) + HX(g) \rightarrow AgX(s) + \tfrac{1}{2}\ H_2(g)$$

As energias livres de formação necessárias são:

HX	$-\Delta_f G°$(kJ/mol)	AgX	$-\Delta_f G°$(kJ/mol)
HF	273,2	AgF	193,8
HCl	95,09	AgCl	109,76
HBr	53,45	AgBr	96,90
HI	1,56	AgI	66,19

No Laboratório

93. Um material necessário para fazer silicones é o dicloro-dimetilsilano, $(CH_3)_2SiCl_2$. Ele é feito por tratamento de pó de silício a cerca de 300 °C com CH_3Cl na presença de um catalisador que contém cobre.

(a) Escreva uma equação balanceada para a reação.

(b) Suponha que você realize a reação em pequena escala, com 2,65 g de silício. Para medir o gás CH_3Cl, você preenche um frasco de 5,60 L a 24,5 °C. Que pressão do gás CH_3Cl você deve ter no frasco para obter a quantidade estequiometricamente correta do composto?

(c) Qual massa de $(CH_3)_2SiCl_2$ pode ser produzida a partir de 2,65 g de Si e excesso de CH_3Cl?

94. O boro-hidreto de sódio, $NaBH_4$, reduz muitos íons metálicos ao metal.

(a) Escreva uma equação balanceada para a reação de $NaBH_4$ com $AgNO_3$ em água para produzir prata metálica, gás H_2, ácido bórico e nitrato de sódio. (A química do $NaBH_4$ é descrita na Seção 21.6.)

(b) Qual massa de prata pode ser produzida a partir de 575 mL de $AgNO_3$ 0,011 M e 13,0 g de $NaBH_4$?

95. Um método analítico comum para a hidrazina envolve sua oxidação com o íon iodato, IO_3^-, em solução ácida. No processo, a hidrazina atua como um agente de redução de quatro elétrons.

$$N_2(g) + 5\ H_3O^+(aq) + 4\ e^- \rightarrow N_2H_5^+(aq) + 5\ H_2O(\ell)$$
$$E° = -0,23\ V$$

Escreva a equação balanceada para a reação de hidrazina em solução ácida ($N_2H_5^+$) com IO_3^-(aq) para dar origem a N_2 e I_2. Calcule $E°$ para essa reação.

96. Quando 1,00 g de um sólido branco **A** é fortemente aquecido, você obtém outro sólido branco **B** e um gás. Uma experiência é conduzida com o gás, que mostra que ele exerce uma pressão de 209 mm Hg em um frasco de 450 mL a 25 °C. Borbulhando o gás em uma solução de $Ca(OH)_2$, resulta em outro sólido branco, **C**. Se o sólido branco **B** for adicionado a água, a solução resultante transforma o papel tornassol vermelho em azul.

© Cengage Learning/Charles D. Winters

Os sais $CaCl_2$, $SrCl_2$ e $BaCl_2$ foram suspensos em metanol. Quando o metanol é incendiado, o calor da combustão faz com que os sais emitam luz de comprimentos de onda característicos: os sais de cálcio são amarelos; os sais de estrôncio são vermelhos; e os sais de bário são verde-amarelos.

A adição de HCl aquoso à solução de **B** e a evaporação da solução resultante até a secagem resultou em 1,055 g de um sólido branco **D**. Quando **D** é colocado em uma chama de bico de Bunsen, ele colore a chama de verde. Finalmente, se a solução aquosa de **B** é tratada com ácido sulfúrico, um precipitado branco, **E**, é formado. Identifique os compostos indicados por letras no esquema da reação.

97. ▲ Em 1937, R. Schwartz e M. Schmiesser prepararam um óxido de bromo amarelo-laranja (BrO_2) tratando Br_2 com hidrogênio em um solvente de fluorcarbono. Muitos anos mais tarde, J. Pascal descobriu que, com o aquecimento, esse óxido se decompôs em dois outros óxidos, um óxido menos volátil amarelo dourado (**A**) e um óxido marrom escuro mais volátil (**B**). O óxido **B** foi mais tarde identificado como Br_2O. Para determinar a fórmula para o óxido **A**, uma amostra foi tratada com iodeto de sódio. A reação liberou iodo, o qual foi titulado para um ponto de equivalência com 17,7 ml de tiossulfato de sódio 0,065 M.

$$I_2(aq) + 2\ S_2O_3{}^{2-}(aq) \rightarrow 2\ I^-(aq) + S_4O_6{}^{2-}(aq)$$

O composto **A** também foi tratado com $AgNO_3$ e 14,4 mL de $AgNO_3$ 0,020 M foi necessário para precipitar completamente o bromo a partir da amostra.

(a) Qual é a fórmula do óxido de bromo **A** desconhecido?

(b) Desenhe as estruturas de Lewis para **A** e Br_2O. Especule sobre sua geometria molecular.

98. Uma mistura de PCl_5 (12,41 g) e excesso de NH_4Cl foi aquecida a 145 °C durante seis horas. Os dois reagiram em quantidades equimolares e liberou-se 5,14 L de HCl (a CNTP). Três substâncias (**A**, **B** e **C**) foram isoladas a partir da mistura da reação. As três substâncias tinham a mesma composição elementar, mas diferiam na sua massa molar. A substância **A** tinha uma massa molar de 347,7 g/mol e **B** tinha uma massa molar de 463,5 g/mol. Dê as fórmulas empíricas e moleculares para **A** e **B** e desenhe uma estrutura de Lewis razoável para **A**.

Resumo e Questões Conceituais

As seguintes questões podem usar os conceitos deste capítulo e dos capítulos anteriores.

99. O trióxido de dinitrogênio, N_2O_3, tem a estrutura mostrada aqui.

O óxido é instável, decompondo-se em NO e NO_2 em fase gasosa a 25 °C.

$$N_2O_3(g) \rightarrow NO(g) + NO_2(g)$$

(a) Desenhe estruturas de ressonância para N_2O_3 e explique por que uma distância de ligação N—O é 114,2 pm, enquanto as outras duas ligações são mais longas (121 pm) e quase iguais uma da outra.

(b) Para a reação de decomposição, $\Delta rH° = +40,5$ kJ/mol e $\Delta_r G° = -1,59$ kJ/mol. Calcule $\Delta S°$ e K para a reação a 298 K.

(c) Calcule $\Delta_f H°$ para $N_2O_3(g)$.

100. ▲ A densidade do chumbo é 11,350 g/cm³, e o metal cristaliza em uma célula unitária cúbica de face centrada. Estime o raio de um átomo de chumbo.

101. Você tem um frasco de 1,0 L, que contém uma mistura de argônio e hidrogênio. A pressão dentro do frasco é 745 mm Hg e a temperatura é de 22 °C. Descreva uma experiência que você poderia usar para determinar a porcentagem de hidrogênio nesta mistura.

102. O átomo de boro no ácido bórico, $B(OH)_3$, está ligado a três grupos O—H. No estado sólido, os grupos O—H são ligados por hidrogênio a grupos O—H em moléculas vizinhas.

(a) Desenhe a estrutura de Lewis para o ácido bórico.

(b) Qual é a hibridização do átomo de boro no ácido?

(c) Desenhe uma figura mostrando como a ligação de hidrogênio pode ocorrer entre moléculas vizinhas.

103. Como você extinguiria um incêndio de sódio no laboratório? Qual é a pior coisa que você poderia fazer?

104. O óxido de estanho(IV), cassiterita, é o principal minério do estanho. Ele cristaliza em uma célula unitária semelhante ao rutilo com íons estanho(IV) tomando o lugar dos íons Ti^{4+} (Questão para Estudo 12.4). (Os íons O^{2-} marcados com x estão totalmente dentro da célula unitária.)

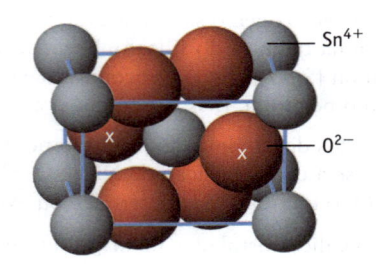

(a) Quantos íons estanho(IV) e íons óxido estão lá por célula unitária deste óxido?

(b) É termodinamicamente viável transformar SnO_2 sólido em $SnCl_4$ líquido pela reação do óxido com HCl gasoso? Qual é a constante de equilíbrio para esta reação a 25 °C?

105. Você tem um frasco fechado que contém hidrogênio, nitrogênio ou oxigênio. Sugira um experimento que você poderia fazer para identificar o gás.

106. A estrutura do ácido nítrico está ilustrada na página 1003.

(a) Por que as ligações N—O são do mesmo comprimento e por que ambas são mais curtas que o comprimento da ligação N—OH?

(b) Racionalize os ângulos de ligação na molécula.

(c) Qual é a hibridização do átomo central N? Quais orbitais se sobrepõem para formar a ligação π N—O?

107. Assuma que uma célula eletrolítica que produz cloro a partir de cloreto de sódio aquoso opera a 4,6 V (com uma corrente de $3,0 \times 10^5$ A). Calcule o número de quilowatts-hora de energia necessária para produzir 1,00 kg de cloro (1 kWh = 1 kilowatt-hora = $3,6 \times 10^6$ J).

108. O sódio metálico é produzido por eletrólise de cloreto de sódio fundido. A célula opera a 7,0 V com uma corrente de 25×10^3 A.

(a) Qual massa de sódio pode ser produzida em 1 hora?

(b) Quantos quilowatts-hora de eletricidade são usados para produzir 1,00 kg de sódio (1 kWh = 3,6 $\times$ 10^6 J)?

109. Os potenciais de redução para os metais do Grupo 3A, $E°$, são fornecidos abaixo. Qual tendência, ou tendências, você observa nestes dados? O que você pode aprender sobre a química dos elementos do Grupo 3A a partir desses dados?

Semirreações	Potencial de Redução ($E°$, V)
$Al^{3+}(aq) + 3\,e^- \rightarrow Al(s)$	−1,66
$Ga^{3+}(aq) + 3\,e^- \rightarrow Ga(s)$	−0,3
$In^{3+}(aq) + 3\,e^- \rightarrow In(s)$	−0,338
$Tl^{3+}(aq) + 3\,e^- \rightarrow Tl(s)$	+0,72

110. (a) O magnésio é obtido a partir da água do mar. Se a concentração de Mg^{2+} na água do mar é de 0,050 M, qual volume de água do mar (em litros) deve ser tratada para se obter 1,00 kg de metal magnésio? Qual massa de cal (CaO; em quilogramas) deve ser usada para precipitar o magnésio neste volume de água do mar?

(b) Quando $1,2 \times 10^3$ kg de $MgCl_2$ fundido é eletrolisado para produzir magnésio, qual massa (em quilogramas) de metal é produzida no cátodo? O que é produzido no ânodo? Qual é a massa desse produto? Qual é o número total de Faradays de eletricidade usado no processo?

(c) Um processo industrial tem um consumo de energia de 18,5 kWh/kg de Mg. Quantos joules são requeridos por mol (1 kWh = 1 quilowatt-hora = $3,6 \times 10^6$ J)? Como esta energia se compara com a energia do processo a seguir?

$$MgCl_2(s) \rightarrow Mg(s) + Cl_2(g)$$

111. Comparando a química do carbono e a do silício.

(a) Escreva as equações químicas balanceadas para as reações de $H_2O(\ell)$ com CH_4 (formando CO_2 e H_2) e SiH_4 (formando SiO_2 e H_2).

(b) Utilizando dados termodinâmicos, calcule a variação da energia livre padrão para as reações em (a). Ambas as reações são produto-favorecidas no equilíbrio?

(c) Procure as eletronegatividades do carbono, silício e hidrogênio. Qual conclusão você pode obter em relação à polaridade das ligações C—H e Si—H?

(d) Os compostos de carbono e de silício com as fórmulas $(CH_3)_2CO$ (acetona) e $[(CH_3)_2SiO]_n$ (um polímero de silicone) também têm estruturas bastante diferentes. Desenhe as estruturas de Lewis para estas espécies. Esta diferença, juntamente aquela entre as estruturas de CO_2 e SiO_2, sugere uma observação geral sobre os compostos de silício. Com base nessa observação, você espera que exista um composto de silício com uma estrutura semelhante à do eteno (C_2H_4)?

112. ▲ O nitreto de boro, BN, tem a mesma estrutura de estado sólido que o ZnS (Veja a Figura 12.10).

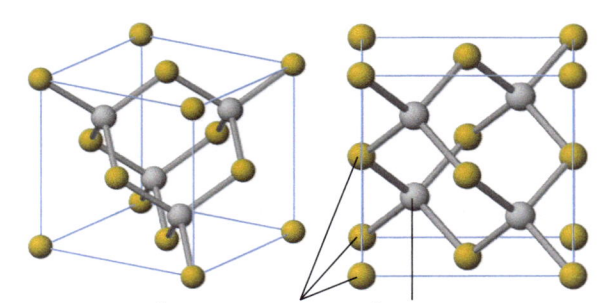

Átomos de N definem retículo cúbico de face centrada   Átomo B em orifício reticular

Você pode considerá-la um cubo de face centrada de átomos de nitrogênio com átomos de boro em uma metade das lacunas tetraédricas do retículo. Se a densidade desta forma de BN é 3,45 g/cm³, qual é o comprimento da ligação B—N?

113. ▲ O trióxido de xenônio, XeO_3, reage com base aquosa para formar o ânion xenato, $HXeO_4^-$. Este íon reage ainda com OH^- para formar o ânion perxenato, XeO_6^{4-}, na reação seguinte:

$$2\,HXeO_4^-(aq) + 2\,OH^-(aq) \rightarrow$$
$$XeO_6^{4-}(aq) + Xe(g) + O_2(g) + 2\,H_2O(\ell)$$

Identifique os elementos que são oxidados e reduzidos nessa reação. Você notará que a equação é balanceada com relação ao número de átomos em ambos os lados. Verifique que a parte redox desta equação também está balanceada, isto é, que as extensões de oxidação e de redução também são iguais.

Acessórios de cobre na Ronald McDonald House, um lar para crianças gravemente doentes e suas famílias em Charleston, SC.

22 A química dos elementos de transição

Sumário do capítulo

O COBRE QUE SALVA VIDAS Se você for internado em um hospital nos Estados Unidos, há uma chance em 20 de que você desenvolverá uma infecção. E se você ficar infectado, há uma chance em 20 de que você morrerá dessa infecção. O U.S. Centers for Disease Control and Prevention (Centro Norte-Americano para Controle e Prevenção de Doenças, CDC) estima que as infecções hospitalares matam cerca de 100 mil pessoas nos Estados Unidos e custam quase US$ 50 bilhões anuais. É claro que é do nosso interesse prevenir essas infecções, e os ensaios clínicos recentes apontam o caminho para meios simples e de baixo custo para fazê-lo.

Dr. Michael Schmidt, da Universidade Médica da Carolina do Sul, disse que "as bactérias presentes nas superfícies dos quartos de UTI são, provavelmente, responsáveis por 35% a 80% das infecções de pacientes, demonstrando como é crítico manter os hospitais limpos". Portanto, além de seguir os processos normais de limpeza, o hospital realizou um estudo em que eles cobriram as grades da cama, mesinhas, braços das cadei-

Objetivos do Capítulo

Consulte a Revisão dos Objetivos do Capítulo para ver as Questões para Estudo relacionadas a estes objetivos.

ENTENDER

- A descrição da teoria do campo ligante da ligação do metal em compostos de coordenação.
- Isomeria e sua ocorrência em química de coordenação.
- Como a cor e o magnetismo estão relacionados com a estrutura eletrônica de um complexo.
- Como a espectroscopia e o magnetismo podem ser utilizados para identificar complexos de spin alto e baixo.

FAZER

- Dada a fórmula de um complexo de coordenação, identificar o metal e seu estado de oxidação, os ligantes, o número de coordenação e a geometria de coordenação, e a carga global sobre o complexo.
- Dada a fórmula molecular de um complexo, determinar se isômeros são possíveis, e desenhar suas estruturas.
- Dada uma fórmula, nomear um complexo; dado um nome de um complexo, escrever sua fórmula.
- Desenhar um diagrama de níveis de energia que representa o desdobramento dos orbitais *d* dos metais pelo campo ligante.
- Aplicar os princípios da estequiometria, termodinâmica e equilíbrio a compostos de metais de transição.

LEMBRAR

- Propriedades químicas e físicas gerais dos elementos de metais de transição comuns.
- A terminologia da química de coordenação: número de coordenação e geometria de coordenação, ligante, quelato e bidentado.
- A terminologia da teoria do campo ligante: spin baixo e spin alto, a o desdobramento do campo ligante.
- Os nomes e as fórmulas dos ligantes comuns.

---

ras, botões de chamada e suporte para soro com várias ligas de cobre. (As ligas variavam entre 75% e 99% de cobre.) Ao todo, eles cobriram 282 objetos com ligas de cobre em 32 quartos e compararam os resultados com 288 itens não cobertos em 27 quartos. (Testes similares foram feitos em outros dois grandes hospitais.) Os revestimentos de cobre reduziram a "carga microbiana" (CM) de patógenos em 99% sobre os trilhos da cama e botões de chamada e em 38% sobre os braços das cadeiras. Descobriu-se que o cobre era eficaz contra as seguintes bactérias, entre outras:

(a) *Staphylococcus aureus*, uma bactéria comumente encontrada em hospitais.
(b) O *Staphylococcus aureus* resistente à meticilina (SARM ou MRSA, em inglês). Esta é uma cepa virulenta de bactérias resistentes aos antibióticos e uma causa comum de infecções hospitalares.
(c) A *Enterococcus* resistente à vancomicina (ERV ou VRE, em inglês), a segunda maior causa de infecções adquiridas em hospitais.

A equipe de pesquisa observou que "apesar de a SARM e a ERV terem sido frequentemente isoladas de objetos que não eram feitos de cobre, elas nunca foram isoladas dos objetos de cobre durante o período de estudo". Agora, por causa da aparente eficácia do uso de cobre em superfícies onde ocorre maior contato humano, hospitais e outras instalações médicas estão expandindo o uso de ligas de cobre.

Mas por que nós não reconhecemos isso antes? Hipócrates (460-370 a.C.), o pai da medicina, recomendava o uso do cobre para tratar úlceras na perna relacionadas a varizes. Na época romana, Plínio utilizava óxido de cobre e mel para tratar vermes intestinais. Recentemente, cientistas da Grã-Bretanha e da Índia investigaram uma crença de longa data entre a população indiana de que o armazenamento de água em jarros de latão pode afastar doenças. (O latão é uma liga de cobre e zinco.) Eles encheram os jarros de latão com água previamente esterilizada na qual adicionaram *E. coli* (uma bactéria que vive no intestino de muitos animais de sangue quente e, consequentemente, é encontrada nas fezes). Outros jarros de latão foram preenchidos com água de rio contaminado da Índia. Em ambos os casos, eles descobriram que a contagem de bactérias fecais diminuiu de um milhão de bactérias por mililitro para zero em dois dias. Em contraste, os níveis de bactérias permaneceram altos em potes de plástico ou de barro.

O mecanismo subjacente pelo qual as bactérias são destruídas por íons cobre ainda não é bem compreendido, mas há atividades de pesquisa sobre essa questão em laboratórios acadêmicos de todo o mundo.

Questões para Estudo relacionadas a esta história são: 22.58 e 22.59.

Os elementos de transição são o grande bloco de elementos na parte central da Tabela Periódica, ligando os elementos do bloco *s*, à esquerda, aos do bloco *p*, à direita (Figura 22.1). Os elementos de transição são muitas vezes divididos em dois grupos, dependendo dos elétrons de valência envolvidos em sua química. O primeiro grupo são os **elementos do bloco *d***, pois suas ocorrências na Tabela Periódica coincidem com o preenchimento dos orbitais *d*. O segundo grupo são os **elementos do bloco *f***, caracterizados pelo preenchimento dos orbitais *f*. Contidos nesse grupo estão dois subgrupos: os *lantanídeos*, elementos que ocorrem entre La e Hf, e os *actinídeos*, aqueles que ocorrem entre Ac e Rf.

Este capítulo foca principalmente os elementos do bloco *d*, e nesse grupo nos concentraremos em especial nos elementos do quarto período, isto é, os elementos da primeira série de transição, de escândio a zinco.

22-1 Propriedades dos Elementos de Transição

Os metais do bloco *d* incluem elementos com grande variedade de propriedades. Eles abrangem o metal mais comum usado na construção e indústria (ferro), outros valiosos por sua beleza (ouro, prata e platina), e aqueles usados em moedas (níquel, cobre e zinco). Há metais usados na tecnologia moderna (titânio) e metais conhecidos e utilizados por antigas civilizações (cobre, prata, ouro e ferro). O bloco *d*

FIGURA 22.1 Os metais de transição. Os elementos do bloco *d* e elementos do bloco *f* (os elementos de transição) são destacados em um tom de azul mais escuro.

(a) Pigmentos de tintas: amarelo, CdS; verde, Cr_2O_3; branco, TiO_2 e ZnO; roxo, $Mn_3(PO_4)_2$; azul, Co_2O_3 e Al_2O_3; ocre, Fe_2O_3.

(b) Pequenas quantidades de compostos de metais de transição são utilizadas para colorir vidro: azul, Co_2O_3; verde, óxidos de cobre ou de cromo; roxo, óxidos de níquel ou de cobalto; vermelho, óxido de cobre; verde iridescente, óxido de urânio.

Fotos: © Cengage Learning/Charles D. Winters

(c) Os traços de íons dos metais de transição são responsáveis pelas cores: do jade verde (ferro), do coríndon vermelho (cromo), da azurita azul, da turquesa azul-esverdeada (cobre), e da ametista roxa (ferro).

FIGURA 22.2 Química colorida. Os compostos de metais de transição têm uma grande variedade de cores.

contém os elementos mais densos (ósmio, $d = 22,49$ g/cm³, e irídio, $d = 22,41$ g/cm³), os metais com os pontos de fusão mais alto e mais baixo (tungstênio, p.f. = 3410 °C, e o mercúrio, p.f. = −38,9 °C) e um de apenas dois elementos com número atômico inferior a 83 que possui apenas isótopos radioativos [tecnécio (Tc), número atômico 43; promécio (Pm), número atômico 61, no bloco *f*].

Com a exceção do mercúrio, os elementos de transição são sólidos. Eles têm um brilho metálico e conduzem eletricidade e calor. Eles reagem com vários agentes oxidantes para gerar compostos iônicos, embora exista uma variação considerável nesse tipo de reações entre os elementos. Como a prata, o ouro e a platina resistem à oxidação, por exemplo, eles são usados em joias e peças de decoração.

Certos elementos do bloco *d* são particularmente importantes para os organismos vivos. O cobalto é o elemento essencial na vitamina B_{12}, que é parte de um catalisador essencial para várias reações bioquímicas. A hemoglobina e a mioglobina, proteínas de transporte e armazenamento de oxigênio, contêm ferro. O molibdênio e o ferro, juntamente com o enxofre, formam a porção reativa de nitrogenase, um catalisador biológico utilizado por organismos fixadores de nitrogênio para converter nitrogênio atmosférico em amônia.

Muitos compostos de metais de transição são fortemente coloridos, o que os torna úteis como pigmentos em tintas e corantes (Figura 22.2). O azul-da-prússia, $Fe_4[Fe(CN)_6]_3 \cdot 14\ H_2O$, é um "agente azulante" usado em plantas de engenharia e nas lavanderias para clarear tecido branco-amarelado. Um pigmento comum usado por artistas (amarelo de cádmio) contém sulfeto de cádmio, CdS, e o branco na maioria das tintas brancas vem do dióxido de titânio, TiO_2.

A presença de íons de metais de transição em silicatos cristalinos ou alumina transforma esses materiais comuns em pedras preciosas. Os íons ferro(II) causam a cor amarela no citrino, e o cromo(III), a cor vermelha do rubi. Os compostos de metais de transição em pequenas quantidades dão a cor ao vidro. O vidro azul contém uma pequena quantidade de óxido de cobalto(III), e a adição de óxido de cromo(III) ao vidro dá uma cor verde. Vidros antigos de janela, às vezes, tornam-se arroxeados com o tempo devido à oxidação de traços de íon manganês(II) em íon permanganato (MnO_4^-).

Nas próximas páginas, examinaremos as propriedades dos elementos de transição, concentrando-nos nos princípios fundamentais que governam essas propriedades.

Configurações Eletrônicas

Uma vez que o comportamento químico está relacionado à estrutura dos elétrons, é importante conhecer as configurações eletrônicas dos elementos do bloco *d* (Tabela 22.1) e seus íons comuns (◄ Seções 7.3 e 7.4). Lembre-se de que a configuração desses

© Cengage Learning/Charles D. Winters

Azul da Prússia. O composto azul-profundo chamado de azul-da-Prússia tem a fórmula $Fe_4[Fe(CN)_6]_3 \cdot 14\ H_2O$. A cor surge da transferência de elétrons entre os íons Fe(II) e Fe(III) no composto.

Tabela 22.1 Configurações Eletrônicas dos Elementos de Transição do Quarto Período

	Configu-rações $spdf$	Notação em Caixa	
		$3d$	$4s$
Sc	$[Ar]3d^14s^2$	↑	↑↓
Ti	$[Ar]3d^24s^2$	↑ ↑	↑↓
V	$[Ar]3d^34s^2$	↑ ↑ ↑	↑↓
Cr	$[Ar]3d^54s^1$	↑ ↑ ↑ ↑ ↑	↑
Mn	$[Ar]3d^54s^2$	↑ ↑ ↑ ↑ ↑	↑↓
Fe	$[Ar]3d^64s^2$	↑↓ ↑ ↑ ↑ ↑	↑↓
Co	$[Ar]3d^74s^2$	↑↓ ↑↓ ↑ ↑ ↑	↑↓
Ni	$[Ar]3d^84s^2$	↑↓ ↑↓ ↑↓ ↑ ↑	↑↓
Cu	$[Ar]3d^{10}4s^1$	↑↓ ↑↓ ↑↓ ↑↓ ↑↓	↑
Zn	$[Ar]3d^{10}4s^2$	↑↓ ↑↓ ↑↓ ↑↓ ↑↓	↑↓

Tabela 22.2 Produtos das Reações dos Elementos da Primeira Série de Transição com O_2, Cl_2 ou HCl Aquoso

Elemento	Reação com O_2*	Reação com Cl_2	Reação com HCl Aquoso
Escândio	Sc_2O_3	$ScCl_3$	$Sc^{3+}(aq)$
Titânio	TiO_2	$TiCl_4$	$Ti^{3+}(aq)$
Vanádio	V_2O_5	VCl_4	NR†
Cromo	Cr_2O_3	$CrCl_3$	$Cr^{2+}(aq)$
Manganês	MnO_2	$MnCl_2$	$Mn^{2+}(aq)$
Ferro	Fe_2O_3	$FeCl_3$	$Fe^{2+}(aq)$
Cobalto	Co_2O_3	$CoCl_2$	$Co^{2+}(aq)$
Níquel	NiO	$NiCl_2$	$Ni^{2+}(aq)$
Cobre	CuO	$CuCl_2$	NR†
Zinco	ZnO	$ZnCl_2$	$Zn^{2+}(aq)$

* Produto obtido com excesso de oxigênio.
†NR = não reage

metais tem a forma geral [configuração do gás nobre precedente] $(n-1)d^bns^a$; isto é, os elétrons de valência dos elementos de transição residem nas subcamadas ns e $(n-1)d$.

Oxidação e Redução

Uma propriedade característica de todos os metais é que eles sofrem oxidação por uma grande variedade de agentes oxidantes, como o oxigênio, os halogênios e os ácidos aquosos. Os potenciais padrão de redução dos elementos da primeira série de transição podem ser usados para prever quais elementos serão oxidados por determinado agente oxidante em solução aquosa. Por exemplo, todos esses metais, exceto o vanádio e o cobre, são oxidados por HCl aquoso (Tabela 22.2). A oxidação, que domina a química desses elementos, é, por vezes, altamente indesejável (veja "Um Olhar Mais Atento: Corrosão do Ferro").

Quando um metal de transição é oxidado, os elétrons s mais externos são removidos, seguidos de um ou mais elétrons d. Com poucas exceções, os íons dos metais de transição apresentam a configuração eletrônica [configuração do gás nobre precedente] $(n-1)d^x$. Ao contrário dos íons formados pelos elementos do grupo principal, os cátions de metais de transição têm, muitas vezes, elétrons desemparelhados, resultando em paramagnetismo (◄ Seção 7.5). Eles também são com frequência coloridos, em razão da absorção de luz na região visível do espectro eletromagnético. A cor e o magnetismo figuram proeminentemente em uma discussão sobre as propriedades e ligações desses elementos, como você verá em breve.

Na primeira série de transição, os íons metálicos mais comuns têm números de oxidação +2 e +3 (Tabela 22.2). Com o ferro, por exemplo, a oxidação converte o Fe($[Ar]3d^64s^2$) em Fe^{2+}($[Ar]3d^6$) ou Fe^{3+}($[Ar]3d^5$). O ferro reage com o cloro para gerar $FeCl_3$, e reage com ácidos aquosos para produzir $Fe^{2+}(aq)$ e H_2 (Figura 22.3). Apesar da preponderância de íons 2+ e 3+ em compostos de metais da primeira série de transição, o intervalo de possíveis estados de oxidação é amplo (Figura 22.4). Anteriormente, neste mesmo texto, encontramos cromo com um número de oxidação +6 (CrO_4^{2-}, $Cr_2O_7^{2-}$), manganês com um número de oxidação +7 ($M_nO_4^-$), prata e cobre como íons 1+, e os números de oxidação do vanádio, que podem variar de +2 a +5 (◄ Figura 19.3).

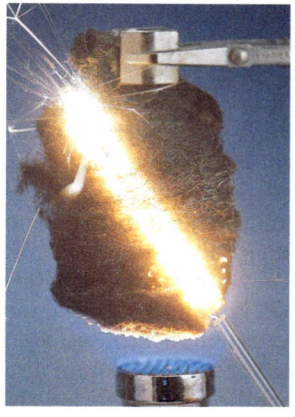
(a) Lã de aço reage com O_2.

(b) Lã de aço reage com gás cloro, Cl_2.

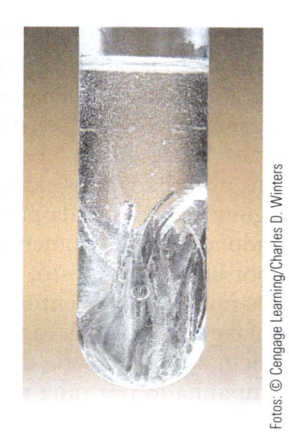
(c) Lascas de ferro reagem com HCl aquoso.

Fotos: © Cengage Learning/Charles D. Winters

FIGURA 22.3 As reações típicas dos metais de transição. Estes metais reagem com oxigênio, halogênios e ácidos sob condições adequadas.

Números de oxidação mais altos são mais comuns em compostos dos elementos da segunda e da terceira séries de transição. Por exemplo, as fontes naturais de molibdênio e de tungstênio são os minérios molibdenita (MoS_2) e volframita (WO_3). Essa tendência geral é observada também no bloco *f*. Os lantanídeos formam principalmente íons 3+. Em contraste, os actinídeos geralmente têm números de oxidação mais elevados nos seus compostos; +4 e até mesmo +6 são típicos. Por exemplo, o UO_3 é um óxido comum de urânio, e o UF_6 é um composto importante no processamento de urânio combustível para reatores nucleares (▶ Seção 25.6).

Tendências Periódicas no Bloco *d*: Tamanho, Densidade, Ponto de Fusão

Vejamos três propriedades físicas importantes dos elementos de transição que variam periodicamente: raio atômico, densidade e ponto de fusão.

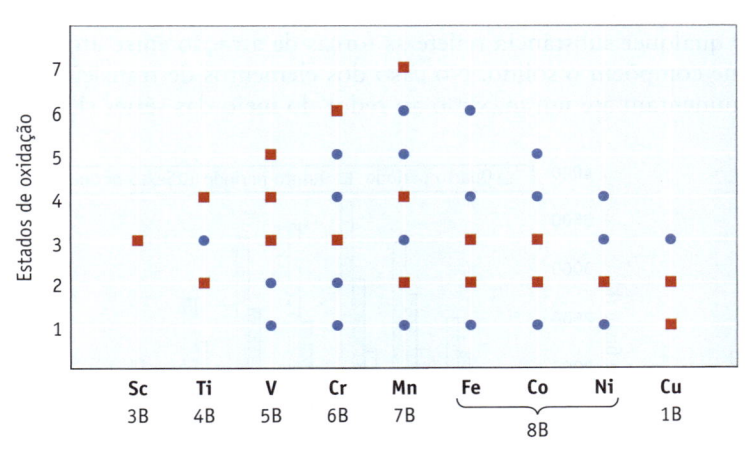

(a) Os estados de oxidação mais comuns são indicados com *quadrados vermelhos*; estados de oxidação menos comuns são indicados com *pontos azuis*.

FIGURA 22.4 Os estados de oxidação dos elementos de transição da primeira série de transição.

© Cengage Learning/Charles D. Winters

(b) As soluções aquosas de compostos de cromo com dois números diferentes de oxidação: +3 em $Cr(NO_3)_3$ (violeta) e $CrCl_3$ (verde), e +6 em K_2CrO_4 (amarelo) e $K_2Cr_2O_7$ (laranja). Os dois tipos de Cr(III) têm cores diferentes em solução porque existem diferentes íons complexos na solução. O íon complexo na solução púrpura é $[Cr(H_2O)_6]^{3+}$; o íon complexo na solução verde é $[Cr(H_2O)_4Cl_2]^+$.

Raios Atômicos do Átomo de Metal

Os raios dos elementos de transição variam ao longo de um intervalo bastante pequeno, com uma pequena redução ao mínimo sendo observada em torno do meio desse grupo de elementos (◄ Figura 7.8). Essa semelhança de raios pode ser entendida com base nas configurações eletrônicas. O tamanho do átomo é determinado pelos elétrons no orbital mais externo, o que para esses elementos é o orbital *ns* (*n* = 4, 5, ou 6). Seguindo da esquerda para a direita na Tabela Periódica, a diminuição do tamanho esperado a partir do aumento do número de prótons no núcleo é principalmente anulada por um efeito oposto, a repulsão de elétrons adicionais nos orbitais (*n* – 1)*d*.

Os raios dos elementos do bloco *d* no quinto e no sexto períodos de cada grupo são quase idênticos. A razão disso é que os elementos lantanídeos imediatamente precedem a terceira série de elementos do bloco *d*. O preenchimento dos orbitais 4*f* é acompanhado por uma redução constante de tamanho, consistente com a tendência geral de diminuição do tamanho da esquerda para a direita na Tabela Periódica. No ponto em que os orbitais 5*d* começam a ser preenchidos mais uma vez, os raios diminuem para um tamanho semelhante ao dos elementos no período anterior. A diminuição do tamanho que resulta a partir do preenchimento dos orbitais 4*f* é chamada de **contração dos lantanídeos**.

Os tamanhos semelhantes dos elementos da segunda e da terceira séries do bloco *d* têm consequências significativas para a química deles. Por exemplo, os "metais do grupo da platina" (Ru, Os, Rh, Ir, Pd e Pt) formam compostos semelhantes. Assim, não é surpreendente o fato de que os minerais contendo esses metais sejam encontrados nas mesmas zonas geológicas da Terra. Também não surpreende que seja difícil separar esses elementos uns dos outros.

Densidade

A variação nos raios do metal faz com que as densidades dos elementos de transição primeiro aumentem e então diminuam ao longo de um período (Figura 22.5, *à esquerda*). Embora a alteração total nos raios entre esses elementos seja pequena, o efeito é aumentado porque o volume está na verdade mudando com o cubo do raio [V = (4/3)πr^3].

A contração dos lantanídeos é o motivo pelo qual os elementos do sexto período apresentam as densidades mais altas. O tamanho relativamente pequeno dos raios desses elementos, aliado ao fato de suas massas atômicas serem consideravelmente maiores que a de seus equivalentes no quinto período, faz com que as densidades dos metais do sexto período sejam muito altas.

Ponto de Fusão

O ponto de fusão de qualquer substância reflete as forças de atração entre átomos, moléculas ou íons que compõem o sólido. No caso dos elementos de transição, os pontos de ebulição aumentam até um máximo ao redor do meio das séries (Figura

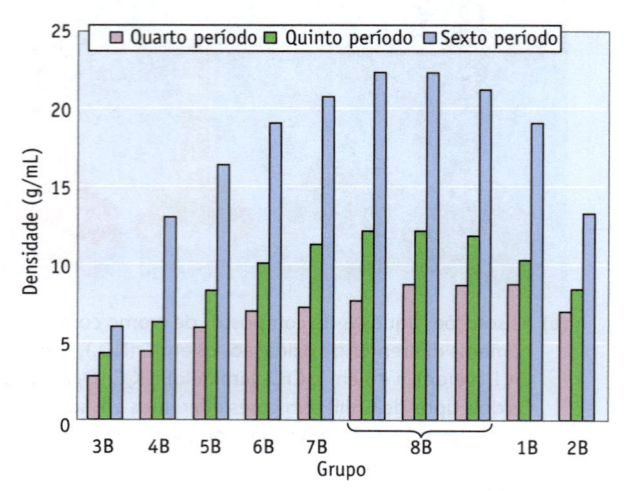
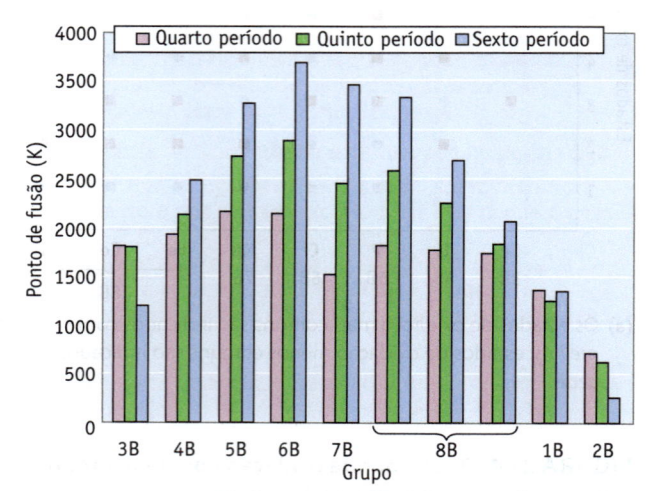

FIGURA 22.5 Propriedades periódicas da série de transição. Densidade (*à esquerda*) e ponto de fusão (*à direita*) dos elementos do bloco *d*.

Corrosão do Ferro

Ânodo	$Fe(s) \longrightarrow Fe^{2+}(aq) + 2\,e^-$
Cátodo	$2\,H_2O(\ell) + 2\,e^- \longrightarrow H_2(g) + 2\,OH^-(aq)$
Precipitação	$Fe^{2+}(aq) + 2\,OH^-(aq) \longrightarrow Fe(OH)_2(s)$
Reação global	$Fe(s) + 2\,H_2O(\ell) \longrightarrow H_2(g) + Fe(OH)_2(s)$

Se tanto a água quanto o O_2 estiverem presentes, a química de corrosão do ferro é um pouco diferente, e a reação da corrosão é cerca de 100 vezes mais rápida do que sem o oxigênio.

Ânodo	$2\,Fe(s) \longrightarrow 2\,Fe^{2+}(aq) + 4\,e^-$
Cátodo	$O_2(g) + 2\,H_2O(\ell) + 4\,e^- \longrightarrow 4\,OH^-(aq)$
Precipitação	$2\,Fe^{2+}(aq) + 4\,OH^-(aq) \longrightarrow 2\,Fe(OH)_2(s)$
Reação global	$2\,Fe(s) + 2\,H_2O(\ell) + O_2(g) \longrightarrow 2\,Fe(OH)_2(s)$

Se o oxigênio estiver presente, mas não em excesso, a oxidação do hidróxido de ferro(II) leva à formação de óxido de ferro magnético, Fe_3O_4 (o qual pode ser considerado como um óxido misto de Fe_2O_3 e FeO).

$$6\,Fe(OH)_2(s) + O_2(g) \longrightarrow 2\,Fe_3O_4 \cdot H_2O(s) + 4\,H_2O(\ell)$$
magnetita hidratada verde

$$Fe_3O_4 \cdot H_2O(s) \longrightarrow H_2O(\ell) + Fe_3O_4(s)$$
magnetita hidratada verde

É a magnetita preta que você encontra revestindo um objeto de ferro que foi corroído por ficar em solo úmido.

Se o objeto de ferro tem livre acesso à água e ao oxigênio, como ao ar livre ou em água corrente, o óxido de ferro(III), com cor de ferrugem, se formará.

$$4\,Fe(OH)_2(s) + O_2(g) \longrightarrow 2\,Fe_2O_3 \cdot H_2O(s) + 2\,H_2O(\ell)$$
cor de ferrugem

Esta é a ferrugem comum que você vê em carros e prédios, e a substância que colore a água de vermelho em alguns córregos de montanhas ou em sua casa.

UM OLHAR MAIS ATENTO

É difícil não perceber a corrosão. Aqueles que vivem na parte norte dos Estados Unidos estão bem cientes dos problemas da ferrugem nos automóveis. Estima-se que 20% da produção anual de ferro seja destinada apenas para substituir o ferro enferrujado.

Qualitativamente, descrevemos a corrosão como a deterioração de metais por uma reação de oxidação produto-favorecida. A corrosão do ferro, por exemplo, converte o metal ferro em ferrugem marrom-avermelhada, que é o óxido de ferro(III) hidratado, $Fe_2O_3 \cdot H_2O$. Esse processo requer tanto a presença do ar quanto a da água, e é otimizado se a água contiver íons dissolvidos e se o metal tiver sido submetido a estresse (por exemplo, se sua superfície apresentar dentes, cortes e arranhões).

O processo de corrosão ocorre no que é essencialmente uma pequena célula eletroquímica. Há um ânodo e um cátodo, uma ligação elétrica entre os dois (o metal propriamente dito), e um eletrólito em contato tanto com o ânodo quanto com o cátodo. Quando o metal corrói, ele é oxidado em áreas anódicas de sua superfície.

Ânodo, oxidação $\quad M(s) \longrightarrow M^{n+} + n\,e^-$

Os elétrons são consumidos por várias possíveis semirreações em áreas catódicas.

Cátodo, redução

$$2\,H_3O^+(aq) + 2\,e^- \longrightarrow H_2(g) + 2\,H_2O(\ell)$$
$$2\,H_2O(\ell) + 2\,e^- \longrightarrow H_2(g) + 2\,OH^-(aq)$$
$$O_2(g) + 2\,H_2O(\ell) + 4\,e^- \longrightarrow 4\,OH^-(aq)$$

A taxa de corrosão do ferro é controlada pela velocidade do processo catódico. Das três possíveis reações catódicas, a mais rápida é determinada pela acidez e pela quantidade de oxigênio presente. Se pouco ou nenhum oxigênio estiver presente – por exemplo, quando um pedaço de ferro estiver enterrado no solo, como argila umedecida –, ocorre redução dos íons hidrônio ou da água, e $H_2(g)$ e os íons hidróxido são os produtos. O hidróxido de ferro(II) é relativamente insolúvel e precipitará na superfície do metal, inibindo a formação adicional de Fe^{2+}.

A corrosão ou enferrujamento do ferro resulta em grandes prejuízos econômicos.

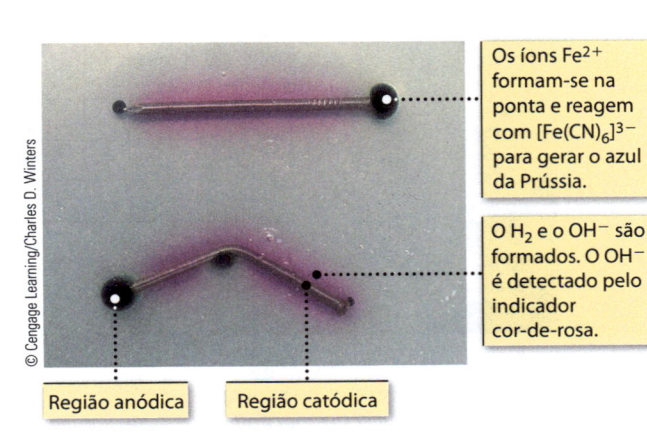

Os íons Fe^{2+} formam-se na ponta e reagem com $[Fe(CN)_6]^{3-}$ para gerar o azul da Prússia.

O H_2 e o OH^- são formados. O OH^- é detectado pelo indicador cor-de-rosa.

Região anódica | Região catódica

As reações ânodo e cátodo na corrosão do ferro. Dois pregos de ferro foram colocados em gel de ágar que contém fenolftaleína e $K_3[Fe(CN)_6]$. Nessa célula eletroquímica, as regiões de estresse – as extremidades e a região dobrada do prego – agem como ânodos, e o restante da superfície serve como cátodo.

22.5, à *direita*), para depois diminuir. Novamente, as configurações eletrônicas desses elementos nos fornecem a explicação. A variação nos pontos de fusão indica que as ligações metálicas mais fortes ocorrem quando a subcamada *d* é preenchida aproximadamente pela metade. Este é também o ponto em que o maior número de elétrons ocupa os orbitais moleculares ligantes no metal. (Veja a abordagem sobre a ligação em metais na Seção 12.4.)

EXERCÍCIOS PARA A SEÇÃO 22.1

1. Qual é o número máximo de oxidação que o manganês pode apresentar nos seus compostos?

   (a) +3   (b) +4   (c) +5   (d) +6   (e) +7

2. A "contração dos lantanídeos" é frequentemente dada como uma explicação para o fato de que os elementos de transição do sexto período têm

   (a) densidades menores que as dos elementos de transição do quinto período.

   (b) raios atômicos semelhantes aos dos elementos de transição do quinto período.

   (c) pontos de fusão mais baixos que os dos elementos de transição do quinto período.

22-2 Metalurgia

A maioria dos metais é encontrada na natureza como óxidos, sulfetos, haletos, carbonatos ou outros compostos iônicos (Figura 22.6), mas alguns, como cobre, prata e ouro, podem ocorrer de forma não combinada. Alguns depósitos minerais que contêm metais são de pouco valor econômico, seja por causa da baixa concentração do metal, seja em razão da dificuldade de separação do metal das impurezas. Os poucos minerais dos quais é possível obter metais lucrativamente são chamados *minérios*. **Metalurgia** é o nome geral dado ao processo de obtenção do metal a partir de seu minério.

Poucos minérios são substâncias quimicamente puras. Em vez disso, o mineral desejado é geralmente misturado com grandes quantidades de impurezas, como areia e argila, chamadas **ganga**. De modo geral, o primeiro passo de um processo metalúrgico é o de separar o mineral da ganga. Em seguida, o minério é convertido no metal, um processo de redução. Pirometalurgia e hidrometalurgia são dois métodos de obtenção de metais a partir de seus minérios. Conforme os nomes sugerem, a **pirometalurgia** envolve altas temperaturas e a **hidrometalurgia** utiliza soluções aquosas (e, portanto,

O cobre ocorre na natureza como metal (cobre nativo) e como minerais, como a azurita azul [2 $CuCO_3 \cdot Cu(OH)_2$] e a malaquita verde [$CuCO_3 \cdot Cu(OH)_2$].

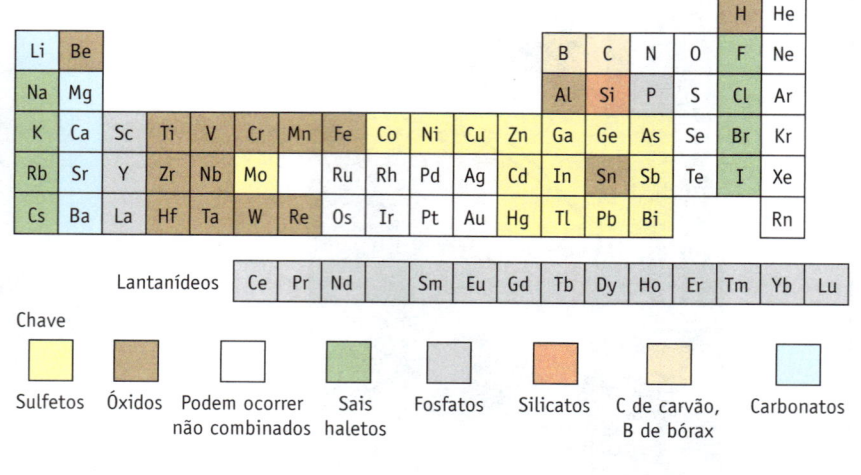

FIGURA 22.6 Fontes dos elementos. Alguns poucos metais de transição, como cobre e ouro, ocorrem na natureza na forma de metal. A maior parte dos outros elementos é encontrada naturalmente como óxidos, sulfetos ou outros sais.

limita-se às temperaturas relativamente baixas em que a água é um líquido). As metalurgias do ferro e do cobre ilustram esses dois métodos de produção de metais.

Pirometalurgia: Produção de Ferro

A produção de ferro a partir dos seus minérios é realizada em um alto-forno (Figura 22.7). O forno é carregado com uma mistura de minério (geralmente hematita, Fe_2O_3), coque (que é principalmente carbono) e calcário ($CaCO_3$). Um fluxo de ar quente forçado na parte inferior da fornalha faz com que o coque queime com um calor tão intenso que a temperatura na parte inferior é de quase 1500 °C. A quantidade de entrada de ar é controlada de modo que o monóxido de carbono seja o produto primário. Tanto o carbono quanto o monóxido de carbono participam na redução de óxido de ferro(III) para gerar metal impuro.

$$Fe_2O_3(s) + 3\ C(s) \longrightarrow 2\ Fe(\ell) + 3\ CO(g)$$

$$Fe_2O_3(s) + 3\ CO(g) \longrightarrow 2\ Fe(\ell) + 3\ CO_2(g)$$

Grande parte do dióxido de carbono formado no processo de redução (e a partir do aquecimento do calcário) é reduzida em contato com o coque não queimado e produz monóxido de carbono, que pode então funcionar como agente redutor.

$$CO_2(g) + C(s) \longrightarrow 2\ CO(g)$$

O ferro derretido escoa dentro do forno e acumula-se no fundo, de onde é retirado por meio de uma abertura lateral. Esse ferro impuro é chamado *ferro-gusa*. Em geral, o metal impuro é quebradiço ou macio (propriedades indesejáveis na maioria das utilizações), em razão da presença de impurezas como carbono elementar, fósforo e enxofre.

Os minérios de ferro geralmente contêm silicatos e dióxido de silício. A cal (CaO), formada pelo aquecimento do calcário, reage com esses materiais para formar silicato de cálcio:

$$SiO_2(s) + CaO(s) \longrightarrow CaSiO_3(\ell)$$

Coque: Um Agente Redutor O coque é feito pelo aquecimento de carvão em um forno estreito, alto, que é vedado para impedir a entrada de oxigênio. O aquecimento expele as substâncias químicas voláteis, incluindo o benzeno e a amônia. O que resta é quase carbono puro.

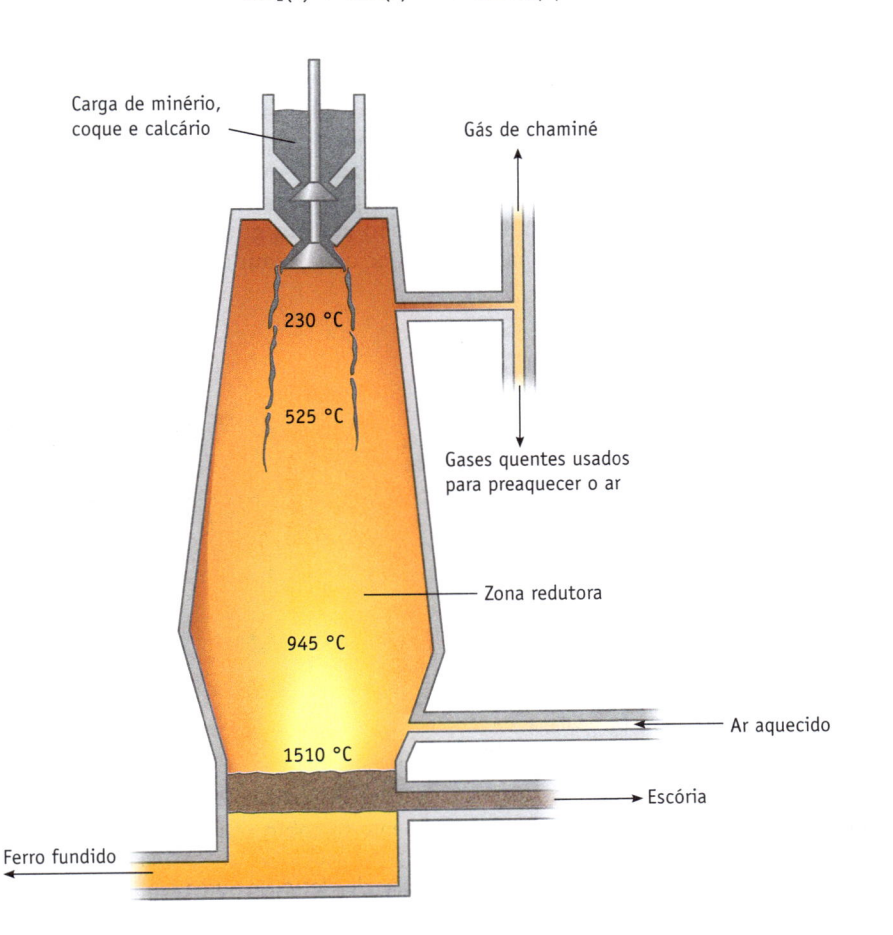

Carga de minério, coque e calcário

Gás de chaminé

230 °C

525 °C

Gases quentes usados para preaquecer o ar

Zona redutora

945 °C

Ar aquecido

1510 °C

Escória

Ferro fundido

FIGURA 22.7 Um alto-forno. Os maiores fornos modernos têm fornalhas com 14 metros de diâmetro. Eles podem produzir até 10 mil toneladas de ferro por dia.

FIGURA 22.8 O ferro fundido que está sendo derramado de uma fornalha.

(Essa é uma reação ácido-base, pois CaO é um óxido básico e SiO_2 é um óxido ácido.) O silicato de cálcio, fundido na temperatura do alto-forno e menos denso que o ferro fundido, flutua sobre o ferro. Outros óxidos metálicos dissolvem-se nessa camada, e a mistura, chamada *escória*, é facilmente removida.

O ferro-gusa do alto-forno pode conter até 4,5% de carbono, 0,3% de fósforo, 0,04% de enxofre e até 1,5% de silício, além de outros elementos. O ferro impuro deve ser purificado para remover esses componentes não metálicos. Vários processos estão disponíveis para realizar essa tarefa, mas o mais importante usa o *alto-forno* (Figura 22.8). O processo no alto-forno remove boa parte do carbono e todo o fósforo, enxofre e silício. Oxigênio puro é soprado no ferro-gusa fundido e oxida o fósforo a P_4O_{10}, o enxofre a SO_2 e o carbono a CO_2. Esses óxidos não metálicos escapam como gases ou reagem com os óxidos básicos, como CaO, que são adicionados ou usados para forrar o forno. Por exemplo,

$$P_4O_{10}(g) + 6\ CaO(s) \longrightarrow 2\ Ca_3(PO_4)_2(\ell)$$

O resultado é o *aço-carbono* comum. Praticamente qualquer grau de flexibilidade, dureza, resistência e maleabilidade podem ser alcançados no aço-carbono por meio de reaquecimento e arrefecimento em um processo chamado de *têmpera* (veja o "Estudo de Caso: Aço de Alta Resistência"). O material resultante pode ter uma grande variedade de utilizações. As maiores desvantagens do aço-carbono são sua facilidade de corrosão e a perda das propriedades quando fortemente aquecido.

Outros metais de transição, como cromo, manganês e níquel, podem ser adicionados durante o processo de fabricação do aço, formando *ligas* (soluções sólidas de dois ou mais metais) que têm propriedades físicas, químicas e mecânicas específicas. Uma liga bastante conhecida é o aço inoxidável, ou inox, que contém de 18% a 20% de Cr e de 8% a 12% de Ni. O aço inox é muito mais resistente à corrosão do que o aço-carbono. Outra liga de ferro é o alnico V. Usado em ímãs de alto-falantes devido ao seu magnetismo permanente, ele contém cinco elementos: Al (8%), Ni (14%), Co (24%), Cu (3%) e Fe (51%).

Hidrometalurgia: Produção de Cobre

Ao contrário dos minérios de ferro, que são principalmente óxidos, a maioria dos minérios de cobre consiste em sulfetos. Os minerais portadores de cobre incluem a calcopirita ($CuFeS_2$), a calcocita (Cu_2S) e a covelita (CuS). Como os minérios que contêm esses minerais geralmente apresentam teor de cobre muito baixo, torna-se necessário o enriquecimento. Essa etapa é realizada por meio de um processo conhecido como *flotação*. Primeiro, o minério é finamente pulverizado. Adiciona-se então óleo, e a mistura é agitada com água e sabão em um grande tanque (Figura 22.9). Ao mesmo tempo, força-se a passagem de ar comprimido através da mistura, e as

(a) Flotação. As partículas menos densas do Cu_2S estão presas nas bolhas de sabão e flutuam. A ganga mais densa deposita-se no fundo.

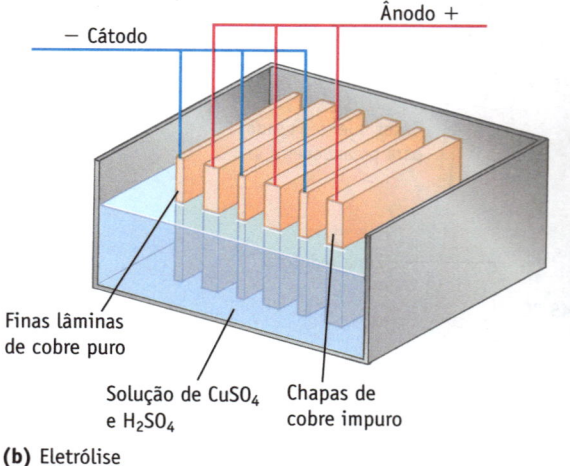

— Cátodo

Ânodo +

Finas lâminas de cobre puro

Solução de $CuSO_4$ e H_2SO_4

Chapas de cobre impuro

(b) Eletrólise

(c) Produção de cobre puro

FIGURA 22.9 Metalurgia do cobre. (a) O enriquecimento de cobre pelo processo de flotação. **(b)** Chapas de cobre impuro, chamado *cobre impuro*, formam o ânodo de uma célula na eletrólise, e o cobre puro é depositado no cátodo. **(c)** As impuro células de eletrólise numa refinaria de cobre.

Aço de Alta Resistência

Algumas décadas atrás, se você capotasse um carro ou sofresse uma colisão traseira ou lateral, era suscetível de ser seriamente ferido ou morto. Nos últimos anos, porém, o uso de cintos de segurança e *air bags* têm aumentado consideravelmente o índice de sobrevivência. No entanto, há um fator adicional – os aços utilizados em carros melhoraram muito e levaram a chassis mais fortes e extremidades com maior poder de absorção de energia. Ao mesmo tempo, os carros são mais leves e, em parte, como resultado, mais eficientes em relação ao gasto de combustível. Muito disso é devido ao melhor "design" do aço.

Ferro e aço ainda são feitos da mesma forma que sempre o foram. O minério de ferro é reduzido com carbono para produzir ferro bruto, e este é, então, aquecido em um alto-forno para remover as impurezas. Os aços mais fortes foram tradicionalmente produzidos por meio da adição de pequenas quantidades de outros metais neste ponto para produzir ligas com propriedades muito específicas, mas isso pode ser caro. Assim, a indústria siderúrgica tem desenvolvido novos métodos para a produção de aços que são mais baratos.

Quando o aço é produzido, ele não é um grande cristal único de átomos de ferro dispostos ordenadamente em uma estrutura. Em vez disso, ele consiste em grãos ou cristais de ferro em várias formas, assim como o carbono. As características desse material podem ser alteradas pelo rolamento de uma chapa à temperatura ambiente, por recozimento ou por têmpera. A têmpera refere-se a um processo no qual a placa de aço é laminada à temperatura ambiente, aquecida a uma temperatura elevada, e, em seguida, rapidamente arrefecida ou "temperada" em água fria.

O ferro puro (ferrita) tem uma célula unitária constuída apenas em átomos de ferro (Figura B); ele é ferromagnético. Apenas uma

FIGURA A Aços modernos de alta resistência podem salvar a vida de passageiros em acidentes graves, como capotamentos.

pequena quantidade de carbono pode dissolver-se em ferrita, mas, com o aquecimento, a ferrita sofre uma transição de fase e pode agora incorporar carbono. Essa nova forma com um átomo de carbono embutido é a *forma austenita*. Quando o aço é, em seguida, temperado, outro rearranjo ocorre, dessa vez para a forma martensita, ainda com um átomo de carbono incorporado.

O aço que passou por esse processo será composto de cristais de ferrita, austenita e martensita. Dependendo das condições exatas utilizadas, a porcentagem destes pode variar, assim como a resistência do aço. Por exemplo, o aço com uma elevada proporção de martensita é muito forte e é utilizado em para-choques de automóveis.

Alguns aços podem ter boro adicionado, o que gera um aço de ultra-alta resistência que pode ser utilizado em pilares de portas e vigas. As vidas de passageiros podem ser salvas em caso de capotamento.

Questões:

1. Qual é a célula unitária da ferrita?
2. Descreva a célula unitária da austenita.
3. Que mudança ocorreu ao passar da forma austenita à forma martensita?

As respostas a essas questões estão disponíveis no Apêndice N.

Referência:

New York Times, 25 set. , 2009, p. D1.

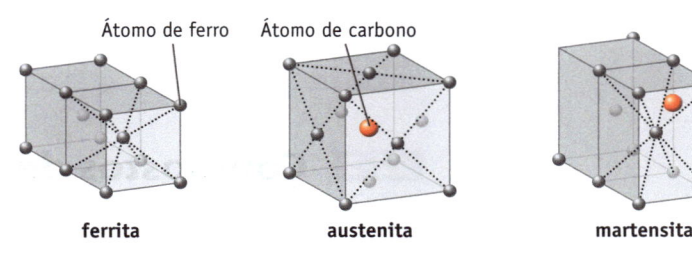

Átomo de ferro   Átomo de carbono

ferrita   austenita   martensita

FIGURA B As estruturas de várias espécies de ferro.

partículas leves de sulfeto de cobre, cobertas de óleo, são trazidas à superfície na forma de uma mistura espumante. A ganga mais pesada decanta ao fundo do tanque, e a espuma rica em cobre é separada.

A hidrometalurgia pode ser usada para a obtenção de cobre a partir do minério enriquecido. Em um dos métodos, minério de calcopirita enriquecido é tratado com uma solução de cloreto de cobre(II). Ocorre uma reação que deixa o cobre na forma de CuCl, um sólido insolúvel, que é facilmente separado do ferro, que permanece em solução como $FeCl_2$ aquoso.

$$CuFeS_2(s) + 3\ CuCl_2(aq) \longrightarrow 4\ CuCl(s) + FeCl_2(aq) + 2\ S(s)$$

O NaCl aquoso é então adicionado, e o CuCl dissolve-se durante a formação do íon complexo solúvel $[CuCl_2]^-$.

$$CuCl(s) + Cl^-(aq) \longrightarrow [CuCl_2]^-(aq)$$

Compostos de cobre(I) em solução são instáveis em relação a Cu(0) e Cu(II). Assim, o $[CuCl_2]^-$ se desproporciona para o metal e o $CuCl_2$, e o último é usado para tratar mais minérios.

$$2\ [CuCl_2]^-(aq) \longrightarrow Cu(s) + Cu^{2+}(aq) + 4\ Cl^-(aq)$$

Aproximadamente 10% do cobre produzido nos Estados Unidos é obtido com o auxílio de bactérias. A água acidificada é borrifada sobre os resíduos da mineração de cobre que contêm baixos níveis de cobre. À medida que a água escorre pelas fendas das rochas, a bactéria *Thiobacillus ferrooxidans* decompõe os sulfetos de ferro na rocha e converte o ferro(II) em ferro(III). Os íons ferro(III) oxidam o íon sulfeto do sulfeto de cobre para íons sulfato, deixando os íons cobre(II) em solução. Em seguida, o íon cobre(II) é reduzido ao cobre metálico por reação com o ferro.

$$Cu^{2+}(aq) + Fe(s) \longrightarrow Cu(s) + Fe^{2+}(aq)$$

A pureza do cobre obtido através desses processos metalúrgicos é de cerca de 99%, mas isso não é aceitável, porque mesmo os traços de impurezas diminuem consideravelmente a condutividade elétrica do metal. Por conseguinte, uma outra etapa do processo de purificação é necessária – a que envolve a eletrólise (Figura 22.9). Folhas finas de cobre puro e chapas de cobre impuro são imersas em uma solução contendo $CuSO_4$ e H_2SO_4. As folhas de cobre puro servem como o cátodo de uma célula na eletrólise, e as chapas impuras são o ânodo. O cobre da amostra impura é oxidado a íons cobre(II) no ânodo; os íons cobre(II) em solução são reduzidos a cobre puro no cátodo.

EXERCÍCIOS PARA A SEÇÃO 22.2

1. Na reação entre $CuFeS_2(s)$ e $CuCl_2(aq)$, qual elemento é reduzido e qual é oxidado?

   (a) O enxofre é reduzido, o ferro é oxidado.

   (b) O cobre é reduzido, o enxofre é oxidado.

   (c) O enxofre é reduzido, o cobre é oxidado.

   (d) Esta não é uma reação redox.

2. Qual é a forma mais comum na qual o ferro é encontrado na crosta terrestre?

   (a) O ferro é encontrado na forma elementar

   (b) Óxido de ferro

   (c) Sulfeto de ferro

   (d) Silicato de ferro

22-3 Compostos de Coordenação

Quando sais metálicos se dissolvem, moléculas de água agrupam-se ao redor dos íons (◄ Figura 3.7). A extremidade negativa de cada molécula polar de água é atraída pelo íon metálico positivamente carregado, e a extremidade positiva da molécula de água é atraída pelo ânion. Como observado anteriormente (◄ Seção 11.2), a energia de interação íon-solvente (energia de solvatação) é um aspecto importante do processo de solução. Porém, há muito mais nessa história.

Complexos e Ligantes

Uma solução verde formada pela dissolução de cloreto de níquel(II) em água contém $Ni^{2+}(aq)$ e íons $Cl^-(aq)$ (Figura 22.10). Se o solvente for removido, um sólido cristalino verde é obtido. A fórmula do sólido é geralmente escrita como $NiCl_2 \cdot 6\ H_2O$, e o composto é chamado cloreto de níquel(II) hexa-hidratado. A adição de amônia à solução de cloreto de níquel aquoso(II) leva a uma solução lilás da qual outro composto, $NiCl_2 \cdot 6\ NH_3$, pode ser isolado. Essa fórmula é muito parecida com a fórmula do hidrato, com a amônia substituída pela água.

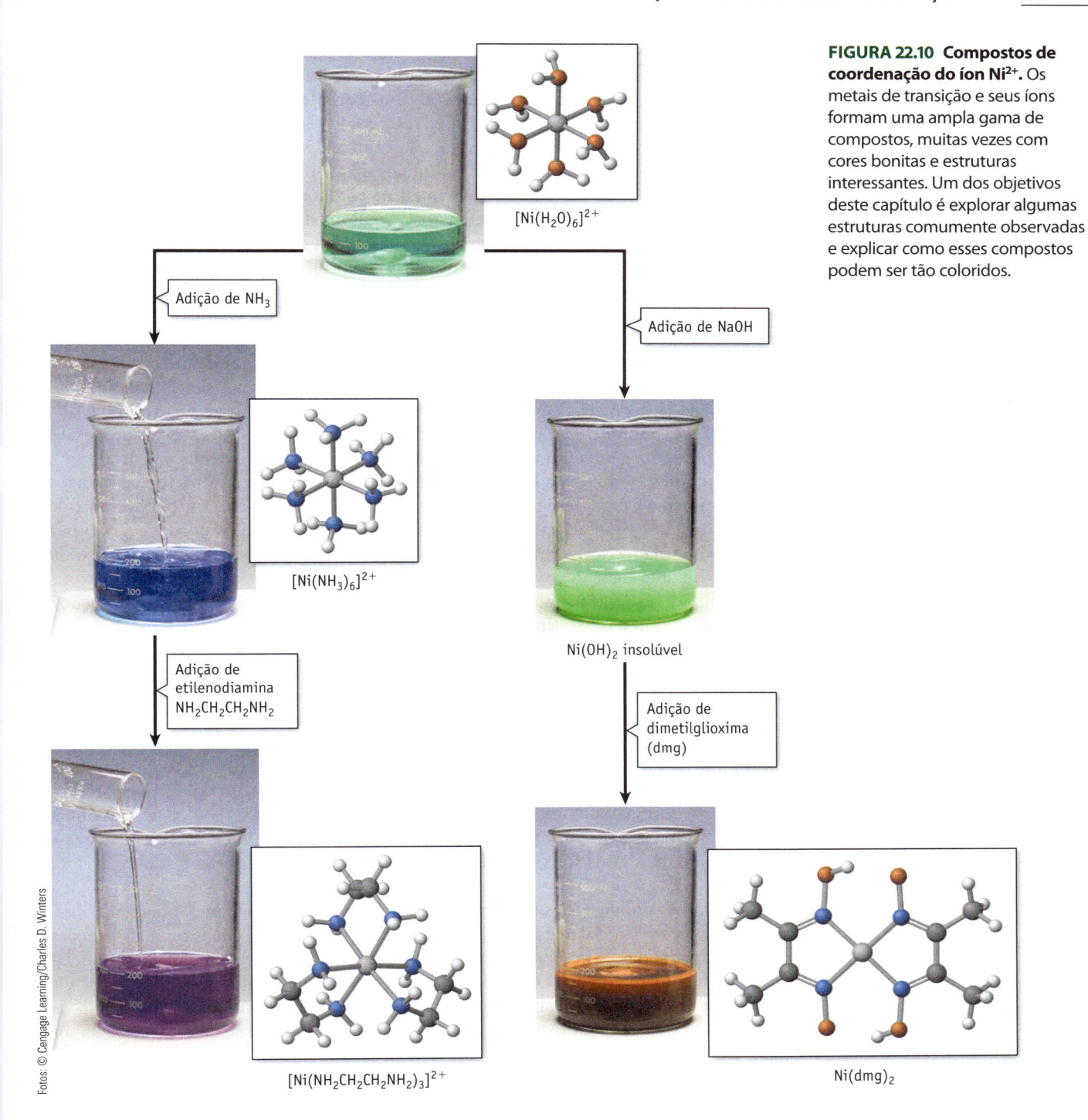

$[Ni(H_2O)_6]^{2+}$

Adição de NH_3

Adição de NaOH

$[Ni(NH_3)_6]^{2+}$

$Ni(OH)_2$ insolúvel

Adição de etilenodiamina $NH_2CH_2CH_2NH_2$

Adição de dimetilglioxima (dmg)

$[Ni(NH_2CH_2CH_2NH_2)_3]^{2+}$

$Ni(dmg)_2$

FIGURA 22.10 Compostos de coordenação do íon Ni²⁺. Os metais de transição e seus íons formam uma ampla gama de compostos, muitas vezes com cores bonitas e estruturas interessantes. Um dos objetivos deste capítulo é explorar algumas estruturas comumente observadas e explicar como esses compostos podem ser tão coloridos.

Fotos: © Cengage Learning/Charles D. Winters

O que são essas duas espécies de níquel? As fórmulas identificam as composições dos compostos, mas não informam sobre suas estruturas. Como as propriedades dos compostos derivam de suas estruturas, precisamos conhecê-las mais detalhadamente. Compostos de metais, em geral, são iônicos, e compostos iônicos sólidos em geral apresentam estruturas com cátions e ânions dispostos em um arranjo regular. A estrutura do cloreto de níquel(II) hidratado contém cátions com a fórmula $[Ni(H_2O)_6]^{2+}$ e ânions cloreto. A estrutura do composto que contém amônia é semelhante à do hidrato; ela é constituída por cátions $[Ni(NH_3)_6]^{2+}$ e ânions cloreto.

Soma do íon metálico e das cargas dos ligantes

Complexo de coordenação — 2+

H

N

Ni²⁺

Íon metálico coordenado — Ligante

$[Ni(NH_3)_6]^{2+}$

FIGURA 22.11 Um complexo de coordenação. No íon $[Ni(NH_3)_6]^{2+}$, os ligantes são as moléculas NH_3. Como o metal tem uma carga 2+ e os ligantes não têm carga, a carga do íon complexo é 2+.

Ligantes São Bases de Lewis Os ligantes são bases de Lewis, porque fornecem o par de elétrons; o íon metálico é um ácido de Lewis, porque ele aceita pares de elétrons (veja a Seção 16.10). Assim, a ligação covalente coordenada entre o ligante e o metal pode ser vista como uma interação ácido-base de Lewis.

Ligantes Bidentados Todos os ligantes bidentados comuns ligam-se a locais *adjacentes* no metal.

Íons como $[Ni(H_2O)_6]^{2+}$ e $[Ni(NH_3)_6]^{2+}$, em que um íon metálico ou moléculas de água ou amônia compõem uma única unidade estrutural, são exemplos de **complexos de coordenação**, também conhecidos como **íons complexos** (Figura 22.11). Compostos que contêm um complexo de coordenação como parte da sua estrutura são chamados de **compostos de coordenação**, e sua química é conhecida como **química de coordenação**. Embora as fórmulas mais antigas dos "hidratos" ainda estejam em uso, o método preferido de se escrever a fórmula de compostos de coordenação coloca o íon ou o átomo metálico e as moléculas ou os ânions diretamente ligados a ele entre colchetes para mostrar que essa é uma única unidade estrutural. Assim, a fórmula do composto níquel(II)-amônia é mais bem escrita como $[Ni(NH_3)_6]Cl_2$.

Todos os complexos de coordenação contêm um átomo ou íon metálico como parte central da estrutura. Ligado ao metal estão moléculas ou íons chamados **ligantes** (do verbo em latim *ligare*, que significa "ligar"). Nos exemplos anteriores, a água e a amônia são os ligantes. O número de átomos ligantes anexados ao metal define o **número de coordenação** do metal. A geometria em torno do metal e descrita pelos ligantes anexados é chamada **geometria de coordenação**. No íon complexo de níquel $[Ni(NH_3)_6]^{2+}$ (Figura 22.11), o níquel tem um número de coordenação de seis e os seis ligantes estão dispostos em uma geometria octaédrica regular em torno do íon metálico central.

Os ligantes podem ser tanto moléculas neutras quanto ânions (ou, em casos raros, cátions). A característica de um ligante é que ele contém um par isolado de elétrons. Na descrição clássica das ligações em um complexo de coordenação, o par de elétrons isolado do ligante é compartilhado com o íon metálico. A união se dá por meio de uma ligação covalente coordenada (◄ Seção 8.5), pois o par de elétrons compartilhado estava inicialmente no ligante. O nome "complexo de coordenação" origina-se do nome desse tipo de ligação.

A carga líquida sobre um complexo de coordenação é a soma das cargas sobre o metal e seus grupos anexados. Os complexos podem ser cátions (como nos dois complexos de níquel utilizados como exemplos aqui), ânions ou neutros.

Ligantes como H_2O e NH_3, que se coordenam ao metal através de um único átomo que atua como base de Lewis, são denominados **monodentados**. Alguns ligantes unem-se ao metal por meio de mais de um átomo doador. Esses ligantes são chamados **polidentados**. A etilenodiamina (1,2-diaminoetano), $H_2NCH_2CH_2NH_2$, geralmente abreviada como en; o íon oxalato, $C_2O_4^{2-}$ (ox^{2-}); e a fenantrolina, $C_{12}H_8N_2$ (fen), são exemplos de ligantes **bidentados** (Figura 22.12). As estruturas e os exemplos de alguns íons complexos com ligantes bidentados são mostrados na Figura 22.13.

Os ligantes polidentados também são chamados **ligantes quelantes**, ou apenas *quelatos*. O nome deriva do grego *chele*, que significa "garra". Como duas ou mais ligações devem ser rompidas para separar o ligante do metal, os complexos com ligantes quelados apresentam maior estabilidade do que aqueles com ligantes monodentados. Os complexos com ligantes quelantes são importantes na vida cotidiana. Uma forma de eliminar a ferrugem de motores de automóvel refrigerados a água e de caldeiras a vapor

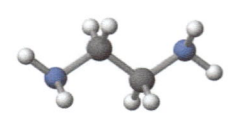

(a) $H_2NCH_2CH_2NH_2$, en
etilenodiamina

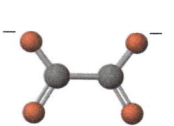

(b) $C_2O_4^{2-}$, ox
íon oxalato

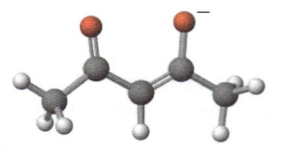

(c) $CH_3COCHCOCH_3^-$, acac⁻
íon acetilacetonato

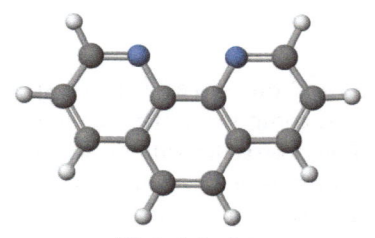

(d) $C_{12}H_8N_2$, fen
fenantrolina

FIGURA 22.12 Ligantes bidentados comuns. A coordenação desses ligantes bidentados a íons de metais de transição resulta em anéis contendo metais de cinco ou seis membros e nenhuma tensão no anel. (Apenas uma estrutura de ressonância de cada íon acetilacetonato e molécula de fenantrolina são mostradas.)

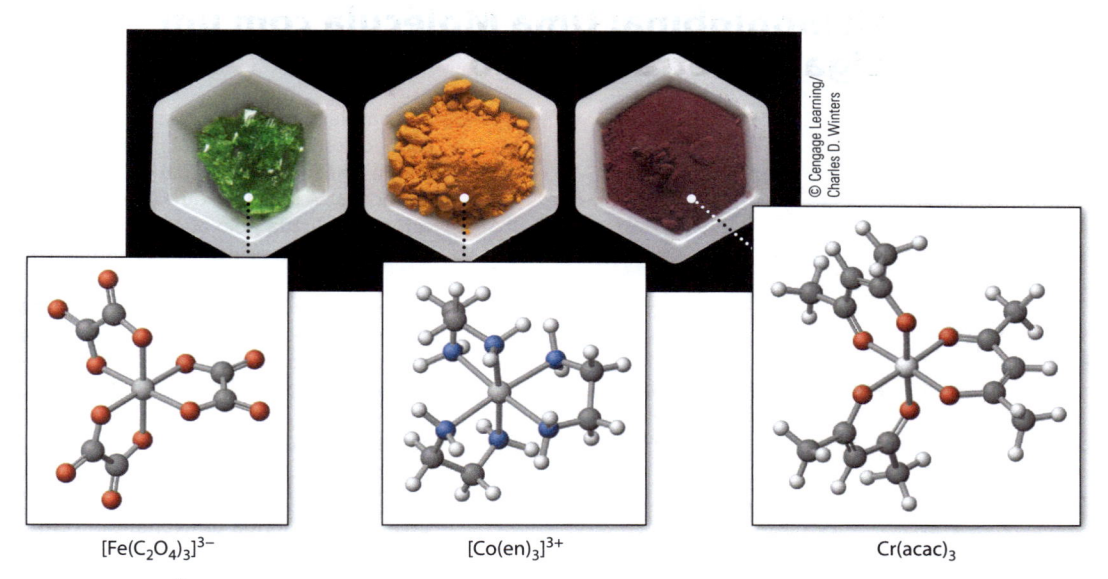

[Fe(C₂O₄)₃]³⁻   [Co(en)₃]³⁺   Cr(acac)₃

FIGURA 22.13 Íons complexos com ligantes bidentados. Os três ligantes apresentados são o ânion oxalato ($C_2O_4^{2-}$), etilenodiamina (en) e os ânions acetilacetonato (acac) (veja a Figura 22.12).

é adicionar uma solução de ácido oxálico. O óxido de ferro(III) reage com o ácido oxálico para gerar um íon complexo de oxalato de ferro, solúvel em água:

$$3\ H_2O(\ell) + Fe_2O_3(s) + 6\ H_2C_2O_4(aq) \longrightarrow 2\ [Fe(C_2O_4)_3]^{3-}(aq) + 6\ H_3O^+(aq)$$

O íon etilenodiaminotetracetato ($EDTA^{4-}$), um ligante hexadentado, é um excelente ligante quelante (Figura 22.14). Ele é capaz de se enrolar ao redor de um íon metálico, encapsulando-o. Sais desse ânion são frequentemente adicionados a molhos para saladas para remover da solução traços de íons metálicos livres, pois estes podem atuar como catalisadores para a oxidação dos óleos do molho. Sem $EDTA^{4-}$, o molho logo se tornaria rançoso. Outra utilização é em produtos de limpeza. O íon $EDTA^{4-}$ remove os depósitos de $CaCO_3$ e $MgCO_3$ deixados pela água dura por meio da coordenação a Ca^{2+} ou Mg^{2+} para criar íons complexos solúveis.

Complexos com ligantes polidentados têm importância destacada na bioquímica, conforme descrito em "Um Olhar Mais Atento: Hemoglobina: Uma Molécula com um Ligante Tetradentado".

Fórmulas dos Compostos de Coordenação

É útil que se saiba prever a fórmula de um complexo de coordenação, dados o íon metálico e os ligantes, e de derivar o número de oxidação do íon metálico, dada a fórmula de um composto de coordenação. Os exemplos a seguir exploram esses temas.

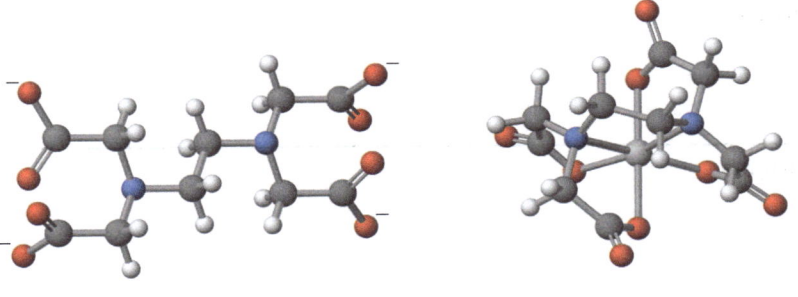

(a) etilenodiaminotetracetato, $EDTA^{4-}$ **(b)** $[Co(EDTA)]^-$

FIGURA 22.14 $EDTA^{4-}$, **um ligante hexadentado. (a)** etilenodiaminotetracetato, $EDTA^{4-}$. **(b)** $[Co(EDTA)]^-$. Observe os anéis com cinco membros criados quando esse ligante liga-se ao metal.

Hemoglobina: Uma Molécula com um Ligante Tetradentado

UM OLHAR MAIS ATENTO

Compostos de coordenação que contêm metais ocupam uma posição de destaque em muitas reações bioquímicas. Talvez o exemplo mais conhecido seja a hemoglobina, a molécula responsável pelo transporte de O_2 no sangue. Ela também é um dos compostos bioinorgânicos mais amplamente estudados.

A hemoglobina (Hb) é uma grande proteína que contém ferro. É constituída por quatro segmentos polipeptídicos, cada qual contendo um íon ferro(II) preso dentro de um sistema de anel de porfirina e coordenado com um átomo de nitrogênio de uma outra parte da proteína. Um sexto sítio está disponível para se ligar ao oxigênio.

A hemoglobina funciona por meio da adição reversível de oxigênio à sexta posição de coordenação de cada ferro, formando um complexo chamado *oxi-hemoglobina*.

Como há quatro centros de ferro na hemoglobina, até quatro moléculas de oxigênio podem se ligar à molécula. A ligação do oxigênio é cooperativa, isto é, a li-

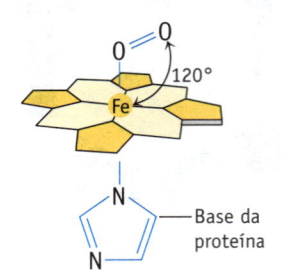

FIGURA Ligação de oxigênio O oxigênio liga-se ao ferro do grupo heme na oxi-hemoglobina (e na mioglobina). Curiosamente, a ligação Fe—O—O é angular.

gação de uma molécula de O_2 aumenta a tendência de se ligar uma segunda, terceira e quarta molécula de O_2. A formação do complexo oxigenado é favorecida, mas não muito, porque o oxigênio precisa ser liberado pela molécula para os tecidos do corpo. Curiosamente, um aumento na acidez leva a uma diminuição na estabilidade

do complexo oxigenado. Esse fenômeno é conhecido como *efeito Bohr*, em homenagem a Christian Bohr, o pai de Niels Bohr (Seção 6.3). A liberação de oxigênio nos tecidos é facilitada pelo aumento da acidez que resulta da presença de CO_2 formado no metabolismo.

Entre as propriedades da hemoglobina está sua capacidade de formar um complexo com monóxido de carbono. O complexo é muito estável, e a constante de equilíbrio para a reação a seguir é de aproximadamente 200 (em que Hb é a hemoglobina):

$$HbO_2(aq) + CO(g) \rightleftharpoons HbCO(aq) + O_2(g)$$

Quando o CO forma um complexo com o ferro, a capacidade de transporte de oxigênio da hemoglobina é perdida. Consequentemente, CO (e o íon isoeletrônico CN^-) é altamente tóxico para os seres humanos. A exposição, mesmo que em pequenas quantidades, reduz grandemente a capacidade do sangue de transportar oxigênio.

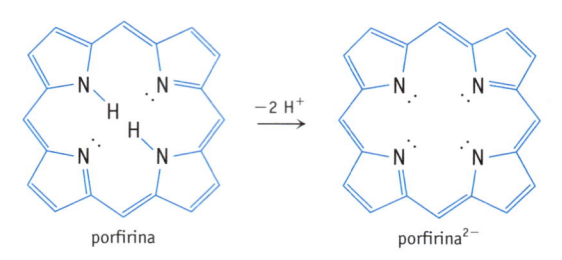

porfirina → $-2\ H^+$ → porfirina^{2-}

FIGURA Anel de porfirina do grupo heme. O ligante tetradentado em torno do íon ferro(II) na hemoglobina é um diânion de uma molécula chamada *porfirina*. Por causa das ligações duplas nessa estrutura, todos os átomos de carbono e de nitrogênio no diânion da porfirina ficam em um plano. Além disso, os pares solitários de nitrogênio são direcionados para o centro do íon, e as dimensões moleculares são tais que um íon metálico pode caber perfeitamente na cavidade.

EXEMPLO 22.1

Fórmulas dos Compostos de Coordenação

Problema Dê as fórmulas dos seguintes complexos de coordenação:

(a) Um íon Ni^{2+} está ligado a duas moléculas de água e a dois íons oxalato bidentados.

(b) Um íon Co^{3+} está ligado à um íon Cl^-, a uma molécula de amônia e a duas moléculas de etilenodiamina (en) bidentadas.

O que você sabe? A composição do complexo de coordenação é dada para cada parte da questão.

Estratégia O problema requer a determinação da carga líquida, que é igual à soma das cargas das diferentes partes dos componentes do íon complexo. Com essa informação, o metal e os ligantes podem ser montados na fórmula, que é colocada entre colchetes, e a carga líquida pode ser indicada.

Solução

(a) Este íon complexo é construído a partir de duas moléculas neutras de H_2O, dois íons $C_2O_4^{2-}$ e um íon Ni^{2+}, então, a carga líquida sobre o complexo é 2^-. A fórmula do íon complexo é

$$[Ni(C_2O_4)_2(H_2O)_2]^{2-}$$

(b) Este íon complexo cobalto(III) combina duas moléculas (en) e uma molécula de NH_3, das quais nenhuma possui uma carga, bem como um íon Cl^- e um íon Co^{3+}. Assim, a carga líquida é +2. A fórmula desse complexo (descrevendo toda a fórmula para a etilenodiamina) é

$$[Co(H_2NCH_2CH_2NH_2)_2(NH_3)Cl]^{2+}$$

Pense bem antes de responder Fechar a fórmula de um complexo entre colchetes tem como objetivo indicar que esta é uma única unidade. Espécies fora dos colchetes são contraíons (quando mostrados).

Verifique seu entendimento

(a) Qual é a fórmula de um íon complexo composto por um íon Co^{3+}, três moléculas de amônia e três íons Cl^-?

(b) Qual é a fórmula para o complexo de coordenação formado por um íon Fe^{2+}, tendo dois ligantes de etilenodiamina e dois ligantes de íon brometo?

EXEMPLO 22.2

Compostos de Coordenação

Problema Em cada um dos seguintes complexos de coordenação, determine o número de oxidação e número de coordenação do metal.

(a) $[Co(en)_2(NO_2)_2]Cl$

(b) $Pt(NH_3)_2(C_2O_4)$

(c) $Pt(NH_3)_2Cl_4$

(d) $[Co(NH_3)_5Cl]SO_4$

O que você sabe? O número de oxidação é a carga que deve estar presente no íon metálico. O número de coordenação é o número de ligações de ligantes do metal. Lembre-se de que ligantes bidentados coordenam as duas posições adjacentes.

Estratégia Cada fórmula é constituída por um íon ou molécula complexa constituído(a) pelo íon metálico, neutro e ligantes aniônicos. Contraíons (mostrados fora dos colchetes) também podem estar presentes. O número de oxidação do metal é a carga necessária para equilibrar a soma das cargas negativas associadas com quaisquer ligantes aniônicos e contraíons. O número de coordenação é o número de átomos doadores nos ligantes que são ligados ao metal. Lembre-se de que os ligantes bidentados nesses exemplos (en, íon oxalato) ligam-se ao metal em dois sítios e quaisquer contraíons presentes não são parte do íon complexo, isto é, eles não são ligantes.

Solução

(a)

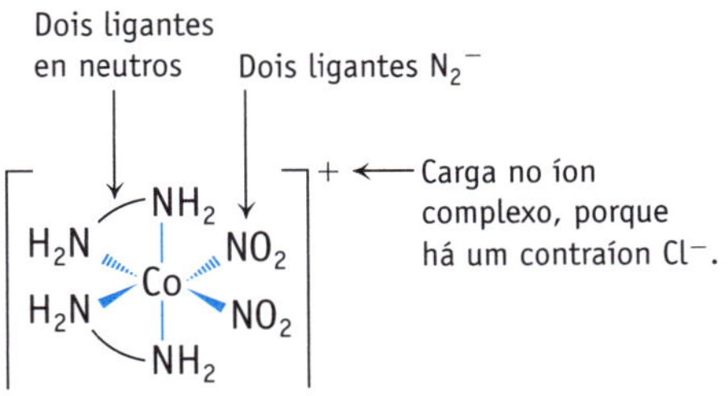

O íon cobalto central tem uma carga 3+ e o número de coordenação é 6.

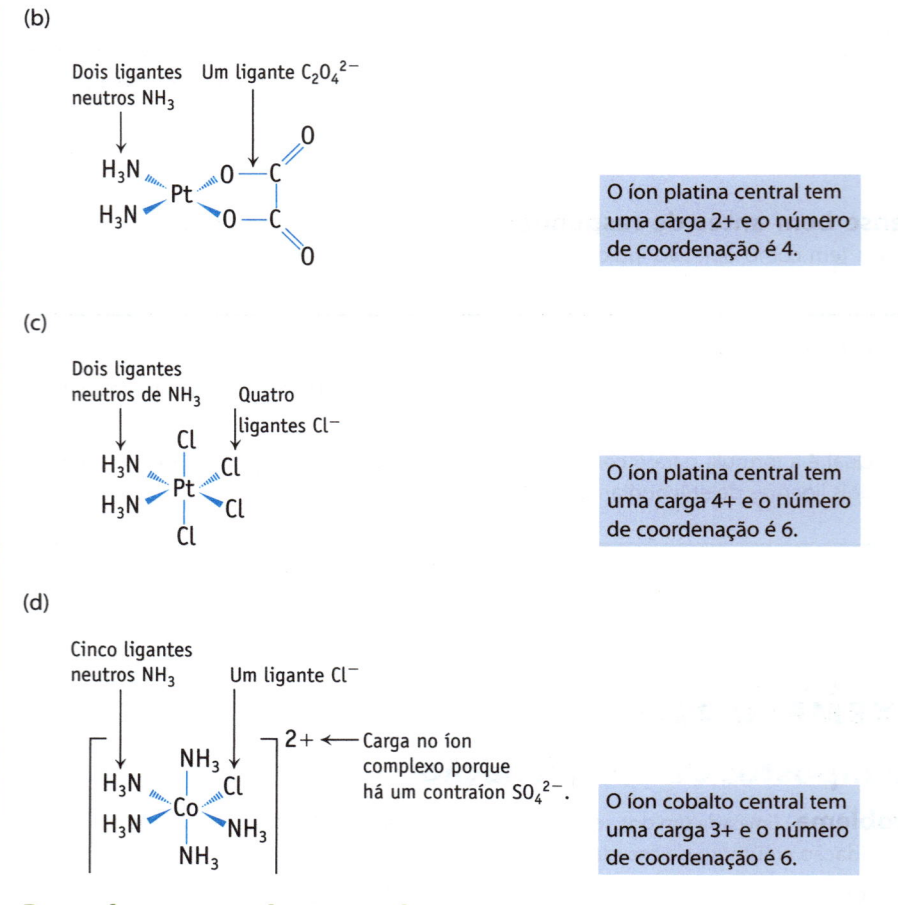

(b)

Dois ligantes neutros NH_3

Um ligante $C_2O_4^{2-}$

O íon platina central tem uma carga 2+ e o número de coordenação é 4.

(c)

Dois ligantes neutros de NH_3

Quatro ligantes Cl^-

O íon platina central tem uma carga 4+ e o número de coordenação é 6.

(d)

Cinco ligantes neutros NH_3

Um ligante Cl^-

2+ ← Carga no íon complexo porque há um contraíon SO_4^{2-}.

O íon cobalto central tem uma carga 3+ e o número de coordenação é 6.

Pense bem antes de responder Saber o estado de oxidação do metal em um composto de coordenação é importante. A partir daí, você pode determinar a configuração eletrônica do metal. Como veremos na Seção 22.5, essa informação será necessária para determinar as propriedades importantes de um complexo, tal como o magnetismo e a cor.

Verifique seu entendimento

(a) Determine o número de oxidação e número de coordenação do metal em (i) $K_3[Co(NO_2)_6]$ e em (ii) $Mn(NH_3)_4Cl_2$.

(b) Determine o número de oxidação e o número de coordenação do cobalto no complexo $NH_4[Co(EDTA)]$.

Ligantes Monodentados Comuns e Seus Nomes

Ligante	Nome
F^-	fluoro
Cl^-	cloro
Br^-	bromo
I^-	iodo
H_2O	água
NH_3	amino
CO	carbonil
CN^-	ciano
OH^-	hidroxo
$-NO_2^-$	nitro

Nomeando Compostos Iônicos

Os compostos de coordenação são nomeados de acordo com um sistema estabelecido. Os três compostos abaixo são nomeados de acordo com as regras que se seguem.

COMPOSTO	NOME SISTEMÁTICO
$[Ni(H_2O)_6]SO_4$	sulfato de hexa-aquaníquel(II)
$[Cr(en)_2(CN)_2]Cl$	Cloreto de dicianobis(etilenodiamino)cromo(III)
$K[Pt(NH_3)Cl_3]$	aminotricloroplatinato(II) de potássio

1. Ao nomear um composto de coordenação que é um sal, nomeie o ânion primeiro e depois o cátion. (Esta é a forma como todos os sais são comumente nomeados.)

2. Ao dar o nome do íon ou molécula complexo(a), nomeie os ligantes primeiro, por ordem alfabética, seguidos pelo nome do metal. (Ao determinar a ordem alfabética dos ligantes, ignore qualquer prefixo.)
3. Os ligantes e seus nomes:
    (a) Se um ligante é um ânion cujo nome termina em *-ito* ou *-ato*, seu nome é mantido (sulfato $\longrightarrow$ sulfato ou nitrito $\longrightarrow$ nitrito).
    (b) Se o ligante é um ânion cujo nome termina em *-eto*, o final é alterado para *o* (cloreto $\longrightarrow$ cloro, cianeto $\longrightarrow$ ciano).
    (c) Se o ligante é uma molécula neutra, o seu nome comum é geralmente usado, com algumas exceções importantes: a água como ligante é referida como *aqua*; a amônia é chamada *amino*; e o CO é chamado *carbonil*.
    (d) Quando existe mais de um determinado ligante monodentado com um nome simples, o número de ligantes é designado pelo prefixo apropriado: *di*, *tri*, *tetra*, *penta* ou *hexa*. Se o nome do ligante é complicado, o prefixo muda para *bis*, *tris*, *tetrakis*, *pentakis* ou *hexakis*, seguido pelo nome do ligante entre parênteses.
4. Se o complexo de coordenação é um ânion, o sufixo *-ato* é adicionado ao nome do metal.
5. Seguindo o nome do metal, seu número de oxidação é dado em algarismos romanos.

EXEMPLO 22.3

Nomeando Compostos Iônicos

Problema Nomeie os compostos a seguir:

(a) $[Cu(NH_3)_4]SO_4$

(b) $K_2[CoCl_4]$

(c) $Co(fen)_2Cl_2$

(d) $[Co(en)_2(H_2O)Cl]Cl_2$

O que você sabe? A fórmula do composto é dada.

Estratégia Aplique as regras de nomenclatura dadas acima.

Solução

(a) O íon complexo (entre colchetes) é composto por quatro moléculas de NH_3 (nomeadas *amino* num complexo) e o íon cobre. Para equilibrar a carga 2– do contraíon sulfato e considerar quatro ligantes NH_3 sem carga, o cobre deve ter uma carga 2+. O nome do composto é

sulfato de tetra-aminocobre (II)

(b) O íon complexo $[CoCl_4]^{2-}$ tem uma carga 2– para equilibrar dois contra-íons K^+. Com quatro ligantes Cl^-, o íon cobalto deve ter uma carga 2+, então a soma das cargas é 2–. O nome do composto é

tetraclorocobaltato(II) de potássio

(c) Este é um composto de coordenação neutro. Os ligantes incluem dois íons Cl^- e dois ligantes *fen* bidentados neutros (fenantrolina). O íon metálico deve, assim, ter uma carga 2+ (Co^{2+}). O nome, listando ligantes em ordem alfabética, é

diclorobis(fenantrolina)cobalto(II)

(d) O íon complexo tem uma carga 2+ porque ele está emparelhado com dois íons Cl^- não coordenados. O íon cobalto é CO^{3+} porque ele se encontra ligado a dois ligantes neutros fen, uma água neutra e um Cl^-. O nome é

cloreto de aquaclorobis(etilenodiamina)cobalto(III)

Pense bem antes de responder Os primeiros estudos sobre os compostos de coordenação criaram uma série colorida de nomes, e alguns deles ainda são usados (azul-da-prússia, mencionado anteriormente, e sal de zeise, K[Pt(C₂H₄)Cl₃], são dois exemplos). No entanto, como a profundidade e amplitude da química de coordenação expandiram-se, uma nomenclatura sistemática é essencial para a comunicação entre os cientistas que trabalham na área. As regras de nomenclatura tornam possíveis para qualquer cientista derivar uma fórmula de um nome, ou nomear um composto de fórmula dada.

Verifique seu entendimento

Nomeie os compostos de coordenação a seguir.

(a) [Ni(H₂O)₆]SO₄   (b) [Cr(en)₂(CN)₂]Cl   (c) K[Pt(NH₃)Cl₃]   (d) K[CuCl₂]

EXERCÍCIOS PARA A SEÇÃO 22.3

1. Qual é o número de coordenação do metal no composto cloreto de tetra-aquaoxalato de ferro(III)?

   (a) 4   (b) 6   (c) 7   (d) 2

2. Qual é o número de oxidação do metal em (NH₄)₃[Fe(CN)₆]?

   (a) 0   (b) +1   (c) +2   (d) +3

3. Qual dos seguintes é um íon complexo baseado em um íon ferro(II)?

   (a) [Fe(H₂O)₄Cl₂]ClO₄   (c) Fe(acac)₃

   (b) Na₄[Fe(C₂O₄)₃]   (d) [Fe(NH₃)₅Cl]SO₄

4. Em qual dos seguintes complexos está o metal com a coordenação 6?

   (a) tetraclorocobaltato(II) de lítio

   (b) cloreto de penta-amino-hidroxocromo(III)

   (c) cloreto de bis(etilenodiamina) prata(I)

   (d) diaminodiclorozinco(II)

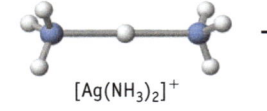

[Ag(NH₃)₂]⁺   linear

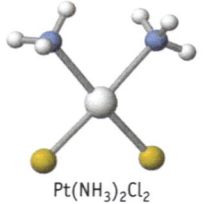

Pt(NH₃)₂Cl₂   quadrada planar

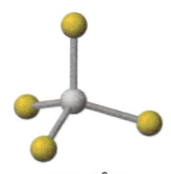

[NiCl₄]²⁻   tetraédrica

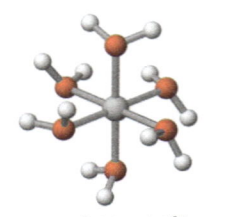

[Ni(H₂O)₆]²⁺   octaédrica

Geometrias de Coordenação Comuns

22-4 Estruturas dos Compostos de Coordenação

Geometrias de Coordenação Comum

A geometria de um complexo de coordenação é definida pelo arranjo dos átomos doadores dos ligantes ao redor do átomo metálico central. Os íons metálicos em complexos de coordenação podem ter números de coordenação de 2 a 12. No entanto, somente complexos com números de coordenação de 2, 4 e 6 são comuns, de modo que nos concentraremos em espécies como o [ML₂]ⁿ±, [ML₄]ⁿ± e [ML₆]ⁿ±, em que M é o íon metálico e L é um ligante *monodentado*. Para os complexos que possuem essas estequiometrias, as seguintes geometrias são encontradas:

- Todos os complexos [ML₂]ⁿ± são lineares. Os dois ligantes estão em lados opostos do metal, e o ângulo de ligação L—M—L é 180°. Exemplos comuns incluem [Ag(NH₃)₂]⁺ e [CuCl₂]⁻.

- A geometria tetraédrica ocorre em muitos complexos [ML₄]ⁿ±. Os exemplos incluem TiCl₄, [CoCl₄]²⁻, [NiCl₄]²⁻ e [Zn(NH₃)₄]²⁺.

- Alguns complexos $[ML_4]^{n\pm}$ têm geometria quadrada planar. É mais frequente em íons metálicos que têm oito elétrons d. Exemplos incluem $Pt(NH_3)_2Cl_2$, $[Ni(CN)_4]^{2-}$ e o complexo de níquel com o ligante dimetilglioximato (dmg^-) na Figura 22.10.

- A geometria octaédrica é encontrada em complexos com a estequiometria $[ML_6]^{n\pm}$ (Figura 22.10).

Isomeria

Isômeros são compostos com a mesma fórmula molecular, mas diferentes arranjos de átomos. Existem várias formas de isomeria e alguma são a chave para o comportamento químico dos compostos.

- Os *isômeros estruturais* têm a mesma fórmula molecular e um arranjo diferente das ligações entre os átomos.

- Os *estereoisômeros* apresentam a mesma sequência de ligações átomo a átomo, mas os átomos diferem em seu arranjo espacial. Existem dois tipos de estereoisomeria: *isomeria geométrica* e *isomeria óptica*.

Todos os três tipos de isomeria – estrutural, geométrica e óptica – são encontrados na química de coordenação.

Isomeria Estrutural

Os dois tipos mais importantes de isomeria estrutural na química de coordenação são a isomeria de coordenação e a isomeria de ligação. A **isomeria de coordenação** ocorre quando é possível a troca entre um ligante coordenado e um contraíon não coordenado. Por exemplo, violeta escuro $[Co(NH_3)_5Br]SO_4$ e vermelho $[Co(NH_3)_5SO_4]Br$ são isômeros de coordenação. No primeiro composto, um íon brometo é um ligante e o sulfato é um contraíon; no segundo, o sulfato é um ligante e o brometo é o contraíon. Um teste diagnóstico para esse tipo de isômero é frequentemente feito por meio de reações químicas. Por exemplo, esses dois compostos podem ser diferenciados por meio de reações de precipitação. A adição de $Ba^{2+}(aq)$ a uma solução de $[Co(NH_3)_5Br]SO_4$ dá um precipitado de $BaSO_4$, indicando a presença de íon sulfato em solução. Em contraste, nenhuma reação ocorre se $Ba^{2+}(aq)$ for adicionado a uma solução de $[Co(NH_3)_5SO_4]Br$. Nesse complexo, o íon sulfato está ligado a Co^{3+} e não é um íon livre em solução.

$$[Co(NH_3)_5Br]SO_4 + Ba^{2+}(aq) \longrightarrow BaSO_4(s) + [Co(NH_3)_5Br]^{2+}(aq)$$

$$[Co(NH_3)_5SO_4]Br + Ba^{2+}(aq) \longrightarrow \text{não ocorre reação}$$

A **isomeria de ligação** ocorre caso seja possível a ligação entre o ligante e o metal através de átomos diferentes. Os dois ligantes mais comuns com os quais surge a isomeria de ligação são o tiocianato, SCN^-, e o nitrito, NO_2^-. A estrutura de Lewis do íon tiocianato mostra que há pares de elétrons isolados no enxofre e no nitrogênio. O ligante pode ligar-se ao metal através do enxofre (chamado *tiocianato com ligação S*) ou através do nitrogênio (chamado *tiocianato com ligação N*). O íon nitrito pode ligar-se através de oxigênio ou nitrogênio. Os primeiros são chamados complexos "O-nitrito"; os últimos são chamados "N-nitrito" (Figura 22.15).

Ligantes que formam isômeros de ligação

Liga-se ao íon metálico através de qualquer desses pares isolados.

Liga-se ao íon metálico através de qualquer desses pares isolados.

© Cengage Learning/Charles D. Winters

FIGURA 22.15 Isômeros de ligação, [Co(NH₃)₅ONO]²⁺ e [Co(NH₃)₅NO₂]²⁺. Esses íons complexos, cujos nomes sistemáticos são penta-amin(O-nitrito)cobalto(III) e penta-amin(N-nitrito)cobalto(III), respectivamente, foram os primeiros exemplos conhecidos deste tipo de isomeria. (Os compostos apresentados nesta figura têm dois íons cloreto como contraíons.)

Isomeria *Cis–Trans* A isomeria *cis–trans* não é possível para os complexos tetraédricos. Todos os ângulos L—M—L tem 109,5°, e todas as posições são equivalentes nessa estrutura tridimensional.

Isomeria Geométrica

A isomeria geométrica resulta quando os átomos ligados diretamente ao metal apresentam um arranjo espacial diferente. O exemplo mais simples de isomeria geométrica em química de coordenação é a *cis-trans*, que ocorre em compostos quadrados-planares e octaédricos. Um exemplo de isomeria *cis-trans* é visto no complexo quadrado-planar Pt(NH₃)₂Cl₂ (Figura 22.16a). Nesse complexo, os dois íons Cl⁻ podem ser adjacentes um ao outro (*cis*) ou estar em lados opostos do metal (*trans*). O isômero *cis* é eficaz no tratamento de câncer nos testículos, nos ovários, na bexiga e nos ossos, mas o isômero *trans* não tem nenhum efeito sobre essas doenças.

A isomeria *cis–trans* ocorre em complexos octaédricos com a fórmula MA₄B₂. No complexo [Co(NH₃)₄Cl₂]⁺, os dois íons Cl⁻ podem ocupar posições que são ou adjacentes (ângulo Cl—Co—Cl = 90°) ou em lados opostos do metal (ângulo Cl—Co—Cl = 180°) (Figura 22.16b).

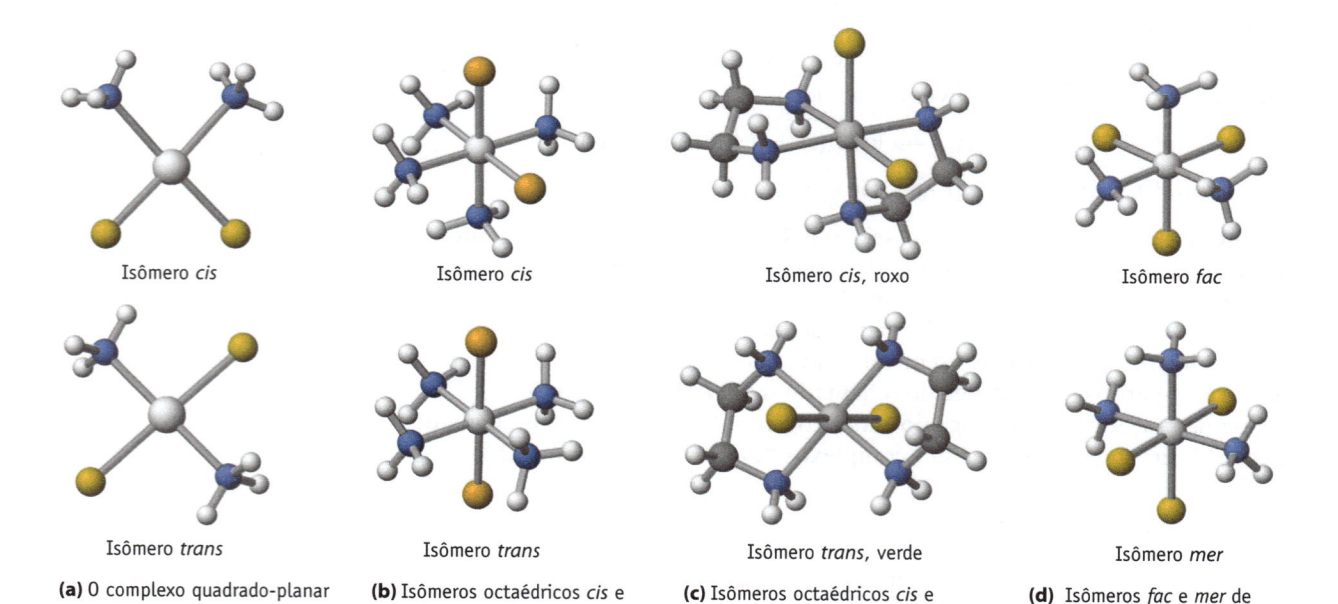

Isômero *cis* Isômero *cis* Isômero *cis*, roxo Isômero *fac*

Isômero *trans* Isômero *trans* Isômero *trans*, verde Isômero *mer*

(a) O complexo quadrado-planar Pt(NH₃)₂Cl₂ pode existir em duas geometrias, *cis* e *trans*.

(b) Isômeros octaédricos *cis* e *trans* para [Co(NH₃)₄Cl₂]⁺.

(c) Isômeros octaédricos *cis* e *trans* para [Co(en)₂Cl₂]⁺.

(d) Isômeros *fac* e *mer* de Cr(NH₃)₃Cl₃: isômero *fac*, os três ligantes idênticos são dispostos nos cantos de uma face triangular. No isômero *mer*, os três ligantes semelhantes seguem um meridiano.

FIGURA 22.16 Isômeros geométricos.

A isomeria *cis–trans* em um complexo octaédrico com dois ligantes bidentados de etilenodiamina é ilustrada por $[Co(H_2NCH_2CH_2NH_2)_2Cl_2]^+$. Os dois íons Cl^- ocupam posições que são ou adjacentes (o isômero *cis* roxo) ou opostas (o isômero *trans* verde) (Figura 22.16c).

Outro tipo comum de isomeria geométrica ocorre em complexos octaédricos com a fórmula geral MA_3B_3. Um isômero *fac* apresenta três ligantes iguais nos vértices de uma face triangular de um octaedro definido pelos ligantes (*fac* = facial), enquanto no isômero *mer* os ligantes seguem um meridiano (*mer* = meridional). Os isômeros *fac* e *mer* de $Cr(NH_3)_3Cl_3$ são mostrados na Figura 22.16d.

Isomeria Óptica

A *isomeria óptica* é um segundo tipo de estereoisomeria. Os isômeros ópticos são moléculas que são imagens especulares que não se sobrepõem. Moléculas que possuem imagens especulares que não podem ser sobrepostas são chamadas **quirais**. Pares de moléculas que não podem ser sobrepostas são chamados **enantiômeros**.

Em Química, o modelo habitual da quiralidade é um composto à base de carbono com quatro grupos diferentes ligados ao átomo de C (Figura 22.17). Um enantiômero é uma imagem espelhada do outro, e não pode ser sobreposto ao outro. (A quiralidade ocorre amplamente na Química Orgânica e na Bioquímica e será discutida nos capítulos 23 e 24.)

Há muitos exemplos de quiralidade em contextos não químicos. As conchas, por exemplo, podem espiralar em diferentes direções, gerando conchas canhotas e destras (Figura 22.17). Os parafusos também podem ter roscas para a esquerda ou para a direita. Embora pareçam semelhantes, o uso deles não pode ser trocado.

Amostras puras de enantiômeros têm as mesmas propriedades físicas, como ponto de fusão, ponto de ebulição, densidade e solubilidade em solventes comuns, mas diferem de forma significativa. Quando um feixe de luz polarizada planar atravessa uma solução de um enantiômero puro, o plano de polarização sofre rotação (Figura 22.18). Os dois enantiômeros causam a rotação da luz polarizada em igual extensão, mas em sentidos opostos. O termo "isomeria óptica" é usado porque esse efeito envolve a luz.

A isomeria óptica (quiralidade) ocorre em complexos octaédricos quando o íon metálico coordena-se a três ligantes bidentados ou quando o íon metálico coordena-se a dois ligantes bidentados e dois ligantes monodentados na posição *cis*. Os complexos $[Co(en)_3]^{3+}$ e *cis*-$[Co(en)_2Cl_2]^+$, ilustrados na Figura 22.19, são exemplos de comple-

Isômero I Isômero II

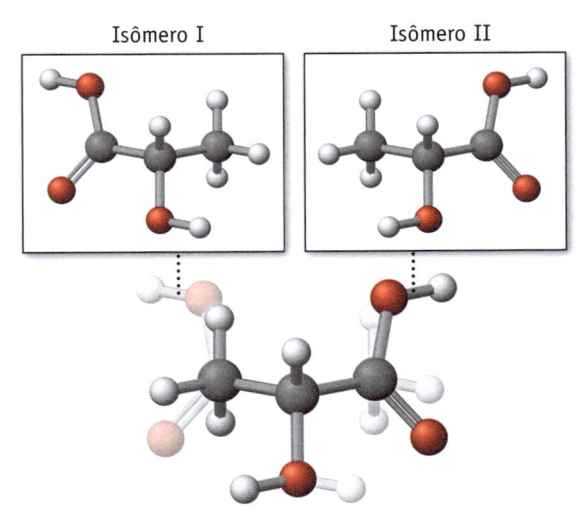

Os enantiômeros do ácido láctico não podem ser sobrepostos, assim como não é possível sobrepor a mão direita sobre a esquerda.

Conchas canhotas e destras (de espécies diferentes)

Steven Hyatt

FIGURA 22.17
Estereoisomerismo na Química e na natureza.

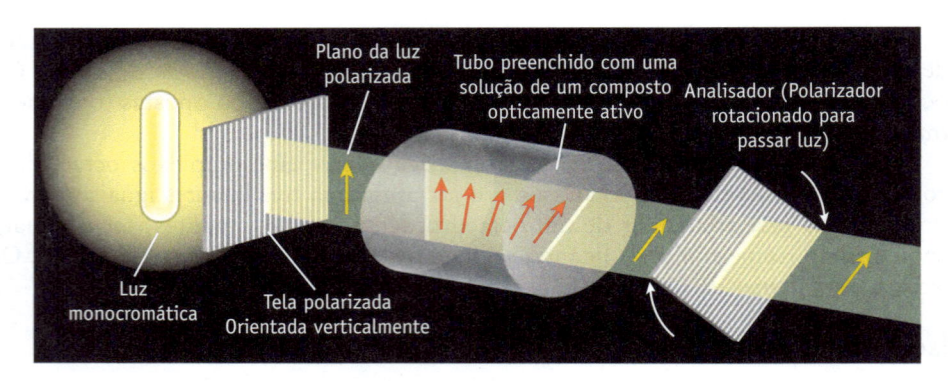

FIGURA 22.18 Rotações do plano de luz polarizada por um isômero óptico. A luz monocromática (luz de um único comprimento de onda) é produzida por uma lâmpada de sódio. Após ela passar através de um filtro de polarização, a luz vibra em apenas uma direção – ela é polarizada. Uma solução de um isômero óptico colocado entre o primeiro e segundo filtros de polarização faz a rotação do plano da luz polarizada. O segundo filtro é rotacionado para um ponto em que o máximo de luz seja transmitido e o ângulo de rotação seja calculado. A magnitude e direção de rotação são propriedades físicas únicas do isômero óptico que está sendo testado.

xos quirais. O teste de diagnóstico para quiralidade é percebido em ambas as espécies: imagens espelhadas dessas moléculas não podem ser sobrepostas, e as soluções dos isômeros ópticos rotacionam a luz polarizada no plano em sentidos opostos.

EXEMPLO 22.4

Isomeria na Química de Coordenação

Problema Para qual dos seguintes compostos ou íons complexos existem isômeros? Se os isômeros forem possíveis, identifique o tipo de isomeria (estrutural, geométrica ou óptica).

(a) $[Co(NH_3)_4Cl_2]^+$

(d) $K_3[Fe(C_2O_4)_3]$

(b) $Pt(NH_3)_2(CN)_2$ (quadrado-planar)

(e) $Zn(NH_3)_2Cl_2$ (tetraédrico)

(c) $Co(NH_3)_3Cl_3$

(f) $[Co(NH_3)_5SCN]^{2+}$

O que você sabe? Você pode inferir o número de coordenação e a geometria a partir das fórmulas. Os isômeros estruturais são aqueles para os quais existem diferentes anexos de átomos; isômeros geométricos são aqueles em que o arranjo espacial dos átomos é diferente. Os complexos que são opticamente ativos têm imagens que não podem ser sobrepostas.

Estratégia Determine o número de ligantes ligados ao metal e decida se os ligantes são monodentados ou bidentados. Saber quantos átomos doadores são coordenados ao

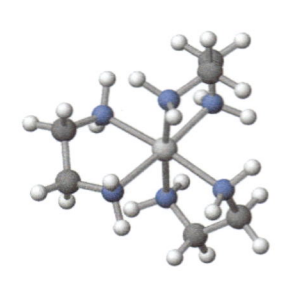

$[Co(en)_3]^{3+}$

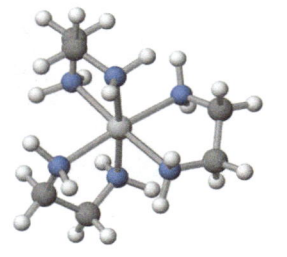

$[Co(en)_3]^{3+}$ imagem espelhada

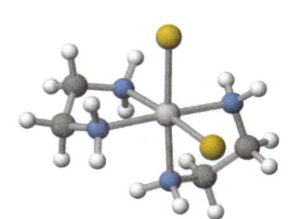

cis-$[Co(en)_2Cl_2]^+$

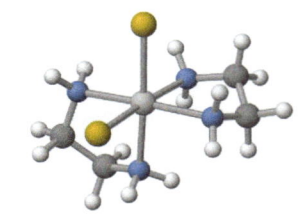

cis-$[Co(en)_2Cl_2]^+$ imagem espelhada

FIGURA 22.19 Complexos metálicos quirais. Tanto $[Co(en)_3]^{3+}$ como *cis*-$[Co(en)_2Cl_2]^+$ são quirais. Note que a imagem de um composto não pode ser sobreposta a sua imagem no espelho.

metal (o número de coordenação) permitirá estabelecer a geometria do metal. A única estereoisomeria possível para complexos quadrados-planares é a geométrica (*cis* e *trans*). Os complexos de coordenação tetraédrica não têm isômeros geométricos ou ópticos. Complexos hexacoordenados com fórmula MA_4B_2 podem ser *cis* ou *trans*. Os isômeros *mer* e *fac* são possíveis com uma estequiometria de MA_3B_3. A atividade óptica surge para complexos de metais de fórmula *cis*-$M(bidentado)_2X_2$ e $M(bidentado)_3$. Desenhar as moléculas ajudará a visualizar os isômeros.

Solução

(a) Dois isômeros geométricos podem ser desenhados para complexos octaédricos com uma fórmula MA_4B_2. Um isômero tem dois íons Cl^- nas posições *cis* (posições adjacentes, em um ângulo de 90°), e o outro isômero possui os ligantes Cl^- em posições *trans* (com um ângulo de 180° entre os ligantes). Os isômeros ópticos não são possíveis.

isômero *cis*   isômero *trans*

(b) Neste complexo quadrado-planar, os dois ligantes NH_3 (e os dois ligantes CN^-) podem ser *cis* ou *trans*. Estes são isômeros geométricos. Os isômeros ópticos não são possíveis.

isômero *cis*   isômero *trans*

(c) Dois isômeros geométricos deste complexo octaédrico, com ligantes de cloreto *fac* ou *mer*, são possíveis. No isômero *fac*, os três ligantes Cl^- estão todos a 90° uns dos outros; no isômero *mer*, os dois ligantes Cl^- estão a 180°, e o terceiro está a 90° em relação aos outros dois. Os isômeros ópticos não são possíveis.

isômero *fac*   isômero *mer*

(d) Ignore os contraíons, K^+. O ânion é um complexo octaédrico. Lembre-se de que o íon oxalato bidentado ocupa dois sítios de coordenação de metais adjacentes, e que três ligantes de oxalato significam que o metal tem um número de coordenação 6. Imagens espelhadas dos complexos da estequiometria $M(bidentada)_3$ não podem ser sobrepostas; portanto, dois isômeros ópticos são possíveis. (Aqui, os ligantes, $C_2O_4^{2-}$, são desenhados abreviados como O—O.)

imagens especulares de $[Fe(ox)_3]^{3-}$ que não podem ser sobrepostas

(e) Apenas uma única estrutura é possível para os complexos tetraédricos como $Zn(NH_3)_2Cl_2$.

Isomeria óptica Os complexos planares quadrados são incapazes de apresentar isometria óptica baseada no metal central; as imagens espelhadas sempre são possíveis de serem sobrepostas. Complexos tetraédricos quirais são possíveis, mas os exemplos de complexos com um metal tetraedricamente ligado a quatro ligantes monodentados diferentes são extremamente raros.

(f) Somente a isomeria de ligação (isomeria estrutural) é possível para este complexo de cobalto octaédrico. Tanto o enxofre quanto o nitrogênio do ânion SCN⁻ podem ser ligados ao íon cobalto(III) neste complexo.

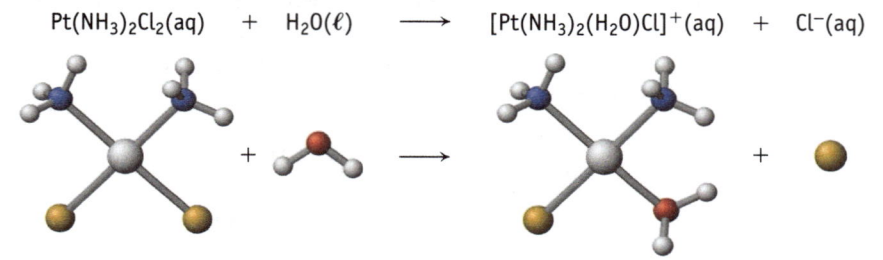

SCN⁻ ligado por S   SCN⁻ ligado por N

Pense bem antes de responder As situações mais complexas ocorrem quando um complexo tem três ou mais ligantes diferentes. Nesses casos, é importante ser capaz de visualizar a molécula tridimensional e organizar sua abordagem.

Verifique seu entendimento

Quais tipos de isômeros são possíveis para os seguintes compostos ou íons complexos?

(a) $K[Co(NH_3)_2Cl_4]$

(b) $Pt(en)Cl_2$ (quadrado planar)

(c) $[Co(NH_3)_5Cl]^{2+}$

(d) $[Ru(fen)_3]Cl_3$

(e) $Na_2[MnCl_4]$ (tetraédrico)

(f) $[Co(NH_3)_5NO_2]^{2+}$

Cisplatina: Descoberta Acidental de um Agente Quimioterápico

ESTUDO DE CASO

Existem muitas moléculas à base de metal que ocorrem naturalmente, como heme, vitamina B_{12} e a enzima envolvida na fixação do nitrogênio (nitrogenase). Os químicos também sintetizaram vários compostos à base de metal para fins medicinais. Um deles, a *cisplatina* $[PtCl_2(NH_3)_2]$, era conhecida há muitos anos, mas a descoberta de sua eficácia no tratamento de certos tipos de câncer ocorreu por acaso.

Em 1965, Barnett Rosenberg, um biofísico da Universidade Estadual de Michigan, começou a estudar o efeito de campos elétricos em células vivas, mas os resultados de suas experiências foram muito diferentes de suas expectativas. Ele e seus alunos haviam colocado uma suspensão aquosa de bactérias vivas de *Escherichia coli* em um campo elétrico entre os eletrodos de platina supostamente inertes. Para sua surpresa, eles descobriram que o crescimento celular foi afetado significativamente. Após experimentação cuidadosa, descobriu-se que o efeito sobre a divisão celular devia-se a um traço de um complexo de platina, amônia e íons cloreto formados por um processo eletrolítico envolvendo o eletrodo de platina na presença de amoníaco no meio de crescimento.

Para dar seguimento a essa descoberta interessante, Rosenberg e seus alunos

$$Pt(NH_3)_2Cl_2(aq) + H_2O(\ell) \longrightarrow [Pt(NH_3)_2(H_2O)Cl]^+(aq) + Cl^-(aq)$$

testaram o efeito da *cis* e *trans*-$PtCl_2(NH_3)_2$ sobre o crescimento celular e descobriram que apenas o isômero *cis* era eficaz. Isso levou Rosenberg e outros a estudarem o efeito da assim chamada cisplatina sobre o crescimento das células cancerosas, e o resultado é que os compostos de *cisplatina* e semelhantes são agora usados para tratar tumores geniturinários. Na verdade, o câncer de testículo é agora considerado em grande parte curável por causa da quimioterapia com cisplatina.

A química da cisplatina já foi completamente estudada e ilustra muitos dos princípios da química de coordenação do metal de transição. Verificou-se que a *cisplatina* possui uma meia-vida de 2,5 horas para a substituição de um ligante de Cl^- por água, a 310 K (numa reação de primeira ordem) e que a substituição de um segundo ligante de Cl^- por água é ligeiramente mais rápida.

As espécies aqua são ácidas e prejudiciais aos rins, de modo que a cisplatina é geralmente usada em uma solução de soro fisiológico para evitar as reações de hidrólise. Verificou-se que, no plasma do sangue, com pH 7,4 e uma concentração de íons Cl^- de cerca de $1,04 \times 10^{-5}$ M, o $PtCl_2(NH_3)_2$ e o $PtCl(OH)(NH_3)_2$ são as espécies dominantes. No núcleo da célula, no entanto, a concentração de íons Cl^- é mais baixa, e as espécies aqua estão presentes em maior concentração.

Questão:

Se forem ministrados a um paciente 10,0 mg de cisplatina, que quantidade permanece como cisplatina em 24 horas?

A resposta a essa questão está disponível no Apêndice N.

EXERCÍCIOS PARA A SEÇÃO 22.4

1. Qual dos seguintes complexos não pode existir como isômeros *cis–trans* ?

   (a) $Fe(NH_3)_4Cl_2$

   (b) $Ni(H_2O)_4(C_2O_4)$ ($C_2O_4^{2-}$ = oxalato)

   (c) quadrado-planar $[PtCl_2(CN)_2]^{2-}$

   (d) $Mn(en)_2Cl_2$ (en = etilenodiamina)

2. Qual dos seguintes complexos pode existir como isômeros ópticos?

   (a) $Pt(NH_3)(H_2O)(CN)Cl$ quadrado-planar

   (b) $Fe(en)_2(CN)_2$ (en = etilenodiamina)

   (c) $Fe(NH_3)_4Cl_2$

   (d) $Cr(NH_3)_3Cl_3$

3. Qual afirmação melhor descreve os isômeros para o complexo $Fe(en)_2Cl_2$? (en = etilenodiamina)

   (a) Apenas uma única estrutura pode ser desenhada.

   (b) Existem dois isômeros geométricos, um dos quais tem um isômero óptico.

   (c) O composto existe como um par de isômeros ópticos.

   (d) Este composto existe como dois isômeros estruturais.

4. Quantos isômeros geométricos são possíveis para $Fe(en)(NH_3)_2Cl_2$? (Para responder a esta pergunta, tente desenhar possíveis estruturas de forma organizada. Comece colocando o ligante bidentado de etilenodiamina em dois sítios de coordenação e, em seguida, adicione os ligantes cloreto e amônia para as posições restantes de várias maneiras.)

   (a) 0   (b) 1   (c) 2   (d) 3

22-5 Ligações em Compostos de Coordenação

As ligações metal-ligante em um complexo de coordenação foram descritas anteriormente neste capítulo como covalentes, resultando do compartilhamento de um par de elétrons entre o metal e o átomo doador do ligante. Embora seja usado frequentemente, esse modelo simples não é capaz de explicar a cor e o comportamento magnético de complexos. Como consequência, o quadro com ligações covalentes foi suplantado por dois outros modelos de ligação: a teoria do orbital molecular e a teoria do campo ligante.

O modelo de ligação que utiliza a teoria do orbital molecular considera que o metal e o ligante ligam-se por meio dos orbitais moleculares formados pela sobreposição de orbitais atômicos entre metal e ligante. O **modelo do campo ligante**, por outro lado, focaliza-se na repulsão (e desestabilização) de elétrons na esfera de coordenação do metal. O modelo do campo ligante também considera que o íon metálico positivo e o par isolado negativo do ligante são atraídos eletrostaticamente; isto é, a ligação é originada quando um íon metálico positivamente carregado atrai um íon negativo ou a extremidade negativa de uma molécula polar. Em sua maior parte, as teorias do campo ligante e do orbital molecular preveem resultados semelhantes no que diz respeito à cor e ao comportamento magnético. Aqui, vamos nos concentrar na abordagem do campo ligante e ilustrar como ela explica as cores e o magnetismo de complexos de metais de transição.

Os Orbitais *d*: Teoria do Campo Ligante

Para compreender a teoria do campo ligante, é necessário observarmos novamente os orbitais *d*, especialmente quanto à sua orientação em relação às posições dos ligantes em um complexo metálico.

Em um átomo ou íon isolado, os cinco orbitais *d* têm a mesma energia. Para um átomo ou íon metálico num complexo de coordenação, entretanto, os orbitais *d* apresentam diferentes energias. De acordo com o modelo do campo ligante, a repulsão entre elétrons *d* no metal e pares de elétrons dos ligantes desestabiliza elétrons

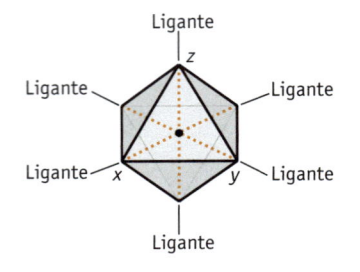

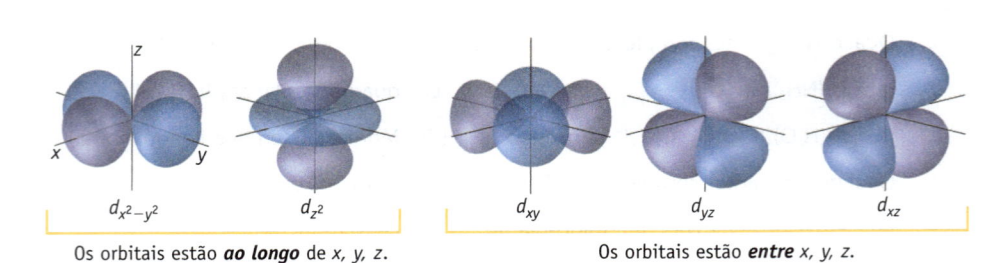

Os orbitais estão **ao longo** de x, y, z.   Os orbitais estão **entre** x, y, z.

FIGURA 22.20 Os orbitais d. Os cinco orbitais d e sua relação espacial com os ligantes nos eixos x, y, e z.

que residem nos orbitais d; isto é, faz com que a sua energia aumente. Porém, os elétrons nos vários orbitais d não são afetados de igual modo, devido às suas diferentes orientações no espaço em relação à posição dos pares ligantes isolados.

Examinaremos primeiro os complexos octaédricos. Considere que os ligantes em um complexo octaédrico encontram-se ao longo dos eixos x, y e z. Isso resulta em cinco orbitais d sendo subdivididos em dois grupos: os orbitais $d_{x^2-y^2}$ e d_{z^2} em um conjunto e os orbitais d_{xy}, d_{xz} e d_{yz} no segundo (Figura 22.20). Os orbitais $d_{x^2-y^2}$ e d_{z^2} são orientados ao longo dos eixos x, y e z, enquanto os orbitais do segundo grupo são alinhados entre esses eixos. Os elétrons nos orbitais $d_{x^2-y^2}$ e d_{z^2} experimentam uma repulsa maior, porque esses orbitais apontam diretamente para os pares de elétrons ligantes. Um menor efeito de repulsão é experimentado pelos elétrons nos orbitais d_{xy}, d_{xz} e d_{yz}. A diferença no grau de repulsão significa que existe diferença de energia entre os dois conjuntos de orbitais (Figura 22.21). Essa diferença, chamada **desdobramento do campo ligante** e representada pelo símbolo Δ_0, é uma função do metal e dos ligantes e varia previsivelmente de um complexo a outro.

Um padrão de desdobramento diferente é encontrado com complexos quadrados-planares (Figura 22.22). Suponha que os quatro ligantes estejam ao longo dos eixos x e y. O orbital $d_{x^2-y^2}$ também aponta ao longo desses eixos, por isso, tem a maior energia. O orbital d_{xy} (que também está no plano xy, mas não aponta para os ligantes) é o segundo com maior energia, seguido pelo orbital d_{z^2}. Os orbitais d_{xz} e d_{yz}, ambos apontando parcialmente na direção z, têm a menor energia.

O padrão de desdobramento do orbital d para um complexo tetraédrico é o inverso do padrão observado para complexos octaédricos. Três orbitais (d_{xz}, d_{xy}, d_{yz}) são mais elevados em energia, ao passo que os orbitais $d_{x^2-y^2}$ e d_{z^2} estão abaixo deles quanto à energia (Figura 22.22).

FIGURA 22.21 Desdobramento de campo de ligante em um complexo octaédrico. As energias dos orbitais d aumentam à medida que os ligantes aproximam-se do metal ao longo dos eixos x, y e z. Os orbitais d_{xy}, d_{xz} e d_{yz}, não apontados para os ligantes, são menos desestabilizados do que os orbitais $d_{x^2-y^2}$ e d_{z^2}. Assim, os orbitais d_{xy}, d_{xz} e d_{yz} têm energia mais baixa. (Δ_0 representa a divisão em um campo ligante octaédrico.)

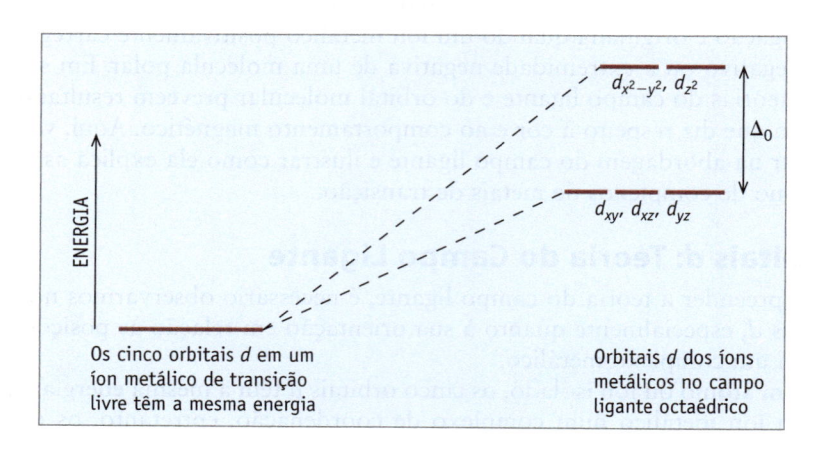

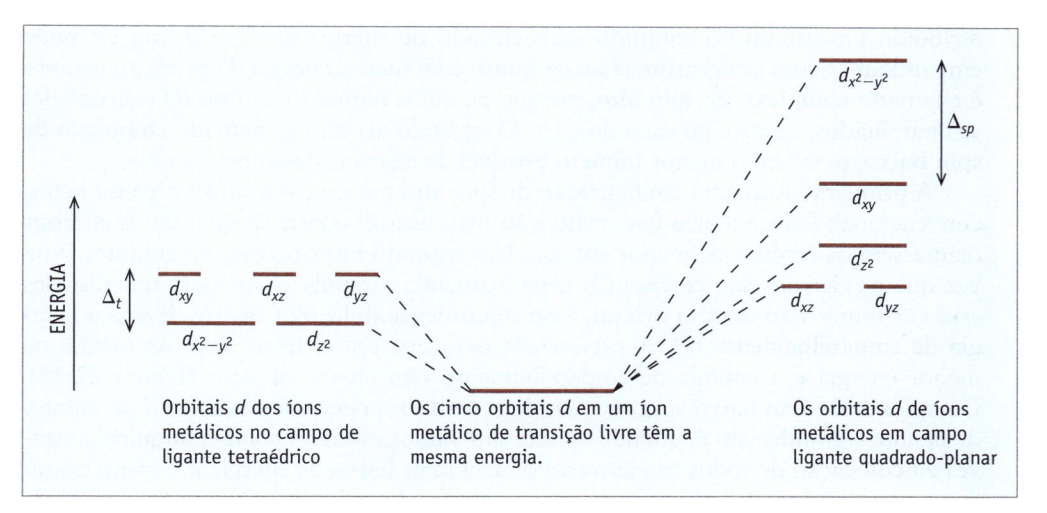

FIGURA 22.22 Desdobramento de orbitais *d* em geometrias tetraédrica (à *esquerda*) e quadrado-planar (à *direita*). (Δ_t e Δ_{qp} são, respectivamente, os desdobramentos em campos de ligantes tetraédricos e quadrado-planares.)

Configurações Eletrônicas e Propriedades Magnéticas

O desdobramento do orbital *d* em complexos de coordenação fornece uma explicação tanto sobre o comportamento magnético quanto sobre a cor destes complexos. Para entender essa explicação, no entanto, devemos primeiro entender como atribuir elétrons para os vários orbitais em cada geometria.

Um íon gasoso Cr^{2+} tem a configuração elétrica $[Ar]3d^4$. O termo *gasoso* neste contexto é utilizado para indicar um único átomo ou íon isolado com todas as outras partículas situadas a uma distância infinita. Nesta situação, os cinco orbitais $3d$ têm a mesma energia. Os quatro elétrons residem sozinhos em diferentes orbitais *d*, de acordo com a regra de Hund, e o íon Cr^{2+} tem quatro elétrons desemparelhados.

Configuração eletrônica de Cr(II)

Cr^{2+} $[Ar]3d^4$ ⟦↑│↑│↑│↑│ ⟧ ⟦ ⟧
                         $3d$ $4s$

Quando o íon Cr^{2+} é parte de um complexo octaédrico, os cinco orbitais *d* não têm energias idênticas. Tal como ilustrado na Figura 22.21, esses orbitais dividem-se em dois conjuntos, com os orbitais d_{xy}, d_{xz} e d_{yz} tendo energia menor que os orbitais $d_{x^2-y^2}$ e d_{z^2}. Ter dois conjuntos de orbitais significa que duas configurações eletrônicas diferentes são possíveis (Figura 22.23). Três dos quatro elétrons *d* em Cr^{2+} são atribuídos a orbitais com energia mais baixa d_{xy}, d_{xz} e d_{yz}. Ao quarto elétron pode ser

FIGURA 22.23 Casos de spin alto e baixo para um complexo de cromo(II) octaédrico. (*à esquerda, spin alto*) Se o desdobramento do campo ligante (Δ_0) for menor que a energia de emparelhamento (P), os elétrons são colocados em diferentes orbitais, e o complexo tem quatro elétrons desemparelhados (*à direita, spin baixo*). Se o desdobramento for maior que a energia de emparelhamento, todos os quatro elétrons estarão no conjunto orbital de menor energia. Isso requer emparelhamento de dois elétrons em um dos orbitais, de modo que o complexo terá dois elétrons desemparelhados.

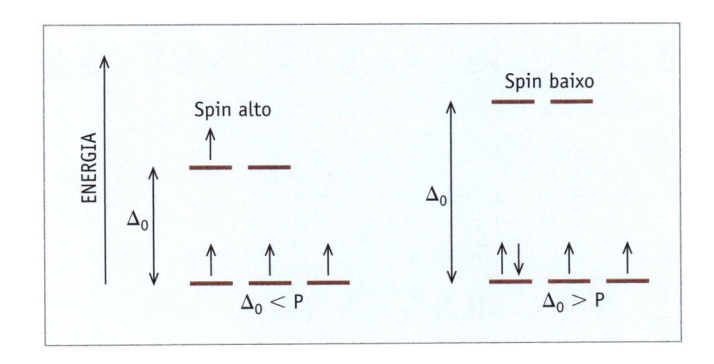

atribuído um orbital no conjunto mais elevado de energia $d_{x^2-y^2}$ e d_{z^2} ou ele pode emparelhar-se com um elétron, já no conjunto com menor energia. O primeiro arranjo é chamado **complexo de spin alto**, porque possui o número máximo de elétrons desemparelhados, quatro, no caso do Cr^{2+}. O segundo arranjo é chamado **complexo de spin baixo**, pois tem o menor número possível de elétrons desemparelhados.

À primeira vista, uma configuração de spin alto parece contradizer o pensamento convencional. Parece lógico que a situação mais estável ocorreria quando os elétrons ocupassem os orbitais de menor energia. Um segundo fator ocorre, no entanto. Uma vez que os elétrons são carregados negativamente, a repulsão aumenta quando eles estão atribuídos ao mesmo orbital. Esse efeito desestabilizador ocorre devido à **energia de emparelhamento (P).** A preferência para que um elétron esteja no orbital de menor energia e a energia de emparelhamento têm efeitos opostos (Figura 22.23). Complexos de spin baixo surgem quando o desdobramento dos orbitais d do campo de ligante é grande, isto é, quando Δ_0 tem um valor grande. A energia adquirida através da colocação de todos os elétrons no nível mais baixo de energia é o efeito dominante quando $\Delta_0 > P$. Em contraste, os complexos de spin alto ocorrem se o valor de Δ_0 for menor que a energia necessária para emparelhar elétrons ($\Delta_0 < P$).

Para complexos octaédricos, os complexos de spin alto e spin baixo só ocorrem com as configurações d^4 a d^7 (Figura 22.24). Os complexos do íon metálico d^6, Fe^{2+}, por exemplo, podem ter um spin alto ou baixo. O complexo formado quando o íon Fe^{2+} é colocado em água, $Fe(H_2O)_6]^{2+}$, é de spin alto, enquanto o íon complexo $[Fe(CN)_6]^{4-}$ é de spin baixo.

Configuração eletrônica para o Fe^{2+} em um complexo octaédrico

É possível saber se um complexo é de spin alto ou baixo ao examinar seu comportamento magnético. O complexo de spin alto $[Fe(H_2O)_6]^{2+}$ tem quatro elétrons desemparelhados e é *paramagnético* (atraído por um ímã), enquanto o complexo de spin baixo $[Fe(CN)_6]^{4-}$ não possui elétrons desemparelhados e é *diamagnético* (repelido por um ímã) (◄ Seção 7.4).

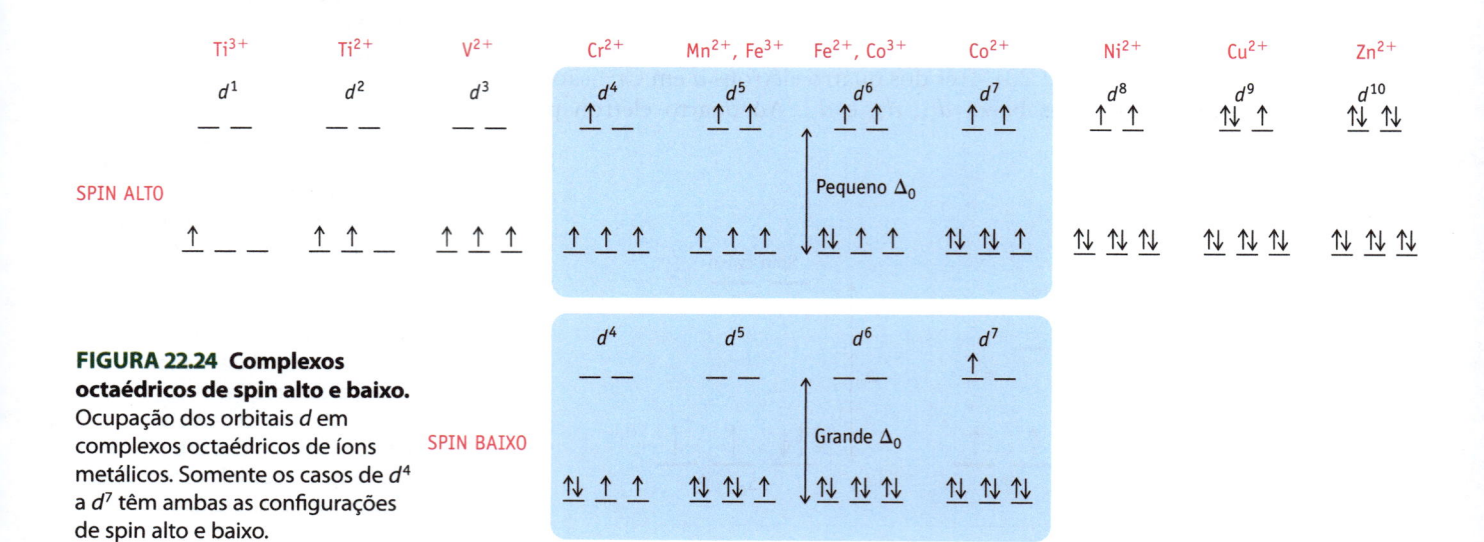

FIGURA 22.24 Complexos octaédricos de spin alto e baixo. Ocupação dos orbitais d em complexos octaédricos de íons metálicos. Somente os casos de d^4 a d^7 têm ambas as configurações de spin alto e baixo.

DICA DE SOLUÇÃO DE PROBLEMAS 22.1
Teoria do Campo Ligante

Este resumo dos conceitos da teoria do campo ligante pode ajudá-lo a manter o quadro mais amplo em mente.

- A ligação ligante-metal resulta da atração eletrostática entre o cátion metálico e um ânion ou uma molécula polar.

- Os ligantes definem uma geometria de coordenação. As geometrias comuns são lineares (número de coordenação = 2), tetraédricas e quadrado-planares (número de coordenação = 4), e octaédricas (número de coordenação = 6).

- A colocação dos ligantes ao redor do metal faz com que os orbitais d do metal tenham diferentes energias. Em um complexo octaédrico, por exemplo, os orbitais d dividem-se em dois grupos: um grupo de energia maior ($d_{x^2-y^2}$ e d_{z^2}) e um grupo com menos energia (d_{xy}, d_{xz} e d_{yz}).

- Os elétrons são atribuídos a orbitais d do metal de uma maneira que leva à menor energia total. Duas características que competem determinam o posicionamento: a energia relativa dos conjuntos de orbitais e a energia dos elétrons de emparelhamento.

- Para as configurações eletrônicas de d^4, d^5, d^6 e d^7 em complexos octaédricos, duas configurações eletrônicas são possíveis: spin alto, que ocorre quando o desdobramento do orbital é pequena, e spin baixo, que ocorre com um grande desdobramento do orbital. Para determinar se um complexo é de spin alto ou baixo, seu magnetismo pode ser medido para determinar o número de elétrons desemparelhados.

- O desdobramento do orbital d (a diferença de energia entre as energias metálicas do orbital d) corresponde muitas vezes à energia associada à luz visível. Como consequência, muitos complexos metálicos absorvem a luz visível e, portanto, são coloridos.

A maioria dos complexos dos íons Pd^{2+} e Pt^{2+} são quadrado-planares, sendo que a configuração eletrônica desses metais é [gás nobre]$(n - 1)d^8$. Em um complexo quadrado-planar, existem quatro conjuntos de orbitais (veja a Figura 22.22). Para complexos quadrado-planares d^8, todos, exceto o de energia mais alta, são preenchidos, e todos os elétrons são emparelhados, resultando em complexos diamagnéticos (spin baixo).

O níquel, que é encontrado acima do paládio na Tabela Periódica, forma complexos tanto quadrado-planares como tetraédricos (assim como complexos octaédricos). Por exemplo, o íon complexo $[Ni(CN)_4]^{2-}$ é quadrado-planar, ao passo que o íon $[NiCl_4]^{2-}$ é tetraédrico. O magnetismo nos permite diferenciar entre essas duas geometrias. Com base no padrão de desdobramento do campo ligante, espera-se que o complexo cianeto seja diamagnético, enquanto o complexo cloreto seja paramagnético, com dois elétrons desemparelhados.

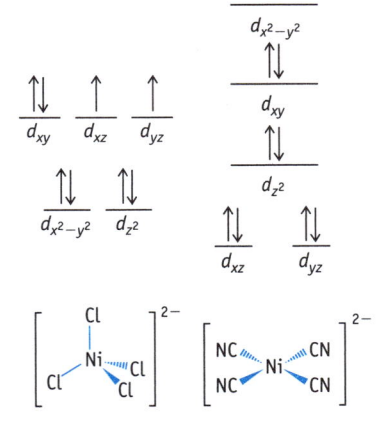

Complexos de níquel(II) e magnetismo. O ânion $[NiCl_4]^{2-}$ é um complexo paramagnético tetraédrico. Em contraste, $[Ni(CN)_4]^{2-}$ é um complexo quadrado-planar diamagnético.

EXEMPLO 22.5

Complexos de Spin Alto e Baixo e Magnetismo

Problema Dê a configuração de elétrons para o íon metálico, em cada um dos seguintes complexos. Quantos elétrons desemparelhados estão presentes em cada um? Os complexos são diamagnéticos ou paramagnéticos?

(a) $[Co(NH_3)_6]^{3+}$ de spin baixo

(b) $[CoF_6]^{3-}$ de spin alto

O que você sabe? A partir de suas fórmulas, sabemos que eles possuem seis ligantes e podemos presumir que têm geometria octaédrica. Ambos são complexos de cobalto(III), um íon metálico com uma configuração d^6. Um complexo é de spin baixo, e o outro, de spin alto.

Estratégia Crie um diagrama de nível de energia para um complexo octaédrico. Em complexos de spin baixo, os elétrons são adicionados preferencialmente ao conjunto com menos energia dos orbitais. Em complexos de spin alto, os primeiros cinco elétrons são adicionados separadamente a cada um dos cinco orbitais, então elétrons adicionais são emparelhados com os elétrons em orbitais no conjunto de menor energia.

Solução

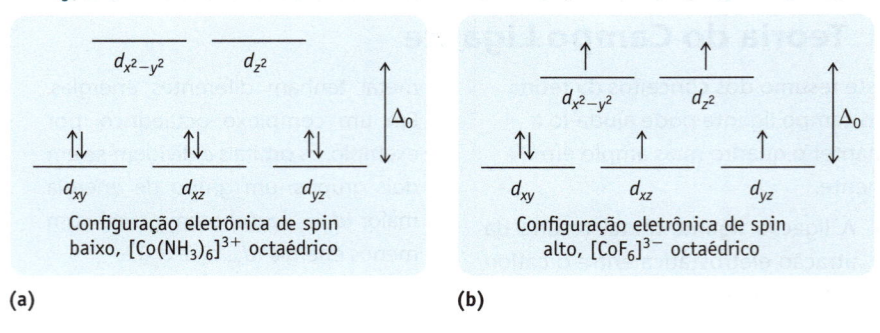

(a) Configuração eletrônica de spin baixo, [Co(NH$_3$)$_6$]$^{3+}$ octaédrico

(b) Configuração eletrônica de spin alto, [CoF$_6$]$^{3-}$ octaédrico

(a) Os seis elétrons do íon Co^{3+} preenchem o conjunto de menor energia dos orbitais inteiramente. Esse complexo iônico d^6 não tem elétrons desemparelhados e é diamagnético.

(b) Para obter a configuração eletrônica [CoF$_6$]$^{3-}$ de spin alto, coloque um elétron em cada um dos cinco orbitais d e, em seguida, coloque o sexto elétron em um dos orbitais de menor energia. O complexo tem quatro elétrons desemparelhados e é paramagnético.

Pense bem antes de responder Os dois complexos têm diferentes propriedades magnéticas; [Co(NH$_3$)$_6$]$^{3+}$ de spin baixo é diamagnético e [CoF$_6$]$^{3-}$ de spin alto é paramagnético.

Verifique seu entendimento

Para cada um dos seguintes íons complexos, dê o número de oxidação do metal, descreva possíveis configurações de spin baixo e alto, forneça o número de elétrons não emparelhados em cada configuração e diga se cada um é paramagnético ou diamagnético.

(a) [Ru(H$_2$O)$_6$]$^{2+}$

(b) [Ni(NH$_3$)$_6$]$^{2+}$

EXERCÍCIOS PARA A SEÇÃO 22.5

1. Qual dos seguintes complexos contém o maior número de elétrons desemparelhados?

   (a) [Fe(CN)$_6$]$^{4-}$ de spin baixo

   (b) [Mn(NH$_3$)$_6$]$^{2+}$ de spin alto

   (c) [V(H$_2$O)$_6$]$^{3+}$

   (d) [Ni(en)$_3$]$^{2+}$ (en = etilenodiamina)

2. Qual dos seguintes complexos é diamagnético?

   (a) [PtCl$_4$]$^{2-}$ quadrado-planar

   (b) [NiCl$_4$]$^{2-}$ tetraédrico

   (c) [Fe(H$_2$O)$_6$]$^{3+}$

   (d) [CoF$_6$]$^{3-}$ de spin alto

22-6 Cores dos Compostos de Coordenação

A gama de cores observadas nos compostos dos elementos de transição é uma das suas características mais interessantes (Figuras 22.2 e 22.25), e a principal razão para isso é o desdobramento do orbital d devido aos ligantes que rodeiam o átomo ou o íon metálico. Antes de discutir como a divisão do orbital d está envolvida, vamos olhar mais de perto para aquilo que entendemos como cor.

Cor

A luz visível consiste na radiação com comprimentos de onda de 400 a 700 nm (◄ Seção 6.1). Dentro dessa região estão todas as cores que você vê quando a luz branca atravessa um prisma: vermelho, laranja, amarelo, verde, azul, índigo e violeta. Cada cor é identificada com uma porção da faixa do comprimento de onda.

λ (nm)

700

600

500

400

Aumento do comprimento da onda →

Aumento de energia →

O espectro de cores da luz visível. As cores usadas na impressão deste livro são ciano, magenta, amarelo e preto. O azul no espectro eletromagnético é realmente ciano, de acordo com os padrões de cores da indústria. O magenta não tem sua própria região de comprimento de onda. Pelo contrário, trata-se de uma mistura de azul e vermelho.

$Fe^{3+}(aq)$ $Co^{2+}(aq)$ $Ni^{2+}(aq)$ $Cu^{2+}(aq)$ $Zn^{2+}(aq)$

FIGURA 22.25 As soluções aquosas de alguns íons de metais de transição. Compostos dos elementos dos metais de transição são muitas vezes coloridos, enquanto os dos metais do grupo principal são incolores. Retratadas aqui, da *esquerda* para a *direita*, estão as soluções dos sais de nitrato de Fe^{3+}, Co^{2+}, Ni^{2+}, Cu^{2+} e Zn^{2+}.

Isaac Newton fez experimentos com a luz e estabeleceu que a percepção mental da cor requer apenas três cores! Quando vemos a luz branca, estamos observando uma mistura de todas as cores – em outras palavras, a superposição de vermelho, verde e azul. Se uma ou mais dessas cores estiver(em) ausente(s), a luz das outras cores que atinge os olhos é interpretada por sua mente como cor.

A Figura 22.26 lhe ajudará na análise de cores percebidas. As três cores primárias – vermelho, verde e azul – são mostradas como discos sobrepostos dispostos num triângulo. As cores secundárias – ciano, magenta e amarelo – aparecem onde dois discos se sobrepõem. A sobreposição de todos os três discos no centro produz a luz branca.

As cores que percebemos são determinadas como se segue:

- A luz de uma única cor primária é percebida como essa cor: a luz vermelha é percebida como luz vermelha, verde como o verde, azul-claro como azul.

- A luz composta por duas cores primárias é percebida como a cor exibida quando os discos mostrados na Figura 22.26 se sobrepõem: as luzes vermelha e verde, juntas, aparecem como amarelo; as luzes verde e azul, juntas, são percebidas como ciano; e as luzes vermelha e azul são vistas como magenta.

- A luz composta por três cores primárias torna-se branca (incolor).

Ao discutir a cor de uma substância como um complexo de coordenação *em solução*, estamos interessados na luz que é absorvida.

- A cor vermelha é o resultado da absorção das luzes verde e azul pela solução.

- A cor verde é a resultante se as luzes vermelha e azul forem absorvidas.

- A cor azul resulta se as luzes vermelha e verde forem absorvidas.

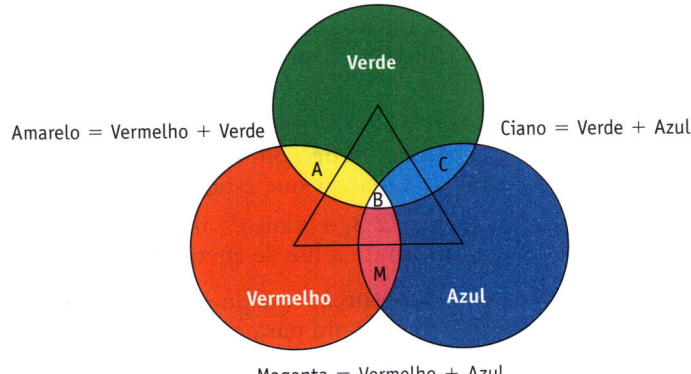

Amarelo = Vermelho + Verde

Ciano = Verde + Azul

Verde

A   B   C

Vermelho   M   Azul

Magenta = Vermelho + Azul

FIGURA 22.26 A utilização de discos de cor para analisar as cores. As três cores primárias são vermelho, verde e azul. A adição de luz de duas cores primárias dá as cores secundárias amarelo (= vermelho + verde), ciano (= verde + azul) e magenta (= vermelho + azul). Se somadas todas as três cores primárias, resulta a luz branca.

FIGURA 22.27 Absorções de luz e cor. A cor de uma solução é devida à cor da luz *não* absorvida pela solução. Aqui, uma solução do íon Ni^{2+} em água absorve as luzes vermelha e azul e assim aparece verde (veja também as Figuras 4.13-4.15).

As cores secundárias são racionalizadas de forma semelhante. A absorção da luz azul forma o amarelo (a cor oposta ao azul na Figura 22.26); a absorção da luz vermelha resulta em ciano; e a absorção de luz verde resulta em magenta.

Agora podemos aplicar essas ideias para explicar as cores em complexos de metais de transição. Concentre-se em que tipo de luz é *absorvida*. Uma solução de $[Ni(H_2O)_6]^{2+}$ é verde. A luz verde é o resultado da remoção das luzes vermelha e azul da luz branca. Como a luz branca passa por uma solução aquosa de Ni^{2+}, as luzes vermelha e azul são absorvidas, e à luz verde é permitido passar (Figura 22.27). Similarmente, o íon $[Co(NH_3)_6]^{3+}$ é amarelo porque a luz azul foi absorvida e a luz vermelha e verde passam.

A Série Espectroquímica

Lembre-se de que os espectros atômicos são obtidos quando os elétrons são excitados de um nível de energia para outro (◄ Seção 6.3). A energia da luz absorvida ou emitida está relacionada com os níveis de energia do átomo ou íon. O conceito de que a luz é absorvida quando os elétrons são excitados de níveis de energia mais baixos para mais elevados não se aplica apenas aos átomos, mas também aos íons e às moléculas de todos os tipos, incluindo complexos de metais de transição.

Em complexos de coordenação, o desdobramento entre orbitais d corresponde muitas vezes à energia da luz visível, então a luz na região visível do espectro é absorvida quando os elétrons se movem de um orbital d de menor energia a um orbital d de maior energia. Essa mudança, quando um elétron move-se entre dois orbitais com diferentes energias em um complexo, é chamada **transição d-d**. Qualitativamente, tal transição para $[Co(NH_3)_6]^{3+}$ pode ser representada usando um diagrama de nível de energia, tal como o mostrado aqui.

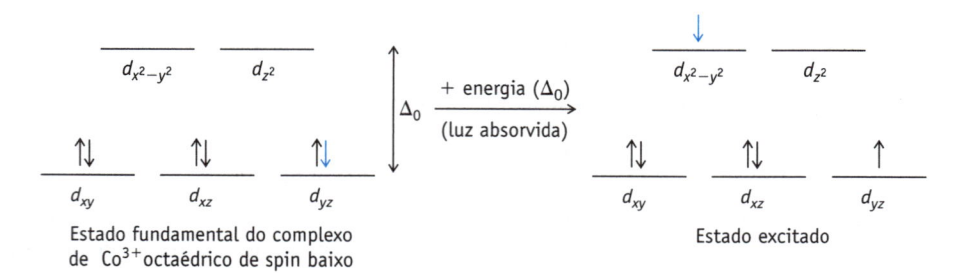

Estado fundamental do complexo de Co^{3+} octaédrico de spin baixo

Estado excitado

Experimentos com complexos de coordenação revelam que, para um determinado íon metálico, alguns ligantes causam uma separação de energia pequena dos orbitais d, enquanto os outros causam uma separação grande. Em outras palavras, alguns ligantes criam um campo de ligante pequeno, e outros, um grande. Um exemplo é visto nos dados espectroscópicos de vários complexos de cobalto(III) apresentados na Tabela 22.3.

- Tanto $[Co(NH_3)_6]^{3+}$ como $[Co(en)_3]^{3+}$ são de cor amarelo-alaranjada, porque absorvem a luz na parte azul do espectro visível. Espera-se que esses compostos tenham espectros muito semelhantes, pois em ambos o metal está coordenado a seis átomos doadores de N.

- Embora $[Co(CN)_6]^{3-}$ não tenha uma banda de absorção cujo máximo resida na região visível, ele é amarelo-pálido. O pico da banda de absorção ocorre na região ultravioleta, mas a banda de absorção é ampla e se estende para a região minimamente visível (azul).

- $[Co(C_2O_4)_3]^{3-}$ e $[Co(H_2O)_6]^{3+}$ têm absorções semelhantes nas regiões amarela e violeta. Suas cores são tons de verde com uma pequena diferença, devido à quantidade relativa de luz de cada cor que está sendo absorvida.

- Dos íons complexos na Tabela 22.3, o $[CoF_6]^{3-}$ absorve a energia luminosa mais baixa (vermelho) e assim transmite a luz de energia mais elevada (azul).

O comprimento de onda de absorção máxima entre os referidos complexos varia de 700 nm para o $[CoF_6]^{3-}$ a 310 nm para o $[Co(CN)_6]^{3-}$. Os ligantes mudam de membro para membro dessa série, e podemos concluir que a energia da luz absorvida pelo complexo está relacionada aos diferentes desdobramentos do campo

Jade verde Esta foto mostra a peça de jade, que aparece na capa do livro. A cor verde bastante intensa vem do ferro(II) e dos íons ferro(III) no mineral. É provável que os íons ferro no interior do mineral estejam rodeados por íons óxido nos cantos de um octaedro.

Tabela 22.3 As Cores de Alguns Complexos de Co³⁺*

ÍON COMPLEXO	COMPRIMENTO DE ONDA DA LUZ ABSORVIDA (nm)	COR DA LUZ ABSORVIDA	COR DO COMPLEXO
$[CoF_6]^{3-}$	700	Vermelho	Azul
$[Co(C_2O_4)_3]^{3-}$	600, 420	Amarelo, violeta	Verde-escuro
$[Co(H_2O)_6]^{3+}$	600, 400	Amarelo, violeta	Azul-esverdeado
$[Co(NH_3)_6]^{3+}$	475, 340	Azul, ultravioleta	Amarelo-alaranjado
$[Co(en)_3]^{3+}$	470, 340	Azul, ultravioleta	Amarelo-alaranjado
$[Co(CN)_6]^{3-}$	310	Ultravioleta	Amarelo-pálido

*O complexo com íons fluoreto, $[CoF_6]^{3-}$, é de spin alto e tem uma banda de absorção. Os outros complexos são de spin baixo e têm duas bandas de absorção. Em todos, exceto em um caso, uma dessas absorções ocorre na região visível do espectro. Os comprimentos de onda são medidos na parte superior daquela banda de absorção.

As Terras Raras

ESTUDO DE CASO

Muitas vezes nos referimos aos lantanídeos como "elementos de terras raras". Mas quais elementos estão realmente incluídos na lista e por que eles são chamados de "raros"? E para que são usados?

Neste livro, incluímos os 14 elementos do cério (Ce) ao lutécio (Lu) na lista das terras raras, mas é comum também incluir o lantânio, La. Além disso, se você ler sobre a química das terras raras, os elementos do Grupo 3B, o escândio (Sc) e o ítrio (Y), são muitas vezes adicionados à lista.

Por que eles são chamados de "elementos de terras raras" e são eles, de fato, "raros"? Em 1803, químicos alemães e suecos isolaram um novo óxido (uma "terra") a partir de um mineral encontrado na Suécia. No início,

Lâmpadas fluorescentes compactas. Elas têm um revestimento interior de um composto fosforescente de európio.

pensava-se que era um óxido de um novo elemento, mas várias décadas mais tarde, descobriu-se que a "terra" era uma mistura de óxido de cério e óxidos de outros lantanídeos. O termo "raro" foi anexado aos elementos, porque é difícil encontrá-los em concentrações suficientemente grandes para fins comerciais e porque não é nada fácil separá-los um do outro. Mas eles são de fato bastante abundantes. O cério, por exemplo, é o 26º mais abundante na crosta da Terra, cerca de metade da abundância do cloro e cinco vezes mais abundante que o chumbo.

Demorou algum tempo até que fosse encontrada utilidade comercial para esses elementos, mas alguns são, agora, crucialmente importantes para nossa economia moderna. O óxido de cério(IV) é utilizado em catalisadores e nos revestimentos dos fornos com autolimpeza. O neodímio (Nd) e o samário (Sm) são ambos usados para produzir ímãs poderosos. O európio (Eu) é utilizado nos fósforos dentro de lâmpadas fluorescentes compactas. (Esse revestimento é o que permite que o bulbo emita uma luz muito brilhante.) Outros usos são em baterias e turbinas eólicas.

Uma consequência da crescente importância dos elementos de terras raras é que eles vêm se tornando escassos. A China produz atualmente cerca de 97% dos metais e óxidos, e empresas nos Estados Unidos e em outros lugares estão abrindo antigas minas ou buscando novas fontes.

Questões:

1. Quais são as configurações eletrônicas do Nd e do Eu?

Catalisador à base de cério. Um químico do Argonne National Laboratory segura um béquer do catalisador Cu-ZSM-5, usado para remover os óxidos de nitrogênio prejudiciais do escapamento dos motores à diesel. O catalisador é uma zeólita que contém íons cobre na estrutura e é revestido com óxido de cério(IV).

2. Os elementos lantanídeos formam compostos iônicos, com o estado de oxidação dominante 3+. Quais são as configurações eletrônicas do Ce^{3+} e do Nd^{3+}?

3. O composto $(NH_4)_2Ce(NO_3)_6$ é um agente oxidante muito utilizado na titulação redox. Uma amostra de 0,181 g de ferro puro é dissolvida em ácido, reduzida a Fe^{2+}, e depois titulada com 31,33 mL de $(NH_4)_2Ce(NO_3)_6$ (para gerar Ce^{3+} e Fe^{3+}). Calcule a concentração do sal de cério.

4. O óxido de cério(IV) é utilizado em conversores catalíticos para a oxidação de CO (para gerar óxido de cério(III) e CO_2). O óxido de cério(III) é convertido de volta em óxido de cério(IV) pelo oxigênio atmosférico. Balanceie as equações dessas reações.

As respostas a essas questões estão no Apêndice N.

ligante, Δ_0, causados por ligantes diferentes. O íon fluoreto causa o menor desdobramento dos orbitais d entre os complexos listados na Tabela 22.3, enquanto o cianeto produz o maior desdobramento.

Os espectros dos complexos de outros metais fornecem resultados semelhantes. Com base nessas informações, os ligantes podem ser listados quanto à ordem de sua capacidade de desdobrar os orbitais d. Essa lista é chamada de **série espectroquímica** porque foi determinada por espectroscopia. A seguir, uma pequena lista com alguns dos ligantes mais comuns:

$$F^-, Cl^-, Br^-, I^- < C_2O_4^{2-} < H_2O < NH_3 = en < fen < CN^-$$

Pequeno desdobramento de orbitais d Grande desdobramento de orbitais d
pequeno Δ_0 grande Δ_0

A série espectroquímica é aplicável a uma ampla gama de complexos metálicos. Na verdade, a capacidade da teoria do campo ligante para explicar as diferenças nas cores dos complexos de metais de transição é um dos pontos fortes dessa teoria.

Com base na posição relativa de um ligante na série, é possível fazer previsões sobre o comportamento magnético de um composto. Lembre-se de que os complexos d^4, d^5, d^6 e d^7 podem ter spin alto ou baixo, dependendo da divisão do campo ligante, Δ_0. Complexos formados com ligantes perto da extremidade esquerda da série espectroquímica devem ter valores pequenos de Δ_0 e, portanto, são suscetíveis a spin alto. Em contraste, os complexos com ligantes perto da extremidade direita devem ter grandes valores de Δ_0 e configurações de spin baixo. O complexo $[CoF_6]^{3-}$ é de spin alto, enquanto o $[Co(NH_3)_6]^{3+}$ e os outros complexos da Tabela 22.3 são de spin baixo.

EXEMPLO 22.6

Série Espectroquímica

Problema Uma solução aquosa de $[Fe(H_2O)_6]^{2+}$ é azul-claro-esverdeado. Você espera que o íon d^6 Fe^{2+} neste complexo tenha uma configuração de spin alto ou baixo? Como você pode testar experimentalmente sua previsão?

O que você sabe? Este é um complexo octaédrico de Fe^{2+}, um íon com uma configuração d^6. A cor azul-esverdeada é o resultado da absorção da luz visível, devido a uma transição d-d. O complexo poderia ser de spin baixo (não há elétrons desemparelhados) ou alto (quatro elétrons desemparelhados).

Estratégia Use a roda de cores na Figura 22.26 para determinar qual luz de cor é transmitida e, portanto, qual cor de luz foi absorvida. Com base na energia da luz absorvida, determine se Δ_0 é alto ou baixo. Se for baixo, então o complexo é de spin alto. Se for alto, então o complexo é de spin baixo.

Solução Neste caso, a cor azul-esverdeada da solução indica que as luzes azul e verde são transmitidas. Isto implica que a luz vermelha foi absorvida. A baixa energia da luz absorvida sugere que Δ_0 é pequeno e assim é provável que $[Fe(H_2O)_6]^{2+}$ seja um complexo de spin alto. Se o complexo for de spin alto, ele terá quatro elétrons desemparelhados e será paramagnético; se, ao contrário da nossa previsão, for de spin baixo, ele não terá elétrons desemparelhados e será diamagnético. Assim, a identificação da presença de quatro elétrons desemparelhados por medição do magnetismo do composto pode ser usada para verificar experimentalmente a configuração de spin alto.

Pense bem antes de responder A série espectroquímica foi gerada através da medida das absorções de uma série de complexos de um determinado metal, variando os ligantes. Como no exemplo aqui, a série espectroquímica é útil porque permite prever se um complexo tende a ser de spin alto ou baixo. A evidência mais definitiva sobre o spin alto ou baixo resulta de uma informação sobre o magnetismo do complexo.

Verifique seu entendimento

1. O complexo [Co(NH₃)₅OH]²⁺ tem um máximo de absorção a 500 nm. Qual é a cor da luz absorvida e qual é a cor do complexo?

2. A Figura 22.15 mostra uma amostra de [Co(NH₃)₅NO₂]²⁺ amarela. Qual é a cor da luz absorvida por esse complexo? Faça uma previsão se este é um complexo de spin alto ou baixo.

EXERCÍCIO PARA A SEÇÃO 22.6

1. As soluções de cada um dos seguintes complexos absorvem a luz na região visível do espectro. Preveja quais complexos absorverão a luz com comprimento de onda mais longo.

  (a) [Cr(H₂O)₆]³⁺   (b) [Cr(NH₃)₆]³⁺   (c) [CrF₆]³⁻   (d) [Cr(CN)₆]³⁻

APLICANDO PRINCÍPIOS QUÍMICOS
Catalisadores Verdes

Você foi apresentado à "química verde", no Capítulo 1 e tem visto vários casos ao longo do livro. O objetivo importante neste campo é que um processo que cria um produto útil deve ter um impacto insignificante sobre o meio ambiente. Assim, objetivos importantes da química verde incluem a eliminação da utilização de substâncias tóxicas como reagentes e a redução da quantidade de subprodutos indesejáveis de reações.

Os catalisadores podem desempenhar um papel importante nos processos da química verde. Os catalisadores aumentam suficientemente as velocidades de reação de modo que, muitas vezes, as reações podem ser realizadas a temperaturas mais baixas, reduzindo assim o consumo de energia. Os catalisadores também podem melhorar a especificidade da reação, produzindo maiores porcentagens de produtos, muitas vezes em menos etapas sintéticas. Uma área específica em que são necessárias alternativas de catalisadores verdes está nas reações de oxidação. Atualmente, estas são muitas vezes realizadas por compostos prejudiciais ao meio ambiente, como cloro ou dióxido de cloro.

Terry Collins, professor de Química do Instituto Carnegie Mellon de Química Verde, projetou uma família de complexos de coordenação baseada no ferro que são promissores catalisadores de oxidação. Chamados de Fe-TAML® (em que TAML representa o ligante tetra-amidomacrocíclico), esses complexos catalisam reações usando peróxido de hidrogênio como agente oxidante. O peróxido de hidrogênio é um agente oxidante ambientalmente amigável. No entanto, quando usados sem um catalisador adequado, o H₂O₂ decompõe-se e tende a produzir radicais hidroxilo, que atacam indiscriminadamente moléculas orgânicas.

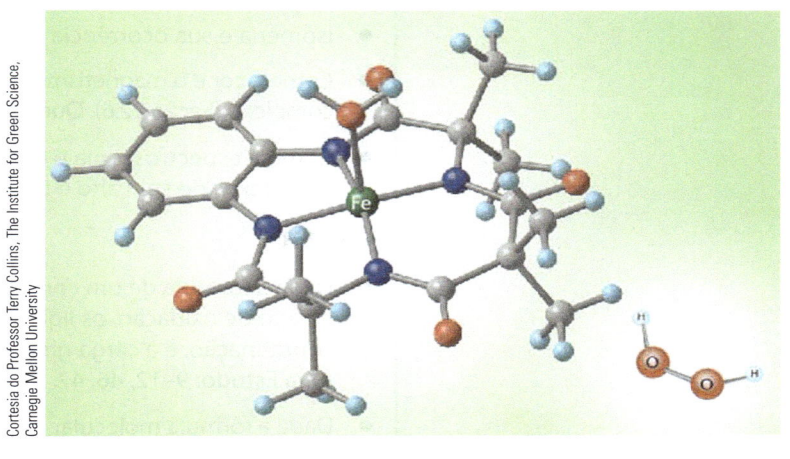

Cortesia do Professor Terry Collins, The Institute for Green Science, Carnegie Mellon University

O protótipo ativador de TAML. Um modelo de peróxido de hidrogênio também é mostrado. O cátion de ferro central está coordenado a quatro átomos de nitrogênio e uma molécula de água. A geometria em torno do átomo de ferro central é piramidal quadrada. (Modelo do Institute for Green Science: www.chem.cmu.edu/groups/collins.)

Recentemente, este catalisador tem mostrado resultados positivos no tratamento de águas residuais provenientes de estações de tratamento da polpa da madeira. A polpa da madeira consiste em dois polímeros de ocorrência natural, a celulose e a lignina. A celulose é utilizada para a fabricação de papel branco, ao passo que a lignina é um polímero de cor escura, que deve ser removido. A prática corrente é oxidar a lignina com dióxido de cloro antes de liberá-la para águas residuais. No entanto, nem toda a lignina é destruída nesse processo, e a lignina remanescente escurece a água e afeta a quantidade de luz absorvida pela vida aquática. Tem-se demonstrado que baixas concentrações de Fe-TAML (500 nanomolar) combinadas com pequenas quantidades de peróxido de hidrogênio destroem a maioria da lignina rapidamente sob temperatura ambiente.

QUESTÕES

Responda às seguintes questões sobre o catalisador Fe-TAML na Figura.

1. Qual é o número de coordenação do metal no catalisador Fe-TAML?

2. O Fe-TAML, como mostrado aqui, é um íon complexo de um ligante macrocíclico (com uma carga de 4–), uma molécula de água e um íon ferro(III). Qual é a carga total no íon complexo Fe-TAML?

3. O TAML é um ligante tetra _____ macrocíclico, o que significa que tem quatro "dentes" que podem ligar-se ao metal.

4. Pode esse complexo metal-ligante não ter nenhum isômero?

5. Qual é a geometria dos átomos de coordenação ao redor do íon Fe^{3+} no íon complexo de Fe-TAML se a água for removida: tetraédrica, quadrada-planar, piramidal quadradra ou octaédrica?

REFERÊNCIAS E NOTAS:

1. O professor Terry Collins, cujo grupo de pesquisa desenvolveu o catalisador Fe-TAML, recebeu o Prêmio Presidential Green Chemistry Challenge em 1999.

2. Veja um resumo dos doze princípios da química verde na Seção 20.7. Veja também o site da Agência de Proteção Ambiental dos Estados Unidos: www.epa.gov/greenchemistry/pubs/principles.html.

REVISÃO DOS OBJETIVOS DO CAPÍTULO

Agora que você já estudou este capítulo, deve perguntar a si mesmo se atingiu os objetivos propostos. Especificamente, você deverá ser capaz de:

ENTENDER

- A descrição da teoria do campo ligante da ligação do metal em compostos de coordenação (Seção 22.5).

- Isomeria e sua ocorrência em química de coordenação (Seções 22.3 e 22.4).

- Como a cor e o magnetismo estão relacionados com a estrutura eletrônica de um complexo (Seção 22.6). Questões para Estudo: 23–30, 34, 35, 42, 43, 50, 53, 54, 58, 61.

- Como a espectroscopia e o magnetismo podem ser utilizados para identificar complexos de spin alto e baixo (Seção 22.5). Questões para Estudo: 29, 30, 54.

FAZER

- Dada a fórmula de um complexo de coordenação, identificar o metal e seu estado de oxidação, os ligantes, o número de coordenação e a geometria da coordenação, e a carga global sobre o complexo (Seção 22.3 e 22.4). Questões para Estudo: 9–12, 46, 47.

- Dada a fórmula molecular de um complexo, determinar se isômeros são possíveis, e desenhar suas estruturas (Seção 22.4). Questões para Estudo: 39, 42, 43, 45, 46.

- Dada uma fórmula, nomear um complexo; dado um nome de um complexo, escrever sua fórmula (Seção 22.4). Questões para Estudo: 13–18.

- Desenhar um diagrama de níveis de energia que representa o desdobramento dos orbitais *d* dos metais pelo campo ligante (Seção 22.5). Questões para Estudo: 40.

- Aplicar os princípios da estequiometria, termodinâmica e equilíbrio compostos de metais de transição. Questões para Estudo: 62, 70.

LEMBRAR

- Propriedades químicas e físicas gerais dos elementos de metais de transição comuns.

    a. Identificar as classes gerais dos elementos de transição (Seção 22.1).

    b. Identificar os metais de transição a partir de seus símbolos e posições na Tabela Periódica, e recordar algumas de suas propriedades físicas e químicas (Seção 22.1).

    c. Compreender a natureza eletroquímica da corrosão (Seção 22.1).

    d. Descrever a metalurgia do ferro e do cobre (Seção 22.2).

- A terminologia da química de coordenação: número de coordenação e geometria de coordenação, ligante, quelato, bidentado (Seções 22.3 e 22.4).

- A terminologia da teoria do campo ligante: spin baixo e spin alto, o desdobramento do campo ligante (Seção 22.5).

- Os nomes e as fórmulas dos ligantes comuns (Seção 22.3 e Tabela 22-4).

Steven Hyatt

▲ denota questões desafiadoras.

Questões numeradas em verde têm respostas no Apêndice N.

Praticando Habilidades

Propriedades dos Elementos de Transição
(Veja a Seção 22.1 e os Exemplos 7.3 e 7.4.)

1. Dê a configuração eletrônica de cada um dos seguintes íons, e diga se cada um é paramagnético ou diamagnético.
(a) Cr^{3+}
(c) Ni^{2+}
(b) V^{2+}
(d) Cu^+

2. Identifique dois cátions de metais de transição com cada uma das seguintes configurações eletrônicas.
(a) $[Ar]3d^6$
(c) $[Ar]3d^5$
(b) $[Ar]3d^{10}$
(d) $[Ar]3d^8$

3. Identifique um cátion de uma primeira série de metais de transição que é isoeletrônico com cada um dos seguintes itens.
(a) Fe^{3+}
(c) Fe^{2+}
(b) Zn^{2+}
(d) Cr^{3+}

4. Agrupe os íons isoeletrônicos da lista a seguir.

$$Cu^+ \quad Mn^{2+} \quad Fe^{2+} \quad Co^{3+} \quad Fe^{3+} \quad Zn^{2+} \quad Ti^{2+} \quad V^{3+}$$

5. As seguintes equações representam várias formas de obtenção de metais de transição a partir de seus compostos. Balanceie cada equação.
(a) $Cr_2O_3(s) + Al(s) \longrightarrow Al_2O_3(s) + Cr(s)$
(b) $TiCl_4(\ell) + Mg(s) \longrightarrow Ti(s) + MgCl_2(s)$
(c) $[Ag(CN)_2]^-(aq) + Zn(s) \longrightarrow$
$$Ag(s) + [Zn(CN)_4]^{2-}(aq)$$
(d) $Mn_3O_4(s) + Al(s) \longrightarrow Mn(s) + Al_2O_3(s)$

6. Identifique os produtos de cada reação e balanceie a equação.
(a) $CuSO_4(aq) + Zn(s) \longrightarrow$
(b) $Zn(s) + HCl(aq) \longrightarrow$
(c) $Fe(s) + Cl_2(g) \longrightarrow$
(d) $V(s) + O_2(g) \longrightarrow$

Fórmulas dos Compostos de Coordenação
(Veja os Exemplos 22.1 e 22.2.)

7. Qual dos seguintes ligantes deve ser monodentado, e qual pode ser polidentado?
(a) CH_3NH_2
(d) en
(b) CH_3CN
(e) Br^-
(c) N_3^-
(f) fen

8. Um dos seguintes compostos de nitrogênio ou íons não é capaz de servir como um ligante: NH_4^+, NH_3, NH_2^-. Identifique essa espécie e explique sua resposta.

9. Dê o número de oxidação do íon metálico em cada um dos seguintes compostos.
(a) $[Mn(NH_3)_6]SO_4$
(c) $[Co(NH_3)_4Cl_2]Cl$
(b) $K_3[Co(CN)_6]$
(d) $Cr(en)_2Cl_2$

10. Dê o número de oxidação do íon metálico em cada um dos seguintes complexos.
(a) $[Fe(NH_3)_6]^{2+}$
(c) $[Co(NH_3)_5(NO_2)]^+$
(b) $[Zn(CN)_4]^{2-}$
(d) $[Cu(en)_2]^{2+}$

11. Dê a fórmula de um complexo construído a partir de um íon Ni^{2+}, um ligante etilenodiamina, três moléculas de amônia e uma molécula de água. O complexo é neutro ou carregado? Se carregado, dê a carga.

12. Dê a fórmula de um complexo construído a partir de um íon Cr^{3+}, dois ligantes de etilenodiamina e duas moléculas de amônia. O complexo é neutro ou carregado? Se carregado, dê a carga.

Nomeando Compostos de Coordenação
(Veja o Exemplo 22.3.)

13. Escreva as fórmulas dos seguintes íons ou compostos.
(a) diclorobis(etilenodiamino)níquel(II)
(b) tetracloroplatinato(II) de potássio
(c) dicianocuprato(I) de potássio
(d) tetra-aminodiaquaferro(II)

14. Escreva as fórmulas dos seguintes íons ou compostos.
(a) diaminotriaqua-hidroxocromo(II) nitrato
(b) nitrato de hexaminoferro(III)
(c) pentacarbonilferro(0) (em que o ligante é o CO)
(d) tetraclorocuprato(II) de amônia

15. Nomeie os íons ou compostos a seguir.
(a) $[Ni(C_2O_4)_2(H_2O)_2]^{2-}$
(c) $[Co(en)_2(NH_3)Cl]^{2+}$
(b) $[Co(en)_2Br_2]^+$
(d) $Pt(NH_3)_2(C_2O_4)$

16. Nomeie os íons ou compostos a seguir.
(a) $[Co(H_2O)_4Cl_2]^+$
(c) $[Pt(NH_3)Br_3]^-$
(b) $Co(H_2O)_3F_3$
(d) $[Co(en)(NH_3)_3Cl]^{2+}$

17. Dê o nome ou fórmula para cada íon ou composto, conforme apropriado.
(a) íon penta-aqua-hidroxoferro (III)
(b) $K_2[Ni(CN)_4]$
(c) $K[Cr(C_2O_4)_2(H_2O)_2]$
(d) tetracloroplatinato(II) de amônia

18. Dê o nome ou fórmula para cada íon ou composto, conforme apropriado.

(a) cloreto de tetra-aquadiclorocromo(III)
(b) $[Cr(NH_3)_5SO_4]Cl$
(c) tetraclorocobaltato(II) de sódio
(d) $[Fe(C_2O_4)_3]^{3-}$

Isomeria

(Veja o Exemplo 22.4.)

19. Desenhe todas as estruturas de isômeros geométricos possíveis para cada uma das moléculas ou íons a seguir:

(a) $Fe(NH_3)_4Cl_2$
(b) $Pt(NH_3)_2(SCN)(Br)$ (SCN^- está ligado a Pt^{2+} através de S)
(c) $Co(NH_3)_3(NO_2)_3$ (NO_2^- está ligado a Co^{3+} através de N)
(d) $[Co(en)Cl_4]^-$

20. Em quais dos seguintes complexos os isômeros geométricos são possíveis? Se os isômeros forem possíveis, desenhe suas estruturas e classifique-as como *cis* ou *trans,* ou como *fac* ou *mer*.

(a) $[Co(H_2O)_4Cl_2]^+$
(b) $Co(NH_3)_3F_3$
(c) $[Pt(NH_3)Br_3]^-$
(d) $[Co(en)_2(NH_3)Cl]^{2+}$

21. Determine se os seguintes complexos têm um centro quiral metálico.

(a) $[Fe(en)_3]^{2+}$
(b) *trans*-$[Co(en)_2Br_2]^+$
(c) *fac*-$[Co(en)(H_2O)Cl_3]$
(d) $Pt(NH_3)(H_2O)(Cl)(NO_2)$ quadrado-planar

22. Quatro isômeros geométricos são possíveis para $[Co(en)(NH_3)_2(H_2O)Cl]^+$. Desenhe as estruturas de todos os quatro. (Dois dos isômeros são quirais, o que significa que cada um tem uma imagem de espelho que não pode ser sobreposta.)

Propriedades Magnéticas dos Complexos

(Veja o Exemplo 22.5.)

23. Os seguintes itens são complexos de spin baixo. Use o modelo do campo ligante para encontrar a configuração eletrônica do íon metálico central em cada íon. Determine quais são diamagnéticos. Dê o número de elétrons desemparelhados para os complexos paramagnéticos.

(a) $[Mn(CN)_6]^{4-}$
(b) $[Co(NH_3)_6]Cl_3$
(c) $[Fe(H_2O)_6]^{3+}$
(d) $[Cr(en)_3]SO_4$

24. Os seguintes itens são complexos de spin alto. Use o modelo do campo ligante para encontrar a configuração eletrônica do íon metálico central em cada um. Determine o número de elétrons desemparelhados, se for o caso, em cada um.

(a) $K_4[FeF_6]$
(b) $[MnF_6]^{4-}$
(c) $[Cr(H_2O)_6]^{2+}$
(d) $(NH_4)_3[FeF_6]$

25. Determine o número de elétrons não emparelhados nos seguintes complexos tetraédricos. Todos os complexos tetraédricos são de spin alto.

(a) $[FeCl_4]^{2-}$
(b) $Na_2[CoCl_4]$
(c) $[MnCl_4]^{2-}$
(d) $(NH_4)_2[ZnCl_4]$

26. Determine o número de elétrons não emparelhados nos seguintes complexos tetraédricos. Todos os complexos tetraédricos são de spin alto.

(a) $[Zn(H_2O)_4]^{2+}$
(b) $VOCl_3$
(c) $Mn(NH_3)_2Cl_2$
(d) $[Cu(en)_2]^{2+}$

27. Para o complexo de spin alto $[Fe(H_2O)_6]SO_4$, identifique o seguinte:

(a) o número de coordenação do ferro
(b) a geometria de coordenação para o ferro
(c) o número de oxidação do ferro
(d) o número de elétrons desemparelhados
(e) se o complexo é diamagnético ou paramagnético

28. Para o complexo de spin baixo $[Co(en)(NH_3)_2Cl_2]ClO_4$, identifique o seguinte:

(a) o número de coordenação do cobalto
(b) a geometria de coordenação do cobalto
(c) o número de oxidação do cobalto
(d) o número de elétrons desemparelhados
(e) se o complexo é diamagnético ou paramagnético
(f) desenhe qualquer isômero geométrico.

29. O ânion $[NiCl_4]^{2-}$ é paramagnético, mas quando íons CN^- são adicionados, o produto, $[Ni(CN)_4]^{2-}$, é diamagnético. Explique essa observação.

$$[NiCl_4]^{2-}(aq) + 4\ CN^-(aq) \longrightarrow [Ni(CN)_4]^{2-}(aq) + 4\ Cl^-(aq)$$
paramagnético   diamagnético

30. Uma solução aquosa de sulfato de ferro(II) é paramagnética. Se NH_3 for adicionado, a solução torna-se diamagnética. Por que o magnetismo se altera?

Espectroscopia de Complexos

(Veja o Exemplo 22.6.)

31. Na água, o íon titânio(III), $[Ti(H_2O)_6]^{3+}$, tem uma ampla banda de absorção centrada a cerca de 500 nm. Qual cor de luz é absorvida pelo íon?

32. Em água, o íon cromo(II), $[Cr(H_2O)_6]^{2+}$, absorve luz com um comprimento de onda de cerca de 700 nm. De que cor é a solução?

Questões Gerais

Estas questões não estão definidas quanto ao tipo ou à posição no capítulo. Elas podem conter vários conceitos.

33. Descreva uma experiência que determinaria se o níquel em $K_2[NiCl_4]$ é quadrado-planar ou tetraédrico.

34. Qual dos seguintes complexos de spin alto tem o maior número de elétrons desemparelhados?

(a) $[Cr(H_2O)_6]^{3+}$
(b) $[Mn(H_2O)_6]^{2+}$
(c) $[Fe(H_2O)_6]^{2+}$
(d) $[Ni(H_2O)_6]^{2+}$

35. Quantos elétrons desemparelhados são esperados para os complexos de spin alto e baixo do Fe^{2+}?

36. O excesso de nitrato de prata é adicionado a uma solução contendo 1,0 mol de $[Co(NH_3)_4Cl_2]Cl$. Qual quantidade de AgCl (em mols) irá precipitar?

37. Qual dos seguintes íons complexos é quadrado-planar?

(a) $[Ti(CN)_4]^{2-}$ (c) $[Zn(CN)_4]^{2-}$

(b) $[Ni(CN)_4]^{2-}$ (d) $[Pt(CN)_4]^{2-}$

38. Quais dos seguintes íons complexos contendo o íon oxalato é(são) quiral(is)?

(a) $[Fe(C_2O_4)Cl_4]^{2-}$

(b) *cis*-$[Fe(C_2O_4)_2Cl_2]^{2-}$

(c) *trans*-$[Fe(C_2O_4)_2Cl_2]^{2-}$

39. Quantos isômeros geométricos são possíveis para o íon complexo quadrado-planar $[Pt(NH_3)(CN)Cl_2]^-$?

40. Para um complexo tetraédrico de um metal na primeira série de transição, qual das seguintes afirmações sobre energias dos orbitais $3d$ está correta?

(a) Os cinco orbitais d têm a mesma energia.

(b) Os orbitais $d_{x^2-y^2}$ e d_{z^2} são mais elevados em energia do que os orbitais d_{xz}, d_{yz} e d_{xy}.

(c) Os orbitais d_{xz}, d_{yz} e d_{xy} são mais elevados em energia do que os orbitais $d_{x^2-y^2}$ e d_{z^2}.

41. Um composto de coordenação de metal de transição absorve 425 nm de luz. Qual é a sua cor?

(a) vermelho   (c) amarelo

(b) verde   (d) azul

42. Para o composto de coordenação de spin baixo $[Fe(en)_2Cl_2]Cl$, identifique o seguinte.

(a) o número de oxidação do ferro

(b) o número de coordenação para o ferro

(c) a geometria de coordenação do ferro

(d) o número de elétrons desemparelhados por átomo de metal

(e) se o complexo é diamagnético ou paramagnético

(f) o número de isômeros geométricos

43. Para o composto de coordenação de spin alto $Mn(NH_3)_4Cl_2$, identifique o seguinte.

(a) o número de oxidação do manganês

(b) o número de coordenação do manganês

(c) a geometria de coordenação do manganês

(d) o número de elétrons desemparelhados por átomo de metal

(e) se o complexo é diamagnético ou paramagnético

(f) o número de isômeros geométricos

44. Um composto contendo platina, conhecido como sal verde de Magnus, tem a fórmula $[Pt(NH_3)_4][PtCl_4]$ (em que ambos os íons platina são Pt^{2+}). Nomeie o cátion e o ânion.

45. Logo no início do século XX, os compostos de coordenação, por vezes, foram nomeados com base em suas cores. Dois compostos com a fórmula $CoCl_3 \cdot 4 NH_3$ foram chamados cloreto de praseo-cobalto (*praseo* = verde) e cloreto de violio-cobalto (cor violeta). Sabemos agora que esses compostos são complexos de cobalto octaédricos e que eles são isômeros *cis* e *trans*. Desenhe as estruturas desses dois compostos e forneça seus nomes usando nomenclatura sistemática.

46. Dê a fórmula e o nome de um complexo quadrado-planar de Pt^{2+} com um íon nitrito (NO_2^-, que se liga a Pt^{2+} através de N), um íon cloreto e duas moléculas de amônia como ligantes. Os isômeros são possíveis? Em caso positivo, desenhe a estrutura de cada isômero e diga que tipo de isomeria é observada.

47. Dê a fórmula do complexo de coordenação formado a partir de um íon Co^{3+}, duas moléculas de etilenodiamina, uma molécula de água e um íon cloreto. O complexo é neutro ou carregado? Se carregado, dê a carga líquida no íon.

48. ▲ Quantos isômeros geométricos do íon complexo $[Cr(dmen)_3]^{3+}$ podem existir? (dmen é o ligante bidentado 1,1-dimetiletilenodiamina.)

$$(CH_3)_2\ddot{N}CH_2CH_2\dot{N}H_2$$

1,1-dimetiletilenodiamina, dmen

49. ▲ A dietilenotriamina (dien) é capaz de servir como um ligante tridentado.

$$H_2\ddot{N}CH_2CH_2-\underset{\underset{H}{|}}{\ddot{N}}-CH_2CH_2\dot{N}H_2$$

Dietilenotriamina, dien

(a) Desenhe as estruturas de *fac*-$Cr(dien)Cl_3$ e *mer*-$Cr(dien)Cl_3$.

(b) Dois isômeros geométricos diferentes de *mer*-$Cr(dien)$ Cl_2Br são possíveis. Desenhe a estrutura de cada um.

(c) Três isômeros geométricos diferentes são possíveis para $[Cr(dien)_2]^{3+}$. Dois têm o ligante dien em uma configuração *fac* e um tem um ligante em uma orientação *mer*. Desenhe a estrutura de cada um dos isômeros.

50. A partir de experiência, sabemos que $[CoF_6]^{3-}$ é paramagnético e $[Co(NH_3)_6]^{3+}$ é diamagnético. Usando o modelo do campo ligante, retrate a configuração eletrônica para cada íon, e use esse modelo para explicar a propriedade magnética. O que você pode concluir sobre o efeito desses ligantes na magnitude de Δ_0?

51. Três isômeros geométricos são possíveis para $[Co(en)(NH_3)_2(H_2O)_2]^{3+}$. Um dos três é quiral; isto é, tem uma imagem de espelho que não pode ser sobreposta. Desenhe as estruturas dos três isômeros. Qual é quiral?

52. O complexo quadrado-planar $Pt(en)Cl_2$ tem ligantes de cloreto em uma configuração *cis*. Nenhum isômero *trans* é conhecido. Baseado nos comprimentos de ligação e ângulos de ligação do carbono e do nitrogênio no ligante etilenodiamina, explique por que o composto *trans* não é possível.

53. O complexo $[Mn(H_2O)_6]^{2+}$ tem cinco elétrons desemparelhados, enquanto o $[Mn(CN)_6]^{4-}$ tem apenas um. Usando o modelo do campo ligante, desenhe a configuração eletrônica para cada íon. O que você pode concluir sobre os efeitos dos diferentes ligantes sobre a magnitude do Δ_0?

54. Experimentos mostram que $K_4[Cr(CN)_6]$ é paramagnético e tem dois elétrons desemparelhados. O complexo relacionado $K_4[Cr(SCN)_6]$ é paramagnético e tem quatro elétrons desemparelhados. Explique o magnetismo de cada composto utilizando o modelo de campo do ligante. Preveja onde o íon SCN^- ocorre na série espectroquímica relativa a CN^-.

55. Dê um nome sistemático ou a fórmula para o seguinte:

(a) $(NH_4)_2[CuCl_4]$
(b) cloreto de tetra-aquadiclorocromo(III)
(c) nitrato de aquabis(etilenodiamina)tiocianatocobalto(III)

56. Quando $CrCl_3$ se dissolve em água, três espécies diferentes podem ser obtidas.

(a) $[Cr(H_2O)_6]Cl_3$, violeta
(b) $[Cr(H_2O)_5Cl]Cl_2$, verde-pálido
(c) $[Cr(H_2O)_4Cl_2]Cl$, verde-escuro

Se for adicionado éter dietílico, um quarto complexo pode ser obtido: $Cr(H_2O)_3Cl_3$ (marrom). Descreva uma experiência que lhe permitirá diferenciar esses complexos.

57. ▲ O íon complexo $[Co(CO_3)_3]^{3-}$, um complexo octaédrico com íons carbonato bidentados como ligantes, tem uma absorção na região visível do espectro em 640 nm. A partir dessa informação,

(a) Preveja a cor desse complexo e explique o seu raciocínio.
(b) O íon carbonato é um ligante de campo forte ou fraco?
(c) Preveja se $[Co(CO_3)_3]^{3-}$ será paramagnético ou diamagnético.

58. O íon glicinato, $H_2NCH_2CO_2^-$, formado pela desprotonação do aminoácido glicina, pode funcionar como um ligante bidentado, coordenando a um metal através do nitrogênio do grupo amino e um dos átomos de oxigênio.

Íon glicinato, um ligante bidentado

Um complexo de cobre desse ligante tem a fórmula geral $Cu(H_2NCH_2CO_2)_2(H_2O)_2$. Para esse complexo, determine o seguinte:

(a) o estado de oxidação do cobre
(b) o número de coordenação do cobre
(c) o número de elétrons desemparelhados
(d) se o complexo é diamagnético ou paramagnético

59. ▲ Desenhe estruturas para os cinco possíveis isômeros geométricos de $Cu(H_2NCH_2CO_2)_2(H_2O)_2$. Alguma dessas espécies é quiral? (Veja a estrutura do ligante na Questão para Estudo 58.)

60. Um composto de manganês tem a fórmula $Mn(CO)_x(CH_3)_y$. Para encontrar a fórmula empírica do composto, você queima 0,225 g do sólido em oxigênio e isola 0,283 g de CO_2 e 0,0290 g de H_2O. Qual é a fórmula empírica do composto? Ou seja, quais são os valores de x e y?

61. Tanto o níquel como o paládio formam complexos com a fórmula geral $M(PR_3)_2Cl_2$. (O ligante PR_3 é uma fosfina como $P(C_6H_5)_3$, trifenilfosfina. É base de Lewis.) O composto de níquel(II) é paramagnético, enquanto o composto de paládio(II) é diamagnético.

(a) Explique as propriedades magnéticas desses compostos.
(b) Quantos isômeros de cada composto são esperados?

62. ▲ Os metais de transição formam uma classe de compostos chamados carbonilos metálicos, dos quais um exemplo é o complexo tetraédrico $Ni(CO)_4$. Tendo em conta os seguintes dados termodinâmicos (a 298 K):

	$\Delta_f H°$ (kJ/mol)	$°$ (J/K · mol)
Ni(s)	0	29,87
CO(g)	$-110,525$	$+197,674$
$Ni(CO)_4$(g)	$-602,9$	$+410,6$

(a) Calcule a constante de equilíbrio para a formação do $Ni(CO)_4$(g) a partir de níquel metálico e gás CO.
(b) A reação de Ni(s) e CO(g) é produto-favorecida ou reagente-favorecida no equilíbrio?
(c) A reação é mais ou menos produto-favorecida sob temperaturas mais altas? Como essa reação poderia ser utilizada na purificação de metal de níquel?

63. O cério, conforme percebido no "Estudo de Caso: As Terras Raras", é um elemento lantanídeo relativamente abundante que tem algumas utilizações importantes. O óxido de cério(IV), CeO_2, é amplamente usado como um agente de polimento de vidro. O sulfeto de cério(III), Ce_2S_3, está se tornando mais amplamente utilizado como um pigmento vermelho para substituir pigmentos de cádmio, que são ambientalmente menos desejáveis.

(a) Dê as configurações eletrônicas (usando a notação do gás nobre) para Ce, Ce^{3+} e Ce^{4+}.
(b) O Ce^{3+} ou o Ce^{4+} é paramagnético? Em caso afirmativo, quantos elétrons desemparelhados cada um possui?
(c) A estrutura do estado sólido do CeO_2 é mostrada abaixo. Descreva a célula unitária do composto. Como essa estrutura está relacionada à fórmula?

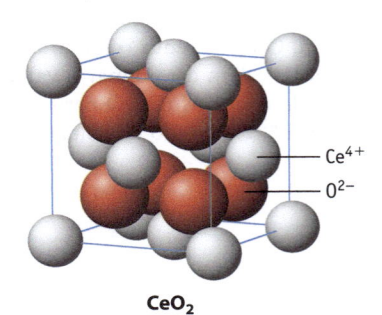

CeO_2

64. O neodímio é um componente de potentes ímãs.

  (a) O neodímio é diferente da maioria dos lantanídeos com três estados de oxidação comuns: +2, +3 e +4. Dê as configurações eletrônicas para Nd e seus três estados de oxidação positiva.

  (b) Qualquer um dos íons Nd comuns é paramagnético?

  (c) Ímãs de neodímio, que são compostos de Nd, Fe e B, foram desenvolvidos porque os ímãs feitos de samário (SmCo) eram muito caros. Qual é a fórmula empírica do material magnético à base de neodímio se ele é 26,68% de Nd, 72,32% de Fe e o restante B?

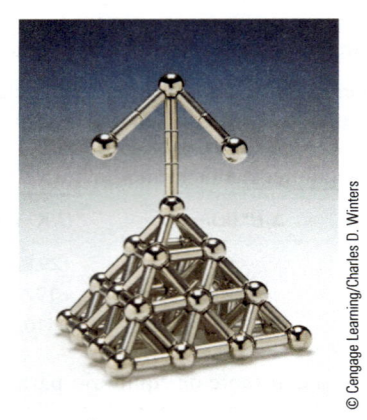

Ímãs de neodímio

© Cengage Learning/Charles D. Winters

No Laboratório

65. Dois compostos diferentes de coordenação contendo um íon cobalto(III), cinco moléculas de amônia, um íon brometo e um íon sulfato existem. A forma violeta-escura (A) dá um precipitado após a adição de $BaCl_2$ aquoso. Nenhuma reação é vista por adição de $BaCl_2$ aquoso a forma vermelho-violeta (B). Proponha estruturas para esses dois compostos e escreva uma equação química para a reação de (A) com $BaCl_2$ aquoso.

66. Três diferentes compostos de cromo(III) com água e íon cloreto têm a mesma composição: 19,51% de Cr, 39,92% de Cl e 40,57% de H_2O. Um dos compostos é violeta e dissolve-se em água para dar um íon complexo com uma carga 3+ e três íons cloreto. Todos os três íons cloreto precipitam-se imediatamente como AgCl adicionando-se $AgNO_3$. Desenhe a estrutura do íon complexo, e dê o nome do composto. Escreva uma equação iônica global para a reação desse composto com nitrato de prata.

67. ▲ Uma amostra de 0,213 g de nitrato de uranilo(VI), $UO_2(NO_3)_2$, é dissolvida em 20,0 mL de H_2SO_4 1,0 M e agitada com Zn. O zinco reduz o íon uranilo, UO_2^{2+}, a um íon urânio, U^{n+}. Para determinar o valor de n, essa solução é titulada com $KMnO_4$. O permanganato é reduzido a Mn^{2+} e o U^{n+} é oxidado de volta a UO_2^{2+}.

  (a) Na titulação, 12,47 mL de $KMnO_4$ 0,0173 M foram requeridos para alcançar o ponto de equivalência. Use essas informações para determinar a carga do íon U^{n+}.

  (b) Com a identidade de U^{n+} agora estabelecida, escreva uma equação iônica global balanceada para a redução de UO_2^{2+} por zinco (assuma condições ácidas).

  (c) Escreva uma equação iônica balanceada líquida para a oxidação de U^{n+} para UO_2^{2+} por MnO_4^- no ácido.

68. Fogos de artifício contêm $KClO_3$. Para analisar uma amostra para encontrar a quantidade de $KClO_3$, um químico reage primeiro a amostra com excesso de ferro(II),

$$ClO_3^-(aq) + 6\ Fe^{2+}(aq) + 6\ H_3O^+(aq) \longrightarrow$$
$$Cl^-(aq) + 9\ H_2O(\ell) + 6\ Fe^{3+}(aq)$$

e, em seguida, titula a solução resultante com Ce^{4+} [na forma de $(NH_4)_2Ce(NO_3)_6$]

$$Fe^{2+}(aq) + Ce^{4+}(aq) \longrightarrow Fe^{3+}(aq) + Ce^{3+}(aq)$$

para determinar a quantidade de ferro(II) que não reagiu com ClO_3^-. (Isso é denominado como uma "retrotitulação".) Suponhamos que uma amostra de 0,1342 g de fogo de artifício tenha sido tratada com 50,00 mL de Fe^{2+} 0,0960 M. Os íons Fe^{2+} que não reagiram necessitaram de 12,99 mL de Ce^{4+} 0,08362 M. Qual era a porcentagem em massa de $KClO_3$ na amostra original?

Resumo e Questões Conceituais

As seguintes questões podem usar conceitos deste capítulo e dos capítulos anteriores.

69. A estabilidade dos complexos análogos $[ML_6]^{n+}$ (em relação ao ligante de dissociação) está na ordem geral $Mn^{2+} < Fe^{2+} < Co^{2+} < Ni^{2+} < Cu^{2+} > Zn^{2+}$. Essa ordem de íons é chamada de série de Irving-Williams. Observe os valores das constantes de formação para os complexos de amônia de Co^{2+}, Ni^{2+}, Cu^{2+} e Zn^{2+} no Apêndice K, e verifique essa afirmação.

70. ▲ Nesta questão, vamos explorar as diferenças entre a coordenação do metal por ligantes monodentados e bidentados. Constantes de formação, K_f, para $[Ni(NH_3)_6]^{2+}(aq)$ e $[Ni(en)_3]^{2+}(aq)$ são como seguem:

$$Ni^{2+}(aq) + 6\ NH_3(aq) \longrightarrow [Ni(NH_3)_6]^{2+}(aq)$$
$$K_f = 10^8$$

$$Ni^{2+}(aq) + 3\ en(aq) \longrightarrow [Ni(en)_3]^{2+}(aq)$$
$$K_f = 10^{18}$$

A diferença em K_f entre esses complexos indica uma maior estabilidade termodinâmica para o complexo quelado, causada pelo *efeito quelante*. Lembre-se de que o K está relacionado à energia livre padrão por $\Delta_r G° = -RT \ln K$ e $\Delta_r G° = \Delta_r H° - T\Delta_r S°$. Sabemos por experimento que $\Delta_r H°$ para a reação NH_3 é –109 kJ/mol-rea, e $\Delta_r H°$ da reação de etilenodiamina é –117 kJ/mol-rea. A diferença no $\Delta_r H°$ é suficiente para explicar a diferença de 10^{10} no K_f? Comente sobre o papel da entropia na segunda reação.

71. O nitinol, uma liga de níquel-titânio, é usado em armações de óculos ou ortodontia. Se você dobrar uma armação de óculos, esta retorna para o ajuste adequado. É por esse motivo que o nitinol é frequentemente chamado de "metal com memória".

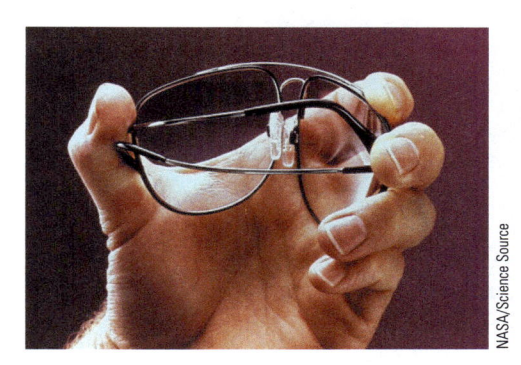

NASA/Science Source

O metal com memória é uma liga com aproximadamente o mesmo número de átomos de Ni e Ti. Quando os átomos estão dispostos na fase altamente simétrica da austenita, a liga é relativamente rígida. Nessa fase, é estabelecida uma forma específica que será "lembrada". Se a liga é resfriada abaixo de sua "temperatura de transição de fase", ela entra em uma fase menos simétrica, mas flexível (martensita). Abaixo de sua temperatura de transição, o metal torna-se suficientemente macio e pode ser dobrado ou torcido, tendo sua forma modificada.

Quando aquecido acima da temperatura de transição da fase, o nitinol retorna à sua forma original. A temperatura na qual ocorre a mudança de formato varia com pequenas diferenças na proporção no níquel e titânio.

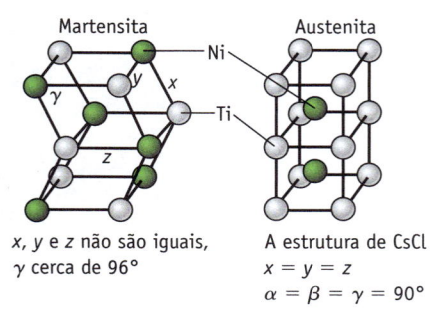

x, y e z não são iguais, γ cerca de 96°

A estrutura de CsCl
$x = y = z$
$\alpha = \beta = \gamma = 90°$

Duas fases do nitinol. A forma da austenita tem uma estrutura como o CsCl.

(a) Quais são as dimensões da célula unitária da austenita? Considere que os átomos de Ti e Ni estão apenas se tocando ao longo da célula unitária diagonal. (Raios atômicos: Ti = 145 pm; Ni = 125 pm.)

(b) Calcule a densidade do nitinol com base nos parâmetros da célula unitária da austenita. A densidade calculada da célula unitária da austenita está de acordo com a densidade relatada de 6,5 g/cm³?

(c) Os átomos de Ti e Ni são paramagnéticos ou diamagnéticos?

Frutos do cacau em uma árvore em uma ilha no Caribe e o produto final.

23 Carbono: mais que um elemento

O ALIMENTO DOS DEUSES Há uma árvore que cresce nos trópicos chamada *Theobroma cacao*, um nome que lhe foi dado em 1735 pelo biólogo sueco Linnæus. A raiz do nome vem do grego, que significa "alimento dos deuses".

O que seria o "alimento dos deuses"? O chocolate, é claro.

A história do chocolate pode ser traçada até a América Central. Quando os espanhóis chegaram ao Novo Mundo, descobriram que os grãos de cacau eram muito apreciados pelos nativos – 100 grãos comprariam um escravo em 1500 d.C. – e que uma bebida feita com seus grãos era deliciosa. Os exploradores espanhóis levaram o cacau para a Espanha no final dos anos 1500, e por volta do século XVII o chocolate já era popular na corte espanhola.

A atração pelo chocolate logo se espalhou pelo restante da Europa e, no final dos anos 1800, dois suíços, Henri Nestlé e Daniel Peter, adicionaram leite em pó para produzirem o primeiro chocolate ao leite.

Este capítulo é sobre Química Orgânica, o ramo da Química que estuda as moléculas à base de carbono. Os compostos de carbono são a base de todas as espécies vivas do

Objetivos do Capítulo

Consulte a Revisão dos Objetivos do Capítulo para ver as Questões para Estudo relacionadas a estes objetivos.

ENTENDER

- Os princípios gerais da estrutura e ligação aplicados a compostos orgânicos.
- Por que o carbono forma uma vasta gama de compostos químicos diversos.

FAZER

- Classificar os compostos orgânicos com base em sua fórmula e estrutura.
- Reconhecer e desenhar estruturas de isômeros estruturais e estereoisômeros de compostos do carbono.
- Desenhar as estruturas das moléculas, dado o nome e/ou a fórmula, e nomear os compostos orgânicos utilizando regras padrão de nomenclatura.
- Prever os produtos das reações orgânicas comuns.
- Identificar os polímeros comuns.
- Relacionar propriedades à estrutura molecular.

LEMBRAR

- As propriedades químicas e físicas comuns dos compostos orgânicos.
- Os nomes, as estruturas e as propriedades dos polímeros orgânicos comuns.

---

planeta. O chocolate certamente se encaixa em um capítulo sobre Química Orgânica, assim como os quase 400 compostos orgânicos existentes no chocolate.

Um principal composto no chocolate é o composto orgânico teobromina, um alcaloide amargo da planta do cacau. Apesar do nome, não há bromo na molécula; seu nome deriva da subdivisão biológica da planta do cacau, *Theobroma*. Na medicina, a teobromina pode ser utilizada como vasodilatador, diurético e estimulador cardíaco. Ela teve até a fama de ser um afrodisíaco! Mas também pode causar agitação, tremores, insônias e ansiedade.

Teobromina, $C_7H_8N_4O_2$, uma das muitas moléculas de chocolate e um estimulador do músculo liso.

Cafeína, $C_8H_{10}N_4O_2$, assim como a teobromina, é um membro da classe dos compostos chamados *xantinas*.

Os produtos do chocolate, geralmente, contêm apenas alguns miligramas de teobromina por grama e são completamente seguros para o consumo. No entanto, o chocolate pode ser tóxico para os cães, e eles não devem comê-lo, mesmo que adorem doces.

A teobromina é uma molécula da classe das *xantinas*, a qual inclui a cafeína. Na verdade, a cafeína é metabolizada no corpo para teobromina, entre outros derivados da xantina.

Questão para Estudo relacionada a esta história: 23.93.

A vasta maioria dos milhões de compostos químicos conhecidos atualmente é orgânica, isto é, são compostos baseados em uma estrutura de carbono. Os compostos orgânicos variam muito quanto ao tamanho e à complexidade, do hidrocarboneto mais simples, o metano (CH_4), às moléculas compostas de muitos milhares de átomos. À medida que estiver lendo este capítulo, você irá observar por que o leque de possíveis compostos é enorme e por que eles são tão interessantes e muitas vezes úteis.

23-1 Por Que o Carbono?

Começamos essa discussão sobre a Química Orgânica com uma pergunta: quais características do carbono levam tanto para a abundância quanto para a complexidade dos compostos orgânicos? As respostas a esta pergunta giram em torno de duas questões principais: a diversidade estrutural e a estabilidade.

Diversidade Estrutural

Com quatro elétrons em sua camada externa, o carbono formará quatro ligações para atingir uma configuração de um octeto. Em contraste, os elementos boro e nitrogênio geralmente formam três ligações em compostos moleculares; o oxigênio, duas ligações; e o hidrogênio e os halogênios, uma ligação. Com um maior número de ligações, surge a oportunidade de criar estruturas mais complexas. Isso se tornará cada vez mais evidente à medida que avançarmos neste breve passeio pela Química Orgânica.

Um átomo de carbono pode atingir um octeto de elétrons de várias maneiras (Figura 23.1):

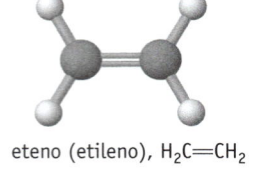

eteno (etileno), $H_2C{=}CH_2$

etino (acetileno), $HC{\equiv}CH$

Etileno e acetileno. Estes hidrocarbonetos de dois carbonos podem ser os blocos de construção de moléculas mais complexas. Estes são os seus nomes comuns; seus nomes oficiais são eteno e etino, respectivamente.

- *Formação de quatro ligações simples.* Um átomo de carbono pode ligar-se a quatro outros átomos, que podem ser átomos de outros elementos (frequentemente H, N, O) ou outro átomo de carbono.

- *Formação de uma ligação dupla e duas ligações simples.* Os átomos de carbono do etileno, $H_2C{=}CH_2$, estão ligados desta forma.

- *Formação de duas ligações duplas*, como no gás carbônico ($O{=}C{=}O$).

- *Formação de uma ligação tripla e uma ligação simples*, um arranjo observado no acetileno, $HC{\equiv}CH$.

Podemos reconhecer, em cada um desses arranjos, as várias geometrias possíveis em torno do carbono: tetraédrica, trigonal plana e linear. A geometria tetraédrica do carbono possui significado especial porque leva a cadeias tridimensionais e anéis de átomos de carbono, como no propano e no ciclopentano.

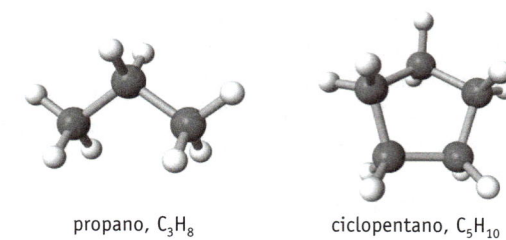

propano, C_3H_8 ciclopentano, C_5H_{10}

A capacidade de formar ligações múltiplas leva à formação famílias de compostos com ligações duplas e triplas.

Isômeros

Isômeros são moléculas que apresentam a mesma fórmula molecular, mas que têm diferentes conexões entre os átomos ou que preenchem o espaço de diferentes maneiras. Uma característica da química do carbono é que existe uma variedade notável de isômeros, sendo que dois grandes grupos consistem nos isômeros estruturais e nos estereoisômeros.

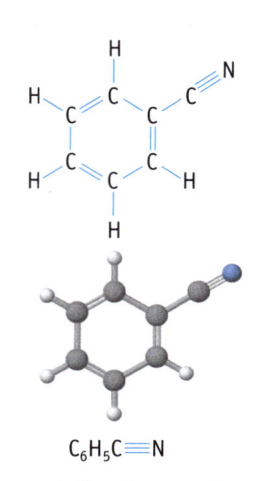

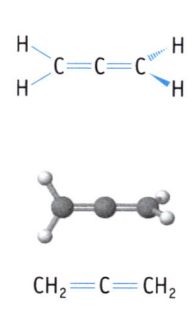

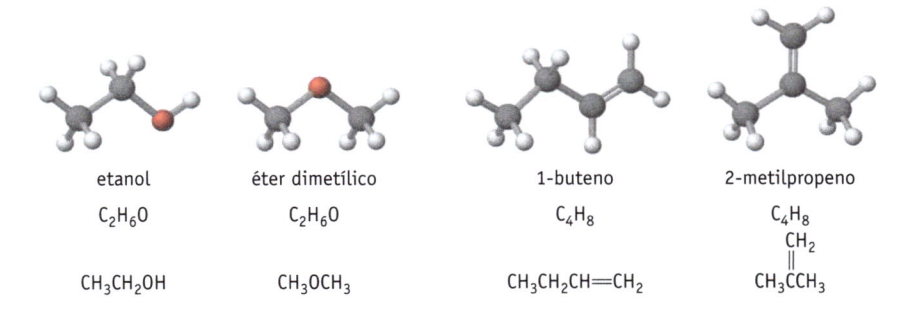

(a) Ácido acético. Um átomo de carbono neste composto está ligado a outros quatro átomos através de ligações simples e tem geometria tetraédrica. O segundo átomo de carbono, ligado por uma ligação dupla a um átomo de oxigênio e por ligações simples ao oxigênio e ao primeiro carbono, tem geometria trigonal plana.

(b) Benzonitrila. Seis átomos de carbono trigonais planares formam o anel de benzeno. O sétimo átomo de C, ligado por uma ligação simples ao carbono e por uma ligação tripla ao nitrogênio, tem uma geometria linear.

(c) O carbono está ligado por ligações duplas de dois outros átomos de carbono no C_3H_4, uma molécula linear comumente chamada de aleno.

FIGURA 23.1 Formas pelas quais o carbono pode se ligar.

Os **isômeros estruturais** são compostos que apresentam a mesma composição elementar, porém os átomos estão ligados de maneiras diferentes. Por exemplo, o etanol e o éter dimetílico são isômeros estruturais, assim como o 1-buteno e o 2-metilpropeno.

etanol	éter dimetílico	1-buteno	2-metilpropeno
C_2H_6O	C_2H_6O	C_4H_8	C_4H_8
CH_3CH_2OH	CH_3OCH_3	$CH_3CH_2CH{=}CH_2$	CH_3CCH_3 com CH_2 em ligação dupla

Estereoisômeros são compostos com as mesmas ligações entre os átomos, mas diferem no arranjo de seus átomos no espaço. Há dois tipos de estereoisômeros: isômeros geométricos e isômeros ópticos.

Cis- e *trans*-2-buteno são **isômeros geométricos**. A isomeria geométrica nesses compostos ocorre em consequência da ligação dupla C=C. Lembre-se de que o átomo de carbono e os grupos ligados a ele não são capazes de girar em torno de uma ligação dupla (página 426). Assim, a geometria em torno da ligação dupla C=C é fixa no espaço. A isomeria *cis-trans* ocorre se cada átomo de carbono envolvido na ligação dupla tiver dois grupos diferentes ligados. Se, nos átomos de carbono adjacentes, verifica-se que os grupos idênticos estão no mesmo lado da ligação dupla, então ele é um isômero *cis*. Se os grupos aparecem em lados opostos, um isômero *trans* é produzido.

cis-2-buteno, C_4H_8 *trans*-2-buteno, C_4H_8

Escrevendo Fórmulas e Desenhando Estruturas

UM OLHAR MAIS ATENTO

No Capítulo 2, você aprendeu que há várias formas de apresentar estruturas (página 75). É apropriado que você retorne a esse tópico enquanto vemos os compostos orgânicos. Considere o metano e o etano, por exemplo. Podemos representar essas moléculas de muitas maneiras:

(1) *Fórmula molecular*: CH_4 ou C_2H_6. Este tipo de fórmula dá informações somente sobre a composição.

(2) *Fórmula condensada*: No caso do etano, este seria comumente escrito como CH_3CH_3. Essa maneira de escrever a fórmula dá algumas informações sobre o modo como os átomos são conectados.

(3) *Fórmula estrutural*: Você reconhecerá esta fórmula como a estrutura de Lewis. Uma elaboração da fórmula condensada em (2), esta representação define mais claramente como cada átomo está

conectado, mas não descreve as formas das moléculas.

metano, CH_4 etano, C_2H_6

(4) *Desenhos em perspectiva*: Estes desenhos são usados para informar o caráter da natureza tridimensional das estruturas. Ligações estendendo-se para fora do plano do papel são desenhadas como linhas sólidas, e as ligações atrás do plano do papel são representadas como linhas tracejadas. Usando essas regras, as estruturas do metano e do etano poderiam ser desenhadas como se segue:

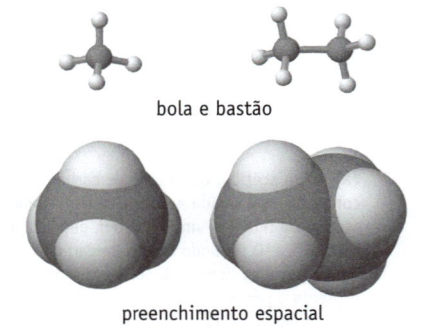

(5) *Modelos computacionais bola e bastão a e de preenchimento espacial.*

bola e bastão

preenchimento espacial

Isômeros ópticos são moléculas que têm imagens espelhadas que não se sobrepõem (Figura 23.2). Moléculas (e outros objetos) que possuem imagens especulares que não podem ser sobrepostas são chamadas **quirais**. Pares de moléculas que não podem ser sobrepostos são chamados **enantiômeros**.

Amostras puras de enantiômeros têm as mesmas propriedades físicas, tais como ponto de fusão, ponto de ebulição, densidade e solubilidade em solventes comuns. Eles diferem em uma propriedade significativa, no entanto: quando um feixe de luz plano-polarizada atravessa uma solução de um enantiômero puro, o plano de polarização sofre rotação. Os dois enantiômeros causam a rotação da luz polarizada em igual extensão, mas em sentidos opostos (◄ Figura 22.18).

Os exemplos mais comuns de compostos quirais são aqueles em que quatro átomos (ou grupos de átomos) diferentes estão ligados a um átomo de carbono tetraédrico. O ácido láctico, encontrado no leite e um produto do metabolismo humano

FIGURA 23.2 Isômeros ópticos. Ácido láctico, $CH_3CH(OH)CO_2H$, é produzido quando o leite é fermentado para produzir o queijo. Também é encontrado em outros alimentos ácidos, como o chucrute, e funciona como um conservante dos alimentos na forma de picles, como cebola e azeitonas. Em nossos corpos, ele é produzido pela atividade muscular e no metabolismo normal.

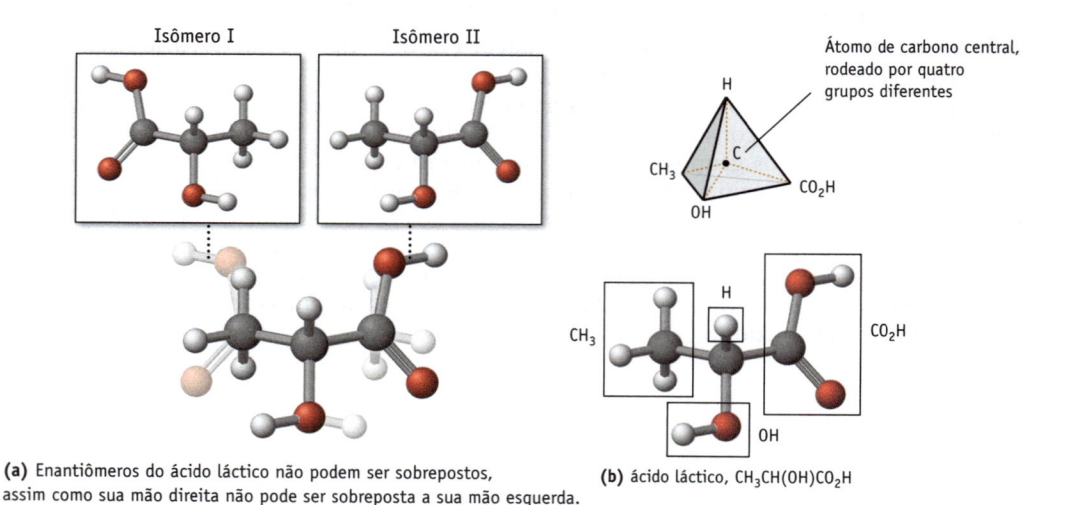

(a) Enantiômeros do ácido láctico não podem ser sobrepostos, assim como sua mão direita não pode ser sobreposta a sua mão esquerda.

(b) ácido láctico, $CH_3CH(OH)CO_2H$

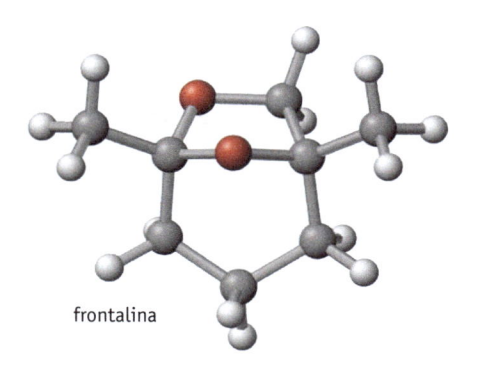

frontalina

Um enantiômero de frontalina.

John C. Kotz

Um elefante africano. O fluido que contém os enantiômeros de frontalina flui de uma glândula entre o olho e a orelha do elefante.

FIGURE 23.3 Quiralidade e elefantes. Durante o cio, um tempo de atividade sexual intensificada, os elefantes machos produzem uma secreção contendo os enantiômeros de frontalina, $C_8H_{14}O_2$. Os machos jovens produzem mais de um enantiômero que de outro, enquanto que os mais velhos produzem uma mistura mais equilibrada e mais concentrada. A secreção dos elefantes mais velhos repele outros machos, enquanto atrai os elefantes fêmeas que estão ovulando.

normal, é um exemplo de composto quiral (veja a Figura 23.2). A isomeria óptica é particularmente importante nos aminoácidos e em outras moléculas biologicamente importantes. Entre os muitos exemplos interessantes de compostos opticamente ativos está a frontalina, produzida naturalmente pelos elefantes machos (Figura 23.3).

Estabilidade dos Compostos de Carbono

Os compostos de carbono são notáveis por sua resistência à mudança química. Essa resistência é resultado de duas coisas: ligações fortes e reações lentas.

Ligações químicas fortes são necessárias para que as moléculas sobrevivam em seu ambiente. As colisões moleculares nos gases, nos líquidos e nas soluções podem fornecer energia suficiente para quebrar algumas ligações químicas, e ligações podem ser quebradas se a energia associada aos fótons da luz visível e ultravioleta excederem a energia de ligação. As ligações carbono–carbono são relativamente fortes, assim como as ligações entre o carbono e a maioria dos outros átomos. A energia média de ligação C—C é 346 kJ/mol; a energia de ligação C—H é 413 kJ/mol; e energias de ligações duplas e triplas de carbono–carbono são ainda maiores (◄ Seção 8.9). Compare esses valores com as energias das ligações Si—Si (222 kJ/mol) e Si—H (328 kJ/mol). A consequência das elevadas energias de ligação para ligações de carbono é que a maioria dos compostos orgânicos não se decompõe termicamente sob condições normais.

A oxidação da maioria dos compostos orgânicos é fortemente produto-favorecida, mas boa parte deles sobrevive ao contato prolongado com O_2. A razão é que as reações dos compostos orgânicos com oxigênio são muito lentas. A maioria dos compostos orgânicos só queima se sua combustão for iniciada pelo calor ou por uma faísca. A consequência disso é que a degradação oxidativa também não é uma barreira à existência dos compostos orgânicos.

EXERCÍCIOS PARA A SEÇÃO 23.1

(a) estrutura:
H—C=C—CH₃ / H, Cl

(b) H—C=C—CH₃ / Cl, H

(c) Cl—C=C—CH₃ / H, H

1. Qual par dos três compostos ilustrados acima é formado por estereoisômeros?

   (a) a e b   (b) a e c   (c) b e c

2. Qual par de compostos é formado por isômeros estruturais?

   (a) a e b   (b) b e c

3. Quantos átomos de carbono quirais existem na frontalina (Figura 23.3)?

   (a) 0   (b) 1   (c) 2   (d) 3

Tabela 23.1 Alguns Tipos de Hidrocarbonetos

TIPOS DE HIDROCARBONETOS	CARACTERÍSTICAS	FÓRMULA GERAL	EXEMPLO
Alcanos	Ligações simples C—C e todos os átomos de carbono têm quatro ligações simples	C_nH_{2n+2}	CH_4, metano C_2H_6, etano
Cicloalcanos	Ligações simples C—C, átomos de carbono dispostos em um anel	C_nH_{2n}	C_6H_{12}, cicloexano
Alcenos	Ligação dupla C═C	C_nH_{2n}	$H_2C═CH_2$, etileno
Alquinos	Ligação tripla C≡C	C_nH_{2n-2}	$HC≡CH$, acetileno
Aromáticos	Anéis com ligações π que se estendem ao longo de vários átomos de C	—	C_6H_6, benzeno

Petróleo O petróleo é uma mistura de alcanos e outros hidrocarbonetos. A indústria do petróleo é descrita brevemente na Seção 20.4.

23-2 Hidrocarbonetos

Hidrocarbonetos, compostos feitos somente de carbono e hidrogênio, são divididos em vários subgrupos: alcanos, alcenos, cicloalcanos, alcinos e compostos aromáticos (Tabela 23.1). Começamos nossa discussão considerando alcanos e cicloalcanos, compostos em que cada átomo de carbono está ligado a quatro ligações simples com outros átomos de carbono ou ao hidrogênio.

Alcanos

Alcanos têm fórmula geral C_nH_{2n+2}, com n tendo valores inteiros (Tabela 23.2). As fórmulas dos compostos específicos podem ser geradas a partir desta fórmula, dos quais as primeiras quatro são CH_4 (metano), C_2H_6 (etano), C_3H_8 (propano), e C_4H_{10} (butano) (Figura 23.4). O metano tem quatro átomos de hidrogênio arranjados tetraedricamente em torno de um único átomo de carbono. A substituição de um átomo de hidrogênio no metano por um grupo —CH_3 leva ao etano. Se um átomo de H do etano for substituído por mais um grupo —CH_3, obteremos o propano. O

Tabela 23.2 Hidrocarbonetos Selecionados da Família do Alcano, C_nH_{2n+2}*

NOME	FÓRMULA MOLECULAR	ESTADO FÍSICO À TEMPERATURA AMBIENTE
Metano	CH_4 (met- = 1)	Gasoso
Etano	C_2H_6 (et- = 2)	
Propano	C_3H_8 (prop- = 3)	
Butano	C_4H_{10} (but- = 4)	
Pentano	C_5H_{12} (pent- = 5)	Líquido
Hexano	C_6H_{14} (hex- = 6)	
Heptano	C_7H_{16} (hept- = 7)	
Octano	C_8H_{18} (oct- = 8)	
Nonano	C_9H_{20} (non- = 9)	
Decano	$C_{10}H_{22}$ (dec- = 10)	
Octadecano	$C_{18}H_{38}$ (octadec- = 18)	Sólido
Icosano	$C_{20}H_{42}$ (icos- = 20)	

* Esta tabela lista apenas alcanos selecionados. Sob temperatura de 25 °C, os alcanos de cadeia linear com 11 a 17 átomos de carbono são líquidos. Aqueles com mais de 17 átomos de carbono são sólidos.

H H H H H H H H H H H H H
H—C—H H—C—C—H H—C—C—C—H H—C—C—C—C—H
H H H H H H H H H H H H H

metano   etano   propano   butano

FIGURA 23.4 Alcanos. Os alcanos com menor massa molar são gases em condições normais: metano, etano, propano e butano.

butano é derivado do propano, substituindo-se um átomo de H de um dos átomos de carbono do final da cadeia por um grupo —CH_3. Em todos esses compostos, cada átomo de C está ligado a outros quatro átomos, sejam eles C ou H, e assim os alcanos são chamados frequentemente de **compostos saturados.**

Isômeros Estruturais

Isômeros estruturais são possíveis para todos os alcanos maiores que o propano. Por exemplo, há dois isômeros estruturais para C_4H_{10}, e três para C_5H_{12}. À medida que o número de átomos de carbono em um alcano aumenta, o número de possíveis isômeros estruturais também aumenta; há cinco isômeros possíveis para C_6H_{14}, nove isômeros para C_7H_{16}, 18 para C_8H_{18}, 75 para $C_{10}H_{22}$ e 1858 para $C_{14}H_{30}$.

Para reconhecer os isômeros que correspondem a uma fórmula dada, leve em consideração os seguintes pontos:

- Cada alcano possui uma estrutura de átomos de carbono tetraédricos, e cada carbono tem quatro ligações simples.

- Uma abordagem eficaz para derivar estruturas de isômeros é criar um esqueleto de átomos de carbono e então preencher as posições restantes ao redor do carbono com átomos de H, de modo que cada átomo de C tenha quatro ligações.

- Há rotação livre em torno das ligações simples carbono–carbono. Consequentemente, quando os átomos são montados para formar o esqueleto de um alcano, a ênfase está em como os átomos de carbono são unidos um ao outro e não em como eles estão dispostos um em relação ao outro no plano do papel.

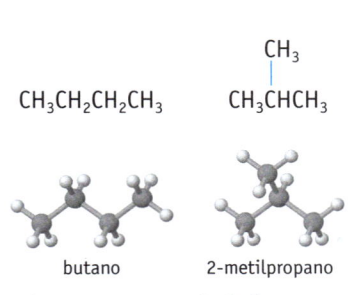

$CH_3CH_2CH_2CH_3$

$\overset{\displaystyle CH_3}{\underset{\displaystyle}{CH_3CHCH_3}}$

butano   2-metilpropano

Isômeros estruturais do butano, C_4H_{10}

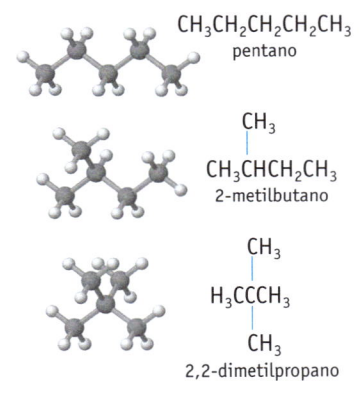

$CH_3CH_2CH_2CH_2CH_3$
pentano

$\overset{\displaystyle CH_3}{CH_3CHCH_2CH_3}$
2-metilbutano

CH_3
H_3CCCH_3
CH_3
2,2-dimetilpropano

Isômeros estruturais do pentano, C_5H_{12}

EXEMPLO 23.1

Desenhando Isômeros Estruturais dos Alcanos

Problema Desenhe as estruturas dos cinco isômeros de C_6H_{14}. Algum desses isômeros são quirais?

O que você sabe? Cada estrutura deve ter seis átomos de carbono e catorze de hidrogênio. Deve haver quatro ligações simples para cada átomo de carbono, e cada hidrogênio irá formar uma ligação.

Estratégia Foque primeiro nas diferentes estruturas que podem ser construídas a partir de seis átomos de carbono. Após criar uma estrutura de carbono, preencha-a com átomos de hidrogênio suficientes para que cada átomo de carbono tenha quatro ligações.

Solução

Passo 1. A colocação de seis átomos de carbono numa cadeia dá a estrutura para o primeiro isômero. Agora, preencha átomos de hidrogênio: três nos carbonos nas extremidades da cadeia e dois em cada um dos átomos de carbono no meio. Você criou o primeiro isômero, hexano.

C—C—C—C—C—C ⟶
H H H H H H
H—C—C—C—C—C—C—H
H H H H H H

estrutura de carbono do hexano   hexano

Mapa Estratégico 23.1

PROBLEMA

Desenhe *isômeros estruturais* de um **alcano**.

DADOS/INFORMAÇÕES

A **fórmula** é conhecida, então, a **cadeia de átomos de C** *mais longa* possível é conhecida.

ETAPA 1. Desenhe a **cadeia de átomos de C mais longa** possível.

Alcano de cadeia linear mais simples.

ETAPA 2. Desenhe uma cadeia de átomos de C *um átomo menor* e coloque um átomo de C em outros lugares na cadeia. Preencha com átomos de **H**.

Alcano com um átomo de C a menos mas com *grupo substituto* com **um átomo de C**

ETAPA 3. Desenhe *cadeias mais curtas* e coloque átomos remanescentes de C em várias posições na cadeia.

Isômeros remanescentes

Regras de nomenclatura Para obter mais detalhes sobre como nomear compostos orgânicos, consulte o Apêndice E.

Passo 2. Desenhe uma cadeia de cinco átomos de carbono e adicione então o sexto átomo a um dos átomos de carbono do meio dessa cadeia. (Adicionando-o a um carbono no final da cadeia, é possível obter uma cadeia de seis carbonos, a mesma estrutura desenhada no Passo 1.) Duas estruturas diferentes de carbono podem ser construídas a partir da cadeia de cinco carbonos, dependendo de o sexto carbono estar ligado à posição 2 ou 3. Para cada uma dessas estruturas, preencha com hidrogênios.

estrutura de carbono dos isômeros metilpentano — 2-metilpentano

3-metilpentano

Passo 3. Desenhe uma cadeia com quatro átomos de carbono. Adicione os dois carbonos restantes, novamente com cuidado para não estender o comprimento da cadeia. Duas estruturas diferentes são possíveis, uma com os átomos de carbono restantes nas posições 2 e 3 e outra com ambos os átomos de carbono extras ligados na posição 2. Preencha os catorze hidrogênios. Você agora desenhou o quarto e o quinto isômeros.

estruturas dos átomos de carbono para isômeros do dimetilbutano — 2,3-dimetilbutano

2,2-dimetilbutano

Nenhum dos isômeros de C_6H_{14} é quiral. *Para ser quiral, um composto deve ter pelo menos um átomo de C com quatro grupos diferentes ligados.* Essa condição não acontece em qualquer um desses isômeros.

Pense bem antes de responder Devemos procurar estruturas em que a cadeia mais longa é formada por três átomos de carbono? Tente, mas você verá que não é possível adicionar os três carbonos restantes a uma cadeia com três carbonos sem criar uma das cadeias de carbono já desenhadas em uma etapa precedente. Assim, finalizamos a análise com os cinco isômeros desse composto sendo identificados.

Nomes foram dados a cada um desses compostos. Veja o texto que segue este exemplo e o Apêndice E para regras de nomenclatura.

Verifique seu entendimento

(a) Desenhe os nove isômeros que apresentam a fórmula C_7H_{16}. (*Sugestão*: Há uma estrutura com uma cadeia de sete átomos de carbono, duas estruturas com cadeias de seis átomos, cinco estruturas com uma cadeia de cinco carbonos [uma está ilustrada ao lado] e uma estrutura com uma cadeia de quatro carbonos.)

(b) Identifique os isômeros de C_7H_{16} que são quirais.

Quiralidade em Alcanos Para ser quiral, *um composto deve ter pelo menos um átomo de C ligado a quatro grupos* **diferentes**. Assim, o isômero C_7H_{16} aqui é quiral.

$$
\begin{array}{c}
CH_3 \\
| \\
H - C^* - CH_2CH_3 \\
| \\
CH_2CH_2CH_3
\end{array}
$$

O centro de quiralidade é geralmente indicado com um asterisco.

Nomeando Alcanos

Com tantos isômeros possíveis para um dado alcano, os químicos necessitam de uma maneira sistemática de nomeá-los. As regras para nomear alcanos e seus derivados são as seguintes:

- Os nomes dos alcanos terminam com "-ano".

- Ao nomear um alcano específico, a raiz do nome corresponde à cadeia mais longa do carbono no composto. (Os nomes dos alcanos com as cadeias de um a dez átomos de carbono são apresentados na Tabela 23.2. Após os primeiros quatro compostos, os nomes derivam dos números do grego e do latim – pentano, hexano, heptano, octano, nonano, decano –, e essa nomenclatura regular continua para os alcanos maiores.)

- Os grupos substituintes em uma cadeia do hidrocarboneto são identificados por um nome e pela posição da substituição na cadeia de carbono; essa informação precede a raiz do nome. A posição é indicada por um número que se refere ao átomo de carbono ao qual ele está ligado. A numeração dos átomos de carbono em uma cadeia deve começar na extremidade da cadeia carbônica que permite que os grupos substituintes tenham números mais baixos possíveis. (Se não houver nenhuma distinção nesse ponto, então numere os átomos de carbono de modo que o segundo grupo substituinte tenha o número mais baixo.)

- Os nomes dos substituintes dos hidrocarbonetos, chamados **grupos alquila**, são derivados do nome do hidrocarboneto. O grupo —CH_3, derivado a partir da retirada de um hidrogênio do metano, é chamado grupo *metila*; o grupo —C_2H_5 é o grupo *etila*.

- Se dois ou mais do mesmo grupo substituinte estiverem presentes em uma molécula, os prefixos di-, tri- e tetra- serão adicionados. Quando diferentes grupos substituintes estão presentes, eles são geralmente listados em ordem alfabética.

Nomes Oficiais e Comuns A IUPAC (União Internacional de Química Pura e Aplicada) formulou regras para nomes oficiais, que são geralmente usados neste livro (veja o Apêndice). No entanto, muitos compostos orgânicos são conhecidos por nomes comuns. Por exemplo, 2,2-dimetilpropano também é chamado de neopentano.

$$
\begin{array}{c}
CH_3 \\
| \\
H_3C - C - CH_3 \\
| \\
CH_3
\end{array}
$$

2,2-dimetilpropano

Este isômero do C_5H_{12} tem uma cadeia de três carbonos com dois grupos —CH_3 no segundo átomo de C da cadeia. Assim, o seu nome baseia-se no propano, e ambos os grupos —CH_3 estão localizados na posição 2.

DICA PARA SOLUÇÃO DE PROBLEMAS 23.1
Desenhando Fórmulas Estruturais

Um erro que os estudantes às vezes cometem é sugerir que as três estruturas de carbono desenhadas aqui são diferentes. Elas são, de fato, as mesmas. Todas são cadeias de cinco carbonos com outro átomo de C na posição 2.

Lembre-se de que as estruturas de Lewis não indicam a geometria das moléculas.

EXEMPLO 23.2

Nomeando Alcanos

Problema Dê o nome oficial para

$$CH_3CHCH_2CH_2CHCH_2CH_3$$

com grupo CH_3 no C-2 e grupo CH_2CH_3 no C-5

O que você sabe? Você conhece a fórmula condensada e consegue reconhecer que o composto é um alcano. Você também sabe as regras para nomear os alcanos.

Estratégia (a) Identifique a cadeia carbônica mais longa e baseie o nome do composto naquele alcano. (b) Identifique os grupos substituintes na cadeia e suas localizações. (c) Quando existem dois ou mais substituintes (os grupos ligados à cadeia), numere a cadeia principal a partir da extremidade que apresenta o número mais baixo para o substituinte encontrado primeiro. (d) Se os substituintes forem diferentes, liste-os em ordem alfabética.

Solução Aqui, a cadeia mais longa possui sete átomos de C, portanto, a raiz do nome é *heptano*. Há um grupo metila ($—CH_3$) no C-2 e um grupo etila ($—C_2H_5$) no C-5. Colocando os substituintes em ordem alfabética, e numerando a cadeia a partir da extremidade que tem o grupo metila, temos o nome oficial 5-etil-2-metil-heptano.

Pense bem antes de responder Note que os átomos de carbono na cadeia mais longa são numerados de modo que o número mais baixo é dado para o substituinte encontrado pela primeira vez.

Verifique seu entendimento

Nomeie os nove isômeros de C_7H_{16} em "Verifique seu entendimento" no Exemplo 23.1.

FIGURA 23.5 Cera de parafina e óleo mineral. Estes produtos de consumo comuns são misturas de alcanos.

Propriedades dos Alcanos

O metano, etano, propano e butano são gases sob temperatura e pressão ambientes, enquanto os alcanos de maior massa molecular são líquidos ou sólidos (veja a Tabela 23.2). Um aumento do ponto de fusão e do ponto de ebulição com a massa molar é um fenômeno geral em uma série de compostos semelhantes (◄ Seções 11.4 e 11.6).

Você já conhece os alcanos em um contexto não científico, porque diversos são combustíveis comuns. Gás natural, gasolina, querosene, óleos combustíveis e óleos lubrificantes são misturas de vários alcanos. O óleo mineral branco também é uma mistura de alcanos, tal como é a parafina (Figura 23.5).

Alcanos puros são incolores e inodoros. Todos são insolúveis em água, uma propriedade típica dos compostos apolares. A polaridade baixa é esperada para os alcanos, porque as eletronegatividades do carbono ($\chi = 2,5$) e do hidrogênio ($\chi = 2,2$) não são muito diferentes (◄ Seção 8.8).

Todos os alcanos queimam prontamente no ar para gerar CO_2 e H_2O em reações bastante exotérmicas. Esta é, obviamente, a razão pela qual eles são amplamente usados como combustíveis.

$$CH_4(g) + 2\ O_2(g) \rightarrow CO_2(g) + 2\ H_2O(\ell) \qquad \Delta_r H° = -890,3\ kJ/mol\text{-rea}$$

Além das reações da combustão, os alcanos exibem uma reatividade química relativamente baixa. Uma reação que ocorre, entretanto, é a substituição de átomos de hidrogênio de um alcano por átomos de cloro na reação com o Cl_2. Essa é formalmente uma oxidação porque o Cl_2, assim como o O_2, é um forte agente oxidante. Essas reações, que podem ser iniciadas por radiação ultravioleta, são reações de radicais livres (◄ Seção 14.6). Átomos de Cl altamente reativos são formados a partir de Cl_2 sob radiação ultravioleta (UV). A reação do metano com Cl_2 sob essas circunstâncias prossegue em uma série de etapas, levando ao CCl_4, conhecido geralmente como tetracloreto de carbono. (HCl é o outro produto dessas reações.)

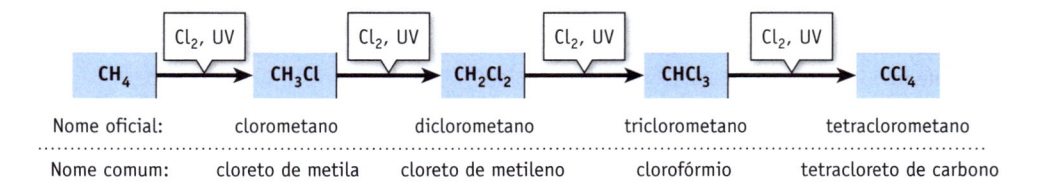

| Nome oficial: | clorometano | diclorometano | triclorometano | tetraclorometano |
| Nome comum: | cloreto de metila | cloreto de metileno | clorofórmio | tetracloreto de carbono |

Os três últimos compostos são usados como solventes, embora atualmente com menor frequência em virtude de sua toxicidade.

Cicloalcanos, C_nH_{2n}

Os **cicloalcanos** são construídos com átomos de carbono tetraédricos ligados em forma de anel. O ciclopropano e o ciclobutano são os cicloalcanos mais simples, embora os ângulos de ligação nessas espécies sejam muito menores que 109,5°. Os químicos referem-se a esses compostos como *hidrocarbonetos tensionados* porque uma geometria desfavorável é imposta em torno do carbono. Uma das características dos hidrocarbonetos tensionados é que as ligações C—C são mais fracas e as moléculas sofrem prontamente reações de abertura do anel que aliviam a tensão no ângulo de ligação.

O cicloalcano mais comum é o cicloexano, C_6H_{12}, que tem um anel não planar, com seis grupos —CH_2. Se os átomos de carbono desse composto estivessem sob a forma de um hexágono regular com todos os átomos de carbono em um plano, os ângulos de ligação C—C—C seriam de 120°. Para ter ângulos de ligação de tetraedros de 109,5° ao redor de cada átomo de C, o anel tem que dobrar. O anel C_6 é flexível e existe de duas formas que se interconvertem (veja "Um Olhar Mais Atento: Moléculas Flexíveis").

Alcenos e Alcinos

A diversidade vista nos alcanos é repetida nos **alcenos**, hidrocarbonetos com uma ou mais ligações duplas C=C. A presença de uma ligação dupla adiciona duas características ausentes nos alcanos: a possibilidade de isomeria geométrica e um grau maior de reatividade.

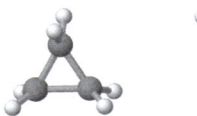 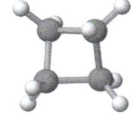

ciclopropano, C_3H_6 ciclobutano, C_4H_8

Ciclopropano e ciclobutano.
O ciclopropano também já foi utilizado como anestesia geral em cirurgia. No entanto, sua natureza explosiva, quando misturado ao oxigênio, logo descartou essa aplicação.

UM OLHAR MAIS ATENTO

Moléculas Flexíveis

A maioria das moléculas orgânicas é flexível; isto é, elas podem ser torcidas e dobradas de várias maneiras. Poucas moléculas ilustram isso melhor do que o cicloexano. Duas estruturas são possíveis: formas de "cadeira" e de "bote", que podem se interconverter pela rotação parcial em diversas ligações.

A estrutura mais estável é a forma de cadeira, que permite que os átomos de hidrogênio apresentem a maior separação possível. Uma vista lateral dessa forma de cicloexano revela dois conjuntos de átomos de hidrogênio nessa molécula. Seis átomos de hidrogênio, chamados *hidrogênios*

equatoriais, encontram-se em um plano em torno do anel de carbono. Os outros seis hidrogênios são posicionados acima e abaixo do plano e são chamados *hidrogênios axiais*. Ao flexionar o anel (uma rotação em torno de ligações simples C—C), os átomos de hidrogênio movem-se entre ambientes axiais e equatoriais.

forma de cadeira   forma de bote   forma de cadeira

Tabela 23.3 Propriedades dos Isômeros do Buteno

NOME	PONTO DE EBULIÇÃO	PONTO DE FUSÃO	MOVIMENTO DIPOLAR (D)	$\Delta_f H°$ (GÁS) (kJ/mol)
1-Buteno	−6,26 °C	−185,4 °C	—	−0,63
2-Metilpropeno	−6,95 °C	−140,4 °C	0,503	−17,9
Cis-2-buteno	3,71 °C	−138,9 °C	0,253	−7,7
Trans-2-buteno	0,88 °C	−105,5 °C	0	−10,8

A fórmula geral dos alcenos com uma dupla ligação é C_nH_{2n}. Os dois primeiros membros da série são eteno, C_2H_4 (nome comum, etileno), e propeno, C_3H_6 (nome comum, propileno). Somente uma única estrutura pode ser desenhada para esses compostos. Da mesma forma que nos alcanos, a ocorrência de isômeros começa com a espécie com quatro carbonos. Os quatro isômeros do alceno com a fórmula C_4H_8 apresentam propriedades químicas e físicas distintas (Tabela 23.3). Existem três isômeros estruturais, um dos quais (2-buteno, $CH_3CH=CHCH_3$) existe como estereoisômero.

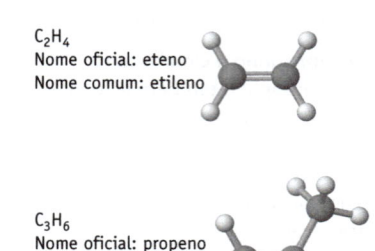

C_2H_4
Nome oficial: eteno
Nome comum: etileno

C_3H_6
Nome oficial: propeno
Nome comum: propileno

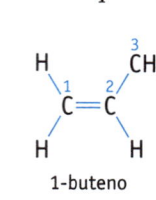 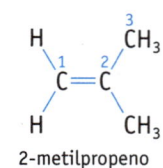 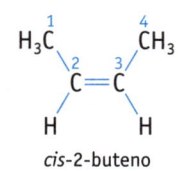

1-buteno   2-metilpropeno   *cis*-2-buteno   *trans*-2-buteno

Os nomes dos alcenos terminam todos em "-eno". Tal como acontece com os alcanos, a raiz do nome de um alceno é determinada pela cadeia de carbono mais longa que contém a ligação dupla. A posição da ligação dupla é indicada com um número e, quando apropriado, adiciona-se o prefixo *cis* ou *trans*.

Três dos isômeros de C_4H_8 apresentam cadeias de quatro carbonos e, portanto, são butenos. Um possui uma cadeia de três carbonos e é um propeno. Observe que a cadeia carbônica é numerada a partir da extremidade que dá à ligação dupla o número mais baixo. No primeiro isômero da esquerda, a ligação dupla está entre os átomos de carbono 1 e 2, de modo que o nome é 1-buteno e não 3-buteno.

EXEMPLO 23.3

Determinando Isômeros de Alcenos a partir de uma Fórmula

Problema Desenhe estruturas para os seis isômeros possíveis do alceno com a fórmula C_5H_{10}. Dê o nome oficial de cada um deles.

O que você sabe? Ao ligar os cinco átomos de carbono, dois serão unidos com uma ligação dupla. Cada átomo de carbono deve ter quatro ligações, e os átomos de hidrogênio preencherão as posições restantes.

Estratégia Um procedimento que envolve desenhar o esqueleto de carbono e então adicionar átomos de hidrogênio funcionou bem para desenhar as estruturas dos alcanos (Exemplo 23.1), e uma abordagem semelhante pode ser usada aqui. Será necessário colocar uma ligação dupla na estrutura e ficar alerta para a isomeria *cis-trans*.

Solução

Passo 1. Uma cadeia de cinco carbonos com uma ligação dupla pode ser construída de duas formas. Isômeros *cis–trans* são possíveis para o 2-penteno.

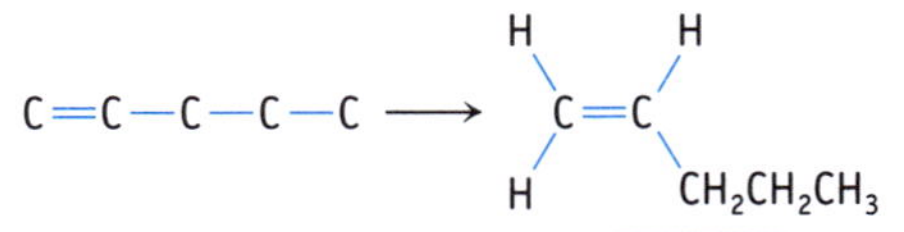

1-penteno

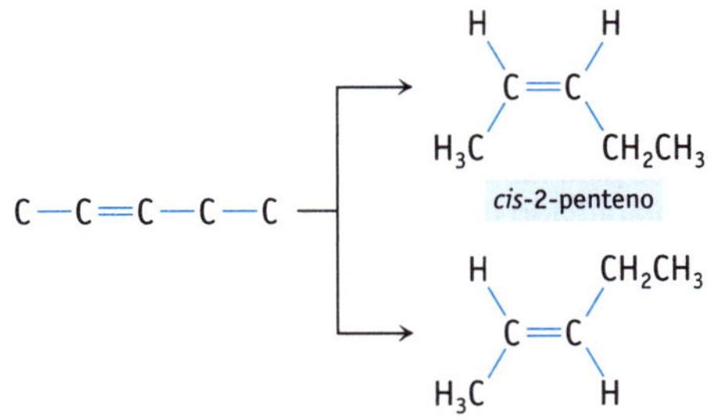

cis-2-penteno

trans-2-penteno

Passo 2. Desenhe as possíveis cadeias de quatro carbonos que contêm uma ligação dupla. Adicione o quinto átomo de carbono na posição 2 ou 3. Quando todas as três combinações possíveis forem encontradas, preencha com os átomos de hidrogênio. Isso resulta em três estruturas adicionais:

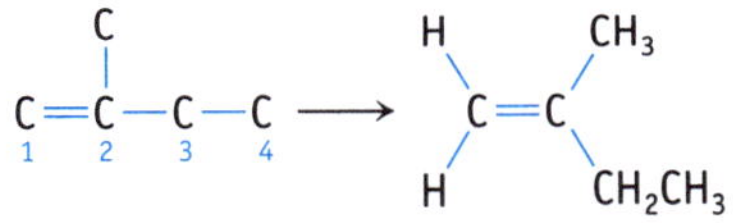

2-metil-1-buteno

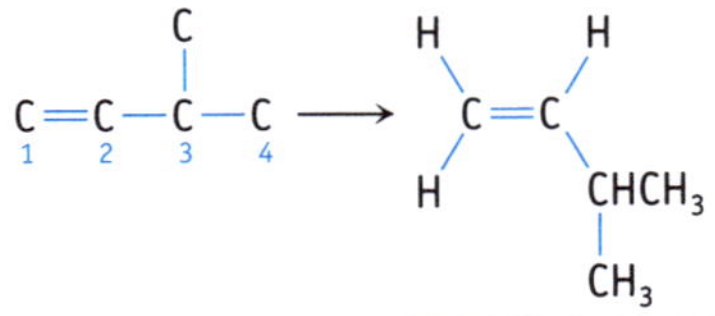

3-metil-1-buteno

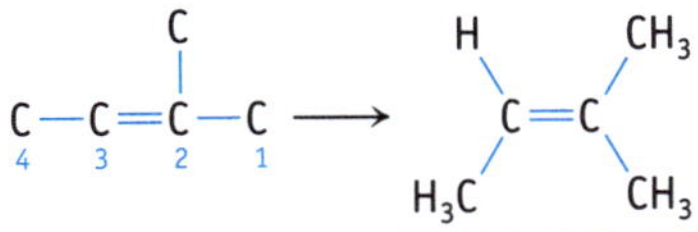

2-metil-2-buteno

Pense bem antes de responder É importante ser muito organizado em sua abordagem ao desenhar isômeros. Você deve olhar com cuidado para ver que cada estrutura é única, ou seja, que não há duas iguais.

Verifique seu entendimento

Existem dezessete possíveis isômeros alcenos com a fórmula C_6H_{12}. Desenhe estruturas de cinco isômeros nas quais a cadeia mais longa possui seis átomos de carbono, e dê o nome de cada um. Algum desses isômeros são quirais? (Há também oito isômeros em que a cadeia mais longa possui cinco átomos de carbono, e quatro isômeros em que a cadeia mais longa tem quatro átomos de carbono. Quantos você consegue encontrar?)

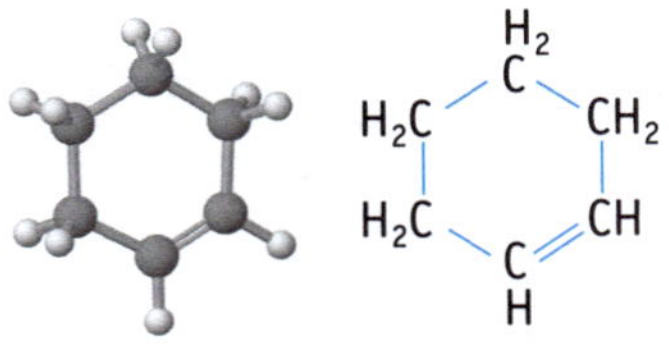

cicloexano, C_6H_{10}

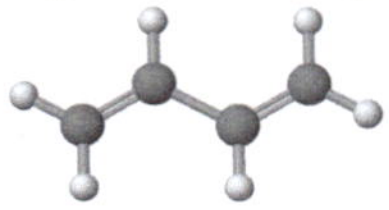

1,3-butadieno, C_4H_6

Cicloalcenos e dienos. Ciclo-hexano, C_6H_{10} (*acima*) e 1,3-butadieno (C_4H_6) (*abaixo*).

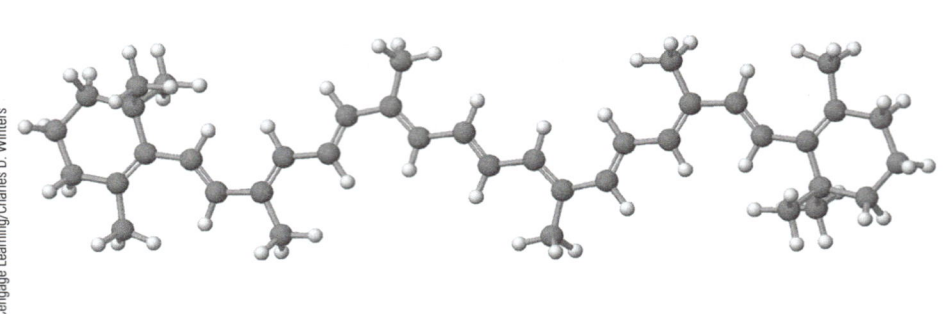

FIGURA 23.6 Caroteno, um composto que ocorre naturalmente com onze ligações C≡C. Os elétrons π podem ser excitados pela luz visível na região azul-violeta do espectro. Como resultado, o caroteno aparece amarelo-alaranjado para o observador. O caroteno, ou moléculas parecidas com o caroteno, fazem parceria com a clorofila na natureza, no papel de auxiliar na absorção da luz solar. Folhas verdes têm uma alta concentração de caroteno. No outono, as moléculas de clorofila verdes são destruídas, e as cores amarela e vermelha de caroteno e de moléculas relacionadas são vistas. A cor vermelha do tomate, por exemplo, provém de uma molécula muito intimamente relacionada ao caroteno. Quando o tomate amadurece, sua clorofila se desintegra, e a cor verde é substituída pelo vermelho da molécula parecida com caroteno.

Existem hidrocarbonetos que têm duas ou mais ligações duplas. O butadieno, por exemplo, tem duas ligações duplas e é conhecido como um *dieno*. Muitos produtos naturais apresentam numerosas ligações duplas (Figura 23.6). Existem também hidrocarbonetos cíclicos com ligações duplas, como o ciclo-hexeno.

Os **alcinos**, compostos com uma ligação tripla carbono–carbono, têm a fórmula geral (C_nH_{2n-2}). A Tabela 23.4 lista os alcinos que têm quatro ou menos átomos de carbono. O primeiro membro dessa família é o etino (nome comum, acetileno), gás usado como combustível em maçaricos para corte de metais.

Propriedades dos Alcenos e dos Alcinos

Assim como os alcanos, os alcenos e os alcinos são incolores. Os compostos de baixo peso molecular são gases, enquanto os compostos com pesos moleculares mais elevados são líquidos ou sólidos. Os alcenos e alcinos também são oxidados por O_2 para produzir CO_2 e H_2O.

Os alcenos e os alcinos apresentam uma química elaborada. Nós podemos ter alguma ideia sobre seu comportamento químico sabendo que eles são chamados de **compostos insaturados**. Os átomos de carbono são capazes de se ligar a um máximo de quatro outros átomos, e assim o fazem nos alcanos e nos cicloalcanos. Em alcenos, no entanto, cada átomo de carbono ligado por uma dupla ligação encontra-se conectado a um total de apenas três átomos. Nos alcinos, cada átomo de carbono ligado por uma ligação tripla está conectado a um total de apenas dois átomos. É possível aumentar o número de átomos ligados ao carbono em um alceno ou alcino através de **reações de adição**, nas quais as moléculas com a fórmula geral X–Y (tais

Um maçarico de oxiacetileno. A reação do etino (acetileno) com o oxigênio produz uma temperatura muito alta. As tochas de oxiace-tileno, utilizada em soldagem, tiram proveito desse fato.

Tabela 23.4	Alguns Alcinos Simples C_nH_{2n-2}		
ESTRUTURA	**NOME OFICIAL**	**NOME COMUM**	**PONTO DE EBULIÇÃO (°C)**
HC≡CH	etino	acetileno	−85
CH₃C≡CH	propino	metilacetileno	−23
CH₃CH₂C≡CH	1-butino	etilacetileno	9
CH₃C≡CCH₃	2-butino	dimetilacetileno	27

alguns minutos →

Fotos: © Cengage Learning/Charles D. Winters

FIGURA 23.7 Gorduras do bacon e reações de adição. A gordura no bacon é parcialmente insaturada. Como outros compostos insaturados, a gordura do bacon reage com Br_2 em uma reação de adição. Aqui, você vê a cor do vapor de Br_2 desaparecer quando uma tira de bacon é introduzida.

como hidrogênio, halogênios, haletos de hidrogênio e água) adicionam-se à ligação dupla carbono–carbono ou à ligação tripla (Figura 23.7). Para um alceno, o resultado é um composto com quatro átomos ligados a cada carbono.

$$X-Y = H_2, Cl_2, Br_2; H-Cl, H-Br, H-OH, HO-Cl$$

Os produtos de algumas reações de adição são alcanos substituídos. Por exemplo, a adição de bromo ao eteno (etileno) forma o 1,2-dibromoetano.

1,2-dibromoetano

A adição de 2 mols de cloro ao etino (acetileno) dá 1,1,2,2-tetracloroetano.

$$HC \equiv CH + 2\ Cl_2 \longrightarrow$$

1,1,2,2-tetracloroetano

Nomenclatura de Alcanos Substituídos Os grupos substituintes em alcanos substituídos são identificados pelo nome e pela posição do substituinte na cadeia de alcanos.

Durante os anos 1860, o químico russo Vladimir Markovnikov examinou um grande número de reações de adição de alcenos. Nos casos em que dois produtos isoméricos eram possíveis, ele descobriu que um tendia a ser predominante. Com base nesses resultados, Markovnikov formulou uma regra (agora chamada de *regra de Markovnikov*) afirmando que, quando um reagente HX se adiciona a um alceno assimétrico, o átomo de hidrogênio no reagente torna-se ligado ao carbono que já tem o maior número de hidrogênios. Um exemplo da regra de Markovnikov é a reação do 2-metilpropeno com HCl, que resulta na formação de 2-cloro-2-metilpropano em vez de 1-cloro-2-metilpropano.

Lembrando a Regra de Markovnikov A um dos autores deste livro foi ensinada a frase "O hidrogênio vai para onde o hidrogênio está". Por exemplo, na reação de 2-metilpropeno, o H liga-se ao carbono do grupo $=CH_2$.

2-metilpropeno | Produto exclusivo 2-cloro-2-metilpropano | 1-cloro-2s-metilpropano não formado

Catalisador Um catalisador é uma substância que faz uma reação ocorrer a um ritmo mais rápido, sem ser permanente alterado na reação (veja a Seção 14.5).

Se o reagente adicionado a uma ligação dupla for o hidrogênio ($X{-}Y = H_2$), a reação é chamada **hidrogenação**. A hidrogenação é geralmente uma reação muito lenta, mas pode ser acelerada adicionando-se um catalisador, frequentemente uma forma especialmente preparada de um metal como a platina, o paládio ou o ródio. É possível que você já tenha ouvido o termo *hidrogenação*, porque determinados alimentos contêm ingredientes "hidrogenados" ou "parcialmente hidrogenados". Uma marca de biscoitos tem um rótulo que diz "feito com 100% gordura vegetal... (óleo de soja parcialmente hidrogenado com óleo de semente de algodão hidrogenado)". Um motivo para hidrogenar um óleo é torná-lo menos passível de estragar; outro é convertê-lo de um líquido para um sólido.

EXEMPLO 23.4

A Reação de um Alceno

Problema Desenhe a estrutura do composto obtido pela reação do Br_2 com propeno e dê o nome do composto.

O que você sabe? Propeno é o alceno de três carbonos. Reações de adição estão entre as reações mais comuns de alcenos, e o bromo é um dos vários reagentes comuns que se adicionam às duplas ligações.

Estratégia O bromo se adiciona à ligação dupla de $C{=}C$ (Figura 23.7). O nome do produto baseia-se no nome da cadeia carbônica e indica as posições dos átomos de Br.

Solução

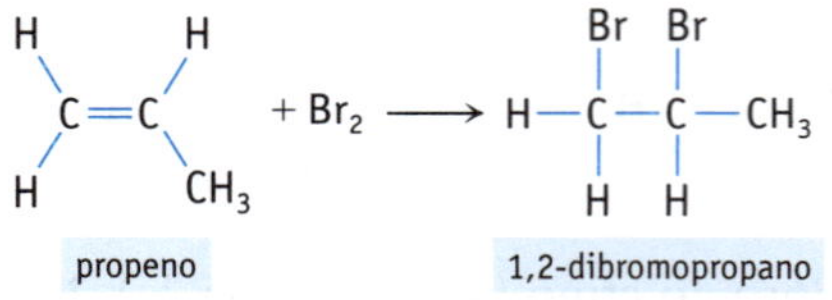

propeno → 1,2-dibromopropano

Pense bem antes de responder Esta reação converte um hidrocarboneto insaturado em um alcano substituído. O produto da reação é nomeado com um alcano (propano) com substituintes (átomos de Br) identificados pelo nome e pela posição na cadeia de três carbonos.

Verifique seu entendimento

(a) Desenhe a estrutura do composto obtido a partir da reação de HBr com etileno e dê o nome do composto.

(b) Desenhe a estrutura do produto da reação de Br_2 com *cis*-2-buteno e dê o nome desse composto.

Compostos Aromáticos

O benzeno, C_6H_6, é uma molécula-chave na Química. É o mais simples **composto aromático**, uma classe de compostos assim chamada porque apresenta odor forte, geralmente agradável. Outros membros dessa classe, que são todos baseados no benzeno, incluem o tolueno e o naftaleno. Uma fonte de diversos compostos aromáticos é o carvão.

Tabela 23.5	**Alguns Compostos Aromáticos do Alcatrão de Carvão**		
NOME COMUM	**FÓRMULA**	**PONTO DE EBULIÇÃO(°C)**	**PONTO DE FUSÃO (°C)**
Benzeno	C_6H_6	80	+6
Tolueno	$C_6H_5CH_3$	111	−95
o-Xileno	$1,2\text{-}C_6H_4(CH_3)_2$	144	−25
m-Xileno	$1,3\text{-}C_6H_4(CH_3)_2$	139	−48
p-Xileno	$1,4\text{-}C_6H_4(CH_3)_2$	138	+13
Naftaleno	$C_{10}H_8$	218	+80

Esses compostos, juntamente com outras substâncias voláteis, são liberados quando o carvão é aquecido a uma temperatura elevada, na ausência de ar.

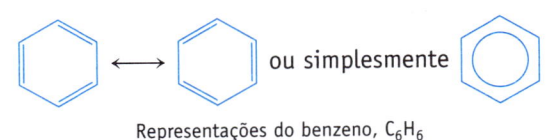

benzeno   tolueno   naftaleno

O benzeno ocupa um lugar central na história e na prática da Química. Michael Faraday descobriu esse composto em 1825, como subproduto do gás de iluminação, um combustível produzido a partir do aquecimento do carvão. Hoje o benzeno é um importante produto químico industrial, geralmente entre os 25 produtos químicos mais produzidos anualmente nos Estados Unidos. É usado como solvente e é também o ponto de partida para a produção de milhares de compostos diferentes pela substituição dos átomos de H do anel.

O tolueno foi obtido originalmente do bálsamo de tolu, goma de odor agradável de uma árvore sul-americana, *Toluifera balsamum*. Esse bálsamo tem sido usado em xaropes para tosse e em perfumes. O naftaleno é um dos ingredientes usados na "naftalina", embora o 1,4-diclorobenzeno seja mais empregado atualmente. O aspartame e outro adoçante artificial, a sacarina, são também derivados do benzeno.

Sacarina ($C_7H_5NO_3S$). Este composto, um edulcorante artificial, contém um anel aromático.

A Estrutura do Benzeno

A fórmula do benzeno sugeria aos químicos do século XIX que esse composto deveria ser insaturado, mas, se visto dessa maneira, sua química é espantosa. Enquanto um alceno submete-se prontamente a reações de adição, o benzeno não o faz sob condições semelhantes. Nós agora reconhecemos que a reatividade diferente do benzeno refere-se a sua estrutura e ligação, ambas bastante diferentes com relação aos alcenos. O benzeno tem seis ligações carbono-carbono equivalentes, 139 pm de comprimento, intermediário entre a ligação simples C—C (154 pm) e uma ligação dupla C=C (134 pm). As ligações π são formadas pela sobreposição contínua dos orbitais p sobre os seis átomos de carbono (◄ Seção 9.2). Usando a terminologia da ligação de valência, a estrutura é representada por duas estruturas de ressonância.

ou simplesmente

Representações do benzeno, C_6H_6

Desenhando Anéis Aromáticos Ao desenhar anéis de benzeno, os químicos geralmente permitem que os vértices do hexágono representem os átomos de carbono e não apresentem os átomos de hidrogênio ligados a esses átomos de carbono. O círculo dentro do anel indica as duas estruturas de ressonância.

August Kekulé e a Estrutura do Benzeno A questão estrutural foi resolvida por August Kekulé (1829-1896). Kekulé, um dos químicos orgânicos mais proeminentes na Europa no final do século XIX, defendeu a estrutura do anel com a alternância de ligações duplas com base no número de isômeros possíveis para a estrutura. A lenda na Química é que Kekulé propôs a estrutura do anel após sonhar com uma cobra mordendo sua própria cauda.

Derivados do Benzeno

Tolueno, clorobenzeno, ácido benzoico, anilina, estireno e fenol são exemplos comuns de derivados do benzeno.

Cl	CO_2H	NH_2	$CH=CH_2$	OH
clorobenzeno	ácido benzoico	anilina	estireno	fenol

    A nomenclatura sistemática de derivados do benzeno com dois ou mais grupos substituintes envolve a nomeação desses grupos e a identificação das suas posições no anel, numerando os seis átomos de carbono (▶ Apêndice E). Alguns nomes comuns, baseados em um esquema de nomenclatura mais antigo, são também usados. Esse esquema identificou isômeros de benzeno dissubstituídos com os prefixos *orto* (*o-*, grupos substituintes em carbonos adjacentes no anel de benzeno), *meta* (*m-*, substituintes separados por um átomo de carbono) e *para* (*p-*, grupos substituintes em carbonos de lados opostos do anel).

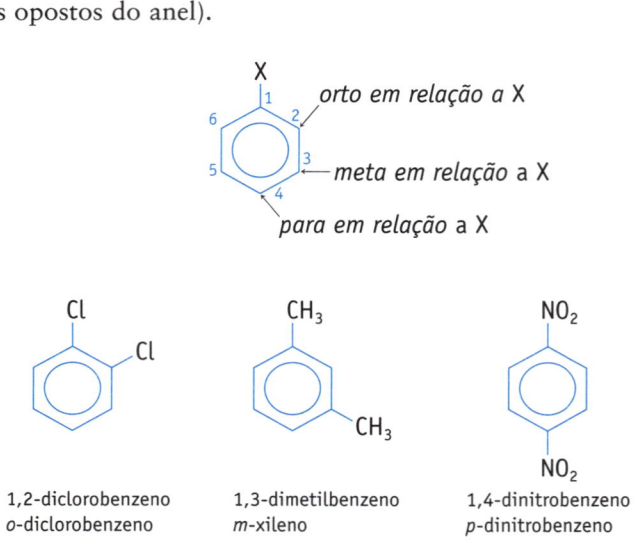

Nome oficial:	1,2-diclorobenzeno	1,3-dimetilbenzeno	1,4-dinitrobenzeno
Nome comum:	*o*-diclorobenzeno	*m*-xileno	*p*-dinitrobenzeno

EXEMPLO 23.5

Isômeros de Benzenos Substituídos

Problema Desenhe e nomeie os isômeros de $C_6H_3Cl_3$.

O que você sabe? A partir da fórmula pode-se inferir que $C_6H_3Cl_3$ é um benzeno substituído com três átomos de hidrogênio substituídos por átomos de cloro.

Estratégia Comece o desenho da estrutura de carbono do benzeno e anexe um átomo de cloro com um dos átomos de carbono. Coloque um segundo átomo de Cl no anel nas posições *orto, meta* e *para*. Adicione o terceiro Cl em uma das posições restantes, tendo o cuidado de não repetir uma estrutura já desenhada.

Solução Os três isômeros de $C_6H_3Cl_3$ são mostrados aqui. Eles são nomeados como derivados do benzeno, especificando-se o número de grupos substituintes pelo prefixo "tri-", o nome do substituinte e as posições dos três grupos ao redor do anel de seis membros.

1,2,3-triclorobenzeno   1,2,4-triclorobenzeno   1,3,5-triclorobenzeno

Pense bem antes de responder Há outras possibilidades? Tente mover os átomos de cloro em torno de cada isômero. Em todos os casos, você perceberá que mover um átomo de Cl para uma posição diferente gera um desses três isômeros. Por exemplo, na primeira estrutura, mover o átomo de Cl na posição 1 para a posição 5 ou 6 leva a uma segunda estrutura.

Verifique seu entendimento

A anilina, $C_6H_5NH_2$, é o nome comum do aminobenzeno. Desenhe uma estrutura para o p-diaminobenzeno, composto também usado na manufatura de corantes. Qual é o nome oficial do p-diaminobenzeno?

Propriedades dos Compostos Aromáticos

O benzeno é um líquido incolor, e benzenos substituídos simples são líquidos ou sólidos sob condições normais. As propriedades dos hidrocarbonetos aromáticos são típicas dos hidrocarbonetos em geral: eles são insolúveis em água, solúveis em solventes apolares e são oxidados por O_2 para formar CO_2 e H_2O.

Uma das propriedades mais importantes do benzeno e de outros compostos aromáticos é uma estabilidade incomum que está associada à única ligação π nesta molécula (◀ Seção 9.2 e Figura 9.12). Uma vez que a ligação π no benzeno é tipicamente descrita usando estruturas de ressonância, a estabilidade extra é denominada **estabilização por ressonância**. A extensão da estabilização por ressonância no benzeno é avaliada comparando-se a energia liberada na hidrogenação do benzeno para formar cicloexano,

$$C_6H_6(\ell) + 3\ H_2(g) \xrightarrow{\text{catalisador}} C_6H_{12}(\ell) \qquad \Delta_rH° = -206{,}7\ \text{kJ/mol-rea}$$

com a energia liberada na hidrogenação de três ligações duplas isoladas.

$$3\ H_2C{=}CH_2(g) + 3\ H_2(g) \rightarrow 3\ C_2H_6(g) \qquad \Delta_rH° = -410{,}8\ \text{kJ/mol-rea}$$

A hidrogenação do benzeno é cerca de 200 kJ/mol menos exotérmica do que a hidrogenação de três mols de eteno, uma diferença atribuída à maior estabilidade associada à ligação π no benzeno.

Embora os compostos aromáticos sejam hidrocarbonetos insaturados, eles não se submetem às reações de adição típicas dos alcenos e dos alcinos. Em vez disso, ocorrem *reações de substituição*, em que um ou mais átomos de hidrogênio podem ser substituídos por outros grupos. Tais reações necessitam de temperaturas mais elevadas e um ácido forte de Brønsted, como H_2SO_4, ou um ácido de Lewis, como $AlCl_3$ ou $FeBr_3$.

Nitração: $C_6H_6(\ell) + HNO_3(\ell) \xrightarrow{H_2SO_4} C_6H_5NO_2(\ell) + H_2O(\ell)$

Alquilação: $C_6H_6(\ell) + CH_3Cl(\ell) \xrightarrow{AlCl_3} C_6H_5CH_3(\ell) + HCl(g)$

Halogenação: $C_6H_6(\ell) + Br_2(\ell) \xrightarrow{FeBr_3} C_6H_5Br(\ell) + HBr(g)$

Ácidos de Lewis G. N. Lewis (página 351) definiu um ácido como um receptor de pares de elétrons (como $AlCl_3$ e BF_3) (veja a Seção 16.10).

EXERCÍCIOS PARA A SEÇÃO 23.2

1. Qual é o nome oficial para este alcano?

(a) nonano

(b) 2-etil-5-metil-hexano

(c) 2, 5-dimetil-heptano

(d) dimetiloctano

2. Qual afirmação abaixo descreve corretamente o seguinte composto?

(a) O composto é um isômero do pentano, é quiral e é denominado 2,3-dimetilbutano.

(b) O composto é um isômero do octano, não é quiral e é denominado 2,2-dimetilbutano.

(c) O composto é um isômero do hexano, não é quiral e é denominado 2,2-dimetilbutano.

(d) O composto é um isômero do hexano, não é quiral e é denominado 3,3-dimetilbutano.

3. Considere a seguinte lista de compostos:

1. C_2H_4 2. C_5H_{10} 3. $C_{14}H_{30}$ 4. C_7H_8

(i) Que composto ou compostos na lista pode(m) ser um alcano (não cíclico)?

(a) somente 1   (b) 2 e 3   (c) somente 3   (d) 3 e 4

(ii) Que composto ou compostos na lista pode(m) ser um alceno?

(a) somente 1   (b) somente 2   (c) 1 e 2   (d) 3 e 4

4. Qual é o produto da seguinte reação?

5. Quantos isômeros são possíveis para $C_6H_4(CH_3)Cl$, um derivado do benzeno?

(a) 1   (b) 2   (c) 3

Tabela 23.6 **Grupos Funcionais Comuns e Derivados de Alcanos**

Grupo Funcional*	Fórmula Geral*	Classe do Composto	Exemplos
F, Cl, Br, I	RF, RCl, RBr, RI	Haloalcano	CH_3CH_2Cl, cloroetano
OH	ROH	Álcool	CH_3CH_2OH, etanol
OR'	ROR'	Éter	$(CH_3CH_2)_2O$, éter dietílico
NH_2†	RNH_2	Amina (Primária)	$CH_3CH_2NH_2$, etilamina
$\overset{O}{\overset{\|}{-CH}}$	RCHO	Aldeído	CH_3CHO, etanal (acetaldeído)
$\overset{O}{\overset{\|}{-C-R'}}$	RCOR'	Cetona	CH_3COCH_3, propanona (acetona)
$\overset{O}{\overset{\|}{-C-OH}}$	RCO_2H	Ácido carboxílico	CH_3CO_2H, ácido etanoico (ácido acético)
$\overset{O}{\overset{\|}{-C-OR'}}$	RCO_2R'	Éster	$CH_3CO_2CH_3$, acetato de metila
$\overset{O}{\overset{\|}{-C-NH_2}}$	$RCONH_2$	Amida	CH_3CONH_2, acetamida

*R e R' podem ser iguais ou de diferentes grupos de hidrocarbonetos. Aminas secundárias (R_2NH) e aminas terciárias (R_3N) também são possíveis, veja a discussão no texto.

23-3 Álcoois, Éteres e Aminas

Os compostos orgânicos contêm frequentemente outros elementos além do carbono e do hidrogênio. Dois elementos em especial, o oxigênio e o nitrogênio, adicionam rica dimensão à química do carbono.

A Química Orgânica organiza os compostos que contêm elementos diferentes do carbono e do hidrogênio como derivados dos hidrocarbonetos. Fórmulas (e estruturas) são representadas pela substituição de um ou mais átomos de hidrogênio de uma molécula de hidrocarboneto por um **grupo funcional**. Um grupo funcional é um átomo ou grupo de átomos ligados a um átomo de carbono no hidrocarboneto. Fórmulas de derivados de hidrocarbonetos são, então, escritas como R—X, em que R é um hidrocarboneto ao qual falta um átomo de hidrogênio, e X é o grupo funcional (como —OH, —NH_2, um átomo de halogênio ou —CO_2H), que substituiu o hidrogênio. As propriedades químicas e físicas dos derivados de hidrocarbonetos são uma combinação das propriedades associadas com os hidrocarbonetos e o grupo que foi substituído pelo hidrogênio.

A Tabela 23.6 identifica alguns grupos funcionais comuns e as famílias de compostos orgânicos que resultam da sua ligação a um hidrocarboneto.

Álcoois e Éteres

Se um dos átomos de hidrogênio de um alcano for substituído por um grupo hidroxila (—OH), o resultado é um **álcool**, ROH. O metanol, CH_3OH, e o etanol, CH_3CH_2OH, são os álcoois mais importantes, mas outros também são comercialmente importantes (Tabela 23.7). Observe que diversos álcoois possuem mais de um grupo —OH.

Mais de 5×10^8 kg de metanol são produzidos nos Estados Unidos anualmente. A maior parte é usada para fabricar formaldeído (CH_2O) e ácido acético (CH_3CO_2H), sendo ambos produtos químicos importantes. O metanol é também usado como solvente, como anticongelante na gasolina e como combustível em carros de corrida de alta potência. Ele é encontrado em baixas concentrações em vinhos jovens, nos quais

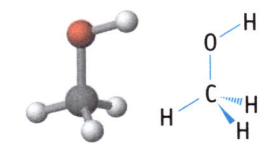

Metanol, CH_3OH, o álcool mais simples. O metanol é frequentemente chamado de *álcool de madeira*, porque foi produzido originalmente pelo aquecimento da madeira, na ausência de ar.

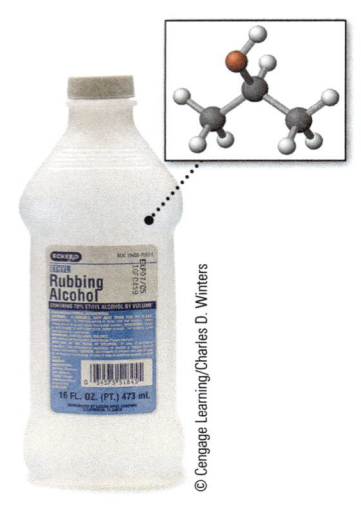

Álcool para assepsia. O álcool para assepsia comum é o 2-propanol, também chamado de *álcool isopropílico.*

FÓRMULA CONDENSADA (°C)	**BP (°C)**	**NOME OFICIAL**	**NOME COMUM**	**USO**
CH_3OH	65,0	Metanol	Álcool metílico	Combustível, aditivo da gasolina, fabricação de formaldeído
CH_3CH_2OH	78,5	Etanol	Álcool etílico	Bebidas, aditivo da gasolina, solventes
$CH_3CH_2CH_2OH$	97,4	1-propanol	Álcool propílico	Solvente industrial
$CH_3CH(OH)CH_3$	82,4	2-propanol	Álcool isopropílico	Álcool para assepsia
$HOCH_2CH_2OH$	198	1,2-etanodiol	Etilenoglicol	Anticongelante
$HOCH_2CH(OH)CH_2OH$	290	1,2,3-propanotriol	Glicerol (glicerina)	Hidratante em produtos de consumo

Tabela 23.7 Alguns Álcoois Importantes

contribui para o odor, ou "buquê". Como o etanol, o metanol provoca intoxicação, mas o metanol difere por ser mais venenoso, em grande parte porque o corpo humano converte-o em ácido fórmico (HCO_2H) e formaldeído (CH_2O). Esses compostos atacam as células da retina, conduzindo à cegueira permanente.

O etanol é o "álcool" das bebidas alcoólicas, que é formado pela fermentação anaeróbica (sem ar) do açúcar. Em uma escala muito maior, a utilização do etanol como combustível é feita pela fermentação de cana-de-açúcar, milho e outros materiais vegetais. Um pouco de etanol (cerca de 5%) é feito a partir de petróleo, pela reação de etileno e de água.

Nomeando Álcoois Substitua "ol" pelo final "-o" no nome do hidrocarboneto, e designe a posição do grupo –OH ao número do átomo de carbono. Por exemplo, $CH_3CH_2CHOHCH_3$ é nomeado com um derivativo do butano. O grupo –OH está ligado ao segundo átomo de carbono, então o nome é 2-butanol.

etileno (g) + H_2O(g) $\xrightarrow{\text{catalisador}}$ etanol (ℓ)

A partir dos álcoois de três carbonos, isômeros estruturais são possíveis. Por exemplo, 1-propanol e 2-propanol (nomes comuns: álcool propílico e álcool isopropílico) (Tabela 23.7) são compostos diferentes.

O etilenoglicol e o glicerol são álcoois comuns que têm dois e três grupos —OH, respectivamente. O etilenoglicol é usado como anticongelante nos automóveis. O uso mais comum do glicerol é como emoliente em sabões e loções. É também uma matéria-prima para a preparação da nitroglicerina (Figura 23.8).

Nome oficial: 1,2-etanodiol
Nome comum: etilenoglicol

1,2,3-propanotriol
glicerol ou glicerina

Os **éteres** têm a fórmula geral ROR'. O éter mais conhecido é o éter dietílico, $CH_3CH_2OCH_2CH_3$. Com a falta de um grupo —OH, as propriedades dos éteres contrastam violentamente com as propriedades dos álcoois. O éter dietílico, por exemplo, tem ponto de ebulição mais baixo (34,5 °C) do que o etanol, CH_3CH_2OH (78,3 °C), e é apenas ligeiramente solúvel em água.

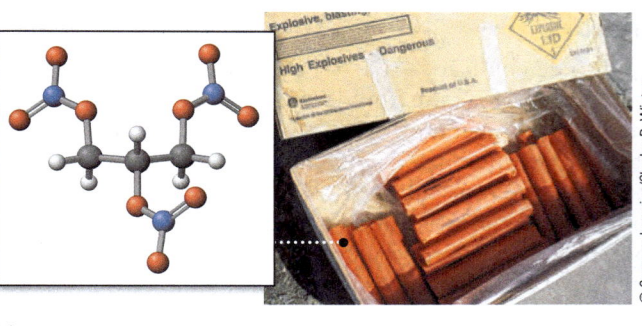

(a)

(b)

(c)

O ácido nítrico concentrado e a glicerina reagem para formar um composto oleoso, altamente instável, denominado *nitroglicerina*, $C_3H_5(ONO_2)_3$. É mais estável quando absorvida sobre um sólido inerte, uma combinação chamada de *dinamite*.

A fortuna de Alfred Nobel (1833-1896), construída com a fabricação da dinamite, agora financia os Prêmios Nobel.

FIGURE 23.8 Nitroglicerina, dinamite e Nobel.

EXEMPLO 23.6

Isômeros Estruturais dos Álcoois

Problema Quantos álcoois diferentes com um grupo —OH são derivados do pentano? Desenhe as estruturas e dê o nome de cada álcool.

O que você sabe? A fórmula do pentano é C_5H_{12}. Em um álcool, um grupo —OH substituirá um átomo de H.

Estratégia O pentano, C_5H_{12}, tem uma cadeia de cinco carbonos. Um grupo —OH pode substituir um átomo de hidrogênio de um dos átomos de carbono. Os álcoois são denominados como derivados do alcano (pentano), trocando-se "o" pelo final "ol" e indicando-se a posição do grupo —OH por um prefixo numérico (Apêndice E).

Solução Três álcoois diferentes são possíveis, dependendo se o grupo —OH é colocado no primeiro, segundo ou terceiro átomo de carbono na cadeia. (A quarta e a quinta posições são idênticas à primeira e segunda posições na cadeia, respectivamente.)

1-pentanol

2-pentanol

3-pentanol

Pense bem antes de responder Isômeros estruturais adicionais com a fórmula $C_5H_{11}OH$ são possíveis, dos quais a cadeia mais longa apresenta três átomos de C (um isômero) ou quatro átomos de C (quatro isômeros).

Verifique seu entendimento

Desenhe a estrutura do 1-butanol e de quaisquer álcoois que sejam isômeros estruturais desse composto.

Propriedades dos Álcoois

O metano, CH$_4$, é um gás (ponto de ebulição, –161 °C) com baixa solubilidade em água. O metanol, CH$_3$OH, pelo contrário, é um líquido *miscível* com água em todas as proporções. O ponto de ebulição do metanol, 65 °C, é 226 °C mais elevado que o ponto de ebulição do metano. Que diferença a adição de um único átomo na estrutura pode fazer nas propriedades de moléculas simples!

Os álcoois estão relacionados à água com um dos átomos de H de H$_2$O sendo substituído por um grupo orgânico. Se um grupo metila substituir um dos hidrogênios da água, obtemos o metanol. O etanol tem o grupo —C$_2$H$_5$ (etila), e o propanol tem o grupo —C$_3$H$_7$ (propila) no lugar de um dos hidrogênios da água. Ver os álcoois como relacionados à água também ajuda a compreender suas propriedades.

As duas partes do metanol, o grupo —CH$_3$ e o grupo —OH, contribuem para suas propriedades. Por exemplo, o metanol queimará – uma propriedade associada aos hidrocarbonetos. Por outro lado, seu ponto de ebulição é mais parecido com o da água. A temperatura na qual a substância ferve está relacionada às forças de atração entre as moléculas, chamadas *forças intermoleculares*: quanto mais fortes são as forças intermoleculares atrativas em uma amostra, maior é o ponto de ebulição (◄ Seção 11.3). Essas forças são particularmente fortes na água, um resultado da polaridade do grupo —OH nesta molécula (◄ Seção 8.8). O metanol também é uma molécula polar, e é o grupo polar —OH que leva ao elevado ponto de ebulição do metanol. Em contraste, o metano é apolar e seu baixo ponto de ebulição é resultado de forças intermoleculares fracas.

É também possível explicar as diferenças na solubilidade do metano, metanol e outros álcoois na água (Figura 23.9). A solubilidade do metanol e do etilenoglicol é conferida pela porção polar —OH da molécula. O metano, que é apolar, tem solubilidade baixa em água.

À medida que o tamanho do grupo alquila em um álcool aumenta, o ponto de ebulição sobe, uma tendência geral observada nas famílias de compostos semelhantes e relacionada à massa molar (veja a Tabela 23.7). A solubilidade em água nessa série diminui. O metanol e o etanol são completamente miscíveis com água, enquanto o 1-propanol é moderadamente solúvel e o 1-butanol é ainda menos solúvel que o 1-propanol. Com um aumento no tamanho do grupo do hidrocarboneto, o grupo orgânico (a parte apolar da molécula) torna-se uma fração maior da molécula, e propriedades associadas à apolaridade começam a dominar. Modelos que

O metanol é muitas vezes adicionado aos tanques de gasolina de automóveis no inverno (em países de clima temperado) para evitar que a água nas linhas de combustível congele. É solúvel em água e reduz o ponto de congelamento dela.

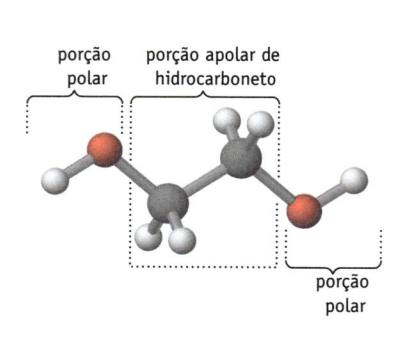

porção polar   porção apolar de hidrocarboneto

porção polar

O etilenoglicol é usado como anticongelante nos automóveis. Ele é solúvel em água, reduz o ponto de congelamento e aumenta o ponto de ebulição da água no sistema de arrefecimento. (► Seção 14-4.)

O etilenoglicol, principal componente do anticongelante nos automóveis, é completamente miscível em água.

FIGURA 23.9 As propriedades e os usos de dois álcoois, metanol e etilenoglicol.

preenchem espaços mostram que, no metanol, partes polares e apolares da molécula são aproximadamente similares em tamanho, mas, no 1-butanol, o grupo —OH é inferior a 20% da molécula. A molécula é menos parecida com a água e mais "orgânica". Superfícies potenciais eletrostáticas amplificam esse ponto.

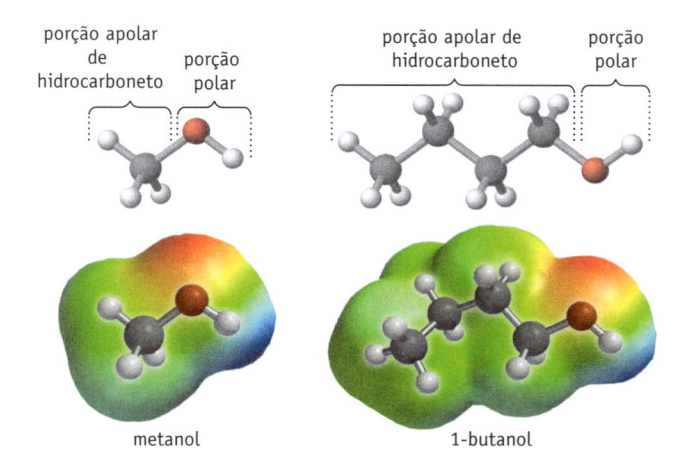

metanol   1-butanol

Aminas

Muitas vezes, é conveniente pensar na água e na amônia como moléculas semelhantes: são os compostos de hidrogênio mais simples de elementos adjacentes do segundo período. Ambas são polares e exibem certa química similar, tal como a protonação (para produzir H_3O^+ e NH_4^+) e a desprotonação (para formar OH^- e NH_2^-).

A comparação da água e da amônia pode ser estendida aos álcoois e às aminas. Os álcoois têm fórmulas relacionadas à água em que um hidrogênio em H_2O é substituído por um grupo orgânico (R—OH). Nas **aminas** orgânicas, um ou mais átomos de hidrogênio do NH_3 é(são) substituído(s) por um grupo orgânico. As estruturas das aminas são semelhantes à estrutura da amônia, isto é, a geometria do átomo de N é piramidal trigonal.

As aminas são categorizadas com base no número de substituintes orgânicos como *primárias* (um grupo orgânico), *secundárias* (dois grupos orgânicos) ou *terciárias* (três grupos orgânicos). Como exemplos, considere as três aminas com grupos metila: CH_3NH_2, $(CH_3)_2NH$ e $(CH_3)_3N$.

Superfície de potencial eletrostático para metilamina. A superfície para a metilamina mostra que esta amina solúvel em água é polar com carga negativa parcial no átomo de N.

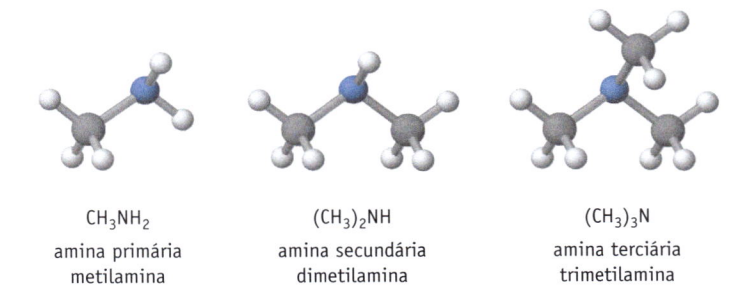

CH_3NH_2
amina primária
metilamina

$(CH_3)_2NH$
amina secundária
dimetilamina

$(CH_3)_3N$
amina terciária
trimetilamina

Propriedades das Aminas

As aminas geralmente têm odores desagradáveis. Você já deve conhecer esse odor: alguma vez já sentiu o cheiro de peixes em decomposição? Duas aminas apropriadamente denominadas putrescina e cadaverina participam do odor de urina, carne podre e mau hálito.

$H_2NCH_2CH_2CH_2CH_2NH_2$
putrescina
1,4-butanodiamina

$H_2NCH_2CH_2CH_2CH_2CH_2NH_2$
cadaverina
1,5-pentanodiamina

As menores aminas são solúveis em água, ao contrário da maioria das aminas. Entretanto, todas as aminas são bases e reagem com ácidos para formar sais, muitos

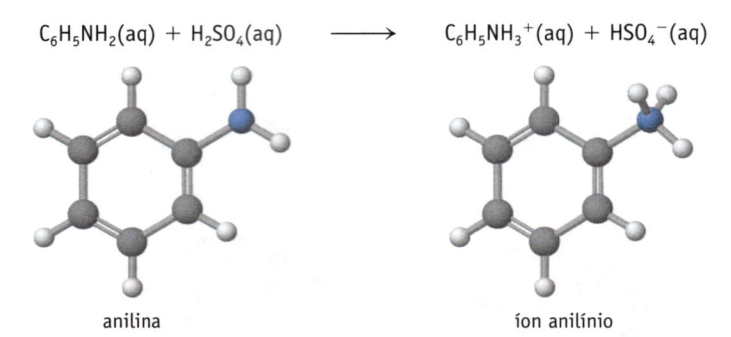

Nicotina, uma amina. Dois átomos de nitrogênio na molécula da nicotina podem ser protonados, que é a forma em que a nicotina é normalmente encontrada. Os prótons podem ser removidos tratando-os com uma base. Esta forma "base livre" é muito mais venenosa e viciante.

dos quais são solúveis em água. Assim como no caso da amônia, as reações envolvem a adição de H^+ ao par de elétrons isolado do átomo de N. Isso é ilustrado pela reação da anilina (aminobenzeno) com H_2SO_4 para formar o sulfato de anilínio.

$$C_6H_5NH_2(aq) + H_2SO_4(aq) \longrightarrow C_6H_5NH_3^+(aq) + HSO_4^-(aq)$$

anilina   íon anilínio

A protonação de uma amina e a remoção do próton tratando o composto com uma base têm importância prática e fisiológica. A nicotina nos cigarros é encontrada normalmente na forma protonada. (Essa forma solúvel em água é usada frequentemente em inseticidas.) A adição de uma base como a amônia remove o íon H^+ para deixar a nicotina em sua forma de "base livre".

$$NicH_2^{2+}(aq) + 2\ NH_3(aq) \rightarrow Nic(aq) + 2\ NH_4^+(aq)$$

Nessa forma, a nicotina (Nic) é absorvida muito mais prontamente pela pele e pelas membranas mucosas, de modo que o composto é um veneno muito mais potente.

EXERCÍCIOS PARA A SEÇÃO 23.3

1. Quantos compostos diferentes (álcoois e éteres) existem com a fórmula molecular $C_4H_{10}O$?

   (a) 2   (b) 3   (c) 4   (d) mais que 4

2. Qual dos seguintes compostos não é quiral, isto é, não possui um átomo de carbono ligado a quatro grupos diferentes?

   (a) 2-propanol   (c) 2-metil-3-pentanol

   (b) 2-butanol   (d) 1,2-propanodiol

3. Qual é a hibridização do nitrogênio na dimetilamina?

   (a) sp^3 (c) sp

   (b) sp^2 (d) o nitrogênio não está hibridizado

4. Qual reagente químico reagirá com o íon etilamônio $[CH_3CH_2NH_3]^+$ para formar etilamina?

   (a) O_2 (b) N_2 (c) H_2SO_4 (d) NaOH

23-4 Compostos com um Grupo Carbonila

O formaldeído, o ácido acético e a acetona estão entre os compostos orgânicos mais importantes, e eles partilham uma característica estrutural comum: cada um contém

ESTUDO DE CASO

Um Despertar com L-DOPA

De aproximadamente 1917 a 1928, milhões de pessoas em todo o mundo foram afetadas por uma doença conhecida como encefalite letárgica, uma forma de doença do sono. Aqueles que sofriam com a doença estavam em um estado de semiconsciência que durava décadas. No livro *Tempo de despertar*, Oliver Sacks escreveu sobre o tratamento de um paciente com o composto L-DOPA, que "foi iniciado no início de março de 1969 e foi aumentado pouco a pouco até 5,0 g por dia. Pouco efeito foi observado por duas semanas, e depois uma 'conversão' súbita ocorreu... O Sr. L adorava a mobilidade, uma felicidade que não conhecia há 30 anos. Tudo nele o enchia de alegria: ele era como um homem que tinha acordado de um pesadelo ou de uma doença grave...".

Robert DeNiro como Leonard Lowe e Robin Williams como Malcolm Sayer, um retrato ficcional de Oliver Sacks, na versão do filme *Tempo de despertar*.

Se você leu o livro ou assistiu ao filme de mesmo nome, sabe que o Sr. L, não pôde tolerar o tratamento, mas que Sacks tratou muitos outros que se beneficiaram dele. A L-DOPA é agora amplamente utilizada no tratamento de outra enfermidade, a doença de Parkinson, a qual é degenerativa do sistema nervoso central.

L-DOPA ou L-dopamina (L-3,4-di-hidroxifenilalanina) é quiral. O símbolo L representa "levo", que significa que uma solução do composto desvia luz polarizada para a esquerda. O composto é também um derivado de fenilalanina, um dos muitos alfa-aminoácidos que ocorrem naturalmente e que desempenham um papel muito importante na formação de proteínas e de outros processos naturais.

A L-DOPA também demonstra por que as moléculas quirais são tão interessantes para os químicos: apenas o enantiômero "levo" é fisiologicamente ativo. O enantiômero que desvia a luz polarizada na direção oposta não tem nenhuma função biológica.

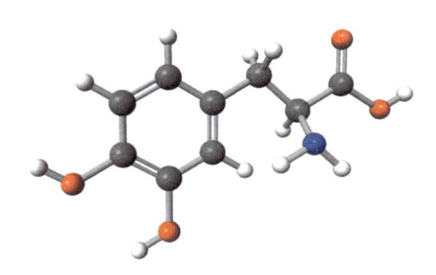

L-DOPA, $C_9H_{11}NO_4$,
um tratamento para a doença de Parkinson

Quando a L-DOPA é ingerida, ela é metabolizada para dopamina, num processo que remove o grupo de ácido carboxílico, ––CO_2H, e é a dopamina que é fisiologicamente ativa. A dopamina é um neurotransmissor que ocorre numa ampla variedade de animais.

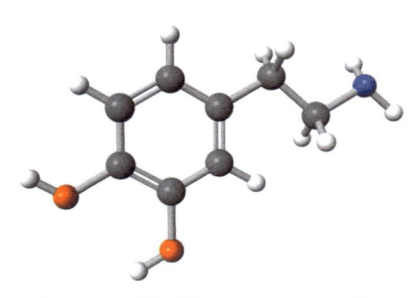

dopamina, $C_8H_{11}NO_2$, um neurotransmissor

Curiosamente, tanto a L-DOPA quanto a dopamina estão intimamente relacionadas com outra amina, a epinefrina. Às vezes, nos referimos a ela como adrenalina, o hormônio que é liberado pelas glândulas suprarrenais quando há uma emergência ou ameaça de perigo.

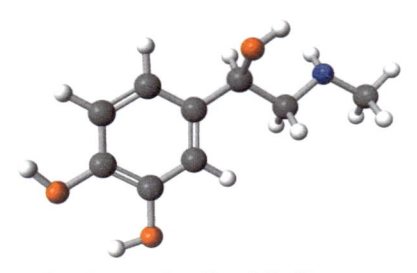

epineprina ou adrenalina, $C_9H_{13}NO_3$

Questões:

1. L-DOPA é quiral. Qual é o centro de quiralidade na molécula?
2. A dopamina ou a epinefrina é quiral? Se assim for, qual é o centro de quiralidade?
3. Se você for tratado com 5,0 g de L-DOPA, qual é a quantidade (em mols) dela?

As respostas a essas perguntas estão no Apêndice N.

Referências:

1. SACKS, O. *Awakenings*. Nova York: Vintage Books, 1999 .
2. ANGIER, N. A Molecule of Motivation, Dopamine Excels at Its Task. *New York Times,* 27 out., 2009.

---

um átomo de carbono trigonal plana duplamente ligado a um oxigênio. O grupo C=O é chamado **grupo carbonila**, e todos esses compostos são membros de uma grande classe de compostos chamada **compostos carbonílicos**.

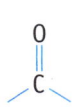

grupo carbonela

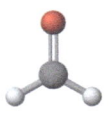

formaldeído
CH_2O
aldeído

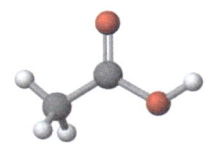

ácido acético
CH_3CO_2H
ácido carboxílico

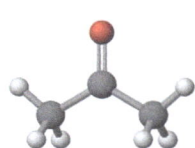

acetona
CH_3COCH_3
cetona

Álcool primário: etanol

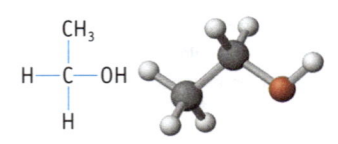

Álcool secundário: 2-propanol

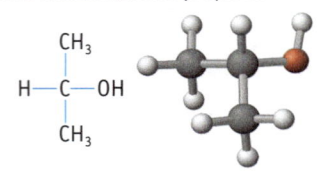

Álcool terciário: 2-metil-2-propanol

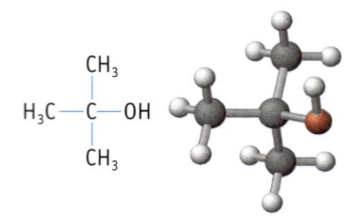

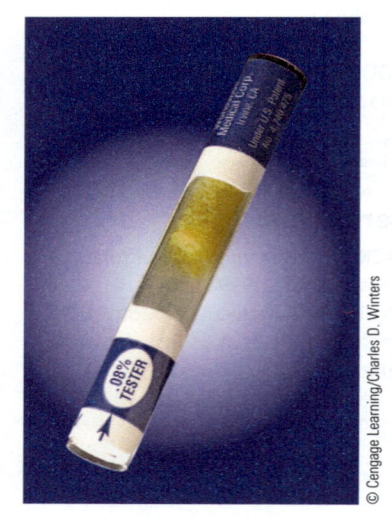

FIGURA 23.10 Bafômetro. Este dispositivo baseia-se na oxidação do álcool. Se estiver presente, o etanol é oxidado com dicromato de potássio, $K_2Cr_2O_7$, para acetaldeído e, em seguida, para o ácido acético. O íon dicromato amarelo-alaranjado é reduzido para o verde $Cr^{3+}(aq)$, sendo que a mudança de cor indica que o etanol estava presente.

Nesta seção, examinaremos cinco grupos de compostos carbonílicos (veja a Tabela 23.6):

- Os *aldeídos* (RCHO) têm um grupo orgânico (—R) e um átomo de H ligado a um grupo carbonila.
- As *cetonas* (RCOR′) têm dois grupos —R ligados ao carbono da carbonila; eles podem ser grupos iguais, como na acetona, ou grupos diferentes.
- Os *ácidos carboxílicos* (RCO_2H) têm um grupo —R e um grupo —OH ligados ao carbono da carbonila.
- Os *ésteres* ($RCO_2R′$) têm grupos —R e —OR′ anexados ao carbono carbonila.
- As *amidas* ($RCONR_2′$, RCONHR′ e $RCONH_2$) têm um grupo —R e um grupo amina (—NH_2, —NHR, —NR_2) ligados ao carbono da carbonila.

Os aldeídos, as cetonas e os ácidos carboxílicos são produtos da oxidação dos álcoois e, de fato, são geralmente preparados por esse caminho. O produto obtido por meio da oxidação de um álcool depende da estrutura deste último, que é classificada de acordo com o número de átomos de carbono ligados ao átomo de C que contém o grupo —OH. *Álcoois primários* apresentam um carbono e dois átomos de hidrogênio ligados, enquanto os *álcoois secundários* têm dois átomos de carbono e um átomo de hidrogênio ligados. *Álcoois terciários* têm três átomos de carbono ligados ao átomo de C que contém o grupo —OH.

Um *álcool primário* é oxidado em dois passos, primeiro a um aldeído e depois a um ácido carboxílico:

$$R-CH_2-OH \xrightarrow{\text{agente oxidante}} R-\overset{\overset{\displaystyle O}{\|}}{C}-H \xrightarrow{\text{agente oxidante}} R-\overset{\overset{\displaystyle O}{\|}}{C}-OH$$

álcool primário   aldeído   ácido carboxílico

Por exemplo, a oxidação do etanol do vinho pelo ar produz o vinagre de vinho, do qual o ingrediente mais importante é o ácido acético.

$$\underset{\text{etanol}}{H-\overset{\overset{\displaystyle H}{|}}{\underset{\underset{\displaystyle H}{|}}{C}}-\overset{\overset{\displaystyle H}{|}}{\underset{\underset{\displaystyle H}{|}}{C}}-OH(\ell)} \xrightarrow{\text{agente oxidante}} \underset{\text{ácido acético}}{H-\overset{\overset{\displaystyle H}{|}}{\underset{\underset{\displaystyle H}{|}}{C}}-\overset{\overset{\displaystyle O}{\|}}{C}-OH(\ell)}$$

Os ácidos têm um sabor azedo. A palavra "vinagre" (do francês *vin aigre*) significa "vinho azedo". Um dispositivo para determinar a presença de álcool no hálito baseia-se na oxidação do etanol (Figura 23.10).

A oxidação de um *álcool secundário* produz uma cetona:

$$R-\overset{\overset{\displaystyle OH}{|}}{\underset{\underset{\displaystyle H}{|}}{C}}-R' \xrightarrow{\text{agente oxidante}} R-\overset{\overset{\displaystyle O}{\|}}{C}-R'$$

álcool secundário   cetona

(—R e —R′ são grupos orgânicos. Podem ser iguais ou diferentes.)

Os agentes de oxidação comuns usados para essas reações são reagentes, como $KMnO_4$ e $K_2Cr_2O_7$ (◄ Tabela 3.3).

Finalmente, os álcoois terciários *não* reagem com os agentes de oxidação usuais.

$$(CH_3)_3COH \xrightarrow{\text{agente oxidante}} \text{sem reação}$$

Aldeídos e Cetonas

Os **aldeídos** e as **cetonas** têm odores agradáveis e são usados frequentemente em fragrâncias. O benzaldeído é responsável pelo odor das amêndoas e das cerejas, o cinamaldeído é encontrado na casca da árvore de canela e a cetona 4-(*p*-hidroxifenil)-2-butanona é responsável pelo odor das framboesas maduras (um dos preferidos dos autores deste livro). A Tabela 23.8 lista diversos aldeídos e cetonas simples.

Aldeídos e odores. Os odores de amêndoas e da canela são devidos a aldeídos, enquanto o odor de framboesas frescas vem de uma cetona.

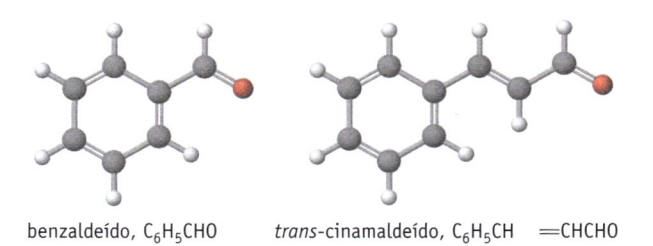

benzaldeído, C₆H₅CHO   *trans*-cinamaldeído, C₆H₅CH ═CHCHO

Os aldeídos e as cetonas são produtos da oxidação de álcoois primários e secundários, respectivamente. As reações inversas – a redução dos aldeídos a álcoois primários e das cetonas a álcoois secundários – também são conhecidas. Os reagentes geralmente usados para tais reduções são $NaBH_4$ ou $LiAlH_4$, embora o H_2 seja usado em escala industrial.

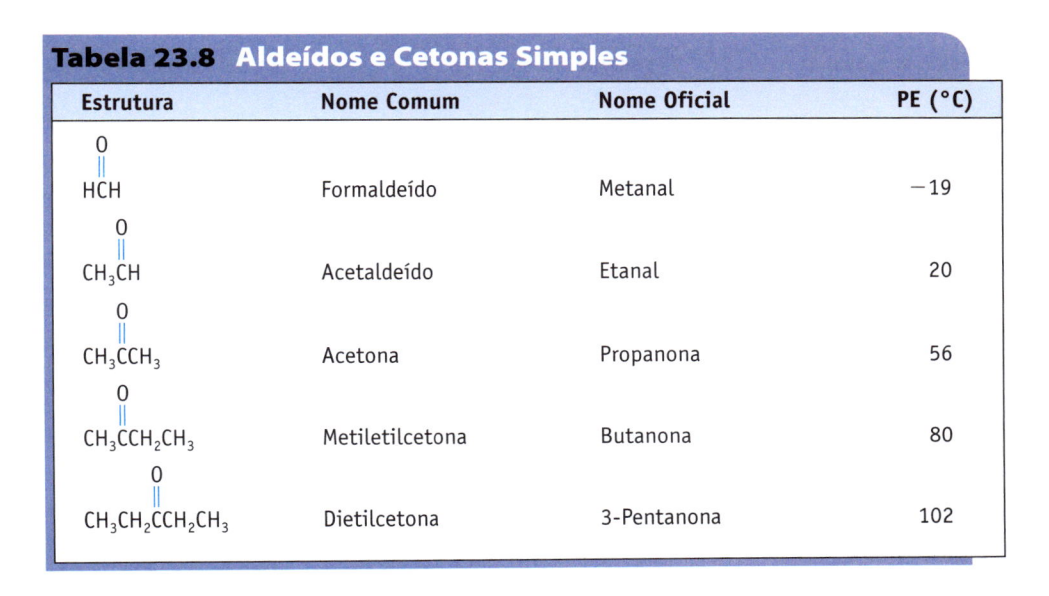

Tabela 23.8	Aldeídos e Cetonas Simples		
Estrutura	Nome Comum	Nome Oficial	PE (°C)
HCH (O)	Formaldeído	Metanal	−19
CH₃CH (O)	Acetaldeído	Etanal	20
CH₃CCH₃ (O)	Acetona	Propanona	56
CH₃CCH₂CH₃ (O)	Metiletilcetona	Butanona	80
CH₃CH₂CCH₂CH₃ (O)	Dietilcetona	3-Pentanona	102

DICA DE SOLUÇÃO DE PROBLEMAS 23.2
Nomeando Aldeídos, Cetonas e Ácidos Carboxílicos

Aldeídos: Substitua "-o" por "-al" no nome do hidrocarboneto. O átomo de carbono de um aldeído é, por definição, carbono-1 na cadeia do hidrocarboneto. Por exemplo, o composto $CH_3CH(CH_3)CH_2CH_2CHO$ contém uma cadeia de 5 carbonos com o grupo funcional aldeído sendo de carbono-1 e o grupo —CH_3 na posição 4; assim, o nome é *4-metilpentanal*.

Cetonas: Substitua "-o" pelo final "-ona" no nome do hidrocarboneto. A posição do grupo funcional cetona (grupo carbonila) é indicada pelo número do átomo de carbono. Por exemplo, o composto $CH_3COCH_2CH(C_2H_5)CH_2CH_3$ tem o grupo carbonila na posição 2 e um grupo etila na posição 4 de uma cadeia de seis carbonos; o seu nome é *4-etil-2-hexanona*.

Ácidos carboxílicos (ácidos orgânicos): Substitua "-o" pelo final "-oico" no nome do hidrocarboneto. Os átomos de carbono na cadeia mais longa são contados a partir do átomo de carbono carboxílico. Por exemplo, *trans*-$CH_3CH=CHCH_2CO_2H$ tem seu nome derivado do *trans*-3-penteno, ou seja, *ácido trans-3-pentenoico*.

Ácidos Carboxílicos

O ácido acético é o **ácido carboxílico** mais comum e o mais importante. Durante anos, o ácido acético foi produzido oxidando-se o etanol obtido por fermentação. Atualmente, porém, o ácido acético é, em geral, obtido pela combinação do monóxido de carbono com o metanol na presença de um catalisador:

$$\underset{\text{metanol}}{CH_3OH(\ell)} + CO(g) \xrightarrow{\text{catalisador}} \underset{\text{ácido acético}}{CH_3CO_2H(\ell)}$$

Aproximadamente 1 bilhão de quilogramas de ácido acético são produzidos anualmente nos Estados Unidos para uso em plásticos, fibras sintéticas e fungicidas.

Muitos ácidos orgânicos são encontrados naturalmente (Tabela 23.9). Ácidos podem ser reconhecidos pelo seu gosto azedo (Figura 23.11) e são encontrados em alimentos comuns: ácido cítrico em frutas, ácido acético do vinagre e ácido tartárico em uvas são apenas três exemplos.

FIGURA 23.11 Ácido acético no pão. O ácido acético é produzido no pão fermentado com levedura *Saccharomyces exiguus*. Outro grupo de bactérias, *Lactobacillus sanfrancisco*, contribui para o sabor do pão fermentado. Essas bactérias metabolizam o açúcar maltose, excretando ácido acético e ácido láctico, $CH_3CH(OH)CO_2H$, dando assim ao pão seu sabor azedo único.

Tabela 23.9	**Alguns Ácidos Carboxílicos que Ocorrem Naturalmente**	
Nome	**Estrutura**	**Fonte Natural**
Ácido benzoico	⬡—CO_2H	Frutas vermelhas
Ácido cítrico	$HO_2C-CH_2-\underset{\underset{CO_2H}{\mid}}{\overset{\overset{OH}{\mid}}{C}}-CH_2-CO_2H$	Frutas cítricas
Ácido láctico	$H_3C-\underset{\underset{OH}{\mid}}{CH}-CO_2H$	Leite azedo
Ácido málico	$HO_2C-CH_2-\underset{\underset{OH}{\mid}}{CH}-CO_2H$	Maçãs
Ácido oleico	$CH_3(CH_2)_7-CH=CH-(CH_2)_7-CO_2H$	Óleos vegetais
Ácido oxálico	HO_2C-CO_2H	Ruibarbo, espinafre, repolho, tomate
Ácido esteárico	$CH_3(CH_2)_{16}-CO_2H$	Gorduras animais
Ácido tartárico	$HO_2C-\underset{\underset{OH}{\mid}}{CH}-\underset{\underset{OH}{\mid}}{CH}-CO_2H$	Suco de uva, vinho

© Cengage Learning/Charles D. Winters

Tabela 23.10 — Alguns Ácidos Carboxílicos Simples

Estrutura	Nome Comum	Nome Oficial	PE (°C)
$\overset{O}{\overset{\|}{HCOH}}$	Ácido fórmico	Ácido metanoico	101
$\overset{O}{\overset{\|}{CH_3COH}}$	Ácido acético	Ácido etanoico	118
$\overset{O}{\overset{\|}{CH_3CH_2COH}}$	Ácido propiônico	Ácido propanoico	141
$\overset{O}{\overset{\|}{CH_3(CH_2)_2COH}}$	Ácido butírico	Ácido butanoico	163
$\overset{O}{\overset{\|}{CH_3(CH_2)_3COH}}$	Ácido valérico	Ácido pentanoico	187

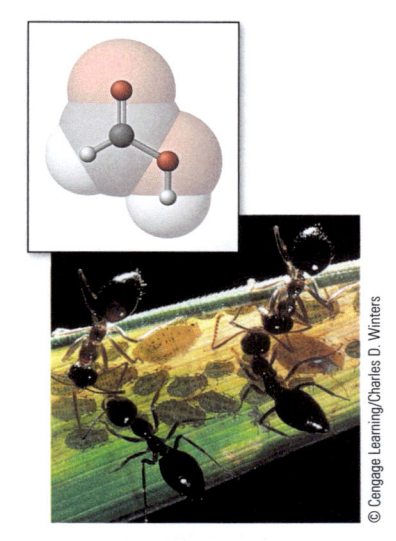

Ácido fórmico, HCO_2H. Este ácido está no ferrão da picada de formigas.

Alguns ácidos carboxílicos têm nomes comuns derivados da fonte do ácido (Tabela 23.9 e Tabela 23.10). Como o ácido fórmico é encontrado nas formigas, seu nome vem da palavra em latim para formiga (*formica*). O ácido butírico é o responsável pelo odor desagradável da manteiga rançosa, e o nome é relacionado à palavra em latim para a manteiga (*butyrum*). Os nomes oficiais dos ácidos (Tabela 23.10) são formados retirando-se o sufixo "-o" do nome do alcano correspondente e adicionando-se o sufixo "-oico" (e a palavra "ácido").

Por causa da eletronegatividade substancial do oxigênio, espera-se que os dois átomos de O do grupo ácido carboxílico sejam ligeiramente carregados negativamente, e o átomo de H do grupo —OH seja positivamente carregado. Essa distribuição de cargas apresenta diversas implicações importantes:

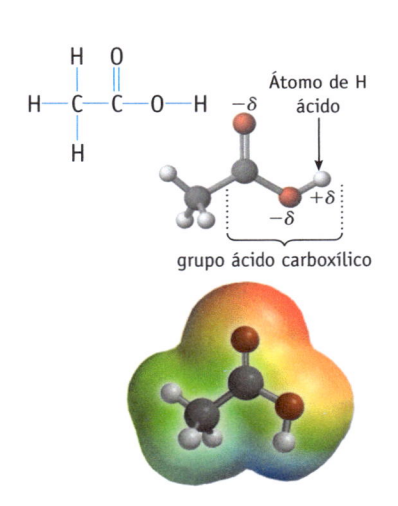

- A molécula polar de ácido acético dissolve-se prontamente em água, o que você já sabe, uma vez que o vinagre é uma solução aquosa de ácido acético. (No entanto, os ácidos orgânicos com grupos maiores são menos solúveis.)

- O hidrogênio do grupo —OH é o hidrogênio ácido. Conforme observado na Tabela 3.1, o ácido acético é um ácido fraco em água, como acontece com a maioria dos outros ácidos orgânicos.

Os ácidos carboxílicos passam por uma série de reações. Entre elas está a redução do ácido (com reagentes tais como $LiAlH_4$ ou $NaBH_4$) primeiro a um aldeído e depois a um álcool. Por exemplo, o ácido acético é reduzido primeiro a acetaldeído e, em seguida, a etanol.

Ácido acético. O átomo de H do grupo ácido carboxílico (—CO_2H) é o próton ácido deste e de outros ácidos carboxílicos.

$$CH_3CO_2H \xrightarrow{LiAlH_4} CH_3CHO \xrightarrow{LiAlH_4} CH_3CH_2OH$$

ácido acético   acetaldeído   etanol

Ainda outro aspecto importante da química do ácido carboxílico é a reação com bases para produzir ânions carboxilato. Por exemplo, o ácido acético reage com os íons hidróxido para gerar íons acetato e água.

$$CH_3CO_2H(aq) + OH^-(aq) \rightarrow CH_3CO_2^-(aq) + H_2O(\ell)$$

Ésteres

Os ésteres são produtos da reação de um ácido com um álcool. Tais reações, chamadas reações de **esterificação**, são geralmente efetuadas com um catalisador ácido (tal como HCl). Essas reações não são completadas; em vez disso, elas passam a formar uma mistura de equilíbrio dos reagentes e produtos. Para se obter o éster com um bom rendimento, a reação pode ser forçada a ser completada. Uma forma de se fazer isso

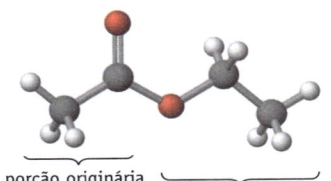

porção originária do ácido acético   porção originária do etanol

acetato de etila, um éster
$CH_3CO_2CH_2CH_3$

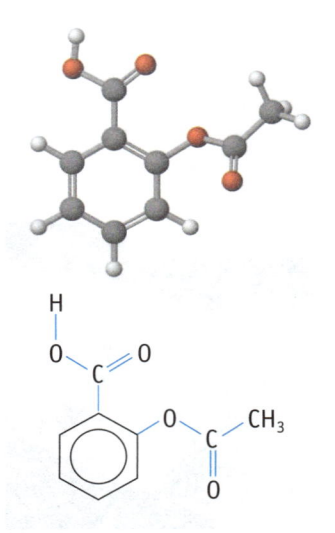

Aspirina, um analgésico comumente usado. Ele é baseado no ácido benzoico com um grupo acetato, —O₂CCH₃, na posição orto. A aspirina tem tanto o ácido carboxílico quanto os grupos funcionais éster.

é remover água do sistema (por exemplo, destilando-a da mistura da reação); isso faz com que o equilíbrio se desloque para a direita, formando assim mais éster.

$$RC\overset{O}{-}O-H + R'-O-H \underset{}{\overset{H_3O^+}{\rightleftharpoons}} RC\overset{O}{-}O-R' + H_2O$$

ácido carboxílico   álcool   éster

$$CH_3COH + CH_3CH_2OH \overset{H_3O^+}{\rightleftharpoons} CH_3COCH_2CH_3 + H_2O$$

ácido acético   etanol   acetato de etila

Nessas reações, o átomo de oxigênio do álcool termina como parte do éster. Isto é conhecido a partir de experiências de marcação isotópica. Se a reação é realizada utilizando-se um álcool em que o oxigênio do álcool é ^{18}O, todo ^{18}O termina na molécula de éster.

A Tabela 23.11 lista alguns ésteres comuns, bem como o ácido e o álcool dos quais eles se originam. O nome de duas partes do éster é dado pelo (1) nome do grupo carboxilato derivado do nome do ácido, trocando-se o sufixo "-ico" por "-ato" e pelo (2) nome do grupo hidrocarboneto do álcool. Por exemplo, o etanol (chamado normalmente de álcool etílico) e o ácido acético combinam-se para formar o éster acetato de etila.

Uma reação importante dos ésteres é a *hidrólise* (literalmente, a reação com a água), que é o inverso da reação de formação do éster. Numa solução neutra, esta reação também gera uma mistura em equilíbrio de ácido e éster. Para que essa reação se complete, no entanto, ela é realizada numa solução básica. A base, por exemplo, NaOH, reage com o ácido, assim deslocando o equilíbrio para o produto.

$$RCOR' + NaOH \xrightarrow[\text{meio aquoso}]{\text{calor}} RCO^-Na^+ + R'OH$$

éster   sal de carboxilato   álcool

$$CH_3COCH_2CH_3 + NaOH \xrightarrow[\text{meio aquoso}]{\text{calor}} CH_3CO^-Na^+ + CH_3CH_2OH$$

acetato de etila   acetato de sódio   etanol

Ésteres. Muitas frutas, como bananas e morangos, bem como produtos de consumo (perfume e óleo de gualtéria), contêm ésteres.

Tabela 23.11	**Alguns Ácidos, Álcoois e Seus Ésteres**		
Ácido	**Álcool**	**Éster**	**Odor de Éster**
CH_3CO_2H ácido acético	$CH_3CHCH_2CH_2OH$ (com CH_3) 3-metil-1-butanol	$CH_3COCH_2CH_2CHCH_3$ (com O e CH_3) acetato de 3-metilbutila	Banana
$CH_3CH_2CH_2CO_2H$ ácido butanoico	$CH_3CH_2CH_2CH_2OH$ 1-butanol	$CH_3CH_2CH_2COCH_2CH_2CH_2CH_3$ (com O) butanoato de butila	Abacaxi
$CH_3CH_2CH_2CO_2H$ ácido butanoico	⬡—CH_2OH álcool benzílico	$CH_3CH_2CH_2COCH_2$—⬡ (com O) butanoato de benzila	Rosas

O ácido carboxílico pode ser recuperado se o sal de sódio for tratado com um ácido forte como o HCl:

$$CH_3CO^-Na^+(aq) + HCl(aq) \longrightarrow CH_3COH(aq) + NaCl(aq)$$

acetato de sódio · ácido acético

Ao contrário dos ácidos dos quais eles são derivados, os ésteres têm frequentemente odores agradáveis (Tabela 23.11). Exemplos típicos são o salicilato de metila, ou "óleo de gualtéria", e o acetato de benzila. O salicilato de metila é derivado do ácido salicílico, composto que dá origem à aspirina.

ácido salicílico + metanol $\longrightarrow$ salicilato de metila, óleo de gualtéria + H_2O

O acetato de benzila, componente ativo do "óleo de jasmim", é formado a partir do álcool benzílico ($C_6H_5CH_2OH$) e do ácido acético. Os reagentes não são caros, portanto, o jasmim sintético é uma fragrância comum em perfumes e artigos de toalete mais baratos.

CH_3COH + álcool benzílico (CH_2OH) $\longrightarrow$ acetato de benzila, óleo de jasmim + H_2O

ácido acético

Amidas

Um ácido carboxílico e um álcool reagem com a perda de água para formar um éster. De maneira semelhante, outra classe de compostos orgânicos – as amidas – é formada quando um ácido reage com uma amina, também com a perda de água:

$$R-C-OH + H-N-R' \rightleftharpoons R-C-N-R' + H_2O$$

ácido carboxílico · amina · amida

As amidas possuem um grupo orgânico e um grupo amino (—NH_2, —NHR' ou —$NR'R$) ligados ao grupo carbonila.

O átomo de C envolvido na ligação amida possui três grupos ligados e nenhum par isolado ao seu redor. Seria de se esperar que ele tivesse hibridização sp^2 com geometria trigonal plana e ângulos de ligação de 120° – e isso é o que encontramos. Contudo, a estrutura do grupo amida oferece uma surpresa. Também se observa geometria trigonal plana no átomo de N, com ligações a três átomos a 120°. Como o nitrogênio da amida é cercado por quatro pares de elétrons, deveríamos prever que o átomo de N teria hibridização sp^3 e ângulos de ligação de aproximadamente 109°.

Com base na geometria observada para o átomo de N da amida, atribui-se hibridização sp^2 a esse átomo. Para explicar o ângulo observado e racionalizar a hibridização sp^2, podemos introduzir uma segunda forma de ressonância da amida.

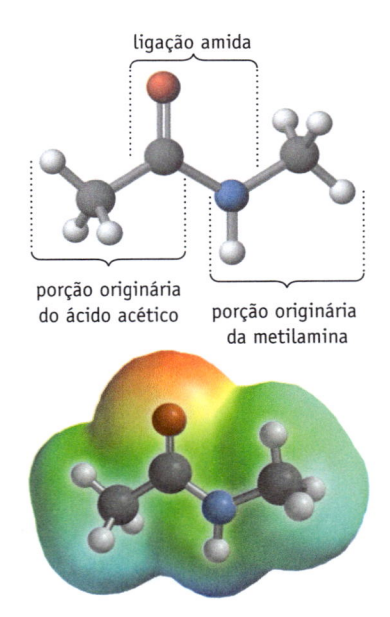

ligação amida

porção originária do ácido acético · porção originária da metilamina

Uma amina, N-metilacetamida.
A porção N-metil do nome deriva da porção amina da molécula, em que o N indica que o grupo metila está ligado ao átomo de nitrogênio. A porção "-acet" do nome indica o ácido no qual se baseia a amida. A superfície de potencial eletrostático e o modelo mostram a polaridade e a planaridade da ligação amida.

Acetaminofeno, N-acetil-p-aminofenol. Este analgésico é uma amida. Ele é usado em analgésicos vendidos sem prescrição médica, como o Tylenol.

(A) **(B)**

A forma B contém uma ligação dupla C=N, e os átomos de O e N têm cargas negativas e positivas, respectivamente. Ao átomo de N pode ser atribuído a hibridização sp^2, e a ligação π em B surge da sobreposição de orbitais p em C e N.

A segunda estrutura de ressonância de uma ligação de amida também explica por que a ligação carbono–nitrogênio é relativamente curta, cerca de 132 pm, um valor compreendido entre o de uma simples ligação C—N (149 pm) e o de uma ligação dupla C=N (127 pm). Além disso, ocorre a rotação restrita ao redor da ligação C=N, tornando possível a existência de espécies isoméricas, se os dois grupos ligados a N forem diferentes.

O agrupamento amida é particularmente importante em alguns polímeros sintéticos (◄ Seção 23.5) e em proteínas, caso em que é referido como uma ligação *peptídica*. O composto N-acetil-p-aminofenol, um analgésico conhecido pelo nome genérico de acetaminofeno ou paracetamol, é outra amida. O uso desse composto como um analgésico foi aparentemente descoberto por acaso, quando um composto orgânico comum chamado acetanilida (como o paracetamol, mas sem o grupo —OH) foi colocado erroneamente em uma receita para um paciente. A acetanilida atua como um analgésico, mas pode ser tóxica. Um grupo —OH na posição *em relação ao* grupo amida torna o composto não tóxico, um exemplo interessante de como uma aparentemente pequena diferença estrutural afeta a função química.

EXEMPLO 23.7

Química de Grupos Funcionais

Problema

(a) Desenhe a estrutura do produto da reação entre o ácido propanoico e o 1-propanol. Qual é o nome oficial do produto da reação e que grupo funcional ele contém?

(b) Qual é o resultado da reação entre o 2-butanol com um agente oxidante? Dê o nome e desenhe a estrutura do produto da reação.

O que você sabe? A partir do material abordado neste capítulo, você deve saber os nomes, as estruturas e as reações químicas comuns de compostos orgânicos mencionados nesta questão.

Estratégia Determine os produtos dessas reações com base na discussão do texto. O ácido propanoico é um ácido carboxílico, e 1-propanol e 2-butanol são ambos álcoois.

Solução

(a) Ácidos carboxílicos, como o ácido propanoico, reagem com álcoois para formar ésteres.

ácido propanoico   1-propanol   propanoato de propila, um éster

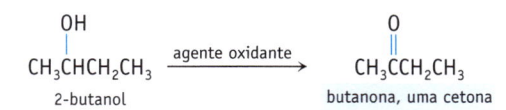

(b) 2-butanol é um álcool secundário. Tais álcoois são oxidados a acetonas.

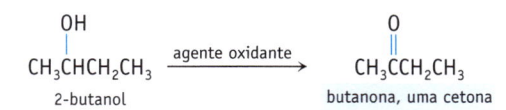

Pense bem antes de responder

Os alunos, por vezes, ficam preocupados com a grande quantidade de informações apresentadas na Química Orgânica. O estudo deste material terá mais sucesso se você organizar cuidadosamente as informações com base no tipo de composto.

Verifique seu entendimento

(a) Dê o nome de cada um dos seguintes compostos e de seu grupo funcional.

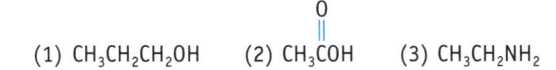

(b) Dê o nome do produto a partir da reação entre os compostos 1 e 2 acima.

(c) Qual é o nome e a estrutura do produto da oxidação de 1 com um excesso de agente oxidante?

(d) Dê o nome e a estrutura do composto que resulta da combinação de 2 e 3.

(e) Qual é o resultado da adição de um ácido (digamos, o HCl) ao composto 3?

EXERCÍCIOS PARA A SEÇÃO 23.4

1. Quantos aldeídos e cetonas podem ter a fórmula $C_5H_{10}O$ e que tenham uma cadeia de cinco carbonos?

(a) 2 aldeídos e 1 cetona

(b) 1 aldeído e 3 cetonas

(c) 1 aldeído e 1 cetona

(d) 1 aldeído e 2 cetonas

UM OLHAR MAIS ATENTO

Ácidos Graxos Ômega–3

Há um grande interesse hoje na incorporação de ácidos graxos ômega-3 na dieta. Embora os benefícios potenciais para a saúde não estejam totalmente estabelecidos, os defensores dizem que há alguma evidência de que eles reduzem a pressão arterial e reduzem as chances de ataques cardíacos e derrames. Fontes de ômega-3, os ácidos graxos incluem os óleos de peixe e de vegetais.

Esses compostos são ácidos carboxílicos poli-insaturados, de cadeia longa, e há um grande número de diferentes compostos que ocorrem naturalmente nessa classe.

O termo "ômega" no nome refere-se ao último átomo de carbono na cadeia de carbono do ácido, e o número 3 indica que não existe uma ligação dupla entre os átomos de carbono 3 e 4, quando contados a partir dessa extremidade da molécula.

Primeira ligação C=C está no terceiro C da extremidade ômega.

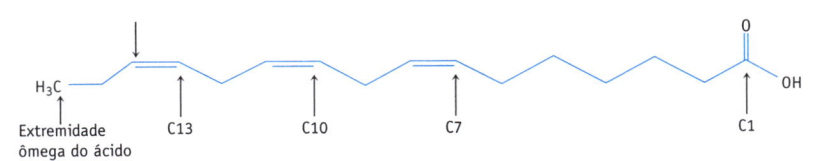

Um exemplo de um ácido graxo ômega-3 é o ácido *cis*-7, 10, 13-hexadecatrienoico, cuja estrutura é mostrada aqui. Nomear grandes moléculas complexas é um desafio, mas é possível decifrar a estrutura a partir do nome. *Hexadeca* identifica esse composto como uma cadeia de 16 carbonos, *trieno* nos diz que há 3 ligações duplas (todas com geometria *cis*), e o final *oico* define-o como ácido carboxílico. Os números 7, 10 e 13 indicam as posições das ligações duplas em relação ao átomo de carbono carboxílico.

Comprimidos de ômega-3.

Steven Hyatt

2. A adição de água ao 2-buteno proporciona um único produto. A oxidação desse produto com $K_2Cr_2O_7$ dá um único composto. Qual é seu nome?

(a) butanal

(b) 2-butanona

(c) 2-butanol

(d) butano

3. Qual é o ângulo de ligação do grupo de átomos O—C—O no ácido benzóico e qual é a hibridização do átomo de carbono da carbonila?

(a) 90°, não hibridizada

(b) 109,5°, sp^3 hibridizada

(c) 180°, sp hibridizada

(d) 120°, sp^2 hibridizada

4. Uma amostra de etanol é dividida em duas porções. Uma parte é oxidada com um excesso de agente oxidante para dar um ácido. O ácido e o álcool restantes reagem para formar um éster. Qual é o nome do éster?

(a) propanoato de etila

(b) ácido etanóico

(c) acetato de etila

(d) propanoato de metila

23-5 Polímeros

Vejamos agora as moléculas muito grandes conhecidas como *polímeros*. Estes podem ser materiais sintéticos ou substâncias de ocorrência natural, como as proteínas ou os ácidos nucleicos. Embora muitos tipos diferentes de polímeros sejam conhecidos e tenham diferentes composições e estruturas, as suas propriedades são compreendidas com base nos princípios desenvolvidos para moléculas pequenas.

Classificação dos Polímeros

A palavra *polímero* significa "muitas partes" (do grego, *poly* e *meros*). Assim, os **polímeros** são moléculas gigantes formadas pela união química de muitas moléculas menores chamadas **monômeros**. Os pesos moleculares dos polímeros podem variar de milhares a milhões.

O uso extensivo de polímeros sintéticos é um desenvolvimento razoavelmente recente. Alguns polímeros sintéticos (baquelite, raiom e celuloide) foram produzidos no início do século XX, mas a maioria dos produtos com que você está familiarizado originou-se nos últimos 75 anos. Por volta de 1976, os polímeros sintéticos superaram o aço como o material mais extensamente usado nos Estados Unidos. A produção média anual de polímeros sintéticos nos Estados Unidos é de aproximadamente 150 kg ou mais por pessoa.

A indústria de polímeros classifica os polímeros de muitas maneiras diferentes. Uma delas é quanto a sua resposta ao aquecimento. Os **termoplásticos** (como o polietileno) amolecem e fluem quando são aquecidos e endurecem quando resfriados. Os **plásticos de termofixos** (como a fórmica) são inicialmente moles, mas tornam-se sólidos rígidos quando aquecidos e não podem ser amolecidos. Outro esquema de classificação depende do uso final do polímero – por exemplo, plásticos, fibras, elastômeros, revestimentos e adesivos.

Uma abordagem mais química de orientação da classificação dos polímeros é baseada em seu método de síntese. **Polímeros de adição** são feitos por meio da adição direta das unidades monoméricas juntas. **Polímeros de condensação** são feitos combinando-se unidades do monômero, com a saída de uma molécula pequena, frequentemente a água.

Polímeros de Adição

O polietileno, o poliestireno e o policloreto de vinila (PVC) são polímeros de adição comuns (Figura 23.12). Eles são construídos pela "soma" de alcenos simples, como etileno ($CH_2\!=\!CH_2$), estireno ($C_6H_5CH\!=\!CH_2$) e cloreto de vinila ($CH_2\!=\!CHCl$). Esses e outros polímeros de adição (Tabela 23.12), todos derivados de alcenos, têm propriedades e usos extensamente variados.

Fotos: © Cengage Learning/Charles D. Winters

(a) Polietileno de alta densidade. (b) Poliestireno. (c) Policloreto de vinila.

FIGURA 23.12 Produtos de consumo feitos à base de polímeros comuns. Informações sobre reciclagem são fornecidas na maioria dos plásticos (muitas vezes moldadas no fundo das garrafas). O polietileno de alta densidade é designado com um "2" dentro de um símbolo triangular e as letras "HDPE". O poliestireno é designado por "6" com o símbolo PS, e o policloreto de vinila, PVC, é designado por um "3" dentro de um símbolo triangular, com o símbolo "V" ou "PVC" abaixo.

Tabela 23.12 Derivados do Etileno que Sofrem Adição

Fórmula	Nome Comum do Monômero	Nome do Polímetro (Nomes comerciais)	Usos
$H_2C=CH_2$	Etileno	Polietileno (Polithene)	*Squeezes*, sacos, filmes, brinquedos e objetos moldados, isolamento elétrico
$H_2C=CH-CH_3$	Propileno	Polipropileno (Vectra, Herculon)	Garrafas, filmes, carpetes para interiores e exteriores
$H_2C=CH-Cl$	Cloreto de Vinila	Policloreto de vinila (PVC)	Piso de assoalho, capas de chuva, tubulação
$H_2C=CH-CN$	Acrilonitrila	Poliacrilonitrila (Orlon, Acrilan)	Tapetes, tecidos
$H_2C=CH-C_6H_5$	Estireno	Poliestireno (Isopor, Styron)	*Coolers* de comida e bebida, material de construção, isolamento
$H_2C=CH-O-CO-CH_3$	Acetato de Vinila	Poliacetato de vinila (PVA)	Tinta látex, adesivos, revestimentos têxteis
$H_2C=C(CH_3)-CO-O-CH_3$	Metacrilato de Metila	Polimetacrilato de metila (Plexigas, Lucite)	Objetos transparentes de alta qualidade, látex, tintas, lentes de contato
$F_2C=CF_2$	Tetrafloroetileno	Politetrafluorotileno (Teflon)	Juntas, isolamento, rolamentos, revestimentos de panelas

Filme de polietileno. A película de polímero é produzida por extrusão de plástico fundido através de uma abertura em forma de anel e a inflação do filme como um balão.

Polietileno e Outras Poliolefinas

O polietileno é de longe líder em termos de quantidade da produção de polímeros. O etileno (C_2H_4), monômero de que o polietileno é feito, é um produto do refino do petróleo e está entre os cinco produtos químicos mais produzidos nos Estados Unidos. Quando o etileno é aquecido entre 100 e 250 °C a uma pressão de 1000 a 3000 atm na presença de um catalisador, polímeros com pesos moleculares de até vários milhões são formados. A reação pode ser expressa como uma equação química:

$$n\ H_2C=CH_2 \longrightarrow \left(\begin{matrix} H & H \\ | & | \\ C & C \\ | & | \\ H & H \end{matrix} \right)_n$$

etileno   polietileno

A fórmula abreviada do produto da reação, $+CH_2CH_2+_n$, mostra que o polietileno é uma cadeia de átomos de carbono, cada um ligado a dois hidrogênios. O comprimento da cadeia do polietileno pode ser muito longo. Um polímero com peso molecular de 1 milhão conteria quase 36 mil moléculas de etileno ligadas.

Amostras de polietileno formadas sob várias pressões e condições catalíticas apresentam propriedades diferentes, que resultam de estruturas moleculares distintas. Por exemplo, quando o óxido de cromo(III) é usado como catalisador, o produto é quase exclusivamente uma cadeia linear (Figura 23.13a). Entretanto, se o etileno for aquecido a 230 °C sob alta pressão, ocorre ramificação irregular (Figura 23.13b). Outras condições levam ainda ao polietileno reticulado, em que cadeias diferentes são unidas por ligações químicas (Figura 23.13c).

As cadeias de massa molar elevada de polietileno linear se juntam e resultam num material com uma densidade de 0,97 g/cm^3. Esse material, denominado polietileno de alta densidade (HDPE), é duro e resistente, o que o torna adequado para artigos como garrafas de leite. Entretanto, se a cadeia de polietileno contiver ramificações, as cadeias não podem se empacotar muito próximas umas das outras, e um material de uma densidade mais baixa (0,92 g/cm^3), conhecido como polietileno de baixa densidade (LDPE), é obtido. Esse material é mais macio e mais flexível que o HDPE. Ele é usado em filmes plásticos para embalar alimentos e sacos plásticos de sanduíches, entre outras coisas. A ligação entre as cadeias no polietileno reticulado (CLPE) fazem com que o material torne-se ainda mais rígido e inflexível. Tampas plásticas de garrafas são frequentemente feitas de CLPE.

Os polímeros formados a partir de etilenos substituídos ($CH_2=CHX$) apresentam uma variedade de propriedades e usos (Tabela 23.12). Às vezes, as propriedades são previsíveis com base na estrutura da molécula. Os polímeros sem grupos substituintes polares, tais como o poliestireno, geralmente dissolvem-se em solventes orgânicos, uma propriedade útil para alguns tipos de fabricação.

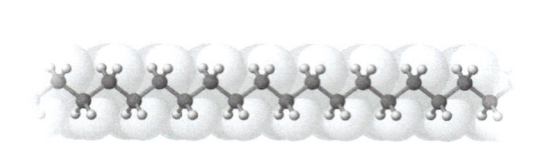

(a) Forma linear, polietileno de alta densidade (HDPE).

FIGURA 23.13 Polietileno.

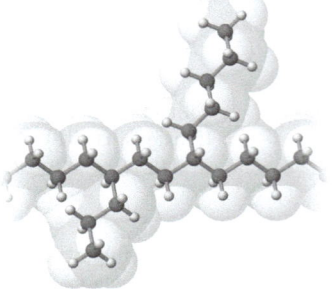

(b) Cadeias ramificadas ocorrem em polietileno de baixa densidade (LDPE).

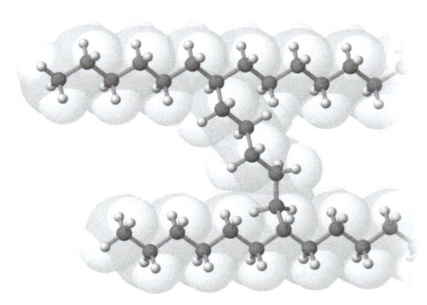

(c) Polietileno reticulado (CLPE).

Polímetros baseados em etilenos substituídos, CH$_2$=CHX

$$\left(\begin{array}{c} CH_2CH \\ | \\ OH \end{array}\right)_n \qquad \left(\begin{array}{c} CH_2CH \\ | \\ OCCH_3 \\ \| \\ O \end{array}\right)_n \qquad \left(\begin{array}{c} CH_2CH \\ | \\ \bigcirc \end{array}\right)_n$$

Álcool polivinílico   Acetato polivinílico   Poliestireno

O álcool polivinílico é um polímero com pouca afinidade para os solventes apolares, mas possui afinidade com a água, o que não é surpreendente, devido ao grande número de grupos OH polares (Figura 23.14). O álcool vinílico (CH$_2$=CHOH) não é um composto estável (ele isomeriza para formar o acetaldeído CH$_3$CHO), de modo que o álcool polivinílico não pode ser feito a partir desse composto. Em vez disso, ele é produzido por meio da hidrólise dos grupos éster no poliacetato de vinila.

$$\left(\begin{array}{cc} H & H \\ | & | \\ -C & -C- \\ | & | \\ H & OCCH_3 \\ & \| \\ & O \end{array}\right)_n + n\ H_2O \longrightarrow \left(\begin{array}{cc} H & H \\ | & | \\ -C & -C- \\ | & | \\ H & OH \end{array}\right)_n + n\ CH_3CO_2H$$

A solubilidade em água ou em solventes orgânicos pode ser uma vantagem. Muitos usos do politetrafluoroetileno [Teflon, $-\!\!\left(CF_2CF_2\right)\!\!-_n$] são consequência do fato de ele não interagir com água ou solventes orgânicos.

O poliestireno, com $n = 5700$, é um sólido claro, duro e incolor, que pode ser facilmente moldado a 250 °C. No entanto, você provavelmente está mais familiarizado com o material muito leve, parecido com espuma, conhecido como isopor, que é amplamente utilizado para embalagens de alimentos e bebidas e isolamento em casas (veja a Figura 23.12). O isopor é produzido por um processo chamado "moldagem por expansão". Os grânulos de poliestireno contendo de 4% a 7% de um líquido com baixo ponto de ebulição, como o pentano, são colocados em um molde e aquecidos com vapor de água ou ar quente. O aquecimento causa a evaporação do solvente, criando uma espuma no polímero fundido, que se expande para preencher a forma do molde.

Borracha Natural e Sintética

A borracha natural foi inicialmente introduzida na Europa em 1740, mas permaneceu como uma curiosidade até 1823, quando Charles Macintosh inventou uma maneira de utilizá-la para impermeabilizar o tecido de algodão. Os *macintosh*, como os casacos de chuva ainda são chamados às vezes, tornaram-se populares, apesar de grandes problemas: a borracha natural é notavelmente fraca e é macia e pegajosa quando aquecida, mas quebradiça a baixas temperaturas. Em 1839, depois de cinco anos trabalhando com borracha natural, o inventor norte-americano Charles Goodyear (1800-1860) descobriu que o aquecimento da goma de borracha com enxofre produz um material que é elástico, repelente à água, resistente e não mais pegajoso.

A borracha é um polímero de ocorrência natural, cujos monômeros são moléculas de 2-metil-1,3-butadieno, geralmente chamadas de *isopreno*. Na borracha natural, os monômeros de isopreno estão ligados entre si através de átomos de carbono 1 e 4 – ou seja, dos átomos das extremidades da cadeia C$_4$ (Figura 23.15). Isso deixa uma dupla ligação entre átomos de carbono 2 e 3. Na borracha natural, essas ligações duplas têm uma configuração *cis*.

Na borracha vulcanizada, o material descoberto por Goodyear, as cadeias poliméricas da borracha natural são reticuladas por cadeias curtas de átomos de enxofre. A reticulação ajuda no alinhamento das cadeias poliméricas de modo que o material não sofre uma mudança permanente quando é esticado e retrocede quando deixa de ser esticado. Substâncias que apresentam esse tipo de comportamento são chamadas **elastômeros**.

© Cengage Learning/Charles D. Winters

FIGURA 23.14 Limo do álcool polivinílico. Quando o ácido bórico, B(OH)$_3$, é adicionado a uma suspensão aquosa de álcool polivinílico, (CH$_2$CHOH)$_n$, a mistura torna-se muito viscosa, porque o ácido bórico reage com os grupos —OH na cadeia de polímero, fazendo com que a reticulação ocorra. (O modelo mostra uma estrutura idealizada de uma parte do polímero.)

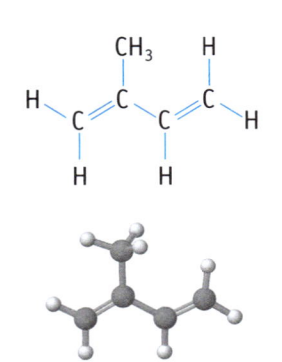

isopreno, 2-metil-1,3-butadieno

FIGURA 23.15 Borracha natural. A seiva que vem da seringueira é um polímero natural do isopreno. Todas as ligações na cadeia de carbono são *cis*. Quando a borracha natural é aquecida fortemente na ausência de ar, ela desprende cheiro de isopreno. Essa observação forneceu um indício de que a borracha é composta por esse bloco de partida.

Tendo adquirido o conhecimento da composição e da estrutura da borracha natural, os químicos começaram a buscar maneiras de produzir a borracha sintética. Porém, quando tentaram pela primeira vez preparar o polímero ligando monômeros de isopreno, o que resultou era aderente e inútil. O problema residia no fato de que os procedimentos sintéticos levavam a uma mistura de *cis* e *trans*-poli-isopreno. Em 1955, entretanto, químicos das companhias Goodyear e Firestone descobriram catalisadores especiais para preparar o polímero totalmente *cis*. Esse material sintético, estruturalmente idêntico à borracha natural, é atualmente manufaturado com baixo custo. Na verdade, mais de $8,0 \times 10^8$ kg de poli-isopreno sintético são produzidos anualmente nos Estados Unidos. Outros tipos de polímero expandiram ainda mais o repertório de materiais elastoméricos disponíveis hoje em dia. O polibutadieno, por exemplo, é atualmente utilizado na produção de pneus, mangueiras e correias.

Alguns elastômeros, chamados **copolímeros**, são formados pela polimerização de dois (ou mais) monômeros diferentes. Um copolímero de estireno e butadieno, feito com uma razão de 3:1 entre essas matérias-primas, é a borracha sintética mais importante produzida atualmente. Mais de 1 bilhão de quilos de borracha estireno-butadieno (SBR) são produzidos por ano nos Estados Unidos para a produção de pneus. E uma pequena quantidade remanescente é utilizada para fazer goma de mascar. A elasticidade da goma de mascar vinha antigamente da borracha natural, mas a SBR é usada hoje para ajudá-lo a soprar bolas de goma de mascar.

1,3-butadieno   estireno

borracha de estireno-butadieno (SBR)

Copolímeros e Plásticos de Engenharia para Peças de Lego e Tatuagens

UM OLHAR MAIS ATENTO

Muitos produtos normalmente utilizados não são feitos de um único monômero, mas são copolímeros ou uma combinação de polímeros. Um exemplo é o plástico ABS. Este é um copolímero de acrilonitrila (A) e estireno (S), que é feito na presença de polibutadieno (B).

O resultado é um material termoplástico que preserva bem a cor e apresenta uma superfície brilhante e impenetrável. Ele é utilizado para produzir muitos itens de consumo: brinquedos (como peças de Lego), peças de automóvel e tubos de pressão para água e para outros fluidos. Há evidências de que algumas tintas de tatuagem com cores vivas também contêm plástico ABS.

Quando a acrilonitrila e o estireno são polimerizados na presença de polibutadieno, cadeias curtas de polímero de acrilonitrila-estireno são misturadas com cadeias mais longas de polibutadieno. Os grupos polares —CN das cadeias ABS vizinhas interagem uns com os outros e ligam as cadeias. O resultado é um material plástico mais forte que o poliestireno.

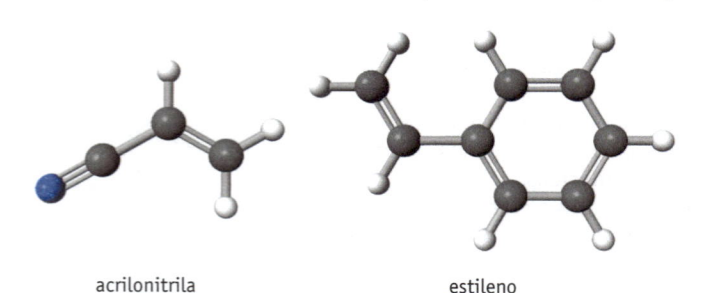

acrilonitrila   estileno

Polímeros de Condensação

Uma reação química em que duas moléculas reagem com a eliminação de uma molécula pequena é chamada **reação de condensação**. A reação de um álcool com um ácido carboxílico para formar um éster é um exemplo de uma reação de condensação. Uma maneira de formar um polímero de condensação utiliza *duas* moléculas diferentes de reagentes, cada uma contendo *dois* grupos funcionais. Outra via utiliza uma única molécula com dois grupos funcionais diferentes. Poliésteres comerciais são feitos usando-se os dois tipos de reações.

Poliésteres

O ácido tereftálico possui dois grupos ácido carboxílico, e o etilenoglicol contém dois grupos álcool. Quando misturados, os grupos funcionais ácido e álcool das duas extremidades dessas moléculas podem reagir para formar ligações éster, eliminando uma molécula de água. O resultado é um polímero de condensação chamado de politereftalato de etileno(PET). As múltiplas ligações éster do produto fazem dele um **poliéster** (Figura 23.16).

$$n \; HOC-\!\!\!\bigcirc\!\!\!-COH + n \; HOCH_2CH_2OH \longrightarrow \left(C-\!\!\!\bigcirc\!\!\!-COCH_2CH_2O\right)_n + 2n \; H_2O$$

ácido tereftálico   etilenoglicol   politereftalato de etileno (PET), um poliéster

PET também é produzido a partir de uma reação entre o tereftalato de metila e o etilenoglicol, denominada **transesterificação**. Nessa reação, um éster é convertido em outro, e a remoção do metanol por destilação permite que a reação se complete.

$$n \; CH_3O_2CC_6H_4CO_2CH_3 + n \; HOCH_2CH_2OH \rightleftharpoons -(O_2CC_6H_4CO_2CH_2CH_2)_n- + 2n \; CH_3OH$$

Fibras têxteis de poliéster feitas de PET são comercializadas como Dacron e Terylene. Por serem atóxicos, não inflamáveis e por não causarem coagulação do sangue, os tubos feitos com o polímero Dacron são excelentes substitutos dos vasos sanguíneos humanos em cirurgias cardíacas para implantação de pontes; além disso, folhas de Dacron são algumas vezes usadas como pele temporária em vítimas de queimaduras. Um filme de poliéster, Mylar, possui uma resistência incomum e pode ser enrolado em folhas com uma espessura trinta vezes menor que a do cabelo humano.

Há um interesse considerável em outro poliéster, o ácido polietáctico (PLA). O ácido láctico possui grupos funcionais de ácido carboxílico e de álcool, de modo que a condensação entre moléculas desse monômero dá um polímero.

$$n \; HO-\underset{\underset{CH_3}{|}}{\overset{\overset{H}{|}}{C}}-\overset{\overset{O}{\|}}{C}-OH \longrightarrow \left(\underset{\underset{CH_3}{|}}{\overset{\overset{H}{|}}{C}}-\overset{\overset{O}{\|}}{C}-O\right)_n + n \; H_2O$$

O interesse no ácido polietáctico surge porque ele é "verde", por várias razões. Em primeiro lugar, o monômero utilizado para fazer esse polímero é obtido por fermentação biológica de materiais vegetais. Como resultado, a formação desse polímero é neutra em termos de carbono. Todo carbono nesse polímero veio do CO_2 na atmosfera e a degradação em algum momento futuro retornará a mesma quantidade de CO_2 para o ambiente. Além disso, esse polímero, que está atualmente sendo utilizado em materiais de embalagem, é biodegradável, o qual tem o potencial para aliviar os problemas de deposição de aterro.

Poliamidas

Em 1928, a DuPont Company embarcou em um programa de pesquisa básica chefiado pelo Dr. Wallace Carothers (1896-1937). Carothers estava interessado em compostos de pesos molares elevados, tais como as borrachas, as proteínas e as

FIGURA 23.16 Poliésteres. Politereftalato de etileno é usado para produzir roupas, garrafas de refrigerante, peças de automóveis e muitos outros produtos de consumo.

UM OLHAR MAIS ATENTO

Química Verde: Reciclando o PET

Em 2009, a produção mundial de politereftalato de etileno ascendeu para 49,2 bilhões de quilogramas. A maior parte foi utilizada para a produção de fibras e de materiais de embalagem; o restante foi usado para peças de automóveis, baga-

gem, filtros e muito mais. Atualmente, a maior parte do PET utilizado para produzir recipientes para bebidas é reciclado.

O processo de reciclagem utiliza uma química familiar. A sucata de PET é dissolvida a mais de 220 °C em dimetilftalato (DMT) e depois, tratada com metanol a 260-300 °C e 340-650 kPa. Nesse processo, o metanol reage com o polímero para quebrar as cadeias, formando mais DMT e etilenoglicol. DMT e etilenoglicol são separados, purificados e utilizados para produzir mais PET.

A recuperação de etilenoglicol e DMT significam que o petróleo cada vez mais escasso não é necessário para produzir as matérias-primas para a fabricação de bilhões de quilos do novo PET!

Roupas feitas de poliéster reciclado.

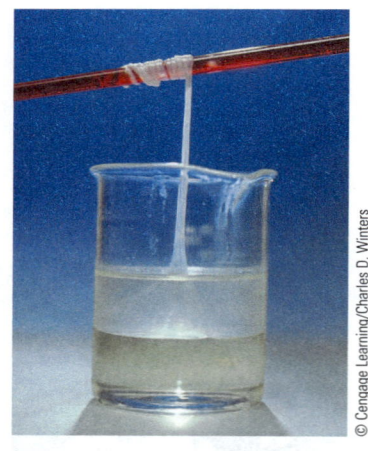

FIGURA 23.17 Náilon-6,6. A hexametilenodiamina é dissolvida em água (*camada inferior*), e cloreto de adipoíla (um derivado de ácido adípico) é dissolvido em hexano (*camada superior*). Os dois compostos reagem na interface entre as camadas de modo a formar o náilon-6,6, que está sendo enrolado num bastão de agitação.

resinas. Em 1935, sua pesquisa levou-o ao náilon-6,6 (Figura 23.17), uma **poliamida** preparada a partir do dicloreto de adipoíla, derivado do ácido adípico (um diácido) e da hexametilenodiamina (uma diamina):

$$n\ \text{ClC(CH}_2)_4\text{CCl} + n\ \text{H}_2\text{N(CH}_2)_6\text{NH}_2 \longrightarrow \left(\text{C(CH}_2)_4\text{C}-\text{N(CH}_2)_6\text{N} \right)_n + 2n\ \text{HCl}$$

cloreto de adipoíla   hexametilenodiamina   ligação amida no náilon-6,6, uma poliamida

O náilon pode ser extrudado facilmente em fibras que são mais fortes que fibras naturais e quimicamente mais inertes. Esse fato sacudiu a indústria têxtil americana em um momento crítico. As fibras naturais não estavam atendendo às necessidades do século XX. A seda era cara e não durável, as lãs eram desconfortáveis no contato com a pele, o linho amassava facilmente e o algodão não possuía uma imagem de alta moda. Talvez o uso mais identificável para a nova fibra estivesse nas meias de náilon. A primeira venda pública de meias de náilon ocorreu em 24 de outubro de 1939, em Wilmington, Delaware (o local do escritório principal da DuPont). Esse uso do náilon em produtos comerciais terminou logo depois disso, com o começo da Segunda Guerra Mundial. Todo o náilon foi desviado para a confecção de paraquedas e outros equipamentos militares. Foi somente por volta de 1952 que o náilon reapareceu no mercado consumidor.

A Figura 23.18 ilustra por que o náilon faz uma fibra tão boa. Para ter uma boa resistência à tração (a habilidade de resistir à ruptura), as cadeias poliméricas devem ser capazes de atrair umas às outras, embora não tão fortemente que o plástico não possa ser esticado na forma de fibras. Ligações covalentes comuns entre as cadeias (reticulação) seriam fortes demais. Em vez disso, a reticulação ocorre através de uma força intermolecular um pouco mais fraca chamada de *ligação de hidrogênio* (◄ Seção 11.3) entre os hidrogênios dos grupos N—H de uma cadeia e os oxigênios da carbonila de outra cadeia. As polaridades do grupo $N^{\delta-}$—$H^{\delta+}$ e do grupo $C^{\delta+}$=$O^{\delta-}$ levam a forças atrativas entre as cadeias de polímeros de magnitude desejada.

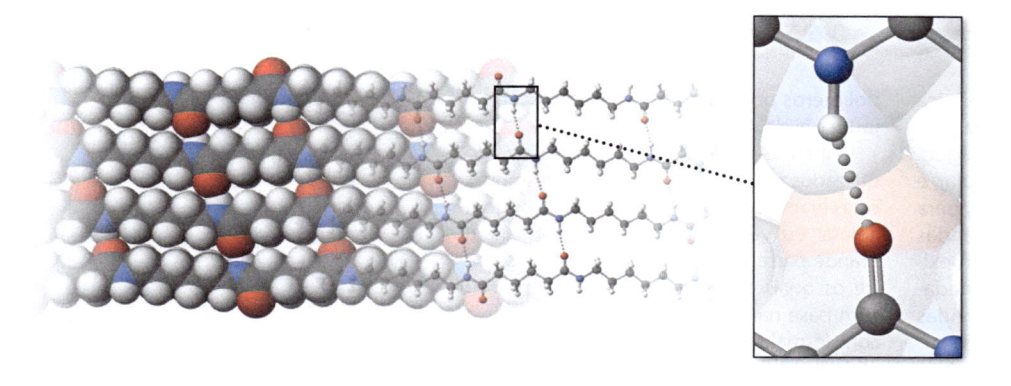

FIGURA 23.18 Ligações de hidrogênio entre as cadeias de poliamida. Átomos de oxigênio de carbonila, com uma carga parcialmente negativa em uma das cadeias, interagem com um hidrogênio de amina com uma carga positiva parcial em uma cadeia vizinha. (A ligação de hidrogênio está descrita em mais detalhes na Seção 11.3.)

EXEMPLO 23.8

Polímeros de Condensação

Problema Qual é a unidade de repetição do polímero de condensação obtido pela combinação de $HO_2CCH_2CH_2CO_2H$ (ácido succínico) e $H_2NCH_2CH_2NH_2$ (1,2-etilenodiamina)?

O que você sabe? Ácidos carboxílicos e aminas reagem de modo a formar amidas, liberado em água. Aqui temos um diácido e uma diamina que reagirão. A unidade de repetição será a sequência mais curta que, quando repetida, dá uma longa cadeia polimérica.

Estratégia Note que o polímero será formado pela união das duas unidades monoméricas através de uma ligação amida. A menor unidade de repetição da cadeia conterá duas partes: uma originária do diácido e a outra originária da diamina.

Solução A unidade de repetição desta poliamida é:

$$\left(\underset{\underset{O}{\parallel}}{C}CH_2CH_2\underset{\underset{O}{\parallel}}{C} - \underset{\underset{H}{|}}{N}CH_2CH_2\underset{\underset{H}{|}}{N} \right)_n$$

ligação amida

Pense bem antes de responder Fragmentos alternados de diácido e de diamina aparecem na cadeia polimérica. Os fragmentos são ligados por ligações de amida, tornando-o uma poliamida.

Verifique seu entendimento

Kevlar é um polímero bem conhecido que agora é usado para fazer equipamentos esportivos e coletes à prova de balas. A estrutura de base do polímero é mostrada abaixo. Esse é um polímero de condensação ou um polímero de adição? Quais produtos químicos podem ser utilizados para fazer esse polímero?

Escreva a equação balanceada para a formação de Kevlar.

grupo amida

ESTUDO DE CASO

Adesivos verdes

O químico Kaichang Li estudou a química da madeira e agora está fazendo uma pesquisa na Universidade Estadual de Oregon. Oregon tem um litoral bonito e irregular, e Li foi para lá em busca de mexilhões para fazer um prato especial. Como as ondas batem na terra, ele percebeu que os mexilhões poderiam se agarrar obstinadamente às rochas, apesar da força das ondas e marés. Que cola lhes permitia fazer isso?

De volta ao seu laboratório, Li descobriu que os fios de cola eram, em grande parte, baseados em proteína. As proteínas são simplesmente polímeros de aminoácidos com uma ligação amida entre as unidades (veja o Capítulo 24). Li percebeu que esses

polímeros podem ter enorme aplicação na indústria da madeira.

Sabemos que adesivos ou colas têm sido utilizados por milhares de anos. As primeiras colas eram baseadas em produtos de origem animal ou vegetal. Agora, no entanto, em grande parte, os adesivos são sintéticos, entre os quais os polímeros de condensação com base na combinação de fenol ou ureia com formaldeído. Eles têm sido usados por mais de meio século na fabricação de madeira compensada e aglomerado de madeira, e sua casa ou dormitório provavelmente contém uma quantidade significativa desses materiais de construção. Infelizmente, eles têm uma desvantagem. Em sua fabricação e uso, o formaldeído, suspeito de ser cancerígeno, pode ser liberado no ar.

O trabalho de Li com mexilhões eventualmente conduziu a um novo adesivo, mais seguro, que pode ser usado nesses mesmos produtos de madeira. O primeiro problema foi como preparar uma base de proteínas adesivas no laboratório. A ideia surgiu-lhe um dia na hora do almoço, quando ele estava comendo tofu, um alimento à base de soja, muito rico em proteínas. Por que não modificar a proteína da soja para fazer um novo adesivo? Usando mexilhões como seu modelo, Li fez exatamente isso e, como ele disse: "Nós transformamos proteínas de soja em proteínas adesivas dos mexilhões".

Cortesia de Oregon State University

Professor K. Li, um descobridor de adesivos "verdes".

Cientistas da Hercules Chemical Company forneceram conhecimentos para curar (ou endurecer) o novo adesivo "verde", e a Columbia Forest Products Company adotou o adesivo ambientalmente amigável para uso em madeira compensada e aglomerados de madeira.

Em 2007, Li e seus colegas de trabalho, bem como a Columbia Forest Products e Hercules, dividiram um Prêmio Presidencial de Desafio da Química Verde.

Questões:

1. Desenhe as estruturas do fenol, da ureia e do formaldeído.
2. Descreva as ligações no formaldeído.
3. Foi dito que o náilon é semelhante a uma proteína. Compare e diferencie as estruturas do náilon-6,6 e de uma proteína (para mais informações sobre a estrutura das proteínas, consulte o Capítulo 24).

As respostas a essas questões estão no Apêndice N.

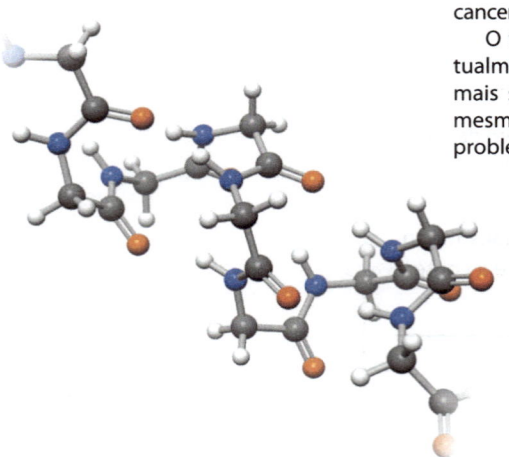

FIGURA A Uma porção de uma cadeia da proteína feita de moléculas de glicina repetidas ($H_2NCH_2CO_2H$).

EXERCÍCIO PARA A SEÇÃO 23.5

1. O ácido poliacrílico, mostrado abaixo, é feito a partir de qual dos seguintes monômeros? (O sal de sódio do polímero, o poliacrilato de sódio, e a celulose são os ingredientes importantes em fraldas descartáveis para bebês.)

$$\left[-CH_2-\underset{\underset{\underset{OH}{|}}{\overset{O=C}{|}}}{\overset{\overset{H}{|}}{C}}-CH_2-\underset{\underset{\underset{OH}{|}}{\overset{O=C}{|}}}{\overset{\overset{H}{|}}{C}}-CH_2-\underset{\underset{\underset{OH}{|}}{\overset{O=C}{|}}}{\overset{\overset{H}{|}}{C}}- \right]_n$$

(a) $CH_2\!=\!CH_2$ (b) $CH_2\!=\!\underset{\underset{CN}{|}}{CH}$ (c) $CH_2\!=\!\underset{\underset{CO_2H}{|}}{CH}$ (d) $CH_2\!=\!\underset{\underset{OH}{|}}{CH}$

APLICANDO PRINCÍPIOS QUÍMICOS
Bisfenol A (BPA)

O bisfenol A (BPA) é um composto orgânico que consiste em dois grupos fenólicos ligados através de um átomo de carbono. Foi sintetizado pela primeira vez por volta de 1900, mas só há pouco tempo é que se tornou comercialmente importante. E, ainda mais recentemente, o composto tem sido constante manchete de notícias por causa de sua possível toxicidade.

O bisfenol A é um sólido branco, ligeiramente solúvel em água (300 mg/L), e um ácido fraco (pK_a de 9,9). Em 2011, a demanda mundial total do BPA foi de cerca de $5,4 \times 10^9$ kg.

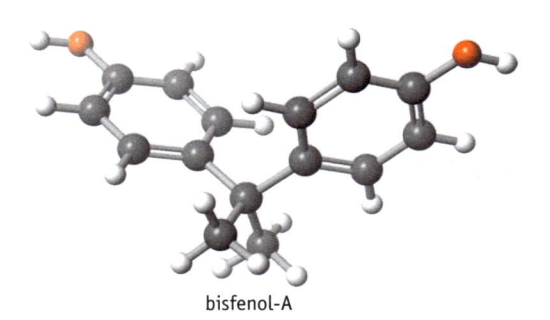

bisfenol-A

Se o BPA for tratado com fosgênio (Cl_2CO), o produto é o polímero policarbonato, e cerca de 74% do BPA é usado para fazer esse polímero. Como o policarbonato é leve, durável, claro e quase inquebrável, ele é usado para produzir, entre outras coisas, garrafas, lentes de óculos, capacetes de futebol americano e CDs e DVDs.

Outros 20% do BPA são convertidos em resinas epóxi por reação de epicloridrina com BPA. Até recentemente, as resinas epóxi eram utilizadas para revestir o interior de latas de alguns alimentos, mas ainda são empregadas em tintas e revestimentos, adesivos e materiais compósitos.

Cerca dos restantes 6% do BPA são usados em papel térmico. Quando você pega um recibo em um restaurante ou loja, o revestimento sobre o papel pode conter BPA.

O BPA é um material útil. O que poderia dar errado? O problema é que o BPA tem atividade estrogênica, a capacidade de simular a atividade de hormônios sexuais femininos primários. Mas isso também é verdade para alguns compostos encontrados naturalmente em grãos, azeites e algumas frutas e legumes. No entanto, tem havido um intenso debate sobre os efeitos biológicos de BPA e seus polímeros.

Devido a esse debate, o uso de polímeros BPA foi praticamente eliminado da fabricação de garrafas (especialmente mamadeiras) e do revestimento de latas de alimentos. Substitutos também estão sendo encontrados para BPA em recibos.

A Environmental Protection Agency (EPA) afirma que atualmente é seguro ingerir até 50 μg por quilograma de peso corporal por dia. No entanto, muitos cientistas acreditam que o limite de segurança deve ser muito menor, ou que o BPA deve ser totalmente eliminado. Para colocar isso em contexto, alguns estudos indicam que crianças alimentadas a partir de garrafas de policarbonato podem ingerir até 13 μg/kg/dia. Um adulto normal pode consumir cerca de 1,5 μg/kg/dia.

Acetona + 2 Fenol → Bisfenol A + H_2O

Fosgênio

Epicloridrina

Policarbonato

Resina epóxi

Síntese de BPA e policarbonato e resina epóxi a partir de BPA

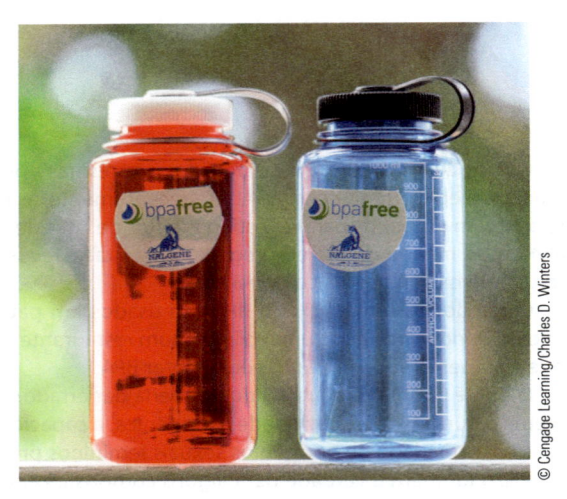

A maior parte das garrafas não é mais feita de polímeros à base de BPA.

Em uma série de artigos sobre o BPA e seus efeitos na *Chemical & Engineering News*, os autores escreveram, "Dado o conhecimento das propriedades que imitam o estrogênio do BPA e os possíveis efeitos tóxicos, as decisões têm de ser feitas sobre se ele deve continuar a ser utilizado livremente, restrito para algumas utilizações ou totalmente proibido. Não existem respostas simples".

QUESTÕES:

1. Qual é a economia do atômica para a reação da acetona com fenol para produzir BPA? (Veja o "Estudo de Caso: Química Verde e Economia Atômica, no Capítulo 4.)
2. O policarbonato e as resinas epóxi de polímeros são polímeros de adição ou polímeros de condensação?
3. Uma criança, que pese cerca de 15 lb, ingere mais de 50 μg por dia? (1,00 lb = 454 g)
4. Suponha que você pese 156 lb. Quanto BPA você ingere por dia?
5. Que quantidade de NaOH 0,050 M seria necessária para reagir com 300 mg de BPA em 1,00 L de água? (Suponha que ambos os grupos —OH reagem com NaOH.)

REFERÊNCIA:

Chemical & Engineering News, p. 13.22, 6 jun. 2011.

REVISÃO DOS OBJETIVOS DO CAPÍTULO

Agora que você já estudou este capítulo, deve perguntar a si mesmo se atingiu os objetivos propostos. Especificamente, você deverá ser capaz de:

ENTENDER

- Os princípios gerais da estrutura e ligação aplicados a compostos orgânicos.
- Por que o carbono forma uma vasta gama de compostos químicos diversos.

FAZER

- Classificar os compostos orgânicos com base em sua fórmula e estrutura.
- Reconhecer e desenhar estruturas de isômeros estruturais e estereoisômeros de compostos de carbono.
  - **a.** Reconhecer e desenhar as estruturas de isômeros geométricos e isômeros ópticos (Seção 23.1). Questões para Estudo: 11, 12, 15, 19, 69.
- Desenhar as estruturas das moléculas, dado o nome e/ou a fórmula, e nomear os compostos orgânicos utilizando regras padrão de nomenclatura.
  - **a.** Desenhar as fórmulas estruturais e dar os nomes de hidrocarbonetos simples, incluindo alcanos, alcenos, alcinos e compostos aromáticos (Seção 23.2). Questões para Estudo: 1–16, 69, 70, 77.
  - **b.** Identificar possíveis isômeros para determinada fórmula (Seção 23.2). Questões para Estudo: 6, 8, 11, 15, 16, 19–22, 28.
  - **c.** Dar o nome e desenhar as estruturas dos álcoois e aminas (Seção 23.3). Questões para Estudo: 37–42.
  - **d.** Dar o nome e desenhar as estruturas dos compostos carbonílicos: aldeídos, cetonas, ácidos, ésteres e amidas (Seção 23.4). Questões para Estudo: 47–50.

- Prever os produtos das reações orgânicas comuns.
  - **a.** Fazer o prognóstico das reações de alcenos, compostos aromáticos, álcoois, aminas, aldeídos, cetonas e ácidos carboxílicos. Questões para Estudo: 23–26, 29, 30, 33–36, 43–46, 51–56, 59, 62, 71–74, 89, 91, 95.

- Identificar os polímeros comuns.
  - **a.** Escrever equações para a formação de polímeros de adição e polímeros de condensação, e descrever suas estruturas (Seção 23.5). Questões para Estudo: 63-66.
  - **b.** Relacionar as propriedades dos polímeros às suas estruturas (Seção 23.5). Questão para Estudo: 109.

- Relacionar propriedades à estrutura molecular.
  - **a.** Descrever as propriedades físicas e químicas de várias classes de compostos de hidrocarbonetos (Seção 23.2). Questão para Estudo: 17.
  - **b.** Reconhecer a conexão entre as estruturas e as propriedades dos álcoois (Seção 23.3). Questões para Estudo: 45, 46, 72.
  - **c.** Conhecer as estruturas e as propriedades de alguns produtos naturais (Seção 23.4). Questões para Estudo: 57, 58, 83, 84, 87.

LEMBRAR

- As propriedades químicas e físicas comuns dos compostos orgânicos.

- Os nomes, as estruturas e as propriedades dos polímeros orgânicos comuns.

Acima: John C. Kotz; abaixo: © Cengage Learning/
Charles D. Winters

▲ denota questões desafiadoras.

Questões numeradas em verde têm respostas no Apêndice N.

Praticando Habilidades

Alcanos e Cicloalcanos

(Veja a Seção 23.2 e os Exemplos 23.1 e 23.2.)

1. Qual é o nome do alcano de cadeia linear (não ramificada) com a fórmula C_7H_{16}?

2. Qual é a fórmula molecular do alcano com 12 átomos de carbono?

3. Qual dos seguintes compostos pode ser um alcano?

(a) C_2H_4 (c) $C_{14}H_{30}$
(b) C_5H_{12} (d) C_7H_8

4. Qual dos seguintes compostos pode ser um cicloalcano?

(a) C_3H_5 (c) $C_{14}H_{30}$
(b) C_5H_{10} (d) C_8H_8

5. Um dos isômeros estruturais com a fórmula C_9H_{20} tem o nome 3-etil-2-metil-hexano. Desenhe sua estrutura. Desenhe e nomeie outro isômero estrutural de C_9H_{20} em que existe uma cadeia de cinco átomos de carbono.

6. O isoctano, 2,2,4-trimetilpentano, é um dos possíveis isômeros estruturais com a fórmula C_8H_{18}. Desenhe a estrutura desse isômero e desenhe e nomeie as estruturas de outros dois isômeros de C_8H_{18} em que a cadeia de carbono mais longa contém cinco átomos.

7. Dê o nome oficial para o seguinte alcano:

$$CH_3CHCHCH_3$$
com CH_3 acima e CH_3 abaixo

8. Dê o nome oficial para o seguinte alcano. Desenhe um isômero estrutural do composto e dê o seu nome.

$$CH_3CHCH_2CH_2CHCH_3$$
com CH_3 acima do primeiro CH e CH_2CH_3 abaixo

9. Desenhe a estrutura de cada um dos seguintes compostos:

(a) 2,3-dimetil-hexano
(b) 2,3-dimetiloctano
(c) 3-etil-heptano
(d) 3-etil-2-metil-hexano

10. Desenhe as estruturas para os seguintes compostos:

(a) 3-etilpentano   (c) 2,4-dimetilpentano
(b) 2,3-dimetilpentano   (d) 2,2-dimetilpentano

11. Desenhe as estruturas de Lewis e dê o nome de todos os alcanos possíveis que apresentam uma cadeia de sete carbonos com um grupo metila substituinte. Qual desses isômeros têm um centro quiral de carbono?

12. Quatro (de seis possíveis) dimetil-hexanos são nomeados abaixo. Desenhe as estruturas de cada um e determine quais desses isômeros têm um centro de carbono quiral.

(a) 2,2-dimetil-hexano   (c) 2,4-dimetil-hexano
(b) 2,3-dimetil-hexano   (d) 2,5-dimetil-hexano

13. Desenhe a estrutura da forma de cadeira do cicloexano. Identifique os átomos de hidrogênio axiais e equatoriais neste desenho.

14. Desenhe uma estrutura para ciclo-heptano. O anel de sete membros é planar? Explique sua resposta.

15. Existem dois etil-heptanos (compostos com uma cadeia de sete carbonos e um substituinte etila). Desenhe a estrutura e dê nome desses compostos. Algum dos isômeros é quiral?

16. Entre os 18 isômeros estruturais com a fórmula C_8H_{18}, existem dois com uma cadeia de cinco átomos de carbono que têm um etil e um grupo substituinte metil. Desenhe suas estruturas e dê nome desses dois isômeros.

17. Liste várias propriedades físicas típicas de C_4H_{10}. Preveja as seguintes propriedades físicas do dodecano, $C_{12}H_{26}$: cor, estado (s, ℓ, g), solubilidade em água, solubilidade em um solvente apolar.

18. Escreva equações balanceadas para as seguintes reações de alcanos.

(a) A reação de metano com um excesso de cloro.
(b) A combustão completa de ciclo-hexano, C_6H_{12}, com excesso de oxigênio.

Alcenos e Alcinos
(Veja a Seção 23.2 e os Exemplos 23.3 e 23.4.)

19. Desenhe estruturas para os isômeros *cis* e *trans* do 4-metil-2-hexeno.

20. Qual requisito estrutural é necessário para que um alceno tenha isômeros *cis* e *trans*? Os isômeros *cis* e *trans* existem para um alcano? E para um alcino?

21. Um hidrocarboneto com a fórmula C_5H_{10} pode ser tanto um alceno como um cicloalcano.

(a) Desenhe uma estrutura para cada um dos seis isômeros possíveis para C_5H_{10}, assumindo que é um alceno. Dê o nome oficial de cada isômero.
(b) Desenhe uma estrutura para um cicloalcano que tem a fórmula C_5H_{10}.

22. Cinco alcenos têm a fórmula C_7H_{14} e uma cadeia de sete carbonos. Desenhe suas estruturas e nomeie-os.

23. Desenhe a estrutura e dê o nome oficial para os produtos das seguintes reações:

(a) $CH_3CH{=}CH_2 + Br_2 \rightarrow$
(b) $CH_3CH_2CH{=}CHCH_3 + H_2 \rightarrow$

24. Desenhe a estrutura e dê o nome oficial para os produtos das seguintes reações:

(a) ![H3C, H3C C=C CH2CH3, H + H2 →]

(b) $CH_3C{\equiv}CCH_2CH_3 + 2\,Br_2 \rightarrow$

25. O composto 2-bromobutano é um produto da adição de HBr a três diferentes alcenos. Identifique os alcenos e escreva uma equação para a reação de HBr com um dos alcenos.

26. O composto 2,3-dibromo-2-metil-hexano é formado pela adição de Br_2 a um alceno. Identifique o alceno e escreva uma equação para essa reação.

27. Desenhe as estruturas para os quatro alcenos que têm a fórmula C_3H_5Cl e dê o nome de cada composto. (Estes são derivados do propeno, em que um átomo de cloro substitui um átomo de hidrogênio.)

28. Há sete possíveis isômeros dicloropropeno (fórmula molecular $C_3H_4Cl_2$). Desenhe suas estruturas e dê o nome de cada isômero. (*Dica*: Não ignore os isômeros *cis-trans*.)

29. A hidrogenação é uma reação química importante de compostos que contêm ligações duplas. Escreva uma equação química para a hidrogenação de 1-hexeno. As reações de hidrogenação são utilizadas extensivamente na indústria alimentar. Descreva essa reação e explique a sua utilização e importância.

30. A análise elementar de um líquido incolor deu sua fórmula como C_5H_{10}. Você reconhece que este poderia ser um cicloalcano ou um alceno. Uma análise química para determinar a classe à qual pertence este composto envolve a adição de bromo. Explique como isso lhe permitiria distinguir entre as duas classes.

Compostos Aromáticos
(Veja a Seção 23.2 e os Exemplo 23.5.)

31. Desenhe fórmulas estruturais para os seguintes compostos:

(a) 1,3-diclorobenzeno (chamado alternativamente de *m*-diclorobenzeno)
(b) 1-bromo-4-metilbenzeno (alternativamente chamado de *p*-bromotolueno)

32. Dê o nome oficial de cada um dos compostos a seguir.

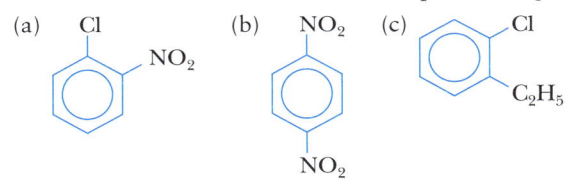

33. Escreva a equação para a reação de 1,4-dimetilbenzeno com CH_3Cl e $AlCl_3$. Quais são a estrutura e o nome do composto orgânico simples produzido?

34. Escreva uma equação para a preparação do hexilbenzeno a partir do benzeno e de outros reagentes apropriados.

35. Compostos aromáticos reagem com uma mistura de ácido nítrico e ácido sulfúrico, para formar compostos aromáticos que contenham um grupo nitro (—NO_2). Dois compostos isoméricos são formados por nitração de 1,2-dimetilbenzeno. Desenhe a estrutura e dê nome desses compostos.

36. A nitração do tolueno dá uma mistura de dois produtos, um com o grupo nitro (—NO_2) na posição *orto* e um com grupo nitro na posição *para*. Desenhe as estruturas dos dois produtos.

Álcoois, Éteres e Aminas
(Veja a Seção 23.3 e o Exemplo 23.6.)

37. Dê o nome oficial para cada um dos seguintes álcoois e diga se cada um é um álcool primário, secundário ou terciário:

(a) $CH_3CH_2CH_2OH$

(b) $CH_3CH_2CH_2CH_2OH$

(c)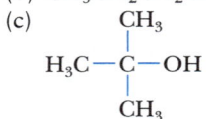
           (d)

38. Desenhe fórmulas estruturais para cada um dos seguintes álcoois e diga se cada um é primário, secundário ou terciário:

(a) 1-butanol

(b) 2-butanol

(c) 3,3-dimetill-2-butanol

(d) 3,3-dimetill-1-butanol

39. Escreva a fórmula e desenhe a estrutura de cada uma das aminas a seguir:

(a) etilamina

(b) dipropilamina

(c) butildimetilamina

(d) trietilamina

40. Nomeie as seguintes aminas:

(a) $CH_3CH_2CH_2NH_2$

(b) $(CH_3)_3N$

(c) $(CH_3)(C_2H_5)NH$

(d) $C_6H_{13}NH_2$

41. Desenhe as fórmulas estruturais para todos os quatro álcoois possíveis com a fórmula $C_4H_{10}O$. Dê o nome oficial de cada um deles.

42. Desenhe fórmulas estruturais para todas as aminas primárias com a fórmula $C_4H_9NH_2$.

43. Complete e balanceie as equações a seguir.

(a) $C_6H_5NH_2(\ell) + HCl(aq) \rightarrow$

(b) $(CH_3)_3N(aq) + H_2SO_4(aq) \rightarrow$

44. A estrutura da dopamina, um neurotransmissor, é dada na página 1105. Preveja sua reação com ácido clorídrico aquoso.

45. Desenhe estruturas do produto formado pela oxidação dos seguintes álcoois. Suponha que um excesso de agente oxidante é utilizado em cada caso.

(a) 2-metil-1-pentanol

(b) 3-metil-2-pentanol

(c) $HOCH_2CH_2CH_2CH_2OH$

(d) $H_2NCH_2CH_2CH_2OH$

46. Os aldeídos e os ácidos carboxílicos são formados por oxidação de álcoois primários, e cetonas são formadas quando os álcoois secundários são oxidados. Dê o nome e a fórmula para o álcool que, quando oxidado, dá os seguintes produtos:

(a) $CH_3CH_2CH_2CHO$

(b) 2-hexanxona

Compostos com um Grupo Carbonila
(Veja a Seção 23.4 e o Exemplo 23.7.)

47. Desenhe as fórmulas estruturais para
(a) 2-pentanosa, (b) hexanal, e (c) ácido pentanoico.

48. Desenhe as fórmulas estruturais para os seguintes ácidos e ésteres:

(a) ácido 2-metil-hexanoico

(b) butanoato de pentila (que tem o cheiro de damascos)

(c) acetato de octila (que tem o cheiro de laranjas)

49. Identifique a classe de cada um dos seguintes compostos e dê o nome oficial para cada:

(a) $CH_3CH_2CHCH_2CO_2H$ com grupo CH_3

(b) $CH_3CH_2COCH_3$ com grupo O

(c) $CH_3COCH_2CH_2CH_2CH_3$ com grupo O

(d) Br—anel—COH com grupo O

50. Identifique a classe de cada um dos seguintes compostos e dê o nome oficial de cada:

(a) CH_3CCH_3 com grupo O

(b) $CH_3CH_2CH_2CH$ com grupo O

(c) $CH_3CCH_2CH_2CH_3$ com grupo O

51. Dê a fórmula estrutural e o nome oficial para o produto orgânico, se existir, de cada uma das seguintes reações:

(a) pentanal e $KMnO_4$

(b) 2-octanona e $LiAlH_4$

52. Dê a fórmula estrutural e o nome do produto orgânico a partir das seguintes reações.

(a) $CH_3CH_2CH_2CH_2CHO + LiAlH_4$

(b) $CH_3CH_2CH_2CH_2OH + KMnO_4$

53. Descreva como preparar o propanoato de propila começando com 1-propanol como o único reagente que contém carbono.

54. Dê o nome e a estrutura do produto da reação entre o ácido benzoico e o 2-propanol.

55. Desenhe fórmulas estruturais e dê os nomes para os produtos da seguinte reação:

$$\overset{O}{\overset{\|}{CH_3COCH_2CH_2CH_2CH_3}} + NaOH$$

56. Desenhe as fórmulas estruturais e dê os nomes para os produtos da seguinte reação:

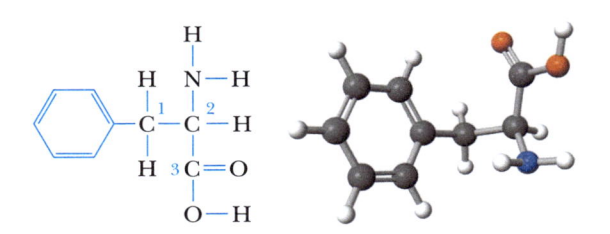

57. A estrutura de fenilalanina, um dos 20 aminoácidos que compõem as proteínas, é desenhada abaixo (sem pares isolados de elétrons). Os átomos de carbono estão numerados para efeitos desta questão.

(a) Qual é a geometria de C^3?

(b) Qual é o ângulo de ligação de O—C—O?

(c) Essa molécula é quiral? Caso seja, qual átomo de carbono é quiral?

(d) Qual átomo de hidrogênio nesse composto é ácido?

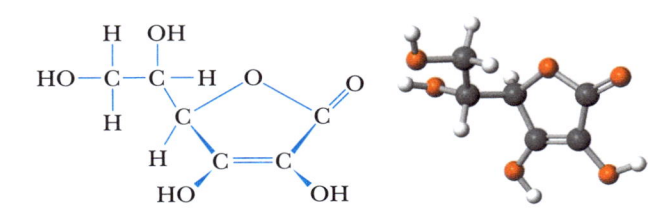

58. A estrutura da vitamina C, cujo nome químico é ácido ascórbico, é desenhada abaixo (sem pares isolados de elétrons).

(a) Qual é o valor aproximado para o ângulo de ligação O—C—O no anel de cinco membros?

(b) Existem quatro grupos OH nesta estrutura. Estime os ângulos de ligação C—O—H para estes grupos. Eles terão os mesmos valores (mais ou menos), ou deveriam existir diferenças significativas nestes ângulos de ligação?

(c) Essa molécula é quiral? Quantos átomos de carbono quirais podem ser identificados na presente estrutura?

(d) Identifique a ligação mais curta nesta molécula.

(e) Quais são os grupos funcionais da molécula?

59. Qual é a estrutura do produto da reação entre o ácido butanoico e a metilamina? A que classe de compostos ele pertence? Escreva a equação química balanceada para a reação.

60. A estrutura do acetaminofeno é mostrada de forma simplificada na página 1112. Utilizando fórmulas estruturais, escreva uma equação para a reação de um ácido e uma amina para formar este composto.

Grupos Funcionais
(Veja a Seção 23.4 e o Exemplo 23.7.)

61. Identique os grupos funcionais nas seguintes moléculas.

(a) $CH_3CH_2CH_2OH$

(b)
$$\overset{O}{\overset{\|}{H_3CCNHCH_3}}$$

(c)
$$\overset{O}{\overset{\|}{CH_3CH_2COH}}$$

(d)
$$\overset{O}{\overset{\|}{CH_3CH_2COCH_3}}$$

62. Considere as seguintes moléculas:

(1)
$$\overset{O}{\overset{\|}{CH_3CH_2CCH_3}}$$

(2)
$$\overset{O}{\overset{\|}{CH_3CH_2COH}}$$

(3) $H_2C = CHCH_2OH$

(4)
$$\overset{OH}{\overset{|}{CH_3CH_2CHCH_3}}$$

(a) Qual é o resultado do tratamento do composto 1 com $NaBH_4$? Qual é o grupo funcional no produto? Nomeie o produto.

(a) Desenhe a estrutura do produto da reação a partir dos compostos 2 e 4. Qual é o grupo funcional no produto?

(a) Qual composto resulta da adição de H_2 ao composto 3? Nomeie o produto da reação.

(b) Qual composto resulta da adição de NaOH ao composto 2?

Polímeros

(Veja a Seção 23.5 e o Exemplo 23.8.)

63. Poliacetato de vinila é o ligante em tintas à base de água.

   (a) Escreva uma equação para sua formação a partir do acetato de vinila.

   (b) Mostre uma porção deste polímero com três unidades monoméricas.

   (c) Descreva como preparar álcool polivinílico a partir de poliacetato de vinila.

64. O neoprene (policloropreno, uma espécie de borracha) é um polímero formado a partir do butadieno clorado. $H_2C{=}CHCCl{=}CH_2$.

   (a) Escreva uma equação que mostre a formação de policloropreno a partir do monômero.

   (b) Mostre uma porção deste polímero com três unidades monoméricas.

65. A poliacrilonitrila é um polímero da acrilonitrila, $CH_2{=}CHCN$. Escreva uma equação para a síntese deste polímero.

66. A estrutura de metacrilato de metila é dada na Tabela 23.12. Desenhe a estrutura do polímero polimetacrilato de metila (PMMA), que dispõe de quatro unidades do monômero. (O PMMA tem excelentes propriedades ópticas e é utilizado para fabricar lentes de contato rígidas.)

Questões Gerais

Estas questões não são definidas quanto ao tipo ou à localização no capítulo. Elas podem combinar vários conceitos.

67. Três diferentes compostos com a fórmula $C_2H_2Cl_2$ são conhecidos.

   (a) Dois desses compostos são isômeros geométricos. Desenhe suas estruturas.

   (b) O terceiro composto é um isômero estrutural de outros dois. Desenhe sua estrutura.

68. Desenhe a estrutura do 2-butanol. Identifique o átomo de carbono quiral neste composto. Desenhe a imagem espelhada da estrutura que você desenhou pela primeira vez. As duas moléculas são sobreponíveis?

69. Um alceno que tem a fórmula C_6H_{12} é conhecido por ter uma cadeia de seis carbonos. Quantas espécies isoméricas podem ser desenhadas com base nessa descrição? Liste os nomes dessas espécies.

70. Desenhe as estruturas e nomeie os quatro alcenos que têm a fórmula C_4H_8.

71. Escreva equações para as reações de *cis*-2-buteno com os seguintes reagentes, representando os reagentes e produtos por fórmulas estruturais.

   (a) H_2O

   (b) HBr

   (c) Cl_2

72. Desenhe a estrutura e dê o nome do produto formado se os seguintes álcoois forem oxidados. Suponha que um excesso do agente oxidante seja utilizado. Se não é esperado que o álcool reaja com um agente oxidante, escreva SR (sem reação).

   (a) $CH_3CH_2CH_2CH_2OH$

   (b) 2-butano

   (c) 2-metil-2-propanol

   (d) 2-metil-1-propanol

73. Escreva equações para as reações seguintes, representando os reagentes e os produtos usando fórmulas estruturais.

   (a) A reação de ácido acético e hidróxido de sódio

   (b) A reação de metilamina com HCl

74. Escreva equações para as reações seguintes, que representam os reagentes e produtos, usando fórmulas estruturais.

   (a) A formação de acetato de etila a partir do ácido acético e etanol

   (b) A hidrólise de triestearato de glicerila (o triéster de glicerol do ácido esteárico, um ácido graxo; Tabela 23.9)

75. Escreva uma equação para a formação dos polímeros seguintes.

   (a) Poliestireno, a partir de estireno ($C_6H_5CH{=}CH_2$)

   (b) PET (politeraftalato de etileno), a partir de etilenoglicol e ácido tereftálico

76. Escreva equações para as seguintes reações, que representam os reagentes e produtos, usando fórmulas estruturais.

   (a) A hidrólise da amida $C_6H_5CONHCH_3$ para formar o ácido benzoico e a metilamina

   (b) A hidrólise de $+ CO(CH_2)_4CONH(CH_2)_6NH{+}_n$, (náilon-6,6, uma poliamida) para dar um ácido carboxílico e uma amina

77. Desenhe a estrutura de cada um dos seguintes compostos:

   (a) 2,2-dimetilpentano

   (b) 3,3-dietilpentano

   (c) 3-etil-2-metilpentano

   (d) 3-etil-hexano

78. ▲ Isômeros estruturais.

   (a) Desenhe todos os isômeros possíveis para C_3H_8O. Dê o nome oficial de cada um e diga em que classe de composto cada qual se encaixa.

   (b) Desenhe as fórmulas estruturais de um aldeído e de uma cetona com a fórmula molecular C_4H_8O. Dê o nome oficial de cada um deles.

79. ▲ Desenhe fórmulas estruturais para possíveis isômeros do propano diclorado, $C_3H_6Cl_2$. Nomeie cada composto.

80. Desenhe fórmulas estruturais para possíveis isômeros com a fórmula C_3H_6ClBr e nomeie cada isômero.

81. Dê as fórmulas estruturais e os nomes oficiais para os três isômeros estruturais do trimetilbenzeno, $C_6H_3(CH_3)_3$.

82. Dê as fórmulas estruturais e os nomes oficiais para possíveis isômeros do diclorobenzeno, $C_6H_4Cl_2$.

83. Lírios vodu dependem de besouros carniceiros para a polinização. Esses besouros são atraídos por animais mortos e, assim como animais mortos e putrefatos emitem a amina cadaverina, com cheiro horrível, da mesma forma o faz o lírio, que libera cadaverina (e o composto intimamente relacionado putrescina, página 1102). Um catalisador biológico, uma enzima, converte o aminoácido lisina, que ocorre naturalmente, em cadaverina.

$$H_2NCH_2CH_2CH_2CH_2 - \overset{\overset{\displaystyle H}{|}}{\underset{\underset{\displaystyle O}{\overset{\displaystyle ||}{C}}}{C}} - NH_2$$
$$OH$$

Lisina

Qual grupo de átomos deve ser substituído na lisina para produzir cadaverina? (A lisina é essencial para a nutrição humana, mas não é sintetizada no corpo humano.)

84. O ácido benzoico ocorre em muitas frutas vermelhas. Quando os humanos comem tais frutas, o ácido benzoico é convertido em ácido hipúrico no corpo por meio da reação com o aminoácido glicina $H_2NCHC_2O_2H$. Desenhe a estrutura do ácido hipúrico, sabendo que é uma amida formada pela reação do grupo do ácido carboxílico do ácido benzoico e do grupo amino da glicina. Por que nos referimos ao ácido hipúrico como um ácido?

85. Considere a reação de *cis*-2-buteno com H_2 (na presença de um catalisador).

(a) Dê o nome e desenhe a estrutura do produto da reação. O produto dessa reação é quiral?

(b) Desenhe um isômero do produto da reação.

86. Dê o nome de cada composto abaixo e nomeie o grupo funcional envolvido.

(a)
$$H_3C - \overset{\overset{\displaystyle OH}{|}}{\underset{\underset{\displaystyle H}{|}}{C}} - CH_2CH_2CH_3$$

(b)
$$H_3C - \overset{\overset{\displaystyle O}{||}}{C}CH_2CH_2CH_3$$

(c)
$$H_3C - \overset{\overset{\displaystyle H}{|}}{\underset{\underset{\displaystyle CH_3}{|}}{C}} - \overset{\overset{\displaystyle O}{||}}{C} - H$$

(d)
$$H_3CCH_2CH_2 - \overset{\overset{\displaystyle O}{||}}{C} - OH$$

87. Desenhe a estrutura do trilaurato de glicerila, uma gordura. O ácido láurico (página 953) tem a fórmula $C_{11}H_{23}CO_2H$.

(a) Escreva uma equação para a hidrólise básica do trilaurato de glicerila.

(b) Escreva uma equação da reação que poderia ser utilizada para preparar o biodiesel a partir dessa gordura.

88. Uma empresa conhecida vende roupas feitas de politereftalato de etileno reciclado (PET), o material principal em muitas garrafas de refrigerantes. Outra empresa faz fibras de PET através do tratamento de garrafas recicladas com o metanol para obter o diéster tereftalato de dimetila e etilenoglicol e, então, polimeriza novamente esses compostos para dar outra vez o PET. Escreva uma equação química para mostrar como a reação do PET com metanol pode gerar tereftalato dimetílico e etilenoglicol.

89. Identifique os produtos da reação, e escreva uma equação para as seguintes reações de $CH_2=CHCH_2OH$.

(a) H_2 (hidrogenação, na presença de um catalisador)

(b) Oxidação (excesso de agente oxidante)

(c) Polimerização de adição

(d) Formação do éster, utilizando ácido acético

90. Escreva uma equação que descreva a reação química entre o glicerol e o ácido esteárico (Tabela 23.9) para gerar triestearato de glicerila.

91. O produto de uma reação de adição de um alceno é muitas vezes previsto pela regra de Markovnikov.

(a) Desenhe a estrutura do produto através da adição de HBr ao propeno e dê o nome do produto.

(b) Desenhe a estrutura e dê o nome do composto que resulta da adição de H_2O ao 2-metil-1-buteno.

(c) Se você adicionar H_2O ao 2-metil-2-buteno, o produto é o mesmo ou diferente do produto da reação na parte (b)?

92. Existem três éteres com a fórmula $C_4H_{10}O$. Desenhe suas estruturas.

93. Reveja a história introdutória do chocolate e, em seguida, responda às seguintes perguntas.

(a) Como a teobromina e a cafeína diferem estruturalmente?

(b) Uma amostra de 5,00 g de cacau de uma marca de chocolate contém 2,16% de teobromina. Qual é a massa do composto na amostra?

94. O náilon-6 é uma poliamida formada por polimerização de $H_2NCH_2CH_2CH_2CH_2CH_2CO_2H$. Escreva a equação para essa reação.

No Laboratório

95. Qual dos seguintes compostos produz ácido acético, quando tratado com um agente oxidante tal como o $KMnO_4$?

(a) H_3C-CH_3 (c) $H_3C-\underset{\underset{H}{|}}{\overset{\overset{OH}{|}}{C}}-H$

(b) $H_3C-\overset{\overset{O}{\|}}{C}-H$ (d) $H_3C-\overset{\overset{O}{\|}}{C}-CH_3$

96. Considere as reações do C_3H_7OH.

$H_3CCH_2-\underset{\underset{H}{|}}{\overset{\overset{H}{|}}{C}}-O-H \xrightarrow[H_2SO_4]{\text{Reação A}} H_3C-\underset{\underset{H}{|}}{\overset{\overset{H}{|}}{C}}=\overset{\overset{H}{|}}{C}+H_2O$

Reação B $\downarrow$ $+ CH_3CO_2H$

$H_3CCH_2-\underset{\underset{H}{|}}{\overset{\overset{H}{|}}{C}}-O-\overset{\overset{O}{\|}}{C}CH_3$

(a) Nomeie o reagente C_3H_7OH.
(b) Desenhe um isômero estrutural do reagente e dê o seu nome.
(c) Nomeie o produto da reação A.
(d) Nomeie o produto da reação B.

97. Você tem um líquido que é cicloexeno ou benzeno. Quando o líquido é exposto a vapor de bromo vermelho-escuro, o vapor é imediatamente descolorido. Qual é a identidade desse líquido? Escreva uma equação para a reação química que ocorreu.

98. ▲ A hidrólise de um éster do ácido butanoico desconhecido, $CH_3CH_2CH_2CO_2R$, produz um álcool A e um ácido butanoico. A oxidação do álcool A forma um ácido B que é um isômero estrutural do ácido butanoico. Dê os nomes e estruturas para o álcool A e ácido B.

99. ▲ Solicitou-se que você identifique um composto carbonílico líquido, incolor e desconhecido. A análise determinou que a fórmula para este desconhecido é C_3H_6O. Apenas dois compostos correspondem a essa fórmula.

(a) Desenhe as estruturas dos dois compostos possíveis.
(b) Para decidir qual das duas estruturas está correta, você reage o composto com um agente oxidante e isola um composto daquela reação que produz uma solução ácida em água. Use o resultado para identificar a estrutura do desconhecido.
(c) Dê o nome do composto formado pela oxidação do desconhecido.

100. Descreva um teste químico simples para saber a diferença entre $CH_3CH_2CH_2CH=CH_2$ e seu isômero ciclopentano.

101. Descreva um teste químico simples para diferenciar o 2-propanol de seu isômero éter etil-metílico.

102. ▲ Um éster desconhecido tem a fórmula $C_4H_8O_2$. A hidrólise dá metanol como um produto. Identifique o éster, e escreva uma equação para a reação de hidrólise.

103. ▲ A adição de água ao alceno X dá um álcool Y. A oxidação de Y produz 3,3-dimetil-2-pentanona. Identifique X e Y e escreva equações para as duas reações.

104. O ácido 2-iodobenzoico, um sólido cristalino marrom, pode ser preparado a partir do ácido 2-aminobenzoico. Outros reagentes necessários são $NaNO_2$ e KI (bem como HCl).

ácido 2–aminobenzoico   ácido 2–iodobenzoico

(a) Se você utilizar 4,0 g de ácido 2-aminobenzoico, 2,2 g de $NaNO_2$ e, 5,3 g de KI, qual será a massa teórica do ácido 2-iodobenzoico?
(b) Outros isômeros do ácido 2-iodobenzoico são possíveis?
(c) Você titula o produto em uma mistura de água e etanol. Se você usar 15,62 mL de NaOH 0,101 M para determinar a concentração de 0,399 g do produto, qual é a sua massa molar? Isso está razoavelmente de acordo com a massa molar teórica?

105. A reação de transesterificação entre o PET e CH_3OH forma tereftalato de dimetila e etilenoglicol. Se o metanol utilizado nessa reação for marcado com oxigênio-18 (^{18}O), em qual dos produtos o marcador poderá ser encontrado?

106. A vitamina B-5, o ácido pantotênico, tem a estrutura mostrada abaixo. A hidrólise básica desse composto seguida por acidificação dá dois compostos. Desenhe suas estruturas.

Vitamina B-5, ácido pantotênico

Resumo e Questões Conceituais

As seguintes questões podem usar os conceitos deste capítulo e dos capítulos anteriores.

107. Os átomos de carbono aparecem em compostos orgânicos de várias maneiras diferentes, com ligações simples, duplas e triplas combinadas para dar uma configuração de octeto. Descreva as várias maneiras em que o carbono pode se ligar para se tornar um octeto, e dê o nome e desenhe a estrutura de um composto que ilustra esse modo de ligação.

108. Existe uma barreira alta para rotação em torno de uma ligação dupla carbono–carbono, ao passo que a barreira de rotação em torno de uma ligação simples carbono–carbono é consideravelmente menor. Use o modelo de ligação de sobreposição orbital (Capítulo 9) para explicar por que existe rotação restrita em torno de uma ligação dupla.

109. Quais propriedades importantes tornam as seguintes características próprias de um polímero?
(a) Reticulação de polietileno
(b) Os grupos OH no álcool polivinílico
(c) Ligação de hidrogênio em uma poliamida como náilon

110. Uma das estruturas de ressonância da piridina (C_5H_5N) é ilustrada aqui. Desenhe outra estrutura de ressonância da molécula. Comente sobre a semelhança entre esse composto e o benzeno.

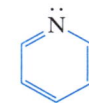

Piridina

111. Escreva equações balanceadas para a combustão do gás etano e etanol líquido (para dar produtos gasosos).

(a) Calcule a entalpia de combustão de cada um dos compostos. Qual tem a variação de entalpia mais negativa para a combustão por grama?
(b) Se presumirmos que o etanol é parcialmente etano oxidado, qual o efeito que ele tem sobre a entalpia de combustão?

112. Os plásticos constituem cerca de 20% do volume dos aterros. Existe, portanto, um interesse considerável na reutilização ou reciclagem desses materiais. Para identificar plásticos comuns, um conjunto de símbolos universais é usado agora, cinco dos quais são ilustrados aqui. Eles simbolizam baixa e alta densidade de polietileno, policloreto de vinila, polipropileno e politereftalato de etileno.

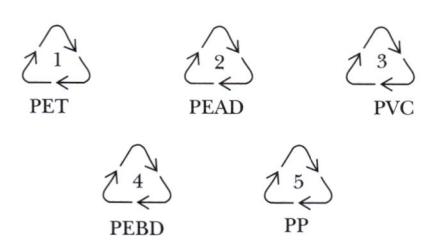

(a) Diga qual símbolo pertence a que tipo de plástico.
(b) Encontre um item no supermercado ou na farmácia feito a partir de cada um desses plásticos.
(c) Propriedades de vários plásticos estão listadas na tabela. Com base nesta informação, descreva como separar amostras desses materiais plásticos entre si.

Plástico	Densidade (g/cm³)	Ponto de Fusão (°C)
Polipropileno	0,92	170
Polipropileno de alta densidade	0,97	135
Politereftalato de etileno	1,34–1,39	245

113. ▲ O ácido maleico é preparado por meio da oxidação catalítica do benzeno. É um ácido dicarboxílico; isto é, ele possui dois grupos de ácido carboxílico.

(a) A combustão de 0,125 g do ácido dá 0,190 g de CO_2 e 0,0388 g de H_2O. Calcule a fórmula empírica do ácido.
(b) Uma amostra de 0,261 g do ácido requer 34,60 mL de NaOH 0,130 M para a titulação completa (de modo que os íons H a partir de ambos os grupos de ácido carboxílico sejam utilizados). Qual é a fórmula molecular do ácido?
(c) Desenhe uma estrutura de Lewis para o ácido.
(d) Descreva a hibridização usada por átomos de C.
(e) Quais são os ângulos de ligação ao redor de cada átomo de C?

Ovelha Dolly, o primeiro mamífero clonado.

24 Bioquímica

Sumário do capítulo

CLONAGEM ANIMAL O mundo se assustou quando foi anunciado que, em 5 de julho de 1996, uma ovelha chamada Dolly nasceu no Instituto Roslin da Universidade de Edimburgo, na Escócia. O que fez Dolly ser tão especial foi o fato de que ela não nasceu de uma forma comum. Em vez disso, ela era o primeiro clone a existir, uma cópia geneticamente exata de um mamífero adulto.

O processo começou quando cientistas liderados pelo professor Ian Wilmut do Instituto Roslin pegaram uma célula mamária de uma ovelha doadora e prepararam o seu DNA de modo que pudesse ser aceito por um óvulo de outra ovelha. Os cientistas, então, removeram o DNA do óvulo de outra ovelha e o substituíram pelo DNA que haviam preparado. O óvulo se desenvolveu e tornou-se um embrião. O embrião foi, então, implantado em uma ovelha adulta que, por fim, deu à luz a um cordeiro normal, a Dolly. Ela viveu uma vida normal, dando à luz seus próprios cordeiros. Após viver por seis anos, ela acabou contraindo uma infecção pulmonar e teve de ser sacrificada para evitar que sofresse ainda mais devido a essa infecção.

Objetivos do Capítulo

Consulte a Revisão dos Objetivos do Capítulo para ver as Questões para Estudo relacionadas a estes objetivos.

ENTENDER

- A estrutura que determina a função das moléculas biológicas.
- O processo da síntese de proteínas.
- A hipótese do Mundo do RNA para a origem da vida.
- A construção de uma bicamada de fosfolipídios e o transporte de materiais através de uma membrana.
- O acoplamento da hidrólise de ATP com uma reação reagente-favorecida pode levar a uma reação produto-favorecida.

FAZER

- Desenhar as fórmulas estruturais de moléculas bioquímicas comuns.
- Prever a sequência de nucleotídeos complementares de uma determinada cadeia de DNA.
- Prever o aminoácido selecionado por uma determinada sequência de três nucleotídeos no RNAm.

LEMBRAR

- As proteínas são polímeros de condensação de aminoácidos.
- O sítio ativo de uma enzima é a fenda ou a cavidade na qual o substrato se liga e a reação química catalisada ocorre.
- O DNA e o RNA são polímeros de condensação de nucleotídeos.
- O RNA sofre hidrólise muito mais rapidamente do que o DNA.
- A identidade de alguns lipídios.
- O NAD^+ e NADH estão envolvidos em reações bioquímicas redox.

A biotecnologia progrediu bastante desde que Watson e Crick determinaram pela primeira vez a estrutura do DNA em 1953. Embora ainda haja muito a ser descoberto, já podemos fazer coisas, tais como a clonagem, que no passado só eram possíveis na ficção científica. Esse poder, no entanto, também traz consigo dilemas éticos. Mesmo que atualmente seja proibida pela maioria dos países, a clonagem deve ser expandida aos seres humanos? Contrária à clonagem humana, a clonagem de animais é permitida nos Estados Unidos e na União Europeia, bem como em muitos outros países. Será que os agricultores querem clones de um animal bem apropriado para servir de alimento? Os cientistas poderiam introduzir uma mutação em um animal de modo que ele produza um composto particular no seu sangue ou leite que pode ser usado como um medicamento para tratar uma doença humana, e depois clonar o animal para obter grandes quantidades da droga? Embora atualmente seja improvável devido às limitações práticas da presente tecnologia da clonagem, poderíamos reintroduzir uma espécie que está em extinção? Responder a todas essas e outras questões decorrerá dos esforços combinados de cientistas, especialistas em ética, políticos e de uma população bem informada.

Este capítulo traz uma introdução da ciência por trás de alguns dos compostos biológicos mais importantes e de alguns processos que ocorrem nas células. Esse conhecimento é essencial para compreender os grandes avanços feitos atualmente na área de biotecnologia.

Você é um organismo biológico maravilhosamente complexo, assim como todos os outros seres vivos na Terra. Quais moléculas estão presentes em você, e quais são suas propriedades? Como a informação genética é transmitida de geração a geração? Como seu corpo realiza as inúmeras reações que são necessárias à vida?

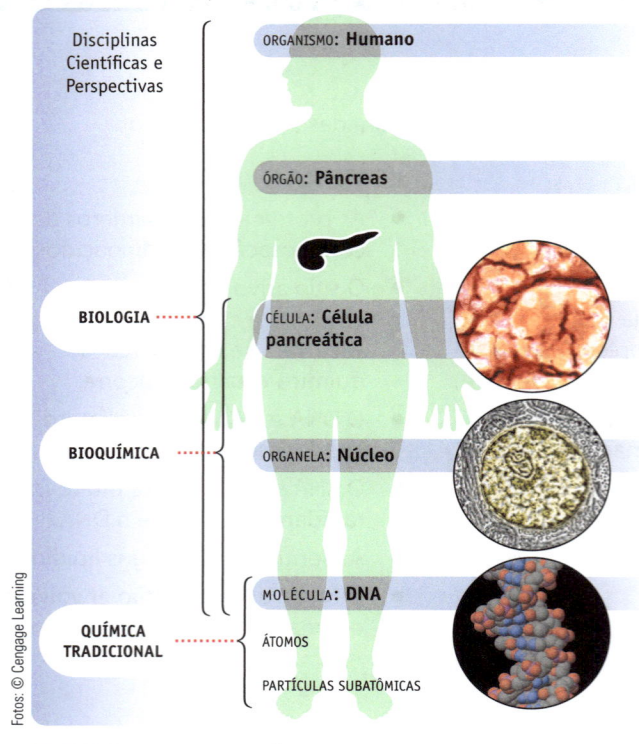

FIGURA 24.1 **O corpo humano com as áreas de interesse dos biólogos, bioquímicos e químicos**

Disciplinas Científicas e Perspectivas

ORGANISMO: **Humano**

ÓRGÃO: **Pâncreas**

BIOLOGIA

CÉLULA: **Célula pancreática**

BIOQUÍMICA

ORGANELA: **Núcleo**

QUÍMICA TRADICIONAL

MOLÉCULA: **DNA**

ÁTOMOS

PARTÍCULAS SUBATÔMICAS

Fotos: © Cengage Learning

Essas e muitas outras questões são abrangidas pelo reino da Bioquímica, uma área da ciência em rápida expansão. Como o nome indica, a Bioquímica existe na interface das duas disciplinas científicas: Biologia e Química.

O que separa a perspectiva de um bioquímico sobre os fenômenos biológicos da perspectiva de um biólogo? A diferença é cada vez menos distinta, mas bioquímicos tendem a concentrar-se nas moléculas específicas envolvidas nos processos biológicos e na forma com que as reações químicas ocorrem em um organismo (Figura 24.1). Eles usam as estratégias da Química para entender os processos nos seres vivos.

O objetivo deste capítulo é considerar como a Química está envolvida na tarefa de responder importantes questões biológicas. Para fazer isso, vamos examinar quatro principais classes de compostos biológicos: proteínas, carboidratos, ácidos nucleicos e lipídios. Também discutiremos as reações químicas que ocorrem nos seres vivos, incluindo algumas reações envolvidas na obtenção de energia a partir de alimentos.

24-1 Proteínas

Nosso corpo contém milhares de proteínas diferentes, e cerca de 50% do peso seco do seu corpo é composto por proteínas. As proteínas fornecem suporte estrutural (músculo, colágeno), ajudam os organismos a se moverem (músculo), armazenam e transportam substâncias químicas de uma área a outra (hemoglobina), regulam quando certas reações químicas ocorrem (hormônios) e catalisam uma série de reações químicas (enzimas). Todas essas e outras diferentes funções são realizadas usando essa classe de compostos.

Os Aminoácidos São Blocos de Construção das Proteínas

As proteínas são polímeros de condensação (◀ Seção 23.5) formadas a partir de aminoácidos. **Aminoácidos** são compostos orgânicos que contêm um grupo amina ($—NH_2$) e um grupo ácido carboxílico ($—CO_2H$).

Quase todos os aminoácidos que compõem as proteínas são α-aminoácidos. Em um α-aminoácido, o grupo amina está numa extremidade da molécula e o grupo ácido está na outra extremidade. Entre esses dois grupos, um único átomo de carbono (o carbono α) está ligado a um átomo de hidrogênio e outro átomo de hidrogênio ou um grupo orgânico, denominado R. As proteínas de ocorrência natural são predominantemente construídas com vinte aminoácidos, os quais diferem apenas na identidade do grupo orgânico, R. Esses grupos orgânicos podem ser grupos apolares (derivados de alcanos ou hidrocarbonetos aromáticos) ou polares (com álcool, ácido, base ou outros grupos funcionais polares) (Figura 24.2). Dependendo de quais aminoácidos estão presentes, uma região de uma proteína pode ser apolar, muito polar, ou qualquer coisa entre esses dois.

Grupo amina $\cdots H_2N—\underset{\underset{\mathbf{R}}{|}}{\overset{\overset{\text{H}}{|}}{C}}—\overset{\overset{\text{O}}{||}}{C}—OH$

Carbono quiral

Grupo ácido carboxílico

Todos os α-aminoácidos, exceto a glicina, têm quatro grupos diferentes ligados ao carbono α. O carbono α é, então, um centro quiral (Seção 23.1), e existem dois enantiômeros. Curiosamente, todos esses aminoácidos ocorrem na natureza em uma

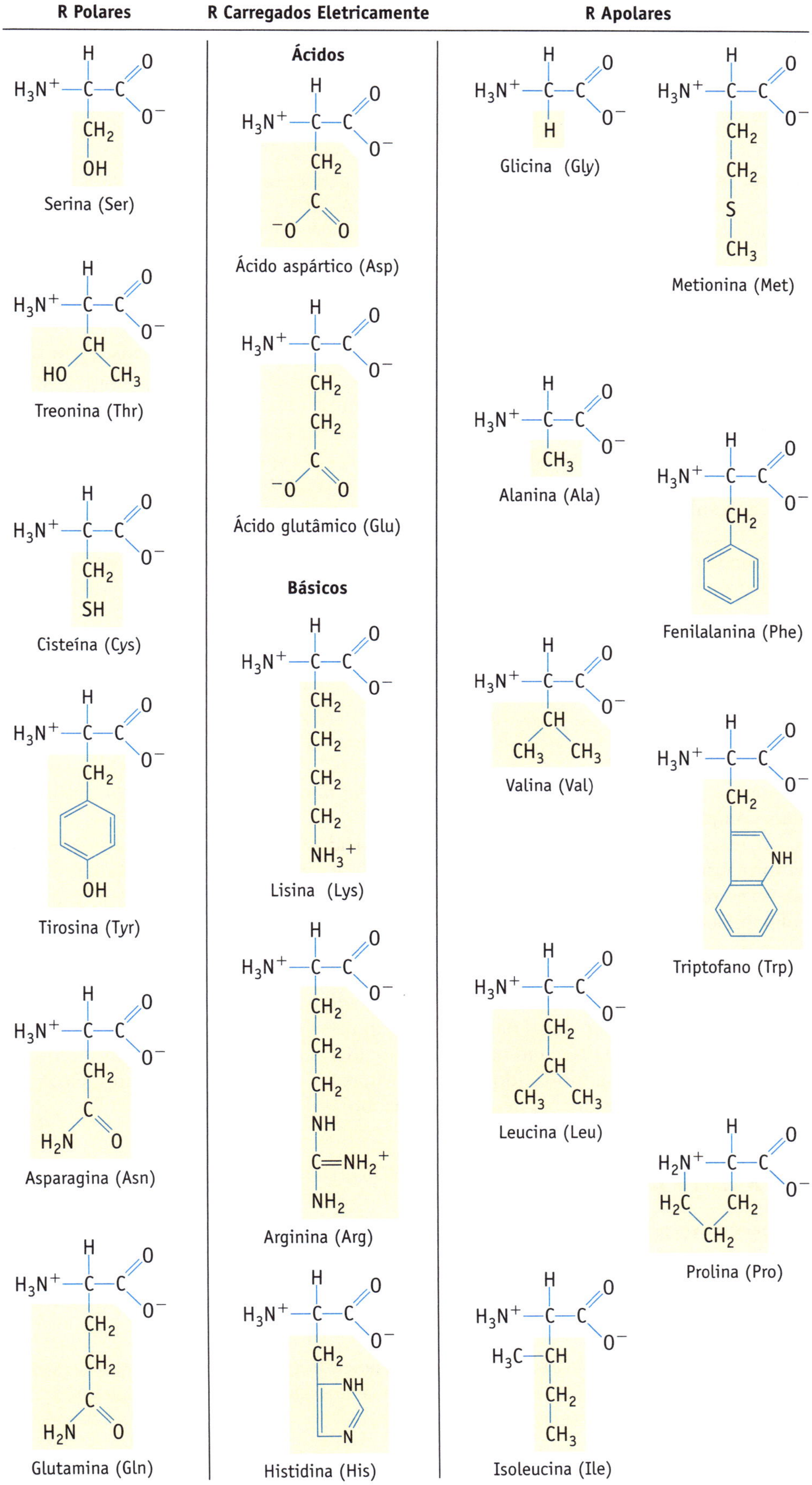

R Polares   **R Carregados Eletricamente**   **R Apolares**

Serina (Ser)

Treonina (Thr)

Cisteína (Cys)

Tirosina (Tyr)

Asparagina (Asn)

Glutamina (Gln)

Ácidos

Ácido aspártico (Asp)

Ácido glutâmico (Glu)

Básicos

Lisina (Lys)

Arginina (Arg)

Histidina (His)

Glicina (Gly)

Alanina (Ala)

Valina (Val)

Leucina (Leu)

Isoleucina (Ile)

Metionina (Met)

Fenilalanina (Phe)

Triptofano (Trp)

Prolina (Pro)

FIGURA 24.2 Os vinte aminoácidos mais comuns. Os aminoácidos são apresentados na forma mais comum a um pH fisiológico de cerca de 7. (A histidina é mostrada na coluna carregada eletricamente porque o N não protonado no grupo orgânico pode ser facilmente protonado.)

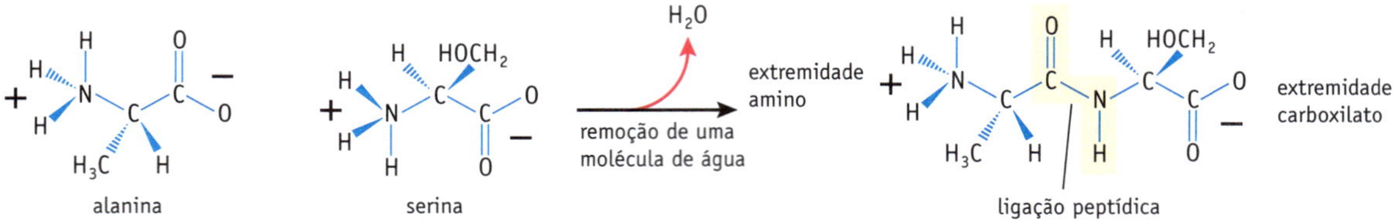

FIGURA 24.3 Formação de um peptídeo. Dois α-aminoácidos se condensam para formar uma ligação amida, muitas vezes chamada *ligação peptídica*. As proteínas são polipeptídeos, polímeros constituídos de muitas unidades de aminoácidos unidos através de ligações peptídicas.

única forma enantiomérica – a forma com a configuração L (◄ "Estudo de Caso: Um Despertar com L-DOPA", capítulo 23).

Tanto o grupo amina como o grupo ácido carboxílico podem existir em dois estados diferentes: uma forma ionizada ($-NH_3^+$ e $-CO_2^-$) e uma forma não ionizada ($-NH_2$ e $-CO_2H$). Em um pH baixo, ambos os grupos estarão em suas formas protonadas, isto é, o grupo amina estará presente como $-NH_3^+$ e o grupo ácido carboxílico estará presente como $-CO_2H$. À medida que o pH é elevado, o grupo ácido carboxílico perde o seu próton e converte-se na forma ionizada ($-CO_2^-$). A espécie resultante, que é a forma predominante em um meio aquoso com pH fisiológico (cerca de 7,4), contém simultaneamente uma carga positiva e uma negativa e é chamada de ***zwitteríon***. Em valores mais elevados de pH, o grupo amina perde o seu próton ionizável e vai para a forma não ionizada ($-NH_2$).

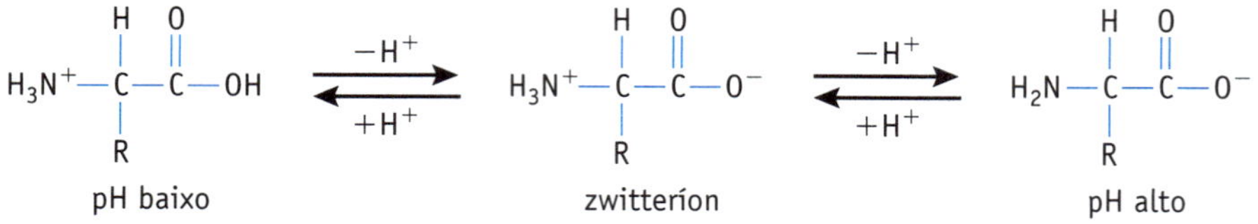

O comportamento do pH dos aminoácidos que têm grupos *R* ácidos ou básicos é mais complexo.

A reação de condensação entre dois aminoácidos resulta na eliminação de água e na formação de uma ligação amida (Figura 24-3). A ligação amida em proteínas é muitas vezes referida como uma **ligação peptídica,** e o polímero (a proteína) é chamado **polipeptídeo.** A ligação amida é planar (◄ Seção 23.4), e tanto os átomos de carbono como os de nitrogênio têm hibridização sp^2. Há um caráter parcial de ligação dupla nas ligações C—O e C—N, levando à rotação restrita da ligação nitrogênio-carbono. Como consequência, cada ligação peptídica em uma proteína é rígida e planar, uma característica que desempenha um papel na determinação de sua estrutura.

As proteínas consistem em uma ou mais cadeias polipeptídicas que são frequentemente centenas de aminoácidos de comprimento. Suas massas molares são, portanto, muitas vezes, milhares de gramas por mol.

EXEMPLO 24.1

Desenhando Estruturas Peptídicas

Problema As estruturas do peptídeo e da proteína são desenhadas começando com o grupo amino livre do lado esquerdo e terminando com o grupo ácido carboxílico livre à direita. Desenhe a estrutura de Lewis para o tripeptídeo alanina-glicina-serina.

O que você sabe? Você sabe a sequência de aminoácidos do tripeptídeo, e que eles são unidos por ligações amida. As estruturas dos aminoácidos são demonstradas na Figura 24.2.

Estratégia Comece com o grupo amina da alanina à esquerda. Ligue-o através de uma ligação amida à glicina e depois uma a glicina à serina por outra ligação amida.

Solução A estrutura de Lewis para esse tripeptídeo é

Pense bem antes de responder Um tripeptídeo contém três aminoácidos e duas ligações peptídicas. A forma zwitteríon do tripeptídeo foi mostrada uma vez é ela a forma presente em pH fisiológico.

Verifique seu entendimento

Desenhe a estrutura de Lewis para o tripeptídeo glicina–fenilalanina–valina.

Estrutura da Proteína e Hemoglobina

Com esse entendimento básico sobre os aminoácidos e as ligações peptídicas, vamos examinar alguns fatores mais amplos relacionados à estrutura da proteína. Um dos princípios centrais da Bioquímica é que "a estrutura determina a função". Em outras palavras, o que uma molécula pode fazer é determinado pelos átomos ou grupos de átomos que estão presentes e como eles estão arranjados no espaço. Não é surpreendente, portanto, que muito esforço tem sido dedicado à determinação das estruturas de proteínas.

Para simplificar essas discussões, os bioquímicos descrevem proteínas como tendo diferentes níveis estruturais. Cada nível de estrutura pode ser ilustrado usando hemoglobina.

A hemoglobina é a molécula nas células vermelhas do sangue que transporta o oxigênio dos pulmões para todas as outras células do corpo. É uma grande proteína que contém ferro, constituída por mais de 10000 átomos e com massa molar de 64500 g/mol. A hemoglobina é composta por quatro segmentos polipeptídicos: dois segmentos idênticos chamados subunidades α, contendo 141 aminoácidos cada, e outros dois segmentos denominados de subunidades β contendo 146 aminoácidos cada. As subunidades β são idênticas entre si, mas diferentes das subunidades α. Cada subunidade contém um íon ferro(II) preso dentro de um íon orgânico chamado unidade **heme** (Figura 24.4). As moléculas de oxigênio transportadas pela hemoglobina ligam-se a esses íons ferro(II).

Vamos nos concentrar na parte polipeptídica da hemoglobina (Figura 24.5). O primeiro passo na descrição de uma estrutura é identificar como os átomos estão ligados entre si de forma covalente. Essa é a chamada **estrutura primária** de uma proteína, a qual é simplesmente a sequência de aminoácidos ligados entre si por ligações peptídicas. Por exemplo, uma unidade de glicina pode ser seguida por uma alanina, seguida por uma valina, e assim por diante.

Todos os níveis restantes da estrutura lidam com as interações não covalentes (não ligantes) – isto é, as forças intermoleculares – entre aminoácidos na proteína. A **estrutura secundária** de uma proteína refere-se a redes de ligações de hidrogênio formadas entre ligações amida no esqueleto da proteína (◄ Figura 23.18 para um exemplo de ligações de hidrogênio entre cadeias). Especificamente, o grupo carbonila de uma ligação amida interage com o hidrogênio amina da outra amida. Alguns padrões regulares, como hélices, lamelas e voltas, muitas vezes surgem como resultado da ligação de hidrogênio. Na hemoglobina, os aminoácidos de grandes porções das cadeias polipeptídicas arranjam-se em muitas regiões helicoidais.

heme
(Fe-protoporfirina IX)

FIGURA 24.4 Heme. A unidade heme na hemoglobina (e na mioglobina, uma proteína relacionada) consiste em um íon ferro no centro de um sistema de anel da porfirina. (Para mais informações sobre o grupo heme que contém ferro, consulte "Um Olhar Mais Atento: Hemoglobina: Uma Molécula com Ligantes Tetradentado", Capítulo 22, página 1048.)

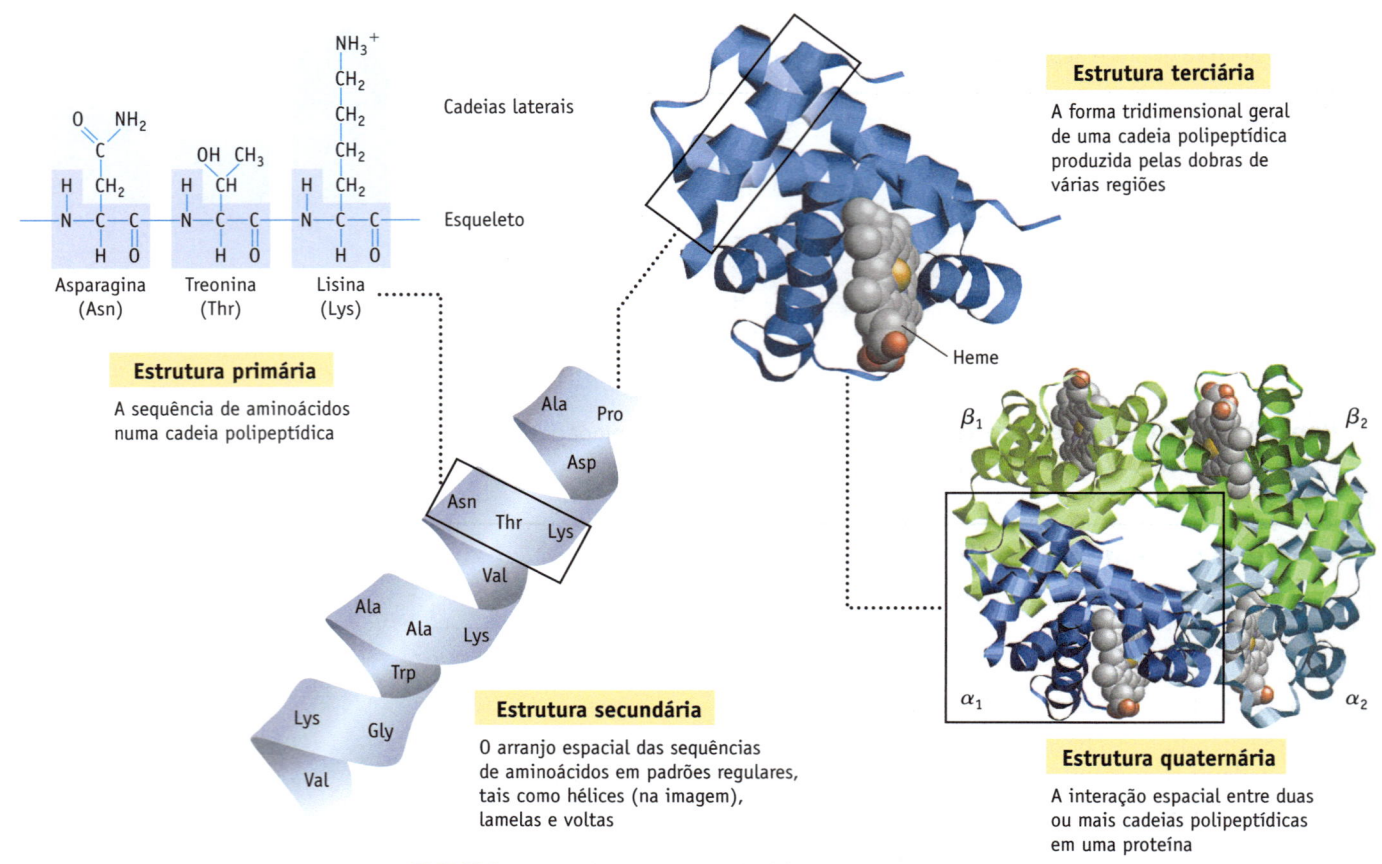

FIGURA 24.5 As estruturas primária, secundária, terciária e quaternária da hemoglobina.

A **estrutura terciária** de uma proteína refere-se ao modo como a cadeia é dobrada, incluindo como os aminoácidos distantes um do outro na sequência interagem uns com os outros. Em outras palavras, essa estrutura trata do modo como as regiões da cadeia polipeptídica dobram na estrutura tridimensional geral.

Para proteínas que consistem em uma única cadeia, a estrutura terciária é o nível mais alto da estrutura presente. Em proteínas que apresentam mais de uma cadeia polipeptídica, como a hemoglobina, há um quarto nível da estrutura, a **estrutura quaternária**. Está relacionada à forma como as diferentes cadeias interagem. A estrutura quaternária da hemoglobina mostra como as quatro subunidades estão relacionadas umas às outras na proteína total.

As sutilezas da sequência, estrutura e função são claramente visíveis no caso da hemoglobina. Aparentemente, pequenas alterações na sequência dos aminoácidos da hemoglobina e outras moléculas podem ser importantes na determinação da função, como é ilustrado pela doença chamada *anemia falciforme*. Essa doença, que às vezes é fatal, afeta alguns indivíduos de origem africana. As pessoas afetadas por essa doença são anêmicas; ou seja, elas têm contagens baixas de glóbulos vermelhos. Além disso, muitos de seus glóbulos vermelhos são alongados e curvados como uma foice, em vez de serem discos redondos (Figura 24.6a). Esses glóbulos vermelhos alongados são mais frágeis do que as células normais do sangue e, assim, muitas vezes quebram, levando à anemia. As células alongadas também não se ajustam adequadamente através dos capilares e assim bloqueiam o fluxo de sangue, diminuindo a quantidade de oxigênio que as células do indivíduo recebe.

A causa da anemia falciforme foi atribuída a uma pequena diferença estrutural na hemoglobina. Nas subunidades β da hemoglobina em indivíduos portadores do traço falciforme, uma valina foi substituída por um ácido glutâmico. Um aminoácido nessa posição termina na superfície da proteína, onde é exposto ao ambiente aquoso da célula. O ácido glutâmico e a valina são bastante diferentes um do outro. A cadeia lateral do ácido glutâmico é iônica, enquanto a da valina é apolar. A cadeia lateral apolar da valina

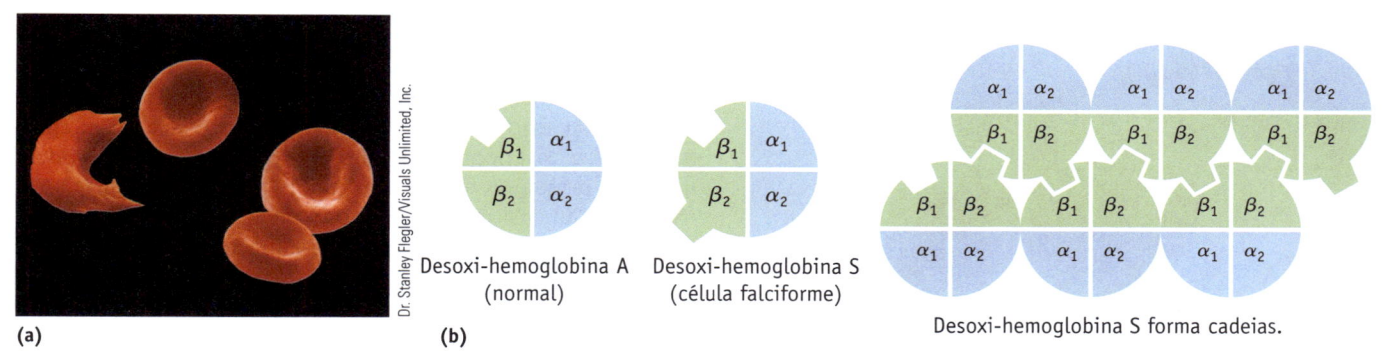

Desoxi-hemoglobina A
(normal)

Desoxi-hemoglobina S
(célula falciforme)

Desoxi-hemoglobina S forma cadeias.

(a)   (b)

FIGURA 24.6 Glóbulos vermelhos normais e falciformes. (a) Os glóbulos vermelhos são normalmente de formato arredondado, mas as pessoas que sofrem de anemia falciforme têm células com uma característica em formato de "foice". **(b)** A hemoglobina falciforme tem uma região apolar que pode se encaixar em uma cavidade apolar em outra hemoglobina. As hemoglobinas falciformes podem unir-se para formar estruturas longas de encadeamento.

faz com que uma região apolar fique ressaltada na molécula. Quando a hemoglobina (normal ou falciforme) está no estado desoxigenado, ela tem uma cavidade apolar em outra região. A região apolar em torno da valina sobre uma molécula de hemoglobina falciforme se encaixa muito bem nessa cavidade apolar sobre outra hemoglobina. As hemoglobinas falciformes, desse modo, ligam-se em conjunto, formando estruturas de encadeamento longo (Figura 24.6b) que levam aos sintomas descritos.

Apenas uma substituição do aminoácido em cada subunidade β provoca anemia falciforme! Mesmo que outras substituições de aminoácidos possam não levar a consequências tão graves, a sequência, a estrutura e a função estão intimamente ligadas e são de crucial importância na bioquímica.

Enzimas, Sítios Ativos e Lisozimas

Muitas reações necessárias à vida ocorrem muito lentamente por conta própria, por isso, os organismos as aceleram para o nível apropriado usando catalisadores biológicos chamados **enzimas**. Quase toda reação metabólica num organismo vivo requer uma enzima, e a maioria dessas enzimas são proteínas. As enzimas geralmente são capazes de aumentar a velocidade da reação de forma extraordinária, geralmente de 10^7 a 10^{14} vezes mais rápidas que as velocidades da reação não catalisada.

Para uma enzima catalisar uma reação, devem ocorrer várias etapas fundamentais:

1. Um reagente (geralmente chamado de **substrato**) deve se unir à enzima.
2. A reação química deve acontecer.
3. O(s) produto(s) da reação deve(m) deixar a enzima de modo que mais substratos se unam e o processo possa ser repetido.

Normalmente, as enzimas são muito específicas, isto é, apenas um número limitado de compostos (muitas vezes apenas um) serve como substrato para uma determinada enzima, e a enzima catalisa apenas um tipo de reação. O local na enzima em que o substrato se une e a reação ocorre é chamado **sítio ativo**. O sítio ativo é geralmente constituído por uma cavidade ou fissura na estrutura da enzima na qual o substrato ou parte do substrato pode ser encaixado. Os grupos R dos aminoácidos ou a presença de íons metálicos em um sítio ativo são muitas vezes fatores importantes na ligação de um substrato e na catálise de uma reação.

A lisozima é uma enzima que pode ser obtida a partir de muco e lágrimas humanas e de outras fontes, como a clara de ovo. Alexander Fleming (1881-1955) (que mais tarde descobriu a penicilina) disse ter descoberto a presença da lisozima no muco quando teve um resfriado. Ele propositadamente permitiu que um pouco do muco de seu nariz pingasse em um recipiente com uma cultura de bactérias e descobriu que algumas delas morreram. A substância química no muco responsável por esse efeito era uma proteína. Fleming a denominou de *lisozima*, porque é uma enzima que faz com que algumas bactérias sofram lise (ruptura).

Catálise Enzimática Para mais informações sobre enzimas, consulte "Estudo de Caso: Enzimas – Catalisadores da Natureza", Capítulo 14, página 650.

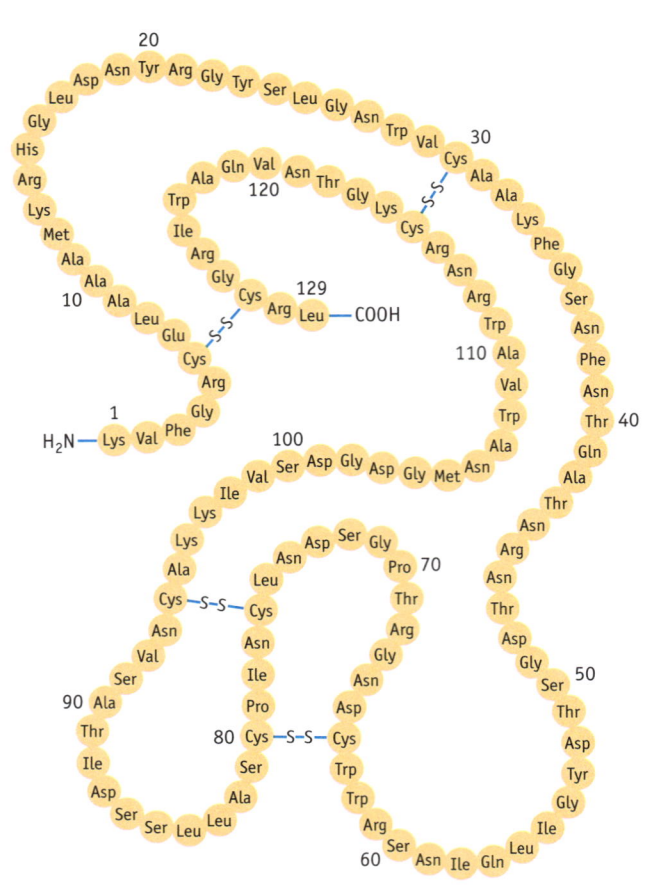

FIGURA 24.7 A estrutura primária da lisozima. As ligações cruzadas de dissulfeto (—S—S—) são as ligações entre os resíduos de aminoácidos cisteína.

A lisozima é uma proteína que contém 129 aminoácidos ligados entre si numa única cadeia polipeptídica (Figura 24.7). Sua massa molar é 14000 g/mol. Como era verdade na determinação da estrutura de dupla hélice do DNA (◄ páginas 398-399), a cristalografia de raios X e a construção do modelo foram as principais técnicas utilizadas na determinação da estrutura tridimensional e do método de ação da lisozima.

A atividade antibiótica da lisozima resulta da sua catálise da reação que quebra as paredes celulares de algumas bactérias. Essas paredes celulares contêm um **polissacarídeo**, um polímero de moléculas de açúcar. Esse polissacarídeo é composto por dois açúcares alternados: ácido *N*-acetilmurâmico (NAM) e *N*-acetilglicosamina (NAG). A lisozima acelera a reação que rompe as ligações entre o carbono-1 de NAM e o carbono-4 de NAG (Figura 24.8), quebrando, assim, a parede da célula.

A lisozima também catalisa a decomposição de polissacarídeos que contêm apenas NAG, mas não é muito eficaz na clivagem de moléculas que consistem em apenas duas ou três unidades de NAG [(NAG)₃]. Na verdade, essas moléculas agem como inibidores da enzima. Os pesquisadores suspeitaram que a inibição resultou dessas pequenas moléculas que se ligam, mas não preenchem completamente o sítio ativo na enzima. A cristalografia de raios X dos cristais de lisozima que tinham sido tratados com (NAG)₃ revelou que (NAG)₃ se liga a uma fenda na lisozima (Figura 24.9).

Essa fenda tem espaço para um total de seis unidades de NAG. Os modelos moleculares da enzima e (NAG)₆ mostraram que cinco dos seis açúcares se encaixam muito bem na fenda, o que não acontecia com o quarto açúcar na sequência. Para obter esse quarto açúcar no sítio ativo, sua estrutura tem de ser distorcida. Partindo do princípio de que a ligação clivada é a que liga o quarto ao quinto açúcar, essa distorção é vantajosa porque ela deforma a molécula para se assemelhar mais ao estado de transição da reação de clivagem, assim, acelerando essa reação. Os aminoácidos imediatamente ao redor desse local também podem ajudar na reação de clivagem. Além disso, os modelos mostraram que, se uma sequência alternada de NAM e NAG se liga à enzima nessa fenda, NAM deve ligar-se a esse quarto local de açúcar no sítio ativo porque não pode se encaixar no terceiro sítio de ligação do açúcar, ao passo que NAG pode. A clivagem deve, portanto, ocorrer apenas entre o carbono-1 de NAM e o carbono-4 de NAG seguinte, e não o contrário, e isso é exatamente o que ocorre.

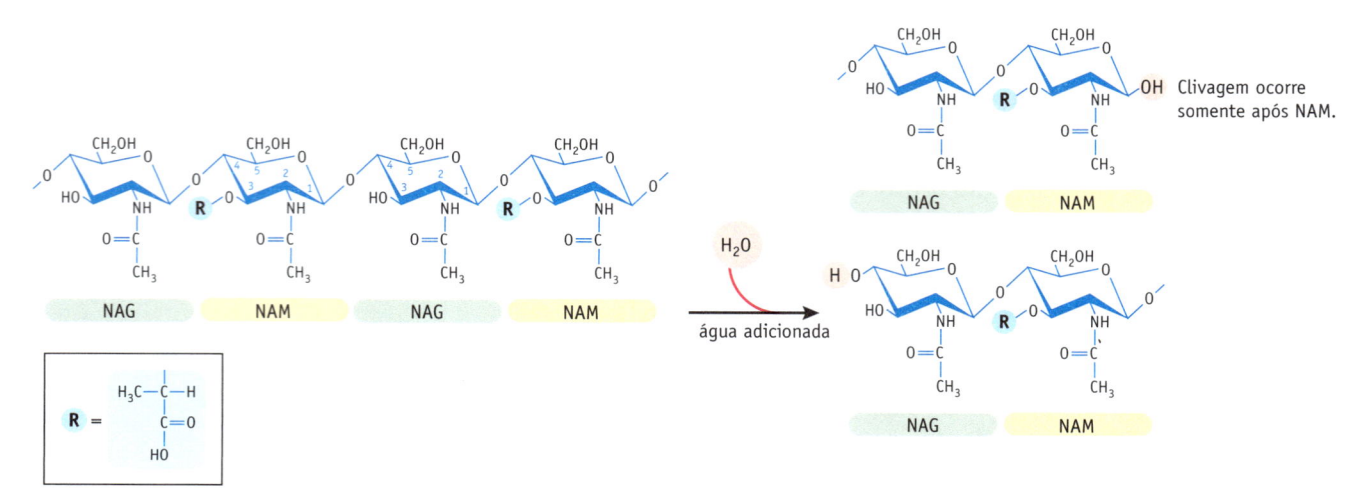

FIGURA 24.8 Clivagem de uma ligação entre o ácido *N*-acetilmurâmico (NAM) e *N*-acetilglicosamina (NAG). Essa reação é acelerada pela enzima lisozima.

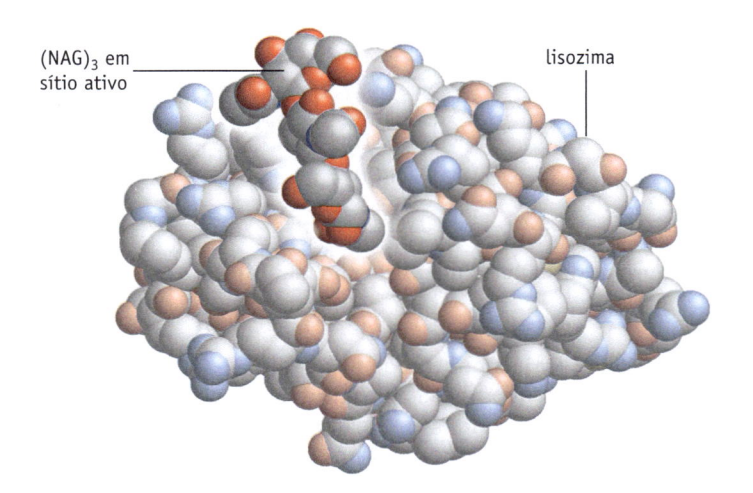

(NAG)₃ em sítio ativo

lisozima

FIGURA 24.9 A lisozima com (NAG)₃ liga-se ao sítio ativo na lisozima por meio de forças intermoleculares de atração.

EXERCÍCIOS PARA A SEÇÃO 24.1

1. As proteínas são feitas de

   (a) aminoácidos

   (b) carboidratos

   (c) ácidos nucleicos

   (d) ácidos polipróticos

2. Sob condições fisiológicas, os aminoácidos são

   (a) totalmente protonados

   (b) completamente desprotonados

   (c) íons zwitteríon

3. A estrutura secundária de uma proteína refere-se

   (a) à sequência de aminoácidos na proteína

   (b) às estruturas construídas a partir da rede de ligações de hidrogênio das ligações amida no esqueleto da proteína

   (c) à estrutura tridimensional global da proteína

   (d) ao arranjo dos diferentes filamentos de polipeptídeos na proteína

24-2 Carboidratos

Carboidratos, ou açúcares, constituem outra importante classe de compostos encontrados em seres vivos. Eles servem como nosso combustível para muitas atividades da vida. A ribose e a desoxirribose, dois açúcares, são componentes dos ácidos nucleicos (▶ Seção 24.3) que armazenam e traduzem a informação genética em nossas células. Os polímeros de açúcares, polissacarídeos, servem como moléculas estruturais em plantas e bactérias. Por fim, as moléculas de açúcar ligadas a outras biomoléculas estão envolvidas em interações célula-célula.

Monossacarídeos

Os carboidratos são aldeídos ou cetonas poli-hidroxilados. As estruturas de cadeia aberta da glicose, um aldeído poli-hidroxilado ou *aldose*, e da frutose, uma cetona poli-hidroxilada ou *cetose*, são mostradas na Figura 24.10. Tanto a glicose como a frutose são exemplos de **monossacarídeos**, que são os açúcares mais simples. Os monossacarídeos geralmente têm a fórmula geral $C_x(H_2O)_x$, e é a partir dessa fórmula que essa classe de compostos deriva o seu nome de carboidrato, uma combinação de carbono e água. Desse modo, a fórmula da glicose, $C_6H_{12}O_6$, é equivalente a $C_6(H_2O)_6$.

Os açúcares mais abundantes na natureza contêm cinco ou seis átomos de carbono e são referidos como *pentoses* e *hexoses*, respectivamente. A ribose e a

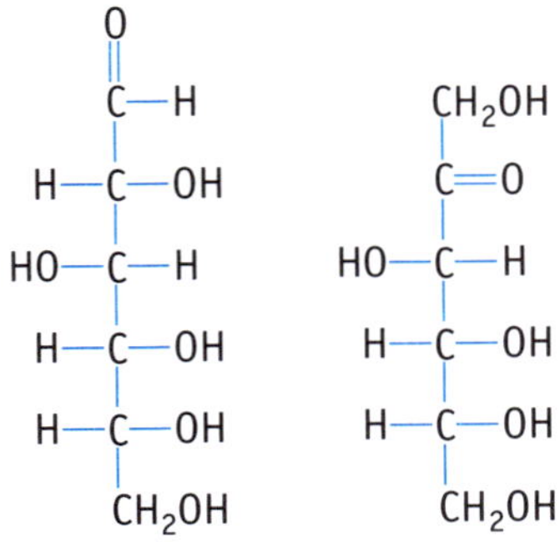

FIGURA 24.10 D-glicose e D-frutose. Tanto a D-Glicose (um aldeído) como a D-frutose (uma cetona) possuem a fórmula molecular $C_6H_{12}O_6$.

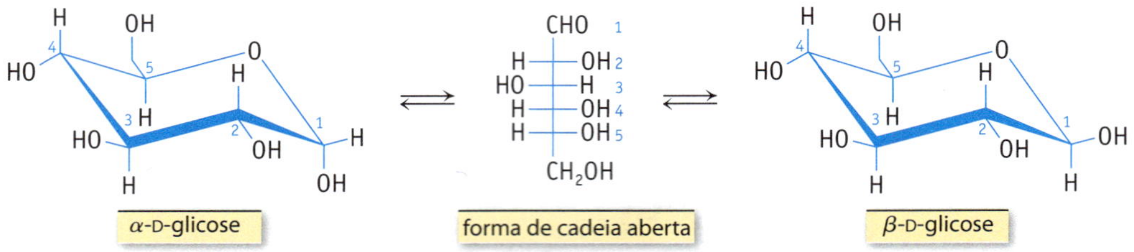

FIGURE 24.11 As formas de cadeia linear e de anel da D-glicose.

desoxirribose (▶ Seção 24.3), encontradas nos ácidos nucleicos RNA e DNA, são as pentoses mais abundantes encontradas na natureza. De longe, o açúcar mais abundante com seis carbonos que contém um grupo aldeído é a glicose, e o açúcar mais abundante com seis carbonos que contém um grupo cetona é a frutose.

Quase todos os açúcares são quirais, contendo um ou mais átomos de carbono com quatro diferentes grupos ligados (◀ Seção 23.1). Na estrutura de cadeia da glicose, por exemplo, quatro dos átomos de carbono são ligados a quatro grupos diferentes. Na natureza, a glicose ocorre em apenas uma dessas formas enantioméricas; assim, uma solução de glicose desvia a luz polarizada. As estruturas mostradas na Figura 24.10 são os D-isômeros da glicose e da frutose.

A D-glicose existe em três formas isoméricas diferentes em soluções aquosas. Dois dos isômeros contêm anéis de seis membros, e o terceiro isômero apresenta uma estrutura em cadeia aberta (Figura 24.11). Observe que as duas estruturas de anel diferem pela orientação do grupo hidroxila e do átomo de hidrogênio em C-1. Em α-D-glicose, o grupo hidroxila está apontando para baixo, enquanto que em β-D-glicose, está apontando para cima. Na solução aquosa, as três formas diferentes de glicose rapidamente se interconvertem, mas as três formas diferentes não estão presentes em quantidades iguais. O isômero de cadeia linear se torna menos de 1% das moléculas com as formas cíclicas predominando e apresentando uma proporção de 63%:37% de β-D-glicose para α-D-glicose. As estruturas predominantes da maioria dos monossacarídeos em solução aquosa contêm anéis.

O conhecimento da estrutura da glicose permite prever algumas de suas propriedades. Com cinco grupos —OH polares na molécula, não é surpreendente que a glicose seja solúvel em água. O grupo aldeído é suscetível à oxidação química para formar um ácido carboxílico, e a detecção de glicose (na urina ou no sangue) tira vantagem desse fato. Os testes de diagnóstico da glicose envolvem a oxidação com detecção subsequente dos produtos.

Dissacarídeos

Quando duas moléculas de açúcar se juntam para formar um **dissacarídeo**, elas fazem isso por meio de uma reação de condensação, em que uma molécula de água é perdida. Os dois açúcares acabam ligados um ao outro por uma ponte do átomo de oxigênio; esse tipo de ligação entre duas moléculas de açúcar é chamado **ligação**

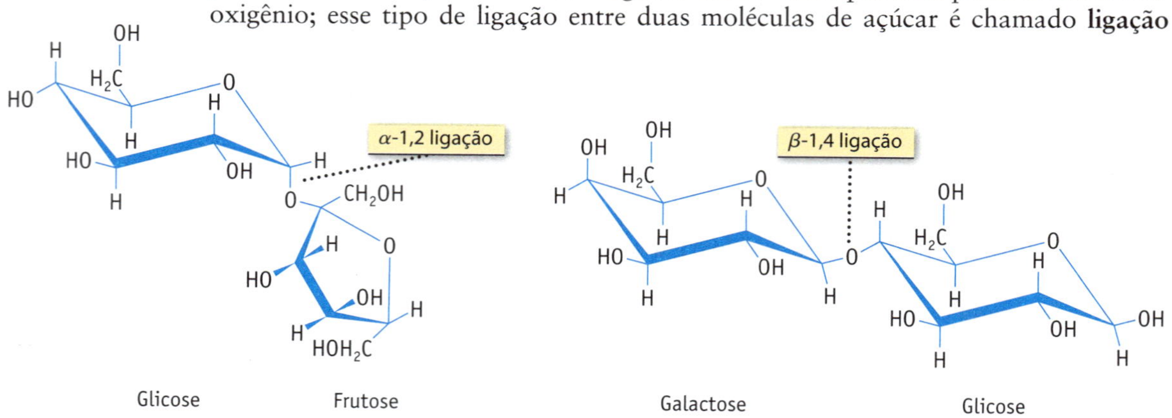

(a) Sacarose

(b) Lactose

FIGURA 24.12 Os dissacarídeos sacarose e lactose.

glicosídica. O açúcar de mesa, a sacarose (Figura 24.12a), é um dissacarídeo formado pela reação do grupo hidroxila na posição 1 em α-D-glicose com o grupo hidroxila na posição 2 da β-D-frutose. Uma vez que o grupo hidroxila utilizado no primeiro açúcar (a molécula de glicose) estava na configuração α, esse tipo de ligação é referido como uma ligação glicosídica α-1,2.

Outro dissacarídeo comum é a lactose (Figura 24.12b), um açúcar encontrado no leite. Este contém outra hexose chamada β-D-galactose, que é combinada com α-D-glicose por meio de uma ligação β-1,4. Quando o leite é consumido, a lactose é decomposta nos seus monossacarídeos através da utilização de uma enzima chamada lactase. À medida que muitos seres humanos envelhecem, sua capacidade de produzir lactase e, portanto, de digerir a lactose, diminui; dizemos que se tornaram intolerantes à lactose. Em tais indivíduos, a lactose é fermentada por bactérias no trato digestivo em ácido láctico, produz gás metano e gás hidrogênio no processo. Esses gases podem causar desconforto e levar à flatulência. Além disso, o ácido láctico e qualquer lactose não digerida podem levar à diarreia. Esses sintomas podem, certamente, ser evitados se a pessoa afetada se abster de produtos lácteos, mas também podem ser minimizados se um suplemento contendo a enzima lactase for consumido com os produtos lácteos.

Polissacarídeos

Longos polímeros de açúcares, ou **polissacarídeos**, resultam quando um grande número de moléculas de açúcar é unido por ligações glicosídicas. Nas células animais, o excesso de glicose é armazenado como o polissacarídeo chamado *glicogênio* (Figura 24.13). A estrutura básica do glicogênio é uma cadeia ramificada de moléculas de glicose. Dentro de uma cadeia, as ligações são todas glicosídicas α-1,4. Os pontos de ramificações para a cadeia ocorrem por meio de ligações glicosídicas α-1,6. Os pontos de ramificação ocorrem em torno de cada dez ou mais unidades de glicose em uma cadeia.

As células vegetais, muitas vezes, armazenam glicose sob a forma de amido. Os comprimentos da cadeia de amido variam do tamanho de massas molares de milhares à metade de um milhão de g/mol. Há dois tipos comuns de amido: *amido amilose* e *amido amilopectina*. O amido amilose contém cadeias lineares de moléculas de glicose ligadas por meio de ligações glicosídicas α-1,4. O amido amilopectina, como o glicogênio, é uma cadeia ramificada de moléculas de glicose. A principal diferença é que os pontos de ramificação α-1,6 na amilopectina ocorrem com menos frequência do que no glicogênio, apenas a cada 30 ou mais unidades de glicose.

Por fim, a principal molécula estrutural em plantas, a *celulose*, é também um polissacarídeo com comprimentos de cadeia variando de centenas a milhares de unidades de glicose. A ligação entre as moléculas de glicose em celulose é β-1,4 em vez de α-1,4. Essa mudança aparentemente pequena tem um efeito surpreendente. Os seres humanos têm enzimas que rompem as ligações α-1,4 no amido, mas não têm uma enzima que rompe as ligações β-1,4 entre as moléculas de glicose em celulose. Assim, podemos digerir amido, mas não conseguimos digerir a celulose e, quando ingerida, ela passa através de nossos sistemas inalterada como fibra dietética insolúvel.

EXERCÍCIOS PARA A SEÇÃO 24.2

1. O gliceraldeído é um monossacarídeo com três átomos de carbono. A sua fórmula molecular é

   (a) $C_3H_3O_3$ (c) $C_3H_6O_3$

   (b) $C_3H_4O_2$ (d) $C_3H_6O_6$

2. Os monômeros da sacarose são

   (a) galactose e frutose   (c) duas moléculas de frutose

   (b) glicose e frutose   (d) duas moléculas de glicose

3. Qual dos seguintes compostos não pode ser digerido por humanos?

   (a) amido amilose   (c) celulose

   (b) amido amilopectina   (d) sacarose

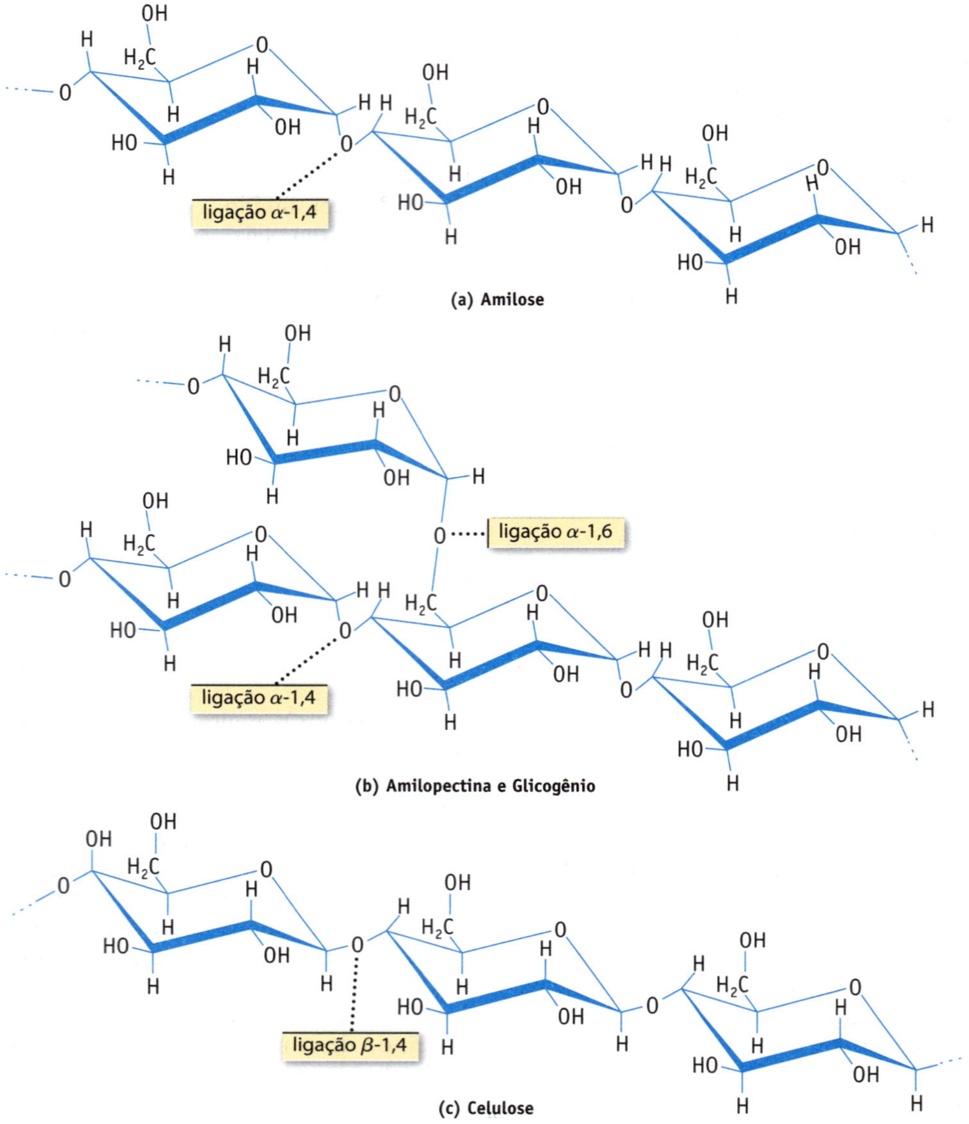

(a) Amilose

ligação α-1,4

(b) Amilopectina e Glicogênio

ligação α-1,6

ligação α-1,4

(c) Celulose

ligação β-1,4

FIGURA 24.13 Polissacarídeos.

24-3 Ácidos Nucleicos

Na primeira metade do século XX, os pesquisadores identificaram o **ácido desoxir-ribonucleico (DNA)** como o material genético nas células. Um parente próximo do DNA, chamado **ácido ribonucleico (RNA)**, também foi encontrado nas células.

Estrutura dos Ácidos Nucleicos

O RNA e o DNA são polímeros (Figura 24.14). Eles são compostos de açúcares com cinco átomos de carbono (β-D-ribose no RNA e β-D-2-desoxirribose no DNA) que estão ligados por grupos fosfodiéster. Em pH fisiológico, essas ligações fosfodiéster estão nos seus estados ionizados com uma carga líquida 1– por ligação. Sendo assim, existe também um cátion 1+ presente por ligação fosfodiéster (não mostrado na Figura 24.14). Um grupo fosfodiéster liga a posição 3′ (pronuncia-se "três linha") de um açúcar à posição 5′ do próximo açúcar. Ligada à posição 1′ de cada açúcar está uma base contendo nitrogênio (nitrogenada). As bases no DNA são a adenina (A), citosina (C), guanina (G) e timina (T); no RNA, as bases nitrogenadas são as mesmas que no DNA, exceto que a uracila (U) é usada no lugar da timina. Um único açúcar com uma base nitrogenada ligada é chamado **nucleosídeo**. Se um grupo fosfato também está ligado, então, a combinação é chamada de **nucleotídeo** (Figura 24.15).

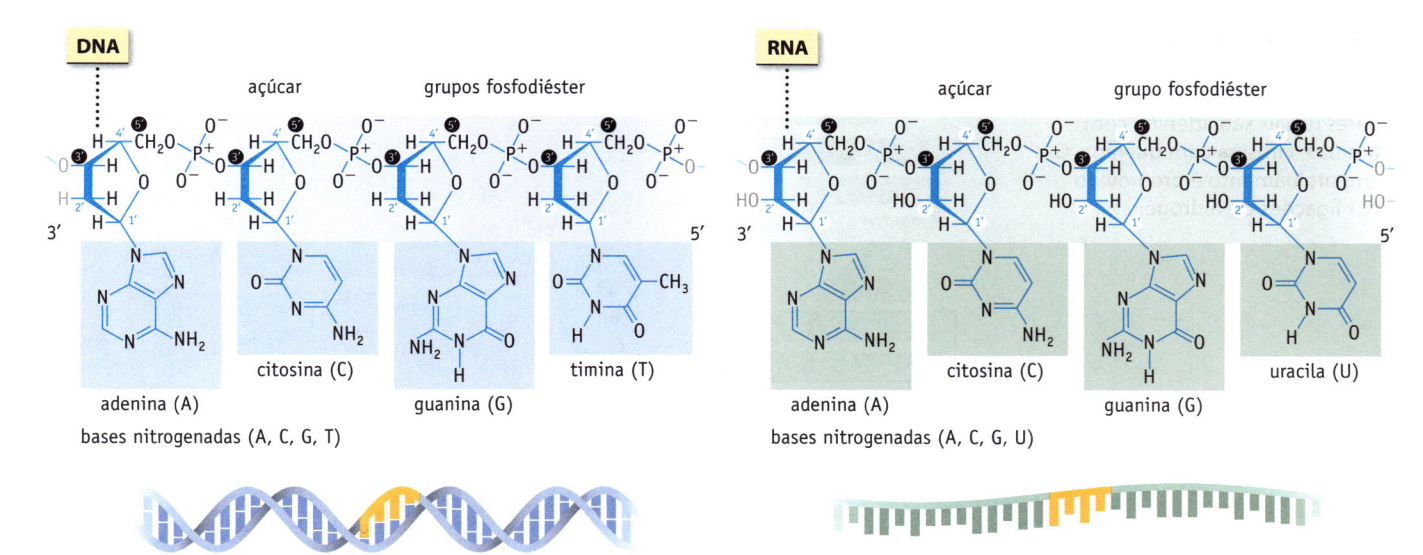

FIGURA 24.14 DNA e RNA.

A principal diferença química entre o RNA e o DNA é a identidade do açúcar.

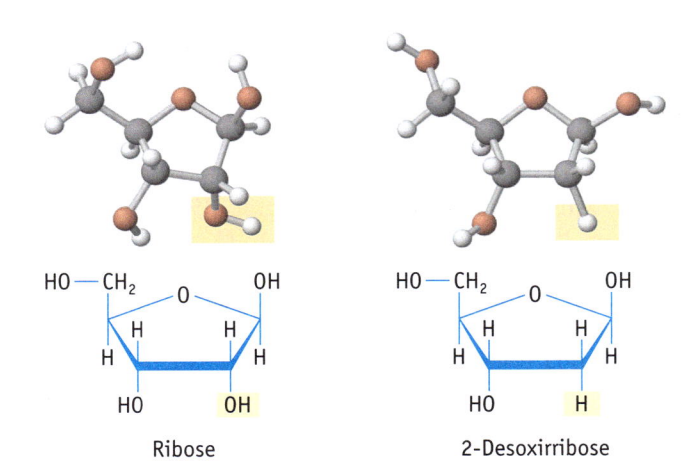

Ribose   2-Desoxirribose

A ribose tem um grupo hidroxila (—OH) na posição 2, ao passo que a 2-desoxirribose tem apenas um átomo de hidrogênio nessa posição. Essa diferença aparentemente pequena acaba tendo efeitos profundos. A cadeia de polímero do RNA é clivada muitas vezes mais rápido do que uma cadeia correspondente do DNA em condições semelhantes, devido ao envolvimento desse grupo hidroxila na reação de

adenina (A)   citosina (C)   guanina (G)

timina (T)   uracila (U)

nucleosídeo   5'-nucleotídeo

3'-nucleotídeo

(a)   **(b)**

FIGURA 24.15 Bases, nucleosídeos e nucleotídeos.

FIGURA 24.16 Pares de bases e fitas complementares no DNA. Com as quatro bases no DNA, os pares usuais são adenina com timina e citosina com guanina. O emparelhamento é promovido por ligações de hidrogênio.

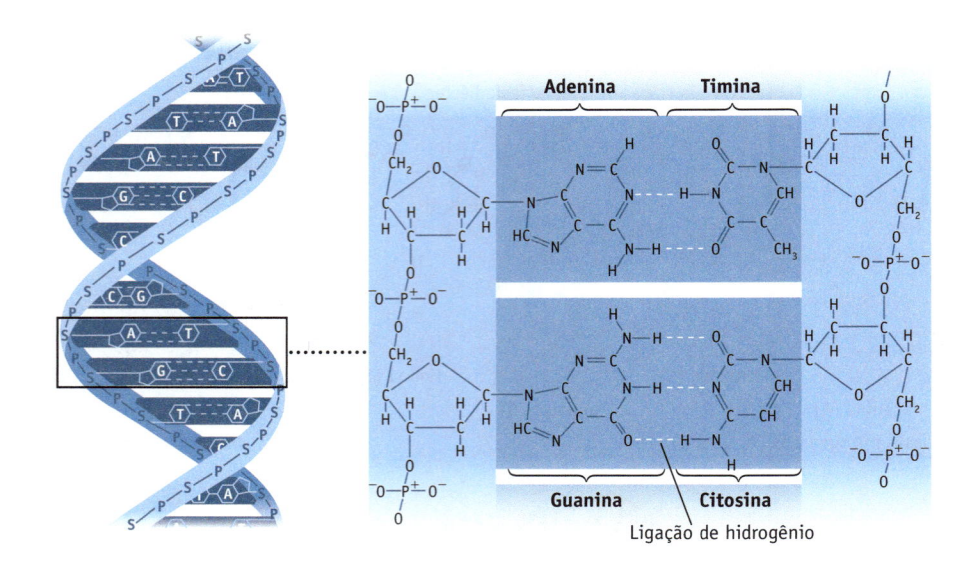

A Estrutura do DNA Para mais informações sobre a estrutura do DNA, consulte "Ligações Químicas no DNA", página 348, Seção 8.10: "DNA, Revisitado", páginas 398-399, e "Um Olhar Mais Atento: Ligação de Hidrogênio na Bioquímica", página 506.

clivagem. A maior estabilidade do DNA contribui para que seja um repositório melhor para a informação genética.

Como o DNA armazena informação genética? O DNA consiste em uma dupla hélice (Figura 24.16). Nessa estrutura, uma fita do DNA é emparelhada com uma outra fita que prossegue na direção oposta. Desse modo, se uma fita for vista a partir da extremidade 5′ para a extremidade 3′, a outra fita será alinhada próxima a ele de tal forma que prossiga a partir da extremidade 3′ à extremidade 5′. As peças-chave da estrutura do DNA para armazenar informação genética são as bases nitrogenadas. James Watson e Francis Crick (página 399) observaram que A pode formar duas ligações de hidrogênio com T e que C pode formar três ligações de hidrogênio com G. O espaçamento entre as duas fitas da dupla hélice é o ideal tanto para um par A–T como para um par C–G se encaixarem, mas outras combinações (como A–G) não se encaixam corretamente. Assim, se soubermos a identidade de um nucleotídeo em uma fita da dupla hélice, podemos descobrir qual nucleotídeo deve ser ligado a ele na outra fita. Os dois filamentos são referidos como **fitas complementares.**

Se as duas fitas são separadas uma da outra, uma nova fita complementar pode ser construída para cada uma das fitas originais, colocando um G onde quer que haja um C, um T onde quer que haja um A, e assim por diante. Através desse processo, denominado **replicação**, a célula fica com duas moléculas idênticas de DNA de fita dupla para cada molécula de DNA inicialmente presente. Quando a célula se divide, cada uma das duas células resultantes recebe uma cópia de cada molécula de DNA (Figura 24.17). Dessa forma, a informação genética é transmitida ao longo de uma geração para a seguinte.

O poder do DNA foi demonstrado mais tarde em 2010, em um experimento conduzido por pesquisadores do Instituto J. Craig Venter. Eles desenharam uma sequência de DNA com um pouco mais de 1 milhão de pares de bases, que era semelhante ao de uma espécie de bactéria, *Mycoplasma mycoides*. Começando com fitas de DNA sintetizadas quimicamente que eram apenas cerca de mil pares de bases ao todo, eles construíram a sequência total do DNA desejado. Em seguida, substituíram o DNA nas células de outras espécies de bactérias, *M. capricolum*, por esse DNA sintetizado. Os organismos resultantes puderam realizar a divisão celular e cresceram em colônias de bactérias. Essas bactérias não tinham características da *M. capricolum*, mas da *M. mycoides* modificada. O DNA sintético, projetado e construído por humanos, não era apenas capaz de realizar as funções normais do DNA, mas tinha transformado uma espécie em outra!

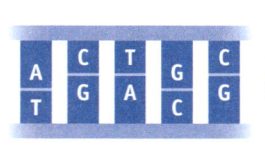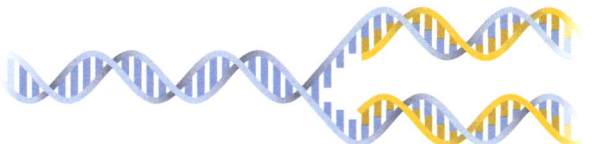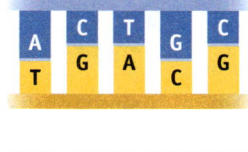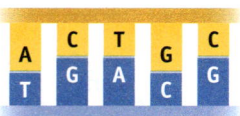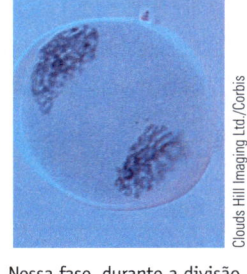

Duas fitas de DNA. Cada base é emparelhada com o seu par: adenina (A) com timina (T), guanina (G) com citosina (C).

As duas fitas de DNA são separadas uma da outra.

Duas novas fitas complementares são construídas usando as fitas originais.

A replicação resulta em duas moléculas idênticas de DNA com fita dupla.

Nessa fase, durante a divisão celular, os cromossomos contendo o DNA foram duplicados, e os dois conjuntos foram separados.

FIGURA 24.17 As principais etapas na replicação do DNA. Os produtos dessa replicação são duas moléculas idênticas de DNA de dupla hélice. Quando uma célula se divide, cada célula resultante recebe um conjunto.

EXEMPLO 24.2

Fitas Complementares de DNA

Problema Sequências de ácidos nucleicos são geralmente escritas começando com o nucleotídeo na extremidade 5' e prosseguindo para a extremidade 3'. Um segmento específico de uma fita de DNA tem a sequência AGTCCTCATG. Qual é a sequência da fita complementar?

O que você sabe? Você sabe a sequência de um segmento do DNA e que, na fita complementar, A vai parear com T, e C vai parear com G.

Estratégia Escreva a sequência de DNA que é complementar à sequência dada ao completar os pares de bases (A com T e G com C). Certifique-se de que em sua resposta final você listou a sequência da extremidade 5' à extremidade 3'.

Solução A sequência dada e seu complemento ficam como se segue

Sequência dada: 5'-AGTCCTCATG-3'

Sequência complementar: 3'-TCAGGAGTAC-5'

Em ordem a partir da extremidade 5' à extremidade 3', essa sequência é CATGAGGACT.

Pense bem antes de responder Saber a sequência de uma fita do DNA nos permite prever a sequência do DNA na fita complementar.

Verifique seu entendimento

Qual é a sequência da fita de DNA complementar para CGATACGTAC?

Síntese de Proteínas

A sequência de nucleotídeos no DNA de uma célula contém as instruções para sintetizar as proteínas de que a célula necessita. O DNA é a molécula de armazenamento de informação. Para usar essa informação, a célula primeiro faz uma cópia complementar da porção necessária do DNA usando RNA. Essa etapa é chamada **transcrição**. A molécula de RNA resultante é chamada **RNA mensageiro (RNAm)**, porque

Tabela 24.1 Exemplos dos 64 Códons no Código Genético

SEQUÊNCIA DA BASE NO CÓDON*	AMINOÁCIDO QUE SERÁ ADICIONADO
AAA	Lisina
AAC	Asparagina
AUG	Iniciar
CAA	Glutamina
CAU	Histidina
GAA	Ácido glutâmico
GCA	Alanina
UAA	Parar
UAC	Tirosina

*A = adenina, C = citosina, G = guanina, U = uracila.

carrega essa mensagem para onde a síntese de proteína ocorre na célula. A célula usa o RNA mais rapidamente clivado em vez do DNA para realizar essa função.

Faz sentido usar o DNA, a molécula mais estável, para armazenar a informação genética porque a célula deseja que essa informação seja passada de geração em geração de forma intacta. Por outro lado, faz sentido usar o RNA para enviar a mensagem a fim de sintetizar uma proteína específica. Usando o RNA menos estável, a mensagem não será permanente, mas sim destruída após um determinado período de tempo, permitindo, assim, que a célula desligue a síntese da proteína.

A síntese da proteína ocorre nos **ribossomos**, organismos complexos numa célula constituídos por uma mistura de proteínas e RNA. A nova proteína é construída à medida que o ribossomo se move ao longo do filamento de RNAm. A sequência de nucleotídeos no RNAm contém informações sobre a ordem dos aminoácidos na proteína desejada. Seguindo o sinal no RNAm para iniciar a síntese de proteínas, a cada sequência de três nucleotídeos é fornecido o código para um aminoácido na proteína até o ribossomo alcançar o sinal para parar (Tabela 24.1). Essas sequências de três nucleotídeos no RNAm são referidas como **códons**, e a correspondência entre cada códon e sua mensagem (iniciar, adicionar um aminoácido específico ou parar) é referida como o **código genético**.

Como o código genético é utilizado para construir uma proteína? No complexo ribossomo-RNAm, existem dois sítios vizinhos de ligação, chamados sítio P e sítio A. (Os ribossomos das células eucarióticas, células que contêm núcleos, também têm um terceiro sítio de ligação, denominado sítio E.) Cada ciclo que adiciona um aminoácido a uma proteína crescente é iniciado com essa parte da proteína já construída a ser localizada no sítio P. O sítio A é onde o próximo aminoácido é trazido, e ainda um outro tipo de RNA se envolve nesse momento. Esse **RNA transportador (RNAt)** consiste em um filamento de RNA ao qual um aminoácido pode ser ligado (Figura 24.18). Um filamento de **RNAt** possui uma região particular, a qual contém uma sequência de três nucleotídeos que pode tentar formar pares de bases a um códon no RNAm do sítio A do ribossomo. Essa sequência de três nucleotídeos no **RNAt** é chamada **anticódon**. Somente se o emparelhamento entre o códon e o

FIGURA 24.18 Estrutura do RNAt.

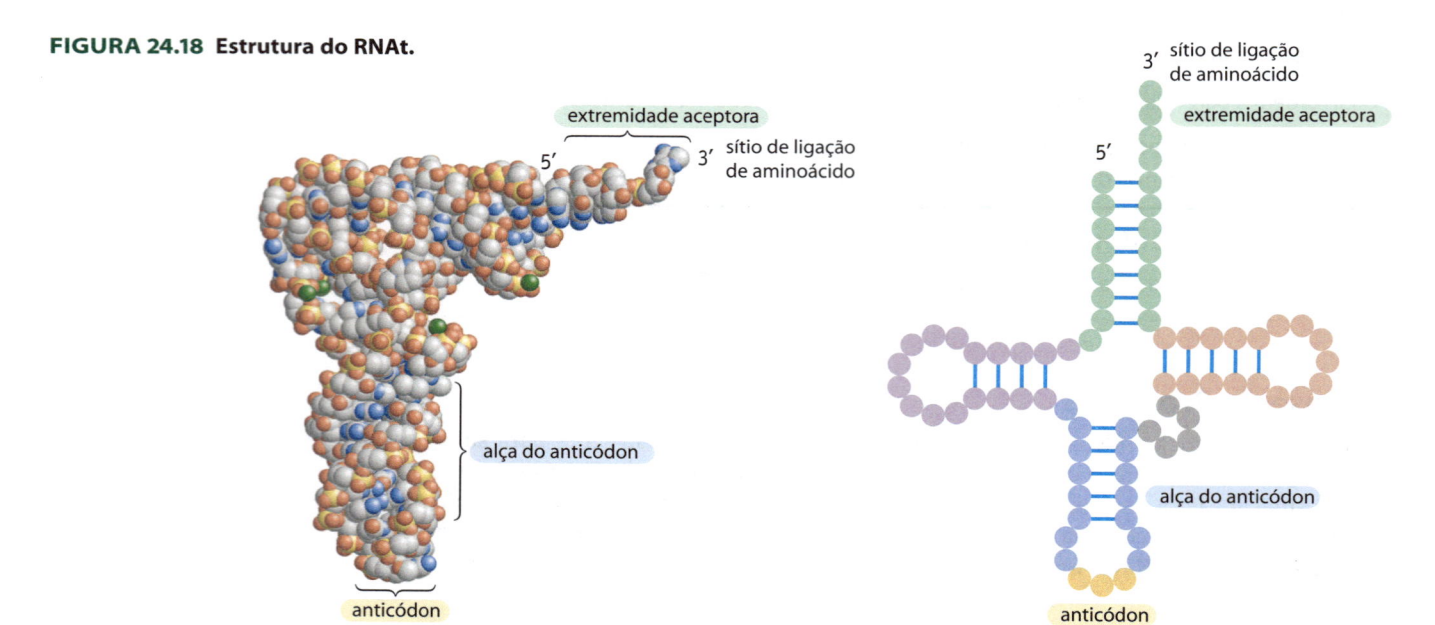

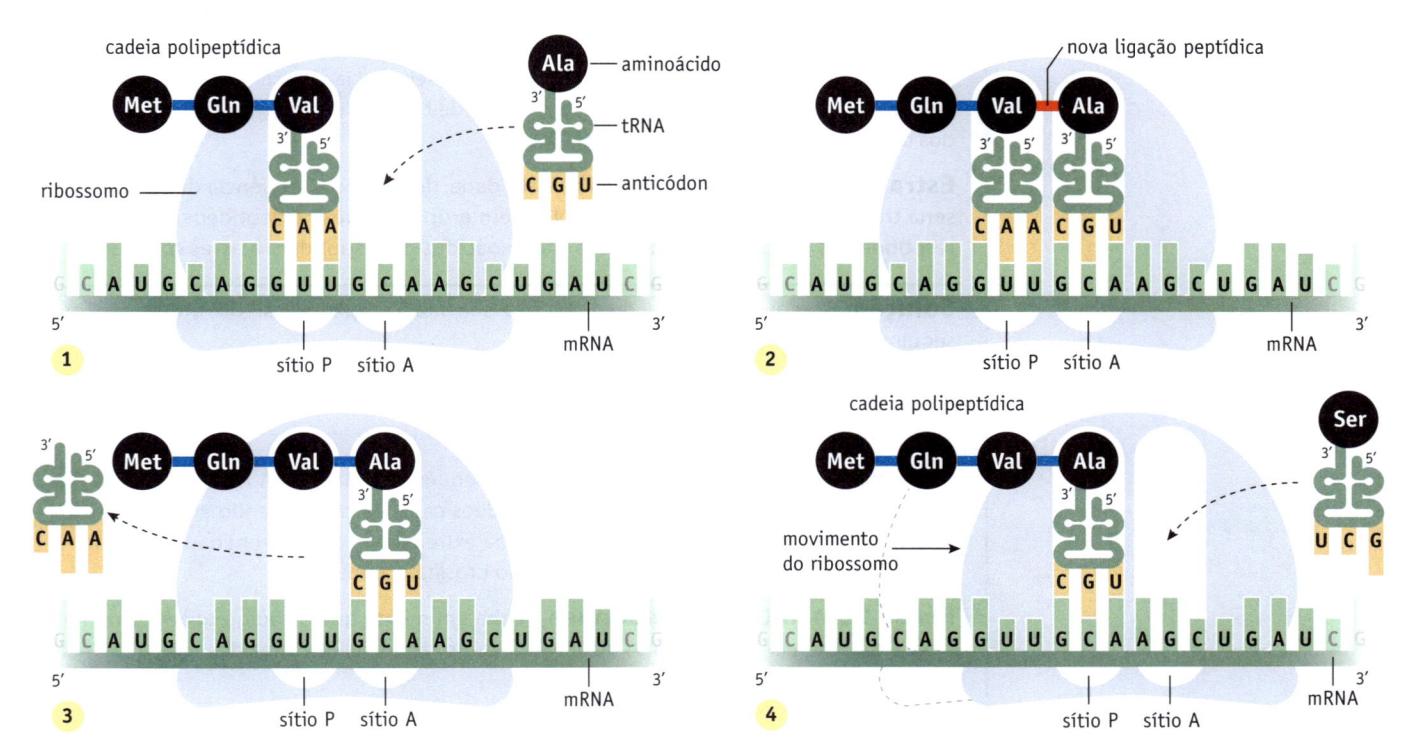

FIGURA 24.19 Sínteses de proteínas. O tRNA com um anticódon complementar ao códon mRNA exposto no sítio A do ribossomo traz o próximo aminoácido a ser adicionado à cadeia de proteína crescente. Após a nova ligação peptídica ser formada, o ribossomo se move ao longo do mRNA, expondo um novo códon no sítio A e transferindo o tRNA anterior e a cadeia de proteína ao sítio P.

anticódon para complementar (por exemplo, A com U), o RNAt conseguirá se ligar ao complexo ribossomo–RNAm. O anticódon não só determina a qual códon um filamento específico de RNAt pode se unir, mas também qual aminoácido será unido à extremidade da molécula de RNAt. Assim, um códon no RNAm é complementar a um anticódon RNAt específico, que por sua vez especifica o aminoácido correto.

A cadeia de proteína crescente no sítio P (Figura 24.19) reage com o aminoácido no sítio A, resultando na cadeia de proteína sendo alongada por um aminoácido e movendo a cadeia ao sítio A. O ribossomo, em seguida, se move ao longo da cadeia de RNAm, movendo o RNAt com o filamento de proteína do sítio A ao sítio P e expondo um novo códon ao sítio A. O RNAt que esteve no sítio P e que não tem mais um aminoácido ligado deixa o ribossomo diretamente ou, se houver um sítio E presente, se move para o sítio E antes de sair do ribossomo. O processo é, então, repetido.

A conversão da informação a partir de uma sequência de nucleotídeos do RNAm para uma sequência de aminoácidos de uma proteína é chamada **tradução**. A síntese da proteína consiste, então, em dois processos principais: a transcrição da informação do DNA em RNA, seguida pela tradução da mensagem do RNA na sequência de aminoácidos da proteína. Há mais envolvido, mas os processos de transcrição e tradução, como discutidos aqui, fornecem uma introdução básica a esse tópico importante.

EXEMPLO 24.3

Síntese de Proteínas

Problema Uma fita do DNA que codifica para três aminoácidos de uma proteína tem a seguinte sequência: TTT TGC GTA. Qual é a sequência de aminoácidos que resultará dessa sequência?

O que você sabe? A sequência do DNA é dada. A informação no DNA é transcrita ao RNAm e, em seguida, traduzida pelo RNAt para a sequência de aminoácidos desejada. Você conhece as regras para a formação de pares de bases. O código genético para alguns dos códons no RNAm é dado na Tabela 24.1.

Estratégia A partir da sequência de DNA dada, determine a sequência de RNAm que seria transcrita. Veja a sequência de RNAm em grupos de três nucleotídeos, a qual corresponde aos códons. Determine quais aminoácidos correspondem a esses códons.

Solução A sequência dada do DNA e a sua fita complementar do RNAm são os seguintes:

Sequência dada do DNA: 5'-TTT TGC GTA-3'

Sequência complementar do RNAm: 3'-AAA ACG CAU-5'

Desse modo, a fita resultante do RNAm tem a sequência 5'-UAC GCA AAA-3'. Essa fita de RNAm é dividida em grupos de três nucleotídeos cada, correspondendo aos códons do RNAm. Com base na Tabela 24.1 e na leitura da extremidade 5' à extremidade 3', os aminoácidos selecionados por essa sequência são tirosina-alanina-lisina.

Pense bem antes de responder Tenha em mente que o código genético na Tabela 24.1 fornece os códons do RNAm e os aminoácidos trazidos pelos RNAts complementares.

Verifique seu entendimento

Qual é a sequência de aminoácidos codificados pela sequência de DNA: TTG TGC TTT?

O Mundo do RNA e a Origem da Vida

Uma das questões mais fascinantes e persistentes que os cientistas perseguem é a forma como a vida surgiu na Terra. Ela aflige aqueles que tentam responder a esse dilema assim como o do ovo e a galinha: O que veio primeiro, o DNA ou as proteínas? O DNA é bom em armazenar informação genética, mas não é bom em catalisar reações. As proteínas são boas em catalisar reações, mas não em armazenar informação genética. A tentativa de retratar uma molécula precoce autorreplicante, decidindo se ela devia ser baseada em DNA ou em proteínas, parecia sem esperança. Por fim, ambas as funções são importantes. Esses problemas fizeram com que alguns cientistas descartassem a ideia de considerar o DNA ou as proteínas como candidatos da primeira molécula da vida. Uma hipótese que ganhou apoio nos últimos anos sugere que a primeira vida na Terra pode ter sido baseada em RNA.

Assim como o DNA, o RNA é um ácido nucleico e pode servir como uma molécula de armazenamento genético. Já vimos de que forma ele serve como uma molécula de informação no processo de síntese de proteínas. Além disso, os cientistas descobriram que os retrovírus, como o vírus da imunodeficiência humana (HIV), que causa a Aids, utilizam RNA como o repositório de informação genética em vez do DNA. Talvez os primeiros organismos na Terra também usassem RNA para armazenar informação genética.

Na década de 1980, pesquisadores descobriram que filamentos específicos de RNA catalisam algumas reações que envolvem corte e junção de filamentos do RNA. Thomas Cech, professor da Universidade do Colorado, Boulder, e Sidney Altman, professor da Universidade de Yale, dividiram o Prêmio Nobel de 1989 em Química por suas descobertas independentes de sistemas que utilizam "RNA catalítico". Pode-se imaginar que um organismo consegue utilizar o RNA tanto como o material genético como um catalisador. A informação e a ação são, portanto, combinadas nessa molécula.

De acordo com os defensores da hipótese do "Mundo do RNA", os primeiros organismos podem ter usado RNA, tanto para informação como para catálise. Algum tempo depois, o DNA surgiu e tinha melhores capacidades de armazenamento de informação e, por isso, assumiu as funções de armazenamento de informações genéticas do

UM OLHAR MAIS ATENTO

HIV e Transcriptase Reversa

Uma das maiores crises da saúde nos tempos modernos é a epidemia associada à doença chamada *síndrome da imunodeficiência adquirida* (Aids). A pessoa desenvolve Aids nos estágios finais da infecção com o *vírus da imunodeficiência humana* (HIV). No momento da redação desse texto, estima-se que 34 milhões de pessoas no mundo estejam infectadas com o HIV, um retrovírus. Ao contrário de todos os organismos e a maioria dos vírus, um retrovírus utiliza RNA de filamento simples, em vez de DNA, como seu material genético.

Durante o curso da infecção, o RNA viral é transcrito em DNA por meio de uma enzima chamada transcriptase reversa. Assim é chamada porque a direção do fluxo de informação é no sentido oposto (RNA → DNA) daquela normalmente encontrada nas células. O DNA resultante é inserido no DNA da célula. A célula infectada produz, então, as proteínas e o RNA para fabricar novas partículas virais.

A transcriptase reversa consiste de duas subunidades (veja a Figura). Uma subunidade tem uma massa molar de cerca de $6,6 \times 10^4$ g/mol, e a outra tem uma massa molar de cerca de $5,1 \times 10^4$ g/mol. No entanto, a transcriptase reversa não é uma enzima muito precisa. Ela comete um erro na transcrição para cada 2000 a 4000 nucleotídeos copiados. Isso é uma taxa de

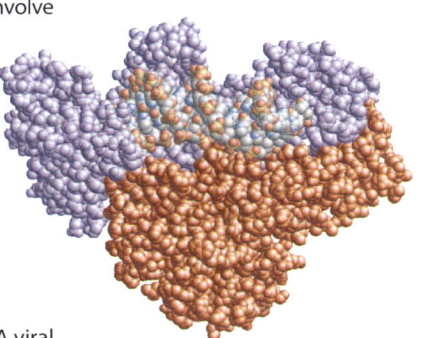

1 RNA viral

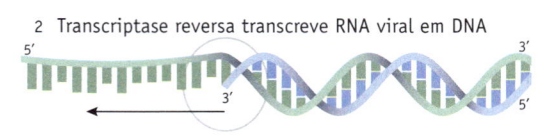

2 Transcriptase reversa transcreve RNA viral em DNA

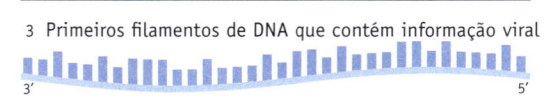

3 Primeiros filamentos de DNA que contém informação viral

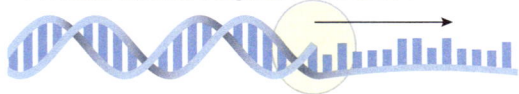

4 A célula sintetiza o segundo filamento de DNA

Transcriptase reversa. A enzima transcriptase reversa consiste em duas subunidades (mostradas em vermelho e púrpura). A transcriptase reversa catalisa a transcrição do RNA viral em DNA. A célula, então, constrói um filamento complementar de DNA. O DNA de filamento duplo resultante é inserido no DNA da célula.

erro muito maior do que para a maioria das enzimas celulares que copiam o DNA, as quais normalmente cometem um erro para cada 10^9 a 10^{10} nucleotídeos copiados. A taxa de erro elevada da transcriptase reversa contribui para o desafio que os cientistas enfrentam na tentativa de combater o HIV, porque esses erros de transcrição reversa no DNA resultante levam a frequen-

tes mutações no vírus. Isto é, o vírus continua a mudar, o que significa que o desenvolvimento de um tratamento que funciona e continuará a funcionar é muito difícil. Alguns tratamentos foram bem-sucedidos em atrasar significativamente o aparecimento da Aids, mas nenhum foi ainda provado como sendo uma cura. Mais pesquisas são necessárias para combater essa doença mortal.

RNA. Da mesma forma, as proteínas evoluíram e mostraram-se melhores em catálise que o RNA, portanto, assumiram esse papel para a maioria das reações em uma célula. No entanto, o RNA ainda desempenha um papel central no fluxo de informação genética. A informação genética não vai diretamente do DNA às proteínas; ela deve passar pelo RNA ao longo do caminho. Aqueles que são a favor da hipótese do Mundo do RNA também apontam que muitos cofatores de enzimas, moléculas que devem estar presentes para uma enzima trabalhar, são nucleotídeos de RNA ou têm como base os nucleotídeos de RNA. Como veremos, uma das moléculas mais importantes no metabolismo é um nucleotídeo de RNA, a adenosina 5´-trifosfato (ATP). A importância desses nucleotídeos pode remeter a um período anterior, quando os organismos tiveram como base o RNA.

EXERCÍCIOS PARA A SEÇÃO 24.3

1. Qual deles se decompõe mais rapidamente numa solução aquosa?

   (a) DNA

   (b) RNA

2. Qual sequência de RNA é complementar à sequência AUG do DNA?

   (a) 5´-AUG-3´

   (b) 5´-CAT-3´

   (c) 5´-CAU-3´

   (d) 5´-TAC-3´

ESTUDO DE CASO

Terapia Antissentido

Muitas pesquisas tradicionais para encontrar novos medicamentos são centradas na descoberta de compostos que se ligam às proteínas envolvidas na doença. Uma abordagem diferente é seguida por aquela que é chamada terapia "antissentido". Em vez de proteínas, a terapia antissentido se concentra em ácidos nucleicos, especificamente o mRNA ou até mesmo o DNA que codifica para a proteína primeiro. Um composto é introduzido, o qual é complementar a esse filamento e que, portanto, será ligado a ele, amarrando-se, assim, ao filamento do ácido nucleico de modo que não entregará sua mensagem para o ribossomo no caso de RNAm ou não será transcrito no caso de DNA. A sequência do ácido nucleico alvo é referida como o filamento "sentido" e o filamento complementar, a droga, é referido como o filamento antissentido.

Em 2013, uma droga produzida pela Isis Pharmaceuticals se tornou o segundo composto antissentido aprovado pela Food and Drug Administration para uso humano nos Estados Unidos. A droga, chamada Kynamro, tem como alvo o mRNA para uma proteína envolvida numa condição rara que leva a níveis muito elevados de colesterol, chamada *hipercolesterolemia familiar homozigótica*. (O primeiro composto já aprovado foi produzido pela Isis no final dos anos 1990, mas não foi bem-sucedido comercialmente.)

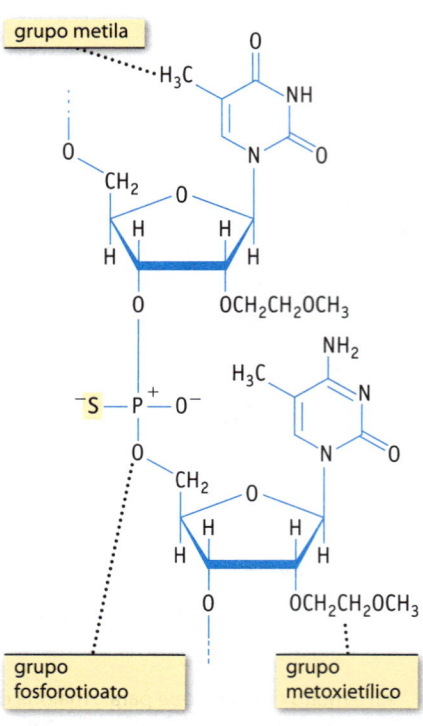

Parte da sequência da droga antissentido Kynamro.

Os filamentos dos ácidos nucleicos com ligações fosfodiéster naturais são muito suscetíveis à quebra da enzima no organismo e, portanto, não são bons candidatos à droga. O Kynamro utiliza um esqueleto que contém grupos fosforotioato (Figura), nos quais um oxigênio ligado ao fósforo é substituído por um átomo de enxofre. Além disso, a droga utiliza açúcares desoxirribose em alguns locais e açúcares ribose modificados em outros. Nesses açúcares ribose, o grupo 2'-OH foi substituído por um grupo metoxietila. Outra modificação é que um grupo metila foi adicionado a cada uma das bases de citosina e uracila no composto.

O Kynamro pode ser apenas o começo dos muitos prováveis tratamentos antissentido; no momento da redação deste livro, havia mais de cinquenta estudos clínicos sobre drogas sob a forma de compostos, de uma variedade de empresas que utilizam algum tipo de tecnologia de silenciamento dos genes.

Questões:

1. O Kynamro possui a sequência de ligações de hidrogênio: GCCUCAGTCT-GCTTCGCACC. Qual é a sequência de nucleotídeos no RNAm alvo?
2. A fórmula do Kynamro é $C_{230}H_{305}N_{67}O_{122}P_{19}S_{19}Na_{19}$. Qual é a massa molar desse composto?
3. Qual é a geometria molecular em torno do átomo de fósforo no grupo fosforotioato?

As respostas a estas questões estão disponíveis no Apêndice N.

---

3. Qual aminoácido é selecionado pelo códon GAA do mRNA?

(a) alanina   (c) histidina

(b) ácido glutâmico   (d) tirosina

24-4   Lipídios e Membranas da Célula

Os **lipídios** são outro importante tipo de composto encontrado nos organismos. Entre outras coisas, são os principais componentes das membranas da célula e um repositório de energia química na forma de gordura. Além disso, alguns dos mensageiros químicos chamados **hormônios** são lipídios.

Os lipídios incluem uma ampla série de compostos, porque a classificação de um composto como um lipídio é baseada na sua solubilidade em vez de em um grupo químico funcional específico. O lipídio é um composto que, na melhor das hipóteses, é ligeiramente solúvel em água, mas é solúvel em solventes orgânicos.

Os compostos polares tendem a ser solúveis num solvente polar como a água. Os compostos apolares são solúveis em solventes apolares, mas tendem a não serem solúveis em solventes polares. Essa tendência é muitas vezes referida como "semelhante dissolve semelhante" (◄ Seção 13.2). Os compostos em organismos biológicos que são apolares, ou pelo menos substancialmente apolares, têm solubilidade limitada em água e são, portanto, os lipídios.

Uma importante categoria de lipídios consiste em moléculas que têm uma extremidade polar e uma extremidade apolar. A extremidade polar proporciona uma ligeira afinidade com água, necessária para que seja compatível com o ambiente aquoso da célula, mas a extremidade apolar limita consideravelmente a solubilidade. Muitos desses compostos são gorduras, óleos, ácidos graxos ou relacionados a esses compostos.

As **gorduras** e os **óleos** servem a muitas funções no corpo, das quais uma primordial é o armazenamento de energia. As gorduras (sólidos) e os óleos (líquidos) são triésteres formados a partir do glicerol (1,2,3-propanotriol) e três ácidos carboxílicos que podem ser os mesmos ou não. Como eles são triésteres de glicerol, são muitas vezes referidos como os **triglicerídeos**.

$$
\begin{array}{l}
\qquad\qquad\qquad \overset{\displaystyle O}{\underset{\displaystyle \|}{}} \\
H_2C - O - CR \\
\qquad\qquad\; \overset{\displaystyle O}{\underset{\displaystyle \|}{}} \\
HC - O - CR \\
\qquad\qquad\; \overset{\displaystyle O}{\underset{\displaystyle \|}{}} \\
H_2C - O - CR
\end{array}
$$

Triglicerídeos. R = ácido graxo de cadeia longa (Tabela 24.2)

Os ácidos carboxílicos nas gorduras e nos óleos, conhecidos como **ácidos graxos**, têm uma longa cadeia carbônica, geralmente contendo de 12 a 18 átomos de carbono (Tabela 24.2). Os ácidos graxos e os triglicerídeos são lipídios do tipo em que uma das extremidades da molécula é polar e a outra extremidade é apolar. A extremidade polar em ácidos graxos é um grupo de ácido carboxílico, e a extremidade apolar é um hidrocarboneto de cadeia longa.

As cadeias do hidrocarboneto podem ser saturadas (◄ Seção 23.2) ou incluir uma ou mais ligações duplas. Os compostos saturados são mais comuns nos produtos animais, enquanto as gorduras insaturadas e os óleos são mais comuns nas plantas. Em geral, os triglicerídeos que contêm ácidos graxos saturados são sólidos e aqueles com ácidos graxos insaturados são líquidos sob temperatura ambiente. A diferença no ponto de fusão relaciona-se à estrutura molecular. Com apenas ligações simples unindo átomos de carbono nos ácidos graxos saturados, o grupo hidrocarboneto é flexível, consequentemente, as moléculas se empacotam mais próximas umas das outras. Esse maior contato entre as moléculas leva a maiores forças de dispersão de London entre as moléculas e, portanto, a pontos de fusão mais elevados. As ligações duplas nos triglicerídeos insaturados, por outro lado, apresentam dobras que tornam o grupo hidrocarboneto menos flexível; consequentemente, as moléculas se empacotam menos firmemente em conjunto, levando a menores forças de dispersão de London e pontos de fusão mais baixos.

Tabela 24.2 Ácidos Graxos Comuns

Nome	Número de Átomos de Carbono	Fórmula
Ácidos Saturados		
Láurico	C_{12}	$CH_3(CH_2)_{10}CO_2H$
Mirístico	C_{14}	$CH_3(CH_2)_{12}CO_2H$
Palmítico	C_{16}	$CH_3(CH_2)_{14}CO_2H$
Esteárico	C_{18}	$CH_3(CH_2)_{16}CO_2H$
Ácido Insaturado		
Oleico	C_{18}	$CH_3(CH_2)_7CH{=}CH(CH_2)_7CO_2H$

A estrutura de anel presente em todos os esteroides, três anéis de seis membros (A, B e C) e um de cinco membros (D).

colesterol

FIGURE 24.20 Esteroides.

Esteroides são outra categoria de lipídios. As moléculas de esteroides consistem em quatro anéis de hidrocarbonetos unidos (Figura 24.20). Três dos anéis contêm seis átomos de carbono, e um contém cinco átomos de carbono. Exemplos de esteroides são os hormônios sexuais testosterona, estradiol e progesterona. O colesterol (Figura 24.20) é também um importante esteroide. Você já deve ter ouvido falar do colesterol devido à sua correlação com doenças cardíacas. Enquanto um pouco de colesterol é necessário para os seres humanos, o excesso pode depositar-se nos vasos sanguíneos, bloqueando-os parcialmente e fazendo com que o coração trabalhe mais do que deveria.

As moléculas que mais prevalecem na maioria das membranas celulares são **fosfolipídios** (Figura 24.21a). Os fosfolipídios são semelhantes aos triglicerídeos, pois também são baseados em glicerol. Dois dos grupos álcool do glicerol são esterificados com ácidos graxos de cadeia longa. O terceiro grupo álcool está ligado a um fosfato que tem uma outra cadeia de hidrocarboneto ligada a ele. Grupos fosfato são muito polares. Em moléculas de fosfolipídios, a extremidade de fosfato é, às vezes, chamada de "cabeça", e as cadeias dos hidrocarbonetos apolares compreendem a "cauda".

Quando os fosfolipídios são colocados em água, eles normalmente se arranjam numa **estrutura de bicamada** (Figura 24.21b). Este é exatamente o arranjo que fosfolipídios têm em uma membrana celular. A água está presente tanto no interior como no exterior da bicamada, o que corresponde ao interior e exterior da célula. Na camada externa da membrana, os fosfolipídios alinham-se lado a lado de tal modo que as suas cabeças polares enfrentam o ambiente aquoso fora da célula. Movendo-se para o interior, vêm as caudas desses lipídios. Os fosfolipídios na segunda camada alinham-se por conta própria de modo que as suas caudas apolares estejam em contato com as caudas apolares da camada externa. Por fim, as cabeças polares da segunda camada enfrentam o ambiente aquoso no interior da célula. A bicamada fosfolipídica encobre a célula de forma satisfatória e proporciona uma barreira adequada entre o interior e o exterior da célula, devido às diferentes características de solubilidade da região apolar no meio da bicamada.

Há outras moléculas presentes nas membranas celulares. O colesterol é uma parte importante das membranas celulares animais, ajudando a dar maior rigidez. Algumas proteínas na membrana celular permitem selecionar materiais para atravessar de um lado da membrana a outro (*proteínas de transporte*). Outras aceitam sinais químicos de outras células ou respondem aos materiais no ambiente da célula (*proteínas receptoras*). Por fim, algumas enzimas estão também associadas à membrana.

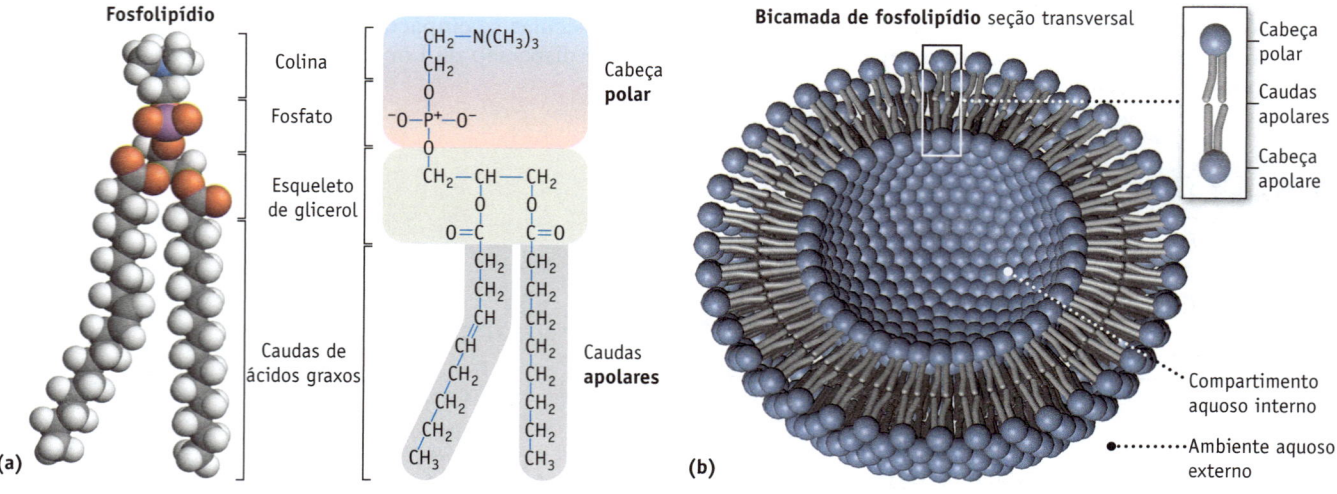

FIGURA 24.21 Fosfolipídios. (a) A estrutura de um fosfolipídio. **(b)** Uma seção transversal de uma bicamada fosfolipídica. As cabeças polares dos fosfolipídios estão expostas à água, enquanto as caudas apolares estão localizadas no interior da bicamada.

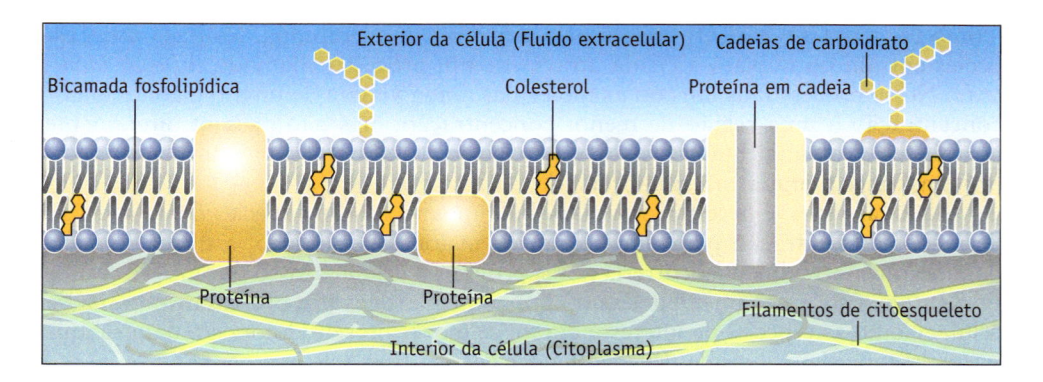

FIGURA 24.22 O modelo de mosaico fluido das membranas celulares. Uma membrana celular é composta principalmente por uma bicamada fosfolipídica, na qual estão incorporados colesterol, outros lipídios e proteínas. O movimento ocorre dentro de uma camada, mas o movimento de um lado da bicamada para o outro é raro.

O modelo geral para uma membrana celular é chamado de **modelo mosaico fluido** (Figura 24.22). Nesse modelo, a estrutura da membrana é, em grande parte, a de uma bicamada fosfolipídica. Nessa bicamada estão incorporadas moléculas como o colesterol e as proteínas. O movimento de todos esses componentes dentro de cada camada da bicamada ocorre prontamente; a membrana é, assim, fluida até um certo ponto. Por outro lado, há pouco movimento de componentes, tais como fosfolipídios, de um lado da membrana ao outro. A observação "semelhante dissolve semelhante" provê a razão para essa falta de intercâmbio entre as camadas. A cabeça de um fosfolipídio na camada externa, por exemplo, não seria compatível com a região muito apolar no interior da bicamada, através da qual o fosfolipídio necessitaria passar para atravessar de um lado da camada dupla a outro.

Uma membrana celular serve como a fronteira entre a célula e o restante do universo, mas a troca de alguns materiais entre a célula e o mundo externo tem de ocorrer. Existem diferentes mecanismos pelos quais isso acontece (Figura 24.23). O mais simples é a *difusão passiva*. Nesse processo, uma molécula se move através da bicamada fosfolipídica a partir de uma região de maior concentração para uma região de menor concentração, a direção natural do fluxo. Como a bicamada fornece tal barreira adequada, apenas algumas moléculas não carregadas muito pequenas

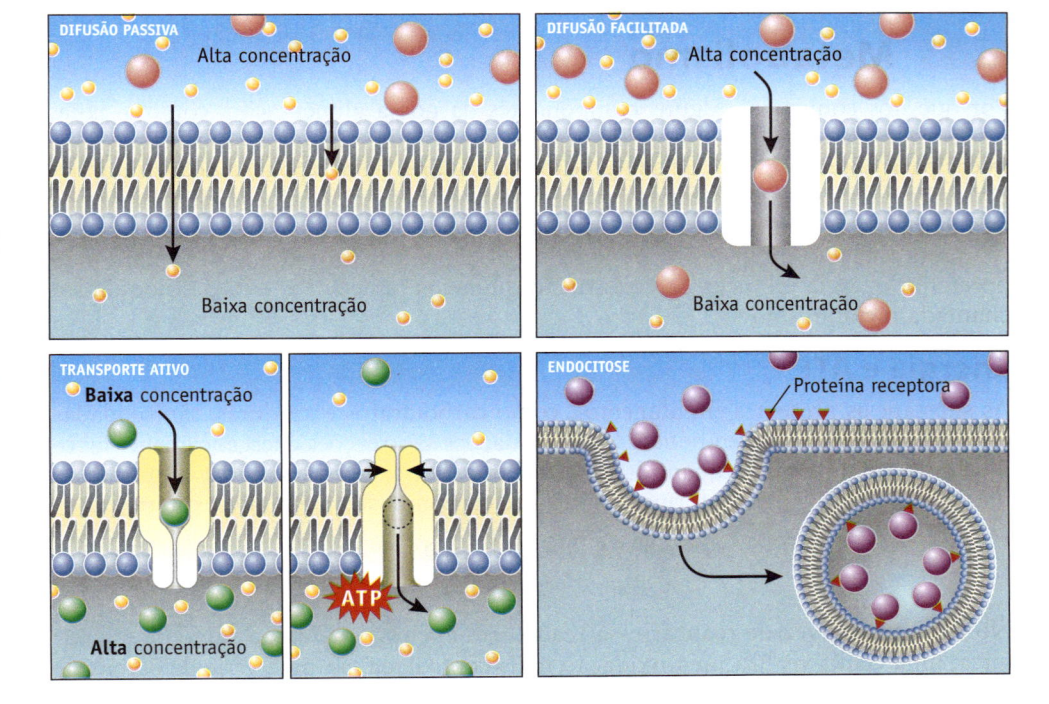

FIGURA 24.23 Transportes de materiais através de uma membrana celular.

(como N_2, O_2, CO_2 e H_2O) podem passar através da membrana. Muitas outras espécies entram ou deixam a célula através de um processo chamado *difusão facilitada*. Nesse processo, os íons ou as moléculas ainda viajam de uma região de maior concentração a uma região de menor concentração, mas não passam diretamente através da bicamada. Em vez disso, eles passam através dos canais formados pelas proteínas incorporadas na membrana da célula.

Algumas vezes, é necessário para a célula movimentar as espécies de uma região de menor concentração para uma região de maior concentração, a direção oposta daquela que normalmente ocorreria por si própria. A célula faz isso por meio de *transporte ativo*. Este é novamente mediado por proteínas de transporte na membrana da célula. Como as espécies de interesse devem se mover no sentido oposto daquele que normalmente iriam, a célula deve despender energia para que isso ocorra.

Por fim, as células, algumas vezes, transportam materiais em si mesmas por meio de *endocitose*. Esse processo é normalmente mediado por uma proteína receptora. A espécie de interesse (o chamado *substrato*) se liga à proteína receptora. Uma porção da membrana celular envolve o complexo receptor-substrato. Uma porção da membrana celular é, então, interrompida, trazendo o complexo para a célula.

EXERCÍCIOS PARA A SEÇÃO 24.4

1. Qual dos seguintes NÃO é um exemplo de lipídio?

    (a) colesterol

    (b) etanol

    (c) uma gordura

    (d) um óleo

2. No modelo de mosaico fluido da membrana celular, os fosfolipídios se arranjam por conta própria a fim de terem

    (a) cabeças polares apontando para o líquido extracelular

    (b) cabeças polares apontando para o fluido intracelular

    (c) cabeças polares apontando tanto para o fluido extracelular como para o fluido intracelular

    (d) cabeças polares apontando umas às outras no meio da membrana

24-5 Metabolismo

Por que nós comemos? Alguns componentes da nossa alimentação, como a água, são usados diretamente em nossos corpos. Nós quebramos outras substâncias químicas para obter os blocos de construção moleculares de que precisamos para fabricar as muitas substâncias químicas em nossos corpos. A oxidação dos alimentos também fornece a energia de que necessitamos para realizar as atividades da vida. As muitas reações químicas diferentes que os alimentos sofrem no corpo para proporcionar energia e blocos de construção químicos remetem à área da bioquímica chamada **metabolismo**.

Energia e ATP

As substâncias presentes em alimentos, como carboidratos e gorduras, são oxidadas em parte do processo metabólico. Essas oxidações são reações energeticamente favoráveis, liberando grandes quantidades de energia. Por exemplo, a oxidação da glicose do açúcar ($C_6H_{12}O_6$) para formar dióxido de carbono e água é muito exotérmica.

$$C_6H_{12}O_6(s) + 6\ O_2(g) \rightarrow 6\ CO_2(g) + 6\ H_2O(\ell)$$

$$\Delta_r H° = -2803\ kJ/mol\text{-rea}$$

No entanto, em vez de realizar essa reação em apenas uma etapa rápida e exotérmica, uma célula realiza uma oxidação mais controlada em uma série de etapas de modo que possa obter a energia em pequenos incrementos. Além disso, seria ineficiente se cada parte de uma célula precisasse ter todos os mecanismos necessários para realizar a oxidação de cada tipo de molécula usada para produzir energia. Em

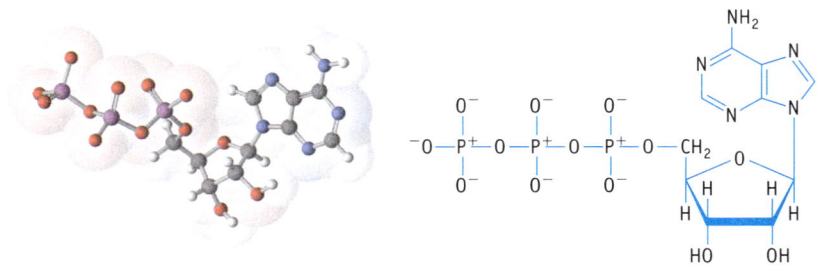

FIGURA 24.24 Adenosina-5′-trifosfato (ATP).

vez disso, ela realiza a oxidação de compostos, tais como glicose, em um local e armazena a energia num pequeno conjunto de compostos que podem ser utilizados em praticamente qualquer lugar na célula.

O principal composto utilizado para efetuar essa função de armazenagem e transporte de energia é a **adenosina 5′-trifosfato** (ATP). Esse ribonucleotídeo consiste em uma molécula de ribose cuja base nitrogenada adenina está ligada à posição 1′ e um grupo trifosfato está ligado à posição 5′ (Figura 24.24). Na respiração aeróbica, o equivalente de 30 a 32 mols de ATP é tipicamente produzido por mol de glicose oxidada. Com base nos valores ΔH para os processos, uma maior produção de ATP pode ser esperada, mas o processo não é totalmente eficiente.

A hidrólise de ATP em adenosina-5′-difosfato (ADP) e fosfato inorgânico (P_i) é um processo exotérmico que é produto-favorecido no equilíbrio (Figura 24.25).

$$ATP + H_2O \rightarrow ADP + P_i \qquad \Delta_r H° \approx -24 \text{ kJ/mol-rea} \ (\Delta_r G°' = -30,5 \text{ kJ/mol-rea})$$

Por que essa reação é exotérmica? Nessa reação, temos de romper duas ligações, uma ligação P—O na ATP e uma ligação H—O na água. Mas também formamos duas novas ligações: uma ligação P—O que liga o grupo fosfato sendo clivado fora do ATP com o OH da água original e uma ligação H—O que liga o hidrogênio da água com a porção do ATP que forma o ADP. Nesse processo total, mais energia é liberada na formação dessas novas ligações nos produtos do que é requerida para quebrar as ligações necessárias nos reagentes.

Nas células, muitos processos químicos que seriam reagente-favorecidos por conta própria estão ligados com a hidrólise da ATP. A combinação de um processo energeticamente desfavorável com a hidrólise de ATP energeticamente favorável pode produzir um processo que é energeticamente favorável e produto-favorecido em equilíbrio. Por exemplo, a maioria das células tem uma maior concentração de íons potássio e uma menor concentração de íons sódio no seu interior quando comparada ao seu exterior. A tendência natural, por conseguinte, é a de que os íons sódio fluam para dentro da célula e os íons potássio, para fora. Para manter as concentrações corretas, a célula deve contrariar esse movimento e bombear os íons sódio para fora da célula e os íons potássio

$\Delta G°'$ Para a definição de $\Delta G°'$, veja o "Estudo de Caso: Termodinâmica e Formas de Vida", Capítulo 18.

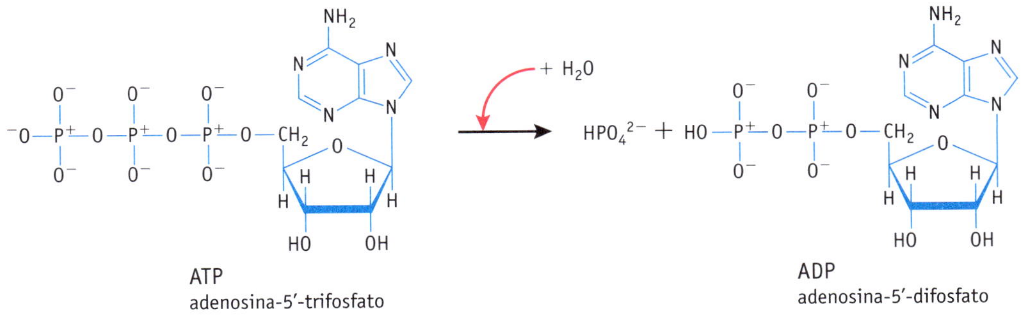

FIGURA 24.25 A conversão exotérmica de adenosina-5′-trifosfato (ATP) em adenosina-5′--difosfato (ADP).

FIGURA 24.26 As estruturas de NADH e NAD⁺.

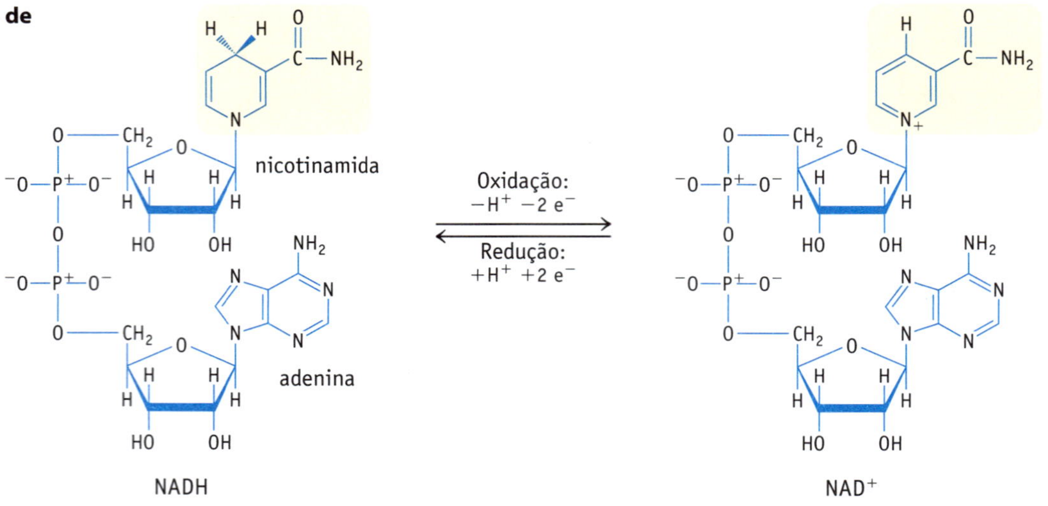

Oxidação:
$-H^+ \; -2\,e^-$

Redução:
$+H^+ \; +2\,e^-$

nicotinamida

adenina

NADH

NAD⁺

para dentro da célula. Isso requer energia. Para realizar essa façanha, a célula liga esse processo de bombeamento à hidrólise de ATP para ADP. A energia liberada a partir da reação de hidrólise fornece a energia para conduzir uma bomba molecular (uma proteína de transporte) que move os íons na direção de que a célula necessita.

Oxidação-Redução e NADH

As células também precisam de compostos que podem ser usados para realizar reações de oxidação-redução. Assim como o ATP é um composto utilizado em muitas reações bioquímicas quando a energia é necessária, a natureza também usa um outro pequeno conjunto de compostos para conduzir muitas reações redox. Um exemplo importante é a **nicotinamida adenina dinucleotídeo (NADH)**. Esse composto é constituído por dois ribonucleotídeos unidos nas suas posições 5′ através de uma ligação difosfato. Um dos nucleotídeos tem adenina como sua base nitrogenada, ao passo que o outro tem um anel de nicotinamida (Figura 24.26). Quando a NADH é oxidada, ocorrem alterações no anel de nicotinamida, de tal modo que o equivalente de um íon hidreto (H⁻) é perdido. Como esse íon hidreto tem dois elétrons associados a ele, o anel de nicotinamida perde dois elétrons no processo. A espécie resultante, chamada NAD⁺, é mostrada à direita na Figura 24.26.

Em muitas reações bioquímicas, quando uma determinada espécie precisa ser reduzida, ela reage com NADH. NADH é oxidada para NAD⁺, perdendo dois elétrons no processo, e a espécie de interesse é reduzida por ganhar esses elétrons. Se uma espécie deve ser oxidada, o processo inverso ocorre com frequência; ou seja, ela reage com NAD⁺. NAD⁺ é reduzida para NADH, e a espécie de interesse é oxidada.

Respiração e Fotossíntese

No processo de **respiração**, uma célula quebra moléculas, tais como glicose, oxidando-as em CO_2 e H_2O.

$$C_6H_{12}O_6(s) + 6\,O_2(g) \rightarrow 6\,CO_2(g) + 6\,H_2O(\ell)$$

A energia liberada nessas reações é usada para gerar o ATP necessário pela célula. Os açúcares utilizados nesse processo podem fazer o caminho de volta para as plantas verdes, onde os açúcares são feitos através do processo de **fotossíntese**. Na fotossíntese, as plantas realizam o inverso da oxidação da glicose, isto é, a síntese de glicose a partir de CO_2 e H_2O.

$$6\,CO_2(g) + 6\,H_2O(\ell) \rightarrow C_6H_{12}O_6(s) + 6\,O_2(g)$$

As plantas verdes encontraram uma maneira de usar a luz para fornecer a energia necessária para conduzir essa reação endotérmica.

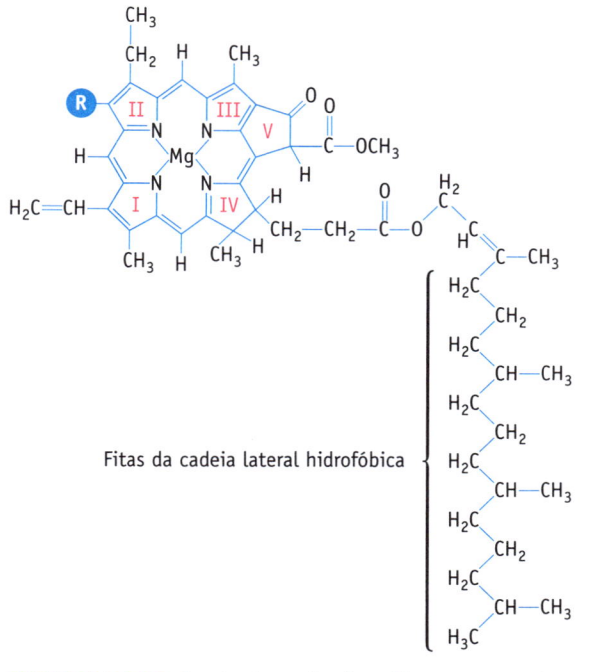

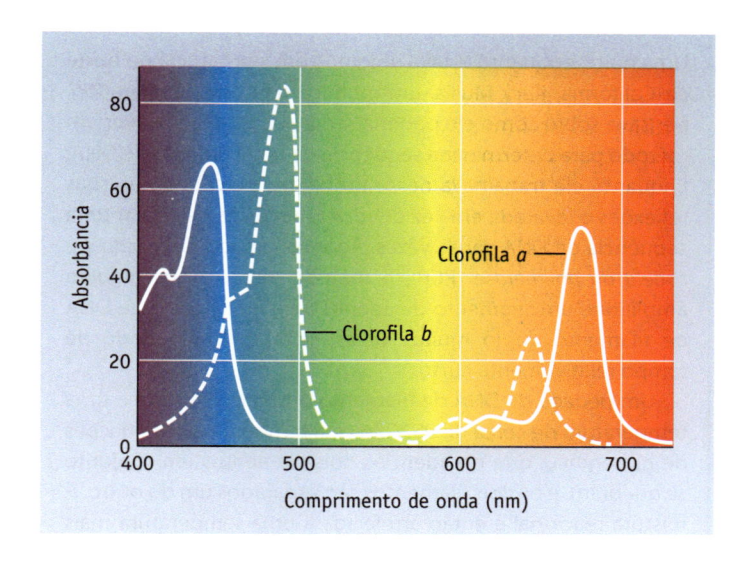

FIGURA 24.27 A estrutura da clorofila e os espectros visíveis de absorbância das clorofilas a e b.

A molécula-chave envolvida na captura da energia a partir da luz na fotossíntese é a clorofila. As plantas verdes contêm dois tipos de clorofila: clorofila *a* e clorofila *b* (Figura 24.27). Os espectros de absorbância da clorofila *a* e *b* também são mostrados na Figura 24.27. Observe que essas moléculas absorvem melhor nas regiões vermelho-laranja e azul-violeta do espectro visível. Pouca luz é absorvida na região verde. Quando a luz branca incide sobre a clorofila, as luzes vermelho-laranja e azul-violeta são absorvidas pela clorofila; a luz verde é refletida. Nós vemos a luz refletida, desse modo as plantas parecem verdes para nós. A energia da luz absorvida pela clorofila é usada para conduzir o processo da fotossíntese.

EXERCÍCIOS PARA A SEÇÃO 24.5

1. A hidrólise do ATP é

   (a) endotérmica e produto-favorecida no equilíbrio

   (b) endotérmica e reagente-favorecida no equilíbrio

   (c) exotérmica e produto-favorecida no equilíbrio

   (d) exotérmica e reagente-favorecida no equilíbrio

2. A forma reduzida da nicotinamida adenina dinucleotídeo é

   (a) ADP   (c) ATP

   (b) NAD^+ (d) NADH

APLICANDO PRINCÍPIOS QUÍMICOS

Reação em Cadeia da Polimerase

Uma noite, enquanto estava dirigindo até sua cabana no norte da Califórnia, Kary Mullis, um químico da Cetus Corporation, pensava sobre como ele poderia ser capaz de desenvolver um método para determinar a sequência de um filamento de DNA. Enquanto ele trabalhava nesse problema, percebeu que suas reflexões o levaram, em vez disso, a uma forma de copiar uma sequência de DNA várias vezes. Agora chamada de *reação em cadeia da polimerase* (PCR), o método permite que alguém amplifique um segmento de apenas uma única cópia de DNA de filamento duplo muitas vezes, durante um período de tempo relativamente curto.

Um pedaço de DNA de filamento duplo é aquecido a uma temperatura de cerca de 95 °C. A esta temperatura, as ligações de hidrogênio, que prendem os dois filamentos em conjunto se quebram, e os dois filamentos são separados um do outro. A mistura reacional é então arrefecida a uma temperatura mais baixa, cerca de 55 °C. A esta temperatura mais baixa, dois pequenos segmentos (geralmente de 18 a 30 nucleotídeos de comprimento) de DNA, chamados iniciadores, ligam-se ao DNA, um iniciador por filamento. Um iniciador é complementar à região 3' do DNA que será amplificada em um filamento, e o outro iniciador é complementar à região 3' do DNA que será amplificada no outro filamento. A temperatura é, então, aumentada para cerca de 72 °C, em que uma enzima chamada *Taq* polimerase torna-se ativa. Essa polimerase, de uma espécie de bactéria que vive em alta temperatura chamada *Thermus aquaticus (Taq)*, leva trifosfatos de nucleotídeos de DNA (dATP, dGTP, dCTP e dTTP) da solução e adiciona-os aos iniciadores na ordem apropriada, de modo que novos filamentos de DNA complementares aos filamentos originais sejam produzidos. O processo começou com um DNA de filamento duplo, mas dois agora estão presentes no final do primeiro ciclo de PCR. A temperatura é então aumentada novamente para 95 °C, e um novo ciclo será iniciado. Depois desse segundo ciclo, haverá quatro DNAs de filamento duplo. Depois de três ciclos, o número será oito, e assim por diante, com a quantia de DNA em crescimento exponencial. Dessa forma, milhões de cópias do DNA original podem ser feitas com bastante rapidez.

O PCR tornou-se comum na ciência forense, em que é usado para amplificar o DNA encontrado no local do crime, de modo que possa ser testado contra o DNA do suspeito. Também tem sido usado em testes de infecção de HIV, testes de paternidade e para a determinação do DNA de organismos que estão extintos, bem como muitas outras utilizações. Kary Mullis compartilhou o Prêmio Nobel de Química em 1983 por seu trabalho no desenvolvimento dessa técnica.

QUESTÕES:

1. Teoricamente, quantas cópias de DNA de filamento duplo podem estar presentes após 20 ciclos de PCR?

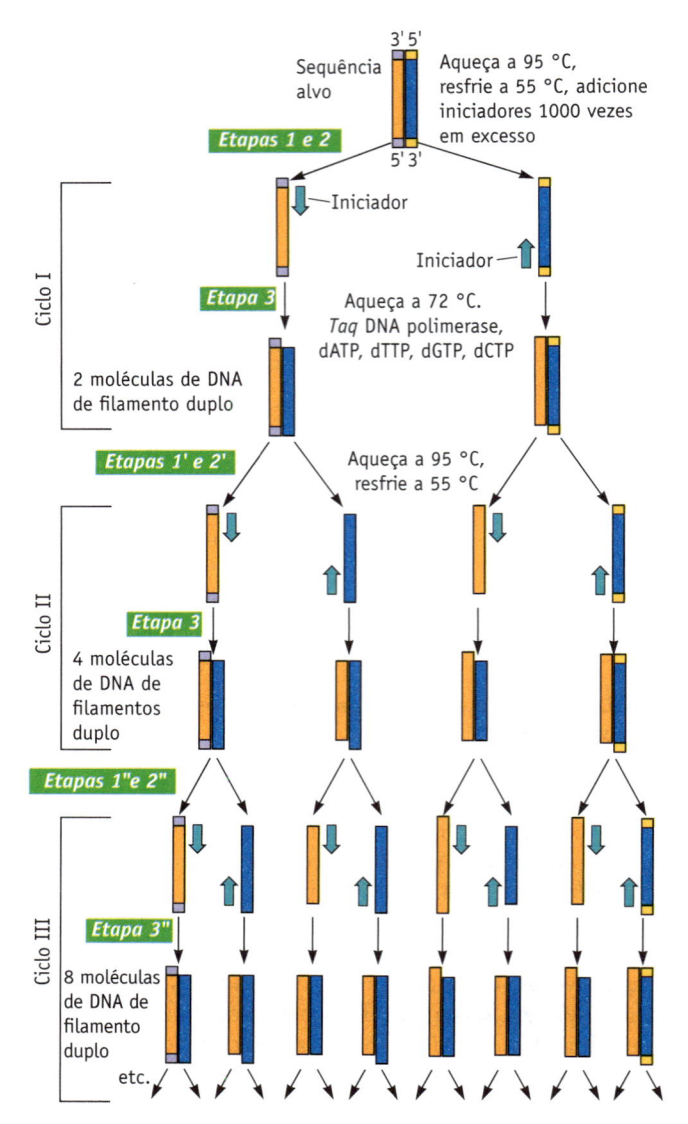

PCR. Observe que no final de três ciclos de PCR, existem oito cópias do segmento de DNA.

2. Como o fato de as moléculas de DNA serem separadas a 95 °C dá evidências de que as forças que mantêm as moléculas de DNA juntas não são ligações covalentes?

3. Deve-se tomar cuidado na escolha de bons iniciadores para uso em PCR.
   a. Por que iniciadores muitas vezes escolhidos são os que têm um alto número de guaninas e citosinas nas suas sequências?
   b. Por que uma sequência do iniciador CCCCCCCCCC-GGGGGGGGGG não seria uma boa escolha?
   c. Por que um grande excesso de iniciador é utilizado para a quantidade de DNA que será amplificada?

REVISÃO DOS OBJETIVOS DO CAPÍTULO

Agora que você já estudou este capítulo, deve perguntar a si mesmo se atingiu os objetivos propostos. Especificamente, você deverá ser capaz de:

ENTENDER

- A estrutura que determina a função das moléculas biológicas.
  - **a.** Compreender os diferentes níveis de estrutura da proteína (primário, secundário, terciário e quaternário) (Seção 24.1). Questões para Estudo: 9, 10.
  - **b.** Reconhecer que uma substituição de aminoácidos na estrutura da hemoglobina leva à anemia falciforme (Seção 24.1).
  - **c.** Entender que a estrutura do DNA leva a um método para a replicação da informação genética (Seção 24.3).

- O processo da síntese de proteínas (Seção 24.3).

- A hipótese do Mundo do RNA para a origem da vida (Seção 24.3).

- A construção de uma bicamada de fosfolipídios e o transporte de materiais através de tal membrana (Seção 24.4). Questão para Estudo: 19.

- O acoplamento da hidrólise de ATP com uma reação reagente-favorecida pode levar a uma reação produto-favorecida. (Seção 24.5). Questão para Estudo: 34.

FAZER

- Desenhar as fórmulas estruturais de moléculas bioquímicas comuns.
  - **a.** Desenhar as estruturas de Lewis para a maioria dos aminoácidos prevalentes que ocorrem naturalmente (Seção 24.1). Questões para Estudo: 1–4.
  - **b.** Entender que, sob condições fisiológicas, os aminoácidos existem como *zwitterions* em solução aquosa (Seção 24.1). Questões para Estudo: 1, 2.
  - **c.** Desenhar as estruturas de Lewis para polipeptídeos curtos (Seção 24.1). Questões para Estudo: 5–8.
  - **d.** Desenhar as estruturas de Lewis para mono, di e polissacarídeos que comumente ocorrem (Seção 24.2). Questões para Estudo: 11, 12.
  - **e.** Reconhecer que o amido amilose contém moléculas de glicose unidas por ligações glicosídicas α-1,4, o amido amilopectina e o glicogênio contêm moléculas de glicose unidas em cadeias contendo ligações glicosídicas α-1,4 com pontos de ramificações feitos de ligações glicosídicas α-1,6, e a celulose contém cadeias de glicose unidas por ligações glicosídicas β-1,4. (Seção 24.2).
  - **f.** Desenhar as estruturas de Lewis para filamentos curtos de DNA ou RNA (Seção 24.3). Questões para Estudo: 15, 16.
- Prever a sequência de nucleotídeos complementares de uma determinada cadeia de DNA (Seção 24.3). Questões para Estudo: 17, 18.

- Prever o aminoácido selecionado por uma determinada sequência de três nucleotídeos no RNAm (Seção 24.3). Questões para Estudo: 17, 18.

LEMBRAR

- As proteínas são polímeros de condensação de aminoácidos (Seção 24.1).

- O sítio ativo de uma enzima é a fenda ou cavidade na qual o substrato se liga e a reação química catalisada ocorre (Seção 24.1).

- O DNA e o RNA são polímeros de condensação de nucleotídeos (Seção 24.3).

- O RNA sofre hidrólise muito mais rapidamente do que o DNA (Seção 24.3).

- A identidade de alguns lipídios (Seção 24.4).

- O NAD$^+$ e NADH estão envolvidos em reações bioquímicas redox (Seção 24.5).

▲ denota questões desafiadoras.

Questões numeradas em verde têm respostas no Apêndice N.

Praticando Habilidades

Proteínas

(Veja a Seção 24.1 e o Exemplo 24.1)

1. (a) Desenhe a estrutura de Lewis para o aminoácido valina, mostrando o grupo amino e o grupo ácido carboxílico em suas formas não ionizadas.
   (b) Desenhe a estrutura de Lewis para a forma *zwitteríon* da valina.
   (c) Qual dessas estruturas será a forma predominante em pH fisiológico?

2. (a) Desenhe a estrutura de Lewis para o aminoácido fenilalanina, mostrando o grupo amino e o grupo ácido carboxílico em suas formas não ionizadas.
   (a) Desenhe a estrutura de Lewis para a forma *zwitteríon* da fenilalanina.
   (c) Qual dessas estruturas será a forma predominante em pH fisiológico?

3. Considere os aminoácidos alanina, leucina, serina, fenilalanina, lisina e ácido aspártico. Quais possuem grupos R polares, e quais têm grupos R apolares?

4. Considere os aminoácidos arginina, cisteína, glutamina, isoleucina, treonina e triptofano. Quais possuem grupos R polares, e quais têm grupos R apolares?

5. Desenhe as estruturas de Lewis para os dois dipeptídeos que contêm tanto alanina como glicina.

6. As sequências de aminoácidos: valina-asparagina e asparagina-valina representam o mesmo composto? Explique.

7. Desenhe a estrutura de Lewis para o tripeptídeo serina-leucina-valina.

8. Desenhe a estrutura de Lewis para o tripeptídeo tirosina-histidina-glicina.

9. Identifique o tipo de estrutura (primária, secundária, terciária ou quaternária) que corresponde às seguintes afirmações.
   (a) Esse tipo de estrutura é a sequência de aminoácidos na proteína.
   (b) Esse tipo de estrutura indica como diferentes cadeias peptídicas na proteína geral são arranjadas uma em relação à outra.
   (c) Esse tipo de estrutura refere-se à forma como a cadeia polipeptídica é dobrada, incluindo a forma como aminoácidos que estão distantes uns dos outros na sequência terminam na molécula geral.
   (d) Esse tipo de estrutura lida com estruturas que surgem a partir de ligações de hidrogênio entre os grupos amida no esqueleto da proteína.

10. A folha β, ou pregueada, é uma estrutura que normalmente surge em proteínas. Parte de uma folha β é mostrada na figura a seguir. Esse tipo de estrutura é um exemplo de qual nível de estrutura da proteína: primária, secundária, terciária ou quaternária?

Carboidratos

(Veja a Seção 24.2.)

11. Desenhe as fórmulas estruturais para α-D-glicose e β-D-glicose.

12. Desenhe a fórmula estrutural de duas moléculas de glicose por uma ligação β-1,4.

Ácidos Nucleicos

(Veja a Seção 24.3 e os Exemplos 24.2 e 24.3.)

13. (a) Desenhe a fórmula estrutural para o açúcar β-D-ribose.
    (b) Desenhe a fórmula estrutural para o nucleosídeo adenosina (que consiste em β-D-2-ribose e adenina).
    (c) Desenhe a fórmula estrutural para o nucleotídeo adenosina 5′-monofosfato.

14. (a) Desenhe a fórmula estrutural para o açúcar β-D-2-desoxirribose.
    (b) Desenhe a fórmula estrutural para o nucleosídeo desoxiadenosina (que consiste em β-D-2-desoxirirribose e adenina).
    (c) Desenhe a fórmula estrutural para o nucleotídeo desoxiadenosina 5′-monofosfato.

15. Desenhe a fórmula estrutural para o tetranucleotídeo AUGC.

16. Desenhe a fórmula estrutural para o tetradesoxinucleotídeo CGTA.

17. Dada a seguinte sequência de nucleotídeos no DNA: 5′—ACGCGATTC—3′:

(a) Determine a sequência do filamento complementar do DNA. Relate essa sequência, escrevendo-a da sua extremidade 5′ à sua extremidade 3′.

(b) Escreva a sequência (5′–3′) para o filamento de RNAm que seria complementar à cadeia original de DNA.

(c) Partindo do princípio de que essa sequência é parte da sequência de codificação para uma proteína e que está corretamente alinhada de modo que o primeiro códon dela começa com o nucleotídeo 5′ do RNAm, escreva as sequências para os três anticódons que seriam complementares a esse filamento de RNAm.

(d) Qual sequência de aminoácidos é selecionada por esse RNAm? (O código genético completo é listado em vários sites na Internet.)

18. Dada a seguinte sequência de nucleotídeos no DNA: 5′—TCGTAGGAT—3′:

(a) Determine a sequência do filamento complementar do DNA. Relate essa sequência, escrevendo-a da sua extremidade 5′ à sua extremidade 3′.

(b) Escreva a sequência (5′–3′) para o filamento de RNAm que seria complementar à cadeia original de DNA.

(c) Partindo do princípio de que essa sequência é parte da sequência de codificação para uma proteína e que está corretamente alinhada de modo que o primeiro códon dela começa com o nucleotídeo 5′ do RNAm, escreva as sequências para os três anticódons que seriam complementares a esse filamento de RNAm.

(d) Qual sequência de aminoácidos é selecionada por esse RNAm? (O código genético completo é listado em vários sites na Internet.)

Lipídios e Membranas Celulares

(Veja a Seção 24.4.)

19. Esboce uma seção de uma bicamada de fosfolipídios em que um círculo represente o grupo cabeça polar e linhas curvadas representem as caudas de hidrocarbonetos. Indique as regiões da bicamada como sendo polares ou apolares.

20. Se uma gota de ácido oleico for adicionada a um recipiente de água, o ácido oleico se espalhará e formará uma camada que tem a espessura de uma molécula na parte superior da água.

(a) Desenhe a estrutura de Lewis para o ácido oleico.

(b) Indique a região da molécula do ácido oleico que é polar e a região que é apolar.

(c) Na camada de ácido oleico formada, que parte da molécula de ácido oleico aponta para baixo na água e que parte aponta para fora da água?

21. Que estrutura todos os esteroides têm em comum?

22. As estruturas dos hormônios sexuais testosterona (hormônio sexual masculino) e estrogênio (hormônio sexual feminino) são mostradas abaixo.

testosterona   estrogênio (estradiol)

(a) Compare essas duas estruturas.

(b) Essas moléculas são esteroides? Explique.

Metabolismo

(Veja a seção 24.5.)

23. A seção sobre o metabolismo fornece um valor de $\Delta_r H°$ para a oxidação de um mol de glicose (-2803 kJ/ mol-rea). Usando os valores de $\Delta_f H°$ a 25 °C, verifique se este é o valor correto para a equação

$$C_6H_{12}O_6(s) + 6\ O_2(g) \rightarrow 6\ CO_2(g) + 6\ H_2O(\ell)$$

$$\Delta_f H°[C_6H_{12}O_6(s)] = -1273,3\ kJ/mol$$

24. A equação química para a fermentação da glicose para formar etanol é

$$C_6H_{12}O_6(s) \rightarrow 2\ C_2H_5OH(\ell)\ +\ 2\ CO_2(g)$$

Usando os valores de $\Delta_f H°$ a 25 °C, calcule $\Delta_r H°$ para essa reação.

25. Considere a seguinte reação:

$$NADH + H^+ + ½\ O_2 \rightarrow NAD^+ + H_2O$$

(a) Qual espécie (NADH, H^+ ou O_2) sofre oxidação?

(b) Qual espécie sofre redução?

(c) Qual espécie é o agente oxidante?

(d) Qual espécie é o agente redutor?

26. O corpo processa etanol, primeiro convertendo-o em acetaldeído numa reação catalisada pela enzima álcool desidrogenase.

$$CH_3CH_2OH\ +\ NAD^+\ \xrightarrow{\text{álcool desidrogenase}}\ CH_3CHO\ +\ NADH\ +\ H^+$$

No organismo, o acetaldeído pode causar dores de cabeça e náuseas e é uma das causas das ressacas. Eventualmente, o acetaldeído é oxidado a íon acetato e, em seguida, convertido em dióxido de carbono e água. Na reação do etanol com NAD^+, qual espécie (etanol ou NAD^+) sofre oxidação? Qual sofre redução?

Questões Gerais

Estas questões não estão definidas quanto ao tipo ou à localização no capítulo. Elas podem combinar vários conceitos.

27. Desenhe duas estruturas de Lewis para o dipeptídeo alanina-isoleucina que mostram as estruturas de ressonância da ligação amida.

28. Qual é a constante de equilíbrio para a conversão de α-D-glicose para β-D-glicose na água em temperatura ambiente (supondo que não há glicose presente na estrutura de cadeia aberta)?

α-D-glicose
37%

β-D-glicose
63%

29. (a) Calcule a variação de entalpia para a produção de um mol de glicose pelo processo da fotossíntese, a 25 °C. $\Delta_f H°$ [glicose(s)] = –1273,3 kJ/mol

$$6 \ CO_2(g) + 6 \ H_2O(\ell) \rightarrow C_6H_{12}O_6(s) + 6 \ O_2(g)$$

(b) Qual é a variação de entalpia envolvida na produção de uma molécula de glicose através desse processo?

(c) As moléculas de clorofila absorvem luz de vários comprimentos de onda. Um comprimento de onda absorvido é de 650 nm. Calcule a energia de um fóton de luz tendo esse comprimento de onda.

(d) Partindo do princípio de que toda essa energia vai em direção ao fornecimento da energia necessária para a reação fotossintética, a absorção de um fóton a 650 nm pode levar à produção de uma molécula de glicose, ou múltiplos fótons devem ser absorvidos?

30. (a) De acordo com o código genético na Tabela 24.1, qual aminoácido é selecionado pelo RNAm códon GAA?

(b) Qual é a sequência no DNA original que levou a esse códon presente no RNAm?

(c) Se uma mutação ocorrer no DNA, em que um G é substituído pelo nucleotídeo na segunda posição dessa região codificante no DNA, qual aminoácido será selecionado agora?

31. Quantos códons são possíveis? Todos esses códons são normalmente usados em moléculas de RNAm e existem apenas 20 aminoácidos normalmente codificados (mais códons iniciadores e códons de parada). Existe exatamente um códon por aminoácido, alguns códons devem selecionar mais do que um aminoácido, ou deve haver alguns aminoácidos para os quais existem mais que um códon?

32. Existem $4^1 = 4$ mononucleotídeos de DNA, há $4^2 = 16$ possíveis dinucleotídeos, e assim por diante. Se um segmento de DNA for completamente aleatório, quantos nucleotídeos de comprimento ele precisaria ter para uma possível sequência em cada pessoa na Terra (atualmente cerca de 7 bilhões de pessoas)?

33. No processo de respiração

$$C_6H_{12}O_6(s) + 6 \ O_2(g) \rightarrow 6 \ CO_2(g) + 6 \ H_2O(\ell)$$

qual molécula sofre oxidação? Qual molécula sofre redução?

34. A primeira etapa do processo metabólico conhecido como glicólise é a conversão de glicose em glicose-6-fosfato. Esse processo tem um valor positivo para $\Delta_r G°'$.

$$Glicose + P_i \rightarrow Glicose\text{-}6\text{-}fosfato + H_2O$$
$$\Delta_r G°' = +13,8 \ kJ/mol\text{-rea}$$

Essa reação é acoplada à hidrólise do ATP

$$ATP + H_2O \rightarrow ADP + P_i$$
$$\Delta_r G°' = -30,5 \ kJ/mol\text{-rea}$$

Qual é a soma dessas duas equações e o valor de $\Delta_r G°'$ para a reação de acoplamento? A reação acoplada é produto-favorecida no equilíbrio?

No Laboratório

35. A enzima lipase catalisa a hidrólise de ésteres dos ácidos graxos. A hidrólise de *p*-nitrofeniloctanoato foi acompanhada medindo-se o aparecimento de *p*-nitrofenol na mistura da reação:

p-nitrofenol

Os seguintes dados foram obtidos a 30 °C:

Concentração de Substrato (mol/L)	Velocidade da Reação (mol/L · min)
$1,0 \times 10^{-5}$	$6,3 \times 10^{-6}$
$1,4 \times 10^{-5}$	$8,8 \times 10^{-6}$
$2,0 \times 10^{-5}$	$1,2 \times 10^{-5}$
$5,0 \times 10^{-5}$	$2,6 \times 10^{-5}$
$6,7 \times 10^{-5}$	$3,1 \times 10^{-5}$

Essa reação segue a cinética de Michaelis-Menten ("Estudo de Caso: Enzimas – Catalisadores da Natureza", página 650). Determine o valor de Velocidade$_{máx}$ para essa reação usando o método descrito na Questão 2 desse Estudo de Caso.

36. A insulina é uma proteína importante no metabolismo de açúcar. A sua massa molar pode ser determinada por meio de uma experiência de pressão osmótica. Uma amostra de 50,0 mg de insulina é dissolvida em água suficiente para se obter 100 mL de solução. Estabeleceu-se que essa solução apresenta uma pressão osmótica de 21,8 mm H_2O. Qual é a massa molar da insulina? (*Dica:* A densidade do mercúrio é de 13,6 g/mL.)

Resumo e Questões Conceituais

As seguintes questões podem usar os conceitos deste capítulo e dos capítulos anteriores.

37. Qual dos aminoácidos listados na Figura 24.2 não é quiral?

38. (a) Que tipo de interação mantém juntos os filamentos do DNA de dupla hélice?

(b) Por que não seria bom para os filamentos do DNA de dupla hélice serem mantidos em conjunto por ligações covalentes?

39. As sequências ATGC e CGTA do DNA representam o mesmo composto? Explique.

40. Para muitas reações químicas no laboratório, um rendimento percentual do produto correto de 95% é considerado muito bom. Muitas reações bioquímicas, no entanto, exigem um percentual muito maior de rendimento do produto correto.

(a) Parta do princípio de que existe um processo que replica o DNA com uma precisão de apenas 95% para cada nucleotídeo acrescentado e que desejamos fazer cópias complementares dos filamentos idênticos do DNA de 10 nucleotídeos de comprimento. Qual fração das moléculas produzidas teria a sequência de nucleotídeos corretos?

(b) Muitas polimerases de DNA que ocorrem naturalmente, enzimas que catalisam a replicação de DNA, apresentam uma precisão muito maior, a qual chega muitas vezes a 99,999999%. Se uma enzima com essa precisão construiu uma sequência de 10 nucleotídeos de DNA, qual fração das moléculas teria a sequência correta?

41. (a) Descreva o que ocorre no processo de transcrição.
(b) Descreva o que ocorre no processo de tradução.

42. Qual(is) das seguintes afirmações é(são) verdadeira(s)?

(a) A quebra da ligação P—O em ATP é um processo exotérmico.

(b) A construção de uma nova ligação entre o átomo de fósforo no grupo fosfato sendo clivado do ATP e o grupo OH da água é um processo exotérmico.

(c) A quebra de ligações é um processo endotérmico.

(d) A energia liberada na hidrólise de ATP pode ser usada para realizar reações endotérmicas em uma célula.

Cortesia de Francois Gauthier-Lafaye

O reator nuclear natural em Oklo, Gabão (África Ocidental). Perto de 2 bilhões de anos atrás, uma formação natural contendo óxido de urânio (o material amarelo) sofreu fissão que iniciou e parou durante um período de um milhão de anos.

25 Química nuclear

Sumário do capítulo

UM REATOR NUCLEAR FUNDAMENTAL

Os reatores nucleares naturais na África Ocidental foram chamados de "um dos maiores fenômenos naturais já ocorridos". Em 1972, um cientista francês notou que o urânio tirado de uma mina em Oklo, Gabão, estava estranhamente deficiente em ^{235}U. O urânio existe na natureza como dois isótopos principais, ^{238}U (99,275% abundante) e ^{235}U (0,72% abundante). É o ^{235}U que mais rapidamente passa por fissão nuclear e é usado como combustível de usinas nucleares ao redor do mundo. Mas o urânio encontrado nas minas de Oklo tinha uma taxa de isótopo semelhante àquela do combustível gasto vindo dos reatores modernos. Com base nisso e em outras evidências, os cientistas concluíram que ^{235}U na mina Oklo já foi de aproximadamente 3% do total e que um processo de fissão "natural" ocorreu na camada de minério de urânio aproximadamente 2 bilhões de anos atrás.

Mas as questões intrigantes permanecem: por que teria ocorrido a fissão em uma extensão significativa nesse depósito natural de urânio e por que o "reator" não

Objetivos do Capítulo

Consulte a Revisão dos Objetivos do Capítulo para ver as Questões para Estudo relacionadas a estes objetivos.

ENTENDER

- Os critérios para estabilidade nuclear e os processos pelos quais os nuclídeos instáveis decaem.
- Os métodos usados para sintetizar novos isótopos dos elementos.
- O diagrama que mostra números de prótons e nêutrons em nuclídeos estáveis e instáveis.
- O gráfico que mostra a energia de ligação por nucleon em função do número atômico.
- Questões de segurança e saúde com relação à radioatividade.
- Uso de isótopos radioativos em ciência e medicina.

FAZER

- Escrever equações para o decaimento de elementos radioativos e a síntese de novos isótopos.
- Prever modos possíveis de decomposição de núcleos instáveis com base em razões n/p.
- Calcular a energia de ligação e a energia de ligação por nucleon para um isótopo em particular.
- Desenvolver cálculos com base em equações de velocidade de decomposição de primeira ordem para isótopos instáveis.

LEMBRAR

- Séries de decaimento nuclear e suas implicações.
- Tipos de radiação.
- Os processos de fissão e fusão.

---

explodiu? Aparentemente, deve ter havido um moderador da energia dos nêutros e um mecanismo de regulação. Em um reator nuclear moderno, as hastes de controle retardam os nêutrons da fissão nuclear, de forma que eles podem induzir fissão em outros núcleos de ^{235}U; ou seja, podem moderar a energia de nêutron. Sem um moderador, os nêutrons simplesmente saem voando. Nos reatores de Oklo, a água que se infiltra na camada de minério de urânio pode ter atuado como um moderador.

O motivo de o reator de Oklo não ter explodido é que essa água também pode ter sido um regulador. Conforme o processo de fissão aquecia a água, ela fervia e evaporava. Isso fazia a fissão parar, mas ela começava novamente quando mais água era infiltrada. Os cientistas agora acreditam que esse reator natural poderia ligar-se por aproximadamente trinta minutos e depois ser desligado por várias horas antes de ligar novamente. Há evidência de que esse reator natural funcionou intermitentemente por aproximadamente 1 milhão de anos, até a concentração de isótopos de urânio ficar baixa demais para permitir que a reação continuasse.

Questão para Estudo relacionada a esta história é: 25.54.

A história da ciência nas escolas cita as áreas de estudo das quais a Química moderna partiu: Tecnologia, Medicina e Alquimia. O terceiro desses pilares, A alquimia, foi perseguido em muitas culturas nos três continentes por mais de mil anos. De forma simples, o objetivo dos alquimistas antigos era transformar materiais de menor valor em ouro. Hoje reconhecemos a futilidade desses esforços, pois esse objetivo não é alcançado por processos químicos. Mas também sabemos que o sonho de transmutação de um elemento em outro pode ser alcançado por

Tabela 25.1 Características das Radiações: α, β e γ

NOME	SÍMBOLOS	CARGA	MASSA (g/partícula)
Alfa	$^4_2$He, $^4_2\alpha$	2+	$6,65 \times 10^{-24}$
Beta	$^0_{-1}$e, $^0_{-1}\beta$	1−	$9,11 \times 10^{-28}$
Gama	γ	0	0

meio de reações nucleares. Isso acontece naturalmente na decomposição do urânio e outros elementos radioativos, e os cientistas podem intencionalmente conduzir tais reações em laboratório. Todavia, o objetivo não é mais fazer ouro. Produtos muito mais importantes e valiosos são possíveis com as reações nucleares.

A Química Nuclear envolve uma ampla variedade de tópicos que compartilham algo em comum: envolvem as mudanças no núcleo do átomo. Embora a "química" nuclear seja o principal foco neste capítulo, esse assunto abrange muitas áreas da ciência e da sociedade moderna. Isótopos radioativos são usados na Medicina. A energia nuclear fornece uma fração considerável de energia para a sociedade moderna. E ainda há as armas nucleares...

25-1 Radioatividade Natural

Descoberta da Radioatividade A descoberta da radioatividade por Henri Becquerel e o isolamento do rádio e do polônio da uraninita, um minério de urânio, por Marie Curie foram descritos em "Experimentos-Chave: Como Sabemos a Natureza do Átomo e Seus Componentes", Capítulo 2.

Símbolos Comuns: α e β Os símbolos α e β usados para representar as partículas alfa e beta não incluem um sinal de mais ou de menos sobrescrito, respectivamente, para mostrar que possuem uma carga.

No final do século XIX, enquanto estudava a radiação que emanava do urânio e do tório, Ernest Rutherford (1871-1937) afirmou: "Estão presentes pelo menos dois tipos distintos de radiação – uma que é prontamente absorvida, que será chamada convenientemente de **radiação α (alfa)**, e a outra de caráter mais penetrante, que será chamada de **radiação β (beta)**". Subsequentemente, as medições da taxa de carga para massa demonstraram que uma radiação α é composta por núcleos de hélio (He^{2+}) e a radiação β é composta por elétrons (e^-) (Tabela 25.1).

Rutherford reforçou sua aposta quando disse que existiam pelo menos dois tipos de radiação. Um terceiro tipo foi descoberto posteriormente pelo cientista francês Paul Villard (1860-1934); ele a chamou de **radiação γ (gama)**, usando a terceira letra no alfabeto grego, para manter o esquema de Rutherford. Diferente da radiação α e β, a radiação γ não é afetada por campos elétricos e magnéticos. Em vez disso, trata-se de uma forma de radiação eletromagnética como raios X, porém muito mais energética.

Estudos anteriores mediram a energia penetrante dos três tipos de radiação (Figura 25.1). A radiação alfa é a menos penetrante; ela pode ser interrompida por diversas folhas de papel comum ou tecido. Partículas beta podem penetrar vários milímetros de osso ou tecido vivo, mas aproximadamente 0,5 cm de chumbo bloqueará as partículas. A radiação gama é a mais penetrante. Camadas grossas de

FIGURA 25.1 A capacidade de penetração relativa de uma radiação α, β e γ. Altamente carregadas, as partículas α interagem muito com a matéria e são interrompidas por um pedaço de papel. As partículas β, com menos massa e uma carga menor, interagem com a matéria em menor extensão, assim podem penetrar mais. A radiação γ é a mais penetrante.

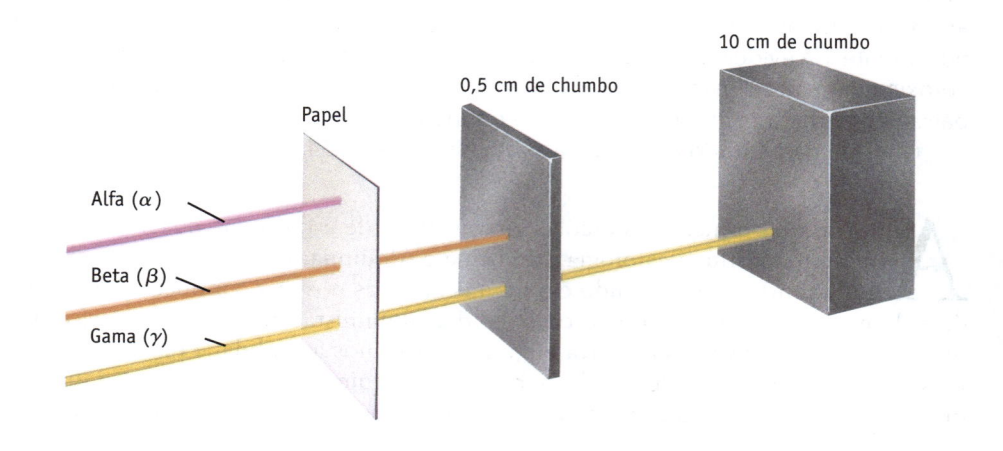

Papel / 0,5 cm de chumbo / 10 cm de chumbo / Alfa (α) / Beta (β) / Gama (γ)

chumbo ou concreto são necessárias para bloquear o corpo contra essa radiação, e os raios γ podem passar completamente pelo corpo humano.

Partículas α e β normalmente possuem energia cinética alta. A energia de radiação γ é semelhantemente muito alta. Quando as partículas α e β são interrompidas por um material, ou quando a radiação γ é absorvida, a energia associada à radiação é transferida para o material. Esse fato é importante porque o dano causado pela radiação está relacionado à absorção de energia (▶ Seção 25.8).

25-2 Reações Nucleares e Decaimento Radioativo

Equações de Reações Nucleares

Em 1903, Rutherford e Frederick Soddy (1877-1956) propuseram que a radioatividade é o resultado de uma mudança natural de um isótopo de um elemento em um isótopo de um elemento diferente. Tais processos são chamados **reações nucleares.**

Considere uma reação em que o rádio-226 (o isótopo de rádio com número de massa 226) emite uma partícula α para formar radônio-222. A equação para essa reação é:

$$_{88}^{226}\text{Ra} \rightarrow {_2^4}\alpha + {_{86}^{222}}\text{Rn}$$

Em uma reação nuclear, a soma dos números de massa das partículas reagentes deve ser igual à soma dos números de massa dos produtos. Além disso, para manter o equilíbrio de carga nuclear, a soma dos números atômicos dos produtos deve ser igual à soma dos números atômicos dos reagentes. Esses princípios estão ilustrados usando a equação nuclear anterior:

	$_{88}^{226}\text{Ra}$	$\rightarrow$	$_2^4\alpha$	+	$_{86}^{222}\text{Rn}$
	RÁDIO-226	$\rightarrow$	**PARTÍCULA α**	+	**RADÔNIO-222**
Número de massa: (prótons + nêutrons)	226	=	4	+	222
Número atômico: (prótons)	88	=	2	+	86

A emissão de partículas alfa causa uma diminuição de duas unidades no número atômico e de quatro unidades no número de massa.

Da mesma forma, a massa nuclear e o equilíbrio da carga nuclear acompanham a emissão da partícula β, conforme ilustrado pela decomposição de urânio-239:

	$_{92}^{239}\text{U}$	$\rightarrow$	$_{-1}^{0}\beta$	+	$_{93}^{239}\text{Np}$
	URÂNIO-239	$\rightarrow$	**β PARTÍCULA**	+	**NEPTÚNIO-239**
Número de massa: (prótons + nêutrons)	239	=	0	+	239
Número atômico: (prótons)	92	=	−1	+	93

A partícula β tem uma carga de 1−. O equilíbrio da carga requer que o número atômico do produto seja uma unidade maior que o número atômico do núcleo reagente. O número da massa não se altera nesse processo.

Como um núcleo, composto de prótons e nêutrons, ejeta um elétron? Esse é um processo complexo, mas o resultado líquido é a conversão dentro do núcleo de um nêutron para um próton e um elétron.

$$_0^1\text{n} \longrightarrow {_{-1}^0}\text{e} + {_1^1}\text{p}$$

nêutron   elétron   próton

Observe que a massa e os números de carga estão balanceadas nessa equação.

Qual é origem da radiação γ que acompanha muitas reações nucleares? Lembre-se de que um fóton de luz visível é emitido quando um átomo passa por uma transição de um estado eletrônico excitado para um estado de menor energia (◀ Seção 6.3). A radiação gama é originada de transições entre os níveis de energia nuclear. As reações nucleares muitas vezes resultam na formação de um núcleo do produto

Símbolos Usados nas Equações Nucleares O número de massa é incluído como um sobrescrito, e o número atômico é incluído como um subscrito precedendo os símbolos dos reagentes e produtos. Isso é feito para facilitar o balanceamento dessas equações.

em um estado nuclear excitado. Uma opção é retornar ao estado eletrônico fundamental emitindo um fóton. A alta energia da radiação γ é uma medida de grande diferença de energia entre os níveis de energia nuclear.

Séries de Decaimento Radioativo

Diversos isótopos radioativos que ocorrem naturalmente decaem para formar um produto que também é radioativo. Quando isso acontece, a reação nuclear inicial é seguida por uma segunda reação nuclear; se a situação repetir-se, uma terceira e uma quarta reação nuclear ocorrem; e assim por diante. Por fim, um isótopo não radioativo é formado no final da série. Essa sequência de reações nucleares é chamada **série decaimento radioativo**. Em cada etapa dessa sequência, o núcleo do reagente é chamado de *pai*, e o produto é chamado de *filho*.

O urânio-238, o mais abundante dos três isótopos de urânio que ocorrem naturalmente, lidera uma das quatro séries de decaimento radioativo. Essa série começa com a perda de uma partícula α por $^{238}_{92}U$ para formar $^{234}_{90}Th$ radioativo. O tório-234 então se decompõe pela emissão de β em $^{234}_{91}Pa$, o qual emite uma partícula β para gerar $^{234}_{92}U$. Urânio-234 é um emissor α, que forma $^{230}_{90}Th$. Seguem-se mais emissões α e β até a série terminar com a formação do isótopo não radioativo estável, $^{206}_{82}Pb$. No total, essa série de decaimento radioativo que converte $^{238}_{92}U$ em $^{206}_{82}Pb$ é composta por 14 decaimentos, com a emissão de oito partículas α e seis β. A série é retratada graficamente pela representação do número atômico em função do número da massa (Figura 25.2). Uma equação pode ser escrita para cada etapa na sequência. As equações dos quatro primeiros passos na série de decaimento radioativo de urânio-238 são as seguintes:

Passo 1. $\quad ^{238}_{92}U \rightarrow \,^{234}_{90}Th + \,^{4}_{2}\alpha$

Passo 2. $\quad ^{234}_{90}Th \rightarrow \,^{234}_{91}Pa + \,^{0}_{-1}\beta$

Passo 3. $\quad ^{234}_{91}Pa \rightarrow \,^{234}_{92}U + \,^{0}_{-1}\beta$

Passo 4. $\quad ^{234}_{92}U \rightarrow \,^{230}_{90}Th + \,^{4}_{2}\alpha$

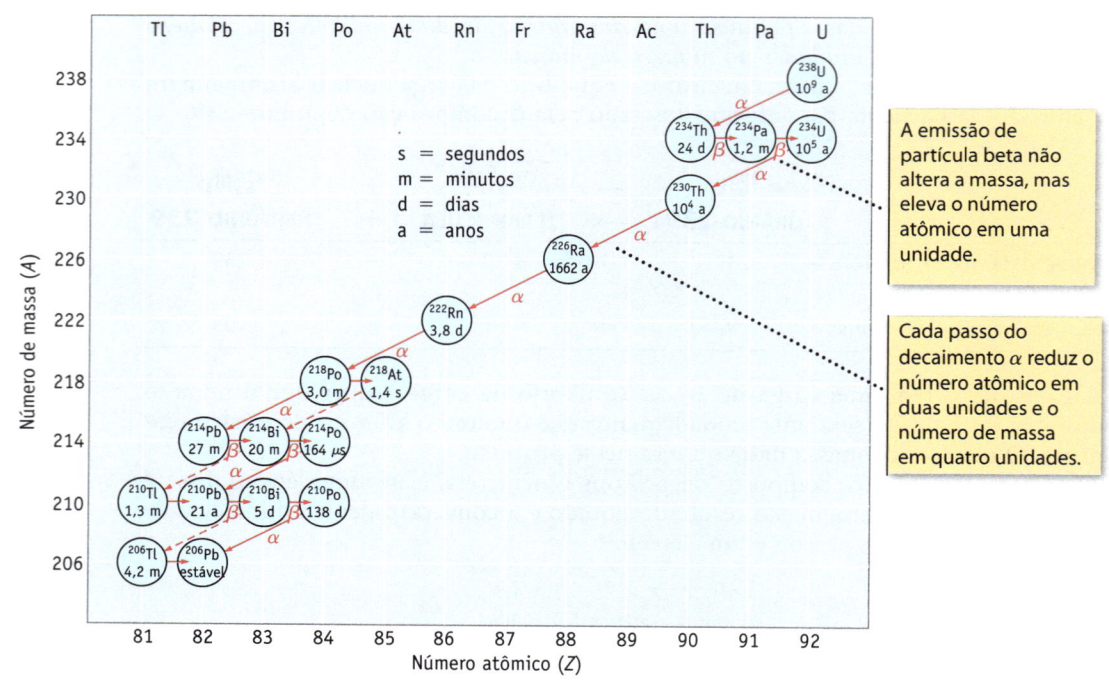

FIGURA 25.2 A série de decaimento radioativo do urânio-238. Os passos nessa série de decaimento radioativo são mostrados graficamente nessa representação do número de massa em função do número atômico. As meias-vidas do isótopos estão incluídos no gráfico. Observe que vários dos isótopos nessa série se decompõem por duas vias diferentes.

O minério de urânio contém quantidades traço dos elementos radioativos formados nas séries de decaimento radioativo. Um desenvolvimento significativo na química nuclear foi a descoberta de Marie Curie em 1898 do rádio e do polônio como componentes traço de Pechblenda, um minério de urânio. A quantidade de cada um desses elementos é pequena, porque seus isótopos possuem meias-vidas curtas. Consequentemente, Marie Curie conseguiu isolar somente um grama de rádio a partir de 7 toneladas de minério. Trata-se de um crédito por suas habilidades como química o fato de ela ter extraído quantidades suficientes de rádio e polônio do minério de urânio para identificar esses elementos.

A série de decaimento radioativo do urânio-238 também é a fonte do radônio, um perigo ambiental. Quantidades mínimas de urânio muitas vezes estão presentes naturalmente no solo e nas rochas, e o radônio-222 está sendo continuamente formado. Como o radônio é quimicamente inerte, não está preso a nenhum processo químico no solo e em água e é livre para infiltrar-se em minas ou em casas por poros nas paredes de cimento, por meio de rachaduras no piso ou em paredes, ou em torno das tubulações. Como é mais denso que o ar, o radônio tende a ser coletado em pontos baixos, e sua concentração pode ser crescer a partir do porão, se não forem tomadas as devidas ações para removê-lo.

O maior risco à saúde, quando o radônio é inalado por humanos, surge não por causa do elemento em si, mas devido ao seu produto de decomposição, o polônio.

$$^{222}_{86}\text{Rn} \rightarrow {}^{218}_{84}\text{Po} + {}^{4}_{2}\alpha \qquad t_{1/2} = 3{,}82 \text{ dias}$$

$$^{218}_{84}\text{Po} \rightarrow {}^{214}_{82}\text{Pb} + {}^{4}_{2}\alpha \qquad t_{1/2} = 3{,}04 \text{ minutos}$$

O radônio não participa de reações químicas nem forma compostos que podem ser absorvidos pelo corpo. O polônio, entretanto, não é quimicamente inerte. O polônio-218 pode alojar-se em tecidos humanos, nos quais sofre um decaimento α para formar chumbo-214, outro isótopo radioativo. O alcance de uma partícula α no tecido humano é muito pequena, talvez 0,7 mm. Esta é aproximadamente a espessura das células epiteliais dos pulmões; então, a radiação α pode causar sérios danos nos tecidos do pulmão.

Praticamente toda residência nos Estados Unidos possui certo nível de radônio, e kits podem ser adquiridos para testar a presença desse gás. Se uma quantidade significativa de gás radônio for detectada em sua residência, você deve adotar as medidas corretivas, como selar as rachaduras em torno da fundação e no porão. É reconfortante saber que os riscos à saúde associados ao radônio são baixos. A probabilidade de adquirir câncer no pulmão por exposição a esse elemento é aproximadamente a mesma que a de morrer num acidente dentro de sua residência.

Detector de radônio. Esse kit é projetado para uso em residências para detectar o gás radônio. Um pequeno dispositivo é colocado no porão da casa por um determinado período e depois é enviado ao laboratório, para medir a quantidade de radônio que pode estar presente.

EXEMPLO 25.1

Série de Decaimento Radioativo

Problema Outra série de decaimento radioativo começa com $^{235}_{92}\text{U}$ e termina com $^{207}_{82}\text{Pb}$.

(a) Quantas partículas α e β são emitidas nessa série?

(b) Os três primeiros passos dessa série são (pela ordem) emissão de α, β e α. Escreva a equação para cada um desses passos.

O que você vabe? Você aprendeu sobre o isótopo inicial (radioativo de vida longa) e o isótopo final (estável). Uma série de reações α e β é o vínculo entre essas duas espécies.

Estratégia Primeiro, encontre a variação total no número atômico e no número de massa. Uma combinação de partículas α e β é necessária para reduzir a massa nuclear total em 28 (235 − 207) e ao mesmo tempo diminuir o número atômico em 10 (92 − 82). Cada equação deve ter símbolos para núcleos pai e filho e a partícula emitida. Nas equações, as somas dos números atômicos e dos números de massa para reagentes e produtos devem ser iguais.

Solução

(a) A massa diminui em 28 unidades de massa (235 – 207). Como uma diminuição de 4 unidades de massa ocorre em cada emissão α, 7 partículas α devem ser emitidas. Também, para cada emissão α, o número atômico diminui em 2. A emissão de 7 partículas α causaria uma diminuição de número atômico em 14 unidades, mas a redução real no número atômico é 10 (92 – 82). Isso significa que 4 partículas β também devem ser emitidas, porque cada emissão de β aumenta o número atômico do produto em uma unidade. Assim, a sequência de decaimento radioativo envolve emissão de 7 partículas α e 4 partículas β.

(b) Passo 1. $^{235}_{92}U \rightarrow {}^{231}_{90}Th + {}^{4}_{2}\alpha$

Passo 2. $^{231}_{90}Th \rightarrow {}^{231}_{91}Pa + {}^{0}_{-1}\beta$

Passo 3. $^{231}_{91}Pa \rightarrow {}^{227}_{89}Ac + {}^{4}_{2}\alpha$

Pense bem antes de responder Como o número de massa muda nessas séries somente quando uma partícula α é perdida, todos os números de massa em uma determinada série de decaimento são múltiplos de quatro inferiores ao primeiro isótopo na série. Para as séries que começam com U-238, os números de massa estão nas séries de 238, 234, 230, ..., 206. Essa série é, algumas vezes, chamada de *série 4n + 2* porque cada número de massa (*M*) se encaixa na equação $4n + 2 = M$, em que *n* é o primeiro número inteiro (*n é 59* para o primeiro membro dessa série e 51 para o último membro). Para a série iniciada por $^{235}_{92}U$, os números de massa são 235, 231, 227, ..., 207; essa é a *série 4n + 3*.

Outras duas séries de decaimento são possíveis. Uma, chamada série 4n e iniciando com ^{232}Th, é encontrada na natureza. A outra, a série 4n + 1, não é encontrada porque nenhum membro da série possui uma meia-vida muito longa. Durante os 4,5 bilhões de anos desde que esse planeta foi formado, todos os membros radioativos da série 4n + 1 passaram por decaimento por completo até o produto final, ^{209}Bi.

Verifique seu entendimento

(a) Seis partículas α e quatro β são emitidas na série de decaimento radioativo do tório-232 antes de chegar ao isótopo estável. Qual é o produto final nessa série?

(b) Os três primeiros passos na série de decaimento de tório-232 são (na ordem) emissões de α, β e β. Escreva a equação para cada passo.

Outros Tipos de Decaimento Radioativo

A maior parte dos elementos radioativos que ocorrem naturalmente decai por meio da emissão de radiação α, β e γ. No entanto, outros processos de decaimento nuclear tornaram-se conhecidos, quando novos elementos radioativos foram sintetizados por meio artificial. Dentre eles, há a **emissão de pósitron** (${}^{0}_{+1}\beta$) e a **captura de elétron**.

Pósitrons (${}^{0}_{+1}\beta$) e elétrons possuem a mesma massa, mas cargas opostas. O pósitron é a antimatéria análoga ao elétron. A *emissão de pósitron* pelo polônio-207, por exemplo, resulta na formação de bismuto-207.

Pósitrons Os pósitrons foram descobertos por Carl Anderson (1905-1991) em 1932. O pósitron é uma partícula de um grupo conhecido como *antimatéria*. Se as partículas da matéria e da antimatéria colidirem, ocorre aniquilação mútua, com energia sendo emitida.

	$^{207}_{84}Po$	$\rightarrow$	${}^{0}_{+1}\beta$	+	$^{207}_{83}Bi$
	POLÔNIO-207	$\rightarrow$	**PÓSITRON**	+	**BISMUTO-207**
Número de massa: (prótons + nêutrons)	207	=	0	+	207
Número atômico: (prótons)	84	=	1	+	83

Para manter o balanço de carga, o *decaimento de pósitron resulta em uma diminuição no número atômico*.

Na *captura de elétron, um elétron* extranuclear é capturado pelo núcleo. O número de massa fica inalterado, e o *número atômico é reduzido por 1*. (Em uma nomenclatura mais antiga, a camada de elétrons mais interna era chamada de camada *K*, e a captura de elétron era chamada de *captura K*.)

	$^{7}_{4}\text{Be}$	$+$	$^{0}_{-1}e$	$\rightarrow$	$^{7}_{3}\text{Li}$
	BERÍLIO-**7**	$+$	ELÉTRON	$\rightarrow$	LÍTIO-**7**
Número de massa: (prótons + nêutrons)	7	$+$	0	$=$	7
Número atômico: (prótons)	4	$+$	-1	$=$	3

Resumindo, a maior parte dos núcleos instáveis decai por um entre quatro caminhos: decaimento α ou β, emissão de pósitron ou captura de elétron. A radiação gama muitas vezes acompanha esses processos. A Seção 25.6 introduz uma quinta via em que os núcleos se decompõem, a *fissão*.

EXEMPLO 25.2

Reações Nucleares

Problema Complete as seguintes equações. Dê o símbolo, o número de massa e o número atômico dos produtos.

(a) $^{37}_{18}\text{Ar} + {}^{0}_{-1}e \rightarrow ?$

(b) $^{11}_{6}\text{C} \rightarrow {}^{11}_{5}\text{B} + ?$

(c) $^{35}_{16}\text{S} \rightarrow {}^{35}_{17}\text{Cl} + ?$

(d) $^{30}_{15}\text{P} \rightarrow {}^{0}_{+1}\beta + ?$

O que você sabe? Você tem um reagente e um dos dois produtos formados nessas reações nucleares. Sabe que ambas, massas e cargas, devem manter equilíbrio em uma equação nuclear equilibrada.

Estratégia O produto ausente em cada reação pode ser determinado reconhecendo que as somas dos números da massa e dos números atômicos para produtos e reagentes devem ser iguais. Quando você conhece a massa nuclear e a carga nuclear do produto, pode identificá-la com o símbolo apropriado.

Solução

Essa é uma reação de captura do elétron. O produto possui um número de massa de $37 + 0 = 37$ e um número atômico de $18 - 1 = 17$. Portanto, o símbolo para o produto é $^{37}_{17}\text{Cl}$.

(b) Essa partícula ausente tem uma massa de zero e uma carga de 1+; essas são características de um pósitron, $^{0}_{+1}\beta$. Se essa partícula estiver incluída na equação, as somas dos números atômicos ($6 = 5 + 1$) e os números da massa (11) dos dois lados da equação são iguais.

(c) Uma partícula beta, $^{0}_{-1}\beta$, é necessária para balancear os números de massa (35) e os números atômicos ($16 = 17 - 1$) na equação.

(d) O núcleo do produto tem número de massa 30 e número atômico 14. Isso identifica o desconhecido como $^{30}_{14}\text{Si}$.

Pense bem antes de responder O produto em cada reação é um isótopo estável. Como discutido na seção a seguir, há uma faixa estreita de proporções de nêutron para próton para isótopos estáveis. Reações nucleares espontâneas sempre ocorrem de uma maneira que se move para mais perto ou dentro da faixa estreita de isótopos estáveis.

Verifique seu entendimento

Indique o símbolo, o número de massa e o número atômico do produto ausente em cada uma das seguintes reações nucleares.

(a) $^{13}_{7}\text{N} \rightarrow {}^{13}_{6}\text{C} + ?$

(b) $^{41}_{20}\text{Ca} + {}^{0}_{-1}e \rightarrow ?$

(c) $^{90}_{38}\text{Sr} \rightarrow {}^{90}_{39}\text{Y} + ?$

(d) $^{22}_{11}\text{Na} \rightarrow ? + {}^{0}_{+1}\beta$

Neutrinos e Antineutrinos
Partículas beta que possuem uma ampla faixa de energia são emitidas. Para equilibrar a energia e o momento associado com o decaimento β, é necessário postular a emissão simultânea de outra partícula, o *antineutrino*. Do mesmo modo, a emissão de neutrino acompanha emissão de pósitron. Muito estudo já foi elaborado para detectar neutrinos e antineutrinos. Essas partículas não possuem carga. Acredita-se que elas tenham massa, a qual é tão pequena que não foi possível medi-la. Os neutrinos e antineutrinos não são incluídos quando se escrevem equações nucleares.

EXERCÍCIOS PARA A SEÇÃO 25.2

1. Identifique o tipo de radiação associada com uma reação nuclear que converte radônio-222 em polônio-218.

   (a) radiação alfa
   (c) emissão de pósitron

   (b) radiação beta
   (d) fissão

2. A série de decaimento radioativo do urânio-235 termina com a formação de ^{207}Pb. Quantas partículas alfa (α) e beta (β) são emitidas nessa série?

   (a) $8\,\alpha$ e $4\,\beta$
   (c) $7\,\alpha$ e $6\,\beta$

   (b) $7\,\alpha$ e $4\,\beta$
   (d) $6\,\alpha$ e $4\,\beta$

3. Qual das seguintes reações envolve emissão de uma partícula beta?

   (a) $^{13}_{7}\text{N} \rightarrow\,^{13}_{6}\text{C} + ?$
   (c) $^{90}_{38}\text{Sr} \rightarrow\,^{90}_{39}\text{Y} + ?$

   (b) $^{41}_{20}\text{Ca} +\,^{0}_{-1}\text{e} \rightarrow ?$
   (d) $^{232}_{90}\text{Th} \rightarrow\,^{228}_{88}\text{Ra} + ?$

25-3 Estabilidade dos Núcleos Atômicos

Podemos aprender algo sobre a estabilidade nuclear a partir da Figura 25.3, um gráfico da composição dos isótopos conhecidos dos elementos. O eixo horizontal representa o número de prótons e o eixo vertical fornece o número de nêutrons. Cada círculo representa um isótopo identificado pelo número de nêutrons e prótons contidos em seu núcleo. Os círculos pretos representam isótopos estáveis (não radioativos), 254 em número, e os círculos vermelhos representam alguns dos isótopos radioativos. Por exemplo, os três isótopos de hidrogênio são $^{1}_{1}\text{H}$ e $^{2}_{1}\text{H}$ (nenhum é radioativo) e $^{3}_{1}\text{H}$ (trítio, radioativo). Para o lítio, o terceiro elemento, isótopos são

FIGURA 25.3 Isótopos estáveis e instáveis. Um gráfico do número de nêutrons (n) em função do número de prótons (p) para isótopos estáveis (*círculos pretos*) e isótopos radioativos (*círculos vermelhos*) do hidrogênio ao bismuto. Esse gráfico é usado para avaliar os critérios de estabilidade nuclear e para prever modos de decaimento de núcleos instáveis.

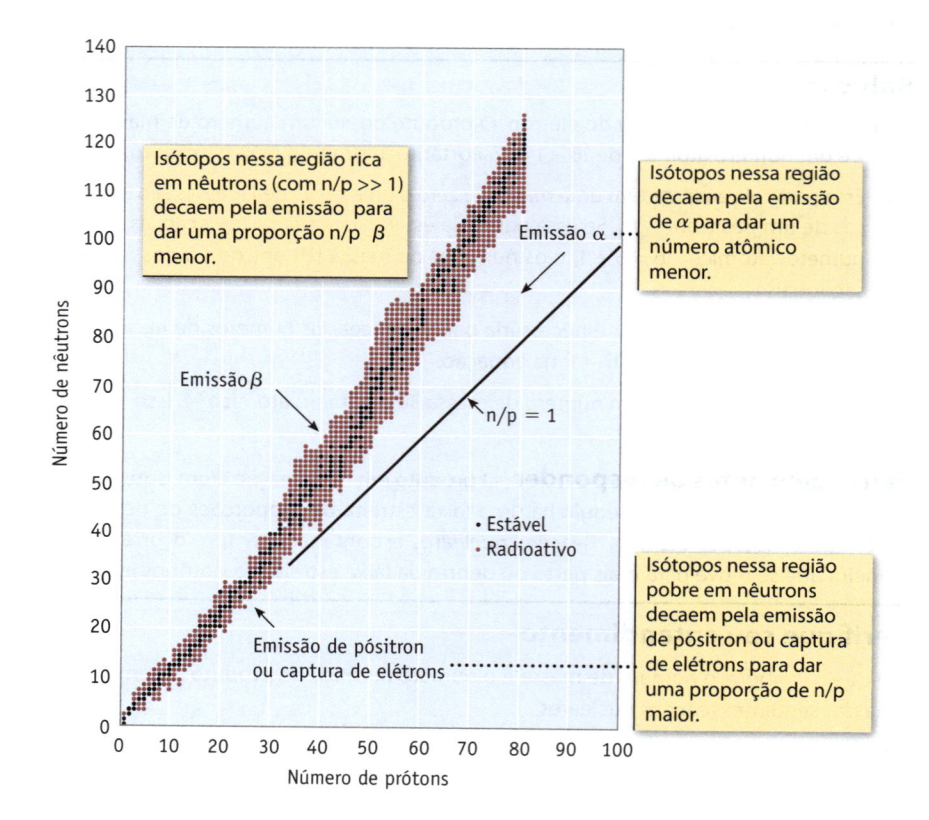

conhecidos com números de massa 4, 5, 6 e 7. Os isótopos com massas 6 e 7 (mostrados em preto) são estáveis, ao passo que os outros dois isótopos (em vermelho) são radioativos.

A Figura 25.3 nos traz as seguintes informações sobre estabilidade nuclear:

- Isótopos estáveis residem em uma faixa muito estreita chamada **faixa de estabilidade**. É notável como poucos isótopos são estáveis.

- Somente dois isótopos estáveis ($_{1}^{1}H$ e $_{2}^{3}He$) possuem mais prótons do que nêutrons.

- Até o cálcio (Z = 20), os isótopos estáveis muitas vezes possuem números iguais de prótons e nêutrons ou somente um ou dois nêutrons a mais do que prótons.

- Acima do cálcio, a proporção de nêutron para próton é sempre maior que 1. À medida que a massa aumenta, a faixa de isótopos estáveis desvia-se mais e mais de uma proporção de 1:1 nêutron para próton (a linha na Figura 25.3 para a qual n/p = 1).

- Além do bismuto (83 prótons e 126 nêutrons), todos os isótopos são instáveis e radioativos. Aparentemente não há nenhuma "supercola" nuclear forte o suficiente para manter os núcleos pesados unidos.

- Isótopos localizados longe da faixa de estabilidade tendem a ter meias-vidas menores do que isótopos instáveis mais pertos da faixa de estabilidade.

- A estabilidade do isótopo está associada a números atômicos e pesos atômicos pares. Dentre os isótopos estáveis, 148 possuem um número par de prótons e nêutrons, 53 possuem um número par de prótons e um número ímpar de nêutrons, e 48 possuem um número ímpar de prótons e um número par de nêutrons. Somente cinco isótopos estáveis ($_{1}^{2}H$, $_{3}^{6}Li$, $_{5}^{10}B$, $_{7}^{14}N$ e $_{73}^{180}Ta$) possuem números ímpares de ambos, prótons e nêutrons.

A Faixa de Estabilidade e Decaimento Radioativo

Além de ser um critério de estabilidade, a proporção de nêutron para próton pode ajudar na previsão de qual tipo de decaimento radioativo será observado. Núcleos instáveis decaem de modo a levá-los a uma proporção de nêutron para próton estável – ou seja, em direção à faixa de estabilidade.

- Todos os elementos além do bismuto (Z = 83) são instáveis. Para um elemento além desse número atômico, um processo que diminui este número é necessário para atingir a faixa de estabilidade. A emissão alfa é uma maneira eficaz de fazer isso, porque cada qual diminui o número atômico em 2. Por exemplo, amerício, o elemento radioativo usado em detectores de fumaça, decai por emissão de α:

$$_{95}^{243}Am \rightarrow {}_{2}^{4}\alpha + {}_{93}^{239}Np$$

- A emissão beta ocorre para isótopos que possuem uma alta proporção de nêutron para próton – ou seja, isótopos acima da faixa de estabilidade. Com decaimento β, o número atômico aumenta em 1, e o número de massa permanece constante, resultando em uma menor proporção de nêutron para próton:

$$_{27}^{60}Co \rightarrow {}_{-1}^{0}\beta + {}_{28}^{60}Ni$$

- Isótopos com uma proporção baixa de nêutron para próton, abaixo da faixa de estabilidade, decaem por emissão de pósitron ou por captura de elétron. Ambos os processos levam a núcleos de produtos com um número atômico inferior e o mesmo número de massa e movem o produto para mais perto da faixa de estabilidade:

$$_{7}^{13}N \rightarrow {}_{+1}^{0}\beta + {}_{6}^{13}C$$

$$_{20}^{41}Ca + {}_{-1}^{0}e \rightarrow {}_{19}^{41}K$$

EXEMPLO 25.3

Prevendo Modos de Decaimento Radioativo

Problema Identifique o(s) modo(s) provável(is) de decaimento para cada isótopo e escreva uma equação para o processo de decaimento.

(a) oxigênio-15, $^{15}_{8}O$

(b) urânio-234, $^{234}_{92}U$

(c) flúor-20, $^{20}_{9}F$

(d) manganês-56, $^{56}_{25}Mn$

O que você sabe? Você tem as fórmulas de quatro isótopos radioativos. Os modos possíveis de decomposição são α, β, ou emissão de pósitron e captura de elétron. O modo preferido originará um isótopo mais estável e criará um núcleo mais próximo da faixa de estabilidade.

Estratégia Há duas ideias principais a observar. Primeiro, se Z for maior que 83, então um decaimento α será provável. Em segundo lugar, considere a proporção n/p. Se a proporção for muito maior que 1, então o decaimento β será provável. Se a proporção for inferior a 1, então a emissão de pósitron ou captura de elétron será o processo mais provável. Não é possível escolher entre o último dos dois modos de decaimento sem informações adicionais.

Solução

(a) O oxigênio-15 tem 7 nêutrons e 8 prótons, portanto, a proporção de nêutron para próton (n/p) é inferior a 1 – muito baixa para ^{15}O ser estável. Espera-se que núcleos com pouquíssimos nêutrons decaiam seja por emissão de pósitron ou por captura de elétron. Nesse caso, o processo é emissão $^{0}_{+1}\beta$ e a equação é $^{15}_{8}O \rightarrow ^{0}_{+1}\beta + ^{15}_{7}N$.

(b) A emissão alfa é um modo comum de decaimento para isótopos de elementos com números atômicos superiores a 83. O decaimento de urânio-234 é um exemplo:

$$^{234}_{92}U \rightarrow ^{230}_{90}Th + ^{4}_{2}\alpha$$

(c) O flúor-20 tem 11 nêutrons e 9 prótons, uma proporção n/p alta. A proporção é reduzida pela emissão β:

$$^{20}_{9}F \rightarrow ^{0}_{-1}\beta + ^{20}_{10}Ne$$

(d) O número de massa de ^{56}Mn é mais alto que o peso atômico do elemento (54,85). Isso sugere que esse isótopo radioativo tenha um excesso de nêutrons (resultando em uma proporção n/p alta); nesse caso, seria esperado um decaimento por emissão β:

$$^{56}_{25}Mn \rightarrow ^{0}_{-1}\beta + ^{56}_{26}Fe$$

Pense bem antes de responder A decomposição pode ocorrer por quatro vias possíveis, emissão α e β, emissão de pósitron e captura de elétron. Quer o decaimento siga a emissão beta, quer a emissão de pósitron (ou captura de elétron), isso é previsto pela proporção de nêutron/próton, com relação à proporção n/p em isótopos estáveis.

Verifique seu entendimento

Escreva uma equação para o modo provável de decaimento de cada um dos seguintes isótopos instáveis e escreva uma equação para essa reação nuclear.

(a) silício-32, $^{32}_{14}Si$

(b) titânio-45, $^{45}_{22}Ti$

(c) plutônio-239, $^{239}_{94}Pu$

(d) pótassio-42, $^{42}_{19}K$

Energia de Ligação Nuclear

Um núcleo atômico pode conter até 83 prótons e ainda ser estável. Quanto à estabilidade, as forças de ligação nuclear (atrativas) devem ser maiores que as forças repulsivas eletrostáticas entre os prótons firmemente compactados no núcleo.

Energia de ligação nuclear, E_b, é definida como a energia necessária para separar os núcleos de um átomo em prótons e nêutrons. Por exemplo, a energia de ligação nuclear para o deutério é a energia necessária para converter um mol de núcleos de deutério ($_1^2H$) em um mol de prótons e um mol de nêutrons.

$$_1^2H \rightarrow _1^1p + _0^1n \qquad E_b = +2,15 \times 10^8 \text{ kJ/mol}$$

O sinal positivo para E_b indica que energia é necessária para esse processo. Um núcleo de deutério é mais estável que um próton isolado e um nêutron isolado, assim como a molécula de H_2 é mais estável que dois átomos H isolados. Lembre-se, entretanto, de que a energia de ligação H—H é somente 436 kJ/mol. A energia que mantém um próton e um nêutron em um núcleo de deutério, $2,15 \times 10^8$ kJ/mol, é aproximadamente 500000 vezes maior que as energias de ligações covalentes típicas.

Para entender melhor a energia de ligação nuclear, passamos para uma observação experimental e uma teoria. A observação experimental é que a massa de um núcleo é *sempre* menor que a soma das massas de seus prótons e nêutrons constituintes. A teoria é que a "massa ausente", chamada de **defeito de massa**, é equiparada com a energia que liga as partículas nucleares.

O defeito da massa para o deutério é a diferença entre a massa de um núcleo de deutério e a soma das massas de um próton e um nêutron. As medidas espectrométricas de massa (◄ Seção 2.3) dão às massas dessas partículas um alto nível de precisão, fornecendo os números necessários para conduzir cálculos de defeitos de massa.

Massas de núcleos atômicos geralmente não são listadas em tabelas de referências, mas as massas de átomos são. O cálculo do defeito de massa pode ser feito usando massas de átomos em vez de massas de núcleos. Usando massas atômicas, estamos incluindo neste cálculo as massas de elétrons extranucleares nos reagentes e produtos. Entretanto, como o mesmo número de elétrons extranucleares aparece em produtos e reagentes, isso não afeta o resultado. Assim, para um mol de núcleos de deutério, o defeito de massa é determinado como segue:

$$_1^2H \longrightarrow _1^1H + _0^1n$$

$$\text{2,01410 g/mol} \qquad \text{1,007825 g/mol} \qquad \text{1,008665 g/mol}$$

$$\text{Defeito de massa} = \Delta m = \text{massa dos produtos} - \text{massa dos reagentes}$$

$$= [1,007825 \text{ g/mol} + 1,008665 \text{ g/mol}] - 2,01410 \text{ g/mol}$$

$$= 0,00239 \text{ g/mol}$$

A relação entre massa e energia está contida na teoria da relatividade especial de 1905 de Albert Einstein, que sustenta que essa massa e energia são manifestações diferentes da mesma quantidade. Einstein definiu a relação de energia–massa: energia é igual à massa vezes o quadrado da velocidade da luz, ou seja, $E = mc^2$. No caso de núcleos atômicos, é suposto que a massa ausente (o defeito de massa, Δm) seja equiparada à energia de ligação que mantém os núcleos juntos.

$$E_b = (\Delta m)c^2 \qquad\qquad \textbf{(25.1)}$$

Se Δm for representada em quilogramas e a velocidade da luz for representada em metros por segundo, E_b terá unidades de joules (pois $1 \text{ J} = 1 \text{ kg} \cdot \text{m}^2/\text{s}^2$). Para a decomposição de um mol de núcleos de deutério em um mol de prótons e um mol de nêutrons, temos

$$E_b = (2,39 \times 10^{-6} \text{ kg/mol})(2,998 \times 10^8 \text{ m/s})^2$$

$$= 2,15 \times 10^{11} \text{ J/mol de núcleos } _1^2H \ (= 2,15 \times 10^8 \text{ kJ/mol de núcleos } _1^2H)$$

As estabilidades nucleares de elementos diferentes são comparadas usando a **energia de ligação por mol de nucleons**. (**Nucleon** é o nome geral dado a partículas nucleares – ou seja, prótons e nêutrons.) Um núcleo de deutério contém dois

FIGURA 25.4 Estabilidade relativa dos núcleos. A energia de ligação por nucleon para o isótopo mais estável de elementos entre hidrogênio e urânio é retratado como uma função de número da massa. (Fissão e fusão são discutidos nas Seções 25.6 e 25.7.)

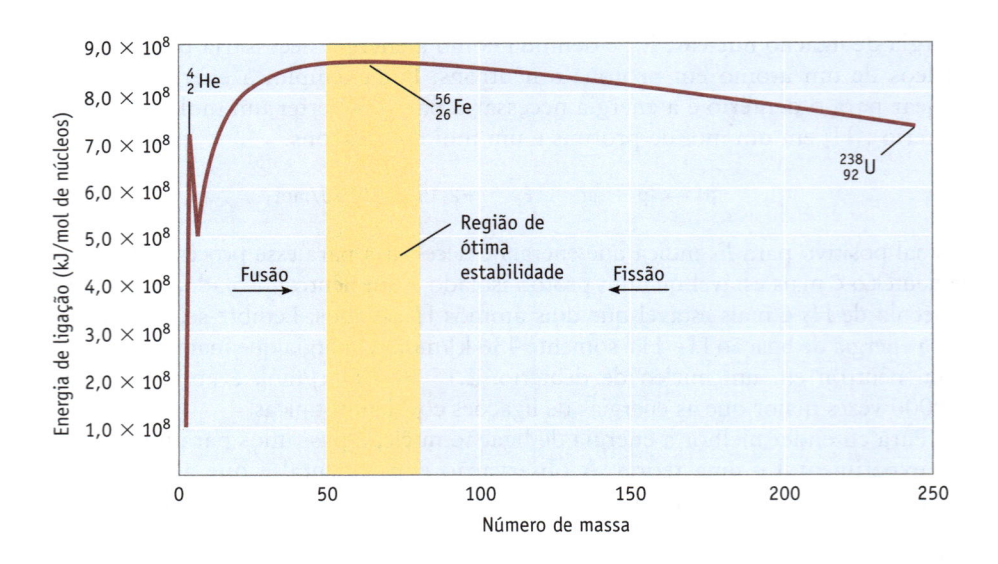

nucleons, assim a energia de ligação por mol de nucleons, E_b/n, é $2,15 \times 10^8$ kJ/mol dividido por 2, ou $1,08 \times 10^8$ kJ/mol de nucleons.

$$E_b/n = \left(\frac{2,15 \times 10^8 \text{ kJ}}{\text{mol núcleos de } {}_1^2\text{H}} \right) \left(\frac{1 \text{ mol } {}_1^2\text{H de núcleos}}{2 \text{ mols de nucleons}} \right)$$

$$E_b/n = 1,08 \times 10^8 \text{ kJ/mol de nucleons}$$

A energia de ligação por núcleo pode ser calculada para qualquer átomo cuja massa seja conhecida. Em seguida, para comparar estabilidades nucleares, podemos retratar a energia de ligação por núcleo como uma função de número de massa (Figura 25.4) Quanto maior for a energia de ligação por núcleo, maior será a estabilidade do núcleo. Do gráfico na Figura 25.4, o ponto de estabilidade nuclear máximo ocorrre em uma massa de 56 (ou seja, no ferro na tabela periódica).

EXEMPLO 25.4

Energia de Ligação Nuclear

Problema Calcule a energia de ligação por mol de nucleons, E_b (em kJ/mol), e a energia de ligação por nucleon, E_b/n (em kJ/mol de nucleon), para carbono-12.

O que você sabe? A massa do carbono-12 é, por definição, exatamente 12 g/mol. Você precisará das massas molares de átomos de hidrogênio (${}_1^1\text{H}$) e nêutrons (1,007825 g/mol e 1,008665 g/mol, respectivamente), para determinar o defeito de massa.

Estratégia O defeito de massa é a diferença entre a massa do carbono-12 e as massas de 6 prótons, 6 nêutrons e 6 elétrons. A massa de 1 mol de prótons e 1 mol de elétrons pode ser levada em conta usando a massa molar de ${}_1^1\text{H}$. Use os valores fornecidos para calcular o defeito de massa (em g/mol). A energia de ligação é calculada a partir do defeito de massa usando a Equação 25.1.

Solução A massa de ${}_1^1\text{H}$ é 1,007825 g/mol, e a massa de ${}_0^1\text{n}$ é 1,008665 g/mol. O carbono-12, ${}_6^{12}\text{C}$, é o padrão para massas atômicas na Tabela Periódica, e sua massa é definida como exatamente 12 g/mol

$$\Delta m = [(6 \times \text{massa } {}_1^1\text{H}) + (6 \times \text{massa } {}_0^1\text{n})] - \text{massa } {}_6^{12}\text{C}$$

$$= [(6 \times 1,007825 \text{ g/mol}) + (6 \times 1,008665 \text{ g/mol})] - 12,000000 \text{ g/mol}$$

$$= 9,8940 \times 10^{-2} \text{ g/mol}$$

A energia de ligação é calculada utilizando a Equação 25.1. Usando a massa em quilogramas e a velocidade da luz em metros por segundo, obtém-se a energia de ligação em joules:

$$E_b = (\Delta m)c^2$$

$$= (9{,}8940 \times 10^{-5} \text{ kg/mol})(2{,}99792 \times 10^8 \text{ m/s})^2$$

$$= 8{,}8923 \times 10^{12} \text{ J/mol} \; (= \boxed{8{,}8923 \times 10^9 \text{ kJ/mol}})$$

A energia de ligação por nucleon, E_b/n, é determinada pela divisão da energia de ligação por 12 (o número de nucleons).

$$\frac{E_b}{n} = \frac{8{,}8923 \times 10^9 \text{ kJ/mol}}{12 \text{ mol de nucleons/mol}}$$

$$= \boxed{7{,}4102 \times 10^8 \text{ kJ/mol de nucleons}}$$

Pense bem antes de responder A energia de ligação é uma quantidade muito grande de energia comparada àquelas das reações químicas comuns. Compare a energia de ligação com a reação muito exotérmica do hidrogênio e do oxigênio para formar vapor de água, para a qual $\Delta_r H°$ é somente -242 kJ por mol de vapor de água formado a 25 °C.

Verifique sua Compreensão

Calcule a energia de ligação por nucleon, em kilojoules por mol, para o lítio-6. A massa molar do $^6_3$Li é 6,015125 g/mol.

EXERCÍCIO PARA A SEÇÃO 25.3

1. Dentre as espécies listadas, qual tem a energia de ligação mais alta por nucleon?

(a) $^2_1$D (b) $^{20}_{10}$Ne (c) $^{56}_{26}$Fe (d) $^{238}_{92}$U

25-4 Velocidades de Decaimento Nuclear

Meia-vida

Quando um novo isótopo radioativo é identificado, sua *meia-vida* geralmente é determinada. Meia-vida ($t_{1/2}$) é usada em química nuclear da mesma forma que é usada ao discutir as cinéticas das reações químicas de primeira ordem (◄ Seção 14.4): é o tempo necessário para que metade de uma amostra decaia em produtos (Figura 25.5). Lembre-se de que, para cinéticas de primeira ordem, a meia-vida é independente da quantidade de amostra.

Meias-vidas para isótopos radioativos cobrem uma ampla variedade de valores. O urânio-238 tem uma das meias-vidas mais longas, $4{,}47 \times 10^9$ anos, um período

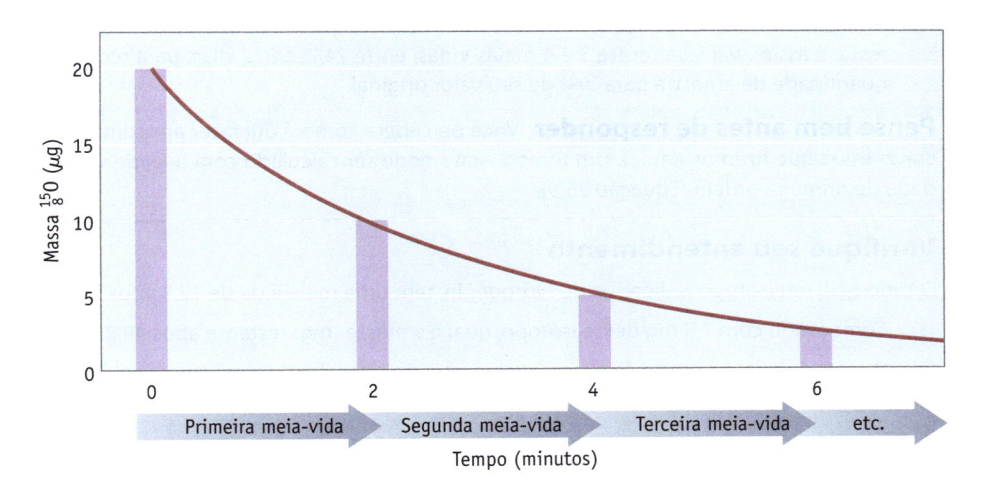

Primeira meia-vida ⟶ Segunda meia-vida ⟶ Terceira meia-vida ⟶ etc.

Tempo (minutos)

FIGURA 25.5 Decaimento de 20,0 μg de oxigênio-15. Após cada período de meia-vida de 2,0 minutos, a massa de oxigênio-15 diminui pela metade. (O oxigênio-15 decai pela emissão de pósitron.)

de tempo próximo à idade da Terra (estimado em 4,5–4,6 × 10⁹ anos). Assim, cerca de metade do urânio-238 presente quando o planeta foi formado ainda está aqui. Na outra extremidade do espectro de meias-vidas estão os isótopos, como o isótopo 277 do elemento 112 (recentemente denominado copernício, ^{277}Cn), que tem uma meia-vida de 240 microssegundos (1 μs = 1 × 10⁻⁶ s).

A meia-vida fornece uma maneira fácil de calcular o tempo necessário para que o elemento radioativo não represente mais risco à saúde. O estrôncio-90, por exemplo, é um emissor β com uma meia-vida de 29,1 anos. Quantidades significativas de estrôncio-90 foram dispersadas no ambiente durante testes nucleares atmosféricos nos anos 1950 e 1960 e, a partir da meia-vida, sabemos que aproximadamente um quarto ainda está por aí. Os problemas de saúde associados ao estrôncio-90 surgem devido ao fato de o cálcio e o estrôncio terem propriedades químicas similares. O estrôncio-90 é absorvido no corpo e depositado nos ossos, assumindo o lugar do cálcio. Danos da radiação por estrôncio-90 (um emissor β) nos ossos foram diretamente vinculados a cânceres nos ossos.

EXEMPLO 25.5

Usando Meia-vida

Problema Iodo-131 radioativo, usado para tratar o hipertireoidismo, tem meia-vida de 8,04 dias.

(a) Se você tiver 8,8 μg (microgramas) desse isótopo, qual massa permanece após 32,2 dias?

(b) Quanto tempo é necessário para uma amostra de iodo-131 decair para um oitavo de sua atividade?

(c) Calcule o período de tempo necessário para a amostra decair a 10% de sua atividade original.

O que você sabe? A meia-vida do ^{131}I, 8,04 dias, é fornecida no problema.

Estratégia Esse problema diz para usar meia-vida para avaliar qualitativamente a velocidade de decaimento. Após uma meia-vida, metade da amostra permanece. Depois da outra meia-vida, a quantidade de amostra é novamente reduzida pela metade para um quarto de seu valor original. Para responder a essas questões, avalie o número de meias-vidas que se passaram e use essa informação para determinar a quantidade de amostra restante.

Solução

(a) O tempo decorrido, 32,2 dias, equivale a 4 meias-vidas (32,2/8,04 = 4). A quantidade de iodo-131 diminuiu para 1/16 da quantidade original [1/2 × 1/2 × 1/2 × 1/2 = (1/2)⁴ = 1/16].

A quantidade de iodo remanescente é 8,8 μg × (1/2)4 ou 0,55 μg.

(b) Após 3 meias-vidas (24,12 dias), a quantidade de iodo-131 restante é 1/8 [= (1/2)³] da quantidade original. A quantidade remanescente é 8,8 g × (1/2)³ = 1,1 μg.

(c) Após 3 meias-vidas, 1/8 (12,5%) da amostra permanece; após 4 meias-vidas, 1/16 (6,25%) resta. E assim, vai levar entre 3 e 4 meias-vidas, entre 24,12 e 32,2 dias, para reduzir a quantidade de amostra para 10% de seu valor original.

Pense bem antes de responder Você perceberá como é útil fazer aproximações, como essas que fizemos em (c). Um tempo exato pode ser calculado com a lei de velocidade de primeira ordem (Equação 25.5).

Verifique seu entendimento

O trítio ($^3_1$H), um isótopo radioativo de hidrogênio, tem uma meia-vida de 12,3 anos.

(a) Começando com 1,5 mg desse isótopo, qual é a massa (mg) restante após 49,2 anos?

(b) Quanto tempo é necessário para uma amostra de trítio decair para um oitavo de sua atividade?

(c) Calcule o período de tempo necessário para a amostra decair a 1% de sua atividade original.

Cinética do Decaimento Nuclear

A velocidade de decaimento nuclear é determinada a partir da medição da **atividade** (A) de uma amostra. A atividade refere-se ao número de desintegrações observadas por unidade de tempo, uma quantidade que pode ser medida prontamente com dispositivos como um contador Geiger-Müller (Figura 25.6). *A atividade é proporcional ao número de átomos radioativos presentes (N).*

$$A \propto N \tag{25.2}$$

Se o número de núcleos radioativos N for reduzido pela metade, a atividade da amostra será metade do tamanho. Dobrando-se N, será duplicada a atividade. Essa relação indica que a velocidade de decomposição é de primeira ordem com relação a N. Consequentemente, as equações que descrevem valocidades de decaimento radioativo são as mesmas que aquelas usadas para descrever a cinética das reações químicas de primeira ordem; a mudança no número de átomos radioativos N por unidade de tempo é proporcional a N (◀ Seção 14.4)

$$\frac{\Delta N}{\Delta t} = -kN \tag{25.3}$$

A equação de velocidade integrada pode ser escrita de duas maneiras, dependendo dos dados usados:

$$\ln\left(\frac{N}{N_0}\right) = -kt \tag{25.4}$$

ou

$$\ln\left(\frac{A}{A_0}\right) = -kt \tag{25.5}$$

Aqui, N_0 e A_0 são o número de átomos e a atividade inicial da amostra, respectivamente, e N e A são o número de átomos e a atividade da amostra após o tempo t, respectivamente. Assim, N/N_0 é a fração de átomos restantes após um determinado tempo (t), e A/A_0 é a fração da atividade restante após o mesmo período. Nessas equações, k é a constante de velocidade (constante de decaimento) para o isótopo em questão. A relação entre a meia-vida e a constante de velocidade de primeira ordem é a mesma vista em cinética química (◀ Equação 14.4):

$$t_{1/2} = \frac{0,693}{k} \tag{25.6}$$

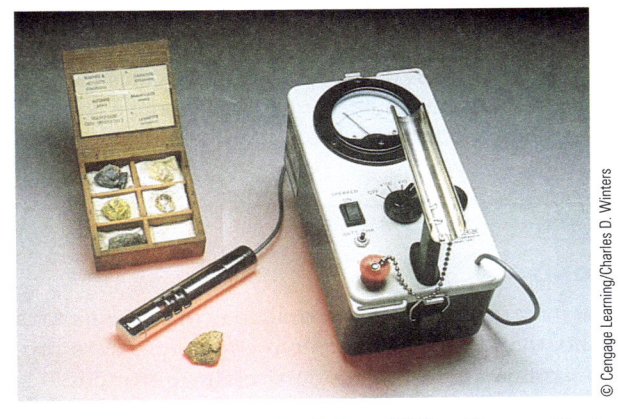
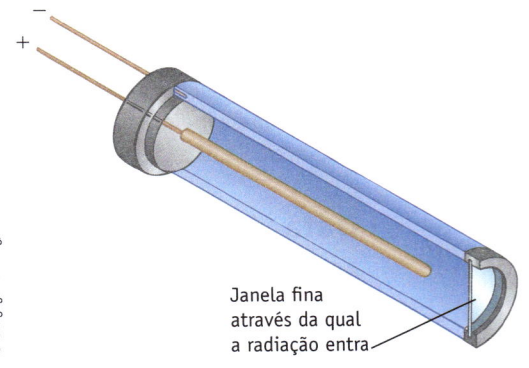

© Cengage Learning/Charles D. Winters

FIGURA 25.6 Um contador Geiger-Müller. Uma partícula carregada (partícula α ou β) entra no tubo de gás (diagrama à *direita*) e ioniza o gás. Os íons gasosos migram para eletrodos eletricamente carregados e são registrados como um pulso de corrente elétrica. A corrente é amplificada e usada para fazer um contador funcionar. Uma amostra de carnotita, um mineral que contém óxido de urânio, também é exibida na fotografia.

Janela fina através da qual a radiação entra

As Equações 25.3 a 25.6 são úteis de diversas maneiras:

- Se a atividade (*A*) ou o número de núcleos radioativos (*N*) for medido no laboratório por um período *t*, *k* pode ser calculada. A constante de decaimento *k* pode então ser usada para determinar a meia-vida da amostra.

- Se *k* for conhecida, a fração de uma amostra radioativa (N/N_0), ainda presente após um tempo *t* decorrido, pode ser calculada.

- Se *k* for conhecida, o tempo necessário para esse isótopo decair para uma fração da atividade original (A/A_0) pode ser calculado.

EXEMPLO 25.6

Cinética do Decaimento Radioativo

Problema Uma amostra de radônio-222 tem uma atividade inicial (A_0) de partícula α de $7,0 \times 10^4$ dps (desintegrações por segundo). Após 6,6 dias, sua atividade (*A*) é $2,1 \times 10^4$ dps. Qual é a meia-vida do radônio-222?

O que você sabe? Você tem as atividades inicial e final da amostra de ^{222}Rn e o tempo decorrido.

Estratégia Valores para *A*, A_0 e *t* são dados. O problema pode ser resolvido usando a Equação 25.5 com *k* como o desconhecido. Uma vez que *k* é encontrado, a meia-vida pode ser calculada usando a Equação 25.6.

Solução

$$\ln(2,1 \times 10^4 \text{ dps}/7,0 \times 10^4 \text{ dps}) = -k \,(6,6 \text{ dias})$$

$$\ln(0,30) = -k(6,6 \text{ dias})$$

$$k = 0,18 \text{ dias}^{-1}$$

De *k* obtemos $t_{1/2}$:

$$t_{1/2} = 0,693/0,18 \text{ dias}^{-1} = 3,8 \text{ dias}$$

Pense bem antes de responder Observe que a atividade reduziu-se a entre metade e um quarto de seu valor original. Os 6,6 dias de tempo decorrido representam uma meia-vida integral e parte de outra meia-vida.

Verifique seu entendimento

(a) Uma amostra de $Ca_3(PO_4)_2$ que contém fósforo-32 tem uma atividade de $3,35 \times 10^3$ dpm. Exatamente 2 dias depois, sua atividade é $3,18 \times 10^3$ dpm. Calcule a meia-vida do fósforo-32.

(b) Uma amostra altamente radioativa de produtos de resíduo nuclear com uma meia-vida de 200 anos é armazenada em um tanque subterrâneo. Quanto tempo levará para que haja uma redução de uma atividade inicial de $6,50 \times 10^{12}$ dpm para uma quase inofensiva atividade de $3,00 \times 10^3$ dpm?

Datação com Radiocarbono

Em certas situações, a idade de um material pode ser determinada com base na taxa de decaimento de um isótopo radioativo. O melhor exemplo conhecido desse procedimento é o uso de carbono-14 para averiguar a data de artefatos históricos.

O carbono que ocorre naturalmente é composto principalmente por carbono-12 e carbono-13 com abundâncias isotópicas de 98,9% e 1,1%, respectivamente. Além disso, traços de um terceiro isótopo, carbono-14, estão presentes na ordem de aproximadamente 1 em 10^{12} átomos no CO_2 atmosférico e em materiais vivos. O carbono-14 é um emissor β com uma meia-vida de 5730 anos. Uma amostra de 1 grama de carbono de material vivo mostrará aproximadamente 14 desintegrações

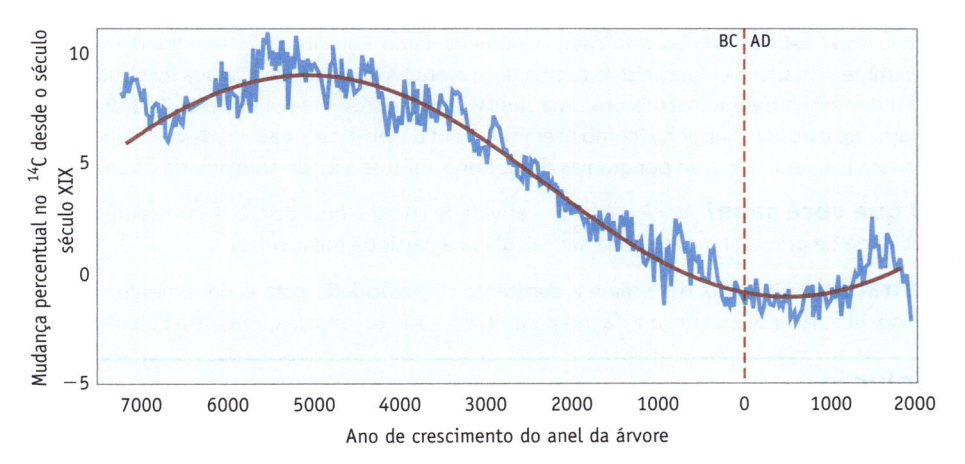

Fonte: Hans E. Suess, La Jolla Radiocarbon Laboratory

FIGURA 25.7 Variação da atividade atmosférica do carbono-14. A quantidade de carbono-14 mudou com a variação na atividade dos raios cósmicos. Para obter os dados da parte dos anos anteriores a 1990 da curva mostrada, os cientistas conduziram uma datação por carbono-14 de artefatos cuja idade foi precisamente descoberta (muitas vezes, por meio de registros escritos). Os dados dessa figura foram obtidos usando a datação por carbono-14 de anéis de árvore.

por minuto, o que não é muita radioatividade, mas pode ser detectado através de métodos modernos.

O carbono-14 é formado na parte atmosférica superior por reações nucleares iniciadas por nêutrons na radiação cósmica:

$$^{14}_{7}N + ^{1}_{0}n \rightarrow ^{14}_{6}C + ^{1}_{1}H$$

Depois de formado, o carbono-14 é oxidado para $^{14}CO_2$. Esse produto entra no ciclo do carbono e permanece circulando pela atmosfera, oceanos e biosfera.

A utilidade do carbono-14 para datação é proveniente da seguinte maneira: as plantas absorvem CO_2 e o convertem para compostos orgânicos, incorporando dessa forma carbono-14 no tecido vivo. Enquanto uma planta permanece viva, esse processo continuará, e a porcentagem de carbono-14 na planta será igual à porcentagem na atmosfera. Quando a planta morre, o carbono-14 não será mais processado. O decaimento radioativo continua, entretanto, com a atividade de carbono-14 diminuindo com o tempo. Após 5730 anos, a atividade será de 7 dpm/g; após 11460 anos, ela será de 3,5 dpm/g; e assim por diante. Conseguindo medir a atividade de uma amostra e conhecendo a meia-vida do carbono-14, é possível calcular quando uma planta (ou um animal que as consomem) morreu.

Assim como em todo procedimento experimental, a datação por carbono-14 apresenta limitações. Embora o procedimento presuma que a quantidade de carbono-14 na atmosfera em centenas ou milhares de anos atrás seja idêntica à que está presente hoje, de fato a porcentagem varia em torno de 10% (Figura 25.7). Além do mais, não é possível usar o carbono-14 para datar um objeto com menos de 100 anos de idade; o nível de radiação do carbono-14 não terá mudado em um período tão pequeno para permitir uma detecção precisa de uma diferença no valor inicial. Em muitos casos, a precisão da medição é, de fato, possível somente a partir de ± 100 anos. Finalmente, não é possível determinar as idades dos objetos com mais de cerca de 60000 anos. Nesse caso, após mais de 10 meias-vidas, a radioatividade do ^{14}C terá diminuído virtualmente para zero. Mas para o intervalo de tempo entre 100 e 60000 anos, essa técnica tem fornecido informações importantes (Figura 25.8).

Willard Libby (1908-1980) Libby recebeu o Prêmio Nobel de 1960 em Química por desenvolver técnicas de datação por carbono-14. A datação por carbono-14 é amplamente usada em campos como a Antropologia.

FIGURA 25.8 O Homem do Gelo. Os restos humanos preservados mais antigos do mundo foram descobertos em uma geleira nos Alpes. As técnicas de datação por carbono-14 permitiram que os cientistas determinassem que ele viveu aproximadamente 5300 anos atrás. Veja as páginas 2 e 53 para obter mais informações sobre o Homem do Gelo.

EXEMPLO 25.7

Datação Radioquímica

Problema Para testar o conceito de datação por carbono-14, J. R. Arnold e W. F. Libby aplicaram essa técnica para analisar amostras de madeira acácia e chipre, cujas idades já eram conhecidas. (A madeira acácia, que foi fornecida pelo Museu Metropolitano de Arte em

Nova York, veio da tumba de Zoser, o primeiro faraó Egípcio a ser sepultado em uma pirâmide. A madeira chipre veio da tumba de Sneferu.) A atividade média que foi obtida com base em cinco determinações em uma dessas amostras de madeira era de 7,04 dpm por grama de carbono. Suponha (como fizeram Arnold e Libby) que a atividade original do carbono-14, A_0, era 12,6 dpm por gramas de carbono. Calcule a idade aproximada da amostra.

O que você sabe? Você conhece a atividade inicial e final do ^{14}C. A constante de velocidade de primeira ordem pode ser calculada a partir da meia-vida.

Estratégia Primeiro, determine a constante de velocidade para o decaimento do carbono-14 a partir de sua meia-vida ($t_{1/2}$ para ^{14}C é $5,73 \times 10^3$ anos). Agora use a Equação 25.5.

Solução

$$k = 0,693/t_{1/2} = 0,693/5730 \text{ anos}^{-1} \text{ anos}$$

$$= 1,21 \times 10^{-4} \text{ anos}^{-1}$$

$$\ln(A/A_0) = -kt$$

$$\ln\left(\frac{7,04 \text{ dpm/g}}{12,6 \text{ dpm/g}}\right) = (-1,21 \times 10^{-4} \text{ anos}^{-1})t$$

$$t = 4,8 \times 10^3 \text{ anos}$$

A madeira tem cerca de 4800 anos de idade.

Pense bem antes de responder Esse problema usa dados reais de um documento de pesquisa anterior, no qual o método de datação do carbono-14 estava sendo testado. A idade da madeira era conhecida como sendo de 4750 ± 250 anos. (Veja ARNOLD, J. R.; LIBBY, W. F. *Science*, v. 110, p. 678, 1949.)

Verifique seu entendimento

Uma amostra da parte interna de uma árvore de madeira vermelha derrubada em 1874 mostrou ter uma atividade de ^{14}C de 9,32 dpm/g. Calcule a idade aproximada da árvore quando ela foi cortada. Compare essa idade à obtida com os dados do anel da árvore, os quais estimaram que ela começou a crescer em 979 ± 52 a.C. Use 13,4 dpm/g para o valor de A_0.

Glenn T. Seaborg (1912-1999) Seaborg imaginou que o tório e os elementos que o seguiram encaixavam-se abaixo dos lantanídeos na Tabela Periódica. Por essa ideia, ele e Edwin McMillan compartilharam o Prêmio Nobel de Química de 1951. Durante um período de 21 anos, Seaborg e seus colegas sintetizaram 10 novos elementos transurânicos. Em reconhecimento às contribuições científicas de Seaborg, o nome "seabórgio" foi atribuído ao elemento 106 em 1997. Esse reconhecimento marcou a primeira vez em que um elemento foi denominado em honra a uma pessoa viva.

EXERCÍCIOS PARA A SEÇÃO 25.4

1. Acredita-se que a idade da Terra seja de 4,5 bilhões de anos. Aproximadamente qual porcentagem de ^{232}Th foi decomposta durante esse período de tempo? A meia-vida do ^{232}Th é $1,4 \times 10^{10}$ anos.

   (a) 20%   (b) 40%   (c) 60%   (d) 80%

2. A meia-vida do ^{32}P é 14,3 dias. Quanto de ^{32}P em uma amostra permanecerá após serem decorridos 71,5 dias?

   (a) 1/4   (b) 1/8   (c) 1/16   (d) 1/32

25-5 Reações Nucleares Artificiais

Quantos isótopos diferentes são encontrados na Terra? Todos os isótopos estáveis ocorrem naturalmente, assim como alguns isótopos instáveis (radioativos) que possuem as meias-vidas mais longas; os exemplos mais conhecidos desse último tipo são urânio-235, urânio-238 e tório-232. Algumas quantidades traço de isótopos radioativos com meias-vidas curtas também estão presentes, pois eles estão continuamente sendo formados por reações nucleares. Estes estão isótopos de rádio, polônio e radônio, juntamente a outros elementos produzidos em várias séries de

A Pesquisa de Novos Elementos

UM OLHAR MAIS ATENTO

Até 1936, orientados primeiramente pelas previsões de Mendeleev e depois pela teoria atômica, os químicos identificaram todos os elementos com números atômicos entre 1 e 92, com exceção de dois. Desse ponto em diante, todos os novos elementos a serem descobertos vieram de reações nucleares artificiais. Dois espaços na Tabela Periódica foram preenchidos quando tecnécio e promécio radioativos, os últimos dois elementos com números atômicos inferiores a 92, foram identificados em 1937 e 1942, respectivamente. O primeiro sucesso na pesquisa para elementos com números atômicos superiores a 92 veio com a descoberta, em 1940, de neptúnio e plutônio.

Desde 1950, laboratórios nos Estados Unidos (Lawrence Berkeley National Laboratory), na Rússia (Joint Institute for Nuclear Research em Dubna, perto de Moscou), e na Europa (Institute for Heavy Ion Research em Darmstadt, Alemanha) têm competido para produzir novos elementos. Sínteses de novos elementos transurânicos usam uma metodologia padrão. Um elemento de número atômico muito alto é bombardeado com um feixe de partículas de alta energia. Inicialmente, nêutrons eram usados; posteriormente, núcleos de hélio e depois núcleos maiores, como ^{11}B e ^{12}C, foram usados; e, mais recentemente, íons altamente carregados de elementos como cálcio, cromo, cobalto e zinco foram escolhidos. A partícula bombardeada funde-se com o núcleo do átomo alvo, formando um novo núcleo que dura pouco tempo antes de decompor-se. Novos elementos são detectados de suas decomposições, um atributo de partículas com massas e energias específicas.

Usando partículas maiores e energias mais altas, a lista de elementos conhecidos chegou a 106 no final dos anos 1970. Para ampliar ainda mais a pesquisa, cientistas russos usaram uma nova ideia, precisamente corresponder a energia da partícula bombardeada com a energia necessária para fundir o núcleo. Essa técnica permitiu a síntese dos elementos 107, 108 e 109 em Darmstadt no início dos anos 1980, e a síntese dos elementos 110, 111 e 112 na década seguinte. A duração desses elementos era em faixas de milissegundos; copérnicio-277, $^{277}_{112}Cn$, por exemplo, tinha uma meia-vida de 240 μs.

Entretanto, outro avanço foi necessário para ampliar essa lista ainda mais. Há tempos, os cientistas já sabiam que isótopos com, assim chamados na época, *números mágicos* específicos de nêutrons e prótons são mais estáveis. Elementos com 2, 8, 20, 50 e 82 prótons são membros dessa categoria, assim como elementos com 126 nêutrons. Os números mágicos correspondem a camadas preenchidas no núcleo. Sua significância é análoga à significância das camadas preenchidas para as estruturas eletrônicas. A teoria previu que os próximos números mágicos seriam de 114 prótons e 184 nêutrons. Usando essa informação, os pesquisadores descobriram o elemento 114 no início de 1999. O grupo Dubna, reportando essa descoberta, descobriu o isótopo de massa 289, que tinha uma meia-vida excepcionalmente longa, de quase 20 segundos.

O elemento recentemente foi denominado fleróvio, Fl, Rússia. O elemento 116 foi descoberto em 1999 e agora chama-se livermório, Lv. Aproximadamente 35 átomos de Lv foram obtidos com o isótopo de maior tempo de vida, Lv-293, tendo uma meia-vida de aproximadamente 60 ms.

A descoberta do elemento 117, Uus, foi anunciada em abril de 2010 por uma equipe internacional nos Laboratórios Flerov em Dubna, Rússia. Eles obtiveram 6 átomos do elemento por meio de bombardeamento de ^{249}Bk com átomos ^{48}Ca.

Finalmente, vários átomos do elemento 118, *que completam a linha 7 da Tabela Periódica,* foram descobertos em 2006 por bombardeamento de átomos de califórnio-249 com átomos de cálcio-48.

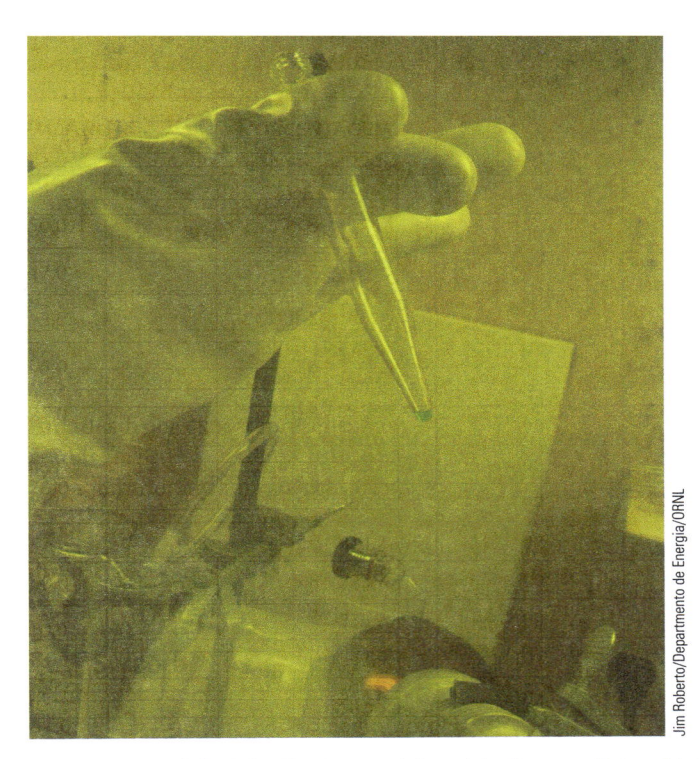

Jim Roberto/Departmento de Energia/ORNL

Descoberta do elemento 117, Fl, fleróvio. Cientistas nos Laboratórios Flerov em Dubna, Rússia, usaram berquélio-249 radioativo como o material inicial para preparar dois isótopos do elemento 117. Berquélio-249 está contido no fluído esverdeado na ponta da ampola. Ele foi criado no reator de pesquisa no Laboratório Nacional de Oak Ridge.

decaimento radioativo, e carbono-14, formado em uma reação nuclear iniciada pela radiação cósmica.

Todavia, isótopos radioativos naturais são apenas uma fração muito pequena de todos isótopos radioativos conhecidos. O restante – diversos milhares – foi sintetizado por reações nucleares artificiais, conhecidas às vezes como *transmutação*.

A primeira reação nuclear artificial foi identificada por Rutherford aproximadamente 90 anos atrás. Recorde o experimento clássico que levou ao modelo nuclear do átomo (◄ "Experimentos-Chave – Como Sabemos a Natureza do Átomo e de Seus Componentes?", Capítulo 2) no qual uma folha fina de ouro foi bombardeada com partículas α. Nos anos que seguiram esses experimentos, Rutherford e seus colaboradores bombardearam muitos outros elementos com partículas α. Em 1919, um desses experimentos levou a um resultado inesperado: quando os átomos de nitrogênio foram bombardeados com partículas α, prótons foram detectados entre os produtos. Rutherford concluiu corretamente que uma reação nuclear tinha ocorrido. O nitrogênio passou por uma *transmutação* para oxigênio:

$$^4_2\text{He} + {}^{14}_7\text{N} \rightarrow {}^{17}_8\text{O} + {}^1_1\text{H}$$

Durante a década seguinte, outras reações nucleares foram descobertas por bombardeamento de outros elementos com partículas α. O progresso foi lento, no entanto, porque, em muitos casos, as partículas α eram simplesmente espalhadas pelo núcleo-alvo. As partículas bombardeadas não podem se aproximar muito dos núcleos para reagirem, pois as forças repulsivas são fortes entre as partículas α carregadas positivamente e os núcleos atômicos carregados positivamente.

Dois avanços foram obtidos, em 1932, que ampliaram muito a química das reações nucleares. A primeira envolveu o uso de aceleradores de partícula para criar partículas de alta energia como projéteis. A segunda foi o uso de nêutrons como as partículas bombardeadora.

As partículas α usadas nos estudos anteriores vinham de materiais radioativos naturalmente, como urânio, e tinham energias relativamente baixas. Eram necessárias partículas com energia mais alta, assim, J. D. Cockcroft (1897-1967) e E. T. S. Walton (1903–1995), trabalhando no laboratório de Rutherford em Cambridge, Inglaterra, focaram nos prótons. Prótons eram formados quando átomos de hidrogênio eram ionizados em um tubo de raio catódico, e sabia-se que eles podiam ser acelerados para uma energia mais alta aplicando voltagem alta. Cockcroft e Walton descobriram que, quando prótons energéticos atingiam um alvo de lítio, ocorria a seguinte reação:

$$^7_3\text{Li} + {}^1_1\text{p} \rightarrow 2\,{}^4_2\text{He}$$

Esse foi o primeiro exemplo de uma reação iniciada por uma partícula que foi acelerada artificialmente a alta energia. Desde quando esse experimento foi feito, a técnica tornou-se mais desenvolvida, e o uso de aceleradores de partículas na química nuclear agora é comum. Os aceleradores de partículas usam o princípio de que uma partícula carregada colocada entre placas carregadas será acelerada a uma velocidade e energia altas. Exemplos modernos desse processo são vistos na síntese dos elementos transurânicos, diversos dos quais estão descritos em mais detalhes em "Um Olhar Mais Atento: A Pesquisa de Novos Elementos", na página anterior.

Experimentos usando nêutrons como partículas bombardeadoras foram conduzidos primeiramente nos Estados Unidos e na Grã-Bretanha em 1932. Nitrogênio, oxigênio, flúor e neônio foram bombardeados com nêutrons energéticos, e partículas α foram detectadas entre os produtos. O uso de nêutrons fez sentido: como os nêutrons não possuem carga, é razoável que essas partículas não fossem repelidas pelas partículas nucleares carregadas positivamente. Assim, os nêutrons não precisavam de altas energias para reagir.

Em 1934, Enrico Fermi (1901-1954) e seus colaboradores demonstraram que reações nucleares usando nêutrons bombardeados são mais favoráveis se os nêutrons tiverem energia baixa. Um nêutron de baixa energia é simplesmente capturado pelo núcleo, gerando um produto em que o número de massa é aumentado em uma unidade. Devido à baixa energia das partículas bombardeadoras, o núcleo do produto não possui energia suficiente para fragmentar-se nessas reações. Entretanto, o novo núcleo é produzido em um estado excitado; quando o núcleo retorna para o estado fundamental, um raio γ é emitido. Reações em que um nêutron é capturado e um raio γ é emitido são chamadas **reações (n, γ)**.

As reações (n, γ) são a origem de muitos radioisótopos usados na medicina e na química. Um exemplo é o fósforo radioativo, ${}^{32}_{15}\text{P}$, que é usado nos estudos de química para rastrear a assimilação de fósforo no corpo.

$$^{31}_{15}\text{P} + {}^1_0\text{n} \rightarrow {}^{32}_{15}\text{P} + \gamma$$

Descoberta dos Nêutrons Previa-se a existência de nêutrons por mais de uma década antes de serem identificados em 1932, por James Chadwick (1891-1974). Chadwick produziu nêutrons em uma reação nuclear entre partículas α e berílio: ${}^4_2\alpha + {}^9_4\text{Be} \rightarrow {}^{12}_6\text{C} + {}^1_0\text{n}$.

Elementos Transurânicos na Natureza Neptúnio, plutônio e amerício eram desconhecidos antes de sua preparação por meio dessas reações nucleares. Posteriormente, esses elementos foram descobertos como presentes em quantidades traço em minérios de urânio.

Os **elementos transurânicos**, cujos números atômicos são maiores que 92, foram produzidos pela primeira vez em uma sequência de reações nucleares, começando com uma reação (n, γ). Cientistas na Universidade da Califórnia, em Berkeley, bombardearam urânio-238 com nêutrons. Dentre os produtos identificados estavam neptúnio-239 e plutônio-239. Esses novos elementos eram formados quando ^{239}U decaía por radiação β.

$$^{238}_{92}U + ^{1}_{0}n \rightarrow ^{239}_{92}U$$

$$^{239}_{92}U \rightarrow ^{239}_{93}Np + ^{0}_{-1}\beta$$

$$^{239}_{93}Np \rightarrow ^{239}_{94}Pu + ^{0}_{-1}\beta$$

Quatro anos depois, uma sequência de reações similar foi usada para produzir amerício-241. Foi descoberto que adicionar dois nêutrons ao plutônio-239 forma plutônio-241, que decai por emissão β para gerar amerício-241.

EXEMPLO 25.8

Reações Nucleares

Problema Escreva equações para as reações nucleares descritas abaixo.

(a) Flúor-19 passa por uma reação (n, γ) para formar um produto radioativo que decai pela emissão de β. (Escreva equações para as duas reações.)

(b) Quando um átomo de berílio-9 (o único isótopo estável de berílio) reage com uma partícula α emitida por um átomo de plutônio-239, um nêutron é ejetado.

O que você sabe? Reagentes e um dos dois produtos são fornecidos para cada reação.

Estratégia As equações são escritas de forma que tanto a massa quanto a carga sejam balanceadas.

Solução

(a) $^{19}_{9}F + ^{1}_{0}n \rightarrow ^{20}_{9}F + \gamma$

$^{20}_{9}F \rightarrow ^{20}_{10}Ne + ^{0}_{-1}\beta$

(b) $^{239}_{94}Pu \rightarrow ^{235}_{92}U + ^{4}_{2}\alpha$

$^{4}_{2}\alpha + ^{9}_{4}Be \rightarrow ^{12}_{6}C + ^{1}_{0}n$

Pense bem antes de responder Ambas as respostas lidam com nêutrons. A equação fornecida para a parte (a), uma reação (n, γ), ilustra um processo que é fácil de se conduzir. Em um laboratório, os nêutrons podem ser produzidos em um pequeno dispositivo chamado *fonte de nêutron de Pu-Be*. A resposta para a parte (b) dessa questão descreve as reações nucleares nesse dispositivo.

Verifique seu entendimento

O tecnécio é um dos dois elementos com números atômicos menores que 83 e para o qual não há isótopo estável (promécio, elemento 61, é outro). Entretanto, o tecnécio é um elemento muito importante devido a seu uso extensivo em sistemas de imagem médica (Estudo de caso, na página 1196). Ele é produzido em um processo de duas etapas. Primeiro, ^{98}Mo passa por uma reação (n, γ); em seguida, o isótopo instável resultante é decomposto para ^{99}Tc. Escreva as equações para essas duas reações.

EXERCÍCIO PARA A SEÇÃO 25.5

1. Qual das seguintes opções é raramente usada como uma partícula de bombardeamento para iniciar uma reação nuclear?

(a) prótons   (b) nêutrons   (c) elétrons   (d) partículas alfa

25-6 Fissão Nuclear

Central Press/Getty Images

Lise Meitner (1878-1968) A maior contribuição de Meitner para ciência do século XX foi sua explicação para o processo da fissão nuclear. Ela e seu sobrinho, Otto Frisch, também um físico, publicaram um documento em 1939 que foi o primeiro a usar o termo *fissão nuclear*. O elemento número 109 é denominado *meitnério* para honrar as contribuições de Meitner. O líder da equipe que descobriu esse elemento disse: "Ela ficaria honrada como a cientista mulher mais significativa do século [XX]".

Em 1938, dois químicos, Otto Hahn (1879-1968) e Fritz Strassman (1902-1980), isolaram e identificaram o bário em uma amostra de urânio que foi bombardeada com nêutrons. Como o bário foi formado? A resposta – que o núcleo de urânio dividiu-se em partes menores em um processo que agora chamamos de **fissão nuclear** – foi uma das descobertas científicas mais significantes do século XX.

Os detalhes da fissão nuclear foram desvendados por meio do trabalho de alguns cientistas. Eles determinaram que um núcleo de urânio-235 capturou inicialmente um nêutron para formar urânio-236. Esse isótopo passou então por fissão nuclear para produzir dois novos núcleos, um com massa em torno de 140 e o outro com massa em torno de 90, juntamente com diversos nêutrons (Figura 25.9). As reações nucleares que levaram à formação de bário quando uma amostra de ^{235}U foi bombardeada com nêutrons são

$$^{235}_{92}\text{U} + ^{1}_{0}\text{n} \rightarrow ^{236}_{92}\text{U}$$

$$^{236}_{92}\text{U} \rightarrow ^{141}_{56}\text{Ba} + ^{92}_{36}\text{Kr} + 3\,^{1}_{0}\text{n}$$

Um aspecto importante das reações de fissão é que elas produzem mais nêutrons do que os que são usados para iniciar o processo. Sob as circunstâncias certas, esses nêutrons então servem para continuar a reação. Se um ou mais desses nêutrons forem capturados por outro núcleo ^{235}U, então uma nova reação pode ocorrer, liberando ainda mais nêutrons. Essa sequência repete-se mais e mais. Esse mecanismo, em que cada etapa gera um reagente para continuar a reação, é chamado **reação em cadeia**.

Uma reação em cadeia de fissão nuclear apresenta três etapas gerais:

1. *Iniciação*. A reação de um átomo único é necessária para iniciar a cadeia. A fissão de ^{235}U é iniciada pela absorção de um nêutron.
2. *Propagação*. Essa parte do processo se repete mais e mais, sendo que cada etapa resulta em mais produto. A fissão de ^{236}U libera nêutrons que iniciam a fissão de outros átomos de urânio.
3. *Término*. Em certo ponto, a cadeia será finalizada. O término ocorreria se o reagente (^{235}U) fosse exaurido, ou se os nêutrons que continuam a cadeia escapassem da amostra sem serem capturados por ^{235}U.

Para aproveitar a energia produzida em uma reação nuclear, é necessário controlar a proporção em que ocorre uma reação de fissão. Isso é gerenciado pelo equilíbrio das etapas de propagação e término, limitando o número de nêutrons disponíveis. Em um reator nuclear, esse equilíbrio é conseguido usando hastes de cádmio para absorver nêutrons. Retirando e inserindo as hastes, o número de nêutrons disponível para propagar a cadeia pode ser alterado, e a velocidade da reação de fissão (e a velocidade de produção de energia) pode ser aumentada ou diminuída.

FIGURA 25.9 Fissão nuclear.
A captura de nêutron por $^{235}_{92}$U produz $^{236}_{92}$U. Esse isótopo passa por fissão, que resulta em diversos fragmentos juntamente com diversos nêutrons. Esses nêutrons iniciam mais reações nucleares adicionando-se a outros núcleos de $^{235}_{92}$U. O processo é altamente exotérmico, produzindo cerca de 2×10^{10} kJ/mol.

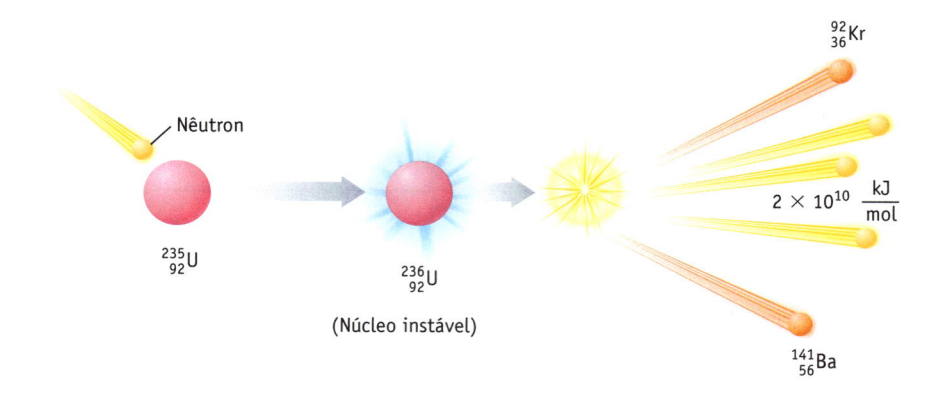

A separação de isótopos de urânio para uso em armamento atômico ou em usinas nucleares é feita com centrífugas a gás.

Oak Ridge National Laboratory

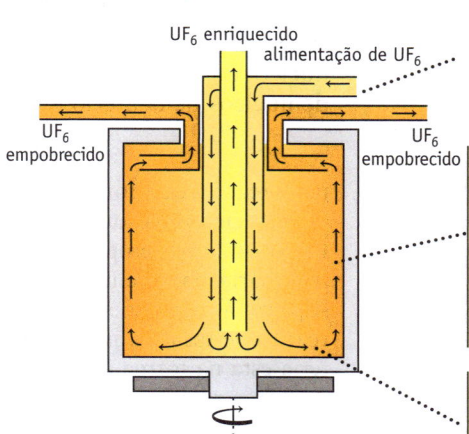

UF_6 enriquecido

alimentação de UF_6

UF_6 empobrecido

UF_6 empobrecido

O gás UF_6 é injetado na centrífuga em um tubo que passa pelo centro de um grande cilindro que gira.

As moléculas $^{238}UF_6$ mais pesadas experimentam maior força centrífuga e movem-se para a parede externa do cilindro; as moléculas $^{235}UF_6$ mais leves permanecem próximas ao centro.

Uma diferença de temperatura dentro do rotor faz com que as moléculas $^{235}UF_6$ se movam para o alto do cilindro, e as moléculas $^{238}UF_6$, para a parte inferior.

FIGURA 25.10 Separação isótopica por centrífuga a gás. (Veja o *New York Times,* página F1, 23 mar. 2004.)

O urânio-235 e o plutônio-239 são os isótopos fissionáveis mais comumente usados nos reatores de energia. O urânio natural contém somente 0,72% de urânio-235; mais de 99% do elemento natural é urânio-238. A porcentagem no urânio-235 no urânio natural é muito baixa para sustentar uma reação em cadeia, de forma que o urânio usado como combustível nuclear deve ser enriquecido em relação ao isótopo. Uma maneira de fazer isso é por centrifugação gasosa (Figura 25.10). O plutônio, por outro lado, ocorre naturalmente apenas em quantidades – e, portanto, deve ser produzido por reação nuclear. A matéria-prima para essa síntese nuclear é o isótopo de urânio mais abundante, ^{238}U. A adição de um nêutron ao ^{238}U gera ^{239}U, que, como observado anteriormente, passa por duas emissões β para formar ^{239}Pu.

Atualmente, há mais de 100 usinas nucleares em funcionamento nos Estados Unidos e mais de 400 no mundo todo. Aproximadamente 20% da eletricidade desse país (e 17% da energia do mundo) vem da energia nuclear (◄ Capítulo 20). Embora a energia nuclear possa ser considerada bem-vinda para atender às crescentes necessidades da sociedade, somente três novas usinas nucleares estão em construção nos Estados Unidos. Dentre outras coisas, os desastres de Chernobyl (na antiga União Soviética), em 1986, de Three Mile Island (na Pensilvânia), em 1979, e na usina de Fukushima, no Japão (danificada por um tsunami em 2011), sensibilizaram o público quanto à questão da segurança. O custo para construir uma usina nuclear (medido em termos de dólares por kilowatt-hora de energia) é consideravelmente maior do que o custo de uma instalação a gás natural, e existem severas restrições regulamentares para a energia nuclear. O descarte do resíduo nuclear altamente radioativo é outro problema difícil, com 20 toneladas métricas de resíduos geradas por ano em cada reator.

Além dos problemas técnicos, a produção de energia nuclear traz com ela significativas preocupações de segurança geopolítica. O processo de enriquecimento de urânio para uso em um reator é o mesmo processo usado para gerar urânio de qualidade militar. Além disso, alguns reatores nucleares são projetados de forma que um subproduto de sua operação é o isótopo plutônio-239, que pode ser removido e usado em armas nucleares. Apesar desses problemas, a fissão nuclear é uma parte importante do perfil da energia em diversos países. Por exemplo, aproximadamente 75% da produção de energia na França e 25% no Japão é gerada por energia nuclear.

EXERCÍCIO PARA A SEÇÃO 25.6

1. Identifique o outro elemento gerado nessa reação de fissão: $^{235}_{92}U + ^1_0n \rightarrow ^{141}_{55}Cs + ? + 2^1_0n$

   (a) $^{93}_{37}Rb$ (b) $^{141}_{56}Ba$ (c) $^{92}_{36}Kr$

25-7 Fusão Nuclear

Em uma reação de **fusão nuclear**, diversos núcleos pequenos reagem para formar um núcleo maior e gerar enormes quantidades de energia. Um exemplo é a fusão de núcleos de deutério e trítio para formar ^4_2He e um nêutron,

$$^2_1\text{H} + ^3_1\text{H} \rightarrow ^4_2\text{He} + ^1_0\text{n} \qquad \Delta E = -1,7 \times 10^9 \text{ kJ/mol}$$

uma reação que fornece a energia de nosso Sol e outras estrelas.

Os cientistas sonham em serem capazes de aproveitar a fusão para fornecer energia. Para isso, uma temperatura de 10^6 a 10^7 K, semelhante àquela no interior do Sol, seria necessária para reunir núcleos carregados positivamente com energia suficiente para superar as repulsões nucleares. Nas temperaturas muito altas, necessárias para uma reação de fusão, a matéria não existe como átomos ou moléculas; em vez disso, a matéria está na forma de um *plasma* composto de núcleos e elétrons desvinculados.

Três requisitos críticos devem ser atendidos antes que a fusão nuclear possa se tornar uma fonte de energia viável. Primeiro, a temperatura deve ser alta o suficiente para ocorrer a fusão. A fusão do deutério e do trítio, por exemplo, requer uma temperatura de 10^7 K ou mais. Segundo, o plasma deve ficar confinado por tempo suficiente para liberar uma saída líquida de energia. Terceiro, a energia deve ser recuperada em alguma forma utilizável.

O aproveitamento de uma reação de fusão nuclear para uso pacífico ainda não foi conseguido. Entretanto, muitos recursos atrativos encorajam pesquisas contínuas nessa área. O hidrogênio usado como "combustível" é barato e disponível em quantidades quase ilimitadas. Como outra vantagem, muitos radioisótopos produzidos pela fusão possuem pequenas meias-vidas, portanto, permanecem como risco de radiação por somente um curto período de tempo.

25-8 Saúde e Segurança Ligadas à Radiação

Unidades de Medida de Radiação

Diversas unidades de medição são usadas para descrever níveis e doses de radioatividade. Nos Estados Unidos, o grau de radioatividade geralmente é medido em **curies** (Ci). Menos comumente usada nos Estados Unidos é a unidade SI, o **becquerel** (Bq). Ambas as unidades medem o número de desintegrações por segundo; 1 Ci é $3,7 \times 10^{10}$ dps (desintegrações por segundo), enquanto 1 Bq representa 1 dps. O curie e o becquerel são usados para reportar a quantidade de radioatividade quando vários tipos de núcleos instáveis estão decaindo e para reportar quantidades necessárias para fins medicinais.

Por si, a quantidade de radioatividade não fornece uma boa medição da quantidade de energia na radiação ou da quantidade de danos que a radiação pode causar no tecido vivo. Dois tipos adicionais de informação são necessários. O primeiro é a quantidade de energia absorvida; o segundo, é a eficiência do tipo específico de radiação que está causando dano ao tecido. A quantidade de energia absorvida pelo tecido vivo é medida em **rads**. *Rad* é um acrônimo para "*radiation absorbed dose* (dose de radiação absorvida)". Um rad representa 0,01 J de energia absorvida por quilograma de tecido. Sua unidade SI equivalente é o **gray** (Gy); 1 Gy indica a absorção de 1 J por quilograma de tecido.

Diferentes formas de radiação provocam quantidades diferentes de danos biológicos. A quantidade de danos depende da força com que a radiação interage com a matéria. Partículas alfa não podem penetrar no corpo além da camada externa da pele. Entretanto, se partículas α forem emitidas dentro do corpo, elas causarão de 10 a 20 vezes mais dano do que os raios γ, que passam completamente pelo corpo humano sem serem interrompidos. Ao determinar a quantidade de dano biológico ao tecido vivo, diferenças na extensão do dano são apontadas usando um "fator de qualidade". Esse fator de qualidade foi definido como 1 para radiação β e γ, 5 para prótons e nêutrons de baixa energia, e 20 para partículas α ou prótons e nêutrons de alta energia.

O dano biológico é quantificado em uma unidade chamada **rem** (um acrônimo para "*roentgen equivalent man*" – equivalência de roentgen). Uma dose de radiação em rem é determinada multiplicando-se a energia absorvida em rads pelo fator de qualidade para esse tipo de radiação. O rad e o rem são muito grandes em

Unidades de Radiação O roentgen (R) é uma antiga unidade de exposição à radiação. Ele é definido como a quantidade de raios X ou radiação γ que produzirá $2,08 \times 10^9$ íons em 1 cm³ de ar seco. O roentgen e o rad são similares em tamanho. Wilhelm Roentgen (1845-1923) foi o primeiro a produzir e detectar a radiação X. O elemento 111 foi denominado roentgênio em sua honra. O curie recebe esse nome por causa de Marie Curie (1867-1934), que também recebeu a homenagem pelo nome dado ao elemento 96. O becquerel recebe o nome de Henri Becquerel (1852-1908), e o sievert é derivado de um físico suíço, Rolf Sievert (1896-1966).

comparação com exposições normais para radiação, assim, é mais comum expressar exposições em milirems (mrem). A unidade SI equivalente do rem é o **sievert** (Sv), determinado multiplicando-se a dose em grays pelo fator de qualidade.

Radiação: Doses e Efeitos

A exposição a uma pequena quantidade de radiação é inevitável. A Terra é constantemente bombardeada por partículas radioativas do espaço sideral. Também existe alguma exposição a elementos radioativos que ocorrem naturalmente na Terra, incluindo ^{14}C, ^{40}K (um isótopo radioativo que ocorre naturalmente na abundância de 0,0117%), ^{238}U e ^{232}Th. Elementos radioativos no ambiente, os quais foram criados artificialmente (na precipitação radioativa de testes nucleares, por exemplo), também contribuem para essa exposição. Para algumas pessoas, procedimentos médicos usando radiosótopos são os maiores colaboradores.

A dose média de radioatividade à qual uma pessoa nos Estados Unidos é exposta está em torno de 200 mrem por ano (Tabela 25.2). Mais da metade dessa quantidade vem de fontes naturais sobre as quais não temos nenhum controle. Da exposição de 60–70 mrem por ano vindas de fontes artificiais, quase 90% é fornecida em procedimentos médicos como exames de raios X e radioterapia. Considerando a polêmica em torno da energia nuclear, é interessante observar que menos de 0,5% da dose total anual de radiação que uma pessoa recebe em média pode ser atribuída à indústria da energia nuclear.

Tabela 25.2 Exposição à Radiação de um Indivíduo, em um Ano, por Fontes Natural e Artificial

	MILIREM/ANO	PORCENTAGEM
Fontes Naturais		
Radiação cósmica	50,0	25,8
A Terra	47,0	24,2
Materiais de construção	3,0	1,5
Inalada pelo ar	5,0	2,6
Elementos encontrados naturalmente no tecido humano	21,0	10,8
Subtotal	**126,0**	**64,9**
Fontes Médicas		
Diagnóstico por raios X	50,0	25,8
Radioterapia	10,0	5,2
Diagnósticos internos	1,0	0,5
Subtotal	**61,0**	**31,5**
Outras fontes artificiais		
Indústria de energia nuclear	0,85	0,4
Mostradores de relógios luminosos, tubos de TV	2,0	1,0
Precipitações radioativas de testes nucleares	4,0	2,1
Subtotal	**6,9**	**3,5**
Total	193,9	99,9

O Que É uma Exposição Segura?

UM OLHAR MAIS ATENTO

A exposição à radiação natural pode ser considerada totalmente sem efeito? Você pode comparar o efeito de uma única dose e o efeito cumulativo de doses menores que estão espalhadas durante um período de tempo? A suposição deduzida genericamente é de que não existe "dose máxima segura" ou algum nível abaixo do qual absolutamente nenhum dano ocorrerá. Entretanto, a precisão dessa suposição tem sido questionada. Esses problemas não são testados com seres humanos, e os testes em animais não são totalmente confiáveis, devido às incertezas nas variações entre as espécies.

O modelo usado pelas regulamentações governamentais para estabelecer limites de exposição presume a relação entre exposição à radiação e incidência de problemas induzidos por radiação, como câncer, anemia e problemas no sistema imunológico. Sob essa suposição, se uma dose de $2x$ rem causa danos em 20% da população, então uma dose de x rem causará danos em 10% da população. Mas isso é verdade? As células possuem mecanismos para reparar os danos. Muitos cientistas acreditam que esse mecanismo autorreparador torna o corpo humano menos suscetível aos danos decorrentes de doses menores de radiação, já que o dano será reparado como parte do curso normal dos eventos. Eles argumentam que, em doses de radiação extremamente baixas, a resposta autorreparadora resulta em menos danos.

O fundamento é que muito ainda está para ser aprendido nessa área. E os riscos são significativos.

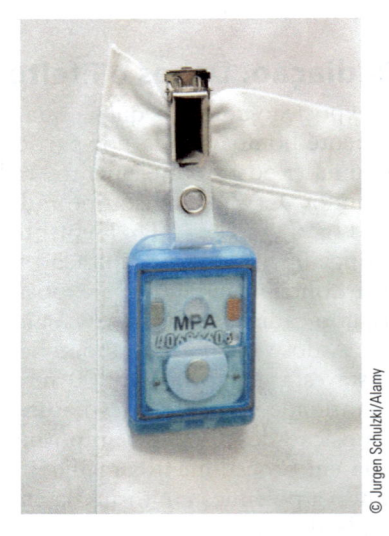

Um dosímetro. Esses crachás, usados por cientistas que lidam com materiais radioativos, são usados para monitorar a exposição cumulativa à radiação.

© Jurgen Schulzki/Alamy

Descrever os efeitos biológicos de uma dose de radiação com precisão não é uma tarefa simples. A quantidade de danos depende não apenas do tipo de radiação e da quantidade de energia absorvida, mas também dos tecidos, em particular, que foram expostos e da velocidade em que a dose foi recebida. Muito foi aprendido sobre os efeitos da radiação no corpo humano por meio de estudos dos sobreviventes das bombas jogadas no Japão durante a Segunda Guerra Mundial, e dos trabalhadores expostos à radiação no desastre do reator de Chernobyl. Dos estudos sobre a saúde desses sobreviventes, aprendemos que os efeitos da radiação geralmente não são observáveis com doses únicas abaixo de 25 rem. Em outro extremo, uma única dose de >200 rem será fatal em aproximadamente metade da população (Tabela 25.3).

Nossas informações são mais precisas quando lidamos com doses únicas grandes do que com os efeitos de doses crônicas e menores de radiação. Uma questão atual que vem sido debatida na comunidade científica é sobre como julgar os efeitos de várias doses menores ou da exposição em longo prazo.

Tabela 25.3 Efeitos de uma Única Dose de Radiação

Dose (rem)	Efeito
0–25	Nenhum efeito observado
26–50	Pequena diminuição do número de glóbulos brancos do sangue
51–100	Significativa diminuição do número de glóbulos brancos do sangue, lesões
101–200	Perda de cabelo, náusea
201–500	Hemorragia, úlceras, morte em 50% da população
500	Morte

25-9 Aplicações da Química Nuclear

Tendemos a pensar na Química Nuclear relacionadas às usinas e bombas nucleares. Na verdade, elementos radioativos agora são usados em muitas áreas da Ciência e da Medicina, e eles têm importância cada maior em nossas vidas. Para descrever todas as suas utilizações usaríamos vários livros, então selecionamos apenas alguns exemplos para ilustrar a diversidade das aplicações da radioatividade.

Medicina Nuclear: Diagnóstico por Imagem

Os procedimentos diagnóstico por imagem que usam química nuclear são essenciais no sistema de diagnóstico por imagem, que permite a criação de imagens de partes específicas do corpo. Há três componentes principais para construir uma imagem baseada em radioisótopos:

- Um isótopo radioativo, administrado como um elemento ou incorporado em um componente que concentra o isótopo radioativo no tecido do qual se obtém a imagem
- Um método de detectar o tipo de radiação envolvida
- Um computador para organizar as informações do detector em uma imagem compreensível

A escolha de um radioisótopo e a maneira como ele é administrado são determinadas pelo tecido em questão. Um composto que contém o isótopo deve ser absorvido mais pelo tecido de destino do que pelo restante do corpo. A Tabela 25.4 lista radioisótopos que normalmente são usados nos processos de imagem nuclear, suas meias-vidas e os tecidos usados para gerar imagem. Todos os isótopos na Tabela 25.4 são emissores γ, pois essa radiação é preferida para imagens; ela é menos danosa ao corpo em pequenas doses do que a radiação α ou β.

O tecnécio-99m é usado em mais de 85% das varreduras diagnósticas feitas em hospitais a cada ano (veja o "Estudo de Caso: Tecnécio-99m e Diagnóstico por Imagem"). A letra "m" refere-se a *metaestável,* um termo usado para identificar um estado excitado que existe por um período finito de tempo. Lembre-se de que átomos em estados eletrônicos excitados emitem radiação visível, infravermelha e ultravioleta (◀ Capítulo 6). Da mesma forma, um núcleo em um estado excitado libera sua energia em excesso, mas, nesse caso, uma energia muito maior é envolvida e a emissão ocorre como radiação γ.

Outra técnica de imagem médica com base na química nuclear é a *tomografia por emissão de pósitrons* (PET). Na PET, um isótopo que decai por emissão de pósitron é incorporado em um composto portador e fornecido ao paciente. O pósitron emitido percorre não mais do que alguns milímetros antes de passar por aniquilação da matéria-antimatéria.

$$^{0}_{+1}\beta + {}^{0}_{-1}e \rightarrow 2\gamma$$

Tabela 25.4 Radioisótopos Usados em Procedimentos Diagnósticos por Imagem

Radioisótopo	Meia-vida (h)	Imagem
^{99m}Tc	6,0	Tireoide, cérebro, rins
^{201}Tl	73,0	Coração
^{123}I	13,2	Tireoide
^{67}Ga	78,2	Vários tumores e abscessos
^{18}F	1,8	Cérebro, locais de atividade metabólica

ESTUDO DE CASO

Tecnécio-99m e Diagnóstico por Imagem

O tecnécio foi o primeiro novo elemento a ser produzido artificialmente. Poderíamos pensar que esse elemento seria uma raridade química, mas não é. Tecnécio é o produto de reações nucleares que pode ser feito em laboratório. Consequentemente, ele foi prontamente disponibilizado e até mesmo barateado (aproximadamente $60 por grama). Isso também levou à propagação de seu uso em diagnósticos médicos, e agora ele é usado em todo o mundo em avaliações da glândula tireoide, do coração, dos rins e pulmões.

O tecnécio-99m é formado quando o molibdênio-99 decai por emissão de β. O tecnécio-99m (^{99m}Tc) então decai para seu estado fundamental (formando ^{99}Tc) com uma meia-vida de 6,01 horas, emitindo um raio γ de 140-KeV na sequência. (O tecnécio-99 também é radioativo, decaindo para o estável ^{99}Ru com uma meia-vida de 2,1 $\times$ 10^5 anos.)

O molibdênio-99 não é um componente do molibdênio de ocorrência natural. Ele é feito em uma reação (n, γ) do molibdênio-98 (23,8% abundante em amostras que ocorrem naturalmente do elemento). Os reatores de energia nuclear que utilizam U-235 fornecem a fonte de nêutrons para essa síntese. Mas havia problemas com essa rota que começou por volta de 2010, quando os principais reatores que produziam molibdênio (no Canadá e nos Países Baixos) precisaram ser fechados por alguns meses para reparo. Como o tecnécio é muito importante mundialmente para procedimentos médicos, os cientistas logo começaram a procurar novas fontes.

O tecnécio-99m é produzido em hospitais usando um gerador de molibdênio-tecnécio. Revestido por chumbo, o gerador contém o isótopo ^{99}Mo na forma de íon molibdato, MoO_4^{2-}, absorvido em uma coluna de alumina, Al_2O_3. O íon MoO_4^{2-} é continuamente convertido em íon pertecnetato $^{99m}TcO_4^-$ por emissão β. Quando é necessário, o $^{99m}TcO_4^-$ é lavado da coluna usando uma solução salina. O tecnécio-99m pode ser usado diretamente como íon pertecnetato (como $NaTcO_4$) ou convertido em outros compostos. O íon pertecnetato ou radiofármacos feitos dele são administrados por via intravenosa no paciente. Pequenas quantidades são necessárias, de forma que 1 μg (micrograma) de tecnécio-99m é suficiente para a média de necessidades de imagens diárias num hospital.

Um uso de ^{99m}Tc é a geração de imagens da glândula tireoide. Como os íons $I^-(aq)$ e $TcO_4^-(aq)$ são muito semelhantes em tamanho, a tireoide captará (equivocadamente) $TcO_4^-(aq)$ juntamente com íon iodeto. Essa captação concentra ^{99m}Tc na tireoide e permite a um médico obter imagens como esta mostrada aqui.

Questões:

1. Escreva uma equação para o decaimento β de ^{99}Mo para ^{99}Tc.

2. Qual é o número de oxidação do Tc no íon pertecnetato? Qual é a configuração eletrônica de um íon Tc^{n+} com uma carga igual a esse número de oxidação? O íon TcO_4^- deveria ser paramagnético ou diamagnético?

3. Que quantidade de $NaTcO_4$ existe em 1,0 μg de sal? Qual massa de Tc?

4. Se você tiver 1,0 μg de Tc, que massa permanece no final de 24 horas?

5. ^{99}Tc decai para ^{99}Ru. Que partícula é produzida nesse decaimento?

6. Faça suposições sobre o motivo por que o íon TcO_4^- é mantido com menos força na coluna de Al_2O_3 do que no íon MoO_4^{2-}.

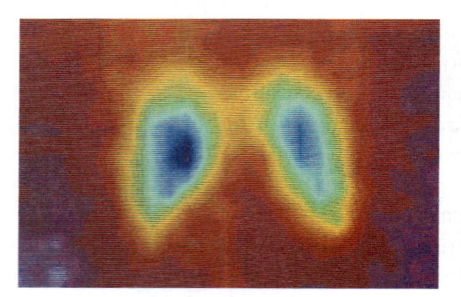 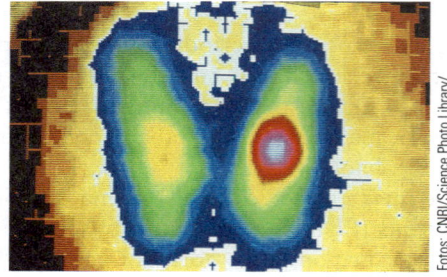

Fotos: CNRI/Science Photo Library/ Science Source

(a) Glândula tireoide humana saudável.

(b) Glândula tireoide humana mostrando efeito do hipertiroidismo.

Imagem da tireoide com tecnécio-99m. O isótopo radioativo ^{99m}Tc concentra-se nos locais de alta atividade. Imagens dessa glândula, que é localizada na base do pescoço, foram obtidas registrando-se a emissão de raio γ após o paciente ter recebido tecnécio-99m radioativo. A tecnologia atual cria uma varredura colorida por computador.

Os dois raios γ emitidos percorrem direções opostas. Ao determinar onde altos números de raios γ estão sendo emitidos, podemos construir um mapa mostrando onde o emissor de pósitron está localizado no corpo.

Um isótopo geralmente usado em TEP é o ^{15}O. Um paciente recebe O_2 gasoso que contém ^{15}O. Esse isótopo percorre o corpo na corrente sanguínea, permitindo imagens do cérebro e da corrente sanguínea (Figura 25.11). Como emissores de pósitron normalmente apresentam pouca vida, as instalações do TEP devem ser localizadas próximas a um cíclotron, em que os núcleos radioativos são preparados e imediatamente incorporados em um composto portador.

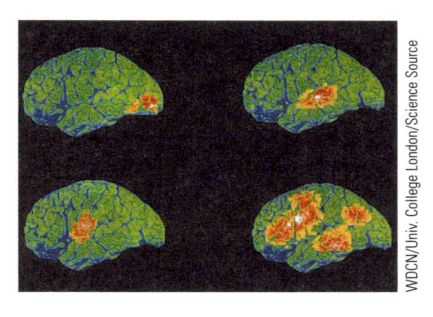

FIGURA 25.11 Tomografia por emissão de pósitrons (TEP) do cérebro. Essas varreduras mostram o lado esquerdo do cérebro; *vermelho* indica uma área de atividade mais alta *(área superior esquerda)*. A *visão* ativa a área visual no córtex occipital da parte posterior do cérebro *(área superior direita)*. A *audição* ativa a área auditiva no córtex temporal superior do cérebro *(área inferior esquerda)*. A *fala* ativa os centros da fala no córtex insular e motor *(área inferior direita)*. *Pensar* sobre verbos e falá-los gera alta atividade, incluindo áreas de audição, fala, temporal e parietal.

Medicina Nuclear: Radioterapia

Para tratar a maior parte dos tipos de cânceres, é necessário usar radiação que possa penetrar no corpo e seguir para o local do tumor. Radiação gama de uma fonte de cobalto-60 normalmente é usada. Infelizmente, a capacidade de penetração dos raios γ torna virtualmente impossível destruir o tecido doente sem também danificar o tecido saudável no processo. Entretanto, essa técnica é um procedimento regularmente sancionado, e seus sucessos são bem conhecidos.

Métodos Analíticos: O Uso de Isótopos Radioativos como Traçadores

Os isótopos radioativos podem ser usados para ajudar a determinar o destino dos compostos no corpo ou no ambiente. Em Biologia, por exemplo, cientistas podem usar isótopos radioativos para medir a absorção de nutrientes. As plantas obtêm compostos contendo fósforo do solo por meio de suas raízes. Adicionando uma pequena quantidade do radioativo ^{32}P, um emissor β com meia-vida de 14,3 dias, a um fertilizante e depois medir a taxa em que a radioatividade ocorre nas folhas, os biólogos podem determinar a taxa em que o fósforo é adquirido. O resultado pode ajudar os cientistas na identificação de linhagens híbridas de plantas que podem absorver fósforo rapidamente, resultando em colheitas que amadurecem logo, melhores safras por acre e mais comida ou fibra com menor custo.

Para medir os níveis dos pesticidas, um pesticida pode ser marcado com um radioisótopo e então aplicado em um campo de teste. Por meio de contagem das desintegrações do rastreador radioativo, é possível obter informações sobre quanto do pesticida acumula-se no solo, quanto é absorvido pela planta, e quanto é carregado pela água de superfície. Depois de esses testes serem concluídos, o isótopo radioativo decai para níveis inofensivos em poucos dias ou poucas semanas, pois são usados isótopos com pequenas meias-vidas.

Métodos Analíticos: Diluição Isotópica

Imagine, por um momento, que você pretende estimar o volume de sangue em um animal. Como você pode fazer isso? Obviamente, a drenagem do sangue e a medição de seu volume em vidros volumétricos não é uma opção desejável.

Uma técnica utiliza um método chamado de *diluição de isótopo*. Nesse processo, uma pequena quantidade de isótopo radioativo é injetada na corrente sanguínea. Depois de um período de tempo, para permitir que o isótopo seja completamente distribuído pelo corpo, uma amostra de sangue é colhida e sua radioatividade é medida. O cálculo usado para determinar o volume de sangue total é ilustrado no exemplo a seguir.

Terapia de Captura de Nêutrons pelo Boro (TCNB) Para evitar o efeito colateral associado às formas mais tradicionais da terapia por radiação, TCNB é um tratamento experimental que foi explorado nos últimos dez a quinze anos. TCNB é incomum pelo fato de o boro-10, o isótopo de boro usado como parte do tratamento não ser radioativo. Entretanto, esse isótopo é altamente eficaz na captura de nêutrons: 2500 vezes melhor que boro-11 e oito vezes melhor que urânio-235. Quando o núcleo de um átomo de boro-10 captura um nêutron, o núcleo do boro-11 resultante tem tanta energia que se fragmenta para formar uma partícula α e um átomo de lítio-7. Embora as partículas α sejam responsáveis por um grande dano, por sua força penetrante ser muito baixa, os danos permanecem confinados a uma área não muito maior que uma ou duas células em diâmetro.

EXEMPLO 25.9

Análise Usando Diluição Isotópica

Problema Uma solução de 1,00 mL contendo 0,240 μCi de trítio é injetada na corrente sanguínea de um cachorro. Depois de um período de tempo para permitir que o isótopo seja disperso, uma amostra de 1,00 mL de sangue é retirada. Verifica-se que a radioatividade dessa amostra é $4,3 \times 10^{-4}$ μCi/mL. Qual é o volume total de sangue no cachorro?

O que você sabe? Você conhece a concentração (atividade) e o volume de uma solução concentrada e então mede a concentração da solução diluída. O desconhecido é o volume da solução diluída.

Estratégia Nesse problema, relacionamos a atividade da amostra (em Ci) com a quantidade de radioisótopo presente. A quantidade total de soluto é 0,240 μCi, e a concentração (medida na pequena amostra de sangue) é $4,3 \times 10^{-4}$ μCi/mL. O desconhecido é o volume total de sangue, V.

Solução O sangue contém um total de 0,240 μCi de material radioativo. Exatamente, 1,00 mL contendo essa quantidade foi injetado. Após diluição na corrente sanguínea, 1,00 mL de sangue, representativo do volume total V, é encontrado com uma atividade de $4,3 \times 10^{-4}$ μCi/mL.

$$(0,240 \ \mu\text{Ci/mL})(1,00 \ \text{mL}) = (4,3 \times 10^{-4} \ \mu\text{Ci/mL})(V)$$

$$V = 560 \ \text{mL}$$

Pense bem antes de responder Isso é resolvido como um problema de diluição clássico, com a equação $C_{dil} \times V_{dil} = C_{conc} \times V_{conc}$

Verifique seu entendimento

Para medir a solubilidade do $PbCrO_4$, você mistura uma pequena quantidade de sal de chumbo(II) com ^{212}Pb radioativo com um sal de chumbo contendo 0,0100 g de chumbo. Para essa mistura, você adiciona K_2CrO_4 suficiente para precipitar completamente os íons chumbo(II) como $PbCrO_4$. A solução sobrenadante ainda contém um traço de chumbo, logicamente, e quando você evapora 10,00 mL dessa solução para $PbCrO_4$ sólido, encontra uma radioatividade que é $4,17 \times 10^{-5}$ do que ele é para sal de ^{212}Pb puro. Calcule a solubilidade do $PbCrO_4$ em mol/L. (Adaptado de HOUSECRAFT, C. E.; SHARPE, A. G. *Inorganic Chemistry*. Pearson, 3. ed., 2008, p. 84.)

Tabela 25.5 Análise de Terra Rara de Amostra de Rocha 10022 (Rocha Ígnea de Grão Fino)

ELEMENTO	CONCENTRAÇÃO (ppm)
La	26,4
Ce	68
Nd	66
Sm	21,2
Eu	2,04
Gd	25
Tb	4,7
Dy	31,2
Ho	5,5
Er	16
Yb	17,7
Lu	2,55

Fonte: HASKIN, L. A. HELMKE P. A,; ALLEN, R. O. *Science*, v. 167, p. 487, 1970. As concentrações de terras raras em rochas lunares foram bastante similares aos valores em rochas terrestres, exceto que a concentração de európio é muito empobrecida. Na edição de 30 de janeiro de 1970, a revista *Science* foi dedicada à análise de rochas lunares.

Ciência Espacial: Análise das Rochas Lunares por Ativação Neutrônica

A primeira missão espacial à Lua trouxe algumas amostras de solo e rochas – um gigantesco tesouro para os cientistas. Uma de suas primeiras tarefas foi analisar essas amostras para determinar sua identidade e composição. A maioria dos métodos analíticos requer reações químicas usando pelo menos uma pequena quantidade de material; entretanto, essa não era a opção mais desejada, considerando que as rochas lunares eram, na época, as mais valiosas da Terra.

Poucos cientistas tiveram a oportunidade de trabalhar nesse projeto exclusivo, e uma das ferramentas analíticas usada foi a **análise por ativação de nêutron**. Nesse processo não destrutivo, uma amostra é irradiada com nêutrons. Muitos isótopos adicionam um nêutron para formar um novo isótopo que é uma unidade de massa mais alta e em um estado nuclear excitado. Quando o núcleo decai para seu estado fundamental, ele emite um raio γ. A energia do raio γ identifica o elemento, e o número de raios γ pode ser contado para determinar a quantidade do elemento na amostra. Usando análise de ativação de nêutron, é possível analisar alguns elementos em um único experimento (Tabela 25.5).

A análise por ativação de nêutron tem muitas outras aplicações. Esse procedimento analítico resulta em um tipo de impressão digital que pode ser usada para identificar uma substância. Por exemplo, essa técnica foi aplicada ao determinar se uma obra de arte era autêntica ou fraudulenta. Análise de pigmentos nas pinturas de uma tela pode ser realizada sem danificar a pintura, para determinar se a composição remete a pinturas modernas ou usadas há centenas de anos.

Ciência dos Alimentos: Irradiação em Alimentos

Refrigeração, conservas e aditivos químicos fornecem proteção significativa em termos de preservação dos alimentos, mas, em determinadas partes do mundo, esses procedimentos estão indisponíveis, e a deterioração de alimentos armazenados pode custar até 50% da colheita. Irradiação com raios γ a partir de fontes como ^{60}Co e ^{137}Cs é uma opção para prolongar o prazo de validade dos alimentos. Níveis relativamente baixos de radiação podem retardar o crescimento de organismos, como bactérias, fungos e leveduras, que podem causar a deterioração dos alimentos. Após a irradiação, o leite em um recipiente vedado conta com um prazo de validade mínimo de três meses sem refrigeração. Frango normalmente tem um prazo de validade de três dias sob refrigeração; após irradiação, ele pode ter um prazo de validade de três semanas sob refrigeração.

Níveis mais altos de radiação, no intervalo de 1 a 5 Mrad (1 Mrad = 1×10^6 rad), matará todo organismo vivo. Alimentos irradiados nesses níveis serão mantidos indefinidamente quando vedados em plástico ou pacotes com folha de alumínio. Presunto, carne, peru e carne em conserva esterilizados por radiação foram usados em muitos voos de ônibus espaciais, por exemplo. Um astronauta disse: "A melhor coisa disso é que não estragava o sabor, o que tornava as refeições muito melhores do que congelados e outros tipos de alimentos que tínhamos".

Esses procedimentos não existem sem suas oponetes, e o público não aderiu totalmente à irradiação dos alimentos. Um argumento interessante em favor dessa técnica é que a irradiação é menos prejudicial do que outras metodologias de preservação de alimentos. Esse tipo de esterilização oferece maior segurança aos trabalhadores do setor alimentar, pois diminui as possibilidades de exposição a produtos químicos prejudiciais, e protege o ambiente evitando contaminação dos abastecimentos de água com produtos químicos tóxicos.

A irradiação de alimentos é usada normalmente nos países da Europa, Canadá e México. Seu uso nos Estados Unidos atualmente está regulamentado pelo Food and Drug Administration (FDA) e pelo Departamento da Agricultura Norte-Americano (USDA). Em 1997, o FDA aprovou a irradiação de carne não cozida refrigerada e congelada para controlar patógenos e aumentar o prazo de validade, e em 2000 o USDA aprovou a irradiação de ovos para controlar as infecções por *Salmonella*.

"Radura". Esse símbolo internacional chamado de "radura" deve aparecer na embalagem dos produtos (frutas, vegetais, carne) que foram irradiados. Veja o site do EPA para obter mais informações: www.epa.gov/radiation/sources/food_irrad.html.

APLICANDO PRINCÍPIOS QUÍMICOS
A Idade dos Meteoritos

Os meteoritos possuem um valor significativo para colecionadores, mas são também de grande interesse para os cientistas. Meteoritos geralmente são considerados alguns dos materiais mais antigos no Sistema Solar. E isso ressalta a questão óbvia: como a idade do meteorito é determinada? Por idade, estamos nos referindo ao tempo desde que o meteoro foi condensado em um sólido, englobando componentes em uma matriz sólida de forma que não poderiam escapar. Existem alguns métodos para medir a idade de um meteoro, e todos envolvem o decaimento de elementos radioativos de longa duração.

Um procedimento de datação envolve vaporização de amostras do material e medição das quantidades de ^{86}Sr, ^{87}Sr e ^{87}Rb por espectrometria da massa. Ambos, ^{86}Sr e ^{87}Sr, são isótopos estáveis. O isótopo do rubídio, que decai para ^{87}Sr, tem uma meia-vida de $4,88 \times 10^{10}$ anos. A quantidade de ^{87}Sr medida

Meteoritos. Meteoritos são materiais originados do espaço sideral e que sobrevivem à queda na superfície da Terra. Podem ser grandes ou pequenos, mas, quando entram na superfície da Terra, são aquecidos a uma temperatura muito alta por fricção na atmosfera e emitem luz, formando uma bola de fogo. Há três categorias gerais: meteoritos pedregosos, que são minerais de silicato; meteoritos de ferro, amplamente compostos de ferro e níquel; e meteoritos de ferro rochoso. (Veja a foto de um meteorito de ferro, Figura 7.6.)

© Denis Scott/CORBIS

inclui a quantidade de ^{87}Sr inicialmente presente ($^{87}Sr_0$) quando o meteorito foi formado mais a quantidade formada pelo decaimento de ^{87}Rb. O ^{86}Sr permanece constante e é usado como uma verificação das quantidades originais de outros isótopos. As três quantidades medidas são relacionadas por uma equação (que pode ser derivada da lei de velocidade de primeira ordem):

$$[^{87}Sr/^{86}Sr] = (e^{kt} - 1)\,[^{87}Rb/^{86}Sr] + [^{87}Sr_0/^{86}Sr]$$

A equação tem a forma da equação de uma linha reta, $y = mx + b$. Vários exemplos são analisados a partir de cada meteorito. As quantidades de cada isótopo podem variar entre as amostras, mas um gráfico de $[^{87}Sr/^{86}Sr]$ em função de $[^{87}Rb/^{86}Sr]$ fornecerá uma linha reta com uma inclinação $m = (e^{kt} - 1)$ e um intercepto y de $[^{87}Sr_0/^{86}Sr]$. O símbolo k refere-se à constante de velocidade para decomposição radioativa. Esse método é chamado de *datação de isócronos*.

QUESTÕES:

1. Escreva uma equação balanceada para a decomposição do ^{87}Rb.

2. A decomposição do ^{87}Rb ocorre por meio de quais dos seguintes processos?
   a. emissão alfa
   b. emissão beta
   c. emissão gama
   d. captura de elétron
   e. emissão de pósitron

3. Determine a constante de velocidade para decaimento radioativo de ^{87}Rb.

4. Os meteoritos datados mais antigos apresentam idades de aproximadamente 4,5 bilhões de anos. Qual fração do ^{87}Rb inicial decaiu?

5. As abundâncias relativas de ^{86}Sr, ^{87}Sr e ^{87}Rb foram medidas para quatro amostras de um meteorito; os resultados foram tabulados abaixo. Faça um gráfico do isócrono de estrôncio-rubídio desses dados e, em seguida, use a inclinação da reta para determinar a idade do meteorito.

ABUNDÂNCIA RELATIVA

NA AMOSTRA#	^{86}Sr	^{87}Sr	^{87}Rb
1	1,000	0,819	0,839
2	1,063	0,855	0,506
3	0,950	0,824	1,929
4	1,011	0,809	0,379

6. Obtenha a equação fornecida acima para $[^{87}Sr/^{86}Sr]$. (*Dica*: Comece com a equação de velocidade na forma $[^{87}Rb_0] = [^{87}Rb]\,e^{kt}$.)

REVISÃO DOS OBJETIVOS DO CAPÍTULO

Agora que você já estudou este capítulo, deve se perguntar a si mesmo se atingiu os objetivos propostos. Especificamente, você deverá ser capaz de:

ENTENDER

- Os critérios para estabilidade nuclear e os processos pelos quais os nuclídeos instáveis decaem (Figura 25.3 e Seção 25.3). Questões para Estudo: 4, 17–22.

- Os métodos usados para sintetizar novos isótopos dos elementos (Seção 25.5). Questões para Estudo: 5, 39–43, 48.

- O diagrama que mostra números de prótons e nêutrons em nuclídeos estáveis e instáveis (Seção 25.3 e Figura 25-3). Questão para Estudo: 4.

- O gráfico que mostra a energia de ligação por nucleon em função do número atômico (Seção 25.3 e Figura 25.4). Questão para Estudo: 3.

- Questões de segurança e saúde com relação à radioatividade (Seção 25.8). Questão para Estudo: 10.

- Usos de isótopos radioativos em ciência e medicina (Seção 25.9).

FAZER

- Escrever equações para o decaimento de elementos radioativos e a síntese de novos isótopos (Seção 25.2). Questões para Estudo: 11–16, 32, 41.

- Prever modos possíveis de decomposição de núcleos instáveis com base em razões n/p (Seções 25.2 e 25.3). Questões para Estudo: 17–22.

- Calcular a energia de ligação e a energia de ligação por nucleon para um isótopo em particular (Seção 25.3). Questões para Estudo: 23–28, 52.

- Desenvolver cálculos com base em equações de velocidade de decomposição de primeira ordem para isótopos instáveis (Seção 25.4). Questões para Estudo: 29–38, 47, 50, 54, 58.

LEMBRAR

- Séries de decaimento nuclear e suas implicações (Seção 25.2). Questões para Estudo: 9, 15, 16.

- Tipos de radiação (Seções 25.1 e 25.2).

- Os processos de fissão e fusão (Seções 25.6 e 25.7).

EQUAÇÕES-CHAVE

Equação 25.1 A equação relacionada à interconversão de massa (m) e energia (E). Essa equação é aplicada no cálculo de energia de ligação (E_b) para núcleos.

$$E_b = (\Delta m)c^2$$

Equação 25.2 A atividade de uma amostra radioativa (A) é proporcional ao número de átomos radioativos (N).

$$A \propto N$$

Equação 25.3 A alteração no número de elementos radioativos com o tempo é igual ao produto da constante de velocidade (k, constante de decaimento) e do número de átomos presentes (N).

$$\Delta N/\Delta t = -kN$$

Equação 25.4 A lei de velocidade de decaimento nuclear tem por base o número de átomos radioativos presentes (N_0) e o número N após o tempo t.

$$\ln(N/N_0) = -kt$$

Equação 25.5 A lei de velocidade para decaimento nuclear tem por base a atividade medida de uma amostra (A).

$$\ln(A/A_0) = -kt$$

Equação 25.6 A relação entre a meia-vida e a constante de velocidade para um processo de decaimento nuclear.

$$t_{1/2} = 0{,}693/k$$

▲ denota questões desafiadoras.

Questões numeradas em verde têm respostas no Apêndice N.

Praticando Habilidades

Conceitos Importantes

1. Algumas descobertas importantes na história que contribuíram para o desenvolvimento da química nuclear estão listadas abaixo. Brevemente, descreva cada descoberta, identifique os cientistas que contribuíram com cada uma e comente a importância da descoberta para o desenvolvimento dessa área.
   (a) 1896, a descoberta da radioatividade
   (b) 1898, a identificação do rádio e do polônio
   (c) 1919, a primeira reação nuclear artificial
   (d) 1932, reações (n, γ)
   (e) 1939, reações de fissão

2. No capítulo 3, a lei de conservação de massa foi traduzida como um princípio importante na Química. A descoberta de reações nucleares forçou os cientista a modificarem essa lei. Explique por que essa massa não é conservada em uma reação nuclear e dê um exemplo que demonstre isso.

3. Um gráfico de energia de ligação por nucleon é mostrado na Figura 25.4. Explique como os dados usados para construir esse gráfico foram obtidos.

4. Como a Figura 25.3 é usada para prever o tipo de decomposição para isótopos instáveis (radioativos)?

5. Destaque como as reações nucleares são conduzidas no laboratório. Descreva as reações nucleares artificiais usadas para produzir um elemento com um número atômico superior a 92.

6. Quais equações matemáticas definem as velocidades de decaimento para elementos radioativos?

7. Explique como o carbono-14 é usado para estimar as idades de artefatos arqueológicos. Quais são os limites de uso para essa técnica?

8. Descreva como o conceito de meia-vida para decaimento nuclear é usado.

9. O que é uma série de decaimento radioativo? Explique por que rádio e polônio são encontrados em minérios de urânio.

10. A interação de radiação com matéria tem consequências positivas e negativas. Discuta brevemente os riscos da radiação e a maneira como ela pode ser utilizada na medicina.

Reações Nucleares

(Veja a Seção 25.2 e os Exemplos 25.1 e 25.2.)

11. Complete as seguintes equações nucleares. Escreva o número de massa e o número atômico para a partícula que falta, bem como seus símbolos.
   (a) $^{54}_{26}Fe + ^{4}_{2}He \longrightarrow 2\,^{1}_{0}n + ?$
   (b) $^{27}_{13}Al + ^{4}_{2}He \longrightarrow ^{30}_{15}P + ?$
   (c) $^{32}_{16}S + ^{1}_{0}n \longrightarrow ^{1}_{1}H + ?$
   (d) $^{96}_{42}Mo + ^{2}_{1}H \longrightarrow ^{1}_{0}n + ?$
   (e) $^{98}_{42}Mo + ^{1}_{0}n \longrightarrow ^{99}_{43}Tc + ?$
   (f) $^{18}_{9}F \longrightarrow ^{18}_{8}O + ?$

12. Complete as seguintes equações nucleares. Escreva o número de massa, o número atômico e o símbolo para a partícula que falta.
   (a) $^{9}_{4}Be + ? \longrightarrow ^{6}_{3}Li + ^{4}_{2}He$
   (b) $? + ^{1}_{0}n \longrightarrow ^{24}_{11}Na + ^{4}_{2}He$
   (c) $^{40}_{20}Ca + ? \longrightarrow ^{40}_{19}K + ^{1}_{1}H$
   (d) $^{241}_{95}Am + ^{4}_{2}He \longrightarrow ^{243}_{97}Bk + ?$
   (e) $^{246}_{96}Cm + ^{12}_{6}C \longrightarrow 4\,^{1}_{0}n + ?$
   (f) $^{238}_{92}U + ? \longrightarrow ^{249}_{100}Fm + 5\,^{1}_{0}n$

13. Complete as seguintes equações nucleares. Escreva o número de massa, o número atômico e o símbolo para a partícula que falta.
   (a) $^{111}_{47}Ag \longrightarrow ^{111}_{48}Cd + ?$
   (b) $^{87}_{36}Kr \longrightarrow ^{0}_{-1}\beta + ?$
   (c) $^{231}_{91}Pa \longrightarrow ^{227}_{89}Ac + ?$
   (d) $^{230}_{90}Th \longrightarrow ^{4}_{2}He + ?$
   (e) $^{82}_{35}Br \longrightarrow ^{82}_{36}Kr + ?$
   (f) $? \longrightarrow ^{24}_{12}Mg + ^{0}_{-1}\beta$

14. Complete as seguintes equações nucleares. Escreva o número de massa, o número atômico e o símbolo para a partícula restante.

(a) $^{19}_{10}\text{Ne} \longrightarrow {}^{0}_{+1}\beta + ?$

(b) $^{59}_{26}\text{Fe} \longrightarrow {}^{0}_{-1}\beta + ?$

(c) $^{40}_{19}\text{K} \longrightarrow {}^{0}_{-1}\beta + ?$

(d) $^{37}_{18}\text{Ar} + {}^{0}_{-1}\text{e (captura de elétron)} \longrightarrow ?$

(e) $^{55}_{26}\text{Fe} + {}^{0}_{-1}\text{e (captura de elétron)} \longrightarrow ?$

(f) $^{26}_{13}\text{Al} \longrightarrow {}^{25}_{12}\text{Mg} + ?$

15. A série de decaimento radioativo do urânio-235, começando com $^{235}_{92}\text{U}$ e terminando com $^{207}_{82}\text{Pb}$, ocorre na seguinte sequência: α, β, α, β, α, α, α, α, β, β, α. Escreva uma equação para cada etapa nessa série.

16. A série de decaimento radioativo do tório-232, começando com $^{232}_{90}\text{Th}$ e terminando com $^{208}_{82}\text{Pb}$, ocorre na seguinte sequência: α, β, β, α, α, α, α, β, β, α. Escreva uma equação para cada etapa nessa série.

Estabilidade Nuclear e Decaimento Nuclear
(Veja a Seção 25.3 e os Exemplos 25.3 e 25.4.)

17. Qual partícula é emitida nas seguintes reações nucleares? Escreva uma equação para cada reação.

(a) Decaimentos de ouro-198 a mercúrio-198.
(b) Decaimentos de radônio-222 a polônio-218.
(c) Decaimentos de césio-137 a bário-137.
(d) Decaimentos de índio-110 a cádmio-110.

18. Qual é o produto dos seguintes processos de decaimento nuclear? Escreva uma equação para cada processo.

(a) Decaimento de gálio-67 por captura de elétron.
(b) Decaimento de potássio-38 com emissão de pósitron.
(c) Decaimento de tecnécio-99m por emissão γ.
(d) Decaimento de manganês-56 por emissão β.

19. Preveja o modo provável de decaimento para cada um dos isótopos radioativos a seguir, e escreva uma equação para mostrar os produtos do decaimento.

(a) bromo-80   (c) cobalto-61
(b) califórnio-240   (d) carbono-11

20. Preveja o modo provável de decaimento para cada um dos isótopos radioativos a seguir, e escreva uma equação para mostrar os produtos do decaimento.

(a) manganês-54   (c) prata-110
(b) amerício-241   (d) mercúrio-197m

21. (a) Qual dos seguintes núcleos decai por decaimento $^{0}_{+1}\beta$?

$^{3}\text{H} \quad ^{16}\text{O} \quad ^{20}\text{F} \quad ^{13}\text{N}$

(b) Qual dos seguintes núcleos decai por decaimento $^{0}_{+1}\beta$?

$^{238}\text{U} \quad ^{19}\text{F} \quad ^{22}\text{Na} \quad ^{24}\text{Na}$

22. (a) Qual dos seguintes núcleos decai por decaimento $^{0}_{-1}\beta$?

$^{1}\text{H} \quad ^{23}\text{Mg} \quad ^{32}\text{P} \quad ^{20}\text{Ne}$

(b) Qual dos seguintes núcleos decai por decaimento $^{0}_{+1}\beta$?

$^{235}\text{U} \quad ^{35}\text{Cl} \quad ^{38}\text{K} \quad ^{24}\text{Na}$

23. O boro tem dois isótopos estáveis, ^{10}B e ^{11}B. Calcule as energias de ligação por mol de nucleons desses dois núcleos. As massas necessárias (em g/mol) são $^{1}_{1}\text{H} = 1,00783$, $^{1}_{0}\text{n} = 1,00867$, $^{10}_{5}\text{B} = 10,01294$ e $^{11}_{5}\text{B} = 11,00931$.

24. Calcule a energia de ligação em kilojoules por mol de nucleons de P para a formação de ^{30}P e ^{31}P. As massas necessárias (em g/mol) são $^{1}_{1}\text{H} = 1,00783$, $^{1}_{0}\text{n} = 1,00867$, $^{30}_{15}\text{P} = 29,97832$ e $^{31}_{15}\text{P} = 30,97376$.

25. Calcule a energia de ligação por mol de nucleons para cálcio-40, e compare seu resultado com o valor na Figura 25.4. As massas necessárias para esse cálculo são (em g/mol) $^{1}_{1}\text{H} = 1,00783$, $^{1}_{0}\text{n} = 1,00867$ e $^{40}_{20}\text{Ca} = 39,96259$.

26. Calcule as energias de ligação por mol de nucleons para ferro-56. As massas necessárias para esse cálculo (em g/mol) são $^{1}_{1}\text{H} = 1,00783$, $^{1}_{0}\text{n} = 1,00867$ e $^{56}_{26}\text{Fe} = 55,9349$. Compare o resultado de seu cálculo com o valor para ferro-56 no gráfico na Figura 25.4.

27. Calcule a energia de ligação por mol de nucleons para $^{16}_{8}\text{O}$. As massas necessárias para esse cálculo são $^{1}_{1}\text{H} = 1,00783$, $^{1}_{0}\text{n} = 1,00867$ e $^{16}_{8}\text{O} = 15,99492$.

28. Calcule a energia de ligação por mol de núcleos para o nitrogênio-14. A massa de nitrogênio-14 é 14,003074.

Velocidades de Decaimento Radioativo
(Veja a Seção 25.4 e os Exemplos 25.5-25.7.)

29. O acetato de cobre(II) contendo ^{64}Cu é usado para estudar tumores cerebrais. Esse isótopo tem uma meia-vida de 12,7 horas. Se você começar com 25,0 μg de ^{64}Cu, que massa terá depois de 63,5 horas?

30. O ouro-198 é usado no diagnóstico de problemas no fígado. A meia-vida de ^{198}Au é 2,69 dias. Se você começar com 2,8 μg desse isótopo de ouro, que massa terá depois de 10,8 dias?

31. O iodo-131 é usado para tratar câncer de tireoide.

(a) O isótopo decai por emissão de partícula β. Escreva uma equação balanceada para esse processo.
(b) O iodo-131 tem uma meia-vida de 8,04 dias. Se você começar com 2,4 μg de ^{131}I radioativo, que massa terá depois de 40,2 dias?

32. O fósforo-32 é usado na forma de Na_2HPO_4 no tratamento de leucemia mieloide crônica, entre outras coisas.

(a) O isótopo decai por emissão de partícula β. Escreva uma equação balanceada para esse processo.
(b) A meia-vida do ^{32}P é 14,3 dias. Se você começar com 4,8 μg de ^{32}P radioativo na forma de Na_2HPO_4, que massa permanece depois de 28,6 dias (aproximadamente 1 mês)?

33. O gálio-67 ($t_{1/2}$ = 78,25 horas) é usado no diagnóstico médico de certos tipos de tumores. Se você ingerir um composto contendo 0,015 mg desse isótopo, que massa (em miligramas) permanece em seu corpo depois de 13 dias? (Suponha que nada seja excretado.)

34. O iodo-131 ($t_{1/2}$ = 8,04 dias), um emissor β, é usado para tratar câncer de tireoide.

(a) Escreva uma equação para a decomposição de ^{131}I.

(b) Se você ingerir uma amostra de NaI contendo ^{131}I, quanto tempo é necessário para que a atividade diminua para 35,0% de seu valor original?

35. O radônio tornou-se o foco de muita atenção recentemente, pois ele costuma ser encontrado em residências. O radônio-222 emite partículas α e tem uma meia-vida de 3,82 dias.

(a) Escreva uma equação balanceada para esse processo.

(b) Quanto tempo é necessário para uma amostra de ^{222}Rn decair para 20,0% de sua atividade original?

36. O estrôncio-90 é um isótopo radioativo perigoso que resultou de teste atmosférico de armas nucleares. Uma amostra de carbonato de estrôncio contendo ^{90}Sr é encontrada com atividade de $1,0 \times 10^3$ dpm. Um ano mais tarde, a atividade dessa amostra é 975 dpm.

(a) Calcule a meia-vida do estrôncio-90 a partir dessa informação.

(b) Quanto tempo leva para a atividade dessa amostra cair para 1,0% do valor inicial?

37. O cobalto-60 radioativo é usado extensivamente em medicina nuclear como fonte de raio γ. Ele é produzido por reação de captura de nêutron a partir de cobalto-59 e é um emissor β; a emissão de β é acompanhada por forte radiação γ. A meia-vida do cobaldo-60 é 5,27 anos.

(a) Quanto tempo é necessário para uma fonte de cobalto-60 diminuir para um oitavo de sua atividade?

(b) Que fração da atividade de uma fonte de cobalto-60 permanece após 1,0 ano?

38. O escândio ocorre na natureza como um único isótopo, escândio-45. A irradiação de nêutron produz escândio-46, um emissor β com uma meia-vida de 83,8 dias. Se a atividade inicial é $7,0 \times 10^4$ dpm, desenhe um gráfico que mostre desintegrações por minuto como uma função do tempo durante um período de 1 ano.

Reações Nucleares
(Veja a Seção 25.5 e os Exemplo 25.9.)

39. O amerício-240 é gerado por bombardeamento de plutônio-239 com partículas α. Além de ^{240}Am, os produtos são um próton e dois nêutrons. Escreva uma equação balanceada para esse processo.

40. Há dois isótopos de amerício, ambos com meia-vida suficientemente longa para permitir manipulação de grandes quantidades. O amerício-241, com uma meia-vida de 432 anos, é um emissor usado em detectores de fumaça. O isótopo é formado a partir de ^{239}Pu por absorção de dois nêutrons seguida por emissão de uma partícula β. Escreva uma equação balanceada para esse processo.

41. O elemento ^{287}Fl (elemento 114) foi produzido pela incisão de um feixe de íons de ^{48}Ca em ^{242}Pu. Três nêutrons foram eliminados na reação. Escreva uma equação nuclear balanceada para a síntese de ^{287}Fl.

42. Para sintetizar os elementos transurânicos mais pesados, um núcleo deve ser bombardeado com uma partícula relativamente grande. Se você sabe que os produtos são califórnio-246 e quatro nêutrons, com qual partícula você deveria bombardear átomos de urânio-238?

43. Núcleos de deutério ($^{2}_{1}H$) são particularmente eficazes como partículas de bombardeamento para conduzir reações nucleares. Complete as seguintes equações:

(a) $^{114}_{48}Cd + ^{2}_{1}H \longrightarrow ? + ^{1}_{1}H$

(b) $^{6}_{3}Li + ^{2}_{1}H \longrightarrow ? + ^{1}_{0}n$

(c) $^{40}_{20}Ca + ^{2}_{1}H \longrightarrow ^{38}_{19}K + ?$

(d) $? + ^{2}_{1}H \longrightarrow ^{65}_{30}Zn + \gamma$

44. O elemento $^{287}_{114}Fl$ decai por emissão α com uma meia-vida de aproximadamente 5 segundos. Escreva uma equação para esse processo.

45. O boro é um eficiente agente de absorção de nêutrons. Quando boro-10 é bombardeado por nêutrons, uma partícula α é emitida. Escreva uma equação para essa reação nuclear.

46. Algumas das reações exploradas por Ernest Rutherford e outras são listadas a seguir. Identifique as espécies desconhecidas em cada reação.

(a) $^{14}_{7}N + ^{4}_{2}He \longrightarrow ^{17}_{8}O + ?$

(b) $^{9}_{4}Be + ^{4}_{2}He \longrightarrow ? + ^{1}_{0}n$

(c) $? + ^{4}_{2}He \longrightarrow ^{30}_{15}P + ^{1}_{0}n$

(d) $^{239}_{94}Pu + ^{4}_{2}He \longrightarrow ? + ^{1}_{0}n$

Questões Gerais

Estas questões não estão definidas quanto ao tipo ou à localização no capítulo. Elas podem combinar vários conceitos.

47. ▲ Uma técnica para datar amostras geológicas usa rubídio-87, um isótopo radioativo de vida longa de rubídio ($t_{1/2} = 4,8 \times 10^{10}$ anos). O rubídio-87 decai por emissão β para estrôncio-87. Se o rubídio-87 é parte de uma rocha ou mineral, então o estrôncio-87 permanece preso dentro da estrutura cristalina da rocha. A idade da rocha refere-se à época em que ela se solidificou. A análise química da rocha fornece as quantidades de ^{87}Rb e ^{87}Sr. Com esses dados, a fração de ^{87}Rb que permanece pode ser calculada. Suponha que uma análise de um meteorito pedregoso tenha determinado que estavam presentes 1,8 mmol de ^{87}Rb e 1,6 mmol de ^{87}Sr (a parte de ^{87}Sr formada por decomposição de ^{87}Rb). Calcule a idade do meteorito. (*Dica:* A quantidade de ^{87}Rb em t_0 é mols de ^{87}Rb + mols de ^{87}Sr.)

48. O trítio, $^{3}_{1}$H, é um dos núcleos usados nas reações de fusão. Esse isótopo é radioativo, com uma meia-vida de 12,3 anos. Como o carbono-14, o trítio é formado na atmosfera superior a partir da radiação cósmica, e é encontrado em quantidades traço na Terra. Para obter as quantidades necessárias para uma reação de fusão, entretanto, ele deve ser obtido por meio de reação nuclear. A reação de $^{6}_{3}$Li com um nêutron produz trítio e uma partícula α. Escreva uma equação para essa reação nuclear.

49. O fósforo ocorre na natureza como um único isótopo, fósforo-31. A irradiação de nêutron de fósforo-31 produz fósforo-32, um emissor β com uma meia-vida de 14,28 dias. Presuma que você tenha uma amostra contendo fósforo-32, cuja velocidade de decaimento é de $3,2 \times 10^6$ dpm. Desenhe um gráfico que mostre desintegrações por minuto como uma função do tempo durante um período de 1 ano.

50. Em junho de 1972, reatores de fissão natural, que operavam há bilhões de anos, foram descobertos em Oklo, Gabão (p. 1168). Atualmente, o urânio natural contém 0,72% de ^{235}U. Quantos anos atrás o urânio natural continha 3,0% de ^{235}U, a quantidade necessária para manter um reator natural? ($t_{1/2}$ para ^{235}U é $7,04 \times 10^8$ anos).

51. Se houvesse uma escassez mundial no fornecimento de urânio fissionável, seria possível usar outro núcleo fissionável. O plutônio, outro combustível similar, pode ser gerado em reatores "regeneradores" que fabricam mais combustível do que consomem. A sequência de reações por meio das quais o plutônio é obtido é a seguinte:

(a) Um núcleo ^{238}U passa por uma reação (n, γ) para produzir ^{239}U.

(b) ^{239}U decai por emissão β ($t_{1/2} = 23,5$ min) para formar um isótopo de neptúnio.

(c) Esse isótopo de neptúnio decai por emissão β para formar um isótopo de plutônio.

(d) O isótopo de plutônio é fissionável. Uma colisão de um desses isótopos de plutônio com um nêutron resulta em fissão, com pelos menos dois nêutrons e outros dois núcleos como produtos.

Escreva uma equação para cada uma das reações nucleares.

52. Quando um nêutron é capturado por um núcleo atômico, é liberada energia como radiação γ. Essa energia pode ser calculada com base na alteração da massa na conversão de reagentes para produtos.

Para a reação nuclear $^{6}_{3}$Li + $^{1}_{0}$n $\longrightarrow$ $^{7}_{3}$Li + γ:

(a) Calcule a energia envolvida nessa reação (por átomo). Massas necessárias (em g/mol) são $^{6}_{3}$Li = 6,01512, $^{1}_{0}$n = 1,00867 e $^{7}_{3}$Li = 7,01600.

(b) Use a resposta da parte (a) para calcular o comprimento de onda dos raios γ emitidos na reação.

53. A síntese de livermório:

(a) Lv-296 é feito a partir da colisão de um átomo relativamente leve com cúrio-248. Qual é a partícula mais leve?

(b) Lv-296 não é estável, decaindo para Lv-293. Quais partículas são emitidas nesse processo?

54. Embora atualmente o plutônio não ocorra naturalmente na Terra, acredita-se que ele tenha sido produzido no reator de Oklo (e depois tenha decaído). Escreva equações nucleares balanceadas para:

(a) a reação de ^{238}U e um nêutron para dar ^{239}U

(b) o decaimento de ^{239}U em ^{239}Np e depois em ^{239}Pu por emissão β

(c) o decaimento de ^{239}Pu em ^{235}U por uma emissão α

No Laboratório

55. Um pedaço de osso carbonizado encontrado nas ruínas de uma vila de norte-americanos nativos tinha uma taxa de ^{14}C/^{12}C que é 72% da taxa encontrada em organismos vivos. Calcule a idade do fragmento ósseo. ($t_{1/2}$ para ^{14}C é $5,73 \times 10^3$ anos).

56. Uma amostra de madeira de um carro romano de combate da Trácia em uma escavação na Bulgária tem uma atividade ^{14}C de 11,2 dpm/g. Calcule a idade do carro de combate e o ano em que ele foi feito. ($t_{1/2}$ para ^{14}C é $5,73 \times 10^3$ anos, e a atividade de ^{14}C em materiais vivos é 14,0 dpm/g.)

57. O isótopo de polônio que provavelmente foi isolado por Marie Curie em seus estudos pioneiros é o polônio-210. Uma amostra desse elemento foi preparada em uma reação nuclear. Inicialmente, sua atividade (emissão α) foi de 7840 dpm. Medindo a radioatividade ao longo do tempo, foram obtidos os dados abaixo. Calcule a meia-vida do polônio-210.

Atividade (dpm)	Tempo (dias)
7840	0
7570	7
7300	14
5920	56
5470	72

58. Sódio-23 (em uma amostra de NaCl) é sujeito a bombardeamento de nêutron em um reator nuclear para produzir ^{24}Na. Quando removida do reator, a amostra está radioativa, com atividade β de $2,54 \times 10^4$ dpm. A diminuição na radioatividade com o passar do tempo foi estudada, resultando nos dados a seguir:

Atividade (dpm)	Tempo (horas)
$2,54 \times 10^4$	0
$2,42 \times 10^4$	1
$2,31 \times 10^4$	2
$2,00 \times 10^4$	5
$1,60 \times 10^4$	10
$1,01 \times 10^4$	20

(a) Escreva equações para a reação de captura de nêutron e para a reação em que o produto dessa reação decai por emissão β.

(b) Determine a meia-vida do sódio-24.

59. A idade dos minerais, às vezes, pode ser determinada medindo-se as quantidades de ^{206}Pb e ^{238}U em uma amostra. Essa determinação presume que todo ^{206}Pb na amostra vem do decaimento de ^{238}U. A data obtida identifica quando a rocha solidificou. Presuma que a taxa de ^{206}Pb para ^{238}U em uma amostra de rocha vulcânica seja 0,33. Calcule a idade da rocha. ($t_{1/2}$ para ^{238}U é $4,5 \times 10^9$ anos).

60. Para medir o volume do sistema sanguíneo de um animal, o seguinte experimento foi feito. Uma amostra de 1,0 mL de uma solução que contém trítio, com uma atividade de $2,0 \times 10^6$ dps, foi injetada na corrente sanguínea do animal. Depois de um tempo para permitir a mistura em toda a circulação, uma amostra de sangue de 1,0 mL foi colhida e nela foi registrada uma atividade de $1,5 \times 10^4$ dps. Qual era o volume do sistema circulatório? (A meia-vida do trítio é 12,3 anos, portanto, esse experimento presume que somente uma quantidade insignificante de trítio foi decaída no tempo do experimento.)

Resumo e Questões Conceituais

As seguintes questões podem usar os conceitos deste capítulo e dos capítulos anteriores.

61. A energia média produzida por um carvão de um bom nível é $2,6 \times 10^7$ kJ/ton. A fissão de 1 mol de ^{235}U libera $2,1 \times 10^{10}$ kJ. Encontre o número de toneladas de carvão necessário para produzir a mesma energia de 1 lb de ^{235}U. (Veja o Apêndice C para obter os fatores de conversão.)

62. A colisão de um elétron e um pósitron resulta na formação de dois raios γ. No processo, suas massas são convertidas completamente em energia.

(a) Calcule a energia envolvida na aniquilação de um elétron e um pósitron em kilojoules por mol.

(b) Usando a equação de Planck (Equação 6.2), determine a frequência dos raios γ emitidos nesse processo.

63. O princípio do método de diluição de isótopo da análise pode ser aplicado em muitos tipos de problemas. Suponha que você, um biólogo marinho, deseje calcular o número de peixes num lago. Você libera 1000 peixes marcados, e depois de possibilitar um período de tempo apropriado para os peixes dispersarem uniformemente no lago, você recolhe 5.250 peixes e descobre que 27 deles têm marcações. Quantos peixes há no lago?

64. ▲ Os isótopos radioativos são frequentemente usados como "rastreadores" para seguirem um átomo durante uma reação química. A seguir está um exemplo desse processo: o ácido acético reage com o metanol, CH$_3$OH, eliminando uma molécula de H$_2$O para formar acetato de metilo, CH$_3$CO$_2$CH$_3$. Explique como você usaria o isótopo radioativo ^{15}O para mostrar se o átomo de oxigênio no produto da água vem do —OH do ácido ou do —OH do álcool.

65. ▲ Uma série de decaimento radioativo começa com um isótopo de vida muito longa. Por exemplo, a meia-vida de ^{238}U é $4,5 \times 10^9$ anos. Cada série é identificada pelo nome do isótopo pai de vida longa de massa mais alta.

(a) A série de decaimento radioativo do urânio-238, às vezes, é referida como a série $4n + 2$, porque as massas de todos os 13 membros dessa série podem ser expressadas pela equação $M = 4n + 2$, em que M é o número de massa e n é um número inteiro. Explique por que as massas estão correlacionadas dessa forma.

(b) Duas outras séries de decaimento identificadas em minerais na crosta terrestre são as séries de tório-232 e as séries de urânio-235. As massas dos isótopos nessas séries correspondem a uma equação matemática simples? Em caso positivo, identifique a equação.

(c) Identifique as séries de decaimento radioativo às quais cada um dos isótopos a seguir pertence: $^{226}_{88}$Ra, $^{215}_{86}$At, $^{228}_{90}$Th, $^{210}_{83}$Bi.

(d) A avaliação revela que uma série de elementos, a série $4n + 1$, não está presente na crosta terrestre. Justifique isso.

66. ▲ A série de decaimento do tório inclui o isótopo $^{228}_{90}$Th. Determine a sequência de núcleos em andamento de $^{232}_{90}$Th para $^{228}_{90}$Th.

67. ▲ O último elemento desconhecido entre o bismuto e o urânio foi descoberto por Lise Meitner (1878-1968) e Otto Hahn (1879-1968) em 1918. Eles obtiveram ^{231}Pa por extração química de uraninita, cuja concentração é de aproximadamente 1 ppm (parte por milhão). Esse isótopo, um emissor α, tem uma meia-vida de $3,27 \times 10^4$ anos.

(a) Qual série de decaimento radioativo (o urânio-235, o urânio-238, ou o tório-232) contém ^{231}Pa como um membro?

(b) Faça uma sugestão de uma possível sequência de reações nucleares, começando com o isótopo de vida longa que leva à formação desse isótopo.

(c) Que quantidade de minério seria necessária para isolar 1,0 g de ^{231}Pa, presumindo um rendimento de 100%?

(d) Escreva uma equação para o processo de decaimento radioativo para ^{231}Pa.

68. ▲ Você pode imaginar como é possível determinar a meia-vida de isótopos radioativos de vida longa como ^{238}U. Com uma meia-vida superior a 10^9 anos, a radioatividade de uma amostra de urânio não mudará mensuravelmente em seu curso de vida. De fato, você pode calcular a meia-vida usando a matemática que governa as reações de primeira ordem.

É possível demonstrar que uma amostra de 1,0 mg de ^{238}U decai a uma taxa de 12 emissões α por segundo. Estabeleça uma equação matemática para a taxa de decaimento, $\Delta N/\Delta t = -kN$, em que N é o número de núcleos na amostra de 1,0 mg e $\Delta N/\Delta t$ é 12 dps. Resolva essa equação para a constante de velocidade nesse processo, e depois relacione a constante de velocidade à meia-vida da reação. Faça esse cálculo e compare seu resultado com o valor da literatura, $4,5 \times 10^9$ anos.

69. ▲ Marie e Pierre Curie isolaram rádio e polônio a partir do minério de urânio (pechblenda, que contém ^{238}U e ^{235}U). Quais dos seguintes isótopos de rádio e polônio podem ser encontrados no minério urânio? (*Dica*: Considere as meia-vidas dos isótopos e as séries de decaimento começando com ^{238}U e ^{235}U.)

Isótopo	Meia-vida
^{226}Ra	1620 anos
^{225}Ra	14,8 dias
^{228}Ra	6,7 anos
^{216}Po	0,15 segundos
^{210}Po	138,4 dias

Apêndices

Usando logaritmos e resolvendo equações quadráticas

Um curso de química geral requer álgebra básica além de conhecimento sobre (1) notação exponencial (ou científica), (2) logaritmos e (3) equações de segundo grau.

A-1 Logaritmos

Dois tipos de logaritmos são utilizados neste texto: (1) logaritmos comuns (abreviados como log), cuja base é 10, e (2) logaritmos naturais (abreviados como ln), cuja base é e (=2,71828):

$$\log x = n, \text{ em que } x = 10^n$$
$$\ln x = m, \text{ em que } x = e^m$$

A maioria das equações em Química e Física foi desenvolvida em logaritmos naturais (ou de base e) e seguimos essa prática neste texto. A relação entre log e ln é

$$\ln x = 2,303 \log x$$

Apesar das diferentes bases dos dois logaritmos, eles são utilizados da mesma maneira. O que segue é em grande parte uma descrição da utilização dos logaritmos comuns.

Um logaritmo comum é a potência à qual você deve elevar 10 para obter o número. Por exemplo, o logaritmo de 100 é 2, uma vez que você deve elevar 10 à segunda potência para obter 100. Outros exemplos são

$$\log 1000 = \log (10^3) = 3$$
$$\log 10 = \log (10^1) = 1$$
$$\log 1 = \log (10^0) = 0$$
$$\log 0,1 = \log (10^{-1}) = -1$$
$$\log 0,0001 = \log (10^{-4}) = -4$$

Para obter o logaritmo comum de um número diferente de uma potência inteira de 10, você deve recorrer a uma tabela de log ou a uma calculadora eletrônica. Por exemplo,

$$\log 2,10 = 0,322, \text{ signifa que } 10^{0,322} = 2,10$$
$$\log 5,16 = 0,713, \text{ significa que } 10^{0,713} = 5,16$$
$$\log 3,125 = 0,4949, \text{ significa que } 10^{0,4949} = 3,125$$

Para verificar isso na calculadora, digite o número e então pressione a tecla "log". Você deve se certificar de que compreendeu como usar sua calculadora.

Para obter o logaritmo natural ln dos números mostrados aqui, use uma calculadora que tenha essa função. Insira cada número e pressione "ln:"

$$\ln 2,10 = 0,742, \text{ significa que } e^{0,742} = 2,10$$
$$\ln 5,16 = 1,641, \text{ significa que } e^{1,641} = 5,16$$

Para encontrar o logaritmo comum de um número maior que 10 ou menor que 1 com uma tabela de log, primeiro expresse o número em notação científica. Em seguida, localize o log de cada parte do número e some os logs. Por exemplo,

$$\log 241 = \log (2,41 \times 10^2) = \log 2,41 + \log 10^2$$
$$= 0,382 + 2 = 2,382$$
$$\log 0,00573 = \log (5,73 \times 10^{-3}) = \log 5,73 + \log 10^{-3}$$
$$= 0,758 + (-3) = -2,242$$

Algarismos Significativos e Logaritmos

Observe que a mantissa tem tantos algarismos significativos quanto o número cujo logaritmo foi calculado.

Obtendo Antilogaritmos

Se você tem o logaritmo de um número e encontra o número a partir dele, obteve o "antilogaritmo" ou o "antilog" do número. Dois procedimentos comuns utilizados com calculadoras eletrônicas para fazer isso são os seguintes:

PROCEDIMENTO A	PROCEDIMENTO B
1. Digite o valor do log ou ln.	1. Digite o valor do log ou ln.
2. Pressione 2ndF.	2. Pressione INV.
3. Pressione 10^x ou e^x.	3. Pressione log ou ln x.

Certifique-se de que você pode executar corretamente essa operação na sua calculadora trabalhando com os seguintes exemplos:

1. Encontre o número cujo log é 5,234:
    Lembre-se de que log $x = n$, em que $x = 10^n$. Nesse caso, $n = 5,234$. Encontre o valor de 10^n, o antilog. Nesse caso,

$$10^{5,234} = 10^{0,234} \times 10^5 = 1,71 \times 10^5$$

   Note que a característica (5) define a vírgula decimal e corresponde à potência de 10 sob a forma exponencial. A mantissa (0,234) dá o valor do número x, 1,71, neste caso.
2. Encontre o número cujo log é –3,456:

$$10^{-3,456} = 10^{0,544} \times 10^{-4} = 3,50 \times 10^{-4}$$

   Note que –3,456 é representado como a soma de –4 e +0,544.

Operações Matemáticas Usando Logaritmos

Uma vez que os logaritmos são expoentes, as operações que os envolvem seguem as mesmas regras utilizadas para expoentes. Assim, a multiplicação de dois números (xy) pode ser feita por meio da adição de logaritmos:

$$\log xy = \log x + \log y$$

Por exemplo, multiplicamos 563 por 125, adicionando seus logaritmos e encontrando o antilogaritmo do resultado:

$$\log 563 = 2,751$$
$$\log 125 = \underline{2,097}$$
$$\log xy = 4,848$$
$$xy = 10^{4,848} = 10^{0,848} \times 10^4 = 7,05 \times 10^4$$

Um número (x) pode ser dividido por outro (y) pela subtração dos seus logaritmos:

$$\log \frac{x}{y} = \log x - \log y$$

Logaritmos e Nomenclatura O número à esquerda da vírgula é chamado de **característica**, e o número à direita da vírgula é a **mantissa**.

Por exemplo, para dividir 125 por 742,

$$\log 125 = 2,097$$
$$-\log 742 = \underline{2,870}$$
$$\log \frac{x}{y} = -0,773$$

$$\frac{x}{y} = 10^{-0,773} = 10^{0,227} \times 10^{-1} = 1,68 \times 10^{-1}$$

Do mesmo modo, as potências e as raízes dos números podem ser encontradas usando os logaritmos.

$$\log x^y = y(\log x)$$
$$\log \sqrt[y]{x} = \log x^{1/y} = \frac{1}{y} \log x$$

Como um exemplo, encontre a quarta potência de 5,23. Primeiro, encontramos o log de 5,23 e depois o multiplicamos por 4. O resultado, 2,874, é o log da resposta. Agora, calculamos o antilog de 2,874:

$$(5,23)^4 = ?$$
$$\log (5,23)^4 = 4 \log 5,23 = 4(0,719) = 2,874$$
$$(5,23)^4 = 10^{2,874} = 748$$

Como outro exemplo, encontre a raiz quinta de $1,89 \times 10^{-9}$:

$$\sqrt[5]{1,89 \times 10^{-9}} = (1,89 \times 10^{-9})^{1/5} = ?$$
$$\log (1,89 \times 10^{-9})^{1/5} = \frac{1}{5} \log(1,89 \times 10^{-9}) = \frac{1}{5}(-8,724) = -1,745$$

A resposta é o antilog de –1,745:

$$(1,89 \times 10^{-9})^{1/5} = 10^{-1,745} = 1,80 \times 10^{-2}$$

A-2 Equações Quadráticas

Equações algébricas do tipo $ax^2 + bx + c = 0$ são chamadas **equações quadráticas**. Os coeficientes a, b e c podem ser ou positivos ou negativos. As duas raízes da equação podem ser encontradas usando a *fórmula quadrática*:

$$x = \frac{-b \pm \sqrt{b^2 - 4ac}}{2a}$$

Como um exemplo, resolva a equação $5x^2 - 3x - 2 = 0$. Aqui $a = 5$, $b = -3$ e $c = -2$. Portanto,

$$x = \frac{3 \pm \sqrt{(-3)^2 - 4(5)(-2)}}{2(5)}$$

$$= \frac{3 \pm \sqrt{9 - (-40)}}{10} = \frac{3 \pm \sqrt{49}}{10} = \frac{3 \pm 7}{10}$$

$$= 1 \text{ e} - 0,4$$

Como você sabe qual das duas raízes é a resposta correta? Matematicamente, ambas as raízes são possíveis, mas nos problemas de Química, você tem que decidir, em cada caso, qual raiz tem um significado físico. Para nossas aplicações *geralmente* os valores negativos não têm significado.

Ao resolver uma expressão quadrática, é preciso sempre verificar seus valores pela substituição na equação original. No exemplo anterior, encontramos que $5(1)^2 - 3(1) - 2 = 0$ e que $5(-0,4)^2 - 3(-0,4) - 2 = 0$.

O lugar mais comum que você encontrará equações do segundo grau são nos capítulos sobre equilíbrio químico, particularmente nos Capítulos 15 a 17. Aqui, muitas vezes, você será confrontado com a resolução de uma equação como

$$1,8 \times 10^{-4} = \frac{x^2}{0,0010 - x}$$

Essa equação pode certamente ser resolvida usando a fórmula quadrática (para se obter $x = 3,4 \times 10^{-4}$). Você pode considerar especialmente conveniente o **método das aproximações sucessivas**. Aqui começamos fazendo uma aproximação razoável de x. Esse valor aproximado é substituído na equação original, que é então resolvida para se obter o que se espera ser um valor correto de x. Esse processo é repetido até que a resposta conduza a um determinado valor de x, ou seja, até que o valor de x resultante de duas aproximações sucessivas seja o mesmo.

Passo 1: Em primeiro lugar, assuma que x é tão pequeno que $(0,0010 - x) \approx 0,0010$. Isso significa que

$$x^2 = 1,8 \times 10^{-4} (0,0010)$$
$$x = 4,2 \times 10^{-4} \text{ (para 2 algarismos significativos)}$$

Passo 2: Substitua o valor de x do Passo 1 no denominador da equação original e novamente resolva para x:

$$x^2 = 1,8 \times 10^{-4}(0,0010 - 0,00042)$$
$$x = 3,2 \times 10^{-4}$$

Passo 3: Repita o Passo 2 utilizando o valor de x encontrado naquele passo:

$$x = \sqrt{1,8 \times 10^{-4}(0,0010 - 0,00032)} = 3,5 \times 10^{-4}$$

Passo 4: Continue repetindo o cálculo, utilizando o valor de x encontrado na etapa anterior:

$$x = \sqrt{1,8 \times 10^{-4}(0,0010 - 0,00035)} = 3,4 \times 10^{-4}$$

Passo 5:
$$x = \sqrt{1,8 \times 10^{-4}(0,0010 - 0,00034)} = 3,4 \times 10^{-4}$$

Aqui, descobrimos que as iterações após o quarto passo resultam no mesmo valor para x, indicando que chegamos a uma resposta válida (e a mesma obtida pela fórmula quadrática).

Aqui estão algumas considerações finais sobre a utilização do método de aproximações sucessivas. Em primeiro lugar, em alguns casos, o método não funciona. Passos sucessivos podem resultar em respostas que são aleatórias ou que divergem do valor correto. Nos Capítulos 15 a 17, você encontra equações do segundo grau com o formato $K = x^2/(C - x)$. O método das aproximações sucessivas funciona desde que $K < 4C$ (assumindo que se começa com $x = 0$ como a primeira suposição, isto é, $K \approx x^2/C$). Isso sempre será verdadeiro para ácidos e bases fracos (o tema dos Capítulos 16 e 17), mas pode *não* ser o caso para problemas que envolvem equilíbrio em fase gasosa (Capítulo 15), em que K pode ser muito grande.

Em segundo lugar, os valores de K na equação $K = x^2/(C - x)$ geralmente apresentam apenas dois algarismos significativos. Estamos, portanto, justificados para a realização das etapas sucessivas, até que duas respostas sejam as mesmas para dois algarismos significativos.

Finalmente, recomendamos esse método para resolução de equações do segundo grau, especialmente aquelas nos Capítulos 16 e 17. Se a sua calculadora tem uma função de memória, aproximações sucessivas podem ser realizadas fácil e rapidamente.

Alguns importantes conceitos de física

B-1 Matéria

A tendência em se manter uma velocidade constante é chamada *inércia*. Assim, a menos que sofra a ação de uma força líquida, um corpo em repouso permanece em repouso, e um corpo em movimento permanece em movimento com velocidade uniforme. Matéria é tudo que apresenta inércia; a quantidade de matéria é a sua massa.

B-2 Movimento

Movimento é a mudança de posição ou de localização no espaço. Os objetos podem ter as seguintes classes de movimento:

- Translação ocorre quando o centro de massa de um objeto muda a sua localização. Exemplo: um carro em movimento na estrada.
- Rotação ocorre quando cada ponto de um objeto em movimento move-se em um círculo em torno de um eixo que passa pelo centro de massa. Exemplos: um pião girando, uma molécula rotacionando.
- Vibração é a distorção e recuperação periódica da forma original. Exemplos: um diapasão ao ser golpeado por uma superfície, uma molécula vibrando.

B-3 Força e Peso

Força é aquilo que altera a velocidade de um corpo; ela é definida como

$$\text{Força} = \text{massa} \times \text{aceleração}$$

A unidade SI de força é o **newton**, N, cujas dimensões são quilogramas vezes metro por segundo ao quadrado ($kg \cdot m/s^2$). Um newton é, por conseguinte, a força necessária para alterar a velocidade de uma massa de 1 quilograma em 1 metro por segundo, no período de tempo de 1 segundo.

Como a gravidade da Terra não é a mesma em todos os lugares, o peso (uma força) correspondente a uma determinada massa não é uma constante. Em qualquer ponto determinado da Terra, porém, a gravidade é constante e, por isso, o peso é proporcional à massa. Quando uma balança nos diz que uma dada amostra (o "desconhecido") tem o mesmo peso que outra amostra (os "pesos", conforme determinados por uma leitura de balança ou por uma soma de contrapesos), também nos informa que as duas massas são iguais. A balança é, portanto, um instrumento válido para medir a massa de um objeto, independentemente de ligeiras variações na força da gravidade.

---

[1]Adaptado de BRESCIA, F. et al. *General Chemistry*. 5. ed. Filadélfia: Harcourt Brace, 1988.

Tabela 1   Conversões de Pressão

DE	PARA	MULTIPLIQUE POR
atmosfera	mm Hg	760 mm Hg/atm (exatamente)
atmosfera	lb/in^2	14,6960 lb/(in$^2 \cdot$ atm)
atmosfera	kPa	101,325 kPa/atm
bar	Pa	10^5 Pa/bar (exatamente)
bar	lb/in^2	14,5038 lb/(in$^2 \cdot$ bar)
mm Hg	torr	1 torr/mm Hg (exatamente)

B-4   Pressão[2]

Pressão é a força por unidade de área. A unidade SI, chamada *pascal*, Pa, é

$$1 \text{ pascal} = \frac{1 \text{ newton}}{m^2} = \frac{1 \text{ kg} \cdot m/s^2}{m^2} = \frac{1 \text{ kg}}{m \cdot s^2}$$

O Sistema Internacional de Unidades também reconhece o bar, que equivale a 10^5 Pa e que aproxima-se da pressão atmosférica normal (Tabela 1).

Os químicos também expressam a pressão em termos de alturas que alcançam colunas de líquidos, especialmente água e mercúrio. Esse uso não é completamente satisfatório, porque a pressão exercida por uma dada coluna de um determinado líquido não é uma constante, mas depende da temperatura (que influencia a densidade do líquido) e da localização (que influencia a magnitude da força exercida pela gravidade). Essas unidades não são parte do SI, e seu uso é cada vez menos frequente. No entanto, as unidades mais antigas ainda são adotadas em livros e revistas e os químicos devem estar familiarizados com elas.

A pressão de um líquido ou de um gás depende apenas da profundidade (ou altura) e é exercida igualmente em todas as direções. No nível do mar, a pressão exercida pela atmosfera da Terra suporta uma coluna de mercúrio de aproximadamente 0,76 m (76 cm ou 760 mm) de altura.

Uma **atmosfera normal** (atm) é a pressão exercida por exatamente 76 cm de mercúrio a 0 °C (densidade, 13,5951 g/cm^3) e sob gravidade padrão, 9,80665 m/s^2. O **bar** é equivalente a 0,9869 atm. Um **torr** é a pressão exercida por exatamente 1 mm de mercúrio a 0 °C e gravidade padrão.

B-5   Energia e Potência

A unidade SI de energia é o produto das unidades de força e distância, ou quilogramas vezes metro por segundo ao quadrado (kg $\cdot$ m/s^2) vezes metros ($\times$ m), isto é kg $\cdot$ m^2/s^2; essa unidade é chamada de **joule**, J. O joule é, assim, o trabalho realizado quando uma força de 1 newton atua ao longo de uma distância de 1 metro.

O trabalho também pode ser feito movendo-se uma carga elétrica em um campo elétrico. Quando a carga movida é de 1 coulomb (C) e a diferença de potencial entre as suas posições inicial e final é de 1 volt (V), o trabalho é de 1 joule. Dessa forma,

$$1 \text{ joule} = 1 \text{ coulomb-volt (CV)}$$

Outra unidade de trabalho elétrico que não faz parte do Sistema Internacional de Unidades, mas que ainda está em uso, é o **elétron-volt**, eV, que é o trabalho necessário para mover um elétron contra uma diferença de potencial de 1 volt. (Ele também é a energia

[2]Veja Seção 10.1.

cinética adquirida por um elétron quando o mesmo é acelerado por uma diferença de potencial de 1 volt.) Como a carga de um elétron é $1,602 \times 10^{-19}$ C, temos

$$1 \text{ eV} = 1,602 \times 10^{-19} \text{ CV} \times \frac{1 \text{ J}}{1 \text{ CV}} = 1,602 \times 10^{-19} \text{ J}$$

Se esse valor for multiplicado pelo número de avogadro, obtemos a energia envolvida na movimentação de 1 mol de cargas de elétrons (1 faraday) em um campo produzido por uma diferença de potencial de 1 volt:

$$1 \frac{\text{eV}}{\text{partícula}} = \frac{1,602 \times 10^{-19} \text{ J}}{\text{partícula}} \times \frac{6,022 \times 10^{23} \text{ partículas}}{\text{mol}} \cdot \frac{1 \text{ kJ}}{1000 \text{ J}} = 96,49 \text{ kJ/mol}$$

Potência é a quantidade de energia fornecida por unidade de tempo. A unidade SI é o watt, W, que corresponde a 1 joule por segundo. Um quilowatt, kW, é 1000 W. Watt-hora e quilowatt-hora são, portanto, unidades de energia (Tabela 2). Por exemplo, 1000 watts-hora ou 1 quilowatt-hora é

$$1,0 \times 10^3 \text{ W} \cdot \text{h} \times \frac{1 \text{ J}}{1 \text{ W} \cdot \text{s}} \times \frac{3,6 \times 10^3 \text{ s}}{1 \text{ h}} = 3,6 \times 10^6 \text{ J}$$

Tabela 2   Conversões de Energia

DE	PARA	MULTIPLIQUE POR
caloria (cal)	joule	4,184 J/cal (exatamente)
quilocaloria (kcal)	cal	10^3 cal/kcal (exatamente)
quilocaloria	joule	$4,184 \times 10^3$ J/kcal (exatamente)
litro atmosfera (L · atm)	joule	101,325 J/L · atm
elétron-volt (eV)	joule	$1,60218 \times 10^{-19}$ J/eV
elétron volt por partícula	quilojoules por mol	96,485 kJ · partícula/eV · mol
coulomb-volt (CV)	joule	1 CV/J (exatamente)
quilowatt-hora (kW-h)	kcal	860,4 kcal/kW-h
quilowatt-hora	joule	$3,6 \times 10^6$ J/kW-h (exatamente)
Unidade Térmica Britânica (BTU)	caloria	252 cal/BTU

Abreviaturas e fatores de conversão úteis

Tabela 3 Algumas Abreviaturas Comuns e Símbolos Padrão

TERMO	ABREVIATURA	TERMO	ABREVIATURA
Energia de ativação	E_a	Entropia	S
Ampére	A	Entropia padrão	$S°$
Solução aquosa	aq	Variação de entropia de reação	$\Delta_r S°$
Atmosfera, unidade de pressão	atm	Constante de equilíbrio	K
Unidade de massa atômica	u	Baseada em concentração	K_c
Constante de Avogadro	N	Baseada em pressão	K_p
Bar, unidade de pressão	bar	Baseada na ionização de ácido fraco	K_a
Cúbico de corpo centrado	ccc	Baseada na ionização de base fraca	K_b
Raio de Bohr	a_0	Produto de solubilidade	K_{ps}
Ponto de ebulição	PE	Constante de formação	K_f
Temperatura em Celsius	°C	Etilenodiamina	em
Número de cargas de um íon	z	Cúbico de face centrada	cfc
Coulomb, carga elétrica	C	Constante de Faraday	F
Curie, radioatividade	Ci	Constante dos gases	R
Ciclos por segundo, Hertz	Hz	Energia livre de Gibbs	G
Debye, unidade de dipolo elétrico	D	Energia livre padrão	$G°$
Elétron	e^-	Energia livre padrão de formação	$\Delta_f G°$
Elétron-volt	eV	Variação de energia livre padrão de reação	$\Delta_r G°$
Eletronegatividade	χ	Meia-vida	$t_{1/2}$
Energia	E	Calor	q
Entalpia	H	Hertz	Hz
Entalpia padrão	$H°$	Hora	h
Entalpia padrão de formação	$\Delta_f H°$	Joule	J
Entalpia padrão de reação	$\Delta_r H°$	Kelvin	K

(continuação)

Tabela 3   Algumas Abreviaturas Comuns e Símbolos Padrão (continuação)

TERMO	ABREVIATURA	TERMO	ABREVIATURA
Quilocaloria	kcal	Constante de Planck	h
Líquido	ℓ	Libra	lb
Logaritmo, base 10	log	Cúbica simples (célula unitária)	cs
Logaritmo, base e	ln	Pressão	P
Milímetros de mercúrio, unidade de pressão	mm Hg	Número de prótons	Z
Minuto	min	Constante de velocidade	k
Molar	M	Condições normais de temperatura e pressão	CNTP
Massa molar	M	Temperatura	T
Mol	mol	Volt	V
Pressão Osmótica	Π	Watt	W
Pascal, unidade de pressão	Pa	Comprimento de onda	λ

C-1   Unidades Fundamentais do Sistema SI

O sistema métrico foi iniciado pela Assembleia Nacional Francesa em 1790 e passou por muitas modificações. O Sistema Internacional de Unidades ou *Système International* (SI), que representa uma extensão do sistema métrico, foi adotado pela 11ª Conferência Geral de Pesos e Medidas em 1960. Ele é construído a partir de sete unidades básicas, cada uma das quais representa uma quantidade física particular (Tabela 4).

Tabela 4   Unidades Fundamentais SI

GRANDEZA FÍSICA	NOME DA UNIDADE	SÍMBOLO
Comprimento	metro	m
Massa	quilograma	kg
Tempo	segundo	s
Temperatura	kelvin	K
Quantidade de matéria	mol	mol
Corrente elétrica	ampere	A
Intensidade luminosa	candela	cd

As primeiras cinco unidades indicadas na Tabela 4 são particularmente úteis na química geral e são definidas como se segue:

1. O *metro* foi redefinido em 1960 para ser igual a 1650763,73 comprimentos de onda de uma determinada linha do espectro de emissão do criptônio-86.
2. O *quilograma* representa a massa de um bloco de platina-irídio mantida no International Bureau of Weights and Measures (Agência Internacional de Pesos e Medidas) em Sèvres, na França.
3. O *segundo* foi redefinido em 1967 como a duração de 9192631770 períodos de uma determinada linha no espectro de micro-ondas do césio-133.

4. O *kelvin* corresponde a 1/273,16 do intervalo de temperatura entre o zero absoluto e o ponto triplo da água.
5. O *mol* é a quantidade de matéria que contém tantas entidades quanto há átomos em exatamente 0,012 kg de carbono-12 (12 g de átomos de ^{12}C).

C-2 Prefixos Usados com Unidades Métricas Tradicionais e Unidades SI

Frações decimais e múltiplos de unidades métricas e SI são designados usando os prefixos listados na Tabela 5. Os mais comumente usados em química geral aparecem em itálico.

Tabela 5	**Prefixos Métricos Tradicionais e SI**					
FATOR	**PREFIXO**	**SÍMBOLO**	**FATOR**	**PREFIXO**	**SÍMBOLO**
10^{12}	tera	T	10^{-1}	*deci*	d
10^9	giga	G	10^{-2}	*centi*	c
10^6	mega	M	10^{-3}	*mili*	m
10^3	quilo	k	10^{-6}	micro	μ
10^2	hecto	h	10^{-9}	*nano*	n
10^1	deca	da	10^{-12}	*pico*	p
			10^{-15}	femto	f
			10^{-18}	atto	a

C-3 Unidades SI Derivadas

No Sistema Internacional de Unidades, todas as quantidades físicas são representadas pelas combinações adequadas das unidades básicas listadas na Tabela 4. Uma lista das unidades derivadas frequentemente utilizadas na química geral é dada na Tabela 6.

Tabela 6	**Unidades SI Derivadas**		
GRANDEZA FÍSICA	**NOME DA UNIDADE**	**SÍMBOLO**	**DEFINIÇÃO**
Área	metro quadrado	m^2	
Volume	metro cúbico	m^3	
Densidade	quilograma por metro cúbico	kg/m^3	
Força	newton	N	$kg \cdot m/s^2$
Pressão	pascal	Pa	N/m^2
Energia	joule	J	$kg \cdot m^2/s^2$
Carga elétrica	coulomb	C	$A \cdot s$
Diferença de potencial elétrico	volt	V	$J/(A \cdot s)$

Tabela 7   Unidades Comuns de Massa e Peso

1 LIBRA = 453,39 GRAMAS
1 quilograma = 1000 gramas = 2,205 libras
1 grama = 1000 miligramas
1 grama = $6,022 \times 10^{23}$ unidades de massa atômica
1 unidade de massa atômica = $1,6605 \times 10^{-24}$ grama
1 tonelada curta = 2000 libras = 907,2 quilogramas
1 tonelada longa = 2240 libras
1 tonelada métrica = 1000 quilogramas = 2205 libras

Tabela 8   Unidades Comuns de Comprimento

1 POLEGADA = 2,54 CENTÍMETROS (EXATAMENTE)
1 milha = 5280 pés = 1,609 quilômetros
1 jarda = 36 polegadas = 0,9144 metro
1 metro = 100 centímetros = 39,37 polegadas = 3,281 pés = 1,094 jardas
1 quilômetro = 1000 metros = 1094 jardas = 0,6215 milha
1 angstrom = $1,0 \times 10^{-8}$ centímetro = 0,10 nanômetro = 100 picômetros $= 1,0 \times 10^{-10}$ metro = $3,937 \times 10^{-9}$ polegada

Tabela 9   Unidades Comuns de Volume

1 QUARTO DE GALÃO = 0,9463 LITRO **1 LITRO = 1,0567 QUARTOS DE GALÃO**
1 litro = 1 decímetro cúbico = 1000 centímetros cúbicos = 0,001 metro cúbico
1 mililitro = 1 centímetro cúbico = 0,001 litro = $1,056 \times 10^{-3}$ quarto de galão
1 pé cúbico = 28,316 litros = 29,924 quartos de galão = 7,481 galões

Constantes físicas

Tabela 10 Constantes Físicas

GRANDEZA	SÍMBOLO	UNIDADES TRADICIONAIS	UNIDADES DO SI
Aceleração da gravidade	g	$980,6$ cm/s^2	$9,806$ m/s^2
Unidade de massa atômica (1/12 da massa do átomo de ^{12}C)	u	$1,6605 \times 10^{-24}$ g	$1,6605 \times 10^{-27}$ kg
Número de Avogadro	N_A	$6,02214129 \times 10^{23}$ partículas/mol	$6,02214129 \times 10^{23}$ partículas/mol
Raio de Bohr	a_0	$0,052918$ nm $5,2918 \times 10^{-9}$ cm	$5,2918 \times 10^{-11}$ m
Constante de Boltzmann	k	$1,3807 \times 10^{-16}$ erg/K	$1,3807 \times 10^{-23}$ J/K
Razão carga/massa do elétron	e/m	$1,7588 \times 10^{8}$ C/g	$1,7588 \times 10^{11}$ C/kg
Massa do elétron em repouso	m_e	$9,1094 \times 10^{-28}$ g $0,00054858$ u	$9,1094 \times 10^{-31}$ kg
Carga do elétron	e	$1,6022 \times 10^{-19}$ C $4,8033 \times 10^{-10}$ esu	$1,6022 \times 10^{-19}$ C
Constante de Faraday	F	96485 C/mol e$^-$ $23,06$ kcal/V $\cdot$ mol e$^-$	96485 C/mol e$^-$ 96485 J/V $\cdot$ mol e$^-$
Constante dos gases	R	$0,082057 \dfrac{L \cdot atm}{mol \cdot K}$ $1,987 \dfrac{cal}{mol \cdot K}$	$8,3145 \dfrac{Pa \cdot dm^3}{mol \cdot K}$ $8,3145$ J/mol $\cdot$ K
Volume molar (CNTP)	V_m	$22,414$ L/mol	$22,414 \times 10^{-3}$ m^3/mol $22,414$ dm^3/mol
Massa do nêutron em repouso	m_n	$1,67493 \times 10^{-24}$ g $1,008665$ u	$1,67493 \times 10^{-27}$ kg
Constante de Planck	h	$6,6261 \times 10^{-27}$ erg $\cdot$ s	$6,6260693 \times 10^{-34}$ J $\cdot$ s
Massa do próton em repouso	m_p	$1,6726 \times 10^{-24}$ g $1,007276$ u	$1,6726 \times 10^{-27}$ kg
Constante de Rydberg	R Rhc	—	$1,0974 \times 10^{7}$ m^{-1} $2,1799 \times 10^{-18}$ J
Velocidade da luz (no vácuo)	c	$2,9979 \times 10^{10}$ cm/s (186282 milhas/s)	$2,9979 \times 10^{8}$ m/s
$\pi = 3,1416$			
$e = 2,7183$			
$\ln X = 2,303 \log X$			

Tabela 11 Calores Específicos e Capacidades Caloríficas de Algumas Substâncias Comuns a 25 °C

Substância	Calor Específico (J/g · K)	Capacidade Calorífica Molar (J/mol · K)
Al(s)	0,897	24,2
Ca(s)	0,646	25,9
Cu(s)	0,385	24,5
Fe(s)	0,449	25,1
Hg(ℓ)	0,140	28,0
H_2O(s), gelo	2,06	37,1
H_2O(ℓ), água	4,184	75,4
H_2O(g), vapor	1,86	33,6
C_6H_6(ℓ), benzeno	1,74	136
C_6H_6(g), benzeno	1,06	82,4
C_2H_5OH(ℓ), etanol	2,44	112,3
C_2H_5OH(g), etanol	1,41	65,4
$(C_2H_5)_2O$(ℓ), éter dietílico	2,33	172,6
$(C_2H_5)_2O$(g), éter dietílico	1,61	119,5

Tabela 12 Calores de Transformação e Temperaturas de Transformação de Várias Substâncias

Substância	PF (°C)	Calor de Fusão		PE (°C)	Calor de Vaporização	
		J/g	kJ/mol		J/g	kJ/mol
Elementos*						
Al	660	395	10,7	2518	12083	294
Ca	842	212	8,5	1484	3767	155
Cu	1085	209	13,3	2567	4720	300
Fe	1535	267	13,8	2861	6088	340
Hg	−38,8	11	2,29	357	295	59,1
Compostos						
H_2O	0,00	333	6,01	100,0	2260	40,7
CH_4	−182,5	58,6	0,94	−161,5	511	8,2
C_2H_5OH	−114	109	5,02	78,3	838	38,6
C_6H_6	5,48	127,4	9,95	80,0	393	30,7
$(C_2H_5)_2O$	−116,3	98,1	7,27	34,6	357	26,5

*Os dados para os elementos foram obtidos de DEAN, J. A. *Lange's Handbook of Chemistry*. 15. ed. Nova York: McGraw-Hill Publishers, 1999.

Um guia resumido para nomear compostos orgânicos

Parece uma tarefa difícil criar um procedimento sistemático que forneça para cada composto orgânico um nome único, mas é isso o que tem sido feito. Um conjunto de regras foi desenvolvido pela União Internacional de Química Pura e Aplicada (IUPAC, na sigla em inglês) para nomear compostos orgânicos. A nomenclatura IUPAC permite que os químicos escrevam o nome de qualquer composto com base na sua estrutura ou identifiquem a fórmula e a estrutura de um composto a partir do seu nome. Neste livro, geralmente, utilizamos o esquema de nomenclatura IUPAC ao nomear os compostos.

Além dos nomes sistemáticos, muitos compostos têm nomes comuns. Os nomes comuns passaram a existir antes de as regras de nomenclatura serem criadas e eles continuaram em uso. Para alguns compostos, esses nomes estão tão incorporados que são utilizados na maioria das vezes. Um desses compostos é o ácido acético, que é quase sempre referido por esse nome e não por seu nome sistemático, ácido etanoico.

O procedimento geral para a nomenclatura sistemática de compostos orgânicos começa com a nomenclatura dos hidrocarbonetos. Outros compostos orgânicos são então designados como derivados dos hidrocarbonetos. As regras de nomenclatura dos compostos orgânicos simples são apresentadas na seção seguinte.

E-1 Hidrocarbonetos

Alcanos

Os nomes dos alcanos terminam em "-ano". Ao nomear um alcano específico, a raiz do nome identifica a cadeia de carbono mais longa no composto. Grupos substituintes específicos associados a essa cadeia de carbono são identificados pelo nome e pela posição.

Os alcanos com cadeias de um a dez átomos de carbono estão indicados na Tabela 23.2. Após os primeiros quatro compostos, os nomes derivam de números gregos e latinos – pentano, hexano, heptano, octano, nonano, decano –, e essa nomenclatura regular continua para os alcanos com números maiores de átomos de carbono. Para os alcanos substituídos, os grupos substituintes em uma cadeia de hidrocarbonetos devem ser identificados tanto pelo nome como pela posição do substituinte; essa informação precede a raiz do nome. A posição é indicada por um número de localização que se refere ao átomo de carbono ao qual está ligado o substituinte. (A numeração dos átomos de carbono em uma cadeia deve começar em uma das extremidades da mesma, de modo que o átomo de carbono ao qual está ligado o substituinte tenha o menor número de localização possível.)

Os nomes dos substituintes dos hidrocarbonetos são derivados do nome do hidrocarboneto. O grupo —CH_3, resultante da substituição de um hidrogênio do metano, é chamado *grupo metila*; o grupo —C_2H_5 é o *grupo etila*. O esquema de nomenclatura é facilmente estendido para derivados de hidrocarbonetos com outros grupos substituintes, como —Cl (cloro), —NO_2 (nitro), —CN (ciano), —D (deutério) e assim por diante (Tabela 13). Se ocorrerem dois ou mais dos mesmos grupos substituintes, os prefixos "di-", "tri-" e "tetra-" são adicionados. Quando diferentes grupos substituintes estão presentes, os mesmos são geralmente listados em ordem alfabética.

Tabela 13	Nomes de Grupos Substitutos Comuns		
Fórmula	**Nomes**	**Fórmula**	**Nomes**
$-CH_3$	metil	$-D$	deutério
$-C_2H_5$	etil	$-Cl$	cloro
$-CH_2CH_2CH_3$	propil (*n*-propil)	$-Br$	bromo
$-CH(CH_3)_2$	1-metiletil (isopropil)	$-F$	fluoro
$-CH=CH_2$	etenil (vinil)	$-CN$	ciano
$-C_6H_5$	fenil	$-NO_2$	nitro
$-OH$	hidroxi		
$-NH_2$	amino		

Exemplo:

$$\begin{array}{cc} CH_3 & C_2H_5 \\ | & | \\ \end{array}$$
$$CH_3CH_2CHCH_2CHCH_2CH_3$$

Etapa	Informações a Incluir	Contribuição ao Nome
1	Um alcano	Nome terminará em "-ano"
2	A cadeia mais longa possui 7 carbonos	Nomear como um *heptano*
3	Grupo $-CH_3$ no carbono 3	3-*metil*
4	Grupo $-C_2H_5$ no carbono 5	5-*etil*
Nome:		5-etil-3-metil-heptano

Os cicloalcanos são nomeados com base no tamanho do anel e pela adição do prefixo "ciclo"; por exemplo, o cicloalcano com um anel de seis membros de átomos de carbono é chamado de *ciclo-hexano*.

Alcenos

Os nomes dos alcenos terminam em "-eno". O nome de um alceno deve especificar o comprimento da cadeia de carbono e a posição da ligação dupla (e, quando apropriado, a configuração, *cis* ou *trans)*. Assim como no caso dos alcanos, é preciso fornecer tanto a identidade quanto a posição dos grupos substituintes. A cadeia de carbono é numerada a partir da extremidade que fornece à ligação dupla o menor número de localização.

Os compostos com duas ligações duplas são chamados *dienos* e são nomeados similarmente – especificando as posições das ligações duplas e o nome e a posição de quaisquer grupos substituintes.

Por exemplo, o composto $H_2C=C(CH_3)CH(CH_3)CH_2CH_3$ tem uma cadeia de cinco carbonos com uma dupla ligação entre os átomos de carbono 1 e 2 e grupos metila nos átomos de carbono 2 e 3. Seu nome, segundo a nomenclatura IUPAC, é **2,3-dimetil-1-penteno**. O composto $CH_3CH=CHCCl_3$ com uma configuração *cis* em volta da ligação dupla é denominado **1,1,1-tricloro-cis-2-buteno**. O composto $H_2C=C(Cl)CH=CH_2$ é o **2-cloro-1,3-butadieno**.

Alcinos

A nomenclatura dos alcinos é semelhante à dos alcenos, exceto pelo fato da isomeria *cis-trans* não existir. A terminação "-ino" em um nome identifica um composto como um alcino.

Derivados do Benzeno

Os átomos de carbono no anel de seis membros são numerados de 1 a 6, e são dados o nome e a posição dos grupos substituintes. Os dois exemplos mostrados aqui são **1-etil-3-metilbenzeno** e **1,4-diaminobenzeno**.

1-etil-3-metilbenzeno   1,4-diaminobenzeno

E-2   Derivados dos Hidrocarbonetos

Os nomes para álcoois, aldeídos, cetonas e ácidos são baseados no nome do hidrocarboneto com um sufixo apropriado para denotar a classe do composto, como segue:

- **Álcoois:** Substitua o "o" final por "ol" no nome do hidrocarboneto e designe a posição do grupo —OH pelo número do átomo de carbono. Por exemplo, $CH_3CH_2CHOHCH_3$ é nomeado como um derivado do hidrocarboneto butano de 4 carbonos. O grupo —OH está ligado ao segundo carbono, então o nome é **2-butanol**.

- **Aldeídos:** Substitua o "-o" final por "al" no nome do hidrocarboneto. O átomo de carbono de um aldeído é, por definição, o carbono-1 na cadeia do hidrocarboneto. Por exemplo, o composto $CH_3CH(CH_3)CH_2CH_2CHO$ contém uma cadeia de 5 carbonos com o grupo funcional aldeído sendo carbono-1 e o grupo —CH_3 na posição 4; assim, o nome é **4-metilpentanal**.

- **Cetonas:** Substitua o final "o" por "ona" no nome do hidrocarboneto. A posição do grupo funcional cetona (o grupo carbonila) é indicada pelo número do átomo de carbono. Por exemplo, o composto $CH_3COCH_2CH(C_2H_5)CH_2CH_3$ tem o grupo carbonila na posição 2 e um grupo etila na posição 4 de uma cadeia de 6 carbonos; o seu nome é **4-etil-2-hexanona**.

- **Ácidos carboxílicos (ácidos orgânicos):** Substitua o final "o" por "-oico" no nome do hidrocarboneto. Os átomos de carbono na cadeia mais longa são numerados começando com o átomo de carbono carboxílico. Por exemplo, *trans*-$CH_3CH{=}CHCH_2CO_2H$ é nomeado como um derivado do *trans*-3-penteno – isto é, **ácido trans-3-pentenoico**.

Um **éster** é nomeado como um derivado do álcool e do ácido dos quais ele foi formado. O nome de um éster é obtido através da divisão da fórmula RCO_2R' em duas partes, a parte RCO_2— e a parte –R'— . A parte —R' vem do álcool e é identificada pelo nome do grupo hidrocarboneto; derivados de etanol, por exemplo, são chamados ésteres de *etila*. A parte do ácido do composto é nomeada trocando-se o final "-oico" do ácido por "-oato". O composto $CH_3CH_2CO_2CH_3$ é denominado **propanoato de metila**.

Observe que um ânion derivado de um ácido carboxílico pela perda do próton do grupo —CO_2H é nomeado da mesma forma. Assim, $CH_3CH_2CO_2^-$ é o **ânion propanoato**, e o sal de sódio desse ânion, $Na(CH_3CH_2CO_2)$ é o **propanoato de sódio**.

Valores de energias de ionização e entalpias de adição eletrônica dos elementos

Primeiras Energias de Ionização para Alguns Elementos (kJ/mol)

1A (1)	2A (2)	3B (3)	4B (4)	5B (5)	6B (6)	7B (7)	8B (8,9,10)			1B (11)	2B (12)	3A (13)	4A (14)	5A (15)	6A (16)	7A (17)	8 (18)
H 1312																	He 2371
Li 520	Be 899											B 801	C 1086	N 1402	O 1314	F 1681	Ne 2081
Na 496	Mg 738											Al 578	Si 786	P 1012	S 1000	Cl 1251	Ar 1521
K 419	Ca 599	Sc 631	Ti 658	V 650	Cr 652	Mn 717	Fe 759	Co 758	Ni 757	Cu 745	Zn 906	Ga 579	Ge 762	As 947	Se 941	Br 1140	Kr 1351
Rb 403	Sr 550	Y 617	Zr 661	Nb 664	Mo 685	Tc 702	Ru 711	Rh 720	Pd 804	Ag 731	Cd 868	In 558	Sn 709	Sb 834	Te 869	I 1008	Xe 1170
Cs 377	Ba 503	La 538	Hf 681	Ta 761	W 770	Re 760	Os 840	Ir 880	Pt 870	Au 890	Hg 1007	Tl 589	Pb 715	Bi 703	Po 812	At 890	Rn 1037

Tabela 14 Valores de Entalpia de Adição Eletrônica para Alguns Elementos (kJ/mol)*

H −72,77						
Li −59,63	Be 0†	B −26,7	C −121,85	N 0	O −140,98	F −328,0
Na −52,87	Mg 0	Al −42,6	Si −133,6	P −72,07	S −200,41	Cl −349,0
K −48,39	Ca 0	Ga −30	Ge −120	As −78	Se −194,97	Br −324,7
Rb −46,89	Sr 0	In −30	Sn −120	Sb −103	Te −190,16	I −295,16
Cs −45,51	Ba 0	Tl −20	Pb −35,1	Bi −91,3	Po −180	At −270

* Derivado de dados extraídos de H. Hotop; W. C. Lineberger. *Journal of Physical Chemistry, Reference Data*, v. 14, p. 731, 1985. (Esse artigo inclui também dados para metais de transição.) Alguns valores são conhecidos com mais de duas casas decimais. Veja também: http://en.wikipedia.org/wiki/Electron_affinity_(data_page)

† Elementos com uma entalpia de adição eletrônica de zero indicam que um ânion estável A⁻ do elemento não existe na fase gasosa.

Pressão de vapor da água em várias temperaturas

Tabela 15   Pressão de Vapor da Água a Várias Temperaturas

Temperatura (°C)	Pressão de Vapor (torr)	Temperatura (°C)	Pressão de Vapor (torr)	Temperatura (°C)	Pressão de Vapor (torr)	Temperatura (°C)	Pressão de Vapor (torr)
−10	2,1	21	18,7	51	97,2	81	369,7
−9	2,3	22	19,8	52	102,1	82	384,9
−8	2,5	23	21,1	53	107,2	83	400,6
−7	2,7	24	22,4	54	112,5	84	416,8
−6	2,9	25	23,8	55	118,0	85	433,6
−5	3,2	26	25,2	56	123,8	86	450,9
−4	3,4	27	26,7	57	129,8	87	468,7
−3	3,7	28	28,3	58	136,1	88	487,1
−2	4,0	29	30,0	59	142,6	89	506,1
−1	4,3	30	31,8	60	149,4	90	525,8
0	4,6	31	33,7	61	156,4	91	546,1
1	4,9	32	35,7	62	163,8	92	567,0
2	5,3	33	37,7	63	171,4	93	588,6
3	5,7	34	39,9	64	179,3	94	610,9
4	6.1	35	42,2	65	187,5	95	633,9
5	6,5	36	44,6	66	196,1	96	657,6
6	7,0	37	47,1	67	205,0	97	682,1
7	7,5	38	49,7	68	214,2	98	707,3
8	8,0	39	52,4	69	223,7	99	733,2
9	8,6	40	55,3	70	233,7	100	760,0
10	9,2	41	58,3	71	243,9	101	787,6
11	9,8	42	61,5	72	254,6	102	815,9
12	10,5	43	64,8	73	265,7	103	845,1
13	11,2	44	68,3	74	277,2	104	875,1
14	12,0	45	71,9	75	289,1	105	906,1
15	12,8	46	75,7	76	301,4	106	937,9
16	13,6	47	79,6	77	314,1	107	970,6
17	14,5	48	83,7	78	327,3	108	1004,4
18	15,5	49	88,0	79	341,0	109	1038,9
19	16,5	50	92,5	80	355,1	110	1074,6
20	17,5						

Constantes de ionização de ácidos fracos a 25 °C

Tabela 16 Constantes de Ionização de Ácidos Fracos Aquosos a 25 °C

ÁCIDO	FÓRMULA E EQUAÇÃO DE IONIZAÇÃO	K_a
Acético	$CH_3CO_2H \rightleftharpoons H^+ + CH_3CO_2^-$	$1,8 \times 10^{-5}$
Arsênico	$H_3AsO_4 \rightleftharpoons H^+ + H_2AsO_4^-$ $H_2AsO_4^- \rightleftharpoons H^+ + HAsO_4^{2-}$ $HAsO_4^{2-} \rightleftharpoons H^+ + AsO_4^{3-}$	$K_1 = 5,8 \times 10^{-3}$ $K_2 = 1,1 \times 10^{-7}$ $K_3 = 3,2 \times 10^{-12}$
Arsenoso	$H_3AsO_3 \rightleftharpoons H^+ + H_2AsO_3^-$ $H_2AsO_3^- \rightleftharpoons H^+ + HAsO_3^{2-}$	$K_1 = 6,0 \times 10^{-10}$ $K_2 = 3,0 \times 10^{-14}$
Benzoico	$C_6H_5CO_2H \rightleftharpoons H^+ + C_6H_5CO_2^-$	$6,3 \times 10^{-5}$
Bórico	$H_3BO_3 \rightleftharpoons H^+ + H_2BO_3^-$ $H_2BO_3^- \rightleftharpoons H^+ + HBO_3^{2-}$ $HBO_3^{2-} \rightleftharpoons H^+ + BO_3^{3-}$	$K_1 = 7,3 \times 10^{-10}$ $K_2 = 1,8 \times 10^{-13}$ $K_3 = 1,6 \times 10^{-14}$
Carbônico	$H_2CO_3 \rightleftharpoons H^+ + HCO_3^-$ $HCO_3^- \rightleftharpoons H^+ + CO_3^{2-}$	$K_1 = 4,2 \times 10^{-7}$ $K_2 = 4,8 \times 10^{-11}$
Cítrico	$H_3C_6H_5O_7 \rightleftharpoons H^+ + H_2C_6H_5O_7^-$ $H_2C_6H_5O_7^- \rightleftharpoons H^+ + HC_6H_5O_7^{2-}$ $HC_6H_5O_7^{2-} \rightleftharpoons H^+ + C_6H_5O_7^{3-}$	$K_1 = 7,4 \times 10^{-3}$ $K_2 = 1,7 \times 10^{-5}$ $K_3 = 4,0 \times 10^{-7}$
Ciânico	$HOCN \rightleftharpoons H^+ + OCN^-$	$3,5 \times 10^{-4}$
Fórmico	$HCO_2H \rightleftharpoons H^+ + HCO_2^-$	$1,8 \times 10^{-4}$
Hidrazoico	$HN_3 \rightleftharpoons H^+ + N_3^-$	$1,9 \times 10^{-5}$
Cianídrico	$HCN \rightleftharpoons H^+ + CN^-$	$4,0 \times 10^{-10}$
Fluorídrico	$HF \rightleftharpoons H^+ + F^-$	$7,2 \times 10^{-4}$
Peróxido de hidrogênio	$H_2O_2 \rightleftharpoons H^+ + HO_2^-$	$2,4 \times 10^{-12}$
Sulfídrico	$H_2S \rightleftharpoons H^+ + HS^-$ $HS^- \rightleftharpoons H^+ + S^{2-}$	$K_1 = 1 \times 10^{-7}$ $K_2 = 1 \times 10^{-19}$
Hipobromoso	$HOBr \rightleftharpoons H^+ + OBr^-$	$2,5 \times 10^{-9}$
Hipocloroso	$HOCl \rightleftharpoons H^+ + OCl^-$	$3,5 \times 10^{-8}$
Nitroso	$HNO_2 \rightleftharpoons H^+ + NO_2^-$	$4,5 \times 10^{-4}$
Oxálico	$H_2C_2O_4 \rightleftharpoons H^+ + HC_2O_4^-$ $HC_2O_4^- \rightleftharpoons H^+ + C_2O_4^{2-}$	$K_1 = 5,9 \times 10^{-2}$ $K_2 = 6,4 \times 10^{-5}$

(continua)

Tabela 16   Constantes de Ionização de Ácidos Fracos a 25 °C (continuação)

ÁCIDO	FÓRMULA E EQUAÇÃO DE IONIZAÇÃO	K_a
Fenol	$C_6H_5OH \rightleftharpoons H^+ + C_6H_5O^-$	$1,3 \times 10^{-10}$
Fosfórico	$H_3PO_4 \rightleftharpoons H^+ + H_2PO_4^-$ $H_2PO_4^- \rightleftharpoons H^+ + HPO_4^{2-}$ $HPO_4^{2-} \rightleftharpoons H^+ + PO_4^{3-}$	$K_1 = 7,5 \times 10^{-3}$ $K_2 = 6,2 \times 10^{-8}$ $K_3 = 3,6 \times 10^{-13}$
Fosforoso	$H_3PO_3 \rightleftharpoons H^+ + H_2PO_3^-$ $H_2PO_3^- \rightleftharpoons H^+ + HPO_3^{2-}$	$K_1 = 1,6 \times 10^{-2}$ $K_2 = 7,0 \times 10^{-7}$
Selênico	$H_2SeO_4 \rightleftharpoons H^+ + HSeO_4^-$ $HSeO_4^- \rightleftharpoons H^+ + SeO_4^{2-}$	$K_1 = $ muito grande $K_2 = 1,2 \times 10^{-2}$
Selenoso	$H_2SeO_3 \rightleftharpoons H^+ + HSeO_3^-$ $HSeO_3^- \rightleftharpoons H^+ + SeO_3^{2-}$	$K_1 = 2,7 \times 10^{-3}$ $K_2 = 2.5 \times 10^{-7}$
Sulfúrico	$H_2SO_4 \rightleftharpoons H^+ + HSO_4^-$ $HSO_4^- \rightleftharpoons H^+ + SO_4^{2-}$	$K_1 = $ muito grande $K_2 = 1,2 \times 10^{-2}$
Sulfuroso	$H_2SO_3 \rightleftharpoons H^+ + HSO_3^-$ $HSO_3^- \rightleftharpoons H^+ + SO_3^{2-}$	$K_1 = 1,2 \times 10^{-2}$ $K_2 = 6,2 \times 10^{-8}$
Teluroso	$H_2TeO_3 \rightleftharpoons H^+ + HTeO_3^-$ $HTeO_3^- \rightleftharpoons H^+ + TeO_3^{2-}$	$K_1 = 2 \times 10^{-3}$ $K_2 = 1 \times 10^{-8}$

Constantes de ionização de bases fracas a 25 °C

Tabela 17 **Constantes de Ionização de Bases Fracas a 25 °C**

BASE	FÓRMULA E EQUAÇÃO DE IONIZAÇÃO	K_b
Amônia	$NH_3 + H_2O \rightleftharpoons NH_4^+ + OH^-$	$1,8 \times 10^{-5}$
Anilina	$C_6H_5NH_2 + H_2O \rightleftharpoons C_6H_5NH_3^+ + OH^-$	$4,0 \times 10^{-10}$
Dimetilamina	$(CH_3)_2NH + H_2O \rightleftharpoons (CH_3)_2NH_2^+ + OH^-$	$7,4 \times 10^{-4}$
Etilamina	$C_2H_5NH_2 + H_2O \rightleftharpoons C_2H_5NH_3^+ + OH^-$	$4,3 \times 10^{-4}$
Etilenodiamina	$H_2NCH_2CH_2NH_2 + H_2O \rightleftharpoons H_2NCH_2CH_2NH_3^+ + OH^-$ $H_2NCH_2CH_2NH_3^+ + H_2O \rightleftharpoons H_3NCH_2CH_2NH_3^{2+} + OH^-$	$K_1 = 8,5 \times 10^{-5}$ $K_2 = 2,7 \times 10^{-8}$
Hidrazina	$N_2H_4 + H_2O \rightleftharpoons N_2H_5^+ + OH^-$ $N_2H_5^+ + H_2O \rightleftharpoons N_2H_6^{2+} + OH^-$	$K_1 = 8,5 \times 10^{-7}$ $K_2 = 8,9 \times 10^{-16}$
Hidroxilamina	$NH_2OH + H_2O \rightleftharpoons NH_3OH^+ + OH^-$	$6,6 \times 10^{-9}$
Metilamina	$CH_3NH_2 + H_2O \rightleftharpoons CH_3NH_3^+ + OH^-$	$5,0 \times 10^{-4}$
Piridina	$C_5H_5N + H_2O \rightleftharpoons C_5H_5NH^+ + OH^-$	$1,5 \times 10^{-9}$
Trimetilamina	$(CH_3)_3N + H_2O \rightleftharpoons (CH_3)_3NH^+ + OH^-$	$7,4 \times 10^{-5}$

Constantes do produto de solubilidade de alguns compostos inorgânicos a 25 °C

Tabela 18A   Constantes do Produto de Solubilidade a 25 °C

CÁTION	COMPOSTO	K_{ps}	CÁTION	COMPOSTO	K_{ps}
Ba^{2+}	*$BaCrO_4$	$1{,}2 \times 10^{-10}$	Hg_2^{2+}	*Hg_2Br_2	$6{,}4 \times 10^{-23}$
	$BaCO_3$	$2{,}6 \times 10^{-9}$		Hg_2Cl_2	$1{,}4 \times 10^{-18}$
	BaF_2	$1{,}8 \times 10^{-7}$		*Hg_2I_2	$2{,}9 \times 10^{-29}$
	*$BaSO_4$	$1{,}1 \times 10^{-10}$		Hg_2SO_4	$6{,}5 \times 10^{-7}$
Ca^{2+}	$CaCO_3$ (calcita)	$3{,}4 \times 10^{-9}$	Ni^{2+}	$NiCO_3$	$1{,}4 \times 10^{-7}$
	*CaF_2	$5{,}3 \times 10^{-11}$		$Ni(OH)_2$	$5{,}5 \times 10^{-16}$
	*$Ca(OH)_2$	$5{,}5 \times 10^{-5}$	Ag^+	*$AgBr$	$5{,}4 \times 10^{-13}$
	$CaSO_4$	$4{,}9 \times 10^{-5}$		*$AgBrO_3$	$5{,}4 \times 10^{-5}$
Cu^+, Cu^{2+}	$CuBr$	$6{,}3 \times 10^{-9}$		$AgCH_3CO_2$	$1{,}9 \times 10^{-3}$
	CuI	$1{,}3 \times 10^{-12}$		$AgCN$	$6{,}0 \times 10^{-17}$
	$Cu(OH)_2$	$2{,}2 \times 10^{-20}$		Ag_2CO_3	$8{,}5 \times 10^{-12}$
	$CuSCN$	$1{,}8 \times 10^{-13}$		*$Ag_2C_2O_4$	$5{,}4 \times 10^{-12}$
Au^+	$AuCl$	$2{,}0 \times 10^{-13}$		*$AgCl$	$1{,}8 \times 10^{-10}$
Fe^{2+}	$FeCO_3$	$3{,}1 \times 10^{-11}$		Ag_2CrO_4	$1{,}1 \times 10^{-12}$
	$Fe(OH)_2$	$4{,}9 \times 10^{-17}$		*AgI	$8{,}5 \times 10^{-17}$
Pb^{2+}	$PbBr_2$	$6{,}6 \times 10^{-6}$		$AgSCN$	$1{,}0 \times 10^{-12}$
	$PbCO_3$	$7{,}4 \times 10^{-14}$		*Ag_2SO_4	$1{,}2 \times 10^{-5}$
	$PbCl_2$	$1{,}7 \times 10^{-5}$	Sr^{2+}	$SrCO_3$	$5{,}6 \times 10^{-10}$
	$PbCrO_4$	$2{,}8 \times 10^{-13}$		SrF_2	$4{,}3 \times 10^{-9}$
	PbF_2	$3{,}3 \times 10^{-8}$		$SrSO_4$	$3{,}4 \times 10^{-7}$
	PbI_2	$9{,}8 \times 10^{-9}$	Tl^+	$TlBr$	$3{,}7 \times 10^{-6}$
	$Pb(OH)_2$	$1{,}4 \times 10^{-15}$		$TlCl$	$1{,}9 \times 10^{-4}$
	$PbSO_4$	$2{,}5 \times 10^{-8}$		TlI	$5{,}5 \times 10^{-8}$
Mg^{2+}	$MgCO_3$	$6{,}8 \times 10^{-6}$	Zn^{2+}	$Zn(OH)_2$	3×10^{-17}
	MgF_2	$5{,}2 \times 10^{-11}$		$Zn(CN)_2$	$8{,}0 \times 10^{-12}$
	$Mg(OH)_2$	$5{,}6 \times 10^{-12}$			
Mn^{2+}	$MnCO_3$	$2{,}3 \times 10^{-11}$			
	*$Mn(OH)_2$	$1{,}9 \times 10^{-13}$			

Os valores apresentados nesta tabela foram extraídos de DEAN, J. A. *Lange's Handbook of Chemistry*. 15. ed. Nova York: McGraw-Hill Publishers, 1999. Os valores foram arredondados para dois algarismos significativos.

*A solubilidade calculada a partir desses valores de K_{ps} corresponderão à solubilidade experimental para esse composto dentro de um fator de 2. Os valores experimentais para as solubilidades são dados em CLARK, R. W.; BONICAMP, J. M. *Journal of Chemical Education*, v. 75, p. 1182, 1998.

Tabela 18B Valores de K'_{ps} Modificados* para Alguns Sulfetos Metálicos a 25 °C

SUBSTÂNCIA	K_{ps}
HgS (vermelho)	4×10^{-54}
HgS (preto)	2×10^{-53}
CuS	6×10^{-37}
PbS	3×10^{-28}
CdS	8×10^{-28}
SnS	1×10^{-26}
FeS	6×10^{-19}

*Os valores da constante de equilíbrio para estes sulfetos metálicos referem-se ao equilíbrio de $MS(s) + H_2O(l) \rightleftharpoons M^{2+}(aq) + OH^-(aq) + HS^-(aq)$; veja MYERS, R. J. *Journal of Chemical Education*, v. 63, p. 687, 1986.

Constantes de formação de alguns íons complexos em solução aquosa a 25 °C

Tabela 19 Constantes de Formação de Alguns Íons Complexos em Solução Aquosa a 25 °C*

EQUILÍBRIO DE FORMAÇÃO	K
$Ag^+ + 2\,Br^- \rightleftharpoons [AgBr_2]^-$	$2,1 \times 10^7$
$Ag^+ + 2\,Cl^- \rightleftharpoons [AgCl_2]^-$	$1,1 \times 10^5$
$Ag^+ + 2\,CN^- \rightleftharpoons [Ag(CN)_2]^-$	$1,3 \times 10^{21}$
$Ag^+ + 2\,S_2O_3^{2-} \rightleftharpoons [Ag(S_2O_3)_2]^{3-}$	$2,9 \times 10^{13}$
$Ag^+ + 2\,NH_3 \rightleftharpoons [Ag(NH_3)_2]^+$	$1,1 \times 10^7$
$Al^{3+} + 6\,F^- \rightleftharpoons [AlF_6]^{3-}$	$6,9 \times 10^{19}$
$Al^{3+} + 4\,OH^- \rightleftharpoons [Al(OH)_4]^-$	$1,1 \times 10^{33}$
$Au^+ + 2\,CN^- \rightleftharpoons [Au(CN)_2]^-$	$2,0 \times 10^{38}$
$Cd^{2+} + 4\,CN^- \rightleftharpoons [Cd(CN)_4]^{2-}$	$6,0 \times 10^{18}$
$Cd^{2+} + 4\,NH_3 \rightleftharpoons [Cd(NH_3)_4]^{2+}$	$1,3 \times 10^7$
$Co^{2+} + 6\,NH_3 \rightleftharpoons [Co(NH_3)_6]^{2+}$	$1,3 \times 10^5$
$Cu^+ + 2\,CN^- \rightleftharpoons [Cu(CN)_2]^-$	$1,0 \times 10^{24}$
$Cu^+ + 2\,Cl^- \rightleftharpoons [CuCl_2]^-$	$3,2 \times 10^5$
$Cu^{2+} + 4\,NH_3 \rightleftharpoons [Cu(NH_3)_4]^{2+}$	$2,1 \times 10^{13}$
$Fe^{2+} + 6\,CN^- \rightleftharpoons [Fe(CN)_6]^{4-}$	$1,0 \times 10^{35}$
$Hg^{2+} + 4\,Cl^- \rightleftharpoons [HgCl_4]^{2-}$	$1,2 \times 10^{15}$
$Ni^{2+} + 4\,CN^- \rightleftharpoons [Ni(CN)_4]^{2-}$	$2,0 \times 10^{31}$
$Ni^{2+} + 6\,NH_3 \rightleftharpoons [Ni(NH_3)_6]^{2+}$	$5,5 \times 10^8$
$Zn^{2+} + 4\,OH^- \rightleftharpoons [Zn(OH)_4]^{2-}$	$4,6 \times 10^{17}$
$Zn^{2+} + 4\,NH_3 \rightleftharpoons [Zn(NH_3)_4]^{2+}$	$2,9 \times 10^9$

*Os dados apresentados nesta tabela foram extraídos de DEAN, J. A. *Lange's Handbook of Chemistry*. 15. ed. Nova York: McGraw-Hill Publishers, 1999.

Parâmetros termodinâmicos selecionados

Tabela 20   Parâmetros Termodinâmicos Selecionados *

ESPÉCIES	$\Delta_f H°$ (298,15 K) (kJ/mol)	$S°$ (298,15 K) (J/K · mol)	$\Delta_f G°$ (298,15 K) (kJ/mol)
Alumínio			
Al(s)	0	28,3	0
AlCl$_3$(s)	−705,63	109,29	−630,0
Al$_2$O$_3$(s)	−1675,7	50,92	−1582,3
Bário			
BaCl$_2$(s)	−858,6	123,68	−810,4
BaCO$_3$(s)	−1213	112,1	−1134,41
BaO(s)	−548,1	72,05	−520,38
BaSO$_4$(s)	−1473,2	132,2	−1362,2
Berílio			
Be(s)	0	9,5	0
Be(OH)$_2$(s)	−902,5	51,9	−815,0
Bromo			
BCl$_3$(g)	−402,96	290,17	−387,95
Boro			
Br(g)	111,884	175,022	82,396
Br$_2$(ℓ)	0	152,2	0
Br$_2$(g)	30,91	245,47	3,12
BrF$_3$(g)	−255,60	292,53	−229,43
HBr(g)	−36,29	198,70	−53,45

*A maioria dos dados termodinâmicos foram extraídos de NIST Chemistry WebBook em http://webbook.nist.gov.

(continua)

Tabela 20 **Parâmetros Termodinâmicos Selecionados (continuação)**

Espécies	$\Delta_f H°$ (298,15 K) (kJ/mol)	$S°$ (298,15 K) (J/K · mol)	$\Delta_f G°$ (298,15 K) (kJ/mol)
Cálcio			
Ca(s)	0	41,59	0
Ca(g)	178,2	158,884	144,3
Ca²⁺(g)	1925,90	—	—
CaC₂(s)	−59,8	70,	−64,93
CaCO₃(s, calcita)	−1207,6	91,7	−1129,16
CaCl₂(s)	−795,8	104,6	−748,1
CaF₂(s)	−1219,6	68,87	−1167,3
CaH₂(s)	−186,2	42	−147,2
CaO(s)	−635,09	38,2	−603,42
CaS(s)	−482,4	56,5	−477,4
Ca(OH)₂(s)	−986,09	83,39	−898,43
Ca(OH)₂(aq)	−1002,82	—	−868,07
CaSO₄(s)	−1434,52	106,5	−1322,02
Carbono			
C(s, grafite)	0	5,6	0
C(s, diamante)	1,8	2,377	2,900
C(g)	716,67	158,1	671,2
CCl₄(ℓ)	−128,4	214,39	−57,63
CCl₄(g)	−95,98	309,65	−53,61
CHCl₃(ℓ)	−134,47	201,7	−73,66
CHCl₃(g)	−103,18	295,61	−70,4
CH₄(g, metano)	−74,87	186,26	−50,8
C₂H₂(g, etino)	226,73	200,94	209,20
C₂H₄(g, eteno)	52,47	219,36	68,35
C₂H₆(g, etano)	−83,85	229,2	−31,89
C₃H₈(g, propano)	−104,7	270,3	−24,4
C₆H₆(ℓ, benzeno)	48,95	173,26	124,21
CH₃OH(ℓ, metanol)	−238,4	127,19	−166,14
CH₃OH(g, metanol)	−201,0	239,7	−162,5
C₂H₅OH(ℓ, etanol)	−277,0	160,7	−174,7
C₂H₅OH(g, etanol)	−235,3	282,70	−168,49

(continua)

	Tabela 20 Parâmetros Termodinâmicos Selecionados (continuação)		
ESPÉCIES	$\Delta_f H°$ (298,15 K) (kJ/mol)	$S°$ (298,15 K) (J/K · mol)	$\Delta_f G°$ (298,15 K) (kJ/mol)
Carbono (continuação)			
$CO(g)$	−110,525	197,674	−137,168
$CO_2(g)$	−393,509	213,74	−394,359
$CS_2(\ell)$	89,41	151	65,2
$CS_2(g)$	116,7	237,8	66,61
$COCl_2(g)$	−218,8	283,53	−204,6
Césio			
$Cs(s)$	0	85,23	0
$Cs^+(g)$	457,964	—	—
$CsCl(s)$	−443,04	101,17	−414,53
Cloro			
$Cl(g)$	121,3	165,19	105,3
$Cl^-(g)$	−233,13	—	—
$Cl_2(g)$	0	223,08	0
$HCl(g)$	−92,31	186,2	−95,09
$HCl(aq)$	−167,159	56,5	−131,26
Cromo			
$Cr(s)$	0	23,62	0
$Cr_2O_3(s)$	−1134,7	80,65	−1052,95
$CrCl_3(s)$	−556,5	123,0	−486,1
Cobre			
$Cu(s)$	0	33,17	0
$CuO(s)$	−156,06	42,59	−128,3
$CuCl_2(s)$	−220,1	108,07	−175,7
$CuSO_4(s)$	−769,98	109,05	−660,75
Flúor			
$F_2(g)$	0	202,8	0
$F(g)$	78,99	158,754	61,91
$F^-(g)$	−255,39	—	—
$F^-(aq)$	−332,63	—	−278,79
$HF(g)$	−273,3	173,779	−273,2
$HF(aq)$	−332,63	88,7	−278,79

(continua)

Tabela 20   Parâmetros Termodinâmicos Selecionados (continuação)

Espécies	$\Delta_f H°$ (298,15 K) (kJ/mol)	$S°$ (298,15 K) (J/K · mol)	$\Delta_f G°$ (298,15 K) (kJ/mol)
Hidrogênio			
$H_2(g)$	0	130,7	0
$H(g)$	217,965	114,713	203,247
$H^+(g)$	1536,202	—	—
$H_2O(\ell)$	−285,83	69,95	−237,15
$H_2O(g)$	−241,83	188,84	−228,59
$H_2O_2(\ell)$	−187,78	109,6	−120,35
Iodo			
$I_2(s)$	0	116,135	0
$I_2(g)$	62,438	260,69	19,327
$I(g)$	106,838	180,791	70,250
$I^-(g)$	−197	—	—
$ICl(g)$	17,51	247,56	−5,73
Ferro			
$Fe(s)$	0	27,78	0
$FeO(s)$	−272	—	—
Fe_2O_3(s, hematita)	−825,5	87,40	−742,2
Fe_3O_4(s, magnetita)	−1118,4	146,4	−1015,4
$FeCl_2(s)$	−341,79	117,95	−302,30
$FeCl_3(s)$	−399,49	142,3	−344,00
FeS_2(s, pirita)	−178,2	52,93	−166,9
$Fe(CO)_5(\ell)$	−774,0	338,1	−705,3
Chumbo			
$Pb(s)$	0	64,81	0
$PbCl_2(s)$	−359,41	136,0	−314,10
PbO(s, amarelo)	−219	66,5	−196
$PbO_2(s)$	−277,4	68,6	−217,39
$PbS(s)$	−100,4	91,2	−98,7
Lítio			
$Li(s)$	0	29,12	0
$Li^+(g)$	685,783	—	—
$LiOH(s)$	−484,93	42,81	−438,96

(continua)

Tabela 20   Parâmetros Termodinâmicos Selecionados (continuação)

ESPÉCIES	$\Delta_f H°$ (298,15 K) (kJ/mol)	$S°$ (298,15 K) (J/K · mol)	$\Delta_f G°$ (298,15 K) (kJ/mol)
Lítio (continuação)			
LiOH(aq)	−508,48	2,80	−450,58
LiCl(s)	−408,701	59,33	−384,37
Magnésio			
Mg(s)	0	32,67	0
$MgCl_2$(s)	−641,62	89,62	−592,09
$MgCO_3$(s)	−1111,69	65,84	−1028,2
MgO(s)	−601,24	26,85	−568,93
$Mg(OH)_2$(s)	−924,54	63,18	−833,51
MgS(s)	−346,0	50,33	−341,8
Mercúrio			
Hg(ℓ)	0	76,02	0
$HgCl_2$(s)	−224,3	146,0	−178,6
HgO(s, vermelho)	−90,83	70,29	−58,539
HgS(s, vermelho)	−58,2	82,4	−50,6
Níquel			
Ni(s)	0	29,87	0
NiO(s)	−239,7	37,99	−211,7
$NiCl_2$(s)	−305,332	97,65	−259,032
Nitrogênio			
N_2(g)	0	191,56	0
N(g)	472,704	153,298	455,563
NH_3(g)	−45,90	192,77	−16,37
N_2H_4(ℓ)	50,63	121,52	149,45
NH_4Cl(s)	−314,55	94,85	−203,08
NH_4Cl(aq)	−299,66	169,9	−210,57
NH_4NO_3(s)	−365,56	151,08	−183,84
NH_4NO_3(aq)	−339,87	259,8	−190,57
NO(g)	90,29	210,76	86,58
NO_2(g)	33,1	240,04	51,23
N_2O(g)	82,05	219,85	104,20
N_2O_4(g)	9,08	304,38	97,73

(continua)

Tabela 20 Parâmetros Termodinâmicos Selecionados (continuação)

Espécies	$\Delta_f H°$ (298,15 K) (kJ/mol)	$S°$ (298,15 K) (J/K · mol)	$\Delta_f G°$ (298,15 K) (kJ/mol)
Nitrogênio (continuação)			
$NOCl(g)$	51,71	261,8	66,08
$HNO_3(\ell)$	−174,10	155,60	−80,71
$HNO_3(g)$	−135,06	266,38	−74,72
$HNO_3(aq)$	−207,36	146,4	−111,25
Oxigênio			
$O_2(g)$	0	205,07	0
$O(g)$	249,170	161,055	231,731
$O_3(g)$	142,67	238,92	163,2
Fósforo			
$P_4(s, branco)$	0	41,1	0
$P_4(s, vermelho)$	−17,6	22,80	−12,1
$P(g)$	314,64	163,193	278,25
$PH_3(g)$	5,47	210,24	6,64
$PCl_3(g)$	−287,0	311,78	−267,8
$P_4O_{10}(s)$	−2984,0	228,86	−2697,7
$H_3PO_4(\ell)$	−1279,0	110,5	−1119,1
Potássio			
$K(s)$	0	64,63	0
$KCl(s)$	−436,68	82,56	−408,77
$KClO_3(s)$	−397,73	143,1	−296,25
$KI(s)$	−327,90	106,32	−324,892
$KOH(s)$	−424,72	78,9	−378,92
$KOH(aq)$	−482,37	91,6	−440,50
Silício			
$Si(s)$	0	18,82	0
$SiBr_4(\ell)$	−457,3	277,8	−443,9
$SiC(s)$	−65,3	16,61	−62,8
$SiCl_4(g)$	−662,75	330,86	−622,76
$SiH_4(g)$	34,31	204,65	56,84
$SiF_4(g)$	−1614,94	282,49	−1572,65
$SiO_2(s, quartzo)$	−910,86	41,46	−856,97

(continua)

Tabela 20 Parâmetros Termodinâmicos Selecionados (continuação)			
Espécies	$\Delta_f H°$ (298,15 K) (kJ/mol)	$S°$ (298,15 K) (J/K · mol)	$\Delta_f G°$ (298,15 K) (kJ/mol)
Prata			
Ag(s)	0	42,55	0
$Ag_2O(s)$	−31,1	121,3	−11,32
AgCl(s)	−127,01	96,25	−109,76
$AgNO_3(s)$	−124,39	140,92	−33,41
Sódio			
Na(s)	0	51,21	0
Na(g)	107,3	153,765	76,83
$Na^+(g)$	609,358	—	—
NaBr(s)	−361,02	86,82	−348,983
NaCl(s)	−411,12	72,11	−384,04
NaCl(g)	−181,42	229,79	−201,33
NaCl(aq)	−407,27	115,5	−393,133
NaOH(s)	−425,93	64,46	−379,75
NaOH(aq)	−469,15	48,1	−418,09
$Na_2CO_3(s)$	−1130,77	134,79	−1048,08
Enxofre			
S(s, rômbico)	0	32,1	0
S(g)	278,98	167,83	236,51
$S_2Cl_2(g)$	−18,4	331,5	−31,8
$SF_6(g)$	−1209	291,82	−1105,3
$H_2S(g)$	−20,63	205,79	−33,56
$SO_2(g)$	−296,84	248,21	−300,13
$SO_3(g)$	−395,77	256,77	−371,04
$SOCl_2(g)$	−212,5	309,77	−198,3
$H_2SO_4(\ell)$	−814	156,9	−689,96
$H_2SO_4(aq)$	−909,27	20,1	−744,53
Estanho			
Sn(s, branco)	0	51,08	0
Sn(s, cinza)	−2,09	44,14	0,13
$SnCl_4(\ell)$	−511,3	258,6	−440,15
$SnCl_4(g)$	−471,5	365,8	−432,31
$SnO_2(s)$	−577,63	49,04	−515,88

(continua)

Tabela 20 Parâmetros Termodinâmicos Selecionados (continuação)

ESPÉCIES	$\Delta_f H°$ (298,15 K) (kJ/mol)	$S°$ (298,15 K) (J/K · mol)	$\Delta_f G°$ (298,15 K) (kJ/mol)
Titânio			
Ti(s)	0	30,72	0
$TiCl_4(\ell)$	−804,2	252,34	−737,2
$TiCl_4(g)$	−763,16	354,84	−726,7
$TiO_2(s)$	−939,7	49,92	−884,5
Zinco			
Zn(s)	0	41,63	0
$ZnCl_2(s)$	−415,05	111,46	−369,398
ZnO(s)	−348,28	43,64	−318,30
ZnS(s, esfarelita)	−205,98	57,7	−201,29

Potenciais padrão de redução em solução aquosa a 25 °C

Tabela 21 Potenciais Padrão de Redução em Solução Aquosa a 25 °C	
SOLUÇÃO ÁCIDA	POTENCIAL PADRÃO DE REDUÇÃO, $E°$ (VOLTS)
$F_2(g) + 2\,e^- \longrightarrow 2\,F^-(aq)$	2,87
$Co^{3+}(aq) + e^- \longrightarrow Co^{2+}(aq)$	1,82
$Pb^{4+}(aq) + 2\,e^- \longrightarrow Pb^{2+}(aq)$	1,8
$H_2O_2(aq) + 2\,H^+(aq) + 2\,e^- \longrightarrow 2\,H_2O$	1,77
$NiO_2(s) + 4\,H^+(aq) + 2\,e^- \longrightarrow Ni^{2+}(aq) + 2\,H_2O$	1,7
$PbO_2(s) + SO_4^{2-}(aq) + 4\,H^+(aq) + 2\,e^- \longrightarrow PbSO_4(s) + 2\,H_2O$	1,685
$Au^+(aq) + e^- \longrightarrow Au(s)$	1,68
$2\,HClO(aq) + 2\,H^+(aq) + 2\,e^- \longrightarrow Cl_2(g) + 2\,H_2O$	1,63
$Ce^{4+}(aq) + e^- \longrightarrow Ce^{3+}(aq)$	1,61
$NaBiO_3(s) + 6\,H^+(aq) + 2\,e^- \longrightarrow Bi^{3+}(aq) + Na^+(aq) + 3\,H_2O$	≈1,6
$MnO_4^-(aq) + 8\,H^+(aq) + 5\,e^- \longrightarrow Mn^{2+}(aq) + 4\,H_2O$	1,51
$Au^{3+}(aq) + 3\,e^- \longrightarrow Au(s)$	1,50
$ClO_3^-(aq) + 6\,H^+(aq) + 5\,e^- \longrightarrow \frac{1}{2}\,Cl_2(g) + 3\,H_2O$	1,47
$BrO_3^-(aq) + 6\,H^+(aq) + 6\,e^- \longrightarrow Br^-(aq) + 3\,H_2O$	1,44
$Cl_2(g) + 2\,e^- \longrightarrow 2\,Cl^-(aq)$	1,36
$Cr_2O_7^{2-}(aq) + 14\,H^+(aq) + 6\,e^- \longrightarrow 2\,Cr^{3+}(aq) + 7\,H_2O$	1,33
$N_2H_5^+(aq) + 3\,H^+(aq) + 2\,e^- \longrightarrow 2\,NH_4^+(aq)$	1,24
$MnO_2(s) + 4\,H^+(aq) + 2\,e^- \longrightarrow Mn^{2+}(aq) + 2\,H_2O$	1,23
$O_2(g) + 4\,H^+(aq) + 4\,e^- \longrightarrow 2\,H_2O$	1,229
$Pt^{2+}(aq) + 2\,e^- \longrightarrow Pt(s)$	1,2
$IO_3^-(aq) + 6\,H^+(aq) + 5\,e^- \longrightarrow \frac{1}{2}\,I_2(aq) + 3\,H_2O$	1,195
$ClO_4^-(aq) + 2\,H^+(aq) + 2\,e^- \longrightarrow ClO_3^-(aq) + H_2O$	1,19
$Br_2(\ell) + 2\,e^- \longrightarrow 2\,Br^-(aq)$	1,08

Tabela 21   Potenciais Padrão de Redução em Solução Aquosa a 25 °C (continuação)

Solução Ácida	Potencial Padrão de Redução, $E°$ (volts)
$AuCl_4^-(aq) + 3\,e^- \longrightarrow Au(s) + 4\,Cl^-(aq)$	1,00
$Pd^{2+}(aq) + 2\,e^- \longrightarrow Pd(s)$	0,987
$NO_3^-(aq) + 4\,H^+(aq) + 3\,e^- \longrightarrow NO(g) + 2\,H_2O$	0,96
$NO_3^-(aq) + 3\,H^+(aq) + 2\,e^- \longrightarrow HNO_2(aq) + H_2O$	0,94
$2\,Hg^{2+}(aq) + 2\,e^- \longrightarrow Hg_2^{2+}(aq)$	0,920
$Hg^{2+}(aq) + 2\,e^- \longrightarrow Hg(\ell)$	0,855
$Ag^+(aq) + e^- \longrightarrow Ag(s)$	0,7994
$Hg_2^{2+}(aq) + 2\,e^- \longrightarrow 2\,Hg(\ell)$	0,789
$Fe^{3+}(aq) + e^- \longrightarrow Fe^{2+}(aq)$	0,771
$SbCl_6^-(aq) + 2\,e^- \longrightarrow SbCl_4^-(aq) + 2\,Cl^-(aq)$	0,75
$[PtCl_4]^{2-}(aq) + 2\,e^- \longrightarrow Pt(s) + 4\,Cl^-(aq)$	0,73
$O_2(g) + 2\,H^+(aq) + 2\,e^- \longrightarrow H_2O_2(aq)$	0,682
$[PtCl_6]^{2-}(aq) + 2\,e^- \longrightarrow [PtCl_4]^{2-}(aq) + 2\,Cl^-(aq)$	0,68
$I_2(aq) + 2\,e^- \longrightarrow 2\,I^-(aq)$	0,621
$H_3AsO_4(aq) + 2\,H^+(aq) + 2\,e^- \longrightarrow H_3AsO_3(aq) + H_2O$	0,58
$I_2(s) + 2\,e^- \longrightarrow 2\,I^-(aq)$	0,535
$TeO_2(s) + 4\,H^+(aq) + 4\,e^- \longrightarrow Te(s) + 2\,H_2O$	0,529
$Cu^+(aq) + e^- \longrightarrow Cu(s)$	0,521
$[RhCl_6]^{3-}(aq) + 3\,e^- \longrightarrow Rh(s) + 6\,Cl^-(aq)$	0,44
$Cu^{2+}(aq) + 2\,e^- \longrightarrow Cu(s)$	0,337
$Hg_2Cl_2(s) + 2\,e^- \longrightarrow 2\,Hg(\ell) + 2\,Cl^-(aq)$	0,27
$AgCl(s) + e^- \longrightarrow Ag(s) + Cl^-(aq)$	0,222
$SO_4^{2-}(aq) + 4\,H^+(aq) + 2\,e^- \longrightarrow SO_2(g) + 2\,H_2O$	0,20
$SO_4^{2-}(aq) + 4\,H^+(aq) + 2\,e^- \longrightarrow H_2SO_3(aq) + H_2O$	0,17
$Cu^{2+}(aq) + e^- \longrightarrow Cu^+(aq)$	0,153
$Sn^{4+}(aq) + 2\,e^- \longrightarrow Sn^{2+}(aq)$	0,15
$S(s) + 2\,H^+ + 2\,e^- \longrightarrow H_2S(aq)$	0,14
$AgBr(s) + e^- \longrightarrow Ag(s) + Br^-(aq)$	0,0713
$2\,H^+(aq) + 2\,e^- \longrightarrow H_2(g)$ (eletrodo de referência)	0,0000
$N_2O(g) + 6\,H^+(aq) + H_2O + 4\,e^- \longrightarrow 2\,NH_3OH^+(aq)$	−0,05
$Pb^{2+}(aq) + 2\,e^- \longrightarrow Pb(s)$	−0,126
$Sn^{2+}(aq) + 2\,e^- \longrightarrow Sn(s)$	−0,14

(continua)

Tabela 21 Potenciais Padrão de Redução em Solução Aquosa a 25 °C (continuação)

SOLUÇÃO ÁCIDA	POTENCIAL PADRÃO DE REDUÇÃO, $E°$ (VOLTS)
$AgI(s) + e^- \longrightarrow Ag(s) + I^-(aq)$	$-0,15$
$[SnF_6]^{2-}(aq) + 4\,e^- \longrightarrow Sn(s) + 6\,F^-(aq)$	$-0,25$
$Ni^{2+}(aq) + 2\,e^- \longrightarrow Ni(s)$	$-0,25$
$Co^{2+}(aq) + 2\,e^- \longrightarrow Co(s)$	$-0,28$
$Tl^+(aq) + e^- \longrightarrow Tl(s)$	$-0,34$
$PbSO_4(s) + 2\,e^- \longrightarrow Pb(s) + SO_4^{2-}(aq)$	$-0,356$
$Se(s) + 2\,H^+(aq) + 2\,e^- \longrightarrow H_2Se(aq)$	$-0,40$
$Cd^{2+}(aq) + 2\,e^- \longrightarrow Cd(s)$	$-0,403$
$Cr^{3+}(aq) + e^- \longrightarrow Cr^{2+}(aq)$	$-0,41$
$Fe^{2+}(aq) + 2\,e^- \longrightarrow Fe(s)$	$-0,44$
$2\,CO_2(g) + 2\,H^+(aq) + 2\,e^- \longrightarrow H_2C_2O_4(aq)$	$-0,49$
$Ga^{3+}(aq) + 3\,e^- \longrightarrow Ga(s)$	$-0,53$
$HgS(s) + 2\,H^+(aq) + 2\,e^- \longrightarrow Hg(\ell) + H_2S(g)$	$-0,72$
$Cr^{3+}(aq) + 3\,e^- \longrightarrow Cr(s)$	$-0,74$
$Zn^{2+}(aq) + 2\,e^- \longrightarrow Zn(s)$	$-0,763$
$Cr^{2+}(aq) + 2\,e^- \longrightarrow Cr(s)$	$-0,91$
$FeS(s) + 2\,e^- \longrightarrow Fe(s) + S^{2-}(aq)$	$-1,01$
$Mn^{2+}(aq) + 2\,e^- \longrightarrow Mn(s)$	$-1,18$
$V^{2+}(aq) + 2\,e^- \longrightarrow V(s)$	$-1,18$
$CdS(s) + 2\,e^- \longrightarrow Cd(s) + S^{2-}(aq)$	$-1,21$
$ZnS(s) + 2\,e^- \longrightarrow Zn(s) + S^{2-}(aq)$	$-1,44$
$Zr^{4+}(aq) + 4\,e^- \longrightarrow Zr(s)$	$-1,53$
$Al^{3+}(aq) + 3\,e^- \longrightarrow Al(s)$	$-1,66$
$Mg^{2+}(aq) + 2\,e^- \longrightarrow Mg(s)$	$-2,37$
$Na^+(aq) + e^- \longrightarrow Na(s)$	$-2,714$
$Ca^{2+}(aq) + 2\,e^- \longrightarrow Ca(s)$	$-2,87$
$Sr^{2+}(aq) + 2\,e^- \longrightarrow Sr(s)$	$-2,89$
$Ba^{2+}(aq) + 2\,e^- \longrightarrow Ba(s)$	$-2,90$
$Rb^+(aq) + e^- \longrightarrow Rb(s)$	$-2,925$
$K^+(aq) + e^- \longrightarrow K(s)$	$-2,925$
$Li^+(aq) + e^- \longrightarrow Li(s)$	$-3,045$

(continua)

Tabela 21 Potenciais Padrão de Redução em Solução Aquosa a 25 °C (continuação)

Solução Básica	Potencial Padrão de Redução, $E°$ (volts)
$ClO^-(aq) + H_2O + 2\,e^- \longrightarrow Cl^-(aq) + 2\,OH^-(aq)$	0,89
$OOH^-(aq) + H_2O + 2\,e^- \longrightarrow 3\,OH^-(aq)$	0,88
$2\,NH_2OH(aq) + 2\,e^- \longrightarrow N_2H_4(aq) + 2\,OH^-(aq)$	0,74
$ClO_3^-(aq) + 3\,H_2O + 6\,e^- \longrightarrow Cl^-(aq) + 6\,OH^-(aq)$	0,62
$MnO_4^-(aq) + 2\,H_2O + 3\,e^- \longrightarrow MnO_2(s) + 4\,OH^-(aq)$	0,588
$MnO_4^-(aq) + e^- \longrightarrow MnO_4^{2-}(aq)$	0,564
$NiO_2(s) + 2\,H_2O + 2\,e^- \longrightarrow Ni(OH)_2(s) + 2\,OH^-(aq)$	0,49
$Ag_2CrO_4(s) + 2\,e^- \longrightarrow 2\,Ag(s) + CrO_4^{2-}(aq)$	0,446
$O_2(g) + 2\,H_2O + 4\,e^- \longrightarrow 4\,OH^-(aq)$	0,40
$ClO_4^-(aq) + H_2O + 2\,e^- \longrightarrow ClO_3^-(aq) + 2\,OH^-(aq)$	0,36
$Ag_2O(s) + H_2O + 2\,e^- \longrightarrow 2\,Ag(s) + 2\,OH^-(aq)$	0,34
$2\,NO_2^-(aq) + 3\,H_2O + 4\,e^- \longrightarrow N_2O(g) + 6\,OH^-(aq)$	0,15
$N_2H_4(aq) + 2\,H_2O + 2\,e^- \longrightarrow 2\,NH_3(aq) + 2\,OH^-(aq)$	0,10
$[Co(NH_3)_6]^{3+}(aq) + e^- \longrightarrow [Co(NH_3)_6]^{2+}(aq)$	0,10
$HgO(s) + H_2O + 2\,e^- \longrightarrow Hg(\ell) + 2\,OH^-(aq)$	0,0984
$O_2(g) + H_2O + 2\,e^- \longrightarrow OOH^-(aq) + OH^-(aq)$	0,076
$NO_3^-(aq) + H_2O + 2\,e^- \longrightarrow NO_2^-(aq) + 2\,OH^-(aq)$	0,01
$MnO_2(s) + 2\,H_2O + 2\,e^- \longrightarrow Mn(OH)_2(s) + 2\,OH^-(aq)$	$-0,05$
$CrO_4^{2-}(aq) + 4\,H_2O + 3\,e^- \longrightarrow Cr(OH)_3(s) + 5\,OH^-(aq)$	$-0,12$
$Cu(OH)_2(s) + 2\,e^- \longrightarrow Cu(s) + 2\,OH^-(aq)$	$-0,36$
$S(s) + 2\,e^- \longrightarrow S^{2-}(aq)$	$-0,48$
$Fe(OH)_3(s) + e^- \longrightarrow Fe(OH)_2(s) + OH^-(aq)$	$-0,56$
$2\,H_2O + 2\,e^- \longrightarrow H_2(g) + 2\,OH^-(aq)$	$-0,8277$
$2\,NO_3^-(aq) + 2\,H_2O + 2\,e^- \longrightarrow N_2O_4(g) + 4\,OH^-(aq)$	$-0,85$
$Fe(OH)_2(s) + 2\,e^- \longrightarrow Fe(s) + 2\,OH^-(aq)$	$-0,877$
$SO_4^{2-}(aq) + H_2O + 2\,e^- \longrightarrow SO_3^{2-}(aq) + 2\,OH^-(aq)$	$-0,93$
$N_2(g) + 4\,H_2O + 4\,e^- \longrightarrow N_2H_4(aq) + 4\,OH^-(aq)$	$-1,15$
$[Zn(OH)_4]^{2-}(aq) + 2\,e^- \longrightarrow Zn(s) + 4\,OH^-(aq)$	$-1,22$
$Zn(OH)_2(s) + 2\,e^- \longrightarrow Zn(s) + 2\,OH^-(aq)$	$-1,245$
$[Zn(CN)_4]^{2-}(aq) + 2\,e^- \longrightarrow Zn(s) + 4\,CN^-(aq)$	$-1,26$
$Cr(OH)_3(s) + 3\,e^- \longrightarrow Cr(s) + 3\,OH^-(aq)$	$-1,30$
$SiO_3^{2-}(aq) + 3\,H_2O + 4\,e^- \longrightarrow Si(s) + 6\,OH^-(aq)$	$-1,70$

Respostas das questões para estudo, exercícios para a seção, verifique seu entendimento e questões de estudo de caso

Capítulo 14

Estudo de Caso

Enzimas – Catalisadores da Natureza

1. Decompor uma quantidade equivalente de H_2O_2 de forma catalítica levaria $1,0 \times 10^{-7}$ anos; isso é equivalente a 3,2 segundos.

2.

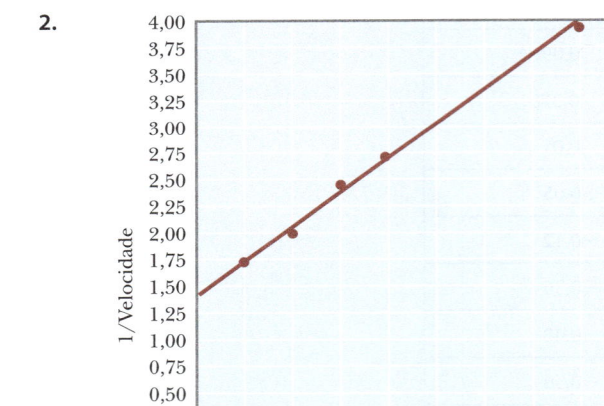

[S]	1/[S]	Velocidade	1/Velocidade
2,50	0,400	0,588	1,70
1,00	1,00	0,500	2,00
0,714	1,40	0,417	2,40
0,526	1,90	0,370	2,70
0,250	4,00	0,256	3,91

Do gráfico, obtemos um valor de 1/Velocidade = 1,47 quando 1/[S] = 0. Deste, $R_{máx}$ = 0,68 mmol/min.

Verifique Seu Entendimento

14.1 Pelas primeiras 2 horas:

$-\Delta[\text{sacarose}]/\Delta t = -[(0,033 - 0,050) \text{ mol/L}]/(2,0 \text{ h}) = 0,0085 \text{ mol/L} \cdot \text{h}$

Por pelo menos 2 horas:

$-\Delta[\text{sacarose}]/\Delta t = -[(0,010 - 0,015) \text{ mol/L}]/(2,0 \text{ h}) = 0,003 \text{ mol/L} \cdot \text{h}$

Velocidade instantânea em 4 horas = 0,0045 mol/L · h. (Calculada a partir do declive de uma linha tangente à curva da concentração definida.)

14.2 $-\frac{1}{2}(\Delta[\text{NOCl}]/\Delta t) = \frac{1}{2}(\Delta[\text{NO}]/\Delta t) = \Delta[\text{Cl}_2]/\Delta t$

14.3 Compare os experimentos 1 e 2: a duplicação de $[O_2]$ causa duplicação da velocidade, então a velocidade é de primeira ordem em $[O_2]$. Compare os experimentos 2 e 4: duplicar [NO] aumenta a velocidade por um fator de 4, então a velocidade é de segunda ordem em [NO]. Assim, a lei das velocidades é

Velocidade = $-(\Delta[\text{NO}]/\Delta t) = k[\text{NO}]^2[\text{O}_2]$

Usando os dados do experimento 1 para determinar k:

$0,028 \text{ mol/L} \cdot \text{s} = k[0,020 \text{ mol/L}]^2[0,010 \text{ mol/L}]$

$k = 7,0 \times 10^3 \text{ L}^2/\text{mol}^2 \cdot \text{s}$

14.4 Velocidade = $k[\text{Pt(NH}_3)_2\text{Cl}_2] = (0,27 \text{ h}^{-1})(0,020 \text{ mol/L})$
$= 0,0054 \text{ mol/L} \cdot \text{h}$

14.5 $\ln([\text{sacarose}]/[\text{sacarose}]_o) = -kt$

$\ln([\text{sacarose}]/[0,010]) = -(0,21 \text{ h}^{-1})(5,0 \text{ h})$

$[\text{sacarose}] = 0,0035 \text{ mol/L}$

14.6 (a) A fração remanescente é $[\text{CH}_3\text{N}_2\text{CH}_3]/[\text{CH}_3\text{N}_2\text{CH}_3]_o$.

$\ln([\text{CH}_3\text{N}_2\text{CH}_3]/[\text{CH}_3\text{N}_2\text{CH}_3]_o) = -(3,6 \times 10^{-4} \text{ s}^{-1})(150 \text{ s})$

$[\text{CH}_3\text{N}_2\text{CH}_3]/[\text{CH}_3\text{N}_2\text{CH}_3]_o = 0,95$

(b) Após a reação estar 99% completa
$[\text{CH}_3\text{N}_2\text{CH}_3]/[\text{CH}_3\text{N}_2\text{CH}_3]_o = 0,010$

$\ln (0{,}010) = -(3{,}6 \times 10^{-4}\ s^{-1})(t)$

$t = 1{,}3 \times 10^4\ s\ (210\ min)$

14.7 $1/[HI] - 1/[HI]_o = kt$

$1/[HI] - 1/[0{,}010\ M] = (30\ L/mol \cdot min)(12\ min)$

$[HI] = 0{,}0022\ M$

14.8 $(0{,}060\ M/0{,}24\ M) = 0{,}25$; assim, ¼ do material original permanece e duas meias-vidas ocorreram.

$t_{1/2} = 141\ min.$

$k = \ln 2/t_{1/2} = (\ln 2)/141\ min = 4{,}92 \times 10^{-3}\ min^{-1}$

Velocidade Inicial $= k[H_2O_2]_0 =$
$4{,}92 \times 10^{-3}\ min^{-1}\ (0{,}24\ mol/L) =$
$1{,}2 \times 10^{-3}\ mol/L \cdot min$

14.9 (a) Para ^{241}Am, $t_{1/2} = 0{,}693/k = 0{,}693/(0{,}0016\ y^{-1}) = 430$ ano

Para ^{125}I, $t_{1/2} = 0{,}693/(0{,}011\ d^{-1}) = 63\ d$

(b) ^{125}I diminui muito mais rapidamente.

(c) $\ln [(n)/(1{,}6 \times 10^{15}\ átomos)] = -(0{,}011\ d^{-1})(2{,}0\ d)$

$n/1{,}6 \times 10^{15}\ átomos = 0{,}978$;

$n = 1{,}57 \times 10^{15}\ átomos$

Uma vez que a resposta deve ter dois algarismos significativos, devemos arredondar para $1{,}6 \times 10^{15}$ átomos. Os aproximadamente 2% de diminuição não são perceptíveis dentro dos limites da precisão dos dados apresentados.

14.10 Uma representação de Arrhenius foi construída graficamente em k no eixo y e $1/T$ no eixo x. Usando o Microsoft Excel, a equação da melhor linha de ajuste é $y = -22336x + 27{,}304$.

$E_a = -R \cdot (\text{inclinação}) = -(0{,}0083145\ kJ/mol \cdot K)$
$(-22336\ K) = 1{,}9 \times 10^2\ kJ/mol$

14.11 $\ln (k_2/k_1) = (-E_a/R)(1/T_2 - 1/T_1)$

$\ln [(1{,}00 \times 10^4)/(4{,}5 \times 10^3)] =$
$-(E_a/8{,}3145 \times 10^{-3}\ kJ/mol \cdot K)(1/283\ K - 1/274\ K)$

$E_a = 57\ kJ/mol$

14.12 Todos as três etapas são bimoleculares.

Para a etapa 3: Velocidade $= k[N_2O_2]\ [H_2]$.

Existem dois intermediários, $N_2O_2(g)$ e $N_2O(g)$.

Quando as três equações são somadas, N_2O_2 (um produto na primeira etapa e um reagente na segunda etapa) e N_2O (um produto na segunda etapa e um reagente na terceira etapa) anulam-se, deixando a equação:

$2\ NO(g) + 2\ H_2(g) \rightarrow N_2(g) + 2\ H_2O(g)$.

14.13 (a) $2\ NH_3(aq) + OCl^-(aq) \rightarrow$
$N_2H_4(aq) + Cl^-(aq) + H_2O(\ell)$

(b) A segunda etapa é a etapa determinante da velocidade.

(c) Velocidade $= k[NH_2Cl][NH_3]$

(d) NH_2Cl, $N_2H_5^+$ e OH^- são intermediários.

14.14 Reação global: $2\ NO_2Cl(g) \rightarrow 2\ NO_2(g) + Cl_2(g)$

Velocidade $= k'[NO_2Cl]^2/[NO_2]$ (Onde $k' = k_1k_2/k_{-1}$)

O aumento de $[NO_2]$ faz com que a velocidade da reação diminua.

Exercícios para a seção

Seção 14.1

1. (b) A velocidade de desaparecimento do $NO(g)$ é duas vezes a velocidade de desaparecimento do $O_2(g)$.

2. (c) $0{,}6 \times 10^{-5}\ mol/L \cdot min$

Seção 14.2

1. (b) diminuição da concentração de um dos reagentes

Seção 14.3

1. (b) $1{,}24 \times 10^{-5}\ mol/L \cdot s$

Seção 14.4

1. (b) entre 6 e 7

2. (d) Um gráfico de $\ln[SO_2Cl_2]$ em função do tempo que fornece uma linha reta.

3. (b) segunda ordem

Seção 14.5

1. (c) $\ln k$ em função de $1/T$

2. (b) A maior proporção de moléculas do reagente excede a energia de ativação.

Seção 14.6

1. (b) Esta reação pode ocorrer em uma única etapa elementar.

2. (c) Velocidade $= k[A]^2[B]$

Aplicando Princípios Químicos: Cinética e Mecanismos: Um Mistério de Setenta Anos Resolvido

1. (a) 207 kJ/mol fótons
(b) 792 nm

3. A probabilidade de três partículas colidindo simultaneamente com a geometria correta para uma reação bem-sucedida é baixa.

Questões para Estudo

14.1 (a) $-\dfrac{1}{2}\dfrac{\Delta[O_3]}{\Delta t} = \dfrac{1}{3}\dfrac{\Delta[O_2]}{\Delta t}$

(b) $-\dfrac{1}{2}\dfrac{\Delta[HOF]}{\Delta t} = \dfrac{1}{2}\dfrac{\Delta[HF]}{\Delta t} = \dfrac{\Delta[O_2]}{\Delta t}$

14.3 $\dfrac{1}{3}\dfrac{\Delta[O_2]}{\Delta t} = -\dfrac{1}{2}\dfrac{\Delta[O_3]}{\Delta t}$ ou $\dfrac{\Delta[O_3]}{\Delta t} = -\dfrac{2}{3}\dfrac{\Delta[O_2]}{\Delta t}$

então $\Delta[O_3]/\Delta t = -1{,}0 \times 10^{-3}\ mol/L \cdot s$.

14.5 (a) O gráfico de [B] (concentração de produto) em função do tempo mostra [B] aumentando do zero. A linha é curva, indicando as mudanças da velocidade com o tempo; assim, a velocidade depende da concentração. As velocidades para os quatro intervalos de 10 s são as seguintes: 0–10 s, 0,0326 mol/L · s; de 10–20 s, 0,0246 mol/L · s; 20–30 s, 0,0178 mol/L · s; 30–40 s, 0,0140 mol/L · s.

(b) $-\dfrac{\Delta[A]}{\Delta t} = \dfrac{1}{2}\dfrac{\Delta[B]}{\Delta t}$ em toda a reação

No intervalo de 10 a 20 s, $\dfrac{\Delta[A]}{\Delta t} = -0,0123 \dfrac{mol}{L \cdot s}$

(c) Velocidade instantânea quando $[B] = 0,750$ mol/L $=$

$$\dfrac{\Delta[B]}{\Delta t} = 0,0163 \dfrac{mol}{L \cdot s}$$

14.7 A reação é de segunda ordem para A, de primeira ordem para B e de terceira ordem para todo o restante.

14.9 (a) Velocidade $= k[NO_2][O_3]$
(b) Se $[NO_2]$ for triplicado, a velocidade triplica.
(c) Se $[O_3]$ for dividido por dois, a velocidade é dividida por dois.

14.11 (a) A reação é de segunda ordem em [NO] e de primeira ordem em $[O_2]$.

(b) Velocidade $= \dfrac{-\Delta[NO]}{\Delta t} = k[NO]^2[O_2]$

(c) $k = 25 \ L^2/mol^2 \cdot s$
(d) Velocidade$= 2,8 \times 10^{-5}$ mol/L $\cdot$ s
(e) Quando $-\Delta[NO]/\Delta t = 1,0 \times 10^{-4}$ mol/L $\cdot$ s, $\Delta[O_2]/\Delta t = 5,0 \times 10^{-5}$ mol/L $\cdot$ s e $\Delta[NO_2]/\Delta t = 1,0 \times 10^{-4}$ mol/L $\cdot$ s.

14.13 (a) Velocidade $= -\Delta[NO]/\Delta t = k[NO]^2[O_2]$
(b) $50 \ L^2/mol^2 \cdot h$
(c) Velocidade $= 8,4 \times 10^{-9}$ mol/L $\cdot$ h

14.15 $k = 3,73 \times 10^{-3} \ min^{-1}$

14.17 $5,0 \times 10^2$ min

14.19 (a) 153 min
(b) 1790 min

14.21 140 s

14.23 6,3 s

14.25 (a) $t_{1/2} = 1,0 \times 10^4$ s (b) 34.000 s

14.27 $1,0 \times 10^3$ min

14.29 Frações remanescente de $^{64}Cu = 0,030$

14.31 A linha reta obtida em um gráfico de $\ln[N_2O]$ em função do tempo indica uma reação de primeira ordem.

$k = (-\text{inclinação}) = 0,0128 \ min^{-1}$

A velocidade quando $[N_2O] = 0,035$ mol/L é $4,5 \times 10^{-4}$ mol/L $\cdot$ min.

14.33 O gráfico de $1/[NO_2]$ em função do tempo dá uma linha reta, indicando que a reação é de segunda ordem em relação a $[NO_2]$ (ver Tabela 14.1). A inclinação da linha é k, então $k = 1,1$ L/mol $\cdot$ s.

14.35 $-\Delta[C_2F_4]/\Delta t = k[C_2F_4]^2 = (0,04 \ L/mol \cdot s)[C_2F_4]^2$

14.37 Energia de ativação $= 102$ kJ/mol

14.39 $k = 0,3 \ s^{-1}$

14.41

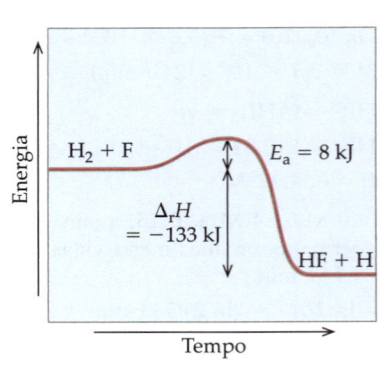

14.43 (a) Velocidade $= k[NO_3][NO]$
(b) Velocidade $= k[Cl][H_2]$
(c) Velocidade $= k[(CH_3)_3CBr]$

14.45 (a) A segunda etapa; (b) Velocidade $= k[O_3][O]$

14.47 (a) NO_2 é um reagente na primeira etapa e um produto da segunda. CO é um reagente na segunda etapa. NO_3 é um intermediário, e CO_2 é um produto. NO é um produto.
(b) Diagrama de coordenada da reação

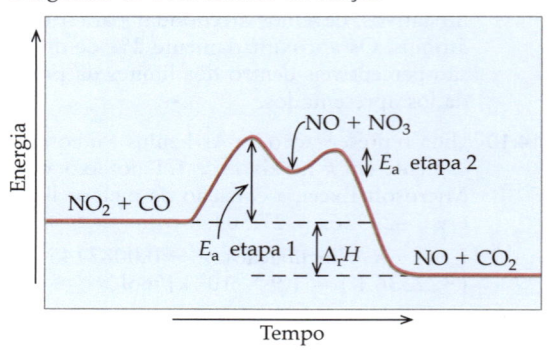

14.49 Dobrando a concentração de A, a velocidade aumentará em um fator de 4, porque a concentração de A aparece na lei de velocidade como $[A]^2$. Reduzindo a concentração de B pela metade, reduziremos a velocidade pela metade. O resultado líquido é que a velocidade da reação irá dobrar.

14.51 Após a medição do pH como uma função do tempo, pode-se então calcular pOH e depois $[OH^-]$. Finalmente, um gráfico de $1/[OH^-]$ em função do tempo dará uma linha reta com uma inclinação igual a k.

14.53 72 s representa duas meias-vidas, então $t_{1/2} = 36$ s.

14.55 (a) Um gráfico de $1/[C_2F_4]$ em função do tempo indica que a reação é de segunda ordem em relação a $[C_2F_4]$. A lei da velocidade é Velocidade $= k[C_2F_4]^2$.
(b) A constante da velocidade (= inclinação da linha) é de cerca de 0,045 L/mol $\cdot$ s. (O gráfico não permite um cálculo muito preciso.)
(c) Usando $k = 0,045$ L/mol $\cdot$ s, a concentração depois de 600 s é de 0,03 M (para um algarismo significativo).
(d) Tempo $= 2000$ s [usando k da parte (b)].

14.57 (a) Um gráfico de $1/[NH_4NCO]$ em função do tempo é linear, então a reação é de segunda ordem em relação a NH_4NCO.

(b) Inclinação = k = 0,0109 L/mol · min.

(c) $t_{1/2}$ = 200 min

(d) [NH$_4$NCO] = 0,0997 mol/L

14.59 Mecanismo 2

14.61 k = 0,0176 h^{-1} e $t_{1/2}$ = 39,3 h

14.63 (a) Após 125 min, 0,250 g permanece. Após 145 min, 0,144 g permanece.

(b) Tempo = 43,9 min

(c) Fração remanescente = 0,016

14.65 Colocar no gráfico 1/concentração em função do tempo dá uma razoável correlação linear. A reação é de segunda ordem.

14.67 A equação de velocidade para a etapa lenta é Velocidade = k[O$_3$][O]. A constante de equilíbrio, K, para a etapa 1 é K = [O$_2$][O]/[O$_3$]. Resolvendo isso para [O], temos [O] = K[O$_3$]/[O$_2$]. Substituindo a expressão por [O] na equação de velocidade encontramos

Velocidade = k[O$_3$]{K[O$_3$]/[O$_2$]} = kK[O$_3$]^2/[O$_2$]

14.69 A inclinação de ln k em função do 1/T é –6370. Da inclinação = –E_a/R, obtemos E_a = 53,0 kJ/mol.

14.71 A etapa 2 é a etapa determinante da velocidade, e N$_2$O$_2$ é um intermediário.

Velocidade = –½ Δ[NO]/Δt = k[NO]^2[O$_2$]

14.73 (a) k = 3,41 L/mol · min

(b) A constante de velocidade (k') da equação é ½ do valor da constante de velocidade, k, da equação original. A equação da velocidade da equação original é –Δ[NO$_2$]/Δt = k[NO$_2$]. Para a equação reescrita, a equação de velocidade é –(½)Δ[NO$_2$]/Δt = k'[NO$_2$] ou –Δ[NO$_2$]/Δt = 2k'[NO$_2$]. Portanto, k = 2k' ou k' = (½)k.

14.75 Tempo estimado a 90 °C = 4,76 min

14.77 Após 30 min (uma meia-vida), P_{HOF} = 50,0 mm Hg e P_{total} = 125,0 mm Hg. Após 45 min, P_{HOF} = 35,4 mm Hg e P_{total} = 132 mm Hg.

14.79 (a) A reação é de primeira ordem em NO$_2$NH$_2$ e –1 para H$_3$O$^+$. Em uma solução tamponada, [H$_3$O]$^+$ é constante, então a reação tem uma ordem aparente de 1.

(b, c) Mecanismo 3

Na etapa 1, K = k_4/k_4' = [NO$_2$NH$^-$][H$_3$O$^+$]/[NO$_2$NH$_2$]

Reorganize isso e substitua dentro da lei de velocidade para a etapa lenta.

Velocidade = k_5[NO$_2$NH$^-$] = k_5K[NO$_2$NH$_2$]/[H$_3$O$^+$]

Esta é a mesma da lei de velocidade experimental, onde a constante de velocidade global k = k_5K.

(d) A adição de íons OH$^-$ alterará o equilíbrio na Etapa 1 (reagindo com o H$_3$O$^+$) para produzir uma concentração maior de NO$_2$NH$^-$, o reagente na etapa de determinação da velocidade, assim, a velocidade da reação aumenta.

14.81 (a) A velocidade média de t = 0/s a t = 15/s é de cerca de 4,7 × 10^{-5} M/s. De t = 100 s a 125 s, a velocidade média é cerca de 1,6 × 10^{-5} M/s. A velocidade diminui porque a velocidade da reação é dependente da concentração do reagente e essa concentração está diminuindo com o tempo.

(b) A velocidade instantânea a 50 s é de cerca de 2,7 × 10^{-5} M/s.

(c) Um gráfico de ln (concentração) em função tempo é uma linha reta com uma equação y = –0,010x – 5,30. Isso indica que a reação é de primeira ordem; Velocidade = k[fenolftaleína]. A inclinação, que é igual a –k, é –0,010, então k = 0,010 s^{-1}.

(d) A partir dos dados, a meia-vida é 69,3 s, e o mesmo valor vem da relação $t_{1/2}$ = ln 2/k.

14.83 Um gráfico de 1/velocidade em função de 1/[S] dá a equação

1/velocidade = 94 (1/[S]) + 7,6 × 10^4

então, a Velocidade$_{máx}$ = 1/(7,6 × 10^4) = 1,3 × 10^{-5} M · min^{-1}.

14.85 (a) A reação é de primeira ordem em [ClO$^-$] (experimentos 1 e 3), primeira ordem em [I$^-$] (experimentos 2 e 3), e ordem –1 em [OH$^-$] (experimentos 3 e 4). Portanto, a Velocidade = k[ClO$^-$][I$^-$]/[OH$^-$]

(b) A etapa 2 é a etapa determinante. Para esta etapa, Velocidade = k[I$^-$][HOCl]. Da primeira etapa, K_{eq} = [HOCl][OH$^-$]/[ClO$^-$], então [HOCl] = K_{eq} [ClO$^-$]/[OH$^-$]; substituir [HOCl] na equação de velocidade para a segunda etapa dá a lei de velocidade observada.

14.87 O ródio metálico bem dividido terá uma área de superfície significativamente maior que o pequeno bloco de metal. Isso leva a um aumento no número de sítios de reação e aumenta bastante a velocidade da reação.

14.89 (a) Falso. A reação pode ocorrer em uma única etapa, mas não tem que ser verdadeira.

(b) Verdadeiro

(c) Falso. O aumento da temperatura aumentará o valor de k.

(d) Falso. A temperatura não tem efeito no valor de E_a.

(e) Falso. Se as concentrações de ambos os reagentes são duplicadas, a velocidade aumentará 4 vezes.

(f) Verdadeiro

14.91 (a) Verdadeiro

(b) Verdadeiro

(c) Falso. Quando uma reação prossegue, a concentração do reagente diminui e a velocidade diminui.

(d) Falso. É possível ter um mecanismo de uma única etapa para uma reação de terceira ordem se a etapa lenta determinante for trimolecular.

14.93 (a) Diminuição   (d) Sem mudança

(b) Aumento   (e) Sem mudança

(c) Sem mudança   (f) Sem mudança

14.95 (a) Há um mecanismo três etapas.

(b) A reação global é exotérmica.

Capítulo 15

Estudo de Caso

Aplicando Conceitos de Equilíbrio – O Processo Haber-Bosch de Produção de Amônia

1. (a) Oxidar parte do NH_3 para HNO_3, então reagir NH_3 e HNO_3 (uma reação ácido-base) para formar NH_4NO_3.

$4 NH_3 + 7 O_2 \rightarrow 4 NO_2 + 6 H_2O$

$2 NO_2 + H_2O \rightarrow HNO_3 + HNO_2$

$HNO_3 + NH_3 \rightarrow NH_4NO_3$

(b) $\Delta_r H° = (1 \text{ mol } (NH_2)_2CO/\text{mol-rea})$
$[\Delta_f H°\{(NH_2)_2CO\}] + (1 \text{ mol } H_2O/\text{mol-rea})$
$[\Delta_f H°(H_2O)] - (2 \text{ mol } NH_3/\text{mol-rea})[\Delta_f H°(NH_3)] -$
$(1 \text{ mol } CO_2/\text{mol-rea})[\Delta_f H°(CO_2)]$

$\Delta_r H° = (1 \text{ mol } (NH_2)_2CO/\text{mol})(-333,1 \text{ kJ/mol}) +$
$(1 \text{ mol } H_2O/\text{mol})(-241,8 \text{ kJ/mol}) -$
$(2 \text{ mol } NH_3/\text{mol})(-45,90 \text{ kJ/mol}) -$
$(1 \text{ mol } CO_2/\text{mol})(-393,5 \text{ kJ/mol})$

$\Delta_r H° = -89,6 \text{ kJ/mol}.$

Da forma como foi escrita, a reação é exotérmica, então, o equilíbrio será mais favorável à formação do produto sob baixa temperatura. A reação converte três mols de reagentes gasosos em um mol de produtos gasosos; assim, a alta pressão será mais favorável à formação do produto.

2. (a) Para $CH_4(g) + H_2O(g) \rightarrow CO(g) + 3 H_2(g)$

$\Delta_r H° = (1 \text{ mol } CO/\text{mol})[\Delta_f H°(CO)] -$
$(1 \text{ mol } CH_4/\text{mol})[\Delta_f H°(CH_4)] -$
$(1 \text{ mol } H_2O/\text{mol})[\Delta_f H°(H_2O)]$

$\Delta_r H° = (1 \text{ mol } CO/\text{mol})(-110,5 \text{ kJ/mol}) -$
$(1 \text{ mol } CH_4/\text{mol})(-74,87 \text{ kJ/mol}) -$
$(1 \text{ mol } H_2O/\text{mol})(-241,8 \text{ kJ/mol}) =$
$206,2 \text{ kJ/mol}$ (endotérmica)

Para $CO(g) + H_2O(g) \rightarrow CO_2(g) + H_2(g)$

$\Delta_r H° = (1 \text{ mol } CO_2/\text{mol})[\Delta_f H°(CO_2)] -$
$(1 \text{ mol } CO/\text{mol})[\Delta_f H°(CO)] -$
$(1 \text{ mol } H_2O/\text{mol})[\Delta_f H°(H_2O)]$

$\Delta_r H° = (1 \text{ mol } CO_2/\text{mol})(-393,5 \text{ kJ/mol}) -$
$(1 \text{ mol } CO/\text{mol})(-110,5 \text{ kJ/mol}) -$
$(1 \text{ mol } H_2O/\text{mol})(-241,8 \text{ kJ/mol}) =$
$-41,2 \text{ kJ/mol}$ (exotérmica)

(b) (15 bilhões kg = $1,5 \times 10^{13}$ g)

Some as duas equações:
$CH_4(g) + 2 H_2O(g) \rightarrow CO_2(g) + 4 H_2(g)$

CH_4 necessário = $(1,5 \times 10^{13}$ g $NH_3)$
$(1 \text{ mol } NH_3/17,03 \text{ g } NH_3)(3 \text{ mols } H_2/2 \text{ mols } NH_3)$
$(1 \text{ mol } CH_4/4 \text{ mol } H_2)(16,04 \text{ g } CH_4/1 \text{ mol } CH_4) =$
$5,3 \times 10^{12}$ g CH_4

CO_2 formado = $(1,5 \times 10^{13}$ g $NH_3)$
$(1 \text{ mol } NH_3/17,03 \text{ g } NH_3)(3 \text{ mols } H_2/2 \text{ mols } NH_3)$
$(1 \text{ mol } CO_2/4 \text{ mols } H_2)(44,01 \text{ g } CO_2/1 \text{ mol } CO_2) =$
$1,5 \times 10^{13}$ g CO_2

Verifique Seu entendimento

15.1 (a) $K = [CO]^2/[CO_2]$

(b) $K = [Cu^{2+}][NH_3]^4/[Cu(NH_3)_4^{2+}]$

(c) $K = [H_3O^+][CH_3CO_2^-]/[CH_3CO_2H]$

15.2 (a) $Q = 0,00218/0,00097 = 2,2$. O sistema não está no estado de equilíbrio; $Q < K$. Para atingir o equilíbrio, [isobutano] aumentará e [butano] diminuirá.

(b) $Q = 0,00260/0,00075 = 3,5$. O sistema não está em equilíbrio; $Q > K$. Para atingir o equilíbrio, [butano] aumentará e [isobutano] diminuirá.

15.3 (a)

Equação	$C_6H_{10}I_2$ $\rightleftharpoons$	C_6H_{10} +	I_2
Inicial (M)	0,050	0	0
Variação (M)	−0,035	+0,035	+0,035
Equilibrio (M)	0,015	0,035	0,035

(b) $K = (0,035)(0,035)/(0,015) = 0,082$

15.4

Equação	H_2	+	I_2	$\rightleftharpoons$	2 HI
Inicial (M)	$6,00 \times 10^{-3}$		$6,00 \times 10^{-3}$		0
Variação (M)	$-x$		$-x$		$+2x$
Equilibrio (M)	$0,00600 - x$		$0,00600 - x$		$+2x$

$$K_c = 33 = \frac{(2x)^2}{(0,00600 - x)^2}$$

$x = 0,0045$ M, então $[H_2] = [I_2] = 0,0015$ M e $[HI] = 0,0090$ M.

15.5

Equação	$PCl_5(g)$ $\rightleftharpoons$	$PCl_3(g)$ +	$Cl_{2(g)}$
Inicial (M)	0,1000	0	0
Variação (M)	$-x$	$+x$	$+x$
Equilibrio (M)	$0,1000 - x$	x	x

$K_c = [PCl_3][Cl_2]/[PCl_5]$

$33,3 = x^2/0,1000 - x$

Não podemos usar a simplificação neste caso (K é > 1 e $100 \cdot K$ > 0,1000), por isso, devemos resolver o problema usando a fórmula quadrática.

$x^2 + 33,3x - 3,33 = 0$

Usando a fórmula quadrática, $x = 0,0997$ (a outra raiz, $x = -33,4$, não é possível, pois leva a concentrações negativas).

$[PCl_3] = [Cl_2] = 0,0997$ M

$[PCl_5] = 0,1000$ M − 0,0997 M = 0,0003 M

15.6 (a) $K' = K^2 = (2,5 \times 10^{-29})^2 = 6,3 \times 10^{-58}$

(b) $K'' = 1/K^2 = 1/(6,3 \times 10^{-58}) = 1,6 \times 10^{57}$

15.7

Equação	Butano	$\rightleftharpoons$	Isobutano
Inicial (M)	0,020		0,050
Após adicionar mais isobutano (M)			
	0,020		0,050 + 0,020
Variação (M)	$+x$		$-x$
Equilíbrio (M)	0,020 + x		0,070 − x

$K = (0,070 - x)/(0,020 + x)$

Resolvendo o valor de x dá $x = 0,0057$ M. Portanto, [isobutano] = 0,070 − 0,0057 = 0,064 M e [butano] = 0,020 + 0,0057 = 0,026 M.

Exercícios para a Seção

Seção 15.1

1. (c) As reações direta e inversa ocorrem a uma velocidade igual.

Seção 15.2

1. (b) $K = [SO_2]^2[O_2]/[SO_3]^2$

2. (b) Não, não está em equilíbrio, e a reação processa-se ainda mais para a direita.

Seção 15.3

1. (b) $6,1 \times 10^{-4}$

Seção 15.4

1. (b) 0,011 M

Seção 15.5

1. (c) $K_p = 2,7 \times 10^{33}$

Seção 15.6

1. (b) altera para a direita

2. (a) altera para a esquerda

3. (a) exotérmica

Aplicando Princípios Químicos: Carbono Trivalente

1. (a) Concentração (molalidade) = $-0,542$ °C/$-5,12$ °C/m = 0,106 mol dímero/kg benzeno

    Quantidade de dímero = (0,106 mol dímero/kg benzeno) (0,0100 kg benzeno) = $1,06 \times 10^{-3}$ mol dímero

    Massa molar do dímero = 0,503 g/$1,06 \times 10^{-3}$ mol = 475 g/mol

   (b) Cada molécula de dímero que se decompõe produz duas partículas monômeras, aumentando o número total de mols de partículas em solução. Quando a massa do dímero é dividida pelos mols de partículas, a massa molar calculada é bastante baixa.

3. [monômero] = 0,0045 M, [dímero] = 0,0503 M

5. (b) Radical trifenilmetila

Questões para Estudo

15.1 (a) $K_c = \dfrac{[H_2O]^2[O_2]}{[H_2O_2]^2}$

  (b) $K_c = \dfrac{[CO_2]}{[CO][O_2]^{1/2}}$

  (c) $K_c = \dfrac{[CO]^2}{[CO_2]}$

  (d) $K_c = \dfrac{[CO_2]}{[CO]}$

15.3 $Q = (2,0 \times 10^{-8})^2/(0,020) = 2,0 \times 10^{-14}$
$Q < K_c$, então a reação prossegue para a direita.

15.5 $Q = 1,0 \times 10^3$, então $Q > K_c$ e a reação não está em equilíbrio. Ela procede para a esquerda para converter produtos para reagentes.

15.7 $K_c = 1,2$

15.9 (a) $K_c = 0,025$
  (b) $K_c = 0,025$
  (c) A quantidade de sólido não afeta o equilíbrio.

15.11 (a) $[COCl_2] = 0,00308$ M; $[CO] = 0,0071$ M
  (b) $K_c = 140$

15.13 [isobutano] = 0,024 M; [butano] = 0,010 M

15.15 $[I_2] = 6,14 \times 10^{-3}$ M; $[I] = 4,79 \times 10^{-3}$ M

15.17 $[COBr_2] = 0,0026$ M; $[CO] = [Br_2] = 0,0224$ M
89,6% do $COBr_2$ se decompôs.

15.19 (b)

15.21 (e) $K_2 = 1/(K_1)^2$

15.23 $K_c = 13,7$

15.25 (a) $K_c = K_p/(RT)^{\Delta n} = 0,16/[(0,08205)(298)] = 6,5 \times 10^{-3}$
  (b) $\Delta n = 0$, assim $K_c = K_p = 1,05$

15.27 (a) O equilíbrio desloca-se para a direita
  (b) O equilíbrio desloca-se para a esquerda
  (c) O equilíbrio desloca-se para a direita
  (d) O equilíbrio desloca-se para a esquerda

15.29 As concentrações em equilíbrio são as mesmas em ambos os casos: [butano] = 1,1 M e [isobutano] = 2,9 M.

15.31 $K = 3,9 \times 10^{-4}$

15.33 Para a decomposição de $COCl_2$, $K_c = 1/(K_c$ da formação de $COCl_{2)} = 1/(6,5 \times 10^{11}) = 1,5 \times 10^{-12}$

15.35 $K_c = 3,9$

15.37 Q é menor que K_c, então, o sistema desloca-se para formar mais isobutano.

Em equilíbrio, [butano] = 0,86 M e [isobutano] = 2,14 M.

15.39 A segunda equação foi invertida e multiplicada por dois.
  (c) $K_2 = 1/K_1^2$

15.41 (a) Nenhuma mudança (d) Desloca-se para a direita
  (b) Desloca-se para a esquerda (e) Desloca-se para a direita
  (c) Nenhuma mudança

15.43 (a) O equilíbrio se deslocará para a esquerda na adição de mais Cl_2.
  (b) K_c é calculada (a partir das quantidades de reagentes e produtos em equilíbrio) para ser 0,00470. Após o Cl_2 ser adicionado, as concentrações são: $[PCl_5] = 0,00199$ M, $[PCl_3] = 0,00231$ M, e $[Cl_2] = 0,00403$ M.

15.45 $K_p = 0,215$

15.47 (a) Fração dissociada = 0,15
  (b) Fração dissociada = 0,189. Se a pressão diminui, o equilíbrio desloca-se para a direita, aumentando a fração do N_2O_4 dissociado.

15.49 $[NH_3] = 0,67$ M; $[N_2] = 0,57$ M; $[H_2] = 1,7$ M; $P_{total} = 180$ atm

15.51 (a) [NH$_3$] = [H$_2$S] = 0,013 M
(b) [NH$_3$] = 0,027 M e [H$_2$S] = 0,0067 M

15.53 P(NO$_2$) = 0,066 atm e P(N$_2$O$_4$) = 0,066 atm; P(total) = 0,16 atm

15.55 (a) K_p = K_c = 56. Como 2 mols de gases reagentes originam 2 mols de gases do produto, o Δn não muda e K_p = K_c.
(b) A pressão total antes da reação é de 0,52 atm. Depois da reação a pressão total é a mesma, porque a quantidade de gás presente não mudou.
(c) Após a reação atingir o equilíbrio, P(H$_2$) = P(I$_2$) = 0,052 atm e P(HI) = 0,42 atm.

15.57 P(CO) = 0,0010 atm

15.59 3,9 × 10^{17} átomos de O

15.61 A concentração de glicerina deve ser 1,7 M

15.63 (a) K_p = 0,20
(b) Quando [N$_2$O$_4$] inicial = 1,00 atm, as pressões em equilíbrio são [N$_2$O$_4$] = 0,80 atm e [NO$_2$] = 0,40 atm. Quando [N$_2$O$_4$]$_{inicial}$ = 0,10 atm, as pressões em equilíbrio são [N$_2$O$_4$] = 0,050 atm e [NO$_2$] = 0,10 atm. A porcentagem de dissociação é agora 50%. Isso está de acordo com o princípio de Le Chatelier: se a pressão inicial do reagente é menor, o equilíbrio desloca-se para a direita, aumentando a fração do reagente dissociado. [Fica mais claro se imaginarmos o início do sistema em equilíbrio, quando a pressão inicial de N$_2$O$_4$ era 1,00 atm e, em seguida, o aumento do volume em dez vezes (obtendo-se o mesmo sistema em equilíbrio como se estivesse começando com o N$_2$O$_4$ a 0,10 atm). O princípio de Le Chatelier prevê um deslocamento para o sentido que tem um maior número de moléculas de gás. Ver também Questão 15.45.]

15.65 (a) O frasco que contém (H$_3$N)B(CH$_3$)$_3$ terá a maior pressão parcial de B(CH$_3$)$_3$.
(b) P[B(CH$_3$)$_3$] = P(NH$_3$) = 0,23 e P[(H$_3$N)B(CH$_3$)$_3$] = 0,012 atm

P_{total} = 0,48 atm

Percentual de dissociação = 95%

15.67 (a) Quando mais KSCN é adicionado, o princípio de Le Chatelier prevê que mais do íon complexo vermelho [Fe(H$_2$O)$_5$(SCN)]$^+$ se formará.
(b) Adicionar íons Ag$^+$ leva a um precipitado de AgSCN, removendo assim os íons SCN$^-$ da solução. O equilíbrio desloca-se para a esquerda, diminuindo a concentração do íon complexo vermelho.

15.69 (a) Falso. A magnitude de K é sempre dependente da temperatura.
(b) Verdadeiro
(c) Falso. A constante de equilíbrio da reação é o inverso do valor de K da reação inversa.
(d) Verdadeiro
(e) Falso. Δn = 1, portanto, K_p = K_c(RT)

15.71 (a) Produto-favorecido, K >> 1
(b) Reagente-favorecido, K << 1
(c) Produto-favorecido, K >> 1

15.73 Comece com um sistema em equilíbrio que contenha ^{14}N$_2$, H$_2$ e ^{14}NH$_3$. Introduza um pouco de ^{15}N$_2$ e permita que o sistema atinja o equilíbrio. A presença de ^{15}NH$_3$ indica que a reação seguinte ocorreu. Além disso, a presença de ^{15}N^{14}N indica que a reação inversa ocorreu. Outra evidência da ocorrência da reação inversa poderia ser obtida através da realização de outro teste em que ^{15}NH$_3$ é adicionado à mistura em equilíbrio inicial. A presença de ^{15}N^{14}N ou ^{15}N$_2$ indica que a reação inversa está acontecendo. (Um conjunto similar de experiências poderia ser executado usando ^{2}H em vez de ^{15}N.)

15.75 K_p = 3,2 × 10^{-7}

Capítulo 16

Estudo de Caso

Gostaria de um Pouco de Suco de Beladona em seu Drinque?

1. (100 mg C$_{17}$H$_{23}$NO$_3$)(1 g/1000 mg)(1 mol C$_{17}$H$_{23}$NO$_3$/289,4 g C$_{17}$H$_{23}$NO$_3$) = 3,46 × 10^{-4} mol C$_{17}$H$_{23}$NO$_3$

2. O próton se anexará ao N.

3. O pK_a de atropina protonada (4,35) é menor que o dos íons amônio (pK_a = 9,26), metilamônio (pK_a = 10,70) e íons obtendo-se anilínio (pK_a = 4,60).

Verifique Seu Entendimento

16.1 [H$_3$O$^+$] = 4,0 × 10^{-3} M; [OH$^-$] = K_w/[H$_3$O$^+$] = 2,5 × 10^{-12} M

16.2 (a) pH = 7
(b) pH < 7 (NH$_4^+$ é um ácido)
(c) pH < 7 [Al(H$_2$O)$_6$]$^{3+}$ é um ácido)
(d) pH > 7 (HPO$_4^{2-}$ é uma base mais forte do que é um ácido)

16.3 (a) NH$_4^+$ é um ácido mais forte que HCO$_3^-$. CO$_3^{2-}$, a base conjugada de HCO$_3^-$, é uma base mais forte que NH$_3$, a base conjugada de NH$_4^+$.
(b) Reagente-favorecida; os reagentes são o ácido mais fraco e base.
(c) Reagente-favorecida; os reagentes são o ácido fraco e uma base, então, a reação encontra-se deslocada à esquerda.

16.4 A partir do pH, podemos calcular [H$_3$O$^+$] = 1,9 × 10^{-3} M. Além disso, [butanoato$^-$] = [H$_3$O$^+$] = 1,9 × 10^{-3} M. Use estes valores com [ácido butanoico] para calcular K_a.
K_a = [1,9 × 10^{-3}][1,9 × 10^{-3}]/(0,055 − 1,9 × 10^{-3}) = 6,8 × 10^{-5}

16.5 K_a = 1,8 × 10^{-5} = [x][x]/(0,10 − x)
x = [H$_3$O$^+$] = [CH$_3$CO$_2^-$] = 1,3 × 10^{-3} M; [CH$_3$CO$_2$H] = 0,099 M; pH = 2,87

16.6 HF(aq) + H$_2$O(ℓ) ⇌ H$_3$O$^+$(aq) + F$^-$(aq)
K_a = 7,2 × 10^{-4} = [x][x]/(0,00150 − x)

O x no denominador não pode ser descartado. Esta equação deve ser resolvida com a fórmula quadrática ou por aproximações sucessivas. Como esse problema segue a seção que trata do método de aproximações sucessivas, esse método será usado aqui.

$7,2 \times 10^{-4} = x^2/(0,00150); x = 1,0 \times 10^{-3}$

$7,2 \times 10^{-4} = x^2/(0,00150 - 1,0 \times 10^{-3});$ $x = 6,0 \times 10^{-4}$

$7,2 \times 10^{-4} = x^2/(0,00150 - 6,0 \times 10^{-4});$ $x = 8,0 \times 10^{-4}$

$7,2 \times 10^{-4} = x^2/(0,00150 - 8,0 \times 10^{-4});$ $x = 7,1 \times 10^{-4}$

$7,2 \times 10^{-4} = x^2/(0,00150 - 7,1 \times 10^{-4});$ $x = 7,5 \times 10^{-4}$

$7,2 \times 10^{-4} = x^2/(0,00150 - 7,5 \times 10^{-4});$ $x = 7,3 \times 10^{-4}$

$7,2 \times 10^{-4} = x^2/(0,00150 - 7,3 \times 10^{-4});$ $x = 7,4 \times 10^{-4}$

$7,2 \times 10^{-4} = x^2/(0,00150 - 7,4 \times 10^{-4});$ $x = 7,4 \times 10^{-4}$

O resultado convergiu para dois algarismos significativos.

$[H_3O^+] = [F^-] = 7,4 \times 10^{-4}$ M

$[HF] = 0,00150$ M $- 7,4 \times 10^{-4}$ M $= 7,6 \times 10^{-4}$ M

$pH = 3,13$

16.7 $OCl^-(aq) + H_2O(\ell) \rightleftharpoons HOCl(aq) + OH^-(aq)$

$K_b = 2,9 \times 10^{-7} = [x][x]/(0,015 - x)$

$x = [OH^-] = [HOCl] = 6,6 \times 10^{-5}$ M

$pOH = 4,18; pH = 9,82$

16.8 Quantidades equivalentes do ácido e da base reagem para formar água, $CH_3CO_2^-$ e Na^+. O íon acetato hidrolisa a uma pequena quantidade, dando CH_3CO_2H e OH^-. Precisamos determinar $[CH_3CO_2^-]$ e então resolver o problema de equilíbrio da base fraca para determinar $[OH^-]$.

Quantidade de $CH_3CO_2^-$ = mols base = 0,12 mol/L $\times$ 0,015 L = $1,8 \times 10^{-3}$ mol

Volume total = 0,030 L, então $[CH_3CO_2^-]$ = $(1,8 \times 10^{-3}$ mol)/0,030 L = 0,060 M

$CH_3CO_2^-(aq) + H_2O(\ell) \rightleftharpoons$
$\qquad\qquad\qquad\qquad CH_3CO_2H(aq) + OH^-(aq)$

$K_b = 5,6 \times 10^{-10} = [x][x]/(0,060 - x)$

$x = [OH^-] = [CH_3CO_2H] = 5,8 \times 10^{-6}$ M

$pOH = 5,24; pH = 8,76$

16.9 $H_2C_2O_4(aq) + H_2O(\ell) \rightleftharpoons H_3O^+(aq) + HC_2O_4^-(aq)$

$K_{a1} = 5,9 \times 10^{-2} = [x][x]/(0,10 - x)$

O x no denominador não pode ser descartado. Esta equação deve ser resolvida com a fórmula quadrática ou por aproximações sucessivas.

$x = [H_3O^+] = [HC_2O_4^-] = 5,3 \times 10^{-2}$ M

$pH = 1,28$

$K_{a2} = [H_3O^+][C_2O_4^{2-}]/[HC_2O_4^-];$ porque $[H_3O^+] = [HC_2O_4^-]$

$[C_2O_4^{2-}] = K_{a2} = 6,4 \times 10^{-5}$ M

Exercícios para a Seção

Seção 16.1

1. (c) anfiprótico

2. (b) base

3. (b) ácido = HNO_3 e base conjugada = NO_3^-
   (a) base = NH_3 e ácido conjugado = NH_4^+

4. (c) HF/F^- e $CH_3CO_2H/CH_3CO_2^-$

Seção 16.2

1. (b) 11,08

2. (a) $4,8 \times 10^{-5}$ M

3. (d) $1,4 \times 10^{-4}$ M

Seção 16.3

1. (a) HF

2. (c) HCN

3. (a) $C_6H_5CO_2H$

4. (b) 9,25

5. (c) 10,15

Seção 16.4

1. (b) diminuição

2. (a) aumento

Seção 16.5

1. (b) produto-favorecido

2. (b) direito

Seção 16.6

1. (a) ácido

2. (a) ácido

3. (b) básico

Seção 16.7

1. (b) $6,3 \times 10^{-6}$ M

2. (a) $2,3 \times 10^{-5}$

3. (b) pH = 8,37, $[Na^+]$ = 0,10 M, $[CHO_2^-]$ = 0,10 M, $[OH^-]$ = $2,4 \times 10^{-6}$ M

4. (c) maior que 7

Seção 16.8

1. (c) 10,16

Seção 16.9

1. (a) H_2SeO_4

2. (b) $[Fe(H_2O)_6]^{3+}$

3. (a) HOCl

Seção 16.10

1. (b) BCl_3

2. (c) Base de Brønsted e (d) Base de Lewis

Aplicando Princípios Químicos: O Efeito do Nivelamento, Solventes Não Aquosos e Superácidos

1. $HClO_4$ ($K = 5 \times 10^{-6}$) > H_2SO_4 ($K = 2 \times 10^{-7}$) > HCl ($K = 2 \times 10^{-9}$)

3. NH_2^-(aq) + $H_2O(\ell)$ $\rightleftharpoons$ NH_3(aq) + OH^-(aq)
A reação é produto-favorecida no equilíbrio.

5. (a) 2 NH_3 $\rightleftharpoons$ NH_4^+ + NH_2^-
(b) O ácido mais forte é o NH_4^+; a base mais forte é NH_2^-.
(c) HCl é um ácido mais forte do que NH_4^+, então, HCl será completamente ionizado. A solução será um condutor forte.
(d) O^{2-} + NH_3 $\rightleftharpoons$ OH^- + NH_2^-
A reação é produto-favorecida em equilíbrio.

Questões para Estudo

16.1 (a) CN^-, íon cianeto
(b) SO_4^{2-}, íon sulfato
(c) F^-, íon fluoreto

16.3 (a) H_3O^+(aq) + NO_3^-(aq); H_3O^+(aq) é o ácido conjugado de H_2O, e NO_3^-(aq) é a base conjugada de HNO_3.
(b) H_3O^+(aq) + SO_4^{2-}(aq); H_3O^+(aq) é o ácido conjugado de H_2O, e SO_4^{2-}(aq) é a base conjugada de HSO_4^-.
(c) H_2O + HF; H_2O é a base conjugada de H_3O^+, e HF é o ácido conjugado de F^-.

16.5 Ácido de Brønsted: $HC_2O_4^-$(aq) + $H_2O(\ell)$ $\rightleftharpoons$
H_3O^+(aq) + $C_2O_4^{2-}$(aq)
Base de Brønsted: $HC_2O_4^-$(aq) + $H_2O(\ell)$ $\rightleftharpoons$
$H_2C_2O_4$(aq) + OH^-(aq)

16.7

	Ácido (A)	Base (B)	Base Conjugada de A	Ácido Conjugado de B
(a)	HCO_2H	H_2O	HCO_2^-	H_3O^+
(b)	H_2S	NH_3	HS^-	NH_4^+
(c)	HSO_4^-	OH^-	SO_4^{2-}	H_2O

16.9 $[H_3O^+] = 1,8 \times 10^{-4}$ M; ácida

16.11 HCl é um ácido forte, então $[H_3O^+]$ = concentração do ácido. $[H_3O^+] = 0,0075$ M e $[OH^-] = 1,3 \times 10^{-12}$ M. pH = 2,12.

16.13 $Ba(OH)_2$ é uma base forte, então $[OH^-] = 2 \times$ concentração da base.
$[OH^-] = 3,0 \times 10^{-3}$ M; pOH = 2,52; e pH = 11,48

16.15 (a) O ácido mais forte é HCO_2H (maior K_a) e o ácido mais fraco é C_6H_5OH (menor K_a).
(b) O ácido mais forte (HCO_2H) tem a base conjugada mais fraca.

(c) O ácido mais fraco (C_6H_5OH) tem a base conjugada mais forte.

16.17 (c) $HClO$, o ácido mais fraco nesta lista (Tabela 16.2), tem a base conjugada mais forte.

16.19 (a) HCO^{3-}. Decida com base na força da base (Tabela 16.2). A base mais forte dos três exemplos listados tem o ácido conjugado mais fraco.

16.21 CO_3^{2-}(aq) + $H_2O(\ell)$ $\rightleftharpoons$ HCO_3^-(aq) + OH^-(aq)

16.23 O pH mais alto, Na_2S; o pH mais baixo, $AlCl_3$ (que dá o ácido fraco $[Al(H_2O)_6]^{3+}$ na solução)

16.25 $pK_a = 4,19$

16.27 $K_a = 3,0 \times 10^{-10}$; na Tabela 16.2, este ácido situa-se entre o íon hexa-aquaferro(II) e o íon hidrogenocarbonato.

16.29 O ácido 2-clorobenzoico é o ácido mais forte e tem o menor valor pK_a.

16.31 $K_b = 7,1 \times 10^{-12}$

16.33 $K_b = 6,3 \times 10^{-5}$

16.35 CH_3CO_2H(aq) + HCO_3^-(aq) $\rightleftharpoons$
$CH_3CO_2^-$(aq) + H_2CO_3(aq)
O equilíbrio está deslocado para o lado direito porque CH_3CO_2H é um ácido mais forte que H_2CO_3.

16.37 (a) Esquerda; NH_3 e HBr são a base e o ácido mais fortes, respectivamente.
(b) Esquerda; PO_4^{3-} e CH_3CO_2H são a base e o ácido mais fortes, respectivamente.
(c) Direita; $[Fe(H_2O)_6]^{3+}$ e HCO_3^- são a base e o ácido mais fortes, respectivamente.

16.39 (a) OH^-(aq) + HPO_4^{2-}(aq) $\rightleftharpoons$ $H_2O(\ell)$ + PO_4^{3-}(aq)
(b) OH^- é uma base mais forte que PO_4^{3-}, então o equilíbrio estará deslocado para a direita.

16.41 (a) CH_3CO_2H(aq) + HPO_4^{2-}(aq) $\rightleftharpoons$
$CH_3CO_2^-$(aq) + $H_2PO_4^-$(aq)
(b) CH_3CO_2H é um ácido mais forte que $H_2PO_4^-$, então o equilíbrio estará deslocado para a direita.

16.43 (a) $2,1 \times 10^{-3}$ M; (b) $K_a = 3,5 \times 10^{-4}$

16.45 $K_b = 6,6 \times 10^{-9}$

16.47 (a) $[H_3O^+] = 1,6 \times 10^{-4}$ M
(b) Moderadamente fraco; $K_a = 1,1 \times 10^{-5}$

16.49 $[CH_3CO_2^-] = [H_3O^+] = 1,9 \times 10^{-3}$ M e $[CH_3CO_2H] = 0,20$ M

16.51 $[H_3O^+] = [CN^-] = 3,2 \times 10^{-6}$ M; $[HCN] = 0,025$ M; pH = 5,50

16.53 $[NH_4^+] = [OH^-] = 1,6 \times 10^{-3}$ M; $[NH_3] = 0,15$ M; pH = 11,22

16.55 $[OH^-] = 0,010$ M; pH = 12,01; pOH = 1,99

16.57 pH = 3,25

16.59 $[H_3O^+] = 1,1 \times 10^{-5}$ M; pH = 4,98

16.61 $[HCN] = [OH^-] = 3,3 \times 10^{-3}$ M; $[H_3O^+] = 3,0 \times 10^{-12}$ M; $[Na^+] = 0,441$ M

16.63 $[H_3O^+] = 1,5 \times 10^{-9}$ M; pH = 8,81

16.65 (a) A reação produz íon acetato, a base conjugada do ácido acético. A solução é fracamente básica. O pH é superior a 7.
(b) A reação produz NH_4^+, o ácido conjugado de NH_3. A solução é fracamente ácida. O pH é inferior a 7.
(c) A reação mistura quantidades molares iguais de base forte e ácido forte. A solução será neutra. O pH será 7.

16.67 $H_2C_2O_4(aq) + H_2O(\ell) \rightleftharpoons HC_2O_4^-(aq) + H_3O^+(aq)$
$HC_2O_4^-(aq) + H_2O(\ell) \rightleftharpoons C_2O_4^{2-}(aq) + H_3O^+(aq)$

16.69 $H_2C_2O_4(aq) + H_2O(\ell) \rightleftharpoons HC_2O_4^-(aq) + H_3O^+(aq)$
$K_{a1} = 5,2 \times 10^{-2}$
$HC_2O_4^-(aq) + H_2O(\ell) \rightleftharpoons H_2C_2O_4(aq) + OH^-(aq)$
$K_{b2} = 1,9 \times 10^{-13}$
Soma: $2 H_2O(\ell) \rightleftharpoons H_3O^+(aq) + OH^-(aq)$
$K_w = K_{a1} \times K_{b2} = 1,0 \times 10^{-14}$

16.71 (a) pH = 1,17; (b) $[SO_3^{2-}] = 6,2 \times 10^{-8}$ M

16.73 (a) $[OH^-] = [N_2H_5^+] = 9,2 \times 10^{-5}$ M; $[N_2H_6^{2+}] = 8,9 \times 10^{-16}$ M
(b) pH = 9,96

16.75 HOCN deve ser um ácido mais forte que o HCN, porque o átomo de H em HOCN está ligado ao átomo mais eletronegativo. A entalpia de afinidade eletrônica de OCN é mais negativa que a de CN, que estabiliza a base conjugada que forma e faz a ionização de HOCN mais produto-favorecida.

16.77 O átomo S está rodeado por quatro átomos altamente eletronegativos. Eles ajudam a estabilizar a base conjugada de que precisa para se formar, de modo que a carga negativa é mais prontamente aceita.

16.79 (a) Base de Lewis
(b) Ácido de Lewis
(c) Base de Lewis (devido ao par isolado de elétrons no átomo N)

16.81 CO é uma base de Lewis, nas suas reações com os átomos de metal de transição. Ele doa um par de elétrons no átomo C.

16.83 pH = 2,671

16.85 Tanto $Ba(OH)_2$ quanto $Sr(OH)_2$ dissolvem-se completamente em água para fornecer íons M^{2+} e OH^-. A quantidade de 2,50 g de $Sr(OH)^2$ em 1,00 L de água dá $[Sr^{2+}] = 0,021$ M e $[OH^-] = 0,041$ M. A concentração de OH^- é refletida em um pH de 12,61.

16.87 $H_2S(aq) + CH_3CO_2^-(aq) \rightleftharpoons$
$CH_3CO_2H(aq) + HS^-(aq)$
O equilíbrio está deslocado para o lado esquerdo e favorece os reagentes.

16.89 $[X^-] = [H_3O^+] = 3,0 \times 10^{-3}$ M; $[HX] = 0,007$ M; pH = 2,52

16.91 $K_a = 1,4 \times 10^{-5}$; $pK_a = 4,86$

16.93 pH = 5,84

16.95 (a) A etilamina é uma base mais forte que etanolamina.
(b) Para etilamina, o pH da solução é 11,82.

16.97 pH = 7,66

16.99 Ácido: $NaHSO_4$, NH_4Br, $FeCl_3$
Neutro: $KClO_4$, $NaNO_3$, LiBr
Básico: Na_2CO_3, $(NH_4)_2S$, Na_2HPO_4
pH mais alto: $(NH_4)_2S$, pH mais baixo: $NaHSO_4$

16.101 $K_{global} = K_{a1} \times K_{a2} = 3,8 \times 10^{-6}$

16.103 Para a reação $HCO_2H(aq) + OH^-(aq) \rightarrow H_2O(\ell) + HCO_2^-(aq)$, $K_{global} = K_a$ (para HCO_2H) $\times [1/K_w] = 1,8 \times 10^{10}$

16.105 Para dobrar o percentual de ionização, você deve diluir 100 mL de solução para 400 mL.

16.107 $H_2O > H_2C_2O_4 > HC_2O_4^- = H_3O^+ > C_2O_4^{2-} > OH^-$

16.109 Medir o pH das soluções 0,1 M das três bases. A solução que contém a base mais forte terá o pH mais alto. A solução que contém a base mais fraca terá o pH mais baixo.

16.111 As combinações possíveis cátion-ânion são NaCl (neutro), NaOH (básico), NH_4Cl (ácido), NH_4OH (básico), HCl (ácido) e H_2O (neutro).
A = solução H^+; B = solução NH_4^+; C = solução Na^+; Y = solução Cl^-; Z = solução OH^-

16.113 $K_a = 3,0 \times 10^{-5}$

16.115 (a) A anilina é tanto uma Base de Bronsted quanto uma base de Lewis. Como receptor de prótons, ela dá $C_6H_5NH_3^+$. O átomo de N também pode doar um par de elétrons para dar um aduto ácido-base de Lewis, $F_3B \leftarrow NH_2C_6H_5$.
(b) pH = 7,97

16.117 A água pode tanto aceitar um próton (a base de Brønsted) como doar um par de elétrons livres (uma base de Lewis). A água também pode doar um próton (ácido de Brønsted), mas não pode aceitar um par de elétrons (e agir como um ácido de Lewis).

16.119 (a) HOCl é o ácido mais forte (menor pK_a e maior K_a), e HOI é o ácido mais fraco.
(b) O Cl é mais eletronegativo que Br ou I, então o ânion OCl^- é mais estável que os outros dois oxiânions.

16.121 (a) $HClO_4 + H_2SO_4 \rightleftharpoons ClO_4^- + H_3SO_4^+$
(b) Os átomos O do ácido sulfúrico têm pares isolados de elétrons que podem ser usados para se unir a um íon H^+.

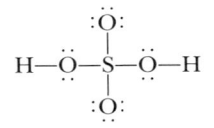

16.123 (a) $\left[\ddot{\ddot{I}} {-} \ddot{\ddot{I}} {-} \ddot{\ddot{I}} \ddot{:} \right]^{-}$

(b) I^-(aq) [base de Lewis] + I_2(aq) [ácido de Lewis] $\rightarrow$
I_3^-(aq)

16.125 (a) Para o ácido fraco HA, as concentrações em equilíbrio são $[HA] = C_0 - \alpha C_0$, $[H_3O^+] = [A^-]$ $= \alpha C_0$. Colocando isso na expressão mais usual de K_a, temos $K_a = \alpha^2 C_0/(1 - \alpha)$.

(b) Para 0,10 M de NH_4^+, $\alpha = 7,5 \times 10^{-5}$ (refletindo o fato de que NH_4^+ é um ácido muito mais fraco que o ácido acético).

16.127 (a) Some as três equações.

NH_4^+(aq) + $H_2O(\ell)$ $\Longleftrightarrow$ NH_3(aq) + H_3O^+(aq)
$K_1 = K_w/K_b$

CN^-(aq) + $H_2O(\ell)$ $\Longleftrightarrow$ HCN(aq) + OH^-(aq)
$K_2 = K_w/K_a$

H_3O^+(aq) + OH^-(aq) $\Longleftrightarrow$ 2 $H_2O(\ell)$ $\quad K_3 = 1/K_w$

NH_4^+(aq) + CN^-(aq) $\Longleftrightarrow$ NH_3(aq) + HCN(aq)
$K_{net} = K_1K_2K_3 = K_w/K_aK_b$

(b) Os sais NH_4CN, $NH_4CH_3CO_2$ e NH_4F têm valores globais para K_{global} de 1,4, $3,1 \times 10^{-5}$ e $7,7 \times 10^{-7}$, respectivamente. Apenas no caso de NH_4CN ser a base (o íon cianeto) suficientemente forte para remover um próton a partir do íon amônio e produzir uma concentração significativa de produtos.

(c) NH_4CN: básico, K_b de $CN^- > K_a$ de NH_4^+

$NH_4CH_3CO_2$: neutro, K_b de $CH_3CO_2^- = K_a$ de NH_4^+

NH_4F: ácido, K_b de F^- é menor que K_a de NH_4^+

Capítulo 17

Estudo de Caso

Respire Fundo

1. $pH = pK_a + \log[HPO_4^{2-}]/[H_2PO_4^-]$
$7,4 = 7,20 + \log[HPO_4^{2-}]/[H_2PO_4^-]$
$[HPO_4^{2-}]/[H_2PO_4^-] = 1,6$

2. Utilize $x = [HPO_4^{2-}]$, então $[H_2PO_4^-] = (0,020 - x)$
$1,6 = x/(0,020 - x)$; $x = 0,012$
$[HPO_4^{2-}] = x = 0,012$ mol/L
$[H_2PO_4^-] = 0,020 - x = 0,008$ mol/L

Verifique Seu Entendimento

17.1 pH de HCO_2H 0,30 M:
$K_a = [H_3O^+][HCO_2^-]/[HCO_2H]$
$1,8 \times 10^{-4} = [x][x]/[0,30 - x]$
$x = 7,3 \times 10^{-3}$ M; pH = 2,13
pH de ácido fórmico 0,30 M + $NaHCO_2$ 0,10 M
$K_a = [H_3O^+][HCO_2^-]/[HCO_2H]$
$1,8 \times 10^{-4} = [x][0,10 + x]/(0,30 - x)$
$x = 5,4 \times 10^{-4}$ M; pH = 3,27

17.2

Equação	$HCO_2H + H_2O \Longleftrightarrow H_3O^+ + HCO_2^-$		
Inicial (M)	0,50	0	0,70
Variação (M)	$-x$	$+x$	$+x$
Equilíbrio (M)	$0,50 - x$	x	$0,70 + x$

$K_a = 1,8 \times 10^{-4} = (x)(0,70 + x)/(0,50 - x)$

O valor de x será insignificante comparado a 0,50 M e 0,70 M.

$1,8 \times 10^{-4} = (x)(0,70)/(0,50)$

$x = [H_3O^+] = 1,3 \times 10^{-4}$ M

$pH = -\log[H_3O^+] = 3,89$

17.3 (15,0 g $NaHCO_3$)(1 mol/84,01 g) = 0,179 mol $NaHCO_3$, e (18,0 g Na_2CO_3)(1 mol/106,0 g) = 0,170 mol Na_2CO_3

$pH = pK_a + \log \{[base]/[ácido]\}$
$pH = -\log (4,8 \times 10^{-11}) + \log \{[0,170]/[0,179]\}$
$pH = 10,32 - 0,02 = 10,30$

17.4 $pH = pK_a + \log \{[base]/[ácido]\}$
$5,00 = -\log (1,8 \times 10^{-5}) + \log \{[base]/[ácido]\}$
$5,00 = 4,74 + \log \{[base]/[ácido]\}$
$[base]/[ácido] = 1,8$

Para preparar esta solução tampão, a proporção [base]/[ácido] deve ser igual a 1,8. Por exemplo, você pode dissolver 1,8 mol (148 g) de $NaCH_3CO_2$ e 1,0 mol (60,05 g) de CH_3CO_2, em alguma quantidade de água.

17.5 pH inicial (antes de adicionar o ácido):
$pH = pK_a + \log \{[base]/[ácido]\}$
$= -\log (1,8 \times 10^{-4}) + \log \{[0,70]/[0,50]\}$
$= 3,74 + 0,15 = 3,89$

Após adição de ácido, o HCl adicionado irá reagir com a base fraca (íon formiato) e formará mais ácido fórmico. O efeito líquido é para alterar a proporção de [base]/[ácido] na solução tampão.

Quantidade inicial de HCO_2H = 0,50 mol/L $\times$ 0,500 L
$= 0,25$ mol

Quantidade inicial de HCO_2^- = 0,70 mol/L $\times$ 0,50 L
$= 0,35$ mol

Quantidade de HCl adicionado = 1,0 mol/L $\times$ 0,010 L
$= 0,010$ mol

Quantidade de HCO_2H após a adição de HCl = 0,25 mol + 0,010 mol = 0,26 mol

Quantidade de HCO_2^- após adição de HCl = 0,35 mol – 0,010 mol = 0,34 mol

$pH = pK_a + \log \{[base]/[ácido]\}$
$pH = -\log (1,8 \times 10^{-4}) + \log \{[0,34]/[0,26]\}$
$pH = 3,74 + 0,12 = 3,86$

17.6 35,0 mL de base neutralizará parcialmente o ácido.

Quantidade inicial de CH_3CO_2H
$= (0,100$ mol/L)(0,1000 L) = 0,0100 mol

Quantidade de NaOH adicionada = (0,100 mol/L)(0,0350 L) = 0,00350 mol

Quantidade de CH_3CO_2H após a reação = 0,0100 – 0,00350 = 0,0065 mol

Quantidade $CH_3CO_2^-$ após reação = 0,00350 mol

$[CH_3CO_2H]$ após reação = 0,0065 mol/0,1350 L
$= 0,048$ M

$[CH_3CO_2^-]$ após reação = 0,00350 mol/0,1350 L
$= 0,0259$ M

$K_a = [H_3O^+][CH_3CO_2^-]/[CH_3CO_2H]$

$1,8 \times 10^{-5} = [x][0,0259 + x]/[0,048 - x]$

$x = [H_3O^+] = 3,3 \times 10^{-5}$ M; pH = 4,48

17.7 75,0 mL de ácido neutralizará parcialmente a base.

Quantidade inicial de NH_3 = (0,100 mol/L)(0,1000 L)
$= 0,0100$ mol

Quantidade de HCl adicionado = (0,100 mol/L)(0,0750 L) = 0,00750 mol

Quantidade de NH_3 após a reação = 0,0100 − 0,00750
$= 0,0025$ mol

Quantidade de NH_4^+ após a reação = 0,00750 mol

Resolva utilizando a equação de Henderson-Hasselbalch; use K_a do ácido fraco NH_4^+:

pH = pK_a + log {[base]/[ácido]}

pH = −log $(5,6 \times 10^{-10})$ + log {[0,0025]/[0,00750]}

pH = 9,25 − 0,48 = 8,77

17.8 $BaF_2(s) \rightleftarrows Ba^{2+}(aq) + 2\ F^-(aq)$

$[F^-] = 2[Ba^{2+}] = 2(3,6 \times 10^{-3}$ M$) = 7,2 \times 10^{-3}$ M

$K_{ps} = [Ba^{2+}][F^-]^2 = (3,6 \times 10^{-3})(7,2 \times 10^{-3})^2 = 1,9 \times 10^{-7}$

17.9 $AgCN(s) \rightleftarrows Ag^+(aq) + CN^-(aq)$

$K_{ps} = [Ag^+][CN^-]$

Para x = solubilidade de AgCN em mol/L

$6,0 \times 10^{-17} = x^2$

$x = 7,7 \times 10^{-9}$ mol/L

$(7,7 \times 10^{-9}$ mol AgCN/L$)(133,9$ g AgCN/1 mol AgCN$) = 1,0 \times 10^{-6}$ g/L

17.10 $Ca(OH)_2(s) \rightleftarrows Ca^{2+}(aq) + 2\ OH^-(aq)$

$K_{ps} = [Ca^{2+}][OH^-]^2$; $K_{ps} = 5,5 \times 10^{-5}$

$5,5 \times 10^{-5} = [x][2x]^2$ (em que x = solubilidade em mol/L)

$x = 2,4 \times 10^{-2}$ mol/L

Solubilidade em g/L = $(2,4 \times 10^{-2}$ mol/L$)(74,1$ g/mol$) = 1,8$ g/L

17.11 (a) Em água pura:

$K_{ps} = [Ba^{2+}][SO_4^{2-}]$; $1,1 \times 10^{-10} = [x][x]$;
$x = 1,0 \times 10^{-5}$ mol/L

(b) Em 0,010 M de $Ba(NO_3)_2$, que fornece 0,010 M de Ba^{2+} na solução:

$K_{ps} = [Ba^{2+}][SO_4^{2-}]$
$1,1 \times 10^{-10} = [0,010 + x][x]$
$x = 1,1 \times 10^{-8}$ mol/L

17.12 (a) Em água pura:

$K_{ps} = [Zn^{2+}][CN^-]^2$; $8,0 \times 10^{-12} = [x][2x]^2 = 4x^3$
Solubilidade = $x = 1,3 \times 10^{-4}$ mol/L

(b) Em 0,10 M de $Zn(NO_3)_2$, que fornece 0,10 M de Zn^{2+} na solução:

$K_{ps} = [Zn^{2+}][CN^-]^2$; $8,0 \times 10^{-12} = [0,10 + x][2x]^2$
Solubilidade = $x = 4,5 \times 10^{-6}$ mol/L

17.13 Quando $[Pb^{2+}] = 1,1 \times 10^{-3}$ M, $[I^-] = 2,2 \times 10^{-3}$ M.

$Q = [Pb^{2+}][I^-]^2 = [1,1 \times 10^{-3}][2,2 \times 10^{-3}]^2 = 5,3 \times 10^{-9}$

Este valor é menor que K_{ps}, o que significa que o sistema ainda não alcançou o equilíbrio e mais PbI_2 se dissolverá.

17.14 $K_{ps} = [Pb^{2+}][I^-]^2$. Seja x a concentração de I^- necessária em equilíbrio.

$9,8 \times 10^{-9} = [0,050][x]^2$

$x = [I^-] = 4,4 \times 10^{-4}$ mol/L. Uma concentração maior do que este valor resultará na precipitação de PbI_2.

Seja x a concentração de Pb^{2+} na solução, em equilíbrio com 0,0015 M de I^-.

$9,8 \times 10^{-9} = [x][1,5 \times 10^{-3}]^2$

$x = [Pb^{2+}] = 4,4 \times 10^{-3}$ M

17.15 Primeiro, determine as concentrações de Ag^+ e Cl^-; então, calcule Q, e veja se ele é maior ou menor que K_{ps}. As concentrações são calculadas usando o volume final, 105,0 mL, na equação $C_{dil} \times V_{dil} = C_{conc} \times V_{conc}$.

$[Ag^+](0,1050$ L$) = (0,0010$ mol/L$)(0,1000$ L$)$

$[Ag^+] = 9,5 \times 10^{-4}$ M

$[Cl^-](0,1050$ L$) = (0,025$ M$)(0,0050$ L$)$

$[Cl^-] = 1,2 \times 10^{-3}$ M

$Q = [Ag^+][Cl^-] = [9,5 \times 10^{-4}][1,2 \times 10^{-3}] = 1,1 \times 10^{-6}$

Como $Q > K_{ps}$, a precipitação ocorre.

17.16

Equação	$[Ag(NH_3)_2]^+ \rightleftarrows$	Ag^+	$+\ 2\,NH_3$
Inicial (M)	0,0050	0	1,00 − 2(0,0050)
Variação (M)	−x	+x	+2x
Equilíbrio (M)	0,0050 − x	x	0,99 + 2x

$K = 1/K_f = 1/1,1 \times 10^7 = [x][0,99]^2/0,0050$

$x = [Ag^+] = 4,6 \times 10^{-10}$ mol/L

17.17 $Cu(OH)_2(s) \rightleftarrows Cu^{2+}(aq) + 2\ OH^-(aq)$

$K_{ps} = [Cu^{2+}][OH^-]^2$

$Cu^{2+}(aq) + 4\ NH_3(aq) \rightleftarrows [Cu(NH_3)_4]^{2+}(aq)$

$K = [Cu(NH_3)_4^{2+}]/[Cu^{2+}][NH_3]^4$

Global: $Cu(OH)_2(s) + 4\ NH_3(aq) \rightleftarrows$
$Cu(NH_3)_4^{2+}(aq) + 2\ OH^-(aq)$

$K_{global} = K_{ps} \times K_f = (2,2 \times 10^{-20})(2,1 \times 10^{13}) = 4,6 \times 10^{-7}$

Exercícios para Seção

Seção 17.1

1. (b) 5,05

Seção 17.2

1. (a) KCH_3CO_2 0,20 M e CH_3CO_2H 0,10 M

2. (d) 18 mL

3. (b) 9,25

4. (c) 1/1,8

Seção 17.3

1. (b) 1,48

2. (d) 11,29

3. (c) vermelho de metila

Seção 17.4

1. (b) $K_{ps} = [Ag^+]^2[CO_3{}^{2-}]$

2. (a) AgCl
(b) $Ca(OH)_2$
(c) $Ca(OH)_2$

3. (b) $1,6 \times 10^{-4}$ M

4. (a) $1,0 \times 10^{-7}$ M

5. (a) $FeCO_3$

Seção 17.5

1. (b) não

Seção 17.6

1. (b) $1,9 \times 10^{-36}$ M

Seção 17.7

1. (c) $1,1 \times 10^5$

Aplicando Princípios Químicos: Tudo que Reluza...

1. $2,9 \times 10^2$ mL

3. $[Au^+] = 1,1 \times 10^{-38}$ M. Sim, a conclusão é razoável; menos de um íon livre de Au^+ está presente por litro de solução.

5. $2\ NaAu(CN)_2(aq) + Zn(s) \rightarrow 2\ Au(s) + Na_2Zn(CN)_4(aq)$

Questões para Estudo

17.1 (a) Diminuição do pH; (b) aumento do pH; (c) sem alteração no pH

17.3 pH = 9,25

17.5 pH = 4,38

17.7 pH = 9,12; o pH do tampão é menor que o pH da solução original de NH_3 (pH = 11,17).

17.9 4,7 g

17.11 pH = 4,92

17.13 $[CH_3CO_2H]/[CH_3CO_2{}^-] = 0,56$

17.15 (a) pH = 3,59; (b) $[HCO_2H]/[HCO_2{}^-] = 0,45$

17.17 (b) $NH_3 + NH_4Cl$

17.19 O tampão deve ter uma proporção de 0,51 mol de NaH_2PO_4 por 1 mol de Na_2HPO_4. Por exemplo, dissolva 0,51 mol NaH_2PO_4 (61 g) e 1,0 mol Na_2HPO_4 (140 g) em alguma quantidade de água.

17.21 46 mL de NaOH 1,0 M

17.23 (a) pH = 4,95; (b) pH = 5,05

17.25 (a) pH = 9,55; (b) pH = 9,50

17.27 (a) pH original = 5,62
(b) $[Na^+] = 0,0323$ M, $[OH^-] = 1,5 \times 10^{-3}$ M, $[H_3O^+] = 6,5 \times 10^{-12}$ M, e $[C_6H_5O^-] = 0,0308$ M
(c) pH = 11,19

17.29 (a) Concentração original de $NH_3 = 0,0154$ M
(b) No ponto de equivalência $[H_3O^+] = 1,9 \times 10^{-6}$ M, $[OH^-] = 5,3 \times 10^{-9}$ M, $[NH_4{}^+] = 6,25 \times 10^{-3}$ M.
(c) pH no ponto de equivalência = 5,73

17.31 A curva de titulação começa no pH = 13,00 e cai vagarosamente quando o HCl é adicionado. Pouco antes do ponto de equivalência (quando foram adicionados 30,0 mL de ácido), a curva cai abruptamente. O pH no ponto de equivalência é exatamente 7. Logo após o ponto de equivalência, a curva nivela de novo e começa a se aproximar ao pH final de um pouco mais de 1,0. O volume total no ponto de equivalência é 60,0 mL.

17.33 (a) pH inicial = 11,12
(b) pH no ponto de equivalência = 5,28
(c) pH no ponto médio (meio ponto de neutralização) = 9,25
(d) Vermelho de metila, verde de bromocresol
(e)

Ácido (mL)	pH adicionado
5,00	9,85
15,0	9,08
20,0	8,65
22,0	8,39
30.0	2,04

17.35 Ver Figura 17.10.
(a) Azul de timol ou azul de bromofenol
(b) Fenolftaleína
(c) Vermelho de metila; azul de timol

17.37 (a) Cloreto de prata, AgCl; cloreto de chumbo(II), $PbCl_2$
(b) Carbonato de zinco, $ZnCO_3$; sulfeto de zinco, ZnS
(c) Carbonato de ferro(II), $FeCO_3$; oxalato de ferro(II), FeC_2O_4

17.39 (a) e (b) são solúveis, (c) e (d) são insolúveis.

17.41 (a) $AgCN(s) \rightarrow Ag^+(aq) + CN^-(aq)$,
$K_{ps} = [Ag^+][CN^-]$
(b) $NiCO_3(s) \rightarrow Ni^{2+}(aq) + CO_3{}^{2-}(aq)$,
$K_{ps} = [Ni^{2+}][CO_3{}^{2-}]$
(c) $AuBr_3(s) \rightarrow Au^{3+}(aq) + 3\ Br^-(aq)$,
$K_{ps} = [Au^{3+}][Br^-]^3$

17.43 $K_{ps} = (1,9 \times 10^{-3})^2 = 3,6 \times 10^{-6}$

17.45 $K_{ps} = 4,37 \times 10^{-9}$

17.47 $K_{ps} = 1,4 \times 10^{-15}$

17.49 (a) $9,2 \times 10^{-9}$ M; (b) $2,2 \times 10^{-6}$ g/L

17.51 (a) $2,4 \times 10^{-4}$ M; (b) 0,018 g/L

17.53 Somente $2,1 \times 10^{-4}$ g dissolve.

17.55 (a) $PbCl_2$; (b) FeS; (c) $Fe(OH)_2$

17.57 Solubilidades em água pura = $1,0 \times 10^{-6}$ mol/L; solubilidade em 0,010 M de SCN^- = $1,0 \times 10^{-10}$ mol/L

17.59 (a) Solubilidade em água pura = $2,2 \times 10^{-6}$ mg/mL
(b) Solubilidade em 0,020 M de $AgNO_3$ = $1,0 \times 10^{-12}$ mg/mL

17.61 $[Fe^{2+}]$ = $4,9 \times 10^{-3}$ M

17.63 (a) PbS
(b) Ag_2CO_3
(c) $Al(OH)_3$

17.65 $Q < K_{ps}$, então, nenhum precipitado se forma.

17.67 $Q > K_{ps}$; $Zn(OH)_2$ precipitará

17.69 $[OH^-]$ deve exceder $1,0 \times 10^{-5}$ M.

17.71 Usando K_{ps} para $Zn(OH)_2$ e K_f para $[Zn(OH)_4]^{2-}$, K_{global} para
$$Zn(OH)_2(s) + 2\ OH^-(aq) \rightleftharpoons [Zn(OH)_4]^{2-}(aq)$$
é 1×10^1. Isto indica que a reação é definitivamente produto-favorecida.

17.73 K_{global} para $AgCl(s) + 2\ NH_3(aq) \rightleftharpoons [Ag(NH_3)_2] + (aq) + Cl^-(aq)$ é $2,0 \times 10^{-3}$. Quando todo o AgCl dissolve, $[Ag(NH_3)_2^+]$ = $[Cl^-]$ = 0,050 M. Para atingir estas concentrações, $[NH_3]$ deve ser 1,12 M. Por isso, a quantidade de NH_3 adicionada deve ser de $2 \times 0,050$ mol/L (para reagir com o AgCl) mais 1,12 mol/L (para atingir a concentração de equilíbrio adequada). O total é 1,22 mol/L NH_3.

17.75 (a) Solubilidade em água pura = $1,3 \times 10^{-5}$ mol/L ou 0,0019 g/L.
(b) K_{global} para $AgCl(s) + 2\ NH_3(aq) \rightleftharpoons [Ag(NH_3)_2]+(aq) + Cl^-(aq)$ é $2,0 \times 10^{-3}$. Quando se utiliza 1,0 M de NH_3, as concentrações das espécies em solução são $[Ag(NH_3)_2]^+$ = $[Cl^-]$ = 0,041 M e assim $[NH_3]$ = 1,0 – 2 (0,041) M ou cerca de 0,9 M. A quantidade de AgCl dissolvido é 0,041 mol/L ou 5,88 g/L.

17.77 (a) $NaBr(aq) + AgNO_3(aq) \rightarrow NaNO_3(aq) + AgBr(s)$
(b) $2\ KCl(aq) + Pb(NO_3)_2(aq) \rightarrow 2\ KNO_3(aq) + PbCl_2(s)$

17.79 $Q > K_{ps}$, então $BaSO_4$ precipita.

17.81 $[H_3O^+]$ = $1,9 \times 10^{-10}$ M; pH = 9,73

17.83 $BaCO_3 < Ag_2CO_3 < Na_2CO_3$

17.85 pH original = 8,62; a diluição não afetará o pH.

17.87 (a) 0,100 M de ácido acético tem um pH de 2,87. A adição de acetato de sódio aumenta lentamente o pH.
(b) A adição de $NaNO_3$ a 0,100 M de HNO_3 não tem efeito no pH.

(c) Na parte (a), a adição da base conjugada de um ácido fraco cria uma solução tampão. Na parte (b), HNO_3 é um ácido forte, mas sua base conjugada (NO_3^-) é tão fraca que a base não tem qualquer efeito sobre a ionização completa do ácido.

17.89 (a) pH = 4,13
(b) 0,6 g de $C_6H_5CO_2H$
(c) 8,2 mL de 2,0 M de HCl devem ser adicionados

17.91 K = $2,1 \times 10^6$; sim, AgI se forma

17.93 (a) 0,030 L (30 mL)
(b) 0,48 g CaC_2O_4

17.95 (a) $[F^-]$ = $1,3 \times 10^{-3}$ M
(b) $[Ca^{2+}]$ = $2,9 \times 10^{-5}$ M

17.97 (a) $PbSO_4$ precipitará primeiro.
(b) $[Pb^{2+}]$ = $5,1 \times 10^{-6}$ M

17.99 Quando $[CO_3^{2-}]$ = 0,050 M, $[Ca^{2+}]$ = $6,8 \times 10^{-8}$ M. Isto significa que apenas $6,8 \times 10^{-4}$% dos íons permanecem, ou que essencialmente todos os íons cálcio tenham sido removidos.

17.101 (a) Adicione H_2SO_4, precipitando $BaSO_4$ e deixando $Na^+(aq)$ em solução.
(b) Adicione HCl ou outra fonte de íon cloreto. $PbCl_2$ precipitará, mas $NiCl_2$ é solúvel em água.

17.103 (a) $BaSO_4$ precipitará primeiro.
(b) $[Ba^{2+}]$ = $1,8 \times 10^{-7}$ M

17.105 (a) pH = 2,81
(b) pH no ponto de equivalência = 8,72
(c) pH no ponto médio = pK_a = 4,62
(d) Fenolftaleína
(e) Após 10,0 mL, pH = 4,39.
Após 20,0 mL, pH = 5,07.
Após 30,0 mL, pH = 11,84.
(f) Uma marcação de pH em relação ao volume de NaOH adicionado começaria a um pH de 2,81, subiria ligeiramente para o ponto médio em pH = 4,62 e, em seguida, começaria a subir de forma mais acentuada, quando o ponto de equivalência for aproximado (quando o volume de NaOH adicionado for 27,0 mL). O pH sobe verticalmente através do ponto de equivalência e, em seguida, começa a nivelar para cima com um pH próximo de 11,0.

17.107 O valor de K_b da etilamina ($4,27 \times 10^{-4}$) é visto no Apêndice I.
(a) pH = 11,89
(b) Ponto médio do pH = 10,63
(c) pH = 10,15
(d) pH = 5,93 no ponto de equivalência
(e) pH = 2,13
(f) Curva de titulação

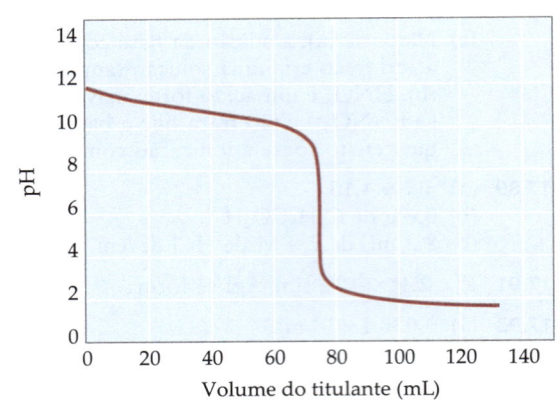

(g) Alizarina ou de roxo bromocresol (ver Figura 17.10)

17.109   110 mL NaOH

17.111   Adicione HCl diluído, digamos 1 M de HCl, a uma solução de sais. Tanto AgCl quanto $PbCl_2$ precipitarão, mas os íons Cu^{2+} ficarão em solução (já que $CuCl_2$ é solúvel em água). Decante a solução que contém cobre para deixar um precipitado de AgCl branco e $PbCl_2$. O cloreto de chumbo(II) ($K_{ps} = 1,7 \times 10^{-5}$) é muito mais solúvel do que AgCl ($K_{ps} = 1,8 \times 10^{-10}$). Aquecer os precipitados em água irá dissolver o $PbCl_2$ e deixar o AgCl como um sólido branco.

17.113   O $Cu(OH)_2$ dissolver-se-á em um ácido não oxidante, tal como HCl, enquanto o CuS não.

17.115   Quando Ag_3PO_4 dissolve levemente, ele produz uma pequena concentração de íon fosfato, PO_4^{3-}. Este íon é uma base forte e hidrolisa para HPO_4^{2-}. Como esta reação remove o íon PO_4^{3-} do equilíbrio com Ag_3PO_4, o equilíbrio desloca-se para a direita, produzindo mais íons PO_4^{3-} e Ag^+. Assim, Ag_3PO_4 dissolve-se a uma extensão maior do que poderia ser calculado a partir de um valor K_{ps} (a menos que o valor K_{ps} tenha sido de fato determinado experimentalmente).

17.117   (a) Base é adicionada para aumentar o pH. A base adicionada reage com ácido acético para formar mais íons acetato na mistura. Assim, a fração de ácido diminui e a fração de base conjugada cresce (ou seja, a relação $[CH_3CO_2H]/[CH_3CO_2^-]$ diminui à medida que o pH sobe.
(b) Com pH = 4, o ácido predomina (85% de ácido e 15% de íons acetato). Com pH = 6, os íons acetato predominam (95% de íons acetato e ácido 5%).
(c) No ponto em que as linhas se cruzam, $[CH_3CO_2H] = [CH_3CO_2^-]$. Neste ponto pH = pK_a, então pK_a do ácido acético é 4,74.

17.119   (a) Ângulo C—C—C, 120°; O—C=O, 120°; C—O—H, 109°; C—C—H, 120°
(b) Tanto os átomos de C no anel quanto o C em CO_2H apresentam hibridização sp^2.
(c) $K_a = 1 \times 10^{-3}$
(d) 10%
(e) o pH no meio do caminho = pK_a; o pH no ponto de equivalência = 7,3

Capítulo 18

Estudo de Caso

Termodinâmica e Formas de Vida

1.   Fosfato de creatina + $H_2O \rightarrow$ creatina + HP_i
$$\Delta_r G° = -43,3 \text{ kJ/mol}$$
Adenosina + $HP_i \rightarrow$ monofosfato de adenosina + H_2O
$$\Delta_r G° = +9,2 \text{ kJ/mol}$$

Reação global (soma das duas reações):

Fosfato de creatina + adenosina $\rightarrow$
creatina + monofosfato de adenosina

Para isto, $\Delta_r G° = -43,3$ kJ/mol + 9,2 kJ/mol = $-34,1$ kJ/mol. O valor negativo indica que a transferência do fosfato a partir do fosfato de creatina para a adenosina é produto-favorecida.

2. $\Delta_r G°' = \Delta_r G° + RT \ln[C][H_3O^+]/[A][B] = \Delta_r G° + (8,31 \times 10^{-3} \text{ kJ/mol} \cdot \text{K})(298 \text{ K}) \ln[1][1 \times 10^{-7}]/[1][1]$
$\Delta_r G°' = \Delta_r G° - 39,9$ kJ/mol

Verifique Seu Entendimento

18.1   (a) O_3; moléculas maiores têm geralmente entropias mais elevadas que as moléculas menores.
(b) $SnCl_4(g)$; gases têm entropias mais elevadas que os líquidos.

18.2   (a) $\Delta_r S° = \Sigma n S°(\text{produtos}) - \Sigma n S°(\text{reagentes})$
$\Delta_r S° = (1 \text{ mol/mol-rea}) S°[NH_4Cl(aq)])$
$- (1 \text{ mol/mol-rea}) S°[NH_4Cl(s)]$
$\Delta_r S° = (1 \text{ mol/mol})(169,9 \text{ J/mol} \cdot \text{K})$
$- (1 \text{ mol/mol})(94,85 \text{ J/mol} \cdot \text{K})$
$= 75,1 \text{ J/K} \cdot \text{mol-rea}$

Um ganho na entropia para a formação de uma mistura (solução) é esperado.
(b) $\Delta_r S° = (2 \text{ mols } CO_2/\text{mol-rea}) S°(CO_2) +$
$(3 \text{ mols } H_2O/\text{mol-rea}) S°(H_2O) -$
$[(1 \text{ mol } C_2H_5OH/\text{mol-rea}) S°(C_2H_5OH) +$
$(3 \text{ mols } O_2/\text{mol-rea}) S°(O_2)]$

$\Delta_r S° = (2 \text{ mols/mol-rea})(213,74 \text{ J/mol} \cdot \text{K})$
$+ (3 \text{ mols/mol-rea})(188,84 \text{ J/mol} \cdot \text{K})$
$- [(1 \text{ mol/mol-rea})(282,70 \text{ J/mol} \cdot \text{K})$
$+ (3 \text{ mols/mol-rea})(205,07 \text{ J/mol} \cdot \text{K})]$

$\Delta_r S° = +96,09 \text{ J/K} \cdot \text{mol-rea}$

Um aumento na entropia é esperado porque há um aumento no número de mol de gases.

18.3 $\Delta S°(\text{sistema}) = \Delta_r S°$
$= \Sigma n S°(\text{produtos}) - \Sigma n S°(\text{reagentes})$

$\Delta_r S° = (2 \text{ mols } HCl/\text{mol-rea}) S°[HCl(g)]$
$- \{(1 \text{ mol } H_2/\text{mol-rea}) S°[H_2(g)]$
$+ (1 \text{ mol } Cl_2/\text{mol-rea}) S°[Cl_2(g)]\}$

$= (2 \text{ mols } HCl/\text{mol-rea})(186,2 \text{ J/K} \cdot \text{mol HCl})$
$- \{(1 \text{ mol } H_2/\text{mol-rea})(130,7 \text{ J/K} \cdot \text{mol } H_2)$
$+ (1 \text{ mol } Cl_2/\text{mol-rea})(223,08 \text{ J/K} \cdot \text{mol } Cl_2(g))\}$

$= 18,6 \text{ J/K} \cdot \text{mol-rea}$

$\Delta_r H° = \Sigma n \Delta_f H°(\text{produtos}) - \Sigma n \Delta_f H°(\text{reagentes})$

$\Delta_r H° = (2 \text{ mols HCl/mol-rea}) \, \Delta_f H°[\text{HCl}(g)]$
$\quad - \{(1 \text{ mol } H_2/\text{mol-rea}) \, \Delta_f H°[H_2(g)]$
$\quad + (1 \text{ mol } Cl_2/\text{mol-rea}) \, \Delta_f H°[Cl_2(g)]\}$

$\quad = (2 \text{ mol HCl/mol-rea})(-92,31 \text{ kJ/mol HCl})$
$\quad - \{(1 \text{ mol } H_2/\text{mol-rea})(0 \text{ kJ/mol } H_2)$
$\quad + (1 \text{ mol } Cl_2/\text{mol-rea}) \, (0 \text{ kJ/mol } Cl_2(g)\}$

$\quad = -184,62 \text{ kJ/mol-rea}$

Ambos, $\Delta_r H°$ (< 0) e $\Delta_r S°$ (> 0), são favoráveis, de modo que esta reação está prevista para ser espontânea sob condições padrão.

$\Delta S°(\text{vizinhança}) = -\Delta_r H°/T =$
$-(-184,62 \text{ kJ/mol-rea})/298,15 \text{ K} =$
$0,61922 \text{ kJ/K} \cdot \text{mol-rea} = 619,22 \text{ J/K} \cdot \text{mol-rea}$

$\Delta S°(\text{universo}) = \Delta S°(\text{sistema}) + \Delta S°(\text{vizinhança}) =$
$18,6 \text{ J/K} \cdot \text{mol-rea} + 619,22 \text{ J/K} \cdot \text{mol-rxn} =$
$637,8 \text{ J/K} \cdot \text{mol-rea}$

$\Delta S°(\text{universo}) > 0$, de modo que a reação é espontânea, sob condições padrão.

18.4 Para a reação $N_2(g) + 3 \, H_2(g) \rightarrow 2 \, NH_3(g)$:

$\Delta_r H° = (2 \text{ mol/mol-rea}) \, \Delta_f H°$ para $NH_3(g) =$
$(2 \text{ mols/mol-rea})(-45,90 \text{ kJ/mol}) =$
$-91,80 \text{ kJ/mol-rea}$

$\Delta_r S° = (2 \text{ mols/mol-rea}) \, S°(NH_3) - [(1 \text{ mol/mol-rea}) \, S°(N_2) + (3 \text{ mols/mol-rea}) \, S°(H_2)]$

$\Delta_r S° = (2 \text{ mol/mol-rea})(192,77 \text{ J/mol} \cdot \text{K})$
$\quad - [(1 \text{ mol/mol-rea})(191,56 \text{ J/mol} \cdot \text{K})$
$\quad + (3 \text{ mols/mol-rea})(130,7 \text{ J/mol} \cdot \text{K})]$

$\Delta_r S° = -198,1 \text{ J/K} \cdot \text{mol-rea}$
$(= -0,1981 \text{ kJ/K} \cdot \text{mol-rea})$

$\Delta_r G° = \Delta_r H° - T\Delta_r S° = -91,80 \text{ kJ/mol-rea} -$
$(298 \text{ K})(-0,1981 \text{ kJ/K} \cdot \text{mol-rea})$

$\Delta_r G° = -32,8 \text{ kJ/mol-rea}$

18.5 $SO_2(g) + \frac{1}{2} \, O_2(g) \rightarrow SO_3(g)$

$\Delta_r G° = \Sigma n \Delta_f G°(\text{produtos}) - \Sigma n \Delta_f G°(\text{reagentes})$

$\Delta_r G° = (1 \text{ mol/mol-rea})\Delta_f G°[SO_3(g)]$
$\quad - \{(1 \text{ mol/mol-rea})\Delta_f G°[SO_2(g)]$
$\quad + (0,5 \text{ mol/mol-rea})\Delta_f G°[O_2(g)]\}$

$\Delta_r G° = -371,04 \text{ kJ/mol-rea}$
$\quad - (-300,13 \text{ kJ/mol} + 0 \text{ kJ/mol-rea})$

$\quad = -70,91 \text{ kJ/mol-rea}$

18.6 $HgO(s) \rightarrow Hg(\ell) + \frac{1}{2} \, O_2(g)$; determine a temperatura na qual $\Delta_r G° = \Delta_r H° - T\Delta_r S° = 0$.
T é desconhecido neste problema.

$\Delta_r H° = [-\Delta_f H°$ para $HgO(s)] = 90,83 \text{ kJ/mol-rea}$

$\Delta_r S° = S°[Hg(\ell)] + \frac{1}{2} \, S°[O_2(g)] - S°[HgO(s)]$

$\Delta_r S° = (1 \text{ mol/mol-rea})(76,02 \text{ J/mol} \cdot \text{K})$
$\quad + [(0,5 \text{ mol/mol-rea})(205,07 \text{ J/mol} \cdot \text{K})$
$\quad - (1 \text{ mol/mol-rea})(70,29 \text{ J/mol} \cdot \text{K})]$
$\quad = 108,27 \text{ J/K} \cdot \text{mol-rea}$

$\Delta_r H° - T(\Delta_r S°) = 0 = 90,830 \text{ J/mol-rea} -$
$T(108,27 \text{ J/K} \cdot \text{mol-rea})$

$T = 839 \text{ K} (566 \text{ °C})$

18.7 $CaCO_3(s) \rightleftharpoons CaO(s) + CO_2(g)$

$\Delta_r G° = \Sigma n \Delta_f G°(\text{produtos}) - \Sigma n \Delta_f G°(\text{reagentes})$

$\Delta_r G° = \Delta_f G°(CaO) + \Delta_f G°(CO_2) - \Delta_f G°(CaCO_3)$

$\Delta_r G° = (1 \text{ mol CaO/mol-rea})(-603,42 \text{ kJ/mol CaO})$
$\quad + (1 \text{ mol } CO_2/\text{mol-rea})(-394,359 \text{ kJ/mol } CO_2)$
$\quad - (1 \text{ mol } CaCO_3/\text{mol-rea})(-1129,16 \text{ kJ/mol } CaCO_3)$

$\Delta_r G° = 131,38 \text{ kJ/mol-rea}$

$\Delta_r G° = -RT \ln K$

$131,380 \text{ J/mol-rea} =$
$\quad -(8,3145 \text{ J/mol-rxn} \cdot \text{K})(298,15 \text{ K})(\ln K)$

$K_p = 9,62 \times 10^{-24}$

18.8 $C(s) + CO_2(g) \rightleftharpoons 2 \, CO(g)$

$\Delta_r G° = \Sigma \, n \Delta_f G°(\text{produtos}) - \Sigma \, n \Delta_f G°(\text{reagentes})$

$\Delta_r G° = 2 \, \Delta_f G°(CO) - \Delta_f G°(CO_2)$

$\Delta_r G° = (2 \text{ mol/mol-rea})(-137,17 \text{ kJ/mol}) -$
$\quad (1 \text{ mol/mol-rea})(-394,36 \text{ kJ/mol})$

$\Delta_r G° = 120,02 \text{ kJ/mol-rea}$

$\Delta_r G° = -RT \ln K$

$120,020 \text{ J/mol-rea} =$
$\quad -(8,3145 \text{ J/mol-rea} \cdot \text{K})(298,15 \text{ K})(\ln K)$

$K = 9,41 \times 10^{-22}$

18.9 (a) $\Delta_r G° = 2 \, \Delta_f G°(NO) = 2 \text{ mol/mol-rea} \times 86,58 \text{ kJ/mol} = 173,2 \text{ kJ/mol-rea}$

A reação é reagente-favorecida no equilíbrio.

(b) $\Delta_r G = \Delta_r G° + RT \ln Q = 173,2 \text{ kJ/mol-rea} + (0,0083145 \text{ kJ/K} \cdot \text{mol-rea})(298,15 \text{ K})$
$\ln[P(NO)]^2/[P(N_2)][P(O_2)]$

$\Delta_r G = 173,2 \text{ kJ/mol-rea} - 11,4 \text{ kJ/mol-rea} = 161,8 \text{ kJ/mol}$. A reação não é espontânea.

Exercícios para a Seção

Seção 18.1

1. (b) em direção ao equilíbrio

2. (b) falso

3. (b) às vezes espontâneas

Seção 18.2

1. (c) > 0

2. (c) dispersa

3. (b) $3,19 \text{ J/K}$

Seção 18.3

1. (b) aumenta

2. (c) $2,5 \times 10^{-23} \text{ J/K}$

Seção 18.4

1. (c) $NaCl(s) < H_2O(\ell) < NH_3(g)$

2. (c) $\Delta_r S° > 0$

3. (a) $-326,6 \text{ J/K} \cdot \text{mol-rea}$

Seção 18.5

1. (b) $-121,6$ J/K $\cdot$ mol-rea

2. (d) 1320 J/K $\cdot$ mol-rea

3. (b) em temperaturas mais elevadas

Seção 18.6

1. (d) menos, menos

2. (a) produto-favorecido no equilíbrio

Seção 18.7

1. (c) -2155 kJ/mol-rea

2. (a) -225 kJ/mol-rea

3. (c) 23 kJ/mol-rea

Aplicando Princípios Químicos: Os Diamantes São para Sempre?

1. $C(\text{diamante}) \rightarrow C(\text{grafite})$
(a) $\Delta_r G° = -2,900$ kJ/mol-rea; $K = 3,22$
(b) $\Delta_r H° = -1,8$ kJ/mol-rea; $\Delta_r S° = 3,2$ J/K $\cdot$ mol-rea $= 0,0032$ kJ/K $\cdot$ mol; $\Delta_r G° = -5,0$ kJ/mol-rea; $K = 1,8$
Apesar de ainda estar favorecendo o grafite, o equilíbrio foi deslocado mais para o diamante.
(c) Pressões maiores favorecem a formação de diamante, que é mais denso que o grafite.
(d) A velocidade da reação é insignificantemente lenta sob temperatura ambiente.

Questões para Estudo

18.1 (a) Para uma determinada substância sob determinada temperatura, um gás tem sempre uma entropia superior à do líquido. Matéria e energia estão mais dispersas.
(b) Água líquida a 50 °C
(c) Rubi
(d) Um mol de N_2 a 1 bar

18.3 (a) $\Delta_r S° = +12,7$ J/K $\cdot$ mol-rea. A entropia aumenta.
(b) $\Delta_r S° = -102,56$ J/K $\cdot$ mol-rea. Significante diminuição na entropia.
(c) $\Delta_r S° = +93,3$ J/K $\cdot$ mol-rea. A entropia aumenta.
(d) $\Delta_r S° = -129,7$ J/K $\cdot$ mol-rea. A solução tem uma entropia menor (com H^+ formando H_3O^+ e ocorrendo ligação de hidrogênio) que HCl em estado gasoso.

18.5 (a) $\Delta_r S° = +9,3$ J/K $\cdot$ mol-rea
(b) $\Delta_r S° = -294,0$ J/K $\cdot$ mol-rea

18.7 (a) $\Delta_r S° = -507,3$ J/K $\cdot$ mol-rea; a entropia diminui à medida que um reagente gasoso é incorporado na forma de um composto sólido.
(b) $\Delta_r S° = +313,25$ J/K $\cdot$ mol-rea; a entropia aumenta à medida que cinco moléculas (três delas na fase gasosa) formam seis moléculas de produtos (todos gases).

18.9 $\Delta S°(\text{sistema}) = -134,2$ J/K $\cdot$ mol-rea; $\Delta H°(\text{sistema}) = -662,75$ kJ/mol-rea; $\Delta S°(\text{vizinhança}) = +2.222,9$ J/K $\cdot$ mol-rea; $\Delta S°(\text{universo}) =$ 2.088,8 J/K $\cdot$ mol-rea. A reação é espontânea, sob condições padrão.

18.11 $\Delta S°(\text{sistema}) = +163,3$ J/K $\cdot$ mol-rea; $\Delta H°(\text{sistema}) = +285,83$ kJ/mol-rea; $\Delta S°(\text{vizinhança}) = -958,68$ J/K $\cdot$ mol-rea; $\Delta S°(\text{universo}) = -795,4$ J/K $\cdot$ mol-rea

A reação não é espontânea porque a variação de entropia geral no universo é negativa. A reação é desfavorecida por dispersão de energia.

18.13 (a) Tipo 2. A reação é favorável à entalpia mas desfavorável à entropia. Ela é mais favorável em temperaturas baixas.
(b) Tipo 4. Esta reação endotérmica não é favorecida pela variação de entalpia nem é favorecida pela variação de entropia. Ela não é espontânea sob condições normais em qualquer temperatura.

18.15 (a) $\Delta_r H° = -438$ kJ/mol-rea; $\Delta_r S° = -201,7$ J/K $\cdot$ mol-rea; $\Delta_r G° = -378$ kJ/mol-rea. A reação é produto-favorecida em equilíbrio e é acionada pela entalpia.
(b) $\Delta_r H° = -86,61$ kJ/mol-rea; $\Delta_r S° = -79,4$ J/K $\cdot$ mol-rea; $\Delta_r G° = -62,9$ kJ/mol-rea. A reação é produto-favorecida em equilíbrio. A variação da entalpia favorece a reação.

18.17 (a) $\Delta_r H° = +116,7$ kJ/mol-rea; $\Delta_r S° = +168,0$ J/K $\cdot$ mol-rea; $\Delta_f G° = +66,6$ kJ/mol
(b) $\Delta_r H° = -425,93$ kJ/mol-rea; $\Delta_r S° = -154,6$ J/K $\cdot$ mol-rea; $\Delta_f G° = -379,82$ kJ/mol
(c) $\Delta_r H° = +17,51$ kJ/mol-rea; $\Delta_r S° = +77,95$ J/K $\cdot$ mol-rea; $\Delta_f G° = -5,73$ kJ/mol

As reações em (b) e (c) são previstas como produto-favorecidas sob condições padrão.

18.19 (a) $\Delta_r G° = -817,54$ kJ/mol-rea; produto-favorecida
(b) $\Delta_r G° = +256,6$ kJ/mol-rea; reagente-favorecida
(c) $\Delta_r G° = -1.101,14$ kJ/mol-rea; produto-favorecida

18.21 $\Delta_f G°$ [$BaCO_3(s)$] $= -1.134,4$ kJ/mol

18.23 (a) $\Delta_r H° = +66,2$ kJ/mol-rea; $\Delta_r S° = -121,62$ J/K $\cdot$ mol-rea; $\Delta_r G° = +102,5$ kJ/mol-rea

Ambas as alterações, a da entalpia e a da entropia, são desfavoráveis. Não há qualquer temperatura na qual a reação seja produto-favorecida em equilíbrio. Este é um caso como aquele no painel da direita na Figura 18.11 e é uma reação do Tipo 4 (Tabela 18.1). Conforme a temperatura aumenta, a reação se torna ainda mais reagente-favorecida (o valor de $\Delta_r G°$ se torna mais positivo).
(b) $\Delta_r H° = -221,05$ kJ/mol-rea; $\Delta_r S° = +179,1$ J/K $\cdot$ mol-rea; $\Delta_r G° = -274,45$ kJ/mol-rea

A reação é favorecida por ambas, a entalpia e a entropia, e é produto-favorecida em todas as temperaturas. Este é um caso como aquele no painel da esquerda na Figura 18.11 e é uma reação do Tipo 1. Conforme a temperatura aumenta, a reação se torna ainda mais produto-favorecida (o valor de $\Delta_r G°$ se torna mais negativo).

(c) $\Delta_r H° = -179,0$ kJ/mol-rea;
$\Delta_r S° = -160,2$ J/K $\cdot$ mol-rea;
$\Delta_r G° = -131,23$ kJ/mol-rea

A reação é favorecida pela variação da entalpia, mas desfavorecida pela variação da entropia. A reação se torna menos produto-favorecida à medida que aumenta a temperatura; este é um caso como a linha vermelha no painel do meio da Figura 18.11.

(d) $\Delta_r H° = +822,2$ kJ/mol-rea;
$\Delta_r S° = +181,28$ J/K $\cdot$ mol-rea;
$\Delta_r G° = +768,19$ kJ/mol-rea

A reação não é favorecida pela variação da entalpia, mas é favorecida pela variação da entropia. A reação se torna mais produto-favorecida à medida que a temperatura aumenta; este é um caso como a linha azul no painel do meio da Figura 18.11.

18.25 (a) $\Delta_r S° = +174,75$ J/K $\cdot$ mol-rea;
$\Delta_r H° = +116,94$ kJ/mol-rea
(b) $\Delta_r G° = +64,84$ kJ/mol-rea. A reação não é produto-favorecida sob condições padrão a 298,15 K.
(c) Conforme a temperatura aumenta, $\Delta_r S°$ se torna mais importante, de modo que $\Delta_r G°$ pode tornar-se negativo a uma temperatura suficientemente elevada e a reação é produto-favorecida.

18.27 $K_p = 6,8 \times 10^{-16}$. Note que K_p é muito pequeno e que $\Delta G°$ é positivo. Ambos indicam um processo que é favorável ao reagente no equilíbrio.

18.29 $\Delta_r G° = -100,24$ kJ/mol-rea e $K_p = 3,6 \times 10^{17}$. Tanto a variação de energia livre quanto K indicam um processo que é favorável ao produto em equilíbrio.

18.31 (a) $\Delta_r G° = -32,74$ kJ/mol-rea. A reação é produto-favorecida no equilíbrio.
(b) $\Delta_r G = -21,33$ kJ/mol-rea. A reação é espontânea no sentido direto.

18.33 (a) HBr(g)
(b) NH$_4$Cl(aq)
(c) C$_2$H$_4$(g)
(d) NaCl(g)

18.35 $\Delta_r G° = -98,9$ kJ/mol-rea. A reação é produto-favorecida no equilíbrio. Ela é conduzida pelas entalpia.

18.37 $\Delta_r H° = -1428,66$ kJ/mol-rea; $\Delta_r S° = +47,1$ J/K $\cdot$ mol-rea; $\Delta S°$(universo) $= +4840$ J/K $\cdot$ mol-rea. Reações de combustão são espontâneas e isso é confirmado pelo sinal $\Delta S°$(universo).

18.39 (a) A reação ocorre espontaneamente e é produto-favorecida. Portanto, $\Delta S°$(universo) é positivo e $\Delta_r G°$ é negativo. A reação tende a ser exotérmica, por isso, $\Delta_r H°$ é negativo e $\Delta S°$(ambiente) é positivo. $\Delta S°$ (sistema) está previsto ser negativo, porque dois mols de gás de formam um mol de sólido. Os valores calculados são os seguintes:

$\Delta S°$(sistema) $= -284,1$ J/K $\cdot$ mol-rea

$\Delta_r H° = -176,34$ kJ/mol-rea

$\Delta S°$(vizinhança) $= +591,45$ J/K $\cdot$ mol-rea

$\Delta S°$(universo) $= +307,4$ J/K $\cdot$ mol-rea

$\Delta_r G° = -91,64$ kJ/mol-rea

(b) $K_p = 1,1 \times 10^{16}$

18.41 $K_p = 1,3 \times 10^{29}$ a 298 K $(\Delta G° = -166,1$ kJ/mol-rea). A reação já é extremamente produto-favorecida a 298 K. Uma temperatura mais alta faria a reação menos produto-favorecida porque $\Delta_r S°$ tem um valor negativo $(-242,3$ J/K $\cdot$ mol-rea).

18.4 No ponto de ebulição, $\Delta G° = 0 = \Delta H° - T\Delta S°$.
Aqui $\Delta S° = \Delta H°/T = 112$ J/K $\cdot$ mol-rea a 351,15 K.

18.45 $\Delta_r S°$ é $+137,2$ J/K $\cdot$ mol-rea. Uma variação de entropia positiva significa que a elevação da temperatura aumentará o favorecimento ao produto da reação (porque $T\Delta S°$ se tornará mais negativo).

18.47 A reação é exotérmica, de modo que $\Delta_r H°$ deve ser negativo. Além disso, uma solução aquosa e um gás são formados, de modo que $\Delta_r S°$ deve ser positiva. Os valores calculados são $\Delta_r H° = -183,32$ kJ/mol-rea (com sinal negativo esperado) e $\Delta_r S° = -7,7$ J/K $\cdot$ mol-rea.

A mudança da entropia é ligeiramente negativa, não positiva como previsto. A razão para isto é a variação de entropia negativa em consequência da dissolução de NaOH. Aparentemente, os íons OH$^-$ na ligação de hidrogênio com as moléculas de água produzem um efeito que também leva a uma pequena variação negativa de entropia.

18.49 $\Delta_r H° = +126,03$ kJ/mol-rea; $\Delta_r S° = +78,2$ J/K $\cdot$ mol-rea; e $\Delta_r G° = +103$ kJ/mol-rea. A reação não é produto-favorecida no equilíbrio.

18.51 $\Delta_r G°$ do valor de $K = 4,87$ kJ/mol-rea
$\Delta_r G°$ de energias livres de formação $= 4,73$ kJ/mol-rea

18.53 $\Delta_r G° = -2,27$ kJ/mol-rea

18.55 (a) $\Delta_r G° = +141,82$ kJ/mol-rea, de modo que a reação não é produto-favorecida no equilíbrio.
(b) $\Delta_r H° = +197,86$ kJ/mol-rea; $\Delta_r S° = +187,95$ J/K $\cdot$ mol-rea
$T = \Delta_r H°/\Delta_r S° = 1.052,7$ K ou 779,6 °C
(c) $\Delta_r G°$ a 1.500 °C (1.773 K) $= -135,4$ kJ/mol-rea
K_p a 1.500 °C $= 1 \times 10^4$

18.57 $\Delta_r S° = -459,0$ J/K $\cdot$ mol-rea;
$\Delta_r H° = -793$ kJ/mol-rea; $\Delta_r G° = -657$ kJ/mol-rea
A reação é produto-favorecida no equilíbrio. Ela é conduzida pela entalpia.

18.59 (a) $\Delta_r G°$ a 80,0 °C $= +0,14$ kJ/mol-rea
$\Delta_r G°$ a 110,0 °C $= -0,12$ kJ/mol-rea
O enxofre rômbico é mais estável que o enxofre monoclínico a 80 °C, mas o inverso é verdadeiro a 110 °C.
(b) $T = 370$ K ou cerca de 96 °C. Esta é a temperatura na qual as duas formas estão em equilíbrio em condições normais.

18.61 $\Delta_r G°$ a 298 K $= 22,64$ kJ/mol; a reação não é produto-favorecida no equilíbrio. Ele se torna produto favorecida acima 469 K (196 °C).

18.63 $\Delta_f G°$ [HI(g)] = −10,9 kJ/mol

18.65 (a) $\Delta_r G°$ = +194,8 kJ/mol-rea e K = 6,7 × 10⁻¹¹
(b) A reação é reagente-favorecida no equilíbrio a 727 °C.
(c) Manter a pressão de CO tão baixa quanto possível (pela remoção do mesmo durante o curso da reação).

18.67 $K_p = P_{Hg(g)}$ em qualquer temperatura
K_p = 1 a 620,3 K ou 347,2 °C quando $P_{Hg(g)}$ = 1,000 bar
Quando $P_{Hg(g)}$ = (1/760) bar T é 398,3 K ou 125,2 °C.

18.69 (a) Verdadeiro
(b) Falso. Se um sistema exotérmico é espontâneo também depende da variação da entropia para o sistema.
(c) Falso. Reações com +$\Delta_r H°$ e +$\Delta_r S°$ são produto-favorecidas em temperaturas mais elevadas.
(d) Verdadeiro

18.71 A dissolução de um sólido tal como NaCl em água é um processo favorável ao produto. Assim, $\Delta G°$ < 0. Se $\Delta H°$ = 0, então a única maneira na qual a variação de energia livre pode ser negativa é se $\Delta S°$ for positiva. Em geral, a variação de entropia é o fator importante na formação de uma solução.

18.73 2 C_2H_6(g) + 7 O_2(g) → 4 CO_2(g) + 6 H_2O(g)
(a) Não só é uma reação de combustão exotérmica, mas também existe um aumento do número de moléculas de gases dos reagentes para os produtos. Portanto, poderíamos prever um valor positivo para $\Delta S°$ tanto para o sistema como para a vizinhança e, portanto, para o universo também.
(b) A reação exotérmica possui $\Delta_r H°$ < 0. Combinado com um $\Delta S°$(sistema) positivo, o valor de $\Delta_r G°$ é negativo.
(c) O valor de K_p tende a ser muito maior que 1. Além disso, porque o $\Delta S°$*(sistema)* é positivo, o valor de K_p será ainda maior a uma temperatura superior. (Veja o painel à esquerda da Figura 18.11).

18.75 Reação 1: $\Delta_r S_1°$ = −80,7 J/K · mol-rea
Reação 2: $\Delta_r S$ = −161,60 J/K · mol-rea
Reação 3$S_2°$: $\Delta_r S_2°$ = −242,3 J/K · mol-rea
$\Delta_r S_1° + \Delta_r S_2° = \Delta_r S_3°$; a entropia é uma função de estado.

18.77 (a) $\Delta_r H°$ = −352,88 kJ/mol-rea e $\Delta_r S°$ = +21,31 J/K · mol-rea. Portanto, a 298 K, $\Delta_r G°$ = −359,23 kJ/mol-rea.
(b 4,8 g de Mg são requeridos.

18.79 (a) N_2H_4(ℓ) + O_2(g) → 2 H_2O(ℓ) + N_2(g)
O_2 é o agente oxidante e N_2H_4 é o agente redutor.
(b $\Delta_r H°$ = −622,29 kJ/mol-rea e $\Delta_r S°$ = +4,87 J/K · mol-rea. Portanto, a 298 K, $\Delta_r G°$ = −623,74 kJ/mol-rea.
(c) 0,0027 K
(d) 7,5 mols de O_2
(e) 4,8 × 10³ g de solução
(f) 7,5 mols de N_2(g) ocupam 170 L a 273 K e 1,0 atm de pressão.

18.81 O iodo dissolve facilmente, de modo que o processo é favorável ao produto e $\Delta G°$ deve ser menor que zero. Porque $\Delta H°$ = 0, o processo é conduzido pela entropia.

18.83 CH_3OH(g) → C(s, grafite) + 2 H_2(g) + 1/2 O_2(g)
(a) A reação se torna mais produto-favorecida no equilíbrio, conforme a temperatura aumenta.
(b) Há uma temperatura entre 400 K e 1.000 K em que a decomposição é favorável ao produto no equilíbrio.

18.85 (a) Para a eletrólise da água: $\Delta_r G°$ = 474,3 kJ.
Para a formação a partir do metano: $\Delta_r G°$ = 142,2 kJ.
(b) Para a eletrólise da água:
$\Delta_r G°$ = 237,2 kJ/mol H_2
Para a formação a partir do metano:
$\Delta_r G°$ = 47,4 kJ/mol H_2
(c) A variação de energia livre para a formação de H_2 a partir do metano é claramente menor do que para a obtenção de H_2 pela eletrólise da água.

18.87 (a, b)

Temperatura (K)	$\Delta_r G°$ (kJ/mol)	K
298,0 K	−32,74	5,5 × 10⁵
800,0 K	+72,9	2 × 10⁻⁵
1300, K	+184,0	4,0 × 10⁻⁸

(c) A maior fração molar de NH_3 em uma mistura em equilíbrio estará em 298 K.

Capítulo 19

Estudo de Caso

Manganês nos Oceanos

1. Reação no cátodo: $Mn^{3+} + e^- → Mn^{2+}$
Reação no ânodo: $Mn^{3+} + 2 H_2O → MnO_2 + 4 H^+ + e^-$
Reação global: 2 Mn^{3+} + 2 H_2O → MnO_2 + Mn^{2+} + 4 H^+
$E°_{célula} = E°(cátodo) − E°(ânodo)$ = 1,50 V − 0,95 V = 0,55 V
O potencial da célula associada com esse desproporcionamento é positivo, indicando uma reação produto-favorecida no equilíbrio.

2. (a) $MnO_2 + HS^- + 3 H^+ → Mn^{2+} + S + 2 H_2O$
(b) 2 Mn^{2+} + O_2 + 2 H_2O → 2 MnO_2 + 4 H^+

3. Reação no cátodo: $O_2 + 4 H^+ + 4 e^- → 2 H_2O$ ($E°$ = 1,229 V)
Reação no ânodo: $Mn^{2+} + 2 H_2O → MnO_2 + 4 H^+ + 2 e^-$ ($E°$ = 1,23 V, do Apêndice M)
$E°_{célula} = E°(cátodo) − E°(ânodo)$ = 1,229 V − 1,23 V = 0 V.

Verifique Seu Entendimento

19.1 Semirreação de oxidação: Al(s) → Al^{3+}(aq) + 3 e⁻
Semirreação de redução: 2 H^+(aq) + 2 e⁻ → H_2(g)
Reação global: 2 Al(s) + 6 H^+(aq) → 2 Al^{3+}(aq) + 3 H_2(g)

Al é o agente redutor e é oxidado; $H^+(aq)$ é o agente oxidante e é reduzido.

19.2 (1) $2 VO^{2+}(aq) + Zn(s) + 4 H^+(aq) \rightarrow$
$$Zn^{2+}(aq) + 2 V^{3+}(aq) + 2 H_2O(\ell)$$
$$2 V^{3+}(aq) + Zn(s) \rightarrow 2 V^{2+}(aq) + Zn^{2+}(aq)$$

(2) Oxidação (Fe^{2+}, o agente redutor, é oxidado):
$$Fe^{2+}(aq) \rightarrow Fe^{3+}(aq) + e^-$$
Redução (MnO_4^-, o agente oxidante, é reduzido)
$$MnO_4^-(aq) + 8 H^+(aq) + 5 e^- \rightarrow$$
$$Mn^{2+}(aq) + 4 H_2O(\ell)$$
Reação global:
$$MnO_4^-(aq) + 8 H^+(aq) + 5 Fe^{2+}(aq) \rightarrow$$
$$Mn^{2+}(aq) + 5 Fe^{3+}(aq) + 4 H_2O(\ell)$$

19.3 (a) Semirreação de oxidação:
$$Al(s) + 3 OH^-(aq) \rightarrow Al(OH)_3(s) + 3 e^-$$
Semirreação de redução:
$$S(s) + H_2O(\ell) + 2 e^- \rightarrow HS^-(aq) + OH^-(aq)$$
Reação global:
$$2 Al(s) + 3 S(s) + 3 H_2O(\ell) + 3 OH^-(aq) \rightarrow$$
$$2 Al(OH)_3(s) + 3 HS^-(aq)$$

(b) O alumínio é o agente redutor e é oxidado; o enxofre é o agente oxidante e é reduzido.

19.4 Construa duas meias-células, a primeira com um eletrodo de prata e uma solução contendo $Ag^+(aq)$ e a segunda com um eletrodo de níquel e uma solução contendo $Ni^{2+}(aq)$. Conecte as duas meias-células com uma ponte salina. Quando os eletrodos são ligados através de um circuito externo, os elétrons fluirão do ânodo (o eletrodo do níquel) para o cátodo (o eletrodo da prata). A reação global da célula é $Ni(s) + 2 Ag^+(aq) \rightarrow Ni^{2+}(aq) + 2 Ag(s)$. Para manter a neutralidade elétrica nas duas meias-células, íons negativos fluirão da meia-célula $Ag \mid Ag^+$ para a meia-célula $Ni \mid Ni^{2+}$ e os íons positivos fluirão na direção oposta.

19.5 $Zn(s) \mid Zn^{2+}(aq) \parallel SO_4^{2-} \mid PbSO_4(s) \mid Pb(s)$

19.6 (a) Usando o Apêndice M, a ordem determinada para estes metais, do agente redutor menos forte para o agente redutor mais forte, é $Hg < Pb < Sn$. (Quanto mais para baixo na tabela, mais forte é o metal como um agente redutor.)

(b) F_2, Cl_2 e Br_2, todos podem oxidar mercúrio a mercúrio(II); Hg está localizado a "sudeste" deles na tabela. I_2 não pode oxidar mercúrio em mercúrio(II); mercúrio está localizado a "nordeste" em vez de "sudeste" do mesmo.

19.7 Reação global: $2 Al(s) + 3 Fe^{2+}(aq) \rightarrow$
$$2 Al^{3+}(aq) + 3 Fe(s)$$
$(E°_{\text{célula}} = 1,22 V, n = 6)$
$$E_{\text{célula}} = E°_{\text{célula}} - (0,0257/n) \ln \{[Al^{3+}]^2/[Fe^{2+}]^3\}$$
$$= 1,22 - (0,0257/6) \ln \{[0,025]^2/[0,50]^3\}$$
$$= 1,22 V - (-0,023) V = 1,24 V$$

19.8 Reação global: $Fe(s) + 2 H^+(aq) \rightarrow Fe^{2+}(aq) + H_2(g)$
$(E°_{\text{célula}} = 0,44 V, n = 2)$

$$E_{\text{célula}} = E°_{\text{célula}} - (0,0257/n) \ln \{[Fe^{2+}]P_{H_2}/[H^+]^2\}$$
$$= 0,44 - (0,0257/2) \ln \{[0,024]1,0/[0,056]^2\}$$
$$= 0,44 V - 0,026 V = 0,41 V$$

19.9 $\Delta_r G° = -nFE°$
$$= -(2 \text{ mol } e^-)(96.500 \text{ C/mol } e^-)$$
$$(-0,76 V)(1 J/1 C \cdot V)$$
$$= 146.680 J = 150 kJ$$

O valor negativo de $E°$ e o valor positivo de $\Delta G°$ indicam uma reação reagente-favorecida no equilíbrio.

19.10 $E°_{\text{célula}} = E°_{\text{cátodo}} - E°_{\text{ânodo}} = 0,799 V - 0,855 V = -0,056 V$; $n = 2$
$$E° = (0,0257/n) \ln K$$
$$-0,056 = (0,0257/2) \ln K$$
$$K = 0,013$$

19.11 Cátodo: $2 H_2O(\ell) + 2 e^- \rightarrow 2 OH^-(aq) + H_2(g)$
$$E°_{\text{cátodo}} = -0,83 V$$
Ânodo: $4 OH^-(aq) \rightarrow O_2(g) + 2 H_2O(\ell) + 4 e^-$
$$E°_{\text{ânodo}} = 0,40 V$$
Total: $2 H_2O(\ell) \rightarrow 2 H_2(g) + O_2(g)$
$$E°_{\text{célula}} = E°_{\text{cátodo}} - E°_{\text{ânodo}} = -0,83 V - 0,40 V = -1,23 V$$

A tensão mínima necessária sob condições padrão para fazer com que esta reação ocorra é de 1,23 V.

19.12 (1) O_2 é formado no ânodo, pela reação
$$2 H_2O(\ell) \rightarrow 4 H^+(aq) + O_2(g) + 4 e^-.$$
$(0,445 A)(45 \text{ min})(60 \text{ s/min})(1 C/1 A \cdot s)$
$(1 \text{ mol } e^-/96.500 C)(1 \text{ mol } O_2/4 \text{ mol } e^-)$
$(32 g O_2/1 \text{ mol } O_2) = 0,10 g O_2$

(2) A reação do cátodo (eletrólise de NaCl fundido) é
$$Na^+(\text{fundido}) + e^- \rightarrow Na(\ell).$$
$(25 \times 10^3 A)(60 \text{ min})(60 \text{ s/min})(1 C/1 A \cdot s)$
$(1 \text{ mol } e^-/96.500 C)(1 \text{ mol } Na/\text{mol } e^-)(23 g Na/1 \text{ mol } Na) = 21.450 g Na = 21 kg$

Exercícios para a Seção

Seção 19.1

1. (a) CuS

2. (d) $4 H^+ + 3 e^- + NO_3^- \rightarrow NO + 2 H_2O$

3. (b) $12 OH^- + Br_2 \rightarrow 2 BrO_3^- + 6 H_2O + 10 e^-$

Seção 19.2

1. (b) Transferência de elétrons de Cd para Ni.

2. (a) Cd é o ânodo e é negativo.

3. (b) Os íons NO_3^- se movem da meia-célula Ni para a meia-célula Cd e os íons K^+ se movem da meia-célula Cd para a meia-célula Ni.

Seção 19.3

1. (b) Óxido de chumbo(IV) é reduzido.

2. (b) Ácido sulfúrico é consumido.

Seção 19.4

1. (a) 1,562 V

2. (d) Mg

3. (a) ii e iv

Seção 19.5

1. (a) 0,47 V

Seção 19.6

1. (b) $6,3 \times 10^{16}$

Section 19.7

1. (d) Ag^+

Seção 19.8

1. (d) 1450 segundos

Aplicando Princípios Químicos: Sacrifício!

1. Um isolante impedirá o fluxo de elétrons do zinco para o cobre, impedindo o zinco de manter o cobre reduzido.

3. (e) cromo

5. (a) $Cu(OH)_2(s) + 2\ e^- \rightarrow Cu(s) + 2\ OH^-(aq)$
(b) $Zn(s) + 2\ OH^-(aq) \rightarrow Zn(OH)_2(s) + 2\ e^-$
(c) $Cu(OH)_2(s) + Zn(s) \rightarrow Cu(s) + Zn(OH)_2(s)$
(d) $E = 0,89\ V$

Questões para Estudo

19.1 (a) $Cr(s) \rightarrow Cr^{3+}(aq) + 3\ e^-$

Cr é um agente redutor; esta é uma reação de oxidação.

(b) $AsH_3(g) \rightarrow As(s) + 3\ H^+(aq) + 3\ e^-$

AsH_3 é um agente redutor; esta é uma reação de oxidação.

(c) $VO_3^-(aq) + 6\ H^+(aq) + 3\ e^- \rightarrow$
$\qquad\qquad\qquad V^{2+}(aq) + 3\ H_2O(\ell)$

$VO_3^-(aq)$ é um agente oxidante; esta é uma reação de redução.

(d) $2\ Ag(s) + 2\ OH^-(aq) \rightarrow Ag_2O(s) + H_2O(\ell) + 2e^-$

A prata é um agente redutor; esta é uma reação de oxidação.

19.3 (a) $Ag(s) \rightarrow Ag^+(aq) + e^-$

$e^- + NO_3^-(aq) + 2\ H^+(aq) \rightarrow NO_2(g) + H_2O(\ell)$

$Ag(s) + NO_3^-(aq) + 2\ H^+(aq) \rightarrow$
$\qquad\qquad\qquad Ag^+(aq) + NO_2(g) + H_2O(\ell)$

(b) $2[MnO_4^-(aq) + 8\ H^+(aq) + 5\ e^- \rightarrow$
$\qquad\qquad\qquad Mn^{2+}(aq) + 4\ H_2O(\ell)]$

$5[HSO_3^-(aq) + H_2O(\ell) \rightarrow$
$\qquad\qquad\qquad SO_4^{2-}(aq) + 3\ H^+(aq) + 2\ e^-]$
$\overline{}$
$2\ MnO_4^-(aq) + H^+(aq) + 5\ HSO_3^-(aq) \rightarrow$
$\qquad 2\ Mn^{2+}(aq) + 3\ H_2O(\ell) + 5\ SO_4^{2-}(aq)$

(c) $4[Zn(s) \rightarrow Zn^{2+}(aq) + 2\ e^-]$

$2\ NO_3^-(aq) + 10\ H^+(aq) + 8\ e^- \rightarrow$
$\qquad\qquad\qquad N_2O(g) + 5\ H_2O(\ell)$

$4\ Zn(s) + 2\ NO_3^-(aq) + 10\ H^+(aq) \rightarrow$
$\qquad 4\ Zn^{2+}(aq) + N_2O(g) + 5\ H_2O(\ell)$

(d) $Cr(s) \rightarrow Cr^{3+}(aq) + 3\ e^-$

$3\ e^- + NO_3^-(aq) + 4\ H^+(aq) \rightarrow$
$\qquad\qquad\qquad NO(g) + 2\ H_2O(\ell)$
$\overline{}$
$Cr(s) + NO_3^-(aq) + 4\ H^+(aq) \rightarrow$
$\qquad Cr^{3+}(aq) + NO(g) + 2\ H_2O(\ell)$

19.5 (a) $2[Al(s) + 4\ OH^-(aq) \rightarrow Al(OH)_4^-(aq) + 3\ e^-]$

$3[2\ H_2O(\ell) + 2\ e^- \rightarrow H_2(g) + 2\ OH^-(aq)]$
$\overline{}$
$2\ Al(s) + 2\ OH^-(aq) + 6\ H_2O(\ell) \rightarrow$
$\qquad 2\ Al(OH)_4^-(aq) + 3\ H_2(g)$

(b) $2[CrO_4^{2-}(aq) + 4\ H_2O(\ell) + 3\ e^- \rightarrow$
$\qquad\qquad\qquad Cr(OH)_3(s) + 5\ OH^-(aq)]$

$3[SO_3^{2-}(aq) + 2\ OH^-(aq) \rightarrow$
$\qquad\qquad\qquad SO_4^{2-}(aq) + H_2O(\ell) + 2\ e^-]$
$\overline{}$
$2\ CrO_4^{2-}(aq) + 3\ SO_3^{2-}(aq) + 5\ H_2O(\ell) \rightarrow$
$\qquad 2\ Cr(OH)_3(s) + 3\ SO_4^{2-}(aq) + 4\ OH^-(aq)$

(c) $Zn(s) + 4\ OH^-(aq) \rightarrow [Zn(OH)_4]^{2-}(aq) + 2\ e^-$

$Cu(OH)_2(s) + 2\ e^- \rightarrow Cu(s) + 2\ OH^-(aq)$
$\overline{}$
$Zn(s) + 2\ OH^-(aq) + Cu(OH)_2(s) \rightarrow$
$\qquad\qquad [Zn(OH)_4]^{2-}(aq) + Cu(s)$

(d) $3[HS^-(aq) + OH^-(aq) \rightarrow S(s) + H_2O(\ell) + 2\ e^-]$

$ClO_3^-(aq) + 3\ H_2O(\ell) + 6\ e^- \rightarrow$
$\qquad\qquad\qquad Cl^-(aq) + 6\ OH^-(aq)$
$\overline{}$
$3\ HS^-(aq) + ClO_3^-(aq) \rightarrow$
$\qquad 3\ S(s) + Cl^-(aq) + 3\ OH^-(aq)$

19.7 Os elétrons fluem do eletrodo de Cr para o eletrodo de Fe. Íons negativos se movem através da ponte salina da meia-célula Fe/Fe^{2+} para a meia-célula Cr/Cr^{3+} (e íons positivos se movem na direção oposta).

Ânodo (oxidação): $Cr(s) \rightarrow Cr^{3+}(aq) + 3\ e^-$

Cátodo (redução): $Fe^{2+}(aq) + 2\ e^- \rightarrow Fe(s)$

19.9 (a) Oxidação: $Fe(s) \rightarrow Fe^{2+}(aq) + 2\ e^-$
Redução: $O_2(g) + 4\ H^+(aq) + 4\ e^- \rightarrow 2\ H_2O(\ell)$
Global: $2\ Fe(s) + O_2(g) + 4\ H^+(aq) \rightarrow$
$\qquad\qquad\qquad 2\ Fe^{2+}(aq) + 2\ H_2O(\ell)$

(b) Ânodo, oxidação: $Fe(s) \rightarrow Fe^{2+}(aq) + 2\ e^-$
Cátodo, redução: $O_2(g) + 4\ H^+(aq) + 4\ e^- \rightarrow$
$\qquad\qquad\qquad 2\ H_2O(\ell)$

(c) Os elétrons fluem do ânodo negativo (Fe) ao cátodo positivo (local da meia-reação do O_2). Os íons negativos se movem através da ponte salina do compartimento do cátodo no qual ocorre a redução de O_2 para o compartimento do ânodo no qual a oxidação de Fe ocorre (e íons positivos se movem na direção oposta).

19.11 (a) Redução de íons Fe^{3+} pelo cobre.

Redução: $Fe^{3+}(aq) + e^- \rightarrow Fe^{2+}(aq)$

Oxidação: $Cu(s) \rightarrow Cu^{2+}(aq) + 2\ e^-$

Global: $2\ Fe^{3+}(aq) + Cu(s) \rightarrow$
$\qquad\qquad\qquad 2\ Fe^{2+}(aq) + Cu^{2+}(aq)$

(b) Redução de íons Fe^{3+} pelo chumbo

Redução: $Fe^{3+}(aq) + e^- \rightarrow Fe^{2+}(aq)$

Oxidação: $Pb(s) + SO_4^{2-}(aq) \rightarrow PbSO_4(s) + 2 e^-$

Global: $Pb(s) + SO_4^{2-}(aq) + 2 Fe^{3+}(aq) \rightarrow$
$$PbSO_4(s) + 2 Fe^{2+}(aq)$$

19.13 $Cu(s)|Cu^{2+}(aq)\|Cl^-(aq)|Cl_2(g)|Pt$

19.15 (a) Todas são baterias primárias, não recarregáveis.
(b) As células secas e as pilhas alcalinas têm ânodos de Zn e são baterias primárias. Baterias de Ni-Cd tem um ânodo de cádmio e são recarregáveis.
(c) As células secas têm um ambiente ácido, enquanto o meio ambiente é alcalino para as células alcalinas e Ni-Cd.

19.17 (a) $E°_{célula} = -1,298$ V; não produto-favorecida
(b) $E°_{célula} = -0,51$ V; não produto-favorecida
(c) $E°_{célula} = -1,023$ V; não produto-favorecida
(d) $E°_{célula} = +0,028$ V; produto-favorecida

19.19 (a) $Sn^{2+}(aq) + 2 Ag(s) \rightarrow Sn(s) + 2 Ag^+(aq)$
$E°_{célula} = -0,94$ V; não produto-favorecida
(b) $3 Sn^{4+}(aq) + 2 Al(s) \rightarrow 3 Sn^{2+}(aq) + 2 Al^{3+}(aq)$
$E°_{célula} = +1,81$ V; produto-favorecida
(c) $2 ClO_3^-(aq) + 10 Ce^{3+}(aq) + 12 H^+(aq) \rightarrow$
$$Cl_2(aq) + 10 Ce^{4+}(aq) + 6 H_2O(\ell)$$
$E°_{célula} = -0,14$ V; não produto-favorecida
(d) $3 Cu(s) + 2 NO_3^-(aq) + 8 H^+(aq) \rightarrow$
$$3 Cu^{2+}(aq) + 2 NO(g) + 4 H_2O(\ell)$$
$E°_{célula} = +0,62$ V; produto-favorecida

19.21 (a) Al
(b) Zn e Al
(c) $Fe^{2+}(aq) + Sn(s) \rightarrow Fe(s) + Sn^{2+}(aq)$;
reagente-favorecida no equilíbrio
(d) $Zn^{2+}(aq) + Sn(s) \rightarrow Zn(s) + Sn^{2+}(aq)$;
reagente-favorecida no equilíbrio

19.23 Melhor agente redutor, Cr(s) (Use Apêndice M.)

19.25 Ag^+

19.27 Ver Exemplo 19.6
(a) F_2, mais facilmente reduzida
(b) F_2 e Cl_2

19.29 $E°_{célula} = +0,3923$ V. Quando $[Zn(OH)_4^{2-}] = [OH^-]$ $= 0,025$ M e $P(H_2) = 1,0$ bar, $E_{célula} = 0,345$ V.

19.31 $E°_{célula} = +1,563$ V e $E_{célula} = +1,58$ V

19.33 $E°_{célula} = +1,563$ V. Quando $E_{célula} = 1,48$ V, $n = 2$, e $[Zn^{2+}] = 1,0$ M, a concentração de Ag^+ é 0,040 M.

19.35 (a) $\Delta_rG° = -29,0$ kJ; $K = 1 \times 10^5$
(b) $\Delta_rG° = +89$ kJ; $K = 3 \times 10^{-16}$

19.37 $E°_{célula}$ para $AgBr(s) \rightarrow Ag^+(aq) + Br^-(aq)$ é $-0,7281$, $K_{ps} = 4,9 \times 10^{-13}$

19.39 $K_{formação} = 2 \times 10^{25}$

19.41 Ver Figura 19.19. Os elétrons da bateria ou de outra fonte entram no cátodo, onde são transferidos para íons Na^+, reduzindo os íons para Na metálico. Os íons cloreto se movem para o ânodo carregado positivamente, onde um elétron é transferido de cada íon Cl^- e o gás Cl_2 é formado.

19.43 O_2 da oxidação da água é mais provável que F_2. Ver Exemplo 19.11.

19.45 Ver Exemplo 19,11,
(a) Cátodo: $2 H_2O(\ell) + 2 e^- \rightarrow H_2(g) + 2 OH^-(aq)$
(b) Ânodo: $2 Br^-(aq) \rightarrow Br_2(\ell) + 2 e^-$

19.47 Massa de Ni = 0,0334 g

19.49 Tempo = 2.300 s ou 38 min.

19.51 Tempo = 250 h

19.53 (a) $UO_2^+(aq) + 4 H^+(aq) + e^- \rightarrow$
$$U^{4+}(aq) + 2 H_2O(\ell)$$
(b) $ClO_3^-(aq) + 6 H^+(aq) + 6 e^- \rightarrow$
$$Cl^-(aq) + 3 H_2O(\ell)$$
(c) $N_2H_4(aq) + 4 OH^-(aq) \rightarrow$
$$N_2(g) + 4 H_2O(\ell) + 4 e^-$$
(d) $ClO^-(aq) + H_2O(\ell) + 2 e^- \rightarrow$
$$Cl^-(aq) + 2 OH^-(aq)$$

19.55 (a, c) O eletrodo à direita é um ânodo de magnésio. (Magnésio metálico fornece elétrons e é oxidado para íons Mg^{2+}.) Elétrons passam através do fio para o cátodo da prata, onde os íons Ag^+ são reduzidos para prata metálica. Íons nitrato se movem através da ponte de sal da solução de $AgNO_3$ para a solução de $Mg(NO_3)_2$ (e os íons Na^+ se movem na direção oposta). A ponte salina é necessária para manter a neutralidade elétrica em cada meia-célula e para completar o circuito elétrico.
(b) Ânodo: $Mg(s) \rightarrow Mg^{2+}(aq) + 2 e^-$
Cátodo: $Ag^+(aq) + e^- \rightarrow Ag(s)$
Reação global: $Mg(s) + 2 Ag^+(aq) \rightarrow$
$$Mg^{2+}(aq) + 2 Ag(s)$$

19.57 (a) Para 1,7 V:
Use cromo como ânodo para reduzir $Ag^+(aq)$ para Ag(s) no cátodo. O potencial da célula é +1,71 V.
(b) Para 0,5 V:
(i) Use cobre como ânodo para reduzir íons prata para a prata metálica no cátodo. O potencial da célula é +0,46 V.
(ii) Use prata como ânodo para reduzir cloro a íons de cloreto. O potencial da célula seria +0,56 V. (Na prática, esta configuração não é suscetível de funcionar bem, porque o produto seria cloreto de prata insolúvel.)

19.59 (a) $Zn^{2+}(aq)$ (c) Zn(s)
(b) $Au^+(aq)$ (d) Au(s)
(e) Sim, Sn(s) reduzirá Cu^{2+}.
(f) Não, Ag(s) pode reduzir apenas $Au^+(aq)$.
(g) Cu^{2+}, Ag^- e Au^+
(h) $Ag^+(aq)$ pode oxidar Cu, Sn, Co e Zn.

19.61 (a) O cátodo é o local de redução, de modo que a semirreação deve ser $2 H^+(aq) + 2 e^- \rightarrow H_2(g)$. Este é o caso com as seguintes semirreações: $Cr^{3+}(aq) \rightarrow Cr(s)$, $Fe^{2+}(aq) \rightarrow Fe(s)$ e $Mg^{2+}(aq) \rightarrow Mg(s)$.

(b) Escolhendo as meias-células na parte (a), a reação de $Mg(s)$ e $H^+(aq)$ produziria o potencial mais positivo (2,37 V) e a reação de H_2 com Cu^{2+} produziria o potencial menos positivo (0,337 V).

19.63 $8,1 \times 10^5$ g de Al

19.65 (a) $E°_{ânodo} = -0,268$ V
(b) $K_{ps} = 2 \times 10^{-5}$

19.67 $\Delta_r G° = -409$ kJ

19.69 6700 kWh; 820 kg de Na; 1300 kg de Cl_2

19.71 Ru^{2+}, $Ru(NO_3)_2$

19.73 $9,5 \times 10^6$ g Cl_2 por dia

19.75 Ânodo: $2 H_2O(\ell) \rightarrow O_2(g) + 4 H^+(aq) + 4 e^-$
Cátodo: $Cu^{2+}(aq) + 2 e^- \rightarrow Cu(s)$

19.77 A velocidade da reação com H_2O é maior que a velocidade da reação com NO_3^-.

Produtos formados no ânodo: $O_2(g)$ e $H^+(aq)$

Semirreação no ânodo: $2 H_2O(\ell) \rightarrow$
$$O_2(g) + 4 H^+(aq) + 4 e^-$$

19.79 Sob condições padrão, a reação espontânea é $Hg^{2+}(aq) + 2 Fe^{2+}(aq) \rightarrow Hg(\ell) + 2 Fe^{3+}(aq)$ com $E° = 0,084$ V.

Nas condições presentes, $E = -0,244$ V. A reação não é espontânea na mesma direção como em condições normais, mas em direção oposta: $Hg(\ell) + 2 Fe^{3+}(aq) \rightarrow Hg^{2+}(aq) + 2 Fe^{2+}(aq)$. Sob estas condições, o ânodo para a reação espontânea é o eletrodo $Hg(\ell) \mid Hg^{2+}(aq, 0,020 M)$ e a tensão medida será de 0,244 V.

19.81 $E° = 0,771$ V. Quando $[H^+] = 1,0 \times 10^{-7}$ M, $E = 1,185$ V. A reação é mais favorável em $[H^+]$ menor (pH maior). A reação é assim menos favorável em pH mais baixo.

19.83 (a) Ver Figura 19.5
Neste caso, ambos os eletrodos são feitos de prata metálica. Em um lado, a solução contém $1,0 \times 10^{-5}$ M de Ag^+, e no outro, a solução contém 1,0 M de Ag^+. O cátodo é o eletrodo no lado que tem a solução de 1,0 M de Ag^+ [semirreação: $Ag^+(aq) + e^- \rightarrow Ag(s)$] e o ânodo é o eletrodo no lado que tem a solução de $1,0 \times 10^{-5}$ M de Ag^+ [semirreação: $Ag(s) \rightarrow Ag^+(aq) + e^-$]. Conectando os dois eletrodos está um cabo. Os elétrons fluem através do cabo do ânodo para o cátodo. Uma ponte salina também conecta os dois compartimentos.
(b) $E = 0,30$ V

19.85 (a) $K = 3,4 \times 10^{-10}$; reagente-favorecida no equilíbrio
(b) $K = 3,0$; produto-favorecida no equilíbrio

19.87 (a) $\Delta_r G° = -3,6 \times 10^2$ kJ/mol-rea
(b) $\Delta_r G° = -79$ kJ/mol-rea

19.89 (a) $2[Ag^+(aq) + e^- \rightarrow Ag(s)]$
$C_6H_5CHO(aq) + H_2O(\ell) \rightarrow$
$$\underline{C_6H_5CO_2H(aq) + 2 H^+(aq) + 2 e^-}$$
$2Ag^+(aq) + C_6H_5CHO(aq) + H_2O(\ell) \rightarrow$
$$C_6H_5CO_2H(aq) + 2 H^+(aq) + 2 Ag(s)$$

(b) $3[CH_3CH_2OH(aq) + H_2O(\ell) \rightarrow$
$$CH_3CO_2H(aq) + 4 H^+(aq) + 4 e^-]$$
$2[Cr_2O_7^{2-}(aq) + 14 H^+(aq) + 6 e^- \rightarrow$
$$\underline{2 Cr^{3+}(aq) + 7 H_2O(\ell)]}$$
$3 CH_3CH_2OH(aq) + 2 Cr_2O_7^{2-}(aq) +$
$16 H^+(aq) \rightarrow 3 CH_3CO_2H(aq) +$
$$4 Cr^{3+}(aq) + 11 H_2O(\ell)$$

19.91 (a) 0,974 kJ/g
(b) 0,60 kJ/g
(c) A bateria de zinco-prata produz mais energia por grama de reagentes.

19.93 (a) $2 NO_3^-(aq) + 3 Mn^{2+}(aq) + 2 H_2O(\ell) \rightarrow$
$$2 NO(g) + 3 MnO_2(s) + 4 H^+(aq)$$
$3 MnO_2(s) + 4 H^+(aq) + 2 NH_4^+(aq) \rightarrow$
$$N_2(g) + 3 Mn^{2+}(aq) + 6 H_2O(\ell)$$
(b) $E°$ para redução de NO_3^- com Mn^{2+} é $-0,27$ V.
$E°$ para oxidação de NH^{4+} com MnO_2 é $+1,50$ V.

19.95 (a) $Fe^{2+}(aq) + 2 e^- \rightarrow Fe(s)$
$2[Fe^{2+}(aq) \rightarrow Fe^{3+}(aq) + e^-]$
$3 Fe^{2+}(aq) \rightarrow Fe(s) + 2 Fe^{3+}(aq)$
(b) $E°_{célula} = -1,21$ V; não produto-favorecida
(c) $K = 1 \times 10^{-41}$

19.97 (a) $+ 4$ em CoO_2 e $+3$ em $LiCoO_2$
(b) Reação do cátodo:
$CoO_2(s) + Li^+(Solv) + e^- \rightarrow LiCoO_2(s)$
Reação do ânodo: $Li(no carbono) \rightarrow Li^+(solvente) + e^-$
(c) Não, porque Li, um metal alcalino, reagiria diretamente com água (resultando em H_2 e LiOH)

19.99 (a)

(b) Ânodo: $Cd(s) \rightarrow Cd^{2+}(aq) + 2 e^-$
Cátodo: $Ni^{2+}(aq) + 2 e^- \rightarrow Ni(s)$
Global: $Cd(s) + Ni^{2+}(aq) \rightarrow Cd^{2+}(aq) + Ni(s)$
(c) O ânodo é negativo e o cátodo é positivo.
(d) $E°_{célula} = E°_{cátodo} - E°_{ânodo} =$
$(-0,25 V) - (-0,40 V) = +0,15$ V
(e) Os elétrons fluem do ânodo (Cd) para o cátodo (Ni).
(f) Os íons positivos se movem do compartimento do ânodo ao compartimento do cátodo. Os ânions se movem na direção oposta.
(g) $K = 1 \times 10^5$
(h) $E_{célula} = 0,21$ V; sim, a reação global ainda é a mesma.
(i) 480 h

19.101 0,054 g de Au

19,103 I^- é o agente de redução mais forte dos três íons haletos. O íon iodeto reduz Cu^{2+} para Cu^+, formando $CuI(s)$ insolúvel.

$$2\ Cu^{2+}(aq) + 4\ I^-(aq) \rightarrow 2\ CuI(s) + I_2(aq)$$

19.105 (a) 92 g de HF requeridos; 230 g de CF_3SO_2F e 9,3 g de H_2 isolados
(b) H_2 é produzido no cátodo.
(c) 48 kWh

19.107 290 h

19,109 (a) 3,6 mols de glicose e 22 mols de O_2
(b) 86 mols de elétrons
(c) 96 amps
(d) 96 watts

Capítulo 20

Estudo de Caso

O Que Fazer com Todo Esse CO_2? Mais Sobre a Química Verde

1. $(9,1 \times 10^9$ g de C)(1 mol C/12,01 g de C)(1 mol CO_2/1 mol C)(44,01 g de CO_2/1 mol CO_2) = $3,3 \times 10^{10}$ g de CO_2

2. $(1,0 \times 10^6$ g CO_2)(1 mol CO_2/44,01 g CO_2) (1 mol $(NH_4)_2CO_3$/1 mol CO_2) (96,09 g $(NH_4)_2CO_3$/1 mol $(NH_4)_2CO_3$) = $2,2 \times 10^6$ g $(NH_4)_2CO_3$

Exercícios para a Seção

Seção 20.1

1. (b) CH_4

2. (a) A ligação O—O em O_2

Seção 20.2

1. (d) $Al_2(SO_4)_3$

2. Derretimento da calota de gelo polar resultará em um aumento do nível do mar.

Seção 20.3

1. (b) energia hidrelétrica

2. (c) nuclear

3. (a) Diodos emissores de luz

Seção 20.4

1. (d) H_2

2. (c) O gás oxigênio é um componente em algumas fontes de gás natural.

3. (a) biocombustíveis

Seção 20.5

1. (c) O hidrogênio é explosivo.

2. (c) O petróleo é uma mistura de hidrocarbonetos.

Seção 20.6

1. (d) O_2

Aplicando Princípios Químicos: Alcalinidade de Fontes de Água

1. (a) Com pH = 7,0: pelo gráfico alfa $[CO_3^{2-}]$ é quase zero e $[OH^-] = 1,0 \times 10^{-7}$ M
$[Alc] = 1,00 \times 10^{-3} = [HCO_3^-] + 2\ (0) + (1,00 \times 10^{-7})$
Portanto, $[HCO^{3-}] = 1,00 \times 10^{-3}$ M
Para encontrar $[H_2CO_3]$ use $K_{a1} = 4,2 \times 10^{-7}$ para
$H_2CO_3(aq) + H_2O(\ell) \rightleftharpoons HCO_3^-(aq) + H_3O^+(aq)$
o que resulta em $[H_2CO_3] = 2,4 \times 10^{-4}$ M

(b) Com pH = 10,0
$[Alc] = 1,00 \times 10^{-3} = [HCO_3^-] + 2\ [CO_3^{2-}] + [OH^-]$
Aqui $[OH^-] = 1,00 \times 10^{-10}$ M e
$[CO_3^{2-}] = K_{a2}[HCO_3^-]/1,0 \times 10^{-10}$
Resolvendo para $[HCO_3^-]$ resulta em $4,6 \times 10^{-4}$ M
Use agora $K_{a2} = 4,8 \times 10^{-11} = [CO_3^{2-}][H_3O^+]/[HCO_3^-]$
e encontre $[CO_3^{2-}] = 2,2 \times 10^{-4}$ M

2. Carbono dissolvido em pH = 7,0
$[C] = 2,4 \times 10^{-4}$ M $+ 1,00 \times 10^{-3}$ M $+ 0 = 1,24 \times 10^{-4}$ M
Carbono dissolvido em pH = 10,0 (neste pH todo CO_2 está na forma de íons CO_3^{2-} ou HCO^{3-}).
$[C] = 0 + 4,6 \times 10^{-4}$ M $+ 2,2 \times 10^{-4}$ M $= 6,8 \times 10^{-4}$ M

Questões para Estudo

20.1 Para gases, ppm refere-se ao número de partículas e, portanto, a fração molar. A pressão do gás exercida é diretamente proporcional à fração molar. Assim, o vapor de água de 40.000 ppm exerceria uma pressão de 40.000/1.000.000 de uma atmosfera ou 30,4 milímetros de Hg (0,040 × 760 mm Hg). Este seria o caso um pouco acima de 29 °C, a 100% de umidade.

20.3 (a) H—Ö—N̈=Ö̈
A geometria de par de elétron em torno de N é planar trigonal e ao redor de O (entre H e N) é tetraédrica.
(b) $5,95 \times 10^{-7}$ m (ou 595 nm)

20.5 0,0115 mg/L de ar; 9,7 ppm

20.7 $[HCO_3^-]/[CO_3^-] = 170$

20.9 A quantidade de NaCl é limitada pela quantidade de sódio presente. A partir de uma amostra de 1,0 L de água do mar, pode ser obtido um máximo de 0,460 mol de NaCl. A massa dessa quantidade de NaCl é 26,9 g [(0,460 mol/l)(1,00 L)(58,43 g de NaCl/1 mol NaCl) = 26,9 g].

20.11 $Ca(OH)_2(s) + Mg^{2+}(aq) \rightarrow Mg(OH)_2(s) + Ca^{2+}(aq)$
$Mg(OH)_2(s) + 2\ H_3O^+(aq) \rightarrow Mg^{2+}(aq) + 4\ H_2O(\ell)$
$MgCl_2(\ell) \rightarrow Mg(s) + Cl_2(g)$

20.13 $NH_4^+(aq) + NO_2^-(aq) \rightarrow N_2(g) + 2\ H_2O(\ell)$
$2\ NH_4^+(aq) + 3\ O_2(g) \rightarrow 2\ NO_2^-(aq) + 2\ H_2O(\ell) + 4\ H^+(aq)$

20.15 (a) Do metano: $H_2O(g) + CH_4(g) \rightarrow$
$$3 H_2(g) + CO(g)$$
37,7 g de H_2 produzido
(b) Do petróleo: $H_2O(g) + CH_2(\ell) \rightarrow$
$$2 H_2(g) + CO (g)$$
28,7 g de H_2 produzido
(c) Do carvão: $H_2O(g) + C(s) \rightarrow H_2(g) + CO(g)$
16,8 g H_2 produzido

20.17 70 lb $(453,6 \text{ g/lb})(33 \text{ kJ/g}) = 1,0 \times 10^6$ kJ

20.19 Suponha que a queima de petróleo produza 43 kJ/g
(o valor para petróleo bruto na Tabela 20.3)
7,0 gal$(3,785 \text{ L/gal})(1.000 \text{ cm}^3\text{/L})(0,8 \text{ g/cm}^3)(43 \text{ kJ/g})$
$= 0,9 \times 10^6$ kJ. A incerteza nos números é significativa. Este valor é próximo do valor para a energia obtida pela queima de 70 kg de carvão (calculada na Questão 20.17).

20.21 (a) Isoctano:
$$C_8H_{18}(\ell) + 25/2 \ O_2(g) \rightarrow 8 \ CO_2(g) + 9 \ H_2O(\ell)$$
$\Delta_rH° = -5461,2$ kJ/mol (ou $-47,809$ kJ/kg C_8H_{18})
Etanol:
$$C_2H_5OH(\ell) + 3 \ O_2(g) \rightarrow 2 \ CO_2(g) + 3 \ H_2O(\ell)$$
$\Delta_rH° = -1367,5$ kJ/mol (ou $-29,684$ kJ/kg C_2H_5OH)
Isoctano libera mais energia por quilo.
(b) Isoctano = 70,0 mols CO_2 e etanol = 43,4 mol CO_2. Etanol produz mais CO_2 por quilo.
(c) Com base nesta comparação simplista, não há um vencedor claro. Isoctano libera mais energia por quilograma, mas também libera mais CO_2 por quilograma.

20.23 $\Delta_rH°$ para a reação $CH_3OH(\ell) + 1,5 \ O_2(g) \rightarrow CO_2(g) + 2 \ H_2O(\ell)$ é $-726,8$ kJ/mol.
Energia por litro = $-17,9 \times 10^3$ kJ/L.
Finalmente, use o fator de conversão kW-h para kJ para obter a resposta.
$[(17,9 \times 10^3 \text{ kJ/L})(1 \text{ kW-h/3600 kJ}) = 4,96 \text{ kW-h/L}]$.

20.25 (a) Área do estacionamento = $1,63 \times 10^4$ m²
$(2,6 \times 10^7 \text{ J/m}^2)(1,63 \times 10^4 \text{ m}^2) = 4,2 \times 10^{11}$ J
(b) $1,3 \times 10^7$ g C

20.27 Energia por galão de gasolina = $1,34 \times 10^5$ kJ/gal
Energia para viajar uma milha = 2.430 kJ

20.29 (a) A gaiola é um dodecaedro, por isso, ela tem 20 vértices, cada um dos quais é o átomo de O de uma molécula de água (as esferas vermelhas no modelo são átomos de O).
(b) 30 ligações de hidrogênio. (Esta estimativa é feita assumindo-se que há uma ligação de H em cada uma das extremidades.)
(c) Um dodecaedro tem 12 faces.

20.31 (a) $C_{13}H_{27}CO_2CH_3(\ell) + 43/2 \ O_2(g) \rightarrow$
$$15 \ CO_2(g) + 15 \ H_2O(g)$$
(b) $\Delta_rH° = -8759,1$ kJ/mol-rea

(c) Hexadecano ($\Delta H° = -9.951,2$ kJ/mol) fornece mais energia por mol de combustível que miristato de metila ($\Delta H° = -8.759,1$ kJ/mol).
Hexadecano ($\Delta H° = -3,4 \times 10^4$ kJ/L) também fornece mais energia por litro de combustível que miristato de metila ($\Delta H° = -3,1 \times 10^4$ kJ/L).

20.33 (a)

Etanol
Ambos os átomos de carbono são tetraédricos; o átomo de oxigênio apresenta geometria angular.

Etilamina
Ambos os átomos de carbono são tetraédricos. O átomo de nitrogênio é piramidal.

Acetonitrila
Átomo de carbono CH_3 é tetraédrico. O átomo de carbono do grupo CN é linear.

Acrilonitrila
Átomos de carbono CH_2 e CH são do tipo trigona planar. O átomo de carbono do grupo CN

(b) $CH_3CH_2OH + NH_3 \rightarrow CH_3CH_2NH_2 + H_2O$
$CH_3CH_2NH_2 + O_2 \rightarrow CH_3CN + 2 H_2O$
(c) Reagentes (CH_3CH_2OH, NH_3 e O_2) têm 2 C, 9 H, 1 N e 3 O; massa molar = 95. Produto (CH_3CN) tem 2 C, 3 H e 1 N; massa molar = 41. Economia atômica = $(41/95) \times 100\% = 43\%$

20.35 Usando uma energia da ligação C—Cl de 339 kJ/mol, o comprimento de onda da radiação requerida é $3,53 \times 10^{-7}$ m ou 353 nm. Isto está na região do ultravioleta.

20.37 $NH_4^+(aq) + 2 H_2O(\ell) \rightarrow NO_2^-(aq) + 8 H^+(aq) + 6 e^-$
$NO_2^-(aq) + H_2O(\ell) \rightarrow NO_3^-(aq) + 2 H^+(aq) + 2 e^-$

20.39 $3,1 \times 10^{13}$ átomos de ouro

20.41 (a) Apenas 92% do gelo está submerso e a água deslocada pelo gelo (o volume do gelo sob a superfície da água) é 23 cm³ ($0,92 \times 25$ cm³ = 23 cm³). Assim, o nível de líquido na proveta será de 123 mL.
(b) Derretendo 25 cm³ de gelo produzirá 23 mL de água líquida [25 cm³ de gelo (0,92 g de H_2O/cm³ de gelo) (1,0 cm³ de H_2O/g de H_2O líquido) = 23 cm³ de H_2O líquido]. O nível de água será de 123 mL (o mesmo que em (a), isto é, o nível de água não irá aumentar à medida que o gelo derrete).

20.43 Recursos não renováveis não são repostos quando usados. Os recursos renováveis são, no futuro previsível, não esgotados quando utilizados. Não renováveis: carvão, gás natural; renováveis: solar, geotérmica, eólica.

20.45 Troposfera: o ozônio é tóxico e um perigo para a saúde, em particular no que diz respeito a problemas respiratórios. Estratosfera: a presença de O_3 é benéfica. O ozônio protege o planeta da radiação ultravioleta prejudicial.

20.47 Mercúrio: de usinas de energia queimando carvão

Chumbo: resíduos de tinta (antes de 1970), solo (do uso de chumbo tetraetila na gasolina), abastecimento de água (do uso de chumbo em tubulações e encanamentos)

Arsênio: algumas fontes de água subterrânea, resíduos de alguns produtos químicos comuns (usado no tratamento da madeira, por exemplo)

20.49 (a) Fratura hidráulica: Positivo; elevado aumento da oferta e diminuição do custo deste recurso energético. Negativo: contaminação dos recursos hídricos, uso excessivo de água, liberação de CH_4 para a atmosfera.

(b) Etanol na gasolina: Positivo: este é um recurso renovável. Negativo: sérias questões sobre o equilíbrio energético: (energia necessária para produzir etanol *versus* energia gerada com sua utilização.) Desvia gêneros alimentícios do consumo humano.

(c) Carros movidos a eletricidade e gás natural: Positivo: eficiência energética, poluição do ar zero ou baixa. Negativo: altos custos relativos mesmo com subsídios do governo, a falta de rede de distribuição de energia (estações de distribuição elétrica, gás natural).

20.51 O principal poluente é SO_2, decorrente da queima de carvão. Um pouco de SO_3 na atmosfera vem da oxidação de SO_2 e este se combina com água para resultar em H_2SO_4, um componente primário da chuva ácida. A remoção de SO_2 é feita melhor na fonte, extraindo-o dos gases de combustão da queima do carvão nas instalações. Isto pode ser feito fazendo passar os gases da oxidação do carvão através de um purificador contendo uma suspensão de $CaCO_3$.

Capítulo 21

Estudos de Caso

Água Dura

1. Para Mg^{2+}: (50 mg)(1 mmol Mg^{2+}/24,31 mg) (1 mmol CaO/mmol Mg^{2+})(56,08 mg CaO/1 mmol CaO) = 120 mg CaO

Para Ca^{2+}: (150 mg)(1 mmol Ca^{2+}/40,08 mg) (1 mmol CaO/mmol Ca^{2+})(56,08 mg CaO/1 mmol CaO) = 210 mg CaO

Total CaO = 120 mg + 210 mg = 330 mg (dois algarismos significativos)

Obtemos 2 mols de $CaCO_3$ por mol de Ca^{2+} e 1 mol de cada, $CaCO_3$ e $MgCO_3$, por mol de Mg^{2+}

$CaCO_3$ da reação Ca^{2+}: (0,15 g Ca^{2+}) (1 mol/40,08 g Ca^{2+})(2 mols $CaCO_3$/1 mol Ca^{2+}) (100,1 g $CaCO_3$/1 mol $CaCO_3$) = 0,75 g

$CaCO_3$ da reação Mg^{2+}: (0,050 g Mg^{2+}) (1 mol/24,31 g Mg^{2+})(1 mol $CaCO_3$/1 mol Mg^{2+}) (100,1 g $CaCO_3$/1 mol $CaCO_3$) = 0,21 g

$MgCO_3$ da reação Mg^{2+}: (0,050 g Mg^{2+}) (1 mol/24,31 g Mg^{2+})(1 mol $MgCO_3$/1 mol Mg^{2+}) (84,31 g $MgCO_3$/1 mol $MgCO_3$) = 0,17 g

Massa total de sólidos = 0,75 g + 0,21 g + 0,17 g = 1,1 g (dois algarismos significativos)

2. $CaCO_3(s) + 2\ CH_3CO_2H(aq) \rightarrow$
$$Ca(CH_3CO_2)_2(aq) + H_2O(\ell) + CO_2(g)$$
Esta é uma reação formadora de gás.

Chumbo, Beethoven e um Mistério Resolvido

1. 50 ppb é 50 g em 1×10^9 g de sangue. Assuma que a densidade do sangue é 1,0 g/mL. Em $1,0 \times 10^3$ mL (isto é, 1,0 L) de sangue, haverá 50×10^{-6} g de Pb. Disto:

(50 × 10^{-6} g) (1 mol Pb/207,2 g Pb) (6,022 × 10^{23} átomos de Pb/mol de Pb) = 1,5 × 10^{17} átomos de Pb

2. (750 mL de vinho)(1,0 g de vinho/mL de vinho) (2.000 g de Pb/1.000.000 g de vinho) = 1,5 g de Pb

Um Aquário Saudável de Água do Mar e o Ciclo do Nitrogênio

1. $2\ NH_4^+(aq) + 4\ OH^-(aq) + 3\ O_2(aq) \rightarrow$
$$2\ NO^{2-}(aq) + 6\ H_2O(\ell)$$

2. Semirreação de redução:
$2\ NO_3^-(aq) + 6\ H_2O(\ell) + 10\ e^- \rightarrow N_2(g) + 12\ OH^-(aq)$
Semirreação de oxidação:
$CH_3OH(aq) + 6\ OH^-(aq) \rightarrow CO_2(aq) + 5\ H_2O(\ell) + 6\ e^-$
Global: $6\ NO_3^-(aq) + 5\ CH_3OH \rightarrow$
$$3\ N_2(g) + 5\ CO_2(aq) + 6\ OH^-(aq) + 7\ H_2O(\ell)$$

3. HCO_3^- é a espécie predominante. Recorde que, quando as concentrações de ácido e de base são iguais, pH = pK_a. Se H_2CO_3 e HCO_3^- estão presentes em concentrações iguais, o pH será de cerca de 6,4. Se HCO_3^- e CO_3^{2-} estão presentes em concentrações iguais, o pH seria 10,3. Para o pH ser cerca de 8 (em um aquário de água salgada), $[HCO_3^-]$ teria de ser mais elevado que qualquer uma das outras espécies de carbonato.

4. Concentração de N em mg/L = [($1,7 \times 10^4$ kg de NO_3^-) (106 mg de NO_3^-/kg de NO_3^-)(14,0 mg de N/62,0 mg de NO_3^-)]/($2,2 \times 10^7$ L) = $1,7 \times 10^2$ mg/L

Concentração de NO_3^- em ppm (mg/L) = ($1,7 \times 10^4$ kg) (10^6 mg/kg)/($2,2 \times 10^7$ L) = 770 mg/L

Concentração de NO_3^- em mol/L = [($1,7 \times 10^4$ kg)(10^3 g/kg)(1 mol/62,0 g)]/($2,2 \times 10^7$ L) = 0,012 mol/L

Verifique Seu Entendimento

21.1 (a) $2\ Na(s) + Br_2(\ell) \rightarrow 2\ NaBr(s)$
(b) $Ca(s) + Se(s) \rightarrow CaSe(s)$
(c) $2\ Pb(s) + O_2(g) \rightarrow 2\ PbO(s)$

Óxido de chumbo(II), um composto vermelho comumente chamado *litargo*, é o composto de chumbo inorgânico mais amplamente usado.

Óxido de chumbo de cor marrom é o produto da oxidação de chumbo nas baterias de armazenagem de ácido-chumbo. Outros óxidos, tais como Pb_3O_4, também existem.

(d) $2 Al(s) + 3 Cl_2(g) \rightarrow 2 AlCl_3(s)$

21.2   (a) H_2Te
     (b) Na_3AsO_4
     (c) $SeCl_6$
     (d) $HBrO_4$

21.3   (a) NH_4^+ (íon amônio)
     (b) O_2^{2-} (íon peróxido)
     (c) N_2H_4 (hidrazina)
     (d) NF_3 (trifluoreto de nitrogênio)

21.4   (a) Em Na_2Cl, cloro teria a carga improvável de 2- (para equilibrar as duas cargas positivas dos dois íons Na^+).
     (b) Este composto exigiria tanto o íon cálcio para ter a fórmula Ca^+ como o íon acetato para ter a fórmula geral $CH_3CO_2^{2-}$. Em todos os seus compostos, o cálcio ocorre como íon Ca^{2+}. O íon acetato, formado a partir de ácido acético pela perda de H^+, tem uma carga 1–.
     (c) Em Mg_2O, os íons magnésio precisariam ter a carga incorreta de 1+ para equilibrar a carga do íon O^{2-} ou então o oxigênio precisaria ter a carga incorreta de 4– para equilibrar a carga dos dois íons Mg^{2+}. Nenhuma destas possibilidades é aceitável.

Exercícios para a Seção

Seção 21.2

1. (d) Ca_2O_3

2. (d) decaóxido de tetrafósforo

3. (b) +3

4. (d) +5

Seção 21.3

1. (a) neônio

2. (c) a reação sob temperatura elevada do metano e da água

Seção 21.4

1. (c) tem um ponto de fusão elevado (> 400 °C)

2. (a) Li^+

3. (c) dois íons Na^+ e um íon O_2^{2-}

Seção 21.5

1. (c) gesso, $CaSO_4 \cdot 2 H_2O$

2. (c) convertendo cal apagada, $Ca(OH)_2$, para cal

Seção 21.6

1. (c) terceiro

2. (d) dissolver em ácido e em base

Seção 21.7

1. (c) SiO_2

2. (c) +4

Seção 21.8

1. (c) entre 2 e 3

2. (b) As soluções aquosas de amônia são ácidas.

3. (c) +3

Seção 21.9

1. (c) +3

2. (d) Todos os elétrons em O_2 estão emparelhados.

Seção 21.10

1. (b) Cl_2

2. (c) F_2 é preparado industrialmente por eletrólise de NaF aquoso.

Seção 21.11

1. (c) XeF_3^+

2. (e) octaédrica

Aplicando Princípios Químicos: Triângulos de van Arkel e Ligações

1. (a) CuZn é metálico.
     (b) GaAs e BP são semicondutores. As e B são metaloides; Ga e P não são. Em ambos os compostos, apenas um dos elementos é um metaloide.
     (c) Mg_3N_2 e $SrBr_2$ são iônicos. Ambos são constituídos por um metal combinado com um não metal.
     (d) Ligação covalente
     (e) SBr_2 e C_3N_4 são covalentes. Ambos os elementos nos compostos são não metálicos.

Questões para Estudo

21.1 $4 Li(s) + O_2(g) \rightarrow 2 Li_2O(s)$
      $Li_2O(s) + H_2O(\ell) \rightarrow 2 LiOH(aq)$
      $2 Ca(s) + O_2(g) \rightarrow 2 CaO(s)$
      $CaO(s) + H_2O(\ell) \rightarrow Ca(OH)_2(s)$

21.3   Estes são os elementos do Grupo 3A: boro, B; alumínio, Al; gálio, Ga; índio, In; e tálio, Tl.

21.5 $2 Na(s) + Cl_2(g) \rightarrow 2 NaCl(s)$
      A reação é exotérmica e o produto é iônico (ver Figura 1.2).

21.7   O produto, NaCl, é um sólido incolor e é solúvel em água. Outros cloretos de metal alcalino possuem propriedades similares.

21.9   O cálcio não existirá na crosta da Terra, porque o metal reage com a água.

21.11 Aumentando a basicidade: $CO_2 < SiO_2 < SnO_2$

21.13 (a) $2\ Na(s)\ +\ Br_2(\ell)\ \rightarrow\ 2\ NaBr(s)$
(b) $2\ Mg(s)\ +\ O_2(g)\ \rightarrow\ 2\ MgO(s)$
(c) $2\ Al(s)\ +\ 3\ F_2(g)\ \rightarrow\ 2\ AlF_3(s)$
(d) $C(s)\ +\ O_2(g)\ \rightarrow\ CO_2(g)$

21.15 $2\ H_2(g)\ +\ O_2(g)\ \rightarrow\ 2\ H_2O(g)$
$H_2(g)\ +\ Cl_2(g)\ \rightarrow\ 2\ HCl(g)$
$3\ H_2(g)\ +\ N_2(g)\ \rightarrow\ 2\ NH_3(g)$

21.17 $CH_4(g)\ +\ H_2O(g)\ \rightarrow\ CO(g)\ +\ 3\ H_2(g)$
$\Delta_r H° = +206,2$ kJ; $\Delta_r S° = +214,7$ J/K;
$\Delta_r G° = +142,2$ kJ (a 298 K).

21.19 Etapa 1: $2\ SO_2(g)\ +\ 4\ H_2O(\ell)\ +\ 2\ I_2(s)\ \rightarrow$
$2\ H_2SO_4(\ell)\ +\ 4\ HI(g)$
Etapa 2: $2\ H_2SO_4(\ell)\ \rightarrow\ 2\ H_2O(\ell)\ +\ 2\ SO_2(g)\ +$
$O_2(g)$
Etapa 3: $4\ HI(g)\ \rightarrow\ 2\ H_2(g)\ +\ 2\ I_2(g)$
Global: $2\ H_2O(\ell)\ \rightarrow\ 2\ H_2(g)\ +\ O_2(g)$

21.21 $2\ Na(s)\ +\ F_2(g)\ \rightarrow\ 2\ NaF(s)$
$2\ Na(s)\ +\ Cl_2(g)\ \rightarrow\ 2\ NaCl(s)$
$2\ Na(s)\ +\ Br_2(\ell)\ \rightarrow\ 2\ NaBr(s)$
$2\ Na(s)\ +\ I_2(s)\ \rightarrow\ 2\ NaI(s)$
Os haletos de metais alcalinos são sólidos de cor branca, cristalinos. Eles têm elevados pontos de fusão e de ebulição e são solúveis em água.

21.23 (a) $2\ Cl^-(aq)\ +\ 2\ H_2O(\ell)\ \rightarrow$
$Cl_2(g)\ +\ H_2(g)\ +\ 2\ OH^-(aq)$
(b) Se este fosse o único processo utilizado para a produção de cloro, a massa de Cl_2 relatada para a produção industrial seria 0,88 vezes a massa de NaOH produzida (2 mols de NaCl, 117 g, renderiam 2 mols NaOH, 80 g, 1 mol Cl_2, 70 g). As quantidades citadas indicam uma relação de massa de Cl_2 para NaOH de 0,96. O cloro é presumivelmente também preparado por outras vias que não esta.

21.25 $2\ Mg(s)\ +\ O_2(g)\ \rightarrow\ 2\ MgO(s)$
$3\ Mg(s)\ +\ N_2(g)\ \rightarrow\ Mg_3N_2(s)$

21.27 $CaCO_3$ é usado na agricultura para neutralizar o solo ácido, para preparar CaO para uso em argamassas e na produção de aço.
$CaCO_3(s)\ +\ H_2O(\ell)\ +\ CO_2(g)\ \rightarrow$
$Ca^{2+}(aq)\ +\ 2\ HCO_3^-(aq)$

21.29 $1,4\ \times\ 10^6$ g SO_2

21.31

$B_3O_6^{3-}$

$B_2O_5^{4-}$

21.33 (a) $2\ B_5H_9(g)\ +\ 12\ O_2(g)\ \rightarrow\ 5\ B_2O_3(s)\ +\ 9\ H_2O(g)$
(b) Entalpia de combustão de B_5H_9 =
$-4341,2$ kJ/mol. Isto é mais que o dobro de entalpia de combustão B_2H_6,

(c) Entalpia de combustão de $C_2H_6(g)$ [para se obter $CO_2(g)$ e $H_2O(g)$] = $-1428,7$ kJ/mol. C_2H_6 produz 47,5 kJ/g, enquanto o diborano produz muito mais (73,7 kJ/g).

21.35 $2\ Al(s)\ +\ 6\ HCl(aq)\ \rightarrow$
$2\ Al^{3+}(aq)\ +\ 6\ Cl^-(aq)\ +\ 3\ H_2(g)$
$2\ Al(s)\ +\ 3\ Cl_2(g)\ \rightarrow\ 2\ AlCl_3(s)$
$4\ Al(s)\ +\ 3\ O_2(g)\ \rightarrow\ 2\ Al_2O_3(s)$

21.37 $2\ Al(s)\ +\ 2\ OH^-(aq)\ +\ 6\ H_2O(\ell)\ \rightarrow$
$2\ Al(OH)_4^-(aq)\ +\ 3\ H_2(g)$
Volume de H_2 obtido de 13,2 g de Al = 18,4 L

21.39 $Al_2O_3(s)\ +\ 3\ H_2SO_4(aq)\ \rightarrow\ Al_2(SO_4)_3(s)\ +\ 3\ H_2O(\ell)$
Massa de H_2SO_4 requerida = 860 g e massa de Al_2O_3 requerida = 298 g.

21.41 Piroxênios têm como unidade estrutural básica uma cadeia estendida de tetraedros de SiO_4 ligados. A razão de Si para O é 1:3.

21.43 Esta estrutura tem um anel de seis membros de átomos de Si, com pontes de átomos de O. Cada Si também tem dois átomos de O ligados. A unidade básica é SiO_3^{2-} e a carga total é –12 em $[(SiO_3)_6]^{-12}$. (Pares isolados de elétrons são omitidos na seguinte estrutura.)

21.45 Considere a reação de decomposição geral:
$$N_xO_y \rightarrow {}^x/_2\ N_2 + {}^y/_2\ O_2$$
O valor de $\Delta G°$ pode ser obtido para todas as moléculas de N_xO_y porque $\Delta_r G° = -\Delta_f G°$. Estes dados mostram que a reação de decomposição é espontânea para todos os óxidos de nitrogênio. Todos são instáveis em relação à decomposição para os elementos.

Composto	$-\Delta_f G°$ (kJ/mol)
NO(g)	−86,58
NO_2	−51,23
N_2O	−104,20
N_2O_4	−97,73

21.47 $\Delta_r H° = -114,4$ kJ/mol; exotérmico $\Delta_r G° =$ $-70,7$ kJ/mol-rea favorável ao produto no equilíbrio

21.49 (a) $N_2H_4(aq)\ +\ O_2(g)\ \rightarrow\ N_2(g)\ +\ 2\ H_2O(\ell)$
(b) $1,32\ \times\ 10^3$ g

21.51 (a) Número de oxidação = +3
(b) Ácido difosforoso ($H_4P_2O_5$) deve ser um ácido diprótico (perdendo os dois átomos de H ligados a átomos de O).

H—P—O—P—H (structure with O atoms)

21.53 (a) 3.5×10^3 kg SO_2
(b) 4.1×10^3 kg $Ca(OH)_2$

21.55

$$\left[\ddot{S}\!-\!\ddot{S} \right]^{2-}$$

íon dissulfeto

21.57 $E°_{célula} = E°_{cátodo} - E°_{ânodo} = +1{,}44\ V - (+1{,}51\ V) = -0{,}07\ V$

A reação não é produto-favorecida sob condições padrão.

21.59 $Cl_2(aq) + 2\ Br^-(aq) \rightarrow 2\ Cl^-(aq) + Br_2(\ell)$

Cl_2 é o agente oxidante, Br^- é o agente de redução; $E°_{célula} = 0{,}28\ V$.

21.61 A reação consome $4{,}32 \times 10^8$ C para produzir $8{,}51 \times 10^4$ g de F_2.

21.63 Energia de dissociação da ligação de Xe-F = 132 kJ/mol

21.65 0,015 g/L de argônio; $2{,}6 \times 10^3$ L para 1,0 mol de argônio.

21,67

Elemento	Aparência	Estado
Na, Mg, Al	Metal prateado	Sólido
Si	Metaloide brilhante, preto	Sólido
P	Alótropos branco, vermelho e preto; não metal	Sólido
S	Não metal amarelo	Sólido
Cl	Não metal verde-claro	Gás
Ar	Não metal incolor	Gás

21.69 (a) $2\ K(s) + Cl_2(g) \rightarrow 2\ KCl(s)$
$Ca(s) + Cl_2(g) \rightarrow CaCl_2(s)$
$2\ Ga(s) + 3\ Cl_2(g) \rightarrow 2\ GaCl_3(s)$
$Ge(s) + 2\ Cl_2(g) \rightarrow GeCl_4(\ell)$
$2\ As(s) + 3\ Cl_2(g) \rightarrow 2\ AsCl_3(\ell)$
($AsCl_5$ foi preparado, mas não é estável.)
(b) KCl e $CaCl_2$ são iônicos; os outros produtos são covalentes.
(c) O par de elétron e as geometrias moleculares de $GaCl_3$ são ambas trigonais planares; a geometria do par de elétron de $AsCl_3$ é tetraédrica e sua geometria molecular é piramidal trigonal.

21.71 (a) $2\ KClO_3(s) \rightarrow 2\ KCl(s) + 3\ O_2(g)$
(b) $2\ H_2S(g) + 3\ O_2(g) \rightarrow 2\ H_2O(g) + 2\ SO_2(g)$
(c) $2\ Na(s) + O_2(g) \rightarrow Na_2O_2(s)$
(d) $P_4(s) + 3\ KOH(aq) + 3\ H_2O(\ell) \rightarrow$
$PH_3(g) + 3\ KH_2PO_2(aq)$
(e) $NH_4NO_3(s) \rightarrow N_2O(g) + 2\ H_2O(g)$
(f) $2\ In(s) + 3\ Br_2(\ell) \rightarrow 2\ InBr_3(s)$
(g) $SnCl_4(\ell) + 2\ H_2O(\ell) \rightarrow SnO_2(s) + 4\ HCl(aq)$

21.73 $1{,}4 \times 10^5$ toneladas métricas

21.75 Mg: $\Delta_r G° = +64{,}9$ kJ
Ca: $\Delta_r G° = +131{,}40$ kJ
Ba: $\Delta_r G° = +219{,}4$ kJ
Relativa tendência a decompor-se:
$MgCO_3 > CaCO_3 > BaCO_3$

21.77 (a) $\Delta_f G°$ deve ser mais negativo que $(-95{,}1\ kJ) \times n$.
(b) Ba, Pb, Ti

21.79 Energia de ligação de O—F = 190 kJ/mol

21.81 (a) N_2O_4 é o agente oxidante (N é reduzido de +4 para 0 em N_2) e $H_2NN(CH_3)_2$ é o agente redutor.
(b) $1{,}3 \times 10^4$ kg de N_2O_4 é requerido. Massas do produto: $5{,}7 \times 10^3$ kg de N_2; $4{,}9 \times 10^3$ kg de H_2O; $6{,}0 \times 10^3$ kg de CO_2.

21.83 $\Delta_r H° = -257{,}78$ kJ. Esta reação é desfavorável a entropia, no entanto, com $\Delta_r S° = -963$ J/K devido à diminuição do número de mol de gases. Combinar estes valores resulta em $\Delta_r G° = +29{,}19$ kJ, indicando em condições normais a 298 K a reação não é espontânea. (A reação tem um $\Delta_r G°$ favorável a temperaturas inferiores a 268 K, indicando que mais pesquisas sobre este sistema podem valer a pena. Note que nessa temperatura a água é um sólido.)

21.85 A = B_2H_6; B = B_4H_{10}; C = B_5H_{11}; D = B_5H_9; E = $B_{10}H_{14}$

21.87 48,6 kiloamps

21.89

Não se espera que o anel seja planar porque uma geometria tetraédrica do par de elétrons é prevista para cada átomo no anel.

21.91 $\Delta_r G° = -834{,}28$ kJ/mol, por conseguinte, a reação é produto-favorecida no equilíbrio a 298 K.
$\Delta_r S° = -149{,}9$ J/K $\cdot$ mol a 298 K. Como este é negativo, a reação será menos produto-favorecida em altas temperaturas.

21.93 (a) $2\ CH_3Cl(g) + Si(s) \rightarrow (CH_3)_2SiCl_2(\ell)$
(b) 0,823 atm
(c) 12,2 g

21.95 $5\ N_2H_5^+(aq) + 4\ IO_3^-(aq) \rightarrow$
$5\ N_2(g) + 2\ I_2(aq) + H^+(aq) + 12\ H_2O(\ell)$
$E°_{global} = 1{,}43\ V$

21.97 (a) Br_2O_3
(b) A estrutura de Br_2O é razoavelmente bem conhecida. Várias estruturas possíveis para Br_2O_3 podem

ser imaginadas, mas a experiência confirma a estrutura abaixo.

21.99 (a) A ligação de NO com um comprimento de 114,2 pm é uma ligação dupla. As outras duas ligações de NO (com um comprimento de 121 pm) têm uma ordem de ligação de 1,5 (uma vez que existem duas estruturas de ressonância envolvendo essas ligações).

(b) $K = 1,90$; $\Delta_rS° = 141$ J/K · mol
(c) $\Delta_fH° = 82,9$ kJ/mol

21.101 O frasco contém um número fixo de mol de gás sob pressão e temperatura dadas. Alguém poderia queimar a mistura porque apenas H_2 entrará em combustão; o argônio não reage. O arrefecimento dos gases de combustão iria remover a água (o produto da combustão de H_2) e deixar apenas Ar na fase gasosa. Medir sua pressão em um volume calibrado a uma temperatura conhecida permitiria calcular a quantidade de Ar que estava na mistura original.

21.103 Geralmente, um incêndio de sódio pode ser extinto sufocando-o com areia. A pior opção é usar água (que reage violentamente com o sódio para resultar em gás H_2 e NaOH).

21.105 O nitrogênio é um gás relativamente não reativo, por isso, ele não participará em qualquer reação típica de hidrogênio ou oxigênio. A propriedade mais óbvia de H_2 é que ele queima, de modo que tentar queimar uma pequena amostra do gás iria imediatamente confirmar ou negar a presença de H_2. Se O_2 está presente, ele pode ser detectado permitindo que reaja como um agente oxidante. Há muitas reações conhecidas com metais de baixa valência, especialmente íons metálicos de transição em solução, que podem ser detectados por mudanças de cor.

21.107 3,5 kW-h

21.109 A capacidade de redução dos metais do Grupo 3A diminui consideravelmente descendo no grupo, com a maior queda ocorrendo de Al a Ga. A capacidade de redução do gálio e do índio são semelhantes, mas outra grande alteração é observada indo para o tálio. Na verdade, o tálio é mais estável no estado de oxidação +1. Essa mesma tendência para os elementos de serem mais estáveis com números de oxidação mais baixos é vista nos Grupos 4A (Ge e Pb) e 5A (Bi).

21.111 (a) $CH_4(g) + 2 H_2O(\ell) \rightarrow CO_2(g) + 4 H_2(g)$
$SiH_4(g) + 2 H_2O(\ell) \rightarrow SiO_2(s) + 4 H_2(g)$
(b) Reação de CH_4:
$\Delta_fG° = \Delta_fG°(CO_2) - \Delta_fG°(CH_4) - 2 \Delta_fG°(H_2O) = +130,7$ kJ

Reação de SiH_4:
$\Delta_fG° = \Delta_fG°(SiO_2) - \Delta_fG°(SiH_4) - 2 \Delta_fG°(H_2O) = -439,51$ kJ

A reação do silano com água é produto-favorecida em equilíbrio. Esta é uma diferença importante entre o metano e o silano.

(c) Eletronegatividades: C = 2,5, Si = 1,9, H = 2,2. As polaridades estão em direções opostas: em CH_4, $C^\delta H^{\delta+}$ (H é positivo); em SiH_4, $Si^{\delta+}H^{\delta-}$ (H é negativo).

(d) Si prefere formar quatro ligações simples, em vez de formar uma ligação dupla com O, semelhante ao que é visto na acetona. Prevemos que uma espécie molecular Si_2H_4, análoga ao etano, não existirá; um composto desta fórmula será um polímero $—(SiH_2SiH_2)_x—$

Acetona   polímero$[(CH_3)_2SiO]_n$

21.113 (a) $HXeO_4^-$ (número de oxidação de Xe = +6) é tanto oxidado (para XeO_6^{4-}, Xe número de oxidação = +8) quanto reduzido (para Xe). Além disso, O é oxidado para O_2.

(b) Um átomo de Xe em $HXeO_4^-$ perde 2 elétrons para dar o átomo Xe em XeO_6^{4-}. Um segundo átomo Xe em $HXeO_4^-$ ganha 6 elétrons para dar Xe. Assim, 2 íons de $HXeO_4^-$ requerem uma rede de 4 elétrons. Esses elétrons podem ser fornecidos pela oxidação de 2 íons O^{2-} para dar O_2.

Capítulo 22

Estudos de Caso

Aço de Alta Resistência

1. Ferrita tem uma célula unitária cúbica de corpo centrado.

2. Austenita tem uma célula unitária cúbica de face centrada de átomos de ferro com um átomo de carbono embutido no corpo da célula.

3. A célula unitária de face centrada da austenita se transforma em uma célula unitária de corpo centrado, mas esta unidade celular não é cúbica porque ela não está mais na mesma dimensão que as outras duas (isto é chamado de uma *célula unitária tetragonal de corpo centrado*). Os átomos de carbono permanecem incorporados na rede.

Cisplatina: Descoberta Acidental de um Agente Quimioterápio

$k = 0,693/t_{1/2} = 0,28$ h^{-1}

ln (fração permanece) = $-(0,28$ h$^{-1})(24$ h$) = -6,7$

fração permanece = $e^{-6,7} = 0,0013$

Massa restante = 0,013 mg

As Terras Raras

1. Nd: [Xe] $4f^4 6s^2$; Eu: [Xe] $4f^7 6s^2$

2. Ce^{3+}: [Xe] $4f^1$

Nd^{3+}: [Xe] $4f^3$

3. $Fe^{2+}(aq) + [Ce(NO_3)_6]^{2-}(aq) \rightarrow$
$$Fe^{3+}(aq) + Ce^{3+}(aq) + 6\ NO_3^-(aq)$$

C = [0,181 g de Fe(1 mol Fe/55,85 g de Fe)(1 mol [Ce]/mol Fe)]/0,03133 L = 0,103 M

4. $2\ CeO_2(s) + CO(g) \rightarrow Ce_2O_3(s) + CO_2(g)$

$2\ Ce_2O_3(s) + O_2(g) \rightarrow 4\ CeO_2(s)$

Verifique seu entendimento

22.1 (a) $Co(NH_3)_3Cl_3$
(b) $Fe(H_2NCH_2CH_2NH_2)_2Br_2 = Fe(en)_2Br_2$

22.2 (a) (i) $K_3[Co(NO_2)_6]$: um complexo de cobalto(III) com um número de coordenação de 6
(ii) $Mn(NH_3)_4Cl_2$: um complexo de manganês(II) com um número de coordenação de 6
(b) $NH_4[Co(EDTA)]$: um complexo de cobalto(III) com um número de coordenação de 6

22.3 (a) sulfato de hexaquaníquel(II)
(b) cloreto de cromo(III) (etilenodiamina)
(c) potássio amino tricloroplatinado(II)
(d) potássio(I) dicloro de cuprato

22.4 (a) Isômeros geométricos são possíveis (com os ligantes NH_3 em posições *cis* e *trans*).
(b) Uma única estrutura é possível.
(c) Uma única estrutura é possível.
(d) Este composto é quiral; existem dois isômeros ópticos.
(e) Uma única estrutura é possível.
(f) Dois isômeros estruturais são possíveis com base na coordenação do ligante de NO_2^- através do oxigênio ou do nitrogênio.

22.5 (a) $[Ru(H_2O)_6]^{2+}$: um complexo octaédrico de rutênio(II) (d^6). Um complexo de baixe spin não tem elétrons desemparelhados e é diamagnético. Um complexo de alto spin tem quatro elétrons desemparelhados e é paramagnético.

Ru²⁺ de alto spin   Ru²⁺ de baixo spin

(b) $[Ni(NH_3)_6]^{2+}$: um complexo octaédrico de níquel(II) (d^8). Apenas uma configuração eletrônica é possível; ela tem dois elétrons desemparelhados e é paramagnética.

íon Ni²⁺ (d^8)

22.6 1. Um comprimento de onda de 500 nm corresponde à luz verde sendo absorvida. O íon complexo aparecerá magenta.

2. O complexo aparece amarelo porque a luz azul está sendo absorvida. A elevada energia da luz azul indica que Δ_o é grande e o complexo é, portanto, de baixa rotação.

Exercícios para a Seção

Seção 22.1

1. (e) +7

2. (b) Raios atômicos que são semelhantes aos elementos de transição do quinto período.

Seção 22.2

1. (b) O cobre é reduzido, o enxofre é oxidado.

2. (b) óxido de ferro

Seção 22.3

1. (b) 6

2. (d) +3

3. (b) $Na_4[Fe(C_2O_4)_3]$

4. (b) cloreto de pentamina-hidroxocromo(III)

Seção 22.4

1. (b) $Ni(H_2O)_4(C_2O_4)$

2. (b) $Fe(en)_2(CN)_2$

3. (b) Existem dois isômeros geométricos, um dos quais tem um isômero óptico.

4. (d) 3

Seção 22.5

1. (b) $[Mn(NH_3)_6]^{2+}$ de alto spin

2. (a) $[PtCl_4]^{2-}$ quadrado-planar

Seção 22.6

1. (c) $[CrF_6]^{3-}$

Aplicando Princípios Químicos: Catalisadores Verdes

1. Número de coordenação = 5

3. tetradentado

5. Quadrado-planar

Questões para Estudo

22.1 (a) Cr^{3+}: [Ar]$3d^3$, paramagnético
(b) V^{2+}: [Ar]$3d^3$, paramagnético
(c) Ni^{2+}: [Ar]$3d^8$, paramagnético
(d) Cu^+: [Ar]$3d^{10}$, paramagnético

22.3 (a) Fe^{3+}: [Ar]$3d^5$, isoeletrônico com Mn^{2+}
(b) Zn^{2+}: [Ar]$3d^{10}$, isoeletrônico com Cu^+
(c) Fe^{2+}: [Ar]$3d^6$, isoeletrônico com Co^{3+}
(d) Cr^{3+}: [Ar]$3d^3$, isoeletrônico com V^{2+}

22.5 (a) $Cr_2O_3(s) + 2\ Al(s) \rightarrow Al_2O_3(s) + 2\ Cr(s)$
(b) $TiCl_4(\ell) + 2\ Mg(s) \rightarrow Ti(s) + 2\ MgCl_2(s)$
(c) $2\ [Ag(CN)_2]^-(aq) + Zn(s) \rightarrow$
$ 2\ Ag(s) + [Zn(CN)_4]^{2-}(aq)$
(d) $3\ Mn_3O_4(s) + 8\ Al(s) \rightarrow 9\ Mn(s) + 4\ Al_2O_3(s)$

22.7 Monodentado: CH_3NH_2, CH_3CN, N_3^-, Br^-
Bidentado: en, fen (ver Figura 22.12)

22.9 (a) Mn^{2+}; (b) Co^{3+}; (c) Co^{3+}; (d) Cr^{2+}

22.11 $[Ni(en)(NH_3)_3(H_2O)]^{2+}$

22.13 (a) $Ni(en)_2Cl_2$ (en $= H_2NCH_2CH_2NH_2$)
(b) $K_2[PtCl_4]$
(c) $K[Cu(CN)_2]$
(d) $[Fe(NH_3)_4(H_2O)_2]^{2+}$

22.15 (a) Íon niquelado diaquabis(oxalato)(II)
(b) Íon cobalto dibromobis(etilenodiamina)(III)
(c) Íon cobalto amina clorobis(etilenodiamina)(III)
(d) Platina oxalato diamina(II)

22.17 (a) $[Fe(H_2O)_5OH]^{2+}$
(b) Tetraciano niquelado de potássio(II)
(c) Cromato (oxalato)diaquabis de potássio(III)
(d) $(NH_4)_2[PtCl_4]$

22.19

cis   trans

cis   trans

fac   mer

Apenas uma estrutura possível.
(N—N é o ligante etilenodiamina
bidentado.)

22.21 (a) Fe^{2+} é um centro quiral.
(b) Co^{3+} não é um centro quiral.
(c) Co^{3+} não é um centro quiral.
(d) Não. Os complexos quadrados planares nunca são quirais.

22.23 (a) $[Mn(CN)_6]^{4-}$: d^5, o complexo de baixo spin Mn^{2+} é paramagnético (um elétron não emparelhado).

22.23 (b) $[Co(NH_3)_6]^{3+}$: d^6, o complexo de baixo spin Co^{3+} é diamagnético.

(c) $[Fe(H_2O)_6]^{3+}$: d^5, o complexo de baixo spin Fe^{3+} é paramagnético [um elétron não emparelhado; o mesmo que na parte (a)].
(d) $[Cr(en)_3]^{2+}$: O complexo d^4, Cr^{2+} é paramagnético (dois elétrons desemparelhados).

22.25 (a) Fe^{2+}, d^6, paramagnético, quatro elétrons desemparelhados
(b) Co^{2+}, d^7, paramagnético, três elétrons desemparelhados
(c) Mn^{2+}, d^5, paramagnético, cinco elétrons desemparelhados
(d) Zn^{2+}, d^{10}, diamagnético, zero elétron desemparelhado

22.27 (a) 6
(b) Octaédrico
(c) +2
(d) Quatro elétrons desemparelhados (alto spin)
(e) Paramagnético

22.29 Com quatro ligantes, os complexos do íon d^8 Ni^{2+} podem ser tetraédricos ou quadrados-planares. O ligante CN^- está em uma extremidade da série espectroquímica e conduz a uma grande divisão do campo ligante, enquanto Cl^- está na extremidade oposta e muitas vezes leva a complexos com pequena divisão orbital. Com ligantes tais como CN^-, o complexo será quadrado-planar (e para um íon d^8 ele será diamagnético). Com um ligante de campo fraco (Cl^-), o complexo será tetraédrico e, para o íon d^8, dois elétrons serão desemparelhados, dando um complexo paramagnético.

22.31 A luz absorvida está na região verde do espectro. Por conseguinte, a luz transmitida – que é a cor da solução – é magenta.

22.33 Determine as propriedades magnéticas do complexo. Complexos quadrados planares Ni^{2+} (d^8) são diamagnéticos, ao passo que os complexos tetraédricos são paramagnéticos.

22.35 Fe^{2+} tem uma configuração d^6. Complexos octaédricos de baixo spin são diamagnéticos, enquanto os complexos octaédricos de alto spin deste íon têm quatro elétrons desemparelhados e são paramagnéticos.

22.37 Complexos quadrados planares na maioria das vezes surgem a partir íons de metal de transição d^8. Portanto, é provável que $[Ni(CN)_4]^{2-}$ (Ni^{2+}) e $[Pt(CN)_4]^{2-}$ (Pt^{2+}) sejam quadrados planares. (Veja também Questão para Estudo 22.29).

22.39 Dois isômeros geométricos são possíveis.

22.41 Absorver a 425 nm significa que o complexo está absorvendo luz na extremidade azul-violeta. Portanto, as luzes vermelha e verde são transmitidas e o complexo aparece amarelo (veja a Figura 22.27).

22.43 (a) Mn^{2+}; (b) 6; (c) octaédrico; (d) 5; (e) paramagnético; (f) existem isômeros *cis* e *trans*.

22.45 Nome: cloreto de tetraminadiclorocobalto(III)

cis

trans

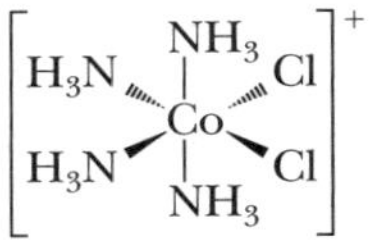

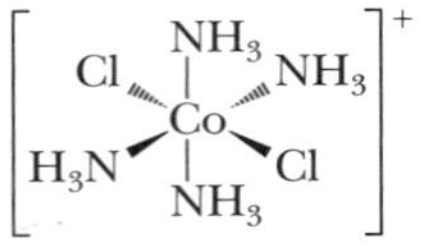

22.47 $[Co(en)_2(H_2O)Cl]^{2+}$

22.49

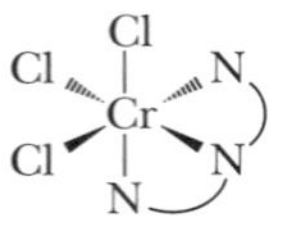

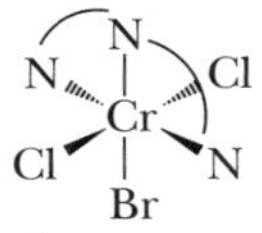

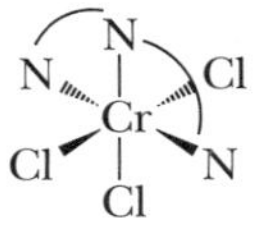

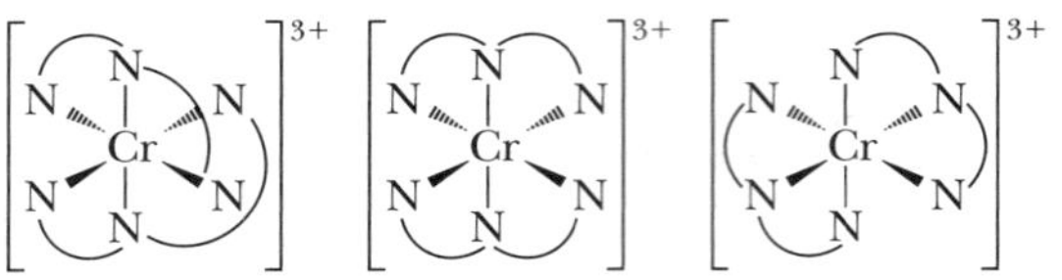

mer

fac

cloretos *trans*

cloretos *cis*

22.51

H_2O e NH_3 *cis*, quiral

H_2O *cis* e NH_3 *trans*, não quiral

H_2O *trans* e NH_3 *cis*, não quiral

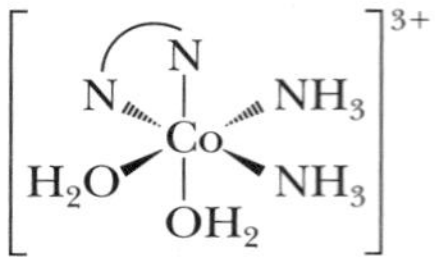

22.53 Em $[Mn(H_2O)_6]^{2+}$ e $[Mn(CN)_6]^{4-}$, Mn tem um número de oxidação +2 (Mn é um íon d^5).

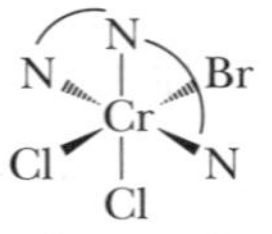

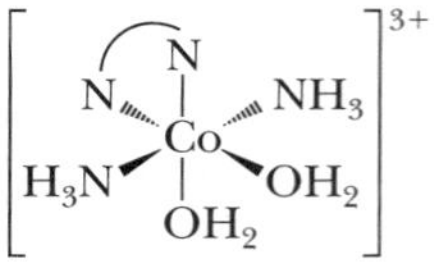

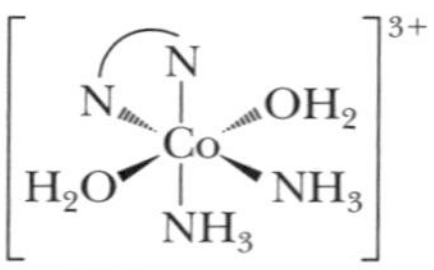

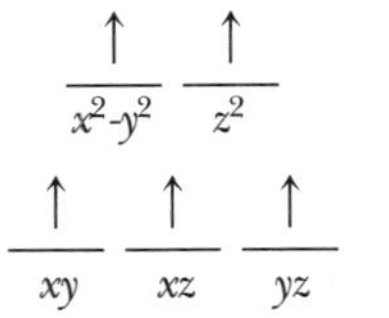

$[Mn(H_2O)_6]^{2+}$ paramagnético, 5 e^- desemparelhados

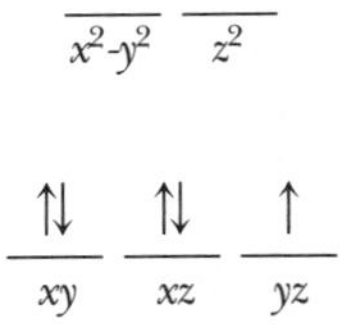

$[Mn(CN)_6]^{4-}$ paramagnético, 1 e^- desemparelhado

Isto mostra que Δ_o para CN^- é maior que para H_2O.

22.55 (a) Tetraclorocuprato de amônia(II)
(b) $[Cr(H_2O)_4Cl_2]Cl$
(c) $[Co(H_2O)(NH_2CH_2CH_2NH_2)_2(SCN)](NO_3)_2$

22.57 (a) A luz absorvida está na região laranja do espectro. Por conseguinte, a luz transmitida (a cor da solução) é azul ou ciano.
(b) Usando os complexos de cobalto(III) na Tabela 22.3 como um guia, podemos colocar CO_3^{2-} entre F^- e o íon oxalato, $C_2O_4^{2-}$.
(c) Δ_o é pequeno, então o complexo deve ser de alto spin e paramagnético.

22.59

N O = $H_2N—CH_2—CO_2^-$

Par enantiométrico

Par enantiométrico

Par enantiométrico

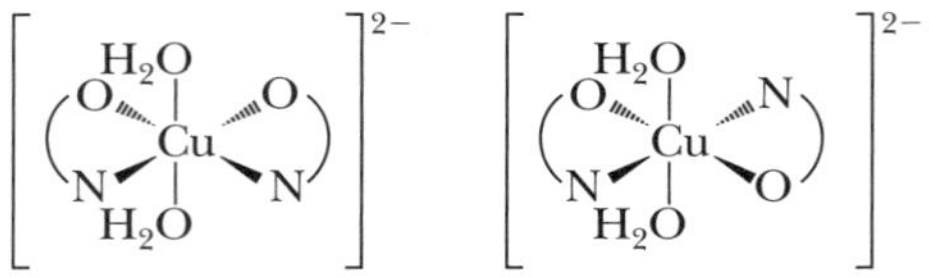

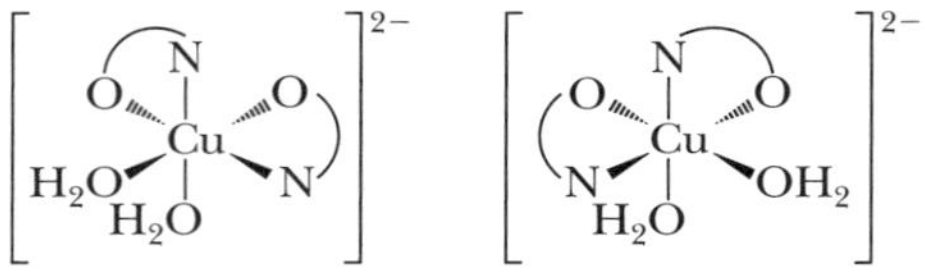

22.61 (a) Em complexos tais como $M(PR_3)_2Cl_2$ o metal é Ni^{2+} or Pd^{2+}, ambos os quais são íons metálicos d^8. Se um complexo Ni^{2+} é' paramagnético ele deve ser tetraédrico, enquanto que o Pd^{2+} deve ser quadrado-planar. (Um complexo de metal d^8 não pode ser diamagnético se ele tem uma estrutura tetraédrica.)

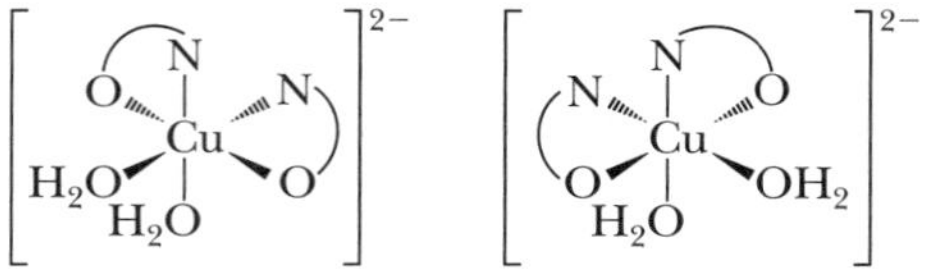

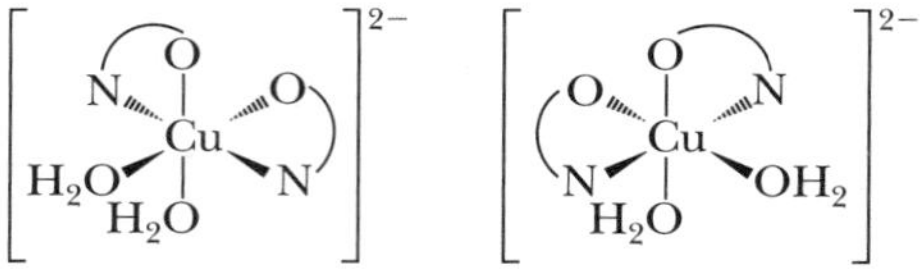

Complexo tetraédrico Ni²⁺, paramagnético

Complexo quadrado-planar Pd²⁺, diamagnético

(b) Um complexo tetraédrico Ni^{2+} não pode ter isômeros, enquanto um complexo quadrado-planar do tipo $M(PR_3)_2Cl_2$ pode ter isômeros *cis* e *trans*.

22.63 (a) Ce   [Xe] $4f^1 5d^1 6s^2$
    Ce^{3+} [Xe] $4f^1$
    Ce^{4+} [Xe]   diamagnético

(b) Ce^{3+} é paramagnético com um elétron não emparelhado.
    Ce^{4+} é diamagnético

(c) Uma célula unitária do CeO_2 consiste em íons Ce^{4+} como um cubo de face centrada (4 íons Ce^{4+}) com íons O^{2-} em todos os furos tetraédricos (8 íons O^{2-}).

22.65 A, isômero violeta-escuro: $[Co(NH_3)_5Br]SO_4$

B, isômero violeta-vermelho: $[Co(NH_3)_5(SO_4)]Br$

$[Co(NH_3)_5Br]SO_4(aq) + BaCl_2(aq) \rightarrow$
$\qquad [Co(NH_3)_5Br]Cl_2(aq) + BaSO_4(s)$

22.67 (a) Existe $5{,}41 \times 10^{-4}$ mol de $UO_2(NO_3)_2$ e isto fornece $5{,}41 \times 10^{-4}$ mol de íons U^{n+} na redução por Zn. A quantidade de $5{,}41 \times 10^{-4}$ mol de U^{n+} requer $2{,}16 \times 10^{-4}$ mol de MnO_4^- para alcançar o ponto de equivalência. Isto é uma relação de 5 mols de íons U^{n+} para 2 mols de íons MnO_4^-. Os 2 mols de íons MnO_4^- requerem 10 mols de e^- (para irem para íons Mn^{2+}), assim 5 mols de íons U^{n+} fornecem 10 mols de e^- (indo para 5 íons UO_2^{2+}, com um número de oxidação do urânio de +6). Isto significa que o íon U^{n+} deve ser U^{4+}.

(b) $Zn(s) \rightarrow Zn^{2+}(aq) + 2 e^-$

$UO_2^{2+}(aq) + 4 H^+(aq) + 2 e^- \rightarrow$
$\qquad U^{4+}(aq) + 2 H_2O(\ell)$
___
$UO_2^{2+}(aq) + 4 H^+(aq) + Zn(s) \rightarrow$
$\qquad U^{4+}(aq) + 2 H_2O(\ell) + Zn^{2+}(aq)$

(c) $5[U^{4+}(aq) + 2 H_2O(\ell) \rightarrow$
$\qquad UO_2^{2+}(aq) + 4 H^+(aq) + 2 e^-]$

$2[MnO_4^-(aq) + 8 H^+(aq) + 5 e^- \rightarrow$
$\qquad Mn^{2+}(aq) + 4 H_2O(\ell)]$
___
$5 U^{4+}(aq) + 2 MnO_4^-(aq) + 2 H_2O(\ell) \rightarrow$
$\qquad 5 UO_2^{2+}(aq) + 4 H^+(aq) + 2 Mn^{2+}(aq)$

22.69

Íon	$K_{formação}$ (complexos amina)
Co^{2+}	$1{,}3 \times 10^5$
Ni^{2+}	$5{,}5 \times 10^8$
Cu^{2+}	$2{,}1 \times 10^{13}$
Zn^{2+}	$2{,}9 \times 10^9$

Os dados para esses complexos de hexamina satisfazem de fato; verifique a série de Irving-Williams. No livro *Química dos Elementos* (N. N. Greenwood e Earnshaw: 2. ed., página 908, Oxford, England, Butterworth-Heinemann, 1997), afirma-se: "as estabilidades dos complexos correspondentes dos íons bivalentes da primeira série de transição, independentemente do ligante particular envolvido, geralmente variam na ordem de Irving-Williams..., que é inversa à ordem para os raios do cátion. Estas observações são consistentes com a visão de que, pelo menos para os metais em estados de oxidação +2 e +3, a ligação coordenada é em grande parte eletrostática. Este foi um fator importante para a aceitação da teoria do campo cristalino".

22.71 (a) Defina o comprimento do lado do cubo como x, então o comprimento da diagonal através do cubo é $x\sqrt{3}$. Isso é definido igual a: $2 r_{Ti} + 2 r_{Ni}$, isto é, $x\sqrt{3} = 2 r_{Ti} + 2 r_{Ni} = 540$ pm; $x = 312$ pm ($a = b = c = 3{,}12 \times 10^{-8}$ cm)

(b) Densidade calculada:

A massa de uma célula unitária é a massa de um átomo de Ti e um átomo de Ni = (47,87 g/mol) (1 mol/$6{,}022 \times 10^{23}$ átomos de Ti) + (58,69 g/mol) (1 mol/$6{,}022 \times 10^{23}$ átomos de Ti) = $1{,}77 \times 10^{-22}$ g

O volume da célula unitária é $x^3 = (3{,}12 \times 10^{-8}$ cm$)^3 = 3{,}04 \times 10^{-23}$ cm³

Densidade calculada = $1{,}77 \times 10^{-22}$ g/ $3{,}04 \times 10^{-23}$ cm³ = 5,82 g/cm³

A concordância não é muito boa, provavelmente porque os átomos não se encaixam tão firmemente como é assumido.

(c) Como átomos livres, tanto Ti quanto Ni são paramagnéticos.

Capítulo 23

Estudos de Caso

Um Despertar com L-DOPA

1. L-DOPA é quiral. O seu centro quiral é indicado na seguinte fórmula estrutural.

2. A dopamina não é quiral. A epinefrina é quiral. Seu centro quiral é indicado na seguinte fórmula estrutural.

(estrutura química: L-DOPA com centro quiral indicado)

3. 5,0 g de L-DOPA (1 mol de L-DOPA/197,2 g de L-DOPA) = 0,025 mol de L-DOPA

Adesivos Verdes

1. Fórmulas estruturais:

(estruturas: fenol, ureia, formaldeído)

fenol   ureia   formaldeído

2. O par de elétrons e as geometrias moleculares são ambos trigonais planar. As ligações σ C—H são cada uma formada pela sobreposição de um orbital híbrido sp^2 no átomo de C com o orbital $1s$ do átomo de H. A ligação σ entre C e O é formada pela sobreposição de um orbital híbrido sp^2 no C com um orbital híbrido sp^2 no O. A ligação π entre C e O é formada pela sobreposição de um orbital $2p$ sobre C com um orbital $2p$ em O.

3. Similaridade: Tanto o náilon-6,6 quanto as proteínas são poliamidas.

Diferenças:

1. Nas proteínas, existe uma orientação para a ligação da amida: CONH. No náilon-6,6 duas orientações estão presentes: CONH e NHCO.

2. Nas proteínas, existe apenas um C entre as ligações de amida. No náilon-6,6 existem quatro ou seis carbonos entre as ligações de amida.

3. As proteínas têm numerosos grupos R, que podem ser ligados ao carbono entre os grupos amida, enquanto o náilon-6,6 tem apenas átomos de hidrogênio ligados aos carbonos entre os grupos amida.

4. As proteínas são quirais, enquanto o náilon-6,6 não é.

Verifique Seu Entendimento

23.1 (a) Isômeros de C_7H_{16}

$$CH_3CH_2CH_2CH_2CH_2CH_2CH_3 \quad \text{heptano}$$

(estrutura) $CH_3CH_2CH_2CH_2\overset{\displaystyle CH_3}{\underset{}{CH}}CH_3$ 2-metil-hexano

(estrutura) $CH_3CH_2CH_2\overset{\displaystyle CH_3}{\underset{}{CH}}CH_2CH_3$ 3-metil-hexano

(estrutura) $CH_3CH_2\overset{\displaystyle CH_3}{\underset{\displaystyle CH_3}{C}}HCHCH_3$ 2,3-dimetilpentano

(estrutura) $CH_3CH_2CH_2\overset{\displaystyle CH_3}{\underset{\displaystyle CH_3}{C}}CH_3$ 2,2-dimetilpentano

(estrutura) $CH_3CH_2\overset{\displaystyle CH_3}{\underset{\displaystyle CH_3}{C}}CH_2CH_3$ 3,3-dimetilpentano

(estrutura) $CH_3\overset{\displaystyle CH_3}{\underset{\displaystyle CH_3}{C}}HCH_2CHCH_3$ 2,4-dimetilpentano

(estrutura) $CH_3\overset{\displaystyle H_3C \quad CH_3}{\underset{\displaystyle CH_3}{C}}—CHCH_3$ 2,2,3-trimetilbutano

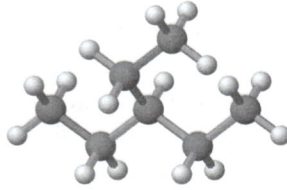

Um modelo do 3-etilpentano

(b) Dois isômeros, 3-metil-hexano e 2,3-dimetilpentano, são quirais.

23.2 Os nomes acompanham as estruturas na resposta de "Verifique seu entendimento" no Exemplo 23.1.

23.3 Isômeros de C_6H_{12} nos quais a cadeia mais longa tem seis átomos de C:

(estruturas de alcenos isoméricos)

Nomes (em ordem, de cima para baixo): 1-hexeno, *cis*-2-hexeno, *trans*-2-hexeno, *cis*-3-hexeno, *trans*-3-hexeno. Nenhum desses isômeros é quiral.

23.4 (a)

$$H-\underset{\underset{H}{|}}{\overset{\overset{H}{|}}{C}}-\underset{\underset{H}{|}}{\overset{\overset{H}{|}}{C}}-Br$$

bromoetano

(b)

$$H_3C-\underset{\underset{H}{|}}{\overset{\overset{Br}{|}}{C}}-\underset{\underset{H}{|}}{\overset{\overset{Br}{|}}{C}}-CH_3$$

2,3-dibromobutano

23.5 1,4-diaminobenzeno

$$NH_2$$

$$NH_2$$

23.6 $CH_3CH_2CH_2CH_2OH$ 1-butanol

$CH_3CH_2\overset{\overset{OH}{|}}{C}HCH_3$ 2-butanol

$CH_3\overset{\underset{CH_3}{|}}{C}HCH_2OH$ 2-metil-1-propanol

$CH_3\overset{\overset{OH}{|}}{\underset{\underset{CH_3}{|}}{C}}CH_3$ 2-metil-2-propanol

23.7 (a) $CH_3CH_2CH_2OH$: 1-propanol, tem um grupo (—OH) do álcool

CH_3CO_2H: ácido etanoico (ácido acético), tem um ácido carboxílico do grupo (—CO_2H)

$CH_3CH_2NH_2$: etilamina, tem um grupo amino (—NH_2)

(b) Etanoato de 1-propila (acetato de propilo)

(c) A oxidação deste álcool primário primeiro dá propanal, CH_3CH_2CHO. A oxidação adicional dá o ácido propanoico, $CH_3CH_2CO_2H$.

(d) *N*-etilacetamida, $CH_3CONHCH_2CH_3$

(e) A amina é protonada por ácido clorídrico, formando cloreto de etilamônio, $[CH_3CH_2NH_3]Cl$.

23.8 Kevlar é um polímero de condensação, preparado pela reação de ácido tereftálico e 1,4-diaminobenzeno.

$n\ H_2NC_6H_4NH_2 + n\ HO_2CC_6H_4CO_2H \rightarrow$
    $-(HNC_6H_4NHCOC_6H_4CO)_{\overline{n}} + 2n\ H_2O$

Exercícios para a Seção

Seção 23.1

1. (c) b e c

2. (a) a e b

3. (c) 2

Seção 23.2

1. (c) 2,5-dimetil-heptano

2. (c) O composto é um isômero do hexano, não é quiral e é denominado 2,2-dimetilbutano.

3. (i) (c) apenas 3
   (ii) (c) 1 e 2

4. (a) $Br-\overset{\overset{CH_3}{|}}{\underset{\underset{CH_3}{|}}{C}}-\overset{\overset{CH_2CH_3}{|}}{\underset{\underset{H}{|}}{C}}-H$

5. (c) 3

Seção 23.3

1. (d) mais que 4

2. (a) 2-propanol

3. (a) sp^3

4. (d) NaOH

Seção 23.4

1. (d) 1 aldeído e 2 cetonas

2. (b) 2-butanona

3. (d) 120°, sp^2 hibridizado

4. (c) etanoato de etila

Seção 23.5

1. (c) $CH_2{=}\overset{\overset{CO_2H}{|}}{C}H$

Aplicando Princípios Químicos: Bisfenol A (BPA)

1. Reagentes: 15 C, 18 H, 3 O, massa molar = 246; Produtos: 15 C, 16 H, 2 O, massa molar = 228.

Economia atômica = (228/246) × 100% = 92,7%

3. (15 lb)(1 kg/2,2 lb)(13 μg/kg) = 89 μg, mais de 50 g recomendados.

5. Volume da base necessário = (0,300 g de BPA) (1 mol de BPA/228 g de BPA)(2 mols de NaOH/ 1 mol de BPA) (1,00 L/0,050 mol de NaOH) = 0,0526 L (ou 52,6 mL)

Questões para Estudo

23.1 Heptano

23.3 C_5H_{12} e $C_{14}H_{30}$ são alcanos.

23.5 3-etil-2-metil-hexano

$$CH_3-\overset{\overset{CH_3}{|}}{C}H-\overset{\overset{CH_2CH_3}{|}}{C}H-CH_2-CH_2-CH_3$$

2,3,3,4-Tetrametilpentano

$$CH_3-\overset{\overset{CH_3}{|}}{C}H-\overset{\overset{CH_3}{|}}{\underset{\underset{CH_3}{|}}{C}}-\overset{\overset{CH_3}{|}}{C}H-CH_3$$

Outras possibilidades incluem 2,2,3,4-tetrametilpentano, 3-etil-2,2-dimetilpentano, 3-etil-2,3-dimetilpentano e 3-etil-2,4-dimetilpentano.

23.7   2,3-dimetilbutano

23.9   (a) 2,3-dimetil-hexano

$$CH_3-CH-CH-CH_2-CH_2-CH_3$$

with CH_3 groups on the second and third carbons

(b) 2,3-dimetiloctano

$$CH_3-CH-CH-CH_2-CH_2-CH_2-CH_2-CH_3$$

with CH_3 groups on the second and third carbons

(c) 3-etil-heptano

$$CH_3-CH_2-CH-CH_2-CH_2-CH_2-CH_3$$

with a CH_2CH_3 group on the third carbon

(d) 3-metil-2-metil-hexano

$$CH_3-CH-CH-CH_2-CH_2-CH_3$$

with a CH_2CH_3 group and a CH_3 group

23.11

$$H_3C-\overset{H}{\underset{CH_3}{C}}-CH_2CH_2CH_2CH_2CH_3 \quad \text{2-metil-heptano}$$

$$CH_3CH_2CH_2-\overset{H}{\underset{CH_3}{C}}-CH_2CH_2CH_3 \quad \text{4-metil-heptano}$$

$$CH_3CH_2-\overset{H}{\underset{CH_3}{\overset{|}{C}{}^{*}}}-CH_2CH_2CH_2CH_3 \quad \begin{array}{l}\text{3-metil-heptano. O átomo}\\\text{de C com um asterisco}\\\text{é quiral}\end{array}$$

23.13   Forma cadeira do ciclo-hexano:

Hidrogênios axiais são mostrados em vermelho; hidrogênios equatoriais são mostrados em azul.

23.15

$$CH_3CH_2CH_2-\overset{H}{\underset{CH_2CH_3}{C}}-CH_2CH_2CH_3 \quad \begin{array}{l}\text{4-etil-heptano. O}\\\text{composto não é quiral.}\end{array}$$

$$CH_3CH_2-\overset{H}{\underset{CH_2CH_3}{C}}-CH_2CH_2CH_2CH_3 \quad \text{3-etil-heptano. Não quiral.}$$

23.17 C_4H_{10}, butano: um gás combustível de baixa massa molar sob temperatura e pressão ambientes. Ligeiramente solúvel em água.

$C_{12}H_{26}$, dodecano: um líquido incolor, sob temperatura ambiente. É esperado que seja insolúvel em água, mas bastante solúvel em solventes não polares.

23.19

cis-4-metil-2-hexeno

trans-4-metil-2-hexeno

23.21   (a)

1-penteno

2-metil-2-buteno

2-metil-1-buteno

cis-2-penteno

3-metil-1-buteno

trans-2-penteno

(b)

$$\begin{array}{c} H_2C-CH_2 \\ H_2C \qquad CH_2 \\ CH_2 \end{array}$$

ciclopentano

23.23   (a) 1,2-dibromopropano, $CH_3CHBrCH_2Br$

(b) Pentano, C_5H_{12}

23.25   Os três alcenos são 1-buteno, *cis*-2-buteno e *trans*-2-buteno. A reação com 1-buteno é mostrada abaixo:

$$+ \; HBr \longrightarrow CH_3\overset{Br}{\underset{}{CH}}CH_2CH_3$$

23.27   Quatro isômeros são possíveis.

cis-1-cloropropeno

2-cloropropeno

trans-1-cloropropeno

3-cloro-1-propeno

23.29

$$\begin{array}{c} H \\ | \\ C \end{array} = \begin{array}{c} H \\ | \\ C \\ | \\ CH_2CH_2CH_2CH_3 \end{array} \quad + \quad H_2 \longrightarrow CH_3CH_2CH_2CH_2CH_2CH_3$$

A hidrogenação é geralmente levada a cabo na presença de um catalisador metálico (Pt, Pd, Rh). A hidrogenação é utilizada na indústria alimentar para converter óleos líquidos em sólidos e para torná-los menos susceptíveis à deterioração.

23.31

m-diclorobenzeno   *p*-bromotolueno

23.33

$$\underset{\text{etilbenzeno}}{\text{(benzeno)}} \xrightarrow{\text{CH}_3\text{CH}_2\text{Cl/AlCl}_3} \text{CH}_2\text{CH}_3$$

23.35

1,2-dimetil-3-nitrobenzeno   1,2-dimetil-4-nitrobenzeno

23.37 (a) 1-propanol, primário
(b) 1-butanol, primário
(c) 2-metil-2-propanol, terciário
(d) 2-metil-2-butanol, terciário

23.39 (a) Etilamina, $CH_3CH_2NH_2$
(b) Dipropilamina, $(CH_3CH_2CH_2)_2NH$

$$CH_3CH_2CH_2 - \underset{\underset{H}{|}}{N} - CH_2CH_2CH_3$$

(c) Butildimetilamina

$$CH_3CH_2CH_2CH_2 - \underset{\underset{CH_3}{|}}{N} - CH_3$$

(d) Trietilamina

$$CH_3CH_2 - \underset{\underset{CH_2CH_3}{|}}{N} - CH_2CH_3$$

23.41 (a) 1-Butanol, $CH_3CH_2CH_2CH_2OH$
(b) 2-Butanol

$$CH_3CH_2 - \underset{\underset{H}{|}}{\overset{\overset{OH}{|}}{C}} - CH_3$$

(c) 2-Metil-1-propanol

$$CH_3 - \underset{\underset{CH_3}{|}}{\overset{\overset{H}{|}}{C}} - CH_2OH$$

(d) 2-Metil-2-propanol

$$CH_3 - \underset{\underset{CH_3}{|}}{\overset{\overset{OH}{|}}{C}} - CH_3$$

23.43 (a) $C_6H_5NH_2(\ell) + HCl(aq) \rightarrow (C_6H_5NH_3)Cl(aq)$
(b) $(CH_3)_3N(aq) + H_2SO_4(aq) \rightarrow [(CH_3)_3NH]HSO_4(aq)$

23.45 (a)
$$CH_3CH_2CH_2 - \underset{\underset{CH_3}{|}}{CH} - \overset{\overset{O}{\|}}{C} - OH$$

(b)
$$CH_3CH_2 - \underset{\underset{CH_3}{|}}{CH} - \overset{\overset{O}{\|}}{C} - CH_3$$

(c)
$$OH - \overset{\overset{O}{\|}}{C} - CH_2CH_2 - \overset{\overset{O}{\|}}{C} - OH$$

(d)
$$NH_2CH_2CH_2 - \overset{\overset{O}{\|}}{C} - OH$$

23.47
$$CH_3 - \overset{\overset{O}{\|}}{C} - CH_2CH_2CH_3$$

$$H - \overset{\overset{O}{\|}}{C} - CH_2CH_2CH_2CH_2CH_3$$

$$CH_3CH_2CH_2CH_2 - \overset{\overset{O}{\|}}{C} - OH$$

23.49 (a) Ácido, ácido-3 metilpentanoico
(b) Éster, propanoato de metila
(c) Éster, acetato de butila (ou etanoato de butila)
(d) Ácido, *p*-ácido bromobenzoico

23.51 (a) Ácido pentanoico

$$CH_3CH_2CH_2CH_2 - \overset{\overset{O}{\|}}{C} - OH$$

(b) 2-Octanol

$$H_3C - \underset{\underset{H}{|}}{\overset{\overset{OH}{|}}{C}} - CH_2CH_2CH_2CH_2CH_2CH_3$$

23.53 Etapa 1: Oxide 1-propanol para ácido propanoico.

$$CH_3CH_2 - \underset{\underset{H}{|}}{\overset{\overset{H}{|}}{C}} - OH \xrightarrow{\text{agente oxidante}} CH_3CH_2 - \overset{\overset{O}{\|}}{C} - OH$$

Etapa 2: Combine ácido propanoico e 1-propanol.

$$CH_3CH_2-\overset{\overset{\displaystyle O}{\|}}{C}-OH + CH_3CH_2-\overset{\overset{\displaystyle H}{|}}{\underset{\underset{\displaystyle H}{|}}{C}}-OH \xrightarrow{-H_2O}$$

$$CH_3CH_2-\overset{\overset{\displaystyle O}{\|}}{C}-O-CH_2CH_2CH_3$$

23.55 Acetato de sódio, $NaCH_3CO_2$, e 1-butanol, $CH_3CH_2CH_2CH_2OH$

23.57 (a) Trigonal plana
(b) 120°
(c) A molécula é quiral. Existem quatro grupos diferentes em torno do átomo de carbono marcado 2.
(d) O átomo de H ácido é o H ligado ao grupo CO_2H (carboxila).

23.59

$$CH_3CH_2CH_2\overset{\overset{\displaystyle O}{\|}}{C}NHCH_3$$

Este composto é uma amida.

$$CH_3CH_2CH_2CO_2H + CH_3NH_2 \rightarrow$$
$$CH_3CH_2CH_2CONHCH_3 + H_2O$$

23.61 (a) Álcool   (b) amida   (c) ácido   (d) éster

23.63 (a) Prepare poliacetato de vinila (PVA) a partir de acetato de vinil.

(b) Três unidades de PVA:

(c) A hidrólise do poliacetato de vinila irá produzir o álcool polivinílico.

23.65 Poliacrilonitrila a partir de acrilonitrila.

23.67 (a)

isômero *cis*   isômero *trans*   (b)

23.69 Cinco isômeros: 1-hexeno, *cis*- e *trans*-2-hexeno e *cis*- e *trans*-3-hexeno.

23.71

23.73 (a)

$$H_3C-\overset{\overset{\displaystyle O}{\|}}{C}-OH + NaOH \longrightarrow \left[H_3C-\overset{\overset{\displaystyle O}{\|}}{C}-O^-\right]Na^+ + H_2O$$

(b)

$$H_3C-\overset{\overset{\displaystyle H}{|}}{N}-H + HCl \longrightarrow CH_3NH_3^+ + Cl^-$$

23.75

$$n\ HOCH_2CH_2OH + n\ HO-\overset{\overset{\displaystyle O}{\|}}{C}-\underset{}{}-\overset{\overset{\displaystyle O}{\|}}{C}-OH \longrightarrow$$

23.77 (a) 2, 3-Dimetilpentano

(b) 3, 3-Dietilpentano

(c) 3-Etil-2-metilpentano

$$\underset{\underset{CH_3}{|}}{CH_3-\overset{\overset{H}{|}}{C}}-\underset{\underset{H}{|}}{\overset{\overset{CH_2CH_3}{|}}{C}}-CH_2CH_3$$

(d) 3-Etil-hexano

$$CH_3CH_2-\underset{\underset{H}{|}}{\overset{\overset{CH_2CH_3}{|}}{C}}-CH_2CH_2CH_3$$

23.79

1,1-Dicloropropano
$$\underset{\underset{Cl}{|}}{H-\overset{\overset{Cl}{|}}{C}}-CH_2CH_3$$

1,2-Dicloropropano
$$H-\underset{\underset{H}{|}}{\overset{\overset{Cl}{|}}{C}}-\underset{\underset{H}{|}}{\overset{\overset{Cl}{|}}{C}}-CH_3$$

1,3-Dicloropropano
$$H-\underset{\underset{H}{|}}{\overset{\overset{Cl}{|}}{C}}-\underset{\underset{H}{|}}{\overset{\overset{H}{|}}{C}}-\underset{\underset{H}{|}}{\overset{\overset{Cl}{|}}{C}}-H$$

2,2-Dicloropropano
$$H-\underset{\underset{H}{|}}{\overset{\overset{H}{|}}{C}}-\underset{\underset{Cl}{|}}{\overset{\overset{Cl}{|}}{C}}-\underset{\underset{H}{|}}{\overset{\overset{H}{|}}{C}}-H$$

23.81

1,2,3-trimetilbenzeno   1,2,4-trimetilbenzeno   1,3,5-trimetilbenzeno

23.83 Substituir o grupo ácido carboxílico com um átomo de H.

23.85 (a)

$$\underset{H_3C}{\overset{H}{\diagdown}}C=C\underset{\diagup CH_3}{\overset{H}{\diagup}} \xrightarrow{+H_2} H-\underset{\underset{CH_3}{|}}{\overset{\overset{H}{|}}{C}}-\underset{\underset{CH_3}{|}}{\overset{\overset{H}{|}}{C}}-H$$

butano (não quiral)

(b)
$$H-\underset{\underset{CH_3}{|}}{\overset{\overset{CH_3}{|}}{C}}-CH_3$$

23.87

(a)
$$\begin{aligned}&H_2C-O-\overset{\overset{O}{\|}}{C}(CH_2)_{10}CH_3\\&HC-O-\overset{\overset{O}{\|}}{C}(CH_2)_{10}CH_3\\&H_2C-O-\overset{\overset{O}{\|}}{C}(CH_2)_{10}CH_3\end{aligned}$$

$$\begin{aligned}&H_2C-O-\overset{\overset{O}{\|}}{C}(CH_2)_{10}CH_3\\&HC-O-\overset{\overset{O}{\|}}{C}(CH_2)_{10}CH_3\ +\ 3\,NaOH \longrightarrow\\&H_2C-O-\overset{\overset{O}{\|}}{C}(CH_2)_{10}CH_3\end{aligned}$$

$$\begin{aligned}&H_2C-OH\\&HC-OH\ +\ 3\left[CH_3(CH_2)_{10}\overset{\overset{O}{\|}}{C}O^-\right]Na+\\&H_2C-OH\end{aligned}$$

(b)
$$\begin{aligned}&H_2C-O-\overset{\overset{O}{\|}}{C}(CH_2)_{10}CH_3\\&HC-O-\overset{\overset{O}{\|}}{C}(CH_2)_{10}CH_3\ +\ 3\,CH_3OH \longrightarrow\\&H_2C-O-\overset{\overset{O}{\|}}{C}(CH_2)_{10}CH_3\end{aligned}$$

$$\begin{aligned}&H_2C-OH\\&HC-OH\ +\ 3\ \ CH_3(CH_2)_{10}\overset{\overset{O}{\|}}{C}OCH_2\\&H_2C-OH\end{aligned}$$

23.89

$$\underset{H}{\overset{H}{\diagdown}}C=C\underset{\diagup H}{\overset{CH_2OH}{\diagup}}$$

adicionar H_2
$$H-\underset{\underset{H}{|}}{\overset{\overset{H}{|}}{C}}-\underset{\underset{H}{|}}{\overset{\overset{CH_2OH}{|}}{C}}-H$$

oxidar
$$\underset{H}{\overset{H}{\diagdown}}C=C\underset{\diagup H}{\overset{CO_2H}{\diagup}}$$

polimerizar
$$\left(\underset{\underset{H}{|}}{\overset{\overset{H}{|}}{C}}-\underset{\underset{H}{|}}{\overset{\overset{CH_2OH}{|}}{C}}-\underset{\underset{H}{|}}{\overset{\overset{H}{|}}{C}}-\underset{\underset{H}{|}}{\overset{\overset{CH_2OH}{|}}{C}}\right)_n$$

CH_3CO_2H
$$H_3C-\overset{\overset{O}{\|}}{C}-O-CH_2CH=CH_2$$

23.91 (a)
$$H-\underset{\underset{H}{|}}{\overset{\overset{H}{|}}{C}}-\underset{\underset{H}{|}}{\overset{\overset{H}{|}}{C}}=C-H \xrightarrow{+HBr} H-\underset{\underset{H}{|}}{\overset{\overset{H}{|}}{C}}-\underset{\underset{H}{|}}{\overset{\overset{Br}{|}}{C}}-\underset{\underset{H}{|}}{\overset{\overset{H}{|}}{C}}-H$$

2-bromopropano

(b)

2-metil-2-butanol

(c)

O produto é o mesmo que para as partes (b) e (c).

23.93 (a) A única diferença estrutural entre a teobromina e a cafeína ocorre no N no anel de seis membros que se encontra entre os dois grupos C=O. Na teobromina, há um átomo de H ligado a este N. Na cafeína, há um grupo CH$_3$ ligado.
  (b) 5,00 g de amostra (2,16 g de teobromina/100 g de amostra) = 0,108 g de teobromina

23.95 Compostos (b), acetaldeído e (c), etanol, produzem ácido acético quando oxidados.

23.97 Cíclo-mexeno, um alceno cíclico, adicionará Br$_2$ prontamente (para se obter C$_6$H$_{10}$Br$_2$).

O benzeno, no entanto, precisa de condições muito mais rigorosas para reagir com bromo; então Br$_2$ substituirá os átomos de H no benzeno e não adiciona ao anel.

23.99 (a) O composto é ou propanona, uma cetona ou propanal, um aldeído.

propanona
(uma cetona)

propanal
(um aldeído)

  (b) A cetona não sofrerá oxidação, mas o aldeído será oxidado para o ácido CH$_3$CH$_2$CO$_2$H. Assim, o desconhecido é provavelmente propanal.
  (c) Ácido propanoico

23.101 2-Propanol reagirá com um agente oxidante tal como o KMnO$_4$ (para dar a cetona), enquanto o éter etil-metílico (CH$_3$OC$_2$H$_5$) não reagirá. Além disso, o álcool deve ser mais solúvel em água que o éter.

23.103

X = 3,3-dimetil-1-penteno

+H$_2$O

Y = 3,3-dimetil-2-penteno

agente oxidante

3,3-dimetil-2-penteno

23.105 O marcador ^{18}O será encontrado no tereftalato de dimetila.

23.107

metano — quatro ligações simples
formaldeído — uma ligação dupla e duas ligações simples
aleno — duas ligações duplas
acetileno — uma ligação simples e uma ligação tripla

23.109 (a) A ligação cruzada torna o material muito rígido e inflexível.
  (b) Os grupos OH dão ao polímero uma elevada afinidade pela água.
  (c) A ligação do hidrogênio permite que as cadeias formem bobinas e chapas com alta resistência à tração.

23.111 (a) Entalpia de combustão do etano = –47,51 kJ/g
      Entalpia de combustão do etanol = –26,82 kJ/g
  (b) A variação de entalpia para a combustão do etanol é menos negativa que a do etano, assim, oxidar parcialmente o etano para formar o etanol diminui a quantidade de energia por grama disponível da combustão da substância.

23.113 (a) Fórmula empírica, CHO
  (b) Fórmula molecular, C$_4$H$_4$O$_4$
  (c)

  (d) Todos os quatro átomos de C possuem hibridização sp^2.
  (e) 120°

Capítulo 24

Estudo de Caso

Terapia Antissentido

1. 5′-GGUGCGAAGCAGACUGAGGC-3′
2. 7595 g/mol
3. tetraédrica

Verifique seu entendimento

24.1

(estrutura molecular de um tripeptídeo)

24.2 5'-GTACGTATCG-3'

24.3 mRNA: 5'-AAA GCA CAA-3'
sequência de aminoácidos: lisina-alanina-glutamina

Exercícios para a Seção

Seção 24.1

1. (a) aminoácidos

2. (c) zwitteriônico

3. (b) estruturas construídas a partir da rede de ligações de hidrogênio das ligações de amida na espinha dorsal da proteína

Seção 24.2

1. (c) $C_3H_6O_3$

2. (b) glicose e frutose

3. (c) celulose

Seção 24.3

1. (b) RNA

2. (c) 5'-CAU-3'

3. (b) ácido glutâmico

Seção 24.4

1. (b) etanol

2. (c) cabeças polares apontando tanto para o fluido extracelular como para o fluido intracelular

Seção 24.5

1. (c) exotérmica e produto-favorecida no equilíbrio

2. (d) NADH

Aplicando Princípios Químicos: Reação da Cadeia de Polimerase

1. $2^{20} = 1.048.576$

3. (a) A citosina e a guanina se ligam com três ligações de hidrogênio por par de base, enquanto a adenina e a timina (uracila) se ligam com apenas duas. As sequências com um elevado número de guaninas e citosinas se ligariam assim mais fortemente.

(b) Essa sequência poderia dobrar e parear a base para si, em vez de para a cadeia alvo.

(c) Utilizar um grande excesso de primers assegura que as cadeias alvo irão ligar-se aos primers em vez de ter as cadeias alvo complementares se ligando umas às outras.

Questões para Estudo

24.1 (a) (estrutura molecular)

(b) (estrutura molecular)

(c) A forma zwitteriônica é a forma predominante no pH fisiológico.

24.3 Polar: serina, lisina, ácido aspártico
Não polar: alanina, leucina, fenilalanina

24.5 (estruturas moleculares)

24.7 (estrutura molecular)

24.9 (a) primária
(b) quaternária
(c) terciária
(d) secundária

24.11

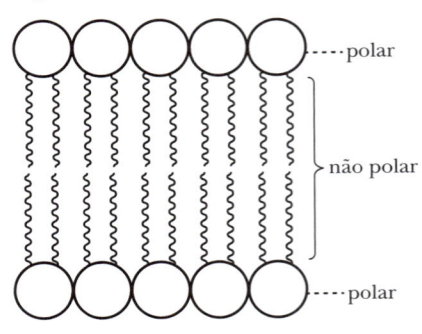

α-D-glicose   β-D-glicose

24.13 (a) A estrutura da ribose é dada na página 1147.

(b) **Adenosina**

(c) **Adenosina-5′-monofosfato**

24.15

24.17 (a) 5′-GAATCGCGT-3′

(b) 5′-GAAUCGCGU-3′

(c) 5′-UUC-3′, 5′-CGA-3′, e 5′-ACG-3′

(d) ácido glutâmico, serina e arginina

24.19

- - - - polar

não polar

- - - - polar

24.21 A estrutura de 4 anéis presente em todos os esteroides é dada na Figura 24.20.

24.23 $C_6H_{12}O_6(s) + 6\ O_2(g) \rightarrow 6\ CO_2(g) + 6\ H_2O(\ell)$

$\Delta_r H° = \Sigma n\Delta_f H°(\text{produtos}) - \Sigma n\Delta_f H°(\text{reagentes})$

$\Delta_r H° = (6\ \text{mols de CO}_2/\text{mol-rea})[\Delta_f H°(CO_2)] + (6\ \text{mols de H}_2O/\text{mol-rea})[\Delta_f H°(H_2O)] - (1\ \text{mol de } C_6H_{12}O_6/\text{mol-rea})[\Delta_f H°(C_6H_{12}O_6)]$

$\Delta_r H° = (6\ \text{mols de CO}_2/\text{mol-rea})(-393,5\ \text{kJ/mol de } CO_2) + (6\ \text{mols de H}_2O/\text{mol-rea})(-285,8\ \text{kJ/mol de } H_2O) - (1\ \text{mol de } C_6H_{12}O_6/\text{mol-rea})(-1273,3\ \text{kJ/mol de } C_6H_{12}O_6)$

$\Delta_r H° = -2.803\ \text{kJ/mol-rea}$

24.25 (a) NADH

(b) O_2

(c) O_2

(d) NADH

24.27

24.29 (a) $6\ CO_2(g) + 6\ H_2O(\ell) \rightarrow C_6H_{12}O_6(s) + 6\ O_2(g)$

$\Delta_r H° = \Sigma n\Delta_f H°(\text{produtos}) - \Sigma n\Delta_f H°(\text{reagentes})$

$\Delta_r H° = (1\ \text{mol de } C_6H_{12}O_6/\text{mol-rea})[\Delta_f H°(C_6H_{12}O_6)] - (6\ \text{mols de H}_2O/\text{mol-rea})[\Delta_f H°(H_2O)] - (6\ \text{mols de CO}_2/\text{mol-rea})[\Delta_f H°(CO_2)]$

$\Delta_r H° = (1\ \text{mol de } C_6H_{12}O_6/\text{mol-rea})(-1.273,3\ \text{kJ/mol de } C_6H_{12}O_6) - (6\ \text{mols de H}_2O/\text{mol-rea})(-285,8\ \text{kJ/mol de } H_2O) - (6\ \text{mols de CO}_2/\text{mol-rea})(-393,5\ \text{kJ/mol de } CO_2)$

$\Delta_r H° = +2.803\ \text{kJ/mol-rea}$

(b) $(2803\ \text{kJ/mol})(1\ \text{mol}/6,022 \times 10^{23}\ \text{moléculas})(1000\ \text{J}/1\ \text{kJ}) = 4,655 \times 10^{-18}\ \text{J/molécula}$

(c) $\lambda = 650$ nm$(1 \text{ m}/10^9 \text{ nm}) = 6,5 \times 10^{-7}$ m

$E = hc/\lambda = (6,626 \times 10^{-34} \text{ J} \cdot \text{s})$
$(3,00 \times 10^8 \text{ m} \cdot \text{s}^{-1})/(6,5 \times 10^{-7} \text{ m}) =$
$3,1 \times 10^{-19}$ J

(d) A energia por fóton é menor que a quantidade necessária por molécula de glicose, portanto, vários fótons devem ser absorvidos.

24.31 Há quatro bases de nucleotídeos e cada códon tem três nucleotídeos de comprimento, por isso, há $4^3 = 64$ códons possíveis. Alguns aminoácidos têm mais do que um códon.

24.33 oxidação: $C_6H_{12}O_6$
redução: O_2

24.35 Um gráfico de $y = 1/$Velocidade e $x = 1/[S]$ produz uma linha reta com a equação $y = 1,5x + 9200$. O intercepo y corresponde à 1/Velocidade$_{máx}$, assim Velocidade$_{máx}$ = 1/9.200 = $1,1 \times 10^{-4}$ mol/L $\cdot$ min.

24.37 glicina

24.39 As sequências diferem nas posições das ligações do fosfato para desoxirribose nas unidades adjacentes. Considere as ligações A-T. Em ATGC, o fosfato liga a posição 3′ em A na posição 5′ em T. Em CGTA, o fosfato liga a posição 5′ em A na posição 3′ em T.

24.41 (a) Na transcrição, uma cadeia de RNA complementar ao segmento de DNA é construída.
(b) Na tradução, uma sequência de aminoácidos é construída com base na informação de uma sequência de RNAm.

Capítulo 25

Estudo de Caso

Tecnécio-99m e Diagnóstico por Imagem

1. $^{99}_{42}\text{Mo} \rightarrow {}^{99}_{43}\text{Tc} + {}^{0}_{-1}\beta$

2. Número de oxidação = 7

Configuração eletrônica de Tc^{7+} = [Kr]

Diamagnético

3. Quantidade de $NaTcO_4$ = $(1,0 \ \mu g)(1 \text{ g}/10^6 \ \mu g)$
$1 \text{ mol}/184,9 \text{ g}) = 5,4 \times 10^{-9}$ mol

Massa de Tc = $(5,4 \times 10^{-9}$ mol de $NaTcO_4)$
$(1$ mol de Tc/mol de $NaTcO_4)(97,9$ g de Tc/mol) =
$5,3 \times 10^{-7}$ g de Tc

4. 24 horas são 4 meias-vidas para ^{99m}Tc. Assim, a massa restante é 1/16 de 1,0 μg ou 0,063 μg.

5. Partícula beta

6. As forças de atração de ligação de um ânion na coluna estão relacionadas à carga aniônica. O ânion MoO_4^{2-} tem uma carga maior que TcO_4^-.

Verifique Seu Entendimento

25.1 (a) A emissão de seis partículas α leva a uma diminuição de 24 no número de massa e uma diminuição de 12 no número atômico. A emissão de

quatro partículas β aumenta o número atômico em 4, mas não afeta a massa. O produto final deste processo possui um número de massa de 232 – 24 = 208 e um número atômico de 90 – 12 + 4 = 82, identificando-o como $^{208}_{82}$Pb.

(b) Etapa 1: $^{232}_{90}\text{Th} \rightarrow {}^{228}_{88}\text{Ra} + {}^{4}_{2}\alpha$
Etapa 2: $^{228}_{88}\text{Ra} \rightarrow {}^{228}_{89}\text{Ac} + {}^{0}_{-1}\beta$
Etapa 3: $^{228}_{89}\text{Ac} \rightarrow {}^{228}_{90}\text{Th} + {}^{0}_{-1}\beta$

25.2 (a) ${}^{0}_{+1}\beta$ (b) ${}^{41}_{19}\text{K}$ (c) ${}^{0}_{-1}\beta$ (d) ${}^{22}_{10}\text{Ne}$

25.3 (a) $^{32}_{14}\text{Si} \rightarrow {}^{32}_{15}\text{P} + {}^{0}_{-1}\beta$
(b) $^{45}_{22}\text{Ti} \rightarrow {}^{45}_{21}\text{Sc} + {}^{0}_{+1}\beta$ ou $^{45}_{22}\text{Ti} + {}^{0}_{-1}\text{e} \rightarrow {}^{45}_{21}\text{Sc}$
(c) $^{239}_{94}\text{Pu} \rightarrow \alpha + {}^{235}_{92}\text{U}$
(d) $^{42}_{19}\text{K} \rightarrow {}^{42}_{20}\text{Ca} + {}^{0}_{-1}\beta$

25.4 $\Delta m = 0,03435$ g/mol
$\Delta E = (3,435 \times 10^{-5} \text{ kg/mol})(2,998 \times 10^8 \text{ m/s})^2$
$= 3,087 \times 10^{12}$ J/mol $(= 3,087 \times 10^9$ kJ/mol$)$
$E_b = 5,146 \times 10^8$ kJ/mol de núcleos

25.5 (a) 49,2 anos são exatamente quatro meias-vidas; quantidade restante = 1,5 mg $(1/2)^4$ = 0,094 mg
(b) Três meias-vidas, 36,9 anos
(c) 1% está entre seis meias-vidas, 73,8 anos (1/64 permanece) e sete meias-vidas, 86,1 anos (1/128 permanece). [Utilizando a equação de velocidade integrada de primeira ordem com $[R]/[R]_0$ = 0,010 e k = (ln 2)/$t_{1/2}$ = 0,0564 ano^{-1}, a quantidade de tempo é calculada como sendo 81,7 anos.]

25.6 (a) ln $([A]/[A_o])$ = $-kt$
ln $([3,18 \times 10^3]/[3,35 \times 10^3])$ = $-k(2,00$ d$)$
k = 0,0260 d^{-1}
$t_{1/2}$ = 0,693/k = 0,693/(0,0260 d^{-1}) = 26,7 d
(b) k = 0,693/$t_{1/2}$ = 0,693/200 ano = $3,47 \times 10^{-3}$ ano^{-1}
ln $([A]/[A_o])$ = $-kt$
ln $([3,00 \times 10^3]/[6,50 \times 10^{12}])$ =
$-(3,47 \times 10^{-3}$ ano$^{-1})t$
ln $(4,62 \times 10^{-10})$ = $-(3,47 \times 10^{-3}$ ano$^{-1})t$
t = 6190 anos

25.7 ln $([A]/[A_o])$ = $-kt$
ln $([9,32]/[13,4])$ = $-(1,21 \times 10^{-4}$ ano$^{-1})t$
t = $3,00 \times 10^3$ anos
Isso se compara muito bem com a data estimada.

25.8 $^{98}_{42}\text{Mo} + {}^{1}_{0}\text{n} \rightarrow {}^{99}_{42}\text{Mo} + \gamma$
$^{99}_{42}\text{Mo} \rightarrow {}^{99}_{43}\text{Tc} + {}^{0}_{-1}\beta$

25.9 $4,17 \times 10^{-5}(0,0100$ g $Pb^{2+})$ = $4,17 \times 10^{-7}$ g Pb^{2+}
Solubilidade = [$4,17 \times 10^{-7}$ g de Pb^{2+} (1 mol Pb^{2+}/207,2 g de Pb)(1 mol de $PbCrO_4$/1 mol Pb^{2+})]/0,01000 L = $2,01 \times 10^{-7}$ mol de $PbCrO_4$/L

Exercícios para a Seção

Seção 25.2

1. (a) radiação alfa

2. (b) $7\ \alpha$ e $4\ \beta$

3. (c) $^{90}_{38}\text{Sr} \rightarrow\ ^{90}_{39}\text{Y} + \beta$

Seção 25.3

1. (c) $^{56}_{26}\text{Fe}$

Seção 25.4

1. (a) 20%

2. (d) 1/32

Seção 25.5

1. (c) elétrons

Seção 25.6

1. (a) $^{93}_{37}\text{Rb}$

Aplicando Princípios Químicos: A Idade dos Meteoritos

1. $^{87}_{37}\text{Rb} \rightarrow\ ^{87}_{38}\text{Sr} + {}^{\ 0}_{-1}\beta$

3. $k = 1{,}42 \times 10^{-11}\ \text{ano}^{-1}$

5. A idade do meteorito $= 2{,}80 \times 10^9$ anos

Questões para Estudo

25.1 Cada resposta está no formato: pessoa(s); experiência; significância.
  (a) Becquerel; sulfato de uranilo de potássio faz com que uma imagem apareça em uma chapa fotográfica; isso abriu uma nova área de estudo.
  (b) Marie e Pierre Curie; separaram estes elementos de pechblenda; descoberta de novos elementos baseados na radioatividade.
  (c) Rutherford; bombardeou ^{14}N com partículas α e encontrou prótons e ^{17}O entre os produtos; transmutação causada por humanos de um elemento em outro.
  (d) Fermi; absorção de um nêutron por um núcleo com posterior liberação de um raio γ; produção de mais núcleos e o uso deste processo para produzir muitos dos radioisótopos usados na medicina.
  (e) Hahn e Strassman, experimento explicado por Meitner; bombardeou uma amostra de urânio com nêutrons e detectou bário nos produtos; a fissão nuclear é usada em bombas atômicas e em usinas de energia nuclear.

25.3 A energia de ligação por núcleo é determinada calculando-se primeiro o defeito de massa para um isótopo, convertendo o defeito de massa em energia de ligação (utilizando $E = mc^2$) e, em seguida, dividindo-se a energia de ligação pelo número de massa do núcleo.

25.5 As reações nucleares são realizadas em um laboratório por atingir um núcleo com uma partícula. Várias partículas têm sido utilizadas: partículas α, prótons, nêutrons e os núcleos de outros átomos. Na produção de elementos transurânicos, este último método é usado; as partículas são geralmente aceleradas para alta energia em um acelerador de partículas.

25.7 Enquanto um organismo vive, a porcentagem de carbono, que é ^{14}C no organismo, será igual à porcentagem na atmosfera. Quando o organismo morre, ele já não reabastece o ^{14}C. Ao medir a atividade de ^{14}C no organismo, comparando-a com a atividade do ^{14}C no ambiente e usando a cinética de primeira ordem, é possível determinar quanto tempo atrás o organismo parou de recolher ^{14}C (morreu). Limitações: (1) O método assume que a quantidade de ^{14}C na atmosfera permaneceu constante, ao passo que tem variado tanto quanto 10%. (2) A datação por ^{14}C não pode ser utilizada para datar um objeto com menos de 100 ou mais de cerca de 40 mil anos. (3) A precisão da datação por ^{14}C é de cerca de ± 100 anos.

25.9 Uma série de decaimento radioativo ocorre quando um isótopo radioativo decai para formar outro isótopo radioativo. A série continua até que um isótopo não radioativo seja formado. Minério de urânio contém rádio e polônio, porque esses elementos são formados na série de decaimento radioativo do urânio.

25.11 (a) $^{56}_{28}\text{Ni}$; (b) $^{1}_{0}\text{n}$; (c) $^{32}_{15}\text{P}$; (d) $^{97}_{43}\text{Tc}$; (e) ${}^{\ 0}_{-1}\beta$;
  (f) $^{0}_{1}\text{e}$ (pósitron)

25.13 (a) ${}^{\ 0}_{-1}\beta$; (b) $^{87}_{37}\text{Rb}$; (c) $^{4}_{2}\alpha$; (d) $^{226}_{88}\text{Ra}$; (e) ${}^{\ 0}_{-1}\beta$; (f) $^{24}_{11}\text{Na}$

25.15 $^{235}_{92}\text{U} \rightarrow\ ^{231}_{90}\text{Th} + ^{4}_{2}\alpha$
  $^{231}_{90}\text{Th} \rightarrow\ ^{231}_{91}\text{Pa} + {}^{\ 0}_{-1}\beta$
  $^{231}_{91}\text{Pa} \rightarrow\ ^{227}_{89}\text{Ac} + ^{4}_{2}\alpha$
  $^{227}_{89}\text{Ac} \rightarrow\ ^{227}_{90}\text{Th} + {}^{\ 0}_{-1}\beta$
  $^{227}_{90}\text{Th} \rightarrow\ ^{223}_{88}\text{Ra} + ^{4}_{2}\alpha$
  $^{223}_{88}\text{Ra} \rightarrow\ ^{219}_{86}\text{Rn} + ^{4}_{2}\alpha$
  $^{219}_{86}\text{Rn} \rightarrow\ ^{215}_{84}\text{Po} + ^{4}_{2}\alpha$
  $^{215}_{84}\text{Po} \rightarrow\ ^{211}_{82}\text{Pb} + ^{4}_{2}\alpha$
  $^{211}_{82}\text{Pb} \rightarrow\ ^{211}_{83}\text{Bi} + {}^{\ 0}_{-1}\beta$
  $^{211}_{83}\text{Bi} \rightarrow\ ^{211}_{84}\text{Po} + {}^{\ 0}_{-1}\beta$
  $^{211}_{84}\text{Po} \rightarrow\ ^{207}_{82}\text{Pb} + ^{4}_{2}\alpha$

25.17 (a) $^{198}_{79}\text{Au} \rightarrow\ ^{198}_{80}\text{Hg} + {}^{\ 0}_{-1}\beta$
  (b) $^{222}_{86}\text{Rn} \rightarrow\ ^{218}_{84}\text{Po} + ^{4}_{2}\alpha$
  (c) $^{137}_{55}\text{Cs} \rightarrow\ ^{137}_{56}\text{Ba} + {}^{\ 0}_{-1}\beta$
  (d) $^{110}_{49}\text{In} \rightarrow\ ^{110}_{48}\text{Cd} + ^{0}_{1}\text{e}$

25.19 (a) $^{80}_{35}\text{Br}$ tem uma alta taxa de nêutron/próton de 45/35. O decaimento beta permitirá que a taxa diminua:
  $^{80}_{35}\text{Br} \rightarrow\ ^{80}_{36}\text{Kr} + {}^{\ 0}_{-1}\beta$.
  (b) O decaimento alfa é provável: $^{240}_{98}\text{Cf} \rightarrow\ ^{236}_{96}\text{Cm} + ^{4}_{2}\alpha$
  (c) O cobalto-61 tem uma proporção n/p alta, assim, o decaimento beta é provável:
  $^{61}_{27}\text{Co} \rightarrow\ ^{61}_{28}\text{Kr} + {}^{\ 0}_{-1}\beta$
  (d) O carbono-11 tem apenas cinco nêutrons, assim a captura-K ou a emissão de pósitron pode ocorrer:
  $^{11}_{6}\text{C} + {}^{\ 0}_{-1}\text{e} \rightarrow\ ^{11}_{5}\text{B}$
  $^{11}_{6}\text{C} \rightarrow\ ^{11}_{5}\text{B} + ^{0}_{1}\text{e}$

25.21 Geralmente o decaimento beta ocorrerá quando a proporção n/p for elevada, enquanto a emissão de pósitrons ocorrerá quando a proporção n/p for baixa.

(a) Decaimento beta: $^{20}_{9}F \rightarrow ^{20}_{10}Ne + ^{0}_{-1}\beta$

$^{3}_{1}H \rightarrow ^{3}_{2}He + ^{0}_{-1}\beta$

(b) Emissão de pósitrons

$^{22}_{11}Na \rightarrow ^{22}_{10}Ne + ^{0}_{1}\beta$

25.23 A energia de ligação por mol de núcleos para ^{11}B = $6,70 \times 10^8$ kJ

A energia de ligação por mol de núcleos para ^{10}B = $6,26 \times 10^8$ kJ

25.25 $8,256 \times 10^8$ kJ/mol de núcleos

25.27 $7,700 \times 10^8$ kJ/mol de núcleos

25.29 0,781 microgramas

25.31 (a) $^{131}_{53}I \rightarrow ^{131}_{54}Xe + ^{0}_{-1}\beta$

(b) 0,075 micrograma

25.33 $9,5 \times 10^{-4}$ mg

25.35 (a) $^{222}_{86}Rn \rightarrow ^{218}_{84}Po + ^{4}_{2}\alpha$

(b) Tempo = 8,87 d

25.37 (a) 15,8 anos; (b) 88%

25.39 $^{239}_{94}Pu + ^{4}_{2}\alpha \rightarrow ^{240}_{95}Am + ^{1}_{1}H + 2\,^{1}_{0}n$

25.41 $^{48}_{20}Ca + ^{242}_{94}Pu \rightarrow ^{287}_{114}Fl + 3\,^{1}_{0}n$

25.43 (a) $^{115}_{48}Cd$; (b) $^{7}_{4}Be$; (c) $^{4}_{2}\alpha$; (d) $^{63}_{29}Cu$

25.45 $^{10}_{5}B + ^{1}_{0}n \rightarrow ^{7}_{3}Li + ^{4}_{2}\alpha$

25.47 Tempo = $4,4 \times 10^{10}$ anos

25.49 Se $t_{1/2}$ = 14,28 d, então $k = 4,854 \times 10^{-2}$ d^{-1}. Se a taxa de desintegração original é de $3,2 \times 10^6$ dpm, então (a partir da equação da taxa de primeira ordem integrada), a taxa depois de 365 d é 0,065 dpm. O gráfico será semelhante à Figura 25.5.

25.51 (a) $^{238}_{92}U + ^{1}_{0}n \rightarrow ^{239}_{92}U + \gamma$

(b) $^{239}_{92}U \rightarrow ^{239}_{93}Np + ^{0}_{-1}\beta$

(c) $^{239}_{93}Np \rightarrow ^{239}_{94}Pu + ^{0}_{-1}\beta$

(d) $^{239}_{94}Pu + ^{1}_{0}n \rightarrow 2\,^{1}_{0}n + $ energia + outro núcleo

25.53 (a) Cálcio-48, A reação possível é

$^{248}_{96}Cm + ^{48}_{20}Ca \rightarrow ^{296}_{116}Lv$

(b) Três nêutrons

25.55 Cerca de 2.700 anos de idade

25.57 Faça um gráfico de ln(atividade) em função do tempo. A inclinação do gráfico é $-k$, a constante de velocidade para o decaimento. Aqui, k = 0,0050 d^{-1},

25.59 Tempo = $1,9 \times 10^9$ anos

25.61 A energia obtida a partir de 1000 lb (452,6 g) de ^{235}U = $4,1 \times 10^{10}$ kJ

Massa de carvão necessária = $1,6 \times 10^3$ ton (ou cerca de 3 milhões de libras de carvão)

25.63 A porcentagem de peixes marcados no lago é (27/5.250) 100% = 0,51%. Portanto, 1000 peixes marcados correspondem a 0,51% do total ou cerca de 190.000 peixes.

25.65 (a) A massa diminui em 4 unidades (com uma emissão $^{4}_{2}\alpha$) ou permanece inalterada (com uma emissão de $^{0}_{-1}\beta$), de modo que apenas as massas possíveis são quatro unidades separadas.

(b) Série ^{232}Th, m = $4n$; Série ^{235}U m = $4n + 3$

(c) ^{226}Ra e ^{210}Bi, série $4n + 2$; ^{215}At, série $4n + 3$; ^{228}Th, série $4n$

(d) Cada série é dirigida por um isótopo de longa vida (na ordem de 10^9 anos, a idade da Terra). A série $4n + 1$ está ausente porque não há isótopo de longa vida nesta série. Ao longo do tempo geológico, todos os membros desta série decaíram completamente.

25.67 (a) O isótopo ^{231}Pa pertence à série de decaimento do ^{235}U (ver Questão 25.65b).

(b) $^{235}_{92}U \rightarrow ^{231}_{90}Th + ^{4}_{2}\alpha$

$^{231}_{90}Th \rightarrow ^{231}_{91}Pa + ^{0}_{-1}\beta$

(c) Pa-231 está presente na proporção de 1 parte por milhão. Portanto, 1 milhão de gramas de pechblenda precisam ser usados para obter 1 g de Pa-231.

(d) $^{231}_{91}Pa \rightarrow ^{227}_{89}Ac + ^{4}_{2}\alpha$

25.69 Pechblenda contêm $^{238}_{92}U$ e $^{235}_{92}U$. Assim, ambos os isótopos de rádio e polônio devem pertencer ou a uma série de decaimento $4n + 2$ ou $4n + 3$. Além disso, os isótopos devem ter meias-vidas suficientemente longas, a fim de sobreviver ao processo de separação e isolamento. Estes critérios são satisfeitos por ^{226}Ra e ^{210}Po.

Índice remissivo / Glossário

CONSTANTES FÍSICAS E QUÍMICAS

Número de Avogadro $N_A = 6,02214129 \times 10^{23}/mol$
Carga do elétron $e = 1,60217657 \times 10^{-19}$ C
Constante de Faraday $F = 9,6485337 \times 10^4$ C/mol de elétrons
Constante do gás ideal $R = 8,314462$ J/K $\cdot$ mol
       $= 0,082057$ L $\cdot$ atm/K $\cdot$ mol

π $\pi = 3,1415926536$
Constante de Planck $h = 6,6260696 \times 10^{-34}$ J $\cdot$ s
Velocidade da luz $c = 2,99792458 \times 10^8$ m/s
(no vácuo)

RELAÇÕES E FATORES DE CONVERSÃO ÚTEIS

Comprimento
Unidade SI: Metro (m)
1 quilômetro = 1000 metros
       = 0,62137 milha
1 metro = 100 centímetros
1 centímetro = 10 milímetros
1 nanômetro = $1,00 \times 10^{-9}$ metro
1 picômetro = $1,00 \times 10^{-12}$ metro
1 polegada = 2,54 centímetros (exatamente)
1 Ångstrom = $1,00 \times 10^{-10}$ metro

Massa
Unidade SI: Quilograma (kg)
1 quilograma   =   1000 gramas
1 grama   =   1000 miligramas
1 libra   =   453,59237 gramas = 16 onças
1 tonelada   =   2000 libras

Volume
Unidade SI: Metro Cúbico (m^3)
1 litro (L) = $1,00 \times 10^{-3}$ m^3
       = 1000 cm^3
       = 1,056710 quartos
1 galão = 4,00 quartos

Energia
Unidade SI: Joule (J)
1 joule = 1 kg $\cdot$ m^2/s^2
       = 0,23901 caloria
       = 1 C $\times$ 1 V
1 caloria = 4,184 joules

Pressão
Unidade SI: Pascal (Pa)
1 pascal = 1 N/m^2
       = 1 kg/m $\cdot$ s^2
1 atmosfera   = 101,325 quilopascals
       = 760 mm Hg = 760 torr
       = 14,70 lb/in^2
       = 1,01325 bar
1 bar = 10^5 Pa (exatamente)

Temperatura
Unidade SI: kelvin (K)
0 K = $-273,15$ °C
K = °C + 273,15°C
? °C = (5 °C/9 °F)(°F $-$ 32 °F)
? °F = (9 °F/5 °C)(°C) + 32 °F

LOCALIZAÇÃO DE TABELAS E FIGURAS ÚTEIS

Propriedades
Atômicas e Moleculares

Configurações eletrônicas atômicas	Tabela 7.3
Raios atômicos	Figuras 7.5, 7.8
Entalpias de dissociação de ligações	Tabela 8.8
Comprimentos da ligação	Tabela 8.7
Entalpias de adição eletrônica	Figura 7.10, Apêndice F
Eletronegatividade	Figura 8.10
Elementos e suas células unitárias	Figura 12.5
Orbitais híbridos	Figura 9.3
Raios iônicos	Figura 7.11
Energias de ionização	Figura 7.9, Tabela 7.5, Apêndice F

Propriedades
Termodinâmicas

Entalpia, entropia, energia livre	Apêndice L
Energias reticulares	Tabela 12.1
Capacidades caloríficas específicas	Figura 5.4, Apêndice D

Ácidos, Bases
e Sais

Propriedades ácidas e básicas de alguns íons em solução aquosa	Tabela 16.3
Ácidos e bases comuns	Tabela 3.1
Constantes de formação de íons complexos	Apêndice K
Constantes de ionização para ácidos e bases fracos	Tabela 16.2, Apêndice H, I
Nomes e composição de íons poliatômicos	Tabela 2.4
Diretrizes de solubilidade	Figura 3.10
Constantes do produto de solubilidade	Apêndice J

Diversos

Cargas de alguns cátions e ânions monoatômicos comuns	Figura 2.18
Pontos de fusão e entalpias de fusão de alguns elementos e compostos	Tabela 12.3
Agentes oxidantes e redutores	Tabela 3.3
Polímeros	Tabela 23.12
Alcanos selecionados	Tabela 23.2
Potenciais padrão de redução	Tabela 19.1, Apêndice M
Estruturas e propriedades de vários tipos de substâncias sólidas	Tabela 12.2

Nome	Símbolo	Número Atômico	Peso Atômico	Nome	Símbolo	Número Atômico	Peso Atômico
Actínio*	Ac	89	(227)	Mendelévio*	Md	101	(258)
Alumínio	Al	13	26,9815386(8)	Mercúrio	Hg	80	200,59(2)
Amerício*	Am	95	(243)	Molibdênio	Mo	42	95,96(2)
Antimônio	Sb	51	121,760(1)	Neodímio	Nd	60	144,242(3)
Argônio	Ar	18	39,948(1)	Neônio	Ne	10	20,1797(6)
Arsênio	As	33	74,92160(2)	Neptúnio*	Np	93	(237)
Astato*	At	85	(210)	Níquel	Ni	28	58,6934(4)
Bário	Ba	56	137,327(7)	Nióbio	Nb	41	92,90638(2)
Berquélio*	Bk	97	(247)	Nitrogênio	N	7	14,0067(2)
Berílio	Be	4	9,012182(3)	Nobélio*	No	102	(259)
Bismuto	Bi	83	208,98040(1)	Ósmio	Os	76	190,23(3)
Bóhrio	Bh	107	(270)	Oxigênio	O	8	15,9994(3)
Boro	B	5	10,811(7)	Paládio	Pd	46	106,42(1)
Bromo	Br	35	79,904(1)	Fósforo	P	15	30,973762(2)
Cádmio	Cd	48	112,411(8)	Platina	Pt	78	195,084(9)
Césio	Cs	55	132,9054519(2)	Plutônio*	Pu	94	(244)
Cálcio	Ca	20	40,078(4)	Polônio*	Po	84	(209)
Califórnio*	Cf	98	(251)	Potássio	K	19	39,0983(1)
Carbono	C	6	12,0107(8)	Praseodímio	Pr	59	140,90765(2)
Cério	Ce	58	140,116(1)	Promécio*	Pm	61	(145)
Cloro	Cl	17	35,453(2)	Protactínio*	Pa	91	231,03588(2)
Cromo	Cr	24	51,9961(6)	Rádio*	Ra	88	(226)
Cobalto	Co	27	58,933195(5)	Radônio*	Rn	86	(222)
Copernício	Cn	112	(285)	Rênio	Re	75	186,207(1)
Cobre	Cu	29	63,546(3)	Ródio	Rh	45	102,90550(2)
Cúrio*	Cm	96	(247)	Roentgênio	Rg	111	(280)
Darmstádio	Ds	110	(281)	Rubídio	Rb	37	85,4678(3)
Dúbnio	Db	105	(268)	Rutênio	Ru	44	101,07(2)
Disprósio	Dy	66	162,500(1)	Rutherfórdio	Rf	104	(265)
Einstênio*	Es	99	(252)	Samário	Sm	62	150,36(2)
Érbio	Er	68	167,259(3)	Escândio	Sc	21	44,955912(6)
Európio	Eu	63	151,964(1)	Seabórgio	Sg	106	(271)
Férmio*	Fm	100	(257)	Selênio	Se	34	78,96(3)
Fleróvio	Fl	114	(289)	Silício	Si	14	28,0855(3)
Flúor	F	9	18,9984032(5)	Prata	Ag	47	107,8682(2)
Frâncio*	Fr	87	(223)	Sódio	Na	11	22,98976928(2)
Gadolínio	Gd	64	157,25(3)	Estrôncio	Sr	38	87,62(1)
Gálio	Ga	31	69,723(1)	Enxofre	S	16	32,065(5)
Germânio	Ge	32	72,63(1)	Tântalo	Ta	73	180,94788(2)
Ouro	Au	79	196,966569(4)	Tecnécio*	Tc	43	(98)
Háfnio	Hf	72	178,49(2)	Telúrio	Te	52	127,60(3)
Hássio	Hs	108	(277)	Térbio	Tb	65	158,92535(2)
Hélio	He	2	4,002602(2)	Tálio	Tl	81	204,3833(2)
Hólmio	Ho	67	164,93032(2)	Tório*	Th	90	232,03806(2)
Hidrogênio	H	1	1,00794(7)	Túlio	Tm	69	168,93421(2)
Índio	In	49	114,818(3)	Estanho	Sn	50	118,710(7)
Iodo	I	53	126,90447(3)	Titânio	Ti	22	47,867(1)
Irídio	Ir	77	192,217(3)	Tungstênio	W	74	183,84(1)
Ferro	Fe	26	55,845(2)	Ununoctium	Uuo	118	(294)
Criptônio	Kr	36	83,798(2)	Ununpentium	Uup	115	(288)
Lantânio	La	57	138,90547(7)	Ununseptium	Uus	117	(294)
Laurêncio*	Lr	103	(262)	Ununtrium	Uut	113	(284)
Chumbo	Pb	82	207,2(1)	Urânio*	U	92	238,02891(3)
Lítio	Li	3	6,941(2)	Vanádio	V	23	50,9415(1)
Livermório	Lv	116	(292)	Xenônio	Xe	54	131,293(6)
Lutécio	Lu	71	174,9668(1)	Itérbio	Yb	70	173,054(5)
Magnésio	Mg	12	24,3050(6)	Ítrio	Y	39	88,90585(2)
Manganês	Mn	25	54,938045(5)	Zinco	Zn	30	65,38(2)
Meitenério	Mt	109	(276)	Zircônio	Zr	40	91,224(2)

[†] Os pesos atômicos de muitos elementos podem variar, dependendo da origem e do tratamento da amostra. Isto é especialmente verdadeiro para o Li; materiais comerciais que contêm lítio apresentam pesos atômicos para o Li que variam entre 6,96 e 6,99. As incertezas nos valores de peso atômico aparecem entre parênteses após o último algarismo significativo a que são atribuídas.

*Elementos que não apresentam nuclídeo estável; o valor apresentado entre parênteses representa o peso atômico de isótopo de meia-vida mais longa. Entretanto, três desses elementos (Th, Pa e U) têm composição isotópica característica, e o peso atômico está tabulado para esses elementos (**http:www.chem.qmv.ac.uk.iupac/AtWt/**).

Tabela Periódica dos Elementos

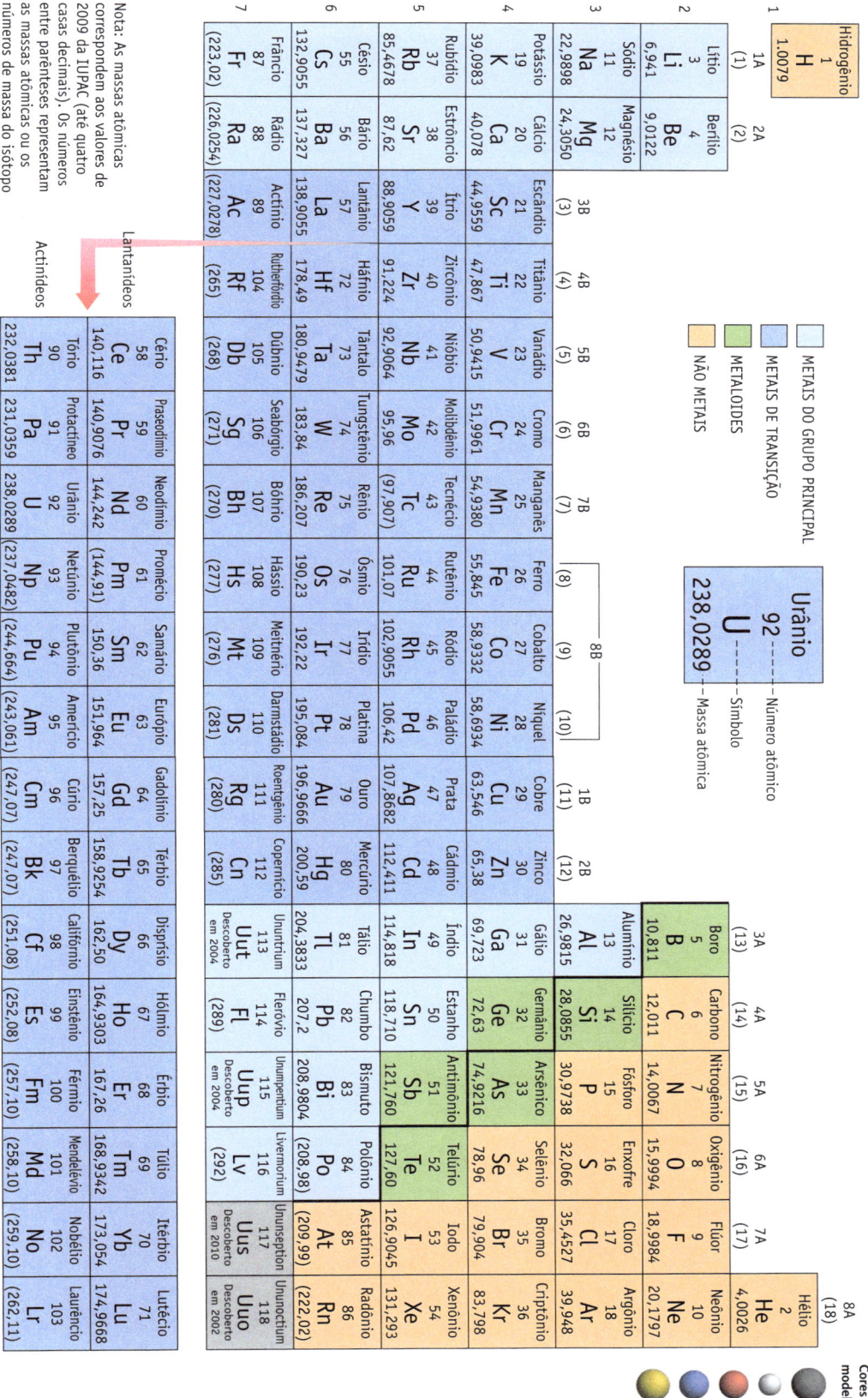

Nota: As massas atômicas correspondem aos valores de 2009 da IUPAC (até quatro casas decimais). Os números entre parênteses representam as massas atômicas ou os números de massa do isótopo mais estável de um elemento.